2025

소형선박조종사

2025 오늘의 나를 넘어서는 도전, 프로의 도전을 멈추지 않는다!

7일 완성

Preview

핵심이론 자주 출제되는 핵심 내용 정리
출제된, 출제될 내용만을 엄선하여 정리!

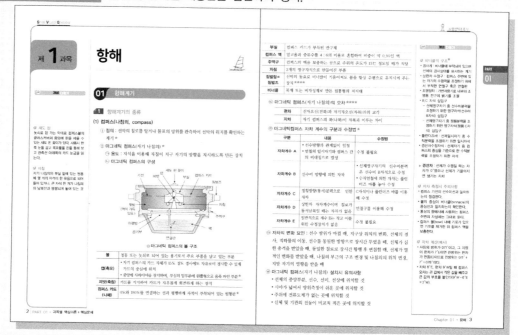

핵심문제 핵심이론이 집약된 과목별 핵심문제
이론을 실제 문제에 적용!

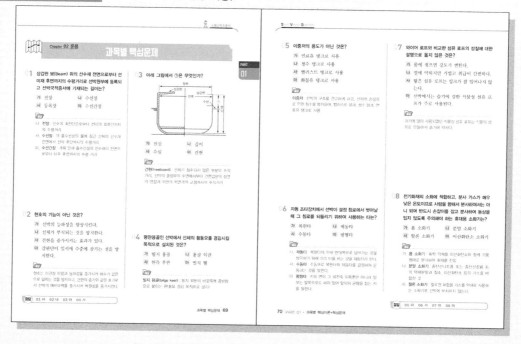

실전모의고사

엄선된 실전모의고사 문제
기출과 유사한 문제로 테스트!

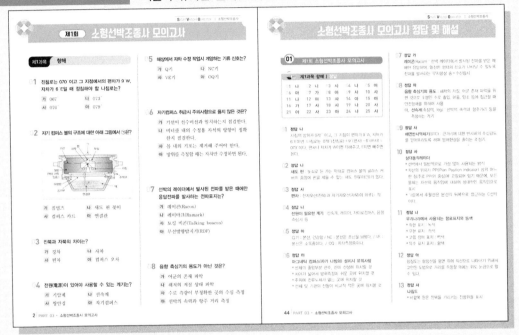

최신 기출문제

출제유형 파악!
최신 기출문제로 이론 정리 및 테스트!

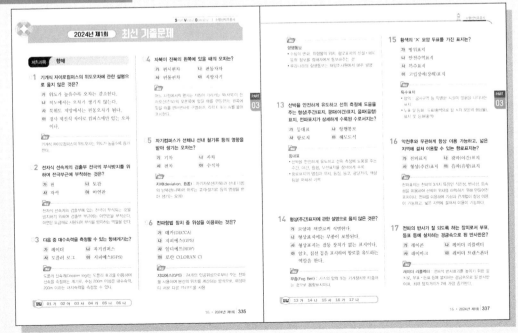

소형선박조종사 개요

❋ **면허 개요** : 총톤수 5톤 이상, 25톤 미만의 소형선박을 운전하기 위하여 필요한 면허

시험 응시 안내

1 응시 자격 : 응시 자격 제한 없음

2 면허를 위한 승무경력

받으려는 면허	면허를 위한 승무경력			
	자격	승선한 선박	직무	기간
소형선박 조종사	–	총톤수 2톤 이상의 선박	선박의 운항 또는 기관의 운전	2년
	–	배수톤수 2톤 이상의 함정	함정의 운항 또는 기관의 운전	2년

※「낚시관리 및 육성법」에 따라 낚시어선업을 하기 위하여 신고한 낚시어선 및 「유선 및 도선사업법」에 따라 면허를 받거나 신고한 유선 및 도선에 승무한 경력은 톤수의 제한을 받지 아니한다.

응시원서 교부 및 접수

1 응시원서 교부 및 접수장소

교부 및 접수장소		주소	전화번호
부산	한국해양수산연수원 종합민원실	(우) 49111 부산광역시 영도구 해양로 367 (동삼동)	콜센터 1899-3600
	한국해기사협회	(우) 48822 부산광역시 동구 중앙대로 180번길 12-14 해기사회관	051) 463-5030
인천	한국해양수산연수원 인천사무실	(우) 22133 인천광역시 중구 인중로 176 나성빌딩 4층	032) 765-2335~6
목포	한국해양수산연수원 목포분원	(우) 58625 전남 목포시 고하대로 597번길(죽교동)	061) 241-0300~1
인터넷	한국해양수산연수원 (홈페이지)	http://lems.seaman.or.kr 민원서류다운로드(원서교부) 인터넷접수	051) 620-5831~4

2 원서접수

① 인터넷접수 : 한국해양수산연수원 시험정보사이트(http://lems.seaman.or.kr)에 접속 후 "해기사 시험 접수"에서 인터넷접수

　－ 준비물 : 사진 및 수수료 결제시 필요한 공인인증서 또는 신용카드

② **방문접수** : 위의 접수장소로 직접 방문하여 접수. 사진 1매, 응시수수료
③ **우편접수** : 접수마감일 접수시간 내 도착분에 한하여 유효, 사진이 부착된 응시원서, 응시수수료, 응시표를 받으실 분은 반드시 수신처 주소가 기재된 반신용 봉투를 동봉하셔야 합니다.

※ 응시원서에 사용되는 사진은 최근 6개월 이내에 촬영한 3㎝×4㎝ 규격의 탈모정면 상반신 사진이어야 하며, 제출된 서류는 일체 반환하지 않습니다.

출제비율 및 시험방법

1 시험과목과 내용별 출제비율

시험과목	과목내용	출제비율(%)
항해	항해계기	24
	항법	16
	해도 및 항로표지	40
	기상 및 해상	12
	항해계획	8
	합계 (%)	100
운용	선체·설비 및 속구	28
	구명설비 및 통신장비	28
	선박조종 일반	28
	황천시의 조종	8
	비상제어 및 해난방지	8
	합계 (%)	100
법규	해사안전기본법 및 해상교통안전법	60
	선박의 입항 및 출항 등에 관한 법률	28
	해양환경관리법	12
	합계 (%)	100
기관	내연기관 및 추진장치	56
	보조기기 및 전기장치	24
	기관고장 시의 대책	12
	연료유 수급	8
	합계 (%)	100

2 시험시간 및 장소

① **시험시간** : 4과목/100분

※ 과목합격자 및 일부과목 면제 응시자는 응시과목수에 따라 시험시간이 다름(과목당 25분).

② **시험장소** : 시험공고에 따름.

③ **시험방법** : 객관식 4지선다형으로 하며 과목당 25문항

④ **합격자 발표**

㉠ 해양수산연수원 게시판 및 인터넷 홈페이지(http://lems.seaman.or.kr)

㉡ SMS(휴대폰 문자서비스) 전송(합격자에 한함) : 시험접수시 휴대폰 번호 등록자에 한함.

※ 회별 시행지역, 직종 및 등급 등 세부사항 및 시험일정은 한국해양연수원 홈페이지 공고문을 반드시 확인하시기 바랍니다.

면허증 교부

1 면허발급기관

① **해기사 면허발급** : 각 지방해양수산청

② **면허발급 희망청 기재** : 시험접수시 응시원서 상단에 합격 후 면허발급을 신청하실 지역을 표시하시면 시험합격서류가 해당 지방청으로 이송됩니다.

③ 해기사시험 최종합격일로부터 3년 이내에 각 지방해양수산청에 면허발급 신청을 하여 면허를 받으셔야 합니다.

2 구비 서류

① 신청서 1부

② 사진 1매(최근 6월 이내에 촬영한 가로 3.5센티미터, 세로 4.5센티미터의 것)

③ 선원건강진단서 1부

④ 승무경력증명서 1부(면허를 위한 승무경력 참조)

⑤ 면허취득교육과정을 이수한 사실을 증명하는 서류 1부(해당자에 한함)

⑥ **수수료** : 없음(2012. 10. 30 시행규칙 개정으로 수수료 없음)

⑦ **면허발급 관련 문의** : 각 지방해양수산청 선원안전해사과

Contents

소형선박
조종사
7일 완성

제 **1** 과목

항해

개념 다지기

01 항해계기

1 항해계기의 종류

(1) 컴퍼스(나침의, compass)

① 정의 : 선박의 침로를 알거나 물표의 방위를 관측하여 선박의 위치를 확인하는 계기 ★

② 마그네틱 컴퍼스(자기 나침의) ★

   ㉠ 용도 : 자석을 이용해 자침이 지구 자기의 방향을 지시하도록 만든 장치

   ㉡ 마그네틱 컴퍼스의 구성

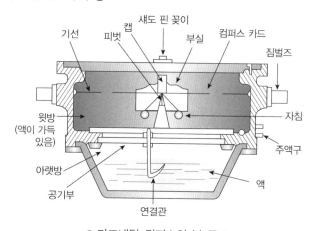

⊕ 마그네틱 컴퍼스의 볼 구조

볼	청동 또는 놋쇠로 되어 있는 용기로서 주요 부품을 담고 있는 부분
캡(축모)	• 자기 컴퍼스의 카드 자체가 15도 정도 경사에도 자유로이 경사할 수 있게 카드의 중심에 위치 • 중앙에 사파이어를 장치하며, 부실의 밑부분에 원뿔형으로 움푹 파인 부분 ★
피벗(축침)	카드를 지지하여 카드가 자유롭게 회전하게 하는 장치
컴퍼스 카드 (나패)	0도와 180도를 연결하는 선과 평행하게 자석이 부착되어 있는 원형판 ★

✅ 섀도 핀

놋쇠로 된 가는 막대로 컴퍼스 볼의 글라스 커버의 중앙에 핀을 세울 수 있는 섀도 핀 꽂이가 있다. 사용 시 한쪽 눈을 감고 목표물을 핀을 통해 보고 관측선 아래쪽의 카드 눈금을 읽는다.

✅ 자침

자기 나침의의 부실 밑에 있는 원통에 몇 개의 자석이 한 묶음으로 되어 들어 있거나, 큰 자석 한 개가 나침의의 남북선과 평행되게 놓여 있는 것

부실	컴퍼스 카드가 부착된 반구체
컴퍼스 액	알코올과 증류수를 4 : 6의 비율로 혼합하여 비중이 약 0.95인 액
주액구	컴퍼스의 액을 보충하는 곳으로 주위의 온도가 15℃ 정도일 때가 적당
자침	2개의 영구자석으로 만들어진 부품
짐벌링 = 짐벌즈	선박의 동요로 비너클이 기울어져도 볼을 항상 수평으로 유지시켜 주는 장치 ★★★★
비너클	목재 또는 비자성재로 만든 원통형의 지지대

ⓒ 마그네틱 컴퍼스(자기 나침의)의 오차 ★★★★

편차	진자오선(진북)과 자기 자오선(자북)과의 교각
자차	자기 컴퍼스의 북(나북)이 자북과 이루는 차이

ⓔ 마그네틱 컴퍼스 자차계수의 구분과 수정법 ★

구분	내용	수정법
자차계수 A	• 선수 방향과 관계없이 일정 • 연철의 일시자기와 컴퍼스 간의 비대칭으로 발생	수정 불필요
자차계수 B	선수미 방향에 의한 자차	• 선체영구자기의 선수미분력은 선수미 B자석으로 수정 • 수직연철에 의한 자차는 플린더즈 바를 놓아 수정
자차계수 C	정횡 방향(동서) 분력으로 인한 자차	C자석이나 플린더즈 바를 이용해 수정
자차계수 D	상한차 자차계수이며 침로가 동서남북일 때는 자차가 없음	연철구를 이용해 수정
자차계수 E	일반적으로 계수 E는 작고 이를 위한 수정장치가 없음	수정 불필요

ⓜ **자차의 변화 요인** : 선수 방위가 바뀔 때, 지구상 위치의 변화, 선체의 경사, 적하물의 이동, 선수를 동일한 방향으로 장시간 두었을 때, 선체가 심한 충격을 받았을 때, 동일한 침로로 장시간 항행 후 변침할 때, 선체가 열적인 변화를 받았을 때, 나침의 부근의 구조 변경 및 나침의의 위치 변경, 지방자기의 영향을 받을 때

ⓗ **마그네틱 컴퍼스(자기 나침의) 설치 시 유의사항**
- 선체의 중앙부분, 선수, 선미, 선상에 위치할 것
- 시야가 넓어서 방위 측정이 쉬운 곳에 위치할 것
- 주위에 전류도체가 없는 곳에 위치할 것
- 선체 및 기관의 진동이 비교적 적은 곳에 위치할 것

개념 다지기

⊘ 비너클의 구조 ★
- 경사계 : 비너클에 부착되어 있으며 선체의 경사상태를 표시하는 계기
- 상한차 수정구 : 컴퍼스 주변에 있는 자기의 수평력을 조정하기 위해서 부착한 연철구 혹은 연철판
- 조명장치 : 가변저항기로 내부의 조명용 전구의 밝기를 조절
- B, C자석 삽입구
  - 선체영구자기 중 선수미분력을 조정하기 위한 영구자석(선수미 B자석) 삽입구
  - 선체영구자기 중 정횡분력을 조정하기 위한 영구자석(정횡 C자석) 삽입구
- 플린더즈 바 : 선체일시자기 중 수직분력을 조정하기 위한 일시자석
- 경선차 수정자석 : 선체자기 중 컴퍼스의 중심을 기준으로 한 수직분력을 조정하기 위한 자석

▶ **경선차** : 선체가 수평일 때는 자차가 0°였으나 선체가 기울어지면 생기는 자차

⊘ 자차 측정 시 주의사항
- 컴퍼스 기선이 선수미선과 일치하는지 점검한다.
- 볼의 중심이 비너클(binnacle)의 중심선과 일치하는지 확인한다.
- 통상의 항해 시에 사용하는 컴퍼스 주변의 자성체는 그대로 둔다.
- 컴퍼스 볼(bowl) 내에 기포가 있으면 기포를 제거한 뒤 컴퍼스 액을 보충한다.

⊘ 자차 계산(예시)
- 자침의 방위가 071°이고, 그 지점이 편차가 7°E이면 진방위는 편차가 편동(E)이므로 진방위는 071° + 7° = 078°이다.
- 자차 6°E, 편차 9°W일 때 컴퍼스 오차는 큰 값에서 작은 값을 빼 주고 큰 값의 부호를 붙인다(9°W − 6°E = 3°W).

☑ **자이로컴퍼스의 장·단점**
- 장점 : 철물의 영향을 받지 않아 자차와 편차가 없음, 양극 지방에서도 사용이 가능, 방위신호를 간단히 전기신호로 바꿀 수 있다.
- 단점 : 가격이 비싸고 전원이 항상 공급되어야 한다.

③ **자이로컴퍼스(전륜 나침의)** ★
　㉠ **정의** : 고속으로 돌고 있는 로터를 이용하여 지구상의 북을 가리키는 장치
　㉡ **자이로컴퍼스의 기본 구성** ★★★
　　• **주동부** : 자동으로 북을 찾아 정지하는 지북 제진 기능을 가진 부분
　　• **추종부** : 주동부를 지지하고, 또 그것을 추종하도록 되어 있는 부분으로 컴퍼스 카드가 위치
　　• **지지부** : 선체의 요동, 충격 등의 영향이 추종부에 거의 전달되지 않도록 짐벌즈 구조로 추종부를 지지하게 되며, 그 자체는 비너클에 지지됨 ★
　　• **전원부** : 로터를 고속으로 회전시키는 데는 주파수 200Hz 이상의 높은 전원이 필요하므로, 보통 선박에서 쓰이는 전원을 변경시켜 주는 부분
　㉢ **자이로컴퍼스의 가동** : 출항 예정 4시간 전에는 반드시 전원을 켜두어야 함
　㉣ **자이로컴퍼스의 오차 종류** ★★★

☑ **선회(마찰)오차**
선박이 선회할 경우 수직축 주위가 충분하지 않을 경우에 토크가 생겨 자이로축을 경사시키려는 세차 운동을 일으켜서 생기는 오차

위도오차	• 제진 세차 운동과 지북 세차 운동이 동시에 일어나는 경사 제진식 제품에만 발생 • 적도 지방에서는 오차가 발생하지 않으며, 위도가 높을수록 오차가 증가
속도오차	항해 중 지면에 대한 상대운동이 변함으로써 평형을 잃게 되어 생긴 오차
가속도(변속도) 오차	항해 중 선박의 속도가 변경(증속, 감속)되거나 침로가 변경될 때 발생하는 오차
동요오차	• 선박이 동요하면 생기는 오차 • 4방점에 있어서는 0이고, 4우점에 있어서는 최대가 되므로 상한차로 표현 • 보정 추는 NS축상에 부착되어 동요오차 발생을 예방

▶ **방위 측정 도구의 종류**
방위경, 방위환, 방위반, 섀도 핀(shadow pin) 등

(2) 선속계(측정의, log) ★★★

① **정의** : 선박의 속력과 항주(항행)거리 등을 측정하는 계기
② **선속계의 종류**

핸드 로그	단위 시간당 풀려나가는 줄의 길이로 선속을 측정
패턴트 로그	선미에서 회전체를 끌면서 그 회전체의 회전수로 선속을 측정
전자식 로그	전자유도 법칙을 이용하여 선속을 측정
도플러 로그	도플러 효과를 이용, 음파를 송신하여 그 반향음과 전달속도, 시간 등을 계산하여 선속을 측정
전자식 선속계	• 패러데이의 전자유도 법칙을 응용한 선속계로 대수속력을 나타냄 • 구조 : 검출부(전극의 부식 방지를 위해 아연판 부착), 증폭부, 지시기

(3) 기타 항해계기

① 측심의 : 수심, 해저의 저질, 어군 존재 파악을 위한 장치
- ㉠ 음향측심기 : 선저에서 해저로 발사한 짧은 펄스의 초음파가 해저에서 반사되어 되돌아오는 시간을 측정하여 수심을 측정
- ㉡ 핸드 레드 : 수심이 얕은 곳에서 수심과 저질을 측정하는 측심의

② 육분의 : 천체의 고도를 측정하거나 두 물표의 수평 협각을 측정하여 선위를 결정하는 데 사용되는 계기

③ 기압계 : 대기의 압력을 측정하는 장치

④ 시진의 : 천문항법으로 위치선을 구하거나, 무선통신에 의해 항해에 유익한 정보를 얻기 위하여 시각을 확인하는 계기

2 레이더

(1) 레이더의 원리 ★★

① 원리 : 전자파를 발사하여 그 반사파를 측정함으로써 물표까지의 거리 및 방향을 파악하는 계기

② 전파의 특성인 등속성, 직진성, 반사성을 이용

(2) 레이더의 특징과 구조

① 레이더의 특징 ★

장점	• 날씨에 관계없이 이용 가능 • 시계 불량 시나 협수로 항해 시 편리 • 충돌 예방에 유리 : 타 선박의 상대 위치 변화 표시 • 한 물표로 방위와 거리를 동시에 측정 가능 • 태풍의 중심 및 진로 파악에 유리
단점	• 전기적 · 기계적 고장이 생기기 쉬움 • 영상 판독에 기술이 필요

② 레이더의 구조 ★★

- ㉠ 송신기 : 전파를 발생시켜 증폭한 후 안테나에 공급하며, 트리거 발전기, 펄스변조기, 마그네트론 등으로 구성
- ㉡ 수신기 : 해상의 장애물이나 선박에 부딪혀 되돌아오는 반사파(echo)를 수신
- ㉢ 송 · 수신 전환 장치 : 전파를 송신할 때에는 송신기만, 수신할 때에는 수신기만을 스캐너에 직접 연결되게 하는 장치
- ㉣ 지시기 : 반사파 신호를 스코프상에 영상으로 나타내는 장치
- ㉤ 스캐너(회전 안테나) : 전자파 신호를 발사하고, 반사파를 수신하는 기기

개념 다잡기

⊘ 음향측심기 수심 계산
$$D = \frac{1}{2} \cdot t \cdot V$$
- D : 선저에서 해저까지의 거리
- t : 음파가 진행한 시간
- V : 해수 속에서의 음파의 속도

⊕ 핸드 레드의 구조

⊘ 짧은 마이크로파를 사용하는 이유
회절이 적고 직진이 양호, 정확한 거리 측정이 가능, 수신 감도가 양호, 물체 탐지나 측정이 수월, 최소탐지 거리가 짧음 등

⊘ 레이더의 성능
좋은 영상을 얻기 위해서는 최대탐지거리, 최소탐지거리, 방위분해능, 거리분해능이 좋아야 한다.

⊘ 레이더 조정기 ★★
- 동조 조종기 : 레이더 국부발진기의 발진주파수를 조정
- 감도 조정기 : 수신기의 감도를 조정하는 것
- 해면반사 억제기 : 근거리에 대한 반사파의 수신 감도를 떨어뜨리도록 하여 방해현상을 줄임
- 비 · 눈 반사 억제기 : 비 · 눈 등의 영향으로 화면상에 방해현상이 많아져서 물체의 식별이 곤란할 때 방해현상을 줄여 주는 조정기
- 선수휘선 억제기 : 선수휘선이 화면상에 표시되지 않도록 함
- 중심이동 조정기 : 거리선택 조절 없이 원하는 곳의 화면을 좀 더 넓게 보기 위해 사용하는 조정기

☑ 레이더 플로팅

다른 선박과의 충돌 가능성을 확인하기 위하여 레이더에서 탐지된 영상의 위치를 체계적으로 연속 관측하여 이를 작도하고, 이에 의하여 최근접점(CPA)의 위치와 예상 도달 시간(TCPA), 타선의 진침로와 속도, 충돌 회피를 위해 본선이 취해야 할 침로 및 속력 등을 해석하는 것이다.

▶ **최대탐지거리 및 최소탐지거리**
- 최대탐지거리에 영향을 주는 요소 : 주파수, 첨두 출력, 펄스의 길이, 수평 빔 폭, 펄스 반복률, 스캐너의 회전율, 스캐너의 높이 등
- 최소탐지거리에 영향을 주는 요소 : 펄스 폭, 해면반사 및 측면반사, 수직 빔 폭 등

③ 레이더의 화면표시방식

진방위 지시방식	상대동작 지시방식
• 자선의 위치가 화면상의 어느 한 점에 고정되지 않음 • 자선을 포함한 모든 이동 물체가 화면상에 그 진침로 및 진속력에 비례하여 표시 • 타선과의 항법 관계를 쉽게 확인할 수 있음 • 연안항해의 경우에 특히 효과적	• 선박에서 일반적으로 가장 많이 사용되는 방식 • 모든 물체는 자선의 움직임에 대하여 상대적인 움직임으로 표시 • 타선의 진벡터(진침로와 진속력)를 알고자 할 때에는 도식적인 해석, 즉 레이더 플로팅을 필요로 함

(3) 레이더의 거짓상(허상) ★

① 간접 반사 : 마스트나 연돌 등 선체의 구조물에 반사되어 생기는 거짓상
② 거울면 반사(경면반사) : 안벽, 부두, 방파제 등에 의해서 대칭으로 생기는 허상
③ 다중 반사 : 현측에 대형선이나 안벽 등이 있을 때 전파가 그 사이를 여러 번 반사되어 거짓상이 등간격으로 점점 약하게 나타나는 것
④ 부복사(측엽반사) : 자선 부근에 큰 물체가 있을 경우의 거짓상
⑤ 2차 소인반사 : 초굴절이 심할 때 최대탐지거리 밖의 물체의 영상이 나타나는 경우

 ※ 더 알아보기 X밴드 레이더와 S밴드 레이더의 비교

구분	X밴드	S밴드
주파수	9.2~9.5GHz	2.9~3.1GHz
선명도	좋음	다소 떨어짐
방위와 거리	정확	덜 정확
작은 물체 탐지	쉽게 탐지	탐지 어려움
탐지거리	가까운 거리	먼 거리

(4) 선박자동식별장치(AIS) ★★★★

① 무선전파 송수신기를 이용하여 선박의 제원, 종류, 위치, 침로, 항해 상태 등을 자동으로 송수신하는 시스템으로, 선박과 선박 간, 선박과 연안기지국 간 항해 관련 통신장치
② GPS를 통하여 자신의 정보를 송출하면 AIS를 탑재한 모든 선박은 이 정보를 수신할 수 있으며, 안전한 항해를 위한 기초 자료로 활용

(5) 지피에스 플로터(GPS plotter)

① 간이 전자해도 위에 GPS의 실시간 위치확인기능을 접목한 위치확인 장치
② 어느 선박과 다른 선박 상호 간에 선박의 명세, 위치, 침로, 속력 등의 선박 관련 정보와 항해 안전 정보들을 폴 주파수로 송신 및 수신하는 시스템

02 항법

1 항해술의 기초

(1) 항법의 분류

지문항법	**연안항법**	연안의 물표를 관측하여 선위를 측정하는 항법
	추측항법	지구의 모양, 크기 및 선내에서 구하는 항정과 침로를 기초로 선위를 계산하는 항법
천문항법		천체를 관찰하여 선위 측정
전파항법		전파의 특성을 이용하여 선위 측정

(2) 지구상의 위치 용어 ★★

① 대권 : 지구의 중심을 지나는 평면원
② 소권 : 지구의 중심을 지나지 않는 평면원
③ 지축 : 지구의 자전축
④ 지극 : 지축의 양쪽 끝(남극/북극)
⑤ 적도 : 지축에 직교(90°)하는 대권으로 위도의 기준이 됨
⑥ 거등권 : 적도와 평행을 이루는 소권
⑦ 자오선 : 양극을 지나는 대권이며, 적도와 직교 ★
⑧ 본초자오선 : 영국의 그리니치 천문대를 지나는 자오선으로 경도의 기준이 됨
⑨ 항정선 : 지구 위의 모든 자오선과 같은 각으로 만나는 곡선
⑩ 자기적도 : 지구 자기장의 복각이 0°가 되는 지점을 연결한 선 ★
⑪ 위도와 경도
    ㉠ 위도(lat) : 어느 지점을 지나는 거등권과 적도 사이의 자오선상의 호의 길이
    ㉡ 경도(long) : 어느 지점의 자오선과 본초자오선 사이 적도의 호의 길이. 본초자오선을 기준으로 동쪽으로 잰 것을 동경(E), 서쪽으로 잰 것을 서경이라고 함
⑫ 황도 관련 용어 ★
    ㉠ 황도 : 태양이 천구 위를 1년에 한 번 지구를 중심으로 서에서 동으로 운행하는 것처럼 보이는 태양 연주 운동의 겉보기 궤도
    ㉡ 분점 : 황도 경사 때문에 생기는 2개의 교점
    ㉢ 지점 : 분점에서 90도 떨어진 황도 위의 점

📁 **개념** 다잡기

PART
01

◎ 항법
선박이 출발지와 도착지 두 지점 사이를 가장 안전하고 정확하게 항행하도록 하는 기술

◎ 천문항법에 사용되는 시
• 지방표준시 : 한 나라 또는 한 지방에서 특정한 자오선을 표준 자오선으로 정하고, 이를 기준으로 정한 평시
• 세계시 : 경도 0도를 표준 자오선으로 정한 시각
• 항성시 : 천체를 측정하기 위한 시각계(時刻系)로서 기준 천체를 춘분점(春分點)으로 한 것이다. 즉, 춘분점을 하나의 천체로 보았을 때의 시각
• 태양시 : 태양이 같은 위치로 돌아올 때를 1일로 하고, 이를 24로 나눈 시간
• 시태양시 : 실제의 태양을 기준으로 하여 측정하는 시간

◎ 기타 지구상의 위치 요소 ★
• 천의 남극과 천의 북극 : 천의 극 중 지구의 북극 쪽에 있는 것을 천의 북극, 남극 쪽에 있는 것을 천의 남극
• 지자극 : 지구 내부에 막대자석을 놓았다고 가정할 때, 이 자석의 축을 연장한 방향이 지구 표면과 만나는 점
• 북회귀선 : 태양이 머리 위 천정을 지나는 가장 북쪽 지점을 잇는 위선
• 동명극과 이명극 : 동명극은 관측자의 위도와 동명인 극, 이명극은 관측자의 위도와 이명인 극
• 날짜변경선 : 경도 180도를 기준으로 삼아 인위적으로 날짜를 구분하는 선

(3) 거리와 속력 ★★

① 해리 : 해상에서 사용하는 거리의 단위로 1해리＝1,852m(위도 1'은 60마일)

② 노트(knot) : 선박 속력의 단위로 1노트는 1시간에 1해리를 항주(속력＝거리 / 시간)

③ 대지속력과 대수속력

대지속력	육상에서 배를 바라볼 때의 속력(외력의 영향을 가감한 속력)
대수속력	선박의 물에 대한 속력으로 타력에 의하여 생김(전자식 선속계가 표시)

◎ 대지속력과 대수속력의 비교
대수속력은 선속계에 나타나는 속력을 말하고, 대지속력은 육상에서 배를 바라볼 때 속력으로 외력의 영향까지 고려한 속력이다.

◎ 침로 ★

(4) 방위와 침로

① 방위와 방위각

㉠ 방위 : 북쪽을 기준으로 하여 시계 방향으로 360°를 말함

㉡ 방위의 구분

진방위(TB)	관측자와 물표를 잇는 대권과 진자오선(진북)의 교각
나침방위(CB)	물표를 잇는 대권과 컴퍼스의 남북선과 이루는 나북의 교각
자침방위(MB)	물표를 잇는 대권과 자기 자오선과 이루는 교각
상대방위(RB)	선수 방향을 기준으로 하는 방위

② 침로와 침로각 ★★

㉠ 침로 : 한 지점으로부터 다른 지점까지의 방향. 선수미선과 선박을 지나는 자오선의 각

㉡ 침로의 구분

진침로	진자오선(진북)과 항적이 이루는 각
시침로	풍압차나 유압차가 있을 때 진자오선과 선수미선이 이루는 각
자침로	자기 자오선(자북)과 선수미선의 교각
나침로	나침의 남북선(나북)과 선수미선의 교각

③ 침로(방위) 개정 ★

㉠ 개정법 : 나침로(나침방위)에서 진침로(진방위)로 고치는 것

㉡ 자차의 부호가 편동(E)이면 나침로(방위)에 더(＋)하고, 편서이면 나침로(방위)에서 빼서(－) 자침로(방위)를 구함

㉢ 편차의 부호가 편동(E)이면 자침로(방위)에 더(＋)하고, 편서이면 자침로(방위)에서 빼서(－) 진침로(방위)를 구함

④ 침로의 반개정 : 진침로에서 나침로로 고치는 것으로 개정의 반대순으로 함

◎ 기타 위치선의 종류
• 전위선에 의한 위치선 : 위치선을 그동안 항주한 거리(항정)만큼 침로 방향으로 평행이동시킨 것
• 전파항법에 의한 위치선 : 로란, 데카, 콘솔의 측정기에 의한 쌍곡선에 의한 위치선
• 수심에 의한 위치선 : 수심의 변화가 규칙적이고 측량이 잘된 해도를 이용하여 직접 측정하여 얻은 수심과 같은 수심을 연결한 등심선을 위치선으로 활용

2 선위와 선위측정법

(1) 선박의 위치

① 선위의 종류 ★

실측위치(Fix)	실제로 관측하여 구한 선위
추측위치(D.R)	최근의 실측위치를 기준으로 하여 진침로와 선속계 또는 기관의 회전수로 구한 항정에 의해 구한 선위
추정위치(E.P)	추측위치에 외력의 영향을 가감하여 구한 선위

② 위치선(Line of Position) ★★★★

ㄱ 정의 : 관측을 실시한 시점에 선박이 그 선위에 있다고 생각되는 특정한 선

ㄴ 위치선을 구하는 방법

• 방위에 의한 위치선 : 컴퍼스로 구한 물표의 방위선

• 중시선에 의한 위치선 : 두 물표가 일직선상에 겹쳐 보일 때 두 물표를 연결한 선으로 선위, 피험선, 컴퍼스 오차의 측정, 변침점, 선속 측정 등에 이용

• 수평협각에 의한 위치선 : 두 물표 사이의 수평협각을 육분의로 측정 뒤 두 물표를 지나고 측정한 각을 품는 원

(2) 선위측정법 ★★★★

① 교차방위법 ★★★★

ㄱ 2개 이상의 뚜렷한 물표를 선정하여 거의 동시에 각각의 방위를 재어 해도상에 방위선을 긋고 이들의 교점을 선위로 측정하는 방법

ㄴ 장점과 단점

• 장점 : 간편하고 외력의 영향을 받지 않으며, 선위를 즉시 알 수 있음

• 단점 : 물표 상호 간 방위의 제한이 있으며, 방위 변화가 빠른 물표에는 사용이 힘듦

ㄷ 물표 선정에 있어서의 주의사항 ★★

• 해도상의 위치가 정확하고 뚜렷한 목표를 선정

• 먼 물표보다는 적당히 가까운 물표를 선택

• 물표 상호 간의 각도는 될 수 있는 한 30°~150°인 것을 선정

• 두 물표일 때에는 90°, 세 물표일 때는 60°가 가장 좋음

• 물표가 많을 때는 2개보다 3개 이상을 선정하는 것이 좋음

ㄹ 방위 측정 시 주의사항 ★★

• 선수미 방향이나 먼 물표를 먼저 측정하고, 정횡 방향이나 가까운 물표는 나중에 측정

개념 다잡기

✓ 육분의를 이용한 위치선 구하기
태양 및 달의 고도나 박명시에 혹성이나 항성의 고도를 육분의로 측정하여 위치선을 구할 수 있다.

✅ 오차삼각형이 생기는 원인 ★
- 부정확한 방위 측정
- 위치선을 작도할 때 오차가 개입되었을 때
- 자차나 편차에 오차가 있는 경우
- 해도상 물표의 위치가 실제와 다른 경우
- 방위 측정 사이에 시간차가 클 때

✅ 일반적으로 레이더와 컴퍼스를 이용하여 구한 선위 중 레이더로 둘 이상 물표의 거리를 이용하여 구한 선위, 레이더로 구한 물표의 거리와 컴퍼스로 측정한 방위를 이용하여 구한 선위, 레이더로 한 물표에 대한 방위와 거리를 측정하여 구한 선위 등에 비해, 레이더로 둘 이상의 물표에 대한 방위를 측정하여 구한 선위가 정확도가 가장 낮다.

- 위치선 및 선위를 기입할 때는 그 관측 시간과 방위를 기입
- 물표가 선수미선의 어느 한쪽에만 있을 경우 선위가 오른쪽 또는 왼쪽으로 편위될 수 있으니 주의
- 방위 측정과 해도상의 작도 과정이 신속하고 정확하게 이루어져야 함
- 방위 변화가 빠른 물표는 나중에 측정
- ⑪ **오차삼각형** : 교차방위법으로 관측된 3개의 방위선이 서로 한 점에서 교차하지 않고 생기는 작은 삼각형 ★

② **수평협각법**(3표양각법) ★★
- ㉠ 명확한 3개의 물표를 육분의로 수평협각을 측정하고, 3간분도기를 사용하여 협각 각각의 원주각으로 하는 원의 교점을 구하는 방법
- ㉡ 꼭 3개 이상의 물표가 필요하며, 수평협각의 측정 및 선위결정에 다소 시간이 걸림

③ **방위거리법** : 한 물표의 방위와 거리를 동시에 측정하여, 그 방위에 의한 위치선과 수평거리에 의한 위치선의 교점을 선위로 정하는 방법

④ **2개 이상 물표와 수평거리에 의한 방법**
- ㉠ 2개 이상의 물표를 레이더로 동시에 수평거리를 측정하여 각각의 위치권의 교점을 선위로 결정하는 방법
- ㉡ 3물표의 위치권을 사용하면 명확한 선위를 얻을 수 있으며, 물표가 가깝고 위치권의 교각이 90°에 가까울수록 선위의 정밀도가 높음

⑤ **중시선과 다른 물표와의 방위나 수평협각에 의한 방법** : 두 물표의 중시선과 다른 물표의 방위 또는 그들 사이의 수평협각을 측정하여 선위를 구하는 것으로 선위의 정밀도가 아주 좋으며, 자차 확인에 사용 가능

⑥ **격시관측법** : 동시에 2개 이상의 위치선을 구할 수 없을 때 시간차를 두고 위치선을 구하며, 전위선과 위치선을 이용하여 선위를 구하는 방법

⑦ **두 개의 중시선에 의한 방법** : 두 중시선이 서로 교차할 때 그 교점을 선위로 결정하는 방법으로 가장 정확한 선위측정법

03 해도 및 항로표지

1 해도

(1) 해도의 정의와 분류

① 해도의 정의 : 항해에 사용할 목적으로 광범위한 정보를 기재하여 만든 지도

② 해도의 분류 ★★★★

㉠ 도법에 의한 분류 ★★★

평면도법	지구 표면의 좁은 구역을 평면으로 간주하고 그린 축척이 큰 해도로, 주로 항박도에 많이 이용
점장도법 ★★★★	• 항정선을 평면 위에 평행선으로 나타내기 위해서 고안된 도법으로 가장 많이 이용 • 항정선이 직선으로 표시 • 자오선은 남북 방향의 평행선이고, 거등권은 동서 방향의 평행선으로 서로 직교 • 해도 위의 두 지점 간의 방위는 두 지점의 직선과 자오선과의 교각 • 거리를 측정할 때에는 위도 눈금으로 알 수 있음 • 고위도가 됨에 따라 거리, 넓이, 모양 등이 일그러지기 때문에 위도가 높은 지역의 해도로는 부적당하며, 위도 70˚ 이하에서 사용
대권도법	• 대권(지구 중심을 가로지르는 선)을 이용한 도법 • 긴 항해를 계획할 때 유리

㉡ 사용 목적에 의한 분류 ★★★★

총도	극히 넓은 지역을 나타낸 것으로, 항해계획 시 또는 긴 항해 시 사용할 수 있는 해도(1/400만 이하)
항양도	원거리 항해에 쓰이며, 해안에서 떨어진 바다의 수심, 주요 등대, 원거리 육상 물표 등을 수록(1/100만 이하의 소축척 해도)
항해도	물표 등을 측정함으로써 선위를 직접 해도상에서 구할 수 있도록 그려진 해도(1/30만 이하)
항박도 ★★	항만, 정박지, 협수로 등 좁은 구역을 세부까지 상세하게 수록한 해도(1/5만 이상의 대축척 해도)
해안도	연안항해에 사용하는 해도로서, 연안의 여러 가지 물표나 지형이 매우 상세히 표시(1/5만 이하)
특수도 ★	해도 번호 앞에 'F'가 표기되어 있는 어업용 해도, 해저면의 지형을 그린 해저 지형도, 해수의 흐름을 나타낸 해류도, 조류의 상황을 그림으로 표시한 조류도 등

개념 다잡기

✓ 종이해도 ★★
• 2B나 4B 연필을 사용
• 종이해도의 정보 : 간행연월일, 해도의 표제기사, 나침도, 해도상 수심의 기준 등이 표시되며, 일출 시간은 표시되지 않음

✓ 전자해도 ★
종이해도상에 나타나는 모든 해도 정보를 항해용 컴퓨터 화면상에 표시하는 디지털해도
• 초기 설치비용이 많이 듦
• 레이더 영상을 해도 화면상에 중첩시킬 수 있음
• 축척을 변경하여 화상의 표시범위를 임의로 바꿀 수 있음
• 얕은 수심 등의 위험해역에 가까워졌을 때 경보를 표시할 수 있음

✓ 전자해도표시장치(ECDIS)
• 자동 조타장치와 연동하면 조타장치를 제어할 수 있음
• 자동레이더플로팅장치와 연동하여 충돌 위험 선박을 표시할 수 있음

(2) 해도의 정보 ★★

① 해도의 축척 : 두 지점 사이의 실제 거리와 해도에서 이에 대응하는 두 지점 사이의 거리의 비 ★★★★

대축척 해도	좁은 지역을 상세하게 표시한 해도(항박도)
소축척 해도	넓은 지역을 작게 나타낸 해도(총도, 항양도)

② 표제 : 해도의 명칭, 축척, 측량연도 및 자료의 출처, 수심 및 높이의 단위와 기준면 조석에 관한 사항 등을 기재

③ 나침도(compass rose) ★★★
  ㉠ 바깥쪽은 진북을 가리키는 진방위권, 안쪽은 자기 컴퍼스가 가리키는 나침 방위권을 각각 표시
  ㉡ 중앙에는 자침편차와 1년간의 변화량인 연차가 기재

④ 해도의 기준면 ★★★

수심의 측정 기준 ★★	• 기본수준면(약최저저조면)으로 수심의 단위는 미터(m) • 기본수준면 : 연중 해면이 그 이상으로 낮아지는 일이 거의 없다고 생각되는 수면
높이의 기준면	등대와 같은 육상 물표의 높이는 장기간 관측한 해면의 평균 높이(평균수면)를 기준으로 계산
안선(해안선)	약최고고조면으로 육지와 바다의 경계선을 표시
조고 ★	조석에 의하여 변동하는 수면의 높이

⑤ 등심선 : 해저의 지형이나 기복상태를 판단할 수 있도록 수심이 동일한 지점을 연결한 가는 실선 ★

⑥ 조류화살표 : 조류의 방향과 대조기의 최강유속을 표시 ★

⟩⟩⟩²ᵏⁿ→ 해조류	유속을 표시한 해조류
⁄⁄⁄²ᵏⁿ→ 창조류	유속을 표시한 창조류
²ᵏⁿ→ 낙조류	유속을 표시한 낙조류

(3) 해도 사용법

① 해도 작업에 필요한 도구 : 삼각자, 디바이더, 컴퍼스, 지우개 및 연필(2B, 4B) 등
② 해도의 이용
  ㉠ 두 지점 사이의 방위(침로)를 구하는 방법 : 해도에 그려져 있는 나침도를 사용하여 측정
  ㉡ 두 지점 사이의 거리를 구하는 방법 : 두 지점에 디바이더의 발을 각각 정확히 맞추어 두 지점 간의 간격을 재고, 이것을 그들 두 지점의 위도와 가장 가까운 위도의 눈금에 대어 거리를 측정 ★

✓ 등심선
통상 2m, 5m, 20m, 200m의 선으로 표시

✓ 해도의 선택
• 항상 최신판 해도나 완전히 개정된 해도를 선택
• 항해목적에 따른 적합한 축척의 해도를 선택
• 연안항해 시는 축척이 큰 해도를 이용

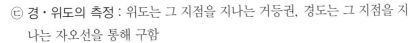
  ⓒ 경·위도의 측정 : 위도는 그 지점을 지나는 거등권, 경도는 그 지점을 지나는 자오선을 통해 구함

③ 해도 사용 시 주의사항 ★★★

  ㉠ 보관 시 반드시 펴서 넣고 20매 이내로 유지

  ㉡ 항상 발행 기관별 번호 순서 또는 사용 순서대로 보관

  ㉢ 서랍 앞면에는 그 속에 들어 있는 해도번호, 내용물을 표시

  ㉣ 운반 시 반드시 말아서 비에 젖지 않도록 풍하 쪽으로 이동

  ㉤ 연필은 2B나 4B를 이용하되 끝을 납작하게 깎아서 사용

  ㉥ 해도에는 필요한 선만 그을 것

(4) 해도도식 ★★★

① 정의 : 해도에 사용되는 특수한 기호와 양식, 약어 등을 수록한 수로도서지

② 저질(Quality of the Bottom) ★★★★

S	모래	Sand	Sn	조약돌	Stone
M	펄(뻘)	Mud	P	둥근자갈	Pebbles
G	자갈	Gravel	Rk, rky	바위	Rock, rocky
Oz	연니	Ooze	Co	산호	Coral
Cl	점토	Clay	Sh	조개껍질	Shells
Oys	굴	Oysters	c	가는	Coarse
Wd	해초(바닷말)	Sea-weed	So	연한	Soft
fne	가는	Fine	h	굳은	Hard
gty	잔모래	Gritty	w	백색	White
bl	흑색	Black	vi	자색	Violet
b	청색	Blue	gn	녹색	Green
gy	회색	Gray	y	황색	Yellow

③ 위험물의 해도도식 ★★★

❀3 ❀3 ✳3	간출암 : 저조시 수면 위에 나타나는 바위(3m)
⟨✳⟩	항해에 위험한 간출암
⊹	세암 : 저조시 수면과 거의 같아서 해수에 봉우리가 씻기는 바위
⟨⊹⟩	항해에 위험한 세암
+	암암 : 저조시에도 수면 위에 나타나지 않는 바위

✅ 저질
해저의 바닥을 이루고 있는 물질 또는 퇴적물

✅ 위치표시
PA(개략적인 위치), PD(의심되는 위치), ED(존재의 추측위치), SD(의심되는 수심)

✅ 해저 위험물
• 간출암 : 저조시에는 수면 위에 나타나는 바위
• 세암 : 저조일 때 수면과 거의 같아서 해수에 봉우리가 씻기는 바위
• 암암 : 저조일 때도 수면 위에 나타나지 않는 바위

	항해에 위험한 암암
(3s)	노출암 : 저조시나 고조시에 항상 보이는 바위(3.5m)
	위험하지 않은 침선
	항해에 위험한 침선

2 수로서지와 해도의 개정

(1) 항로지 ★★★★

① 정의 : 해상에 있어서의 기상, 해류, 조류 등의 여러 현상과 도선사, 검역, 항로표지 등의 일반기사 및 항로의 상황, 연안의 지형, 항만의 시설 등이 기재되어 있는 수로서지

② 구성 : 총기, 연안기, 항만기의 3편으로 나누어 기술

③ 우리나라의 발간 항로지 : 국립해양조사원에서는 연안항로지, 근해항로지, 원양항로지, 중국연안항로지 및 말라카해협항로지 등을 간행

(2) 수로특수서지 ★★

① 등대표 ★★

㉠ 선박을 안전하게 유도하고 선위 측정에 도움을 주는 주간, 야간, 음향, 무선 표지를 상세하게 수록

㉡ 항로표지의 명칭과 위치, 등질, 등고, 광달거리, 색상 등을 자세히 기록

㉢ 우리나라의 등대표는 동해안에서 남해안, 서해안을 따라 시계 방향으로 일련번호를 부여

② 조석표 ★★★★★

㉠ 각 지역의 조석 및 조류에 대하여 상세하게 기술한 것으로, 조석 용어의 해설도 포함

㉡ 표준항 이외에 항구에 대한 조시, 조고를 구할 수 있음

㉢ 한국연안조석표는 1년마다 간행하며, 태평양 및 인도양 연안의 조석표는 격년 간격으로 간행

③ 국제신호서 ★★

㉠ 항해와 인명의 안전에 위급한 상황이 발생하였을 경우를 대비하여 발행된 책

㉡ 해상에서 선박과 인명의 안전에 관한 언어적 장해가 있을 때의 신호방법과 수단을 규정하는 신호서

◈ 수로서지 ★
해도 이외에 항해에 도움을 주는 모든 간행물(항로지와 수로특수서지)

◈ 항로지의 종류
• 근해항로지 : 한국 근해, 일본, 동남아의 항로 선정 자료 제공
• 대양항로지 : 대양에 있어서의 항로 선정을 위한 자료 제공
• 항로지정 : 연안, 해협, 진입로 등의 통항 분리 방식과 주의사항

◈ 수로서지 중 특수서지
항로지를 제외한 나머지 서지로 등대표, 조석표, 국제신호서, 천측력, 조류도, 해상거리표, 천측계산표 등

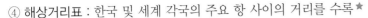

④ 해상거리표 : 한국 및 세계 각국의 주요 항 사이의 거리를 수록 ★

⑤ 천측력 : 천문항해 시 원양에서 선박의 위치를 결정하는 데 필요한 정보를 수록 ★

⑥ 해도도식 : 해도상에 여러 가지 사항들을 표시하기 위하여 사용되는 특수한 기호 및 약어 ★

PART
01

(3) 해도의 개정

① 항행통보 ★★★

㉠ 수심의 변화, 위험물의 위치, 항로표지의 신설·폐지 등의 정보를 항해자에게 통보해 주는 것

㉡ 우리나라의 항행통보는 해양조사원에서 매주 발행

② 개정 및 소개정

㉠ 개판 : 이전 해도의 원판을 완전히 폐기하고 새로 만드는 것(항행통보로 알림)

㉡ 재판 : 원판을 약간 수정하여 다시 발행하는 행위(항행통보로 알리지 않음)

㉢ 소개정 : 매주 발행되는 항행통보를 보고 항해사가 수기로 직접 해도에 수정하는 것으로서 개보할 때는 붉은색 잉크를 사용 ★

3 항로표지

(1) 야간표지(야표, 광파표지)

① 정의 : 등화에 의하여 그 위치를 나타내며, 주로 야간의 목표가 되지만 주간에도 물표로 이용되는 표지

② 구조에 의한 분류 ★★★★

등대	• 해양으로 돌출된 곳(갑), 섬 등 항해하는 선박의 위치를 확인하는 물표가 되기에 알맞은 장소에 설치된 탑과 같은 구조물 • 등대의 등색 : 백색, 적색, 황색, 녹색 등
등주	• 쇠나 나무, 콘크리트와 같이 기둥 모양의 꼭대기에 등을 달아 놓은 것 • 광달거리가 크지 않아도 되는 항구, 항내 등에 설치
등선	• 육지에서 멀리 떨어진 해양 항로의 중요한 위치에 있는 사주 등을 알리기 위해서 일정한 지점에 정박하고 있는 특수한 구조의 선박 • 밤에는 등화, 낮에는 구조나 형태로 식별
등표	항로, 암초, 항행금지구역 등을 표시하는 지점에 고정 설치하여 안전사고를 예방하는 표지
등부표	• 위험한 장소·항로의 입구·폭·변침점 등을 표시하기 위해 설치 • 해저의 일정한 지점에 체인으로 연결되어 수면에 떠 있는 구조물 • 강한 파랑이나 조류에 의해 유실되는 경우도 있으며, 등대표에 기록

개념 다잡기

☑ 수로서지의 개정
변경사항이 있으면 항행통보로 개정하며, 개정할 때 '개정이력'란에 통보 연도수와 통보항수를 기록

☑ 항로표지
선박 통항량이 많은 항로, 항만, 협수로, 연안 해역 등에서 주·야간 상관 없이 짧은 시간 안에 식별이 가능하여 자선의 위치를 정확하게 알 수 있도록 하는 인위적인 시설물

☑ 항로표지의 종류 ★
주간표지, 야간표지, 음향표지, 무선표지(전파표지), 특수신호표지, 국제 해상부표 등

✅ 중시선
두 물표가 일직선상에 겹쳐 보일 때 그들 물표를 연결한 직선

③ 용도에 따른 분류 ★★★★

도등	• 통항이 곤란한 좁은 수로, 항만 입구 등에서 항로의 연장선 위에 높고 낮은 2~3개의 등화를 앞뒤로 설치 • 등화의 중시선을 이용하여 선박을 인도하는 광파표지
지향등	선박의 통항이 곤란한 좁은 수로, 항구, 만의 입구 등에서 선박에게 안전한 항로를 알려 주기 위하여 항로 연장선상의 육지에 설치한 분호등(백색광이 안전구역)
조사등(부등)	투광기를 통해 등표 등의 설치가 어려운 위험지역을 직접 비추는 등화시설(주로 홍색)
임시등	출·입항선이 빈번한 계절에만 임시로 점등하는 등화
가등	등대의 개축 공사 중에 임시로 가설하는 등

✅ 모스 부호등(Mo)
모스 부호를 빛으로 발하는 것으로, 어떤 부호를 발하느냐에 따라 등질이 달라지는 등

④ 등대의 등질 ★★★

㉠ 부동등(F) : 등색이나 등력(광력)이 바뀌지 않고 일정하게 계속 빛을 내는 등

㉡ 명암등(Oc) : 빛을 비추는 시간이 꺼져 있는 시간보다 긴 등

㉢ 군명암등[Gp.Oc(*)] : 한 주기 동안에 2회 이상 꺼지는 등으로 괄호 안의 *는 꺼지는 횟수임

㉣ 섬광등(Fl) : 빛을 비추는 시간이 꺼져 있는 시간보다 짧은 것으로, 일정시간마다 1회의 섬광을 내는 등

㉤ 군섬광등[Gp.Fl(*)]
• 한 주기 동안에 2회 또는 그 이상의 섬광을 내는 등
• Fl(3)20sec : 20초 간격으로 연속적인 3회의 섬광을 반복

㉥ 급섬광등(Qk.Fl) : 1분간에 60회 이상 80회 이하의 섬광을 내는 등

㉦ 호광등(Alt) : 등광은 꺼지지 않고 등색만 바뀌는 등

㉧ 분호등 : 서로 다른 지역을 다른 색상으로 비추는 등화로, 위험구역만을 주로 홍색광으로 비추는 등화

⑤ 주기·등색·등고 ★★★★

주기	정해진 등질이 반복되는 시간으로, 초(sec) 단위로 표시
등색	백색, 적색, 황색, 녹색 등
등대 높이(등고)	평균수면에서 등화의 중심까지를 등대의 높이(단위는 m 또는 ft)

✅ 광달거리에 영향을 주는 요소
안고, 시계, 등화의 밝기, 광원의 높이 등

⑥ 광달거리 ★★

㉠ 등광을 알아볼 수 있는 최대 거리로 해도상에서는 해리(M)로 표시

㉡ 해도나 등대표에 기재된 광달거리는 평균수면으로부터 5m 기준으로 계산

㉢ 해도상의 등질 표시(Fl.2s10m20M) : Fl(섬광등), 2s(2초마다 반복), 10m(등대 높이), 20M(광달거리) ★★★

(2) 주간표지(주표, 형상표지)

① 정의 : 점등장치가 없고, 형상과 색깔로 주간에 선위를 결정할 때 이용하는 표지

② 주간표지의 종류 ★★★★

입표	• 암초, 노출암, 사주(모래톱) 등의 위치를 표시하기 위하여 그 위에 세워진 경계표 • 등광을 함께 설치하여 등부표로 사용
부표	• 선박에 암초, 얕은 여울 등의 존재를 알리고 항로를 표시하기 위하여 바다 위에 뜨게 한 구조물 • 항로를 따라 변침점에 설치 • 등광을 함께 설치하면 등부표가 됨
육표	입표의 설치가 곤란한 경우에 육상에 마련한 간단한 항로표지
도표	• 좁은 수로의 항로를 표시하기 위하여 항로의 연장선 위에 앞뒤로 2개 이상의 표지를 설치하여 선박을 인도하는 표지 • 등광을 함께 설치하면 도등이 됨

(3) 음향표지(무중신호, 무신호)

① 정의 : 안개, 눈 또는 비 등으로 시계가 나빠서 육지나 등화를 발견하기 어려울 때 부근을 항해하는 선박에게 그 위치를 알리는 표지 ★★★

② 음향표지의 종류 ★★★★

에어 사이렌	공기압축기로 만든 공기에 의하여 사이렌을 울리는 장치
다이어폰	압축공기에 의해서 발음체인 피스톤을 왕복시켜서 소리를 내는 음향표지
다이어프램 폰(혼)	전자력에 의해서 발음판을 진동시켜 소리를 울리는 장치
무종	가스의 압력 또는 기계장치로 종을 쳐서 소리를 내는 음향표지
취명 부표	파랑에 의한 부표의 진동을 이용하여 공기를 압축하여 소리를 내는 장치
타종 부표	부표의 꼭대기에 종을 달아 파랑에 의한 흔들림을 이용하여 종을 울리게 한 부표

(4) 전파표지(무선표지)

① 정의

㉠ 전파의 3가지 특징인 직진성, 반사성, 등속성을 이용하여 선박의 위치를 파악하는 항로표지

㉡ 기상과 관계없이 항상 이용이 가능하고, 넓은 지역에 걸쳐서 이용이 가능

개념 다잡기

✅ 음향표지 이용 시 주의사항
• 항해 시 음향표지에만 지나치게 의존해서는 안 됨
• 무신호소는 신호를 시작하기까지 다소 시간이 걸림
• 신호음의 방향 및 강약만으로 신호소의 방위나 거리를 판단해서는 안 됨

---

② 전파표지의 종류

㉠ 마이크로파 표지국 ★★★★★

유도 비컨	• 좁은 수로 또는 항만에서 2개의 전파를 발사하여 중앙의 좁은 폭에서 겹쳐서 장음이 들리도록 함 • 선박이 항로상에 있으면 연속음이 들리고, 항로에서 좌우로 멀어지면 단속음이 들리게 하는 표지
레이더 반사기 (radar reflector)	전파의 반사 효과를 잘 되게 하기 위한 장치로, 부표·등표 등에 설치하는 경금속으로 된 반사판
레이마크	일정한 지점에서 레이더 파를 계속 발사하는 것으로 송신국의 방향이 밝은 선(휘선)으로 나타나도록 전파가 발사되는 표지
레이콘	레이더에서 발사된 전파를 받은 때에만 응답하며, 일정한 형태의 신호가 나타날 수 있도록 전파를 발사하는 표지
레이더 트랜스폰더	• 정확한 질문을 받거나 송신이 국부명령으로 이루어질 때 응답 전파를 발사하여 레이더의 표시기상에 그 위치가 표시되도록 하는 장치 • 송신 내용에 부호화된 식별신호 및 데이터가 들어 있음
토킹 비컨	선박의 레이더에서 발사한 전파를 받은 때에만 응답신호를 내며, 음성 신호를 3°마다 방송하여 선박의 방위 확인이 가능한 표지

㉡ 항법용 표지국 ★★★

로란 C	선박에 설치된 로란 C 수신기를 이용하여 선위를 측정할 수 있도록 전파를 발사하는 시설
데카(DECCA)	두 송신국에서 발사한 전파의 위상차를 이용하여 선위를 측정하는 시설
지피에스(GPS)	24개의 인공위성으로부터 오는 전파를 사용하여 본선의 위치를 계산하는 방식으로 위성마다 서로 다른 PN코드를 사용
DGPS (Differential GPS)	• 대표적인 위성항법장치로 GPS 위성의 위치 오차를 줄이기 위해 사용하며, GPS와 DGPS는 서로 같은 위성을 이용 • 위치를 알고 있는 기준국의 수신기로 각 위성에서 발사한 전파가 기준국까지 도달하는 시간에 대한 오차값을 보정하여 보다 정확한 위치를 측정하는 방식

4 국제해상부표시스템(IALA System)

(1) 국제해상부표시스템의 의미와 지역 구분

① 국제해상부표시스템의 의미 : 연안항해를 하거나 입·출항 시 선박을 안전하게 유도하기 위해서 여러 나라의 부표식의 형식과 적용방법 등을 다르게 표시하는 것

② 지역 구분

    ㉠ A지역 : 유럽, 아프리카, 인도양 연안 지역

    ㉡ B지역 : 한국, 일본, 미국, 카리브해 지역, 남북 아메리카, 필리핀 인근 동남아시아 지역

(2) 국제해상부표식의 종류

① **측방표지(B지역)** ★★★★

    ㉠ **정의** : 항행하는 수로의 좌·우측 한계를 표시하기 위해 설치된 표지

    ㉡ **좌현표지** : 녹색, 머리표지(두표)는 원통형, 오른쪽이 가항수역

    ㉢ **우현표지** : 적색, 머리표지(두표)는 원추형, 왼쪽이 가항수역

② **방위표지** ★★★★★

    ㉠ **정의** : 장애물을 중심으로 하여 주위를 4개의 상한으로 나누고, 그 각각의 상한에 설치된 항로표지

    ㉡ **두표**(원추형 2개를 사용), **색상**(흑색과 황색), **등화**(백색)

    ㉢ 동방위표지(♦), 서방위표지(✕), 남방위표지(▼), 북방위표지(▲)쪽으로 항해하면 안전

③ **고립장애표지** ★★★★★

    ㉠ **정의** : 주변 해역이 가항수역인 암초나 침선 등의 고립된 장애물 위에 설치 또는 계류하는 표지

    ㉡ **두표** : 2개의 흑구를 수직으로 부착

    ㉢ **표지의 색상** : 검은색 바탕에 1개 또는 그 이상의 적색 띠

    ㉣ **등화** : 백색, 2회의 섬광등 Fl(2)

④ **안전수역표지** ★★★★★

    ㉠ **정의** : 설치 위치 주변의 모든 주위가 가항수역임을 표시하는 데 사용하는 표지로, 중앙선이나 수로의 중앙을 나타냄

    ㉡ **두표 및 등화** : 두표(적색의 구 1개), 등화(백색)

    ㉢ **표지의 색상** : 적색과 백색의 세로 방향 줄무늬

⑤ **특수표지** ★★★★

    ㉠ **정의** : 공사구역 등 특별한 시설이 있음을 나타내는 표지

    ㉡ **두표 및 등화** : 두표(황색으로 된 ×자 모양의 형상물), 표지 및 등화(황색)

개념 다잡기

▶ 국제해상부표시스템에서 A방식과 B방식을 이용하는 지역에서 서로 다르게 사용되는 항로표지 : 측방표지

✓ 신위험물표지
- 수로도지에 등재되지 않은 새롭게 발견된 위험물들을 표시하기 위하여 사용
- 두표 : 수직 및 직각을 이루는 황색 십자형 1개
- 등색 : 황색과 청색을 교차 사용
- 등질 : 1주기 3초의 호광등

개념 다지기

04 기상 및 해상

1 기상 요소 및 관측

(1) 기온 · 기압 · 습도

① 기온

♂ 이슬점온도
수증기량을 변화시키지 않고 공기를 냉각시킬 때 포화에 이르는 온도, 즉 현재의 수증기압을 포화 수증기압으로 하는 온도

　㉠ 기온의 측정
　　• 일반 기온 : 지상 1.5m 높이의 대기 온도
　　• 해상 기온 : 해면상 약 10m 높이의 대기 온도

　㉡ 기온의 측정 단위★★
　　• 섭씨온도(℃) : 1기압에서 물의 어는점을 0℃, 끓는점을 100℃로 하여 그 사이를 100등분 한 온도
　　• 화씨온도(℉) : 1기압에서 물의 어는점을 32℉, 끓는점을 212℉로 정하고 두 점 사이를 180등분 한 온도
　　• 섭씨온도와 화씨온도의 환산 공식 : $t℃=5/9(℉-32)$, $t℉=9/5℃+32$

♂ 건습구 온도계
같은 형태의 막대모양 온도계 2개 중에서 하나는 그대로 노출되어 있고, 다른 하나는 끝부분을 헝겊으로 싸서 여기에 상자를 달아 부착된 용기로부터 물을 빨아 올리게 되어 있는 것으로 2개 온도계의 온도차를 측정하여 습도와 이슬점을 구하는 계기

　㉢ 온도계의 종류
　　• 수은 온도계 : 유리와 수은과의 팽창계수 차를 이용
　　• 알코올 온도계 : 저온 측정에 이용

② 기압

　㉠ 기압 : 대기의 압력으로, $1cm^2$의 밑면적을 가지는 공기 기둥의 무게
　㉡ 기압의 측정 단위 : mb(밀리바)=hPa(헥토파스칼), kgf/cm^2, atm ★★
　㉢ 기압계의 종류
　　• 아네로이드 기압계 : 진공 상자를 이용한 기압계로 선박에서 주로 사용
　　• 수은 기압계 : 대기압을 수은의 높이에서 구하는 계기
　　• 자기 기압계 : 시간에 따른 기압의 변화를 실시간 기록

♂ 수은 기압계에서 발생할 수 있는 오차
수직성 결여에 의한 오차, 진공 상태의 불량에 의한 오차, 부착 온도계의 불확실성에 의한 오차, 기압계실 내부의 급격한 기압 변화 등

　㉣ 등압선
　　• 기압이 같은 지점을 연결한 선
　　• 등압선의 간격이 좁을수록 기압경도력이 커져서 바람이 강해짐

③ 습도

　㉠ 정의 : 대기 중에 수증기가 포함되어 있는 정도

♂ 습도의 표시법
• 상대습도 : 대기 중에 포함되어 있는 수증기량과 그때의 온도에서 대기가 포함할 수 있는 최대 수증기량과의 비를 백분율로 나타낸 것
• 절대습도 : 공기 $1m^3$ 중에 포함된 수증기의 양을 g으로 나타낸 것

　㉡ 습도계의 종류 ★★★
　　• 건습구 습도계 : 물이 증발할 때 냉각에 의한 온도차를 이용하는 습도계로 선박에서 주로 사용
　　• 모발 습도계 : 팽창하는 유기물 섬유가 물을 흡수하는 성질을 이용한 습도계

(2) 바람 · 구름 · 안개

① 바람

ㄱ 정의 : 대기의 수평적인 이동으로, 풍향과 풍속으로 나타냄

ㄴ 풍향과 풍속 ★

풍향	바람이 불어오는 방향(정시 관측 시각 전 10분간의 평균적인 방향)
풍속	• 바람의 세기(정시 관측 시각 전 10분간의 평균 풍속) • 풍속의 단위 : 1m/s=1.9424knot(노트)

② 구름 · 안개 · 강수 · 시정

ㄱ 구름 : 대기 중의 작은 물방울이 공중에 떠 있는 것

ㄴ 안개 : 지표 부근의 수증기가 응결 또는 결빙하여 물방울 또는 얼음 입자로 형성되어 있는 상태 ★

ㄷ 강수 ★

• 강수의 종류 : 하늘에서 내리는 비, 눈, 진눈깨비, 우박 등

• 보통 적설량 10cm의 눈은 1cm의 강우량에 해당

ㄹ 시정 : 대기의 혼탁한 정도를 나타내는 것으로, 정상적인 육안으로 멀리 떨어진 목표물을 인식할 수 있는 최대 거리 ★

2 대기의 운동

(1) 기단과 전선

① 기단

ㄱ 정의 : 물리적 성질(기온, 습도 등)이 균일한 거대한 공기 덩어리

ㄴ 기단의 분류 ★★

시베리아 기단	바이칼호를 중심으로 하는 한랭 건조한 대륙성 한대 기단으로 겨울철 우리나라의 날씨를 지배하는 대표적 기단
오호츠크해 기단	한랭 습윤한 해양 기단으로, 늦봄에서 초여름에 영향을 미침
북태평양 기단	고온다습한 해양성 기단으로, 우리나라 한여름의 무더위 현상을 일으킴
양쯔강 기단	봄과 가을에 우리나라에 영향을 주는 기단으로, 중국에서 우리나라 쪽으로 편서풍을 따라서 이동
적도 기단	우리가 태풍이라 부르는 열대성 저기압으로, 강한 바람과 비를 동반

② 전선

ㄱ 정의 : 서로 다른 2개의 기단이 만나 바로 섞이지 않고 경계면을 이룬 것

개념 다집기

✔ 바람에 작용하는 힘
지구가 자전하기 때문에 생기는 전향력, 지표면 및 풍속이 다른 두 층 사이에 작용하는 마찰력, 고기압과 저기압 간의 기압 차이에 의해 생기는 기압경도력

✔ 우리나라 주변의 기단

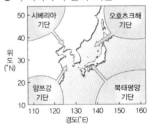

✔ 전선 기호

온난전선

한랭전선

폐색전선

정체전선

ⓒ 전선의 종류 ★★★

온난전선	따뜻한 공기가 찬 공기 위로 올라가면서 형성하는 전선
한랭전선	찬 공기가 따뜻한 공기 밑으로 쐐기처럼 파고 들어가 따뜻한 공기를 강제적으로 상승시킬 때 만들어지는 전선
폐색전선	한랭전선과 온난전선이 서로 겹쳐진 전선
정체전선 (장마전선)	온난전선과 한랭전선이 이동하지 않고 정체해 있는 전선

(2) 고기압과 저기압

① 고기압

ⓐ 고기압의 특징
  • 주위보다 상대적으로 기압이 높은 것
  • 공기의 이동 : 중심 → 바깥쪽, 고기압의 중심 → 저기압의 중심
  • 하강기류가 생겨 날씨는 비교적 좋음

ⓑ 고기압의 종류 ★★★

✔ 고기압과 저기압의 이동 관련 기호
• UKN : 불명
• SLW : 천천히 이동 중
• STNR : 정체 중
• ⇒ : 이동 방향

온난 고기압	중심부의 온도가 둘레보다 높은 고기압으로 북태평양 고기압이 해당
한랭 고기압	중심부의 온도가 주위보다 낮으며 지면의 공기가 냉각 퇴적되어 생긴 것으로 시베리아 고기압과 같이 겨울철에 발달하는 대륙성 고기압
이동성 고기압	야간에 육지의 복사냉각으로 형성되는 소규모의 고기압

② 저기압

ⓐ 저기압의 특징 ★★
  • 중심으로 갈수록 기압이 낮아짐
  • 중심에 접근할수록 기압경도가 커지므로 바람도 강함
  • 중심에서 반시계 방향으로 공기가 수렴하여 상승기류가 발달
  • 북반구에서 저기압 주위의 대기는 반시계 방향으로 회전하고 하층에서는 대기가 수렴

ⓑ 저기압의 종류 ★★

전선 저기압 (온대 저기압)	기압 기울기가 큰 온대 및 한대 지방에서 발생하는 저기압
비전선 저기압	한여름에 강한 햇볕에 의한 공기의 상승에 의해 발생하는 소규모 저기압
지형성 저기압	산맥이나 고원 등 지형의 영향으로 상승기류와 함께 발생하는 저기압

한랭 저기압	중심이 차고 주위가 대칭적으로 따뜻하여 주위의 층 두께가 상대적으로 더 두껍고, 중심에서는 저기압의 강도가 위까지 강하게 나타나는 저기압
온난 저기압	중심이 주위보다 따뜻하고, 여름철 대륙 내에서 발생하는 저기압으로, 상층으로 갈수록 저기압성 순환이 줄어들면서 어느 고도 이상에서 사라지는 저기압

(3) 태풍(열대성 저기압)과 항해

① 태풍의 정의 ★

  ㉠ 북태평양 남서부 열대 해역에서 주로 발생하여 북상하는 중심기압이 매우 낮은 열대성 저기압

  ㉡ 우리나라와 일본에서는 중심 부근 최대 풍속이 17m/s 이상인 열대 폭풍 (TS)부터 태풍으로 부름

② 태풍의 접근 징후 ★

  ㉠ 아침, 저녁 노을의 색깔이 변함

  ㉡ 털구름이 나타나 온 하늘로 퍼짐

  ㉢ 구름이 빨리 흐르며 습기가 많고 무더워짐

  ㉣ 바람이 갑자기 멈추고 해륙풍이 사라짐

  ㉤ 일교차가 없어지고 기압이 하강

③ 태풍의 진로 ★★

  ㉠ 다양한 요인에 의해 태풍의 진로가 결정됨

  ㉡ 대체로 북태평양 고기압의 영향으로 포물선을 그리면서 북상

  ㉢ 보통 열대해역에서 발생하여 북서로 진행하며, 북위 20~25도에서 북동으로 방향을 바꿈

  ㉣ 북태평양에서 7월에서 9월 사이에 발생한 태풍은 우리나라와 일본 부근을 통과하기도 함

④ 위험반원과 가항반원

위험반원	• 진행 방향의 오른쪽 반원 • 왼쪽 반원에 비해 기압경도가 큼 • 풍파가 심하고 폭풍우가 일며, 시정이 좋지 않음
가항반원	• 진행 방향의 왼쪽 반원 • 오른쪽 반원에 비해 기압경도가 작고, 비교적 바람이 약함 • 선박이 바람에 휩쓸려도 태풍의 후면으로 빠지므로 비교적 위험이 적음

개념 다잡기

◈ 열대성 저기압의 발생 해역별 명칭

• 태풍(Typhoon) : 북서태평양 필리핀 근해

• 허리케인(Hurricane) : 북대서양, 카리브해, 멕시코만, 북태평양 동부

• 사이클론(Cyclone) : 인도양, 아라비아해, 벵골만 등

• 윌리윌리(Willy–Willy) : 호주 부근 남태평양

◈ 태풍의 중심 추정

대양에서 바람을 등지고 양팔을 벌리면 북반구에서는 왼손 전방 약 23° 방향에 있다고 보는 바이스 밸럿 법칙(buys ballot's law)을 많이 이용

◈ 태풍의 중심 위치 주요 기호

• PSN GOOD : 위치는 정확(오차 20해리 미만)

• PSN FAIR : 위치는 거의 정확(오차 20~40해리)

• PSN POOR : 위치는 부정확(오차 40해리 이상)

• PSN EXCELLENT : 위치는 아주 정확

• PSN SUSPECTED : 위치에 의문이 있음

⑤ 피항 요령

풍향·풍속 변화	위치	피항 요령
변하지 않을 때	태풍의 진로상에 위치	태풍의 예상 진로를 파악하여 신속히 벗어나야 한다.
시계 방향	위험반원에 위치	바람을 선수로 받으면서 항해하여 피항한다.
반시계 방향	가항반원에 위치	바람을 우현선미로 받으면서 항해하여 피항한다.
풍속이 증가	태풍의 중심에 접근 중	

⑥ 해상 주의보와 경보의 종류

　㉠ [W], FOG[W] : 일반경보(Warning), 24시간 내에 보퍼트 풍력 계급 7 이하

　㉡ [GW] : 강풍경보(Gale Warning), 24시간 내에 보퍼트 풍력 계급 8~9

　㉢ [SW] : 폭풍경보(Storm Warning), 24시간 내에 보퍼트 풍력 계급 10~11

　㉣ [TW] : 태풍경보(Typhoon Warning), 24시간 내에 보퍼트 풍력 계급 12 이상

(4) 일기 예보의 종류 ★

① 단기예보 : 현재부터 1~3일 후까지의 전선과 기압계의 이동 상태에 따른 일기 상황을 예보

② 단시간예보 : 예보시각으로부터 12시간 이내의 예보

③ 수치예보 : 대기의 상태와 운동을 설명하는 지배방정식을 주어진 초기조건을 이용하여 수치적 방법으로 계산하여 날씨를 예측하는 방법

④ 실황(실황적)예보 : 현재 일기의 자세한 해설과 현재로부터 2시간 후 까지의 예보

⑤ 종관적 예보 : 고기압과 저기압이나 전선의 이동 상태에 따른 일기 변화를 주로 일기도를 사용해 예보

⑥ 통계적 예보 : 시스템 외부의 유효한 예측인자의 관측을 포함하여, 과거 측정 결과를 바탕으로 예보되는 시스템의 형태를 나타내는 체계적인 통계적 방법에 근거한 예보

(5) 기상도(일기도)

① 기상 요소의 기록 방법 ★★★★★

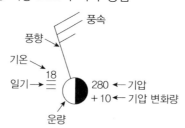

구름			일기				
맑음	갬	흐림	비	소나기	눈	안개	뇌우
○	◑	●	●	▽	✳	≡	⼔

⊕ 기상 요소의 기록 방법

◯ 열대 저압부
(tropical depression, TD)
열대 저기압 중 최대 풍속이 33노트(보퍼트 풍력 계급 7) 이하인 것

◯ 기상도
각 지역에서 동일 시각에 관측한 기상 자료를 숫자와 기호를 사용하여 한 장의 지도에 기입하고, 등압선 및 전선 분석 등을 통하여 넓은 구역의 기상 상황을 한눈에 알 수 있게 표시한 것

② 일기도 표제 : A(Analysis, 해석도), F(Forecast, 예상도), W(Warning, 경보), S(Surface, 지상 자료), U(Upper air, 고층 자료) ★

③ 일기도의 종류

   ㉠ **고층기상도** : 고층기상관측을 통해 얻은 데이터를 이용해 그린 기상도로, 태풍의 발달 등을 알 수 있는 기상도 ★

   ㉡ **해양 예상도** : 해양에서 항로 파고, 지역 파고를 알 수 있는 기상도

   ㉢ **파랑 해석도** : 1미터마다의 등파고선, 탁월파향 등이 표시되어 선박의 항행 안전 및 경제적 운항에 도움이 되는 해황도 ★

3 해수의 유동

(1) 조석과 조류

① **조석**

   ㉠ 정의 : 달과 태양, 별 등의 천체 인력에 의한 해면의 주기적인 승강 운동 ★

   ㉡ 조석에 관한 용어

     • 고조(만조) : 조석 운동으로 해수면이 하루 중에서 가장 높이 올라간 상태

     • 저조(간조) : 조석 운동으로 해수면이 하루 중에서 가장 낮게 내려간 상태

     • 창조(밀물) : 저조에서 고조로 상승하는 현상

     • 낙조(썰물) : 고조에서 저조로 하강하는 현상

     • 대조(사리) : 그믐과 보름 후 1~2일 만에 생긴 조차가 극대인 조석

     • 소조(조금) : 상현과 하현 후 1~2일 만에 생긴 조차가 극소인 조석

     • 월조간격 : 고조간격과 저조간격을 합쳐서 부를 때 쓰임

     • 정조 : 고조나 저조시 승강 운동이 순간적으로 거의 정지한 것과 같이 보이는 상태

     • 조차 : 고조와 저조 때의 해면 높이의 차

     • 일조부등 : 하루 두 번의 고조와 저조의 높이와 간격이 같지 않은 현상

     • 조위 : 어느 지점에서 조석에 의한 해면의 높이

   ㉢ 임의의 항만조석을 구하는 방법

     • 조시(조석의 간조, 만조 시간) : 표준항의 조시에 구하려고 하는 임의의 항의 조시차를 그 부호대로 가감하여 구함

     • 조고(조류의 높낮이) =[(표준항의 조고−표준항의 평균해면)×임의의 항의 조고비]+임의의 항의 평균해면

② **조류**

   ㉠ 정의 : 조석에 의하여 생기는 해수의 주기적인 수평방향의 유동으로 knot로 표시 ★

개념 더잡기

✓ **일기도의 지역**
AS : 아시아, AF : 아프리카, EU : 유럽, NA : 북미, PN : 북태평양

✓ **등압선과 바람**
기상도에서 등압선의 간격이 좁을수록 기압경도가 커져서 바람이 강하다. 반대로 등압선의 간격이 넓을수록 기압경도가 작아서 바람이 약하다.

✓ **기조력**
조석을 일으키는 힘으로, 만유인력과 원심력이 원인(달−태양−별 순)

✔ 해도의 기준면
• 해도상 수심의 기준면은 나라마다 다르며, 우리나라는 기본수준면을 수심의 기준으로 하는데 조고, 조승, 간출암의 높이, 평균 해면의 높이 등도 기본수준면을 기준으로 표시
• 평균 해면은 조석을 평균한 해면으로 육상의 물표나 등대 등의 높이는 이를 기준으로 함

ⓛ 조류에 관한 용어
• 창조류 : 저조시에서 고조시까지 흐르는 조류
• 낙조류 : 고조시에서 저조시까지 흐르는 조류
• 게류 : 창조류에서 낙조류로, 또는 반대로 흐름 방향이 변하는 것을 전류라고 하는데, 이때 흐름이 잠시 정지하는 현상 ★★
• 와류 : 조류가 빠른 곳에서 생기는 소용돌이
• 급조 : 조류가 부딪혀 생기는 파도
• 조신 : 어느 지역의 조석이나 조류의 특징
• 반류 : 해안과 평행으로 조류가 흐를 때 해안의 돌출부 같은 곳에서 주류와 반대로 생기는 흐름

(2) 해류

① 정의 : 바닷물이 한쪽 방향으로 흐르는 반영구적인 거대한 물의 흐름
② 해류의 종류
　ㄱ 취송류 : 바람이 일정한 방향으로 오랫동안 불면 공기와 해면의 마찰로 해수가 일정한 방향으로 떠밀리는 현상
　ㄴ 밀도류 : 해수 밀도가 불균일하게 되어 그 사이에 수압경도력이 생겨서 해수의 흐름이 일어나는 현상
　ㄷ 경사류 : 해면이 바람, 기압, 비 또는 강물의 유입 등에 의해 경사를 일으키면 이를 평행으로 회복하려는 흐름
③ 우리나라 부근의 해류
　ㄱ 난류 : 북적도 해류 → 쿠로시오 해류 → 대한 난류(대한해협 해류) → 동한 난류
　ㄴ 한류 : 오야시오 해류 → 리만 해류 → 연해주 해류 → 북한 한류
④ 세계의 해류
　ㄱ 북적도 해류 : 북동무역풍에 의해 동에서 서로 흐름. 쿠로시오의 근원
　ㄴ 남적도 해류 : 남동무역풍에 의한 취송류
　ㄷ 적도 반류 : 남북적도 해류 사이에서 서에서 동으로 흐르는 해류
　ㄹ 태평양의 해류 : 북적도 해류, 쿠로시오 해류, 북태평양 해류, 캘리포니아 해류, 남적도 해류
　ㅁ 인도양의 해류 : 계절풍 해류, 모잠비크 해류, 아굴라스 해류, 적도 반류, 남적도 해류
　ㅂ 대서양의 해류 : 멕시코 만류, 플로리다 해류, 북대서양 해류, 그린란드 해류, 아일랜드 해류, 포클랜드 해류, 기니아 해류, 카나리아 해류, 브라질 해류

05 항해계획

1 항해계획과 항로 선정

(1) 항해계획 수립

① 항해계획 ★★

    ㉠ **뜻** : 항로의 선정, 출·입항 일시 및 항해 중 주요 지점의 통과 일시의 결정, 그리고 조선계획 등을 수립하는 것

    ㉡ **항해계획을 수립할 때 고려해야 할 사항** : 안전한 항해를 위한 항해할 수역의 상황, 항해일수의 단축, 경제성 등

    ㉢ **항로계획에 따른 안전한 항해를 확인하는 방법** : 레이더, 음향측심, 중시선을 이용

② 항해계획 수립의 순서 ★★★★

    ㉠ 각종 수로도지에 의한 항행 해역의 조사 및 연구와 자신의 경험을 바탕으로 적합한 항로를 선정

    ㉡ 소축척 해도상에 선정한 항로를 기입하고 일단 대략적인 항정을 산출

    ㉢ 사용 속력을 결정하고 실속력을 추정

    ㉣ 대략의 항정과 추정한 실속력으로 항행할 시간을 구하여 출·입항 시각 및 항로상의 중요한 지점을 통과하는 시각 등을 추정

    ㉤ 항해를 위해 수립한 계획이 적절한가를 면밀히 검토

    ㉥ 대축척 해도에 출·입항 항로, 연안항로를 그리고, 다시 정확한 항정을 구하여 예정 항행 계획표를 작성

    ㉦ 항행 일정을 구하여 출·입항 시각을 결정

③ 항로의 분류 ★★

    ㉠ **지리적(지역별) 분류** : 연안항로, 근해항로, 원양항로 등

    ㉡ **통행 선박의 종류에 따른 분류** : 범선항로, 소형선항로, 대형선항로 등

    ㉢ **국가·국제기구에서 항해의 안전상 권장하는 항로** : 추천항로

    ㉣ **운송상의 역할에 따른 분류** : 간선항로(幹線航路), 지선항로(支線航路)

④ 선박위치확인제도(Vessel Monitoring System : VMS) ★

    ㉠ 선박에 설치된 무선장치, AIS 등 단말기에서 발사된 위치신호가 전자해도 화면에 표시되는 시스템으로서, 선박−육상 간 쌍방향 데이터통신망

    ㉡ **역할** : 통항 선박의 감시, 사고 발생 시 수색구조에 활용, 해양오염방지 등

개념 다잡기

✔ 항해계획 수립에 필요한 것
수로서지, 자신의 경험, 해도 등

PART
01

☑ 연안통항계획 수립 시 고려사항
선박보고제도, 선박교통관제제도, 항로지정제도

☑ 항로지정제도
• 국제해사기구(IMO)에서 지정 가능
• 특정 화물을 운송하는 선박에 대해서도 사용을 권고 사용
• 모든 선박 또는 일부 범위의 선박에 대하여 강제적으로 적용 가능
• 국제해사기구에서 정한 항로지정 방식도 해도에 표시

☑ 이안 거리 표준보다 더 이격거리를 두어야 하는 경우
편대 항해, 무중 항해, 야간 항해, 고속 항해, 예선·피예선

(2) 연안항로의 선정 ★★★

① 해안선과 평행한 항로

㉠ 뚜렷한 물표가 없을 때는 해안선과 평행한 항로를 선정

㉡ 야간 항행 시나 육지로 향하는 해조류나 바람이 예상될 때에는 평행한 항로에서 약간 바다 쪽으로 벗어난 항로를 선정

② 우회항로 : 위험물이 많은 연안을 항해할 때 해안선에 근접한 항로를 선정하거나, 장애물이 많은 지름길을 선정하지 말고 다소 우회하더라도 안전한 항로를 선택

③ 추천항로 : 생소한 해역을 항행할 때는 수로지, 항로지, 해도 등에 추천항로가 설정되어 있을 때 특별한 사유가 없는 한 그 항로를 선정 ★

④ 통항계획 수립

㉠ 소형선에서는 선장이 직접 통항계획을 수립

㉡ 계획 수립 전에 필요한 모든 것을 한 장소에 모으고 내용을 검토

㉢ 공식적인 항해용 해도 및 서적들을 사용

(3) 이안 거리, 경계선 및 피험선

① 이안 거리 ★

㉠ 이안 거리의 뜻 : 해안선으로부터 떨어진 거리

㉡ 이안 거리의 고려 요소 : 선박의 크기 및 제반 상태, 항로 길이, 선위 측정법 및 정확성, 해도의 정확성, 해상과 기상 및 시정의 상태, 기상과 당직자의 자질 및 위기 대처 능력 등

㉢ 이안 거리 표준 : 내외항로(1마일), 외양항로(3~5마일), 야간항로표지가 없는 외양항로(10마일 이상), 부표에서부터(0.5마일), 암암이 있는 대양(5~10마일)

② 경계선 ★★

㉠ 어느 수심보다 얕은 위험구역을 표시하는 등심선

㉡ 연안항해 시는 물론 변침점을 정하는 데 꼭 고려해야 함

㉢ 흘수가 작은 선박 : 10m 등심선

㉣ 흘수가 큰 선박 : 20m 등심선

③ 피험선 ★★★

㉠ 협수로를 통과할 때나 출·입항할 때의 준비된 위험 예방선

㉡ 피험선을 선정하는 방법

• 두 중시선을 이용한 피험선 : 가장 확실한 피험선

• 선수 방향에 있는 물표의 방위선에 의한 방법

- 침로의 전방에 있는 한 물표의 방위선에 의한 방법
- 측면에 있는 물표로부터의 거리에 의한 방법

(4) 변침 물표의 선정 및 변침 방법

① 변침 물표의 선정

㉠ 물표가 변침 후의 침로 방향에 있고 그 침로와 평행이거나, 또는 거의 평행인 방향에 있으면서 거리가 가까운 것을 선정

㉡ 위와 같은 물표가 없으면, 전타할 현 쪽의 정횡 부근에 있는 뚜렷한 물표, 또는 중시 물표와 같이 정밀도가 높은 것을 선정

㉢ 변침 물표로는 등대, 임표, 섬, 산봉우리 등과 같이 뚜렷하고 방위를 측정하기 좋은 것을 선정

㉣ 중요한 변침 지점이거나 뚜렷한 물표가 없는 곳이면 반드시 예비 물표를 선정

㉤ 곶, 부표는 피하고 등대, 섬, 입표, 산봉우리 등을 선택

② 변침 방법 ★

㉠ 물표를 정횡으로 보았을 때 변침하는 방법

- 선박이 예정 항로보다 육지 쪽에 접근하여 항해할 경우 : 정횡 통과 후에 변침 실시
- 예정 항로보다 바다 쪽으로 벗어난 때 : 정횡 통과 전에 변침 실시

㉡ 새 침로와 평행한 방위선을 이용하는 방법

㉢ 소각도 변침 방법 : 작은 각도로 나누어 변침하는 방법

(5) 출·입항 항로의 선정 ★

① 출항항로 선정 시 고려사항 : 항만관계 법규, 항만의 상황 및 지형, 묘박지의 수심과 저질, 정박선의 동정, 다른 선박의 통항, 자기 선박의 성능 등

② 출항항로 선정 시 주의사항

㉠ 항로의 좌우 편위를 알기 위해 선수 목표물을 설정

㉡ 정박선 또는 장애물로부터 될 수 있는 대로 멀리 떨어지도록 하며, 조류 하류 쪽 또는 바람의 풍하 쪽으로 통과 ★

㉢ 바로 정침할 수 있도록 계획

③ 입항항로 선정 시 주의사항 ★★

㉠ 사전조사 : 항만의 상황이나 수심, 저질, 기상, 해상 상태 등

㉡ 지정된 항로, 추천 항로 등에 따름

㉢ 선수 목표와 투묘 물표를 미리 설정

㉣ 수심이 얕거나 고르지 못할 때 암초, 침선 등은 가급적 피한다.

개념 다잡기

◎ 항로 선정 시 유의점
- 무리한 좁은 수로의 통과는 피하는 것이 좋다.
- 항정이 다소 길어지더라도 선위를 측정하기 쉬운 항로를 선정하는 것이 좋다.
- 예정 항로는 무엇보다도 안전하여야 한다.

☑ 협시계 항법 준비작업
• 선장에게 보고하고 기관실 및 통신실에 통보한다.
• 육상 물표가 보이는 동안 선위 측정한다.
• 수동 조타로 전환하고 견시원을 배치한다.
• 무중신호기, 측심의, 방향탐지기, 레이더, 전파계기의 작동준비를 한다.
• 수밀창 폐쇄, 투묘 준비, 선내 정숙을 시킨다.

2 협수로(좁은 수로) 및 야간 항해/출·입항 준비

(1) 협수로(좁은 수로) 항해

① 특별한 경우를 제외 시 항시 수로의 우측을 통항하도록 계획
② 수로지 또는 해도에 기재되어 있는 상용항로를 선정하는 것이 유리
③ 법규 규정을 준수
④ 도중 변침할 필요가 없는 짧은 수로에서는 일반적으로 수로의 중앙선위를 통과
⑤ 둘 이상의 가항수로가 있을 때 순조일 때는 굴곡이 심하지 않은 짧은 수로를, 역조 때는 조류가 약한 수로를 통과
⑥ 갑·곶 등을 우회할 때는 돌출된 부위를 우현 발견 시에는 가까이, 좌현 발견 시에는 멀리 떨어져 항해
⑦ 조류가 있을 때 역조의 말기나 계류 시에 통과
⑧ 대지속력 5노트 이상이거나 원속력의 1/2 이상 되는 역조가 있을 때 통항을 중지
⑨ 굴곡이 없는 곳은 순조 시에, 굴곡이 심한 곳은 역조 시에 통과

(2) 야간 항해

① 선위 측정이 곤란
② 다른 선박의 확인이 어렵고, 해난사고 시 대처시간이 오래 걸림
③ 당직자가 졸기 쉽고, 견시를 철저히 하여야 함
④ 소형선의 등화는 분명하지 않으므로 동정을 잘 살펴야 하고, 의문이 생기는 즉시 주의환기 신호를 발할 것
⑤ 다른 선박의 동정을 신중히 관찰하여 충돌의 위험이 있는지의 여부를 판단

(3) 출·입항 준비

① 출항준비 : 선내 이동물의 고정, 수밀장치의 밀폐, 필요한 장비들의 시운전, 승무원의 승선 점검
② 입항준비 : 도선사의 승·하선 준비, 필요한 기류신호 준비, 계선 및 하역 준비, 승·하선용 현문 사다리(gangway) 및 입항 서류 등을 준비
③ 연료 소비량의 추정 : 예비 연료량은 총 연료 소비량의 25% 정도 확보

과목별 핵심문제

01 자기 컴퍼스의 카드 자체가 15도 정도의 경사에도 자유로이 경사할 수 있게 카드의 중심이 되며, 부실의 밑부분에 원뿔형으로 움푹 파인 부분은?

가 캡　　　　나 피벗

사 기선　　　아 짐벌즈

나. **피벗** : 자기 컴퍼스의 캡에 꽉 끼여 카드를 지지하여 카드가 자유롭게 회전하게 하는 장치

사. **기선** : 볼 내벽의 카드와 동일한 연안에 4개의 기선이 각각 선수/선미/좌우의 정횡 방향을 표시

아. **짐벌즈** : 목재 또는 비자성재로 만든 원통형의 지지대인 비너클이 기울어져도 볼을 항상 수평으로 유지시켜 주는 장치

03 자기 컴퍼스 볼의 구조에 대한 아래 그림에서 ㉠은?

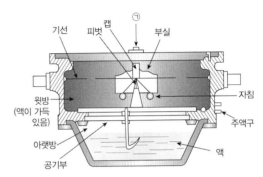

기선　피벗　㉠　캡　　부실
자침
윗방
(액이 가득
있음)
주액구
아랫방
액
공기부

가 짐벌즈　　　나 섀도 핀 꽂이

사 컴퍼스 카드　아 연결관

섀도 핀(shadow pin)은 놋쇠로 된 가는 막대로 컴퍼스 볼의 글라스 커버의 중앙에 핀을 세울 수 있는 섀도 핀 꽂이(shadow pin shoe)가 있다.

02 강선의 선체자기가 자기 컴퍼스에 영향을 주어 발생되며, 자기 컴퍼스의 북(나북)이 자북과 이루는 차이는?

가 경선차　　　나 자차

사 편차　　　　아 컴퍼스 오차

자차 : 자기 자오선(자북)과 선내 나침의 남북선(나북)이 이루는 교각(철기류에 영향을 받아 생기는 오차)

04 경사 제진식 자이로컴퍼스에만 있는 오차는?

가 위도오차　　나 속도오차

사 동요오차　　아 가속도오차

위도오차(제진오차) : 제진 세차 운동과 지북 세차 운동이 동시에 일어나는 경사 제진식 제품에만 생기는 오차

정답 01 가　02 나　03 나　04 가

05 선박에서 속력과 항주거리를 측정하는 계기는?

가 나침의 **나** 선속계

사 측심기 **아** 핸드 레드

선속계 : 선박의 속력과 항주(항행)거리 등을 측정하는 계기

06 다음에서 설명하는 장치는?

> "이 시스템은 선박과 선박 간 그리고 선박과 선박교통관제(VTS)센터 사이에 선박의 선명, 위치, 침로, 속력 등의 선박 관련 정보와 항해 안전 정보 등을 자동으로 교환함으로써 선박 상호 간의 충돌을 예방하고, 선박의 교통량이 많은 해역에서는 선박교통관리에 효과적으로 이용될 수 있다."

가 지피에스(GPS) 수신기

나 전자해도표시장치(ECDIS)

사 선박자동식별장치(AIS)

아 자동레이더플로팅장치(ARPA)

선박자동식별장치(AIS) : 무선전파 송수신기를 이용하여 선박의 제원, 종류, 위치, 침로, 항해 상태 등을 자동으로 송수신하는 시스템으로, 선박과 선박 간, 선박과 연안기지국 간 항해 관련 통신장치

07 다음 중 레이더의 해면반사 억제기에 대한 설명으로 옳지 않은 것은?

가 전체 화면에 영향을 끼친다.

나 자선 주위의 반사파 수신 감도를 떨어뜨린다.

사 과하게 사용하면 작은 물표가 화면에 나타나지 않는다.

아 자선 주위의 해면반사에 의한 방해현상이 나타나면 사용한다.

해면반사 억제기(STC) : 근거리에 있는 소형 물체의 식별이 어려워질 때 근거리에 대한 반사파의 수신 감도를 떨어뜨려 방해현상을 줄이는 조정기

08 용어에 대한 설명으로 옳은 것은?

가 전위선은 추측위치와 추정위치의 교점이다.

나 중시선은 두 물표의 교각이 90도일 때의 직선이다.

사 추측위치란 선박의 침로, 속력 및 풍압차를 고려하여 예상한 위치이다.

아 위치선은 관측을 실시한 시점에 선박이 그 선위에 있다고 생각되는 특정한 선을 말한다.

가. **전위선** : 위치선을 그동안 항주한 거리(항정)만큼 침로 방향으로 평행이동시킨 것

나. **중시선** : 두 물표가 일직선상에 겹쳐 보일 때 그들 물표를 연결한 직선

다. **추측위치** : 최근의 실측위치를 기준으로 하여 진침로와 선속계 또는 기관의 회전수로 구한 항정에 의하여 구한 선위

정답 **05** 나 **06** 사 **07** 아 **08** 아

09 항해 중에 산봉우리, 섬 등 해도상에 기재되어 있는 2개 이상의 고정된 뚜렷한 물표를 선정하여 거의 동시에 각각의 방위를 측정하여 선위를 구하는 방법은?

가 수평협각법 　　나 교차방위법
사 추정위치법 　　아 고도측정법

교차방위법 : 2개 이상의 뚜렷한 물표를 선정하여 거의 동시에 각각의 방위를 재어 해도상에 방위선을 긋고 이들의 교점을 선위로 측정하는 방법

10 지피에스(GPS)와 디지피에스(DGPS)에 대한 설명으로 옳지 않은 것은?

가 디지피에스(DGPS)는 지피에스(GPS)의 위치 오차를 줄이기 위해서 위치보정 기준국을 이용한다.
나 지피에스(GPS)는 24개의 위성으로부터 오는 전파를 사용하여 위치를 계산한다.
사 지피에스(GPS)와 디지피에스(DGPS)는 서로 다른 위성을 사용한다.
아 대표적인 위성항법장치이다.

지피에스(GPS)와 디지피에스(DGPS)는 같은 위성을 사용한다.

11 점장도의 특징으로 옳지 않은 것은?

가 항정선이 직선으로 표시된다.
나 자오선은 남북 방향의 평행선이다.
사 거등권은 동서 방향의 평행선이다.
아 적도에서 남북으로 멀어질수록 면적이 축소되는 단점이 있다.

점장도에서는 위도가 높아질수록 면적이 확대되는 단점이 있다.

12 항만 내의 좁은 구역을 상세하게 표시하는 대축척 해도는?

가 총도 　　나 항양도
사 항해도 　　아 항박도

항박도는 항만, 투묘지, 어항, 해협과 같은 좁은 구역을 상세히 표시한 해도로서, 축척 1/5만 이상의 대축척 해도이다.

13 해도상에 표시된 저질의 기호에 대한 의미로 옳지 않은 것은?

가 S – 자갈 　　나 M – 뻘
사 R – 바위 　　아 Co – 산호

가. S – 모래(Sand)

정답 09 나　10 사　11 아　12 아　13 가

14 선박의 통항이 곤란한 좁은 수로, 항구, 만 입구 등에서 선박에게 안전한 항로를 알려주기 위하여 항로 연장선상의 육지에 설치하는 분호등은?

가 도등
나 조사등
사 지향등
아 호광등

지향등 : 선박의 통항이 곤란한 좁은 수로, 항구, 만 입구에서 안전 항로를 알려주기 위해 항로의 연장선상 육지에 설치한 분호등(백색광이 안전구역)

15 선박의 레이더에서 발사된 전파를 받은 때에만 응답 전파를 발사하는 전파표지는?

가 레이콘(Racon)
나 레이마크(Ramark)
사 토킹 비컨(Talking beacon)
아 무선방향탐지기(RDF)

레이콘(Racon) : 선박 레이더에서 발사된 전파를 받은 때에만 응답하며, 일정한 형태의 신호가 나타날 수 있도록 전파를 발사하는 무지향성 송수신 장치

16 두표가 황색의 'X'자 모양의 형상물을 가진 표시는?

가 방위표지
나 특수표지
사 안전수역표지
아 고립장애표지

특수표지는 공사구역 등 특별한 시설이 있음을 나타내는 표지로, 두표(top mark)는 황색으로 된 X자 모양의 형상물이다. 표지 및 등화의 색상은 황색이다.

17 기압 1,013밀리바는 몇 헥토파스칼인가?

가 1헥토파스칼
나 76헥토파스칼
사 760헥토파스칼
아 1,013헥토파스칼

기압의 단위인 헥토파스칼(hPa)과 밀리바(mb)는 같으므로 1,013밀리바는 1,013헥토파스칼이다.

18 일기도의 날씨 기호 중 '＝'가 의미하는 것은?

가 눈
나 비
사 안개
아 우박

구름			일기				
맑음	갬	흐림	비	소나기	눈	안개	뇌우
○	◑	●	•	▽	✳	＝	↰

19 태풍의 접근 징후를 설명한 것으로 옳지 않은 것은?

가 아침, 저녁 노을의 색깔이 변한다.
나 털구름이 나타나 하늘로 퍼진다.
사 기압이 급격히 높아지며 폭풍우가 온다.
아 구름이 빨리 흐르며 습기가 많고 무덥다.

태풍이 접근하면 기압이 하강하고 일교차가 없어진다.

정답 14 사 15 가 16 나 17 아 18 사 19 사

20 전선을 동반하는 저기압으로, 기압경도가 큰 온대 지방과 한대 지방에서 생기며, 일명 온대 저기압이라고도 부르는 것은?

가 전선 저기압
나 비전선 저기압
사 한랭 저기압
아 온난 저기압

해설

가. **전선 저기압** : 기압 기울기가 큰 온대 및 한대 지방에서 발생하는 저기압으로 전선을 동반한다.

나. **비전선 저기압** : 전선을 동반하지 않는 저기압으로, 열적 저기압과 지형성 저기압이 이에 해당한다.

사. **한랭 저기압** : 중심이 주위보다 차가운 저기압으로, 이동 속도와 발달 속도가 느리다.

아. **온난 저기압** : 중심이 주위보다 온난한 저기압으로, 상층으로 갈수록 저기압성 순환이 줄어들면서 어느 고도에서는 없어진다.

21 항해계획을 수립할 때 고려하여야 할 사항이 아닌 것은?

가 경제적 항해
나 항해일수의 단축
사 항해할 수역의 상황
아 선적항의 화물 준비 사항

해설

항해하게 될 수역의 상황을 조사하여 면밀한 항해계획을 수립해야 하는데, 이때 고려사항으로는 안전한 항해, 항해일수의 단축, 경제성 등이다.

22 피험선에 대한 설명으로 옳은 것은?

가 위험구역을 표시하는 등심선이다.
나 선박이 존재한다고 생각하는 특정한 선이다.
사 항의 입구 등에서 자선의 위치를 구할 때 사용한다.
아 항해 중에 위험물에 접근하는 것을 쉽게 탐지할 수 있다.

피험선이란 협수로를 통과할 때나 출·입항할 때에 자주 변침하여 마주치는 선박을 적절히 피하고, 위험을 예방하며, 예정 침로를 유지하기 위한 위험 예방선이다.

23 연안항로 선정에 관한 설명으로 옳지 않은 것은?

가 연안에서 뚜렷한 물표가 없는 해안을 항해하는 경우 해안선과 평행한 항로를 선정하는 것이 좋다.

나 항로지, 해도 등에 추천항로가 설정되어 있으면, 특별한 이유가 없는 한 그 항로를 따르는 것이 좋다.

사 복잡한 해역이나 위험물이 많은 연안을 항해할 경우에는 최단항로를 항해하는 것이 좋다.

아 야간의 경우 조류나 바람이 심할 때는 해안선과 평행한 항로보다 바다 쪽으로 벗어난 항로를 선정하는 것이 좋다.

해설

복잡한 해역이나 위험물이 많은 연안을 항해하거나, 또는 조종성능에 제한이 있는 상태에서는 해안선에 근접하지 말고 다소 우회하더라도 안전한 항로를 선정하는 것이 좋다.

정답 **20** 가 **21** 아 **22** 아 **23** 사

제2과목

운용

01 선체·설비 및 속구

☑ 선박의 정의
선박이란 사람이나 물건을 싣고 물에서 항해하는 데 사용되는 구조물(배)로 부양성, 적재성, 이동성의 특징이 있다.

1 선박의 기본 용어

(1) 선박의 주요 치수

① 선박의 길이 ★★★★★

㉠ 전장 : 선체에 고정적으로 부속된 모든 돌출물을 포함하여 선수의 최전단으로부터 선미의 최후단까지의 수평거리로 선박의 저항 및 추진력의 계산에 사용

㉡ 등록장 : 상갑판 보(Beam) 위의 선수재 전면으로부터 선미재 후면까지의 수평거리로 선박원부에 등록되고 선박국적증서에 기재되는 길이

㉢ 수선장 : 각 흘수선상의 물에 잠긴 선체의 선수재 전면에서 선미 후단까지의 수평거리. 배의 저항, 추진력 계산 등에 사용

㉣ 수선간장 : 타주를 가진 선박에서 계획만재흘수선상의 선수재 전면으로부터 타주 후면까지의 수평거리로 강선구조기준, 선박만재흘수선규정, 선박구획기준 및 선체 운동의 계산 등에 사용되는 길이

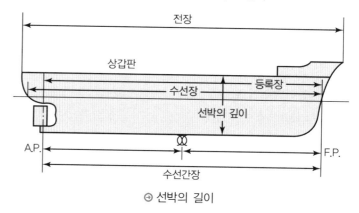

⊕ 선박의 길이

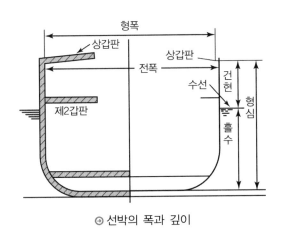

→ 선박의 폭과 깊이

② 선박의 폭(너비) ★

전폭	가장 넓은 부분의 양현 외판(shell plate)의 외면부터 맞은편 외판의 외면까지의 수평거리
형폭	선체의 제일 넓은 부분에 있어서 양현 늑골의 외면에서 외면까지의 수평거리

(2) 선박의 톤수 ★★★

용적톤수	• 정의 : 선박의 용적을 톤으로 표시한 것 • 총톤수 : 배 안의 사방 주위가 모두 둘러싸인 전체용적에서 상갑판상에 있는 특정 장소의 용적을 뺀 것 • 순톤수 : 여객이나 화물을 운송하기 위하여 쓰이는 실제 용적을 나타내는 지표 ★
중량톤수	• 정의 : 선박의 무게로 표시하는 것 • 배수톤수 : 선체의 수면의 용적(배수 용적)에 상당하는 해수의 중량 • 재화중량톤수 : 선박의 안전 항해를 확보할 수 있는 한도 내에서 여객 및 화물 등의 최대 적재량을 나타내는 톤수

(3) 흘수와 트림, 건현

① 흘수

㉠ 흘수의 정의 : 물속에 잠긴 선체의 깊이

㉡ 흘수표의 표시

• 미터법 또는 피트법으로 선수 및 선미 외판에 표시

• 중대형선의 경우 선체 중앙부에 표시

② 트림(trim) ★★

㉠ 정의 : 선수흘수와 선미흘수의 차로 선박길이 방향의 경사

개념 다잡기

✔ 선박의 깊이(형심)
선체 중앙에서 용골의 상면부터 건현갑판 또는 상갑판 보의 현측 상면까지의 수직거리

✔ 어선을 제외한 선박의 길이 12미터 이상인 선박의 선체 외판 및 외부에 표시하는 사항
선박명, 선박의 선적항, 만재흘수선 등

✔ 만재흘수선
선박이 항행하는 구역 내에서 선박의 안전상 허용된 최대의 흘수선

ⓛ 트림의 종류

등흘수	선수와 선미흘수가 같은 상태
선수트림	선수흘수가 선미흘수보다 큰 상태로 선속을 감소시키며, 타효가 불량
선미트림	선미흘수가 선수흘수보다 큰 상태로 선속이 증가되며, 타효가 좋음

③ 건현(freeboard)

  ⓐ 정의 : 선체 중앙부 상갑판의 선측 상면에서 만재흘수선까지의 수직거리로 선체가 침수되지 않은 부분

  ⓑ 필요성 : 선박의 예비부력 확보라는 측면에서 매우 중요

2 선체의 구조와 명칭

(1) 선체의 형상과 명칭 ★★★★★

① **선체**(hull) : 마스트, 키 추진기 등을 제외한 선박의 주된 부분

② **선수**(bow, head) : 선체의 앞쪽 끝부분

③ **선미**(stern) : 선체의 뒤쪽 끝부분

④ **선수미선**(선체 중심선) : 선체를 양현으로 대칭되게 나누는 선수와 선미의 한가운데를 연결하는 길이 방향의 중심선

⑤ **현호**

  ⓐ 선수에서 선미에 이르는 건현갑판의 현측선이 휘어진 것

  ⓑ 해수가 갑판으로 덮치는 것을 방지하고, 선박의 예비부력과 능파성을 증가시킴

⑥ **캠버** : 갑판상의 물이 선체 폭 방향으로 걸쳐 양쪽 선측을 향해 잘 흘러가도록 선박의 중앙부를 높게 한 것

⑦ **텀블 홈**(tumble home), **플레어**(flare)

텀블 홈	상갑판 부근의 선측 상부가 안쪽으로 굽은 정도
플레어	선체 측면의 상부가 바깥으로 휘어진 것

⑧ **수선**(water line) : 선체와 수면이 만나서 이루는 선

⑨ **정횡**(abeam) : 선수미선과 직각을 이루는 방향

(2) 선체의 구조와 명칭 ★★★★★

① 선체의 구조 관련 명칭

  ⓐ 용골(keel)

    • 선저부의 중심선에 있는 배의 등뼈로서 선체의 최하부 중심선에 있는 종강력재

✔ **구상형 선수**

수선 아래의 부분을 둥근 모양, 즉 큰 혹을 붙인 형상으로 구를 선수부의 수선 아래에 둠으로써 선수파를 부분적으로 감소시켜 선박의 조파 저항을 감소시킴

✔ **우현**(starboard), **좌현**(port)

선박을 선미에서 선수를 향하여 바라볼 때, 선체 길이 방향의 중심선인 선수미선 우측을 우현, 좌측을 좌현이라고 함

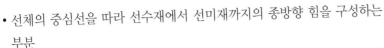

- 선체의 중심선을 따라 선수재에서 선미재까지의 종방향 힘을 구성하는 부분

ⓛ 늑골(frame) : 선체의 좌우 선측을 구성하는 뼈대로서 용골에 직각으로 배치되고, 갑판보와 늑판에 양 끝이 연결되어 선체 횡강도의 주체가 되는 것

ⓒ 선저 만곡부(빌지, bilge) : 선박의 선저와 선측을 연결하는 선저와 선측을 연결하는 곡선 부분으로, 대개의 경우는 원형을 이루고 있음

ⓔ 외판 : 선체의 외곽을 구성하는 강판으로 종강도와 횡강도를 담당

ⓜ 빌지 용골(bilge keel) : 평판용골인 선박에서 선박의 횡동요를 경감시키기 위하여 외판의 바깥쪽에 종방향으로 붙인 것

ⓗ 선수재(stem)와 선미 골재(stern frame)
- 선수재(stem) : 용골의 전단과 양현의 외판이 모여 선수를 구성하는 골재
- 선미 골재(stern frame) : 선미 형상을 이루고 키와 프로펠러를 지지하는 역할

ⓢ 격벽
- 선저에서 갑판까지 가로나 세로로 선체를 구획하는 것으로 상갑판 아래의 공간을 선저에서 상갑판까지 종방향 또는 횡방향으로 나누는 부재
- 격벽의 역할 : 선체의 강도 증가, 구획을 구분하여 다른 용도의 공간으로 활용
- 수밀 격벽 : 선박이 충돌할 경우 충격을 최소화하고, 선체가 파손되어 해수가 침입할 경우에 이를 일부분에만 그치도록 하기 위해 설치

ⓞ 기타
- 갑판(deck) : 갑판보 위에 설치하여 선체의 수밀을 유지(종강력재)
- 기둥(필러) : 보와 함께 갑판 위의 하중을 지지함과 동시에 보의 지지점 사이의 거리를 짧게 함으로써 갑판과 보의 강도를 증가시키는 부재
- 브래킷(bracket) : 선박의 내부 구조들 중에서 한 구조물과, 다른 구조물과의 접합부분에서 접합에 대한 강도를 높이기 위해서 사용하는 것
- 코퍼댐(cofferdam) : 기관실과 일반 선창이 접하는 장소 사이에 설치하는 이중수밀격벽으로 방화벽의 역할을 하는 것
- 불워크(bulwark) : 상갑판 위의 양 끝에서 상부에 고정시킨 강판으로 현측 후판 상부에 연결되며, 갑판상에 올라오는 파랑의 침입을 막고 갑판 위의 물체가 추락하는 것을 방지하는 구조물
- 갑판하 거더 : 기둥은 선창의 이용을 제한시키므로, 기둥의 간격을 넓게 하는 대신 갑판보를 지지하기 위하여 갑판 밑에 설치하는 부재
- 밸러스트 탱크 : 선박의 균형을 유지하기 위해 선박평형수를 저장하는 탱크
- 선창 : 선저판, 외판, 갑판 등에 둘러싸여 화물 적재에 이용되는 공간

PART
01

개념 다잡기

☑ 갑판보
갑판의 하면에 배치되고 양현의 늑골과 빔 브래킷으로 결합되어 있는 보강재로서 갑판 위의 무게를 지탱하고 횡방향의 수압을 감당하는 선체 구조물

☑ 수밀 격벽의 종류
선수 격벽, 선미 격벽, 기관실 격벽 등

☑ 해치(hatch)
화물창 상부의 개구를 개폐하는 장치로 갑판 위에 적재되는 화물의 하중에도 견딜 수 있도록 충분한 강도를 가져야 함

② 선저부 구조

ㄱ 단저구조 : 횡방향의 늑판과 종방향의 중심선 킬슨 및 사이드 킬슨으로 조립되며, 주로 소형선에서 채택

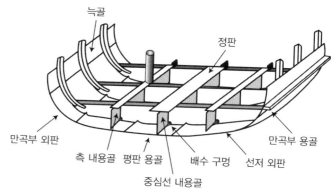

ㄴ 이중저 구조 : 선저 외판의 내측에 만곡부에서 만곡부까지 수밀구조의 내저판을 설치하여 선저를 이중으로 하고, 선저 외판과 내저판 사이에 공간을 만든 구조

ㄷ 이중저 구조의 장점

- 선저부가 손상을 입어도 내저판에 의해 일차적으로 선내의 침수를 방지하여 화물과 선박의 안전을 기할 수 있음
- 선저부의 구조가 견고하므로 호깅(hogging) 및 새깅(sagging) 상태에도 잘 견딤
- 밸러스트 탱크를 이용하여 선박의 중심, 경사 등을 조절
- 선박의 종강도뿐만 아니라 횡강도, 국부 강도도 증가

(3) 선체가 받는 힘

① 종강력 구성재 : 용골, 중심선 거더, 종격벽, 외판, 내저판, 상갑판 등
② 횡강력 구성재 : 늑골, 갑판보, 횡격벽, 외판, 갑판 등
③ 부분적인 힘

ㄱ 팬팅(panting) : 파랑의 충격이나 충돌사고가 날 때에 잘 견디고 선체를 보호할 수 있는 강한 구조로 되어 있는 선수부의 구조
ㄴ 슬래밍(slamming) : 선체와 파랑의 상대운동으로 선수부 바닥이나 선측에 심한 충격이 생기는 현상
ㄷ 휘핑(whipping) : 선박이 파랑 중을 항해할 때 충격으로 선체가 심하게 진동하는 현상

3 주요 선박 설비

(1) 조타 설비 ★★

① 타(rudder, 키) : 전진 또는 후진 시에 배를 임의의 방향으로 회두시키고 일정한 침로를 유지하는 역할을 하는 설비로 타주의 후부 또는 타두재에 설치

② 타의 구조 ★★★★★

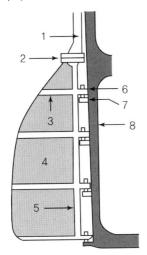 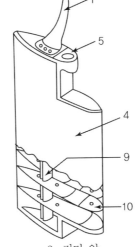

1. 타두재(rudder stock)	2. 러더 커플링	3. 러더 암
4. 타판	5. 타심재(main piece)	6. 핀틀
7. 거전	8. 타주	9. 수직 골재
10. 수평 골재		

- ㉠ 타두재 : 타와 선미부를 연결하는 부분으로 조타기에 의한 회전을 타에 전달
- ㉡ 타심재 : 단판키의 회전축이자 타의 중심이 되는 부분
- ㉢ 핀틀 : 키를 붙이는 금속제의 부속품

③ 타의 조건 : 보침성 및 선회성이 좋고, 수류의 저항과 파도의 충격에 잘 견뎌야 하며, 항주 중에 저항이 작아야 함

④ 조타장치

- ㉠ 정의 : 항해 중 타를 회전시키고 타각을 유지하는 장치
- ㉡ 타각제한장치 : 이론적으로는 최대 타각이 45도이지만 보통 최대 타각은 35도 정도가 가장 유효하므로 대략 35도 정도로 타의 회전각도를 제한하는 장치
- ㉢ 동력 조타장치 ★

제어장치	타의 회전에 필요한 신호를 동력장치에 전달하는 부분
추종장치	주어진 각도까지만 타를 회전하도록 하는 장치
동력장치	타를 움직이는 동력을 발생하는 장치(원동기)
전달장치	원동기의 기계적 에너지를 축, 기어, 유압 등에 의하여 타에 전달하는 장치

개념 다잡기

✅ 타의 종류 ★★
- 복원타(비례타) : 자동 조타장치에서 선박이 설정 침로에서 벗어날 때 그 침로를 되돌리기 위하여 사용하는 타
- 제동타(미분타) : 복원타에 의해 선수가 회전할 때에 설정 침로를 넘어서 회전하는 것을 억제하기 위하여 사용하는 타
- 평형타 : 키의 면이 그 회전축 뒤쪽뿐만 아니라 일부는 앞쪽으로도 퍼져 있어 앞뒤의 균형을 잡는 키를 말한다.
- 수동 조타 : 조타수가 선장 또는 항해사의 지시에 따라 타를 잡는 것

✅ SOLAS 협약의 조타장치의 동작 요건
계획만재흘수에서 최대항해속력으로 전진하는 경우, 한쪽 현 타각 35도에서 다른 쪽 현 타각 30도까지 28초 이내에 조작할 수 있어야 함

✅ 동력 조타장치의 제어장치 종류
- 기계식 : 주로 소형선에 사용
- 유압식 또는 전기식 : 중대형선에 사용

☑ **조타장치 취급 시 주의사항**
유압 계통의 유량의 적정성, 조타기에 과부하가 걸리는지 여부, 작동 중 이상한 소음이 발생하는지 여부, 작동부에 그리스가 잘 들어가는지 여부 등을 점검

☑ **동력의 단위**
• 킬로와트(kW)
• 마력(1PS = 75kgf · m/s)

☑ **휴대식 소화기 사용 방법**
안전핀을 뽑는다. → 폰(흔)을 뽑아 불이 난 곳으로 향한다. → 손잡이를 강하게 움켜쥔다. → 불이 난 곳으로 골고루 방사한다.

ⓔ **기타 조타 설비** ★
- 자동 조타장치(오토파일럿) : 선수의 방위가 주어진 침로에서 벗어나면 자동적으로 편각을 검출하여 편각이 없어지도록 직접 키를 제어하여 침로를 유지하는 장치
- 사이드 스러스터(side thruster) : 입·출항이 잦은 선박들의 선수 또는 선미에 프로펠러를 설치하여, 횡방향으로 물을 밀어 이동시키는 장치
- 타각 지시기 : 키의 실제 회전량을 표시해 주는 장치로 조타위치에서 잘 보이는 곳에 설치

(2) 동력 설비

① 주기관 : 선박을 추진시키기 위한 엔진
② 보조기계 : 주기관 및 주보일러를 제외한 선내의 모든 기계로 발전기, 펌프, 냉동장치, 조수장치, 유 청정기, 압축기 등

(3) 소화 설비

① 소화전 : 화재 발생 장소에 물을 분사하는 가장 기본적인 소화설비
② 휴대식 소화기의 종류 ★★★★
- ㉠ 포말 소화기 : 화학 약재를 이산화탄소와 함께 거품 형태로 분사하여 화재를 진압
- ㉡ CO_2 소화기 : 이산화탄소를 압축·액화한 소화기로, 전기화재의 소화에 적합하며 분사 가스의 온도가 매우 낮아 동상에 조심해야 함
- ㉢ 분말 소화기 : 중탄산나트륨 또는 중탄산칼륨 등의 약제 분말과 질소, 이산화탄소 등의 가스를 배합한 것
- ㉣ 할론 소화기 : 할로겐 화합물 가스를 약재로 사용하는 소화기. 열분해 작용 시 유독가스 발생으로 선박에 비치하지 않음

(4) 계선 설비

① 정의 : 선박이 부두에 접안하거나 묘박 혹은 부표에 계류하기 위한 모든 설비
② 앵커(anchor, 닻)와 앵커체인(닻줄, anchor chain)
- ㉠ 앵커의 역할 : 선박을 임의의 수면에 정지 또는 정박, 좁은 수역에서의 방향 변환, 선박의 속도 감소 등
- ㉡ 앵커의 종류 ★★★

스톡 앵커	스톡(닻채)이 있는 앵커로 투묘할 때 파주력은 크나 격납이 불편하여 소형선에서 이용
스톡리스 앵커	스톡(닻채)이 없는 앵커로 파주력은 떨어지지만 투묘 및 양묘 시 취급이 쉽고 앵커체인이 엉키지 않아 대형선에 이용

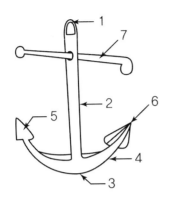

1. 앵커 링
2. 생크
3. 크라운
4. 암
5. 플루크
6. 빌
7. 닻채

◉ 스톡 앵커의 각부 명칭 ★★★★

ⓒ 앵커체인(닻줄, anchor chain)
- 선박이 정박할 때 해저에 내려진 닻과 선체를 연결하는 데 사용
- 길이의 기준 : 1섀클로 25m
- 링크 지름의 12%가 마멸되면 교체

ⓔ 앵커와 앵커체인의 관리 : 입거 시에는 고압수로 펄을 털어내고 녹을 제거
하여, 전체적인 손상 및 마모 상태를 확인한 후, 섀클 표시를 하여 수납

③ 계선줄 ★

㉠ 선박을 부두에 고정하기 위한 줄

㉡ 접·이안 시 계선줄을 이용하는 목적 : 선박의 전진속력 제어, 접안 시 선
박과 부두 사이 거리 조절, 이안 시 선미가 부두로부터 떨어지도록 작용

㉢ 계선줄의 종류와 역할

선수줄	선수에서 내어 전방 부두에 묶는 계선줄
선미줄	선미에서 내어 후방 부두에 묶는 계선줄
선수 뒷줄	선수에서 내어 후방 부두에 묶는 계선줄
선미 앞줄	선미에서 내어 전방 부두에 묶는 계선줄
옆줄	선수 및 선미에서 부두에 거의 직각 방향으로 잡는 계선줄

④ 기타 계선설비 ★

㉠ 양묘기(윈드라스) : 앵커를 감아올리거나 계선줄을 감는 데 사용하는 갑판
기기

㉡ 무어링 윈치(계선 윈치) : 선체를 부두의 안벽에 붙이기 위해 계선줄을 감
는 장치

㉢ 펜더(fender) : 선체가 외부와 접촉하게 될 때 충격을 막기 위해 사용되는
기구

㉣ 히빙라인 : 계선줄을 내보내기 위해 미리 내주는 줄

📁 **개념 다잡기**

✅ 스톡(닻채)
닻의 자루가 되는 부분

✅ 파주력
앵커나 체인이 해저에 파고 들어가
서 떨어지지 않으려는 힘을 말하며,
닻이 끌릴 가능성이 가장 작다.

✅ 앵커체인의 섀클 명칭
앵커 섀클(Anchor shackle), 엔드
링크(End link, 단말 고리), 엔라지드
링크(Enlarged link, 확대 고리), 커
먼 링크(Common link, 보통 고리),
켄터 섀클(Kenter shackle), 조이닝
섀클(Joining shackle, 연결용 섀
클), 스위블(Swivel) 등

✅ 정박지로서 가장 좋은 저질
펄(뻘)이나 점토

PART
01

개념 다잡기

　　ⓜ 권양기(capstan, 캡스턴)
　　　• 계선줄이나 앵커체인을 감아올리는 장치
　　　• 캡스턴의 정비사항 : 그리스 니플을 통해 그리스를 주입, 구멍이 막힌 그리스 니플을 교환, 마모된 부시를 교환
　　ⓗ 스토퍼 : 계선줄을 일시적으로 붙잡아 두는 장치

4 선박의 정비

(1) 로프(rope)

① 로프의 종류 ★★★★

	식물섬유 로프	식물의 섬유를 꼬아 만든 로프(마닐라 로프)
섬유 로프	합성섬유 로프	• 종류 : 폴리프로필렌 로프, 나일론 로프, 폴리에틸렌 로프 등 • 장점 : 가볍고 흡수성이 낮으며, 부식에 강함, 충격 흡수율이 좋으며, 강도가 마닐라 로프의 약 2배, 뚫을 경우 킹크가 잘 일어나지 않음 • 단점 : 열이나 마찰에 약하고, 복원력이 늦으며, 물에 젖으면 강도가 변함
와이어 로프	• 아연이나 알루미늄으로 도금한 철사를 여러 가닥으로 합하여 만든 로프 • 섬유 로프보다 강성이 좋으며, 녹이 슬지 않도록 아연도금	

② 로프의 치수 ★
　　㉠ 굵기 : 로프의 외접원의 지름을 mm 또는 원주를 인치로 표시
　　㉡ 길이 : 1사리(coil)＝200m
　　㉢ 무게 : 일반적으로 1사리를 기준으로 표시

③ 로프의 사용 및 취급 방법 ★★
　　㉠ 파단하중과 안전사용하중을 고려하여 사용
　　㉡ 시일이 경과함에 따라 강도가 크게 떨어지므로 주의
　　㉢ 마찰이 많은 곳에는 캔버스를 감아서 사용
　　㉣ 대각도로 굽히면 굴곡부에 큰 힘이 걸리므로 소각도로 굽혀 사용
　　㉤ 동력으로 로프를 감아 들일 때에는 무리한 장력이 걸리지 않도록 함
　　㉥ 마모와 킹크(kink)가 생기지 않도록 주의
　　㉦ 항상 건조한 상태로 보관
　　㉧ 로프가 물에 젖거나 기름이 스며들면 그 강도가 1/4 정도 감소
　　㉨ 만든 지 오래된 것은 강도와 내구력이 떨어지므로 주의
　　㉩ 무거운 물건을 취급할 때에는 새것을 사용하는 것이 안전
　　㉪ 스플라이싱(splicing)한 부분은 강도가 약 20~30% 떨어짐

◈ 로프의 사용
선박에서는 섬유 로프보다는 와이어 로프가 주로 이용되며, 섬유 로프는 마찰로 인한 화재를 방지하기 위해 사용

◈ 스플라이싱(splicing)
밧줄의 두 끝을 함께 잘라 이음

(2) 선체 보존

① 부식 방지법 ★★

목선의 방식	• 목재를 충분히 건조시켜서 습기의 침투를 방지 • 틈이 생기면 퍼티(putty)로 바로 때움 • 목갑판에 사용하는 도구만을 사용하며, 도료는 얇게, 여러 번 바름
강선의 방식	• 방청용 페인트 및 시멘트를 발라서 습기와의 접촉을 차단 • 파이프는 아연 또는 주석을 도금한 것을 사용 • 프로펠러나 키 주위에는 철보다 이온화 경향이 큰 아연판을 부착 • 마그네슘 또는 아연의 양극 금속을 기관실 등에 설치하여 선체에 약한 전류를 통과시킴 • 화물창 내에 강제 통풍에 의한 건조한 공기를 불어넣음

② 도료 ★★

㉠ 도장의 목적 : 방식(물과 공기를 차단하는 도막을 형성하여 부식 방지), 방오(해중 생물의 부착을 방지), 장식(선박을 아름답게 유지), 청결 등

㉡ 선체에 페인트칠을 하기 좋은 시간 : 따뜻하고 습도가 낮을 때

㉢ 도장용 도구 : 페인트 스프레이 건(도료를 넓은 면적에 도포할 경우에 사용), 페인트 붓, 페인트 롤러 등

㉣ 선체의 도장 방법 : 먼저 부식이 심한 곳의 녹을 깨끗이 제거한 후, 부분적인 도장을 하고 그 뒤에 전체적으로 도장

③ 희석제(thinner)

㉠ 도료의 성분을 균질하게 하여 도막을 매끄럽게 함

㉡ 인화성이 강하므로 화기에 유의해야 함

㉢ 점도를 조절하기 위한 혼합용제로 많이 넣으면 도료의 점도가 낮아짐

㉣ 도료에 첨가하는 양은 최대 10% 이하가 적당

(3) 선박의 검사

① 건조검사

㉠ 선박을 건조하고자 하는 자는 선박에 설치되는 선박시설에 대하여 실시하는 검사

㉡ 해양수산부장관은 건조검사에 합격한 선박에 대하여 건조검사증서를 교부

② 정기검사 ★

㉠ 선박을 최초로 항해에 사용하는 때 또는 선박검사증서의 유효기간이 만료된 때(5년)에는 선박시설과 만재흘수선에 대하여 실행하는 정밀검사

㉡ 무선설비 및 선박위치발신장치에 대하여는 「전파법」의 규정에 따라 검사를 받았는지 여부를 확인하는 것으로 갈음

③ 중간검사
　　㉠ 정기검사와 정기검사 사이에 매 1년마다 하는 간단한 검사로서, 제1종 중간검사와 제2종 중간검사로 나뉨
　　㉡ 중간검사의 생략
　　　• 총톤수 2톤 미만인 선박
　　　• 추진기관 또는 돛대가 설치되지 아니한 선박으로서 평수구역 안에서만 운항하는 선박
　　　• 추진기관 또는 돛대가 설치되지 아니한 선박으로서 연해구역을 운항하는 선박 중 여객이나 화물의 운송에 사용되지 아니하는 선박
④ **임시검사** : 선박의 시설 또는 선박의 무선설비에 대하여 해양수산부령이 정하는 개조나 수리를 할 때, 또는 선박검사 증서에 기재된 내용을 변경하고자 할 때 하는 검사
⑤ **임시 항행검사** : 선박검사 증서를 받기 전에 선박을 임시로 항행할 때 행하는 검사

02 구명설비 및 통신장비

1 구명설비와 신호장치

(1) 구명설비 ★★★★★

① **구명정(life boat)** : 선박 조난 시 인명구조를 목적으로 특별하게 제작된 소형 선박으로 선박의 20도 횡경사 및 10도 종경사의 경우에도 안전하게 진수될 수 있어야 함
② **팽창식 구명뗏목(구명벌)** ★★★★★
　　㉠ 나일론 등과 같은 합성섬유로 된 포지를 고무로 가공해서 뗏목 모양으로 제작한 것
　　㉡ 내부에는 탄산가스나 질소가스를 주입시켜 긴급 시에 팽창시키면 뗏목 모양으로 펼쳐지는 구명설비
　　㉢ 30일 동안 떠 있어도 견딜 수 있도록 제작되어야 하며, 구명정에 비해 항해 능력은 떨어지지만 손쉽게 강하할 수 있음
　　㉣ **수압이탈장치(자동이탈장치)** : 선박이 침몰하여 수면 아래 2~4m 정도에 이르면 수압으로 작동되어 구명뗏목을 부상시키는 장치
③ **구명부기** : 구조를 기다릴 때 여러 명이 붙잡아 떠 있을 수 있도록 제작된 부체

☑ 국제협약검사
국제항해에 취항하는 선박의 감항성 및 인명안전과 관련하여 국제적으로 발효된 국제협약에 따른 해양수산부장관의 검사

☑ 구명정의 의장품
신호용 호각, 응급의료구, 신호 홍염, 낙하산신호, 신호 거울 등

☑ 연결줄과 자동줄
• 연결줄(painter) : 구명뗏목 본체와 적재대의 링에 고정되어 구명뗏목과 본선의 연결 상태를 유지
• 자동줄 : 끝부분이 이산화탄소 용기 커터장치에 연결되어 구명뗏목을 팽창시키는 역할을 하는 장치

④ **구명부환**(life buoy) : 1인용의 둥근 형태의 부기로 잘 보이고 쉽게 꺼낼 수 있
는 장소에 보관하고, 구명부환에는 선적항과 선명이 표시되어 있음

⑤ **구명동의(구명조끼)** : 조난 또는 비상시 상체에 착용하는 재킷

⑥ **방수복** : 물이 스며들지 않아 수온이 낮은 물속에서 체온을 보호할 수 있는 옷
으로, 2분 이내에 도움 없이 착용할 수 있어야 함

⑦ **보온복**

ㄱ 열전도율이 낮은 방수 물질로 만들어진 포대기 또는 옷으로 구명동의 위에
착용하여 전신을 덮을 수 있어야 함

ㄴ 방수복을 착용하지 않은 사람이 입는 것으로 만약 수영을 하는 데 지장이
있다면, 착용자가 2분 이내에 수중에서 벗어 버릴 수 있어야 함

⊙ 방수복 표시

⊙ 구명줄 발사기

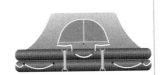
⊙ 구명뗏목

개념 다잡기

☑ 구명줄 발사기
선박이 조난을 당한 경우 조난선과
구조선 또는 육상과 연락하는 구명
줄을 보낼 때 사용하는 장치로 수평
에서 45° 각도로 발사

(2) 조난신호장치

① **자기 점화등** : 야간에 구명부환의 위치를 알려 주는 것으로 구명부환과 함께
수면에 투하되면 자동으로 점등되는 신호등

② **자기 발연부 신호** : 주간 신호로서 구명부환과 함께 수면에 투하되면 자동으
로 오렌지색 연기를 연속으로 내는 것

③ **신호 홍염** : 손잡이를 잡고 불을 붙이면 붉은색의 불꽃을 1분 이상 내며, 10센티
미터 깊이의 물속에 10초 동안 잠긴 후에도 계속 타는 조난신호장치(야간용)

④ **로켓 낙하산 신호**

ㄱ 높이 300m 이상의 장소에서 펴지고 또한 점화되며, 매초 5m 이하의 속도
로 낙하하며 화염으로써 위치를 알림(야간용)

ㄴ 조난신호 중 수면상 가장 멀리서 볼 수 있음

⑤ **비상위치지시용 무선표지**(EPIRB) ★★★★★

ㄱ 선박이 비상상황으로 침몰 등의 일을 당하게 되었을 때 자동적으로 본선으
로부터 이탈 부유하며 사고지점을 포함한 선명 등의 무선표지신호를 자동
적으로 발신하는 설비

ㄴ 조난신호는 위성을 거쳐 수색구조조정본부에 전달됨

ㄷ 자동작동 또는 수동작동 모두 가능하며, 개방된 장소에 설치되어 있어야
함(총톤수 2톤 이상의 소형선박에 반드시 설치)

☑ 로켓 낙하산 신호 표시

ⓔ 비상위치지시용 무선표지(EPIRB)의 수압풀림장치가 작동되는 수압 : 수심 1.5~4미터 사이의 수압

⑥ 수색구조용 레이더 트랜스폰더(SART)

  ㉠ 선박의 조난 시에 근처 선박의 9GHz 주파수대 레이더 화면에 조난자의 위치를 표시해 주는 장치

  ㉡ 송신 내용에는 부호화된 식별신호 및 데이터가 들어 있으며, 레이더 전파 발사와 함께 가청경보음을 울려 생존자에게 수색팀의 접근을 알리기도 함

2 해상통신

(1) 해상통신의 종류

① 무선전신 : 중파, 중단파, 단파 등을 사용

② 무선전화

  ㉠ 단파, 초단파를 이용하며, 주로 연근해 및 근거리 통신에 이용

  ㉡ 초단파대(VHF) 무선전화 ★★

    • 연안에서 대략 50km 이내의 해역을 항해하는 선박 또는 정박 중인 선박이 많이 이용

    • 생존정 상호 간, 생존정과 선박 간 및 선박과 구조정 간의 통신에 사용되는 통신장치

③ 해사 위성통신(INMARSAT) : 해사 위성을 이용하여 통신을 하는 국제해사위성통신시스템

④ MMSI(해상이동업무식별부호) ★★★★

  ㉠ 선박국, 해안국 및 집단호출을 유일하게 식별하기 위해 사용되는 부호로서, 9개의 숫자로 구성

  ㉡ MMSI는 주로 디지털선택호출(DSC), 선박자동식별장치(AIS), 비상위치표시전파표지(EPIRB)에서 선박 식별부호로 사용

  ㉢ 초단파 무선설비에도 입력되어 있으며, 소형선박에도 부여

  ㉣ 우리나라의 경우 440, 441로 시작

(2) 출입항 통신과 초단파대(VHF) 무선전화의 운용

① 초단파대(VHF) 무선전화의 운용 ★★★★★

  ㉠ 선박과 선박, 선박과 육상국 사이의 통신에 주로 사용하며, 연안항해에서 선박 상호 간의 교신을 위한 단거리 통신용 무선설비

  ㉡ 평수구역을 항해하는 총톤수 2톤 이상의 소형선박에 반드시 설치해야 하는 무선통신 설비

ⓒ 초단파(VHF) 해안국의 통신범위 : 20~30해리

ⓔ 항해 중에는 16번 채널을 청취하며, 관제구역에서는 지정된 관제통신 채 널을 청취

ⓜ 초단파(VHF) 무선설비에서 잡음이 계속 들릴 경우의 조치 : 무선설비에서 불필요한 공중잡음을 없애 주는 회로인 스켈치(Squelch)를 조절

ⓗ 초단파(VHF) 무선설비는 볼륨을 적절히 조절하여 사용하며, 묘박 중에도 계속 켜서 사용

② 초단파대(VHF) 무선전화와 조난통신 ★★

ⓖ 해상의 주요 통신

- 조난통신 : 무선전화에 의한 조난신호는 MAYDAY의 3회 반복
- 긴급통신 : 무선전화에 의한 긴급신호는 PAN PAN의 3회 반복
- 안전통신 : 무선전화에 의한 안전신호는 SECURITE의 3회 반복

ⓛ 초단파(VHF) 무선설비의 조난경보 버튼 : 가청음과 불빛 신호가 안정될 때까지 누르면 조난신호가 발신됨

ⓒ 채널 16 : 조난, 긴급 및 안전에 관한 통신에만 이용하거나 상대국의 호출용 으로만 사용되어야 하며, 조난경보 시 평균 4분(4±0.5분)간 자동으로 발신

ⓔ 초단파(VHF) 무선설비 발신 조난신호의 내용 : 조난의 종류, 해상이동업 무식별번호(MMSI number), 위치, 시각, 조난의 원인 등

ⓜ 초단파(VHF) 무선설비 조난경보가 잘못 발신되었을 때 취해야 하는 조 치 : 무선전화로 취소 통보를 발신

(3) GMDSS(세계해상조난 및 안전 시스템)

① 정의 : 해상에서 선박이 조난을 당했을 경우에 조난 선박 부근에 있는 다른 선 박과 육상의 수색 및 구조 기관이 신속하게 조난 사고를 발견하여, 바로 합동 수색 및 구조 작업에 임할 수 있도록 하는 제도

② GMDSS의 주요 기능 : 조난경보의 송수신, 수색 및 구조의 통제 통신, 조난 현장 통신, 위치 측정을 위한 신호, 해상 안전 정보(MSI)를 선박에 통보, 일반 무선통신과 선교 간 통신

③ GMDSS상 해역의 구분 ★

A1 해역	육상의 VHF 해안국의 통신범위(20~30해리) 내의 구역
A2 해역	육상의 MF 해안국의 통신범위(A1 해역을 제외하고 100해리 정도) 내의 구역
A3 해역	정지 해사통신위성의 유효범위(A1, A2 해역을 제외하고 남북위 70도 이내의 모든 해역) 내의 구역
A4 해역	A1, A2 및 A3 해역 이외의 구역(일반적으로 극지역)

개념 다잡기

✔ 우리나라 연해구역을 항해하는 총톤수 10톤인 소형선박에 반 드시 설치해야 하는 무선통신 설비
초단파(VHF) 무선설비 및 비상위치 지시용 무선표지설비(EPIRB)

▶ VHF 무선설비의 최대 출력 : 25W

▶ 가까운 거리의 선박이나 연안 국에 조난통신을 송신할 경우 가장 유용한 통신장비 : VHF

☑ GMDSS 관련 무선설비 설치 대상
모든 국제여객선과 300톤 이상의 국제화물선에 적용

④ GMDSS 관련 무선설비 설치 기준 ★

　㉠ 2-way VHF 무선전화 : 여객선 및 500톤 이상의 화물선(3대 이상), 500톤 미만의 화물선(2대 이상)

　㉡ 수색구조용 레이더 트랜스폰더(SART) : 여객선 및 500톤 이상의 화물선(3대 이상), 500톤 미만의 화물선(1대 이상)

　㉢ NEVTEX 수신기 및 위성 EPIRB 혹은 VHF EPIRB를 탑재

▣ 더 알아보기 **선박안전법 시행규칙 [별표 30] 무선설비의 설치기준**

적용 선박 ＼ 무선설비의 종류	초단파대 무선설비 (무선전화 및 디지털선택호출장치)	중단파대 또는 중단파대 및 단파대무선설비(무선전화 및 디지털선택호출장치)	네비텍스 수신기	위성비상 위치지시 용무선표 지설비 (EPIRB)	수색 및 구조위치 확인장치 (SART 또는 AIS-SART)	양방향초단 파대무선전 화장치(2-way VHF)
가. 평수구역을 항해구역으로 하는 선박	1					
나. 연해구역 이상을 항해구역으로 하는 선박						
1) 국제항해에 취항하지 아니하는 총톤수 300톤 미만의 것	1			1		
2) 국제항해에 취항하는 총톤수 300톤 미만의 것	1	1		1		
3) 총톤수 300톤 이상의 것	1		1	1	1	1

☑ 선위통보제도
해난 구조 기관이 해상을 항행하는 선박에서 항해계획이나 항해 중의 위치를 통보받도록 한 제도

(4) 선박교통관리제도(VTS)

① 해상 교통량이 많은 항만 입구 부근이나 좁은 수로 등에 해상교통의 안전과 효율을 향상시켜 선박 운항의 경제성을 높이기 위한 목적으로 설치

② 특정 해역 안에서 교통의 이동을 직접 규제하는 것으로, 항만 당국의 권한에 의하여 실시

③ VTS의 기능 : 데이터의 수집, 데이터의 평가, 정보 제공, 항행 원조, 통항관리, 연관활동 지원 등

(5) 국제기류신호

① 국제기류신호기의 종류 ★

　　㉠ 1문자 신호 : 긴급하고 중요하여 자주 사용되는 것으로, 영문 알파벳 문자기를 사용

　　㉡ 2문자 신호 : 일반 부분의 통신문에 쓰이며, 조난과 응급, 사상과 손상, 항로표지와 항행, 수로의 조종과 그 밖의 통신·검역에 사용

　　㉢ 3문자 신호 : 주로 의료에 관한 통신에 사용하며, 의료에 관한 통신문은 첫 글자가 M으로 시작

② 깃발(기류)신호 해석 ★★★★

개념 다잡기

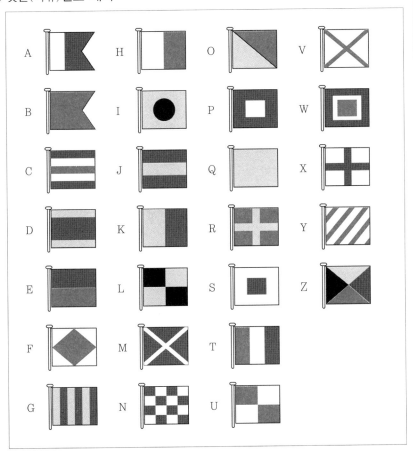

A : 잠수부를 하선시키고 있다. 미속으로 충분히 피하라.

B : 위험물을 하역 중 또는 운반 중임

C : 그렇다.

D : 본선을 피하라. 조종이 여의치 않음

E : 우현으로 침로를 바꾸고 있음

✔ 국제기류신호기의 사용
- 방위신호를 할 때 최상부에 게양하는 기류 : A기
- 시각신호를 할 때 최상부에 게양하는 기류 : T기

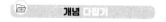

F : 본선, 조종 불능

G : 본선, 수로안내인이 필요함

H : 본선에 수로안내인을 태우고 있음

I : 좌현으로 침로를 바꾸고 있음

J : 본선, 화재 중임. 위험물을 싣고 있으므로 본선을 피하라.

K : 본선, 귀선과 통신하고자 함

L : 귀선, 정선하라.

M : 본선, 정선하고 있음

N : 아니다.

O : 사람이 바다에 떨어졌다.

P : 본선, 출항하려 함

Q : 본선, 건강함

R : 검역교통허가증의 교부바람

S : 본선의 엔진이 후진 중임

T : 본선을 피하라.

U : 귀선은 위험물을 향해 가고 있음

V : 본선을 도와달라.

W : 본선은 의료상의 도움을 바람

X : 실시를 기다려라. 그리고 본선의 신호에 주의하라.

Y : 본선은 닻을 걷고 있음

Z : 예인선이 필요함

03 선박 조종 일반

1 선박의 복원성

(1) 복원성과 용어 ★★★

① 복원성(Stability) : 선박이 파도나 바람 등의 외력에 의하여 어느 한쪽으로 기울었을 때 원래의 위치로 되돌아오려는 성질

② 복원성과 관련된 용어 ★★★★

배수량(W)	선박이 수면에 잠겨 있는 부분의 용적에 그 밀도를 곱한 값
무게중심(G)	선박의 전 중량이 한 점에 모여 있다고 생각할 수 있는 가상의 점
부심(B)	선체의 전체 부력이 한 점에 작용한다고 생각할 수 있는 점
중력과 부력	물 위에 떠 있는 선체에서는 중력이 하방향으로 작용하고, 부력은 상방향으로 작용하는데 두 힘의 크기는 동일
경심(M, 메타센터)	배가 똑바로 떠 있을 때 부력의 작용선과 경사된 때 부력의 작용선이 만나는 점
지엠(GM, 메타센터 높이)	무게중심에서 메타센터까지의 높이

(2) 복원력에 영향을 미치는 요소

① 선체 제원의 영향 ★★★

선폭	선폭을 증가시키면 복원력이 커짐
무게중심	무게중심의 위치를 낮추면 복원력이 커짐
배수량	배수량의 크기에 비례, 즉 배수량이 크면 복원력이 증가
건현	건현을 증가시키면 무게중심은 상승하나 복원력에 대응하는 경사각이 커짐
현호	갑판 끝단이 물에 잠기는 것을 방지하여 복원력이 증대

② 운항 중의 요소 ★★

㉠ 유동수 : 선체의 횡동요에 따라 유동수가 많이 발생하면 무게중심의 위치가 상승하여 복원력이 감소

㉡ 황천 시 파도 : 갑판에 올라온 해수가 즉시 배수되지 않으면 자유표면이 생겨 복원력이 감소

㉢ 갑판 적화물의 흡수 : 원목 또는 각재와 같은 갑판적 화물이 빗물이나 갑판 위로 올라온 해수에 의하여 물을 흡수하게 되면, 중량이 증가하여 GM이 감소

개념 다잡기

✓ 복원력
선박이 물에 떠 있는 상태에서 외부로부터 힘을 받아서 경사할 때, 저항 또는 외력을 제거하면 원래의 상태로 되돌아오려고 하는 힘

✓ 선박평형수와 복원력
선저에 선박평형수를 싣는 것은 중심을 낮추어 복원력을 증대시킬 수 있지만, 중심 저하에 따른 복원력 증대와 건현 감소에 따른 역효과가 동시에 일어나므로 반드시 좋은 것은 아니다.

✓ 화물선에서 복원성을 확보하기 위한 방법
• 선저부의 탱크에 밸러스트를 적재
• 높은 곳의 중량물을 아래쪽으로 이동
• 연료유나 청수를 무게중심 아래에 위치한 탱크에 공급
• 선체의 높이 방향으로 갑판 화물을 배치
• 선저부의 탱크에 평형수를 적재

개념 다잡기

ㄹ 갑판의 결빙 : 겨울철 항해 중 갑판상에 있는 구조물에 얼음이 얼면 갑판 중량의 증가로 GM이 감소
ㅁ 배수량 : 항해의 경과로 연료유와 청수 등의 소비로 인한 배수량의 감소는 무게중심의 위치가 상승

(3) 화물 배치와 복원성

① 화물 무게의 수직 배치
ㄱ 수직 배치의 원칙 : 화물의 수직 방향 배치에 따라서 GM의 크기가 변화하므로 화물 무게를 하부 선창과 중갑판에 구분하여 배치
ㄴ 무게중심을 낮추는 방법

✓ 호깅과 새깅
- 호깅(hogging) : 화물의 무게 분포가 전후부 선창에 집중 상태
- 새깅(sagging) : 화물의 무게 분포가 중앙 선창에 집중되는 상태

화물선	항해 중의 복원성의 상실이나 황천 접근 시의 복원력 확보 수단으로 선박평형수 적재를 이용하는 것이 좋음
어선·모래 운반선	높은 곳의 중량물을 아래쪽으로 이동
목재운반선·컨테이너·자동차 전용선	선저부의 탱크에 선박평형수를 만재시켜서 복원력을 확보

② 화물 무게의 세로 배치 : 화물의 적화 계획 시에 화물 중량 및 선체 중량의 세로 방향 배치가 선체의 부력과 비슷하도록 배분
③ 화물의 이동 방지 : 과적이나 한쪽 현에 화물의 집중을 피하고, 화물의 이동 방지에 대한 대책을 세우도록 함

(4) 선박의 안정성 : 복원력 상태

✓ 헤비(Bottom heavy) 상태
배의 무게중심이 낮은 배

① 안정 평형 상태 : GM이 0보다 큰 경우
② 중립 평형 상태 : GM이 0인 경우
③ 불안정 평형 상태 : GM이 0보다 작은 경우 → 전복

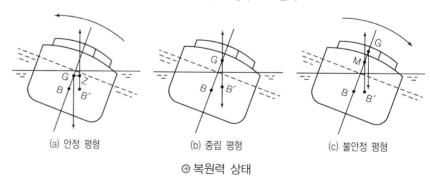

(a) 안정 평형   (b) 중립 평형   (c) 불안정 평형

⊙ 복원력 상태

2 선박의 조종

(1) 키(타, rudder)의 역할 ★★★★

① 조종성을 나타내는 요소 ★★★

㉠ 침로안정성(방향안정성＝보침성)

- 선박이 정해진 침로를 따라 직진하는 성질로 침로에서 벗어났을 때 곧바로 침로에 복귀하는 것을 침로안정성이 좋다고 함
- 항행 거리에 영향을 끼치며, 선박의 경제적인 운용을 위하여 필요한 요소
- 일반 화물선은 일정한 침로를 일직선으로 항행하는 것이 요구되므로 선회성보다는 침로안정성이 더 중요

㉡ 추종성

- 조타에 대한 선체회두의 추종이 빠른지 또는 늦은지를 나타내는 것
- 타에 대한 선체의 응답이 빠르면 추종성이 좋다고 함

㉢ 선회성

- 일정한 타각을 주었을 때 선박이 어떠한 각속도로 움직이는지를 나타내는 것
- 군함이나 어선들과 같이 빠른 기동력을 필요로 하는 선박들은 빠른 선회성이 요구됨
- 선회 중일 때는 선속이 감소하고 횡경사가 발생하며, 선미 킥이 발생

② 이상적인 키(타)

㉠ 침로를 유지하는 성능인 보침성이 좋고 선회성이 큰 것이 좋으나, 서로 상반되는 성질이 있기 때문에 선박의 특성에 따라 다르게 적용

㉡ 선회성지수(K) ★

- 타각을 주었을 때 선박의 선회 각속도의 크기
- 선회성지수가 크면 짧은 반경의 선회권을 그림

③ 키판(타판)에 작용하는 압력 ★★★★

직압력	• 타각을 주면 수류가 타판에 부딪힐 때 타판을 미는 힘 • 변화 요소 : 키판의 면적, 키판이 수류에 받는 각도, 선박의 전진속도 등
양력	• 타판에 작용하는 힘 중에서 그 작용하는 방향이 정횡 방향인 성분으로 선체를 회두시키는 우력의 성분 • 선회 우력은 양력과 선체의 무게중심에서 키의 작용중심까지의 거리를 곱한 것이 됨
항력	• 타판에 작용하는 힘 중에서 그 작용하는 방향이 선체 후방(선수미선)인 분력 • 직진 중 선회를 하게 되면 속력이 떨어지는 원인이 되는 주된 힘 • 타각이 커지면 항력도 증가
마찰력	타각을 주었을 때 타판의 표면에 작용하는 물의 점성에 의한 힘

개념 다잡기

PART
01

▶ 선박의 조종성을 판별하는 성능 : 선회성, 추종성, 침로안정성

✔ 타각과 키(타)
• 타각을 주지 않았을 때 : 보침성이 좋음
• 타각을 주었을 때 : 선회성이 큼

▶ 마찰력은 다른 힘에 비해 그 크기가 매우 작다.

☑ 추진 종류
- 고정피치 프로펠러 : 날개가 보스(boss)에 고정되어 있어 피치를 변화시킬 수 없는 프로펠러
- 가변피치 프로펠러 : 추진축이 한 방향으로만 회전하여도 전·후진이 가능한 프로펠러

(2) 프로펠러 추진기(스크루 프로펠러)

① 추진원리와 수류의 종류 ★

ㄱ 추진원리 : 3~5개의 스크루 프로펠러가 회전하면서 물을 차 밀어내면, 그 반작용으로 선체를 미는 추진력이 발생하게 되고, 이 힘으로 선체는 전진 혹은 후진

ㄴ 피치 : 선박에서 스크루 프로펠러가 360도 1회전 하면 전진하는 거리

ㄷ 수류의 종류 ★★

흡입류	프로펠러의 앞쪽에서 프로펠러에 빨려드는 수류
배출류	프로펠러의 뒤쪽으로 흘러 나가는 수류
반류(후류)	배가 전진하면 선체 주위의 물은 그 진행 방향으로 배와 함께 움직이게 되는데, 이때 선미로 흘러 들어오는 물의 흐름

☑ 흡입류와 배출류
선체와 키에 작용하여 선속의 감소, 선체회두, 횡경사, 킥 현상 등 각종 선체운동을 일으킴

② 배출류의 영향 ★★★

ㄱ 기관 전진상태(고정피치)
- 배출류가 키(타)에 직접 부딪힘 ⇨ 키의 상부보다 하부에 작용하는 수류의 힘이 커짐 ⇨ 선미를 좌현 쪽으로 밀게 됨(선수는 우현 쪽으로 회두)
- 선체의 타력이 아직 없을 때 뚜렷하게 나타남

ㄴ 기관 후진상태(고정피치)
- 우현 쪽으로 흘러가는 배출류는 우현의 선미 측벽에 부딪치면서 측압을 형성 ⇨ 선미를 좌현 쪽으로 밀게 됨(선수는 우현 쪽으로 회두)

ㄷ 가변피치 프로펠러 선박의 경우 : 좌현 선미에 측압작용 ⇨ 배출류가 선미를 우현 쪽으로 밀게 됨(선수는 좌현 쪽으로 회두)

③ 횡압력의 영향 : 프로펠러에 작용하는 힘의 위쪽과 아래쪽이 달라서 발생

ㄱ 전진 시 : 프로펠러의 회전 방향이 시계 방향이 되어 선수가 좌편향

ㄴ 후진 시 : 프로펠러의 회전 방향이 반시계 방향이 되어 선수가 우편향

ㄷ 횡압력의 영향은 스크루 프로펠러가 수면 위에 노출되어 있을 때 뚜렷하게 나타남

▶ 배출류에 의한 선체의 회두는 강하게 나타나고 횡압력은 스크루 프로펠러의 시동 시에 강하게 나타나 선체회두에 영향을 끼친다.

(3) 키(타)와 추진기에 의한 선체운동

① 정지상태에서 전진 ★★

키(타) 중앙	초기	횡압력이 커서 선수가 좌회두
	전진속력 증가 시	배출류가 강해져서 선수가 우회두
우 타각		키 압력이 생기고, 횡압력보다 크게 작용하므로 선수는 우현 쪽으로 회두
좌 타각		횡압력과 배출류가 함께 선미를 우현 쪽으로 밀기 때문에 선수의 좌회두

② 정지상태에서 후진 ★★★

키(타) 중앙	후진 기관 발동 시	횡압력과 배출류의 측압작용이 선미를 좌현 쪽으로 밀기 때문에 선수는 우회두
	후진 기관 사용 지속 시	배출류의 측압작용이 강해져서 선미는 더욱 좌현 쪽으로 치우침
우 타각		• 횡압력과 배출류가 선미를 좌현 쪽으로 밀고, 흡입류에 의한 직압력은 선미를 우현 쪽으로 밀어서 평형 상태를 유지 • 후진속력이 커지면서 흡입류의 영향이 커지므로 선수는 좌회두
좌 타각		횡압력, 배출류, 흡입류가 전부 선미를 좌현 쪽으로 밀게 됨 ⇨ 선수는 강하게 우회두

③ 선회운동과 선회권 ★

  ㉠ 선회성(steady turning ability)

   • 일정한 타각을 주었을 때 선박이 어떠한 각속도로 움직이는지를 나타내는 것

   • 선회성지수가 크면 배가 빠르게 선회하여 작은 선회권을 그림

  ㉡ 선회권(turning circle)

   • 선속이 일정한 정상 선회운동에서 선체의 무게중심이 그리는 항적

   • 같은 타각이라도 우선회보다 좌선회가 그리는 선회권이 더 큼

④ 선회권과 용어 ★★★★★

  ㉠ 전심(pivoting point) : 선회권의 중심으로부터 선박의 선수미선에 수선을 내려서 만나는 점으로 외관상 선체의 회전중심

  ㉡ 선회 종거(advance) : 전타를 처음 시작한 위치에서 선수가 원침로로부터 90도 회두했을 때까지의 원침로상에서의 전진이동거리

  ㉢ 선회 횡거(transfer) : 선체회두가 90도 된 곳까지 원침로에서 직각 방향으로 잰 거리

  ㉣ 선회지름(선회경) : 선박의 선회권에서 선체가 원침로로부터 180도 회두된 곳까지 원침로에서 직각 방향으로 잰 거리

  ㉤ 킥(kick)

   • 선체가 선회 초기에 원침로로부터 타각을 준 반대쪽으로 약간 벗어나는 현상 혹은 벗어난 거리

   • 원침로에서 횡방향으로 무게중심이 이동한 거리

   • 물에 빠진 사람을 구조할 때 침수자가 프로펠러로 빨려 들어가는 것을 막거나 장애물을 피하는 데 유용

  ㉥ 리치(reach) : 전타를 시작한 최초의 위치에서 최종 선회지름의 중심까지의 거리를 원침로상에서 잰 것

📖 **개념** **다잡기**

✓ 정지상태에서 후진할 때 키가 중앙일 경우
가변피치 프로펠러는 배출류가 좌현 선미에 측압작용으로 하여 선수가 좌회두

✓ 최종 선회지름
배가 정상 원운동을 할 때 선회권의 지름

✓ 신침로거리
전타한 위치에서 신·구침로의 교차 점까지 원침로상에서 잰 거리

PART
01

⑤ 선회 중 선체 경사 ★★

  ㉠ 내방경사(안쪽 경사) : 조타한 직후 수면 상부의 선체가 타각을 준 쪽인 선회권의 안쪽으로 경사하는 것

  ㉡ 외방경사(바깥쪽 경사) : 선체가 정상 원운동을 할 때 수면 상부의 선체가 타각을 준 반대쪽인 선회권의 바깥쪽으로 경사하는 것

  ㉢ 일반적으로 선회 초기에는 내방경사(안쪽으로의 경사)가 나타나고, 후기에는 외방경사(바깥쪽으로의 경사)가 나타남

⑥ 선회권에 영향을 주는 요소 ★★★★

☑ 선회권에 영향을 주는 요소
선체의 비척도, 흘수, 트림, 타각, 수심 등

방형계수(방형 비척계수)	• 선체의 뚱뚱한 정도를 나타내는 수치 • 선박의 배수 용적을 선박의 길이, 폭 및 흘수로 나눈 값 • 방형계수가 큰 선박(유조선 등)은 선회성이 양호한 반면에 추종성 및 침로안전성은 좋지 않음
흘수	만재 상태에서는 선체 질량이 증가되어 선회권이 커짐
트림	• 선미흘수와 선수흘수의 차이 • 선수트림의 선박에서는 물의 저항 작용점이 배의 무게중심보다 전방에 있으므로 선회 우력이 커져서 선회권이 작아지고, 반대로 선미트림은 선회권이 커짐
타각	타각이 크면 키(타)에 작용하는 압력이 크므로 선회 우력이 커져서 선회권이 작아짐
수심	수심이 얕은 수역에서는 키 효과가 나빠지고, 선체저항이 증가하여 선회권이 커짐

☑ 공동현상(cavitation)
추진기(프로펠러)의 회전속도가 어느 한도를 넘으면 추진기 배면의 압력이 낮아지는데 물의 흐름이 표면으로부터 떨어져 기포가 발생하여 추진기 표면을 두드리는 현상

(4) 선속과 타력

① 선속

☑ 선박 조종에 영향을 주는 요소
방형비척계수, 흘수, 트림, 속력, 파도, 바람 및 조류의 영향 등

항해속력	• 선박이 만재 상태에서 기관의 상용 출력으로 운전할 때 얻을 수 있는 속력 • 대양을 항행할 때 사용되는 속력
조종속력	• 주기관이 언제라도 가속, 감속, 정지, 발동 등의 형태로 쓸 수 있도록 준비된 상태의 속력 • 항주할 때의 속력

② 타력 ★

☑ 운항 중인 선박에서 나타나는 타력의 종류
발동타력, 정지타력, 반전타력, 변침회두타력, 정침회두타력 등

발동타력	정지 중인 선박에서 기관을 전진 전속으로 발동하고 나서 실제로 전속이 될 때까지의 타력
정지타력	전진 중인 선박의 기관을 정지했을 때 실제로 선체가 정지할 때까지의 타력

반전타력	전진속력으로 항진 중에 기관을 후진 전속으로 하였을 때 선체가 정지할 때까지의 타력(최단 정지거리와 관계됨)
회두타력	전타선회 중에 키를 중앙으로 한 때부터 선체의 회두운동이 멈출 때까지의 타력

(5) 선체저항과 외력의 영향

① 선체저항

마찰저항	• 물의 점성에 의한 부착력이 선체에 작용하여, 선박이 진행하는 것을 방해하는 저항 • 마찰저항의 관련 사항 : 선박의 속도, 선체 표면의 거칠기, 선체와 물의 접촉 면적, 선체의 침하 면적 및 선저 오손 등이 크면 저항이 증가
조파저항	선체가 공기와 물의 경계면에서 운동을 할 때 발생하는 수면 하의 저항
조와저항	물 분자의 속도 차 때문에 생기는 선미 부근의 소용돌이 흐름에 의한 저항(유선형 선체가 유리)
공기저항	선박이 항진 중에 수면 상부의 선체 및 갑판 상부의 구조물이 공기의 흐름과 부딪쳐서 생기는 저항

② 외부의 영향

바람의 영향	• 전진 중에 바람을 횡방향에서 받으면 선수는 바람이 불어오는 쪽으로 향함 • 후진 중에 바람을 횡방향에서 받으면 선미가 항상 바람이 불어오는 쪽으로 향함
조류의 영향	• 선수 방향에서 조류를 받으면 타효가 커서 선박 조종이 잘됨 • 선미 방향에서 조류를 받게 되면 선박의 조종성능이 떨어짐
파도의 영향	횡동요 주시와 파도의 주기가 일치하면 전복 위험이 큼

③ 수심이 얕은 수역의 영향(천수효과) ★★★★★

㉠ 선체의 침하
- 흐름이 빨라진 선저 부근의 수압은 낮아지고, 선수·선미 부근의 수압은 높아짐
- 전반적으로 선체가 침하되어 흘수가 증가하고, 트림이 변화됨

㉡ 속력 감소 : 선수와 선미에서 발생한 파도로 조파저항(선체저항)이 커져 선속이 감소

㉢ 조종성능 저하 : 와류의 영향으로 타효(키의 효과)가 나빠짐, 선회권의 크기 증가

개념 다잡기

✅ 선체저항의 분류
- 선박이 항주할 때에 받는 저항 : 공기 저항
- 수면 아래의 선체가 물로부터 받게 되는 저항 : 마찰 저항, 조파 저항, 조와 저항

✅ 선박을 조종할 때 천수의 영향에 대한 대책
- 가능하면 흘수를 얕게 조정
- 천수역을 저속으로 통과
- 천수역 통항에 필요한 여유수심을 확보
- 수심이 깊어지는 고조시 항행

④ 두 선박 간의 상호작용(흡인배척 작용) ★★

ᄀ 흡인배척 작용(상호간섭)

- 두 선박이 서로 가깝게 마주쳐서 지나가거나 한 선박을 추월할 때는 두 선박 사이에 나타나는 서로 당김과 밀어냄의 작용으로 충돌사고의 원인이 되기도 함
- 소형선은 선체가 작아 영향을 더 크게 받으며, 소형 선박이 대형 선박 쪽으로 끌려 들어가는 경향이 있음
- 추월할 때에는 마주칠 때보다도 상호 간섭작용이 오래 지속되므로 더 위험
- 두 선박의 속력과 배수량의 차이가 클 때나 수심이 얕은 곳을 항주할 때 뚜렷이 나타남

ᄂ 추월 혹은 마주칠 때

- 선수나 선미의 고압 부분끼리 마주치면 서로 반발
- 선수나 선미가 중앙부의 저압 부분과 마주치면 중앙부 쪽으로 끌림

ᄃ 접안선과 통항선

- 접안선은 통항선 접근 시 통항선 쪽으로 끌리고 통과 후에는 다시 반대쪽으로 밀리게 됨
- 선체가 전후 좌우로 움직여서 계선줄이 끊어지거나 손상되기 쉬움

3 선박의 정박

(1) 정박법

① 묘박법

단묘박	선박의 선수 양쪽 현 닻 중에서 어느 한쪽 현의 닻을 내려서 정박하는 방법
쌍묘박	양쪽 현의 선수 닻을 앞뒤 쪽으로 먼 거리에 투묘하여 선박을 그 중간에 위치시키는 정박법
이묘박	강풍이나 파랑이 심하거나 또는 조류가 강한 수역에서 강한 파주력을 필요로 할 때 행하는 투묘법

② 투묘법

전진투묘	전진타력으로 저속 접근하다가 예정 정박지에서 닻을 내리는 방법
후진투묘	• 예정투하지점을 지날 때 잠깐 후진하여 후진타력이 생기면 닻을 투하 • 선체에 무리가 없고 후진 타력의 제어가 쉬움 • 화물선은 묘박 시 선체 보호 및 안전을 위하여 통상적으로 사용
심해투묘	수심이 25미터 이상일 때 배를 정지시켜 닻줄을 수심 정도로 내려서 닻을 투하하는 방법

✅ 상호 간섭작용을 막기 위한 대책
- 선속을 저속으로 하고, 상대선과의 거리를 멀리하여 항행
- 접안선은 계선줄의 수를 증가시켜서 장력이 고루 걸리게 함

✅ 묘박
선박이 해상에서 닻을 내리고 운항을 정지하는 것

✅ 파주력
앵커나 체인이 해저에 파고 들어가서 떨어지지 않으려는 힘

✅ 투묘법
선박이 정박을 위하여 닻을 투하하는 방법

(2) 정박 중 선내 순찰의 목적 ★★

① 화재를 대비해 선내 각부의 화기 여부 확인

② 선박의 각종 등화 및 형상물의 상태를 확인

③ 각종 선박의 안전과 관련된 설비의 이상 유무 및 환경오염 상태 등을 확인

④ 기상 및 해상 상태를 주시하고 수심, 흘수, 조석에 따른 계류줄 혹은 닻의 상태를 수시로 확인하여 관련 조치

04 특수 상황에서의 조종·해양사고

1 선체운동과 파랑 중의 위험현상

(1) 선체운동(6자유도 운동) ★★★★★

횡동요 **(롤링, rolling)**	• 선체운동 중에서 선수미선(X축)을 중심으로 좌·우현 교대로 횡경사를 일으키는 운동 • 유동수가 있는 경우 복원력이 감소하여 선박이 전복되기도 함
종동요 **(피칭, pitching)**	• 선체 중앙(Y축)을 기준으로 하여 선수 및 선미가 상하 교대로 회전하려는 종경사 운동 • 종동요가 극심하게 되면 선속을 감소시키며, 적재화물을 파손시킴
선수동요 **(요잉, yawing)**	• Z축을 기준으로 하여 선수가 좌우 교대로 선회하려는 왕복 운동 • 선박의 침로 유지 및 보침성과 깊은 관계가 있음
전후동요 **(서지, surge)**	X축을 기준으로 하여 선체가 이 축을 따라서 전후로 평행이동을 되풀이하는 동요
좌우동요 **(스웨이, sway)**	• 선체운동 중에서 강한 횡방향의 파랑으로 인하여 선체가 좌현 및 우현 방향으로 이동하는 직선 왕복운동 • Y축을 기준으로 하여 선체가 이 축을 따라서 좌우로 평행이동을 되풀이하는 동요
상하동요 **(히브, heave)**	Z축을 기준으로 하여 선체가 이 축을 따라 상하로 평행이동을 되풀이하는 동요

개념 다잡기

∅ 6자유도 운동
선체가 파도를 받으면 X, Y, Z의 3축상을 따라 이동 및 회전운동을 하는 것

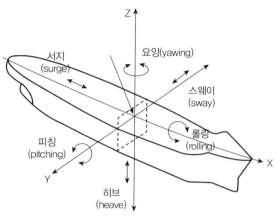

◉ 선체운동(6자유도 운동)

(2) 파랑 중의 위험현상 ★★★★

① **동조 횡동요** : 선체의 횡동요 주기가 파랑의 주기와 일치하여 횡동요각이 점점 커지는 현상

② **러칭**(lurching, 횡경사) : 선체가 횡동요 중에 옆에서 돌풍을 받는 경우, 또는 파랑 중에서 대각도 조타를 실행하면 선체가 갑자기 큰 각도로 경사하는 현상

③ **슬래밍**(slamming) : 선체가 파를 선수에서 받으면서 항해할 때 선수 선저부가 강한 파의 충격을 받는 경우 선체가 짧은 주기로 급격한 진동을 하게 되는 현상

④ **브로칭 투**(broaching-to) : 파도를 선미에서 받으며 항주할 때 선체 중앙이 파도의 마루나 파도의 오르막 파면에 위치하면, 급격한 선수동요에 의해 선체가 파도와 평행하게 놓이는 현상

⑤ **레이싱**(racing, 스크루 프로펠러의 공회전) : 선박이 파도를 선수나 선미에서 받아서 선미부가 공기 중에 노출되면 부하를 급속히 감소시켜 프로펠러가 급회전을 하는 현상

2 황천 시의 조종

(1) 황천 조종

① 정박 중의 황천대응 준비

㉠ 선체의 개구부를 밀폐하고 이동물을 고정, 하역 작업 중지

㉡ 기관사용 준비, 빈 밸러스트 탱크의 주수로 흘수 증가

㉢ 부두에 접안한 상태로 황천에 견디려면 계선줄을 추가로 잡음

㉣ 육안에 계류 중인 경우 이안하여 정박지로 이동

◎ 호깅(hogging)
선체 중앙에 부하가 걸린 상태

◎ 팬팅(panting)
선수부 혹은 선미부가 파랑에 의해 받는 충격

ⓜ 황천항해에 대비하여 선창에 화물을 실을 때 주의사항 ★★
- 먼저 양하할 화물은 나중에 싣는다.
- 갑판 개구부의 폐쇄를 확인한다.
- 화물의 이동에 대한 방지책을 세워야 한다.
- 무거운 것은 밑에 실어 무게중심을 낮춘다.
- 화물의 무게 분포가 한 곳에 집중되지 않도록 한다.

② 항해 중의 황천대응 준비 ★★★★
- ㉠ 선체의 개구부를 밀폐하고 하역장치와 이동물(화물)을 고박
- ㉡ 구명뗏목을 로프로 고정하고, 언제든 사용할 수 있도록 준비
- ㉢ 선창 등 개구부를 밀폐하고, 배수구를 청소
- ㉣ 탱크 내의 기름이나 물은 가득(80% 이상) 채우거나 비워서 유동수가 발생하지 않도록 함
- ㉤ 중량물은 최대한 낮은 위치로 이동 적재(곡물류는 표면이 평탄하도록 실음)
- ㉥ 빌지 펌프 등 배수설비를 점검하고 기능을 확인
- ㉦ 선체의 트림과 흘수를 표준상태로 유지

③ 황천으로 항행이 곤란할 때의 선박 운용 ★★★★★
- ㉠ **거주법**(히브 투, heave to)
  - 선수를 풍랑 쪽으로 향하게 하여 조타가 가능한 최소의 속력으로 전진하는 방법
  - 일반적으로 풍랑을 선수로부터 좌·우현으로 $25°~35°$ 방향에서 받도록 하는 것이 좋다.
- ㉡ **표주법**(라이 투, lie to)
  - 황천 중에 항행이 곤란할 때 기관을 정지하고 선체를 풍하 측으로 표류하도록 하는 방법
  - 소형선에서 선수를 풍랑 쪽으로 세우기 위하여 해묘(sea anchor)를 사용
  - 횡파를 받으므로 대각도 경사가 일어나기 쉬워 황천 상태에서 특수한 선박 이외에는 이 방법을 거의 사용하지 않음
- ㉢ **순주법**(스커딩, scudding)
  - 황천항해 방법 중 풍랑을 선미 쿼터(선미 사면, quarter)에서 받으며, 파에 쫓기는 자세로 항주하는 방법
  - 장점 : 선체가 받는 파의 충격작용이 현저히 감소하고, 상당한 속력을 유지할 수 있으므로 태풍의 가항반원 내에서는 적극적으로 태풍권으로부터 탈출하는 데 유리
  - 단점 : 선미 추파에 의하여 해수가 선미 갑판을 덮칠 수 있으며, 보침성

개념 다잡기

☑ 황천항해에 대비하여 갑판상 배수구를 청소하는 목적
복원력 감소 방지

☑ 빌지 웰(bilge well)
선창 내에서 발생한 땀이나 각종 오수들이 흘러 들어가서 모이는 곳

이 저하되어 브로칭(broaching) 현상이 일어날 수도 있음

ㄹ 진파기름(스톰 오일, storm oil)

- 고장 선박이 표주할 때에 파랑을 진정시킬 목적으로 사용하는 기름
- 점성이 큰 동물성 기름이나 식물성 기름을 사용
- 조난선의 위치를 확인하는 데 도움을 줄 수도 있음

(2) 태풍 피항 조종 ★

① RRR 법칙(3R 법칙) : 북반구에서 태풍이 접근할 때 풍향이 오른쪽으로 변화를 하는 경우 풍랑을 우현 선수에서 받도록 선박을 조종해야 하는 방법

② LLS 법칙 : 풍향이 좌전(L) 변화를 하면, 자선은 태풍 진로의 좌반원(L)에 있으므로, 풍랑을 우현 선미(right Stern)로 받도록 선박을 조종하여 태풍의 중심에서 벗어나는 방법

③ 태풍의 진로상에 선박이 있을 경우 : 북반구의 경우 풍랑을 우현 선미에 받으며, 가항반원으로 선박을 유도

(3) 협수로 · 협시계에서의 조종

① 협수로(좁은 수로)에서의 선박 운용 ★★★★★

ㄱ 침로를 변경할 때는 소각도로 여러 차례 변침

ㄴ 기관 사용 및 언제든지 닻을 사용할 수 있도록 투묘 준비 상태를 계속 유지하면서 항행

ㄷ 협수로를 통과할 때는 가능한 한 수로의 오른쪽으로 붙어 항해

ㄹ 타효가 잘 나타나는 안전한 속력(대략 유속보다 3노트 정도 빠른 속력에 해당)을 유지

ㅁ 좁은 수로를 항행할 때 유의할 사항

- 좁은 수로의 만곡부에서 유속은 일반적으로 만곡의 외측에서 강하고 내측에서는 약한 특징이 있다.
- 좁은 수로에서의 유속은 일반적으로 수로 중앙부가 강하고, 육안에 가까울수록 약한 특징이 있다.
- 좁은 수로는 수로의 폭이 좁고, 조류나 해류가 강하며, 굴곡이 심하여 선박의 조종이 어렵고, 항행할 때에는 철저한 경계를 수행하면서 통항하여야 한다.
- 통항 시기는 게류 때나 조류가 약한 때를 택하고, 만곡이 급한 수로는 순조 시 통항을 피한다.

② 협시계(제한된 시계) 내에서의 조종 : 레이더 등의 항해계기를 적극 활용, 엄중한 경계 유지, 적절한 항해등을 점등, 필요 외의 조명등은 규제, 선위 및 수

심 확인, 수심이 낮은 지역에서는 앵커 투하 준비

3 비상 조치 및 선상의료

(1) 해양사고의 종류와 조치

① 충돌하였을 때의 조치 ★★★
  ㉠ 자선과 타선에 급박한 위험이 있는지 판단
  ㉡ 자선과 타선의 인명구조
  ㉢ 선체의 손상과 침수 정도를 파악
  ㉣ 선명, 선적항, 선박 소유자, 출항지, 도착지 등을 서로 알림
  ㉤ 충돌 시각, 위치, 선수 방향과 당시의 침로, 기상 상태 등을 기록
  ㉥ 퇴선 시에는 중요 서류를 반드시 지참

② 충돌하였을 때의 운용
  ㉠ 최선을 다해 회피동작을 취하되 불가피한 경우에는 타력을 줄임
  ㉡ 가능한 한 빨리 전진속력을 줄이기 위해 기관을 정지
  ㉢ 침수가 발생하는 경우, 침수구역 배출을 포함한 침수 방지를 위한 대응조치 실시
  ㉣ 급박한 위험이 있을 경우 구조를 요청
  ㉤ 충돌 후 침몰이 예상될 경우 사람을 먼저 대피시킴
  ㉥ 승객과 선원의 상해와 선박과 화물의 손상에 대해 조사
  ㉦ 충돌 후 침몰이 예상될 경우 수심이 낮은 곳에 좌초시킴

③ 좌초와 이초
  ㉠ 좌초 시의 조치 ★
    • 즉시 기관을 정지하고 침수, 선박의 손상 여부, 수심, 저질 등을 확인
    • 후진 기관 사용 시 좌초된 부분의 손상이 커지지 않도록 신중하게 판단
    • 자력으로 재부양하는 것이 불가능할 경우 추가 원조를 요청
    • 자력으로 이초가 불가능하다고 판단하였을 경우 선체를 현재 위치에 고정시키는 선체 고박 실시
    • 자력 이초가 불가능하면 가까운 육상 당국에 협조를 요청
    • 임의 좌초(좌주) : 선박의 침몰 방지를 위하여 선체를 해안에 고의적으로 얹히는 것 ★
    • 좌초 사고가 발생하여 인명피해가 발생하였거나 침몰위험에 처한 경우 구조요청을 하여야 하는 곳 : 가까운 해양경찰서
  ㉡ 손상의 확대를 막기 위한 조치
    • 고박 : 자력으로 이초가 불가능할 때는 선체를 현재의 자리에 고정

- 앵커체인은 길게 내어 팽팽하게 고정
- 육지의 바위 등의 고정물에 로프 등을 연결하여 고정
- 바람이나 파도가 강해지면 앵커체인을 더 내어 주어서 파주력을 보완

ⓒ 자력 이초
- 고조가 되기 직전에 이초를 시도
- 바람이나 피도, 조류 등을 최대한 이용
- 우선 밸러스트를 배출하거나 화물을 투하하여 선체를 부상시킨 후 이초 작업을 시행
- 암초에 얹혔을 때 : 얹힌 부분의 흘수를 줄임
- 선박이 모래에 얹혔을 때 : 얹히지 않은 부분의 흘수를 줄임
- 모래에 얹혔을 때 : 모래가 냉각수로 흡입되어 기관 고장을 일으키기 쉬우므로 유의

④ 선상 화재

ⓐ 선박 내에서 화재 발생 시의 조치사항 ★
- 화재 구역의 통풍과 전기를 차단
- 불의 확산 방지를 위하여 인접한 격벽에 물을 뿌리거나 가연성 물질을 제거
- 어떤 물질이 타고 있는지를 확인하여 적합한 소화 방법을 강구
- 화재 발생원이 풍하 측에 있도록, 즉 순품이 되도록 배를 돌림
- 소화 작업자의 안전에 유의하여 위험한 가스가 있는지 확인하고 호흡구를 준비
- 어떤 물질이 타고 있는지를 알아내고 적절한 소화 방법을 강구
- 작업자를 구출할 준비를 하고 대기

ⓑ 화재의 종류 ★★★
- 일반화재(A급) : 백색으로 분류. 일반 가연성 물질에 의한 화재로, 물로 소화가 가능하며, 타고난 후 재가 남는다.
- 유류가스화재(B급) : 황색으로 분류. 연소 후 재가 남지 않는 가연성 액체의 화재로, 물은 효과가 없으며 토사나 소화기로만 소화가 가능하다.
- 전기화재(C급) : 청색으로 분류. 전기 에너지가 불로 전이되는 화재로, 질식소화나 특수소화기를 사용해야 한다.
- 금속화재(D급) : 회색이나 은색으로 분류. 금속물질에 의한 화재로 특수소화기 등을 사용한다.

ⓒ 화재의 예방조치
- 전기장치에 의한 화재 예방조치 : 전선이나 접점은 단단히 고정, 전기장치는 유자격자가 관리, 배전반과 축전지 등의 접속단자는 풀리지 않도록

주의, 모든 전기장치는 규정용량 내에서 사용

- 열 작업(Hot work) 시 화재예방 : 작업 장소는 통풍이 잘 되도록 함, 가스 토치용 가스용기는 항상 수직으로 유지, 적합한 휴대용 소화기를 작업 장소에 배치, 작업장 주변의 가연성 물질은 반드시 미리 옮김
- 담뱃불에 의한 화재의 예방조치 : 불연성 재떨이를 사용, 침실에서의 흡연금지, 흡연과 금연구역의 지정, 외부인에게 흡연 규정 고지 및 준수 철저

(2) 조난선의 인명구조

① 사람이 물에 빠졌을 때의 조치 ★★

   ㉠ 먼저 본 사람은 상황을 전파하고, 익수자에게 구명부환을 던져 줌

   ㉡ 항해사에게 알리는 동시에 선내 비상소집을 행하여 구조작업 실시

   ㉢ 익수자가 발생한 방향으로 즉시 전타하여 익수자가 프로펠러에 휘말리지 않도록 조종

   ㉣ 익수자가 시야에서 벗어나지 않도록 계속 주시

   ㉤ 익수자의 풍상 측에서 접근하여 선박의 풍하 측에서 구조

② 구조 조선법 ★

   ㉠ 윌리암슨 턴 : 한쪽으로 전타하여 원침로에서 약 $60°$ 정도 벗어날 때까지 선회한 다음, 반대쪽으로 전타하여 원침로부터 $180°$ 선회하여 전 항로로 돌아가는 방법

   ㉡ 원턴(싱글 턴 또는 앤더슨 턴) : 주간에 물에 빠진 사람을 눈으로 확인하면서 $270°$ 변침하여 가장 신속하게 구조작업을 할 수 있는 인명구조법

   ㉢ 샤르노브 턴(Scharnow turn) : 타를 전타하여 원침로에서 약 $240°$ 정도 벗어난 후 반대쪽으로 다시 전타하여 선수가 침로 반대 방향 $20°$ 전일 때 선박을 반대 침로로 선회시키는 방법

4 생존 기술 및 응급 처치

(1) 생존 기술

① 조난신호 ★★★

   ㉠ 약 1분간의 간격으로 행하는 1회의 발포, 기타의 폭발에 의한 신호

   ㉡ 무중신호기구에 의한 음향의 계속

   ㉢ 낙하산 신호의 발사

   ㉣ 무선전신 또는 기타의 신호방법에 의한 모스 신호(•••－－－•••, SOS)

   ㉤ 무선전화에 의한 "메이데이(MAYDAY)"라는 말의 신호

개념 다잡기

✅ 초기에 화재진압을 하지 못하면 화재현장 진입이 어렵고 화재진압이 가장 어려운 장소
기관실

ⓑ 국제신호기 NC기의 게양

ⓢ 방형기와 그 위 또는 아래에 흑구나 이와 유사한 것 한 개를 붙여 이루어지는 신호

ⓞ 타르, 기름통 등의 연소로 생기는 선상에서의 발연신호

ⓩ 오렌지색 연기를 발하는 발연신호

ⓒ 좌우로 벌린 팔을 반복하여 천천히 올렸다 내렸다 하는 신호

ⓚ 비상위치지시 무선표지설비(EPIRB)에 의하여 발신하는 신호

ⓔ 공중으로부터의 식별을 위해 오렌지색 캔버스에 흑색의 사각형과 원을 그리거나 또는 기타 적당한 모양을 그려 신호

ⓟ 레이더 트랜스폰더(Radar transponder)의 사용

② **퇴선 준비**

ⓐ 해양사고의 종류 및 정도, 기상 상황과 환경적인 요소, 퇴선 시기, 이용 가능한 구명설비 등의 모든 요소를 종합적으로 판단하여 퇴선 여부를 신중하게 결정

ⓑ 퇴선 신호가 발령되면 전 승무원은 퇴선 비상 배치표에 따라 신속하고 침착하게 행동

ⓒ 승무원은 퇴선 전에 체온을 보존할 수 있도록 옷을 여러 겹으로 입고 구명 동의를 올바르게 착용

ⓓ 선박의 각종 기기 및 연료유의 누출을 최소화할 수 있도록 조치

(2) 응급 처치

① **심폐소생술(CPR)** : 구조 호흡과 흉부 압박의 결합으로 심장마비가 발생하였을 때 인공적으로 호흡과 혈액 순환을 유지해 줌으로써 사람의 생명을 구할 수 있도록 하는 기술

② **출혈과 지혈**★

ⓐ **모세혈관 출혈** : 찰과상 같은 출혈로 마치 모래 사이로 스며들듯 서서히 흘러나오는 출혈

ⓑ **지혈 방법**

- 직접 압박, 혈관 압박, 지혈대 사용 등의 방법 등
- 출혈이 심한 경우 먼저 출혈 부위를 심장보다 높게 하여 안정되게 눕힘

③ **저체온증**

ⓐ 내부나 외부의 다양한 원인에 의하여 체온이 35˚C 이하로 떨어진 경우

ⓑ **응급처치** : 젖은 의복을 벗기고 환자의 몸을 건조하게 유지, 뜨거운 찜질 등

✔ 해상 생존기술 4원칙
조난자는 해상에서 생존을 위해 방호(protection), 조난 위치표시, 식수, 식량의 순위에 따라 그 관련 조치를 취해야 함

✔ 몸이 피로할 때 나타나는 증상
주의력 감소, 이유 없는 불안감, 졸음, 두통, 짜증, 불쾌감 증가 등

✔ 환행대
붕대 감는 방법 중 같은 부위에 전폭으로 감는 방법으로 붕대 사용의 가장 기초가 됨

Chapter 02 운용

과목별 핵심문제

01 상갑판 보(Beam) 위의 선수재 전면으로부터 선미재 후면까지의 수평거리로 선박원부에 등록되고 선박국적증서에 기재되는 길이는?

가 전장

나 수선장

사 등록장

아 수선간장

나. **전장** : 선수의 최전단으로부터 선미의 최후단까지의 수평거리

사. **수선장** : 각 흘수선상의 물에 잠긴 선체의 선수재 전면에서 선미 후단까지의 수평거리

아. **수선간장** : 계획만재흘수선상의 선수재의 전면으로부터 타주 후면까지의 수평거리

02 현호의 기능이 아닌 것은?

가 선박의 능파성을 향상시킨다.

나 선체가 부식되는 것을 방지한다.

사 건현을 증가시키는 효과가 있다.

아 갑판단이 일시에 수중에 잠기는 것을 방지한다.

현호는 미관상 이점과 능파성을 증가시켜 해수가 갑판으로 덮치는 것을 방지하고, 건현의 증가와 같은 효과로서 선박의 예비부력을 증가시켜 복원성을 증가시킨다.

03 아래 그림에서 ㉠은 무엇인가?

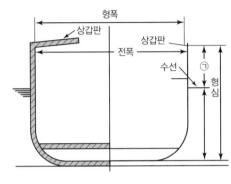

가 진심

나 깊이

사 수심

아 건현

건현(freeboard) : 선체가 침수되지 않은 부분의 수직거리, 선박의 중앙부의 수면에서부터 건현갑판의 상면의 연장과 외판의 외면과의 교점까지의 수직거리

04 평판용골인 선박에서 선체의 횡동요를 경감시킬 목적으로 설치된 것은?

가 빌지 용골

나 용골 익판

사 현측 후판

아 빌지 웰

빌지 용골(bilge keel) : 빌지 외판의 바깥쪽에 종방향으로 붙이는 판(횡요 경감 목적으로 설치)

정답 **01** 사 **02** 나 **03** 아 **04** 가

05 이중저의 용도가 아닌 것은?

> 가 연료유 탱크로 사용
> 나 청수 탱크로 사용
> 사 밸러스트 탱크로 사용
> 아 화물유 탱크로 사용

이중저 : 선박의 구조를 견고하게 하고, 선저의 손상으로 인한 침수를 방지하며, 밸러스트 탱크, 청수 탱크, 연료유 탱크로 사용

06 자동 조타장치에서 선박이 설정 침로에서 벗어날 때 그 침로를 되돌리기 위하여 사용하는 타는?

> 가 복원타　　나 제동타
> 사 수동타　　아 평형타

나. **제동타** : 복원타에 의해 반대쪽으로 넘어가는 것을 방지하기 위해 미리 타를 쓰는 것을 제동타라 한다.

사. **수동타** : 수동으로 복원타와 제동타를 결정하여 운용하는 것을 말한다.

아. **평형타** : 키의 면이 그 회전축 뒤쪽뿐만 아니라 일부는 앞쪽으로도 퍼져 있어 앞뒤의 균형을 잡는 키를 말한다.

07 와이어 로프와 비교한 섬유 로프의 성질에 대한 설명으로 옳지 않은 것은?

> 가 물에 젖으면 강도가 변한다.
> 나 열에 약하지만 가볍고 취급이 간편하다.
> 사 땋은 섬유 로프는 킹크가 잘 일어나지 않는다.
> 아 선박에서는 습기에 강한 식물성 섬유 로프가 주로 사용된다.

과거에 많이 사용되었던 식물성 섬유 로프는 식물의 섬유로 만들어서 습기에 약하다.

08 전기화재의 소화에 적합하고, 분사 가스가 매우 낮은 온도이므로 사람을 향해서 분사하여서는 아니 되며 반드시 손잡이를 잡고 분사하여 동상을 입지 않도록 주의해야 하는 휴대용 소화기는?

> 가 폼 소화기　　나 분말 소화기
> 사 할론 소화기　　아 이산화탄소 소화기

가. **폼 소화기** : 화학 약재를 이산화탄소와 함께 거품 형태로 분사하여 화재를 진압

나. **분말 소화기** : 중탄산나트륨 또는 중탄산칼륨 등의 약제 분말과 질소, 이산화탄소 등의 가스를 배합한 것

사. **할론 소화기** : 할로겐 화합물 가스를 약재로 사용하는 소화기로 선박에 비치하지 않는다.

정답　05 아　06 가　07 아　08 아

09 선박이 침몰하여 수면 아래 4미터 정도에 이르면 수압에 의하여 선박에서 자동 이탈되어 조난자가 탈 수 있도록 압축가스에 의해 펼쳐지는 구명설비는?

가 구명정 **나** 구명뗏목

사 구명부기 **아** 구명부환

구명뗏목(구명벌, Life raft) : 나일론 등과 같은 합성섬유로 된 포지를 고무로 가공해서 뗏목 모양으로 제작한 것으로, 내부에는 탄산가스나 질소가스를 주입시켜 긴급 시에 팽창시키면 뗏목 모양으로 펼쳐지는 구명설비

10 선박의 갑작스러운 침몰 시에 자동으로 수면 위로 떠올라서 조난신호를 발신할 수 있는 무선설비는?

가 초단파(VHF) 무선설비

나 선박자동식별장치(AIS)

사 비상위치지시용 무선표지설비(EPIRB)

아 수색구조용 위치발신장치(SART)

해설

비상위치지시용 무선표지(EPIRB) : 선박이 조난 상태에 있고 수신시설도 이용할 수 없음을 표시하는 것으로, 수색과 구조 작업 시 생존자의 위치 결정을 용이하게 하도록 무선표지신호를 발신하는 무선설비

11 여객이나 화물을 운송하기 위하여 쓰이는 용적을 나타내는 톤수는?

가 총톤수 **나** 순톤수

사 배수톤수 **아** 재화중량톤수

해설

순톤수 : 총톤수에서 선원 거주 공간, 해도실, 기관실, 계단, 각종 창고 등 직접적으로 상행위에 사용되지 않는 공간의 용적을 공제한 용적을 톤수로 나타낸 것

12 해상에서 사용되는 신호 중 시각에 의한 통신이 아닌 것은?

가 수기신호 **나** 기류신호

사 기적신호 **아** 발광신호

해설

해상통신의 종류 : 기류신호, 발광신호, 음향신호, 수기신호 등

13 선박에서 잠수부가 물속에서 프로펠러를 수리하고 있을 때 게양하는 기는?

가 A기 **나** B기

사 G기 **아** L기

해설

나. B기 : 위험물을 하역 중 또는 운반 중임

사. G기 : 본선, 수로안내인이 필요함

아. L기 : 귀선, 정선하라.

정답 09 나 10 사 11 나 12 사 13 가

14 전타를 시작한 최초의 위치에서 최종 선회지름의 중심까지의 거리를 원침로상에서 잰 거리는?

가 킥 **나** 리치

사 선회경 **아** 신침로거리

가. **킥** : 원침로에서 횡방향으로 무게중심이 이동한 거리
사. **선회경** : 전타 후 선수가 원침로로부터 180° 회두하였을 때, 원침로에서 횡 이동한 거리
아. **신침로거리** : 전타한 위치에서 신·구침로의 교차점까지 원침로상에서 잰 거리

15 항해 중 타판에 작용하는 힘과 관련된 아래 그림에서 ①은 무엇인가?

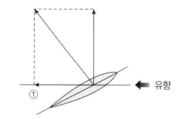

가 양력 **나** 항력

사 마찰력 **아** 직압력

항력 : 타판에 작용하는 힘 중에서 그 작용하는 방향이 선수미선인 분력으로, 직진 중 선회 시 속력 감소의 원인이 되는 힘

16 ( )에 순서대로 적합한 것은?

"우선회 고정피치 스크루 프로펠러 한 개가 장착되어 있는 선박이 정지상태에서 후진할 때, 타가 중앙이면 횡압력과 배출류의 측압작용이 선미를 ( )으로 밀기 때문에 ( ) 한다."

가 우현 쪽, 우회두

나 우현 쪽, 좌회두

사 좌현 쪽, 우회두

아 좌현 쪽, 좌회두

우선회 고정피치 스크루 프로펠러 한 개가 장착되어 있는 선박이 정지상태에서 후진할 때, 타가 중앙이면 횡압력과 배출류의 측압작용이 선미를 좌현 쪽으로 밀기 때문에 우회두한다.

17 접·이안 시 닻을 사용하는 목적이 아닌 것은?

가 전진속력의 제어

나 후진 시 선수의 회두 방지

사 선회 보조 수단

아 추진기관의 보조

닻 : 정박지에 정박할 때, 또는 좁은 수역에서 선박을 회전시키거나 긴급한 감속을 위한 보조 수단으로 사용

정답 14 나 15 나 16 사 17 아

PART 01

18 황천항해 방법 중 풍랑을 선미 쿼터(Quarter)에서 받으며, 파에 쫓기는 자세로 항주하는 방법은?

가 히브 투(Heave to)

나 스커딩(Scudding)

사 라이 투(Lie to)

아 러칭(Lurching)

가. **히브 투**(Heave to, 거주) : 선수를 풍랑 쪽으로 향하게 하여 조타가 가능한 최소의 속력으로 전진하는 방법을 말한다.

사. **라이 투**(Lie to, 표주) : 기관을 정지하여 선체가 풍하측으로 표류하도록 하는 방법을 말한다.

아. **러칭**(Lurching) : 선체가 횡동요 중에 옆에서 돌풍을 받는 경우, 또는 파랑 중에서 대각도 조타를 실행하면 선체가 갑자기 큰 각도로 경사하는 현상이다.

19 선체 횡동요(Rolling) 운동으로 발생하는 위험이 아닌 것은?

가 선체 전복이 발생할 수 있다.

나 화물의 이동을 가져올 수 있다.

사 유동수가 있는 경우 복원력 감소를 가져온다.

아 슬래밍(Slamming)의 원인이 된다.

슬래밍(slamming) : 선체가 파도를 선수에서 받으면서 항주하면, 선수 선저부는 강한 파도의 충격을 받아 짧은 주기로 급격한 진동을 하는 것

20 선박의 침몰 방지를 위하여 선체를 해안에 고의적으로 얹히는 것은?

가 좌초

나 접촉

사 임의 좌주

아 충돌

임의 좌주(beaching) : 선박의 충돌사고 등으로 인해 침몰 직전에 이르렀을 때 고의로 해안에 좌초시키는 것

21 선박 간 충돌사고가 발생하였을 때의 조치사항으로 옳지 않은 것은?

가 자선과 타선의 인명구조에 임한다.

나 자선과 타선에 급박한 위험이 있는지 판단한다.

사 상대선의 항해 당직자가 누구인지 파악한다.

아 퇴선 시에는 중요 서류를 반드시 지참한다.

충돌하였을 때의 조치 : 선체의 손상과 침수 정도를 파악하고, 선명, 선적항, 선박 소유자, 출항지, 도착지 등을 서로 알린다. 충돌 시각, 위치, 선수 방향과 당시의 침로, 기상 상태 등을 기록

정답 18 나 19 아 20 사 21 사

22 좁은 수로를 항행할 때 유의할 사항으로 옳지 않은 것은?

　가 통항 시기는 게류 때나 조류가 약한 때를 택하고, 만곡이 급한 수로는 순조 시 통항하여야 한다.

　나 좁은 수로의 만곡부에서 유속은 일반적으로 만곡의 외측에서 강하고 내측에서는 약한 특징이 있다.

　사 좁은 수로에서의 유속은 일반적으로 수로 중앙부가 강하고, 육안에 가까울수록 약한 특징이 있다.

　아 좁은 수로는 수로의 폭이 좁고, 조류나 해류가 강하며, 굴곡이 심하여 선박의 조종이 어렵고, 항행할 때에는 철저한 경계를 수행하면서 통항하여야 한다.

통항 시기는 게류(slack water)나 조류가 약한 때를 택하고, 만곡이 급한 수로는 순조 시 통항을 피한다.

23 연소 후 재가 남지 않는 가연성 액체의 화재는?

　가 A급 화재

　나 B급 화재

　사 C급 화재

　아 D급 화재

화재의 종류

㉠ **일반화재**(A급) : 백색으로 분류. 일반 가연성 물질에 의한 화재로, 물로 소화가 가능하며, 타고난 후 재가 남는다.

㉡ **유류가스화재**(B급) : 황색으로 분류. 가스에 의한 화재로, 물은 효과가 없으며 토사나 소화기로만 소화가 가능하다. 공기와 일정 비율 혼합 시 불씨에 의한 재가 남지 않는다.

㉢ **전기화재**(C급) : 청색으로 분류. 전기 에너지가 불로 전이되는 화재로, 질식소화나 특수소화기를 사용해야 한다.

㉣ **금속화재**(D급) : 회색이나 은색으로 분류. 금속물질에 의한 화재로 특수소화기 등을 사용한다.

정답 **22** 가 **23** 나

법규

01 해상교통안전법

📁 **개념 다잡기**

1 총칙 : 법의 목적과 용어의 정의

(1) 법의 목적과 용어의 정의

① 해상교통안전법의 목적 : 안전관리체계 확립, 해사안전 증진, 선박의 원활한 교통에 기여, 선박항행과 관련된 모든 위험과 장해를 제거

② 주요 용어의 정의(법 제2조) ★★★★★

㉠ 위험화물운반선 : 선체의 한 부분인 화물창이나 선체에 고정된 탱크 등에 해양수산부령으로 정하는 위험물을 싣고 운반하는 선박

㉡ 거대선 : 길이 200미터 이상의 선박

㉢ 고속여객선 : 시속 15노트 이상으로 항행하는 여객선

㉣ 동력선 : 기관을 사용하여 추진하는 선박으로, 돛을 설치한 선박이라도 주로 기관을 사용하여 추진하는 경우에는 동력선으로 봄

㉤ 어로에 종사하고 있는 선박 : 그물, 낚싯줄, 트롤망, 그 밖에 조종성능을 제한하는 어구를 사용하여 어로 작업을 하고 있는 선박

㉥ 조종불능선 : 선박의 조종성능을 제한하는 고장이나 그 밖의 사유로 조종을 할 수 없게 되어 다른 선박의 진로를 피할 수 없는 선박

㉦ 조종제한선 : 다음의 작업과 그 밖에 선박의 조종성능을 제한하는 작업에 종사하고 있어 다른 선박의 진로를 피할 수 없는 선박

• 항로표지, 해저전선 또는 해저파이프라인의 부설·보수·인양 작업
• 준설(浚渫)·측량 또는 수중 작업
• 항행 중 보급, 사람 또는 화물의 이송 작업
• 항공기의 발착(發着)작업
• 기뢰제거작업
• 진로에서 벗어날 수 있는 능력에 제한을 많이 받는 예인작업

㉧ 항행장애물 : 선박으로부터 떨어진 물건, 침몰·좌초된 선박 또는 이로부터 유실된 물건 등 해양수산부령으로 정하는 것으로서 선박항행에 장애가

✓ **범선**
돛을 사용하여 추진하는 선박·기관을 설치한 선박이라도 주로 돛을 사용하여 추진하는 경우에는 범선으로 봄

✓ **흘수제약선**
가항(可航)수역의 수심 및 폭과 선박의 흘수와의 관계에 비추어 볼 때 그 진로에서 벗어날 수 있는 능력이 매우 제한되어 있는 동력선

☑ 제한된 시계
안개·연기·눈·비·모래바람 및
그 밖에 이와 비슷한 사유로 시계가
제한되어 있는 상태

☑ 예인선열
선박이 다른 선박을 끌거나 밀어 항
행할 때의 선단 전체

▶ **국제항해에 종사하지 않는 여
객선 및 여객용 수면비행선박의
출항통제권자** : 해양경찰서장

되는 물건
ⓩ **통항로** : 선박의 항행안전을 확보하기 위하여 한쪽 방향으로만 항행할 수
있도록 되어 있는 일정한 범위의 수역
ⓒ **항행 중** : 선박이 다음의 어느 하나에 해당하지 아니하는 상태
- 정박
- 얹혀 있는 상태
- 항만의 안벽 등 계류시설에 매어 놓은 상태
ⓚ **길이** : 선체에 고정된 돌출물을 포함하여 선수(船首)의 끝단부터 선미(船
尾)의 끝단 사이의 최대 수평거리
ⓣ **통항분리제도** : 선박의 충돌을 방지하기 위하여 통항로를 설정하거나 그 밖
의 적절한 방법으로 한쪽 방향으로만 항행할 수 있도록 항로를 분리하는 제도
ⓟ **연안통항대** : 통항분리수역의 육지 쪽 경계선과 해안 사이의 수역
ⓗ **분리선 또는 분리대** : 서로 다른 방향으로 진행하는 통항로를 나누는 선 또
는 일정한 폭의 수역
ⓖ **대수속력** : 선박의 물에 대한 속력으로서 자기 선박 또는 다른 선박의 추진
장치의 작용이나 그로 인한 선박의 타력에 의하여 생기는 것

(2) 교통안전특정해역/항행장애물/음주측정

① 교통안전특정해역 ★★
ㄱ 고속여객선이 교통안전특정해역을 항행하려는 경우 항행안전을 확보하기 위
하여 필요시 해양경찰서장이 선장에게 명할 수 있는 것 : 통항시각의 변경,
항로의 변경, 제한된 시계의 경우 항행 제한, 속력의 제한, 안내선의 사용
ㄴ 교통안전특정해역에서 어업의 제한 : 어망 또는 그 밖에 선박의 통항에 영
향을 주는 어구 등을 설치하거나 양식업을 하여서는 안 됨
② 항행장애물 ★★
ㄱ 항행장애물의 처리
- 항행장애물 제거 책임자는 항행장애물을 발생시킨 선박의 선장, 선박소
유자 또는 선박운항자
- 항행장애물 제거 책임자는 항행장애물이 다른 선박의 항행안전을 저해
할 우려가 있을 경우 항행장애물에 위험성을 나타내는 표시를 하여야 함
- 항행장애물 제거 책임자는 항행장애물이 외국의 배타적경제수역에서 발
생되었을 경우 그 해역을 관할하는 외국 정부에 지체 없이 보고하여야 함
ㄴ 항행장애물을 발생시켰을 경우의 조치 : 항행장애물 표시, 항행장애물 제
거, 해양수산부장관에게 보고

③ 음주측정 ★★★

　㉠ 술에 취한 상태의 기준 : 혈중알코올농도 0.03퍼센트 이상

　㉡ 해양경찰청 소속 경찰공무원의 음주측정

　　• 다른 선박의 안전운항을 해칠 우려가 있는 경우에 측정할 수 있다.

　　• 술에 취한 상태에서 조타기를 조작할 것을 지시하였을 경우 측정할 수 있다.

　　• 측정 결과에 불복하는 경우 동의를 받아 혈액채취 등의 방법으로 다시 측정할 수 있다.

　　• 해양사고가 발생한 경우에는 반드시 측정해야 한다.

2 선박의 항법

(1) 모든 시계상태에서의 항법

① 안전한 속력 ★★★★★

　㉠ 안전한 속력 : 선박이 다른 선박과의 충돌을 피하기 위하여 당시의 상황에 알맞은 거리에서 선박을 멈출 수 있는 속력

　㉡ 모든 선박은 알맞은 거리에서 선박을 멈출 수 있도록 항상 안전한 속력으로 항행하여야 한다.

　㉢ 안전속력의 고려사항 : 시계의 상태, 해상교통량의 밀도, 선박의 정지거리 · 선회성능, 항해에 지장을 주는 불빛의 유무, 바람·해면 및 조류의 상태와 항해상 위험의 근접상태, 선박의 흘수와 수심과의 관계, 레이더의 특성 및 성능, 해면상태·기상 등

② 충돌 위험 ★★

　㉠ 선박이 다른 선박과 충돌할 위험이 있는지를 판단하는 방법 : 접근 선박의 거리와 컴퍼스 방위의 변화를 관찰

　㉡ 충돌 위험 시의 조치

　　• 선박은 접근하여 오는 다른 선박의 나침방위에 뚜렷한 변화가 일어나지 아니하면 충돌할 위험성이 있다고 보고 필요한 조치를 하여야 한다.

　　• 접근하여 오는 다른 선박의 나침방위에 뚜렷한 변화가 있더라도 거대선 또는 예인작업에 종사하고 있는 선박에 접근하거나, 가까이 있는 다른 선박에 접근하는 경우에는 충돌을 방지하기 위하여 필요한 조치를 하여야 한다.

③ 충돌을 피하기 위한 동작 ★★★★

　㉠ 충분한 시간적 여유를 두고 적극적으로 조치

　㉡ 적극적인 동작과 적절한 운용술에 입각한 동작 시행

　㉢ 침로나 속력의 변경 : 다른 선박이 그 변경을 쉽게 알아볼 수 있도록 충분

개념 다잡기

PART
01

✍ '안전한 속력'으로 항행해야 하는 경우
수심이 얕은 구역을 항행할 경우, 어로에 종사하는 선박이 밀집하여 있을 경우, 해무로 인하여 시정이 제한되었을 경우, 해양사고로 인한 항행 장애물이 근접하였을 경우

▶ 충분히 넓은 수역에서 충돌을 피하기 위한 가장 효과적인 동작 : 침로 변경

개념 다잡기

히 크게 변경, 침로나 속력을 소폭으로 연속적으로 변경하여서는 안 됨

② 필요하면 속력을 줄이거나 기관의 작동을 정지, 후진하여 선박의 진행을 완전히 멈춤

④ **좁은 수로의 항법** ★★

㉠ 좁은 수로 등의 오른편 끝 쪽에서 항행

㉡ 길이 20m 미만의 선박이나 범선 : 안쪽에서만 안전하게 항행할 수 있는 다른 선박의 통행 방해 금지

㉢ 어로종사선박 : 수로 안쪽에서 항행하고 있는 다른 선박의 통항 방해 금지

㉣ 좁은 수로 등의 안쪽에서만 안전하게 항행할 수 있는 다른 선박의 통항을 방해하게 되는 경우 좁은 수로에서 횡단 금지

⑤ **통항분리수역** ★★★★

㉠ 통항로 안에서는 정하여진 진행 방향으로 항행할 것

㉡ 통항로의 출입구를 통하여 출입하는 것을 원칙으로 함

㉢ 분리선이나 분리대에서 될 수 있으면 떨어져서 항행할 것

㉣ 통항로의 옆쪽으로 출입하는 경우 작은 각도로 출입할 것

㉤ 통항분리수역에서 통항로의 횡단은 원칙적으로 금지되나, 부득이한 사유로 인한 경우는 횡단이 가능

㉥ 연안통항대 항행 금지의 예외

- 길이 20미터 미만의 선박 및 범선, 급박한 위험을 피하기 위한 선박
- 어로에 종사하고 있는 선박 및 인접한 항구로 입항·출항하는 선박
- 연안통항대 안에 있는 해양시설 또는 도선사의 승하선 장소에 출입하는 선박

(2) 선박이 서로 시계 안에 있는 때의 항법

① 범선 : 2척의 범선이 서로 접근하여 충돌할 위험이 있는 경우 ★★★★★

㉠ 각 범선이 다른 쪽 현(舷)에 바람을 받고 있는 경우에는 좌현(左舷)에 바람을 받고 있는 범선이 다른 범선의 진로를 피한다.

㉡ 두 범선이 서로 같은 현에 바람을 받고 있는 경우에는 바람이 불어오는 쪽의 범선이 바람이 불어가는 쪽의 범선의 진로를 피한다.

㉢ 좌현에 바람을 받고 있는 범선은 바람이 불어오는 쪽에 있는 다른 범선을 본 경우로서 그 범선이 바람을 좌우 어느 쪽에 받고 있는지 확인할 수 없는 때에는 그 범선의 진로를 피한다.

② **앞지르기** ★

㉠ 앞지르기 하는 배는 앞지르기당하고 있는 선박을 완전히 앞지르기 하거나

⊘ 좁은 수로의 항법

- 앞지르기 하는 배는 좁은 수로 등에서 앞지르기당하는 선박이 앞지르기 하는 배를 안전하게 통과시키기 위한 동작을 취하지 아니하면 앞지르기 할 수 없는 경우에는 기적신호를 하여 앞지르기 하겠다는 의사를 나타내야 함
- 앞지르기당하는 선박은 그 의도에 동의하면 기적신호를 하여 그 의사를 표현하고, 앞지르기 하는 배를 안전하게 통과시키기 위한 동작을 취하여야 함

⊘ 두 선박이 시계 안에 있을 때 선박에서 다른 선박을 눈으로 볼 수 있는 상태

그 선박에서 충분히 멀어질 때까지 그 선박의 진로 회피

ⓛ 다른 선박의 양쪽 현의 정횡으로부터 22.5도를 넘는 뒤쪽(밤에는 다른 선박의 선미등만을 볼 수 있고 어느 쪽의 현등도 볼 수 없는 위치)에서 그 선박을 앞지르는 선박은 앞지르기 하는 배로 보고 필요한 조치 수행 ★

ⓒ 선박은 스스로 다른 선박을 앞지르기 하고 있는지 분명하지 아니한 경우에는 앞지르기 하는 배로 보고 필요한 조치 수행

ⓔ 앞지르기 하는 경우 2척의 선박 사이의 방위가 어떻게 변경되더라도 앞지르기 하는 선박은 앞지르기가 완전히 끝날 때까지 앞지르기당하는 선박의 진로를 회피

③ 마주치는 상태 ★★★★

ⓐ 2척의 동력선이 마주치거나 거의 마주치게 되어 충돌의 위험이 있을 때에는 각 동력선은 서로 다른 선박의 좌현 쪽을 지나갈 수 있도록 침로를 우현 쪽으로 변경

ⓑ 다른 선박을 선수 방향에서 볼 수 있는 경우, 마주치는 상태에 있다고 보는 경우
  • 밤 : 2개의 마스트등을 일직선으로 또는 거의 일직선으로 볼 수 있거나 양쪽의 현등을 볼 수 있는 경우
  • 낮 : 2척의 선박의 마스트가 선수에서 선미까지 일직선이 되거나 거의 일직선이 되는 경우

ⓒ 선박은 마주치는 상태에 있는지가 분명하지 아니한 경우에는 마주치는 상태에 있다고 보고 필요한 조치 수행

④ 횡단하는 상태

ⓐ 2척의 동력선이 상대의 진로를 횡단하는 경우로서 충돌의 위험이 있을 때에는 다른 선박을 우현 쪽에 두고 있는 선박이 그 다른 선박의 진로를 회피

ⓑ 다른 선박의 진로를 피하여야 하는 선박은 부득이한 경우 외에는 그 다른 선박의 선수 방향 횡단 금지

⑤ 유지선의 동작 ★★

ⓐ 2척의 선박 중 1척의 선박이 다른 선박의 진로를 피하여야 할 경우 다른 선박은 그 침로와 속력을 유지

ⓑ 유지선은 피항선이 이 법에 따른 적절한 조치를 취하고 있지 아니하다고 판단하면 스스로의 조종만으로 피항선과 충돌하지 아니하도록 조치를 취함

ⓒ 유지선은 부득이하다고 판단하는 경우 외에는 자기 선박의 좌현 쪽에 있는 선박을 향하여 침로를 왼쪽으로 변경 금지

개념 다잡기

✓ 피항선의 동작
미리 동작을 크게 취하여 다른 선박으로부터 충분히 멀리 떨어져야 함

▶ 유지선이 충돌을 피하기 위한 동작을 할 경우 피항선에게 진로를 피하여야 할 의무를 면제하는 것은 아님

PART 01

ㄹ 유지선은 피항선과 매우 가깝게 접근하여 해당 피항선의 동작만으로는 충돌을 피할 수 없다고 판단하는 경우에는 충돌을 피하기 위하여 충분한 협력을 하여야 함

⑥ 선박 사이의 책무 ★★

ㄱ 항행 중인 동력선이 선박의 진로를 피해야 할 경우 : 조종불능선, 조종제한선, 어로에 종사하고 있는 선박, 범선

ㄴ 항행 중인 범선이 선박의 진로를 피해야 할 경우 : 조종불능선, 조종제한선, 어로에 종사하고 있는 선박

ㄷ 어로에 종사하고 있는 선박 중 항행 중인 선박이 진로를 피해야 할 경우 : 조종불능선, 조종제한선

ㄹ 조종불능선이나 조종제한선이 아닌 선박은 부득이하다고 인정하는 경우 외에는 등화나 형상물을 표시하고 있는 흘수제약선의 통항 방해 금지

ㅁ 수상항공기는 될 수 있으면 모든 선박으로부터 충분히 떨어져서 선박의 통항을 방해하지 아니하도록 하되, 충돌할 위험이 있는 경우에는 이 법에 따라 조치

ㅂ 수면비행선박은 선박의 통항을 방해하지 아니하도록 모든 선박으로부터 충분히 떨어져서 비행(이륙 및 착륙을 포함)하나, 수면에서 항행하는 때에는 이 법에서 정하는 동력선의 항법을 따름

(3) 제한된 시계에서 선박의 항법 ★★★★

① 당시의 사정과 조건에 적합한 안전한 속력으로 항행

② 동력선은 제한된 시계 안에 있는 경우 기관을 즉시 조작할 수 있도록 준비

③ 레이더만으로 다른 선박이 있는 것을 탐지한 선박은 얼마나 가까이 있는지 또는 충돌할 위험이 있는지를 판단

④ 충돌할 위험이 있다고 판단한 경우에는 충분한 시간적 여유를 두고 피항동작 실시

⑤ 피항동작이 침로를 변경하는 것만으로 이루어질 경우 될 수 있으면 피해야 할 동작

ㄱ 다른 선박이 자기 선박의 양쪽 현의 정횡 앞쪽에 있는 경우 좌현 쪽으로 침로를 변경하는 행위(앞지르기당하고 있는 선박에 대한 경우는 제외)

ㄴ 자기 선박의 양쪽 현의 정횡 또는 그곳으로부터 뒤쪽에 있는 선박의 방향으로 침로를 변경하는 행위

⑥ 충돌할 위험성이 없다고 판단한 경우 외에는 다음의 어느 하나에 해당하는 경우 모든 선박은 자기 배의 침로를 유지하는 데 필요한 최소한으로 속력을 줄

일 것, 필요하다고 인정되면 자기 선박의 진행을 완전히 중지

　㉠ 자기 선박의 양쪽 현의 정횡 앞쪽에 있는 다른 선박에서 무중신호를 듣는 경우

　㉡ 자기 선박의 양쪽 현의 정횡으로부터 앞쪽에 있는 다른 선박과 매우 근접한 것을 피할 수 없는 경우

3 등화와 형상물

(1) 적용 : 등화의 점등 ★★★

① 등화의 표시 시간 : 일몰시부터 일출시까지 표시, 모든 날씨에서 적용, 이 법에서 정하는 등화 외의 등화를 표시해서는 안 됨

② 형상물(검은색)은 주간에 표시

③ 등화 표시의 예외 사항

　㉠ 등화로 오인되지 아니할 등화

　㉡ 등화의 가시도나 그 특성의 식별을 방해하지 아니하는 등화

　㉢ 등화의 적절한 경계를 방해하지 아니하는 등화

(2) 등화의 종류 ★★★★★

① 마스트등 : 선수와 선미의 중심선상에 설치되어 225도에 걸치는 수평의 호를 비추되, 그 불빛이 정선수 방향으로부터 양쪽 현의 정횡으로부터 뒤쪽 22.5도까지 비출 수 있는 흰색 등

② 현등 : 정선수 방향에서 양쪽 현으로 각각 112.5도에 걸치는 수평의 호를 비추는 등화

　㉠ 정선수 방향에서 좌현 정횡으로부터 뒤쪽 22.5도까지 비출 수 있도록 좌현에 설치된 붉은색 등

　㉡ 정선수 방향에서 우현 정횡으로부터 뒤쪽 22.5도까지 비출 수 있도록 우현에 설치된 녹색 등

③ 선미등 : 135도에 걸치는 수평의 호를 비추는 흰색 등으로서, 그 불빛이 정선미 방향으로부터 양쪽 현의 67.5도까지 비출 수 있도록 선미 부분 가까이에 설치된 등

④ 예선등 : 선미등과 같은 특성을 가진 황색 등

⑤ 전주등 : 360도에 걸치는 수평의 호를 비추는 등화(섬광등은 제외)

⑥ 섬광등 : 360도에 걸치는 수평의 호를 비추는 등화로서 일정한 간격으로 1분에 120회 이상 섬광을 발하는 등

⑦ 양색등 : 선수와 선미의 중심선상에 설치된 붉은색과 녹색의 두 부분으로 된

개념 다지기

✓ 등화에 사용되는 등색
백색, 적색, 황색, 녹색

등화

⑧ **삼색등** : 선수와 선미의 중심선상에 설치된 붉은색·녹색·흰색으로 구성된 등

(3) 등화의 최소 가시거리(국제해상충돌방지규칙) ★

▶ 길이 12m 미만 선박의 현등의 최소 가시거리 : 1해리

(단위 : 해리)

선박길이 \ 등화	마스트등	현등	선미등	예선등	전주등
12m 미만	2	1	–	2	2
12~20m	3	2	2	2	2
20~50m	5	2	2	2	2
50m 이상	6	3	3	3	3

(4) 항행 중인 동력선의 등화 및 형상물 ★★★

① 항행 중인 동력선
  ㉠ 앞쪽에 마스트등 1개와 그 마스트등보다 뒤쪽의 높은 위치에 마스트등 1개, 현등 1쌍, 선미등 1개
  ㉡ 길이 50미터 미만의 동력선은 뒤쪽의 마스트등 생략 가능
  ㉢ 길이 20미터 미만의 선박은 이를 대신하여 양색등 표시 가능

② 수면에 떠 있는 상태로 항행 중인 선박(공기부양선) : ① + 황색의 섬광등 1개

③ 수면비행선박이 비행하는 경우 : ① + 고광도 홍색 섬광등 1개

④ 길이 12m 미만의 동력선 : 흰색 전주등 1개와 현등 1쌍으로 ①을 대체 가능

⑤ 길이 7m 미만이고 최대속력이 7노트 미만인 동력선 : 흰색 전주등 1개만을 표시할 수 있으며, 가능한 경우 현등 1쌍도 표시

✓ 길이 12미터 미만인 동력선 마스트등이나 흰색 전주등을 선수와 선미의 중심선상에 표시하는 것이 불가능할 경우에는 그 중심선 위에서 벗어난 위치에 표시

(5) 항행 중인 예인선의 등화 및 형상물 ★★★

① 동력선이 다른 선박이나 물체를 끌고 있는 경우
  ㉠ 마스트등 2개나 3개, 현등 1쌍, 선미등 1개, 선미등의 위쪽에 수직선 위로 예선등 1개
  ㉡ 예인선열의 길이가 200미터를 초과하면 가장 잘 보이는 곳에 마름모꼴의 형상물 1개

② 다른 선박을 밀거나 옆에 붙여서 끌고 있는 동력선 : 같은 수직선 위로 마스트등 2개, 현등 1쌍, 선미등 1개

③ 끌려가고 있는 선박이나 물체 : 현등 1쌍, 선미등 1개, 예인선열의 길이가 200m를 초과하면 가장 잘 보이는 곳에 마름모꼴의 형상물 1개

✓ 2척 이상의 선박이 한 무리가 되어 밀려가거나 옆에 붙어서 끌려갈 경우
• 앞쪽으로 밀려가고 있는 선박의 앞쪽 끝에 현등 1쌍
• 옆에 붙어서 끌려가고 있는 선박은 선미등 1개와 그의 앞쪽 끝에 현등 1쌍

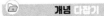

PART
01

(6) 항행 중인 범선의 등화 및 형상물 ★★

① 항행 중인 범선 : 현등 1쌍, 선미등 1개
② 항행 중인 길이 20m 미만의 범선 : ①을 대신하여 마스트의 꼭대기나 그 부근의 가장 잘 보이는 곳에 삼색등 1개
③ 노도선 : 항행 중인 범선의 등화 표시 가능
④ 범선이 기관을 동시에 사용하여 진행하고 있는 경우 : 앞쪽의 가장 잘 보이는 곳에 원뿔꼴로 된 형상물 1개를 그 꼭대기가 아래로 향하도록 표시

(7) 어선의 등화 및 형상물 ★★

① 항망이나 그 밖의 어구를 수중에서 끄는 트롤망어로에 종사하는 선박
  ㉠ 수직선 위쪽에는 녹색, 그 아래쪽에는 흰색 전주등 각 1개 또는 수직선 위에 2개의 원뿔을 그 꼭대기에서 위아래로 결합한 형상물 1개
  ㉡ ㉠의 녹색 전주등보다 뒤쪽의 높은 위치에 마스트등 1개(길이 50미터 미만의 선박은 생략 가능)
  ㉢ 대수속력이 있는 경우 : 현등 1쌍과 선미등 1개 추가
② ① 외의 어로에 종사하는 선박(트롤망어로 외)
  ㉠ 수직선 위쪽에는 붉은색, 아래쪽에는 흰색 전주등 각 1개 또는 수직선 위에 두 개의 원뿔을 그 꼭대기에서 위아래로 결합한 형상물 1개
  ㉡ 수평거리로 150m가 넘는 어구를 선박 밖으로 내고 있는 경우에는 어구를 내고 있는 방향으로 흰색 전주등 1개 또는 꼭대기를 위로 한 원뿔꼴의 형상물 1개
  ㉢ 대수속력이 있는 경우 : 위 ㉠, ㉡에 덧붙여 현등 1쌍과 선미등 1개 추가

(8) 기타 선박의 등화 및 형상물 ★★★

① 조종불능선
  ㉠ 가장 잘 보이는 곳에 수직으로 붉은색 전주등 2개 혹은 수직으로 둥근꼴이나 그와 비슷한 형상물 2개
  ㉡ 대수속력이 있는 경우 : ㉠+현등 1쌍과 선미등 1개 추가
② 조종제한선(기뢰제거작업에 종사하고 있는 경우 제외)
  ㉠ 가장 잘 보이는 곳에 수직으로 위쪽과 아래쪽에는 붉은색 전주등, 가운데에는 흰색 전주등 각 1개
  ㉡ 가장 잘 보이는 곳에 수직으로 위쪽과 아래쪽에는 둥근꼴, 가운데에는 마름모꼴의 형상물 각 1개
  ㉢ 대수속력이 있는 경우 : ㉠ + 마스트등 1개, 현등 1쌍 및 선미등 1개 추가

개념 다잡기

☑ 노도선
사람의 힘을 이용한 노를 사용하여 움직이는 배

☑ 트롤망 어선
수직선 위쪽에는 녹색, 그 아래쪽에는 흰색 전주등 각 1개 또는 수직선 위에 2개의 원뿔을 그 꼭대기에서 위아래로 결합한 형상물 1개, 녹색 전주등보다 뒤쪽의 높은 위치에 마스트등 1개(다만, 어로에 종사하는 길이 50미터 미만의 선박은 이를 표시하지 아니할 수 있음), 대수속력이 있는 경우에는 앞의 두 개의 등화에 덧붙여 현등 1쌍과 선미등 1개

③ 흘수제약선 : 동력선의 등화에 덧붙여 붉은색 전주등 3개를 수직으로 표시하거나 원통형의 형상물 1개를 표시

④ 도선선

　㉠ 마스트의 꼭대기나 그 부근에 수직선 위쪽에는 흰색 전주등, 아래쪽에는 붉은색 전주등 각 1개

　㉡ 항행 중에는 ㉠ + 현등 1쌍과 선미등 1개

　㉢ 정박 중에는 ㉠ + 정박하고 있는 선박의 등화나 형상물

▶ 도선선이 도선업무에 종사하지 않을 때에는 그 선박과 같은 길이의 선박이 표시하여야 할 등화나 형상물을 표시해야 함

(9) 정박선과 얹혀 있는 선박

① 정박 중인 선박

　㉠ 앞쪽에 흰색의 전주등 1개 또는 둥근꼴의 형상물 1개

　㉡ 선미나 그 부근에 ㉠에 따른 등화보다 낮은 위치에 흰색 전주등 1개

　㉢ 길이 50m 미만인 선박 : ㉠, ㉡에 따른 등화를 대신하여 흰색 전주등 1개

② 얹혀 있는 선박 : ①에 따른 등화 표시 및 덧붙여 수직으로 붉은색의 전주등 2개 또는 수직으로 둥근꼴의 형상물 3개

4 음향신호와 발광신호

(1) 기적의 종류 ★★★★★

① 단음 : 1초 정도 계속되는 고동소리

② 장음 : 4초부터 6초까지의 시간 동안 계속되는 고동소리

☑ 기적
단음과 장음을 발할 수 있는 음향신호장치

(2) 조종신호와 경고신호 ★★★★

① 항행 중인 동력선의 기적신호와 발광신호

　㉠ 침로를 오른쪽으로 변경하고 있는 경우(우현 변침) : 단음 1회, 섬광 1회

　㉡ 침로를 왼쪽으로 변경하고 있는 경우(좌현 변침) : 단음 2회, 섬광 2회

　㉢ 기관을 후진하고 있는 경우 : 단음 3회, 섬광 3회

② 섬광의 지속시간 및 섬광과 섬광 사이의 간격 : 1초 정도(반복되는 신호 사이의 간격은 10초 이상)

③ 좁은 수로 등에서 서로 상대의 시계 안에 있는 경우의 기적신호

　㉠ 우현 쪽으로 앞지르기 : 장음 2회와 단음 1회

　㉡ 좌현 쪽으로 앞지르기 : 장음 2회와 단음 2회

　㉢ 앞지르기에 동의할 경우 : 장음 1회, 단음 1회의 순서로 2회 반복

④ 시계 안에 있는 선박이 접근할 때 다른 선박의 의도 또는 동작을 이해할 수 없거나, 충돌을 피하기 위하여 충분한 동작을 취하고 있는지 분명하지 아니

▶ 항행 중인 동력선이 서로 상대의 시계 안에 있는 경우에 그 침로를 변경하거나 그 기관을 후진하여 사용할 때에는 기적신호를 실시

☑ 발광신호에 사용되는 등화
적어도 5해리의 거리에서 볼 수 있는 흰색 전주등

한 경우 : 단음 5회 이상, 섬광 5회 이상

⑤ 좁은 수로 등의 굽은 부분이나 장애물 때문에 다른 선박을 볼 수 없는 수역에 접근하는 선박의 기적신호(경고신호) 및 응답신호 : 장음 1회

(3) 제한된 시계 안에서의 음향신호 ★★★★

선박 구분		신호 간격	신호 내용
항행 중인 동력선	대수속력이 있는 경우	2분 이내	장음 1회
	대수속력이 없는 경우	2분 이내	장음 2회
조종불능선, 조종제한선, 흘수제약선, 범선, 어로 작업을 하고 있는 선박 또는 다른 선박을 끌고 있거나 밀고 있는 선박		2분 이내	장음 1회에 이어 단음 2회
끌려가고 있는 선박(2척 이상의 선박이 끌려가고 있는 경우에는 제일 뒤쪽의 선박)		2분 이내	장음 1회에 이어 단음 3회
정박 중인 선박		1분 이내	5초 정도의 호종
얹혀 있는 선박	길이 100미터 미만	1분 이내	5초간의 호종 → 직전과 직후에 호종 각각 3회
	길이 100미터 이상	1분 이내	5초간의 호종 → 직전과 직후에 호종 각각 3회 → 징 5초
도선업무를 하고 있는 도선선		–	항행 중인 동력선 혹은 정박 중인 선박 신호 + 단음 4회

(4) 주의환기신호 ★

① 규정된 신호로 오인되지 않는 발광신호 또는 음향신호를 사용

② 다른 선박에 지장을 주지 아니하는 방법으로 위험이 있는 방향에 탐조등을 비출 수 있음

③ 발광신호를 사용할 경우 항행보조시설로 오인되지 아니하는 것이어야 함

④ 탐조등은 강력한 빛이 점멸하거나 회전하는 등화 금지

개념 다잡기

02 해사안전기본법

(1) 법의 목적과 용어의 정의

① 해사안전기본법의 목적
  ㉠ 해사안전 정책과 제도에 관한 기본적 사항을 규정
  ㉡ 해양사고의 방지 및 원활한 교통을 확보
  ㉢ 국민의 생명·신체 및 재산의 보호에 이바지

② 해사안전기본법의 기본이념
  ㉠ 선박의 항행 및 운항과 관련하여 발생할 수 있는 모든 위험과 장애로부터 국민의 생명·신체 및 재산을 보호
  ㉡ 해양의 이용이나 보존에 관한 시책을 수립하는 경우 해사안전을 우선적으로 고려
  ㉢ 안전하고 지속 가능한 해양이용을 도모

③ 주요 용어의 정의(법 제3조) ★★
  ㉠ 해사안전관리 : 선원·선박소유자 등 인적 요인, 선박·화물 등 물적 요인, 해상교통체계·교통시설 등 환경적 요인, 국제협약·안전제도 등 제도적 요인을 종합적·체계적으로 관리함으로써 선박의 운용과 관련된 모든 일에서 발생할 수 있는 사고로부터 사람의 생명·신체 및 재산의 안전을 확보하기 위한 모든 활동
  ㉡ 선박 : 물에서 항행수단으로 사용하거나 사용할 수 있는 모든 종류의 배(물 위에서 이동할 수 있는 수상항공기와 수면비행선박을 포함)
  ㉢ 해양시설 : 자원의 탐사·개발, 해양과학조사, 선박의 계류·수리·하역, 해상주거·관광·레저 등의 목적으로 해저(海底)에 고착된 교량·터널·케이블·인공섬·시설물이거나 해상부유 구조물(선박은 제외)인 것
  ㉣ 해사안전산업 : 「해양사고의 조사 및 심판에 관한 법률」 제2조에 따른 해양사고로부터 사람의 생명·신체·재산을 보호하기 위한 기술·장비·시설·제품 등을 개발·생산·유통하거나 관련 서비스를 제공하는 산업
  ㉤ 해상교통망 : 선박의 운항상 안전을 확보하고 원활한 운항흐름을 위하여 해양수산부장관이 영해 및 내수에 설정하는 각종 항로, 각종 수역 등의 해양공간과 이에 설치되는 해양교통시설의 결합체
  ㉥ 해사 사이버안전 : 사이버공격으로부터 선박운항시스템을 보호함으로써 선박운항시스템과 정보의 기밀성·무결성·가용성 등 안전성을 유지하는 상태

✔ 수상항공기
물 위에서 이동할 수 있는 항공기

✔ 수면비행선박
표면효과 작용을 이용하여 수면 가까이 비행하는 선박

(2) 국가해사안전기본계획의 수립 등

① 해양수산부장관은 해사안전 증진을 위한 국가해사안전기본계획(이하 "기본계획")을 5년 단위로 수립하여야 한다. 다만, 기본계획 중 항행환경개선에 관한 계획은 10년 단위로 수립할 수 있다.

② 해양수산부장관은 기본계획을 수립하거나 대통령령으로 정하는 중요한 사항을 변경하려는 경우에는 관계 행정 기관의 장과 협의하여야 한다.

③ 기본계획의 수립 및 시행에 필요한 사항은 대통령령으로 정한다.

(3) 해상교통관리시책 등

① 해상교통관리시책

㉠ 해양수산부장관은 선박교통환경 변화에 대비하여 해상에서 선박의 안전한 통항흐름이 이루어질 수 있도록 해상교통관리에 필요한 시책을 강구하여야 함

㉡ 해양수산부장관은 해상교통관리시책을 이행하기 위하여 주기적으로 연안해역 등에 대한 교통영향을 평가하고 그 결과를 공표하여야 하며, 선박의 항행안전을 위하여 필요한 경우에는 각종 해상교통시설을 설치·관리하여야 함

② 선박 및 해양시설의 안전성 확보

㉠ 해양수산부장관은 선박의 안전성을 확보하기 위하여 선박의 구조·설비 및 시설 등에 관한 기술기준을 개선하고 지속적으로 발전시키기 위한 시책을 마련하여야 함

㉡ 해양수산부장관은 선박의 교통상 장애를 제거하기 위하여 해양시설에 대한 안전관리를 하여야 함

㉢ 선박의 안전성 및 해양시설에 대한 안전관리에 관하여는 따로 법률로 정함

③ 선박안전도정보의 공표

㉠ 해양수산부장관은 선박의 해양사고 발생 건수, 관계 법령이나 국제협약에서 정한 선박의 안전에 관한 기준의 준수 여부 및 그 선박의 소유자·운항자 또는 안전관리대행자 등에 대한 정보를 공표할 수 있다.

㉡ 다만, 대통령령으로 정하는 중대한 해양사고가 발생한 선박에 대하여는 사고개요, 해당 선박의 명세 및 소유자 등 해양수산부령으로 정하는 정보를 공표하여야 한다.

㉢ 공표의 절차·방법 등에 필요한 사항은 해양수산부령으로 정한다.

개념 다잡기

03 선박의 입항 및 출항 등에 관한 법률

1 총칙 : 법의 목적과 용어의 정의

(1) 법의 목적 ★★

① 무역항의 수상구역 등에서 선박의 입항·출항에 대한 지원
② 선박운항의 안전 및 질서 유지

(2) 주요 용어의 정의 ★★★★★

① **무역항** : 국민경제와 공공의 이해에 밀접한 관계가 있고 주로 외항선이 입항·출항하는 항만(해양수산부장관이 지정)
② **무역항의 수상구역 등** : 무역항의 수상구역과 항로, 정박지, 소형선 정박지, 선회장 등의 수역시설 중 수상구역 밖의 수역시설(해양수산부장관이 지정)
③ **선박** : 수상 또는 수중에서 항행용으로 사용하거나 사용할 수 있는 배의 종류
　㉠ **기선** : 기관을 사용하여 추진하는 선박과 수면비행선박
　㉡ **범선** : 돛을 사용하여 추진하는 선박
　㉢ **부선** : 자력항행능력이 없어 다른 선박에 의하여 끌리거나 밀려서 항행되는 선박
④ **우선피항선** : 주로 무역항의 수상구역에서 운항하는 선박으로서 다른 선박의 진로를 피하여야 하는 선박
　㉠ 부선(예인선이 부선을 끌거나 밀고 있는 경우의 예인선 및 부선을 포함하되, 예인선에 결합되어 운항하는 압항부선은 제외)
　㉡ 주로 노와 삿대로 운전하는 선박
　㉢ 예선
　㉣ 항만운송관련사업을 등록한 자가 소유한 선박
　㉤ 해양환경관리업을 등록한 자가 소유한 선박 또는 해양폐기물관리업을 등록한 자가 소유한 선박(폐기물해양배출업으로 등록한 선박은 제외)
　㉥ 위 규정에 해당하지 아니하는 총톤수 20톤 미만의 선박
⑤ **정박** : 선박이 해상에서 닻을 바다 밑바닥에 내려놓고 운항을 멈추는 것
⑥ **정류** : 선박이 해상에서 일시적으로 운항을 멈추는 것
⑦ **계류** : 선박을 다른 시설에 붙들어 매어 놓는 것
⑧ **계선** : 선박이 운항을 중지하고 정박하거나 계류하는 것
⑨ **항로** : 선박의 출입 통로로 이용하기 위하여 법 제10조에 따라 지정·고시한 수로

⊘ 예선
예인선 중 무역항에 출입하거나 이동하는 선박을 끌어당기거나 밀어서 이안·접안·계류를 보조하는 선박

⑩ 위험물
- ㉠ 화재·폭발 등의 위험이 있거나 인체 또는 해양환경에 해를 끼치는 물질로서 해양수산부령으로 정하는 것
- ㉡ 선박의 항행 또는 인명의 안전을 유지하기 위하여 해당 선박에서 사용하는 위험물은 제외

2 입항·출항 및 정박

(1) 출입 신고 ★★★★★

① 무역항의 수상구역 등에 출입하려는 선박의 선장은 관리청에 신고하여야 함

② 출입 신고의 면제 선박
- ㉠ 총톤수 5톤 미만의 선박
- ㉡ 해양사고구조에 사용되는 선박
- ㉢ 「수상레저안전법」에 따른 수상레저기구 중 국내항 간을 운항하는 모터보트 및 동력요트
- ㉣ 관공선, 군함, 해양경찰함정 등 공공의 목적으로 운영하는 선박
- ㉤ 선박의 출입을 지원하는 선박(도선선, 예선 등)과 정기여객선
- ㉥ 피난을 위하여 긴급히 출항하여야 하는 선박

(2) 정박지

① 정박지의 사용 ★★
- ㉠ 관리청이 무역항의 수상구역 등에 정박하는 정박구역 또는 정박지를 지정·고시하는 기준 : 선박의 종류·톤수·흘수 또는 적재물의 종류
- ㉡ 무역항의 수상구역 등에 정박하려는 선박(우선피항선은 제외)은 해양사고를 피하기 위한 경우 등 해양수산부령으로 정하는 사유가 아니면 ㉠에 따른 정박구역 또는 정박지에 정박해야 함
- ㉢ 우선피항선은 다른 선박의 항행에 방해가 될 우려가 있는 장소의 정박 및 정류 금지
- ㉣ 정박구역 또는 정박지가 아닌 곳에 정박한 선박의 선장은 즉시 그 사실을 관리청(해양수산부장관)에 신고

② 정박·정류 등을 제한(금지)하는 장소 ★
- ㉠ 부두·잔교·안벽·계선부표·돌핀 및 선거(船渠)의 부근 수역
- ㉡ 하천, 운하 및 그 밖의 좁은 수로와 계류장 입구의 부근 수역

③ 정박·정류 등의 제한(금지) 예외 ★★★★
- ㉠ 해양사고(해양오염 확산을 방지 등)를 피하기 위한 경우

개념 다잡기

위험물취급자
위험물운송선박의 선장 및 위험물을 취급하는 사람

▶ 입항하는 경우 입항 전에, 출항 시 출항 전에 출입 신고서를 관리청에 제출

정박지
선박이 해상에서 닻을 바다 밑바닥에 내려놓고 운항을 멈출 수 있는 장소

▶ **무역항의 항로를 따라 항행 중인 선박이 고장으로 조종할 수 없어 항로에서 정박하였을 때** 신고 대상 : 해양수산부장관(지방해양수산청장)

개념 다잡기

ⓛ 선박의 고장이나 그 밖의 사유로 선박을 조종할 수 없는 경우

ⓒ 인명을 구조하거나 급박한 위험이 있는 선박을 구조하는 경우

ⓔ 허가를 받은 공사 또는 작업에 사용하는 경우

④ 정박 방법★

　ⓐ 선박의 정박 또는 정류의 제한 외에 무역항별 무역항의 수상구역 등에서의 정박 또는 정류 제한에 관한 내용은 관리청이 정하여 고시

　ⓑ 무역항의 수상구역 등에 정박하는 선박은 지체 없이 예비용 닻을 내릴 수 있도록 닻 고정장치를 해제하고, 동력선은 즉시 운항할 수 있도록 기관의 상태를 유지하는 등 안전에 필요한 조치 실시

　ⓒ 관리청은 정박하는 선박의 안전을 위하여 필요하다고 인정하는 경우 정박 장소 또는 방법을 변경할 것을 명할 수 있음

(3) 선박의 계선 신고 · 이동명령 · 선박교통의 제한 ★★

① 선박의 계선 신고

　ⓐ 총톤수 20톤 이상의 선박을 무역항의 수상구역 등에 계선하려는 자는 해양수산부령으로 정하는 바에 따라 관리청에 신고

　ⓑ 관리청은 ⓐ에 따른 신고를 받은 경우 그 내용을 검토하여 이 법에 적합하면 신고를 수리

　ⓒ ⓐ에 따라 선박을 계선하려는 자는 관리청이 지정한 장소에 그 선박을 계선

　ⓓ 관리청은 계선 중인 선박의 안전을 위하여 필요하다고 인정하는 경우에는 그 선박의 소유자나 임차인에게 안전 유지에 필요한 인원의 선원을 승선시킬 것을 명할 수 있음

② 선박의 이동명령 : 관리청

　ⓐ 무역항을 효율적으로 운영하기 위하여 필요하다고 판단되는 경우

　ⓑ 전시 · 사변이나 그에 준하는 국가비상사태 또는 국가안전보장에 있어서 필요하다고 판단되는 경우

③ 선박교통의 제한

　ⓐ 관리청은 무역항의 수상구역 등에서 선박교통의 안전을 위하여 필요하다고 인정하는 경우에는 항로 또는 구역을 지정하여 선박교통을 제한하거나 금지

　ⓑ 관리청은 ⓐ에 따라 항로 또는 구역을 지정한 경우에는 항로 또는 구역의 위치, 제한 · 금지 기간을 정하여 공고

✔ 계선
선박이 운항을 중지하고 정박하거나 계류하는 것

✔ 선박의 피항명령
관리청은 자연재난이 발생하거나 발생할 우려가 있는 경우 선박이 다른 구역으로 피항할 것을 선박소유자 또는 선장에게 명할 수 있음

3 항로 및 항법

(1) 항로 지정 및 준수 ★

① 관리청은 무역항의 수상구역 등에서 선박교통의 안전을 위하여 필요한 경우에는 무역항과 무역항의 수상구역 밖의 수로를 항로로 지정·고시할 수 있음

② 우선피항선 외의 선박은 무역항의 수상구역 등에 출입 또는 통과하는 경우에는 ①에 따라 지정·고시된 항로를 따라 항행

③ **지정·고시된 항로 항행의 예외** : 해양사고를 피하기 위한 경우, 선박 조종 불가, 인명이나 선박 구조, 해양오염 확산 방지 등

(2) 항로에서의 정박 금지 ★

① 선장은 항로에 선박을 정박 또는 정류시키거나 예인되는 선박 또는 부유물을 방치하여서는 안 됨

② **정박·정류 등의 제한 예외**(관리청에 신고)
ㄱ 해양사고를 피하기 위한 경우
ㄴ 선박의 고장이거나 그 밖의 사유로 선박을 조종할 수 없는 경우
ㄷ 인명을 구조하거나 급박한 위험이 있는 선박을 구조하는 경우
ㄹ 허가를 받은 공사 또는 작업에 사용하는 경우

③ ②의 ㄴ에 해당하는 선박의 선장은 「해상교통안전법」에 따른 조종불능선 표시를 해야 함

(3) 항로에서의 항법 ★★★★

① 항로 밖에서 항로에 들어오거나 항로에서 항로 밖으로 나가는 선박은 항로를 항행하는 다른 선박의 진로를 피하여 항행할 것

② 항로에서 다른 선박과 나란히 항행하지 않을 것

③ 항로에서 다른 선박과 마주칠 우려가 있는 경우에는 오른쪽으로 항행할 것

④ 항로에서 다른 선박을 추월하지 않을 것. 다만, 추월하려는 선박을 눈으로 볼 수 있고 안전하게 추월할 수 있다고 판단되는 경우에는 「해상교통안전법」에 따른 방법으로 추월(앞지르기)할 것

⑤ 항로를 항행하는 위험물운송선박(선박 중 급유선은 제외) 또는 흘수제약선의 진로를 방해하지 않을 것

⑥ 범선은 항로에서 지그재그(zigzag)로 항행하지 않을 것

개념 다잡기

✓ **우선피항선**
부선과 예선, 주로 노와 삿대로 운전하는 선박, 총톤수 20톤 미만의 선박, 그 외에 항만의 운항을 위해서 운항하는 선박 등(압항부선 제외)

▶ 관리청은 선박교통의 안전을 위하여 특히 필요하다고 인정하는 경우 ①에서 규정한 사항 외에 따로 항로에서의 항법 등에 관한 사항을 정하여 고시

(4) 기타 항법 ★★

① **방파제 부근에서의 항법**(법 제13조) : 입항하는 선박이 방파제 입구 등에서 출항하는 선박과 마주칠 우려가 있는 경우에는 방파제 밖에서 출항하는 선박의 진로를 피할 것

② **부두 등 부근에서의 항법** : 무역항의 수상구역 등에서 해안으로 길게 뻗어 나온 육지 부분, 부두, 방파제 등 인공시설물의 튀어나온 부분 또는 정박 중인 선박을 오른쪽 뱃전에 두고 항행할 때에는 부두 등에 접근하여 항행하고, 부두 등을 왼쪽 뱃전에 두고 항행할 때에는 멀리 떨어져서 항행

③ **예인선 등의 항법**
  ㉠ 예인선이 무역항의 수상구역 등에서 다른 선박을 끌고 항행할 때에는 해양수산부령으로 정하는 방법에 따를 것
   • 예인선의 선수로부터 피예인선의 선미까지의 길이는 200미터를 초과하지 않을 것(다른 선박의 출입을 보조하는 경우에는 예외)
   • 예인선은 한꺼번에 3척 이상의 피예인선을 끌지 않을 것
  ㉡ 범선이 무역항의 수상구역 등에서 항행할 때에는 돛을 줄이거나 예인선이 범선을 끌고 가게 할 것

④ **진로방해의 금지**
  ㉠ 우선피항선은 무역항의 수상구역 등이나 무역항의 수상구역 부근에서 다른 선박의 진로를 방해하지 말 것
  ㉡ 공사 등의 허가를 받은 선박과 선박경기 등의 행사를 허가받은 선박은 무역항의 수상구역 등에서 다른 선박의 진로를 방해하지 말 것

⑤ **속력 등의 제한**
  ㉠ 무역항의 수상구역 등이나 무역항의 수상구역 부근을 항행할 때에는 다른 선박에 위험을 주지 아니할 정도의 속력으로 항행할 것
  ㉡ 해양경찰청장은 다른 선박의 안전 운항에 지장을 초래할 우려가 있다고 인정하는 경우 관리청에 무역항의 수상구역 등에서의 선박 항행 최고속력을 지정할 것을 요청할 수 있음
  ㉢ 관리청은 ㉡에 따른 요청을 받은 경우 특별한 사유가 없으면 무역항의 수상구역 등에서 선박 항행 최고속력을 지정·고시하여야 하며, 선박은 고시된 항행 최고속력의 범위에서 항행할 것

⑥ **항행 선박 간의 거리** : 무역항의 수상구역 등에서 2척 이상의 선박이 항행할 때에는 서로 충돌을 예방할 수 있는 상당한 거리를 유지할 것

▶ 관리청은 항만시설을 보호하고 선박의 안전을 확보하기 위하여 관리청이 정하여 고시하는 일정 규모 이상의 선박에 대하여 예선을 사용하도록 하여야 함

4 위험물의 관리와 수로의 보전

(1) 위험물의 관리

① 위험물의 반입

㉠ 위험물을 무역항의 수상구역 등으로 들여오려는 자는 관리청에 신고하여야 함

㉡ 관리청은 위험물의 종류 및 수량을 제한하거나 안전에 필요한 조치를 할 것을 명할 수 있음

② 위험물의 하역

㉠ 위험물을 하역하려는 자는 대통령령으로 정하는 바에 따라 자체안전관리계획을 수립하여 관리청의 승인을 받아야 함

㉡ 관리청은 무역항의 안전을 위하여 필요하다고 인정할 때에는 ㉠에 따른 자체안전관리계획을 변경할 것을 명할 수 있음

㉢ 관리청은 기상 악화 등 불가피한 사유로 무역항의 수상구역 등에서 위험물을 하역하는 것이 부적당하다고 인정하는 경우 ㉠에 따른 승인을 받은 자에 대하여 그 하역을 금지 또는 중지하게 하거나 무역항의 수상구역 등 외의 장소를 지정하여 하역하게 할 수 있음

③ 위험물 취급 시의 안전조치★

㉠ 위험물 취급에 관한 안전관리자의 확보 및 배치(안전관리 전문업체로 하여금 안전관리 업무를 대행하는 경우에는 예외)

㉡ 위험물 운송선박의 부두 이안·접안 시 위험물 안전관리자의 현장 배치

㉢ 위험물의 특성에 맞는 소화장비의 비치

㉣ 위험표지 및 출입통제시설의 설치

㉤ 선박과 육상 간의 통신수단 확보

㉥ 작업자에 대한 안전교육

④ 선박수리의 허가★★★★

㉠ 선장은 무역항의 수상구역 등에서 다음의 선박을 불꽃이나 열이 발생하는 용접 등의 방법으로 수리하려는 경우 관리청의 허가를 받아야 함

• 위험물운송선박 : 위험물을 저장·운송하는 선박과 위험물을 하역한 후에도 인화성 물질 또는 폭발성 가스가 남아 있어 화재 또는 폭발의 위험이 있는 선박

• 총톤수 20톤 이상의 선박(위험물운송선박은 제외)

㉡ 선박수리의 허가 신청 제외

• 화재·폭발 등을 일으킬 우려가 있는 방식으로 수리하려는 경우

개념 **다잡기**

✔ 위험물운송선박의 정박
위험물운송선박은 관리청이 지정한 장소가 아닌 곳에 정박하거나 정류하여서는 안 됨

▶ 위험물을 운송하는 총톤수 5만톤 이상의 선박이 접안하는 돌핀 계류시설의 운영자는 해당 선박이 안전하게 접안하여 하역할 수 있도록 해양수산부령으로 정하는 안전장비를 갖추어야 함

▶ 총톤수 20톤 이상의 선박은 기관실, 연료탱크, 그 밖에 해양수산부령으로 정하는 선박 내 위험구역에서 수리작업을 하는 경우에만 허가를 받아야 함

✔ 무역항의 수상구역 등에서 선박 수리 허가를 받아야 하는 선박 내 위험구역(시행규칙 제21조)
윤활유탱크, 코퍼댐(coffer dam), 공소, 축전지실, 페인트 창고, 가연성 액체를 보관하는 창고, 폐위된 차량 구역

▶ 관리청은 폐기물을 버리거나 흩어지기 쉬운 물건을 수면에 떨어뜨린 자에게 그 폐기물 또는 물건을 제거할 것을 명할 수 있음

• 용접공 등 수리작업을 할 사람의 자격이 부적절한 경우
• 화재・폭발 등의 사고 예방에 필요한 조치가 미흡한 것으로 판단되는 경우
• 선박수리로 인하여 인근의 선박 및 항만시설의 안전에 지장을 초래할 우려가 있다고 판단되는 경우
• 수리장소 및 수리시기 등이 항만운영에 지장을 줄 우려가 있다고 판단되는 경우
• 위험물운송선박의 경우 수리하려는 구역에 인화성 물질 또는 폭발성 가스가 없다는 것을 증명하지 못하는 경우
ⓒ 총톤수 20톤 이상의 선박을 위험구역 밖에서 불꽃이나 열이 발생하는 용접 등의 방법으로 수리하려는 경우 선장은 관리청에 신고하여야 함

(2) 수로의 보전

① 폐기물의 투기 금지★★
  ⊙ 누구든지 무역항의 수상구역 등이나 무역항의 수상구역 밖 10km 이내의 수면에 선박의 안전운항을 해칠 우려가 있는 흙・돌・나무・어구 등 폐기물을 버려서는 안 됨
  ⓒ 무역항의 수상구역 등이나 무역항의 수상구역 부근에서 석탄・돌・벽돌 등 흩어지기 쉬운 물건을 하역하는 자는 그 물건이 수면에 떨어지는 것을 방지하기 위하여 대통령령으로 정하는 바에 따라 필요한 조치를 하여야 함

② 해양사고 등이 발생한 경우의 조치
  ⊙ 무역항의 수상구역 등이나 무역항의 수상구역 부근에서 해양사고・화재 등의 재난으로 인하여 다른 선박의 항행이나 무역항의 안전을 해칠 우려가 있는 조난선의 선장은 즉시 항로표지를 설치하는 등 필요한 조치를 하여야 함
  ⓒ 조난선의 선장이 조치를 할 수 없을 때에는 해양수산부령으로 정하는 바에 따라 해양수산부장관에게 필요한 조치를 요청할 수 있음

③ 어로의 제한 : 누구든지 무역항의 수상구역 등에서 선박교통에 방해가 될 우려가 있는 장소 또는 항로에서는 어로를 하여서는 안 됨

▶ 해양수산부장관이 해양사고 등이 발생한 경우 조치를 하였을 때에는 그 선박의 소유자 또는 임차인은 그 조치에 들어간 비용을 해양수산부장관에게 납부하여야 한다.

(3) 불빛(등화) 및 신호

① 불빛의 제한
  ⊙ 무역항의 수상구역 등이나 무역항의 수상구역 부근에서 선박교통에 방해가 될 우려가 있는 강력한 불빛을 사용하여서는 안 됨
  ⓒ 관리청은 ⊙에 따른 불빛을 사용하고 있는 자에게 그 빛을 줄이거나 가리개를 씌우도록 명할 수 있음

② 기적 등의 제한 ★★★★
  ㉠ 무역항의 수상구역 등에서 특별한 사유 없이 기적이나 사이렌을 울려서는 안 됨
  ㉡ 화재 시 경보 방법(㉠의 예외) : 무역항의 수상구역 등에서 기적이나 사이렌을 갖춘 선박에 화재가 발생한 경우 기적이나 사이렌을 장음(4초에서 6초까지의 시간 동안 계속되는 울림)으로 5회 울려야 함

04 해양환경관리법

1 총칙 : 법의 목적과 용어의 정의

(1) 해양환경관리법의 목적
① 선박, 해양시설, 해양공간 등 해양오염물질을 발생시키는 발생원을 관리
② 기름 및 유해액체물질 등 해양오염물질의 배출을 규제하는 등 해양오염을 예방, 개선, 대응, 복원하는 데 필요한 사항을 정함으로써 국민의 건강과 재산을 보호

☑ 배출
오염물질 등을 유출·투기하거나 오염물질 등이 누출·용출되는 것

(2) 주요 용어의 정의 ★★★★
① 폐기물 ★★★★
  ㉠ 정의 : 해양에 배출되는 경우 그 상태로는 쓸 수 없게 되는 물질로서 해양환경에 해로운 결과를 미치거나 미칠 우려가 있는 물질(기름, 유해액체물질, 포장유해물질 제외)
  ㉡ 폐기물의 사례 : 맥주병, 음식찌꺼기, 플라스틱병, 도자기, 혼획된 수산동식물, 화물잔류물
  ㉢ 폐기물이 아닌 것의 사례 : 기름, 폐유압유, 화장실 오수, 오존층 파괴물질
② 기름 : 「석유 및 석유대체연료 사업법」에 따른 원유 및 석유제품(석유가스 제외)과 이들을 함유하고 있는 액체상태의 유성혼합물(액상유성혼합물) 및 폐유
③ 유해액체물질 : 해양환경에 해로운 결과를 미치거나 미칠 우려가 있는 액체물질(기름 제외)과 그 물질이 함유된 혼합 액체물질
④ 유해방오도료 : 생물체의 부착을 제한·방지하기 위하여 선박 또는 해양시설 등에 사용하는 도료 중 유기주석 성분 등 생물체의 파괴작용을 하는 성분이 포함된 것
⑤ 잔류성 오염물질 : 해양에 유입되어 생물체에 농축되는 경우 장기간 지속적으로 급성·만성의 독성 또는 발암성을 야기하는 화학물질

☑ 선저폐수
선박의 밑바닥에 고인 액상유성혼합물

⑥ 오염물질 : 해양에 유입 또는 해양으로 배출되어 해양환경에 해로운 결과를 미치거나 미칠 우려가 있는 폐기물·기름·유해액체물질 및 포장유해물질

⑦ 휘발성유기화합물 : 탄화수소류 중 기름 및 유해액체물질

(3) 환경관리해역의 지정·관리

① 환경관리해역 : 해양환경의 보전·관리를 위하여 필요하다고 인정되는 환경보전해역 및 특별관리해역

② 환경보전해역 : 해양환경 및 생태계가 양호한 해역 중 해양환경기준의 유지를 위하여 지속적인 관리가 필요한 해역

③ 특별관리해역 : 해양환경기준의 유지가 곤란한 해역 또는 해양환경 및 생태계의 보전에 현저한 장애가 있거나 장애가 발생할 우려가 있는 해역

(4) 해양 환경관리의 기본 원칙

① 사전 대비의 원칙

② 오염원인자 책임의 원칙

③ 수익자 부담의 원칙

④ 공동 책임과 협력의 원칙

2 해양오염방지를 위한 규제

(1) 오염물질의 배출 금지와 적용 예외

① 오염물질의 배출 금지 : 누구든지 선박이나 해양시설로부터 오염물질을 해양에 배출해서는 안 됨

② 오염물질의 배출 금지의 적용 예외 ★★

㉠ 선박 또는 해양시설 등의 안전확보나 인명구조를 위하여 부득이하게 오염물질을 배출하는 경우

㉡ 선박 또는 해양시설 등의 손상 등으로 인하여 부득이하게 오염물질이 배출되는 경우

㉢ 선박 또는 해양시설 등의 오염사고에 있어 해양수산부령이 정하는 방법에 따라 오염피해를 최소화하는 과정에서 부득이하게 오염물질이 배출되는 경우

③ 선박에서의 기름 배출 기준 및 방법(「선박에서의 오염방지에 관한 규칙」 제9조)

㉠ 선박의 항해 중에 배출할 것

㉡ 배출액 중의 기름 성분이 0.0015퍼센트(15ppm) 이하일 것

㉢ 기름오염방지설비의 작동 중에 배출할 것

✅ 해양배출
- 해양에서 배출할 수 있는 것의 사례 : 어획한 물고기, 폐사된 어획물, 식수, 해양환경에 유해하지 않은 화물잔류물
- 해양에서 배출할 수 없는 것의 사례 : 합성로프, 합성어망, 플라스틱 쓰레기봉투, 선저폐수, 선박 주기관 윤활유, 플라스틱 재질의 폐기물

ⓔ 소형선박 기관구역용 폐유저장용기 비치기준

대상선박	저장용량(단위 : ℓ)
총톤수 5톤 이상 10톤 미만의 선박	20
총톤수 10톤 이상 30톤 미만의 선박	60
총톤수 30톤 이상 50톤 미만의 선박	100
총톤수 50톤 이상 100톤 미만으로서 유조선이 아닌 선박	200

④ 유조선에서 화물유가 섞인 선박평형수, 세정수, 선저폐수 등을 배출하는 방법
  ㉠ 항해 중에 배출할 것
  ㉡ 화물유가 섞인 선박평형수의 유분의 순간배출률 : 1해리당 30ℓ 이하일 것
  ㉢ 1회의 항해 중의 배출총량이 그 전에 실은 화물총량의 3만분의 1 이하일 것
  ㉣ 기선으로부터 50해리 이상 떨어진 곳에서 배출할 것
  ㉤ 기름오염방지설비의 작동 중에 배출할 것

⑤ 선박 안에서 발생하는 폐기물의 처리기준 및 방법 ★★★★
  ㉠ 모든 플라스틱류는 해양에 배출 금지 : 합성로프 및 어망, 플라스틱으로 만들어진 쓰레기봉투, 독성 또는 중금속 잔류물을 포함할 수 있는 플라스틱제품의 소각재
  ㉡ 폐기물의 배출을 허용하는 경우 : 음식찌꺼기, 해양환경에 유해하지 않은 화물잔류물, 선박 내 거주구역에서 목욕, 세탁, 설거지 등으로 발생하는 중수(화장실 및 화물구역 오수 제외), 어업활동 중 혼획된 수산동식물(폐사된 어류 포함) 또는 어업활동으로 인하여 선박으로 유입된 자연기원물질
  ㉢ 분뇨의 해양배출 기준
    • 분뇨오염방지설비 설치 소형선박 : 영해기선으로부터 12해리를 넘는 거리에서 마쇄하지 아니하거나 소독하지 아니한 분뇨를 선박이 4노트 이상의 속력으로 항해하면서 서서히 배출하는 경우
    • 분뇨오염방지설비 미설치 소형선박 : 부두에 접안 시나 항만의 안벽 등 계류시설에 계류 시에는 배출 금지, 계류시설이나 어장 등으로부터 가능한 한 멀리 떨어진 해역에서 배출
  ㉣ 음식찌꺼기의 처리 기준 : 다음의 경우는 배출 가능
    • 영해기선으로부터 최소한 12해리 이상의 해역에 버리는 경우
    • 분쇄기 또는 연마기를 통하여 25mm 이하의 개구를 가진 스크린을 통과할 수 있도록 분쇄되거나 연마된 음식찌꺼기의 경우 영해기선으로부터 3해리 이상의 해역에 배출 가능
  ㉤ 기관실에서 발생한 선저폐수의 관리와 처리
    • 바다에 배출해선 안 되며, 선내 비치되어 있는 저장 용기에 저장

개념 다잡기

PART
01

✔ 기름오염방제와 관련된 자재 및 약제의 비치(시행규칙 제32조 및 별표 11 참고)
유겔화제(기름을 굳게 하는 물질), 유처리제, 유흡착재, 오일펜스(해상에 울타리를 치듯이 막는 방제자재)

✔ 해양오염방지검사증서 등의 유효기간
• 해양오염방지검사증서 : 5년
• 방오시스템검사증서 : 영구
• 에너지효율검사증서 : 영구
• 협약검사증서 : 5년

개념 다잡기

- 기름여과장치가 설치된 선박에 한하여 기름여과장치를 통하여 해양에 배출 가능
- 입항하여 육상에 양륙 처리 : 해양오염방제업, 유창청소업 운영자에게 인도
- 누수 및 누유가 발생하지 않도록 기관실 관리를 철저

⑥ 오염물질이 배출되는 경우의 신고의무 ★★

   ㉠ 대통령령이 정하는 배출기준을 초과하는 오염물질이 해양에 배출되거나 배출될 우려가 있다고 예상되는 경우 지체 없이 해양경찰청장 또는 해양경찰서장에게 이를 신고해야 함

- 배출되거나 배출될 우려가 있는 오염물질이 적재된 선박의 선장 또는 해양시설의 관리자
- 오염물질의 배출원인이 되는 행위를 한 자
- 배출된 오염물질을 발견한 자

   ㉡ 신고절차 및 신고사항 등에 관하여 필요한 사항은 해양수산부령으로 정함

(2) 선박오염물질기록부/방제조치

① 선박오염물질기록부의 관리 ★★★

   ㉠ 선박오염물질기록부 : 선박에서 사용하거나 운반·처리하는 폐기물·기름 및 유해액체물질에 대한 사용량·운반량 및 처리량 등을 기록한 문서

   ㉡ 폐기물기록부 : 폐기물의 총량·처리량 등을 기록하는 장부

   ㉢ 기름기록부 : 선박에서 사용하는 기름의 사용량·처리량을 기록하는 장부

   ㉣ 유해액체물질기록부 : 선박에서 산적하여 운반하는 유해 액체물질의 운반량·처리량을 기록하는 장부

   ㉤ 선박오염물질기록부의 보존기간 : 최종기재를 한 날부터 3년

② 오염물질(예를 들어 기름 등 폐기물)이 배출된 경우의 방제조치 ★★

   ㉠ 오염물질의 배출방지

   ㉡ 배출된 오염물질의 확산방지 및 제거

   ㉢ 배출된 오염물질의 수거 및 처리

③ 오염물질이 배출될 우려가 있는 경우의 조치

   ㉠ 해양수산부령이 정하는 바에 따라 오염물질의 배출방지를 위한 조치 실행

   ㉡ 방제의무자 : 선박의 소유자 또는 선장, 해양시설의 소유자

✅ 폐기물기록부의 기재사항
- 폐기물을 해양에 배출할 때 : 배출 일시, 선박의 위치, 배출된 폐기물의 종류, 폐기물 종류별 배출량, 작업책임자의 서명
- 폐기물을 소각할 때 : 소각의 시작 및 종료 일시, 선박의 위치, 소각량, 작업책임자의 서명

✅ 오염물질 배출 시 선박에서 해야 할 조치
- 배출된 기름 등의 회수 조치
- 선박 손상 부위의 긴급 수리
- 기름 등 폐기물의 확산을 방지하는 울타리(fence) 설치

Chapter 03 법규

과목별 핵심문제

01 ( )에 적합한 것은?

> "해상교통안전법상 고속여객선이란 시속 ( )
> 이상으로 항행하는 여객선을 말한다."

가 10노트 **나** 15노트

사 20노트 **아** 30노트

"고속여객선"이란 시속 15노트 이상으로 항행하는 여객선(법 제2조 제6호).

02 해상교통안전법상 통항분리수역에서의 항법으로 옳지 않은 것은?

가 통항로는 어떠한 경우에도 횡단할 수 없다.

나 통항로 안에서는 정하여진 진행 방향으로 항행하여야 한다.

사 통항로의 출입구를 통하여 출입하는 것을 원칙으로 한다.

아 분리선이나 분리대에서 될 수 있으면 떨어져서 항행하여야 한다.

선박은 통항로를 횡단하여서는 아니 된다. 다만, 부득이한 사유로 그 통항로를 횡단하여야 하는 경우에는 그 통항로와 선수 방향이 직각에 가까운 각도로 횡단하여야한다(법 제75조).

03 해상교통안전법상 충돌을 피하기 위한 동작에 대한 설명으로 옳지 않은 것은?

가 침로나 속력을 소폭으로 연속적으로 변경하여야 한다.

나 침로를 변경할 경우에는 통상적으로 적절한 시기에 큰 각도로 침로를 변경하여야 한다.

사 피항동작을 취할 때에는 동작의 효과를 다른 선박이 완전히 통과할 때까지 주의 깊게 확인하여야 한다.

아 필요하면 속력을 줄이거나 기관의 작동을 정지하거나 후진하여 선박의 진행을 완전히 멈추어야 한다.

선박은 다른 선박과 충돌을 피하기 위하여 침로(針路)나 속력을 변경할 때에는 될 수 있으면 다른 선박이 그 변경을 쉽게 알아볼 수 있도록 충분히 크게 변경하여야 하며, 침로나 속력을 소폭으로 연속적으로 변경하여서는 아니 된다(법 제73조).

정답 **01** 나 **02** 가 **03** 가

04 해상교통안전법상 마주치는 상태가 아닌 경우는?

가 선수 방향에 있는 다른 선박과 밤에는 2개의 마스트등을 일직선으로 또는 거의 일직선으로 볼 수 있거나 양쪽의 현등을 볼 수 있는 경우

나 선수 방향에 있는 다른 선박과 낮에는 2척의 선박의 마스트가 선수에서 선미까지 일직선이 되거나 거의 일직선이 되는 경우

사 선수 방향에 있는 다른 선박과 마주치는 상태에 있는지가 분명하지 아니한 경우

아 선수 방향에 있는 다른 선박의 선미등을 볼 수 있는 경우

마주치는 상태에 있는 경우(법 제79조)
• 밤에는 2개의 마스트등을 일직선으로 또는 거의 일직선으로 볼 수 있거나 양쪽의 현등을 볼 수 있는 경우
• 낮에는 2척의 선박의 마스트가 선수에서 선미까지 일직선이 되거나 거의 일직선이 되는 경우
• 선박은 마주치는 상태에 있는지가 분명하지 아니한 경우에는 마주치는 상태에 있다고 보고 필요한 조치를 취하여야 한다.

05 해상교통안전법상 장음의 취명시간 기준은?

가 1초 **나** 2~3초
사 3~4초 **아** 4~6초

기적의 종류(법 제97조)
• 단음 : 1초 정도 계속되는 고동소리
• 장음 : 4초부터 6초까지의 시간 동안 계속되는 고동소리

06 해상교통안전법상 안전한 속력을 결정할 때 고려할 사항이 아닌 것은?

가 시계의 상태
나 컴퍼스의 오차
사 해상교통량의 밀도
아 선박의 흘수와 수심과의 관계

안전한 속력을 결정할 때에는 다음 각 호(레이더를 사용하고 있지 아니한 선박의 경우에는 제1호부터 제6호까지)의 사항을 고려하여야 한다(법 제71조).
1. 시계의 상태
2. 해상교통량의 밀도
3. 선박의 정지거리・선회성능, 그 밖의 조종성능
4. 야간의 경우에는 항해에 지장을 주는 불빛의 유무
5. 바람・해면 및 조류의 상태와 항해상 위험의 근접상태
6. 선박의 흘수와 수심과의 관계
7. 레이더의 특성 및 성능
8. 해면상태・기상, 그 밖의 장애요인이 레이더 탐지에 미치는 영향
9. 레이더로 탐지한 선박의 수・위치 및 동향

07 해상교통안전법상 정선수 방향에서 양쪽 현으로 각각 112.5도에 걸치는 수평의 호를 비추는 등화는?

가 현등 **나** 전주등
사 선미등 **아** 예선등

현등 : 정선수 방향에서 양쪽 현으로 각각 112.5도에 걸치는 수평의 호를 비추는 등화

정답 **04** 아 **05** 아 **06** 나 **07** 가

08 해상교통안전법상 안개로 시계가 제한되었을 때 항행 중인 동력선이 대수속력이 있는 경우 울려야 하는 신호는?

가 장음 1회 단음 3회

나 단음 1회 장음 1회 단음 1회

사 2분을 넘지 않는 간격으로 장음 1회

아 2분을 넘지 않는 간격으로 장음 2회

해설

항행 중인 동력선은 대수속력이 있는 경우에는 2분을 넘지 아니하는 간격으로 장음을 1회 울려야 한다(법 제100조).

09 선박의 입항 및 출항 등에 관한 법률상 무역항의 수상구역 등에 출입하려는 경우 출입 신고를 하여야 하는 선박은?

가 예선

나 총톤수 5톤인 선박

사 도선선

아 해양사고구조에 사용되는 선박

해설

총톤수 5톤 미만인 선박이어야 한다. 5톤인 선박은 5톤 미만에 해당되지 않으므로 신고를 해야 한다.

10 선박의 입항 및 출항 등에 관한 법률상 동력선이 무역항의 방파제 입구 부근에서 다른 선박과 마주칠 우려가 있을 때의 항법으로 옳은 것은?

가 입항선은 방파제 입구를 우현측으로 접근하여 먼저 통과한다.

나 출항선은 방파제 안에서 입항선의 진로를 피한다.

사 입항선은 방파제 밖에서 출항선의 진로를 피한다.

아 출항선은 방파제 입구를 좌현측으로 접근하여 통과한다.

해설

무역항의 수상구역 등에 입항하는 선박이 방파제 입구 등에서 출항하는 선박과 마주칠 우려가 있는 경우에는 방파제 밖에서 출항하는 선박의 진로를 피하여야 한다(법 제13조).

11 선박의 입항 및 출항 등에 관한 법률상 선박이 해상에서 일시적으로 운항을 멈추는 것은?

가 정박   나 정류

사 계류   아 계선

해설

가. **정박** : 선박이 해상에서 닻을 바다 밑바닥에 내려놓고 운항을 멈추는 것

사. **계류** : 선박을 다른 시설에 붙들어 매어 놓는 것

아. **계선** : 선박이 운항을 중지하고 정박하거나 계류하는 것

정답 08 사 09 사 10 사 11 나

12 선박의 입항 및 출항 등에 관한 법률상 무역항의 수상구역 등에서의 항법으로 옳지 않은 것은?

가 항로에서 나란히 항행할 수 없다.

나 항로에서 마주칠 경우 항로의 왼쪽으로 항행한다.

사 항로를 따라 항행하는 선박이 항로 밖에서 항로에 들어오는 선박보다 항로 통항에 우선권이 있다.

아 항로에서 타선을 추월하여서는 안 되지만 눈으로 볼 수 있고 안전하다고 판단되면 추월할 수 있다.

항법의 원칙
* 항로 밖에서 항로에 들어오거나 항로에서 항로 밖으로 나가는 선박은 항로를 항행하는 다른 선박의 진로를 피하여 항행할 것
* 항로에서 다른 선박과 나란히 항행하지 않을 것
* 항로에서 다른 선박과 마주칠 우려가 있는 경우에는 오른쪽으로 항행할 것
* 항로에서 다른 선박을 추월하지 않을 것

13 선박의 입항 및 출항 등에 관한 법률상 항로의 정의는?

가 선박이 가장 빨리 갈 수 있는 길이다.

나 선박이 가장 안전하게 갈 수 있는 길이다.

사 선박이 일시적으로 이용하는 뱃길을 말한다.

아 선박의 출입 통로로 이용하기 위하여 지정·고시한 수로이다.

항로(법 제2조 제11호) : 선박의 출입 통로로 이용하기 위하여 제10조에 따라 지정·고시한 수로

14 선박이 무역항의 수상구역 등에서 정박할 수 있는 경우가 아닌 것은?

가 해양사고를 피하기 위한 경우

나 선원의 승선이 늦어 대기하는 경우

사 허가를 받은 작업에 사용하는 경우

아 고장으로 선박을 조종할 수 없는 경우

정박·정류 등의 제한 예외(법 제6조 제2항)
* 해양사고를 피하기 위한 경우
* 선박의 고장이나 그 밖의 사유로 선박을 조종할 수 없는 경우
* 인명을 구조하거나 급박한 위험이 있는 선박을 구조하는 경우
* 제41조에 따른 허가를 받은 공사 또는 작업에 사용하는 경우

15 선박의 입항 및 출항 등에 관한 법률상 주로 무역항의 수상구역에서 운항하는 선박으로서 다른 선박의 진로를 피하여야 하는 우선피항선이 아닌 것은?

가 부선

나 예선

사 총톤수 20톤인 여객선

아 주로 노와 삿대로 운전하는 선박

우선피항선(법 제2조 제5호) : 부선과 예선, 주로 노와 삿대로 운전하는 선박, 총톤수 20톤 미만의 선박, 그 외에 항만의 운항을 위해서 운항하는 선박 등(압항부선 제외)

정답 12 나 13 아 14 나 15 사

16 해양환경관리법상 폐기물이 아닌 것은?

가 맥주병 나 음식찌꺼기

사 폐유압유 아 플라스틱병

해설

폐기물 : 해양에 배출되는 경우 그 상태로는 쓸 수 없게 되는 물질로서 해양환경에 해로운 결과를 미치거나 미칠 우려가 있는 물질(기름, 유해액체물질, 포장유해물질 제외)이다.

17 해양환경관리법상 선박의 방제의무자는?

가 배출된 오염물질이 적재되었던 선박의 기관장

나 배출을 발견한 자

사 배출된 오염물질이 적재되었던 선박의 선장

아 지방해양수산청장

해설

방제의무자 : 선박의 소유자 또는 선장, 해양시설의 소유자(법 제65조)

18 해양환경관리법상 선박오염물질기록부에 해당하지 않는 것은?

가 폐기물기록부

나 기름기록부

사 유해액체물질기록부

아 분뇨기록부

해설

선박오염물질기록부의 종류 : 폐기물기록부, 기름기록부, 유해액체물질기록부

19 해양환경관리법상 기관실에서 발생한 선저폐수의 관리와 처리에 대한 설명으로 옳지 않은 것은?

가 어장으로부터 먼 바다에서 배출할 수 있다.

나 선내 비치되어 있는 저장 용기에 저장한다.

사 입항하여 육상에 양륙 처리한다.

아 누수 및 누유가 발생하지 않도록 기관실 관리를 철저히 한다.

해설

기관실에서 발생한 선저폐수의 관리와 처리
- 바다에 배출해선 안 되며, 선내 비치되어 있는 저장 용기에 저장한다.
- 누수 및 누유가 발생하지 않도록 기관실 관리를 철저히 한다.
- 입항하여 해양오염방제업, 유창청소업 운영자에게 인도하여 처리한다.
- 다만, 기름여과장치가 설치된 선박의 경우에는 기름여과장치를 통하여 해양에 배출할 수 있다.

20 해양환경관리법상 해양에서 배출할 수 있는 것은?

가 합성로프

나 어획한 물고기

사 합성어망

아 플라스틱 쓰레기봉투

해설

다음의 폐기물을 제외한 모든 폐기물 해양배출 금지
㉠ 음식찌꺼기
㉡ 해양환경에 유해하지 않은 화물잔류물
㉢ 목욕, 세탁, 설거지 등으로 발생하는 중수(화장실 오수 및 화물구역 오수는 제외)
㉣ 「수산업법」에 따른 어업활동 중 혼획된 수산동식물(폐사된 것을 포함) 등

정답 16 사 17 사 18 아 19 가 20 나

21 ( )에 적합한 것은?

> "해양환경관리법상 음식찌꺼기는 항해 중에 영해기선으로부터 최소한 (   ) 이상의 해역에 버릴 수 있다. 다만, 분쇄기 또는 연마기를 통하여 25mm 이하의 개구를 가진 스크린을 통과할 수 있도록 분쇄되거나 연마된 음식찌꺼기의 경우 영해기선으로부터 3해리 이상의 해역에 버릴 수 있다."

가 5해리

나 6해리

사 10해리

아 12해리

음식찌꺼기는 영해기선으로부터 최소한 12해리 이상의 해역. 다만, 분쇄기 또는 연마기를 통하여 25mm 이하의 개구를 가진 스크린을 통과할 수 있도록 분쇄되거나 연마된 음식찌꺼기의 경우 영해기선으로부터 3해리 이상의 해역에 버릴 수 있다.

22 ( )에 적합한 것은?

> "해양환경관리법상 선박에서의 오염물질인 기름이 배출되었을 때 신고해야 하는 기준은 배출된 기름 중 유분이 100만분의 1,000 이상이고 유분총량이 (   )이다."

가 20리터 이상

나 50리터 이상

사 100리터 이상

아 200리터 이상

기름 배출 시 신고 기준 : 배출된 기름 중 유분이 100만의 1,000 이상이고 유분총량이 100ℓ 이상(법 제63조 제1항, 시행령 제47조 관련 [별표 6])

기관

01 내연기관 및 추진장치

개념 다잡기

1 선박기관의 개요

(1) 열기관과 선박기관

① 열기관(주기관)의 종류 ★

 ㉠ 내연기관 : 기관 내부에 직접 연료와 공기를 공급하여 적당한 방법으로 연소시킬 때 발생하는 고온·고압의 연소가스를 이용하여 동력을 얻는 기관

 ㉡ 외연기관 : 관에 부착되지 않은 별도의 보일러에서 연료를 연소시켜 물을 가열하고, 이때 발생하는 고온·고압의 증기를 이용하여 동력을 얻는 기관

② 내연기관과 외연기관의 특징 비교

구분	내연기관	외연기관
장점	• 열손실이 적고 열효율이 높음 • 기관의 중량과 부피가 작음 • 시동·정지·출력조정 등이 쉬움	• 진동과 소음이 적으며, 운전이 원활 • 저질 연료의 사용이 가능 • 마멸, 파손 및 고장이 적으며, 대출력을 내는 데 유리
단점	• 기관의 진동과 소음이 심함 • 자력 시동이 불가능 • 저속 운전이 곤란 • 사용연료의 제한을 받음	• 기관의 중량과 부피가 큼 • 열효율이 낮고, 연료소비율이 높음 • 기관의 중량과 부피가 큼 • 기관 시동 준비시간이 오래 걸림

③ 선박용 기관이 갖추어야 할 조건 ★

 ㉠ 효율이 좋고, 시동이 용이할 것

 ㉡ 흡입공기에서 습기와 염분을 분리하는 장치가 필요하며, 냉각을 위해서 해수를 사용하기 때문에 부식에 강한 재료를 사용해야 함

 ㉢ 수명이 길고 잦은 고장 없이 작동에 대한 신뢰성이 높아야 함

 ㉣ 좁고 밀폐된 공간에 설치되므로 흡기와 배기가 원활해야 함

 ㉤ 역회전 및 저속 운전이 가능하며, 과부하에도 견딜 수 있어야 함

▧ 열기관
연료를 연소시켜 발생한 열에너지를 기계적인 일로 바꾸어 동력을 얻는 기계

✔ **열과 비열**
- 열 : 물체의 온도와 부피를 변화시키고, 물질의 상태를 변화시키는 에너지
- 비열 : 어떤 물질 1kg의 온도를 1K 올리는 데 필요한 열량

✔ **행정**
피스톤이 하사점에서 상사점까지의 이동거리

✔ **일반적인 내연기관의 압축비**
- 디젤 기관 : 11~25 정도
- 가솔린 기관 : 5~11 정도

(2) 기초 지식 및 기본 용어

① 열역학 기초 지식

  ㉠ 압력과 동력의 단위 ★★★★
- 압력 : 단위 면적에 수직으로 작용하는 힘의 크기
- 압력의 단위[MPa] : N/m^2, bar, kgf/cm^2, psi, atm
- 동력의 단위 : 1마력(PS) $= 75kgf \cdot m/s \fallingdotseq 0.735kW$

  ㉡ 열의 이동 ★
- 전도 : 서로 접촉되어 있는 고체에서 온도가 높은 곳으로부터 낮은 곳으로 열이 이동하는 전열현상
- 대류 : 고온부와 저온부의 밀도 차에 의해 순환운동이 일어나 열이 이동하는 현상
- 복사 : 열이 중간에 다른 물질을 통하지 않고 직접 이동하는 현상

② 내연기관 기본 용어 ★

  ㉠ 사점 : 피스톤이 실린더 내부를 왕복운동할 때 그 끝의 위치
- 상사점 : 실린더에서 피스톤이 실린더 헤드와 가장 가까이 있을 때 피스톤이 있는 곳의 위치
- 하사점 : 피스톤이 실린더 헤드와 가장 멀리 떨어져 있을 때, 즉 실린더 아랫부분에 있을 때 피스톤이 있는 곳의 위치

  ㉡ 기관의 회전수 : R.P.M(Revolution Per Minute, 1분간 기관 회전수)＝크랭크축이 1분 동안 몇 번의 회전을 하는지 나타내는 단위

  ㉢ **압축비** : 실린더 부피 / 압축 부피＝(압축 부피＋행정 부피) / 압축 부피

  ㉣ **톱 클리어런스**(Top Clearance Volume) : 피스톤이 상사점에 있을 때 피스톤 최상부와 실린더 헤드 사이의 틈(거리)

2 디젤 기관

(1) 디젤 기관의 원리

① 디젤 기관의 기본 원리 : 가솔린 기관과의 작동 원리 차이 ★

  ㉠ 디젤 기관 : 점화장치가 없기 때문에 실린더 내에서 분사된 연료가 압축공기의 온도에 의해서 자연 발화

  ㉡ 가솔린 기관 : 압축된 혼합 가스를 점화 플러그에 의해 점화

② 디젤 기관의 장·단점 ★

  ㉠ 장점
- 열효율이 높기 때문에 연료 소비량이 적음
- 연료가 완전 연소하므로 연기가 적어 선내가 청결

- 인화점이 높은 중유를 사용하기 때문에 자연 발화의 위험이 없음
- 분사 연료유의 증감으로 신속하게 배의 속력을 바꿀 수 있음

ⓛ 단점
- 중량이 크고, 폭발압력이 커서 진동과 소음이 큼
- 기관의 마멸이 빠르고, 기관의 유지비가 비쌈
- 구조가 복잡하기 때문에 다른 기관보다 취급하는 데 주의가 필요
- 제작비가 비싸고 관련된 공작 부분이 많아 특정한 공장이 있어야만 수리가 가능

③ 가솔린 기관과 디젤 기관의 비교 ★★

구분	가솔린 기관	디젤 기관
사이클(동작방법)	4행정 사이클과 2행정 사이클	2행정 사이클
연료	가솔린	• 소형기관, 고속회전기관 : 경유 • 중·저속기관 : 중유
착화 방법	전기착화기관	자연착화기관
연소 과정	동일한 체적(volume)	동일한 압력(pressure)
열효율	30% 내외	40~50% 정도

④ 4행정 사이클 디젤 기관의 작동 ★★★★
㉠ 흡입행정
- 배기밸브가 닫힌 상태에서 흡기밸브만 열려서 피스톤이 상사점에서 하사점으로 움직이는 동안 실린더 내부에 외부 공기가 흡입되는 행정
- 공기의 흡입은 피스톤이 하사점에 도달할 때까지 계속됨
㉡ 압축행정 : 흡기밸브와 배기밸브가 닫혀 있는 상태에서 피스톤이 상사점에서 하사점으로 움직이면서 흡입된 공기를 압축하여 압력과 온도를 높임
㉢ 작동행정(폭발행정)
- 흡기밸브와 배기밸브가 닫혀 있는 상태에서 피스톤이 상사점에 도달하기 전에 연료가 분사되어 연소하고 이때 발생한 연소가스의 팽창으로 피스톤을 하사점까지 하강하여 동력을 발생
- 4행정 사이클 디젤 기관에서 실제로 동력을 발생시키는 행정
㉣ 배기행정
- 피스톤이 하사점에서 상사점으로 이동하면서 배기밸브가 열리고 실린더 내에서 팽창한 연소가스가 실린더 밖으로 분출
- 피스톤이 상승하면서 나머지 가스를 실린더 밖으로 밀어내고 상사점에 도달하면 배기행정이 끝나고 처음의 상태로 되돌아감

개념 다잡기

☑ 피스톤 로드 유무에 의한 내연기관 분류
- 트렁크 피스톤형 기관 : 피스톤 로드가 없고, 피스톤 핀에 의해 커넥팅 로드가 직접 피스톤에 연결
- 크로스헤드형 기관 : 피스톤과 커넥팅 로드 사이에 피스톤 로드와 크로스헤드가 연결

☑ 4행정 사이클 기관의 작동 순서
흡입 → 압축 → 작동(폭발) → 배기

☑ 4행정 사이클 6실린더 기관에서 폭발 크랭크 각도
크랭크축이 2회전 하므로
720 ÷ 6 = 120(120°마다 폭발)

▶ 4행정 사이클 디젤 기관에서 흡기밸브와 배기밸브가 거의 모든 기간에 닫혀 있는 행정 : 압축행정과 작동행정

✓ 4행정 사이클 기관
크랭크축이 2회 회전할 때(캠축이 1회 회전할 때) 1번 연소

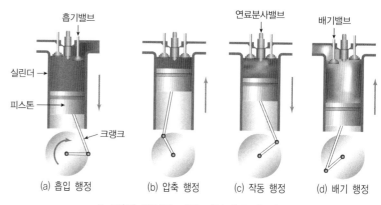

(a) 흡입 행정   (b) 압축 행정   (c) 작동 행정   (d) 배기 행정

⊙ 4행정 사이클 디젤 기관의 동작 과정

⑤ 2행정 사이클 디젤 기관의 작동
  ㉠ 제1행정(소기와 압축작용)
    • 피스톤이 하사점 부근에 있을 때 소기구와 배기구가 동시에 열려 있는 상황
    • 소기 펌프에 의해 미리 압축된 소기가 실린더 내에 들어와 배기를 밀어낸 후에 실린더 내에 소기가 가득 채워짐
    • 피스톤이 하사점에서 상사점으로 올라가면 피스톤에 의해서 소기구가 먼저 닫히고, 다음으로 배기구가 닫혀 공기를 압축하기 시작
    • 압축은 피스톤이 상사점에 도달할 때까지 계속됨
  ㉡ 제2행정(작동, 배기와 소기작용) : 소기작용을 하면서 피스톤이 상승하면 소기구와 배기구가 닫혀 압축행정이 이루어지고, 점화 플러그의 불꽃에 의해 연소하면서 동력이 발생
⑥ 기관의 폭발력 전달 과정 : 트렁크 피스톤형 기관에서는 '피스톤 → 커넥팅 로드 → 크랭크'이며, 크로스헤드형 기관에서는 '피스톤 → 피스톤 로드 → 크로스헤드 → 커넥팅 로드 → 크랭크'이다.

(2) 디젤 기관의 고정부

① 실린더
  ㉠ 실린더의 구조 : 실린더 라이너, 실린더 블록, 실린더 헤드 등으로 구성
  ㉡ 내부에서 피스톤이 왕복운동하면서 피스톤과 연소실을 형성
② 실린더 라이너 ★★★★
  ㉠ 역할
    • 실린더 내부와 크랭크의 마멸을 방지하고 실린더 내부의 열을 밖으로 배출
    • 연소실의 일부를 형성하고 피스톤의 안내 역할

✓ 디젤 기관의 주요 부분
• 고정 부분 : 실린더(실린더 헤드 등), 기관 베드, 프레임
• 왕복운동 부분 : 피스톤이나 피스톤 링, 커넥팅 로드(연접봉) 등
• 회전운동 부분 : 크랭크축, 플라이 휠 등

ⓛ 종류 : 건식, 습식(대부분의 선박), 워터 재킷 라이너 등

ⓒ 고온·고압의 연소가스에 노출되기 때문에 충분한 강도와 열전도율을 지녀야 함

ⓒ 실린더 라이너의 재질 : 특수 주철 또는 니켈-크롬 주철 등을 사용

ⓒ 헤드 개스킷(head gasket) ★
- 디젤 기관에서 실린더 라이너와 실린더 헤드 사이에서 연소실의 가스, 냉각수, 오일 등이 누설되는 것을 방지하기 위한 부품
- 개스킷 재료로 많이 사용되는 것 : 연강이나 구리

ⓑ 디젤 기관에서 실린더 라이너의 마멸 원인 ★★★
- 연접봉의 경사로 생긴 피스톤의 측압
- 피스톤 링의 장력이 너무 강하거나 재질이 불량할 때
- 실린더 라이너의 윤활 불량 : 사용 윤활유가 부적당하거나 과부족일 때
- 실린더의 고온 : 실린더 라이너의 냉각이 불량할 때
- 연소 상태의 불량, 저질 연료 사용
- 수분 등의 유입으로 유막 형성이 불량
- 흡입공기 중의 먼지나 이물질 등에 의한 마모

ⓢ 디젤 기관에서 실린더 라이너의 마멸에 의한 영향 ★★★
- 연소가스가 누설되어 출력이 낮아짐
- 압축압력이 불량해지고, 연료유의 소모량이 증가
- 연료의 불완전 연소로 실린더 내에 카본이 형성
- 실린더 내 압축공기가 누설 : 가스가 크랭크실로 누설
- 윤활유가 열화되고, 윤활유 소비량 증가
- 기관 시동이 곤란해짐

ⓞ 실린더 라이너 윤활유 ★
- 윤활유를 공급하는 가장 근본적인 목적 : 실린더 라이너의 마멸 방지
- 점도가 너무 높은 윤활유 사용의 영향 : 기름의 내부 마찰 증대, 윤활 계통의 순환이 불량, 유막이 두꺼워짐, 시동이 곤란해지고 기관 출력이 떨어짐

ⓩ 디젤 기관에서 실린더 라이너의 마멸량을 계측하는 공구 : 내경 마이크로미터

③ 실린더 헤드(실린더 커버) ★★★
ⓣ 실린더 라이너, 피스톤 헤드와 함께 연소실을 형성하며 각종 밸브가 설치
ⓛ 실린더의 덮개 역할을 하는 부분으로 흡기밸브, 배기밸브, 연료분사 밸브, 안전 밸브와 시동용 압축공기 밸브 등이 설치되어 있음

PART 01

✔ 실린더 라이너의 장점
라이너 및 실린더가 받는 열응력 감소, 마멸이 되었을 때 교환이 간단, 실린더의 주조가 용이 등

✔ 디젤 기관의 실린더 헤드 볼트를 죄는 요령
- 한 번에 다 죄지 말고 여러 번 나누어 죈다.
- 대각선 위치의 볼트를 번갈아 죈다.
- 볼트를 죄는 힘을 균일하게 한다.
- 운전 중에 실린더 헤드 볼트를 죄지 않는다.

ⓒ 실린더 헤드와 실린더 라이너의 접합부에는 연철이나 구리를 재료로 한 개스킷을 끼워 기밀을 유지

ⓔ 운전 중 발생되는 고온·고압의 연소가스 때문에 냉각실을 설치하여 냉각시킴

ⓜ 실린더의 **출력 불량 원인** : 실린더 내의 고온·고압 상태 불량, 실린더의 압축 불량, 연료유 유입의 불균일

ⓗ 실린더 헤드의 탈거 순서 : 엔진 내부의 윤활유를 모두 **빼내고** 흡·배기 다기관, 타이밍벨트 등을 탈거하여 순서대로 정리 → 실린더 헤드커버와 캠축 스프로킷을 탈거 → 로커 암 어셈블리 또는 캠축을 탈거

ⓢ **아이볼트** : 실린더 헤드를 들어올리기 위해 사용

④ 기관 베드와 프레임

　㉠ 기관 베드

　　• 선체에 고정되어 있으며, 기관의 전 중량을 지지하기 때문에 충분한 강도가 필요

　　• 프레임에 연소가스의 압력을 받으며, 기관 각 부분으로부터 떨어지는 윤활유를 받아 모으는 역할

　㉡ 프레임

　　• 위로는 실린더에 아래로는 기관 베드에 연결·조립

　　• 윤활유가 외부로 튀어 나가거나 새지 않도록 하며, 이물질 유입을 방지

⑤ 메인 베어링 ★★

　㉠ 기관 베드 위에 있으면서 크랭크 암 사이의 크랭크 저널에 설치

　㉡ 크랭크축을 지지하고 실린더 중심선과 직각인 중심선에 크랭크축을 회전시킴

　㉢ 메인 베어링 캡 상부에 있는 주유구로 윤활유를 공급하여 윤활시킴

　㉣ 크랭크 저널과 메인 베어링의 틈새 : 너무 작거나 크게 되면 윤활작용이 충분하게 이루어지지 못하게 되어 메인 베어링이 손상되며, 크랭크 저널까지 손상되는 결과가 초래

　㉤ 실린더가 6개인 디젤 주기관에서 크랭크 핀과 메인 베어링의 최소 개수

　　• 크랭크 핀의 최소 개수 : 크랭크 핀은 실린더와 크랭크축을 연결하기 위해 필요한 부품이므로 실린더가 6개인 디젤 기관은 크랭크 핀이 6개 필요

　　• 메인 베어링의 최소 개수 : 메인 베어링은 피스톤과 연결된 커넥팅 로드의 양쪽에 하나씩 위치하므로 최소 7개가 필요

◎ 메인 베어링
주로 평면 베어링을 사용

(3) 디젤 기관의 왕복운동부

① 피스톤 ★★

　㉠ 피스톤의 역할
- 실린더 내에서 연소가스의 압력을 받아 왕복운동하면서 커넥팅 로드를 거쳐 크랭크축에 회전력을 전달
- 새로운 공기를 흡입하고 압축하며, 연소가스를 배출시키는 작용
- 피스톤은 실린더 라이더, 실린더 헤드 등과 연소실을 구성

　㉡ 피스톤의 조건
- 고온·고압의 연소가스에 노출되어 내열성과 열전도성이 우수해야 함
- 고속으로 왕복운동을 하므로 가벼우면서 충분한 강도를 가져야 함

　㉢ 피스톤의 재료 : 중·대형 기관의 피스톤은 보통 주철이나 주강으로 제작하며, 소형 고속 기관에서는 무게가 가볍고 열전도가 좋은 알루미늄 피스톤을 사용

② 피스톤 핀 ★★

　㉠ 역할과 구조
- 피스톤과 커넥팅 로드(연접봉)의 소단부를 연결하는 부품
- 소형 디젤 기관에서 윤활유가 공급되는 곳

　㉡ 피스톤 핀의 설치 방식 : 고정식(피스톤 핀이 움직이지 않는 것), 부동식(피스톤이 자유롭게 돌도록 한 것)

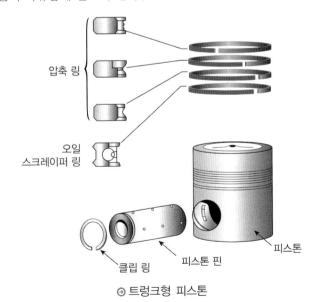

압축 링

오일 스크레이퍼 링

클립 링　피스톤 핀　피스톤

⊕ 트렁크형 피스톤

PART 01

개념 다잡기

∅ 피스톤의 종류
- 트렁크 피스톤형 : 피스톤의 왕복운동이 커넥팅 로드를 거쳐 바로 회전운동으로 변환
- 크로스헤드형 : 피스톤 왕복운동이 피스톤 로드와 크로스헤드, 커넥팅 로드를 거쳐 회전운동으로 변환

③ 피스톤 링 ★★★★

　㉠ 압축 링
　　• 피스톤과 실린더 라이너 사이의 기밀을 유지
　　• 피스톤의 열을 실린더 벽으로 전달시켜 피스톤을 냉각
　　• 피스톤의 상부에 2~4개 설치

　㉡ 오일 링
　　• 압축 링의 아래에 설치되어 실린더 벽에 유막을 형성하여 마찰을 감소
　　• 실린더 라이너 내벽의 윤활유가 연소실로 들어가지 못하게 긁어내림
　　• 압축 링보다 연소실에 더 가까이 설치
　　• 피스톤의 열을 실린더 라이너로 전달해 주는 역할
　　• 피스톤의 하부에 오일 링 1~2개가 설치
　　• 실린더 내벽의 윤활유를 고르게 분포

　㉢ 피스톤 링의 3대 작용 : 기밀 작용(가스 누설을 방지, 절구틈이 작아야 함), 열 전달 작용(피스톤이 받은 열을 실린더로 전달), 오일 제어 작용(실린더 벽면에 유막 형성 및 여분의 오일을 제어)

　㉣ **피스톤 링을 피스톤에 조립할 경우의 주의사항**
　　• 링의 상하면 방향이 바뀌지 않도록 조립
　　• 가장 아래에 있는 링부터 차례로 조립
　　• 링이 링 홈 안에서 잘 움직이는지를 확인
　　• 링의 절구틈이 120°~180° 방향으로 서로 엇갈리도록 조립
　　• 링의 절개부 위치를 엇갈리게 배치

　㉤ **피스톤 링의 고착 원인** : 링의 절구틈이 모두 과대할 때, 실린더유 주유량이 너무 부족할 때, 연소 불량으로 링에 카본 부착이 심할 때

　㉥ **피스톤 링의 구비 조건**
　　• 적절한 장력과 절구틈을 가질 것
　　• 실린더 라이너 내벽과의 접촉과 열전도가 좋을 것
　　• 고온에서 탄성을 유지할 것, 실린더 벽에 일정한 압력을 가할 것
　　• 열팽창률과 마멸이 적을 것

　㉦ **피스톤 링의 점검**
　　• 기관 정지 중에 정기적으로 점검하고 틈새를 계측하여 교체 여부를 확인
　　• 피스톤 링의 마멸량은 외경 마이크로미터로 측정
　　• 링의 펌프작용과 플러터 현상 : 펌프작용(윤활유가 연소실로 올라가는 현상), 플러터 현상(링이 홈에서 진동하는 것)

④ 커넥팅 로드(연접봉) ★
　　㉠ 역할 : 피스톤과 크랭크축을 연결하여 피스톤의 왕복운동을 크랭크축의
　　　　회전운동으로 바꾸어 전달
　　㉡ 구조 : 커넥팅 로드의 소단부는 크로스 헤드 핀과, 대단부는 크랭크 핀과
　　　　연결
　　㉢ 특징 : 디젤 기관의 연소실 외부에 위치한 것으로 연소실의 구성 부품이 아님

(4) 디젤 기관의 회전운동부

① 크랭크축 ★★★★
　　㉠ 역할 ★★
　　　• 실린더에서 발생한 피스톤의 왕복운동을 커넥팅 로드를 거쳐 회전운동
　　　　으로 바꾸어 동력을 전달
　　　• 기관의 회전 중심축으로 큰 하중을 받으면서 고속으로 회전하기 때문에
　　　　강도와 내마멸성이 커야 함
　　㉡ 구성 : 크랭크 저널, 크랭크 핀, 크랭크 암 등 ★★★★
　　　• 크랭크 저널 : 메인 베어링에 의해 상하가 지지되어 그 속에서 회전하는
　　　　부분
　　　• 크랭크 핀 : 크랭크 저널의 중심에서 크랭크 반지름만큼 떨어진 곳에 있
　　　　으며 저널과 평행하게 설치
　　　• 크랭크 암 : 크랭크 저널과 크랭크 핀을 연결하는 부분으로 크랭크 핀 반
　　　　대쪽 크랭크 암에는 평형추를 설치

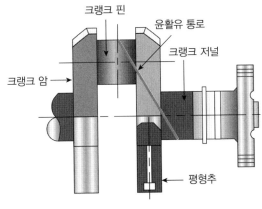

⊕ 크랭크축의 구조

　　㉢ 기관의 진동
　　　• 기관의 진동 발생 : 왕복운동을 하는 기관은 크랭크를 회전시키는 힘이
　　　　끊임없이 변화하므로 진동이 발생

> **개념 다지기**
>
> ✔ 크랭크축의 재료
> 일반적으로 단조강을 사용하나, 고속·고출력 기관에서는 특수강을 사용

PART
01

☑ 크랭크 암 디플렉션 측정(크랭크 암 개폐 계측)
선박이 물 위에 떠 있을 때 각 실린더마다 정해진 여러 곳을 다이얼식 마이크로미터로 계측

- 진동의 원인 : 폭발압력, 회전부의 원심력, 왕복운동부의 관성력, 크랭크축의 비틀림 등
  - ㉣ 평형추(balance weight) ★
    - 기관에서 크랭크축의 평형을 이루기 위해 크랭크 암의 크랭크 핀 반대쪽에 설치
    - 기관의 진동을 방지하고, 크랭크축의 회전력을 균일하게 함
    - 원활한 회전을 하도록 하며, 메인 베어링의 마찰을 감소시킴
  - ㉤ 크랭크 암의 개폐 작용 ★
    - 개폐 작용(디플렉션) : 크랭크축이 회전할 때 크랭크 암 사이의 거리가 넓어지거나 좁아지는 현상
    - 기관의 운전 중 개폐 작용이 과대하게 발생하면 축에 균열이 생겨 결국 부러지게 됨
    - 발생 원인 : 크랭크축의 중심이 맞지 않을 때, 메인 베어링의 불균일한 마모와 조정 불량, 스러스트 베어링의 마멸과 조정 불량, 메인 베어링의 불균일한 마멸 및 조정 불량 등
- ② 플라이휠 ★★★★
  - ㉠ 역할
    - 크랭크축이 일정한 속도로 회전할 수 있도록 함
    - 기동전동기를 통해 기관 시동을 걸고, 클러치를 통해 동력을 전달하는 기능
    - 기관의 시동을 쉽게 해 주고 저속 회전을 가능하게 해 줌
    - 크랭크 각도가 표시되어 있어 밸브의 조정을 편리하게 함
  - ㉡ 구조 : 림(rim), 보스(boss), 암(arm)으로 구성
  - ㉢ 터닝(turning) : 기관을 운전속도보다 훨씬 낮은 속도로 서서히 회전시키는 것

(5) 흡·배기 밸브 및 구동장치

- ① 흡·배기 밸브
  - ㉠ 흡기밸브와 배기밸브
    - 흡기밸브 : 새로운 공기를 실린더 내로 흡입
    - 배기밸브 : 작동을 끝낸 연소가스를 배출
    - 4행정 사이클 기관 : 흡·배기 밸브가 모두 필요해 실린더 헤드에 설치
    - 2행정 사이클 기관 : 보통 소기공을 통하여 공기를 공급하므로 흡기밸브는 없고, 배기밸브만 설치

☑ 밸브(valve)
연소실의 흡·배기구를 직접 개폐하는 역할

☑ 밸브의 누설
- 흡·배기 밸브는 고온 가스로 인하여 압축공기와 연소가스의 누설(새어 나감)될 수 있음
- 배기밸브의 누설이 발생하면 출력 감소가 나타남

ⓛ 밸브에서 생기기 쉬운 고장
- 밸브의 과열과 밸브 스핀들의 고착
- 밸브 페이스와 밸브 시트 사이의 가스 누설
- 밸브 케이지의 부식에 의한 파공

ⓒ 흡·배기 밸브의 개폐 시기
- 흡·배기 밸브의 개폐 시기 선도 : 밸브가 열리고 닫히는 시기를 크랭크 각도로 나타냄
- 흡기밸브는 더 많은 양의 공기를 실린더 내에 흡입하기 위하여 상사점 전에 열리고 하사점 후에 닫힘
- 배기밸브도 완전한 배기를 위해서 하사점 전에 열리고 상사점 후에 닫힘

ⓔ **밸브겹침**(valve overlap) ★★
- 상사점 부근에서 크랭크 각도 40° 동안 흡기밸브와 배기밸브가 동시에 열려 있는 기간
- 밸브겹침을 두는 주된 이유 : 흡기작용과 배기작용을 돕고 밸브와 연소실을 냉각시키기 위해서

② 밸브 구동장치 ★★
ⓐ **4행정 사이클 기관 밸브의 구동** : 밸브를 열 때는 캠의 힘을, 닫을 때는 스프링의 장력(힘)을 이용
ⓑ **2행정 사이클 기관 밸브의 구동** : 캠에 의한 유압전달장치를 통해서 작동
ⓒ **밸브틈새**(밸브 태핏 간격) ★★★
- 밸브가 닫힌 상태에서 밸브 스핀들과 밸브 스핀들을 눌러 주는 로커 암 사이 약간의 틈새
- 흡·배기밸브가 닫힌 상태면 피스톤이 상사점에 있을 때 틈새를 조절
- 밸브틈새가 너무 클 경우 : 열림이 늦어지고, 닫힐 때에는 충격이 커서 밸브가 손상될 수 있음
- 배기밸브의 밸브틈새가 규정값보다 작을 경우 : 밸브가 열리는 시기가 빨라지고, 밸브가 완전히 닫히지 않을 수 있음

ⓓ 흡·배기 밸브 틈새의 조정
- 디젤 기관의 흡·배기 밸브의 틈새를 조정하는 기구 : 필러 게이지
- 밸브틈새 조정 시 주의사항 : 피스톤이 상사점에 있을 때 조정

ⓔ 캠과 캠축 구동장치
- 역할 : 각 실린더의 흡기·배기 밸브를 열고 닫으며, 연료 펌프를 구동하여 적절한 시점에 연료를 분사
- 캠이 캠축에 붙어 있는 각도에 따라서 밸브가 열리고 닫히는 시기와 연료

✔ 필러 게이지
정확한 두께의 철편이 단계별로 되어 있는 측정용 게이지로, 두 부품 사이의 좁은 틈 및 간격을 측정하기 위한 기구

를 분사하는 시기가 정해짐

- 캠축은 기어나 체인으로 크랭크축에 연결되어 구동

(6) 연료 장치

① 연료유 공급 장치

㉠ 연료유 공급 장치 개요 ★

- 연료저장 탱크에서 연료분사 장치까지 연료유를 공급해 주는 장치
- 연료 공급 과정 : 공급 탱크의 연료유는 공급 펌프, 순환 펌프, 연료유 가열기, 점도 조절기 등을 거쳐 연료분사 펌프에 공급
- 프라이밍 : 연료 계통 내에 유입된 공기를 누출시키는 것으로, 연료유만 나온다면 프라이밍이 완료된 상태로 판단

㉡ 연료유 탱크 ★★

- 저장 탱크 : 이중저 탱크를 연료유 저장 탱크로 많이 사용
- 침전 탱크 : 연료 속에 포함된 불순물을 비중 차에 의해 분리하는 탱크
- 서비스 탱크 : 청정기에서 청정된 디젤유를 기관에 공급할 수 있도록 저장하는 탱크로 드레인 밸브, 에어 벤트, 레벨 게이지 등이 설치되어 있음
- 연료유 드레인 탱크 : 소량으로 누설하는 연료유를 모으는 탱크

㉢ 연료유 여과기(기름여과장치, 유수분리기)

- 역할 : 빌지 또는 탱크 세정 작업 시 발생하는 폐수와 유분이 섞인 물을 선외로 배출할 때, 기름 성분이 물과 함께 배출되지 않도록 기름 성분을 분리
- 연료유 필터의 설치 목적 : 연료유 내부의 불순물을 제거하여 기관 운전 시 기관의 마모와 부식, 효율 저하 등을 방지
- 유면 검출기 : 기름 모듬 탱크에 모인 기름의 높이를 검출
- 전자 밸브 : 압력 등을 체크하여 자동 배유 장치의 배유 시기를 제어
- 공기배출 밸브 : 압축공기의 공급 배출을 하는 밸브
- 빌지 경보기 : 유분 농도가 일정 이상을 초과할 때 경보 신호를 발하는 장치

㉣ 연료유 공급 펌프 : 연료 탱크로부터 분사 펌프까지 연료를 공급하는 펌프

② 연료분사 장치

㉠ 공급된 연료를 고압으로 압축하여 실린더 내에 분사해 주는 장치

㉡ 연료분사 조건 ★★

- 무화 : 분사되는 연료유의 미립화
- 관통 : 노즐에서 피스톤까지 도달할 수 있는 관통력
- 분산 : 연료유가 원뿔형으로 분사되어 퍼지는 상태

- 분포 : 실린더 내에 분사된 연료유가 공기와 균등하게 혼합된 상태
  ㉢ **연료분사 펌프**(연료 펌프) ★
  - 분사 시기 및 분사량을 조정하며, 연료분사에 필요한 고압을 만드는 장치
  - 연료분사량을 조절하는 연료래크와 연결되어 있음
  ㉣ **연료분사 밸브**(연료분사기)
  - 연료분사 펌프에서 압축된 고압의 연료를 미세한 구멍을 통해 안개 상태로 실린더 안에 분사하는 역할
  - 디젤 기관에서 연료분사 밸브가 누설되면 발생하는 현상 : 배기온도가 올라가고 검은색 배기가 발생
③ **디젤 기관의 연소실** ★
  ㉠ 피스톤이 상사점에 있을 때 피스톤 상부와 실린더 헤드 사이의 공간으로서, 연료유가 연소하는 곳
  ㉡ **연소실을 형성하는 부품** : 피스톤, 피스톤 헤드, 실린더 상부의 실린더 헤드, 실린더 라이너 등
  ㉢ **실린더 라이너** : 기관의 부속품 중 연소실의 일부를 형성하고 피스톤의 안내 역할을 하는 것
  ㉣ **실린더 헤드**(실린더 커버) : 실린더 라이너 및 피스톤과 함께 연소실의 일부를 형성하고 흡·배기 밸브가 설치됨

(7) 시동 · 과급 · 조속 · 윤활 · 냉각 장치

① **시동 장치** ★★
  ㉠ **정의** : 정지해 있는 기관의 크랭크축을 돌려 피스톤이 공기를 흡입·압축하여 연료를 착화시켜 연속적으로 운전을 가능하게 하는 장치
  ㉡ 디젤 기관 시동용 압축공기의 압력 : $25 \sim 30 \text{kgf}/\text{cm}^2$
  ㉢ **전기 시동을 하는 소형 디젤 기관에서 시동이 되지 않는 원인** : 시동용 전동기의 고장, 시동용 배터리의 방전, 시동용 배터리와 전동기 사이의 전선 불량
  ㉣ **시동 직후 운전상태를 파악하기 위해 점검해야 할 사항** : 계기류의 지침, 배기색, 진동의 발생 여부
  ㉤ **시동 전 운전상태를 파악하기 위해 점검해야 할 사항** : 윤활유의 점도
  ㉥ **시동밸브**
  - 실린더 헤드에 설치, 기관을 시동할 때만 열려서 압축공기를 실린더로 보내어 기관을 시동

개념 다잡기

✅ **래크(rack)**
일직선으로 된 기어

PART
01

✅ **시동 장치의 분류**
수동 시동, 전기 시동, 압축공기 시동 (가장 많이 사용)

✅ **디젤 기관의 시동이 잘 걸리기 위한 조건**
공기압축, 연료유의 착화

개념 다잡기

- 시동밸브의 열림 기간 : 4행정 사이클 기관(6기통 이상), 2행정 사이클 기관(4기통 이상)에서는 항상 어느 한 시동밸브가 작동 위치에 있기 때문에, 어떠한 크랭크 각도에서도 시동될 수 있음

② 과급·소기 장치

　㉠ 과급기 ★★★
- 정의 : 공급공기의 압력을 높여 실린더 내에 공급하는 장치
- 과급기를 설치하는 이유 : 기관에 더 많은 공기를 공급, 기관 출력 증가, 토크 증대 등
- 소형 디젤 기관에서 과급기를 운전하는 작동 유체 : 고온·고압의 연소 가스 압력
- 디젤 주기관에서 과급기의 위치 : 실린더 헤드를 통해 압축된 공기를 공급하기 때문에 기관보다 약간 높은 곳에 위치
- 과급기의 공기 필터 청소 불량 : 흑색의 배기가스 발생

　㉡ 소기 장치
- 소기 : 연료를 연소시키기 위하여 실린더 내로 들어오는 신선한 공기
- 소기의 밀도를 높이기 위한 방법 : 과급기와 소기 리시버 사이에 공기 냉각기를 설치하여 냉각

③ 조속기(거버너) : 기관의 회전속도를 일정하게 유지하기 위해 기관에 공급되는 연료의 공급량을 가감하는 장치 ★

④ 윤활 장치 ★★

　㉠ 윤활 장치(윤활유 밸브) : 기관의 운동 부분에 마찰을 줄이기 위해 윤활유를 공급하는 장치

　㉡ 윤활유를 사용하는 주된 목적 : 마찰을 감소시켜 기관의 마멸을 방지

　㉢ 윤활 계통 구성
- 윤활유 계통의 구성 : 윤활유 펌프, 유압조절장치, 윤활유 여과기, 윤활유 냉각기 등
- 소형 디젤 기관에서 윤활유가 공급되는 곳 : 피스톤 핀의 윤활유 홀
- 소형 디젤 기관의 윤활유 계통에서 여과기의 설치 위치 : 윤활유 펌프의 입구와 출구

　㉣ 윤활유 냉각기 : 윤활유의 온도를 낮추는 역할

　㉤ 윤활유 펌프 : 강제 순환식 급유 방식
- 윤활유 탱크의 윤활유를 기관 등의 운동부로 이송시켜 공급하는 역할
- 출구에 압력계가 있으며, 기어 펌프를 많이 사용
- 운전 중인 윤활유 펌프의 압력 : 부하에 관계없이 압력을 일정하게 유지

✓ 실린더 라이너에 윤활유를 공급하는 주된 목적
실린더 라이너의 마멸 방지

✓ 디젤 기관에서 윤활이 필요하지 않은 부품
핀과 크랭크축을 연결하는 크랭크 암

✓ 주기관 연료 핸들의 역할
제어실의 연료 핸들을 움직이면 링크 기구를 통해 조속기(거버너)에 속도 설정 신호를 보내어 조속기의 속도 설정치를 조절

ⓑ 운전 중 소형기관의 윤활유 계통에서 점검해야 할 사항 : 윤활유 펌프의 운전상태, 윤활유의 기관 입구 온도, 윤활유 펌프의 출구 압력

    ⓢ 윤활유 압력의 저하 : 디젤 기관에서 배기가스의 온도가 상승, 항해 중 주기관이 비상정지

  ⑤ 냉각 장치

    ㉠ 냉각 장치 : 연소가스가 지나가는 고온부를 냉각시키는 장치

    ㉡ 전식 작용 : 해수 냉각을 하는 곳에는 부식 방지를 위해 냉각수 통로에 아연판을 부착

3 동력전달장치

(1) 동력전달장치 개요 ★★

  ① **동력전달장치** : 주기관의 동력을 추진기에 전달하기 위한 장치로 클러치, 변속기, 감속기, 추진축, 추진기, 역전장치 등

  ② 선박 동력전달장치의 기능

    ㉠ 주기관의 회전 동력을 추진기에 효율적으로 전달

    ㉡ 선체와 추진기를 연결하여 추진기를 지지

    ㉢ 추진기와 물의 상호작용으로 얻어진 추력을 선체에 전달

    ㉣ 장치 자체의 진동이 작아야 하며, 선체 진동을 유발하지 않음

    ㉤ 고속의 회전과 역회전에도 잘 견딜 수 있어야 함

    ⓑ 주기관의 운전에 대하여 신속히 반응

◈ 동력전달장치의 구성
- 축계 : 저속 디젤 기관에 직결하여 동력을 전달
- 감속장치 : 중·고속 디젤 기관, 증기 터빈, 가스 터빈 등의 고속회전을 감속
- 클러치 : 운전 중 동력을 끊을 수 있게 하는 장치

(2) 클러치·변속기·감속 및 역전 장치

  ① 클러치 ★★

    ㉠ 정의

      • 선박의 기관에서 발생한 동력을 추진기축으로 전달하거나 끊어 주는 장치

      • 내연기관에서 발생한 동력을 축계에 전달하거나 차단시키는 장치

    ㉡ 소형선박에서 사용되는 클러치의 종류 : 기계 요소의 마찰을 이용하는 마찰 클러치, 유체를 매개체로 동력을 전달하는 유체 클러치, 자성체를 통하여 동력을 전달하는 전자 클러치 등

  ② 변속기 : 클러치와 추진축 사이에 설치되어 주행상태에 따라 알맞도록 회전 동력을 바꾸는 장치

  ③ 감속장치 ★★

    ㉠ 정의 : 기관의 크랭크축으로부터 회전수를 감속시켜서 추진장치에 전달해 주는 장치

◈ 감속장치의 종류
기어 감속장치, 유체 감속장치, 전기 감속장치 등

개념 다지기

ⓛ 감속장치와 추진기의 추진효율 : 주기관의 회전속도가 추진기의 회전속도
보다 빠를 경우 주기관과 추진기 사이에 설치해 회전수를 낮춤

ⓒ 동력전달장치에 변속기가 없는 경우 : 감속장치를 사용하여 엔진은 높은
회전수로, 추진축은 낮은 회전수로 운전

④ 역전장치

㉠ 정의 : 추진기(프로펠러)를 역회전시켜 선박을 전진 또는 후진시키는 장치

ⓛ 종류

• 직접 역전방식 : 기관을 정지한 후 역회전시켜 프로펠러의 회전 방향을
바꾸는 방식

• 간접 역전방식 : 기관의 회전 방향은 그대로 둔 상태에서 추진축의 회전
방향만을 바꾸어 주는 방식

(3) 추진 축계(축계장치)

① 동력전달과 내연기관 출력의 표시 ★★★

㉠ 도시마력(지시마력, 실마력)

• 디젤 기관에서 실린더 내의 연소압력이 피스톤에 작용하여 발생하는 동력

• 실린더 내에서 발생하는 출력을 폭발압력으로부터 직접 측정하는 마력

• 동일 기관에서 가장 큰 값을 가지는 출력

ⓛ 제동마력(축마력, 정미마력) : 동력계를 이용하여 기관의 출력을 크랭크축
에서 측정하는 마력

ⓒ 유효마력 : 프로펠러축이 실제로 얻는 마력으로 엔진 출력에서 과급기, 발
전기, 기타 부속 기기의 구동에 소비된 마력을 뺀 나머지 마력

ⓔ 전달마력 : 추진기에 전달되는 동력

② 축계 개요

㉠ 축계(축계장치) ★

• 주기관으로부터 추진기에 이르기까지 동력을 전달하고 추진기의 회전에
의하여 발생된 추력을 추력 베어링을 통하여 선체에 전달하는 장치

• 프로펠러와 주기관 사이의 거리가 길어 추력축, 중간축, 프로펠러축 등
으로 분할하여 구분

ⓛ 축계의 구성 : 추력축, 추력 베어링, 중간축, 중간 베어링, 프로펠러축, 캠
축, 선미축, 선미 베어링 등

③ 축계의 구성 요소

㉠ 추력축 ★

• 주기관과 중간축 사이에서 주기관의 회전운동을 중간축에 전해 줌

✔ 기관의 출력이 큰 순서
도시마력 > 제동마력 > 전달마력
> 유효마력

✔ 축계의 기능
• 주기관의 회전동력을 프로펠러에
전달
• 프로펠러를 지지
• 프로펠러가 발생하는 추력을 선체
에 전달

- 축계장치에서 추력축의 설치 위치 : 크랭크축과 프로펠러축 사이(프로펠러축의 선수 측)

ⓛ **추력 베어링**(스러스트 베어링) ★
- 추력 칼라의 앞과 뒤에 설치되어 추력축을 받치고 있는 베어링
- 메인 베어링보다 선미쪽에 설치되어 스크루 프로펠러의 추력을 받음
- 추진 축계장치에서 추력 베어링의 주된 역할 : 프로펠러의 추력을 선체에 전달

ⓒ **중간축** : 추력축과 프로펠러축을 연결하는 역할로 스러스트축과 프로펠러축 사이에 있는 축

ⓔ **중간축 베어링** : 중간축이 회전할 수 있도록 축의 무게를 받쳐 주는 베어링

ⓜ **추진기축**(프로펠러축)
- 프로펠러에 연결되어 프로펠러에 회전력을 전달하는 축
- 가장 뒤쪽 중간축에 이어져서 선박의 가장 뒤쪽에 설치되는 축

ⓗ **선미관**(스턴튜브) ★
- 프로펠러축이 선체를 관통하는 부분에 설치되어 해수가 선내로 침입하는 것을 막고 프로펠러축을 지지하는 베어링 역할
- 리그넘 바이티 : 열대 지방에서 나는 목재의 일종으로 해수 윤활식 선미관 베어링의 재료

(4) 추진기(프로펠러) ★★

① **추진기** : 주기관으로부터 전달받은 동력을 물과 작용하여 추력으로 변화시켜 선박을 추진시키는 장치

② **프로펠러**(나선형 추진기)
- ㉠ **피치** : 프로펠러가 1회전으로 전진하는 거리
- ㉡ **보스** : 추진기와 선체 사이의 거리를 크게 하기 위해 프로펠러 날개가 축의 중심선에 대해 선미 방향으로 약간 기울어져 있는 것
- ㉢ **프로펠러 지름** : 프로펠러가 1회전할 때 날개의 끝이 그린 원의 지름

③ **프로펠러의 종류** ★★
- ㉠ **고정피치 프로펠러** : 날개가 보스(boss)에 고정되어 있어 피치를 변화시킬 수 없는 프로펠러
- ㉡ **가변피치 프로펠러** : 추진기의 회전을 한 방향으로 정하고, 날개의 각도를 변화시킴으로써 배의 전진, 정지, 후진 등을 간단히 조정할 수 있는 프로펠러

PART 01

개념 다잡기

☑ **추력 베어링의 종류**
말굽형 추력 베어링, 상자형 추력 베어링, 미첼형 추력 베어링 등

☑ **리그넘 바이티의 역할** ★
- 주로 프로펠러축에 대한 베어링 역할
- 부식 방지와 마찰 감소
- 해수의 선내 침입 방지

개념 다잡기

④ 프로펠러 공동현상(캐비테이션) : 스크루 프로펠러의 회전속도가 어느 한도를 넘으면 프로펠러 날개의 배면에 기포가 발생하여 날개에 침식이 발생하는 현상

⑤ 프로펠러 내부결함 검사

　㉠ 프로펠러축의 미세한 균열을 조사하기 위해 실시

　㉡ 컬러체크(침투탐상법)

　　• 미세한 균열, 특히 용접부의 균열을 조사하는 비파괴 검사법의 일종으로 균열이 발생한 곳에 착색 현상

　　• 순서 : 세척액 → 침투액 → 세척액 → 현상액

02 보조기기 및 전기장치

1 펌프

(1) 펌프의 개요 ★★

① 펌프의 정의 : 낮은 곳의 액체를 흡입하여 압력을 주어서 높은 곳으로 액체를 보내는 장치

② 선박 내에 설치되어 있는 펌프의 종류 ★★★

　㉠ 급수 펌프 : 보일러에 물을 공급하는 펌프

　㉡ 빌지 펌프 : 기관실 바닥에 고인 물이나 해수 펌프에서 누설한 물을 배출하는 전용 펌프 ★

　㉢ 밸러스트 펌프 : 화물의 적재 상태에 따라 변화하는 배의 트림을 조절하기 위하여 바닷물 또는 청수를 이동하거나 배출하는 데 사용하는 펌프

　㉣ 소화 펌프 : 소화용 해수를 공급하는 펌프

　㉤ 해수 펌프 ★★

　　• 기관을 냉각시키기 위하여 바닷물을 공급하는 펌프

　　• 해수 펌프의 구성품 : 원심 펌프의 일종이므로 임펠러, 마우스 링, 케이싱, 안내깃, 와류실, 글랜드패킹, 체크밸브, 축봉장치 등으로 구성

　　• 펌프가 해수를 실제로 흡입할 수 있는 최대 높이 : 6~7m

　　• 전동기로 구동되는 해수 펌프가 정상적으로 작동되지 않는 원인 : 흡입관 계통에 공기가 새어 들어갈 때, 글랜드패킹으로 공기가 새어 들어갈 때, 전동기의 공급전압이 너무 낮을 때, 전동기의 접속 불량이나 모터 부위의 베어링이 정상적으로 구동되지 않을 때

◎ 펌프의 성능 표시

• 양정 : 펌프가 액체를 밀어 올릴 수 있는 높이

• 유량 : 단위 시간에 송출할 수 있는 액체의 부피

◎ 기관실의 빌지 펌프로 가장 많이 사용되는 펌프

왕복 펌프

◎ 소형기관에서 기관에 의해 직접 구동되는 펌프

연료유 펌프, 냉각청수 펌프, 윤활유 펌프 등

- 해수 펌프가 물을 송출하지 못하는 경우의 원인 : 흡입측 스트레이너(이 물질 유입 방지 장치)가 많이 막혀 있을 때, 흡입밸브나 송출밸브가 잠겨 있을 때
  - ⓗ 연료유 공급 펌프 ★
    - 디젤 기관에서 청정 연료유를 이송하는 데 사용되는 펌프
    - 기관실의 연료유 펌프로 가장 적합한 것 : 기관의 축에 의해 구동하는 기 어 펌프로 기어와 축봉장치가 있음
  - ⓼ 윤활유 펌프 ★
    - 윤활유 탱크의 윤활유를 기관 등의 운동부로 이송시켜 공급하는 펌프
    - 기어 펌프를 많이 사용하며, 부하에 관계없이 압력을 일정하게 유지함
    - 출구에 압력계가 있으며, 입구 압력보다 출구 압력이 높음

(2) 원심 펌프

① 정의 : 액체 속에서 임펠러(회전차)를 고속으로 회전시켜, 그 원심력으로 액 체를 임펠러의 중심부로부터 원주 방향으로 유동시켜 에너지를 주어 분출시 키는 펌프

② 특징 : 고속 회전이 가능하고, 소형 경량이며 구조가 간단하며 취급이 용이, 효율이 높고 맥동이 적음

③ 용도 ★
  - ㉠ 밸러스트 펌프, 잡용 펌프, 소화 펌프, 위생 펌프, 청수 펌프, 해수 펌프 등
  - ㉡ 저압의 물을 다량으로 공급하는 디젤 기관의 냉각수 펌프로 가장 적당한 펌프

④ 원심 펌프의 구성 요소 ★★★
  - ㉠ 회전차(임펠러) : 해수에 원심력을 부여하여 원주 방향으로 분출시키는 장 치로 펌프의 성능과 효율을 결정
  - ㉡ 마우스 링 : 원심 펌프에서 송출되는 액체가 흡입측으로 역류하는 것을 방 지하기 위해 케이싱과 회전차 입구 사이에 설치
  - ㉢ 케이싱 : 유체를 모아서 송출관으로 배출시키는 역할을 하는 장치
  - ㉣ 와류실 : 회전차(임펠러)에서 나온 유체를 모아서 송출관으로 배출되도록 하는 장치
  - ㉤ 안내 날개(안내깃) : 회전차로부터 유입된 유체를 와류실로 유도하여 압력 에너지로 전환
  - ㉥ 글랜드패킹
    - 축의 운동 부분으로부터 유체가 새는 것을 방지하기 위해 사용

개념 다잡기

✓ 맥동
1초에서 수십 초의 주기로 끊임없이 미약하게 진동하는 현상

✓ 원심 펌프로 이송하기에 가장 적합한 액체
청수

- 원심 펌프의 축이 케이싱을 관통하는 곳에 기밀 유지를 위해 설치

Ⓢ **축봉장치** : 압력이 있는 유체가 누설되거나 외부로부터 공기가 유입되는 것을 방지하는 장치

Ⓞ **체크밸브** : 유체를 어느 한 방향으로만 흐르게 하고 역류하는 것을 방지

⑤ 원심 펌프의 운전과 취급 ★

　㉠ 원심 펌프의 운전

- 시동할 때 먼저 펌프 내에 물을 채워야 함
- 원심 펌프의 기동 방법 : 흡입밸브는 열고 송출밸브를 잠근 후 펌프를 기동한 후에 송출밸브를 서서히 엶

　㉡ 운전(기동) 전의 점검 사항

- 각 베어링의 주유 상태와 전동기의 절연저항을 점검
- 공기 빼기와 프라이밍을 실시
- 펌프의 축을 손으로 돌려서 회전하는지를 확인
- 원동기와 펌프 사이의 축심이 일직선에 있는지 확인
- 흡입밸브 및 송출밸브의 개폐 점검

　㉢ 운전 중 점검 사항

- 베어링부에 열이 많이 나는지를 확인
- 과도한 진동 및 소음 발생 유무, 누수 등
- 압력계의 지시치를 점검
- 축봉장치 중 패킹 충전식의 경우 약간의 누설을 허용하면서 운전이 되는지 확인

　㉣ 운전 중 심한 진동이나 이상음의 원인

- 베어링이 심하게 손상된 경우
- 축이 심하게 변형된 경우
- 축의 중심이 일치하지 않는 경우
- 임펠러 손상으로 중심이 편재할 때
- 베드의 고정 불량 또는 송출측 조절밸브 위치의 부적합

(3) 왕복 펌프 ★

① **정의** : 실린더 속의 피스톤 또는 플런저(plunger)가 왕복운동을 함으로써 액체에 직접 압력을 주어 필요한 곳으로 유체를 보내는 펌프

② 토출밸브와 흡입밸브가 교대로 개폐하여 액체를 흡입·송출하면서 양수

③ 양수량이 적고 고압을 요하는 경우에 적절한 펌프로 기관실의 빌지 펌프로 가장 많이 사용

✓ 원심 펌프의 송출량 조절
송출밸브를 통해 조절

✓ 전동기로 구동되는 원심 펌프에서 과부하 운전의 원인
많은 베어링 손상, 맞지 않는 축의 중심, 과도한 글랜드패킹 조임

④ **송출유량의 변동** : 피스톤의 운동에 따라 유체를 송출하므로 송출량에 맥동이 생기는데, 송출유량을 균일하게 하기 위해 송출관 측의 실린더에 공기실을 설치

(4) 회전 펌프(로타리 펌프)

① **정의**
  ㉠ 2개의 기어가 케이싱 속에서 서로 맞물려 회전하여 기름을 흡입측에서 송출측으로 밀어내는 펌프
  ㉡ 왕복 펌프와 원심 펌프의 중간적 특징을 갖고 있음
  ㉢ 일반적으로 기어가 있고, 축에 의해 구동되므로 축봉장치도 있음

② **기어 펌프** ★★
  ㉠ 회전 펌프의 일종으로 밸브가 없어 구조가 간단하고 취급이 용이
  ㉡ 윤활유와 같이 점도가 높은 유체를 이송하기에 적절한 펌프
  ㉢ 전동유압식 조타장치의 유압 펌프로 이용될 수 있는 펌프(연료유 펌프로 적합)
  ㉣ 연속적으로 유체를 송출하므로 맥동 현상 등이 나타나지 않음
  ㉤ 릴리프밸브 : 기어 펌프에서 송출 압력이 일정치 이상으로 상승하면 송출측 유체를 흡입측으로 되돌리는 밸브, 압력 상승에 의한 손상을 방지

2 선박 전기장치

(1) 전기 기초 원리

① **물질의 종류**
  ㉠ 도체 : 자유전자가 자유롭게 이동하여 전기가 잘 통하는 물질(금속인 구리를 가장 많이 사용)
  ㉡ 절연체 : 전기가 잘 통하지 않는 물질(유리, 플라스틱)
  ㉢ 반도체 : 도체와 부도체의 중간 물질(실리콘, 게르마늄)

② **전하와 전기장** ★
  ㉠ 대전 : 마찰에 의하여 전기를 띠는 현상
  ㉡ 대전체 : 전기를 띤 물체
  ㉢ 전하 : 대전체가 가지는 전기의 양

③ **전기 용어와 단위** ★★
  ㉠ 암페어[A] : 자유전자가 도체 속을 연속적으로 이동하는 현상인 전류의 단위
  ㉡ 볼트[V] : 전류가 흐를 때 발생되는 전위의 차이인 전압의 단위

개념 다잡기

✓ 베인 펌프
기어 펌프와 같은 회전 펌프의 일종으로 점도가 높은 연료유, 윤활유 펌프 등으로 주로 사용

✓ 전기의 본질
• 전자 : (−) 전하를 띠고 있는 입자
• 양자 : (+) 전하를 띠고 있는 입자

✓ 헤르츠[Hz]
주파수의 단위(선박 상용 주파수 : 60Hz)

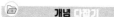

ⓒ **옴[Ω]** : 전기의 흐름을 방해하려는 성질인 저항의 단위

④ **저항의 접속**

ㄱ **직렬접속** : 각각의 저항을 일렬로 접속하는 것으로 직렬 연결 시 총 전압은 각 전압의 합으로 2V 단전지 6개를 직렬 연결하면 2×6 = 12V가 됨

ㄴ **병렬접속** : 각 저항의 양 끝 단자를 서로 접합한 것

⑤ **전기·전자 측정★**

ㄱ **절연시험** : 선로와 비선로 사이의 저항을 측정하는 것으로 기기에 공급되는 전류가 외부로 새어 나가지는 않는지 확인

ㄴ **멀티테스터(회로시험기)**

• 전압(직류 전압, 교류 전압), 전류, 저항을 하나의 기기로 측정할 수 있도록 만든 전자계측기

• 사용 방법 : 멀티테스터의 선택스위치를 저항 레인지에 놓고 저항을 측정해서 확인

• 사용 시 주의사항 : 저항을 측정할 경우에는 영점을 조정한 후 측정, 전압을 측정할 경우에는 교류와 직류를 구분하여 측정, 리드선의 검은색 리드봉은 -단자에, 빨간색 리드봉은 +단자에 꽂아 사용, 높은 측정 레인지에서부터 점차 낮은 레인지로 내려가면서 전압 측정

ㄷ **메거 테스터(절연저항 측정기)** : 절연저항을 측정하는 기기로 누전작업 내지 평상시 절연저항 측정기록을 목적으로 사용하는 기기

(2) 선박용 전지

① **전지의 종류★**

ㄱ **1차 전지** : 한 번 방전하면 다시 사용할 수 없는 전지

ㄴ **2차 전지** : 방전이 되면 다시 충전해서 계속 사용할 수 있는 전지

② **납축전지★★★★**

ㄱ **특징**

• 대표적 2차 전지로 양극으로는 과산화납을, 음극으로는 일반 납을 사용

• 납축전지는 직류 전원을 발생시킴

• 선박용 납축전지의 용도 : 조명용, 기관 시동용, 경보 및 통신장치의 비상 통신용

ㄴ **납축전지의 전압과 용량**

• 비상용 납축전지의 전압 : 24V

• 납축전지의 용량을 나타내는 단위 : [Ah : 암페어시(암페어아우어)]

• 납축전지의 전지 1개당 방전종지전압 : 약 1.8V

◈ 저항 측정 방법
저항은 테스터기를 이용하여 저항의 양단에 단자를 연결하여 측정

◈ 전지
화학 변화에 의해서 생기는 에너지나 열, 빛 등의 물리적인 에너지를 전기 에너지로 변환하는 장치

◈ 방전종지전압
어느 한계 이하의 전압이 될 때까지 방전해서는 안 되는 전압

- 납축전지에서의 양극 표시 : 양극(+, 적색, P), 음극(−, 검은색, N)
  © 납축전지의 구조
    - 극판 : 여러 장의 음극판과 양극판
    - 격리판 : 각각의 극판을 격리시킴
    - 전해액 : 묽은 황산(진한 황산과 증류수를 혼합, 비중은 1.2 내외)
  ② 납축전지의 충전
    - 납축전지의 충전법 : 균등충전, 급속충전, 부동충전, 보충충전
    - 납축전지의 충전 시 증가하는 것 : 전압과 비중
    - 납축전지가 완전 충전 상태일 때 20℃에서 전해액의 표준 비중값 : 1.28
  ◎ 납축전지의 점검 및 관리 방법
    - 납축전지는 직사광선을 피해 서늘하고 통풍이 잘 되는 곳에 보관
    - 전해액을 보충할 때 증류수를 전극판의 약간 위까지 보충
    - 전해액 보충 시에는 증류수로 보충하며, 비중을 맞춤
    - 충전할 때는 완전히 충전하고, 과방전이 발생하지 않도록 주의

(3) 발전기

① 직류 발전기
  ㉠ 도체가 자력선을 끊으면 그 도체에 기전력이 발생하는 전자유도 현상을 응용하여 연속적으로 직류 전기를 만들어 냄
  ㉡ 구조
    - 고정 부분 : 자력선이 발생하는 부분인 자극, 계철, 축받이
    - 회전 부분 : 전기자와 정류자 및 축
② 교류(AC) 발전기(동기발전기) ★★
  ㉠ 정의 : 교류 발전기라고 하며, 엔진의 동력을 이용하여 로터를 회전시켜 전자 유도에 의해 교류 전류를 발생시킴
  ㉡ 동기 속도로 회전하는 교류 발전기를 동기발전기라고 하는데 배에서 사용하는 교류 발전기임
  ㉢ 교류 발전기의 특징 : 저속에서 충전이 가능, 전압조정기만 필요, 소형 경량, 회전속도가 일정해야 함 등
  ㉣ 발전기의 기중차단기(ACB)
    - 과전류 단락 및 지락사고 등 이상전류 발생 시 압축공기를 이용하여 회로를 차단하는 전기개폐장치
    - 부하 변동이 있는 교류 발전기에서 항상 일정하게 전압을 유지하는 장치

(4) 전동기

① 직류전동기
  ㉠ 전기 에너지를 기계 에너지로 바꿔 주는 기계로, 플레밍의 왼손 법칙에 의해 전자력이 발생되어 회전
  ㉡ 주로 소형기관에 설치된 시동용 전동기로 사용
  ㉢ 축전지로부터 전원을 공급받아 기관에 회전력을 주어 기관을 시동

② 동기전동기 : 자유회전이 가능한 자침 둘레에 영구자석을 설치하여 척력과 인력에 의해 자석을 회전시킴

③ 교류전동기(3상 유도전동기)
  ㉠ 회전자 도체 주변에서 영구자석을 회전시키면 회전자가 자석의 이동 방향으로 회전하는 것을 이용
  ㉡ 구성 요소 : 교류전동기로서 고정자(고정자 철심, 고정자 틀 등)와 회전자(유도전동기의 토크가 발생하는 부분)로 구성
  ㉢ 유도전동기의 기동반 : 주요 설치 계기(전류계), 기타 설치(기동을 위한 기동 스위치, 기동 상태를 나타내는 운전표시등 등)
  ㉣ 유도전동기의 기동법 ★★★
    • 직접 기동법 : 직접 정격전압을 인가하여 기동하는 방법으로 5[kW] 이하의 소형 유도전동기에 적용
    • 기동 보상기법 : 3상 단권변압기로 정격전압의 50~80% 전압에서 기동하고, 정격속도 도달 시 전원전압을 인가
    • 리액터 기동법 : 전원측에 직렬로 리액터를 접속하여 리액터의 전압강하에 의해 전동기에 인가되는 전압을 감압시켜 기동
  ㉤ 전동기의 명판 : 전동기의 출력, 전동기의 회전수, 공급전압, 주파수, 출력, 효율 등을 표시
  ㉥ 유도전동기의 부하
    • 유도전동기의 부하 전류계에서 지침이 가장 높게 가리키는 경우 : 전동기의 기동 직후
    • 정상운전 시보다 기동 시의 부하가 더 큼
    • 유도전동기의 부하가 증가하면 전동기의 회전수는 감소, 전류는 증가
    • 부하의 대소는 전류계로 판단
    • 부하가 감소하면 전동기의 온도는 내려감

④ 전동기 운전 시 주의사항 : 전원과 전동기의 결선 확인, 이상한 소리·진동, 냄새·각부의 발열 등의 확인, 조임 볼트와 전류계의 지시치 확인

✓ 전동기의 기동반에 설치되는 표시등
전원등, 운전등, 경보등 등

(5) 변압기

① 교류의 전압이나 전류의 값을 변환(전압을 증감)시키는 장치로, 예를 들어 교류 440V를 220V로 낮추고자 할 때 필요

② 변압기의 명판에 기재된 전력 : 유효전력과 무효전력의 벡터적 합인 피상전력(VA)

3 기타 보조장치

(1) 조수기 · 기름 청정기

① 조수기 : 바닷물을 이용하여 필요한 청수를 생산하는 장치

② 기름 청정기 : 윤활유나 연료유의 불순물을 분리해 내는 장치

(2) 냉동기 · 공기압축기 · 보일러

① 냉동기

　㉠ 냉동 : 어떤 물체나 공간의 열을 인위적으로 빼앗아 주위의 온도보다 낮게 하고, 그 저온을 유지하는 과정

　㉡ 냉매 : 어떤 물체로부터 열을 흡수하여 다른 곳으로 열을 운반하는 매체

　㉢ 냉동기의 4대 구성 요소 : 압축기, 응축기, 팽창밸브, 증발기

② 공기압축기

　㉠ 시동 및 조종용 등에 필요한 압축공기를 만드는 장치

　㉡ 공기압축기의 운용 : 정상항해 중 연속적으로 운전하지는 않음

③ 보일러

　㉠ 정의 : 연료를 연소시켜 생기는 열로 밀폐된 용기 안에 넣은 물을 가열하여 증기를 발생시키는 장치

　㉡ 선박용 보일러의 조건

　　• 진동, 좌초, 충격 등에 대해서 안전해야 하며, 고온 · 고압의 증기에 적당한 재료를 선택

　　• 보일러의 소요 설치 면적이 될 수 있는 대로 좁아야 함

　　• 고온 · 고압의 증기를 신속하고, 경제적으로 많이 발생시킬 수 있을 것

　　• 무게가 가볍고 급수 처리가 간단할 것

　　• 취급이 쉽고 적은 인원으로 조작이 가능할 것

　　• 열전달과 점화 및 소화가 쉽고, 부하 변동에 쉽게 대처 가능

4 갑판 보조기계(갑판보기)

(1) 하역장치 ★

① 하역 : 선박에 짐을 싣고 내리는 작업

② 데릭식 하역설비

   ㉠ 와이어 로프 끝에 있는 훅(hook)에 화물을 걸고, 윈치로 와이어 로프를 감아 하역하는 방식

   ㉡ 목재 운반선이나 다목적용 선박에서 주로 사용하며 데릭 포스트, 데릭 붐, 윈치 및 로프로 구성

③ 크레인식 하역설비

   ㉠ 하역작업이 간편하고 신속, 주로 벌크화물선이나 컨테이너전용선에 설치

   ㉡ 크레인식 하역장치의 구성 요소 : 카고 훅, 토핑 윈치, 선회 윈치 등

   ㉢ 종류

     • 갠트리 크레인 : 컨테이너를 싣거나 내리는 대형 크레인

     • 집 크레인 : 작동 반지름 내에 위치한 화물을 하역할 수 있는 크레인

(2) 계선장치 ★

① 정의 : 계선줄을 감아 들여서 선박을 안벽에 붙이기 위해 사용하는 장치

② 무어링 윈치(계선 윈치) : 수평축 끝에 워핑 드럼(warping drum)이 설치된 구조로 원동기가 동력을 발생시켜 수평축이 회전하면 워핑 드럼에서 계선줄을 감아 들이는 장치

③ 권양기(캡스턴)

   ㉠ 계선줄이나 앵커체인을 감아올리는 장치로 수직축 상에 설치된 워핑 드럼이 회전하여 계선줄을 감음

   ㉡ 주로 갑판의 면적이 작은 소형선에 설치

④ 히빙 라인 : 계선줄을 부두로 건네주기 위해 먼저 던져 주는 줄

⑤ 페어 리더 : 계선줄을 선외로 내보내는 설비

⑥ 비트와 볼라드 : 비트(기둥이 1개)와 볼라드(기둥이 2개)는 계선줄을 붙들어 매기 위한 기둥

(3) 양묘장치 ★★

① 정의 : 앵커(닻)를 바닷속으로 투하하거나 감아올릴 때 사용하는 갑판기기

② 구성 요소

   ㉠ 체인 드럼

     • 앵커체인이 홈에 꼭 끼도록 되어 있어서, 드럼의 회전에 따라 체인을 내

어 주거나 감아 들이는 부품

　　• 체인 드럼의 축 : 주로 황동 부시에 의해 지지됨

　ⓛ 클러치 : 회전축에 동력을 전달하는 장치

　ⓒ 마찰 브레이크(제동장치) : 회전축에 동력이 차단되었을 때 회전축의 회전을 억제하는 장치

　ⓔ 워핑 드럼 : 계선줄을 감는 데 사용

　ⓜ 치차(Gear, 기어) : 동력이나 힘을 전달해 주는 역할로 모터 속에 들어감

　ⓗ 구동 전동기 : 전기적 에너지를 기계적 에너지로 바꾸는 기기

③ 양묘기의 구비 조건

　㉠ 하중의 변동이 심하기에 넓은 속도범위에서 속도제어가 가능한 것

　㉡ 양묘와 투묘의 조작 및 변환이 손쉽게 이루어질 것

　㉢ 정확하게 작동되는 브레이크를 정비할 수 있는 것

　㉣ 원동기는 닻과 앵커체인을 매분 9m의 속도로 감아올릴 수 있는 출력을 갖출 것

개념 다지기

☑ 부시
베어링이나 끼워 맞출 부분이 되는
원통형상의 부품

03 기관 고장 시의 대책

1 기관의 운전 및 점검

(1) 디젤 기관의 시동 준비 및 시동

① 시동 전에 점검해야 할 사항

연료유 계통	연료분사 밸브의 분사 압력 및 분무 상태, 탱크 내 연료유의 양
압축공기 계통	탱크 내에 공기의 압력이 소정의 압력까지 충전되었는가를 확인
윤활유 계통	윤활유 프라이밍 펌프를 작동, 윤활유 상태 및 윤활유 양을 확인
냉각수 계통	냉각수의 온도가 20℃ 이하이면 예열기를 작동
작동 이상 유무 확인	기관을 터닝해서 잘 돌아가는지를 점검, 피스톤 링 마멸량 확인
각종 밸브 확인	윤활유, 냉각수, 연료유, 시동공기 등 각종 밸브와 콕(cock)을 작동 위치로 둠

② 디젤 기관의 시동 직후 점검 사항 ★

　㉠ 각 작동부의 음향과 진동, 압력계, 온도계, 회전계 점검(기관의 이상음 발생 여부)

　ⓛ 운동부의 윤활유 압력계의 지시치

☑ 시동밸브 이상 징후
파이프를 만져서 파이프가 뜨거우면
시동밸브가 누설되고 있는 것임

☑ 디젤 기관의 운전 시 매일 점검
해야 할 사항
연료 및 윤활유 계통

ⓒ 냉각수 순환 계통의 이상 유무

ⓔ 실린더 주유기의 작동 상태 확인

(2) 디젤 기관의 운전 중 점검 사항 ★★★★

배기 계통	배기가스의 색깔과 온도
윤활유 계통	윤활유의 압력과 온도, 주기관의 윤활유 양, 감속기 및 과급기의 윤활유 양
냉각수 계통	냉각수 계통의 누수 여부, 기관의 입구 압력과 기관의 출구 온도
작동 이상 유무 확인	기관의 진동 여부(이상음의 발생 여부), 기관의 회전수

(3) 기관 정지 후 및 장기간 휴지할 때 조치사항 ★★★

① 기관 정지 및 정지 후 조치

ⓐ 기관의 회전수를 서서히 감소시켜 정지, 윤활유 펌프를 약 20분 이상 운전시킨 후 정지

ⓑ 연료 공급 밸브(시동공기 계통의 밸브)를 잠그고 인디케이터 밸브와 시동공기 밸브를 열고 기관을 터닝

ⓒ 터닝이 잘 되지 않는다면 인디케이트 콕을 열고 공기로 기관을 몇 회 회전시켜 실린더 내의 잔류 배기를 배출

ⓓ 터닝 기어의 운전이 끝나면 윤활유 펌프와 실린더, 피스톤, 밸브 등에 냉각유체를 공급하는 펌프를 정지

② 기관을 장기간 휴지할 때의 주의사항 : 동파 및 부식 방지, 정기적으로 터닝을 시켜 줌, 각 밸브 및 콕을 모두 잠금 등

2 일반적인 고장 현상의 원인과 대책

(1) 기관 관련 일반적인 고장

① 시동이 안 되는 경우 ★

ⓐ 실린더 내의 온도가 낮을 때

ⓑ 물이나 공기가 있는 불량한 연료유를 사용했을 때

ⓒ 연료 노즐의 연료가 분사되지 않아 연료 공급이 안 될 때

ⓓ 실린더 내 연료 분사가 잘 되지 않거나 양이 극히 적을 때

ⓔ 실린더 내 배기밸브가 심하게 누설되어 압축압력이 너무 낮을 때

② 운전 중인 디젤 기관이 갑자기 정지되었을 경우 ★★★★

ⓐ 과속도 장치의 작동

ⓑ **연료유 계통 문제** : 연료유 여과기의 막힘, 연료유 수분 과다 혼입, 연료 탱크에 기름이 없을 경우 등

ⓢ 기관 정지 후 주의사항
기관을 완전히 정지시켰다 하더라도 기관의 열이 식을 때까지는 냉각수를 통해 기관을 냉각시켜야 함

ⓢ 기관의 동파 및 부식 방지 방법
냉각수를 모두 배출, 각 운동부에 그리스를 바름

ⓢ 전기 시동을 하는 소형 디젤 기관에서 시동이 되지 않는 원인
시동용 전동기의 고장, 시동용 배터리의 방전, 시동용 배터리와 전동기 사이의 전선 불량 등

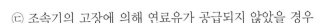
ⓒ 조속기의 고장에 의해 연료유가 공급되지 않았을 경우

ⓔ 윤활유의 압력이 너무 낮아졌을 경우

ⓜ 기관의 회전수가 규정치보다 너무 높아졌을 경우

③ 운전 중인 기관을 정지시켜야 하는 경우 ★

ⓐ 운동부에서 심한 소리나 진동이 발생할 때

ⓑ 윤활유의 압력이 급격히 떨어져 윤활유를 계속 공급할 수 없을 때

ⓒ 냉각수가 공급되지 않을 때

ⓔ 기관의 회전수가 급격하게 떨어지거나 배기온도가 급격히 상승할 때

ⓜ 안전 밸브가 동작하여 가스가 분출될 때

④ 기관의 운전 중 진동이 심해지는 경우 ★★★★

ⓐ 기관대의 설치 볼트가 여러 개 풀렸거나 부러졌을 때

ⓑ 기관이 노킹을 일으킬 때와 각 실린더의 최고압력이 고르지 않을 때

ⓒ 기관이 위험 회전수로 운전을 하고 있을 때

ⓔ 크랭크 핀 베어링, 메인 베어링, 스러스트 베어링 등의 틈새가 너무 클 때

⑤ 기관에 노킹(knocking)이 발생하는 경우

ⓐ **연료의 성질 부적합** : 세탄가가 낮은 연료를 사용할 때

ⓑ 냉각수 온도가 낮아 실린더 내의 공기 온도가 낮을 때

ⓒ 연료분사 시기가 빠를 때

ⓔ 연료분사 밸브의 분무 상태가 불량

ⓜ 연료 공급량이 지나치게 많을 때

ⓗ 연료캠의 마모나 연료분사 밸브의 분무 상태가 불량

(2) 배기가스 관련 일반적인 고장

① 운전 중 흑색(검은색)의 배기가스의 원인 ★

ⓐ 연료분사 펌프나 연료분사 밸브에 이상이 있을 경우

ⓑ 흡·배기 밸브의 상태가 불량으로 공기 흡입 부족(과급기나 공기 필터 점검)

ⓒ 배기관이 막혔거나 과부하 운전

ⓔ 불완전 연소나 기관이 과부하로 운전될 때

ⓜ 피스톤 링이나 실린더 라이너의 마모

② 운전 중 백색(흰색)의 배기가스의 원인 : 연료에 수분이 혼입되었을 때

(3) 윤활유 관련 일반적인 고장

① 윤활유 소비량이 많은 경우 : 윤활유가 샐 경우, 실린더나 피스톤의 마멸이 심할 때, 베어링의 틈새가 너무 클 때, 윤활유의 온도가 높을 때

ⓧ 노킹
내연기관의 실린더 내에서의 이상연소에 의해 망치로 두드리는 것과 같은 소리가 나는 현상

ⓧ 배기가스의 온도가 상승하는 원인
연료분사량이 많았을 때, 과부하, 과급기 작동 불량, 흡입공기의 냉각 불량, 배기밸브의 누설이나 배기밸브가 빨리 열렸을 때 등

✅ 디젤 기관에서 윤활유의 온도
조절
기관의 입구 온도 기준

② 윤활유 온도의 상승 원인 ★
　㉠ 윤활유의 압력이 낮고 윤활유의 양이 부족한 경우
　㉡ 윤활유가 불량하거나 열화된 경우
　㉢ 주유 부분이 고착된 경우
　㉣ 냉각수가 부족한 경우나 온도 상승, 냉기관의 오손
　㉤ 과부하 되었을 때

3 기관 고장의 세부적인 원인과 대책

(1) 시동 전 세부적인 고장의 원인과 대책

① 터닝 기어로 회전시켜도 회전하지 않거나, 전류계의 값이 비정상적으로 상승

원인	대책
터닝 기어의 연결 불량	터닝 기어가 제 위치에 맞물렸는지 확인
이물질로 인한 크랭크 회전 불량	기어, 실린더 내부, 커플링 플랜지 또는 이물질이 끼어 있는지를 확인

② 윤활유 섬프 탱크의 레벨이 비정상적으로 상승

원인	대책
윤활유 냉각기의 누수	냉각 튜브가 파공된 곳을 점검
실린더 내부를 통한 물의 유입	실린더 라이너의 균열 점검
실린더 라이너의 누수	워터 재킷의 오링을 새것으로 교환
실린더 헤드의 플러그를 통한 물의 유입	실린더 헤드 균열 유무 점검, 플러그 교환
배기밸브의 냉각수 연결 부위로부터의 누수	배기밸브와 실린더 헤드의 냉각수 연결 부위 오링을 새것으로 교환

✅ 정박 중 터닝 기어로 터닝이 잘
되지 않을 경우 조치
인디케이터 콕이 열려 있는지를 확인

③ 터닝 시 인디케이터 쪽으로부터의 누수

원인	대책
공기 냉각기를 통한 물의 유입	냉각 튜브 누설 부위를 점검, 흡기매니폴드 내에 수분의 유무를 점검
배기관을 통한 빗물 유입	과급기의 배기가스 출구 파이프에 물이 고여 있는지 확인
실린더 라이너와 실린더 헤드의 균열에 의한 누수	실린더의 이상 유무 점검, 점검 도어를 통해 크랭크실 내부를 점검, 실린더 헤드의 수압 시험

(2) 시동 시의 고장 원인과 대책

① 시동을 시켜도 기관이 회전하지 않음

원인	대책
시동공기 탱크의 압력 저하	공기압축기를 운전하여 시동공기 압력을 올림
터닝 기어의 인터록 장치 작동	인터록 장치를 해지
시동공기 분배기의 조정 불량	타이밍 마크를 점검
시동 위치에서 실린더의 시동밸브가 작동되지 않음	시동밸브를 점검

② 크랭크축은 회전하나 폭발이 없을 경우

원인	대책
연료분사 펌프의 래크가 고착되거나 인덱스가 너무 낮음	레크의 위치를 점검, 연료분사 펌프 로드의 연결 상태를 점검
연료유 공급 불량	연료 계통을 점검, 압력 확인
연료 펌프로부터 연료 밸브까지의 배관에 공기가 유입됨	공기빼기 밸브를 열어 공기를 빼냄
노즐의 구멍이 막힘	막힌 구멍을 뚫음

③ 기관이 정상 시동 후 정지

원인	대책
조속기에 설정된 스피드 설정 압력이 너무 낮음	취급설명서를 참조하여 설정 압력을 높임
안전 장치의 작동	안전 장치의 기능을 복귀

> ✎ 기관의 이상 검출 정지 장치에 의해 시동이 안되는 경우
> 기관 작동 패널을 점검

④ 연료유로 운전하고 있으나 연소가 불규칙적인 경우 ★

원인	대책
보조 송풍기 작동 불량	보조 송풍기를 점검하고 정상 작동시킴
연료유 공급 계통에 공기 배출이 이루어지지 않음	공기 빼기 밸브를 열어 공기를 배출시킴
연료유에 물의 유입	연료유 서비스 탱크로부터 물을 배출(드레인 밸브를 염)
실린더 연소 불량	배기온도를 확인하여 온도가 올라가지 않는 실린더의 연료분사 밸브를 점검·교체, 연료분사 펌프 플런저 및 캠의 작동을 확인

> ✎ 디젤 기관에서 연료분사 밸브가 누설되면 발생하는 현상
> 배기온도가 올라가고 검은색 배기가 발생

⑤ 기관을 시동 후에도 윤활유의 압력 상승이 안 되는 경우
㉠ 원인 : 윤활유 펌프의 이상이나 윤활유 압력 조절 밸브의 이상

ⓛ 대책 : 즉시 기관을 멈추고 윤활유 계통을 점검하며, 프라이밍 펌프를 사용하여 윤활유의 압력을 증가시킴

(3) 운전 중 비정상적인 상태와 그 대책

① 폭발 시 비정상적인 소음 발생 ★

원인	대책
실린더 헤드 개스킷 부분에서의 가스 누출	실린더 헤드의 풀림을 점검하고, 필요하면 개스킷을 교환
실린더 헤드의 배기 플랜지에서의 가스 누출	개스킷을 교환, 팽창 조인트의 파손 점검
연료 밸브와 실린더 헤드의 기밀 불량	연료 밸브를 들어내어 헤드와의 시트 부분에 이물질이 있는지 점검
연료 밸브가 막혔거나 니들 밸브의 오염	연료 밸브를 예비품으로 교환

② 기관의 운전 중 급정지 ★★★

원인	대책
과속도 정지 장치의 작동	과속도 정지 장치를 재조정
연료에 물이 혼입	연료유 서비스 탱크의 드레인 밸브를 열어 물을 배출, 연료유 청정기의 작동 상태를 점검
연료유의 압력 저하(연료의 부족)	연료계 및 연료 탱크 내 연료의 양을 점검
조속기의 이상	조속기 점검

③ 유증기 배출관으로부터 대량의 가스 배출

원인	대책
피스톤, 베어링 등의 운동 부분의 소착	기관을 즉시 정지하고 점검
피스톤 링의 과대한 마멸	윤활유계와 냉각수계의 유량을 점검, 링 교체

④ 배기가스의 온도 저하

원인	대책
흡입공기 온도가 너무 낮음	온도 조절용 3방향 밸브가 정상적으로 작동하는지 점검
연료 계통의 공기 혼입	공기 분리 밸브의 기능을 점검, 연료유 공급 펌프의 공기 누설 점검, 연료유 예열기의 증기 누설 여부를 점검
연료 밸브의 고착	연료 밸브를 교체

✔ 디젤 기관 시동 직후 점검 사항
기관의 이상음 발생 여부, 윤활유 압력계의 지시치, 냉각수 순환 계통의 이상 유무, 각 운동부 이상 유무 점검, 연소상태 점검(배기색 등), 진동 발생 여부 등

⑤ 검은색의 배기가스가 발생한 경우

원인	대책
공기 압력의 불충분(충분하지 않은 공기량)	과급기를 청소, 공기 필터의 오염 상태 점검
연료 밸브의 개방 압력이 부적당하거나 연료분사 상태의 불량	연료 밸브를 점검
기관의 과부하 운전	기관의 부하를 줄임

⑥ 모든 실린더에서 배기가스의 온도 상승 ★

원인	대책
부하의 부적합	연료 펌프 래크의 인덱스를 점검하여 부하 상태를 점검
흡입공기의 온도가 너무 높음(흡입공기의 냉각 불량)	냉각수의 유량을 증가시킴
흡입공기의 저항이 큼	공기 여과기를 점검, 공기 필터를 새것으로 교환
과급기의 상태 불량	과급기의 정상 여부를 점검
배기구로부터 배압이 있음	배기구의 보호용 커버 제거 확인

⑦ 특정 실린더에서 배기온도의 상승 ★

원인	대책
연료분사 밸브나 노즐의 결함	밸브나 노즐 교체
배기밸브의 누설	밸브를 교체하거나 분해 점검

⑧ 기관의 심한 진동이 일어나는 경우 ★★

원인	대책
위험 회전수에서 운전	위험 회전수 영역을 벗어나서 운전
각 실린더의 최고압력이 고르지 않음	연료분사 시기를 점검, 최고압력 확인
기관 베드의 설치 볼트가 이완 또는 절손	점검 후 이완부는 다시 조이고 절손된 것은 교체
각 베어링의 큰 틈새	베어링의 틈새를 적절히 조절
기관의 노킹현상	노킹의 원인을 제거

⑨ 기관에 들어가는 윤활유의 압력 저하

원인	대책
압력계에서의 윤활유 누설	압력계 및 연결부를 점검
윤활유 여과기가 막힘	여과기의 압력차 측정
윤활유 압력 조절 밸브의 이상	압력 조절 밸브를 점검

개념 다잡기

☑ 청백색의 배기가스
연료실로의 윤활유 혼합(피스톤 링 등을 교체)

☑ 메인 베어링의 발열
• 원인 : 베어링의 틈새 불량, 윤활유 부족 및 불량, 크랭크축의 중심선 불일치
• 대책 : 윤활유를 공급하면서 기관을 냉각시킴, 베어링의 틈새를 적절히 조절

☑ 연료분사를 멈추어도 소음 발생
• 원인 : 로커 암 지지 핀의 소착, 흡·배기 밸브의 파손, 밸브 스프링의 파손
• 대책 : 기관을 즉시 정지, 파손된 부품을 교환

⑩ 윤활유의 온도 상승

원인	대책
윤활유 온도 조절 밸브의 불량	온도 감지 부분의 고장을 점검
냉각수의 부족 또는 온도 상승	냉각수계를 점검
마찰부의 이상 발열	운동부를 점검하여 발열 원인을 조사하고 수리

04 연료유 수급

1 연료유

(1) 연료유의 종류 ★★★

① 가솔린(휘발유) : 가솔린 기관에 적합한 연료유, 비중이 0.69~0.77이며, 기화하기 쉽고, 인화점이 낮아서 화재의 위험이 크므로 운반 및 취급에 주의해야 함

② 등유 : 비중이 0.78~0.84로 난방용, 석유기관, 항공기의 가스 터빈 연료로 사용

③ 경유 : 주로 디젤 기관의 연료유로 사용, 비중이 0.84~0.89로 점도가 낮아 가열하지 않고 사용할 수 있으며, 중유보다는 가격이 높음

④ 중유 : 연료유 중 색깔이 가장 검으며, 비중은 0.91~0.99이며 대형 디젤 기관 및 보일러의 연료로 많이 사용

⑤ 연료유의 종류별 특성 비교
  ㉠ 동일 온도 및 부피일 때 기름의 가벼운 순서 : 가솔린(휘발유) < 등유 < 경유 < A중유 < B중유 < C중유
  ㉡ 비중, 점도, 유동점, 발열량의 크기 : 가솔린(휘발유) < 등유 < 경유 < 중유

(2) 연료유의 성질 ★★★★

① 비중
  ㉠ 부피가 같은 기름의 무게와 물의 무게의 비(즉, 질량[무게]=비중×부피)
  ㉡ 연료유의 부피 단위 : [kℓ]

② 점도
  ㉠ 유체가 이동하기 어려움의 정도로, 즉 끈적거림의 정도
  ㉡ 연료분사 밸브의 연료분사 상태에 가장 영향을 많이 주는 연료유의 성질

ⓒ 연료유의 온도와 점도는 반비례 : 온도가 낮아질수록 점도가 높아짐

ⓓ 점도가 너무 높으면 연료의 유동이 어려워 펌프 동력 손실이 커지고, 점도
가 너무 낮으면 연소상태가 좋지 않음

③ 인화점

ⓐ 연료유를 서서히 가열할 때 나오는 유증기에 불꽃을 가까이했을 때 불이
붙는 온도

ⓑ 연료유의 저장 시 인화점이 낮으면 화재의 위험성이 높은 것으로 중유가
가장 큼

④ 발화점(착화점)

ⓐ 연료의 온도를 인화점보다 높게 하면 외부에서 불을 붙여 주지 않아도 자
연 발화하게 되는데, 이처럼 자연 발화하는 온도

ⓑ 연료유에 불순물이 많을 경우 착화성이 떨어짐

ⓒ 일정량의 연료유를 가열했을 때 그 값이 변하지 않는 것 : 질량

⑤ 응고점과 유동점

ⓐ 응고점 : 기름의 온도를 점차 낮게 하면 유동하기 어렵게 되는데, 전혀 유
동하지 않는 기름의 최고 온도

ⓑ 유동점 : 응고된 기름에 열을 가하여 움직이기 시작할 때의 최저 온도

⑥ 연료유의 불순물

ⓐ 잔탄소분, 유황분, 수분, 슬러지(기름에 용해되지 않는 성분들이 모여 생
기는 흑색 침전물) 등

ⓑ 연료유의 불순물의 관계 : 연료유에 불순물이 많을수록 가격 ↓, 착화성
↓, 비중 ↑, 점도 ↑

(3) 내연기관 연료유의 구비 조건

발열량과 내폭성이 클 것, 비중과 점도가 적당할 것, 착화성이 좋을 것, 물과 같
은 불순물이나 유황 성분이 적을 것, 값이 싸고, 화재의 위험이 없을 것, 슬러지
가 생기기 어려울 것 ★★

(4) 연료 소비량

① 연료유의 소모량을 무게로 계산하는 방법 : 소모된 연료유의 15℃의 부피 ×
15℃의 비중량

② 1드럼 = 200리터

③ 혼합비중 : 연료유 탱크에 들어 있는 기름보다 비중이 더 큰 기름을 동일한 양
으로 혼합한 것

개념 다잡기

◈ 연료유의 수급 시 주의사항
연료유 수급 중 선박의 흘수 변화에
주의, 주기적으로 측심하여 수급량을
계산, 주기적으로 누유되는 곳을 점
검, 가능한 한 탱크에 가득 적재할 것,
해양오염사고나 화재에 주의할 것

▶ 비중이 0.80인 경유 200ℓ와 비
중이 0.85인 경유 100ℓ를 혼합
하였을 경우의 혼합비중 : 0.825

2 윤활유

(1) 윤활유의 사용 목적과 기능 ★

① 윤활유를 사용하는 주된 목적 : 마찰을 감소시켜 기관의 마멸을 방지
② 윤활유의 기능 : 윤활(감마) 작용, 냉각 작용, 밀봉(기밀) 작용, 응력 분산 작용, 방청 작용, 청정 작용(세척 작용)

(2) 윤활유의 종류

터빈유, 기계유, 유압유, 그리스(윤활유를 주입하기 어려운 곳에 사용되는 윤활유) 등

(3) 열화 원인 ★★

① 윤활유의 열화 원인 : 공기 중의 산소에 의한 산화 작용, 윤활유 양 부족이나 불량, 주유 부분의 고착
② 윤활유의 열화 방지 : 윤활유 순환 계통을 깨끗하게 유지, 산화를 촉진시키는 원인을 제거(산화 방지제 사용), 불순물을 신속히 제거, 새로운 기름의 교환 및 보충
③ 윤활유의 온도 기준 : 기관의 입구 온도

(4) 윤활유를 오래 사용했을 경우에 나타나는 현상

검은색으로 변색, 점도 증가, 침전물 증가, 이물질 혼입 등

3 냉각수와 부동액 ★

(1) 냉각수

기관을 냉각하여 과열을 방지하고 기관의 작동에 적당한 온도를 유지

(2) 부동액

기관의 냉각수가 얼지 않도록 냉각수의 어는 온도를 낮추는 용액

(3) 냉각 팬벨트(V벨트)

① 적당한 장력이 유지되어야 기관의 과열을 방지
② 냉각 팬벨트의 장력이 작을 경우 : 동력전달이 불량, 물 펌프의 작동 불량으로 과열, 발전기의 출력 저하, 소음 발생, 벨트 파손
③ 냉각 팬벨트의 장력이 클 경우 : 베어링 마멸이 촉진, 팬벨트 과열로 파손, 물 펌프의 고속 회전으로 과냉의 우려

✅ 실린더 라이너에 윤활유를 공급하는 주된 목적
실린더 라이너의 마멸을 방지

✅ 소형 디젤 기관에서 윤활유가 공급되는 곳
피스톤 핀

Chapter 04 기관

과목별 핵심문제

01 4행정 사이클 기관의 작동 순서로 옳은 것은?

> 가 흡입 → 압축 → 작동 → 배기
>
> 나 흡입 → 작동 → 압축 → 배기
>
> 사 흡입 → 배기 → 압축 → 작동
>
> 아 흡입 → 압축 → 배기 → 작동

[해설]

4행정 사이클 기관 : 피스톤이 흡입, 압축, 작동(폭발), 배기의 4행정을 하는 동안 1사이클을 완료하면서 동력을 발생

02 디젤 기관에서 실린더 라이너의 심한 마멸에 의한 영향이 아닌 것은?

> 가 압축 불량
>
> 나 연료의 불완전 연소
>
> 사 가스가 크랭크실로 누설
>
> 아 폭발 시기가 빨라짐

[해설]

실린더 마모의 영향 : 압축압력이 불량해져 출력이 저하하고 연료소비율이 증가, 불완전 연소로 실린더 내에 카본이 형성, 기관 시동이 곤란해짐, 윤활유 소비량 증가, 윤활유를 열화, 가스가 크랭크실로 누설

03 디젤 기관의 메인 베어링에 대한 설명으로 옳지 않은 것은?

> 가 크랭크축을 지지한다.
>
> 나 크랭크축의 중심을 잡아 준다.
>
> 사 윤활유로 윤활시킨다.
>
> 아 볼베어링을 주로 사용한다.

[해설]

메인 베어링 : 기관 베드 위에 있으면서 크랭크 암 사이의 크랭크 저널에 설치되어 크랭크축을 지지하고 크랭크축에 전달되는 회전력을 받는다.

04 디젤 기관의 피스톤 링에 대한 설명으로 옳지 않은 것은?

> 가 피스톤 링은 적절한 절구틈을 가져야 한다.
>
> 나 피스톤 링에는 압축 링과 오일 링이 있다.
>
> 사 오일 링보다 압축 링의 수가 더 많다.
>
> 아 오일 링이 압축 링보다 연소실에 더 가까이 설치된다.

[해설]

피스톤 링 : 보통 2개의 압축 링과 1개의 오일 링을 사용

정답 **01** 가 **02** 아 **03** 아 **04** 아

05 디젤 기관에서 실린더 내의 연소압력이 피스톤에 작용하여 발생하는 동력은?

가 전달마력　　**나** 유효마력

사 제동마력　　**아** 지시마력

해설

나. **유효마력** : 프로펠러축이 실제로 얻는 마력으로 엔진 출력에서 과급기, 발전기, 기타 부속 기기의 구동에 소비된 마력을 뺀 나머지 마력이다.

사. **제동마력**(축마력, 정미마력) : 동력계를 이용하여 기관의 출력을 크랭크축에서 측정하는 마력

06 내연기관의 거버너에 대한 설명으로 옳은 것은?

가 기관의 회전속도가 일정하게 되도록 연료유의 공급량을 조절한다.

나 기관에 들어가는 연료유의 온도를 자동으로 조절한다.

사 배기가스 온도가 고온이 되는 것을 방지한다.

아 기관의 흡입 공기량을 효율적으로 조절한다.

해설

조속기(거버너) : 지정된 위치에서 기관속도를 측정하여 부하 변동에 따른 주기관의 속도를 조절함으로써 기관속도를 일정하게 유지하는 장치

07 과급기에 대한 설명으로 옳은 것은?

가 기관의 운동 부분에 마찰을 줄이기 위해 윤활유를 공급하는 장치이다.

나 연소가스가 지나가는 고온부를 냉각시키는 장치이다.

사 기관의 회전수를 일정하게 유지시키기 위해 연료분사량을 자동으로 조절하는 장치이다.

아 공급공기의 압력을 높여 실린더 내에 공급하는 장치이다.

해설

과급기 : 배기량이 일정한 상태에서 연소실에 강압적으로 많은 공기를 공급하여 엔진의 흡입 효율을 높임으로써 출력과 토크를 증대시키는 장치

08 원심 펌프의 운전 중 심한 진동이나 이상음이 발생하는 경우의 원인으로 옳지 않은 것은?

가 베어링이 심하게 손상된 경우

나 축이 심하게 변형된 경우

사 흡입되는 유체의 온도가 낮은 경우

아 축의 중심이 일치하지 않는 경우

해설

원심 펌프의 운전 중 심한 진동이나 이상음 : 베어링의 심한 손상, 축의 심한 변형, 축의 중심이 불일치하는 경우 등에 발생

정답 05 아　06 가　07 아　08 사

09 기관실의 연료유 펌프로 가장 적합한 것은?

가 기어 펌프   나 왕복 펌프

사 축류 펌프   아 원심 펌프

기어 펌프 : 흡입 양정이 크고, 점도가 높은 유체를 이송하는 데 적합해 연료 펌프 등으로 이용

10 절연저항을 측정하는 데 사용하는 계기는?

가 메거   나 마이크로미터

사 클램프미터   아 타코미터

메거 테스터(절연저항 측정기) : 절연저항을 측정하는 기기로 누전작업 내지 평상시 절연저항 측정기록을 목적으로 사용하는 기기

11 전동기의 운전 중 주의사항으로 옳지 않은 것은?

가 전동기의 각부에서 발열이 되는지를 점검한다.

나 이상한 소리, 진동, 냄새 등이 발생하는지를 점검한다.

사 전류계의 지시치에 주의한다.

아 절연저항을 측정한다.

전동기 운전 시 주의사항 : 전원과 전동기의 결선 확인, 이상한 소리, 진동, 냄새, 각부의 발열 등의 확인, 조임 볼트와 전류계의 지시치를 확인

12 납축전지의 전해액으로 많이 사용되는 것은?

가 묽은 황산 용액

나 알칼리 용액

사 가성소다 용액

아 청산가리 용액

납축전지의 전해액 : 묽은 황산을 사용하며, 황산과 증류수의 비중은 1.2 내외

13 소형기관의 시동 직후에 점검해야 할 사항이 아닌 것은?

가 피스톤 링의 절구틈이 적정한지의 여부

나 이상음이 발생하는 곳이 있는지의 여부

사 연소가스가 누설되는 곳이 있는지의 여부

아 윤활유 압력이 정상적으로 올라가는지의 여부

가. 피스톤 링의 절구틈이 적정한지의 여부는 운전 정지 중에 점검해야 한다.

점답 09 가 10 가 11 아 12 가 13 가

14 디젤 기관의 운전 중 운동부에서 심한 소리가 날 경우의 조치로 옳은 것은?

가 연료유의 공급량을 늘린다.

나 윤활유의 압력을 낮춘다.

사 기관의 회전수를 낮춘다.

아 냉각수의 공급량을 줄인다.

운동부에서 이상한 음향이나 진동이 발생할 때 : 기관의 회전수를 낮추고 정지한다.

15 내연기관에서 배기가스 색이 흑색일 때의 원인이 아닌 것은?

가 불완전 연소

나 과부하 운전

사 연료 속의 수분 흡입

아 공기 흡입 부족

운전 중 흑색의 배기가스가 배출될 때의 원인

• 연료분사 펌프나 연료분사 밸브의 상태가 불량할 때

• 흡·배기 밸브의 상태가 불량하거나 개폐 시기가 올바르지 못할 때

• 배기관이 막혔거나 기관에 과부하가 걸렸을 때 또는 소기 공기의 압력이 낮을 때

• 피스톤이 소손되었거나 베어링 등의 운동부에 발열을 일으켰을 때

• 피스톤 링이나 실린더 라이너가 마모되었을 때

16 운전 중인 디젤 기관이 갑자기 정지되었을 경우 그 원인이 아닌 것은?

가 과속도 장치의 작동

나 연료유 여과기의 막힘

사 시동밸브의 누설

아 조속기의 고장

기관이 갑자기 정지하는 경우 : 연료유 계통 이상, 주 운동 부분의 고착, 조속기의 고장 등

17 중유와 경유에 대한 설명으로 옳지 않은 것은?

가 경유의 비중은 0.81~0.89 정도이다.

나 경유는 중유에 비해 가격이 저렴하다.

사 중유의 비중은 0.91~0.99 정도이다.

아 경유는 점도가 낮아 가열하지 않고 사용할 수 있다.

경유와 중유 : 경유는 중유에 비해 비중과 점도, 유동점이 낮고 발열량 역시 낮다. 보통 중유가 휘발유나 경유 등에 비교해 가격이 저렴하다. 중유는 흑갈색의 고점성 연료로 대형 디젤 기관 및 보일러의 연료로 많이 사용된다.

정답 **14** 사 **15** 사 **16** 사 **17** 나

18 연료유의 끈적끈적한 성질의 정도를 나타내는 용어는?

가 온도가 낮아질수록 점도는 높아진다.

나 온도가 높아질수록 점도는 높아진다.

사 대기 중 습도가 낮아질수록 점도는 높아진다.

아 대기 중 습도가 높아질수록 점도는 높아진다.

해설

일반적으로 온도가 상승하면 연료유의 점도는 낮아지고, 온도가 낮아지면 점도는 높아진다.

19 내연기관에서 윤활유의 열화 원인이 아닌 것은?

가 물의 혼입

나 연소생성물의 혼입

사 새로운 윤활유의 혼입

아 공기 중의 산소에 의한 산화

해설

윤활유의 열화 원인 : 공기 중의 산소에 의한 산화 작용, 윤활유 양 부족이나 불량, 주유 부분의 고착

20 디젤 기관에 사용되는 연료유에 대한 설명으로 옳은 것은?

가 착화성이 클수록 좋다.

나 비중이 클수록 좋다.

사 점도가 클수록 좋다.

아 침전물이 많을수록 좋다.

해설

디젤 기관에 사용되는 연료유는 비중이나 점도가 커서는 안 되고, 침전물도 많아서는 안 된다.

정답 **18** 가 **19** 사 **20** 가

Small Vessel Operator

소형선박조종사 모의고사

제1회 소형선박조종사 모의고사

제1과목 **항해**

01 진침로는 070°이고 그 지점에서의 편차가 9°W, 자차가 6°E일 때 정침해야 할 나침로는?

- 가 067°
- 나 073°
- 사 076°
- 아 079°

02 자기 컴퍼스 볼의 구조에 대한 아래 그림에서 ㉠은?

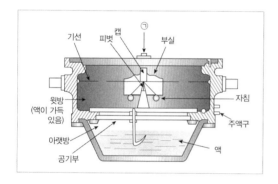

- 가 짐벌즈
- 나 섀도 핀 꽂이
- 사 컴퍼스 카드
- 아 연결관

03 진북과 자북의 차이는?

- 가 경차
- 나 자차
- 사 편차
- 아 컴퍼스 오차

04 전원(電源)이 있어야 사용할 수 있는 계기는?

- 가 기압계
- 나 선속계
- 사 쌍안경
- 아 자기 컴퍼스

05 해상에서 자차 수정 작업 시 게양하는 기류신호는?

- 가 Q기
- 나 NC기
- 사 VE기
- 아 OQ기

06 자기 컴퍼스 취급 시 주의사항으로 옳지 않은 것은?

- 가 기선이 선수미선과 일치하는지 점검한다.
- 나 비너클 내의 수정용 자석의 방향이 정확한지 점검한다.
- 사 볼 내의 기포는 제거해 주어야 한다.
- 아 방위를 측정할 때는 자차만 수정하면 된다.

07 선박의 레이더에서 발사된 전파를 받은 때에만 응답 전파를 발사하는 전파표지는?

- 가 레이콘(Racon)
- 나 레이마크(Ramark)
- 사 토킹 비컨(Talking beacon)
- 아 무선방향탐지기(RDF)

08 음향측심기의 용도가 아닌 것은?

- 가 어군의 존재 파악
- 나 해저의 저질 상태 파악
- 사 수로 측량이 부정확한 곳의 수심 측정
- 아 선박의 속력과 항주거리 측정

09 파도가 심한 곳에서 레이더 화면의 중심 부근에 있는 소형 어선을 탐지하기 위해서 조절하는 것은?

가 전원 스위치

나 중심이동 조정기

사 해면반사 억제기

아 가변 거리환 조정기

10 상대운동 표시방식 레이더 화면에서 본선을 추월하고 있는 선박으로 옳은 것은? (단, 본선 속도는 현재 12노트이고, 화면상 탐지 범위는 12마일이다.)

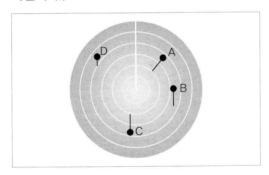

가 A

나 B

사 C

아 D

11 우리나라에서 사용되는 항로표지와 등색이 옳은 것은?

가 좌현표지 : 홍등

나 우현표지 : 녹등

사 특수표지 : 황색등

아 고립장애표지 : 홍등

12 점장도에 대한 설명으로 옳지 않은 것은?

가 항정선이 직선으로 표시된다.

나 경위도에 의한 위치표시는 직교좌표이다.

사 두 지점 간 진방위는 두 지점의 연결선과 자오선과의 교각이다.

아 두 지점 간의 거리는 경도를 나타내는 눈금의 길이와 같다.

13 해도의 나침도에 표시되어 있지 않은 것은?

가 진북

나 자북

사 자차의 연변화율

아 편차의 연변화율

14 가장 축척이 큰 해도는 어느 것인가?

가 총도

나 항양도

사 항해도

아 항박도

15 조석표에 대한 설명으로 옳지 않은 것은?

가 조석 용어의 해설도 포함하고 있다.

나 각 지역의 조석 및 조류에 대해 상세히 기술하고 있다.

사 표준항 이외에 항구에 대한 조시, 조고를 구할 수 있다.

아 국립해양조사원은 외국항 조석표는 발행하지 않는다.

16 선박을 안전하게 유도하고 선위 측정에 도움을 주는 주간, 야간, 음향, 무선 표지가 상세하게 수록된 것은?

　가　등대표　　나　조석표
　사　천측력　　아　항로지

17 선박의 통항이 곤란한 좁은 수로, 항구, 만 입구 등에서 선박에게 안전한 항로를 알려 주기 위하여 항로 연장선상의 육지에 설치하는 분호등은?

　가　도등　　나　조사등
　사　지향등　　아　호광등

18 전파의 반사가 잘 되게 하기 위한 장치로서 부표, 등표 등에 설치하는 경금속으로 된 반사판은?

　가　레이콘
　나　레이마크
　사　레이더 리플렉터
　아　레이더 트랜스폰더

19 레이더 트랜스폰더에 대한 설명으로 옳은 것은?

　가　음성신호를 방송하여 방위 측정이 가능하다.
　나　송신 내용에 부호화는 식별신호 및 데이터가 들어 있다.
　사　좁은 수로 또는 항만에서 선박을 유도할 목적으로 사용한다.
　아　선박의 레이더 영상에 송신국의 방향이 위선으로 표시된다.

20 좁은 수로 또는 항만에서 두 개의 전파를 발사하여 중앙의 좁은 폭에서 겹쳐서 장음이 들리도록 한다. 선박이 항로상에 있으면 연속음이 들리고 항로에서 좌우로 멀어지면 단속음이 들리도록 전파를 발사하는 표지는?

　가　레이콘
　나　레이마크
　사　유도 비컨
　아　레이더 리플렉터

21 지표 부근의 수증기가 응결 또는 결빙하여 물방울 또는 얼음 입자로 형성되어 있는 상태는?

　가　비　　나　구름
　사　습도　　아　안개

22 일기도상 아래의 기호에 대한 설명으로 옳은 것은?

　가　풍향은 남서풍이다.
　나　평균 풍속은 5노트이다.
　사　비가 오는 날씨이다.
　아　현재의 기압은 3시간 전의 기압보다 낮다.

23 기상도의 종류와 내용을 나타내는 기호의 연결로 옳지 않은 것은?

가 A : 해석도

나 F : 예상도

사 S : 지상 자료

아 U : 불명확한 자료

24 항해계획을 수립할 때 구별하는 지역별 항로의 종류가 아닌 것은?

가 원양항로

나 왕복항로

사 근해항로

아 연안항로

25 수심이 얕은 위험한 곳으로 선박이 진입하는 것을 사전에 확인하기 위하여 등심선을 위험구역의 한계로 표시하는 것은?

가 위험선

나 등심선

사 경계선

아 피항선

01 상갑판 부근의 선측 상부가 바깥쪽으로 굽은 정도를 무엇이라 하는가?

가 현호

나 캠버

사 플레어

아 텀블 홈

02 갑판보의 양 끝을 지지하여 갑판 위의 무게를 지지하고, 외력에 의하여 선측 외판이 변형되지 않도록 지지하는 것은?

가 늑골

나 기둥

사 용골

아 브래킷

03 목조 갑판의 틈 메우기에 쓰이는 황백색의 반고체는?

가 흑연

나 시멘트

사 퍼티

아 타르

04 아래 그림에서 ㉠은 무엇인가?

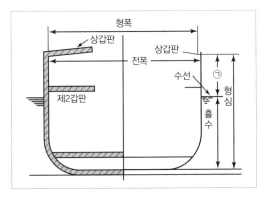

가 진심

나 깊이

사 수심

아 건현

05 이중저의 용도가 아닌 것은?

가 연료유 탱크로 사용

나 청수 탱크로 사용

사 화물유 탱크로 사용

아 밸러스트 탱크로 사용

06 다음 중 흘수표가 표시되는 선체 위치는?

가 조타실

나 기관실

사 선수와 선미의 외판

아 갑판

07 그림과 같이 표시되는 조난신호장치는?

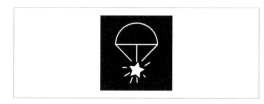

가 구명줄 발사기

나 로켓 낙하산 화염신호

사 신호 홍염

아 발연부 신호

08 수압으로 작동되어 구명뗏목을 본선으로부터 이탈시키는 장치는?

가 구명줄(life line)

나 자동이탈장치(hydraulic release unit)

사 위크링크(weak link)

아 안전핀(safety pin)

09 아래 그림의 구명설비는 무엇인가?

가 구명동의   나 구명부환

사 구명부기   아 구명뗏목

10 일정한 타각을 주었을 때 선박이 어떠한 각속도로 움직이는지를 나타내는 것은?

가 선회성   나 추종성

사 방향안정성   아 침로안정성

11 초단파(VHF) 무선설비로 조난경보가 수신되었을 때 처리 절차 중 우선적으로 해야 할 일은?

가 VHF 채널 06번을 청취한다.

나 VHF 채널 09번을 청취한다.

사 VHF 채널 16번을 청취한다.

아 VHF 채널 70번을 청취한다.

12 초단파(VHF) 무선설비로 조난경보가 잘못 발신되었을 때 취해야 하는 조치는?

가 무선전화로 취소 통보를 발신해야 한다.

나 조난경보 버튼을 다시 누른다.

사 그대로 두면 된다.

아 장비를 끄고 그냥 두어야 한다.

13 본선 선명은 '동해호'이다. 초단파(VHF) 무선설비로 부산항 관제실과 교신을 하려고 할 때 어떻게 호출해야 하는가?

가 부산항, 여기는 동해호, 감도 있습니까?
나 동해호, 여기는 동해호, 감도 있습니까?
사 항무부산, 여기는 동해호, 감도 있습니까?
아 동해호, 여기는 항무부산, 감도 있습니까?

14 비상위치지시용 무선설비(EPIRB)로 조난신호가 잘못 발신되었을 때 연락해야 하는 곳은?

가 회사
나 주변 선박
사 서울무선전신국
아 수색구조조정본부

15 타판에 작용하는 힘 중에서 정횡 방향의 분력은?

가 항력
나 양력
사 마찰력
아 직압력

16 일정한 침로를 항행하는 것이 요구되는 화물선에서 가장 중요시되는 성능은?

가 정지성
나 선회성
사 추종성
아 침로안정성

17 선박이 항진 중에 타각을 주었을 때 타판의 표면에 작용하는 물의 점성에 의한 힘은?

가 양력
나 항력
사 마찰력
아 직압력

18 선체의 뚱뚱한 정도를 나타내는 것은?

가 등록장
나 의장수
사 방형계수
아 배수톤수

19 전타를 시작한 최초의 위치에서 최종 선회지름의 중심까지의 거리를 원침로상에서 잰 거리는?

가 킥
나 리치
사 선회경
아 신침로거리

20 전진속력으로 항진 중에 기관을 후진 전속으로 하였을 때 선체가 정지할 때까지의 타력을 무엇이라 하는가?

가 발동타력
나 정지타력
사 반전타력
아 회두타력

21 선박이 물에 떠 있는 상태에서 외부로부터 힘을 받아서 경사할 때, 저항 또는 외력을 제거하면 원래의 상태로 돌아오려고 하는 힘은?

가 중력
나 복원력
사 구심력
아 원심력

22 선체운동을 나타낸 그림에서 ①은?

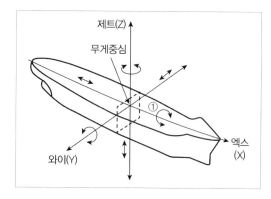

가 종동요　　　나 횡동요

사 선수동요　　아 선미동요

23 액체가 탱크 내에 가득 차 있지 않을 경우 선체 동요 시 복원력의 변화로 옳은 것은?

가 증가한다.

나 증가하는 경우가 많다.

사 감소한다.

아 아무런 영향을 받지 않는다.

24 좌초된 직후 자력으로 이초가 불가능하다고 판단하였을 때 조치로 옳은 것은?

가 기관을 전속으로 후진시킨다.

나 모든 밸러스트 탱크를 비운다.

사 전 승무원을 퇴선시킨다.

아 선체를 현재 위치에 고정시키는 작업을 한다.

25 선박의 침몰 방지를 위하여 선체를 해안에 고의적으로 얹히는 것은?

가 좌초　　　나 접촉

사 임의 좌주　　아 충돌

제3과목 **법규**

01 해상교통안전법상 제한된 시계 안에서 어로 작업을 하고 있는 선박이 울려야 하는 기적신호는?

가 장음 1회, 단음 1회

나 장음 2회, 단음 1회

사 장음 1회, 단음 2회

아 장음 3회

02 해상교통안전법상 "조종제한선"이 아닌 선박은?

가 준설작업을 하고 있는 선박

나 기뢰제거작업을 하고 있는 선박

사 항로표지를 부설하고 있는 선박

아 조타기 고장으로 수리 중인 선박

03 해상교통안전법상 충돌을 피하거나 상황을 판단하기 위한 시간적 여유를 얻기 위한 조치는?

가 소각도 변침　　나 레이더 작동

사 상대선 호출　　아 속력을 줄임

04 해상교통안전법에서 규정하고 있는 장음과 단음에 대한 설명으로 옳은 것은?

가 단음 : 약 1초 정도 계속되는 고동소리

나 단음 : 약 3초 정도 계속되는 고동소리

사 장음 : 약 8초 정도 계속되는 고동소리

아 장음 : 약 10초 정도 계속되는 고동소리

05 ( )에 적합한 것은?

> "해상교통안전법상 고속여객선이란 시속 ( ) 이상으로 항행하는 여객선을 말한다."

가 10노트 나 15노트

사 20노트 아 30노트

06 ( )에 순서대로 적합한 것은?

> "해상교통안전법상 선박은 접근하여 오는 다른 선박의 나침방위에 뚜렷한 변화가 있더라도 ( ) 또는 ( )에 종사하고 있는 선박에 접근하거나, 가까이 있는 다른 선박에 접근하는 경우에는 충돌을 방지하기 위하여 필요한 조치를 하여야 한다."

가 소형선, 어로 작업

나 소형선, 예인작업

사 거대선, 어로 작업

아 거대선, 예인작업

07 ( )에 순서대로 적합한 것은?

> "해상교통안전법상 2척의 동력선이 상대의 진로를 횡단하는 경우로서 충돌의 위험이 있을 때에는 다른 선박을 ( )쪽에 두고 있는 선박이 그 다른 선박의 진로를 피하여야 한다. 이 경우 다른 선박의 진로를 피하여야 하는 선박은 부득이한 경우 외에는 다른 선박의 ( ) 방향을 횡단하여서는 아니 된다."

가 좌현, 선수 나 좌현, 선미

사 우현, 선수 아 우현, 선미

08 해상교통안전법상 어로에 종사하고 있는 선박이 진로를 피하지 않아도 되는 선박은?

가 조종제한선 나 조종불능선

사 수상항공기 아 흘수제약선

09 해상교통안전법상 135도 범위의 수평의 호를 비추는 흰색 등은?

가 현등 나 전주등

사 선미등 아 예선등

10 해상교통안전법상 예인선열의 길이가 200미터를 초과하면, 예인작업에 종사하는 동력선이 표시하여야 하는 형상물은?

가 마름모꼴 형상물 1개

나 마름모꼴 형상물 2개

사 마름모꼴 형상물 3개

아 마름모꼴 형상물 4개

11 ( )에 적합한 것은?

> "해상교통안전법상 조종불능선은 가장 잘 보이는 곳에 수직으로 ( )를 표시하여야 한다."

가 황색 전주등 1개

나 황색 전주등 2개

사 붉은색 전주등 2개

아 붉은색 전주등 1개

12 해상교통안전법상 서로 시계 안에 있는 선박이 접근하고 있을 경우, 다른 선박의 동작을 이해할 수 없을 때 울리는 의문신호는?

가 장음 5회 이상

나 단음 5회 이상

사 장음 5회, 단음 1회

아 단음 5회, 장음 1회

13 해상교통안전법상 선박의 등화 중 정선미 쪽에서 보이는 등화는?

가 예선등

나 마스트등

사 오른쪽 현등

아 왼쪽 현등

14 해상교통안전법상 항행 중인 길이 20미터 미만의 범선이 현등과 선미등을 대신하여 표시할 수 있는 등화는?

가 양색등

나 삼색등

사 백색 전주등

아 섬광등

15 해상교통안전법상 '통항분리제도'에서의 항행 원칙으로 옳지 않은 것은?

가 통항로 안에서는 정하여진 진행 방향으로 항행한다.

나 통항로의 양끝단을 통하여 출입하는 것이 원칙이다.

사 부득이한 사유로 통항로를 횡단하여야 하는 경우에는 통항로와 작은 각도로 횡단하여야 한다.

아 길이 20미터 미만의 선박은 통항로를 따라 항행하고 있는 다른 선박의 항행을 방해하지 않아야 한다.

16 (   )에 적합한 것은?

"선박의 입항 및 출항 등에 관한 법률상 무역항의 수상구역 등이나 무역항의 수상구역 밖 (   ) 이내의 수면에 선박의 안전운항을 해칠 우려가 있는 폐기물을 버려서는 아니 된다."

가 10킬로미터

나 15킬로미터

사 20킬로미터

아 25킬로미터

17 (   )에 적합한 것은?

"선박의 입항 및 출항 등에 관한 법률상 총톤수 (   )톤 이상의 선박을 무역항의 수상구역 등에 계선하려는 자는 해양수산부령으로 정하는 바에 따라 해양수산부장관에게 신고하여야 한다."

가 10

나 20

사 30

아 40

18 선박의 입항 및 출항 등에 관한 법률상 무역항의 수상구역 등에서 부두 부근의 수역에 정박 또는 정류가 허용되지 않는 경우는?

가 총톤수 5톤 미만의 선박이 정박 또는 정류하는 경우

나 해양사고를 피하기 위한 경우

사 허가받은 공사 또는 작업에 사용하는 경우

아 인명을 구조하는 경우

19 선박의 입항 및 출항 등에 관한 법률상 무역항의 항로에서 다른 선박과 마주칠 우려가 있는 경우 항법으로 옳은 것은?

가 항로의 중앙으로 항행한다.

나 항로의 오른쪽으로 항행한다.

사 항로의 왼쪽으로 항행한다.

아 항로의 밖으로 나가서 항행한다.

20 선박의 입항 및 출항 등에 관한 법률상 선박이 해상에서 닻을 바다 밑바닥에 내려놓고 운항을 멈출 수 있는 장소는?

가 부두   나 항계

사 항로   아 정박지

21 선박의 입항 및 출항 등에 관한 법률상 선박이 무역항의 수상구역 등을 항행할 때 선박의 속력에 대한 설명으로 옳은 것은?

가 미속으로 항행한다.

나 반속으로 항행한다.

사 전속으로 항행한다.

아 다른 선박에 위험을 주지 아니할 정도의 속력으로 항행한다.

22 선박의 입항 및 출항 등에 관한 법률상 항로의 정의는?

가 선박이 가장 빨리 갈 수 있는 길이다.

나 선박이 가장 안전하게 갈 수 있는 길이다.

사 선박이 일시적으로 이용하는 뱃길을 말한다.

아 선박의 출입 통로로 이용하기 위하여 지정·고시한 수로이다.

23 해양환경관리법상 선박오염물질기록부에 해당하지 않는 것은?

가 폐기물기록부

나 기름기록부

사 유해액체물질기록부

아 분뇨기록부

24 해양환경관리법상 해양에서 배출할 수 있는 것은?

가 합성로프

나 어획한 물고기

사 합성어망

아 플라스틱 쓰레기봉투

25 해양환경관리법상 선박으로부터 오염물질이 배출되는 경우 신고할 사항이 아닌 것은?

가 오염물질이 배출된 장소

나 오염물질을 적재한 장소

사 오염물질을 배출한 선박명

아 오염물질이 배출된 일자와 시간

제4과목　기관

01 다음 내용은 4행정 사이클 디젤 기관의 어느 행정을 설명한 것인가?

> "연소가스의 팽창으로 피스톤이 하강한다."

가 흡입행정　　나 압축행정
사 작동행정　　아 배기행정

02 디젤 기관의 연료유 장치에 포함되지 않는 것은?

가 연료분사 펌프　나 섬프 탱크
사 연료분사 밸브　아 여과기

03 디젤 기관에 윤활유를 사용하는 주된 목적은?

가 마찰을 감소시킨다.
나 마찰을 증가시킨다.
사 마멸이 전혀 발생하지 않도록 한다.
아 하중이 한 곳에 집중되도록 한다.

04 윤활유 온도의 상승 원인이 아닌 것은?

가 윤활유의 압력이 낮고 윤활유량이 부족한 경우
나 윤활유 냉각기의 냉각수 온도가 낮은 경우
사 윤활유가 불량하거나 열화된 경우
아 주유 부분이 고착된 경우

05 디젤 기관에서 연소실을 형성하는 부품이 아닌 것은?

가 커넥팅 로드　나 실린더 헤드
사 실린더 라이너　아 피스톤

06 선박용 추진기관의 동력전달계통이 아닌 것은?

가 감속기　　나 추진기축
사 추진기　　아 과급기

07 동일 기관에서 가장 큰 값을 가지는 출력은?

가 도시마력　　나 제동마력
사 전달마력　　아 유효마력

08 해수 윤활식 선미관에서 리그넘 바이티의 주된 역할은?

가 베어링 역할
나 전기 절연 역할
사 선체강도 보강 역할
아 누설 방지 역할

09 (　)에 적합한 것은?

> "크랭크축이 1분간 회전하는 수를 (　)라고 한다."

가 명속 회전수　나 매분 회전수
사 위험 회전수　아 크랭크 회전수

10 디젤 기관에 설치되는 평형추의 설치 목적에 대한 설명으로 옳지 않은 것은?

가 기관의 진동 방지
나 기관의 원활한 회전
사 메인 베어링의 마찰 감소
아 프로펠러의 균열 방지

11 디젤 기관에서 운전 중에 확인해야 하는 사항이 아닌 것은?

가 윤활유의 압력과 온도
나 배기가스의 색깔과 온도
사 기관의 색깔과 온도
아 크랭크실 내부의 검사

12 디젤 기관에서 과부하 운전이란 어떠한 상태인가?

가 기관 회전수가 증가되는 상태
나 기관 회전수가 감소되는 상태
사 정격출력 이상의 출력으로 운전하는 상태
아 공기 공급이 증가되는 상태

13 디젤 기관에서 실린더 라이너와 실린더 헤드 사이의 개스킷 재료로 많이 사용되는 것은?

가 구리
나 아연
사 고무
아 석면

14 디젤 기관에서 피스톤 링을 피스톤에 조립할 경우의 주의사항으로 옳지 않은 것은?

가 링의 상하면 방향이 바뀌지 않도록 조립한다.
나 가장 아래에 있는 링부터 차례로 조립한다.
사 링이 링 홈 안에서 잘 움직이는지를 확인한다.
아 링의 절구틈이 모두 같은 방향이 되도록 조립한다.

15 전기기기의 절연시험이란 무엇인가?

가 흐르는 전류의 크기를 측정하는 것을 말한다.
나 선로와 비선로 사이의 저항을 측정하는 것을 말한다.
사 전압의 크기를 측정하는 것을 말한다.
아 전기기기의 작동 여부를 확인하는 것을 말한다.

16 440V 교류를 220V의 교류 전기로 낮추고자 할 때 필요한 것은?

가 유도전동기
나 변압기
사 계전기
아 동기발전기

17 전기를 띤 물체를 무엇이라 하는가?

가 대전체
나 반도체
사 부도체
아 자석

18 유체를 한 방향으로만 흐르게 하고 반대 방향으로의 흐름을 차단하는 밸브는?

가 나비밸브　　**나** 체크밸브

사 흡입밸브　　**아** 글러브밸브

19 원심 펌프의 부속품은?

가 평기어　　**나** 임펠러

사 피스톤　　**아** 배기밸브

20 전동기의 기동반에 설치되는 표시등이 아닌 것은?

가 전원등　　**나** 운전등

사 경보등　　**아** 병렬등

21 운전 중인 디젤 기관에서 메인 베어링의 발열이 심할 때 응급조치 사항으로 가장 적절한 것은?

가 윤활유를 공급하면서 기관을 서서히 정지 시킨다.

나 발열 부분의 냉각을 위해 냉각수의 압력을 높인다.

사 발열 부분의 냉각을 위해 냉각수 펌프 2대 운전한다.

아 발열 부분의 냉각을 위해 윤활유 펌프를 2대 운전한다.

22 운전 중인 디젤 기관에서 어느 한 실린더의 배기 온도가 상승한 경우의 원인으로 볼 수 있는 것은?

가 과부하 운전

나 조속기 고장

사 배기밸브의 누설

아 흡입공기의 냉각 불량

23 운전 중인 디젤 기관을 정지시켜야 하는 경우가 아닌 것은?

가 해수 온도가 급강하했을 때

나 운동부에서 심한 소리가 들릴 때

사 윤활유를 계속 공급할 수 없을 때

아 냉각수를 계속 공급할 수 없을 때

24 다음의 연료유 중 색깔이 가장 검은 것은?

가 경유　　**나** 윤활유

사 C중유　　**아** 가솔린

25 연료유의 부피 단위로 옳은 것은?

가 [kℓ]　　**나** [kg]

사 [MPa]　　**아** [cSt]

제1과목 항해

01 자기 컴퍼스에서 북을 0도로 하여 시계 방향으로 360등분 된 방위 눈금이 새겨져 있고, 그 안쪽에는 사방점 방위와 사우점 방위가 새겨져 있는 것은?

가 볼　　　　나 기선

사 짐벌즈　　아 컴퍼스 카드

02 자차를 변하게 하는 요인으로 볼 수 없는 것은?

가 선체의 경사

나 선수 방위의 변화

사 선저탱크 내로의 주수

아 선체 내의 철구조물 변경

03 자이로컴퍼스에 대한 설명으로 옳지 않은 것은?

가 고속으로 돌고 있는 로터를 이용하여 지구상의 북을 가리키는 장치이다.

나 자차와 편차의 수정이 필요없다.

사 방위를 간단히 전기신호로 바꿀 수 있다.

아 자기 컴퍼스에 비해 지북력이 약하다.

04 자이로컴퍼스에서 자동으로 북을 찾아 정지하는 지북 제진 기능을 하는 부분은?

가 주동부　　나 추종부

사 지지부　　아 전원부

05 전자식 선속계의 검출부 전극의 부식 방지를 위하여 전극 부근에 부착하는 것은?

가 도관　　　나 자석

사 핀　　　　아 아연판

06 수심을 측정할 뿐만 아니라 개략적인 해저의 형상이나 어군의 존재를 파악하기 위한 계기는?

가 나침의　　나 선속계

사 음향측심기　아 핸드 레드

07 전파의 특성이 아닌 것은?

가 직진성　　나 등속성

사 반사성　　아 회전성

08 본선의 속력이 12노트라면 6분 동안 이동하는 거리는?

가 1해리　　　나 1.2해리

사 2해리　　　아 3해리

09 레이더를 이용하여 얻을 수 없는 것은?

가 등대의 방위

나 육지와의 거리

사 본선의 위치

아 본선이 위치한 지점의 수심

10 해도도식 중 노출암 표시 ⌒(4) 에서 "4"는 무엇을 표시하는가?

가 수심

나 암초 높이

사 파고

아 암초 크기

11 항행통보에 의해 항해사가 직접 해도를 수정하는 것은?

가 개판

나 재판

사 보도

아 소개정

12 다음에서 설명하는 장치는?

"이 시스템은 선박과 선박 간 그리고 선박과 육상 관제소 사이에 선박의 선명, 위치, 침로, 속력 등의 선박 관련 정보와 항해 안전 정보 등을 자동으로 교환함으로써 선박 상호 간의 충돌도 예방하고, 선박의 교통량이 많은 해역에서는 효과적으로 해상교통관리도 할 수 있다."

가 지피에스(GPS)

나 전자해도표시장치(ECDIS)

사 선박자동식별장치(AIS)

아 자동레이더플로팅장치(ARPA)

13 다음 해도 중 가장 대축척 해도는?

가 항박도

나 해안도

사 항해도

아 항양도

14 지리 위도 45도에서 위도 1분에 대한 자오선의 길이는?

가 약 1,000미터

나 약 1,545미터

사 약 1,852미터

아 약 2,142미터

15 수로서지 중 특수서지가 아닌 것은?

가 등대표

나 조석표

사 천측력

아 항로지

16 항로표지 중 야간표지에 대한 설명으로 옳지 않은 것은?

가 등화에 이용되는 색깔은 백색, 적색, 녹색, 황색이다.

나 등대의 높이는 기본수준면에서 등화 중심까지의 높이를 미터로 표시한다.

사 등색이나 등력이 바뀌지 않고 일정하게 계속 빛을 내는 등을 부동등이라 한다.

아 통항이 곤란한 좁은 수로, 항만 입구에 설치하여 중시선에 의하여 선박을 인도하는 등을 도등이라 한다.

17 등대와 함께 널리 쓰이고 있는 야간표지로 암초 등의 위험을 알리거나 항행을 금지하는 지점을 표시하기 위하여, 또는 항로의 입구, 폭 등을 표시하기 위하여 설치한 것은?

가 등주

나 등표

사 등선

아 등부표

18 등대의 광달거리에 대한 설명으로 옳지 않은 것은?

가 광달거리는 광력의 강약에 의해서는 변하지 않는다.

나 시계가 나쁘면 광달거리는 현저히 감소한다.

사 등고가 너무 높은 등광은 구름에 가려서 보이지 않는 수가 있다.

아 등고가 높다고 하여 반드시 광달거리가 큰 것은 아니다.

19 ( )에 공통으로 적합한 것은?

"안전수역표지는 모든 주위가 가항수역임을 알려 주는 표지로서, 중앙선이나 수로의 중앙을 나타낸다. 두표는 ( )의 구를 부착하며, 표지의 색상은 ( )과 백색의 세로 방향 줄무늬로 되어 있다."

가 녹색

나 흑색

사 황색

아 적색

20 천후에 관계없이 항상 이용이 가능하고, 넓은 지역에 걸쳐서 이용할 수 있는 항로표지는?

가 주간표지

나 야간표지

사 음향표지

아 전파표지

21 닻의 중요 역할이 아닌 것은?

가 침로 유지에 사용된다.

나 선박을 임의의 수면에 정지 또는 정박시킨다.

사 좁은 수역에서 선회하는 경우에 이용된다.

아 선박의 속도를 급히 감소시키는 경우에 사용된다.

22 얼음이 녹는점을 0℃, 물이 끓는점을 100℃로 하여 그 사이를 100등분 한 단위는?

가 섭씨온도

나 화씨온도

사 무빙점 온도

아 비등점 온도

23 해상에서 열대성 저기압의 중심을 추정하는 방법으로 바람을 등지고 양팔을 벌리면 북반구에서는 열대성 저기압의 중심은 어디에 있는가?

가 왼손 전방 20°~30° 방향

나 왼손 후방 20°~30° 방향

사 오른손 전방 20°~30° 방향

아 오른손 후방 20°~30° 방향

24 연안통항계획 수립 시 고려하지 않는 것은?

가 선박보고제도(Ship's Reporting System)

나 선박교통관제제도(Vessel Traffic Services)

사 GMDSS 운용

아 항로지정제도(Ships' Routeing)

25 다음 중 물표의 동시관측에 의하여 선위를 구하는 방법은?

가 선수배각법

나 4점방위법

사 양측방위법

아 교차방위법

운용

01 상갑판 부근의 선측 상부가 안쪽으로 굽은 정도는?

가 현호　　　　나 캠버

사 플레어　　　아 텀블 홈

02 키의 구조와 각부 명칭을 나타낸 아래 그림에서 ㉠은 무엇인가?

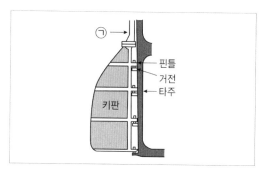

가 타두재　　　나 러더 암

사 타심재　　　아 러더 커플링

03 선창 내에서 발생한 땀이나 각종 오수들이 흘러 들어가서 모이는 곳은?

가 해치　　　　나 코퍼댐

사 디프 탱크　　아 빌지 웰

04 로프의 사용 및 취급 방법으로 옳지 않은 것은?

가 파단하중과 안전사용하중을 고려하여 사용한다.

나 마찰이 많은 곳에는 캔버스를 감아서 사용한다.

사 동력으로 로프를 감아 들일 때에는 무리한 장력이 걸리지 않도록 한다.

아 블록을 통과하는 경우, 소각도로 굽히면 굴곡부에 큰 힘이 걸리므로 대각도로 굽혀 사용한다.

05 선박국적증서 및 선적증서에 기재되는 길이는?

가 전장　　　　나 등록장

사 수선장　　　아 수선간장

06 선수를 측면과 정면에서 바라본 형상이 아래와 같은 것은?

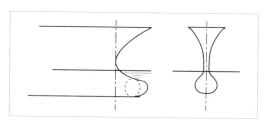

가 직립형　　　나 경사형

사 구상형　　　아 클립퍼형

07 선박에서 도장의 목적이 아닌 것은?

가 장식　　　　나 방식

사 방염　　　　아 방오

08 구명줄 발사기를 사용할 때 유의사항으로 옳지 않은 것은?

　가　풍하 측에서 풍상 측으로 발사한다.
　나　수평에서 약 45도 각도로 발사한다.
　사　발사 전 한쪽 끝단을 본선에 묶는다.
　아　사용 전에 사용 지침서를 숙지한다.

09 그림과 같은 심벌이 표시된 곳에 보관된 구명설비는?

　가　구명조끼　　나　방수복
　사　구명부환　　아　노출 보호복

10 아래 그림의 구명설비는 무엇인가?

　가　구명동의　　나　구명부환
　사　구명부기　　아　구명뗏목

11 초단파(VHF) 무선설비의 조난경보 버튼을 눌렀을 때 조난신호가 자동으로 반복하여 발신되는 주기는?

　가　평균 1분(1±0.5분)
　나　평균 4분(4±0.5분)
　사　평균 10분(10±0.5분)
　아　평균 30분(30±0.5분)

12 선박의 비상위치지시용 무선표지(EPIRB)에서 발사된 조난신호가 위성을 거쳐서 전달되는 곳은?

　가　선장　　　　나　회사
　사　주변 선박　아　수색구조조정본부

13 비상위치지시용 무선표지(EPIRB)의 수압풀림장치가 작동되는 수압은?

　가　수심 0.1~1미터 사이의 수압
　나　수심 1.5~4미터 사이의 수압
　사　수심 5~6.5미터 사이의 수압
　아　수심 10~15미터 사이의 수압

14 초단파(VHF) 무선설비에 대한 설명으로 옳지 않은 것은?

　가　다른 선박과 교신에 사용할 수 있다.
　나　관제사와 교신에 사용할 수 있다.
　사　조난통신에 사용할 수 있다.
　아　위성통신에 사용할 수 있다.

15 선박의 조종성을 판별하는 성능이 아닌 것은?

　가　복원성　　　나　선회성
　사　추종성　　　아　침로안정성

16 ( )에 적합한 것은?

> "입·출항이 잦은 선박들은 ( )(이)라는 횡방향으로 물을 미는 장치를 선수 혹은 선미에 설치하여, 예선의 도움없이 부두에 선박을 붙이기도 하고 떼기도 한다."

가 타

나 닻

사 프로펠러

아 스러스터

17 선박이 항진 중에 타각을 주면 타판에 작용하는 압력을 나타낸 그림에서 ②는 무엇인가?

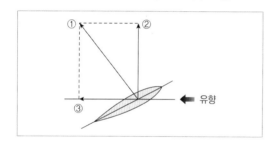

가 양력

나 항력

사 마찰력

아 직압력

18 ( )에 순서대로 적합한 것은?

> "우회전 고정피치 스크루 프로펠러 한 개가 장착되어 있는 선박이 정지상태에서 전진할 때, 타가 좌 타각이면 횡압력과 배출류가 함께 선미를 ( ) 쪽으로 밀기 때문에 선수의 ( )가 강하게 나타난다."

가 우현, 우회두

나 좌현, 우회두

사 우현, 좌회두

아 좌현, 좌회두

19 ( )에 순서대로 적합한 것은?

> "직진 중인 배수량을 가진 선박이 전타를 하면, 조타한 직후에는 키의 직압력이 타각을 준 반대쪽으로 선체의 하부를 밀어내어, 수면 상부의 선체는 타각을 준 쪽인 선회권의 ( )으로 경사하는데 이것을 ( )라고 한다."

가 안쪽, 내방경사

나 바깥쪽, 내방경사

사 안쪽, 외방경사

아 바깥쪽, 외방경사

20 전타를 처음 시작한 위치에서 선수가 원침로로부터 90도 회두했을 때까지의 원침로상에서의 전진이동거리는?

가 킥

나 리치

사 선회 종거

아 선회 횡거

21 선체운동을 나타낸 그림에서 ①은?

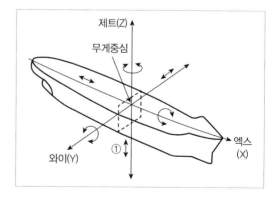

가 전후동요

나 좌우동요

사 상하동요

아 선미동요

22 선체가 파를 선수에서 받으면서 항해할 때 선수 선저부가 강한 파의 충격을 받는 경우 선체가 짧은 주기로 급격한 진동을 하게 되는 것은?

- 가 러칭(Lurching)
- 나 슬래밍(Slamming)
- 사 브로칭 투(Broaching-to)
- 아 히빙(Heaving)

23 황천에 대비하여 선체동요를 방지하기 위한 조치로 옳지 않은 것은?

- 가 하역장치를 고박한다.
- 나 곡물류는 표면이 평탄하도록 싣는다.
- 사 유동수(Free water)를 증대시킨다.
- 아 선체의 트림과 흘수를 표준상태로 유지한다.

24 좌초 사고가 발생하여 인명피해가 발생하였거나 침몰위험에 처한 경우 구조요청을 하여야 하는 곳은?

- 가 가까운 해양경찰서
- 나 선주
- 사 관할 해양수산청
- 아 대리점

25 해상에서 사용되는 신호 중 시각에 의한 통신이 아닌 것은?

- 가 수기신호
- 나 기류신호
- 사 기적신호
- 아 발광신호

제3과목 법규

01 해상교통안전법상 조종불능선이 아닌 선박은?

- 가 기관 고장으로 표류 중인 선박
- 나 조타기 고장으로 변침불능인 선박
- 사 화물의 이적작업에 종사 중인 선박
- 아 발전기 고장으로 기관이 정지된 선박

02 해상교통안전법상 서로 다른 방향으로 진행하는 통항로를 나누는 일정한 폭의 수역은?

- 가 통항로
- 나 분리대
- 사 분리선
- 아 연안통항대

03 ( )에 적합한 것은?

"해상교통안전법상 원유, 중유, 경유 등의 화물을 ( ) 이상 싣고 운반하는 선박은 유조선 통항금지해역에서 항행하여서는 아니 된다."

- 가 1,000킬로리터
- 나 1,500킬로리터
- 사 2,000킬로리터
- 아 2,500킬로리터

04 ( )에 적합한 것은?

"해상교통안전법상 선박의 길이란 선체에 고정된 돌출물을 포함하여 선수의 끝단부터 선미의 끝단 사이의 ( )를 말한다."

- 가 최대 수평거리
- 나 최소 수평거리
- 사 최대 수직거리
- 아 최소 수직거리

05 ( )에 적합한 것은?

> "해상교통안전법상 2척의 범선이 서로 접근하여 충돌할 위험이 있는 경우, 각 범선이 다른 쪽 현에 바람을 받고 있는 경우에는 ( )에 바람을 받고 있는 범선이 다른 범선의 진로를 피하여야 한다."

가 선수　　　　나 우현
사 좌현　　　　아 선미

06 ( )에 적합한 것은?

> "해상교통안전법상 2척의 동력선이 상대의 진로를 횡단하는 경우로서 충돌의 위험이 있을 때에는 다른 선박을 ( ) 쪽에 두고 있는 선박이 그 다른 선박의 선수 방향을 횡단하여서는 아니 된다."

가 선수　　　　나 좌현
사 우현　　　　아 선미

07 ( )에 적합한 것은?

> "해상교통안전법상 ( )은 피항선이 이 법에 따른 적절한 조치를 취하고 있지 아니하다고 판단하면 스스로의 조종만으로 피항선과 충돌하지 아니하도록 조치를 취할 수 있다."

가 제한선　　　　나 유지선
사 불능선　　　　아 추월선

08 해상교통안전법상 항행 중인 범선이 진로를 피하지 않아도 되는 선박은?

가 조종제한선
나 조종불능선
사 수상항공기
아 어로에 종사하고 있는 선박

09 해상교통안전법상 '선미등과 같은 특성을 가진 황색 등'은?

가 현등　　　　나 전주등
사 예선등　　　　아 마스트

10 ( )에 적합한 것은?

> "해상교통안전법상 길이 7미터 미만이고 최대속력이 7노트 미만인 동력선은 항행 중인 동력선이 표시하여야 하는 등화를 대신하여 ( ) 1개만을 표시할 수 있으며, 가능한 경우 현등 1쌍도 표시할 수 있다."

가 황색 전주등　　　　나 흰색 전주등
사 홍색 전주등　　　　아 녹색 전주등

11 해상교통안전법상 단음은 몇 초 정도 계속되는 고동소리인가?

가 1초　　　　나 2초
사 4초　　　　아 6초

12 해상교통안전법상 좁은 수로 등에서 정박이 허용되지 않는 경우는?

- **가** 인명구조 시
- **나** 검역 대기 시
- **사** 선박의 구조 시
- **아** 해양사고를 피할 경우

13 해상교통안전법상 선박이 다른 선박과의 충돌을 피하기 위하여 당시의 상황에 알맞은 거리에서 선박을 멈출 수 있는 속력은?

- **가** 경제속력
- **나** 항해 속력
- **사** 제한된 속력
- **아** 안전한 속력

14 해상교통안전법상 피항선에 관한 설명으로 옳은 것은?

- **가** 항행 중인 대형 동력선과 소형 동력선이 서로 시계 안에 있을 때 대형 동력선이 피항선이다.
- **나** 어로에 종사하고 있는 선박과 항행 중인 동력선이 서로 시계 안에 있을 때 어로에 종사하고 있는 선박이 피항선이다.
- **사** 2척의 동력선이 서로 시계 안에 있으며 상대의 진로를 횡단하는 경우로서 충돌의 위험이 있을 때에는 다른 선박을 우현 쪽에 두고 있는 선박이 피항선이다.
- **아** 수면비행선박이 이륙하고 있을 때 동력선과 서로 시계 안에 있으면 동력선이 피항선이다.

15 해상교통안전법상 길이 12미터 이상의 어선이 정박하였을 때 주간에는 표시하는 것은?

- **가** 어선은 특별히 표시할 필요가 없다.
- **나** 앞쪽에 둥근꼴의 형상물 1개를 표시하여야 한다.
- **사** 둥근꼴의 형상물 2개를 가장 잘 보이는 곳에 표시하여야 한다.
- **아** 잘 보이도록 황색기 1개를 표시하여야 한다.

16 선박의 입항 및 출항 등에 관한 법률상 방파제 입구 또는 그 부근에서 입·출항하는 두 척의 선박이 마주칠 우려가 있을 때 동력선의 항법은?

- **가** 입항선은 방파제 밖에서 출항선의 진로를 피한다.
- **나** 입항선은 방파제 입구를 우현측으로 접근하여 통과한다.
- **사** 출항선은 방파제 입구를 좌현측으로 접근하여 통과한다.
- **아** 출항선은 방파제 안에서 입항선의 진로를 피한다.

17 선박의 입항 및 출항 등에 관한 법률상 무역항의 수상구역 등에서 위험물운송선박이 아닌 선박이 불꽃이나 열이 발생하는 용접 등의 방법으로 수리하려고 하는 경우 해양수산부장관의 허가를 받아야 하는 선박의 최저톤수는?

- **가** 총톤수 20톤
- **나** 총톤수 30톤
- **사** 총톤수 40톤
- **아** 총톤수 100톤

18 선박의 입항 및 출항 등에 관한 법률상 무역항의 수상구역 등에 출입하려고 하는 선박의 출입 신고에 관한 설명으로 옳지 않은 것은?

가 내항선이 무역항의 수상구역 등의 안으로 입항하는 경우 입항 전에 출입 신고서를 해양수산부장관에게 제출해야 한다.

나 내항선이 무역항의 수상구역 등의 밖으로 출항하려는 경우 출항 전에 출입 신고서를 해양수산부장관에게 제출해야 한다.

사 무역항을 출항한 선박이 피난, 수리 또는 그 밖의 사유로 출항 후 48시간 이내에 출항한 무역항으로 귀항하는 경우에는 그 사실을 구두로 보고해야 한다.

아 해양사고를 피하기 위하여 무역항의 수상구역 등의 안으로 입항하는 경우 그 사실을 적은 서면을 해양수산부장관에게 제출하여야 한다.

19 선박의 입항 및 출항 등에 관한 법률상 항로에서 다른 선박과 마주칠 우려가 있는 경우의 항법으로 옳은 것은?

가 항로의 중앙으로 항행한다.

나 항로의 왼쪽으로 항행한다.

사 항로의 오른쪽으로 항행한다.

아 타선을 우현측에 두는 선박이 항로를 벗어나 항행한다.

20 선박의 입항 및 출항 등에 관한 법률상 항로에서의 항법으로 옳은 것은?

가 항로 밖에 있는 선박은 항로에 들어오지 못한다.

나 항로 밖에서 항로에 들어오는 선박은 장음 10회의 기적을 울려야 한다.

사 항로를 벗어나는 선박은 일단 정지했다가 타 선박이 항로에 없을 때 항로를 벗어난다.

아 항로 밖에서 항로로 들어오는 선박은 항로를 항행하는 다른 선박의 진로를 피하여 항행해야 한다.

21 ( )에 적합한 것은?

"선박의 입항 및 출항 등에 관한 법률상 총톤수 ( ) 미만의 선박은 무역항의 수상구역에서 다른 선박의 진로를 피하여야 한다."

가 10톤　　　　나 20톤
사 50톤　　　　아 100톤

22 ( )에 적합한 것은?

"선박의 입항 및 출항 등에 관한 법률상 무역항의 수상구역 등에서 예인선은 한꺼번에 ( ) 이상의 피예인선을 끌지 못한다."

가 1척　　　　나 2척
사 3척　　　　아 4척

23 해양환경관리법상 선박의 방제의무자는?

가 배출된 오염물질이 적재되었던 선박의 기관장

나 배출을 발견한 자

사 배출된 오염물질이 적재되었던 선박의 선장

아 지방해양수산청장

24 해양환경관리법상 유해액체물질기록부는 최종 기재한 날로부터 몇 년간 보존해야 하는가?

가 1년　　　나 2년

사 3년　　　아 5년

25 해양환경관리법상 선박에서 발생하는 폐기물 배출에 대한 설명으로 옳지 않은 것은?

가 플라스틱 재질의 폐기물은 해양에 배출 금지

나 해양환경에 유해하지 않은 화물잔류물도 해양에 배출 금지

사 폐사된 어획물은 해양에 배출 가능

아 분쇄 또는 연마하지 않은 음식찌꺼기는 영해기선으로 부터 12해리 이상에서 배출 가능

제**4**과목　**기관**

01 4행정 사이클 기관의 작동 순서로 옳은 것은?

가 흡입 → 압축 → 작동 → 배기

나 흡입 → 작동 → 압축 → 배기

사 흡입 → 배기 → 압축 → 작동

아 흡입 → 압축 → 배기 → 작동

02 내연기관에서 피스톤 링의 주된 역할이 아닌 것은?

가 피스톤과 실린더 라이너 사이의 기밀을 유지한다.

나 피스톤에서 받은 열을 실린더 라이너로 전달한다.

사 실린더 내벽의 윤활유를 고르게 분포시킨다.

아 실린더 라이너의 마멸을 방지한다.

03 내연기관의 거버너에 대한 설명으로 옳은 것은?

가 기관의 회전속도가 일정하게 되도록 연료유의 공급량을 조절한다.

나 기관에 들어가는 연료유의 온도를 자동으로 조절한다.

사 배기가스 온도가 고온이 되는 것을 방지한다.

아 기관의 흡입 공기량을 효율적으로 조절한다.

04 내연기관의 기계 손실에 해당되지 않는 것은?

가 운전 부주의에 의한 손실

나 기관 각부의 마찰 손실

사 보조기계를 운전하기 위한 손실

아 흡기와 배기 행정에 의한 손실

05 소형선박에서 스러스트 베어링의 역할로 옳은 것은?

가 크랭크축을 지지하는 역할

나 스러스트축의 회전운동을 직선운동으로 바꾸는 역할

사 프로펠러의 추력을 선체에 전달하는 역할

아 연접봉을 받치는 역할

06 4행정 사이클 기관에서 작동행정에 대한 설명으로 옳은 것은?

가 흡기밸브가 열리고 배기밸브가 닫힌 상태에서 작동행정을 시작한다.

나 흡기밸브가 닫히고 배기밸브가 열린 상태에서 작동행정을 시작한다.

사 흡기밸브와 배기밸브가 모두 열린 상태에서 작동행정을 시작한다.

아 흡기밸브와 배기밸브가 모두 닫힌 상태에서 작동행정을 시작한다.

07 크랭크축의 구성 부분이 아닌 것은?

가 핀 나 림

사 암 아 저널

08 내연기관에서 배기가스 색이 흑색일 때의 원인이 아닌 것은?

가 불완전 연소

나 과부하 운전

사 연료 속의 수분 흡입

아 공기 흡입 부족

09 소형선박에 설치되는 가솔린 기관과 디젤 기관에 대한 설명으로 옳은 것은?

가 가솔린 기관과 디젤 기관 모두 4행정 사이클 기관이 없다.

나 가솔린 기관에는 4행정 사이클 기관이 있고 디젤 기관에는 없다.

사 가솔린 기관에는 4행정 사이클 기관이 없고 디젤 기관에는 있다.

아 가솔린 기관과 디젤 기관 모두 4행정 사이클 기관이 있다.

10 내연기관에서 피스톤 링의 고착 원인이 아닌 것은?

가 링의 절구틈이 모두 과대할 때

나 실린더유 주유량이 너무 부족할 때

사 링을 새것으로 모두 교환하였을 때

아 연소 불량으로 링에 카본 부착이 심할 때

11 디젤 기관의 실린더 헤드 분해작업에 대한 설명으로 옳지 않은 것은?

가 시동공기밸브를 잠근 후 실린더 헤드를 분해한다.

나 피스톤을 뺀 후 실린더 헤드를 분해한다.

사 연료유의 공급 밸브를 잠근 후 실린더 헤드를 분해한다.

아 냉각수 입·출구 밸브를 잠그고 드레인을 배출한 후 실린더 헤드를 분해한다.

12 다음 그림에서 (1)과 (2)의 명칭으로 옳은 것은?

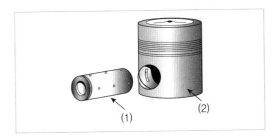

가 피스톤 핀과 피스톤

나 크랭크 핀과 피스톤

사 피스톤 핀과 크랭크 핀

아 크랭크축과 피스톤

13 선박의 기관에 사용되는 부동액에 대한 설명으로 옳은 것은?

가 기관의 시동용 배터리에 들어가는 용액이다.

나 기관의 냉각수가 얼지 않도록 냉각수의 어는 온도를 낮추는 용액이다.

사 기관의 윤활유가 얼지 않도록 윤활유의 어는 온도를 낮추는 용액이다.

아 기관의 연료유가 얼지 않도록 연료유의 어는 온도를 낮추는 용액이다.

14 디젤 기관의 크랭크축에 대한 설명으로 옳지 않은 것은?

가 피스톤의 왕복운동을 회전운동으로 바꾼다.

나 기관의 회전 중심축이다.

사 저널, 핀, 암으로 구성된다.

아 피스톤 링의 힘이 전달된다.

15 납축전지의 전해액으로 많이 사용되는 것은?

가 묽은 황산용액

나 알칼리 용액

사 가성소다 용액

아 청산가리 용액

16 전류의 흐름을 방해하는 성질인 저항의 단위로 옳은 것은?

가 [V] **나** [A]

사 [Ω] **아** [kW]

17 원심 펌프에서 마우스 링이 설치되는 부위는?

가 축과 베어링 사이

나 송출밸브와 송출 압력계 사이

사 회전차와 케이싱 사이

아 전동기와 케이싱 사이

18 다음 중 기관실에서 가장 위쪽에 있는 것은?

가 상용 연료탱크

나 냉각해수 펌프

사 프로펠러축

아 기름여과장치

19 기관실의 220[V] AC 발전기에 해당하는 것은?

가 직류 분권발전기

나 직류 복권발전기

사 동기발전기

아 유도발전기

20 변압기의 역할로 옳은 것은?

가 전압의 변환

나 전력의 변환

사 압력의 변환

아 저항의 변환

21 디젤 기관에서 실린더 내로 흡입되는 공기의 압력이 낮을 때 조치사항으로 가장 적절한 것은?

가 과급기의 회전수를 낮춘다.

나 과급기의 공기 필터를 소제한다.

사 과급기의 냉각수 온도를 조정한다.

아 공기 냉각기의 냉각수량을 감소시킨다.

22 디젤 기관의 운전 중 운동부에서 심한 소리가 날 경우의 조치로 옳은 것은?

가 연료유의 공급량을 늘린다.

나 윤활유의 압력을 낮춘다.

사 기관의 회전수를 낮춘다.

아 냉각수의 공급량을 줄인다.

23 윤활유 냉각기의 냉각해수 계통에 부식 방지를 위해 사용되는 것은?

가 구리판

나 주석판

사 아연판

아 백금판

24 트렁크 피스톤형 디젤 기관에서 커넥팅 로드와 연결되는 부품은?

가 크랭크축과 캠축

나 추력축과 프로펠러축

사 피스톤 핀과 크랭크 핀

아 실린더 헤드와 실린더 라이너

25 디젤 기관에서 연료분사 밸브의 연료분사 상태에 가장 영향을 많이 주는 연료유의 성질은?

가 비중

나 점도

사 유동점

아 응고점

제3회 소형선박조종사 모의고사

제1과목 항해

01 자기 컴퍼스의 용도가 아닌 것은?

가 선박의 침로 유지에 사용

나 물표의 방위 측정에 사용

사 선박의 속력 측정에 사용

아 타선의 방위 변화 확인에 사용

02 자기 컴퍼스가 선체나 선내 철기류 등의 영향을 받아 생기는 오차는?

가 기차 나 자차

사 편차 아 수직차

03 자기 컴퍼스에서 선박의 동요로 비너클이 기울어져도 볼을 항상 수평으로 유지시켜 주는 장치는?

가 피벗 나 컴퍼스 액

사 짐벌즈 아 섀도 핀

04 다음 중 자기 컴퍼스의 자차가 가장 크게 변하는 경우는?

가 선체가 경사할 때

나 선수 방위가 바뀔 때

사 적화물을 이동할 때

아 선체가 심한 충격을 받을 때

05 섀도 핀에 의한 방위 측정 시 주의사항에 대한 설명으로 옳지 않은 것은?

가 핀의 지름이 크면 오차가 생기기 쉽다.

나 핀이 휘어져 있으면 오차가 생기기 쉽다.

사 선박의 위도가 크게 변하면 오차가 생기기 쉽다.

아 볼이 경사된 채로 방위를 측정하면 오차가 생기기 쉽다.

06 풍향풍속계에서 지시하는 풍향과 풍속에 대한 설명으로 옳지 않은 것은?

가 풍향은 바람이 불어오는 방향을 말한다.

나 풍향이 반시계 방향으로 변하면 풍향 반전이라 한다.

사 풍속은 정시 관측 시각 전 15분간 풍속을 평균하여 구한다.

아 어느 시간 내의 기록 중 가장 최대의 풍속을 순간 최대 풍속이라 한다.

07 항해 중에 산봉우리, 섬 등 해도상에 기재되어 있는 2개 이상의 고정된 뚜렷한 물표를 선정하여 거의 동시에 각각의 방위를 측정하여 선위를 구하는 방법은?

가 수평협각법 나 교차방위법

사 추정위치법 아 고도측정법

08 항행통보에 의해 항해사가 직접 해도를 고치는 작업은?

가 개판 나 재판
사 보도 아 소개정

09 기상 및 시간에 관계없이 항상 이용 가능하고 넓은 지역에 걸쳐서 이용할 수 있는 표지는?

가 주간표지 나 야간표지
사 음향표지 아 전파표지

10 (　)에 적합한 것은?

> "(　)는 레이더의 국부발진기의 발진주파수를 조정하는 것으로 국부발진기의 발진주파수가 적절히 조정되면 목표물의 반사에 의한 지시기의 화면이 선명하게 된다."

가 동조 조정기
나 감도 조정기
사 해면반사 억제기
아 비·눈 반사 억제기

11 (　)에 적합한 것은?

> "등고는 (　)에서 등화의 중심까지의 높이를 말한다."

가 평균고조면 나 평균수면
사 약최고고조면 아 기본수준면

12 일반적으로 해상에서 측심한 수치를 해도상의 수심과 비교하면?

가 해도의 수심보다 측정한 수심이 더 얕다.
나 해도의 수심과 같거나 측정한 수심이 더 깊다.
사 측정한 수심과 해도의 수심은 항상 같다.
아 측정한 수심이 주간에는 더 깊고 야간에는 더 얕다.

13 다음 해도 중 가장 소축척 해도는?

가 항박도 나 해안도
사 항해도 아 항양도

14 해도에 대한 설명으로 옳은 것은?

가 해도는 매년 바뀐다.
나 해도는 외국 것일수록 좋다.
사 해도번호가 같아도 내용은 다르다.
아 해도에서는 해도용 연필을 사용하는 것이 좋다.

15 수로서지에 대한 설명으로 옳은 것은?

가 항로지정은 대양에서의 항로 선정을 위한 자료를 제공한다.
나 해상거리표는 항해시간, 항주거리, 속력 중에서 하나를 모르는 경우에 손쉽게 구할 수 있도록 환산표를 제공한다.
사 태양방위각표는 주요 행성의 적위, 항성의 항성시각, 해와 달의 출몰 시각을 제공한다.
아 조류도는 우리나라 주요 19개 지역의 조류 현황을 제공한다.

16 쇠나 나무 또는 콘크리트와 같이 기둥 모양의 꼭대기에 등을 달아 놓은 것으로, 광달거리가 별로 크지 않아도 되는 항구, 항내 등에 설치하는 항로 표지는?

가 등대
나 등표
사 등선
아 등주

17 선박의 통항이 곤란한 좁은 수로, 항구, 만 입구 등에서 선박에게 안전한 항로를 알려 주기 위하여 항로 연장선상의 육지에 설치하는 분호등은?

가 도등
나 조사등
사 지향등
아 호광등

18 다음과 같은 두표를 가진 표지는?

●
●

가 방위표지
나 특수표지
사 고립장애표지
아 안전수역표지

19 레이더에서 발사된 전파를 받을 때에만 응답하며, 일정한 형태의 신호가 나타날 수 있도록 전파를 발사하는 전파표지는?

가 레이콘(Racon)
나 레이마크(Ramark)
사 코스 비컨(Course beacon)
아 레이더 리플렉터(Radar reflector)

20 다음 중 음향표지 이용 시 주의사항으로 옳지 않은 것은?

가 항해 시 음향표지에만 지나치게 의존해서는 안 된다.
나 무신호소는 신호를 시작하기까지 다소 시간이 걸릴 수 있다.
사 음향표지의 신호를 들으면 즉각적으로 응답신호를 보낸다.
아 신호음의 방향 및 강약만으로 신호소의 방위나 거리를 판단해서는 안 된다.

21 같은 형태의 막대 모양 온도계 2개 중에서 하나는 그대로 노출되어 있고, 다른 하나는 끝부분을 헝겊으로 싸서 여기에 심지를 달아 부착된 용기로부터 물을 빨아 올리게 되어 있는 것으로 2개 온도계의 온도차를 측정하여 습도와 이슬점을 구할 수 있는 것은?

가 자기 습도계
나 모발 습도계
사 건습구 온도계
아 모발 자기 습도계

22 바람에 작용하는 힘이 아닌 것은?

가 전향력
나 마찰력
사 기압경도력
아 기압위도력

23 따뜻한 공기가 온도가 낮은 표면상으로 이동해서 냉각되어 생긴 안개는?

가 복사안개

나 이류안개

사 새벽안개

아 저녁안개

24 좁은 수로를 통과할 때나 항만을 출·입항할 때 선위 측정을 자주 하거나 예정 침로를 계속 유지하기가 어려운 경우에 대비하여 미리 해도를 보고 위험을 피할 수 있도록 준비하여 둔 예방선은?

가 중시선

나 피험선

사 방위선

아 변침선

25 10노트의 속력으로 45분을 항해하였을 때 항주한 거리는?

가 2.5마일

나 5마일

사 7.5마일

아 10마일

제2과목 　 **운용**

01 목갑판을 보존하기 위한 정비방법으로 옳지 않은 것은?

가 도료는 한 번에 두껍게 바른다.

나 자주 씻고 깨끗하게 하여 건조시킨다.

사 틈이 생기면 바로 떼운다.

아 목갑판에 사용하는 도구만을 쓴다.

02 충분한 건현을 유지해야 하는 목적은?

가 선속을 빠르게 하기 위해서

나 선박의 부력을 줄이기 위해서

사 예비부력을 확보하기 위해서

아 화물의 적재를 쉽게 하기 위해서

03 선체의 좌우 선측을 구성하는 뼈대로서 용골에 직각으로 배치되고, 갑판보와 늑판에 양 끝이 연결되어 선체 횡강도의 주체가 되는 것은?

가 늑골

나 기둥

사 용골

아 브래킷

04 선체의 명칭을 나타낸 아래 그림에서 ㉠은 무엇인가?

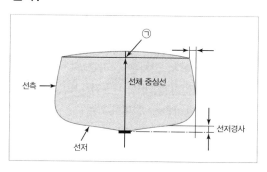

가 용골

나 빌지

사 텀블 홈

아 캠버

05 강선 선저부의 선체나 타판이 부식되는 것을 방지하기 위해 선체 외부에 부착하는 것은?

가 동판　　　　나 아연판

사 주석판　　　아 놋쇠판

06 선박이 항행하는 구역 내에서 선박의 안전상 허용된 최대의 흘수선은?

가 선수흘수선　　나 만재흘수선

사 평균흘수선　　아 선미흘수선

07 전진 또는 후진 시에 배를 임의의 방향으로 회두시키고 일정한 침로를 유지하는 역할을 하는 설비는?

가 키　　　　　나 닻

사 양묘기　　　아 주기관

08 그림과 같이 표시된 곳에 보관된 구명설비는?

가 구명조끼　　나 방수복

사 구명부환　　아 구명뗏목

09 초단파(VHF) 무선설비의 조난경보 버튼을 눌렀을 때 발신되는 조난신호의 내용이 아닌 것은?

가 선명

나 해상이동업무식별부호(MMSI)

사 위치(경도, 위도)

아 시각

10 비상위치지시용 무선표지설비(EPIRB)에 대한 설명으로 옳지 않은 것은?

가 선박이 침몰할 때 떠올라서 조난신호를 발신한다.

나 위성으로 조난신호를 발신한다.

사 자동작동 또는 수동작동 모두 가능하다.

아 선교 안에 설치되어 있어야 한다.

11 다음 중 조난신호를 나타내는 것은?

가 메이데이(MAYDAY)

나 팡 팡(PAN PAN)

사 어얼전트(URGENT)

아 시큐리티(SECURITE)

12 연안항해에서 선박 상호 간에 교신을 위한 단거리 통신용 무선설비는?

가 초단파(VHF) 무선설비

나 중단파(MF/HF) 무선설비

사 인말새트 위성통신설비(Inmarsat)

아 레이더 트랜스폰더

13 일반적으로 초단파(VHF) 무선설비의 통신이 가능한 최대 거리는?

가 약 2~3해리 이내

나 약 20~30해리 이내

사 약 200~300해리 이내

아 약 2,000~3,000해리 이내

14 비상위치지시용 무선표지설비(EPIRB)의 색상은?

가 초록색

나 보라색

사 검은색

아 황색 또는 주황색

15 선박이 정해진 침로를 따라 직진하는 성질은?

가 선회성

나 추종성

사 초기선회성

아 침로안정성

16 선회성지수가 클 때 나타나는 현상은?

가 배가 늦게 선회하여 작은 선회권을 그린다.

나 배가 늦게 선회하여 큰 선회권을 그린다.

사 배가 빠르게 선회하여 작은 선회권을 그린다.

아 배가 빠르게 선회하여 큰 선회권을 그린다.

17 선박이 항진 중에 타각을 주면 수류가 타판에 부딪혀서 타판을 미는 힘이 작용하는데 그 힘 중에서 선체를 회두시키는 우력의 성분이 되는 것은?

가 양력

나 항력

사 마찰력

아 직압력

18 우회전 고정피치 스크루 프로펠러 한 개가 장착되어 있는 선박의 기관 전진상태에서 배출류의 영향으로 발생하는 현상은?

가 선수는 좌현 쪽으로 회두한다.

나 선미를 우현 쪽으로 밀게 된다.

사 선미를 좌현 쪽으로 밀게 된다.

아 선수가 회두하지 않는다.

19 선체회두가 원침로로부터 180도 된 곳까지 원침로에서 직각 방향으로 잰 거리는?

가 킥

나 리치

사 선회경

아 선회 횡거

20 선체가 항주할 때 수면하의 선체가 받는 저항이 아닌 것은?

가 공기저항

나 마찰저항

사 조파저항

아 조와저항

21 파랑의 충격이나 충돌사고가 날 때에 잘 견디고 선체를 보호할 수 있는 강한 구조로 되어 있는 선수부의 구조는?

가 새깅

나 호깅

사 래킹

아 팬팅

22 황천항해에 대비하여 선창에 화물을 실을 때 주의사항으로 옳지 않은 것은?

가 먼저 양하할 화물부터 싣는다.

나 갑판 개구부의 폐쇄를 확인한다.

사 화물의 이동에 대한 방지책을 세워야 한다.

아 무거운 것은 밑에 실어 무게중심을 낮춘다.

23 황천 중에 항행이 곤란할 때의 조선상의 조치로서 황천 속에서 기관을 정지하고 선수를 풍랑에 향하게 하여 선체를 풍하로 표류하도록 하는 방법은?

가 표주(Lie to)법

사 거주(Heave to)법

나 순주(Scudding)법

아 진파기름(Storm oil)의 살포

24 선박 내에서 화재 발생 시 조치사항으로 옳지 않은 것은?

가 필요시 화재 구역의 전기를 차단한다.

나 바람의 방향이 앞바람이 되도록 배를 돌린다.

사 불의 확산 방지를 위하여 인접한 격벽에 물을 뿌린다.

아 어떤 물질이 타고 있는지를 확인하여 적합한 소화 방법을 강구한다.

25 선박이 조난을 당하였을 경우 조난을 표시하는 신호의 종류가 아닌 것은?

가 낙하산이 달린 적색의 염화 로켓

나 무선전화기 채널 16번에서 '메이데이'로 말하는 신호

사 흰색 연기를 발하는 발연신호

아 국제신호기 'NC' 게양

제3과목 | **법규**

01 해상교통안전법상 항행 중 보급, 사람 또는 화물의 이송 작업을 하는 선박은?

가 조종불능선

나 조종제한선

사 흘수제약선

아 이선작업선

02 해상교통안전법상 가장 잘 보이는 곳에 수직으로 붉은색 전주등 2개를 켜고 있는 선박은?

가 기관고장선

나 잠수 작업선

사 소해 작업선

아 흘수제약선

03 해상교통안전법상 '어로에 종사하고 있는 선박'이 아닌 것은?

가 투망 중인 안강망 어선

나 양망 중인 저인망 어선

사 낚시를 드리우고 있는 채낚기 어선

아 어장 이동을 위해 항행하는 통발 어선

04 해상교통안전법상 야간에 가장 잘 보이는 곳에 붉은색 전주등 3개를 수직으로 표시하고 있는 선박은?

가 조종제한선

나 어로에 종사하고 있는 선박

사 조종불능선

아 흘수제약선

05 해상교통안전법상 가까이 있는 다른 선박으로부터 단음 2회의 기적신호를 들었을 때 그 선박이 취하고 있는 동작은?

가 우현 변침　　나 좌현 변침
사 감속　　　　아 침로 유지

06 해상교통안전법상 서로 시계 안에 있는 선박이 접근하고 있을 경우, 하나의 선박이 다른 선박의 의도 또는 동작을 이해할 수 없을 때 울리는 기적신호는?

가 장음 5회 이상
나 장음 3회 이상
사 단음 5회 이상
아 단음 3회 이상

07 해상교통안전법상 안개가 끼어 시계가 제한된 수역에서 2분이 넘지 않는 간격으로 장음 2회의 기적신호를 들었다면 그 기적을 울린 선박의 상태는?

가 조종제한선
나 정박선
사 얹혀 있는 선박
아 대수속력이 없는 항행 중인 동력선

08 해상교통안전법상 야간에 본선의 정선수 방향에서 다른 선박의 마스트등과 양쪽의 현등이 동시에 보이는 상태는?

가 추월 상태　　나 안전한 상태
사 마주치는 상태　아 횡단하는 상태

09 해상교통안전법상 '적절한 경계'에 대한 설명으로 옳지 않은 것은?

가 이용할 수 있는 모든 수단을 이용한다.
나 청각을 이용하는 것이 가장 효과적이다.
사 선박 주위의 상황을 파악하기 위함이다.
아 다른 선박과 충돌할 위험성을 파악하기 위함이다.

10 해상교통안전법상 '안전한 속력'을 결정할 때 고려해야 할 요소가 아닌 것은?

가 시계의 상태
나 선박의 설비 구조
사 선박의 조종성능
아 해상교통량의 밀도

11 해상교통안전법상 서로 시계 안에서 항행 중인 범선이 반드시 진로를 피해야 하는 선박이 아닌 것은?

가 동력선
나 조종제한선
사 조종불능선
아 어로에 종사하고 있는 선박

12 ( )에 적합한 것은?

"해상교통안전법상 길이 ( ) 미만의 선박이나 범선은 좁은 수로 등의 안쪽에서만 안전하게 항행할 수 있는 다른 선박의 통행을 방해하여서는 아니 된다."

가 10미터　　　나 20미터
사 30미터　　　아 50미터

13 해상교통안전법상 '얹혀 있는 선박'의 주간 형상물은?

가 가장 잘 보이는 곳에 수직으로 원통형 형상물 2개

나 가장 잘 보이는 곳에 수직으로 원통형 형상물 3개

사 가장 잘 보이는 곳에 수직으로 둥근형 형상물 2개

아 가장 잘 보이는 곳에 수직으로 둥근형 형상물 3개

14 해상교통안전법상 '섬광등'의 정의는?

가 선수쪽 225도의 사광범위를 갖는 등

나 선미쪽 135도의 사광범위를 갖는 등

사 360도에 걸치는 수평의 호를 비추는 등화로서 일정한 간격으로 1분에 120회 이상 섬광을 발하는 등

아 360도에 걸치는 수평의 호를 비추는 등화로서 일정한 간격으로 1분에 60회 이상 섬광을 발하는 등

15 해상교통안전법상 '항행 중'인 상태는?

가 정박

나 얹혀 있는 상태

사 계류시설에 매어 놓은 상태

아 해상에서 일시적으로 운항을 멈춘 상태

16 선박의 입항 및 출항 등에 판한 법률상 무역항의 방파제 부근에서 동력선이 입항할 때 출항하는 선박과 마주칠 우려가 있는 경우의 항법으로 옳은 것은?

가 출항선은 항로에서 대기하여야 한다.

나 입항선은 신속히 방파제 안으로 들어간다.

사 입항선은 방파제 밖에서 대기하여야 한다.

아 출항선은 입항선의 진로를 피하여야 한다.

17 선박의 입항 및 출항 등에 관한 법률상 선박이 해상에서 일시적으로 운항을 멈추는 것은?

가 정박　　나 정류

사 계류　　아 계선

18 선박의 입항 및 출항 등에 관한 법률상 '우선피항선'이 아닌 것은?

가 예선

나 수면비행선박

사 주로 삿대로 운전하는 선박

아 주로 노로 운전하는 선박

19 선박의 입항 및 출항 등에 관한 법률상 무역항의 수상구역 등에서 정박지를 지정하는 기준이 아닌 것은?

가 선박의 종류　　나 선박의 국적

사 선박의 톤수　　아 적재물의 종류

20 선박의 입항 및 출항 등에 관한 법률상 무역항 항로에서의 항법으로 옳은 것은?

가 나란히 항행하여야 한다.

나 가장 빠른 속력으로 항행한다.

사 피예인선을 끌고 항행할 수가 없다.

아 다른 선박과 마주칠 때는 우측으로 항행한다.

21 선박의 입항 및 출항 등에 관한 법률상 무역항의 수상구역 등에서 화재가 발생한 경우 기적이나 사이렌을 갖춘 선박이 울리는 경보는?

가 기적 또는 사이렌으로 장음 5회를 적당한 간격으로 반복

나 기적 또는 사이렌으로 장음 7회를 적당한 간격으로 반복

사 기적 또는 사이렌으로 단음 5회를 적당한 간격으로 반복

아 기적 또는 사이렌으로 단음 7회를 적당한 간격으로 반복

22 선박의 입항 및 출항 등에 관한 법률상 무역항의 수상구역 등에 출입하려고 할 때 선장이 반드시 출입 신고를 하여야 하는 선박은?

가 도선선

나 총톤수 4톤인 어선

사 해양사고구조에 사용되는 선박

아 부선을 선미에서 끌고 있는 예인선

23 해양환경관리법상 생물체의 부착을 제한 · 방지하기 위하여 선박에 사용하는 것으로 유기주석 성분 등 생물체의 파괴작용을 하는 성분이 포함된 것은?

가 포장유해물질

나 유해방오도료

사 대기오염물질

아 선저폐수

24 해양환경관리법상 오염물질이 배출된 경우의 방제조치에 해당되지 않는 것은?

가 오염물질의 배출방지

나 배출된 오염물질의 확산방지 및 제거

사 배출된 오염물질의 수거 및 처리

아 기름오염방지설비의 가동

25 해양환경관리법상 기름오염방제에 대한 설명으로 옳지 않은 것은?

가 자재와 약제는 형식승인, 검정 및 인정을 받아야 한다.

나 방제 자재 및 약제의 비치 방법은 선박소유자가 정한다.

사 선박소유자와 선장은 방제조치의 의무가 있다.

아 선박소유자와 선장은 정부의 명령에 따라서 방제조치를 취해야 한다.

제4과목 **기관**

01 디젤 기관의 운전 중 진동이 심해지는 경우의 원인으로 옳지 않은 것은?

가 기관대의 설치 볼트가 여러 개 절손되었을 때
나 윤활유 압력이 높을 때
사 노킹현상이 심할 때
아 기관이 위험 회전수로 운전될 때

02 디젤 기관이 시동되지 않을 경우의 원인으로 옳지 않은 것은?

가 연료 노즐에서 연료가 분사되지 않을 때
나 실린더 내 압축압력이 너무 낮을 때
사 실린더의 온도가 높을 때
아 불량한 연료유를 사용했을 때

03 디젤 기관의 운전 중 점검 사항이 아닌 것은?

가 연료분사 밸브의 분사압력 및 분무상태
나 감속기 및 과급기의 윤활유 양
사 윤활유 압력
아 주기관의 윤활유 양

04 디젤 기관에서 피스톤 링의 역할에 대한 설명으로 옳지 않은 것은?

가 피스톤과 실린더 라이너 사이의 기밀을 유지한다.
나 피스톤과 연접봉을 서로 연결시킨다.
사 피스톤의 열을 실린더 벽으로 전달시켜 피스톤을 냉각시킨다.
아 피스톤과 실린더 라이너 사이에 유막을 형성하여 마찰을 감소시킨다.

05 디젤 기관의 실린더 헤드 볼트를 죄는 요령으로 옳지 않은 것은?

가 한 번에 다 죄지 말고 여러 번 나누어 죈다.
나 대각선 위치의 볼트를 번갈아 죈다.
사 볼트를 죄는 힘을 균일하게 한다.
아 열팽창을 고려해서 운전 중에 다시 죈다.

06 항해 중 주기관을 급히 정지시켜야 할 경우가 아닌 것은?

가 연료분사 펌프의 송출압력이 높아질 때
나 운동부에서 이상한 소리가 날 때
사 윤활유의 압력이 급격히 떨어질 때
아 냉각수가 공급되지 않을 때

07 디젤 기관에서 짧은 시간에 완전 연소하는 데 필요한 연료분사 조건이 아닌 것은?

가 무화   나 윤활
사 관통   아 분산

08 기어 펌프에서 송출 압력이 일정치 이상으로 상승하면 송출측 유체를 흡입측으로 되돌리는 밸브는?

가 릴리프밸브   나 송출밸브
사 흡입밸브   아 나비밸브

09 디젤 기관에서 실린더 라이너의 마멸 원인으로 옳지 않은 것은?

가 연접봉의 경사로 생긴 피스톤의 측압

나 피스톤 링의 장력이 너무 클 때

사 흡입공기 압력이 너무 높을 때

아 사용 윤활유가 부적당하거나 과부족일 때

10 가솔린 기관과 디젤 기관에 대한 설명으로 옳은 것은?

가 가솔린 기관과 디젤 기관 모두 2행정 사이클 기관이 없다.

나 가솔린 기관에는 2행정 사이클 기관이 있고 디젤 기관에는 없다.

사 가솔린 기관에는 2행정 사이클 기관이 없고 디젤 기관에는 있다.

아 가솔린 기관과 디젤 기관 모두 2행정 사이클 기관이 있다.

11 디젤 기관에서 플라이휠의 주된 역할은?

가 크랭크축의 회전력 변동을 줄인다.

나 새로운 공기를 흡입하고 압축한다.

사 회전속도의 변화를 크게 한다.

아 피스톤 상사점의 눈금을 표시한다.

12 소형선박의 디젤 기관에서 흡기 및 배기 밸브는 무엇에 의해 닫히는가?

가 윤활유 압력

나 스프링의 힘

사 연료유가 분사되는 힘

아 흡·배기 가스 압력

13 디젤 기관에서 회전운동을 하는 것은?

가 메인 베어링

나 피스톤

사 크랭크축

아 배기밸브 푸시로드

14 디젤 기관의 운전 중 기관 자체에서 이상한 소리가 발생할 때 가장 우선적인 조치는?

가 윤활유를 보충한다.

나 기관의 회전수를 내린다.

사 연료유 필터를 교환한다.

아 냉각수 순환량을 증가시킨다.

15 전기회로에서 멀티테스터로 직접 측정할 수 없는 것은?

가 저항

나 직류 전압

사 교류 전압

아 전력

16 해수 펌프가 물을 송출하지 못하는 경우의 원인으로 옳지 않은 것은?

가 흡입하는 해수의 온도가 영하일 때

나 흡입측 스트레이너가 많이 막혀 있을 때

사 송출밸브가 잠겨 있을 때

아 흡입밸브가 잠겨 있을 때

17 기어 펌프로 이송하기에 적합한 유체는?

가 청수　　　　나 해수

사 윤활유　　　아 압축공기

18 송출측에 공기실을 설치하는 펌프는?

가 원심 펌프　　나 축류 펌프

사 왕복 펌프　　아 기어 펌프

19 발전기의 기중차단기를 나타내는 것은?

가 ACB　　　　나 NFB

사 OCR　　　　아 MCCB

20 유도전동기의 기동반에 주로 설치되는 계기는?

가 전력계　　　나 전압계

사 전류계　　　아 주파수계

21 1마력(PS)의 크기를 옳게 표시한 것은?

가 75kgf・m/s

나 102kgf・m/s

사 150kgf・m/s

아 204kgf・m/s

22 4행정 사이클 디젤 기관에서 흡・배기 밸브의 밸브겹침이란?

가 상사점 부근에서 흡・배기 밸브가 동시에 열려 있는 기간

나 상사점 부근에서 흡・배기 밸브가 동시에 닫혀 있는 기간

사 하사점 부근에서 흡・배기 밸브가 동시에 열려 있는 기간

아 하사점 부근에서 흡・배기 밸브가 동시에 닫혀 있는 기간

23 디젤 기관을 장기간 휴지할 경우의 주의사항으로 옳지 않은 것은?

가 동파를 방지한다.

나 부식을 방지한다.

사 정기적으로 터닝을 시켜 준다.

아 중요 부품은 분해하여 보관한다.

24 화재에 가장 유의해야 하는 연료유는?

가 점도가 큰 연료유

나 발화성이 작은 연료유

사 인화점이 낮은 연료유

아 비중이 작은 연료유

25 소형선박의 기관에서 발생한 동력을 추진기축으로 전달하거나 끊어 주는 장치는?

가 클러치　　　나 추진기

사 추력 베어링　아 크랭크축

Small Vessel Operator

소형선박조종사
모의고사
정답 및 해설

01 제1회 소형선박조종사 모의고사

제1과목 항해 | 정답

01	나	02	나	03	사	04	나	05	아
06	아	07	가	08	아	09	사	10	사
11	사	12	아	13	사	14	아	15	아
16	가	17	사	18	사	19	나	20	사
21	아	22	사	23	아	24	나	25	사

01 정답 나
자침의 방위가 070°이고, 그 지점이 편차가 9°W, 자차가 6°E이면 나침로는 070°(진침로) + 9°(편차) − 6°(자차) = 073°이다. 편차나 자차가 W이면 더해 주고, E이면 빼 주면 된다.

02 정답 나
섀도 핀 : 놋쇠로 된 가는 막대로 컴퍼스 볼의 글라스 커버의 중앙에 핀을 세울 수 있는 섀도 핀 꽂이(ㄱ)가 있다.

03 정답 사
편차 : 진자오선(진북)과 자기 자오선(자북)이 이루는 각

04 정답 나
전원이 필요한 계기 : 선속계, 레이더, 자이로컴퍼스, 음향측심기 등

05 정답 아
가. Q기 : 본선, 건강함
나. NC : 본선은 조난을 당했다.
사. VE : 본선은 소독 중이다.
아. OQ : 자차측정 중이다.

06 정답 아
마그네틱 컴퍼스(자기 나침의) 설치 시 유의사항
- 선체의 중앙부분 선수, 선미 선상에 위치할 것
- 시야가 넓어서 방위 측정이 쉬운 곳에 위치할 것
- 주위에 전류도체가 없는 곳에 위치할 것
- 선체 및 기관의 진동이 비교적 적은 곳에 위치할 것

07 정답 가
레이콘(Racon) : 선박 레이더에서 발사된 전파를 받은 때에만 응답하며, 일정한 형태의 신호가 나타날 수 있도록 전파를 발사하는 무지향성 송수신 장치

08 정답 아
음향측심기의 용도 : 해저의 저질, 어군 존재 파악을 위한 것으로 초행인 수로 출입, 여울, 암초 등에 접근할 때 안전항해를 위하여 사용
아. **선속계**(측정의, log) : 선박의 속력과 항주거리 등을 측정하는 계기

09 정답 사
해면반사 억제기(STC) : 근거리에 대한 반사파의 수신 감도를 떨어뜨리도록 하여 방해현상을 줄이는 조정기

10 정답 사
상대동작 레이더
- 선박에서 일반적으로 가장 많이 사용되는 방식
- 자선의 위치가 PPI(Plan Position Indicator) 상의 어느 한 점(주로 PPI의 중심)에 고정되어 있기 때문에, 모든 물체는 자선의 움직임에 대하여 상대적인 움직임으로 표시
- 그림에서 추월선은 본선의 뒤쪽으로 접근하는 C선박이다.

11 정답 사
우리나라에서 사용되는 항로표지와 등색
- 좌현표지 : 녹색
- 우현표지 : 적색
- 고립장애표지 : 백색
- 특수표지 : 황색

12 정답 아
점장도는 항정선을 평면 위에 직선으로 나타내기 위해서 고안된 도법으로, 거리를 측정할 때에는 위도 눈금으로 알 수 있다.

13 정답 사
나침도
- 바깥쪽 원은 진북을 가리키는 진방위를 표시

- 안쪽은 자침방위를 표시하며 중앙에는 자침편차와 1년 간의 변화량인 연차가 기재됨

14 정답 아

항박도는 항만, 투묘지, 어항, 해협과 같은 좁은 구역을 대상으로 배가 부두에 접안할 수 있는 시설 등을 상세히 표시한 해도로서, 축척 1/5만 이상의 대축척 해도이다.

15 정답 아

국립해양조사원에서 한국연안조석표는 1년마다 간행하며, 태평양 및 인도양 연안의 조석표는 격년 간격으로 간행한다.

16 정답 가

등대표

- 선박을 안전하게 유도하고 선위 측정에 도움을 주는 주간, 야간, 음향, 무선 표지를 상세하게 수록
- 항로표지의 명칭과 위치, 등질, 등고, 광달거리, 색상과 구조 등을 자세히 기재

17 정답 사

지향등 : 선박의 통항이 곤란한 좁은 수로, 항구, 만 입구에서 안전 항로를 알려 주기 위해 항로의 연장선상 육지에 설치한 분호등(백색광이 안전구역)

18 정답 사

레이더 반사기(radar reflector) : 전파의 반사 효과를 잘 되게 하기 위한 장치로 부표·등표 등에 설치하는 경금속으로 된 반사판

19 정답 나

레이더 트랜스폰더(Radar Transponder) : 정확한 질문을 받거나 송신이 국부명령으로 이루어질 때 응답 전파를 발사하여 레이더의 표시기상에 그 위치가 표시되도록 하는 장치

20 정답 사

유도 비컨(Course Beacon)

- 좁은 수로 또는 항만에서 선박 안전을 목적으로 2개의 전파를 발사하여 중앙의 좁은 폭에서 겹쳐서 장음이 들리도록 함
- 선박이 항로상에 있으면 연속음이 들리고, 항로에서 좌우로 멀어지면 단속음이 들리게 하는 표지국

21 정답 아

안개 : 대기 중의 수증기가 응결되어 물방울로 된 것

22 정답 사

기상기호의 기록 방법

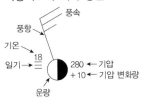

구름			일기				
맑음	갬	흐림	비	소나기	눈	안개	뇌우
○	◑	●	●	▽	✳	☰	⌐

23 정답 아

일기도 표제의 의미 : A(Analysis, 해석도), F(Forecast, 예상도), W(Warning, 경보), S(Surface, 지상 자료), U(Upper air, 고층 자료)

24 정답 나

항로의 분류

- 지리적 분류 : 연안항로, 근해항로, 원양항로(遠洋航路) 등
- 통행 선박의 종류에 따른 분류 : 범선항로, 소형선항로, 대형선항로 등
- 국가·국제기구에서 항해의 안전상 권장하는 항로 : 추천항로
- 운송상의 역할에 따른 분류 : 간선항로(幹線航路), 지선항로(支線航路)

25 정답 사

경계선은 어느 수심보다 얕은 구역에 들어가면 위험하다고 생각될 때 위험구역을 표시하는 등심선으로 보통 해도상에 빨간색으로 표시한다.

01	사	02	가	03	사	04	아	05	사
06	사	07	나	08	나	09	사	10	가
11	사	12	가	13	사	14	아	15	나
16	아	17	사	18	사	19	나	20	사
21	나	22	나	23	사	24	아	25	사

01 정답 사
텀블 홈(Tumble home)과 플레어(Flare)
- 텀블 홈 : 선체 측면의 상부가 선체 안쪽으로 굽은 형상
- 플레어 : 상갑판 부근의 선측 상부가 선체 바깥쪽으로 굽은 형상

02 정답 가
늑골(Frame) : 선측 외판을 보강하는 구조부재로서 선체의 갑판에서 선저 만곡부까지 용골에 대해 직각으로 설치하는 강재

03 정답 사
밀가루 반죽과 같은 퍼티(putty)는 목선의 부식을 방지하기 위해 쓰인다.

04 정답 아
건현(Freeboard) : 선체가 침수되지 않은 부분의 수직거리, 선박의 중앙부의 수면에서부터 건현갑판의 상면의 연장과 외판의 외면과의 교점까지의 수직거리

05 정답 사
이중저 탱크
- 선저 외판의 만곡부에서 내저판을 설치하여 선저를 2중으로 한 구조를 이중저 탱크라고 한다.
- 소형선을 제외한 대부분의 선박은 이중저 구조로 되어 있다.
- 이중저는 선박의 구조를 견고하게 하고, 선저의 손상으로 인한 침수를 방지하며, 밸러스트 탱크, 청수 탱크, 연료유 탱크로 사용한다.

06 정답 사
흘수표의 표시 : 미터법 또는 피트법으로 선수, 선미, 선체 중앙부(중대형선)에 표시

07 정답 나
로켓 낙하산 신호 : 높이 300m 이상의 장소에서 펴지고 또한 점화되며, 매초 5m 이하의 속도로 낙하하며 화염으로서 위치를 알림(야간용)

08 정답 나
자동이탈장치(HRU) : 선박이 침몰하여 수면 아래 3m 정도에 이르면 수압에 의해 작동하여 구명뗏목을 부상시킴

09 정답 사
구명부기 : 선박 조난 시 구조를 기다릴 때 사용하는 인명구조 장비로, 사람이 타지 않고 손으로 밧줄을 붙잡고 있도록 만든 것

10 정답 가
선회성(steady turning ability) : 일정한 타각을 주었을 때 선박이 어떠한 각속도로 움직이는지를 나타내는 것으로, 군함이나 어선들과 같이 빠른 기동력을 필요로 하는 선박들은 빠른 선회성이 요구된다.

11 정답 사
VHF 채널 16(156.8MHz)은 조난, 긴급 및 안전에 관한 통신에만 이용하거나 상대국의 호출용으로만 사용되어야 한다.

12 정답 가
허위 조난호출 발신 시 stop을 눌러 발신을 중지시키고 채널 16을 통해 인근 선박과 구조본부에 조난호출 허위 발신 사실을 보고해야 한다.

13 정답 사
초단파(VHF) 무선설비로 호출하는 방법 : 먼저 호출하려는 항을 말한 다음 본선의 선박명을 말하면서 감도 상태를 물어본다. 예를 들어, 호출하려는 항이 '항무부산'이고 본선 선박명이 '동해호'라면, '항무부산, 여기는 동해호, 감도 있습니까'로 호출한다.

14 정답 아
비상위치지시용 무선표지설비(EPIRB) : 수색과 구조 작업 시 생존자의 위치 결정을 쉽게 하도록 무선표지신호를 발신하는 무선설비

15 정답 나
양력 : 타판에 작용하는 힘 중에서 그 작용하는 방향이 정횡 방향인 분력

16 정답 아

일반 화물선은 일정한 침로를 일직선으로 항행하는 것이 요구되므로 선회성보다는 침로안정성이 더 중요시된다.

17 정답 사

마찰력(frictional force)은 타판의 표면에 작용하는 물의 점성에 의한 힘을 말하며, 다른 힘에 비하여 극히 작은 값을 가지므로 직압력을 계산할 때 일반적으로 무시한다.

18 정답 사

방형계수(방형비척계수) : 선박의 배수 용적을 선박의 길이, 폭 및 흘수로 나눈 몫을 말하며, 선박수면 밑의 형상이 넓고 좁음을 나타내는 하나의 지수로 배가 얼마만큼이나 뚱뚱한지 그 정도를 알아보는 수치

19 정답 나

리치(reach) : 전타를 시작한 위치에서 최종 선회경의 중심까지의 거리를 원침로상에서 잰 것을 리치라고 한다. 이것은 조타에 대한 추종성, 즉 전타 후 정상 선회에 도달하는 시간적인 지연을 거리로 나타낸 것으로서, 타효가 좋은 선박일수록 짧다.

20 정답 사

타력의 종류

- 발동타력 : 정지 중인 선박에서 기관을 전진 전속으로 발동하고 나서 실제로 전속이 될 때까지의 타력
- 정지타력 : 전진 중인 선박에 기관을 정지했을 때 실제로 선체가 정지할 때까지의 타력
- 반전타력 : 전속으로 전진 중인 선박에 기관을 후진전속으로 걸어서 선체가 정지할 때까지의 타력
- 회두타력 : 전타선회 중에 키를 중앙으로 한 때부터 선체의 회두운동이 멈출때까지의 거리

21 정답 나

선박은 육상의 구조물이나 다른 수송 수단과는 다른 특성을 고려하여 선체 구조의 안전성을 확보하여야 하므로, 선박이 경사하였을 때도 다시 원래의 상태로 되돌아올 수 있는 충분한 능력이 있어야 한다. 이와 같이 경사한 선박이 원래의 상태로 되돌아오려는 힘을 복원력이라 하며, 특히 10° 이내의 작은 경사각에서의 복원력을 초기 복원력(initial stability)이라 한다.

22 정답 나

횡동요(rolling) : 선수미선을 기준으로 하여 좌우 교대로 회전하는 횡경사 운동으로, 선박의 복원력과 밀접한 관계가 있다.

23 정답 사

청수, 해수, 기름 등의 액체가 탱크 내에 충만되지 아니한 경우 선체의 횡동요에 따라 유동수가 생겨 무게중심의 위치가 상승하여 GM이 감소한다. 또한 선박이 항해를 하면 연료유·청수 등의 소비로 인해 배수량의 감소와 GM의 감소를 가져온다.

24 정답 아

선체 고박(securing) : 선박이 일단 좌초되어 자력 이초가 곤란하다고 판단될 때, 조류나 풍랑에 의하여 더 이상 선체가 동요되지 않도록 그 자리에 선체를 고정시키는 것

25 정답 사

임의 좌주(beaching) : 선박의 충돌사고 등으로 인해 침몰 직전에 이르렀을 때 고의로 해안에 좌초시키는 것을 좌안 또는 임의 좌주라 한다.

제3과목 법규 | 정답

01	사	02	아	03	아	04	가	05	나
06	아	07	사	08	사	09	사	10	가
11	사	12	나	13	가	14	나	15	사
16	가	17	나	18	가	19	나	20	아
21	아	22	아	23	아	24	나	25	나

01 정답 사

제한된 시계 안에서의 음향신호(법 제100조)

3. 조종불능선, 조종제한선, 흘수제약선, 범선, 어로 작업을 하고 있는 선박 또는 다른 선박을 끌고 있거나 밀고 있는 선박은 제1호와 제2호에 따른 신호를 대신하여 2분을 넘지 아니하는 간격으로 연속하여 3회의 기적(장음 1회에 이어 단음 2회를 말한다)을 울려야 한다.

02 정답 아

조종제한선(법 제2조)

- 항로표지, 해저전선 또는 해저파이프라인의 부설·보수·인양 작업

- 준설·측량 또는 수중 작업
- 항행 중 보급, 사람 또는 화물의 이송 작업
- 항공기의 발착작업
- 기뢰제거작업
- 진로에서 벗어날 수 있는 능력에 제한을 많이 받는 예인 작업

03 정답 아

충돌을 피하기 위한 동작(법 제73조)

⑤ 선박은 다른 선박과의 충돌을 피하거나 상황을 판단하기 위한 시간적 여유를 얻기 위하여 필요하면 속력을 줄이거나 기관의 작동을 정지하거나 후진하여 선박의 진행을 완전히 멈추어야 한다.

04 정답 가

기적의 종류(법 제97조)

- 단음 : 1초 정도 계속되는 고동소리
- 장음 : 4초부터 6초까지의 시간 동안 계속되는 고동소리

05 정답 나

고속여객선 : 시속 15노트 이상으로 항행하는 여객선(법 제2조)

06 정답 아

충돌 위험(법 제72조)

④ 선박은 접근하여 오는 다른 선박의 나침방위에 뚜렷한 변화가 일어나지 아니하면 충돌할 위험성이 있다고 보고 필요한 조치를 하여야 한다. 접근하여 오는 다른 선박의 나침방위에 뚜렷한 변화가 있더라도 거대선 또는 예인작업에 종사하고 있는 선박에 접근하거나, 가까이 있는 다른 선박에 접근하는 경우에는 충돌을 방지하기 위하여 필요한 조치를 하여야 한다.

07 정답 사

횡단하는 상태(법 제80조)

2척의 동력선이 상대의 진로를 횡단하는 경우로서 충돌의 위험이 있을 때에는 다른 선박을 우현 쪽에 두고 있는 선박이 그 다른 선박의 진로를 피하여야 한다. 이 경우 다른 선박의 진로를 피하여야 하는 선박은 부득이한 경우 외에는 그 다른 선박의 선수 방향을 횡단하여서는 아니 된다.

08 정답 사

선박 사이의 책무(법 제83조)

⑦ 수상항공기는 될 수 있으면 모든 선박으로부터 충분히 떨어져서 선박의 통항을 방해하지 아니하도록 하되, 충돌할 위험이 있는 경우에는 이 법에서 정하는 바에 따라야 한다.

09 정답 사

선미등 : 135도에 걸치는 수평의 호를 비추는 흰색 등으로서 그 불빛이 정선미 방향으로부터 양쪽 현의 67.5도까지 비출 수 있도록 선미 부분 가까이에 설치된 등(법 제86조)

10 정답 가

항행 중인 예인선(법 제89조)

① 동력선이 다른 선박이나 물체를 끌고 있는 경우에는 다음 각 호의 등화나 형상물을 표시하여야 한다.

5. 예인선열의 길이가 200미터를 초과하면 가장 잘 보이는 곳에 마름모꼴의 형상물 1개

11 정답 사

조종불능선은 가장 잘 보이는 곳에 수직으로 붉은색 전주등 2개를 설치한다(법 제92조)

12 정답 나

서로 상대의 시계 안에 있는 선박이 접근하고 있을 경우에는 하나의 선박이 다른 선박의 의도 또는 동작을 이해할수 없거나 다른 선박이 충돌을 피하기 위하여 충분한 동작을 취하고 있는지 분명하지 아니한 경우에는 그 사실을 안 선박이 즉시 기적으로 단음을 5회 이상 재빨리 울려 그 사실을 표시하여야 한다(법 제99조).

13 정답 가

예선등 : 그 불빛이 정선미 방향으로부터 양쪽 현의 67.5도까지 비출 수 있도록 선미 부분 가까이에 설치된 황색 등(법 제86조)

14 정답 나

삼색등 : 선수와 선미의 중심선상에 설치된 붉은색·녹색·흰색으로 구성된 등으로서 그 붉은색·녹색·흰색의 부분이 각각 현등의 붉은색 등과 녹색 등 및 선미등과 같은 특성을 가진 등(법 제86조)

15 정답 사

선박은 통항로를 횡단하여서는 아니 된다. 다만, 부득이한 사유로 그 통항로를 횡단하여야 하는 경우에는 그 통항로와 선수 방향(船首方向)이 직각에 가까운 각도로 횡단하여야 한다(법 제75조).

16 정답 가

폐기물의 투기 금지 등(법 제38조)
① 누구든지 무역항의 수상구역 등이나 무역항의 수상구역 밖 10킬로미터 이내의 수면에 선박의 안전운항을 해칠 우려가 있는 흙·돌·나무·어구 등 폐기물을 버려서는 아니 된다.

17 정답 나

선박의 계선 신고 : 총톤수 20톤 이상의 선박을 무역항의 수상구역 등에 계선하려는 자는 해양수산부령으로 정하는 바에 따라 관리청에 신고하여야 한다(법 제7조).

18 정답 가

정박·정류 등의 제한 예외 : 해양사고를 피하기 위한 경우, 선박의 고장이나 그 밖의 사유, 인명을 구조하거나 급박한 위험(법 제6조)

19 정답 나

항로에서의 항법(법 제12조)
• 항로 밖에서 항로에 들어오거나 항로에서 항로 밖으로 나가는 선박은 항로를 항행하는 다른 선박의 진로를 피하여 항행할 것
• 항로에서 다른 선박과 나란히 항행하지 아니할 것
• 항로에서 다른 선박과 마주칠 우려가 있는 경우에는 오른쪽으로 항행할 것
• 항로에서 다른 선박을 추월하지 아니할 것
• 위험물운송선박(선박 중 급유선은 제외) 또는 흘수제약선의 진로를 방해하지 아니할 것
• 범선은 항로에서 지그재그(zigzag)로 항행하지 아니할 것

20 정답 아

정박지는 선박이 해상에서 닻을 바다 밑바닥에 내려놓고 운항을 멈출 수 있는 장소로 해저 토질은 닻이 박히기에 적합한 곳이 바람직하다. 정박지는 묘지(錨地 : 닻 내리는 곳), 부표 정박지, 배 선회장 등의 조선 수면을 포함하고 있다(법 제2조).

21 정답 아

속력 등의 제한(법 제17조)
① 선박이 무역항의 수상구역 등이나 무역항의 수상구역 부근을 항행할 때에는 다른 선박에 위험을 주지 아니할 정도의 속력으로 항행하여야 한다.

22 정답 아

항로 : 선박의 출입 통로로 이용하기 위하여 제10조에 따라 지정·고시한 수로(법 제2조)

23 정답 아

선박오염물질기록부의 종류 : 폐기물기록부, 기름기록부, 유해액체물질기록부(법 제30조)

24 정답 나

선박 안에서 발생하는 폐기물의 처리(법 제22조)
• 모든 플라스틱류는 해양에 배출 금지 : 합성로프 및 어망, 플라스틱으로 만들어진 쓰레기봉투, 독성 또는 중금속 잔류물을 포함할 수 있는 플라스틱제품의 소각재
• 폐기물의 배출을 허용하는 경우 : 화물창 안의 화물보호재료로 부유성이 있는 것은 25해리, 음식찌꺼기 및 모든 쓰레기, 화물잔류물, 폐사된 어획물, 분쇄 또는 연마하지 않은 음식찌꺼기 등

25 정답 나

해양시설로부터의 오염물질 배출신고(시행규칙 제29조)
① 법 제63조에 따라 해양시설로부터의 오염물질 배출을 신고하려는 자는 서면·구술·전화 또는 무선통신 등을 이용하여 신속하게 하여야 하며, 그 신고사항은 다음과 같다.
• 해양오염사고의 발생일시·장소 및 원인
• 배출된 오염물질의 종류, 추정량 및 확산상황과 응급조치상황
• 사고선박 또는 시설의 명칭, 종류 및 규모
• 해면상태 및 기상상태

PART 02

제4과목 기관 | 정답

01 사	02 나	03 가	04 나	05 가
06 아	07 가	08 가	09 나	10 아
11 아	12 사	13 가	14 아	15 나
16 나	17 가	18 나	19 나	20 아
21 가	22 사	23 가	24 사	25 가

01 정답 사

작동행정은 동력이 발생되기 때문에 동력행정이라고도 하며, 압축된 혼합기가 점화 플러그 또는 압축된 공기에 연료가 분사되어 폭발하면서 발생한 연소가스가 피스톤을 하강시켜 크랭크축을 회전시키면서 동력이 발생된다.

02 정답 나

연료유 공급 장치는 저장 탱크에서부터 연료분사 장치까지 연료유를 공급하는 장치를 뜻한다. 연료유 공급 장치에는 각종 탱크, 공급 펌프, 여과기, 가열기 등이 있다.

03 정답 가

윤활유는 각 운동 부분에 유막을 형성하여 마찰을 감소시키고 베어링, 금속 부품 등의 마멸을 방지한다.

04 정답 나

윤활유 온도가 높아지는 원인 : 냉각수가 부족한 경우나 온도 상승, 냉기관이 오손, 과부하 되었을 때

05 정답 가

연소실은 피스톤이 상사점에 있을 때 피스톤 상부와 실린더 헤드 사이의 공간으로서, 연료유가 연소하는 곳이다.

06 정답 아

동력전달장치의 구성
- **축계**(shafting) : 저속 디젤 기관에 직결하여 동력을 전달
- **감속장치**(reduction gear) : 중·고속 디젤 기관, 증기 터빈, 가스 터빈 등의 고속 회전을 감속
- **클러치**(clutch) : 운전 중 동력을 끊을 수 있게 하는 장치

07 정답 가

도시마력(지시마력, HHP) : 실린더 내에서 발생하는 출력을 폭발압력으로부터 직접 측정하는 마력, 실린더 내의 연소압력이 피스톤에 실제로 작용하는 동력

08 정답 가

프로펠러축의 슬리브와 선미관 사이에는 열대 지방에서 나는 목재의 일종인 리그넘 바이티(lignum vitae)를 삽입하여 축의 부식을 막고 동시에 선미관 내면과의 마찰 감소를 꾀한다.

09 정답 나

R.P.M(Revolution Per Minute, 1분간 기관 회전수) : 크랭크축이 1분 동안 몇 번의 회전을 하는지 나타내는 단위

10 정답 아

평형추(balance weight)
- 크랭크축의 형상에 따른 불균형을 보정하여, 회전체의 평형을 이루기 위해 설치한다.
- 기관의 진동을 적게 하고, 원활한 회전을 하도록 하며, 메인 베어링의 마찰을 감소시키는 역할을 한다.

11 정답 아

디젤 기관의 운전 중 점검 내용 : 사용 연료유, 연료유 공급 펌프의 입구와 출구 압력, 윤활유 압력과 온도, 냉각수의 압력, 각 실린더의 배기가스 온도와 배기색 등

12 정답 사

과부하출력 : 과부하출력은 정격출력을 넘어서, 정해진 운전 조건하에서 일정시간 동안의 연속운전을 보증하는 출력

13 정답 가

실린더 라이너의 상부는 플랜지(flange) 모양으로 블록에 끼워져 헤드와 결합되고, 그 사이에 연강이나 구리로 만든 개스킷(gasket)을 넣어 연소실의 가스가 새지 않게 한다.

14 정답 아

피스톤 링의 조립
- 피스톤 링을 피스톤에 조립할 때는 각인된 쪽이 실린더 헤드 쪽으로 향하도록 하고 링 이음부는 크랭크축 방향과 축의 직각 방향(측압쪽)을 피해서 120°~180° 방향으로 서로 엇갈리게 조립한다.
- 링을 조립할 때는 링의 끝부분이 절개되어 있어 완전한 기밀을 유지하기 어려우므로 절개부 위치를 엇갈리게 배치한다.

15 정답 나

발전기의 시험과 운전 : 쇠붙이의 절연부에 대하여 절연저항, 내전압, 누설 전류, 파괴 전압 등을 조사하는 시험인 절연시험을 500V 메거(megger)로 1MΩ 이상 실시한다.

16 정답 나

선박용 발전기에서 발전 전압은 고전압 발전을 하지 않을 경우 일반적으로 3상 440[V], 60[Hz]를 사용한다. 3상 440[V]는 동력용 부하에 주로 사용되며, 선내 조명이나 저전력용 부하에는 단상 220[V]를 공급하기 위해 변압기를 사용한다.

17 정답 가

전하와 전기장
- **대전** : 마찰에 의하여 전기를 띠는 현상
- **대전체** : 대전된 물체
- **전하** : 대전체가 가지는 전기의 양

18 정답 나

체크밸브 : 정전 등으로 펌프가 급정지할 때 발생하는 유체과도현상으로 인한 펌프의 손상 및 물의 역류를 방지하는 역할을 한다.

19 정답 나

회전차(임펠러, impeller) : 펌프의 내부로 들어온 액체에 원심력을 작용시켜 액체를 회전차의 중심부에서 바깥쪽으로 밀어낸다.

20 정답 아

전동기의 기동반에 설치되는 표시등에는 운전등, 전원등, 경보등이 있다.

21 정답 가

윤활유 펌프의 입·출구 압력이 정상인데 베어링에 공급되는 윤활유의 압력과 온도가 조금이라도 정상적인 값을 벗어나면 베어링부의 발열을 먼저 점검하여야 한다. 베어링 윤활유, 실린더 냉각수, 피스톤 냉각수(유) 출구 온도가 이상 상승할 때 기관을 정지시켜야 한다.

22 정답 사

특정 실린더 배기온도 상승
- 연료분사 밸브나 노즐의 결함 : 밸브나 노즐 교체
- 배기밸브의 누설 : 밸브 교체나 분해 점검

23 정답 가

기관을 정지시켜야 하는 경우
- 운동부에서 이상한 음향이나 진동이 발생할 때
- 베어링 윤활유, 실린더 냉각수, 피스톤 냉각수(유) 출구 온도가 이상 상승할 때
- 냉각수나 윤활유 공급 압력이 급격히 떨어졌으나 즉시 복구하지 못할 때
- 조속기, 연료분사 펌프, 연료분사 밸브의 고장으로 회전수가 급격히 변동할 때
- 회전수가 급격하게 떨어져 그 원인이 불분명하거나 배기 온도가 급격히 상승할 때
- 어느 실린더의 음향이 특히 높거나 안전 밸브가 동작하여 가스가 분출될 때 등

24 정답 사

중유는 흑갈색의 고점성 연료로 대형 디젤 기관 및 보일러의 연료로 많이 사용된다.

25 정답 가

리터[ℓ], 킬로리터[㎘]는 미터법에서 쓰는 부피의 단위이다.

02 제2회 소형선박조종사 모의고사

제1과목 항해 | 정답

01 아	02 사	03 아	04 가	05 아
06 사	07 아	08 나	09 아	10 나
11 아	12 사	13 가	14 사	15 아
16 나	17 아	18 가	19 아	20 아
21 가	22 가	23 가	24 사	25 아

01 정답 아

컴퍼스 카드(compass card)
- 온도가 변하더라도 변형되지 않도록 부실에 부착된 운모 혹은 황동제의 원형판으로 주변에 정밀하게 눈금을 파 놓았다.
- 360등분 된 방위 눈금이 새겨져 있고, 그 안쪽에는 사방점(N, S, E, W) 방위와 사우점(NE, SE, SW, NW) 방위가 새겨져 있다.

02 정답 사

자차가 변하는 요인 : 선수 방위가 바뀔 때, 지구상 위치의 변화, 선체의 경사, 적하물의 이동, 선수를 동일한 방향으로 장시간 두었을 때, 선체가 심한 충격을 받았을 때, 동일한 침로로 장시간 항행 후 변침할 때, 선체가 열적인 변화를 받았을 때, 나침의 부근의 구조 변경 및 나침의의 위치 변경, 지방자기의 영향을 받을 때

03 정답 아

자이로컴퍼스는 로터축의 수평 세차 운동과 제진 세차 운동이 합성되어 북을 가리킨다. 철물의 영향을 받지 않아 자차와 편차가 없다. 지북력이 강하여 진자오선의 방향을 가리키며 자기 나침의를 사용할 수 없는 양극 지방에서도 사용이 가능하다. 또한 방위신호를 간단히 전기신호로 바꿀 수 있어 여러 개의 각종 항해 장치와 연결사용에 편리하다.

04 정답 가

자이로컴퍼스의 기본 구성
- **주동부** : 자동으로 북을 찾아 정지하는 지북 제진 기능을 가진 부분
- **추종부** : 주동부를 지지하고, 또 그것을 추종하도록 되어 있는 부분

- **지지부** : 선체의 요동, 충격 등의 영향이 추동부에 거의 전달되지 않도록 짐벌즈 구조로 추종부를 지지하게 되며, 그 자체는 비너클에 지지되어 있음

05 정답 아

전자식 선속계의 검출부는 무리한 힘이나 충격이 가해지지 않도록 조심한다. 검출부에 있는 전극이 부식되는 것을 방지하기 위하여 부근에는 아연판을 부착한다.

06 정답 사

음향측심기 : 선저에서 해저로 발사한 짧은 펄스의 초음파가 해저에서 반사되어 되돌아오는 시간을 측정하여 수심을 측정

07 정답 아

전파란 공간을 빠른 속도로 퍼져 나가는 전기적 세력의 전달 과정을 말하며, 등속성, 직진성, 반사성을 갖고 있다.

08 정답 나

계산법
- 속력 = 거리/시간, 거리 = 속력 × 시간
- 1노트(knot) : 1시간에 1해리를 항주하는 선박의 속력
- 거리 = 12노트 × 0.1시간 = 1.2

09 정답 아

레이더 : 전자파를 발사하여 그 반사파를 측정함으로써 물표까지의 거리 및 방향을 파악하는 계기

10 정답 나

평균수면을 기준으로 한 노출암의 높이이다.

11 정답 아

소개정 : 항행통보에 의해 항해자가 직접 수기로 개정하는 것으로서 개보 시에는 붉은색 잉크를 사용함

12 정답 사

선박자동식별 장치(AIS)
- 무선전파 송수신기를 이용하여 선박의 제원, 종류, 위치, 침로, 항해 상태 등을 자동으로 송수신하는 시스템
- GPS를 통하여 자신의 정보를 송출하면 AIS를 탑재한 모든 선박은 이 정보를 수신할 수 있으며, 안전한 항해를 위한 기초 자료로 활용

13 정답 가

항박도는 항만, 투묘지, 어항, 해협과 같은 좁은 구역을 대상으로 배가 부두에 접안할 수 있는 시설 등을 상세히 표시한 해도로서, 축척 1/5만 이상의 대축척 해도이다.

14 정답 사

거리 : 자오선 위도 1'의 평균 거리를 사용, 1해리＝1,852m (위도 1'는 60마일)

15 정답 아

특수서지 : 등대표, 천측력, 조석표, 국제신호서, 천측계산표, 태양방위각표, 수로연보, 수로도지목록, 해도도식, 조류도, 속력환산표 등

16 정답 나

등대 높이(등고) : 해도나 등대표에는 평균수면에서 등화의 중심까지를 등대의 높이로 표시(단위는 보통 m로 표시)

17 정답 아

등부표 : 암초나 사주가 있는 위험한 장소·항로의 입구·폭·변침점 등을 표시하기 위해 설치, 해저의 일정한 지점에 떠 있는 구조물로 등대와 함께 가장 널리 쓰임

18 정답 가

광달거리

- 등광을 알아볼 수 있는 최대거리(단위 M)로 지리학적 광달거리와 광학적 광달거리 중 작은 값을 해도나 등대표에 기재
- 광달거리에 영향을 주는 요소 : 시계, 기온과 수온, 등화의 밝기, 광원의 높이 등

19 정답 아

안전수역표지

- 설치 위치 주변의 모든 수역이 가항수역임을 표시하는 데 사용하는 표지로서 중앙선이나 수로의 중앙을 나타냄
- **두표**(top mark) : 적색의 구 1개
- **표지의 색상** : 적색과 백색의 세로 방향 줄무늬

20 정답 아

전파표지(무선표지)

- 전파의 3가지 특징인 직진성, 반사성, 등속성을 이용하여 선박의 위치를 파악하기 위해 만들어진 표지

- 전파를 이용하여 기상과 관계없이 항상 이용이 가능하고 넓은 지역에 걸쳐서 이용이 가능함

21 정답 가

닻(anchor)이란 선박을 계선시키기 위하여 체인 또는 로프에 묶어서 바다 밑바닥에 가라앉혀서 파지력을 발생하게 하는 무거운 기구로 좁은 수역에서의 방향 변환, 선박의 속도 감소 등 선박 조종의 보조 등의 역할을 한다.

22 정답 가

섭씨온도(단위 기호는 ℃)는 물의 끓는점과 물의 어는점을 온도의 표준으로 정하여, 그 사이를 100등분 한 온도 눈금이다.

23 정답 가

태풍의 중심 추정 : 대양에서 바람을 등지고 양팔을 벌리면 북반구에서는 왼손 전방 약 23˚ 방향에 있다고 보는 바이스 밸럿 법칙(buys ballot's law)을 많이 이용한다. 연안에서는 지형의 영향에 따라 선박이 위치한 표면 부근에서는 풍향이 다르게 나타날 수 있으므로 구름이 흘러가는 방향 등을 고려하여야 한다.

24 정답 사

GMDSS(세계해상조난 및 안전 시스템) : 해상에서 선박이 조난을 당했을 경우, 조난 선박 부근에 있는 다른 선박과 육상의 수색 및 구조 기관이 신속하게 조난 사고를 발견하여, 지체 없이 합동 수색 및 구조 작업에 임할 수 있도록 하는 데 이용

25 정답 아

교차방위법은 2개 이상의 뚜렷한 물표를 선정하여 거의 동시에 각각의 방위를 재어 해도상에 방위선을 긋고 이들의 교점을 선위로 측정하는 방법이다.

제2과목 운용 | 정답

01 아	02 가	03 아	04 아	05 나
06 사	07 사	08 가	09 나	10 아
11 나	12 아	13 나	14 아	15 가
16 아	17 가	18 사	19 가	20 사
21 사	22 나	23 사	24 가	25 사

01 정답 아

텀블 홈(Tumble home)은 선체 측면의 상부가 선체 안쪽으로 굽은 형상으로 플레어의 반대 모습이다.

02 정답 가

타두재(rudder stock) : 타심재의 상부를 연결하여 조타기에 의한 회전을 타에 전달하는 것으로, 틸러(타의 손잡이)에 의하여 조타기에 연결된다.

03 정답 아

빌지 웰(bilge well) : 수선 아래에 괸 물은 직접 선외로 배출시킬 수 없으므로, 각 구역에 설치된 빌지 웰(bilge well)에 모아 빌지 펌프로 배출한다. 빌지 관 끝의 흡입구에는 로즈 박스(rose box)를 부착하여 펌프를 작동시킬 때 먼지나 쓰레기가 흡입되지 않도록 한다.

04 정답 아

로프의 취급법
• 파단하중과 안전사용하중을 고려하여 사용한다.
• 시일이 경과함에 따라 강도가 크게 떨어지므로 이에 주의한다.
• 블록을 통과하는 경우 급각도로 굽히면 굴곡부에 큰 힘이 걸리므로 완만하게 굽힌다.
• 동력에 의하여 로프를 감아 들일 때는 무리한 장력이 걸리지 않도록 한다.
• 항상 건조한 상태로 보관한다.

05 정답 나

등록장 : 상갑판 보(beam) 위의 선수재 전면으로부터 선미재 후면까지의 수평거리

06 정답 사

구상형 선수는 선수의 수선 아래가 둥근 공처럼 되어 있어 부분적으로 선수파를 감소시킴에 따라 조파 저항을 감소시킨다.

07 정답 사

도장의 목적
• **방식** : 도료는 물과 공기를 절연하는 도막을 형성하므로 강재 및 목재의 부식을 방지
• **방오** : 수선하에 도장하는 선저 도료에는 독물을 혼합하여 해중 생물의 부착을 방지
• **장식** : 도료에 아름다운 색채를 부여하여 여객과 선원에게 쾌감을 주고, 작업 능률을 올림
• **청결** : 강판이나 목재의 표면을 깔끔하게 하여 선박의 청결을 유지

08 정답 가

구명줄 발사기 : 선박이 조난을 당한 경우 조난선과 구조선 또는 육상과 연락하는 구명줄을 보낼 때 사용하는 장치로 수평에서 45° 각도로 발사

09 정답 나

방수복 : 물이 스며들지 않아 수온이 낮은 물속에서 체온을 보호할 수 있는 옷으로, 2분 이내에 도움 없이 착용할 수 있어야 한다.

10 정답 아

구명뗏목(구명벌, Life raft) : 나일론 등과 같은 합성섬유로 된 포지를 고무로 가공해서 뗏목 모양으로 제작한 것으로, 내부에는 탄산가스나 질소가스를 주입시켜 긴급 시에 팽창시키면 뗏목 모양으로 펼쳐지는 구명설비

11 정답 나

초단파(VHF) 무선설비에 의해 한 번 발신된 조난경보는 3분~5분(4±0.5분) 정도의 주기마다 계속적으로 반복하여 자동으로 조난경보를 발신하게 된다.

12 정답 아

비상위치지시용 무선표지설비(EPIRB)
• 선박이나 항공기가 조난 상태에 있고 수신시설도 이용할 수 없음을 표시하는 것
• 수색과 구조 작업 시 생존자의 위치 결정을 쉽게 하도록 무선표지신호를 발신하는 무선설비

13 정답 나

비상위치지시용 무선표지(EPIRB)는 선박 침몰 시 1.5~4m 수심의 압력에서 수압풀림장치가 작동하여 자유부상한다. 그리고 50초 간격으로 자동 조난경보를 발신한다.

14 정답 아

해상 무선통신 중 근거리는 초단파(VHF)대를 이용하고, 장거리는 중단파대의 취약점을 개선시킨 위성통신 시스템을 이용한다. 선박과 선박, 선박과 육상국 사이의 통신에는 주로 초단파(VHF)대를 사용하고, 조난, 긴급 및 안전 통신을 위한 설비로는 중단파대 무선전화(2,182 kHz)와 VHF 채널 16(156.8MHz)을 이용한다. 또한 최근 위성통신과 디지털 전자 기술을 활용하여 보다 확실하고 안전한 통신 수단을 구축함으로써 해상에 있어서의 인명과 재산을 신속하게 구조하기 위한 전 세계적인 해상 조난 및 안전 통신 제도(GMDSS)가 운영되고 있다.

15 정답 가

선박의 조종성을 나타내는 요소로는 침로안정성(방향안정성 = 보침성), 선회성, 추종성이 있다. 복원성의 요소에는 선체 제원의 요소와 운항 중의 요소 그리고 외력의 요소가 있다.

16 정답 아

사이드 스러스터(Side Thruster) : 선수 또는 선미의 수면 하에 횡방향으로 원형 또는 사각형의 터널을 만들어 내부에 프로펠러를 설치하여 선수나 선미를 횡방향으로 이동시키는 장치

17 정답 가

타에 작용하는 힘 : 선박이 항진 중에 타각을 주면 수류가 타판에 부딪혀서 타판을 미는 힘이 작용한다. 이 힘은 타판에 직각 방향으로 작용하므로 직압력(①)이라고 하며, 직압력의 크기는 타판의 면적, 키의 형상, 타판이 수류를 받는 각도 및 선박의 전진속도 등에 따라 변한다. 직압력은 선수미선 방향 성분인 항력(③)과 정횡 방향 성분인 양력(②)으로 나누며, 또한 타판에는 물의 점성에 의하여 마찰력이 작용한다.

18 정답 사

타와 추진기에 의한 선체운동(정지에서 전진)

- **키 중앙일 때** : 추진기가 회전을 시작하는 초기에는 횡압력이 커서 선수가 좌회두를 하고, 전진속력이 증가하면 배출류가 강해져서 선수가 우회두하려는 경향을 나타낸다.
- **우 타각일 때** : 배출로 인하여 키 압력이 생기고, 횡압력보다 크게 작용하므로 선미는 좌현 쪽으로, 선수는 우현

쪽으로 회두를 시작하며, 속력이 증가함에 따라 우회두가 강하게 나타난다.

- **좌 타각일 때** : 횡압력과 배출류가 함께 선미를 우현 쪽으로 밀기 때문에 선수의 좌회두가 강하게 나타난다.

19 정답 가

선회 중의 선체 경사

- **내방경사**(안쪽 경사) : 조타한 직후 수면 상부의 선체는 타각을 준 쪽인 선회권의 안쪽으로 경사
- **외방경사**(바깥쪽 경사) : 정상 원운동 시에 원심력이 바깥쪽으로 작용하여, 수면 상부의 선체가 타각을 준 반대쪽인 선회권의 바깥쪽으로 경사하는 것

20 정답 사

선회 종거(advance)**와 선회 횡거**(transfer) : 전타를 시작한 위치에서 선수가 원침로로부터 90˚ 회두했을 때, 원침로상의 종 이동거리를 선회 종거라고 하고, 횡 이동거리를 선회 횡거라고 한다.

21 정답 사

선체운동

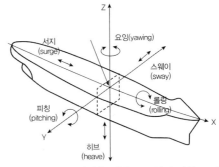

- **횡동요** : 선수미선을 기준으로 하여 좌우 교대로 회전하는 횡경사 운동
- **종동요** : 선체 중앙을 기준으로 하여 선수 및 선미가 상하 교대로 회전하려는 종경사 운동
- **선수동요**(yawing) : 선수가 좌우 교대로 선회하려는 왕복운동
- **전후동요** : X축을 기준으로 하여 선체가 이 축을 따라서 전후로 평행이동을 되풀이하는 동요
- **좌우동요** : Y축을 기준으로 하여 선체가 이 축을 따라서 좌우로 평행이동을 되풀이하는 동요
- **상하동요** : Z축을 기준으로 하여 선체가 이 축을 따라 상하로 평행이동을 되풀이하는 동요

22 정답 나

슬래밍(slamming) : 선체가 파도를 선수에서 받으면서 항주하면, 선수 선저부는 강한 파도의 충격을 받아 짧은 주기로 급격한 진동을 하게 되는데, 이러한 파도에 의한 충격

23 정답 사

황천 시 갑판상에 파도가 쳐 올라와 머무르게 되면 자유표면이 생기게 되고, 갑판에 중량물을 싣는 것과 같이 복원성을 나쁘게 하므로 주의가 필요하다. 자유표면을 없애기 위해서는 탱크를 가득 채우거나 완전히 비우면 된다.

24 정답 가

122는 해양경찰서 해양긴급신고 번호이다. 화재, 충돌, 좌초, 익수, 기관 고장, 표류, 환자발생, 해양오염, 밀수, 밀입국, 선상폭행, 불법조업 등 해양에서 발생하는 모든 사건사고는 122번으로 신고해야 한다.

25 정답 사

해상통신의 종류 : 기류신호, 발광신호, 음향신호, 수기신호 등

제3과목 법규 | 정답

01	사	02	나	03	나	04	가	05	사
06	사	07	나	08	사	09	사	10	나
11	가	12	나	13	아	14	사	15	나
16	가	17	가	18	사	19	사	20	아
21	나	22	사	23	사	24	사	25	나

01 정답 사

"조종불능선"이란 고장 등의 문제로 인해 다른 선박의 진로를 피할 수 없는 선박을 말한다. 해상교통안전법의 용어 정의에 의하면, 조종불능선이란 선박의 조종성능을 제한하는 고장이나 그 밖의 사유로 조종을 할 수 없게 되어 다른 선박의 진로를 피할 수 없는 선박을 말한다. 즉, 선박의 조종성능이 예외적인 상황으로 인하여 완전 또는 부분적으로 불능한 상태에 있는 선박으로서 다른 선박의 진로를 피해줄 수 없는 선박을 말한다(법 제2조).

02 정답 나

정의(법 제2조)
- **분리선(分離線)** : 서로 다른 방향으로 진행하는 통항로를 나누는 선
- **분리대(分離帶)** : 서로 다른 방향으로 진행하는 통항로를 나누는 일정한 폭의 수역

03 정답 나

유조선의 통항제한(법 제11조)
- 원유, 중유, 경유 또는 이에 준하는 「석유 및 석유대체연료 사업법」 제2조 제2호 가목에 따른 탄화수소유, 같은 조 제10호에 따른 가짜석유제품, 같은 조 제11호에 따른 석유대체연료 중 원유·중유·경유에 준하는 것으로 해양수산부령으로 정하는 기름 1천500킬로리터 이상을 화물로 싣고 운반하는 선박
- 「해양환경관리법」 제2조 제7호에 따른 유해액체물질을 1천500톤 이상 싣고 운반하는 선박

04 정답 가

"길이"란 선체에 고정된 돌출물을 포함하여 선수(船首)의 끝단부터 선미(船尾)의 끝단 사이의 최대 수평거리를 말한다(법 제2조).

05 정답 사

2척의 범선이 서로 접근하여 충돌할 위험이 있는 경우, 각 범선이 다른 쪽 현(舷)에 바람을 받고 있는 경우에는 좌현

(左舷)에 바람을 받고 있는 범선이 다른 범선의 진로를 피하여야 한다(법 제77조 제1항 제1호).

06 정답 사

횡단하는 상태(법 제80조)

2척의 동력선이 상대의 진로를 횡단하는 경우로서 충돌의 위험이 있을 때에는 다른 선박을 우현 쪽에 두고 있는 선박이 그 다른 선박의 진로를 피하여야 한다. 이 경우 다른 선박의 진로를 피하여야 하는 선박은 부득이한 경우 외에는 그 다른 선박의 선수 방향을 횡단하여서는 아니 된다.

07 정답 나

유지선의 동작(법 제82조)

① 2척의 선박 중 1척의 선박이 다른 선박의 진로를 피하여야 할 경우 다른 선박은 그 침로와 속력을 유지하여야 한다.

② 제1항에 따라 침로와 속력을 유지하여야 하는 선박[이하 "유지선"(維持船)이라 한다]은 피항선이 이 법에 따른 적절한 조치를 취하고 있지 아니하다고 판단하면 제1항에도 불구하고 스스로의 조종만으로 피항선과 충돌하지 아니하도록 조치를 취할 수 있다. 이 경우 유지선은 부득이하다고 판단하는 경우 외에는 자기 선박의 좌현 쪽에 있는 선박을 향하여 침로를 왼쪽으로 변경하여서는 아니 된다.

08 정답 사

수상항공기는 될 수 있으면 모든 선박으로부터 충분히 떨어져서 선박의 통항을 방해하지 아니하도록 하되, 충돌할 위험이 있는 경우에는 해상교통안전법에서 정하는 바에 따라야 한다(법 제83조).

09 정답 사

등화의 종류(법 제86조)

• **현등** : 정선수 방향에서 양쪽 현으로 각각 112.5도에 걸치는 수평의 호를 비추는 등화로서 그 불빛이 정선수 방향에서 좌현 정횡으로부터 뒤쪽 22.5도까지 비출 수 있도록 좌현에 설치된 붉은색 등과 그 불빛이 정선수 방향에서 우현 정횡으로부터 뒤쪽 22.5도까지 비출 수 있도록 우현에 설치된 녹색 등

• **전주등** : 360도에 걸치는 수평의 호를 비추는 등화

• **예선등** : 선미등과 같은 특성을 가진 황색 등

• **마스트등** : 선수와 선미의 중심선상에 설치되어 225도에 걸치는 수평의 호를 비추되, 그 불빛이 정선수 방향으로부터 양쪽 현의 정횡으로부터 뒤쪽 22.5도까지 비출 수 있는 흰색 등

10 정답 나

항행 중인 동력선(법 제88조)

④ 길이 12미터 미만의 동력선은 제1항에 따른 등화를 대신하여 흰색 전주등 1개와 현등 1쌍을 표시할 수 있다.

⑤ 길이 7미터 미만이고 최대속력이 7노트 미만인 동력선은 제1항이나 제4항에 따른 등화를 대신하여 흰색 전주등 1개만을 표시할 수 있으며, 가능한 경우 현등 1쌍도 표시할 수 있다.

11 정답 가

기적의 종류(법 제97조)

• **단음** : 1초 정도 계속되는 고동소리

• **장음** : 4초부터 6초까지의 시간 동안 계속되는 고동소리

12 정답 나

좁은 수로 등(법 제74조)

⑦ 선박은 좁은 수로 등에서 정박(정박 중인 선박에 매어 있는 것을 포함한다)을 하여서는 아니 된다. 다만, 해양사고를 피하거나 인명이나 그 밖의 선박을 구조하기 위하여 부득이하다고 인정되는 경우에는 그러하지 아니하다.

13 정답 아

선박은 다른 선박과의 충돌을 피하기 위하여 적절하고 효과적인 동작을 취하거나 당시의 상황에 알맞은 거리에서 선박을 멈출 수 있도록 항상 안전한 속력으로 항행하여야 한다(법 제71조).

14 정답 사

횡단하는 상태에서 다른 동력선을 피해야 할 피항선은 다른 동력선을 자선의 우현 쪽에 두고 있는 선박이다. 이 경우에 피항선의 우현 쪽에 위치한 다른 동력선은 침로와 속력을 유지하여야 하는 유지선이 된다(법 제80조).

15 정답 나

정박선과 얹혀 있는 선박(법 제95조)

① 정박 중인 선박은 가장 잘 보이는 곳에 다음 각 호의 등화나 형상물을 표시하여야 한다.

1. 앞쪽에 흰색의 전주등 1개 또는 둥근꼴의 형상물 1개

2. 선미나 그 부근에 제1호에 따른 등화보다 낮은 위치에 흰색 전주등 1개

16 정답 가

방파제 부근에서의 항법(법 제13조)
무역항의 수상구역 등에 입항하는 선박이 방파제 입구 등
에서 출항하는 선박과 마주칠 우려가 있는 경우에는 방파
제 밖에서 출항하는 선박의 진로를 피하여야 한다.

17 정답 가

선박수리의 허가 등(법 제37조)
① 선장은 무역항의 수상구역 등에서 다음 각 호의 선박을
불꽃이나 열이 발생하는 용접 등의 방법으로 수리하려는
경우 해양수산부령으로 정하는 바에 따라 해양수산부장관
의 허가를 받아야 한다. 다만, 제2호의 선박은 기관실, 연
료탱크, 그 밖에 해양수산부령으로 정하는 선박 내 위험구
역에서 수리작업을 하는 경우에만 허가를 받아야 한다.

- 위험물을 저장·운송하는 선박과 위험물을 하역한 후에
  도 인화성 물질 또는 폭발성 가스가 남아 있어 화재 또
  는 폭발의 위험이 있는 선박(이하 "위험물운송선박"이라
  한다)
- 총톤수 20톤 이상의 선박(위험물운송선박은 제외한다)

18 정답 사

무역항의 수상구역 등에 출입하려는 선박의 선장은 대통
령령으로 정하는 바에 따라 해양수산부장관에게 신고하여
야 한다(법 제4조, 시행령 제2조).

19 정답 사

항로에서의 항법(법 제12조)
① 모든 선박은 항로에서 다음의 항법에 따라 항행하여야
한다.

- 항로 밖에서 항로에 들어오거나 항로에서 항로 밖으로
  나가는 선박은 항로를 항행하는 다른 선박의 진로를 피
  하여 항행할 것
- 항로에서 다른 선박과 나란히 항행하지 아니할 것
- 항로에서 다른 선박과 마주칠 우려가 있는 경우에는 오
  른쪽으로 항행할 것
- 항로에서 다른 선박을 추월하지 아니할 것. 다만, 추월하
  려는 선박을 눈으로 볼 수 있고 안전하게 추월할 수 있다
  고 판단되는 경우에는 「해상교통안전법」 제74조 제5항
  및 제78조에 따른 방법으로 추월할 것
- 항로를 항행하는 제37조 제1항 제1호에 따른 위험물운송
  선박(제2조 제5호 라목에 따른 선박 중 급유선은 제외한
  다) 또는 「해상교통안전법」 제2조 제12호에 따른 흘수제
  약선(吃水制約船)의 진로를 방해하지 아니할 것

- 「선박법」 제1조의2 제1항 제2호에 따른 범선은 항로에서
  지그재그(zigzag)로 항행하지 아니할 것

20 정답 아

19번 해설 참조

21 정답 나

우선피항선 : 부선, 주로 노와 삿대로 운전하는 선박, 예
선, 항만운송관련사업을 등록한 자가 소유한 선박, 해양환
경관리업을 등록한 자가 소유한 선박, 총톤수 20톤 미만
의 선박(법 제2조)

22 정답 사

예인선의 항법 등(법 시행규칙 제9조)
① 법 제15조 제1항에 따라 예인선이 무역항의 수상구역
등에서 다른 선박을 끌고 항행하는 경우에는 다음 각 호에
서 정하는 바에 따라야 한다.
1. 예인선의 선수(船首)로부터 피(被)예인선의 선미(船尾)까
   지의 길이는 200미터를 초과하지 아니할 것. 다만, 다른
   선박의 출입을 보조하는 경우에는 그러하지 아니하다.
2. 예인선은 한꺼번에 3척 이상의 피예인선을 끌지 아니
   할 것

23 정답 사

선박의 소유자 또는 선장, 해양시설의 소유자는 선박 또는
해양시설의 좌초·충돌·침몰·화재 등의 사고로 인하여
선박 또는 해양시설로부터 오염물질이 배출될 우려가 있
는 경우에는 해양수산부령이 정하는 바에 따라 오염물질
의 배출방지를 위한 조치를 하여야 한다. 방제의무자는
"선박의 소유자 또는 선장, 해양시설의 소유자"로 본다(법
제65조).

24 정답 사

선박오염물질기록부의 보존기간은 최종기재를 한 날부터
3년으로 하며, 그 기재사항·보존방법 등에 관하여 필요
한 사항은 해양수산부령으로 정한다(법 제30조).

25 정답 나

해양환경에 유해하지 않은 화물잔류물(목재, 곡물 등의 화
물을 양하하고 남은 최소한의 잔류물)은 배출할 수 있다
(선박에서의 오염방지에 관한 규칙 별표 3).

PART
02

제4과목 기관 | 정답

01 가	02 아	03 가	04 가	05 사
06 아	07 나	08 사	09 아	10 사
11 나	12 가	13 나	14 아	15 가
16 사	17 사	18 가	19 사	20 가
21 나	22 사	23 사	24 사	25 나

01 정답 가
4행정 사이클 기관(four stroke cycle engine) : 피스톤이 흡입, 압축, 작동(폭발), 배기의 4행정을 하는 동안 1사이클을 완료하면서 동력을 발생

02 정답 아
피스톤 링의 3대 작용
- **기밀 작용** : 실린더와 피스톤 사이의 가스 누설을 방지한다.
- **열 전달 작용** : 피스톤이 받은 열을 실린더로 전달한다.
- **오일 제어 작용** : 실린더 벽면에 유막 형성 및 여분의 오일을 제어한다.

03 정답 가
조속기(거버너, governor) : 지정된 위치에서 기관 속도를 측정하여 부하 변동에 따른 주기관의 속도를 조절함으로써 기관 속도를 일정하게 유지하는 장치이다.

04 정답 가
내연기관의 기계 손실 : 피스톤 및 베어링의 마찰 손실, 보조기계를 운전하기 위한 손실, 흡·배기행정에 의한 손실, 각 운동 부분의 공기 마찰에 의한 손실

05 정답 사
추력 베어링(스러스트 베어링, thrust bearing)은 선체에 부착되어 있으며, 추력 칼라의 앞과 뒤에 설치되어 프로펠러로부터 전달되어 오는 추력을 추력 칼라에서 받아 선체에 전달하여 선박을 추진시킨다.

06 정답 아
작동행정(Working stroke) : 흡기밸브와 배기밸브가 닫혀 있는 상태에서 실린더 내에 분사된 연료유가 고온의 압축 공기에 의해 발화되어 연소하게 되고, 이때 발생되는 연소 가스의 높은 압력에 의해 피스톤은 하사점으로 움직이게 된다.

07 정답 나
크랭크축(Crank shaft)의 구성 : 크랭크 저널(Journal), 크랭크 핀(Pin) 및 크랭크 암(Arm)

08 정답 사
운전 중 흑색의 배기가스가 배출될 때의 원인
- 연료분사 펌프나 연료분사 밸브의 상태가 불량할 때
- 기관의 과부하나 흡·배기 밸브의 상태
- 피스톤 링이나 실린더 라이너, 피스톤 불량

09 정답 아
가솔린 및 디젤 기관 비교
- **연료가 다름** : 가솔린 기관은 가솔린을 사용하지만 디젤 기관은 소형기관과 고속회전기관에서는 경유를 사용하며, 중형 이상의 중·저속기관에서는 중유를 사용한다.
- **착화 방법이 다름** : 디젤 기관은 자연착화기관이지만 가솔린 기관은 전기착화기관이다.
- **연소 과정이 다름** : 가솔린 기관에서는 원칙적으로 동일한 체적(volume)에서 이루어지지만, 저속 디젤 기관의 경우에는 원칙적으로 동일한 압력(pressure)에서 이루어진다.
- **열효율이 다름** : 가솔린 기관의 열효율은 30% 내외이나, 디젤 기관의 경우에는 40~50% 정도로 높다.

10 정답 사
피스톤 링의 고착 원인
- 링 이음부의 간극이 클 경우
- 실린더유 주유량 부족
- 윤활유의 연소 불량으로 생긴 카본이 피스톤 링 홈에 들어갈 경우

11 정답 나
실린더 헤드의 탈거 순서 : 엔진 내부의 윤활유를 모두 빼내고 흡·배기 다기관, 타이밍벨트 등을 탈거하여 순서대로 정리 → 실린더 헤드커버와 캠축 스프로킷을 탈거 → 로커 암 어셈블리 또는 캠축을 탈거

12 정답 가

트렁크형 피스톤

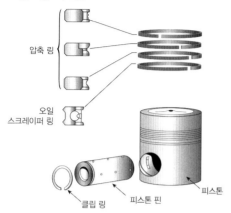

압축 링

오일
스크레이퍼 링

클립 링   피스톤 핀   피스톤

13 정답 나

부동액은 추울 때 냉각수의 동결을 방지할 목적으로 냉각
수와 혼합하여 사용하는 액체로 메탄올과 에틸렌글리콜을
주로 사용한다.

14 정답 아

크랭크축(Crank shaft)은 실린더에서 발생한 피스톤의 왕
복운동을 커넥팅 로드를 거쳐 회전운동으로 바꾸어 동력
을 전달한다.

15 정답 가

납축전지의 전해액 : 묽은 황산을 사용하여 황산과 증류
수의 비중은 1.2 내외이다.

16 정답 사

저항의 기호는 R이고, 단위는 옴[Ω]을 사용한다.

17 정답 사

마우스 링(mouth ring) = **웨어링 링**(wearing ring) : 회전
차에서 송출되는 액체가 흡입구 쪽으로 역류하는 것을 방
지하기 위해서 케이싱과 회전차 입구 사이에 설치하는 것
이다.

18 정답 가

기관실 전후좌우에는 보조기계, 연료 탱크, 윤활유 탱크
등을 배치한다. 기관실 상부에는 반드시 engine opening
을 두고 주기 및 보일러의 출입구로 이용하며, 필요할 때
는 통풍 및 채광에도 이용한다.

19 정답 사

알터네이터(AC 발전기)란 교류 발전기라고 하며, 엔진의
동력을 이용하여 로터를 회전시켜 전자유도에 의해 교류
전류를 발생시킨다.

20 정답 가

변압기는 교류 전압을 전자유도 작용에 의해 효율적으로
전압을 변환할 수 있는 전기기기로 선박 내에서 발전기로
부터 발생한 전압과 서로 상이한 전압의 장비용으로 주로
사용된다.

21 정답 나

디젤 기관에서 실린더 내로 흡입되는 공기의 압력이 낮을
경우 검은색의 배기가스가 발생한다. 이 경우 과급기를 점
검하고, 필요하면 취급 설명서에 따라 과급기를 청소한다.
그리고 공기 필터의 오염 상태를 점검한다.

22 정답 사

운동부에서 이상한 음향이나 진동이 발생할 때 : 기관의
회전수를 낮추고 정지한다.

23 정답 사

해수 냉각을 하는 곳에는 부식 방지를 위해 냉각수 통로에
아연판을 부착한다.

24 정답 사

트렁크 피스톤형(trunk piston type) **기관** : 피스톤이 트렁
크형으로 생긴 것을 말하며, 커넥팅 로드(connecting rod)
를 피스톤 핀으로 연결하여 요동할 수 있게 한 것이 특징
이다.

25 정답 나

액체가 유동할 때 분자 간에 마찰에 의하여 유동을 방해하
려는 작용이 일어나는데, 이와 같은 성질을 점성이라 하
며, 점도는 점성의 대소를 표시한다. 점도는 파이프 내의
연료유의 유동성과 밀접한 관계가 있고, 연료분사 밸브의
분사 상태에 큰 영향을 준다.

03 제3회 소형선박조종사 모의고사

제1과목 항해 | 정답

01	사	02	나	03	사	04	나	05	사
06	사	07	나	08	아	09	아	10	가
11	나	12	나	13	아	14	아	15	아
16	아	17	사	18	사	19	가	20	사
21	사	22	아	23	나	24	나	25	사

1 정답 사
마그네틱 컴퍼스(자기 나침의) 용도 : 선박의 침로(course)를 알거나 물표의 방위(bearing)를 관측하여 선위를 확인

2 정답 나
자차(Deviation, 自差) : 자기 자오선(자북)과 선내 나침의 남북선(나북)이 이루는 교각(철기류에 영향을 받아 생기는 오차)

3 정답 사
짐벌즈는 목재 또는 비자성재로 만든 원통형의 지지대인 비너클(Binnacle)이 기울어져도 볼을 항상 수평으로 유지시켜 주는 장치이다.

4 정답 나
자차의 변화 요인 중 선수 방위가 바뀔 때 가장 크게 변한다. 이외에도 자차의 변화 요인으로는 지구상 위치의 변화, 선체의 경사, 적하물의 이동, 선수를 동일한 방향으로 장시간 두었을 때, 선체가 심한 충격을 받았을 때, 동일한 침로로 장시간 항행 후 변침할 때, 선체가 열적인 변화를 받았을 때, 나침의 부근의 구조 변경 및 나침의의 위치 변경, 지방자기의 영향을 받을 때 등이 있다.

5 정답 사
섀도 핀(shadow pin)은 핀의 지름이 크거나 핀이 휘거나 하면 오차가 생기기 쉽고, 특히 볼이 경사된 채로 방위를 측정하면 오차가 생긴다.

6 정답 사
풍속은 정시 관측 시각 전 10분간의 풍속을 평균하여 구한다. 즉, 12시의 풍속은 11시 50분부터 12시까지의 평균 풍속을 말한다. 또한 순간순간의 풍속을 순간 풍속이라 하며, 어느 시간 내의 기록 중에 가장 최대의 풍속을 순간 최대 풍속이라 한다.

7 정답 나
교차방위법은 2개 이상의 뚜렷한 물표를 선정하여 거의 동시에 각각의 방위를 재어 해도상에 방위선을 긋고 이들의 교점을 선위로 측정하는 방법이다.

8 정답 아
소개정 : 항행통보에 의해 항해자가 직접 수기로 개정하는 것으로서 개보 시에는 붉은색 잉크를 사용함

9 정답 아
전파표지(무선표지) : 전파의 3가지 특징인 직진성, 반사성, 등속성을 이용하여 만들어진 표지로 기상과 관계없이 항상 이용이 가능하고 넓은 지역에 걸쳐서 이용이 가능함

10 정답 가
레이더 조정기
- 동조 조종기(Tuning) : 레이더 국부발진기의 발진주파수를 조정하는 조정기
- 감도 조정기(Gain) : 수신기의 감도를 조정하는 것
- 해면반사 억제기(STC) : 근거리에 대한 반사파의 수신 감도를 떨어뜨리도록 하여 방해현상을 줄이는 조정기
- 비·눈 반사 억제기(FTC) : 비·눈 등의 영향으로 화면상에 방해현상이 많아져서 물체의 식별이 곤란할 때 방해현상을 줄여 주는 조정기

11 정답 나
등대 높이(등고) : 해도나 등대표에는 평균수면에서 등화의 중심까지를 등대의 높이로 표시(단위는 보통 m으로 표시)

12 정답 나
해도의 수심은 연중 해면이 그 이상으로 낮아지는 일이 거의 없다고 생각되는 수면으로 우리나라 해도의 수심은 이 수면을 기준으로 하여 나타낸다. 평상시의 해면은 해도상의 수심보다 약간 깊다.

13 정답 아
해도의 사용 목적에 의한 분류
- 항양도(1/100만 이하) : 원거리 항해에 쓰이며, 해안에서 떨어진 바다의 수심, 주요 등대, 원거리 육상 물표 수록
- 항해도(1/30만 이하) : 대개 육지를 바라보면서 항행할 때 사용하는 해도로서, 선위를 직접 해도상에서 구할 수

있도록 육상의 물표, 등대, 등표, 수심 등이 비교적 상세히 그려져 있음

- **항박도**(1/5만 이상) : 항만, 정박지, 협수로 등 좁은 구역을 세부까지 상세하게 수록한 해도로 평면도법으로 제작
- **해안도**(1/5만 이하) : 연안항해에 사용하는 해도로서 연안의 여러 가지 물표나 지형이 매우 상세히 표시되어 있음

14 정답 아

해도에서 연필은 2B나 4B를 이용하되 도끼날같이 납작하게 깎아서 사용하며, 해도에는 필요한 선만 긋는다.

15 정답 아

조류도는 조석 현상에 따라 발생하는 해수의 수평적인 흐름인 조류의 상황을 그림으로 표시한 해도로, 우리나라 주요 19개 지역의 조류 현황을 제공한다.
가. 대양항로지, 나. 속력환산표, 사. 천측력에 대한 설명이다.

16 정답 아

등주 : 쇠나 나무 또는 콘크리트와 같이 기둥 모양의 꼭대기에 등을 달아 놓은 것으로서 주로 항구 내에 주로 설치

17 정답 사

지향등 : 선박의 통항이 곤란한 좁은 수로, 항구, 만 입구에서 안전 항로를 알려 주기 위해 항로의 연장선상 육지에 설치한 분호등(백색광이 안전구역)

18 정답 사

고립장애표지
- **두표**(top mark) : 2개의 흑구를 수직으로 부착
- **표지의 색상** : 검은색 바탕에 1개 또는 그 이상의 적색 띠
- **등화** : 백색, 2회의 섬광등 Fl(2)

19 정답 가

레이콘(racon) : 선박 레이더에서 발사된 전파를 받은 때에만 응답하며, 일정한 형태의 신호가 나타날 수 있도록 전파를 발사하는 무지향성 송수신 장치

20 정답 사

음향표지 이용 시 주의 사항
- 무중신호는 안개, 눈, 폭우 등 시계가 나쁠 때만 소리를 내는데 무신호소에서 몰라 신호를 하지 않는 경우도 있

고 알았더라도 신호에 시간이 걸린다.
- 무신호의 음향전달거리는 대기의 상태나 지형에 따라 변할 수가 있으므로 신호음의 방향 및 강약만으로 신호소의 방위나 거리를 판단해서는 안 된다.
- 무중 항해 시는 선내를 정숙하게 하고 경계원을 배치하는 등 특별한 주의가 필요하다.
- 음향표지에만 지나치게 의존하지 말고 다른 항로표지나 레이더의 사용으로 안전 항해를 위해 노력해야 한다.

21 정답 사

습도계의 종류
- **건습구 습도계** : 물이 증발할 때 냉각에 의한 온도차를 이용하는 습도계로 선박에서 주로 사용
- **모발 습도계** : 팽창하는 유기물 섬유가 물을 흡수하는 성질을 이용한 습도계

22 정답 아

바람에 작용하는 힘
- **기압경도력** : 바람이 생기는 근본 원인으로 기압이 높은 고기압에서 기압이 낮은 저기압으로 바람이 불게 되는데 두 지역 간의 기압 차이에 의해 생기는 힘이다.
- **전향력** : 지구가 자전하기 때문에 생기는 힘으로 북반구에서는 바람 방향의 오른쪽으로, 남반구에서는 왼쪽으로 작용하는 가상적인 힘이다.
- **마찰력** : 지표면 및 풍속이 다른 두 층 사이에 작용하는 힘이다.

23 정답 나

안개의 종류
- **복사안개**(radiation fog) : 맑은 날 밤에 지면의 온도가 복사냉각 때문에 공기의 온도보다 낮아질 때 지면에 접한 하층대기에서 발생
- **이류안개**(advection fog) : 온난 다습한 공기가 찬 지면으로 이류하여 발생한 안개
- **활승안개**(upslope fog) : 습윤한 공기가 완만한 경사면을 따라 올라갈 때 단열팽창 냉각됨에 따라 형성된 안개
- **전선안개**(frontal fog) : 온난전선이나 한랭전선의 통과 시에 발생하는 안개

24 정답 나

피험선 : 협수로를 통과할 때나 출·입항할 때에 자주 변침하여 마주치는 선박을 적절히 피하고 위험을 예방하고 예정 침로를 유지하기 위한 위험 예방선

25 정답 사

노트 × 시간＝마일, 마일/노트＝시간, 마일/시간＝노트
10노트 × 45/60시간＝7.5마일

제2과목 운용 | 정답

01 가	02 사	03 가	04 아	05 나
06 나	07 가	08 가	09 가	10 아
11 가	12 가	13 나	14 아	15 아
16 사	17 가	18 사	19 사	20 가
21 아	22 가	23 가	24 나	25 사

01 정답 가

선박은 부식을 방지하기 위해 선체 위에 매우 두꺼운 특수 도료를 사용하여 5~7회 도장을 한다. 이때 습기와 온도가 적절하게 유지된 상태에서 각 회의 도장을 하고, 일정 기간 건조시키는 과정을 반복한다. 이러한 도장 작업은 해수에 의한 부식 방지 이외에 해초의 기생을 막는 역할도 한다.

02 정답 사

선박이 안전하게 항행하기 위해서는 어느 정도의 예비부력을 가져야 한다. 이 예비부력은 선체가 침수되지 않은 부분의 수직거리로써 결정되는데 이것을 건현이라고 한다.

03 정답 가

늑골(frame) : 선측 외판을 보강하는 구조부재로서 선체의 갑판에서 선저 만곡부까지 용골에 대해 직각으로 설치하는 강재

04 정답 아

현호가 갑판 위의 길이 방향으로 가면서 선체 중앙부를 향해 잘 빠져나가도록 한 것이라면, 캠버(camber)는 갑판상의 물이 선체 폭 방향으로 걸쳐 양쪽 선측을 향해 잘 흘러가도록 선박의 중앙부를 높게 한 것을 말한다.

05 정답 나

프로펠러, 타(rudder) 주위에는 철보다 이온화 경향이 큰 아연판을 부착시켜 철의 전식작용에 의한 이온화 침식을 막는다.

06 정답 나

만재흘수선은 안전 항해를 위해서 허용되는 최대 흘수선으로 선체 중앙의 양현에 그 위치를 나타내며, 이 표시를 건현 표시(freeboard mark) 혹은 만재흘수선 표시(load line mark)라 한다.

07 정답 가

타(rudder, 키) : 타주의 후부 또는 타두재(rudder stock)에 설치되어, 전진 또는 후진할 때 배를 원하는 방향으로 회전시키고, 침로를 일정하게 유지하는 장치

08 정답 가

구명조끼(구명동의)는 해상에 떨어졌을 때 충분히 떠 있도록 하기 위하여 착용하는 조끼형의 기구로, 해양사고 등에 의해 선박을 이탈해서 구명정 등에 올라탈 때 해상으로 떨어지는 경우 등에 대비한 구호장비이다. 선박에는 최대승선 인원수와 동등 이상의 구명조끼를 의무적으로 비치하여야 한다.

09 정답 가

조난경보는 선장이 조난이라고 판단하고 즉각적인 도움이 필요로 할 때 발신되어야 한다. 조난경보를 전송할 시 가능한 선박의 최근위치와 이 위치에 대한 유효시간(UTC표기)이 입력되어야 한다.

10 정답 아

비상위치지시 무선표지(EPIRB) : 선박이 조난상태에 있고 수신시설도 이용할 수 없음을 표시하는 것으로 수색과 구조 작업 시 생존자의 위치 결정을 용이하게 하도록 무선표지신호를 발신하는 무선설비이다. EPIRB는 선박이 침몰 시에 자동으로 부양될 수 있도록 윙브릿지(조타실 양현) 또는 톱브릿지(조타실 옥상)에 개방된 장소에 설치하도록 되어 있다.

11 정답 가

해상의 주요 통신
- 조난통신 : 무선전화에 의한 조난신호는 MAYDAY의 3회 반복
- 긴급통신 : 무선전화에 의한 긴급신호는 PAN PAN의 3회 반복
- 안전통신 : 무선전화에 의한 안전신호는 SECURITE의 3회 반복

12 정답 가

해상 무선통신 중 근거리는 초단파(VHF)대를 이용하고, 장거리는 중단파대의 취약점을 개선시킨 위성통신시스템을 이용한다. 초단파대(VHF) 무선전화는 조난, 긴급 및 안전에 관한 통신에만 이용하거나 상대국의 호출용으로만 사용되는데 156.8MHz(VHF 채널 16)이다.

13 정답 나

초단파(VHF) 해안국의 통신범위는 20~30해리로 연안에서 50km 이내의 해역을 항해하는 선박 또는 정박 중인 선박이 많이 이용하고 있다.

14 정답 아

비상위치지시용 무선표지설비(EPIRB)의 조건
- 색상은 눈에 잘 띄는 오렌지색이나 노란색일 것
- 20m 높이에서 투하했을 시 손상되지 않을 것
- 10m의 수심에서 5분 이상 수밀될 것
- 48시간 이상 작동될 수 있을 것
- 수심 4m 이내에서 수압에 의하여 자동이탈장치가 작동할 것

15 정답 아

선박이 정해진 침로를 따라 직진하는 성질을 침로안정성 또는 방향안정성이라고 한다. 선박이 외력에 의하여 선수 미선이 정해진 침로에서 벗어났을 때에도 곧바로 원래의 침로에 복귀하는 것을 침로안정성이 좋다고 한다.

16 정답 사

선박에 어떤 타각을 주었을 때 선박의 선회 각속도의 크기를 선회성지수(K)로서 나타내며, 선회성지수가 크면 배가 빠르게 선회하여 짧은 반경의 선회권을 그리게 된다는 것을 뜻한다.

17 정답 가

양력은 타판에 작용하는 힘 중에서 그 작용하는 방향이 정횡 방향인 분력을 말한다. 이 힘은 선체를 회두시키는 우력의 성분이 된다.

18 정답 사

기관을 전진상태로 작동하면 키의 하부에 작용하는 수류는 수면 부근에 위치한 키의 상부에 작용하는 수류보다 강하여 선미를 좌현 쪽으로 밀게 된다. 선체의 타력이 아직 없을 때 뚜렷하게 나타난다.

19 정답 사

선회지름(선회경) : 전타 후 선수가 원침로로부터 180° 회두하였을 때, 원침로에서 횡이동한 거리

20 정답 가

공기저항 : 선박이 항진 중에 수면 상부의 선체 및 갑판 상부의 구조물이 공기의 흐름과 부딪쳐서 생기는 저항

21 정답 아

선수부의 선저 구조는 파랑에 의한 충격을 받으므로, 늑판이나 보강재의 수를 증가시키거나 외판의 두께를 증가시키는데, 이것을 팬팅(panting) 구조라 한다.

22 정답 가

항해 중의 황천대응 준비
- 선체의 개구부를 밀폐하고 이동물을 고박한다.
- 배수구와 방수구를 청소하고 정상적인 기능을 가지도록 정비한다.
- 탱크 내의 기름이나 물은 가득(80% 이상) 채우거나 비워서 유동수에 의한 복원 감소를 막는다.
- 중량물은 최대한 낮은 위치로 이동 적재한다.
- 빌지 펌프 등 배수설비를 점검하고 기능을 확인한다.

23 정답 가

표주(lie to) : 기관을 정지하여 선체가 풍하 측으로 표류하도록 하는 방법을 표주라고 한다. 이 방법은 선체에 부딪치는 파의 충격을 최소로 줄일 수 있고, 키에 의한 보침이 필요 없다. 그러나 횡파를 받으므로 대각도 경사가 일어나기 쉬우므로 황천 상태에서 특수한 선박 이외에는 이 방법을 거의 사용하지 않는다.

24 정답 나

화재 발생 시의 조치
- 화재 구역의 통풍과 전기를 차단한다.
- 어떤 물질이 타고 있는지를 알아내고 적절한 소화 방법을 강구한다.
- 소화 작업자의 안전에 유의하여 위험한 가스가 있는지 확인하고 호흡구를 준비한다.
- 모든 소화 기구를 집결하여 적절히 진화한다.
- 작업자를 구출할 준비를 하고 대기한다.
- 불이 확산되지 않도록 인접한 격벽에 물을 뿌리거나 가연성 물질을 제거한다.

25 정답 사

국제해사기구(IMO) 조난신호
- 약 1분간의 간격으로 행하는 1회의 발포, 기타의 폭발에 의한 신호
- 무중신호기구에 의한 음향의 계속
- 무선전화에 의한 "메이데이(MAYDAY)"라는 말의 신호
- 국제신호기 NC기의 게양
- 낙하산 신호의 발사
- 오렌지색 연기를 발하는 발연신호

제3과목 법규 | 정답

01	나	02	가	03	아	04	아	05	나
06	사	07	아	08	사	09	나	10	나
11	가	12	나	13	아	14	사	15	아
16	사	17	나	18	나	19	나	20	아
21	가	22	아	23	나	24	아	25	나

---

01 정답 나

조종제한선(법 제2조)
- 항로표지, 해저전선 또는 해저파이프라인의 부설·보수·인양 작업
- 준설(浚渫)·측량 또는 수중 작업
- 항행 중 보급, 사람 또는 화물의 이송 작업
- 항공기의 발착(發着)작업
- 기뢰(機雷)제거작업
- 진로에서 벗어날 수 있는 능력에 제한을 많이 받는 예인(曳引)작업

02 정답 가

조종제한선(기관고장선)은 가장 잘 보이는 곳에 수직으로 위쪽과 아래쪽에는 붉은색 전주등, 가운데에는 흰색 전주등 각 1개를 설치한다(법 제92조).

03 정답 아

어로에 종사하고 있는 선박 : 그물, 낚싯줄, 트롤망, 그 밖에 조종성능을 제한하는 어구를 사용하여 어로 작업을 하고 있는 선박(법 제2조)

04 정답 아

흘수제약선 : 붉은색 전주등 3개를 수직으로 표시하거나 원통형의 형상물 1개를 표시할 수 있다(법 제93조).

05 정답 나

항행 중인 동력선의 기적신호(법 제99조 제2항)
- 침로를 오른쪽으로 변경하고 있는 경우 : 단음 1회
- 침로를 왼쪽으로 변경하고 있는 경우 : 단음 2회
- 기관을 후진하고 있는 경우 : 단음 3회

06 정답 사

서로 상대의 시계 안에 있는 선박이 접근하고 있을 경우에는 하나의 선박이 다른 선박의 의도 또는 동작을 이해할 수 없거나 다른 선박이 충돌을 피하기 위하여 충분한 동작을 취하고 있는지 분명하지 아니한 경우에는 그 사실을 안 선박이 즉시 기적으로 단음을 5회 이상 재빨리 울려 그 사실을 표시하여야 한다(법 제99조 제5항).

07 정답 아

제한된 시계 안에서의 음향신호 : 항행 중인 동력선은 정지하여 대수속력이 없는 경우에는 장음 사이의 간격을 2초 정도로 연속하여 장음을 2회 올리되, 2분을 넘지 아니하는 간격으로 울려야 한다(법 제100조 제1항 제2호).

08 정답 사

마주치는 상태(법 제79조 제2항)
- 밤에는 2개의 마스트등을 일직선으로 또는 거의 일직선으로 볼 수 있거나 양쪽의 현등을 볼 수 있는 경우
- 낮에는 2척의 선박의 마스트가 선수에서 선미(船尾)까지 일직선이 되거나 거의 일직선이 되는 경우

09 정답 나

경계(법 제70조)
선박은 주위의 상황 및 다른 선박과 충돌할 수 있는 위험성을 충분히 파악할 수 있도록 시각·청각 및 당시의 상황에 맞게 이용할 수 있는 모든 수단을 이용하여 항상 적절한 경계를 하여야 한다.

10 정답 나

안전속력의 고려사항 : 시계의 상태, 해상교통량의 밀도, 선박의 정지거리·선회성능, 그 밖의 조종성능, 항해에 지장을 주는 불빛의 유무, 바람·해면 및 조류의 상태와 항행상 위험의 근접상태, 선박의 흘수와 수심과의 관계, 레이더의 특성 및 성능, 해면상태·기상 등(법 제71조)

11 정답 가

항행 중인 동력선이 선박의 진로를 피해야 할 경우 : 조종불능선, 조종제한선, 어로에 종사하고 있는 선박, 범선(법 제83조)

12 정답 나

좁은 수로의 항법(법 제74조)
- 좁은 수로 등의 오른편 끝 쪽에서 항행
- 길이 20미터 미만의 선박이나 범선 : 안쪽에서만 안전하게 항행할 수 있는 다른 선박의 통항을 방해 금지
- 어로종사선박 : 수로 안쪽에서 항행하고 있는 다른 선박의 통항 방해 금지
- 좁은 수로 등의 안쪽에서만 안전하게 항행할 수 있는 다른 선박의 통항을 방해하게 되는 경우 좁은 수로에서 횡단 금지

13 정답 아

엎혀 있는 선박의 추가 등화나 형상물(법 제95조)
- 수직으로 붉은색의 전주등 2개
- 수직으로 둥근꼴의 형상물 3개

14 정답 사

섬광등 : 360도에 걸치는 수평의 호를 비추는 등화로서 일정한 간격으로 1분에 120회 이상 섬광을 발하는 등(법 제86조)

15 정답 아

항행 중(법 제2조 제19호) : 선박이 다음의 어느 하나에 해당하지 아니하는 상태
- 정박
- 항만의 안벽 등 계류시설에 매어 놓은 상태(계선부표나 정박하고 있는 선박에 매어 놓은 경우를 포함한다)
- 엎혀 있는 상태

16 정답 사

방파제 부근에서의 항법(법 제13조) : 무역항의 수상구역 등에 입항하는 선박이 방파제 입구 등에서 출항하는 선박과 마주칠 우려가 있는 경우에는 방파제 밖에서 출항하는 선박의 진로를 피하여야 한다.

17 정답 나

정류 : 선박이 해상에서 일시적으로 운항을 멈추는 것(법 제2조)

18 정답 나

우선피항선 : 부선, 주로 노와 삿대로 운전하는 선박, 예선, 항만운송관련사업을 등록한 자가 소유한 선박, 해양환경관리업을 등록한 자가 소유한 선박, 총톤수 20톤 미만의 선박(법 제2조)

19 정답 나

해양수산부장관은 무역항의 수상구역 등에 정박하는 선박의 종류·톤수·흘수 또는 적재물의 종류에 따른 정박구역 또는 정박지를 지정·고시할 수 있다(법 제5조).

20 정답 아

항법의 원칙(법 제12조)
- 항로 밖에서 항로에 들어오거나 항로에서 항로 밖으로 나가는 선박은 항로를 항행하는 다른 선박의 진로를 피하여 항행할 것
- 항로에서 다른 선박과 나란히 항행하지 아니할 것
- 항로에서 다른 선박과 마주칠 우려가 있는 경우에는 오른쪽으로 항행할 것
- 항로에서 다른 선박을 추월하지 아니할 것

21 정답 가

화재 시 경보방법(시행규칙 제29조)
① 화재를 알리는 경보는 기적(汽笛)이나 사이렌을 장음(4초에서 6초까지의 시간 동안 계속되는 울림을 말한다)으로 5회 울려야 한다.

22 정답 아

출입 신고의 면제 선박(법 제4조)
- 총톤수 5톤 미만의 선박
- 해양사고구조에 사용되는 선박
- 「수상레저안전법」에 따른 수상레저기구 중 국내항 간을 운항하는 모터보트 및 동력요트
- 그 밖에 공공목적이나 항만 운영의 효율성을 위하여 해양수산부령으로 정하는 선박(도선선, 예선 등)

23 정답 나

유해방오도료 : 생물체의 부착을 제한·방지하기 위하여 선박 또는 해양시설 등에 사용하는 도료(법 제2조)

24 정답 아

오염물질이 배출된 경우 방제의무자의 조치(법 제64조)
- 오염물질의 배출방지
- 배출된 오염물질의 확산방지 및 제거
- 배출된 오염물질의 수거 및 처리

25 정답 나

방제 자재 및 약제의 비치 : 항만관리청 및 선박·해양시설의 소유자는 오염물질의 방제·방지에 사용되는 자재 및 약제를 보관시설 또는 해당 선박 및 해양시설에 비치·보관하여야 한다(법 제66조).

제4과목 기관 | 정답

01 나	02 사	03 가	04 나	05 아
06 가	07 나	08 가	09 사	10 아
11 가	12 나	13 사	14 나	15 아
16 가	17 사	18 사	19 가	20 사
21 가	22 가	23 아	24 사	25 가

PART 02

01 정답 나
기관의 진동이 심할 경우
- 기관이 노킹을 일으킬 때와 각 실린더의 최고압력이 고르지 않을 때
- 위험 회전수로 운전하고 있을 때와 기관대 설치 볼트가 이완 또는 절손되었을 때
- 크랭크 핀 베어링, 메인 베어링, 스러스트 베어링 등의 틈새가 너무 클 때 등

02 정답 사
시동이 안 되는 경우
- 실린더 내의 온도가 낮은 때
- 연료유에 물이나 공기가 차 있을 때
- 연료 공급이 안될 때
- 연료분사 시기가 부적절할 때
- 압축압력이 낮을 때

03 정답 가
디젤 기관의 운전 중 점검 내용 : 사용 연료유, 연료유 공급 펌프의 입구와 출구 압력, 윤활유 압력과 온도, 냉각수의 압력, 각 실린더의 배기가스 온도와 배기색 등

04 정답 나
피스톤 링의 3대 작용
- 기밀 작용 : 실린더와 피스톤 사이의 가스 누설을 방지한다.
- 열 전달 작용 : 피스톤이 받은 열을 실린더로 전달한다.
- 오일 제어 작용 : 실린더 벽면에 유막 형성 및 여분의 오일을 제어한다.

05 정답 아
디젤 기관의 실린더 헤드 볼트를 죄는 요령
- 토크렌치를 사용하여 수회로 나누어 볼트를 죄는 힘을 평균화 함
- 대칭 위치의 볼트로부터 교호로 죌 필요가 있음

- 헤드 볼트의 죄는 방법이 나쁘면 실린더와의 접합면에서 가스가 새고 한 쪽만 강하게 죄면 어느 특정 볼트의 절손원인이 됨

06 정답 가
기관을 정지시켜야 하는 경우
- 운동부에서 이상한 음향이나 진동이 발생할 때
- 베어링 윤활유, 실린더 냉각수, 피스톤 냉각수(유) 출구 온도가 이상 상승할 때
- 냉각수나 윤활유 공급 압력이 급격히 떨어졌으나 즉시 복구하지 못할 때
- 조속기, 연료분사 펌프, 연료분사 밸브의 고장으로 회전수가 급격히 변동할 때
- 회전수가 급격하게 떨어져 그 원인이 불분명하거나 배기 온도가 급격히 상승할 때
- 어느 실린더의 음향이 특히 높거나 안전 밸브가 동작하여 가스가 분출될 때 등

07 정답 나
연료분사의 조건
- **무화**(Atomization) : 분사되는 연료유의 미립화를 뜻하며, 1회의 분사량이 같은 경우 연료유의 입자가 작을수록 표면적이 증가하기 때문에 압축공기와 접촉하는 면적이 커져서 착화와 연소가 빨라진다.
- **관통**(Penetration) : 연료유가 실린더 내의 압축공기를 뚫고 나가는 상태를 말하며, 완전 연소가 되기 위해서는 연료유 미립자가 연소실의 구석까지 도달할 수 있는 관통력이 필요하다. 관통이 잘 되기 위해서는 무화와는 반대로 연료유의 입자가 커야 하기 때문에 연료를 분사시킬 때는 이 두 가지 조건을 만족하도록 잘 조정해야 한다.
- **분산**(Dispersion) : 연료분사 밸브의 끝에 있는 노즐로부터 연료유가 원뿔형으로 분사되어 퍼지는 상태이다.

08 정답 가
릴리프밸브 : 회로의 압력이 설정 압력에 도달하면 유체(流體)의 일부 또는 전량을 배출시켜 회로 내의 압력을 설정값 이하로 유지하는 압력제어 밸브이며, 1차 압력 설정용 밸브를 말한다.

09 정답 사
실린더 마모의 원인 : 실린더와 피스톤 및 피스톤 링의 접촉에 의한 마모, 연소 생성물인 카본 등에 의한 마모, 흡입 공기 중의 먼지나 이물질 등에 의한 마모, 연료나 수분이 실린더에 응결되어 발생하는 부식에 의한 마모, 농후한 혼

합기로 인한 실린더 윤활 막의 미형성으로 인한 마모

10 정답 아

가솔린 및 디젤 기관 비교 : 디젤 기관은 4행정 사이클 기관, 2행정 사이클 기관이 있으며, 가솔린 기관은 2행정 사이클 기관이다.

11 정답 가

실린더에서는 흡입·압축·배기 행정을 제외한 폭발행정에서만 동력이 발생하여 크랭크축을 회전시키기 때문에 크랭크축의 회전속도가 일정하지 않다. 따라서 크랭크축의 끝에 플라이휠(flywheel)을 설치하는데, 이는 자체 관성을 이용하여 크랭크축이 일정한 속도로 회전할 수 있도록 한다.

12 정답 나

밸브(valve)는 연소실의 흡·배기구를 직접 개폐하는 역할을 하며, 공기 또는 혼합기를 흡입하는 흡기밸브(intake valve)와 연소가스를 배출시키는 배기밸브(exhaust valve)가 있다. 밸브 스프링(valve spring)은 밸브가 닫혀 있는 동안에 밸브 페이스가 시트와 밀착하여 기밀을 유지하고, 밸브가 캠의 형상에 따라 개폐되도록 하기 위하여 사용하는 스프링이다.

13 정답 사

크랭크축(Crank shaft)은 실린더에서 발생한 피스톤의 왕복운동을 커넥팅 로드를 거쳐 회전운동으로 바꾸어 동력을 전달한다.

14 정답 나

디젤 기관의 운전 중 운동부에서 이상한 음향이나 진동이 발생할 때에는 기관의 회전수를 내리고 기관을 멈춘다.

15 정답 아

멀티테스터(회로시험기, multi tester) : 전압, 전류 및 저항 등의 값을 하나의 계기로 측정할 수 있게 만든 기기이다.

16 정답 가

전동기로 구동되는 해수 펌프의 고장 원인
- 흡입관 계통의 이상
- 글랜드패킹으로의 공기 유입
- 전동기의 낮은 전압
- 전동기의 접속 불량이나 모터 부위의 베어링 비정상

17 정답 사

기어 펌프(gear pump)는 2개의 기어가 서로 물려 있으며, 기어가 서로 안쪽 방향으로 회전하여 액체를 흡입, 배출하는 펌프이다. 기어 펌프는 구조가 간단하고, 왕복 펌프에 비해 고속으로 회전할 수 있어서 소형으로도 송출량을 높일 수 있고, 경량이며 흡입 양정이 크고, 점도가 높은 유체를 이송하는 데 적합하다.

18 정답 사

왕복 펌프는 특성상 행정 중 피스톤의 위치에 따라 피스톤의 운동속도가 달라지므로 송출량에 맥동이 생기며 순간 송출유량도 피스톤 위치에 따라 변하게 되므로 송출유량의 맥동을 줄이기 위해 펌프 송출측의 실린더에 공기실을 설치한다.

19 정답 가

발전기의 기중차단기는 선로의 어디에선가 고장으로 인해 큰 전류가 흘렀을 때에는 신속히 가동부를 고정부에서 분리해서 전류를 끊어야 할 때 사용되는 전기개폐장치이다. 주로 ACB가 사용되는데 기중차단기(저압용) 변압기의 2차측 저압선로에 설치되어 회로 고장 발생 시 전기를 차단시킨다.

20 정답 사

유도전동기(Induction Motor)는 회전 자기장을 이용해 회전자를 회전시키는 전기기기다. 전류계(ammeter)는 전류의 세기를 측정하기 위한 계기로 전동기(Motor)에 사용할 전류계는 정격전류에 150~500%에 해당하는 초과눈금(적색표시)을 그려서 전동기 기동전류의 충격을 방지하며 전류계의 수명을 연장시킨다.

21 정답 가

국제적으로 통일된 단위계에서 1마력은 75kgf·m/s이다.

22 정답 가

흡·배기 밸브는 상사점 부근에서 크랭크 각도 40° 동안 흡기밸브와 배기밸브가 동시에 열려 있는데, 이 기간을 밸브겹침(valve overlap)이라 한다. 밸브겹침을 두는 이유는 실린더 내의 소기 작용을 돕고, 밸브와 연소실의 냉각을 돕기 위해서이다.

23 정답 아

디젤 기관을 장기간 휴지할 때의 주의사항
- 냉각수를 전부 뺀다.

- 각 운동부에 그리스를 바른다.
- 각 밸브 및 콕을 모두 잠근다.
- 정기적으로 터닝을 시켜 준다.

24 정답 사

인화점(flash point)은 연료유를 서서히 가열할 때 나오는 유증기에 불을 가까이하면 불이 붙게 되는 기름의 최저 온도이다. 인화점이 낮은 기름은 화재의 위험이 높다.

25 정답 가

클러치의 정의 : 동력전달장치의 기관에서 발생한 동력을 추진기축으로 전달하거나 끊어 주는 장치이다.

Small Vessel Operator

최신기출문제

제1과목 항해

01 자기 컴퍼스에서 0도와 180도를 연결하는 선과 평행하게 자석이 부착되어 있는 원형판은?

가 볼
나 기선
사 짐벌즈
아 컴퍼스 카드

가. **볼** : 청동 또는 놋쇠로 되어 있는 용기로서 주요 부품을 담고 있는 부분
사. **짐벌즈** : 선박의 동요로 비너클이 기울어져도 볼을 항상 수평하게 유지하기 위한 장치
아. **컴퍼스 카드**(compass card) : 온도가 변하더라도 변형되지 않도록 부실에 부착된 운모 혹은 황동제의 원형판으로 주변에 정밀하게 눈금을 파 놓았다. 360등분 된 방위 눈금이 새겨져 있고, 그 안쪽에는 사방점(N, S, E, W) 방위와 사우점(NE, SE, SW, NW) 방위가 새겨져 있다.

02 기계식 자이로컴퍼스를 사용할 때 최소한 몇 시간 전에 작동시켜야 하는가?

가 1시간 나 2시간
사 3시간 아 4시간

기계식 자이로컴퍼스는 출항 4시간 전에는 반드시 전원을 켜두어야 한다.

03 풍향풍속계에서 지시하는 풍향과 풍속에 대한 설명으로 옳지 않은 것은?

가 풍향은 바람이 불어오는 방향을 말한다.
나 풍향이 반시계 방향으로 변하면 풍향 반전이라 한다.
사 풍속은 정시 관측 시각 전 15분간 풍속을 평균하여 구한다.
아 어느 시간 내의 기록 중 가장 최대의 풍속을 순간 최대 풍속이라 한다.

풍속은 정시 관측 시각 전 10분간의 풍속을 평균하여 구한다. 즉, 12시의 풍속은 11시 50분부터 12시까지의 평균 풍속을 말한다. 또한 순간순간의 풍속을 순간 풍속이라 하며, 어느 시간 내의 기록 중에 가장 최대의 풍속을 순간 최대 풍속이라 한다.

04 자기 컴퍼스의 유리가 파손되거나 기포가 생기지 않는 온도 범위는?

가 0℃~70℃
나 −5℃~75℃
사 −20℃~50℃
아 −40℃~30℃

자기 컴퍼스에 들어가는 컴퍼스 액은 에틸알코올과 증류수를 약 35 : 65의 비율로 혼합한 액체로 비중이 약 0.95, 온도 −20℃~60℃ 범위에서 점성 및 팽창 계수가 작다. 따라서 위 온도 범위에서 유리가 파손되거나 기포가 생기지 않는다.

정답 **01** 아 **02** 아 **03** 사 **04** 사

05 강선의 선체자기가 자기 컴퍼스에 영향을 주어 발생되며, 자기 컴퍼스의 북(나북)이 자북과 이루는 차이는?

가 경선차   나 자차
사 편차   아 컴퍼스 오차

[해설]

가. **경선차** : 자차계수의 크기를 결정하거나 수정하는 데는 선체가 수평 상태로 있어야 한다. 그런데 선체가 수평일 때는 자차가 0°라 하더라도 선체가 기울어지면 다시 자차가 생기는 수가 있는데, 이때 생기는 자차를 말한다.

나. **자차**(deviation, 自差) : 자기 자오선(자북)과 선내 나침의 남북선(나북)이 이루는 교각(철기류에 영향을 받아 생기는 오차)

사. **편차**(variation, 偏差) : 진자오선(진북)과 자기 자오선(자북)의 차이로 생기는 교각

아. **컴퍼스 오차** : 자기 컴퍼스의 남북선이 진자오선과 이루는 교각을 말하는데, 자차와 편차의 부호가 같으면 합하고 다르면 차를 구한 것과 같다.

06 용어에 대한 설명으로 옳은 것은?

가 전위선은 추측위치와 추정위치의 교점이다.

나 중시선은 두 물표의 교각이 90도일 때의 직선이다.

사 추측위치란 선박의 침로, 속력 및 풍압차를 고려하여 예상한 위치이다.

아 위치선은 관측을 실시한 시점에 선박이 그 선위에 있다고 생각되는 특정한 선을 말한다.

[해설]

가. **전위선** : 위치선을 그동안 항주한 거리(항정)만큼 침로 방향으로 평행이동시킨 것

나. **중시선** : 두 물표가 일직선상에 겹쳐 보일 때 그들 물표를 연결한 직선

사. **추측위치** : 최근의 실측위치를 기준으로 하여 진침로와 선속계 또는 기관의 회전수로 구한 항정에 의하여 구한 선위

[PART 03]

07 인공위성을 이용하여 선위를 구하는 장치는?

가 지피에스(GPS)
나 로란(LORAN)
사 레이더(RADAR)
아 데카(DECCA)

[해설]

가. **GPS**(Global Positioning System) : 위치를 알고 있는 24개의 인공위성에서 발사하는 전파를 수신하고, 그 도달시간으로부터 관측자까지의 거리를 구하여 위치를 결정하는 방식

나. **로란**(LORAN) : 장거리 무선항법 시스템의 하나로 해상, 육상, 항공기 등의 폭넓은 이용범위와 정확도로 위치 측정을 할 수 있는 시스템이다.

사. **레이더**(RADAR) : 전자파를 발사하여 그 반사파를 측정함으로써 물표까지의 거리 및 방향을 파악하는 계기이다.

아. **데카**(DECCA) : 두 송신국 전파의 위상차를 측정하여 거리차로 환산. 다른 전파 항해계측기에 비해 사용법이 간단하고 정확하다.

[정답] **05** 나 **06** 아 **07** 가

08 지축을 천구까지 연장한 선, 즉 천구의 회전대를 천의 축이라 하고, 천의 축이 천구와 만난 두 점을 무엇이라고 하는가?

가 천의 적도

나 천의 자오선

사 천의 극

아 수직권

가. **천의 적도** : 지구의 적도면을 무한히 연장하여 천구와 만나 이루는 대권

나. **천의 자오선** : 천의 양극을 지나는 대권

아. **수직권** : 천정과 천저를 지나는 대권

※ 주요 천구에 관한 용어

• **천정** : 관측자와 지구 중심을 지나는 직선이 천구와 만난 점 중 관측자의 머리 위쪽에서 만나는 점

• **천저** : 관측자의 발 아래쪽에서 만나는 점

• **천의 남극과 천의 북극** : 천의 극 중 지구의 북극 쪽에 있는 것을 천의 북극, 남극 쪽에 있는 것을 천의 남극

• **동명극과 이명극** : 동명극은 관측자의 위도와 동명인 극, 이명극은 관측자의 위도와 이명인 극

• **극상 반원, 극하 반원** : 천의 자오선을 천의 극에서 양분하여 관측자를 지나는 반원. 극상 반원의 반대편 반원을 극하반원이라 함

• **적위의 거등권** : 지구상에서 위도의 거등권에 대응하는 것으로 천의 적도에 평행한 소권

• **적위** : 지구상의 위도에 대응하는 것으로 천체를 지나는 천의 자오선상에서 천의 적도로부터 천체까지의 호

• **극거** : 천체를 지나는 천의 자오선상에서 동명극과 천체 사이에 낀 호

• **적경** : 춘분점을 지나는 시권과 천체를 지나는 시권이 극에서 이루는 각

• **고도와 정거** : 천체를 지나는 수직권상에서 진수평으로부터 천체까지의 각거리를 천체의 고도라 하며, 천정으로부터 천체까지의 각거리를 정거라 함

09 레이더 화면에 그림과 같은 것이 나타나는 원인은?

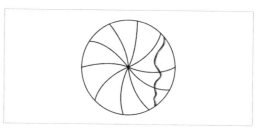

가 물표의 간접 반사

나 비나 눈 등에 의한 반사

사 해면의 파도에 의한 반사

아 타선박의 레이더 파에 의한 간섭효과

레이더 화면에 그림과 같이 오염된 것과 같이 겹쳐 보이는 듯하게 나타나는 경우는 다른 선박의 레이더 파에 의한 간섭효과가 발생한 것이다.

10 그림에서 빗금 친 영역에 있는 선박이나 물체는 본선 레이더 화면에 어떻게 나타나는가?

가 나타나지 않는다.

나 희미하게 나타난다.

사 선명하게 나타난다.

아 거짓상이 나타난다.

레이더는 전자파를 발사하여 그 반사파를 측정함으로써 물표까지의 거리 및 방향을 파악하는 계기이다. 레이더는 자선에서 발사한 전파의 주파수와 같은 주파수의 신호이면 모두 수신하여 화면상에 나타낸다. 그림의 빗금 친 영역에서는 반사파를 측정할 수 없어 화면에 나타나지 않는다.

정답 **08** 사 **09** 아 **10** 가

11 우리나라 해도상 수심의 단위는?

가 미터(m) 나 센티미터(cm)

사 패덤(fm) 아 킬로미터(km)

해설

우리나라 해도상 수심의 단위는 미터(m)이다.

12 등대표에 대한 설명으로 옳지 않은 것은?

가 항로표지의 이력표와 같은 것이다.

나 해도에 표시되지 않은 항로표지는 기재하지 않는다.

사 미국, 영국, 일본 등에서도 등대표를 발간하기 때문에 필요에 따라 이용하면 된다.

아 우리나라 등대표는 동해안 → 남해안 → 서해안을 따라 일련번호를 부여하여 설명하고 있다.

해설

해도에 표시되지 않은 항로표지도 기재한다.

13 항로, 암초, 항행금지구역 등을 표시하는 지점에 고정으로 설치하여 선박의 좌초를 예방하고 항로의 안내를 위해 설치하는 광파표지(야간표지)는?

가 등대 나 등선

사 등주 아 등표

해설

가. **등대** : 야간표지의 대표적인 것으로, 해양으로 돌출된 곶이나 섬 등 선박의 물표가 되기에 알맞은 위치에 설치된 탑과 같이 생긴 구조물이다.

나. **등선** : 육지에서 멀리 떨어진 해양 항로의 중요한 위치에 있는 사주 등을 알리기 위해서 일정한 지점에 정박하고 있는 특수한 구조의 선박이다.

사. **등주** : 쇠나 나무 또는 콘크리트와 같이 기둥 모양의 꼭대기에 등을 달아 놓은 것으로서, 주로 항구 내에 주로 설치한다.

14 특수표지에 대한 설명으로 옳지 않은 것은?

가 두표는 1개의 황색구를 수직으로 부착한다.

나 등화는 황색을 사용한다.

사 표지의 색상은 황색이다.

아 해당하는 수로도지에 기재되어 있는 공사구역, 토사채취장 등이 있음을 표시한다.

해설

특수표지 : 공사구역 등 특별한 시설이 있음을 나타내는 표지이다.

• **두표**(top mark) : 황색으로 된 ×자 모양의 형상물

• **표지 및 등화의 색상** : 황색

15 연안항해에 사용되며, 연안의 상황이 상세하게 표시된 해도는?

가 항양도 나 항해도

사 해안도 아 항박도

해설

가. **항양도**(1/100만 이하) : 원거리 항해에 쓰이며, 해안에서 떨어진 바다의 수심, 주요 등대, 원거리 육상 물표 수록

나. **항해도**(1/30만 이하) : 대개 육지를 바라보면서 항행할 때 사용하는 해도로서, 선위를 직접 해도상에서 구할 수 있도록 육상의 물표, 등대, 등표, 수심 등이 비교적 상세히 그려져 있다.

사. **해안도**(1/5만 이하) : 연안항해에 사용하는 해도로서 연안의 여러 가지 물표나 지형이 매우 상세히 표시되어 있다.

아. **항박도**(1/5만 이상) : 항만, 정박지, 협수로 등 좁은 구역을 세부까지 상세하게 수록한 해도로 평면도법으로 제작

정답 11 가 12 나 13 아 14 가 15 사

16 선박의 레이더에서 발사된 전파를 받은 때에만 응답 전파를 발사하는 전파표지는?

 가 레이콘(Racon)

나 레이마크(Ramark)

사 토킹 비컨(Talking beacon)

아 무선방향탐지기(RDF)

해설

가. **레이콘**(Racon) : 선박 레이더에서 발사된 전파를 받은 때에만 응답하며, 일정한 형태의 신호가 나타날 수 있도록 전파를 발사하는 무지향성 송수신 장치이다.

나. **레이마크**(ramark) : 일정한 지점에서 레이더 파를 계속 발사하는 표지국으로, 선박의 레이더 화면에 한 줄의 방위선으로 나타나 방위와 거리를 알 수 있다.

사. **토킹 비컨**(Talking beacon) : 선박의 레이더에서 발사한 전파를 받은 때에만 응답신호를 내며, 음성신호를 3°마다 방송하므로 가장 간단하고 정확하게 자기 선박의 방위 확인이 가능하다.

아. **무선방향탐지기**(RDF) : 무선신호를 발생시키는 지역의 방향을 알아내기 위해 사용하는 무선 수신장치와 지향성 안테나 장치이다.

17 해도의 관리에 대한 사항으로 옳지 않은 것은?

가 해도를 서랍에 넣을 때는 구겨지지 않도록 주의한다.

나 해도는 발행 기관별 번호 순서로 정리하고, 항해 중에는 사용할 것과 사용한 것을 분리하여 정리하면 편리하다.

사 해도를 운반할 때는 여러 번 접어서 이동한다.

아 해도에 사용하는 연필은 2B나 4B 연필을 사용한다.

 해설

해도 운반 시 반드시 말아서 비에 젖지 않도록 풍하 쪽으로 이동한다.

18 등질에 대한 설명으로 옳지 않은 것은?

가 섬광등은 빛을 비추는 시간이 꺼져 있는 시간보다 짧은 등이다.

나 호광등은 색깔이 다른 종류의 빛을 교대로 내며, 그 사이에 등광은 꺼지는 일이 없는 등이다.

사 부동등은 고정되어 있어 위치를 움직일 수 없는 등이다.

아 모스 부호등은 모스 부호를 빛으로 발하는 등이다.

 해설

야간표지에 사용되는 등화의 등질

• **부동등**(F) : 등색이나 등력(광력)이 바뀌지 않고 일정하게 계속 빛을 내는 등

• **명암등**(Oc) : 한 주기 동안에 빛을 비추는 시간(명간)이 꺼져 있는 시간(암간)보다 길거나 같은 등

• **섬광등**(Fl) : 빛을 비추는 시간(명간)이 꺼져 있는 시간(암간)보다 짧은 것으로, 일정한 간격으로 섬광을 내는 등

• **호광등**(Alt) : 색깔이 다른 종류의 빛을 교대로 내며, 그 사이에 등광은 꺼지는 일이 없는 등

• **모스 부호등**(Mo) : 모스 부호를 빛으로 발하는 것으로, 어떤 부호를 발하느냐에 따라 등질이 달라지는 등

• **분호등** : 서로 다른 지역을 다른 색상으로 비추는 등화로, 주로 위험구역만을 주로 홍색광으로 비추는 등화

정답 **16** 가 **17** 사 **18** 사

19 해도상에 'Fl.20s10m5M'이라고 표시된 등대의 불빛을 볼 수 있는 거리는 등대로부터 대략 몇 해리인가?

가 5해리   나 10해리
사 15해리   아 20해리

- Fl : 섬광등
- 20s : 정해진 등질이 반복되는 시간을 초 단위로 나타낸 주기로 20초마다 반복됨을 의미
- 10m : 등대 높이인 등고가 10m임을 의미
- 5M : 등광을 알아볼 수 있는 최대거리인 광달거리로 그 광달거리가 5마일(해리)임을 의미

20 다음 두표의 국제해상부표식의 항로표지는?

가 방위표지   나 특수표지
사 고립장애표지   아 안전수역표지

고립장애표지
- 두표(top mark) : 2개의 흑구를 수직으로 부착
- 표지의 색상 : 검은색 바탕에 1개 또는 그 이상의 적색 띠
- 등화 : 백색, 2회의 섬광등 Fl(2)

21 해수의 연직방향의 운동은?

가 조석   나 조차
사 정조   아 창조

가. 조석 : 달과 태양, 별 등의 천체 인력에 의한 해면의 주기적인 연직방향 운동
나. 조차 : 고조와 저조 때의 해면 높이의 차

사. 정조 : 고조나 저조시 승강 운동이 순간적으로 거의 정지한 것과 같이 보이는 상태이다.
아. 창조(밀물) : 저조에서 고조로 상승하는 현상

22 야간에 육지의 복사냉각으로 형성되는 소규모의 고기압은?

가 대륙성 고기압   나 한랭 고기압
사 이동성 고기압   아 지형성 고기압

가. 대륙성 고기압 : 겨울철에 대륙에서 발달하는 고기압으로 시베리아 고기압이 대표적
나. 한랭 고기압 : 중심부의 온도가 주위보다 낮으며 지면의 공기가 냉각 퇴적되어 생긴 것으로, 어느 높이 이상에서는 저압부로 되는 키가 작은 고기압
사. 이동성 고기압 : 중심 위치가 계속 움직이는 고기압을 이동성 고기압이라고 하며, 양쯔강 고기압이 대표적이다.
아. 지형성 고기압 : 밤에 육지의 복사냉각으로 형성되는 소규모의 고기압으로, 야간에 육풍의 원인이 됨

23 중심이 주위보다 따뜻한 저기압으로, 상층으로 갈수록 저기압성 순환이 줄어들면서 어느 고도 이상에서 사라지는 것은?

가 전선 저기압   나 비전선 저기압
사 한랭 저기압   아 온난 저기압

가. 전선 저기압 : 기압 기울기가 큰 온대 및 한대 지방에서 발생하는 저기압으로 전선을 동반한다.
나. 비전선 저기압 : 전선을 동반하지 않는 저기압으로, 열적 저기압과 지형성 저기압이 이에 해당한다.
사. 한랭 저기압 : 중심이 주위보다 차가운 저기압으로, 이동 속도와 발달 속도가 느리다.
아. 온난 저기압 : 중심이 주위보다 온난한 저기압으로, 상층으로 갈수록 저기압성 순환이 줄어들면서 어느 고도에서는 없어진다.

정답 **19** 가 **20** 사 **21** 가 **22** 아 **23** 아

24 연안항로 선정에 관한 설명으로 옳지 않은 것은?

가 연안에서 뚜렷한 물표가 없는 해안을 항해하는 경우 해안선과 평행한 항로를 선정하는 것이 좋다.

나 항로지, 해도 등에 추천항로가 설정되어 있으면, 특별한 이유가 없는 한 그 항로를 따르는 것이 좋다.

사 복잡한 해역이나 위험물이 많은 연안을 항해할 경우에는 최단항로를 항해하는 것이 좋다.

아 야간의 경우 조류나 바람이 심할 때는 해안선과 평행한 항로보다 바다 쪽으로 벗어난 항로를 선정하는 것이 좋다.

복잡한 해역이나 위험물이 많은 연안을 항해하거나, 또는 조종성능에 제한이 있는 상태에서는 해안선에 근접하지 말고 다소 우회하더라도 안전한 항로를 선정하는 것이 좋다.

25 피험선에 대한 설명으로 옳은 것은?

가 위험구역을 표시하는 등심선이다.

나 선박이 존재한다고 생각하는 특정한 선이다.

사 항의 입구 등에서 자선의 위치를 구할 때 사용한다.

아 항해 중에 위험물에 접근하는 것을 쉽게 탐지할 수 있다.

피험선이란 협수로를 통과할 때나 출·입항할 때에 자주 변침하여 마주치는 선박을 적절히 피하여 위험을 예방하며, 예정 침로를 유지하기 위한 위험 예방선이다.

제2과목 운용

01 선체 각부의 명칭을 나타낸 아래 그림에서 ㉠은?

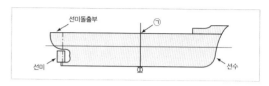

가 선수현호   나 선미현호

사 상갑판   아 용골

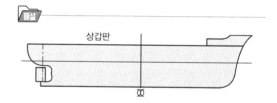

02 선저판, 외판, 갑판 등에 둘러싸여 화물 적재에 이용되는 공간은?

가 격벽

나 선창

사 코퍼댐

아 밸러스트 탱크

가. **격벽** : 선체의 내부를 몇 개의 구획으로 나누는 칸막이벽을 말한다.

사. **코퍼댐** : 기름 탱크와 기관실 또는 화물창, 혹은 다른 종류의 기름을 적재하는 탱크선의 탱크 사이에 설치하는 방유(放油)구획으로서 기름 유출에 의한 해양환경 피해를 방지하기 위한 것이다.

아. **밸러스트 탱크** : 선박의 균형을 유지하기 위해 선박 평형수를 저장하는 탱크

정답 24 사   25 아 / 01 사   02 나

03

상갑판 보(Beam) 위의 선수재 전면으로부터 선미재 후단까지의 수평거리로 선박원부에 등록되고 선박국적증서에 기재되는 길이는?

가 전장
나 수선장
사 등록장
아 수선간장

가. **전장** : 선수의 최전단으로부터 선미의 최후단까지의 수평거리. 선박의 저항, 추진력 계산에 사용
나. **수선장** : 각 흘수선상의 물에 잠긴 선체의 선수재 전면에서 선미 후단까지의 수평거리
아. **수선간장** : 계획 만재 흘수선상의 선수재의 전면으로부터 타주 후면까지의 수평거리

04

키의 구조와 각부 명칭을 나타낸 아래 그림에서 ㉠은 무엇인가?

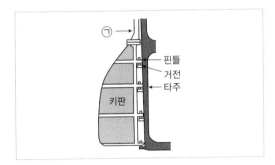

가 타두재
나 러더암
사 타심재
아 러더 커플링

타두재(rudder stock) : 타심재의 상부를 연결하여 조타기에 의한 회전을 타에 전달하는 것으로, 틸러(타의 손잡이)에 의하여 조타기에 연결된다.

05

조타장치 취급 시 주의사항으로 옳지 않은 것은?

가 유압 펌프 및 전동기의 작동 시 소음을 확인한다.
나 항상 모든 유압 펌프가 작동되고 있는지 확인한다.
사 수동조타 및 자동조타의 변환을 위한 장치가 정상적으로 작동하는지 확인한다.
아 작동부에서 그리스의 주입이 필요한 곳에 일정 간격으로 주입되었는지 확인한다.

조타장치 취급 시 주의사항 : 유압 계통의 유량의 적정성, 조타기에 과부하가 걸리는지 여부, 작동 중 이상한 소음이 발생하는지 여부, 작동부에 그리스가 잘 들어가는지 여부 등을 점검해야 한다.

06

고정식 소화장치 중에서 화재가 발생하면 자동으로 작동하여 물을 분사하는 장치는?

가 고정식 포말 소화장치
나 자동 스프링클러 장치
사 고정식 분말 소화장치
아 고정식 이산화탄소 소화장치

가. **고정식 포말 소화장치** : 산성액과 알카리성액을 혼합했을 때 발생하는 거품으로 화재 구역을 덮어 산소 공급을 차단하여 소화하며, 유류화재에 유효하므로 탱커선에서 많이 사용한다.
아. **고정식 이산화탄소 소화장치** : 이산화탄소를 압축·액화한 소화기로, 전기화재의 소화에 적합하며 분사가스의 온도가 매우 낮아 동상에 조심해야 한다. 기관실이나 화물창 등의 독립 구역에서 발생한 비교적 큰 화재를 진압하는 데 사용된다.

정답 03 사 04 가 05 나 06 나

07 앵커 체인의 섀클 명칭이 아닌 것은?

　가　스톡(Stock)

　나　엔드 링크(End link)

　사　커먼 링크(Common link)

　아　조이닝 섀클(Joining shackle)

해설

앵커 체인(닻줄)의 구성 : 앵커 섀클(Anchor shackle), 엔드 링크(End link, 단말 고리), 엔라지드 링크(Enlarged link, 확대 고리), 커먼 링크(Common link, 보통 고리), 켄터 섀클(Kenter shackle), 조이닝 섀클(Joining shackle, 연결용 섀클), 스위블(Swivel) 등

08 체온을 유지할 수 있도록 열전도율이 작은 방수 물질로 만들어진 포대기 또는 옷을 의미하는 구명 설비는?

　가　구명동의　　　나　구명부기

　사　방수복　　　　아　보온복

해설

가. **구명동의**(구명조끼) : 조난 또는 비상시 상체에 착용하는 것으로 고형식과 팽창식이 있다.

나. **구명부기** : 선박 조난 시 구조를 기다릴 때 사용하는 인명구조 장비로, 사람이 타지 않고 손으로 밧줄을 붙잡고 있도록 만든 것이다.

사. **방수복** : 물이 스며들지 않아 수온이 낮은 물속에서 체온을 보호할 수 있는 옷으로, 2분 이내에 도움 없이 착용할 수 있어야 한다.

09 해상에서 사용되는 신호 중 시각에 의한 통신이 아닌 것은?

　가　수기신호　　　나　기류신호

　사　기적신호　　　아　발광신호

해설

해상통신의 종류 : 기류신호, 발광신호, 음향신호, 수기신호 등이 있는데, 시각에 의한 통신에는 수기신호, 기류신호, 발광신호 등이 있다.

10 불을 붙여 물에 던지면 해면 위에서 연기를 내는 조난신호장비로서 방수 용기로 포장되어 잔잔한 해면에서 3분 이상 잘 보이는 색깔의 연기를 내는 것은?

　가　신호 홍염　　　나　신호 거울

　사　자기 점화등　　아　발연부 신호

해설

가. **신호 홍염** : 홍색염을 1분 이상 연속하여 발할 수 있으며, 10cm 깊이의 물속에 10초 동안 잠긴 후에도 계속 타는 팽창식 구명뗏목의 의장품이다(야간용). 연소시간은 40초 이상이어야 한다.

사. **자기 점화등** : 수면에 투하하면 자동으로 발광하는 신호등으로, 야간에 구명부환의 위치를 알리는 데 사용한다.

11 팽창식 구명뗏목에 대한 설명으로 옳지 않은 것은?

　가　모든 해상에서 30일 동안 떠 있어도 견딜 수 있도록 제작되어야 한다.

　나　선박이 침몰할 때 자동으로 이탈되어 조난자가 탈 수 있다.

　사　구명정에 비해 항해 능력은 떨어지지만 손쉽게 강하할 수 있다.

　아　수압이탈장치의 작동 수심 기준은 수면 아래 10미터이다.

해설

팽창식 구명뗏목(구명벌, life raft)의 자동이탈장치는 선박이 침몰하여 수면 아래 3m 정도에 이르면 수압에 의해 작동하여 구명뗏목을 부상시킨다.

정답　07 가　08 아　09 사　10 아　11 아

12 사람이 물에 빠진 시간 및 위치가 불명확하거나, 협시계, 어두운 밤 등으로 인하여 물에 빠진 사람을 확인할 수 없을 때, 그림과 같이 지나왔던 원래의 항적으로 돌아가고자 할 때 유효한 인명구조를 위한 조선법은?

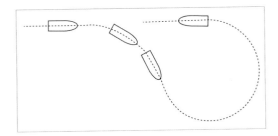

가 반원 2선회법(Double turn)

나 샤르노브 턴(Scharnow turn)

사 윌리암슨 턴(Williamson turn)

아 싱글 턴 또는 앤더슨 턴(Single turn or Anderson turn)

구조 조선법

• **윌리암슨 턴**(Williamson turn) : 야간이나 제한된 시계 상태에서 유지한 채 원래의 항적으로 되돌아가고자 할 때 사용하는 회항 조선법이다. 물에 빠진 사람을 수색하는 데 좋은 방법이지만 익수자를 보지 못하므로 선박이 사고지점과 멀어질 수 있고, 절차가 느리다는 단점이 있다.

• **원턴**(싱글 턴 또는 앤더슨 턴, Single turn or Anderson turn) : 물에 빠진 사람이 보일 때 가장 빠른 구출 방법으로, 최종 접근 단계에서 직선적으로 접근하기가 곤란하여 조종이 어렵다는 단점이 있다.

• **샤르노브 턴**(Scharnow turn) : 윌리암슨 턴과 같이 회항 조선법이다. 물에 빠진 시간과 조종의 시작 사이에 경과된 시간이 짧을 때, 즉 익수자가 선미에서 떨어져 있지 않을 때에는 짧은 시간에 구조할 수 있어서 매우 효과적이다.

13 초단파(VHF) 무선설비로 타 선박을 호출할 때의 호출 절차에 대한 설명으로 옳은 것은?

가 상대선 선명, 여기는 본선 선명 순으로 호출한다.

나 상대선 선명, 여기는 상대선 선명 순으로 호출한다.

사 본선 선명, 여기는 상대선 선명 순으로 호출한다.

아 본선 선명, 여기는 본선 선명 순으로 호출한다.

선박 간에 호출하는 방법은 먼저 호출 상대 선박명을 말하고, 본선의 선박명을 말하면서 감도 상태를 물어본다. 예를 들어, 본선이 '동해호'이고 상대 선박명이 '서해호'라면, "서해호, 여기는 동해호, 감도 있습니까"로 호출한다.

14 선체운동 중에서 선수 및 선미가 상하로 교대로 회전하는 종경사 운동은?

가 종동요(Pitching)

나 횡동요(Rolling)

사 선수동요(Yawing)

아 선체 좌우이동(Swaying)

나. **횡동요**(Rolling) : 선수미선을 기준으로 하여 좌우 교대로 회전하는 횡경사 운동으로 선박의 복원력과 밀접한 관계가 있다.

사. **선수동요**(Yawing) : 선수가 좌우 교대로 선회하려는 왕복운동을 말하며, 이 운동은 선박의 보침성과 깊은 관계가 있다.

아. **선체 좌우이동**(Swaying) : Y축을 기준으로 하여 선체가 이 축을 따라서 좌우로 평행이동을 되풀이하는 동요이다.

정답 **12** 사 **13** 가 **14** 가

PART
03

15 선박이 항진 중에 타각을 주었을 때 타판의 표면에 작용하는 물의 점성에 의한 힘은?

가 양력
나 항력
사 마찰력
아 직압력

마찰력(frictional force)은 타판의 표면에 작용하는 물의 점성에 의한 힘을 말하며, 다른 힘에 비하여 극히 작은 값을 가지므로 직압력을 계산할 때 일반적으로 무시한다.

16 선체의 뚱뚱한 정도를 나타내는 것은?

가 등록장
나 의장수
사 방형계수
아 배수톤수

방형계수(방형비척계수) : 선박의 배수 용적을 선박의 길이, 폭 및 흘수로 나눈 몫을 말하며, 선박수면 밑의 형상이 넓고 좁음을 나타내는 하나의 지수로 배가 얼마만큼이나 뚱뚱한지 그 정도를 알아보는 수치

17 선박이 선회 중 나타나는 일반적인 현상으로 옳지 않은 것은?

가 선속이 감소한다.
나 횡경사가 발생한다.
사 선회 가속도가 감소한다.
아 선미 킥이 발생한다.

선회가 높은 선박은 선회 시 감속이 적게 이뤄지므로 그에 따르는 선회 후의 초반 가속도는 선회가 낮은 선박보다 더 높은 속도에서 출발하게 된다.

18 접·이안 시 닻을 사용하는 목적이 아닌 것은?

가 전진속력의 제어
나 후진 시 선수의 회두 방지
사 선회 보조 수단
아 추진기관의 보조

닻은 선박을 접안 내지 이안 시 선박 조종의 보조 역할을 하게 되며, 추진기관의 보조 역할은 하지 않는다.

19 협수로 항해에 관한 설명으로 옳지 않은 것은?

가 통항 시기는 게류 때나 조류가 약한 때를 택하고, 만곡이 급한 수로는 순조 시 통항을 피한다.
나 협수로의 만곡부에서 유속은 일반적으로 만곡의 외측에서 강하고 내측에서는 약한 특징이 있다.
사 협수로에서의 유속은 일반적으로 수로 중앙부가 약하고, 육지에 가까울수록 강한 특징이 있다.
아 협수로는 수로의 폭이 좁고, 조류나 해류가 강하며, 굴곡이 심하여 선박의 조종이 어렵고, 항행할 때에는 철저한 경계를 수행하면서 통항하여야 한다.

협수로에서의 유속은 일반적으로 수로 중앙부가 강하고, 육안에 가까울수록 약한 특징이 있다.

정답 15 사 16 사 17 사 18 아 19 사

20 비상위치지시용 무선표지(EPIRB)의 수압풀림장치가 작동되는 수압은?

가 수심 0.1~1미터 사이의 수압

나 수심 1.5~4미터 사이의 수압

사 수심 5~6.5미터 사이의 수압

아 수심 10~15미터 사이의 수압

비상위치지시용 무선표지설비(EPIRB)의 조건
- 색상은 눈에 잘 띄는 오렌지색이나 노란색일 것
- 20m 높이에서 투하했을 시 손상되지 않을 것
- 10m의 수심에서 5분 이상 수밀될 것
- 48시간 이상 작동될 수 있을 것
- 수심 4m 이내에서 수압에 의하여 자동이탈장치가 작동할 것

21 황천항해 중 고정피치 스크루 프로펠러의 공회전(Racing)을 줄이는 방법이 아닌 것은?

가 선미트림을 증가시킨다.

나 기관의 회전수를 증가시킨다.

사 침로를 변경하여 피칭(Pitching)을 줄인다.

아 선속을 줄인다.

스크루 프로펠러의 공회전 : 선박이 파도를 선수나 선미에서 받아서 선미부가 공기 중에 노출되어 스크루 프로펠러에 부하가 급격히 감소하면 스크루 프로펠러는 진동을 일으키면서 급회전을 하게 된다. 이러한 현상을 레이싱(racing)이라 하며, 이러한 공회전 현상으로 인하여 스크루 프로펠러뿐만 아니라 기관에도 손상을 일으킬 수 있으며, 황천을 만났을 경우에 자주 일어난다. 이러한 현상을 방지하기 위해서는 선미 흘수를 증가시키고, 피칭을 줄일 수 있도록 침로를 변경하며, 기관의 회전수를 줄이는 것이 좋다.

22 황천에 대비하여 탱크 내의 기름이나 물을 가득 채우거나 비우는 이유가 아닌 것은?

가 유체 이동에 의한 선체 손상을 막는다.

나 탱크 내 자유표면효과로 인한 복원력 감소를 줄인다.

사 선저 밸러스트 탱크를 가득 채우면 복원성이 좋아진다.

아 기름 탱크를 가득 채우면 연료유로 사용하기 쉽기 때문이다.

탱크 내의 기름이나 물을 가득(80% 이상) 채우거나 비우는 것은 유동수에 의한 복원 감소를 막기 위함이다.

23 황천 중 선박이 선수파를 받고 고속 항주할 때 선수 선저부에 강한 파의 충격으로 급격한 선체 진동을 유발하는 현상은?

가 Slamming(슬래밍)

나 Scudding(스커딩)

사 Broaching-to(브로칭 투)

아 Pooping down(푸핑 다운)

나. Scudding(스커딩) : 풍랑을 선미 사면(quarter)에서 받으며, 파에 쫓기는 자세로 항주하는 방법을 순주라고 한다.

사. Broaching-to(브로칭 투) : 파도를 선미에서 받으며 항주할 때 선체 중앙이 파도의 마루나 파도의 오르막 사면에 위치하면, 급격한 선수동요에 의해 선체가 파도와 평행하게 놓이는 현상이다.

아. Pooping down(푸핑 다운) : 선속보다 빠른 추종파의 파저(Trogh)에 선미가 들어가게 되면 Poop deck에 엄청난 해수가 침입하여 매우 위험한 상태가 되는 것을 말한다. 즉, 파도가 선미를 덮어씌우면서 때리는 현상을 말한다.

정답 **20** 나 **21** 나 **22** 아 **23** 가

24 선박의 침몰 방지를 위하여 선체를 해안에 고의적으로 얹히는 것은?

가 좌초
나 접촉
사 임의 좌주
아 충돌

임의 좌주(beaching) : 선박의 충돌사고 등으로 인해 침몰 직전에 이르렀을 때 고의로 해안에 좌초시키는 것을 좌안 또는 임의 좌주라 한다.

25 정박 중 선내 순찰의 목적이 아닌 것은?

가 선내 각부의 화재위험 여부 확인
나 선내 불빛이 외부로 새어 나가는지의 여부 확인
사 정박등을 포함한 각종 등화 및 형상물 확인
아 각종 설비의 이상 유무 확인

정박 중 선내 순찰의 목적
• 투묘 위치 확인, 닻줄 또는 계선줄의 상태
• 선내 각부의 화기 및 이상한 냄새
• 도난 방지, 승무원의 재해 방지
• 정박등을 포함한 각종 등화 및 형상물 표시
• 화물의 적·양하, 통풍, 천창, 해치 커버 개폐
• 거주구역, 급식 설비, 위생 설비의 청소 상태
• 기타 각종 설비의 이상 유무 등

제3과목 **법규**

01 해사안전법상 '조종제한선'이 아닌 것은?

가 기뢰제거작업에 종사하고 있는 선박
나 수중작업에 종사하고 있는 선박
사 흘수로 인하여 제약받고 있는 선박
아 항공기의 발착작업에 종사하고 있는 선박

조종제한선이란 다음의 작업과 그 밖에 선박의 조종 성능을 제한하는 작업에 종사하고 있어 다른 선박의 진로를 피할 수 없는 선박을 말한다(해상교통안전법 제2조 제11호).
• 항로표지, 해저전선 또는 해저파이프라인의 부설·보수·인양 작업
• 준설·측량 또는 수중 작업
• 항행 중 보급, 사람 또는 화물의 이송 작업
• 항공기의 발착(發着)작업
• 기뢰(機雷)제거작업
• 진로에서 벗어날 수 있는 능력에 제한을 많이 받는 예인(曳引)작업

02 해사안전법상 선박교통관제구역에 진입하기 전 통신기기 관리에 대한 설명으로 옳은 것은?

가 조난채널은 관제통신 채널을 대신한다.
나 진입 전 호출응답용 관제통신 채널을 청취한다.
사 관제통신 채널 청취만으로는 항만 교통상황을 알기 어렵다.
아 선박교통관제사는 선박이 호출하기 전에는 어떠한 말도 하지 않는다.

정답 24 사 25 나 / 01 사 02 나

관제대상선박의 선장은 선박교통관제구역을 출입·이동하는 경우 해양수산부령으로 정하는 무선설비와 관제통신 주파수를 갖추고 관제통신을 항상 청취·응답하여야 한다(「선박교통관제에 관한 법률」 제14조 제4항).

03 해사안전법상 충돌을 피하거나 상황을 판단하기 위한 시간적 여유를 얻기 위한 조치는?

가 소각도 변침

나 레이더 작동

사 상대선 호출

아 속력을 줄임

선박은 다른 선박과의 충돌을 피하거나 상황을 판단하기 위한 시간적 여유를 얻기 위하여 필요하면 속력을 줄이거나 기관의 작동을 정지하거나 후진하여 선박의 진행을 완전히 멈추어야 한다(해상교통안전법 제73조 제5항).

04 해사안전법상 '적절한 경계'에 대한 설명으로 옳지 않은 것은?

가 이용할 수 있는 모든 수단을 이용한다.

나 청각을 이용하는 것이 가장 효과적이다.

사 선박 주위의 상황을 파악하기 위함이다.

아 다른 선박과 충돌할 위험성을 파악하기 위함이다.

선박은 주위의 상황 및 다른 선박과 충돌할 수 있는 위험성을 충분히 파악할 수 있도록 시각·청각 및 당시의 상황에 맞게 이용할 수 있는 모든 수단을 이용하여 항상 적절한 경계를 하여야 한다(해상교통안전법 제70조).

05 해사안전법상 2척의 동력선이 충돌의 위험성이 있는 상태에서 서로 상대선의 양쪽의 현등을 동시에 보면서 접근하고 있는 상태는?

가 마주치는 상태

나 횡단하는 상태

사 앞지르기 하는 상태

아 통과하는 상태

마주치는 상태에 있는 경우(해상교통안전법 제79조 제2항)
• 밤에는 2개의 마스트등을 일직선으로 또는 거의 일직선으로 볼 수 있거나 양쪽의 현등을 볼 수 있는 경우
• 낮에는 2척의 선박의 마스트가 선수에서 선미(船尾)까지 일직선이 되거나 거의 일직선이 되는 경우

06 ( )에 순서대로 적합한 것은?

해사안전법상 밤에는 다른 선박의 ( )만을 볼 수 있고 어느 쪽의 ( )도 볼 수 없는 위치에서 그 선박을 앞지르기 하는 선박은 앞지르기 하는 배로 보고 필요한 조치를 취하여야 한다.

가 선수등, 현등

나 선수등, 전주등

사 선미등, 현등

아 선미등, 전주등

다른 선박의 양쪽 현의 정횡(正橫)으로부터 22.5도를 넘는 뒤쪽[밤에는 다른 선박의 선미등(船尾燈)만을 볼 수 있고 어느 쪽의 현등(舷燈)도 볼 수 없는 위치를 말한다]에서 그 선박을 앞지르기 하는 선박은 앞지르기 하는 배로 보고 필요한 조치를 취하여야 한다(해상교통안전법 제78조 제2항).

정답 **03** 아 **04** 나 **05** 가 **06** 사

07 ( )에 순서대로 적합한 것은?

> 해사안전법상 모든 선박은 시계가 제한된 그 당시의 ( )에 적합한 ( )으로 항행하여야 하며, ( )은 제한된 시계 안에 있는 경우 기관을 즉시 조작할 수 있도록 준비하고 있어야 한다.

가 시정, 안전한 속력, 모든 선박

나 시정, 최소한의 속력, 동력선

사 사정과 조건, 안전한 속력, 동력선

아 사정과 조건, 최소한의 속력, 모든 선박

모든 선박은 시계가 제한된 그 당시의 사정과 조건에 적합한 안전한 속력으로 항행하여야 하며, 동력선은 제한된 시계 안에 있는 경우 기관을 즉시 조작할 수 있도록 준비하고 있어야 한다(해상교통안전법 제84조 제2항).

08 해사안전법상 제한된 시계에서 레이더만으로 다른 선박이 있는 것을 탐지한 선박의 피항동작이 침로를 변경하는 것만으로 이루어질 경우 선박이 취할 행위로 옳은 것은?

가 다른 선박이 자기 선박의 양쪽 현의 정횡 앞쪽에 있는 경우 좌현 쪽으로 침로를 변경하는 경우

나 자기 선박의 양쪽 현의 정횡 뒤쪽에 있는 선박의 방향으로 침로를 변경하는 행위

사 자기 선박의 양쪽 현의 정횡 뒤쪽에 있는 선박의 방향으로 침로를 변경하는 행위

아 다른 선박이 자기 선박의 양쪽 현의 정횡 앞쪽에 있는 경우 우현 쪽으로 침로를 변경하는 행위

피항동작이 침로의 변경을 수반하는 경우에는 될 수 있으면 다음의 동작은 피하여야 한다(해상교통안전법 제84조 제5항).
- 다른 선박이 자기 선박의 양쪽 현의 정횡 앞쪽에 있는 경우 좌현 쪽으로 침로를 변경하는 행위(앞지르기 당하고 있는 선박에 대한 경우는 제외한다)
- 자기 선박의 양쪽 현의 정횡 또는 그곳으로부터 뒤쪽에 있는 선박의 방향으로 침로를 변경하는 행위

09 해사안전법상 길이 12미터 이상의 어선이 정박하였을 때 주간에 표시하는 것은?

가 어선은 특별히 표시할 필요가 없다.

나 앞쪽에 둥근꼴의 형상물 1개를 표시하여야 한다.

사 둥근꼴의 형상물 2개를 가장 잘 보이는 곳에 표시하여야 한다.

아 잘 보이도록 황색기 1개를 표시하여야 한다.

정박선과 얹혀 있는 선박(해상교통안전법 제95조)
정박 중인 선박은 가장 잘 보이는 곳에 다음의 등화나 형상물을 표시하여야 한다.
- 앞쪽에 흰색의 전주등 1개 또는 둥근꼴의 형상물 1개
- 선미나 그 부근에 제1호에 따른 등화보다 낮은 위치에 흰색 전주등 1개

10 해사안전법상 현등 1쌍 대신에 양색등으로 표시할 수 있는 선박의 길이 기준은?

가 길이 12미터 미만

나 길이 20미터 미만

사 길이 24미터 미만

아 길이 45미터 미만

정답 **07** 사 **08** 아 **09** 나 **10** 나

항행 중인 동력선의 경우 현등 1쌍을 표시해야 하나 길이 20미터 미만의 선박은 이를 대신하여 양색등을 표시할 수 있다(해상교통안전법 제88조 제1항).

11 해사안전법상 '얹혀 있는 선박'의 주간 형상물은?

가 가장 잘 보이는 곳에 수직으로 원통형 형상물 2개

나 가장 잘 보이는 곳에 수직으로 원통형 형상물 3개

사 가장 잘 보이는 곳에 수직으로 둥근형 형상물 2개

아 가장 잘 보이는 곳에 수직으로 둥근형 형상물 3개

해상교통안전법상 얹혀 있는 선박은 제95조 제1항이나 제2항에 따른 등화를 표시하여야 하며, 이에 덧붙여 가장 잘 보이는 곳에 다음의 등화나 형상물을 표시하여야 한다(법 제95조 제4항).
• 수직으로 붉은색의 전주등 2개
• 수직으로 둥근꼴의 형상물 3개

12 해사안전법상 '섬광등'의 정의는?

가 선수 쪽 225도의 수평사광범위를 갖는 등

나 선미 쪽 135도의 수평사광범위를 갖는 등

사 360도에 걸치는 수평의 호를 비추는 등화로서 일정한 간격으로 1분에 120회 이상 섬광을 발하는 등

아 360도에 걸치는 수평의 호를 비추는 등화로서 일정한 간격으로 1분에 60회 이상 섬광을 발하는 등

섬광등 : 360도에 걸치는 수평의 호를 비추는 등화로서 일정한 간격으로 1분에 120회 이상 섬광을 발하는 등(해상교통안전법 제86조 제6호)

13 해사안전법상 항행 중인 동력선이 서로 상대의 시계 안에 있는 경우 울려야 하는 기적신호로 옳지 않은 것은?

가 침로를 오른쪽으로 변경하고 있는 선박의 경우 단음 1회

나 침로를 왼쪽으로 변경하고 있는 선박의 경우 단음 2회

사 기관을 후진하고 있는 선박의 경우 단음 3회

아 좁은 수로 등의 장애물 때문에 다른 선박을 볼 수 없는 수역에 접근하는 선박의 경우 장음 2회

좁은 수로 등의 굽은 부분이나 장애물 때문에 다른 선박을 볼 수 없는 수역에 접근하는 선박은 장음으로 1회의 기적신호를 울려야 한다(해상교통안전법 제99조 제6항).

14 해사안전법상 서로 시계 안에 있는 선박이 접근하고 있을 경우, 다른 선박의 동작을 이해할 수 없을 때 울리는 의문신호는?

가 장음 5회 이상으로 표시

나 단음 5회 이상으로 표시

사 장음 5회, 단음 1회의 순으로 표시

아 단음 5회, 장음 1회의 순으로 표시

정답 **11** 아 **12** 사 **13** 아 **14** 나

서로 상대의 시계 안에 있는 선박이 접근하고 있을 경우에는 하나의 선박이 다른 선박의 의도 또는 동작을 이해할 수 없거나 다른 선박이 충돌을 피하기 위하여 충분한 동작을 취하고 있는지 분명하지 아니한 경우에는 그 사실을 안 선박이 즉시 기적으로 단음을 5회 이상 재빨리 울려 그 사실을 표시하여야 한다(해상교통안전법 제99조 제5항).

15 해사안전법상 안개로 시계가 제한되었을 때 항행 중인 동력선이 대수속력이 있는 경우 울려야 하는 신호는?

가 장음 1회, 단음 3회의 순으로 표시
나 단음 1회, 장음 1회, 단음 1회의 순으로 표시
사 2분을 넘지 않는 간격으로 장음 1회 표시
아 2분을 넘지 않는 간격으로 장음 2회 표시

사. 2분을 넘지 아니하는 간격으로 장음을 1회 울려야 한다(해상교통안전법 제100조 제1항 제1호).

16 선박의 입항 및 출항 등에 관한 법률상 무역항의 수상구역 등에서 위험물을 적재한 총톤수 25톤의 선박이 수리를 할 경우, 반드시 허가를 받고 시행하여야 하는 작업은?

가 갑판 청소
나 평형수의 이동
사 연료의 수급
아 기관실 용접 작업

선장은 무역항의 수상구역 등에서 위험물운송선박이나 20톤 이상의 선박(위험물운송선박 제외)을 불꽃이나 열이 발생하는 용접 등의 방법으로 수리하려는 경우 해양수산부령으로 정하는 바에 따라 관리청의 허가를 받아야 한다. 다만, 20톤 이상의 선박은 기관실, 연료탱크, 그 밖에 해양수산부령으로 정하는 선박 내 위험구역에서 수리작업을 하는 경우에만 허가를 받아야 한다(법 제37조 제1항).

17 선박의 입항 및 출항 등에 관한 법률상 무역항의 수상구역 등에 출입하려는 경우 출입 신고를 해야 하는 선박은?

가 예선 등 선박의 출입을 지원하는 선박
나 피난을 위하여 긴급히 출항하여야 하는 선박
사 연안수역을 항행하는 정기여객선으로서 항구에 출입하는 선박
아 관공선, 군함, 해양경찰함정 등 공공의 목적으로 운영하는 선박

출입 신고 면제 선박(법 제4조 제1항, 시행규칙 제4조)
• 총톤수 5톤 미만의 선박
• 해양사고구조에 사용되는 선박
• 「수상레저안전법」에 따른 수상레저기구 중 국내항 간을 운항하는 모터보트 및 동력요트
• 관공선, 군함, 해양경찰함정 등 공공의 목적으로 운영하는 선박
• 도선선, 예선 등 선박의 출입을 지원하는 선박
• 「선박직원법 시행령」에 따른 연안수역을 항행하는 정기여객선(「해운법」에 따라 내항 정기 여객운송사업에 종사하는 선박)으로서 경유항에 출입하는 선박
• 피난을 위하여 긴급히 출항하여야 하는 선박
• 그 밖에 항만운영을 위하여 지방해양수산청장이나 시·도지사가 필요하다고 인정하여 출입 신고를 면제한 선박

정답 **15** 사 **16** 아 **17** 사

18 선박의 입항 및 출항 등에 관한 법률상 총톤수 5톤인 내항선이 무역항의 수상구역 등을 출입할 때, 출입 신고에 대한 설명으로 옳은 것은?

가 내항선이므로 출입 신고를 하지 않아도 된다.

나 무역항의 수상구역 등의 안으로 입항하는 경우 통상적으로 입항하기 전에 입항 신고를 하여야 한다.

사 무역항의 수상구역 등의 밖으로 출항하는 경우 통상적으로 출항 직후 즉시 출항 신고를 하여야 한다.

아 입항과 출항 신고는 동시에 할 수 없다.

해설

내항선(국내에서만 운항하는 선박을 말한다)이 무역항의 수상구역 등의 안으로 입항하는 경우에는 입항 전에, 무역항의 수상구역 등의 밖으로 출항하려는 경우에는 출항 전에 해양수산부령으로 정하는 바에 따라 내항선 출입 신고서를 해양수산부장관에게 제출할 것(시행령 제2조 제1호)

19 선박의 입항 및 출항 등에 관한 법률상 항로의 정의는?

가 선박이 가장 빨리 갈 수 있는 길이다.

나 선박이 가장 안전하게 갈 수 있는 길이다.

사 선박이 일시적으로 이용하는 뱃길을 말한다.

아 선박의 출입 통로로 이용하기 위하여 지정·고시한 수로이다.

해설

항로란 선박의 출입 통로로 이용하기 위하여 제10조에 따라 지정·고시한 수로를 말한다(법 제2조 제11호).

20 선박의 입항 및 출항 등에 관한 법률상 무역항의 수상구역 등이나 무역항의 수상구역 부근에서 선박의 속력 제한에 대한 설명으로 옳은 것은?

가 범선은 돛의 수를 늘려서 항행한다.

나 화물선은 최고속력으로 항행해야 한다.

사 고속여객선은 최저속력으로 항행해야 한다.

아 다른 선박에 위험을 주지 않을 정도의 속력으로 항행해야 한다.

해설

선박이 무역항의 수상구역 등이나 무역항의 수상구역 부근을 항행할 때에는 다른 선박에 위험을 주지 아니할 정도의 속력으로 항행하여야 한다(법 제17조 제1항).

21 선박의 입항 및 출항 등에 관한 법률상 항로에서의 항법으로 옳은 것은?

가 항로 밖에 있는 선박은 항로에 들어오지 못한다.

나 항로 밖에서 항로에 들어오는 선박은 장음 10회의 기적을 울려야 한다.

사 항로를 벗어나는 선박은 일단 정지했다가 타 선박이 항로에 없을 때 항로를 벗어난다.

아 항로 밖에서 항로로 들어오는 선박은 항로를 항행하는 다른 선박의 진로를 피하여 항행해야 한다.

해설

항로 밖에서 항로에 들어오거나 항로에서 항로 밖으로 나가는 선박은 항로를 항행하는 다른 선박의 진로를 피하여 항행할 것(법 제12조 제1항 제1호)

 정답 **18** 나 **19** 아 **20** 아 **21** 아

22 ( )에 적합한 것은?

> 선박의 입항 및 출항 등에 관한 법률상
> ( ) 외의 선박은 무역항의 수상구역 등
> 에 출입하는 경우 또는 무역항의 수상구역 등
> 을 통과하는 경우에는 지정·고시된 항로를
> 따라 항행하여야 한다.

가 예인선　　　나 우선피항선

사 조종불능선　　아 흘수제약선

우선피항선 외의 선박은 무역항의 수상구역 등에 출입하
는 경우 또는 무역항의 수상구역 등을 통과하는 경우에
는 지정·고시된 항로를 따라 항행하여야 한다(법 제10
조 제2항).

23 해양환경관리법상 기름이 배출된 경우 선박에서
시급하게 조치할 사항으로 옳지 않은 것은?

가 배출된 기름의 제거

나 배출된 기름의 확산방지

사 배출방지를 위한 응급조치

아 배출된 기름이 해수와 잘 희석되도록 조치

방제의무자는 오염물질의 배출방지, 배출된 오염물질의
확산방지 및 제거, 배출된 오염물질의 수거 및 처리 등의
방제조치를 하여야 한다(법 제64조 제1항).

24 해양환경관리법상 선박에서 발생하는 폐기물 배
출에 대한 설명으로 옳지 않은 것은?

가 플라스틱 재질의 폐기물은 해양에 배출
금지

나 해양환경에 유해하지 않은 화물잔류물도
해양에 배출 금지

사 폐사된 어획물은 해양에 배출 가능

아 분쇄 또는 연마하지 않은 음식찌꺼기는
영해기선으로부터 12해리 이상에서 배출
가능

해양환경에 유해하지 않은 화물잔류물(목재, 곡물 등의
화물을 양하하고 남은 최소한의 잔류물)은 배출할 수
있다(「선박에서의 오염방지에 관한 규칙」 별표 3).

25 해양환경관리법상 유조선에서 화물창 안의 화물
잔류물 또는 화물창 세정수를 한 곳에 모으기 위
한 탱크는?

가 혼합물탱크(슬롭탱크)

나 밸러스트탱크

사 화물창탱크

아 분리밸러스트탱크

혼합물 탱크(slop tank) : 다음의 어느 하나에 해당하는
것을 한 곳에 모으기 위한 탱크를 말한다(「선박에서의
오염방지에 관한 규칙」 제2조).
* 유조선 또는 유해액체물질 산적운반선의 화물창 안의
화물잔류물 또는 화물창 세정수
* 화물펌프실 바닥에 고인 기름, 유해액체물질 또는 포
장유해물질의 혼합물

정답 　22 나　23 아　24 나　25 가

제4과목 **기관**

01 과급기에 대한 설명으로 옳은 것은?

가 기관의 운동 부분에 마찰을 줄이기 위해 윤활유를 공급하는 장치이다.

나 연소가스가 지나가는 고온부를 냉각시키는 장치이다.

사 기관의 회전수를 일정하게 유지시키기 위해 연료분사량을 자동으로 조절하는 장치이다.

아 공급공기의 압력을 높여 실린더 내에 공급하는 장치이다.

해설

과급기(Turbocharger) : 공급공기를 압축하는 장치로서 실린더에서 나오는 배기가스로 가스 터빈을 돌리고, 가스 터빈이 돌면서 같은 축에 연결된 송풍기를 회전시켜 강제로 새 공기를 실린더 안에 불어넣는 장치이다.

02 4행정 사이클 디젤 기관에서 실제로 동력을 발생시키는 행정은?

가 흡입행정　　**나** 압축행정

사 작동행정　　**아** 배기행정

해설

가. **흡입행정** : 외부 공기가 실린더 내로 흡입되는 행정

나. **압축행정** : 흡입된 공기를 압축하는 행정

사. **작동행정** : 압축으로 고온이 된 공기에 연료유를 분사하여 폭발이 일어나면서 동력이 발생하는 행정

아. **배기행정** : 폭발로 인한 연소가스를 밖으로 배출하는 행정

03 디젤 기관에서 실린더 라이너의 심한 마멸에 의한 영향이 아닌 것은?

가 압축불량

나 연료의 불완전 연소

사 가스가 크랭크실로 누설

아 폭발 시기가 빨라짐

해설

- **실린더 라이너 마모의 원인** : 실린더와 피스톤 및 피스톤 링의 접촉에 의한 마모, 연소 생성물인 카본 등에 의한 마모, 흡입공기 중의 먼지나 이물질 등에 의한 마모, 연료나 수분이 실린더에 응결되어 발생하는 부식에 의한 마모, 농후한 혼합기로 인한 실린더 윤활막의 미형성으로 인한 마모
- **실린더 라이너 마모의 영향** : 출력 저하, 압축압력의 저하, 연료의 불완전 연소, 연료 소비량 증가, 윤활유 소비량 증가, 기관의 시동성 저하, 가스가 크랭크실로 누설

04 디젤 기관의 압축비에 대한 설명으로 옳은 것을 모두 고른 것은?

ㄱ. 압축비는 10보다 크다.

ㄴ. 실린더 부피를 압축 부피로 나눈 값이다.

ㄷ. 압축비가 클수록 압축압력은 높아진다.

가 ㄱ, ㄴ　　**나** ㄱ, ㄷ

사 ㄴ, ㄷ　　**아** ㄱ, ㄴ, ㄷ

해설

ㄱ. 디젤 기관의 압축비는 11~25 정도이다.

ㄴ. **압축비** : 실린더 부피 / 압축 부피 = (압축 부피 + 행정 부피) / 압축 부피

ㄷ. 압축비가 클수록 당연히 압축압력은 높아진다.

정답 **01** 아　**02** 사　**03** 아　**04** 아

05 4행정 사이클 6실린더 기관에서 폭발이 일어나는 각도는?

가 60°   나 90°

사 120°   아 180°

 해설

4기통 엔진은 1사이클 동안 2번 회전하는데 총 720도를 돌면서 4개의 실린더가 1번씩 폭발하게 된다. 즉, 720 / 4 = 180이므로 180도마다 1번씩 폭발하는 셈이다. 이는 크랭크축이 180도 회전할 때마다 4개의 실린더 중 1개는 폭발행정을 일으킨다는 의미이다.

6기통의 경우에는 720 / 6 = 120으로 120도마다 폭발행정이 일어나게 되고 180도마다 일어나는 4기통에 비해 원활하게 회전하게 되며 받는 관성력도 줄어들게 됨에 있어 진동이 줄어드는 효과를 보게 된다.

06 다음과 같은 4행정 사이클 기관의 밸브 구동장치에서 가, 나, 다의 명칭을 순서대로 옳게 나타낸 것은?

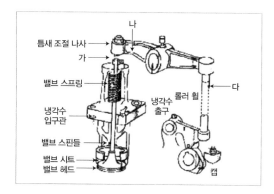

가 밸브틈새, 밸브레버, 푸시로드

나 밸브레버, 밸브틈새, 푸시로드

사 푸시로드, 밸브레버, 밸브틈새

아 밸브틈새, 푸시로드, 밸브레버

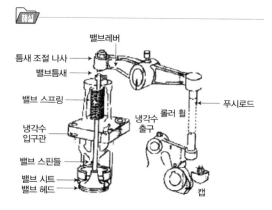 해설

07 소형 디젤 기관에서 윤활유가 공급되는 곳은?

가 피스톤 핀

나 연료분사 밸브

사 공기 냉각기

아 시동공기밸브

 해설

피스톤 핀은 피스톤과 커넥팅 로드를 연결하는 핀이며, 내부가 비어 있는 중공(hollow) 방식으로 되어 있다. 소형 디젤 기관에서는 피스톤 핀에 윤활유가 공급된다.

08 소형기관에서 피스톤 링의 절구틈에 대한 설명으로 옳은 것은?

가 기관의 운전시간이 많을수록 절구틈은 커진다.

나 기관의 운전시간이 많을수록 절구틈은 작아진다.

사 절구틈이 커질수록 기관의 효율이 좋아진다.

아 절구틈이 작을수록 연소가스 누설이 많아진다.

정답 **05** 사 **06** 가 **07** 가 **08** 가

해설

절구틈새
- **절구틈새가 큰 경우** : 가스가 누설되어 압축압력이 감소되며, 출력이 떨어지고 링의 배압이 커져 실린더 내벽의 마멸이 커지며 2행정 기관에서는 링이 절손되기 쉽다. 운전시간이 많을수록 틈은 커진다.
- **절구틈새가 작은 경우** : 링이 실린더 벽에 걸려 파열, 절손되며 실린더 내벽의 마멸을 빠르게 하든지 손상시킨다.

09 다음 그림에서 (1)과 (2)의 명칭으로 옳은 것은?

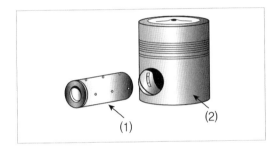

- **가** 피스톤 핀과 피스톤
- **나** 크랭크 핀과 피스톤
- **사** 피스톤 핀과 크랭크 핀
- **아** 크랭크축과 피스톤

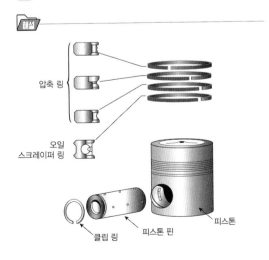 **해설**

압축 링

오일
스크레이퍼 링

피스톤

클립 링   피스톤 핀

10 다음 그림과 같은 디젤 기관의 크랭크축에서 커넥팅 로드가 연결되는 곳은?

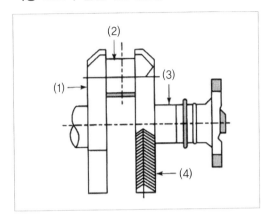

- **가** (1)
- **나** (2)
- **사** (3)
- **아** (4)

 해설

그림의 (2)는 크랭크 핀으로 크랭크 저널의 중심에서 크랭크 반지름만큼 떨어진 곳에 있으며 저널과 평행하게 설치한다. 트렁크형 기관에서 커넥팅 로드의 대단부와 연결된다.

11 디젤 기관의 운전 중 윤활유 계통에서 주의해서 관찰해야 하는 것은?

- **가** 기관의 입구 온도와 기관의 입구 압력
- **나** 기관의 출구 온도와 기관의 출구 압력
- **사** 기관의 입구 온도와 기관의 출구 압력
- **아** 기관의 출구 온도와 기관의 입구 압력

해설

디젤 기관의 운전 중에는 윤활유 계통에서 기관의 입구 온도와 입구 압력을 주의해서 관찰해야 한다.

정답 09 가 10 나 11 가

PART 03

12 디젤 기관에서 실린더 라이너에 윤활유를 공급하는 주된 이유는?

가 불완전 연소를 방지하기 위해

나 연소가스의 누설을 방지하기 위해

사 피스톤의 균열 발생을 방지하기 위해

아 실린더 라이너의 마멸을 방지하기 위해

실린더 라이너 윤활유의 역할 : 마멸 방지

13 추진기의 회전속도가 어느 한도를 넘으면 추진기 배면의 압력이 낮아지며 물의 흐름이 표면으로부터 떨어져 기포가 발생하여 추진기 표면을 두드리는 현상은?

가 슬립현상　　나 공동현상

사 명음현상　　아 수격현상

공동현상(cavitation) : 프로펠러의 회전속도가 어느 한도를 넘게 되면 프로펠러 배면의 압력이 낮아지며, 물의 흐름이 표면으로부터 떨어져서 기포상태가 발생한다. 프로펠러 후면 부근에 가서 압력이 회복됨에 따라 이 기포가 순식간에 소멸되면서 높은 충격 압력을 일으켜 프로펠러 표면을 두드린다.

14 추진기와 선체 사이의 거리를 크게 하기 위해 프로펠러 날개가 축의 중심선에 대해 선미 방향으로 약간 기울어져 있는 것을 무엇이라 하는가?

가 피치　　나 보스

사 경사　　아 와류

가. **피치** : 나선형 프로펠러가 1회전할 때 날개 위의 어떤 점이 축방향으로 이동하는 거리

아. **와류** : 조류가 빠른 곳에서 생기는 소용돌이

15 전동유압식 조타장치의 유압 펌프로 이용될 수 있는 펌프는?

가 원심 펌프　　나 축류 펌프

사 제트 펌프　　아 기어 펌프

가. **원심 펌프** : 대개 밸러스트 펌프, 잡용 펌프, 소화 펌프, 위생 펌프, 청수 펌프 및 해수 펌프 등에 사용된다.

나. **축류 펌프** : 저양정, 대유량용으로 사용되며 농업용, 토목공사용, 드라이 독의 배수용 등에 사용되고, 선박에서는 터빈의 주 순환수 펌프로 사용된다.

사. **제트 펌프** : 펌프의 효율이 10~20% 정도로 낮아서 일반적인 액체 수송용 펌프로서의 역할보다는 고진동을 필요로 하는 경우와 같이 특수한 용도에 사용하는 것이 보통이다.

16 양묘기의 설명으로 옳은 것은?

가 치차와 제동장치가 없다.

나 치차는 있으나 제동장치는 없다.

사 치차는 없으나 제동장치는 있다.

아 치차와 제동장치 모두 있다.

양묘기(windlass)는 닻(anchor)을 감아올리거나 내리는 작업을 할 때 이용한다. 또는 선박을 부두에 접안시킬 때 계선줄을 감는 데 사용되는 갑판 보조기계이다. 치차, 클러치, 브레이크 라이닝은 양묘기의 구성 부품에 해당한다.

정답　**12** 아　**13** 나　**14** 사　**15** 아　**16** 아

17 캡스턴의 정비사항이 아닌 것은?

가 그리스 니플을 통해 그리스를 주입한다.

나 마모된 부시를 교환한다.

사 마모된 체인을 교환한다.

아 구멍이 막힌 그리스 니플을 교환한다.

캡스턴(권양기)은 계선줄을 감아올리는 장치를 말하며, 주로 갑판의 면적이 작은 소형선에 설치되어 있다. 수직 축상에 설치된 워핑 드럼이 회전하여 계선줄을 감게 되며, 전동식과 유압식이 있다. 한편, 체인은 캡스턴 구성 항목이 아니므로 캡스턴 정비사항과 거리가 멀다.

18 해수 펌프에 설치되지 않는 것은?

가 흡입관   **나** 압력계

사 감속기   **아** 축봉장치

해수 펌프는 기관을 냉각시키기 위하여 바닷물을 공급하는 펌프로 감속기는 설치되지 않는다.

19 증기 압축식 냉동장치의 사이클 과정을 옳게 나타낸 것은?

가 압축기 → 응축기 → 팽창밸브 → 증발기

나 압축기 → 팽창밸브 → 응축기 → 증발기

사 압축기 → 증발기 → 응축기 → 팽창밸브

아 압축기 → 증발기 → 팽창밸브 → 응축기

증기 압축식 냉동장치의 사이클은 '압축과정 → 응축과정 → 팽창과정 → 증발과정' 순으로 진행된다.

20 납축전지의 관리방법으로 옳지 않은 것은?

가 충전할 때는 완전히 충전시킨다.

나 방전시킬 때는 완전히 방전시킨다.

사 전해액을 보충할 때에는 비중을 맞춘다.

아 전해액 보충 시에는 증류수로 보충한다.

납축전지는 완전 방전되면 축전지가 파손되거나 기능이 크게 떨어지는 등의 많은 문제가 발생한다. 따라서 수시로 충전하여 완전 방전을 막아야 한다.

21 압력을 표시하는 단위는?

가 [W]   **나** [N]

사 [kcal]   **아** [MPa]

가. W : 주로 전력의 단위로 쓰는데, 이 경우에는 1V(볼트)의 전압으로 1A(암페어)의 전류가 흐를 때의 전력의 크기에 해당한다.

나. N : 힘의 단위

사. kcal : 열의 높고 낮음을 나타내는 열량의 단위

아. MPa : 압력의 단위. 주로 N/m^2으로 나타내고 파스칼(MPa)이라 부르며, bar, kgf/cm^2, psi, atm 등도 사용한다. MPa(메가파스칼)은 Pa에 10^6을 한 값이다.

22 과급기가 있는 디젤 주기관의 설명으로 옳지 않은 것은?

가 공기 냉각기가 필요하다.

나 연료유 응축기가 필요하다.

사 윤활유 냉각기가 필요하다.

아 청수 냉각기가 필요하다.

정답 17 사 18 사 19 가 20 나 21 아 22 나

과급기는 공급공기를 압축하여 실린더에 공급하는 장치로 연소 효율을 높여 준다. 이러한 과급기가 설치된 디젤 주기관에는 공기 냉각기와 윤활유 냉각기, 청수 냉각기 등이 필요하나, 연료유 응축기는 필요하지 않다.

23 디젤 기관의 흡·배기 밸브의 틈새를 조정할 경우 주의사항으로 옳은 것은?

가 피스톤이 압축행정의 상사점에 있을 때 조정한다.

나 틈새는 규정치보다 약간 크게 조정한다.

사 틈새는 규정치보다 약간 작게 조정한다.

아 피스톤이 상사점보다 30도 지난 위치에서 조정한다.

흡·배기 밸브가 닫힌 상태인 피스톤이 상사점에 있을 때 틈새를 조정해야 한다.

24 연료 유관 내에서 기름이 흐를 때 유동에 가장 큰 영향을 미치는 것은?

가 발열량 나 점도

사 비중 아 세탄가

가. **발열량** : 일정 질량의 물질이 완전 연소할 때에 내는 열량

나. **점도** : 액체가 유동할 때 분자 간에 마찰에 의하여 유동을 방해하려는 작용이 일어나는데, 이와 같은 성질을 점성이라 하며, 점도는 점성의 대소를 표시한다.

사. **비중** : 부피가 같은 기름의 무게와 물의 무게의 비를 말한다.

아. **세탄가** : 디젤 연료의 내폭성을 나타내는 수치

25 연료유 수급 시 주의사항으로 옳지 않은 것은?

가 연료유 수급 중 선박의 흘수 변화에 주의한다.

나 수급 초기에는 압력을 최대로 높여서 수급한다.

사 주기적으로 측심하여 수급량을 계산한다.

아 주기적으로 누유되는 곳이 있는지를 점검한다.

연료유 수급 시에는 문제의 '가, 사, 아' 외에 에어 벤트로부터 공기가 정상적으로 빠져나오는지를 확인하여야 하며, 선체의 종경사 및 횡경사에 주의하여야 한다. 그리고 수급밸브가 닫혀 있는 탱크로 연료유가 공급되는지 여부를 확인하여야 한다. 한편, 수급 초기에는 저압으로 유지하면서 정해진 탱크로의 유입 여부, 각 파이프, 밸브 등의 상태 및 선외 누유 여부를 확인한 후 압력을 점진적으로 증가시킨다.

제1과목 항해

01 자기 컴퍼스의 플린더즈(퍼멀로이) 바의 역할은?

가 경선차 수정을 위한 것

나 일시 자기의 수평분력을 조정하기 위한 것

사 선체 일시 자기 중 수직분력을 조정하기 위한 것

아 선박의 동요로 비너클이 기울어져도 볼(Bowl)을 항상 수평으로 유지하기 위한 것

해설

플린더즈(퍼멀로이) 바는 선체 일시 자기 중 수직분력을 조정하기 위한 일시 자석이다.

02 자이로컴퍼스에서 컴퍼스 카드가 부착되어 있는 부분은?

가 주동부   나 추종부

사 지지부   아 전원부

해설

추종부는 주동부를 지지하고, 또 그것을 추종하도록 되어 있는 부분으로, 컴퍼스 카드가 부착되어 있다.

03 수심이 얕은 곳에서 수심을 측정하거나 투묘할 때 배의 진행 방향 및 타력 또는 정박 중 닻의 끌림을 알기 위한 기기는?

가 핸드 레드

나 사운딩 자

사 트랜스듀서

아 풍향풍속계

해설

가 **핸드 레드** : 수심이 얕은 곳에서 수심과 저질을 측정하는 측심의로, 3~7kg의 레드와 45~70m 정도의 레드라인으로 구성된다.

사 **트랜스듀서** : 에너지를 하나의 형태에서 또 다른 형태로 변환하기 위해 고안된 장치

아 **풍향풍속계** : 바람의 방향과 속력을 측정하는 장비

04 선수미선과 선박을 지나는 자오선이 이루는 각은?

가 방위   나 침로

사 자차   아 편차

해설

가 **방위** : 북쪽을 기준으로 하여 시계 방향으로 360°를 말한다.

사 **자차** : 자기 자오선(자북)과 선내 나침의 남북선(나북)이 이루는 교각

아 **편차** : 진자오선(진북)과 자기 자오선(자북)의 차이로 생기는 교각

05 자침방위가 069°이고, 그 지점의 편차가 9°E일 때 진방위는?

가 060°   나 069°

사 070°   아 078°

해설

자침의 방위가 069°이고, 그 지점이 편차가 9°E이면 진방위는 편차가 편동(E)이므로 진방위는 069° + 9° = 078°이다.

정답 01 사 02 나 03 가 04 나 05 아

06 전자해도표시장치(ECDIS)의 기능이 아닌 것은?

　가 자동으로 선박의 속력을 유지한다.

　나 선박의 항해와 관련된 주요 정보들을 나타낸다.

　사 자동 조타장치와 연동하면 조타장치를 제어할 수 있다.

　아 자동레이더플로팅장치와 연동하여 충돌 위험 선박을 표시할 수 있다.

전자해도표시장치는 선박의 속력을 자동으로 유지해 주는 기능은 없다.

07 교차방위법 사용 시 물표 선정 방법으로 옳지 않은 것은?

　가 고정 물표를 선정할 것

　나 2개보다 3개를 선정할 것

　사 물표 사이의 교각은 150°~300°일 것

　아 해도상 위치가 명확한 물표를 선정할 것

물표 선정에 있어서의 주의사항
• 해도상의 위치가 정확하고 뚜렷한 목표를 선정한다.
• 먼 물표보다는 적당히 가까운 물표를 선택한다.
• 물표 상호 간의 각도는 될 수 있는 한 30°~150°인 것을 선정한다. 두 물표일 때에는 90°, 세 물표일 때는 60°가 가장 좋다.
• 물표가 많을 때는 2개보다 3개 이상을 선정하는 것이 좋다.

08 관측자와 지구 중심을 지나는 직선이 천구와 만나는 두 점 중에서 관측자의 발 아래쪽에서 만나는 점은?

　가 천정　　　　　**나** 천저

　사 천의 북극　　　**아** 천의 남극

가. **천정** : 관측자와 지구 중심을 지나는 직선이 천구와 만난 점 중 관측자의 머리 위쪽에서 만나는 점
사. **천의 북극** : 천의 극 중 지구의 북극 쪽에 있는 것
아. **천의 남극** : 천의 극 중 지구의 남극 쪽에 있는 것

09 위성항법장치(GPS)에서 오차가 발생하는 원인이 아닌 것은?

　가 수신기 오차

　나 위성 궤도 오차

　사 전파 지연 오차

　아 사이드 로브에 의한 오차

사용자와 위성 간의 거리를 측정할 때 GPS 신호가 실린 전파의 속도를 일정하다고 생각하였지만 온도, 대기의 상태 등에 따라 전파의 속도는 변하므로 오차가 발생한다. 이의 오차의 원인에는 전파 속도의 변동에 따른 오차, 수신기 오차 및 시계 오차, 다중 경로 오차, 위성 궤도 오차, 위성에서의 신호 처리 지연 등이 있다.

10 S밴드 레이더에 비해 X밴드 레이더가 가지는 장점으로 옳지 않은 것은?

　가 화면이 보다 선명하다.

　나 방위와 거리 측정이 정확하다.

　사 소형 물표 탐지에 유리하다.

　아 원거리 물표 탐지에 유리하다.

정답 　06 가　07 사　08 나　09 아　10 아

구분	X밴드	S밴드
주파수	9.2~9.5GHz	2.9~3.1GHz
선명도	좋음	다소 떨어짐
방위와 거리	정확	덜 정확
작은 물체 탐지	쉽게 탐지	탐지 어려움
큰 물체 탐지	탐지가 늦음	탐지가 빠름
탐지거리	가까운 거리	먼 거리
눈, 비, 안개 등의 기상	탐지 어려움	탐지하기 좋음
해면반사의 영향	심함	덜 심함
맹목구간	넓음	좁음

11 노출암을 나타낸 해도도식에서 '4'가 의미하는 것은?

(4)

가 수심   **나** 암초 높이

사 파고   **아** 암초 크기

평균수면을 기준으로 한 노출암의 높이이다.

12 다음 중 해도에 표시되는 높이나 깊이의 기준면이 다른 것은?

가 수심   **나** 등대

사 간출암   **아** 세암

해도상 수심의 기준면은 나라마다 다르며, 우리나라는 기본수준면을 수심의 기준으로 한다. 조고, 조승, 간출암의 높이, 평균 해면의 높이 등도 기본수준면을 기준으로 표시한다. 평균 해면은 조석을 평균한 해면으로 육상의 물표나 등대 등의 높이는 이를 기준으로 한다.

13 조석표에 대한 설명으로 옳지 않은 것은?

가 조석 용어의 해설도 포함하고 있다.

나 각 지역의 조석 및 조류에 대해 상세히 기술하고 있다.

사 표준항 이외의 항구에 대한 조시, 조고를 구할 수 있다.

아 국립해양조사원은 외국항 조석표는 발행하지 않는다.

해설

국립해양조사원에서 한국연안조석표는 1년마다 간행하며, 태평양 및 인도양 연안의 조석표는 격년 간격으로 간행한다.

14 항로표지 중 광파(야간)표지에 대한 설명으로 옳지 않은 것은?

가 등화에 이용되는 색깔은 백색, 적색, 녹색, 황색이다.

나 등대의 높이는 기본수준면에서 등화 중심까지의 높이를 미터로 표시한다.

사 등색이나 등력이 바뀌지 않고 일정하게 계속 빛을 내는 등을 부동등이라 한다.

아 통항이 곤란한 좁은 수로, 항만 입구에 설치하여 중시선에 의하여 선박을 인도하는 등을 도등이라 한다.

정답 11 나   12 나   13 아   14 나

등대 높이(등고) : 해도나 등대표에는 평균수면에서 등화의 중심까지를 등대의 높이로 표시(단위는 보통 m로 표시)

15 암초나 침선의 존재를 알리는 고립장애표지(Isolated danger marks)의 표체 색깔은?

- 가 흑색 바탕에 가운데 적색 띠
- 나 적색 바탕에 가운데 흑색 띠
- 사 흑색 바탕에 가운데 백색 띠
- 아 백색 바탕에 가운데 흑색 띠

고립장애표지는 2개의 흑구를 수직으로 부착하며, 표지의 색상은 검은색 바탕에 1개 또는 그 이상의 적색 띠로되어 있다.

16 레이더 작동 중 화면상에 일정 형태의 레이콘 신호가 나타나게 하는 항로표지는?

- 가 신호표지
- 나 음파(음향)표지
- 사 광파(야간)표지
- 아 전파표지

전파표지는 전파의 3가지 특징인 직진성, 반사성, 등속성을 이용하여 선박의 위치를 파악하기 위해 만들어진표지이다. 전파를 이용하여 기상과 관계없이 항상 이용이 가능하고, 넓은 지역에 걸쳐서 이용이 가능하다.

17 해도상에 표시되어 있으며, 바깥쪽은 진북을 가리키는 진방위권, 안쪽은 자기 컴퍼스가 가리키는 나침 방위권을 각각 표시한 것으로 지자기에 따른 자침편차와 1년간의 변화량인 연차가 함께 기재되어 있는 것은?

- 가 측지계
- 나 경위도
- 사 나침도
- 아 축척

- 가. 측지계 : 특정한 하나의 기준점을 정하고 측량을 통해 그 밖의 다른 지점의 위치를 표시하는 방법을 말한다.
- 나. 경위도 : 경도와 위도를 합해 말하는 것이다.
- 아. 축척 : 두 지점 사이의 실제 거리와 해도에서 이에 대응하는 두 지점 사이의 거리의 비를 말한다.

18 항만, 정박지, 좁은 수로 등의 좁은 구역을 상세히 그린 해도는?

- 가 항양도
- 나 항해도
- 사 해안도
- 아 항박도

- 가. 항양도(1/100만 이하) : 원거리 항해에 쓰이며, 해안에서 떨어진 바다의 수심, 주요 등대, 원거리 육상물표 등을 수록한다.
- 나. 항해도(1/30만 이하) : 대개 육지를 바라보면서 항행할 때 사용하는 해도로서, 선위를 직접 해도상에서 구할 수 있도록 육상의 물표, 등대, 등표, 수심등이 비교적 상세히 그려져 있다.
- 사. 해안도(1/5만 이하) : 연안항해에 사용하는 해도로서, 연안의 여러 가지 물표나 지형이 매우 상세히표시되어 있다.
- 아. 항박도(1/5만 이상) : 항만, 정박지, 협수로 등 좁은구역을 세부까지 상세하게 수록한 해도로, 평면도법으로 제작한다.

정답 15 가 16 아 17 사 18 아

19 해도상에 'Fl.20s10m5M'이라고 표시된 등대의 불빛을 볼 수 있는 거리는 등대로부터 대략 몇 해리인가?

가 5해리　　　나 10해리

사 15해리　　　아 20해리

 해설

등대의 등질은 다른 등화와 구분하기 위하여 등광의 발사 상황을 달리하는 것이다. 'Fl.20s10m5M'에서 'Fl'은 섬광등, '20s'는 정해진 등질이 반복되는 시간을 초 단위로 나타낸 주기로 20초마다 반복됨을 나타낸다. 그리고 '10m'는 등대 높이인 등고가 10m임을 나타내며, '5M'는 등광을 알아볼 수 있는 최대거리인 광달거리로 그 광달거리가 5마일(해리)임을 나타낸다.

20 우리나라 측방표지 중 수로의 우측 한계를 나타내는 부표의 색깔은?

가 녹색　　　나 적색

사 흑색　　　아 황색

 해설

측방표지 : 선박이 항행하는 수로의 좌·우측 한계를 표시하기 위해 설치된 표지
- 좌현 부표 및 등화의 색상 : 녹색, 머리표지(두표)는 원통형, 홀수번호
- 우현 부표 및 등화의 색상 : 적색, 머리표지(두표)는 원추형, 짝수번호

21 조석에 의하여 생기는 해수의 주기적인 수평방향의 유동은?

가 게류　　　나 와류

사 조류　　　아 취송류

가. **게류** : 창조류에서 낙조류로, 또는 반대로 흐름 방향이 변하는 것을 전류라고 하는데, 이때 흐름이 잠시 정지하는 현상을 게류라고 한다.

나. **와류** : 조류가 빠른 곳에서 생기는 소용돌이

아. **취송류** : 바람이 일정한 방향으로 오랫동안 불면 공기와 해면의 마찰로 해수가 일정한 방향으로 떠밀리는 현상을 말한다.

22 중심이 주위보다 따뜻하고, 여름철 대륙 내에서 발생하는 저기압으로, 상층으로 갈수록 저기압성 순환이 줄어들면서 어느 고도 이상에서 사라지는 키가 작은 저기압은?

가 전선 저기압

나 비전선 저기압

사 한랭 저기압

아 온난 저기압

 해설

온난 저기압은 주어진 고도에서 저기압 중심부의 기온이 주위보다 높은 경우로, 이러한 저기압은 상층으로 가면서 고기압으로 변하여 대류권 하층부에서만 저기압으로 관측된다. 온난 고기압이나 한랭 저기압에 비하여 이동 속도가 매우 크다. 하루 중 강한 일사에 의하여 생성되는 사막지역에서 발생하는 저기압의 전형이다.

23 1미터마다의 등파고선, 탁월 파향 등이 표시되어 선박의 항행안전 및 경제적 운항에 도움이 되는 해황도는?

가 지상 해석도

나 등압면 해석도

사 외양 파랑 해석도

아 지상기압·강수량·바람 예상도

정답 **19** 가 **20** 나 **21** 사 **22** 아 **23** 사

해설

외양 파랑 해석도는 파랑 상황을 해석한 실황 및 예상도로 1m 간격의 등파고선, 탁월 파향, 고·저기압의 중심 위치, 중심 기압, 전선의 위치, 선박 기상 실황값(풍향, 풍속, 풍랑, 너울의 방향, 주기, 파고)을 표기하며, 선박의 안전 항해와 해양 사고 방지에 유용하다.

24 다음에서 종이해도에 항해계획을 수립하는 순서를 옳게 나타낸 것은?

> ㄱ. 소축척 해도상에 선정한 항로를 작도하고, 대략적인 항정을 구한다.
> ㄴ. 수립한 계획이 적절한지를 검토한다.
> ㄷ. 대축척 해도에 항로를 작도하고, 정확한 항적을 구하여 예정 항행 계획표를 작성한다.
> ㄹ. 각종 항로지 등을 이용하여 항행 해역을 조사하고 가장 적합한 항로를 선정한다.

가 ㄱ → ㄹ → ㄷ → ㄴ
나 ㄱ → ㄴ → ㄹ → ㄷ
사 ㄹ → ㄱ → ㄴ → ㄷ
아 ㄹ → ㄴ → ㄱ → ㄷ

해설

항해계획은 가장 적합한 항로를 선정하고, 소축척 해도상에 항로를 기입하며, 수립한 계획이 적절한지를 검토한다. 그리고 대축척 해도에 항로를 작도하고 정확한 항적을 구하여 예정 항행 계획표를 작성한다.

25 어느 기준 수심보다 더 얕은 위험구역을 표시하는 등심선은?

가 변침선
나 등고선
사 경계선
아 중시선

해설

사. **경계선** : 어느 수심보다 얕은 구역에 들어가면 위험하다고 생각될 때 위험구역을 표시하는 등심선으로, 보통 해도상에 빨간색으로 표시한다.

아. **중시선** : 두 물표가 일직선상에 겹쳐 보일 때 이 물표를 연결한 선으로 선위, 피험선, 컴퍼스 오차의 측정, 변침점, 선속 측정 등에 이용된다.

정답 24 사 25 사

제2과목 운용

01 그림과 같이 선수를 측면에서 바라본 형상을 나타내는 명칭은?

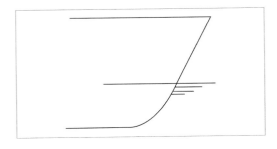

가 직립형
나 경사형
사 구상형
아 클리퍼형

[해설]

가. **직립형** : 선수의 전면이 직립해 있는 형상
나. **경사형** : 선수의 전면이 직선이면서 앞으로 경사진 형상
사. **구상형** : 선수부의 수선(water line) 아래의 부분을 둥근 모양, 즉 큰 혹을 붙인 형상
아. **클리퍼형** : 상부가 앞으로 휘어져서 튀어나온 형상

02 선저판, 외판, 갑판 등에 둘러싸여 화물 적재에 이용되는 공간은?

가 격벽
나 선창
사 코퍼댐
아 밸러스트 탱크

[해설]

가. **격벽** : 선체의 내부를 몇 개의 구획으로 나누는 칸막이벽을 말한다.
사. **코퍼댐** : 기름 탱크와 기관실 또는 화물창, 혹은 다른 종류의 기름을 적재하는 탱크선의 탱크 사이에 설치하는 방유(放油)구획으로서 기름 유출에 의한 해양환경 피해를 방지하기 위한 것이다.
아. **밸러스트 탱크** : 선박의 균형을 유지하기 위해 선박 평형수를 저장하는 탱크

03 다음 중 선박의 주요 치수가 아닌 것은?

가 폭
나 길이
사 깊이
아 두께

[해설]

선박의 주요 치수는 길이, 폭(너비), 깊이(형심) 등이다.

04 전기화재의 소화에 적합하고, 분사 가스가 매우 낮은 온도이므로 사람을 향해서 분사하여서는 아니 되며 반드시 손잡이를 잡고 분사하여 동상을 입지 않도록 주의해야 하는 휴대용 소화기는?

가 폼 소화기
나 분말 소화기
사 할론 소화기
아 이산화탄소 소화기

[해설]

가. **폼 소화기** : 화학 약재를 이산화탄소와 함께 거품 형태로 분사하여 화재를 진압
나. **분말 소화기** : 중탄산나트륨 또는 중탄산칼륨 등의 약제 분말과 질소, 이산화탄소 등의 가스를 배합한 것
사. **할론 소화기** : 할로겐 화합물 가스를 약재로 사용하는 소화기로 선박에 비치하지 않는다.

05 목조 갑판의 틈 메우기에 쓰이는 황백색의 반고체는?

가 흑연
나 타르
사 퍼티
아 시멘트

[해설]

밀가루 반죽과 같은 퍼티(putty)는 목선의 부식을 방지하기 위해 쓰인다.

 점답 01 나 02 나 03 아 04 아 05 사

06 타의 구조에서 2는 무엇인가?

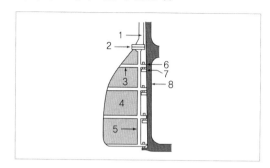

 가 타판　　나 핀틀
사 거전　　아 러더 커플링

[해설]

타의 구조

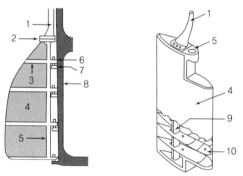

1. 타두재(rudder stock)　2. 러더 커플링　3. 러더 암
4. 타판　5. 타심재(main piece)　6. 핀틀　7. 거전
8. 타주　9. 수직 골재　10. 수평 골재

07 일반적으로 섬유 로프의 무게는 어떻게 나타내는가?

 가 1미터의 무게　나 1사리의 무게
사 10미터의 무게　아 1발의 무게

[해설]

일반적인 섬유 로프의 무게는 1사리의 무게로 나타낸다.

08 수중의 생존자가 구조될 때까지 잡고 떠 있게 하는 것으로, 자기 점화등, 발연부 신호와 함께 바다에 던지는 것은?

 가 구조정　　나 구명뗏목
사 방수복　　아 구명부환

[해설]

나. **구명뗏목** : 나일론 등과 같은 합성섬유로 된 포지를 고무로 가공해서 뗏목 모양으로 제작한 것으로, 내부에는 탄산가스나 질소가스를 주입시켜 긴급 시에 팽창시키면 뗏목 모양으로 펼쳐지는 구명설비이다.

사. **방수복** : 물이 스며들지 않아 수온이 낮은 물속에서 체온을 보호할 수 있는 옷으로, 2분 이내에 도움 없이 착용할 수 있어야 한다.

09 국제기류신호 'G'기는 무슨 의미인가?

가 사람이 물에 빠졌다.
나 나는 위험물을 하역 중 또는 운송 중이다.
사 나는 도선사를 요청한다.
아 나를 피하라, 나는 조종이 자유롭지 않다.

[해설]

국제기류신호 'G'기는 '본선, 수로안내인(도선사)이 필요하다'라는 의미이다.

10 끝부분이 이산화탄소 용기 커터장치에 연결되어 구명뗏목을 팽창시키는 역할을 하는 장치는?

가 구명줄　　나 자동줄
사 자동이탈장치　아 스케이트

[해설]

나. **자동줄**(Release cord) : 구명뗏목을 팽창시키는 역할을 하는 줄이다.

사. **자동이탈장치**(Hydraulic release unit) : 본선 침몰 시에 구명뗏목을 본선으로부터 자동으로 이탈시키는 장치이다.

정답 06 아　07 나　08 아　09 사　10 나

PART 03

11 다음 중 조난신호가 아닌 것은?

가 약 1분간을 넘지 아니하는 간격의 총포 신호

나 발연부 신호

사 로켓 낙하산 화염신호

아 지피에스 신호

> **해설**
> 지피에스(GPS)는 위치를 알고 있는 24개의 인공위성에서 발사하는 전파를 수신하고, 그 도달시간으로부터 관측자까지의 거리를 구하여 위치를 결정하는 방식이다. 따라서 조난신호와는 거리가 멀다.

12 해양사고 시 구조선의 운용에 관한 설명으로 옳은 것은?

가 구조선은 조난선의 풍상 측에서 접근하되 바람에 의해 압류될 것을 고려하여야 한다.

나 구조선은 조난선의 풍상 측에 대기하다가 구조한 구명정이 구조선의 풍상 측에 오면 사람을 옮겨 태운다.

사 구조선은 풍상 측의 구명정을 내려서 구명정을 조난선의 풍상 측 선체 중앙부에 접근하여 계선줄을 연결한다.

아 구조선의 풍상 측에 밧줄, 카고네트, 그물 등을 여러 군데 매달고 조난자의 풍상 측에서 표류시켜 표류자를 끌어올린다.

> **해설**
> 나. 구조선은 풍하 쪽에서 대기하고 구조가 끝난 구조정이 풍하 현측에 오면 조난자를 옮겨 태운다.
> 사. 구조선은 풍하 현측의 구조정을 내려서 조난선의 풍하 쪽 현측으로 접근하게 하여 조난선의 사람을 옮겨 태운다.
> 아. 조난자의 풍상 측에 정선하여 구조선의 풍하 현측에 밧줄 또는 그물 등을 여러 군데 매달고 구조선을 표류시켜 조난자가 접근되면 끌어올려 구조한다.

13 자기 점화등과 같은 목적의 주간 신호이며, 물에 들어가면 자동으로 오렌지색 연기를 내는 장비는?

가 신호 홍염

나 로켓 낙하산 화염신호

사 발연부 신호

아 신호 거울

> **해설**
> 가. **신호 홍염** : 홍색염을 1분 이상 연속하여 발할 수 있으며, 10cm 깊이의 물속에 10초 동안 잠긴 후에도 계속 타는 팽창식 구명뗏목의 의장품이다(야간용).
> 나. **로켓 낙하산 화염신호** : 높이 300m 이상의 장소에서 펴지고 또한 점화되며, 매초 5m 이하의 속도로 낙하하며 화염으로써 위치를 알린다(야간용).

14 가까운 거리의 선박이나 연안국에 조난통신을 송신할 경우 가장 유용한 통신장비는?

가 중파(MF) 무선설비

나 단파(HF) 무선설비

사 초단파(VHF) 무선설비

아 위성통신설비

> **해설**
> 가. **중파(MF) 무선설비** : 육상 약 100km 정도의 중거리 및 해상 약 1,600km 정도의 원거리 통신 가능
> 나. **단파(HF) 무선설비** : 원거리 통신용
> 사. **초단파(VHF) 무선설비** : 연안에서 대략 50km 이내의 해역을 항해하는 선박 또는 정박 중인 선박이 많이 이용한다.
> 아. **위성통신설비** : IMO(국제해사기구)에 의해 설립된 국제해사위성통신시스템

정답 11 아 12 가 13 사 14 사

15 천수효과(Shallow water effect)에 대한 설명으로 옳지 않은 것은?

가 선회성이 좋아진다.

나 트림의 변화가 생긴다.

사 선박의 속력이 감소한다.

아 선체 침하 현상이 생긴다.

해설

천수효과 : 천수지역에서는 전반적으로 선체 침하와 트림 변경효과가 발생하며, 선박의 속력이 감소한다. 또한 선회성이 나빠진다.

16 우선회 고정피치 단추진기 선박의 흡입류와 배출류에 대한 설명으로 옳지 않은 것은?

가 측압작용의 영향은 스크루 프로펠러가 수면 위에 노출되어 있을 때 뚜렷하게 나타난다.

나 기관 전진 중 스크루 프로펠러가 수중에서 회전하면 앞쪽에서는 스크루 프로펠러에 빨려드는 흡입류가 있다.

사 기관을 전진상태로 작동하면 키의 하부에 작용하는 수류는 수면 부근에 위치한 상부에 작용하는 수류보다 강하여 선미를 좌현 쪽으로 밀게 된다.

아 기관을 후진상태로 작동시키면 선체의 우현 쪽으로 흘러가는 배출류는 우현 선미 측벽에 부딪치면서 측압을 형성한다.

해설

가. 횡압력의 영향은 스크루 프로펠러가 수면 위에 노출되어 있을 때 뚜렷하게 나타난다.

17 선체의 이동 운동 중 선수미 방향의 왕복운동은?

가 부상(Float)　　나 서지(Surge)

사 횡표류(Drift)　　아 스웨이(Sway)

해설

나. **전후동요**(surge) : 선체가 선수와 선미를 잇는 축을 따라서 전후로 평행이동을 되풀이하는 동요이다.

아. **좌우동요**(sway) : 선체가 좌우로 평행이동을 되풀이하는 동요이다.

18 (　　)에 순서대로 적합한 것은?

> 타각을 크게 하면 할수록 타에 작용하는 압력이 커져서 선회 우력은 (　　) 선회권은 (　　).

가 커지고, 커진다

나 작아지고, 커진다

사 커지고, 작아진다

아 작아지고, 작아진다

해설

타각을 크게 하면 할수록 키에 작용하는 압력이 크므로 선회 우력이 커져서 선회권이 작아진다.

19 스크루 프로펠러로 추진되는 선박을 조종할 때 천수의 영향에 대한 대책으로 옳지 않은 것은?

가 가능하면 흘수를 얕게 조정한다.

나 천수역을 고속으로 통과한다.

사 천수역 통항에 필요한 여유수심을 확보한다.

아 가능한 고조시에 천수역을 통과한다.

정답 15 가　16 가　17 나　18 사　19 나

천수 영향에 대한 대책
- 천수역 통항에 필요한 여유수심을 확보한다.
- 저속 항행을 한다.
- 가능한 고조시에 천수역을 항과하여야 한다.
- 배수량 3만톤이 넘고 여유수심이 1.5m 이하이면 충분한 예선을 준비하여야 한다.
- Swell, Heeling 및 선체의 동요로 인한 흘수의 증가를 고려한다.
- 변침 시에는 수회의 소각도로 나누어서 행한다.
- 저속 항행 중에 보침 또는 선회성의 개선을 위하여 잠시 기관을 Kick ahead로 하는 것도 방법의 한 가지이나, Gather way되지 않도록 주의가 필요하다.

20 좁은 수로를 항해할 때 유의사항으로 옳지 않은 것은?

가 순조 때에는 타효가 나빠진다.

나 변침할 때는 소각도로 여러 차례 변침하는 것이 좋다.

사 선수미선과 조류의 유선이 직각을 이루도록 조종하는 것이 좋다.

아 언제든지 닻을 사용할 수 있도록 준비된 상태에서 항행하는 것이 좋다.

사. 선수미선과 조류의 유선이 일치하도록 조종한다.

21 파도가 심한 해역에서 선속을 저하시키는 요인이 아닌 것은?

가 바람　　　나 풍랑(Wave)

사 기압　　　아 너울(Swell)

바람, 풍랑, 너울 등은 선속을 저하시키나, 기압은 선속과는 관계가 없다.

22 항해 중 황천에 대비하여 선박의 복원력을 증가시키기 위한 방법이 아닌 것은?

가 비어 있는 선저 밸러스트 탱크를 채운다.

나 하나의 탱크에 가득 찬 청수를 2개의 탱크에 나누어 절반 정도씩 싣는다.

사 탱크의 중간 정도 차 있는 연료유는 다른 탱크로 옮기고 비운다.

아 갑판상 선외 배출구가 막힌 곳이 없도록 확인한다.

나. 탱크 내의 기름이나 물은 가득(80% 이상) 채우거나 비워서 유동수에 의한 복원 감소를 막는다.

23 선수부 좌·우현의 급격한 요잉(Yawing) 현상과 타효상실 등으로 선체가 선미파에 가로눕게 되어 발생하는 대각도 횡경사 현상은?

가 슬래밍(Slamming)

나 히브 투(Heave to)

사 브로칭 투(Broaching-to)

아 푸핑 다운(Pooping down)

가. **슬래밍**(Slamming) : 선체가 파도를 선수에서 받으면서 항주하면, 선수 선저부는 강한 파도의 충격을 받아 짧은 주기로 급격한 진동을 하게 되는데, 이러한 파도에 의한 충격을 말한다.

나. **히브 투**(Heave to) : 선수를 풍랑 쪽으로 향하게 하여 조타가 가능한 최소의 속력으로 전진하는 방법을 말한다.

아. **푸핑 다운**(Pooping down) : 선속보다 빠른 추종파의 파저(Trogh)에 선미가 들어가게 되면 Poop deck에 엄청난 해수가 침입하여 매우 위험한 상태가 되는 것을 말한다. 즉, 파도가 선미를 덮어씌우면서 때리는 현상을 말한다.

정답 20 사　21 사　22 나　23 사

24 다음 해저의 저질 중 임의 좌주를 시킬 때 가장 적합하지 않은 것은?

가 뻘

나 모래

사 자갈

아 모래와 자갈이 섞인 곳

임의 좌주의 적합한 장소는 암석이 없는 경사가 완만한 해안이 좋다. 또한 굴곡이 없고 지반이 딱딱하며 강한 조류나 너울이 없고 외해로 노출되어 있지 않은 해안이 좋다. 그리고 간만의 차가 커야 간조시 선체의 손상부를 수리하기 좋다. 따라서 딱딱하지 않은 뻘은 피해야 한다.

25 열 작업(Hot work) 시 화재예방을 위한 방법으로 옳지 않은 것은?

가 작업 장소는 통풍이 잘 되도록 한다.

나 가스 토치용 가스용기는 항상 수평으로 유지한다.

사 적합한 휴대용 소화기를 작업 장소에 배치한다.

아 작업장 주변의 가연성 물질은 반드시 미리 옮긴다.

열 작업(Hot work) 시 화재예방을 위한 방법
• 작업 장소는 통풍이 잘 되도록 하고, 가연성 물질은 반드시 치운다.
• 휴대용 소화기와 물을 준비하여 대비한다.
• 안전 요원이 자리를 비울 때는 반드시 작업을 중단하든지 대리인을 세운다.
• 열 작업으로 인한 화재는 작업 후 한참 경과 후에도 발생할 수 있으므로 마무리를 완벽히 해야 하며, 일정 시간 동안 자리를 지켜야 한다.

제**3**과목 **법규**

01 해사안전법상 서로 다른 방향으로 진행하는 통항로를 나누는 일정한 폭의 수역은?

가 통항로

나 분리대

사 참조선

아 연안통항대

가. **통항로** : 선박의 항행안전을 확보하기 위하여 한 쪽 방향으로만 항행할 수 있도록 되어 있는 일정한 범위의 수역(해상교통안전법 제2조)
아. **연안통항대** : 통항분리수역의 육지 쪽 경계선과 해안 사이의 수역(해상교통안전법 제2조)

02 해사안전법상 선박의 출항을 통제하는 목적은?

가 국적선의 이익을 위해

나 선박의 효율적 통제를 위해

사 항만의 무리한 운영을 막으려고

아 선박의 안전 운항에 지장을 줄 우려 때문에

해양수산부장관은 해상에 대하여 기상특보가 발표되거나 제한된 시계 등으로 선박의 안전운항에 지장을 줄 우려가 있다고 판단할 경우에는 선박소유자나 선장에게 선박의 출항통제를 명할 수 있다(해상교통안전법 제36조 제1항).

03 해사안전법상 안전한 속력을 결정할 때 고려할 사항이 아닌 것은?

가 해상교통량의 밀도

나 레이더의 특성 및 성능

사 항해사의 야간 항해당직 경험

아 선박의 정지거리 · 선회성능, 그 밖의 조종성능

안전한 속력을 결정할 때 고려사항 : 시계의 상태, 해상 교통량의 밀도, 선박의 정지거리·선회성능, 항해에 지장을 주는 불빛의 유무, 바람·해면 및 조류의 상태와 항행 장애물의 근접상태, 선박의 흘수와 수심과의 관계, 레이더의 특성 및 성능, 해면상태·기상 등(해상교통안전법 제71조 제2항)

04 해사안전법상 마주치는 상태가 아닌 경우는?

가 선수 방향에 있는 다른 선박과 밤에는 2개의 마스트등을 일직선으로 또는 거의 일직선으로 볼 수 있거나 양쪽의 현등을 볼 수 있는 경우

나 선수 방향에 있는 다른 선박과 낮에는 2척의 선박의 마스트가 선수에서 선미까지 일직선이 되거나 거의 일직선이 되는 경우

사 선수 방향에 있는 다른 선박과 마주치는 상태에 있는지가 분명하지 아니한 경우

아 선수 방향에 있는 다른 선박의 선미등을 볼 수 있는 경우

해설

마주치는 상태에 있는 경우(해상교통안전법 제79조)
• 밤에는 2개의 마스트등을 일직선으로 또는 거의 일직선으로 볼 수 있거나 양쪽의 현등을 볼 수 있는 경우
• 낮에는 2척의 선박의 마스트가 선수에서 선미(船尾)까지 일직선이 되거나 거의 일직선이 되는 경우
• 선박은 마주치는 상태에 있는지가 분명하지 아니한 경우에는 마주치는 상태에 있다고 보고 필요한 조치를 취하여야 한다.

05 해사안전법상 충돌 위험의 판단에 대한 설명으로 옳지 않은 것은?

가 다른 선박과 충돌할 위험이 있는지를 판단하기 위하여 당시의 상황에 알맞은 모든 수단을 활용하여야 한다.

나 불충분한 레이더 정보라도 다른 선박과의 충돌 위험 여부 판단에 적극 활용한다.

사 선박은 접근하여 오는 다른 선박의 나침 방위에 뚜렷한 변화가 일어나지 아니하면 충돌할 위험성이 있다고 보고 필요한 조치를 취하여야 한다.

아 레이더를 설치한 선박은 다른 선박과 충돌할 위험성 유무를 미리 파악하기 위하여 레이더를 이용하여 장거리 주사, 탐지된 물체에 대한 작도, 그 밖의 체계적인 관측을 하여야 한다.

선박은 불충분한 레이더 정보나 그 밖의 불충분한 정보에 의존하여 다른 선박과의 충돌 위험성 여부를 판단하여서는 아니 된다(해상교통안전법 제72조 제3항).

06 ( )에 순서대로 적합한 것은?

> 해사안전법상 서로 시계 안에서 2척의 동력선이 마주치거나 거의 마주치게 되어 충돌의 위험이 있을 때에는 각 동력선은 서로 다른 선박의 ( ) 쪽을 지나갈 수 있도록 침로를 ( ) 쪽으로 변경하여야 한다.

가 우현, 우현

나 좌현, 우현

사 우현, 좌현

아 좌현, 좌현

정답 04 아 05 나 06 나

2척의 동력선이 마주치거나 거의 마주치게 되어 충돌의 위험이 있을 때에는 각 동력선은 서로 다른 선박의 좌현 쪽을 지나갈 수 있도록 침로를 우현(右舷) 쪽으로 변경하여야 한다(해상교통안전법 제79조 제1항).

07 해사안전법상 선박의 등화에 대한 설명으로 옳지 않은 것은?

가 야간 항행 시에는 항상 등화를 표시하여야 한다.

나 주간에도 제한된 시계에서는 등화를 표시하여야 한다.

사 현등의 색깔은 좌현은 녹색 등, 우현은 붉은색 등이다.

아 야간에 접근하여 오는 선박의 진행 방향은 등화를 관찰하여 알 수 있다.

현등은 정선수 방향에서 양쪽 현으로 각각 112.5도에 걸치는 수평의 호를 비추는 등화로서, 그 불빛이 정선수 방향에서 좌현 정횡으로부터 뒤쪽 22.5도까지 비출 수 있도록 좌현에 설치된 붉은색 등과 그 불빛이 정선수 방향에서 우현 정횡으로부터 뒤쪽 22.5도까지 비출 수 있도록 우현에 설치된 녹색 등이다(해상교통안전법 제86조).

08 해사안전법상 정선수 방향에서 양쪽 현으로 각각 112.5도에 걸치는 수평의 호를 비추는 등화는?

가 현등 나 전주등

사 선미등 아 예선등

현등은 정선수 방향에서 양쪽 현으로 각각 112.5도에 걸치는 수평의 호를 비추는 등화이다(해상교통안전법 제86조).

09 해사안전법상 제한된 시계에서 레이더만으로 다른 선박이 있는 것을 탐지한 선박의 피항동작이 침로를 변경하는 것만으로 이루어질 경우 선박이 취하여야 할 행위로 옳은 것은?

가 다른 선박이 자기 선박의 양쪽 현의 정횡 앞쪽에 있는 경우 좌현 쪽으로 침로를 변경하는 행위

나 자기 선박의 양쪽 현의 정횡에 있는 선박의 방향으로 침로를 변경하는 행위

사 자기 선박의 양쪽 현의 정횡 뒤쪽에 있는 선박의 방향으로 침로를 변경하는 행위

아 다른 선박이 자기 선박의 양쪽 현의 정횡 앞쪽에 있는 경우 우현 쪽으로 침로를 변경하는 행위

피항동작이 침로의 변경을 수반하는 경우에는 될 수 있으면 다음의 동작은 피하여야 한다(해상교통안전법 제84조 제5항).
- 다른 선박이 자기 선박의 양쪽 현의 정횡 앞쪽에 있는 경우 좌현 쪽으로 침로를 변경하는 행위(앞지르기당하고 있는 선박에 대한 경우는 제외한다)
- 자기 선박의 양쪽 현의 정횡 또는 그곳으로부터 뒤쪽에 있는 선박의 방향으로 침로를 변경하는 행위

10 (   )에 적합한 것은?

해사안전법상 길이 12미터 미만의 동력선은 항행 중인 동력선에 따른 등화를 대신하여 (   ) 1개와 현등 1쌍을 표시할 수 있다.

가 황색 전주등
나 흰색 전주등
사 붉은색 전주등
아 녹색 전주등

정답 07 사 08 가 09 아 10 나

길이 12m 미만의 동력선 : 항행 중인 동력선에 따른 등화를 대신하여 흰색 전주등 1개와 현등 1쌍을 표시할 수 있다.

11 해사안전법상 조종불능선과 조종제한선의 등화에 대한 설명으로 옳지 않은 것은?

가 조종불능선은 가장 잘 보이는 곳에 수직으로 붉은색 전주등 2개를 표시하여야 한다.

나 조종불능선이 대수속력이 있는 경우 가장 잘 보이는 곳에 수직으로 붉은색 전주등 2개, 현등과 선미등을 표시하여야 한다.

사 조종제한선은 가장 잘 보이는 곳에 수직으로 위쪽과 아래쪽에는 붉은색 전주등, 가운데에는 흰색 전주등 각 1개를 표시하여야 한다.

아 조종제한선이 정박 중에는 붉은색 전주등 1개를 추가하여 표시하여야 한다.

해상교통안전법상 조종제한선이 정박 중에는 규정에 따른 등화나 형상물에 덧붙여 제95조(정박선과 얹혀 있는 선박)에 따른 등화나 형상물을 표시해야 한다(법 제92조 제2항 제4호). 즉, 추가로 수직으로 붉은색 전주등 2개와 수직으로 둥근꼴의 형상물 3개를 표시해야 한다.

12 해사안전법상 장음과 단음에 대한 설명으로 옳은 것은?

가 단음 : 1초 정도 계속되는 고동소리

나 단음 : 3초 정도 계속되는 고동소리

사 장음 : 8초 정도 계속되는 고동소리

아 장음 : 10초 정도 계속되는 고동소리

기적의 종류(해상교통안전법 제97조)
• 단음 : 1초 정도 계속되는 고동소리
• 장음 : 4초부터 6초까지의 시간 동안 계속되는 고동소리

13 (   )에 순서대로 적합한 것은?

> 해사안전법상 (   )이 (   )에 종사하지 아니할 때에는 그 선박과 (   )의 선박이 표시하여야 할 등화나 형상물을 표시하여야 한다.

가 예인선, 예선업무, 같은 톤수

나 예인선, 도선업무, 같은 길이

사 도선선, 예선업무, 같은 톤수

아 도선선, 도선업무, 같은 길이

도선선이 도선업무에 종사하지 아니할 때에는 그 선박과 같은 길이의 선박이 표시하여야 할 등화나 형상물을 표시하여야 한다(해상교통안전법 제94조 제2항).

14 해사안전법상 서로 상대의 시계 안에 있는 선박이 접근하고 있을 경우, 하나의 선박이 다른 선박의 의도 또는 동작을 이해할 수 없을 때 울리는 기적신호는?

가 장음 5회 이상

나 장음 3회 이상

사 단음 5회 이상

아 단음 3회 이상

정답 11 아 12 가 13 아 14 사

서로 상대의 시계 안에 있는 선박이 접근하고 있을 경우에는 하나의 선박이 다른 선박의 의도 또는 동작을 이해할 수 없거나 다른 선박이 충돌을 피하기 위하여 충분한 동작을 취하고 있는지 분명하지 아니한 경우에는 그 사실을 안 선박이 즉시 기적으로 단음을 5회 이상 재빨리 울려 그 사실을 표시하여야 한다. 이 경우 의문신호는 5회 이상의 짧고 빠르게 섬광을 발하는 발광신호로써 보충할 수 있다(해상교통안전법 제99조 제5항).

15 (　　)에 순서대로 적합한 것은?

해사안전법상 좁은 수로 등의 굽은 부분에 접근하는 선박은 (　　)의 기적신호를 울리고, 그 기적신호를 들은 선박은 (　　)의 기적신호를 울려 이에 응답하여야 한다.

가 단음 1회, 단음 2회
나 장음 1회, 단음 2회
사 단음 1회, 단음 1회
아 장음 1회, 장음 1회

좁은 수로 등의 굽은 부분이나 장애물 때문에 다른 선박을 볼 수 없는 수역에 접근하는 선박은 장음으로 1회의 기적신호를 울려야 한다. 이 경우 그 선박에 접근하고 있는 다른 선박이 굽은 부분의 부근이나 장애물의 뒤쪽에서 그 기적신호를 들은 경우에는 장음 1회의 기적신호를 울려 이에 응답하여야 한다(해상교통안전법 제99조 제6항).

16 선박의 입항 및 출항 등에 관한 법률상 총톤수 5톤인 내항선이 무역항의 수상구역 등을 출입할 때, 출입 신고에 대한 설명으로 옳은 것은?

가 내항선이므로 출입 신고를 하지 않아도 된다.
나 무역항의 수상구역 등의 안으로 입항하는 경우 통상적으로 입항하기 전에 입항 신고를 하여야 한다.
사 무역항의 수상구역 등의 밖으로 출항하는 경우 통상적으로 출항 직후 즉시 출항 신고를 하여야 한다.
아 출항 일시가 이미 정하여진 경우에도 입항 신고와 출항 신고는 동시에 할 수 없다.

내항선(국내에서만 운항하는 선박을 말한다)이 무역항의 수상구역 등의 안으로 입항하는 경우에는 입항 전에, 무역항의 수상구역 등의 밖으로 출항하려는 경우에는 출항 전에 해양수산부령으로 정하는 바에 따라 내항선 출입 신고서를 해양수산부장관에게 제출할 것(시행령 제2조 제1호)

17 선박의 입항 및 출항 등에 관한 법률상 방파제 부근에서 입·출항 선박이 마주칠 우려가 있는 경우 항법에 대한 설명으로 옳은 것은?

가 소형선이 대형선의 진로를 피한다.
나 방파제 입구에는 동시에 진입해도 상관없다.
사 입항하는 선박은 방파제 밖에서 출항하는 선박의 진로를 피한다.
아 선속이 빠른 선박이 선속이 느린 선박의 진로를 피한다.

방파제 부근에서의 항법 : 무역항의 수상구역 등에 입항하는 선박이 방파제 입구 등에서 출항하는 선박과 마주칠 우려가 있는 경우에는 방파제 밖에서 출항하는 선박의 진로를 피하여야 한다(법 제13조).

정답 15 아　16 나　17 사

18 선박의 입항 및 출항 등에 관한 법률상 선박이 해상에서 일시적으로 운항을 멈추는 것은?

가 정박 나 정류

사 계류 아 계선

해설

가. **정박** : 선박이 해상에서 닻을 바다 밑바닥에 내려놓고 운항을 멈추는 것
사. **계류** : 선박을 다른 시설에 붙들어 매어 놓는 것
아. **계선** : 선박이 운항을 중지하고 정박하거나 계류하는 것

19 선박의 입항 및 출항 등에 관한 법률상 무역항의 수상구역 등에서 주위에 선박이 있는 경우 우현으로 변침하면서 울릴 수 있는 음향신호는?

가 단음 1회 나 단음 2회

사 단음 3회 아 장음 1회

해설

해상교통안전법 제99조 제1항 제1호에서 항행 중인 동력선이 침로를 오른쪽으로 변경하고 있는 경우 단음 1회의 음향신호를 울려야 한다고 했으므로, 선박의 입항 및 출항 등에 관한 법률상 무역항의 수상구역 등에서 주위에 선박이 있는 경우 우현으로 변침하면서 단음 1회의 음향신호를 울릴 수 있다.

20 (   )에 순서대로 적합한 것은?

선박의 입항 및 출항 등에 관한 법률상 우선피항선 외의 선박은 무역항의 수상구역 등에 (   )하는 경우 또는 무역항의 수상구역 등을 (   )하는 경우에는 지정·고시된 항로를 따라 항행하여야 한다.

가 입항, 통항 나 출항, 통과

사 출입, 통과 아 출입, 항행

해설

우선피항선 외의 선박은 무역항의 수상구역 등에 출입하는 경우 또는 무역항의 수상구역 등을 통과하는 경우에는 지정·고시된 항로를 따라 항행하여야 한다. 다만, 해양사고를 피하기 위한 경우 등 해양수산부령으로 정하는 사유가 있는 경우에는 그러하지 아니하다(법 제10조 제2항).

21 선박의 입항 및 출항 등에 관한 법률상 무역항의 수상구역 등에서 그림과 같이 항로 밖에 있던 선박이 항로 안으로 들어오려고 할 때, 항로를 따라 항행하고 있는 선박과의 관계에 대한 설명으로 옳은 것은?

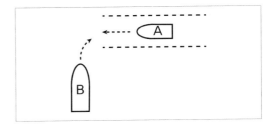

가 A선은 항로의 우측으로 진로를 피하여야 한다.

나 A선은 B선이 항로에 안전하게 진입할 수 있게 대기하여야 한다.

사 B선은 A선의 진로를 피하여 항행하여야 한다.

아 B선은 A선과 우현 대 우현으로 통과하여야 한다.

해설

항로 밖에서 항로에 들어오거나 항로에서 항로 밖으로 나가는 선박은 항로를 항행하는 다른 선박의 진로를 피하여 항행해야 한다(법 제12조 제1항 제1호). 따라서 그림에서 B선은 항로 밖에서 들어오는 선박으로 항로를 항행하고 있는 A선의 진로를 피하여 항행해야 한다.

22 선박의 입항 및 출항 등에 관한 법률상 주로 무역항의 수상구역에서 운항하는 선박으로서 다른 선박의 진로를 피하여야 하는 선박이 아닌 것은?

가 자력항행능력이 없어 다른 선박에 의하여 끌리거나 밀려서 항행되는 부선

나 해양환경관리업을 등록한 자가 소유한 선박

사 항만운송관련사업을 등록한 자가 소유한 선박

아 예인선에 결합되어 운항하는 압항부선

「선박법」에 따른 부선(艀船)[예인선이 부선을 끌거나 밀고 있는 경우의 예인선 및 부선을 포함하되, 예인선에 결합되어 운항하는 압항부선(押航艀船)은 제외한다]은 무역항의 수상구역에서 운항하는 선박으로서 다른 선박의 진로를 피하여야 하는 선박이다(법 제2조 제5호).

23 ( )에 적합한 것은?

해양환경관리법상 선박에서의 오염물질인 기름이 배출되었을 때 신고해야 하는 기준은 배출된 기름 중 유분이 100만분의 1,000 이상이고 유분총량이 ( )이다.

가 20리터 이상

나 50리터 이상

사 100리터 이상

아 200리터 이상

기름 배출 시 신고 기준 : 배출된 기름 중 유분이 100만의 1,000 이상이고 유분총량이 100ℓ 이상(법 제63조 제1항, 시행령 제47조 관련 별표 6)

24 해양환경관리법상 선박의 밑바닥에 고인 액상유성혼합물은?

가 윤활유

나 선저 폐수

사 선저 유류

아 선저 세정수

나. 선저폐수(船底廢水) : 선박의 밑바닥에 고인 액상유성혼합물을 말한다(법 제2조 제18호).

25 해양환경관리법상 소형선박에 비치해야 하는 기관구역용 폐유저장용기에 관한 규정으로 옳지 않은 것은?

가 총톤수 5톤 이상 10톤 미만의 선박은 30리터 저장용량의 용기 비치

나 총톤수 10톤 이상 30톤 미만의 선박은 60리터 저장용량의 용기 비치

사 용기의 재질은 견고한 금속성 또는 플라스틱 재질일 것

아 용기는 2개 이상으로 나누어 비치 가능

소형선박 기관구역용 폐유저장용기 비치기준(「선박에서의 오염방지에 관한 규칙」 별표 7)

대상선박	저장용량
총톤수 5톤 이상 10톤 미만의 선박	20(ℓ)
총톤수 10톤 이상 30톤 미만의 선박	60(ℓ)
총톤수 30톤 이상 50톤 미만의 선박	100(ℓ)
총톤수 50톤 이상 100톤 미만으로서 유조선이 아닌 선박	200(ℓ)

• 폐유저장용기는 2개 이상으로 나누어 비치할 수 있다.
• 폐유저장용기는 견고한 금속성 재질 또는 플라스틱 재질로서 폐유가 새지 아니하도록 제작되어야 하고, 해당 용기의 표면에는 선명 및 선박번호를 기재하고 그 내용물이 폐유임을 표시하여야 한다.
• 폐유저장용기 대신에 소형선박용 기름여과장치를 설치할 수 있다.

정답 22 아 23 사 24 나 25 가

제4과목 기관

01 디젤 기관에서 실린더 라이너의 마멸이 가장 심한 곳은?

가 상사점 부위
나 하사점 부위
사 상사점과 하사점 중간 부위
아 실린더 헤드와 접촉되는 부위

디젤 기관에서 실린더 라이너의 마멸이 가장 심한 곳은 상사점 부위이다.

02 내연기관을 작동시키는 작동 유체는?

가 증기　　나 공기
사 연료유　　아 연소가스

내연기관은 기관 내부에 직접 연료와 공기를 공급하여 적당한 방법으로 연소시킬 때 발생하는 고온·고압의 연소가스를 이용하여 동력을 얻는 기관이다.

03 소형 내연기관에서 메인 베어링의 주된 발열 원인으로 옳지 않은 것은?

가 윤활유 색깔이 검은 경우
나 윤활유 공급이 부족한 경우
사 윤활유 펌프가 고장난 경우
아 윤활유 여과기가 막힌 경우

메인 베어링의 발열 원인으로는 베어링의 틈새 불량, 윤활유 부족 및 불량, 과부하 운전, 크랭크축의 중심선 불일치 등이 있다.

04 다음 그림과 같은 4행정 사이클 디젤 기관의 밸브 구동장치에서 ①, ②, ③의 명칭을 순서대로 옳게 나타낸 것은?

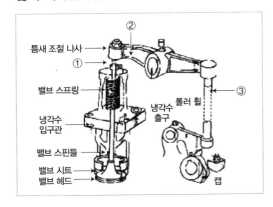

가 밸브틈새, 밸브레버, 푸시로드
나 밸브레버, 밸브틈새, 푸시로드
사 푸시로드, 밸브레버, 밸브틈새
아 밸브틈새, 푸시로드, 밸브레버

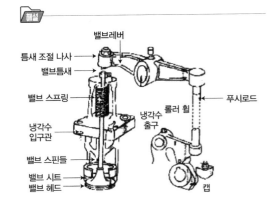

05 트렁크형 소형기관에서 피스톤과 연접봉을 연결하는 부품은?

가 로크 핀
나 피스톤 핀
사 크랭크 핀
아 크로스헤드 핀

나. **피스톤 핀** : 피스톤과 커넥팅 로드(연접봉)를 연결하는 핀이며, 내부가 비어 있는 중공(hollow) 방식으로 되어 있다. 소형 디젤 기관에서는 피스톤 핀에 윤활유가 공급된다.

사. **크랭크 핀** : 크랭크 저널의 중심에서 크랭크 반지름만큼 떨어진 곳에 있으며 저널과 평행하게 설치. 트렁크형 기관에서 커넥팅 로드의 대단부와 연결된다.

06 소형기관의 피스톤 재질에 대한 설명으로 옳지 않은 것은?

가 무게가 무거운 것이 좋다.
나 강도가 큰 것이 좋다.
사 열전도가 잘 되는 것이 좋다.
아 마멸에 잘 견디는 것이 좋다.

피스톤은 고온·고압의 연소가스에 노출되어 내열성과 열전도성이 우수해야 하고, 고속으로 왕복운동을 하므로 가벼우면서 충분한 강도를 가져야 한다. 중·대형 기관의 피스톤은 보통 주철이나 주강으로 제작하며, 소형 고속 기관에서는 무게가 가볍고 열전도가 좋은 알루미늄 피스톤이 사용된다.

07 디젤 기관에서 크랭크축의 구성 요소가 아닌 것은?

가 크랭크 핀
나 크랭크 핀 베어링
사 크랭크 암
아 크랭크 저널

크랭크축(Crank shaft)의 구성 : 크랭크 저널(Journal), 크랭크 핀(Pin) 및 크랭크 암(Arm)

08 디젤 기관의 피스톤 링에 대한 설명으로 옳지 않은 것은?

가 피스톤 링은 적절한 절구틈을 가져야 한다.
나 피스톤 링에는 압축 링과 오일 링이 있다.
사 오일 링보다 압축 링의 수가 더 많다.
아 오일 링이 압축 링보다 연소실에 더 가까이 설치된다.

피스톤 링(piston ring)은 보통 2개의 압축 링(compression ring)과 1개의 오일 링(oil ring)이 사용된다. 압축 링은 실린더와 피스톤 사이의 연소가스가 새는 것을 방지하므로 오일 링보다 연소실에 더 가까이 설치되어 있다.

09 디젤 기관의 운전 중 진동이 심해지는 원인으로 옳지 않은 것은?

가 기관대의 설치 볼트가 여러 개 절손되었을 때
나 윤활유 압력이 높을 때
사 노킹현상이 심할 때
아 기관이 위험 회전수로 운전될 때

기관의 진동이 심한 경우
• 기관이 노킹을 일으킬 때와 각 실린더의 최고압력이 고르지 않을 때
• 위험 회전수로 운전하고 있을 때와 기관대 설치 볼트가 이완 또는 절손되었을 때
• 크랭크 핀 베어링, 메인 베어링, 스러스트 베어링 등의 틈새가 너무 클 때 등

정답 05 나 06 가 07 나 08 아 09 나

10 디젤 기관에서 운전 중에 확인해야 하는 사항이 아닌 것은?

가 윤활유의 압력과 온도
나 배기가스의 색깔과 온도
사 기관의 진동 여부
아 크랭크실 내부의 검사

디젤 기관의 운전 중 점검 내용 : 사용 연료유, 연료유 공급 펌프의 입구와 출구 압력, 윤활유 압력과 온도, 냉각수의 압력, 각 실린더의 배기가스 온도와 배기색 등

11 소형기관에 설치된 시동용 전동기에 대한 설명으로 옳지 않은 것은?

가 주로 교류전동기가 사용된다.
나 축전지로부터 전원을 공급 받는다.
사 기관에 회전력을 주어 기관을 시동한다.
아 전기적 에너지를 기계적 에너지로 바꾼다.

소형기관에 설치된 시동용 전동기는 주로 직류전동기를 사용한다.

12 연료유에 수분과 불순물이 많이 섞였을 때 디젤 기관에 나타나는 현상이 아닌 것은?

가 연료필터가 잘 막힌다.
나 시동이 잘 걸리지 않는다.
사 배기에 수증기가 생긴다.
아 급기에 물이 많이 발생한다.

연료유에 수분과 불순물이 많이 섞이게 되면 불순물로 인해 연료필터가 잘 막히고, 수분 혼합으로 인해 시동이 잘 걸리지 않으며, 배기에 수증기가 생긴다.

13 프로펠러축이 선체를 관통하는 부분에 설치되어 프로펠러축을 지지하며 해수가 선내로 들어오는 것을 방지하는 장치는?

가 선수관 장치
나 선미관 장치
사 스러스트 장치
아 감속장치

나. **선미관 장치** : 프로펠러축이 선체를 관통하는 부분에 장치하는데, 이는 해수가 선내로 침입하는 것을 방지하고, 또 프로펠러축에 대한 베어링 역할도 한다.
아. **감속장치** : 기관의 크랭크축으로부터 회전수를 감속시켜서 추진장치에 전달하여 주는 장치이다.

14 갑판보기가 아닌 것은?

가 양묘장치
나 계선장치
사 하역용 크레인
아 청정장치

갑판에 설치되는 보조기계인 갑판보기에는 조타장치, 하역장치, 계선장치, 양묘장치 등이 있다. 따라서 청정장치는 갑판보기가 아니다.

15 변압기의 정격 용량을 나타내는 단위는?

가 [A]　　나 [Ah]
사 [kW]　　아 [kVA]

변압기의 정격 용량을 나타내는 단위는 [kVA]이다.

정답 10 아　11 가　12 아　13 나　14 아　15 아

16 다음 그림과 같이 우회전하는 프로펠러 날개에서 ①, ②, ③ 각각의 명칭을 순서대로 옳게 나타낸 것은?

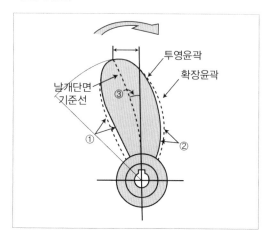

가 앞날, 뒷날, 스큐

나 뒷날, 앞날, 스큐

사 앞면, 뒷면, 피치

아 뒷면, 앞면, 피치

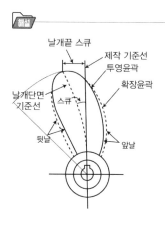

17 송출측에 공기실을 설치하는 펌프는?

가 원심 펌프   나 축류 펌프

사 왕복 펌프   아 기어 펌프

왕복 펌프는 특성상 행정 중 피스톤의 위치에 따라 피스톤의 운동속도가 달라지므로 송출량에 맥동이 생기며, 순간 송출유량도 피스톤 위치에 따라 변하게 된다. 따라서 송출유량의 맥동을 줄이기 위해 펌프 송출측의 실린더에 공기실을 설치한다.

18 원심 펌프의 운전 중 심한 진동이나 이상음이 발생하는 경우의 원인으로 옳지 않은 것은?

가 베어링이 심하게 손상된 경우

나 축이 심하게 변형된 경우

사 흡입되는 유체의 온도가 낮은 경우

아 축의 중심이 일치하지 않는 경우

원심 펌프의 운전 중 심한 진동이나 이상음은 베어링의 심한 손상, 축의 심한 변형, 축의 중심이 불일치하는 경우 등에 발생한다. 흡입되는 유체의 온도가 낮은 경우는 진동이나 이상음의 발생과 관계가 없다.

19 전기회로에서 멀티테스터로 직접 측정할 수 없는 것은?

가 저항   나 직류 전압

사 교류 전압   아 전력

멀티테스터(회로시험기, multi tester) : 전압, 전류 및 저항 등의 값을 하나의 계기로 측정할 수 있게 만든 기기이다.

정답 **16** 나 **17** 사 **18** 사 **19** 아

20 납축전지의 충전 시 증가하는 것끼리만 짝지어진 것은?

가 전압과 비중 나 전압과 전류
사 비중과 전류 아 비중과 저항

납축전지의 충전 시 전압과 비중은 증가하나, 전류와 저항은 이와 관계가 없다.

21 볼트나 너트를 풀고 조이기 위한 렌치나 스패너의 일반적인 사용 방법으로 옳은 것은?

가 풀거나 조일 때 가능한 한 자기 앞쪽으로 당기는 방향으로 힘을 준다.
나 풀거나 조일 때 미는 방향으로 힘을 준다.
사 당길 때나 밀 때에는 자기 체중을 실어서 힘을 준다.
아 쉽게 풀거나 조이기 위해 렌치나 스패너에 파이프를 끼워서 힘을 준다.

풀거나 조일 때 가능한 한 자기 앞쪽으로 당기는 방향으로 힘을 주며, 파이프를 끼워서 힘을 주거나 자기 체중을 실어서 힘을 줘서는 안 된다.

22 운전 중인 디젤 기관에서 모든 실린더의 배기온도가 상승한 경우의 원인이 아닌 것은?

가 과부하 운전 나 조속기 고장
사 과급기 고장 아 저부하 운전

저부하 운전은 실린더의 배기온도 상승의 원인이 아니다.

23 축과 핸들, 벨트 풀리, 기어 등의 회전체를 고정시키는 데에 주로 사용되는 결합용 기계 재료는?

가 너트 나 커플링
사 키 아 니플

키는 축과 핸들, 벨트 풀리, 기어 등의 회전체를 고정시키는 데에 주로 사용되는 결합용 기계이다.

24 디젤 기관에 사용되는 연료유에 대한 설명으로 옳은 것은?

가 착화성이 클수록 좋다.
나 비중이 클수록 좋다.
사 점도가 클수록 좋다.
아 침전물이 많을수록 좋다.

디젤 기관에 사용되는 연료유는 비중이나 점도가 커서는 안 되고, 침전물도 많아서도 안 된다.

25 탱크에 저장된 연료유 양의 측심에 대한 설명으로 옳지 않은 것은?

가 주기적으로 탱크를 측심하여 양을 계산한다.
나 한 탱크를 2~3회 측심하여 평균치로 계산한다.
사 측심관의 총 깊이를 확인한 후 측심자로 측심한다.
아 정확한 측심을 위해 측심관 뚜껑은 항상 열어 둔다.

측심관 뚜껑은 안전상의 문제, 수분 유입이나 기타 불순물 유입 등의 문제가 있으므로 항상 닫혀 있어야 되며, 측정 시에만 열어서 측정해야 한다.

 정답 20 가 21 가 22 아 23 사 24 가 25 아

2020년 제4회 최신 기출문제

제1과목 항해

01 자기 컴퍼스의 카드 자체가 15도 정도 경사에도 자유로이 경사할 수 있게 카드의 중심이 되며, 부실의 밑부분에 원뿔형으로 움푹 파인 부분은?

가 캡
나 피벗
사 기선
아 짐벌즈

해설

나. **피벗** : 자기 컴퍼스의 캡에 꽉 끼여 카드를 지지하여 카드가 자유롭게 회전하게 하는 장치이다.

사. **기선** : 볼 내벽의 카드와 동일한 연안에 4개의 기선이 각각 선수/선미/좌우의 정횡 방향을 표시한다. 이는 침로를 읽기 위해 사용하는 것이다.

아. **짐벌즈** : 목재 또는 비자성재로 만든 원통형의 지지대인 비너클(Binnacle)이 기울어져도 볼을 항상 수평으로 유지시켜 주는 장치이다.

02 자기 컴퍼스에서 컴퍼스 주변에 있는 일시 자기의 수평력을 조정하기 위하여 부착되는 것은?

가 경사계
나 플린더즈 바
사 상한차 수정구
아 경선차 수정자석

해설

상한차 수정구(quadrantal corrector)는 컴퍼스 주변에 있는 일시 자기의 수평력을 조정하기 위하여 부착된 연철구 또는 연철판이다.

03 선박에서 속력과 항주거리를 측정하는 계기는?

가 나침의
나 선속계
사 측심기
아 핸드 레드

해설

가. **나침의** : 방위 측정용 계기

사. **측심기** : 수면에서 해저까지의 수심을 측정하는 계기이다.

아. **핸드 레드** : 수심이 얕은 곳에서 수심과 저질을 측정하는 측심의로, 3~7kg의 레드와 45~70m 정도의 레드라인으로 구성된다.

04 음파의 수중 전달 속력이 1,500미터/초일 때 음향측심기에서 음파를 발사하여 수신한 시간이 0.4초라면 수심은?

가 75미터
나 150미터
사 300미터
아 450미터

해설

음향측심기는 선저에서 해저로 발사한 짧은 펄스의 초음파가 해저에서 반사되어 되돌아오는 시간을 측정하여 수심을 측정한다.

※ 음향측심기 수심 계산

D(선저에서 해저까지의 거리) = 1/2 × t(음파가 진행한 시간) × V(해수 속에서의 음파의 속도)

= 1/2 × 0.4초 × 1,500미터/초 = 300미터

05 우리나라에서 지방자기에 의한 편차가 가장 큰 곳은?

가 거문도 부근
나 욕지도 부근
사 청산도 부근
아 신지도 부근

해설

우리나라의 지방자기에 의한 편차가 가장 큰 곳은 전남 완도군 청산도 부근이다.

 정답 01 가 02 사 03 나 04 사 05 사

06 수심이 얕은 곳에서 수심을 측정하거나 투묘할 때 배의 진행 방향 및 타력 또는 정박 중 닻의 끌림을 알기 위한 기기는?

가 핸드 레드   나 사운딩 자
사 트랜스듀서   아 풍향풍속계

가. **핸드 레드** : 수심이 얕은 곳에서 수심과 저질을 측정하는 측심의로, 3~7kg의 레드와 45~70m 정도의 레드라인으로 구성된다.
사. **트랜스듀서** : 에너지를 하나의 형태에서 또 다른 형태로 변환하기 위해 고안된 장치
아. **풍향풍속계** : 바람의 방향과 속력을 측정하는 장비

07 항해 중에 산봉우리, 섬 등 해도 상에 기재되어 있는 2개 이상의 고정된 뚜렷한 물표를 선정하여 거의 동시에 각각의 방위를 측정하여 선위를 구하는 방법은?

가 수평협각법   나 교차방위법
사 추정위치법   아 고도측정법

교차방위법은 2개 이상의 뚜렷한 물표를 선정하여 거의 동시에 각각의 방위를 재어 해도상에 방위선을 긋고 이들의 교점을 선위로 측정하는 방법이다.

08 여러 개의 천체 고도를 동시에 측정하여 선위를 얻을 수 있는 시기는?

가 박명시   나 표준시
사 일출시   아 정오시

박명시에 혹성이나 항성의 고도를 육분의로 측정하여 위치선을 구할 수 있다.

09 항로지에 대한 설명으로 옳지 않은 것은?

가 해도에 표현할 수 없는 사항을 설명하는 안내서이다.
나 항로의 상황, 연안의 지형, 항만의 시설 등이 기재되어 있다.
사 국립해양조사원에서는 외국 항만에 대한 항로지는 발행하지 않는다.
아 항로지는 총기, 연안기, 항만기로 크게 3편으로 나누어 기술하고 있다.

주요 항로에서 장애물, 해황, 기상 및 기타 선박이 항로를 선정할 때 참고가 되는 사항을 기록한 서적이다. 총기, 연안기, 항만기의 3편으로 나누어 기술하고 있으며, 외국 항만에 대한 항로지도 발행하고 있다.

10 다음에서 설명하는 장치는?

> 이 시스템은 선박과 선박 간 그리고 선박과 선박교통관제(VTS)센터 사이에 선박의 선명, 위치, 침로, 속력 등의 선박 관련 정보와 항해 안전 정보 등을 자동으로 교환함으로써 선박 상호 간의 충돌을 예방하고, 선박의 교통량이 많은 해역에서는 선박교통관리에 효과적으로 이용될 수 있다.

가 지피에스(GPS) 수신기
나 전자해도표시장치(ECDIS)
사 선박자동식별장치(AIS)
아 자동레이더플로팅장치(ARPA)

정답   06 가   07 나   08 가   09 사   10 사

PART
03

가. **지피에스(GPS)** : 위치를 알고 있는 24개의 인공위성에서 발사하는 전파를 수신하고, 그 도달시간으로부터 관측자까지의 거리를 구하여 위치를 결정한다.

나. **전자해도표시장치(ECDIS)** : 해도정보 및 항해정보를 볼 수 있도록 표시하는 모니터이다.

아. **자동레이더플로팅장치(ARPA)** : 해양에서 다수의 목표물을 동시에 추적하고, 각각의 목표물의 상대적인 움직임을 분석하여 알기 쉬운 형태로 표시해 주고, 충돌 위험성이 있는 경우에는 경보를 통해 알려주어 충돌 예방에 도움을 주는 장비이다.

11 다음 중 해도에 표시되는 높이나 깊이의 기준면이 다른 것은?

가 수심 나 등대
사 간출암 아 세암

해도상 수심의 기준면은 나라마다 다르며, 우리나라는 기본수준면을 수심의 기준으로 한다. 조고, 조승, 간출암의 높이, 평균 해면의 높이 등도 기본수준면을 기준으로 표시한다. 평균 해면은 조석을 평균한 해면으로 육상의 물표나 등대 등의 높이는 이를 기준으로 한다.

12 주로 등대나 다른 항로표지에 부설되어 있으며, 시계가 불량할 때 이용되는 항로표지는?

가 광파(야간)표지
나 형상(주간)표지
사 음파(음향)표지
아 전파표지

가. **광파(야간)표지** : 등화에 의하여 그 위치를 나타내며, 주로 야간의 목표가 되지만 주간에도 목표물로 이용되는 표지이다.

나. **형상(주간)표지** : 점등장치가 없고, 형상과 색깔로 주간에 선위를 결정할 때 이용하며, 형상표지라고도 한다.

아. **전파표지** : 전파의 3가지 특징인 직진성, 반사성, 등속성을 이용하여 선박의 위치를 파악하기 위해 만들어진 표지이다.

13 다음 중 항행통보가 제공하지 않는 정보는?

가 수심의 변화
나 조시 및 조고
사 위험물의 위치
아 항로표지의 신설 및 폐지

항행통보 : 위험물의 발견, 수심의 변화, 항로표지의 신설·폐지 등을 항해자에게 통보해 주는 것이다.

14 등부표에 대한 설명으로 옳지 않은 것은?

가 항로의 입구, 폭 및 변침점 등을 표시하기 위해 설치한다.

나 해저의 일정한 지점에 체인으로 연결되어 떠 있는 구조물이다.

사 조석표에 기재되어 있으므로, 선박의 정확한 속력을 구하는 데 사용하면 좋다.

아 강한 파랑이나 조류에 의해 유실되는 경우도 있다.

정답 11 나 12 사 13 나 14 사

해설

등부표 : 암초나 사주가 있는 위험한 장소·항로의 입구·폭·변침점 등을 표시하기 위해 설치. 해저의 일정한 지점에 떠 있는 구조물로 등대와 함께 가장 널리 쓰인다. 따라서 선박의 정확한 속력을 구하는 데 사용하는 것이 아니다.

15 전자력에 의해서 발음판을 진동시켜 소리를 내게 하는 음파(음향)표지는?

가 무종

나 다이어폰

사 에어 사이렌

아 다이어프램 폰

해설

가. **무종**(Fog Bell) : 가스의 압력 또는 기계장치로 타종하는 것

나. **다이어폰** : 압축공기에 의해서 발음체인 피스톤을 왕복시켜서 소리를 내는 장치

사. **에어 사이렌** : 공기압축기로 만든 공기에 의하여 사이렌을 울리는 장치

16 점장도에 대한 설명으로 옳지 않은 것은?

가 항정선이 직선으로 표시된다.

나 경·위도에 의한 위치 표시는 직교 좌표이다.

사 두 지점 간 방위는 두 지점의 연결선과 거등권과의 교각이다.

아 두 지점 간 거리를 잴 수 있다.

해설

사. 두 지점 간 방위는 두 지점의 연결선과 자오선과의 교각이다.

17 다음 해도 중 가장 소축척 해도는?

가 항박도

나 해안도

사 항해도

아 항양도

해설

해도의 축척 : 두 지점 사이의 실제 거리와 해도에서 이에 대응하는 두 지점 사이의 거리의 비를 말한다.

• **대축척 해도** : 좁은 지역을 상세하게 표시한 해도(항박도)

• **소축척 해도** : 넓은 지역을 작게 나타낸 해도(총도, 항양도)

18 등화에 이용되는 등색이 아닌 것은?

가 흰색

나 붉은색

사 녹색

아 보라색

해설

등화에 이용되는 등색 : 백색, 적색, 황색, 녹색 등

19 동방위표지에 관한 설명으로 옳은 것은?

가 동방위표지의 남쪽으로 항해하면 안전하다.

나 동방위표지의 서쪽으로 항해하는 것은 위험하다.

사 동방위표지는 표지의 동측에 암초, 천소, 침선 등의 장애물이 있음을 뜻한다.

아 동방위표지는 동쪽에서 해류가 흘러오는 것을 뜻한다.

해설

방위표지는 장애물을 중심으로 주위를 4개 상한으로 나누어 설치한 것으로, 동방위표지는 동쪽으로 가라는 표시로 서쪽으로 항해하면 위험하다.

정답 15 아 16 사 17 아 18 아 19 나

20 항행하는 수로의 좌·우측 한계를 표시하기 위하여 설치된 표지는?

가 특수표지

나 측방표지

사 고립장애표지

아 안전수역표지

가. **특수표지** : 공사구역 등 특별한 시설이 있음을 나타내는 표지로, 황색으로 된 ×자 모양의 형상물이다.

사. **고립장애표지** : 주변 해역이 가항수역인 암초나 침선 등의 고립된 장애물 위에 설치 또는 계류하는 표지이다.

아. **안전수역표지** : 설치 위치 주변의 모든 수역이 가항수역임을 표시하는 데 사용하는 표지이다.

21 기압 1,013밀리바는 몇 헥토파스칼인가?

가 1헥토파스칼

나 76헥토파스칼

사 760헥토파스칼

아 1,013헥토파스칼

기압의 단위인 헥토파스칼(hPa)과 밀리바(mb)는 같으므로 1,013밀리바는 1,013헥토파스칼이다.

22 서고동저형 기압배치와 일기에 대한 설명으로 옳지 않은 것은?

가 삼한사온현상을 가져온다.

나 북서계절풍이 강하게 분다.

사 여름철의 대표적인 기압배치이다.

아 시베리아대륙에는 광대한 고기압이 존재한다.

사. 서고동저형 기압배치는 우리나라의 겨울에 서쪽의 기압이 높고 동쪽의 기압은 낮은 분포를 보인다.

23 파랑 해석도에서 얻을 수 있는 정보가 아닌 것은?

가 이슬점

나 전선의 위치

사 탁월 파향

아 혼란파 발생 해역

파랑 해석도는 파랑 상황을 해석한 실황 및 예상도로 1m 간격의 등파고선, 탁월 파향, 고·저기압의 중심 위치, 중심 기압, 전선의 위치, 선박 기상 실황값(풍향, 풍속, 풍랑, 너울의 방향, 주기, 파고)을 표기하며, 선박의 안전 항해와 해양 사고 방지에 유용하다.

24 선박의 항로지정제도(Ship's routeing)에 관한 설명으로 옳지 않은 것은?

가 국제해사기구(IMO)에서 지정할 수 있다.

나 모든 선박 또는 일부 범위의 선박에 대하여 강제적으로 적용할 수 있다.

사 특정 화물을 운송하는 선박에 대해서도 사용을 권고할 수 있다.

아 국제해사기구에서 정한 항로지정방식은 해도에 표시되지 않을 수도 있다.

국제해사기구에서 정한 항로지정방식은 해도에 표시된다.

25 통항분리수역의 육지 쪽 경계선과 해안 사이의 수역은?

가 분리대

나 통항로

사 연안통항대

아 경계수역

가. **분리대** : 서로 다른 방향으로 진행하는 통항로를 나누는 선 또는 일정한 폭의 수역을 말한다.

나. **통항로** : 선박의 항행안전을 확보하기 위하여 한쪽 방향으로만 항행할 수 있도록 되어 있는 일정한 범위의 수역을 말한다.

정답 **20** 나 **21** 아 **22** 사 **23** 가 **24** 아 **25** 사

제2과목 운용

01 단저구조선박의 선저부 구조 명칭을 나타낸 아래 그림에서 ㉠은?

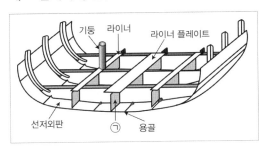

| 가 | 늑골 | 나 | 늑판 |
| 사 | 내저판 | 아 | 중심선 킬슨 |

해설

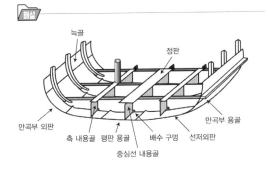

02 선박의 정선미에서 선수를 향해서 보았을 때, 왼쪽을 무엇이라고 하는가?

| 가 | 양현 | 나 | 건현 |
| 사 | 우현 | 아 | 좌현 |

해설

우현(starboard), 좌현(port) : 선박을 선미에서 선수를 향하여 바라볼 때, 선체 길이 방향의 중심선인 선수미선 우측을 우현, 좌측을 좌현이라고 한다.

03 갑판 개구 중에서 화물창에 화물을 적재 또는 양하하기 위한 개구는?

| 가 | 탈출구 | 나 | 승강구 |
| 사 | 해치(Hatch) | 아 | 맨홀(Manhole) |

 해설

해치(Hatch)를 통해 화물창에 화물을 적재, 양하한다.

04 ( )에 적합한 것은?

> 공선항해 시 화물선에서 적절한 흘수를 확보하기 위하여 일반적으로 ( )을/를 싣는다.

| 가 | 목재 | 나 | 석탄 |
| 사 | 밸러스트 | 아 | 컨테이너 |

 해설

선박평형수(ballast) : 선저에 선박평형수를 싣는 것은 중심을 낮추어 복원력을 증대시킬 수 있지만, 중심 저하에 따른 복원력 증대와 건현 감소에 따른 역효과가 동시에 일어나므로 반드시 좋은 것은 아니다.

05 여객이나 화물을 운송하기 위하여 쓰이는 용적을 나타내는 톤수는?

| 가 | 총톤수 | 나 | 순톤수 |
| 사 | 배수톤수 | 아 | 재화중량톤수 |

해설

가. **총톤수** : 국제 총톤수는 전 용적의 크기에 따라 계수를 곱해서 구하며, 이전의 총톤수와 차이를 없애기 위하여 국제 총톤수에 일정계수를 곱하여 국내 총톤수로 사용하고 있다.

사. **배수톤수** : 선체의 수면의 용적(배수 용적)에 상당하는 해수의 중량

아. **재화중량톤수** : 선박의 안전 항해를 확보할 수 있는 한도 내에서 여객 및 화물 등의 최대 적재량을 나타내는 톤수

정답 **01** 아 **02** 아 **03** 사 **04** 사 **05** 나

06 기동성이 요구되는 군함, 여객선 등에서 사용되는 추진기로서 추진기관을 역전하지 않고 날개의 각도를 변화시켜 전후진 방향을 바꿀 수 있는 추진기는?

가 외륜 추진기

나 직렬 추진기

사 고정피치 프로펠러

아 가변피치 프로펠러

사. **고정피치 프로펠러** : 날개가 보스(boss)에 고정되어 있어 피치를 변화시킬 수 없는 프로펠러이다.

아. **가변피치 프로펠러** : 추진기의 회전을 한 방향으로 정하고, 날개의 각도를 변화시킴으로써 배의 전진, 정지, 후진 등을 간단히 조정할 수 있는 프로펠러이다.

07 선박이 침몰하여 수면 아래 4미터 정도에 이르면 수압에 의하여 선박에서 자동 이탈되어 조난자가 탈 수 있도록 압축가스에 의해 펼쳐지는 구명설비는?

가 구명정   나 구명뗏목

사 구명부기   아 구명부환

가. **구명정** : 선박 조난 시 인명구조를 목적으로 특별하게 제작된 소형선박으로 부력, 복원성 및 강도 등이 완전한 구명기구이다.

사. **구명부기** : 선박 조난 시 구조를 기다릴 때 사용하는 인명구조 장비로, 사람이 타지 않고 손으로 밧줄을 붙잡고 있도록 만든 것이다.

아. **구명부환** : 1인용의 둥근 형태의 부기를 말한다.

08 아래 그림에서 ㉠은?

가 암   나 빌

사 생크   아 스톡

09 체온을 유지할 수 있도록 열전도율이 낮은 방수물질로 만들어진 포대기 또는 옷을 의미하는 구명설비는?

가 구명조끼

나 구명부기

사 방수복

아 보온복

가. **구명조끼**(구명동의) : 조난 또는 비상시 상체에 착용하는 것으로 고형식과 팽창식이 있다.

사. **방수복** : 물이 스며들지 않아 수온이 낮은 물속에서 체온을 보호할 수 있는 옷으로, 2분 이내에 도움 없이 착용할 수 있어야 한다.

정답 **06** 아 **07** 나 **08** 가 **09** 아

10 평수구역을 항해하는 총톤수 2톤 이상의 소형
선박에 반드시 설치해야 하는 무선통신 설비는?

가 초단파(VHF) 무선설비

나 중단파(MF/HF) 무선설비

사 위성통신설비

아 수색구조용 레이더 트랜스폰더(SART)

초단파(VHF) 무선설비는 선박과 선박, 선박과 육상국
사이의 통신에 주로 사용하며, 평수구역을 항해하는 총
톤수 2톤 이상의 소형선박에 반드시 설치해야 하는 무
선통신 설비이다. 선박이나 항공기가 조난 상태에 있고
수신시설도 이용할 수 없음을 표시하는 것으로, 비상위
치지시용 무선표지설비(EPIRB)는 선박이 침몰 시에 자
동으로 부양될 수 있도록 윙브릿지(조타실 양현) 또는
톱브릿지(조타실 옥상)에 개방된 장소에 설치하며, 총톤
수 2톤 이상의 소형선박에 반드시 설치해야 한다.

11 소형선박에서 선장이 직접 조타를 하고 있을 때,
"우현 쪽으로 사람이 떨어졌다."라는 외침을 들
은 경우 선장이 즉시 취하여야 할 조치는?

가 우현 전타　　　나 엔진 후진

사 좌현 전타　　　아 타 중앙

우현 쪽으로 사람이 떨어졌을 경우에는 즉시 우현 전
타하여야 한다.

12 조난신호를 위한 구명뗏목의 의장품이 아닌 것은?

가 신호용 호각

나 응급의료구

사 신호 홍염

아 신호 거울

모두 구명뗏목의 의장품에 해당하여 모두 정답처리 되
었다.

13 다음 조난신호 중 수면상 가장 멀리서 볼 수 있
는 것은?

가 신호 홍염

나 기류신호

사 발연부 신호

아 로켓 낙하산 화염신호

가. **신호 홍염** : 홍색염을 1분 이상 연속하여 발할 수 있
으며, 10cm 깊이의 물속에 10초 동안 잠긴 후에도
계속 타는 팽창식 구명뗏목의 의장품이다(야간용).
연소시간은 40초 이상이어야 한다.
사. **발연부 신호** : 구명정의 주간용 신호로서 불을 붙여
물에 던져서 사용한다.

14 GMDSS의 항행구역 구분에서 육상에 있는 초단
파(VHF) 무선설비 해안국의 통신범위 내의 해
역은?

가 A1 해역　　　나 A2 해역

사 A3 해역　　　아 A4 해역

초단파(VHF) 무선설비 해안국의 통신범위
• A1 해역 : 육상의 VHF 해안국의 통신범위(20~30해
리) 내의 구역
• A2 해역 : 육상의 MF 해안국의 통신범위(A1 해역을
제외하고 100해리 정도) 내의 구역
• A3 해역 : 정지 해사통신위성의 유효범위(A1, A2 해역
을 제외하고 남북위 70도 이내의 모든 해역) 내의 구역
• A4 해역 : A1, A2 및 A3 해역 이외의 구역(일반적으로
극지역)

정답 　10 가　11 가　12 모두정답　13 아　14 가

15 선체운동을 나타낸 그림에서 ①은?

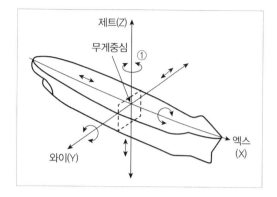

가 종동요
나 횡동요
사 선수동요
아 전후동요

가. **종동요**(pitching) : 선체 중앙을 기준으로 하여 선수 및 선미가 상하 교대로 회전하려는 종경사 운동으로 선속을 감소시키며, 적재화물을 파손시키게 된다.

나. **횡동요**(rolling) : 선수미선을 기준으로 하여 좌우 교대로 회전하는 횡경사 운동으로 선박의 복원력과 밀접한 관계가 있다.

아. **전후동요**(surging) : X축을 기준으로 하여 선체가 이 축을 따라서 전후로 평행이동을 되풀이하는 동요이다.

16 ( ) 적합한 것은?

우회전 고정피치 스크루 프로펠러 한 개가 장착되어 있는 선박이 타가 우 타각이고, 정지 상태에서 후진할 때, 후진속력이 커지면 흡입류의 영향이 커지므로 선수는 ( )한다.

가 좌회두
나 우회두
사 물속으로 하강
아 직진

정지에서 후진

• **키 중앙일 때** : 후진기관이 발동하면, 횡압력과 배출류의 측압작용이 선미를 좌현 쪽으로 밀기 때문에 선수는 우회두한다. 계속 후진기관을 사용하면 배출류의 측압작용이 강해져서 선미는 더욱 좌현 쪽으로 치우치게 된다.

• **우 타각일 때** : 횡압력과 배출류가 선미를 좌현 쪽으로 밀고, 흡입류에 의한 직압력은 선미를 우현 쪽으로 밀어서 평형 상태를 유지한다. 후진속력이 커지면서 흡입류의 영향이 커지므로 선수는 좌회두하게 된다.

17 선박이 선회 중 나타나는 일반적인 현상으로 옳지 않은 것은?

가 선속이 감소한다.
나 횡경사가 발생한다.
사 선회 가속도가 감소한다.
아 선미 킥이 발생한다.

선회가 높은 선박은 선회 시 감속이 적게 이뤄지므로 그에 따르는 선회 후의 초반 가속도는 선회가 낮은 선박보다 더 높은 속도에서 출발하게 된다.

18 접·이안 시 닻을 사용하는 목적이 아닌 것은?

가 전진속력의 제어
나 후진 시 선수의 회두 방지
사 선회 보조 수단
아 추진기관의 보조

닻(anchor) : 정박지에 정박할 때, 또는 좁은 수역에서 선박을 회전시키거나 긴급한 감속을 위한 보조 수단으로 사용한다. 추진기관의 보조로 사용되지는 않는다.

정답 15 사 16 가 17 사 18 아

19 협수로를 항해할 때 유의할 사항으로 옳은 것은?

가 변침할 때는 대각도로 한번에 변침하는 것이 좋다.

나 선수미선과 조류의 유선이 직각을 이루도록 조종하는 것이 좋다.

사 언제든지 닻을 사용할 수 있도록 준비된 상태에서 항행하는 것이 좋다.

아 조류는 순조 때에는 정침이 잘 되지만, 역조 때에는 정침이 어려우므로 조종시 유의하여야 한다.

가. 회두 시의 조타 명령은 순차로 구령하여 소각도로 여러 차례 변침한다.
나. 선수미선과 조류의 유선이 일치되도록 조종한다.
아. 조류는 역조 때에는 정침이 잘 되나 순조 때에는 정침이 어렵다.

20 전속 전진 중에 최대 타각으로 전타하였을 때 발생하는 현상이 아닌 것은?

가 키 저항력의 감소

나 추진기 효율의 감소

사 선회 원심력의 증가

아 선체 경사로 인한 선체저항의 증가

항력은 타판에 작용하는 힘 중에서 그 작용하는 방향이 선수미선인 분력을 말한다. 이 힘의 방향은 선체 후방이므로 전진 속력을 감소시키는 저항력으로 작용하고, 타각이 커지면 이 항력도 커진다. 선박이 전속 전진 중 최대 타각으로 전타하면 타(키)의 저항력은 증가한다.

21 다음 중 정박지로서 가장 좋은 저질은?

가 뻘

나 자갈

사 모래

아 조개껍질

정박지로서 가장 좋은 저질은 뻘이나 점토이다.

22 황천항해 중 선박 조종법이 아닌 것은?

가 라이 투(Lie to)

나 히브 투(Heave to)

사 서징(Surging)

아 스커딩(Scuddung)

황천항해 중 선박 조종법으로는 라이 투, 히브 투, 스커딩, 진파기름의 살포 등이 있다.
서징(Surging)은 황천항해 중 선박 조종법이 아니라 선체의 운동 중 전후동요에 해당한다.

23 선체 횡동요(Rolling) 운동으로 발생하는 위험이 아닌 것은?

가 러칭(Lurching)이 발생할 수 있다.

나 화물의 이동을 가져올 수 있다.

사 유동수가 있는 경우 복원력 감소를 가져온다.

아 슬래밍(Slamming)의 원인이 된다.

슬래밍(slamming) : 선체가 파도를 선수에서 받으면서 항주하면, 선수 선저부는 강한 파도의 충격을 받아 짧은 주기로 급격한 진동을 하게 되는데, 이러한 파도에 의한 충격을 말한다. 따라서 선체 횡동요 운동이 슬래밍의 원인은 아니다.

정답 **19** 사 **20** 가 **21** 가 **22** 사 **23** 아

24 선박의 침몰 방지를 위하여 선체를 해안에 고의적으로 얹히는 것은?

가 좌초　　나 접촉

사 임의 좌주　　아 충돌

임의 좌주(beaching) : 선박의 충돌사고 등으로 인해 침몰 직전에 이르렀을 때 고의로 해안에 좌초시키는 것을 좌안 또는 임의 좌주라 한다.

25 국제신호서상 등화 및 음향신호에 이용되는 것은?

가 문자기

나 모스 부호

사 숫자기

아 무선전화

모스 부호는 원래 음향신호에 이용되나 모스 부호등으로 하여 등화에도 이용된다. 모스 부호등(Mo)은 모스 부호를 빛으로 발하는 것으로, 어떤 부호를 발하느냐에 따라 등질이 달라지는 등이다.

제3과목　법규

01 해사안전법상 원유 20,000킬로리터를 실은 유조선이 항행하다 유조선통항금지해역에서 선박으로부터 인명구조 요청을 받은 경우 적절한 조치는?

가 인명구조에 임한다.

나 인명구조 요청을 거절한다.

사 정선하여 상황을 지켜본다.

아 가능한 빨리 유조선통항금지해역에서 벗어난다.

유조선통항금지해역에서 항행할 수 있는 유조선(해상교통안전법 제11조 제2항).
• 기상상황의 악화로 선박의 안전에 현저한 위험이 발생할 우려가 있는 경우
• 인명이나 선박을 구조하여야 하는 경우
• 응급환자가 생긴 경우
• 항만을 입항·출항하는 경우. 이 경우 유조선은 출입해역의 기상 및 수심, 그 밖의 해상상황 등 항행여건을 충분히 헤아려 유조선통항금지해역의 바깥쪽 해역에서부터 항구까지의 거리가 가장 가까운 항로를 이용하여 입항·출항하여야 한다.

02 (　　)에 적합한 것은?

> 해사안전법상 고속여객선이란 속력 (　　) 이상으로 항행하는 여객선을 말한다.

가 10노트　　나 15노트

사 20노트　　아 30노트

고속여객선 : 시속 15노트 이상으로 항행하는 여객선(해상교통안전법 제2조 제6호).

정답 **24** 사 **25** 나 / **01** 가 **02** 나

03 해사안전법상 허가 없이 해양시설 부근 해역의 보호수역에 입역할 수 있는 선박은?

가 외국적 선박

나 항행 중인 유조선

사 어로에 종사하고 있는 선박

아 인명을 구조하는 선박

해양수산부장관의 허가를 받지 않고 보호수역에 입역할 수 있는 선박(해상교통안전법 제6조 제1항).

• 선박의 고장이나 그 밖의 사유로 선박 조종이 불가능한 경우
• 해양사고를 피하기 위하여 부득이한 사유가 있는 경우
• 인명을 구조하거나 또는 급박한 위험이 있는 선박을 구조하는 경우
• 관계 행정기관의 장이 해상에서 안전 확보를 위한 업무를 하는 경우
• 해양시설을 운영하거나 관리하는 기관이 그 해양시설의 보호수역에 들어가려고 하는 경우

04 해사안전법상 떠다니거나 침몰하여 다른 선박의 안전운항 및 해상교통질서에 지장을 주는 것은?

가 침선

나 항행장애물

사 기름띠

아 부유성 산화물

항행장애물 : 선박으로부터 떨어진 물건, 침몰·좌초된 선박 또는 이로부터 유실된 물건 등 해양수산부령으로 정하는 것으로서 선박항행에 장애가 되는 물건(해상교통안전법 제2조).

05 해사안전법상 술에 취한 상태를 판별하는 기준은?

가 체온

나 걸음걸이

사 혈중알코올농도

아 실제 섭취한 알코올 양

술에 취한 상태의 기준은 혈중알코올농도 0.03퍼센트 이상으로 한다(해상교통안전법 제39조 제4항).

06 ( )에 순서대로 적합한 것은?

> 해사안전법상 횡단하는 상태에서 충돌의 위험이 있을 때 유지선은 피항선이 적절한 조치를 취하고 있지 아니하다고 판단하면 침로와 속력을 유지하여야 함에도 불구하고 스스로의 조종만으로 피항선과 충돌하지 아니하도록 조치를 취할 수 있다. 이 경우 ( )은 부득이하다고 판단하는 경우 외에는 ( ) 쪽에 있는 선박을 향하여 침로를 ( )으로 변경하여서는 아니 된다.

가 피항선, 다른 선박의 좌현, 오른쪽

나 피항선, 자기 선박의 우현, 왼쪽

사 유지선, 자기 선박의 좌현, 왼쪽

아 유지선, 다른 선박의 좌현, 오른쪽

침로와 속력을 유지하여야 하는 선박(이하 "유지선")은 피항선이 이 법에 따른 적절한 조치를 취하고 있지 아니하다고 판단하면 제1항에도 불구하고 스스로의 조종만으로 피항선과 충돌하지 아니하도록 조치를 취할 수 있다. 이 경우 유지선은 부득이하다고 판단하는 경우 외에는 자기 선박의 좌현 쪽에 있는 선박을 향하여 침로를 왼쪽으로 변경하여서는 아니 된다(해상교통안전법 제82조 제2항).

정답 **03** 아 **04** 나 **05** 사 **06** 사

07 ( )에 순서대로 적합한 것은?

> 해사안전법상 선박은 접근하여 오는 다른 선박의 ( )에 뚜렷한 변화가 일어나지 아니하면 ( )이 있다고 보고 필요한 조치를 하여야 한다.

가 선수 방위, 통과할 가능성

나 선수 방위, 충돌할 위험성

사 나침방위, 통과할 가능성

아 나침방위, 충돌할 위험성

선박은 접근하여 오는 다른 선박의 나침방위에 뚜렷한 변화가 일어나지 아니하면 충돌할 위험성이 있다고 보고 필요한 조치를 하여야 한다(해상교통안전법 제72조 제4항).

08 ( )에 적합한 것은?

> 해사안전법상 길이 20미터 미만의 선박이나 ( )은 좁은 수로 등의 안쪽에서만 안전하게 항행할 수 있는 다른 선박의 통행을 방해하여서는 아니 된다.

가 어선

나 범선

사 소형선

아 작업선

길이 20미터 미만의 선박이나 범선은 좁은 수로 등의 안쪽에서만 안전하게 항행할 수 있는 다른 선박의 통행을 방해하여서는 아니 된다(해상교통안전법 제74조 제2항).

09 해사안전법상 통항분리제도(TSS)가 설정된 수역에서의 항행 원칙으로 옳지 않은 것은?

가 통항로 안에서는 정하여진 진행 방향으로 항행한다.

나 통항로의 출입구를 통하여 출입하는 것이 원칙이다.

사 부득이한 사유로 통항로를 횡단하여야 하는 경우에는 선수 방향이 통항로를 작은 각도로 횡단하여야 한다.

아 통항분리수역에서 어로에 종사하고 있는 선박은 통항로를 따라 항행하는 다른 선박의 항행을 방해하여서는 아니 된다.

선박은 통항로를 횡단하여서는 아니 된다. 다만, 부득이한 사유로 그 통항로를 횡단하여야 하는 경우에는 그 통항로와 선수 방향(船首方向)이 직각에 가까운 각도로 횡단하여야 한다(해상교통안전법 제75조 제3항).

10 ( )에 적합한 것은?

> 해사안전법상 2척의 범선이 서로 접근하여 충돌할 위험이 있는 경우, 각 범선이 다른 쪽 현에 바람을 받고 있는 경우에는 ( )에 바람을 받고 있는 범선이 다른 범선의 진로를 피하여야 한다.

가 선수   **나** 우현

사 좌현   **아** 선미

2척의 범선이 서로 접근하여 충돌할 위험이 있는 경우, 각 범선이 다른 쪽 현(舷)에 바람을 받고 있는 경우에는 좌현(左舷)에 바람을 받고 있는 범선이 다른 범선의 진로를 피하여야 한다(해상교통안전법 제77조 제1항 제1호).

정답 07 아   08 나   09 사   10 사

11 해사안전법상 국제항해에 종사하지 않는 여객선에 대한 출항통제권자는?

가 시·도지사

나 해양경찰서장

사 지방해양수산청장

아 해양수산부장관

해상교통안전법 제36조에 따른 동법 시행규칙 제33조 관련 [별표 10]에 따르면 국제항해에 종사하지 않는 여객선 및 여객용 수면비행선박의 출항통제권자는 해양경찰서장이다.

12 해사안전법상 '섬광등'의 정의는?

가 선수쪽 225도의 수평사광범위를 갖는 등

나 선미쪽 135도의 수평사광범위를 갖는 등

사 360도에 걸치는 수평의 호를 비추는 등화로서 일정한 간격으로 1분에 120회 이상 섬광을 발하는 등

아 360도에 걸치는 수평의 호를 비추는 등화로서 일정한 간격으로 1분에 60회 이상 섬광을 발하는 등

섬광등 : 360도에 걸치는 수평의 호를 비추는 등화로서 일정한 간격으로 1분에 120회 이상 섬광을 발하는 등(해상교통안전법 제86조 제6호)

13 해사안전법상 동력선의 등화에 덧붙여 붉은색 전주등 3개를 수직으로 표시하거나 원통형 형상물 1개를 표시하는 선박은?

가 도선선

나 흘수제약선

사 좌초선

아 조종불능선

흘수제약선은 동력선의 등화에 덧붙여 가장 잘 보이는 곳에 붉은색 전주등 3개를 수직으로 표시하거나 원통형의 형상물 1개를 표시할 수 있다(해상교통안전법 제93조).

14 해사안전법상 제한된 시계 안에서 항행 중인 동력선이 대수속력이 있는 경우에는 2분을 넘지 아니하는 간격으로 장음을 1회 울려야 하는데 이와 같은 음향신호를 하지 아니할 수 있는 선박의 크기 기준은?

가 길이 12미터 미만

나 길이 15미터 미만

사 길이 20미터 미만

아 길이 50미터 미만

해상교통안전법상 제한된 시계 안에서 항행 중인 동력선이 대수속력이 있는 경우에는 2분을 넘지 아니하는 간격으로 장음을 1회를 울려야 하나, 길이 12미터 미만의 선박은 이에 따른 신호를 아니할 수 있다(법 제100조 제1항).

15 해사안전법상 장음과 단음에 대한 설명으로 옳은 것은?

가 단음 : 1초 정도 계속되는 고동소리

나 단음 : 3초 정도 계속되는 고동소리

사 장음 : 8초 정도 계속되는 고동소리

아 장음 : 10초 정도 계속되는 고동소리

기적의 종류(해상교통안전법 제97조)
• 단음 : 1초 정도 계속되는 고동소리
• 장음 : 4초부터 6초까지의 시간 동안 계속되는 고동소리

정답 **11** 나 **12** 사 **13** 나 **14** 가 **15** 가

16 ( ) 공통으로 적합한 것은?

> 선박의 입항 및 출항 등에 관한 법률상 해양 사고를 피하기 위한 경우 등 ( )령으로 정하는 사유로 선박을 항로에 정박시키거나 정류시키려는 자는 그 사실을 ( )장관에 게 신고하여야 한다.

가 환경부
나 외교부
사 해양수산부
아 행정안전부

법 제11조 제2항으로 2020년 12월 31일까지는 해양수산 부장관에게 신고하도록 되어 있었으나, 2020년 2월 18 일 개정되어 2021년 1월 1일부터는 관리청에 신고하여 야 한다.

17 선박의 입항 및 출항 등에 관한 법률상 항로의 정의는?

가 선박이 가장 빨리 갈 수 있는 길을 말한다.
나 선박이 가장 안전하게 갈 수 있는 길을 말 한다.
사 선박이 일시적으로 이용하는 뱃길을 말한다.
아 선박의 출입 통로로 이용하기 위하여 지 정·고시한 수로를 말한다.

항로 : 선박의 출입 통로로 이용하기 위하여 제10조에 따라 지정·고시한 수로를 말한다(법 제2조 제11호).

18 선박의 입항 및 출항 등에 관한 법률상 무역항에 출 입하려고 할 때 출입 신고를 하여야 하는 선박은?

가 군함
나 해양경찰함정
사 모래를 적재한 압항부선
아 해양사고구조에 사용되는 선박

출입 신고의 면제 선박(법 제4조 제1항)
• 총톤수 5톤 미만의 선박
• 해양사고구조에 사용되는 선박
• 「수상레저안전법」에 따른 수상레저기구 중 국내항 간 을 운항하는 모터보트 및 동력요트
• 관공선, 군함, 해양경찰함정 등 공공의 목적으로 운영 하는 선박
• 도선선, 예선 등 선박의 출입을 지원하는 선박
• 「선박직원법 시행령」에 따른 연안수역을 항행하는 정 기여객선(「해운법」에 따라 내항 정기 여객운송사업에 종사하는 선박)으로서 경유항에 출입하는 선박
• 피난을 위하여 긴급히 출항하여야 하는 선박
• 그 밖에 항만운영을 위하여 지방해양수산청장이나 시·도지사가 필요하다고 인정하여 출입 신고를 면 제한 선박

19 ( )에 적합하지 않은 것은?

> 선박의 입항 및 출항 등에 관한 법률상 해양수 산부장관이 무역항의 수상구역 등에서 선박교 통의 안전을 위하여 필요하다고 인정하여 항로 또는 구역을 지정한 경우에는 ( )을/를 정 하여 공고하여야 한다.

가 관할 해양경찰서
나 항로 또는 구역의 위치
사 제한기간
아 금지기간

정답 16 사 17 아 18 사 19 가

무역항의 수상구역 등에서 선박교통의 안전을 위하여 필요하다고 인정하여 항로나 구역을 지정한 경우 항로 또는 구역의 위치, 제한·금지 기간 등을 정하여 공고하여야 한다(법 제9조). 다만, 관련 조항(법 제9조)이 2020년 2월 18일 개정되어 지정권자가 해양수산부장관에서 관리청으로 변경되었다.

20 선박의 입항 및 출항 등에 관한 법률상 무역항의 항로에서 정박이나 정류가 허용되는 경우는?

가 어선이 조업 중일 경우

나 선박 조종이 불가능한 경우

사 실습선이 해양훈련 중일 경우

아 여객선이 입항시간을 맞추려 할 경우

무역항로상 정박·정류의 예외 허용(법 제6조 제2항)
- 해양사고를 피하기 위한 경우
- 선박의 고장이나 그 밖의 사유로 선박을 조종할 수 없는 경우
- 인명을 구조하거나 급박한 위험이 있는 선박을 구조하는 경우
- 허가를 받은 공사 또는 작업에 사용하는 경우

21 선박의 입항 및 출항 등에 관한 법률상 무역항의 수상구역 등에서의 항로에서 추월에 대한 설명으로 옳은 것은?

가 추월 신호를 울리면 추월할 수 있다.

나 타선의 좌현 쪽으로만 추월하여야 한다.

사 항로에서는 어떤 경우든 추월하여서는 아니 된다.

아 눈으로 피추월선을 볼 수 있고 안전하게 추월할 수 있다고 판단되면 '해사안전법'에 따른 방법으로 추월할 수 있다.

항로에서 다른 선박을 추월하지 아니할 것. 다만, 추월하려는 선박을 눈으로 볼 수 있고 안전하게 추월할 수 있다고 판단되는 경우에는 「해상교통안전법」 제74조 제5항 및 제78조에 따른 방법으로 추월할 것(법 제12조 제1항 제4호)

22 ( )에 순서대로 적합한 것은?

> 선박의 입항 및 출항 등에 관한 법률상 ( )은/는 ( )로부터/으로부터 최고속력의 지정을 요청받은 경우 특별한 사유가 없으면 무역항의 수상구역 등에서 선박 항행 최고속력을 지정·고시하여야 한다.

가 해양경찰서장, 시·도지사

나 지방해양수산청장, 시·도지사

사 시·도지사, 해양수산부장관

아 해양수산부장관, 해양경찰청장

2020년 2월 18일 관련 조항(법 제17조)이 개정되면서 지정요청자는 해양경찰청장이 유지되고, 지정권자는 해양수산부장관에서 관리청으로 변경되었다.

23 해양환경관리법상 폐기물이 아닌 것은?

가 맥주병 나 음식찌꺼기

사 폐유압유 아 플라스틱병

폐기물 : 해양에 배출되는 경우 그 상태로는 쓸 수 없게 되는 물질로서 해양환경에 해로운 결과를 미치거나 미칠 우려가 있는 물질(기름, 유해액체물질, 포장유해물질 제외)을 말한다(법 제2조 제4호).

정답 20 나 21 아 22 아 23 사

24 해양환경관리법상 분뇨오염방지설비를 설치해야 하는 선박이 아닌 것은?

가 총톤수 400톤 이상의 화물선
나 선박검사증서상 최대승선인원이 14명인 부선
사 선박검사증서상 최대승선 여객이 20명인 여객선
아 어선검사증서상 최대승선인원이 17명인 어선

다음에 해당하는 선박의 소유자는 그 선박 안에서 발생하는 분뇨를 저장·처리하기 위한 설비(분뇨오염방지설비)를 설치하여야 한다. 다만, 「선박안전법 시행규칙」 제4조 제11호 및 「어선법」 제3조 제9호에 따른 위생설비 중 대변용 설비를 설치하지 아니한 선박의 소유자와 대변소를 설치하지 아니한 「수상레저기구의 등록 및 검사에 관한 법률」 제6조에 따라 등록한 수상레저기구의 소유자는 그러하지 아니하다(법 제25조 제1항, 「선박에서의 오염방지에 관한 규칙」 제14조 제1항).

- 총톤수 400톤 이상의 선박(선박검사증서상 최대승선인원이 16인 미만인 부선은 제외)
- 선박검사증서 또는 어선검사증서상 최대승선인원이 16명 이상인 선박
- 수상레저기구 안전검사증에 따른 승선정원이 16명 이상인 선박
- 소속 부대의 장 또는 경찰관서·해양경찰관서의 장이 정한 승선인원이 16명 이상인 군함과 경찰용 선박

25 해양환경관리법령상 규정을 준수하여 해상에 배출할 수 있는 폐기물이 아닌 것은?

가 선박 안에서 발생한 음식찌꺼기
나 선박 안에서 발생한 화장실 오수
사 수산업법에 따른 어업활동 중 혼획된 수산동식물
아 선박 안에서 발생한 해양환경에 유해하지 않은 화물잔류물

폐기물의 배출을 허용하는 경우 : 음식찌꺼기, 해양환경에 유해하지 않은 화물잔류물, 선박 내 거주구역에서 목욕, 세탁, 설거지 등으로 발생하는 중수(화장실 및 화물구역 오수 제외), 어업활동 중 혼획된 수산동식물(폐사된 어류 포함) 또는 어업활동으로 인하여 선박으로 유입된 자연기원물질

정답 24 나 25 나

제4과목 **기관**

01 1kW는 약 몇 kgf · m/s인가?

가 75kgf · m/s   나 76kgf · m/s

사 102kgf · m/s   아 735kgf · m/s

해설

국제적으로 통일된 CGS(MKS)단위계에서 일률은 W(와트)로 나타내는데, 1와트는 10erg/s이며, 근사적인 1kW는 102kgf · m/s이다.

02 소형기관에서 피스톤 링의 마멸 정도를 계측하는 공구로 가장 적합한 것은?

가 다이얼 게이지

나 한계 게이지

사 내경 마이크로미터

아 외경 마이크로미터

해설

디젤 기관의 피스톤 링의 마멸량을 계측하는 공구는 외경 마이크로미터이다.

03 디젤 기관에서 오일 링의 주된 역할은?

가 윤활유를 실린더 내벽에서 밑으로 긁어내린다.

나 피스톤의 열을 실린더에 전달한다.

사 피스톤의 회전운동을 원활하게 한다.

아 연소가스의 누설을 방지한다.

해설

오일 링은 실린더 라이너 내벽의 윤활유가 연소실로 들어가지 못하게 긁어내리고 실린더 내벽에 고르게 분포시키는 역할을 한다.

04 디젤 기관의 크랭크축에 대한 설명으로 옳지 않은 것은?

가 피스톤의 왕복운동을 회전운동으로 바꾼다.

나 기관의 회전 중심축이다.

사 저널, 핀 및 암으로 구성된다.

아 피스톤 링의 힘이 전달된다.

해설

크랭크축(Crank shaft)은 실린더에서 발생한 피스톤의 왕복운동을 커넥팅 로드를 거쳐 회전운동으로 바꾸어 동력을 전달한다.

05 디젤 기관의 운전 중 냉각수 계통에서 가장 주의해서 관찰해야 하는 것은?

가 기관의 입구 온도와 기관의 입구 압력

나 기관의 출구 압력과 기관의 출구 온도

사 기관의 입구 온도와 기관의 출구 압력

아 기관의 입구 압력과 기관의 출구 온도

해설

실린더 헤드나 실린더에 공급되는 냉각수 입구의 압력과 입 · 출구 온도가 정상적인 값을 나타내는지 점검한다.

06 크랭크 핀 반대쪽의 크랭크 암 연장 부분에 설치하여 기관의 진동을 적게 하고 원활한 회전을 도와주는 것은?

가 평형추

나 플라이휠

사 크로스헤드

아 크랭크 저널

정답 01 사 02 아 03 가 04 아 05 아 06 가

평형추(balance weight)

- 크랭크축의 형상에 따른 불균형을 보정하여, 회전체의 평형을 이루기 위해 설치한다.
- 기관의 진동을 적게 하고, 원활한 회전을 하도록 하며, 메인 베어링의 마찰을 감소시키는 역할을 한다.

07 디젤 기관에서 과급기를 작동시키는 것은?

가 흡입 공기의 압력

나 연소가스의 압력

사 연료유의 분사 압력

아 윤활유 펌프의 출구 압력

과급기(Turbocharger) : 급기를 압축하는 장치로서 실린더에서 나오는 배기가스로 가스 터빈을 돌리고, 가스 터빈이 돌면서 같은 축에 연결된 송풍기를 회전시켜 강제로 새 공기를 실린더 안에 불어넣는 장치이다.

08 디젤 기관에서 실린더 라이너에 윤활유를 공급하는 주된 이유는?

가 불완전 연소를 방지하기 위해

나 연소가스의 누설을 방지하기 위해

사 피스톤의 균열 발생을 방지하기 위해

아 실린더 라이너의 마멸을 방지하기 위해

실린더 라이너 윤활유의 역할은 실린더 라이너의 마멸을 방지하는 것이다.

09 내연기관의 연료유가 갖추어야 할 조건이 아닌 것은?

가 발열량이 클 것

나 유황분이 적을 것

사 물이 함유되어 있지 않을 것

아 점도가 높을 것

액체가 유동할 때 분자 간에 마찰에 의하여 유동을 방해하려는 작용이 일어나는데, 이와 같은 성질을 점성이라 하며, 점도는 점성의 대소를 표시한다. 따라서 점도가 높은 경우는 유동을 방해하는 정도가 크다는 것을 의미하므로, 연료유가 갖추어야 할 조건에 해당되지 않는다. 따라서 연료유의 점도는 낮아야 한다.

10 디젤 기관의 시동이 잘 걸리기 위한 조건으로 가장 적합한 것은?

가 공기압축이 잘 되고 연료유가 잘 착화되어야 한다.

나 공기압축이 잘 되고 윤활유 펌프 압력이 높아야 한다.

사 윤활유 펌프 압력이 높고 연료유가 잘 착화되어야 한다.

아 윤활유 펌프 압력이 높고 냉각수 온도가 높아야 한다.

디젤 기관에서 실린더 속으로 끌어들인 공기를 매우 짧은 시간에 피스톤의 높은 압력으로 압축시키면 실린더 내의 온도가 연료의 발화점 이상으로 올라간다. 이때 실린더 속에 연료유를 안개와 같이 분사시키면 발화점 이상의 온도가 된 압축공기의 열에 의하여 자연 점화되어 폭발·연소하고, 그 압력에 의하여 피스톤을 아래로 밀어내는데 이와 같은 반복운동으로 피스톤의 수직운동을 커넥팅 로드와 크랭크를 통하여 회전운동으로 바꾼다. 따라서 시동이 잘 걸리기 위해서는 공기압축이 잘 되고 연료유가 잘 착화되어야 한다.

정답 07 나 08 아 09 아 10 가

11 해수 윤활식 선미관에서 리그넘 바이티의 주된 역할은?

가 베어링 역할

나 전기 절연 역할

사 선체강도 보강 역할

아 누설 방지 역할

해설

프로펠러축의 슬리브와 선미관 사이에는 열대 지방에서 나는 목재의 일종인 리그넘 바이티(lignum vitae)를 삽입하여 축의 부식을 막고 동시에 선미관 내면과의 마찰 감소를 꾀한다.

12 추진 축계장치에서 추력 베어링의 주된 역할은?

가 축의 진동을 방지한다.

나 축의 마멸을 방지한다.

사 프로펠러의 추력을 선체에 전달한다.

아 선체의 추력을 프로펠러에 전달한다.

해설

추력 베어링은 선체에 부착되어 있으며, 추력 칼라의 앞과 뒤에 설치되어 프로펠러로부터 전달되어 오는 추력을 추력 칼라에서 받아 선체에 전달하여 선박을 추진시킨다.

13 소형선박에서 사용하는 클러치의 종류가 아닌 것은?

가 마찰 클러치   나 공기 클러치

사 유체 클러치   아 전자 클러치

해설

소형선박에서 사용하는 클러치는 마찰 클러치, 유체 클러치, 전자 클러치 등이다.

14 선박이 항해 중에 받는 마찰저항과 관련이 없는 것은?

가 선박의 속도

나 선체 표면의 거칠기

사 선체와 물의 접촉 면적

아 사용되고 있는 연료유의 종류

해설

마찰저항 : 선체 표면이 물과 접하게 되어 선체의 진행을 방해하여 생기는 수면하의 저항으로, 저속선에서 가장 큰 비중을 차지한다. 선속, 선체의 침하 면적 및 선저 오손, 선체와 물의 접촉 면적 등이 크면 저항이 증가한다.

15 양묘기에서 체인 드럼의 축은 주로 무엇에 의해 지지되는가?

가 황동 부시   나 볼베어링

사 롤러베어링   아 화이트메탈

해설

양묘기는 일반적으로 체인 드럼, 클러치, 마찰 브레이크, 워핑 드럼, 원동기 등으로 구성되어 있다. 체인 드럼은 앵커 체인이 홈에 꼭 끼도록 되어 있어서 드럼의 회전에 따라 체인을 풀거나 감아 들인다. 이러한 체인 드럼의 축은 주로 황동 부시에 의해 지지된다.

16 정상항해 중 연속으로 운전되지 않는 것은?

가 냉각해수 펌프   나 주기관 윤활유 펌프

사 공기압축기   아 주기관 연료유 펌프

해설

공기압축기를 통해 만든 압축공기는 디젤 기관의 시동용, 공기압식 제어기기 구동용, 갑판보기 구동 및 각종 작업용으로 사용된다. 따라서 정상항해 중 연속으로 운전되지는 않는다.

정답 **11** 가 **12** 사 **13** 나 **14** 아 **15** 가 **16** 사

17 선박 보조기계에 대한 설명으로 옳은 것은?

가 갑판기계를 제외한 기관실의 모든 기계를 말한다.

나 주기관을 제외한 선내의 모든 기계를 말한다.

사 직접 배를 움직이는 기계를 말한다.

아 기관실 밖에 설치된 기계를 말한다.

선박의 주기관은 직접 선박을 추진하는 기관을 말하고, 보조기계는 주기관과 주 보일러를 제외한 모든 기계를 총칭하며, 간단하게 줄여서 '보기'라고 부르기도 한다. 또한 보조기계는 설치 장소에 따라 기관실 보기와 갑판 보기로 구분할 수 있다. 보조기계를 구동하는 동력원은 증기, 전기, 유압 등이 있으나 대부분 전기를 사용하고 있다.

18 내부에 전기가 흐르지 않는 것은?

가 그리스건   나 멀티테스터

사 메거   아 작업등

그리스건은 기계장비에 윤활작업을 위해 오일 주입 시 사용하는 장비로 내부에 전기가 흐르지 않는다.

19 3상 유도전동기의 구성 요소로만 옳게 짝지어진 것은?

가 회전자와 정류자

나 전기자와 브러시

사 고정자와 회전자

아 전기자와 정류자

3상 유도전동기는 고정자가 만드는 회전 자기장 속에 단락 도체를 넣으면 회전하는 원리로, 고정자와 회전자로 구성된다.

20 2V 단전지 6개를 연결하여 12V가 되게 하려면 어떻게 연결해야 하는가?

가 2V 단전지 6개를 병렬 연결한다.

나 2V 단전지 6개를 직렬 연결한다.

사 2V 단전지 3개를 병렬 연결하여 나머지 3개와 직렬 연결한다.

아 2V 단전지 2개를 병렬 연결하여 나머지 4개와 직렬 연결한다.

직렬 연결의 경우 단전지의 수에 비례하여 전압이 높아지므로, 2V 단전지 6개를 연결하여 12V를 만들려면 단전지 6개를 직렬로 연결해야 한다.

21 (   )에 적합한 것은?

선박에서 일정시간 항해 시 연료 소비량은 선박 속력의 (   )에 비례한다.

가 제곱   나 세제곱

사 네제곱   아 다섯제곱

- 일정시간 항해 시 연료 소비량은 속도의 세제곱에 비례한다.
- 일정거리 항해 시 연료 소비량은 속도의 제곱에 비례한다.

22 서로 접촉되어 있는 고체에서 온도가 높은 곳으로부터 낮은 곳으로 열이 이동하는 전열현상을 무엇이라 하는가?

가 전도   나 대류

사 복사   아 가열

정답 17 나 18 가 19 사 20 나 21 나 22 가

해설

가. **전도** : 온도가 다른 두 물체를 서로 접촉시키든지, 또는 한 물체 중에서 온도차가 있을 때 온도가 높은 물체로부터 온도가 낮은 물체로 열이 이동하는 현상이다.

나. **대류** : 고온부와 저온부의 밀도차에 의해 순환운동이 일어나 열이 이동하는 현상이다.

사. **복사** : 열이 중간에 다른 물질을 통하지 않고 직접 이동하는 현상이다.

23 디젤 기관을 장기간 정지할 경우의 주의사항으로 옳지 않은 것은?

가 동파를 방지한다.

나 부식을 방지한다.

사 주기적으로 터닝을 시켜 준다.

아 중요 부품은 분해하여 보관한다.

해설

디젤 기관을 장기간 휴지할 때의 주의사항
• 냉각수를 전부 뺀다.
• 각 운동부에 그리스를 바른다.
• 각 밸브 및 콕을 모두 잠근다.
• 정기적으로 터닝을 시켜 준다.

24 15℃ 비중이 0.9인 연료유 200리터의 무게는 몇 kgf인가?

가 180kgf 나 200kgf

사 220kgf 아 240kgf

해설

무게 = 비중 × 부피 = 0.9 × 200리터 = 180kgf

25 연료유 탱크에 들어 있는 연료유보다 비중이 큰 이물질은 어떻게 되는가?

가 위로 뜬다.

나 아래로 가라앉는다.

사 기름과 균일하게 혼합된다.

아 탱크의 옆면에 부착된다.

해설

비중은 부피가 같은 것끼리의 무게의 비를 나타내므로, 비중이 크다는 것은 무게가 더 나간다는 것을 의미한다. 따라서 연료유보다 비중이 더 큰 이물질은 더 무거워서 가라앉게 된다.

PART
03

 정답 23 아 24 가 25 나

2021년 제1회 최신 기출문제

제1과목 항해

01 자기 컴퍼스에서 선박의 동요로 비너클이 기울어져도 볼을 항상 수평으로 유지하기 위한 것은?

가 자침   나 피벗
사 짐벌즈   아 윗방 연결관

짐벌즈는 목재 또는 비자성재로 만든 원통형의 지지대인 비너클(Binnacle)이 기울어져도 볼을 항상 수평으로 유지시켜 주는 장치이다.

02 자이로컴퍼스에서 동요오차 발생을 예방하기 위하여 NS축상에 부착되어 있는 것은?

가 보정 추   나 적분기
사 오차 수정기   아 추종 전동기

해설

동요오차를 예방하기 위하여 NS축 선상에 보정 추를 부착해 두었는데, 이 추의 부착 상태가 불량하면 오차가 생긴다.

03 수심이 얕은 곳에서 측정하거나 투묘할 때 배의 진행 방향 및 타력 또는 정박 중 닻의 끌림을 알기 위한 기기는?

가 핸드 레드
나 사운딩 자
사 트랜스듀서
아 풍향풍속계

해설

가. 핸드 레드 : 수심이 얕은 곳에서 수심과 저질을 측정하는 측심의로, 3~7kg의 레드와 45~70m 정도의 레드라인으로 구성된다.
사. 트랜스듀서 : 에너지를 하나의 형태에서 또 다른 형태로 변환하기 위해 고안된 장치
아. 풍향풍속계 : 바람의 방향과 속력을 측정하는 장비

04 해도상의 나침도에 표시된 부분과 자차표가 다음과 같을 때 진침로 045도로 항해한다면 자기 컴퍼스는 몇 도에 정침해야 하는가? (단, 항해하는 시점은 2017년임)

나침도의 편차 표시	자차표	
6°50′W 2007(1′W)	000°	0°
	045°	2°E
	090°	3°E
	135°	2°E
	180°	0°
	225°	2°W
	270°	3°W
	315°	2°W

가 040°   나 045°
사 049°   아 050°

해설

• 6°50′W 2007(1′W) : 2007년 측정 시 이 지역의 자기편차가 서쪽으로 6도 50분이었으며, 매년 1분씩 서쪽으로 증가한다는 의미이다. 따라서 2017년 기준으로는 7도가 된다.

정답 01 사   02 가   03 가   04 아

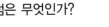

• 문제는 진침로를 나침로로 고치는 반개정이므로, 진
침로에 자차의 부호가 편동(E)이면 빼 주고, 편차(W)
이면 더해 준다. 나침로를 진침로로 고치는 개정법의
반대로 하면 된다.
• $045° - 2° + 7° = 050$

05 선박에서 사용하는 항해기기 중 선체자기의 영
향을 받는 것은?

  가 위성컴퍼스

  나 자기 컴퍼스

  사 자이로컴퍼스

  아 광자기 자이로컴퍼스

자기 컴퍼스는 자석을 이용해 자침이 지구 자기의 방향
을 지시하도록 만든 장치로, 선체자기의 영향을 받는다.
나머지는 선체자기의 영향을 받지 않는다.

06 두 물표를 이용하여 교차방위법으로 선위 결정
시 가장 정확한 선위를 얻을 수 있는 상호 간의
각도는?

  가 30도   나 60도

  사 90도   아 120도

물표 상호 간의 각도는 될 수 있는 한 30°~150°인 것을
선정한다. 두 물표일 때에는 90°, 세 물표일 때는 60°가
가장 좋다.

07 작동 중인 레이더 화면에서 'A' 점은 무엇인가?

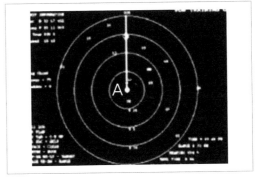

  가 섬   나 육지

  사 본선   아 다른 선박

주어진 그림의 레이더는 상대운동 표시방식의 레이더
로 자선(본선)의 위치가 PPI(Plan Position Indicator)
상의 어느 한 점(주로 PPI의 중심)에 고정되어 있기 때
문에, 모든 물체는 자선의 움직임에 대하여 상대적인
움직임으로 표시된다.

08 전파의 특성이 아닌 것은?

  가 직진성

  나 등속성

  사 반사성

  아 회전성

전파의 특성은 등속성, 직진성, 반사성이다.

09 분점에서 90도 떨어진 황도 위의 점은?

  가 시점   나 지점

  사 동점   아 서점

- **황도**(黃道, ecliptic) : 태양이 천구 위를 1년에 한 번 지구를 중심으로 서에서 동으로 운행하는 것처럼 보이는 것을 태양 연주 운동이라 하며, 이의 겉보기 궤도를 황도라 한다.
- **분점** : 황도 경사 때문에 생기는 2개의 교점
- **지점** : 황도상에서 천의 적도로부터 가장 멀리 떨어져 있는 2개의 점

10 상대운동 표시방식 레이더 화면상에서 어떤 선박의 움직임이 다음과 같다면, 침로와 속력을 일정하게 유지하며 항행하는 본선과의 관계로 옳은 것은?

> - 시간이 갈수록 본선과의 거리가 가까워지고 있음
> - 시간이 지나도 관측한 상대선의 방위가 변화하지 않음

가 본선을 추월할 것이다.

나 본선 선수를 횡단할 것이다.

사 본선과 충돌의 위험이 있을 것이다.

아 본선의 우현으로 안전하게 지나갈 것이다.

상대운동 표시방식 레이더는 자선의 위치가 PPI(Plan Position Indicator)상의 어느 한 점(주로 PPI의 중심)에 고정되어 있기 때문에, 모든 물체는 자선의 움직임에 대하여 상대적인 움직임으로 표시된다. 따라서 본선은 고정되어 있는 상태에서 상대선이 본선에 가까워지고 있으면서 방위가 변하지 않으므로, 본선과 충돌 위험이 있는 것으로 보인다.

11 조석에 따라 수면 위로 보였다가 수면 아래로 잠겼다가 하는 바위는?

가 세암   **나** 암암

사 간출암   **아** 노출암

간출암 : 수면 위에 나타났다 수중에 감추어졌다 하는 바위

12 우리나라 해도상에 표시된 수심의 측정기준은?

가 대조면   **나** 평균수면

사 기본수준면   **아** 약최고고조면

기본수준면 : 해도의 수심과 조석표의 조고(潮高)의 기준면으로, 각 지점에서 조석관측으로 얻은 연평균 해면으로부터 4대 주요 분조의 반조차의 합만큼 내려간 면이다. 약최저저조위라고도 불리며 항만시설의 계획, 설계 등 항만공사의 수심의 기준이 되는 수면이다.

13 ( )에 적합한 것은?

> 등고는 ( )에서 등화 중심까지의 높이를 말한다.

가 평균고조면   **나** 약최고고조면

사 평균수면   **아** 기본수준면

등대 높이(등고) : 해도나 등대표에는 평균수면에서 등화의 중심까지를 등대의 높이로 표시한다(단위는 m 또는 ft로 표시). 그리고 등선은 수면상의 높이를 기재하고, 등부표는 높이가 거의 일정하므로 등고를 기재하지 않는다.

정답   **10** 사   **11** 사   **12** 사   **13** 사

14 해상에 있어서의 기상, 해류, 조류 등의 여러 현상과 도선사, 검역, 항로표지 등의 일반기사 및 항로의 상황, 연안의 지형, 항만의 시설 등이 기재되어 있는 수로서지는?

가 등대표　　나 조석표
사 천측력　　아 항로지

🗂 해설

가. **등대표** : 선박을 안전하게 유도하고 선위 측정에 도움을 주는 주간, 야간, 음향, 무선표지를 상세하게 수록한다.
나. **조석표** : 각 지역의 조석 및 조류에 대하여 상세하게 기술한 것으로, 조석 용어의 해설도 포함하고 있다. 또한 표준항 이외에 항구에 대한 조사, 조고를 구할 수 있다.
사. **천측력** : 주요 행성의 적위, 항성의 항성 시각, 해와 달의 출몰 시각이 기록된 것으로 천문 항법용으로 사용한다.

15 안개, 눈 또는 비 등으로 시계가 나빠서 육지나 등화를 발견하기 어려울 때 부근을 항해하는 선박에게 항로표지의 위치를 알리거나 경고할 목적으로 설치된 표지는?

가 형상(주간)표지　　나 특수신호표지
사 음파(음향)표지　　아 광파(야간)표지

🗂 해설

가. **형상(주간)표지** : 점등장치가 없고, 형상과 색깔로 주간에 선위를 결정할 때 이용하며, 형상표지라고도 한다.
나. **특수신호표지** : 공사구역 등 특별한 시설이 있음을 나타내는 표지이다.
아. **광파(야간)표지** : 등화에 의하여 그 위치를 나타내며, 주로 야간의 목표가 되지만 주간에도 목표물로 이용되는 표지이다.

16 황색의 'X' 모양 두표를 가진 표지는?

가 방위표지　　나 특수표지
사 안전수역표지　　아 고립장해표지

🗂 해설

가. **방위표지** : 두표는 원추형 2개를 사용하며, 색상은 흑색과 황색이다.
사. **안전수역표지** : 설치 위치 주변의 모든 수역이 가항수역임을 표시하는 데 사용하는 표지로, 두표는 적색의 구 1개
아. **고립장해표지** : 주변 해역이 가항수역인 암초나 침선 등의 고립된 장애물 위에 설치 또는 계류하는 표지로, 두표는 2개의 흑구를 수직으로 부착한다.

17 해도번호 앞에 'F'(에프)로 표기된 것은?

가 해류도　　나 조류도
사 해저 지형도　　아 어업용 해도

🗂 해설

가. **해류도** : 일정한 방향과 유속을 가진 해수의 흐름을 나타낸 지도
나. **조류도** : 조석 현상에 의한 해수의 수평적인 흐름인 조류의 상황을 그림으로 표시한 해도
사. **해저 지형도** : 해안의 저조선을 포함한 해저면의 지형을 그린 해도
아. **어업용 해도** : 일반 항해용 해도에 각종 어업에 필요한 제반 자료를 기재하여 제작한 해도로, 해도 번호 앞에 'F'가 표기되어 있다.

18 해도상에 표시된 $\underset{2.5\text{kn}}{\nearrow}$ 의 조류는?

가 와류　　나 창조류
사 급조류　　아 낙조류

>>>>2kn> 해조류	유속을 표시한 해조류
/>7/2kn> 창조류	유속을 표시한 창조류
2kn> 낙조류	유속을 표시한 낙조류

19 해도상에 표시된 등대의 등질 'Fl.2s10m20M'에 대한 설명으로 옳지 않은 것은?

가 섬광등이다.

나 주기는 2초이다.

사 등고는 10미터이다.

아 광달거리는 20킬로미터이다.

등대의 등질은 다른 등화와 구분하기 위하여 등광의 발사상황을 달리하는 것이다. 'Fl.2s10m20M'에서 'Fl'은 섬광등, '2s'는 정해진 등질이 반복되는 시간을 초 단위로 나타낸 주기로 2초마다 반복됨을 나타낸다. 그리고 '10m'는 등대 높이인 등고가 10m임을 나타내며, '20M'는 등광을 알아볼 수 있는 최대거리인 광달거리로 그 광달거리가 20마일임을 나타낸다.

20 표지의 동쪽에 가항수역이 있음을 나타내는 표지는? (단, 두표의 형상으로만 판단함)

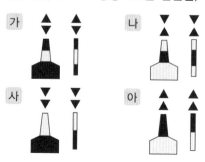

동방위표지(◆), 서방위표지(✖), 남방위표지(▼), 북방위표지(▲)
동방위표지는 동쪽으로, 서방위표지는 서쪽으로, 남방위표지는 남쪽으로, 북방위표지는 북쪽으로 항해하라는 의미이다.

21 대기의 혼탁한 정도를 나타낸 것이며, 정상적인 육안으로 멀리 떨어진 목표물을 인식할 수 있는 최대 거리는?

가 강수

나 시정

사 강우량

아 풍력계급

가. **강수** : 하늘에서 내리는 비, 눈, 진눈깨비, 우박 등의 총칭
사. **강우량** : 내린 비의 양
아. **풍력계급** : 바다에서 풍력의 관측과 분류를 위해 영국의 해군 중령 프랜시스 보퍼트에 의해 고안된 계급

22 저기압의 특성에 대한 설명으로 옳지 않은 것은?

가 하강기류로 인해 대기가 불안정하다.

나 날씨가 흐리거나, 비나 눈이 내리는 경우가 많다.

사 구름이 발달하고 전선이 형성되기 쉽다.

아 북반구에서 중심을 향하여 반시계 방향으로 바람이 불어 들어간다.

가. 상승기류에 의한 단열 팽창으로 악천우의 원인이 된다.

정답 19 아 20 가 21 나 22 가

23 태풍 중심 위치에 대한 기호의 의미를 연결한 것으로 옳지 않은 것은?

가 PSN GOOD : 위치는 정확

나 PSN FAIR : 위치는 거의 정확

사 PSN POOR : 위치는 아주 정확

아 PSN SUSPECTED : 위치에 의문이 있음

[해설]

태풍의 중심 위치 주요 기호
- PSN GOOD : 위치는 정확(오차 20해리 미만)
- PSN FAIR : 위치는 거의 정확(오차 20~40해리)
- PSN POOR : 위치는 부정확(오차 40해리 이상)
- PSN EXCELLENT : 위치는 아주 정확
- PSN SUSPECTED : 위치에 의문이 있음

24 선박위치확인제도(Vessel Monitoring System : VMS)의 역할이 아닌 것은?

가 통항 선박의 감시

나 수색구조에 활용

사 육상과의 통신

아 해양오염방지에 기여

[해설]

선박위치확인제도(Vessel Monitoring System : VMS) : 선박에 설치된 무선장치, AIS 등 단말기에서 발사된 위치신호가 전자해도 화면에 표시되는 시스템으로서, 선박-육상 간 쌍방향 데이터통신망이다. 육상과의 통신 역할과는 거리가 멀다.

25 선박의 항로지정제도(Ship's routeing)에 관한 설명으로 옳지 않은 것은?

가 국제해사기구(IMO)에서 지정할 수 있다.

나 모든 선박 또는 일부 범위의 선박에 대하여 강제적으로 적용할 수 있다.

사 특정 화물을 운송하는 선박에 대해서도 사용을 권고할 수 있다.

아 국제해사기구에서 정한 항로지정방식은 해도에 표시되지 않을 수도 있다.

[해설]

아. 국제해사기구에서 정한 항로지정방식은 해도에 표시된다.

정답 23 사　24 사　25 아

제2과목 　운용

01 아래의 선체 횡단면 그림에서 ㉠은?

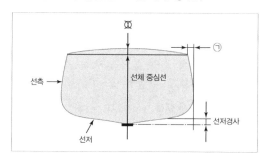

가	용골	나	빌지
사	캠버	아	텀블 홈

해설

그림의 ㉠은 텀블 홈으로 선체 측면의 상부가 선체 안쪽으로 굽은 형상이다.

02 타주를 가진 선박에서 계획만재흘수선상의 선수재 전면으로부터 타주 후면까지의 수평거리는?

가	전장	나	등록장
사	수선장	아	수선간장

해설

가. **전장** : 선수의 최전단으로부터 선미의 최후단까지의 수평거리로 안벽계류 및 입거할 때 필요한 선박의 길이. 선박의 저항, 추진력 계산에 사용

나. **등록장** : 상갑판 보(beam)상의 선수재 전면으로부터 선미재 후면까지의 수평거리

사. **선장** : 각 흘수선상의 물에 잠긴 선체의 선수재 전면에서 선미 후단까지의 수평거리

03 선체의 제일 넓은 부분에 있어서 양현 늑골의 외면에서 외면까지의 수평거리는?

가	전폭	나	형폭
사	건현	아	갑판

해설

가. **전폭** : 가장 넓은 부분의 양현 외판(shell plate)의 외면부터 맞은편 외판의 외면까지의 수평거리

사. **건현** : 선체가 침수되지 않은 부분의 수직거리, 선박의 중앙부의 수면에서부터 건현갑판의 상면의 연장과 외판의 외면과의 교점까지의 수직거리

아. **갑판** : 갑판보 위에 설치하여 선체의 수밀을 유지 (종강력재)

04 타의 구조에서 ⑧은 무엇인가?

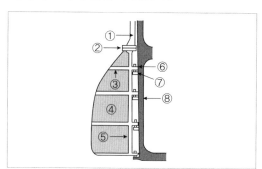

가	타판	나	핀틀
사	거전	아	타주

해설

타의 구조

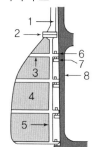

1. 타두재(rudder stock)
2. 러더 커플링
3. 러더 암
4. 타판
5. 타심재(main piece)
6. 핀틀
7. 거전
8. 타주

정답 　01 아　02 아　03 나　04 아

05 선수의 방위가 주어진 침로에서 벗어나면 자동적으로 편각을 검출하여 편각이 없어지도록 직접 키를 제어하여 침로를 유지하는 장치는?

가 양묘기

나 오토파일럿

사 비상조타장치

아 사이드 스러스터

가. **양묘기** : 양묘기(windlass)는 닻(anchor)을 감아올리거나 내리는 작업을 할 때 이용한다. 또는 선박을 부두에 접안시킬 때 계선줄을 감는 데 사용되는 갑판 보조기계이다.

아. **사이드 스러스터** : 선수 또는 선미의 수면하에 횡방향으로 원형 또는 사각형의 터널을 만들어 내부에 프로펠러를 설치하여 선수나 선미를 횡방향으로 이동시키는 장치이다.

06 닻의 구성품이 아닌 것은?

가 Stock(스톡)

나 End link(엔드 링크)

사 Crown(크라운)

아 Anchor ring(앵커 링)

앵커의 각부 명칭

1. 앵커 링
2. 생크
3. 크라운
4. 암
5. 플루크
6. 빌
7. 닻채

07 섬유 로프 취급 시 주의사항으로 옳지 않은 것은?

가 항상 건조한 상태로 보관한다.

나 산성이나 알칼리성 물질에 접촉되지 않도록 한다.

사 로프에 기름이 스며들면 강해지므로 그대로 둔다.

아 마찰이 심한 곳에는 캔버스를 감아서 보호한다.

섬유 로프의 취급법

• 만든 지 오래 되거나 수개월 사용한 것은 강도와 내구력이 떨어지므로, 무거운 물건을 취급할 때에는 새것을 사용하는 것이 안전하다.

• 로프가 물에 젖거나 기름이 스며들면 그 강도가 1/4 정도 감소한다.

• 비트나 볼라드 등에 감아 둘 때에는 하부에 3회 이상 감아 둔다.

• 계선줄과 구명줄 등과 같은 동삭은 강도가 저하되지 않도록 자주 교체해야 한다.

• 스플라이싱(splicing)한 부분은 강도가 약 20~30% 떨어진다.

• 로프를 절단한 경우 휘핑(whipping)하여 스트랜드가 풀리지 않도록 한다.

08 수신된 조난신호의 내용 중에서 시각이 '05:30 UTC'라고 표시되었다면, 우리나라 시각은?

가 한국시각 05시 30분

나 한국시각 14시 30분

사 한국시각 15시 30분

아 한국시각 17시 30분

'05:30 UTC'는 세계표준시가 05시 30분임을 말하므로, 세계표준시보다 9시간 빠른 우리나라 시각은 14시 30분이 된다.

정답 05 나 06 나 07 사 08 나

PART 03

09 체온을 유지할 수 있도록 열전도율이 낮은 방수 물질로 만들어진 포대기 또는 옷을 의미하는 구명설비는?

가 구명조끼

나 구명부기

사 방수복

아 보온복

가. **구명조끼** : 조난 또는 비상시 상체에 착용하는 것으로 고형식과 팽창식이 있다.

나. **구명부기** : 선박 조난 시 구조를 기다릴 때 사용하는 인명구조 장비로, 사람이 타지 않고 손으로 밧줄을 붙잡고 있도록 만든 것이다.

사. **방수복** : 물이 스며들지 않아 수온이 낮은 물속에서 체온을 보호할 수 있는 옷으로, 2분 이내에 도움 없이 착용할 수 있어야 한다.

10 팽창식 구명뗏목에 대한 설명으로 옳지 않은 것은?

가 모든 해상에서 30일 동안 떠 있어도 견딜 수 있도록 제작되어야 한다.

나 선박이 침몰할 때 자동으로 이탈되어 조난자가 탈 수 있다.

사 구명정에 비해 항해 능력은 떨어지지만 손쉽게 강하할 수 있다.

아 수압이탈장치의 작동 수심 기준은 수면 아래 10미터이다.

팽창식 구명뗏목(구명벌, life raft)의 자동이탈장치는 선박이 침몰하여 수면 아래 3m 정도에 이르면 수압에 의해 작동하여 구명뗏목을 부상시킨다.

11 선박이 침몰할 경우 자동으로 조난신호를 발신할 수 있는 무선설비는?

가 레이더(Rader)

나 NAVTEX 수신기

사 초단파(VHF) 무선설비

아 비상위치지시 무선표지(EPIRB)

가. **레이더**(Rader) : 전자파를 발사하여 그 반사파를 측정함으로써 물표까지의 거리 및 방향을 파악하는 계기이다.

나. **NAVTEX 수신기** : NAVTEX 해안국은 중파 518kHz를 이용하여 일정한 시간 간격으로 해상 안전 정보를 방송하고, NAVTEX 수신기를 설치한 선박이 해안국의 통신권에 진입하게 되면 자동으로 수신되어 NBDP 프린터에 자동 출력된다.

사. **초단파**(VHF) **무선설비** : VHF 채널 70(156.525MHz)에 의한 DSC와 채널 6, 13 및 16에 의한 무선전화 송수신을 하며, 조난경보신호를 발신할 수 있는 설비이다.

아. **비상위치지시 무선표지**(EPIRB) : 선박이 조난상태에 있고 수신시설도 이용할 수 없음을 표시하는 것으로, 수색과 구조 작업 시 생존자의 위치결정을 용이하게 하도록 무선표지신호를 발신하는 무선설비이다.

12 다음 중 선박이 조난을 당하였을 경우에 조난의 사실과 원조의 필요성을 알리는 조난신호로 옳지 않은 것은?

가 국제신호기 'B'기의 게양

나 무중신호기구에 의해 계속되는 음향신호

사 1분간 1회의 발포 또는 기타 폭발에 의한 신호

아 좌우로 벌린 팔을 천천히 올렸다 내렸다 하는 신호

정답 09 아 10 아 11 아 12 가

PART

03

15 전타를 시작한 최초의 위치에서 최종 선회지름의 중심까지의 거리를 원침로상에서 잰 거리는?

가 킥

나 리치

사 선회경

아 신침로거리

가. **킥** : 원침로에서 횡방향으로 무게중심이 이동한 거리

사. **선회경** : 전타 후 선수가 원침로로부터 180˚ 회두하였을 때, 원침로에서 횡 이동한 거리

아. **신침로거리** : 전타한 위치에서 신·구침로의 교차점까지 원침로상에서 잰 거리

국제해사기구(IMO) 조난신호

• 약 1분간의 간격으로 행하는 1회의 발포, 기타의 폭발에 의한 신호
• 무중신호기구에 의한 음향의 계속
• 무선전화에 의한 '메이데이(MAYDAY)'라는 말의 신호
• 국제신호기 NC기의 게양
• 낙하산 신호의 발사
• 오렌지색 연기를 발하는 발연신호

13 잔잔한 바다에서 의식불명의 익수자를 발견하여 구조하려 할 때, 구조선의 안전한 접근방법은?

가 익수자의 풍하에서 접근한다.

나 익수자의 풍상에서 접근한다.

사 구조선의 좌현 쪽에서 바람을 받으면서 접근한다.

아 구조선의 우현 쪽에서 바람을 받으면서 접근한다.

의식불명의 익수자를 구조하고자 할 때는 익수자가 풍하에 오도록 침로를 유지하여 익수자의 풍상에서 접근하여야 한다.

16 선박 조종에 영향을 주는 요소가 아닌 것은?

가 바람　　나 파도

사 조류　　아 기온

선박 조종, 특히 선회권의 크기에 영향을 주는 요소에는 방형비척계수, 흘수, 트림, 속력, 파도, 바람 및 조류의 영향 등을 들 수 있다. 기온은 선박 조종에 영향을 주는 요소가 아니다.

14 초단파(VHF) 무선설비의 최대 출력은?

가 10W　　나 15W

사 20W　　아 25W

초단파(VHF) 무선설비는 VHF 채널 70(156.525MHz)에 의한 DSC와 채널 6, 13 및 16에 의한 무선전화 송수신을 하며, 조난경보신호를 발신할 수 있는 설비로, 최대 출력은 25W이다.

17 닻의 역할이 아닌 것은?

가 침로 유지에 사용된다.

나 좁은 수역에서 선회하는 경우에 이용된다.

사 선박을 임의의 수면에 정지 또는 정박시킨다.

아 선박의 속력을 급히 감소시키는 경우에 사용된다.

정답 13 나　14 아　15 나　16 아　17 가

닻(anchor)이란 선박을 계선시키기 위하여 체인 또는 로프에 묶어서 바다 밑바닥에 가라앉혀서 파지력을 발생하게 하는 무거운 기구로, 좁은 수역에서의 방향 변환, 선박의 속도 감소 등 선박 조종의 보조 등의 역할을 한다.

18 선박 후진 시 선수회두에 가장 큰 영향을 끼치는 수류는?

가 반류   나 흡입류
사 배출류   아 추적류

가. **반류** : 선체가 앞으로 나아가며 생기는 빈 공간을 채워 주는 수류로 인하여 주로 뒤쪽 선수미선상의 물이 앞쪽으로 따라 들어오는 수류
나. **흡입류** : 앞쪽에서 프로펠러에 빨려드는 수류
사. **배출류** : 배출류에 의한 선체의 회두는 강하게 나타나고 횡압력은 스크루 프로펠러의 시동 시에 강하게 나타나 선체회두에 영향을 끼친다.

19 스크루 프로펠러가 회전할 때 물속에 깊이 잠긴 날개에 걸리는 반작용력이 수면 부근의 날개에 걸리는 반작용력보다 크게 되어 그 힘의 크기 차이로 발생하는 것은?

가 측압작용   나 횡압력
사 종압력   아 역압력

가. **측압작용** : 기관을 후진상태로 작동시키면 선체의 우현 쪽으로 흐르는 배출류는 우현의 선미 측벽에 부딪치면서 측압을 형성하는데, 이를 측압작용이라 한다.

나. **횡압력** : 회전하는 프로펠러 추진력이 수면하에서 상하의 위치 차이를 발생시키고, 상부날개보다 하부날개의 횡력이 우세하기 때문에 발생하는 회두작용을 말한다.

20 물에 빠진 익수자를 구조하는 조선법이 아닌 것은?

가 샤르노브 턴
나 표준 턴
사 앤더슨 턴
아 윌리암슨 턴

구조 조선법
• **윌리암슨 턴**(Williamson turn) : 야간이나 제한된 시계 상태에서 유지한 채 원래의 항적으로 되돌아가고자 할 때 사용하는 회항 조선법이다. 물에 빠진 사람을 수색하는 데 좋은 방법이지만 익수자를 보지 못하므로 선박이 사고지점과 멀어질 수 있고, 절차가 느리다는 단점이 있다.
• **원턴**(싱글 턴 또는 앤더슨 턴, Single turn or Anderson turn) : 물에 빠진 사람이 보일 때 가장 빠른 구출 방법으로, 최종 접근 단계에서 직선적으로 접근하기가 곤란하여 조종이 어렵다는 단점이 있다.
• **샤르노브 턴**(Scharnow turn) : 윌리암슨 턴과 같이 회항 조선법이다. 물에 빠진 시간과 조종의 시작 사이에 경과된 시간이 짧을 때, 즉 익수자가 선미에서 떨어져 있지 않을 때에는 짧은 시간에 구조할 수 있어서 매우 효과적이다.

21 선박에서 최대 한도까지 화물을 적재한 상태는?

가 공선 상태
나 만재 상태
사 경하 상태
아 선미트림 상태

정답   18 사   19 나   20 나   21 나

선박의 안전 항해를 위해서 허용되는 최대 한도까지 화물을 적재한 상태를 만재 상태라 한다.

22 황천 묘박 중 발생할 수 있는 사고가 아닌 것은?

가 주묘(Dragging of anchor)
나 묘쇄의 절단
사 좌초
아 방충재(Fender) 손상

황천은 해상 상태가 안 좋은(강풍, 높은 파도) 상태를 말하며, 이를 피해 묘박하는 황천 묘박 시 발생할 수 있는 사고로는 주묘, 묘쇄의 절단, 좌초 등이다.

23 선체 횡동요(Rolling) 운동으로 발생하는 위험이 아닌 것은?

가 선체 전복이 발생할 수 있다.
나 화물의 이동을 가져올 수 있다.
사 유동수가 있는 경우 복원력 감소를 가져온다.
아 슬래밍(Slamming)의 원인이 된다.

슬래밍(slamming) : 선체가 파도를 선수에서 받으면서 항주하면, 선수 선저부는 강한 파도의 충격을 받아 짧은 주기로 급격한 진동을 하게 되는데, 이러한 파도에 의한 충격을 말한다. 따라서 선체 횡동요 운동이 슬래밍의 원인은 아니다.

24 항해 중 선박의 우현으로 사람이 물에 빠졌을 때 당직 항해사는 즉시 기관을 정지하고 타는 어떻게 사용하여야 하는가?

가 우현 전타
나 좌현 전타
사 중앙 위치
아 자동조타

우현 쪽으로 사람이 떨어졌을 경우에는 즉시 우현 전타하여야 한다.

25 전기장치에 의한 화재 예방조치가 아닌 것은?

가 전선이나 접점은 단단히 고정한다.
나 전기장치는 유자격자가 관리하도록 한다.
사 배전반과 축전지 등의 접속단자는 풀리지 않도록 하여야 한다.
아 모든 전기장치는 규정용량 이상으로 부하를 걸어 사용하여야 한다.

아. 전기장치는 규정용량 이상으로 부하를 걸어 사용하면 화재 위험이 커지므로, 반드시 규정용량 이하의 부하를 걸어 사용해야 한다.

제3과목 법규

01 해사안전법상 서로 다른 방향으로 진행하는 통항로를 나누는 일정한 폭의 수역은?

가 통항로
나 분리대
사 참조선
아 연안통항대

가. **통항로** : 선박의 항행안전을 확보하기 위하여 한쪽 방향으로만 항행할 수 있도록 되어 있는 일정한 범위의 수역(해상교통안전법 제2조)
아. **연안통항대** : 통항분리수역의 육지 쪽 경계선과 해안 사이의 수역(해상교통안전법 제2조)

02 해사안전법상 항로에서 금지되는 행위를 모두 고른 것은?

ㄱ. 선박의 방치
ㄴ. 어구의 설치
ㄷ. 침로의 변경
ㄹ. 항로를 따라 항행

가 ㄱ, ㄴ
나 ㄴ, ㄹ
사 ㄱ, ㄷ, ㄹ
아 ㄱ, ㄴ, ㄹ

누구든지 항로에서 선박의 방치나 어망 등 어구의 설치나 투기 등을 하여서는 안 된다(해상교통안전법 제33조 제1항).

03 ( )에 순서대로 적합한 것은?

해사안전법상 선박은 접근하여 오는 다른 선박의 ( )에 뚜렷한 변화가 일어나지 아니하면 ( )이 있다고 보고 필요한 조치를 하여야 한다.

가 선수 방위, 통과할 가능성
나 선수 방위, 충돌할 위험성
사 나침방위, 통과할 가능성
아 나침방위, 충돌할 위험성

선박은 접근하여 오는 다른 선박의 나침방위에 뚜렷한 변화가 일어나지 아니하면 충돌할 위험성이 있다고 보고 필요한 조치를 하여야 한다(해상교통안전법 제72조 제4항).

04 해사안전법상 '경계'의 방법으로 옳지 않은 것은?

가 다른 선박의 기적소리에 귀를 기울인다.
나 다른 선박의 등화를 보고 그 선박의 운항상태를 확인한다.
사 레이더 장거리 주사를 통하여 다른 선박을 식별한다.
아 시계가 좋을 때는 갑판에서 일을 하면서 경계를 한다.

선박은 주위의 상황 및 다른 선박과 충돌할 수 있는 위험성을 충분히 파악할 수 있도록 시각·청각 및 당시의 상황에 맞게 이용할 수 있는 모든 수단을 이용하여 항상 적절한 경계를 하여야 한다(해상교통안전법 제70조).
아. 시정이 좋더라도 다른 일을 하면서 경계하는 것은 옳지 않다.

정답 01 나 02 가 03 아 04 아

PART
03

05 해사안전법상 유지선의 동작 규정에 대한 설명으로 옳지 않은 것은?

가 유지선이 충돌을 피하기 위한 동작을 할 경우 피항선은 진로를 피하여야 할 의무가 면제된다.

나 2척의 선박 중 1척의 선박이 다른 선박의 진로를 피하여야 할 경우 다른 선박은 그 침로와 속력을 유지하여야 한다.

사 유지선은 피항선이 적절한 피항동작을 취하고 있지 아니하다고 판단하면 스스로의 조종만으로 피항선과 충돌하지 아니하도록 조치를 취할 수 있다.

아 유지선은 피항선과 매우 가깝게 접근하여 해당 피항선의 동작만으로 충돌을 피할 수 없다고 판단하는 경우에는 충돌을 피하기 위하여 충분한 협력을 하여야 한다.

가. 피항선에게 진로를 피하여야 할 의무를 면제하는 것은 아니다(해상교통안전법 제82조 제4항).

06 해사안전법상 마주치는 상태가 아닌 경우는?

가 선수 방향에 있는 다른 선박과 밤에는 2개의 마스트등을 일직선으로 또는 거의 일직선으로 볼 수 있거나 양쪽의 현등을 볼 수 있는 경우

나 선수 방향에 있는 다른 선박과 낮에는 2척의 선박의 마스트가 선수에서 선미까지 일직선이 되거나 거의 일직선이 되는 경우

사 선수 방향에 있는 다른 선박과 마주치는 상태에 있는지가 분명하지 아니한 경우

아 선수 방향에 있는 다른 선박의 선미등을 볼 수 있는 경우

마주치는 상태에 있는 경우(해상교통안전법 제79조)
• 밤에는 2개의 마스트등을 일직선으로 또는 거의 일직선으로 볼 수 있거나 양쪽의 현등을 볼 수 있는 경우
• 낮에는 2척의 선박의 마스트가 선수에서 선미(船尾)까지 일직선이 되거나 거의 일직선이 되는 경우
• 선박은 마주치는 상태에 있는지가 분명하지 아니한 경우에는 마주치는 상태에 있다고 보고 필요한 조치를 취하여야 한다.

07 해사안전법상 선박의 등화 및 형상물에 관한 규정에 대한 설명으로 옳지 않은 것은?

가 형상물은 낮 동안에는 표시한다.

나 낮이라도 제한된 시계에서는 등화를 표시하여야 한다.

사 등화의 표시 시간은 해지는 시각부터 해 뜨는 시각까지이다.

아 다른 선박이 주위에 없을 때에는 등화를 표시하지 않아도 된다.

선박 주위에 다른 선박 유무에 상관없이 해지는 시각부터 해뜨는 시각까지 이 법에서 정하는 등화(燈火)를 표시하여야 한다(해상교통안전법 제85조).

08 해사안전법상 동력선이 시계가 제한된 수역을 항행할 때의 항법으로 옳은 것은?

가 가급적 속력 증가

나 기관 즉시 조작 준비

사 후진 기관 사용 금지

아 레이더만으로 다른 선박이 있는 것을 탐지하고 변침만으로 피항동작을 할 경우 선수 방향에 있는 선박을 좌현 변침으로 충돌 회피

정답 05 가　06 아　07 아　08 나

모든 선박은 시계가 제한된 그 당시의 사정과 조건에 적합한 안전한 속력으로 항행하여야 하며, 동력선은 제한된 시계 안에 있는 경우 기관을 즉시 조작할 수 있도록 준비하고 있어야 한다(해상교통안전법 제84조 제2항).

09 해사안전법상 예인선열의 길이가 200미터를 초과하면, 예인작업에 종사하는 동력선이 표시하여야 하는 형상물은?

가 마름모꼴 형상물 1개
나 마름모꼴 형상물 2개
사 마름모꼴 형상물 3개
아 마름모꼴 형상물 4개

예인선열의 길이가 200미터를 초과하면 가장 잘 보이는 곳에 마름모꼴의 형상물 1개(해상교통안전법 제89조 제1항 제5호)

10 ( )에 적합한 것은?

해사안전법상 노도선은 ( )의 등화를 표시할 수 있다.

가 항행 중인 어선
나 항행 중인 범선
사 흘수제약선
아 항행 중인 예인선

노도선(櫓櫂船)은 항행 중인 범선의 등화를 표시할 수 있다(해상교통안전법 제90조 제5항).

11 해사안전법상 얹혀 있는 길이 12미터 이상의 선박이 낮에 수직으로 표시하는 형상물은?

가 둥근꼴 형상물 1개
나 둥근꼴 형상물 2개
사 둥근꼴 형상물 3개
아 둥근꼴 형상물 4개

해상교통안전법상 얹혀 있는 선박은 제95조 제1항이나 제2항에 따른 등화를 표시하여야 하며, 이에 덧붙여 가장 잘 보이는 곳에 다음의 등화나 형상물을 표시하여야 한다(법 제95조 제4항).
• 수직으로 붉은색의 전주등 2개
• 수직으로 둥근꼴의 형상물 3개

12 ( )에 적합한 것은?

해사안전법상 항행 중인 동력선이 ( )에 있는 경우에 그 침로를 변경하거나 그 기관을 후진하여 사용할 때에는 기적신호를 행하여야 한다.

가 평수구역
나 서로 상대의 시계 안
사 제한된 시계
아 무역항의 수상구역 안

항행 중인 동력선이 서로 상대의 시계 안에 있는 경우에 이 법에 따라 그 침로를 변경하거나 그 기관을 후진하여 사용할 때에는 기적신호를 행하여야 한다(해상교통안전법 제99조 제1항).

정답 09 가 10 나 11 사 12 나

13 해사안전법상 통항분리수역에서의 항법으로 옳지 않은 것은?

가 통항로는 어떠한 경우에도 횡단할 수 없다.

나 통항로 안에서는 정하여진 진행 방향으로 항행하여야 한다.

사 통항로의 출입구를 통하여 출입하는 것을 원칙으로 한다.

아 분리선이나 분리대에서 될 수 있으면 떨어져서 항행하여야 한다.

선박은 통항로를 횡단하여서는 아니 된다. 다만, 부득이한 사유로 그 통항로를 횡단하여야 하는 경우에는 그 통항로와 선수 방향(船首方向)이 직각에 가까운 각도로 횡단하여야 한다(해상교통안전법 제75조 제3항).

14 ( )에 순서대로 적합한 것은?

> 해사안전법상 제한된 시계 안에서 항행 중인 동력선은 정지하여 대수속력이 없는 경우에는 ( )을 넘지 아니하는 간격으로 장음을 ( ) 울려야 한다.

가 1분, 1회

나 2분, 2회

사 1분, 2회

아 2분, 1회

항행 중인 동력선은 정지하여 대수속력이 없는 경우에는 장음 사이의 간격을 2초 정도로 연속하여 장음을 2회 울리되, 2분을 넘지 아니하는 간격으로 울려야 한다(해상교통안전법 제100조 제1항).

15 해사안전법상 등화에 사용되는 등색이 아닌 것은?

가 붉은색 **나** 녹색

사 흰색 **아** 청색

등화에 이용되는 등색 : 백색, 붉은색, 황색, 녹색 등(해상교통안전법 제86조)

16 선박의 입항 및 출항 등에 관한 법률상 무역항의 수상구역 등에 출입하려는 경우 출입 신고를 하여야 하는 선박은?

가 예선

나 총톤수 5톤인 선박

사 도선선

아 해양사고구조에 사용되는 선박

총톤수 5톤 미만인 선박이어야 한다. 5톤인 선박은 5톤 미만에 해당되지 않으므로 신고를 해야 한다(법 제4조 제1항).

17 ( )에 순서대로 적합한 것은?

> 선박의 입항 및 출항 등에 관한 법률상 무역항의 수상구역 등에 정박하는 선박은 지체 없이 예비용 ( )을/를 내릴 수 있도록 고정 장치를 해제하고, 동력선은 즉시 운항할 수 있도록 ( )의 상태를 유지하는 등 안전에 필요한 조치를 취하여야 한다.

가 닻, 기관

나 조타장치, 기관

사 닻, 조타장치

아 기관, 항해장비

무역항의 수상구역 등에 정박하는 선박은 지체 없이 예비용 닻을 내릴 수 있도록 닻 고정장치를 해제하고, 동력선은 즉시 운항할 수 있도록 기관의 상태를 유지하는 등 안전에 필요한 조치를 하여야 한다(법 제6조 제4항).

18 선박의 입항 및 출항 등에 관한 법률상 무역항의 수상구역 등에서 화재가 발생한 경우 기적이나 사이렌을 갖춘 선박이 울리는 경보는?

가 기적 또는 사이렌으로 장음 5회를 적당한 간격으로 반복

나 기적 또는 사이렌으로 장음 7회를 적당한 간격으로 반복

사 기적 또는 사이렌으로 단음 5회를 적당한 간격으로 반복

아 기적 또는 사이렌으로 단음 7회를 적당한 간격으로 반복

무역항의 수상구역 등에서 기적이나 사이렌을 갖춘 선박에 화재가 발생한 경우 그 선박은 화재를 알리는 경보를 울려야 한다. 화재를 알리는 경보는 기적이나 사이렌을 장음으로 5회 울려야 한다(법 제46조 제2항, 시행규칙 제29조 제1항).

19 선박의 입항 및 출항 등에 관한 법률상 항로에서 다른 선박과 마주칠 우려가 있는 경우의 항법으로 옳은 것은?

가 항로의 중앙으로 항행한다.

나 항로의 왼쪽으로 항행한다.

사 항로의 오른쪽으로 항행한다.

아 다른 선박을 오른쪽에 두는 선박이 항로를 벗어나 항행한다.

항로에서 다른 선박과 마주칠 우려가 있는 경우에는 오른쪽으로 항행할 것(법 제12조 제1항)

20 ( )에 순서대로 적합한 것은?

선박의 입항 및 출항 등에 관한 법률상 ( )은/는 ( )로부터/으로부터 최고속력의 지정을 요청받은 경우 특별한 사유가 없으면 무역항의 수상구역 등에서 선박 항행 최고속력을 지정·고시하여야 한다.

가 해양경찰서장, 시·도지사

나 지방해양수산청장, 시·도지사

사 시·도지사, 해양수산부장관

아 관리청, 해양경찰청장

관리청은 해양경찰청장으로부터 최고속력의 지정을 요청받은 경우 특별한 사유가 없으면 무역항의 수상구역 등에서 선박 항행 최고속력을 지정·고시하여야 한다. 이 경우 선박은 고시된 항행 최고속력의 범위에서 항행하여야 한다(법 제17조 제2·3항).

21 해양환경관리법상 해양오염방지를 위한 선박검사의 종류가 아닌 것은?

가 정기검사

나 중간검사

사 특별검사

아 임시검사

해양오염방지 선박검사 : 정기검사, 중간검사, 임시검사, 임시항해검사, 방오시스템검사(법 제55조 제1항)

정답 18 가 19 사 20 아 21 사

22 해양환경관리법상 해양에서 배출할 수 있는 것은?

가 합성로프

나 어획한 물고기

사 합성어망

아 플라스틱 쓰레기봉투

 해설

다음의 폐기물을 제외한 모든 폐기물 해양 배출금지
- 음식찌꺼기
- 해양환경에 유해하지 않은 화물잔류물
- 선박 내 거주구역에서 목욕, 세탁, 설거지 등으로 발생하는 중수(中水)[화장실 오수(汚水) 및 화물구역 오수는 제외]
- 「수산업법」에 따른 어업활동 중 혼획(混獲)된 수산동식물(폐사된 것을 포함) 또는 어업활동으로 인하여 선박으로 유입된 자연기원물질(진흙, 퇴적물 등 해양에서 비롯된 자연상태 그대로의 물질을 말하며, 어장의 오염된 퇴적물은 제외)

23 선박의 입항 및 출항 등에 관한 법률상 무역항의 수상구역 등에서 위험물질운송선박이 아닌 선박이 불꽃이나 열이 발생하는 용접 등의 방법으로 수리하려고 하는 경우 해양수산부장관의 허가를 받아야 하는 선박의 최저 톤수는?

가 총톤수 20톤   나 총톤수 30톤

사 총톤수 40톤   아 총톤수 100톤

해설

선박수리의 허가 등(법 제37조 제1항) : 선장은 무역항의 수상구역 등에서 다음 각 호의 선박을 불꽃이나 열이 발생하는 용접 등의 방법으로 수리하려는 경우 해양수산부령으로 정하는 바에 따라 관리청의 허가를 받아야 한다. 다만, 제2호의 선박은 기관실, 연료탱크, 그 밖에 해양수산부령으로 정하는 선박 내 위험구역에서 수리작업을 하는 경우에만 허가를 받아야 한다.

1. 위험물을 저장·운송하는 선박과 위험물을 하역한 후에도 인화성 물질 또는 폭발성 가스가 남아 있어 화재 또는 폭발의 위험이 있는 선박(위험물운송선박)
2. 총톤수 20톤 이상의 선박(위험물운송선박은 제외)

24 선박의 입항 및 출항 등에 관한 법률상 주로 무역항의 수상구역에서 운항하는 선박으로서 다른 선박의 진로를 피하여야 하는 우선피항선이 아닌 것은?

가 압항부선을 제외한 부선

나 예선

사 총톤수 20톤인 여객선

아 주로 노와 삿대로 운전하는 선박

 해설

우선피항선 : 주로 무역항의 수상구역에서 운항하는 선박으로서 다른 선박의 진로를 피하여야 하는 다음의 선박을 말한다(법 제2조 제5호).
- 부선(艀船)[예인선이 부선을 끌거나 밀고 있는 경우의 예인선 및 부선을 포함하되, 예인선에 결합되어 운항하는 압항부선(押航艀船)은 제외한다]
- 주로 노와 삿대로 운전하는 선박
- 예선
- 항만운송관련사업을 등록한 자가 소유한 선박
- 해양환경관리업을 등록한 자가 소유한 선박 또는 해양폐기물관리업을 등록한 자가 소유한 선박(폐기물해양배출업으로 등록한 선박은 제외한다)
- 가목부터 마목까지의 규정에 해당하지 아니하는 총톤수 20톤 미만의 선박

정답 22 나 23 가 24 사

25 해양환경관리법상 기관실에서 발생한 선저폐수의 관리와 처리에 대한 설명으로 옳지 않은 것은?

가 어장으로부터 먼 바다에서 그대로 배출할 수 있다.

나 선내에 비치되어 있는 저장용기에 저장한다.

사 입항하여 육상에 양륙 처리한다.

아 누수 및 누유가 발생하지 않도록 기관실 관리를 철저히 한다.

기관구역의 선저폐수는 선저폐수저장장치에 저장한 후 배출관장치를 통하여 오염물질저장시설 또는 해양오염 방제업·유창청소업의 운영자에게 인도할 것. 다만, 기름여과장치가 설치된 선박의 경우에는 기름여과장치를 통하여 해양에 배출할 수 있다(「선박에서의 오염방지에 관한 규칙」 별표 4).

제4과목 **기관**

01 회전수가 1,200rpm인 디젤 기관에서 크랭크축이 1회전 하는 동안 걸리는 시간은?

가 (1/20)초

나 (1/3)초

사 2초

아 20초

rpm은 크랭크축이 1분 동안 몇 번의 회전을 하는지 나타내는 단위이므로, 1,200rpm은 1분간 1,200번 회전하는 것을 의미한다. 따라서 1회전 하는 동안 걸리는 시간은 (60 / 1,200) = (1 / 20)초가 된다.

02 4행정 사이클 디젤 기관에서 흡·배기 밸브의 밸브겹침에 대한 설명으로 옳은 것은?

가 상사점 부근에서 흡·배기 밸브가 동시에 열려 있는 기간이다.

나 상사점 부근에서 흡·배기 밸브가 동시에 닫혀 있는 기간이다.

사 하사점 부근에서 흡·배기 밸브가 동시에 열려 있는 기간이다.

아 하사점 부근에서 흡·배기 밸브가 동시에 닫혀 있는 기간이다.

밸브겹침(valve overlap) : 상사점 부근에서 크랭크 각도 40° 동안 흡기밸브와 배기밸브가 동시에 열려 있는 기간

정답 25 가 / 01 가 02 가

03 소형 디젤 기관에서 실린더 라이너의 심한 마멸에 의한 영향이 아닌 것은?

가 압축 불량

나 불완전 연소

사 연소가스가 크랭크실로 누설

아 착화 시기가 빨라짐

해설

실린더 라이너 마모의 영향 : 출력 저하, 압축압력의 저하, 연료의 불완전 연소, 연료 소비량 증가, 윤활유 소비량 증가, 기관의 시동성 저하, 가스가 크랭크실로 누설

04 소형 디젤 기관에서 피스톤과 연접봉을 연결시키는 부품은?

가 피스톤 핀

나 크랭크 핀

사 크랭크 핀 볼트

아 크랭크 암

해설

나. **크랭크 핀** : 크랭크 저널의 중심에서 크랭크 반지름만큼 떨어진 곳에 있으며 저널과 평행하게 설치. 트렁크형 기관에서 커넥팅 로드의 대단부와 연결된다.

아. **크랭크 암** : 크랭크 저널과 크랭크 핀을 연결하는 부분으로 크랭크 핀 반대쪽 크랭크 암에는 평형추(balance weight)를 설치한다.

05 디젤 기관의 운전 중 움직이지 않는 부품은?

가 실린더 헤드

나 피스톤

사 연접봉

아 플라이휠

해설

실린더, 기관 베드, 프레임 등과 같이 움직이지 않고 고정되어 있는 고정 부분, 피스톤이나 피스톤 링과 같이 왕복운동을 하는 왕복운동 부분, 크랭크축과 같이 회전운동을 하는 회전운동 부분이 있다. 연접봉(커넥팅 로드)과 플라이휠도 고정 부품이 아니다.

06 디젤 기관의 피스톤 링 재료로 주철을 사용하는 주된 이유는?

가 기관의 출력을 증가시켜 주기 때문에

나 연료유의 소모량을 줄여 주기 때문에

사 고온에서 탄력을 증가시켜 주기 때문에

아 윤활유의 유막 형성을 좋게 하기 때문에

해설

피스톤 링의 재질은 일반적으로 주철을 사용하는데, 주철은 조직 중에 함유된 흑연이 윤활유의 유막 형성을 좋게 하여 마멸이나 눌어붙는 것을 적게 해 준다. 또한 주철은 실린더 내벽과 접촉이 좋고 고온에서 탄력 감소가 작은 장점이 있다.

07 디젤 기관의 구성 부품이 아닌 것은?

가 점화 플러그

나 플라이휠

사 크랭크축

아 커넥팅 로드

해설

가솔린 기관과의 작동 원리의 차이는 디젤 기관이 압축 공기의 열에 의한 자연 발화인 반면, 가솔린 기관은 압축된 혼합 가스를 점화에 의하여 폭발을 일으키게 하는 것이다. 따라서 점화 플러그는 디젤 기관에는 없고 가솔린 기관에 있는 점화장치이다.

08 디젤 기관에서 크랭크축의 구성 요소가 아닌 것은?

가 크랭크 핀

나 크랭크 핀 베어링

사 크랭크 암

아 크랭크 저널

해설

크랭크축(Crank shaft)의 구성 : 크랭크 저널(Journal), 크랭크 핀(Pin) 및 크랭크 암(Arm)

 정답 03 아 04 가 05 가 06 아 07 가 08 나

09 디젤 기관의 운전 중 배기색이 검은색으로 되는 원인이 아닌 것은?

가 공기량이 충분하지 않을 때

나 기관이 과부하로 운전될 때

사 연료에 수분이 혼입되었을 때

아 연료분사 상태가 불량할 때

사. 연료에 수분이 혼입되었을 경우는 기관 급정지의 원인이 된다.

※ 검은색의 배기가스가 발생한 경우 원인과 대책

• 공기 압력의 불충분 : 과급기를 청소

• 연료 밸브의 개방 압력이 부적당하거나 연료분사 상태의 불량 : 연료 밸브를 점검

• 과부하 운전 : 기관의 부하를 줄임

10 디젤 기관에서 시동용 압축공기의 최고압력은 몇 kgf/cm²인가?

가 10kgf/cm^2 나 20kgf/cm^2

사 30kgf/cm^2 아 40kgf/cm^2

공기압 제어장치를 통해 주기관의 정지, 시동, 전진, 후진 등의 동작을 수행할 수 있고, 사용되는 공기에는 시동용 압축공기(starting air, 25~30kgf/cm²), 제어장치 작동용 제어공기(7kgf/cm²), 안전장치 작동용 공기(7kgf/cm²)가 있다.

11 디젤 기관이 과열된 경우 수냉각 계통의 점검 대상이 아닌 것은?

가 냉각수의 양   나 냉각수의 온도

사 공기 여과기   아 냉각수 펌프

공기 여과기는 배기가스의 온도 상승 시에 점검 대상이 되나, 디젤 기관의 과열 시 냉각 계통의 점검 대상은 아니다.

12 소형기관에 사용되는 윤활유에 혼입될 우려가 가장 적은 것은?

가 윤활유 냉각기에서 누설된 수분

나 연소불량으로 발생한 카본

사 연료유에 혼입된 수분

아 운동부에서 발생된 금속가루

윤활유는 마찰이 큰 두 물체 사이에서 물체의 마모를 방지하고 마찰저항을 감소시키는 역할을 하므로, 연료유와 관계가 없어 연료유에 혼입된 수분과 윤활유가 혼입될 우려는 없다.

13 나선형 프로펠러에서 지름이란?

가 날개 끝이 그리는 원의 지름

나 날개 끝이 그리는 원의 반지름

사 날개의 가장 두꺼운 부분이 그리는 원의 지름

아 날개의 가장 두꺼운 부분이 그리는 원의 반지름

나선형 프로펠러의 지름은 날개 끝이 그리는 원의 지름이 된다.

14 닻을 감아올리는 데 사용하는 갑판기기는?

가 조타기   나 양묘기

사 계선기   아 양화기

양묘기(windlass)는 닻(anchor)을 감아올리거나 내리는 작업을 할 때 이용한다. 또는 선박을 부두에 접안시킬 때 계선줄을 감는 데 사용되는 갑판 보조기계이다.

정답 09 사 10 사 11 사 12 사 13 가 14 나

15 추진기가 설치되는 축은?

가 추력축 나 크랭크축

사 캠축 아 프로펠러축

추진기축(프로펠러축, propeller shaft) : 추진기를 붙인 축을 추진기축이라 하며, 이 축은 가장 뒤쪽 중간축에 이어져서 선체를 관통하며, 관통하는 부분에는 선미관이 장치되어 있다.

16 원심 펌프에서 축이 케이싱을 관통하는 곳에 기밀 유지를 위해 설치하는 것은?

가 오일 링 나 구리패킹

사 피스톤 링 아 글랜드패킹

글랜드패킹 : 회전축 또는 충동축의 누설을 적게 하는 밀봉법에 사용하는 패킹으로, 원심 펌프의 케이싱을 관통하는 곳에 기밀 유지를 위해 설치한다.

17 기관의 축에 의해 구동되는 연료유 펌프에 대한 설명으로 옳은 것은?

가 기어가 있고 축봉장치도 있다.

나 기어가 있고 축봉장치는 없다.

사 임펠러가 있고 축봉장치도 있다.

아 임펠러가 있고 축봉장치는 없다.

연료유 펌프는 기어가 있어서 기어 펌프에 속하며, 회전축이 펌프의 케이싱을 관통하는 부분에서 고압의 유체가 외부로 누출되거나 외부로부터 저압측으로 공기가 누입되는 것을 방지하는 축봉장치가 있다.

18 부하 변동이 있는 교류 발전기에서 항상 일정하게 유지되는 값은?

가 여자전류

나 전압

사 부하전류

아 부하전력

부하 변동이 있는 교류 발전기에서 전압은 항상 일정하게 유지된다.

19 변압기의 역할은?

가 전압의 변환

나 전력의 변환

사 압력의 변환

아 저항의 변환

변압기는 교류 전압을 전자유도 작용에 의해 효율적으로 전압을 변환할 수 있는 전기기기로, 선박 내에서 발전기로부터 발생한 전압과 서로 상이한 전압의 장비용으로 주로 사용된다. 정격 용량 단위로 [kVA]를 사용한다.

20 납축전지의 구성 요소가 아닌 것은?

가 극판

나 충전판

사 격리판

아 전해액

납축전지의 구성 요소 : 극판군(음극판, 양극판, 격리판), 전해액

정답 15 아 16 아 17 가 18 나 19 가 20 나

21 디젤 기관의 실린더 헤드를 분해하여 체인블록으로 들어 올릴 때 필요한 볼트는?

가 타이볼트
나 아이볼트
사 인장볼트
아 스터드볼트

해설

아이볼트는 머리 부분이 링 모양인 볼트로 머리 부분에 고리가 달린 볼트이다. 디젤 기관의 실린더 헤드 등 중량물을 옮기는 데 적당한 볼트이다.

22 디젤 기관에서 흡·배기 밸브의 틈새를 조정할 경우 주의사항으로 옳은 것은?

가 피스톤이 압축행정의 상사점에 있을 때 조정한다.
나 틈새는 규정치보다 약간 크게 조정한다.
사 틈새는 규정치보다 약간 작게 조정한다.
아 피스톤이 배기행정의 상사점에 있을 때 조정한다.

해설

흡·배기 밸브가 닫힌 상태인 피스톤이 상사점에 있을 때 틈새를 조정해야 한다.

23 4행정 사이클 디젤 기관에서 배기밸브의 밸브틈새가 규정값보다 작게 되면 발생하는 현상으로 옳은 것은?

가 배기밸브가 빨리 열린다.
나 배기밸브가 늦게 열린다.
사 흡기밸브가 빨리 열린다.
아 흡기밸브가 늦게 열린다.

해설

배기밸브의 밸브틈새가 규정값보다 작게 되면 배기밸브가 빨리 열린다.

24 연료유의 점도에 대한 설명으로 옳은 것은?

가 온도가 낮아질수록 점도는 높아진다.
나 온도가 높아질수록 점도는 높아진다.
사 대기 중 습도가 낮아질수록 점도는 높아진다.
아 대기 중 습도가 높아질수록 점도는 높아진다.

해설

일반적으로 온도가 상승하면 연료유의 점도는 낮아지고, 온도가 낮아지면 점도는 높아진다.

25 연료유 저장 탱크에 연결되어 있는 관이 아닌 것은?

가 측심관
나 빌지관
사 주입관
아 공기배출관

해설

저장 탱크에는 측심관, 주입관, 공기배출관 및 오버플로관 등이 연결되어 있다. 한편, 빌지관 계통(bilge line)은 선내의 각 구획에 고인 선저폐수 및 유성 폐기물을 배출함과 동시에 선내에 침입한 해수를 선외로 배출하기 위한 배수설비이다.

정답 21 나 22 가 23 가 24 가 25 나

2021년 제2회 최신 기출문제

제1과목 항해

01 자기 컴퍼스에서 컴퍼스 주변에 있는 일시 자기의 수평력을 조정하기 위하여 부착되는 것은?

가 경사계

나 플린더즈 바

사 상한차 수정구

아 경선차 수정자석

상한차 수정구(quadrantal corrector)는 컴퍼스 주변에 있는 일시 자기의 수평력을 조정하기 위하여 부착된 연철구 또는 연철판이다.

02 자이로컴퍼스에서 동요오차 발생을 예방하기 위하여 NS축상에 부착되어 있는 것은?

가 보정 추

나 적분기

사 오차 수정기

아 추종 전동기

동요오차를 예방하기 위하여 NS축 선상에 보정 추를 부착해 두었는데, 이 추의 부착 상태가 불량하면 오차가 생긴다.

03 전자식 선속계가 표시하는 속력은?

가 대수속력

나 대지속력

사 대공속력

아 평균속력

전자식 선속계는 패러데이의 전자유도 법칙에서 도체와 자기장이 상대적인 운동상태에 있을 때 도체에는 기전력이 유지된다는 것을 응용한 선속계로 물 위에서 항주한 속력인 대수속력을 나타낸다.

04 다음 중 자기 컴퍼스의 자차가 가장 크게 변하는 경우는?

가 선체가 경사할 경우

나 선수 방위가 바뀔 경우

사 적화물을 이동할 경우

아 선체가 약한 충격을 받을 경우

자차의 변화 요인 중 선수 방위가 바뀔 때 가장 크게 변한다. 이외에도 자차의 변화 요인으로는 지구상 위치의 변화, 선체의 경사, 적하물의 이동, 선수를 동일한 방향으로 장시간 두었을 때, 선체가 심한 충격을 받았을 때, 동일한 침로로 장시간 항행 후 변침할 때, 선체가 열적인 변화를 받았을 때, 나침의 부근의 구조 변경 및 나침의의 위치 변경, 지방자기의 영향을 받을 때 등이 있다.

05 섀도 핀에 의한 방위 측정 시 주의사항에 대한 설명으로 옳지 않은 것은?

가 핀의 지름이 크면 오차가 생기기 쉽다.

나 핀이 휘어져 있으면 오차가 생기기 쉽다.

사 선박의 위도가 크게 변하면 오차가 생기기 쉽다.

아 볼이 경사된 채로 방위를 측정하면 오차가 생기기 쉽다.

섀도 핀(shadow pin)은 가장 간단하게 방위를 측정할 수 있으나, 핀의 지름이 크거나 핀이 휘거나 하면 오차가 생기기 쉽고, 특히 볼이 경사된 채로 방위를 측정하면 오차가 생긴다.

정답 01 사 02 가 03 가 04 나 05 사

06 지피에스(GPS)를 이용하여 얻을 수 있는 것은?

가 본선의 위치

나 본선의 항적

사 타선의 존재 여부

아 상대선과 충돌 위험성

GPS는 위치를 알고 있는 24개의 인공위성에서 발사하는 전파를 수신하고, 그 도달시간으로부터 관측자까지의 거리를 구하여 위치를 결정하는 방식이다. 따라서 항해시 GPS를 통해 얻을 수 있는 것은 본선의 위치이다.

07 10노트의 속력으로 45분 항해하였을 때 항주된 거리는?

가 2.5해리

나 5해리

사 7.5해리

아 10해리

- 노트 × 시간 = 마일, 마일/노트 = 시간, 마일/시간 = 노트
- 10노트 × (45/60)시간 = 7.5마일

08 지피에스(GPS)에 대한 설명으로 옳은 것은?

가 정지위성을 사용한다.

나 같은 의사 잡음 코드를 사용한다.

사 위성마다 서로 다른 PN코드를 사용한다.

아 위성마다 서로 다른 반송 주파수를 사용한다.

가. 지구 대기권을 회전하는 위성이다.
나. 다른 의사 잡음 코드를 사용한다.
아. 동일한 반송 주파수를 사용한다.

09 여러 개의 천체 고도를 동시에 측정하여 선위를 얻을 수 있는 시기는?

가 박명시

나 표준시

사 일출시

아 정오시

박명시에 혹성이나 항성의 고도를 육분의로 측정하여 위치선을 구할 수 있다.

10 종이해도에서 'S'로 표시되는 해저 저질은?

가 뻘

나 자갈

사 조개껍질

아 모래

가. 뻘 – M
나. 자갈 – G
사. 조개껍질 – Sh

11 선박용 레이더에서 마이크로파를 생성하는 장치는?

가 펄스변조기(Pulse modulator)

나 트리거 전압발생기(Trigger generator)

사 듀플렉서(Duplexer)

아 마그네트론(Magnetron)

가. **펄스변조기** : 변조가 발생하는 요소에 펄스를 적용하는 장치
사. **듀플렉서** : 하나의 안테나를 송신과 수신에 공동으로 사용하기 위하여 송신할 때에는 송신 출력으로부터 수신기를 보호하고 수신할 때에는 반향(echo) 신호를 수신기에 공급하도록 하는 장치
아. **마그네트론** : 레이더에서 마이크로파를 발생시키는 자기진동 진공관의 일종

정답 **06** 가 **07** 사 **08** 사 **09** 가 **10** 아 **11** 아

12 다음 중 해도에 표시되는 높이의 기준면이 다른 것은?

가 산의 높이
나 섬의 높이
사 등대의 높이
아 간출암의 높이

 해설

간출암의 높이는 기본수준면이 기준면이 되고, 나머지는 평균수면이 기준면이 된다.

13 다음 수로서지 중 계산에 이용되지 않는 것은?

가 천측력
나 항로지
사 천측계산표
아 해상거리표

 해설

항로지는 주요 항로에서 장애물, 해황, 기상 및 기타 선박이 항로를 선정할 때 참고가 되는 사항을 기록한 서적으로, 계산에는 이용되지 않는다.

14 좁은 수로의 항로를 표시하기 위하여 항로의 연장선 위에 앞뒤로 2개 이상의 표지를 설치하여 선박을 인도하는 형상(주간)표지는?

가 도표
나 부표
사 육표
아 입표

해설

나. **부표** : 물 위에 떠 있는 항만의 유도표지로, 항로를 따라 설치하거나 변침점에 설치한다.

사. **육표** : 입표의 설치가 곤란한 경우에 육상에 마련한 간단한 항로표지로, 등광을 달면 등주가 된다.

아. **입표** : 암초, 노출암, 사주(모래톱) 등의 위치를 표시하기 위해 바닷속에 마련된 경계표로, 특별한 경우가 아니면 등광을 함께 설치하여 등부표로 사용한다.

15 항로, 항행에 위험한 암초, 항행금지구역 등을 표시하는 지점에 고정 설치하여 선박의 좌초를 예방하고 항로를 지도하기 위하여 설치되는 광파(야간)표지는?

가 등선
나 등표
사 도등
아 등부표

 해설

가. **등선** : 육지에서 멀리 떨어진 해양 항로의 중요한 위치에 있는 사주 등을 알리기 위해서 일정한 지점에 정박하고 있는 특수한 구조의 선박이다.

사. **도등** : 통항이 곤란한 좁은 수로, 항만 입구 등에서 항로의 연장선 위에 높고 낮은 2~3개의 등화를 앞뒤로 설치하여 중시선에 의하여 선박을 인도하는 등

아. **등부표** : 암초나 사주가 있는 위험한 장소·항로의 입구·폭·변침점 등을 표시하기 위해 설치. 해저의 일정한 지점에 떠 있는 구조물로 등대와 함께 가장 널리 쓰인다.

16 레이더 트랜스폰더에 대한 설명으로 옳은 것은?

가 음성신호를 방송하여 방위 측정이 가능하다.
나 송신 내용에 부호화된 식별신호 및 데이터가 들어 있다.
사 좁은 수로 또는 항만에서 선박을 유도할 목적으로 사용한다.
아 선박의 레이더 영상에 송신국의 방향이 숫자로 표시된다.

 해설

레이더 트랜스폰더(Radar Transponder) : 정확한 질문을 받거나 송신이 국부명령으로 이루어질 때 응답 전파를 발사하여 레이더의 표시기상에 그 위치가 표시되도록 하는 장치이다. 송신 내용에는 부호화된 식별신호 및 데이터가 들어 있으며, 이것이 레이더 화면에 나타난다.

정답 12 아 13 나 14 가 15 나 16 나

17 해도의 축척에 대한 설명으로 옳지 않은 것은?

가 두 지점 사이의 실제 거리와 해도에서 이에 대응하는 두 지점 사이의 길이의 비를 축척이라 한다.

나 작은 지역을 상세하게 표시한 해도를 소축척 해도라 한다.

사 1:50,000 축척의 해도에서 해도상 거리가 4센티미터는 실제거리 2킬로미터이다.

아 대축척 해도가 소축척 해도보다 지형, 지물이 더 상세하게 나타난다.

해도의 축척 : 두 지점 사이의 실제 거리와 해도에서 이에 대응하는 두 지점 사이의 거리의 비를 말한다.
• **대축척 해도** : 좁은 지역을 상세하게 표시한 해도(항박도)
• **소축척 해도** : 넓은 지역을 작게 나타낸 해도(총도, 항양도)

18 종이해도에 대한 설명으로 옳은 것은?

가 해도는 매년 개정되어 발행된다.

나 해도는 외국 것일수록 좋다.

사 해도번호가 같아도 내용은 다르다.

아 해도에서는 해도용 연필을 사용하는 것이 좋다.

가. 해도는 간행 후 항행통보 등을 통해 새로운 자료를 입수할 때마다 정정해야 하므로, 매년 개정되어 발행되는 것은 아니다.
나. 안전 항해를 위한 안내도인 해도는 자국 연안에 관한 사항을 기록하고 있으므로, 자국 해도가 외국 해도보다 더 낫다고 볼 수 있다. 다만, 여러 나라를 항해할 경우에는 자국 해도와 더불어 전 세계를 모두 나타내는 해도를 이용해야 한다.
사. 해도번호가 같으면 내용도 같다.

19 중심이 주위보다 따뜻하고, 여름철 대륙 내에서 발생하는 저기압으로, 상층으로 갈수록 저기압성 순환이 줄어들면서 어느 고도 이상에서 사라지는 키가 작은 저기압은?

가 전선 저기압   **나** 비전선 저기압
사 한랭 저기압   **아** 온난 저기압

가. **전선 저기압** : 기압 기울기가 큰 온대 및 한대 지방에서 발생하는 저기압으로 전선을 동반한다.
나. **비전선 저기압** : 한여름에 내륙, 분지, 사막 등에서 강한 햇볕에 의한 공기의 상승에 의해 발생하는 소규모 저기압이다.
사. **한랭 저기압** : 중심이 차고 주위가 대칭적으로 따뜻하여 주위의 층 두께가 상대적으로 더 두껍고, 중심에서는 저기압의 강도가 위까지 강하게 나타나는 키 큰 저기압이다.

20 등질에 대한 설명으로 옳지 않은 것은?

가 섬광등은 빛을 비추는 시간이 꺼져 있는 시간보다 짧은 등이다.

나 호광등은 색깔이 다른 종류의 빛을 교대로 내며, 그 사이에 등광은 꺼지는 일이 없는 등이다.

사 분호등은 3가지 등색을 바꾸어 가며 계속 빛을 내는 등이다.

아 모스 부호등은 모스 부호를 빛으로 발하는 등이다.

야간표지에 사용되는 등화의 등질
• **부동등**(F) : 등색이나 등력(광력)이 바뀌지 않고 일정하게 계속 빛을 내는 등
• **명암등**(Oc) : 한 주기 동안에 빛을 비추는 시간(명간)이 꺼져 있는 시간(암간)보다 길거나 같은 등

정답 17 나 18 아 19 아 20 사

- **섬광등**(Fl) : 빛을 비추는 시간(명간)이 꺼져 있는 시간 (암간)보다 짧은 것으로, 일정한 간격으로 섬광을 내는 등
- **호광등**(Alt) : 색깔이 다른 종류의 빛을 교대로 내며, 그 사이에 등광은 꺼지는 일이 없는 등
- **모스 부호등**(Mo) : 모스 부호를 빛으로 발하는 것으로, 어떤 부호를 발하느냐에 따라 등질이 달라지는 등
- **분호등** : 서로 다른 지역을 다른 색상으로 비추는 등화로, 주로 위험구역만을 주로 홍색광으로 비추는 등화

21 다음 그림의 항로표지에 대한 설명으로 옳은 것은?

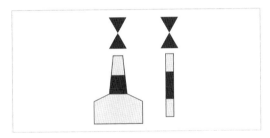

- 가 표지의 동쪽에 가항수역이 있다.
- 나 표지의 서쪽에 가항수역이 있다.
- 사 표지의 남쪽에 가항수역이 있다.
- 아 표지의 북쪽에 가항수역이 있다.

동방위표지(◆), 서방위표지(✕), 남방위표지(▼), 북방위표지(▲)
동방위표지는 동쪽으로, 서방위표지는 서쪽으로, 남방위표지는 남쪽으로, 북방위표지는 북쪽으로 항해하라는 의미이다. 따라서 '나'가 옳다.

22 보통 적설량 10센티미터의 눈은 몇 센티미터의 강우량에 해당하는가?

- 가 약 1센티미터
- 나 약 2센티미터
- 사 약 3센티미터
- 아 약 5센티미터

강수량은 강우, 강설 또는 그 밖의 형태로 지상에 낙하하는 물의 양을 말하며, 강우량은 우량계로 측정한다. 강설량은 눈이나 진눈깨비, 싸락눈 등을 원통에 직접 받아서 온수에 넣어 녹인 다음, 그 온수의 양을 뺀 값으로, 보통 10cm의 눈은 1cm의 강우량에 해당한다.

23 찬 공기가 따뜻한 공기 쪽으로 가서 그 밑으로 쐐기처럼 파고 들어가 따뜻한 공기를 강제적으로 상승시킬 때 만들어지는 전선은?

- 가 한랭전선
- 나 온난전선
- 사 폐색전선
- 아 정체전선

- 나. **온난전선** : 따뜻한 공기가 찬 공기 위로 올라가면서 전선을 형성한다.
- 사. **폐색전선** : 한랭전선과 온난전선이 서로 겹쳐진 전선이다.
- 아. **정체전선**(장마전선) : 온난전선과 한랭전선이 이동하지 않고 정체해 있는 전선이다.

정답 21 나 22 가 23 가

24 항해계획을 수립할 때 구별하는 지역별 항로의 종류가 아닌 것은?

가 원양항로

나 왕복항로

사 근해항로

아 연안항로

항로의 분류
- 지리적 분류 : 연안항로, 근해항로, 원양항로(遠洋航路) 등
- 통행 선박의 종류에 따른 분류 : 범선항로, 소형선항로, 대형선항로 등
- 국가·국제기구에서 항해의 안전상 권장하는 항로 : 추천항로
- 운송상의 역할에 따른 분류 : 간선항로(幹線航路), 지선항로(支線航路)

25 항해계획을 수립할 때 고려해야 할 사항이 아닌 것은?

가 경제적 항해

나 항해일수의 단축

사 항해할 수역의 상황

아 선적항의 화물 준비 사항

항해하게 될 수역의 상황을 조사하여 면밀한 항해계획을 수립해야 하는데, 이때 고려사항으로는 안전한 항해, 항해일수의 단축, 경제성 등이다.

---

01 기관실과 일반 선창이 접하는 장소 사이에 설치하는 이중수밀격벽으로 방화벽의 역할을 하는 것은?

가 해치

나 코퍼댐

사 디프 탱크

아 빌지 용골

코퍼댐(cofferdam) : 기름 탱크와 기관실 또는 화물창, 혹은 다른 종류의 기름을 적재하는 탱크선의 탱크 사이에 설치하는 방유(放油)구획으로서 기름 유출에 의한 해양환경 피해를 방지하기 위한 것이다. 이는 방화벽 역할을 한다.

02 크레인식 하역장치의 구성 요소가 아닌 것은?

가 카고 훅

나 데릭 붐

사 토핑 윈치

아 선회 윈치

데릭은 와이어 로프 끝에 있는 훅(hook)에 화물을 걸고, 윈치로 와이어 로프를 감아 하역하는 방식으로 크레인식 방식과 다르다. 데릭에서 데릭 붐은 화물을 들어 올리는 역할을 하는 부분으로 팔에 해당한다.

03 타주가 없는 선박의 경우 계획만재흘수선상의 선수재 전면으로부터 타두 중심까지의 수평거리는?

가 전장 　　　 나 등록장

사 수선장 　　　 아 수선간장

점답 **24** 나 **25** 아 / **01** 나 **02** 나 **03** 아

가. **전장** : 선수의 최전단으로부터 선미의 최후단까지
의 수평거리. 선박의 저항, 추진력 계산에 사용
나. **등록장** : 상갑판 보(beam)상의 선수재 전면으로부
터 선미재 후면까지의 수평거리
사. **수선장** : 각 흘수선상의 물에 잠긴 선체의 선수재
전면에서 선미 후단까지의 수평거리

PART
03

04 타의 구조에서 ①은?

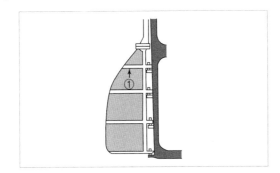

가 타판

나 핀틀

사 거전

아 러더 암

타의 구조

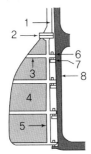

1. 타두재(rudder stock)
2. 러더 커플링
3. 러더 암
4. 타판
5. 타심재(main piece)
6. 핀틀
7. 거전
8. 타주

05 다음 중 합성섬유 로프가 아닌 것은?

가 마닐라 로프

나 폴리프로필렌 로프

사 나일론 로프

아 폴리에틸렌 로프

마닐라 로프는 물에 강한 마닐라삼으로 만든 선박용
로프로 합성섬유 로프가 아니다.

06 스톡 앵커의 각부 명칭을 나타낸 아래 그림에서 ㉠은?

가 암

나 생크

사 빌

아 스톡

07 강선의 선체 외판을 도장하는 목적이 아닌 것은?

가 장식

나 방식

사 방염

아 방오

도장의 목적

• **방식** : 도료는 물과 공기를 절연하는 도막을 형성하므로 강재 및 목재의 부식을 방지

• **방오** : 수선하에 도장하는 선저 도료에는 독물을 혼합하여 해중 생물의 부착을 방지

• **장식** : 도료에 아름다운 색채를 부여하여 여객과 선원에게 쾌감을 주고, 작업 능률을 올림

• **청결** : 강판이나 목재의 표면을 깔끔하게 하여 선박의 청결을 유지

08 보온복(Thermal protective aids)에 대한 설명으로 옳지 않은 것은?

가 구명동의 위에 착용하여 전신을 덮을 수 있어야 한다.

나 낮은 열 전도성을 가진 방수물질로 만들어진 포대기 또는 옷이다.

사 구명정이나 구조정에서는 혼자 착용이 불가능하므로 퇴선 시 착용한다.

아 만약 수영을 하는 데 지장이 있다면, 착용자가 2분 이내에 수중에서 벗어 버릴 수 있어야 한다.

구명정이나 구조정에서도 혼자 착용이 가능하다.

09 국제신호기를 이용하여 혼돈의 염려가 있는 방위신호를 할 때 최상부에 게양하는 기류는?

가 A기　　　나 B기

사 C기　　　아 D기

방위신호를 할 때 최상부에 게양하는 기류는 A기이고, 시각신호를 할 때 최상부에 게양하는 기류는 T기이다.

10 잔잔한 바다에서 의식불명의 익수자를 발견하여 구조하려 할 때, 안전한 접근방법은?

가 익수자의 풍하에서 접근한다.

나 익수자의 풍상에서 접근한다.

사 구조선의 좌현 쪽에서 바람을 받으면서 접근한다.

아 구조선의 우현 쪽에서 바람을 받으면서 접근한다.

의식불명의 익수자를 구조하고자 할 때는 익수자의 풍상에서 접근하여야 한다.

11 퇴선 시 여러 사람이 붙들고 떠 있을 수 있는 부체는?

가 구명조끼　　　나 구명줄

사 구명부기　　　아 방수복

가. **구명조끼**(구명동의) : 조난 또는 비상시 상체에 착용하는 것으로 고형식과 팽창식이 있다.

나. **구명줄** : 선박이 조난을 당한 경우 조난선과 구조선 또는 육상과 서로 연락할 수 있는 줄

아. **방수복** : 물이 스며들지 않아 수온이 낮은 물속에서 체온을 보호할 수 있는 옷으로, 2분 이내에 도움 없이 착용할 수 있어야 한다.

정답 　07 사　08 사　09 가　10 나　11 사

12 팽창식 구명뗏목에 대한 설명으로 옳지 않은 것은?

가 모든 해상에서 30일 동안 떠 있어도 견딜 수 있도록 제작되어야 한다.

나 선박이 침몰할 때 자동으로 이탈되어 조난자가 탈 수 있다.

사 구명정에 비해 항해 능력은 떨어지지만 손쉽게 강하할 수 있다.

아 수압이탈장치의 작동 수심 기준은 수면 아래 10미터이다.

팽창식 구명뗏목(구명벌, life raft)의 자동이탈장치는 선박이 침몰하여 수면 아래 3m 정도에 이르면 수압에 의해 작동하여 구명뗏목을 부상시킨다.

13 다음 그림과 같이 표시되는 장치는?

가 구명줄 발사기

나 구조정

사 줄사다리

아 자기 발연 신호

구명줄 발사기는 로켓 또는 탄환이 구명줄을 끌고 날아가게 하는 장치로, 선박이 조난을 당한 경우 조난선과 구조선 또는 조난선과 육상 간에 연결용 줄을 보내는데 사용된다.

14 초단파(VHF) 무선설비의 최대 출력은?

가 10W **나** 15W

사 20W **아** 25W

초단파(VHF) 무선설비는 VHF 채널 70(156.525MHz)에 의한 DSC와 채널 6, 13 및 16에 의한 무선전화 송수신을 하며, 조난경보신호를 발신할 수 있는 설비로, 최대 출력은 25W이다.

15 선체운동을 나타낸 그림에서 ⑤는?

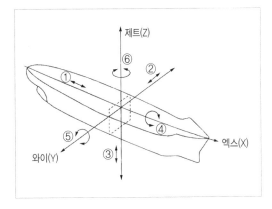

가 종동요 **나** 횡동요

사 선수동요 **아** 좌우동요

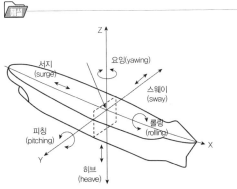

횡동요(rolling), 종동요(pitching), 선수동요(yawing), 전후동요(surge), 좌우동요(sway), 상하동요(heave)

16 선박 조종에 영향을 주는 요소가 아닌 것은?

가 바람　　　　　　나 파도

사 조류　　　　　　아 기온

선박 조종에 영향을 주는 요소에는 방형비척계수, 흘수, 트림, 속력, 파도, 바람 및 조류의 영향 등을 들 수 있다.

17 선박의 충돌 시 더 큰 손상을 예방하기 위해 취해야 하는 조치사항으로 옳지 않은 것은?

가 가능한 한 빨리 전진속력을 줄이기 위해 기관을 정지한다.

나 전복이나 침몰의 위험이 있더라도 좌초를 시켜서는 안 된다.

사 승객과 선원의 상해와 선박과 화물 손상에 대해 조사한다.

아 침수가 발생하는 경우, 침수구역 배출을 포함한 침수 방지를 위한 대응조치를 취한다.

선박의 충돌로 전복이나 침몰의 위험이 있을 경우 사람을 우선 대피시킨 후 수심이 낮은 곳에 좌초시킨다.

18 물에 빠진 익수자를 구조하는 조선법이 아닌 것은?

가 샤르노브 턴　　　나 표준 턴

사 앤더슨 턴　　　　아 윌리암슨 턴

구조 조선법 : 윌리암슨 턴(Williamson turn), 원턴(싱글 턴 또는 앤더슨 턴, Single turn or Anderson turn), 샤르노브 턴(Scharnow turn) 등

19 (　　)에 순서대로 적합한 것은?

> 우선회 고정피치 스크루 프로펠러 1개가 장착된 선박이 정지상태에서 전진할 때, 타가 중앙이면 추진기가 회전을 시작하는 초기에는 횡압력이 커서 선수가 (　　)하고, 전진속력이 증가하면 배출류가 강해져서 선수가 (　　)하려는 경향이 있다.

가 우회두, 우회두

나 우회두, 좌회두

사 좌회두, 좌회두

아 좌회두, 우회두

추진기가 회전을 시작하는 초기에는 횡압력이 커서 선수가 좌회두를 하고, 전진속력이 증가하면 배출류가 강해져서 선수가 우회두하려는 경향을 나타낸다.

20 스크루 프로펠러로 추진되는 선박을 조종할 때 천수의 영향에 대한 대책으로 옳지 않은 것은?

가 가능하면 흘수를 얇게 조정한다.

나 천수역을 고속으로 통과한다.

사 천수역 통항에 필요한 여유수심을 확보한다.

아 가능한 고조 상태일 때 천수역을 통과한다.

저속 항행을 한다.

정답　16 아　17 나　18 나　19 아　20 나

21 선박의 안정성에 대한 설명으로 옳지 않은 것은?

가 배의 중심은 적하상태에 따라 이동한다.

나 유동수로 인하여 복원력이 감소할 수 있다.

사 배의 무게중심이 낮은 배를 보톰 헤비 (Bottom heavy) 상태라 한다.

아 배의 무게중심이 높은 경우에는 파도를 옆에서 받고 조선하도록 한다.

선박이 파도나 바람 등의 외력에 의하여 어느 한쪽으로 기울었을 때 원래의 위치로 되돌아오려는 성질인 복원성이 높으려면 무게중심이 낮아야 한다. 따라서 복원성이 떨어지는 무게중심이 높은 상태에서 파도를 옆에서 받으면서 항해를 하게 되면 전복 가능성이 높아지므로, 파도를 옆에서 받는 조선법은 위험하다.

22 황천 중에 항행이 곤란할 때의 조선상의 조치로서 선수를 풍랑 쪽으로 향하게 하여 조타가 가능한 최소의 속력으로 전진하는 방법은?

가 표주(Lie to)법

나 순주(Scuding)법

사 거주(Heave to)법

아 진파기름(Storm oil)의 살포

가. **표주(Lie to)법** : 기관을 정지하여 선체가 풍하 측으로 표류하도록 하는 방법을 표주라고 한다.

나. **순주(Scuding)법** : 풍랑을 선미 사면(quarter)에서 받으며, 파에 쫓기는 자세로 항주하는 방법을 순주라고 한다.

아. **진파기름(Storm oil)의 살포** : 고장 선박이 표주할 때에 선체 주위에 점성이 큰 동물성 기름이나 식물성 기름을 살포하여 파랑을 진정시킬 수 있는데, 이러한 목적으로 사용하는 기름을 진파기름이라고 한다.

23 다음 중 태풍으로부터 피항하는 가장 좋은 방법은?

가 가항반원으로 항해한다.

나 선미 바람이 되도록 항해한다.

사 위험반원의 반대쪽으로 항해한다.

아 미리 태풍의 중심으로부터 최대한 멀리 떨어진다.

태풍으로부터 피항하는 가장 좋은 방법은 미리 태풍 중심으로부터 최대한 멀리 벗어나는 것이다.

24 화재의 종류 중 전기화재가 속하는 것은?

가 A급 화재

나 B급 화재

사 C급 화재

아 D급 화재

화재의 종류
- **일반화재(A급)** : 백색으로 분류. 일반 가연성 물질에 의한 화재로, 물로 소화가 가능하며, 타고난 후 재가 남는다.
- **유류가스화재(B급)** : 황색으로 분류. 가스에 의한 화재로, 물은 효과가 없으며 토사나 소화기로만 소화가 가능하다. 공기와 일정 비율 혼합 시 불씨에 의한 재가 남지 않는다.
- **전기화재(C급)** : 청색으로 분류. 전기 에너지가 불로 전이되는 화재로, 질식소화나 특수소화기를 사용해야 한다.
- **금속화재(D급)** : 회색이나 은색으로 분류. 금속물질에 의한 화재로 특수소화기 등을 사용한다.

정답 21 아 22 사 23 아 24 사

25 정박 중 선내 순찰의 목적이 아닌 것은?

가 선내 각부의 화재위험 여부 확인

나 선내 불빛이 외부로 새어 나가는지의 여부 확인

사 정박등을 포함한 각종 등화 및 형상물 확인

아 각종 설비의 이상 유무 확인

정박 중 선내 순찰의 목적
• 투묘 위치 확인, 닻줄 또는 계선줄의 상태
• 선내 각부의 화기 및 이상한 냄새
• 도난 방지, 승무원의 재해 방지
• 정박등을 포함한 각종 등화 및 형상물 표시
• 화물의 적·양하, 통풍, 천창, 해치 커버 개폐
• 거주구역, 급식 설비, 위생 설비의 청소 상태
• 기타 각종 설비의 이상 유무 등

제3과목 **법규**

01 해사안전법상 선미등의 수평사광범위와 등색은?

가 135도, 붉은색

나 225도, 붉은색

사 135도, 흰색

아 225도, 흰색

선미등 : 135도에 걸치는 수평의 호를 비추는 흰색 등으로서 그 불빛이 정선미 방향으로부터 양쪽 현의 67.5도까지 비출 수 있도록 선미 부분 가까이에 설치된 등(해상교통안전법 제86조 제3호)

02 ( )에 적합한 것은?

> 해사안전법상 ( )에서는 어망 또는 그 밖에 선박의 통항에 영향을 주는 어구 등을 설치하거나 양식업을 하여서는 아니 된다.

가 연해구역

나 교통안전특정해역

사 통항분리수역

아 무역항의 수상구역

교통안전특정해역에서는 어망 또는 그 밖에 선박의 통항에 영향을 주는 어구 등을 설치하거나 양식업을 하여서는 아니 된다(해상교통안전법 제9조 제2항).

정답 25 나 / 01 사 02 나

03 해사안전법상 해양경찰청 소속 경찰공무원의 음주측정에 대한 설명으로 옳지 않은 것은?

가 술에 취한 상태의 기준은 혈중알코올농도 0.01퍼센트 이상으로 한다.

나 다른 선박의 안전운항을 해칠 우려가 있는 경우 측정할 수 있다.

사 술에 취한 상태에서 조타기를 조작할 것을 지시하였을 경우 측정할 수 있다.

아 측정결과에 불복하는 경우 동의를 받아 혈액채취 등의 방법으로 다시 측정할 수 있다.

술에 취한 상태의 기준은 혈중알코올농도 0.03퍼센트 이상으로 한다(해상교통안전법 제39조 제4항).

04 ( )에 적합한 것은?

해사안전법상 선박은 주위의 상황 및 다른 선박과 충돌할 수 있는 위험성을 충분히 파악할 수 있도록 ( ) 및 당시의 상황에 맞게 이용할 수 있는 모든 수단을 이용하여 항상 적절한 경계를 하여야 한다.

가 시각·청각

나 청각·후각

사 후각·미각

아 미각·촉각

선박은 주위의 상황 및 다른 선박과 충돌할 수 있는 위험성을 충분히 파악할 수 있도록 시각·청각 및 당시의 상황에 맞게 이용할 수 있는 모든 수단을 이용하여 항상 적절한 경계를 하여야 한다(해상교통안전법 제70조).

05 해사안전법상 '안전한 속력'을 결정할 때 고려하여야 할 사항이 아닌 것은?

가 선박의 흘수와 수심과의 관계

나 본선의 조종성능

사 해상교통량의 밀도

아 활용 가능한 경계원의 수

안전한 속력을 결정할 때 고려사항 : 시계의 상태, 해상교통량의 밀도, 선박의 정지거리·선회성능, 항해에 지장을 주는 불빛의 유무, 바람·해면 및 조류의 상태와 항행장애물의 근접상태, 선박의 흘수와 수심과의 관계, 레이더의 특성 및 성능, 해면상태·기상 등(해상교통안전법 제71조 제2항)

06 해사안전법상 2척의 범선이 서로 접근하여 충돌할 위험이 있는 경우 각 범선이 다른 쪽 현에 바람을 받고 있는 경우에 항행방법으로 옳은 것은?

가 대형 범선이 소형 범선을 피항한다.

나 바람이 불어오는 쪽의 범선이 바람이 불어가는 쪽의 범선의 진로를 피한다.

사 우현에서 바람을 받는 범선이 피항선이다.

아 좌현에 바람을 받고 있는 범선이 다른 범선의 진로를 피한다.

각 범선이 다른 쪽 현(舷)에 바람을 받고 있는 경우에는 좌현(左舷)에 바람을 받고 있는 범선이 다른 범선의 진로를 피하여야 한다. 또한 두 범선이 서로 같은 현에 바람을 받고 있는 경우에는 바람이 불어오는 쪽의 범선이 바람이 불어가는 쪽의 범선의 진로를 피하여야 한다(해상교통안전법 제77조 제1항).

정답 03 가 04 가 05 아 06 아

07 ( )에 순서대로 적합한 것은?

해사안전법상 밤에는 다른 선박의 ( )만을 볼 수 있고 어느 쪽의 ( )도 볼 수 없는 위치에서 그 선박을 앞지르기 하는 선박은 앞지르기 하는 배로 보고 필요한 조치를 취하여야 한다.

가 선수등, 현등　　**나** 선수등, 전주등

사 선미등, 현등　　**아** 선미등, 전주등

다른 선박의 양쪽 현의 정횡(正橫)으로부터 22.5도를 넘는 뒤쪽[밤에는 다른 선박의 선미등(船尾燈)만을 볼 수 있고 어느 쪽의 현등(舷燈)도 볼 수 없는 위치를 말한다]에서 그 선박을 앞지르기 하는 선박은 앞지르기 하는 배로 보고 필요한 조치를 취하여야 한다(해상교통안전법 제78조 제2항).

08 해사안전법상 제한된 시계에서 레이더만으로 자선의 양쪽 현의 정횡 앞쪽에 충돌 위험이 있는 다른 선박을 발견하였을 때 취할 수 있는 사항으로 옳지 않은 것은? (단, 앞지르기당하고 있는 경우는 제외한다.)

가 무중신호의 취명 유지

나 안전한 속력의 유지

사 동력선은 기관을 즉시 조작할 수 있도록 준비

아 침로 변경만으로 피항동작을 할 경우 좌현 변침

피항동작이 침로의 변경을 수반하는 경우에는 될 수 있으면 다른 선박이 자기 선박의 양쪽 현의 정횡 앞쪽에 있는 경우 좌현 쪽으로 침로를 변경하는 행위(앞지르기당하고 있는 선박에 대한 경우는 제외한다)는 피하여야 한다(해상교통안전법 제84조 제5항 제1호).

09 해사안전법상 등화에 사용되는 등색이 아닌 것은?

가 붉은색　　**나** 녹색

사 흰색　　**아** 청색

해상교통안전법상 청색은 등화에 사용되는 등색이 아니다(법 제86조).

10 해사안전법상 항행 중인 길이 20미터 미만의 범선이 현등과 선미등을 대신하여 표시할 수 있는 등화는?

가 양색등

나 삼색등

사 섬광등

아 흰색 전주등

항행 중인 길이 20미터 미만의 범선은 현등과 선미등을 대신하여 마스트의 꼭대기나 그 부근의 가장 잘 보이는 곳에 삼색등 1개를 표시할 수 있다(해상교통안전법 제90조 제2항).

11 해사안전법상 항행장애물에 해당하지 않는 것은?

가 침몰이 임박한 선박

나 좌초가 충분히 예견되는 선박

사 선박으로부터 수역에 떨어진 물건

아 정박지에 묘박 중인 선박

항행장애물이란 선박으로부터 떨어진 물건, 침몰·좌초된 선박(예견 포함) 또는 이로부터 유실된 물건 등 해양수산부령으로 정하는 것으로서 선박항행에 장애가 되는 물건을 말한다(해상교통안전법 제2조 제15호).

정답　07 사　08 아　09 아　10 나　11 아

12 해사안전법상 '섬광등'의 정의는?

가 선수 쪽 225도의 수평사광범위를 갖는 등

나 선미 쪽 135도의 수평사광범위를 갖는 등

사 360도에 걸치는 수평의 호를 비추는 등화로서 일정한 간격으로 1분에 120회 이상 섬광을 발하는 등

아 360도에 걸치는 수평의 호를 비추는 등화로서 일정한 간격으로 1분에 60회 이상 섬광을 발하는 등

해설

섬광등 : 360도에 걸치는 수평의 호를 비추는 등화로서 일정한 간격으로 1분에 120회 이상 섬광을 발하는 등(해상교통안전법 제86조 제6호)

13 해사안전법상 안개 속에서 2분을 넘지 아니하는 간격으로 장음 1회의 기적을 들었을 때 기적을 울린 선박은?

가 조종불능선

나 피예인선을 예인 중인 예인선

사 대수속력이 있는 항행 중인 동력선

아 대수속력이 없는 항행 중인 동력선

해설

항행 중인 동력선은 대수속력이 있는 경우에는 2분을 넘지 아니하는 간격으로 장음을 1회 울려야 한다(해상교통안전법 제100조).

14 해사안전법상 항행 중인 동력선이 서로 상대의 시계 안에 있는 경우 울려야 하는 기적신호로 옳지 않은 것은?

가 침로를 오른쪽으로 변경하고 있는 선박의 경우 단음 1회

나 침로를 왼쪽으로 변경하고 있는 선박의 경우 단음 2회

사 기관을 후진하고 있는 선박의 경우 단음 3회

아 좁은 수로 등의 장애물 때문에 다른 선박을 볼 수 없는 수역에 접근하는 선박의 경우 장음 2회

해설

좁은 수로 등의 굽은 부분이나 장애물 때문에 다른 선박을 볼 수 없는 수역에 접근하는 선박은 장음으로 1회의 기적신호를 울려야 한다(해상교통안전법 제99조 제6항).

15 해사안전법상 장음과 단음에 대한 설명으로 옳은 것은?

가 단음 : 1초 정도 계속되는 고동소리

나 단음 : 3초 정도 계속되는 고동소리

사 장음 : 8초 정도 계속되는 고동소리

아 장음 : 10초 정도 계속되는 고동소리

해설

기적의 종류(해상교통안전법 제97조)

• 단음 : 1초 정도 계속되는 고동소리

• 장음 : 4초부터 6초까지의 시간 동안 계속되는 고동소리

정답 12 사 13 사 14 아 15 가

16 ( )에 순서대로 적합한 것은?

> 선박의 입항 및 출항 등에 관한 법률상 누구든지 무역항의 수상구역 등이나 무역항의 수상구역 밖 ( ) 이내의 수면에 선박의 안전운항을 해칠 우려가 있는 ( )을 버려서는 아니 된다.

가 5킬로미터, 선박

나 10킬로미터, 폐기물

사 10킬로미터, 장애물

아 5킬로미터, 폐기물

누구든지 무역항의 수상구역 등이나 무역항의 수상구역 밖 10킬로미터 이내의 수면에 선박의 안전운항을 해칠 우려가 있는 흙·돌·나무·어구(漁具) 등 폐기물을 버려서는 아니 된다(법 제38조 제1항).

17 선박의 입항 및 출입 등에 관한 법률상 무역항의 수상구역 등에서 위험물취급자의 안전관리에 대한 설명으로 옳은 것을 다음에서 모두 고른 것은?

> ㄱ. 위험물 취급에 관한 안전관리자를 배치한다.
> ㄴ. 위험표지 및 출입통제시설을 설치한다.
> ㄷ. 선박과 육상 간의 통신수단을 확보한다.
> ㄹ. 위험물의 종류에 상관없이 기본적인 소화장비를 비치한다.

가 ㄱ, ㄷ

나 ㄴ, ㄹ

사 ㄱ, ㄴ, ㄷ

아 ㄱ, ㄷ, ㄹ

ㄹ. 위험물의 특성에 맞는 소화장비를 비치해야 한다(법 제35조 제1항).

18 ( )에 적합한 것은?

> 선박의 입항 및 출입 등에 관한 법률상 선박의 고장이나 그 밖의 사유로 선박을 조종할 수 없는 경우 선박을 항로에 정박시키거나 정류시키려는 선박의 선장은 해사안전법에 따른 ( ) 표시를 하여야 한다.

가 추월선

나 정박선

사 조종불능선

아 조종제한선

선박의 입항 및 출입 등에 관한 법률상 선박의 고장이나 그 밖의 사유로 선박을 조종할 수 없는 경우 선박을 항로에 정박시키거나 정류시키려는 선박의 선장은 「해상교통안전법」에 따른 조종불능선 표시를 하여야 한다(법 제11조 제2항).

19 선박의 입항 및 출입 등에 관한 법률상 ( )에 순서대로 적합한 것은?

> 무역항의 수상구역 등에 정박하는 선박은 지체 없이 ( )을 내릴 수 있도록 ( )를 해제하고, ( )은 즉시 운항할 수 있도록 기관의 상태를 유지하는 등 안전에 필요한 조치를 하여야 한다.

가 예비용 닻, 닻 고정장치, 동력선

나 투묘용 닻, 닻 고정장치, 모든 선박

사 예비용 닻, 윈드라스, 모든 선박

아 투묘용 닻, 윈드라스, 동력선

무역항의 수상구역 등에 정박하는 선박은 지체 없이 예비용 닻을 내릴 수 있도록 닻 고정장치를 해제하고, 동력선은 즉시 운항할 수 있도록 기관의 상태를 유지하는 등 안전에 필요한 조치를 하여야 한다(법 제6조 제4항).

정답 16 나 17 사 18 사 19 가

20 다음 중 선박의 입항 및 출입 등에 관한 법률상 해양사고를 피하기 위한 경우 등 해양수산부령으로 정하는 사유가 아닌 경우 무역항의 수상구역 등을 통과할 때 지정·고시된 항로를 따라 항행하여야 하는 선박은?

가 예선

나 압항부선

사 주로 삿대로 운전하는 선박

아 예인선이 부선을 끌거나 밀고 있는 경우의 예인선 및 부선

우선피항선 외의 선박은 무역항의 수상구역 등에 출입하는 경우 또는 무역항의 수상구역 등을 통과하는 경우에는 지정·고시된 항로를 따라 항행하여야 한다(법 제10조 제2항).
압항부선은 우선피항선에 포함되지 않으므로 지정·고시된 항로를 따라 항행해야 한다.

21 ( )에 순서대로 적합한 것은?

선박의 입항 및 출항 등에 관한 법률상 ( )은/는 ( )로부터/으로부터 최고속력의 지정을 요청받은 경우 특별한 사유가 없으면 무역항의 수상구역 등에서 선박 항행 최고속력을 지정·고시해야 한다.

가 해양경찰서장, 시·도지사

나 지방해양수산청장, 시·도지사

사 시·도지사, 해양수산부장관

아 관리청, 해양경찰청장

관리청은 해양경찰청장으로부터 최고속력의 지정을 요청받은 경우 특별한 사유가 없으면 무역항의 수상구역 등에서 선박 항행 최고속력을 지정·고시하여야 한다(법 제17조 제2·3항).

22 해양환경관리법상 분뇨오염방지설비가 아닌 것은?

가 분뇨처리장치

나 분뇨마쇄소독장치

사 분뇨저장탱크

아 대변용 설비

분뇨오염방지설비(법 제25조 제1항 「선박에서의 오염방지에 관한 규칙」 제14조 제2항 제1호) : 분뇨처리장치, 분뇨마쇄소독장치, 분뇨저장탱크

23 선박의 입항 및 출항 등에 관한 법률상 무역항의 수상구역 등에 출입하는 경우에 항로를 따라 항행하지 않아도 되는 선박은?

가 우선피항선

나 총톤수 20톤 이상의 병원선

사 총톤수 20톤 이상의 여객선

아 총톤수 20톤 이상의 실습선

우선피항선 외의 선박은 무역항의 수상구역 등에 출입하는 경우 또는 무역항의 수상구역 등을 통과하는 경우에는 지정·고시된 항로를 따라 항행하여야 한다. 다만, 해양사고를 피하기 위한 경우 등 해양수산부령으로 정하는 사유가 있는 경우에는 그러하지 아니하다(법 제10조 제2항).

정답 20 나 21 아 22 아 23 가

24 해양환경관리법상 배출기준을 초과하는 오염물질이 해양에 배출된 경우 누구에게 신고하여야 하는가?

가 환경부장관
나 해양경찰청장
사 지방해양수산청장
아 관할 시장·군수·구청장

대통령령이 정하는 배출기준을 초과하는 오염물질이 해양에 배출되거나 배출될 우려가 있다고 예상되는 경우 해당하는 자는 지체 없이 해양경찰청장 또는 해양경찰서장에게 이를 신고하여야 한다(해양환경관리법 제63조 제1항).

25 해양환경관리법상 선박에서 배출할 수 있는 오염물질의 배출 방법으로 옳지 않은 것은?

가 빗물이 섞인 폐유를 전량 육상에 양륙한다.
나 정박 중 발생한 음식찌꺼기를 선박이 출항 후 즉시 투기한다.
사 저장용기에 선저폐수를 저장해서 육상에 양륙한다.
아 플라스틱 용기를 분류해서 저장한 후 육상에 양륙한다.

음식찌꺼기는 영해기선으로부터 최소한 12해리 이상의 해역. 다만, 분쇄기 또는 연마기를 통하여 25mm 이하의 개구(開口)를 가진 스크린을 통과할 수 있도록 분쇄되거나 연마된 음식찌꺼기의 경우 영해기선으로부터 3해리 이상의 해역에 버릴 수 있다(「선박에서의 오염방지에 관한 규칙」 제8조 제2호 관련 [별표 3] 1. 나목 1)].

제4과목 **기관**

01 4행정 사이클 기관의 작동 순서로 옳은 것은?

가 흡입 → 압축 → 작동 → 배기
나 흡입 → 작동 → 압축 → 배기
사 흡입 → 배기 → 압축 → 작동
아 흡입 → 압축 → 배기 → 작동

4행정 사이클 기관은 '흡입 → 압축 → 작동 → 배기'의 순서로 작동된다.

02 선박용 디젤 기관의 요구 조건이 아닌 것은?

가 효율이 좋을 것
나 고장이 적을 것
사 시동이 용이할 것
아 운전회전수가 가능한 높을 것

선박기관이 갖추어야 할 조건
• 흡입공기에서 습기와 염분을 분리하는 장치가 필요하며, 냉각을 위해서 해수를 사용하기 때문에 부식에 강한 재료를 사용해야 한다.
• 운동하는 부품과 윤활 계통 설계는 횡동요와 종동요 등 선박의 운동에 잘 적응하도록 배려해야 한다.
• 좁고 밀폐된 공간에 설치되므로 흡기와 배기가 원활해야 한다.
• 수명이 길고 잦은 고장 없이 작동에 대한 신뢰성이 높아야 한다.
• 역회전 및 저속 운전이 가능하며, 과부하에도 견딜 수 있어야 한다.
• 효율이 좋고, 시동이 용이해야 한다.

정답 24 나 25 나 / 01 가 02 아

03 소형 디젤 기관에서 실린더 라이너의 심한 마멸에 의한 영향이 아닌 것은?

 가 압축 불량
 나 불완전 연소
 사 연소가스가 크랭크실로 누설
 아 착화 시기가 빨라짐

해설

실린더 라이너 마모의 영향 : 출력 저하, 압축압력의 저하, 연료의 불완전 연소, 연료 소비량 증가, 윤활유 소비량 증가, 기관의 시동성 저하, 가스가 크랭크실로 누설

04 "실린더 헤드는 다른 말로 (   )(이)라고도 한다."에서 (   )에 적합한 것은?

 가 피스톤
 나 연접봉
 사 실린더 커버
 아 실린더 블록

해설

실린더 헤드는 다른 말로 실린더 커버라고 한다.

05 소형기관에서 윤활유가 공급되는 곳은?

 가 피스톤 핀
 나 연료분사 밸브
 사 공기 냉각기
 아 시동공기밸브

해설

피스톤 핀은 피스톤과 커넥팅 로드를 연결하는 핀이며, 내부가 비어 있는 중공(hollow) 방식으로 되어 있다. 소형 디젤 기관에서는 피스톤 핀에 윤활유가 공급된다.

06 소형기관의 피스톤 재질에 대한 설명으로 옳지 않은 것은?

 가 무게가 무거운 것이 좋다.
 나 강도가 큰 것이 좋다.
 사 열전도가 잘 되는 것이 좋다.
 아 마멸에 잘 견디는 것이 좋다.

해설

피스톤은 고온·고압의 연소가스에 노출되어 내열성과 열전도성이 우수해야 하고, 고속으로 왕복운동을 하므로 가벼우면서 충분한 강도를 가져야 한다. 중·대형 기관의 피스톤은 보통 주철이나 주강으로 제작하며, 소형 고속 기관에서는 무게가 가볍고 열전도가 좋은 알루미늄 피스톤이 사용된다.

07 다음 그림과 같은 디젤 기관의 크랭크축에서 커넥팅 로드가 연결되는 곳은?

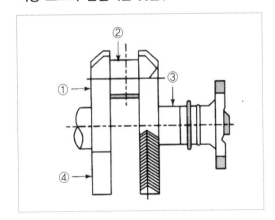

 가 ①   나 ②
 사 ③   아 ④

해설

그림의 ②는 크랭크 핀으로 크랭크 저널의 중심에서 크랭크 반지름만큼 떨어진 곳에 있으며 저널과 평행하게 설치한다. 트렁크형 기관에서 커넥팅 로드의 대단부와 연결된다.

정답 **03** 아 **04** 사 **05** 가 **06** 가 **07** 나

08 소형기관에서 크랭크축의 구성 요소가 아닌 것은?

가 크랭크 암

나 크랭크 핀

사 크랭크 저널

아 크랭크 보스

크랭크축(Crank shaft)**의 구성** : 크랭크 저널(Journal), 크랭크 핀(Pin) 및 크랭크 암(Arm)

09 디젤 기관의 운전 중 검은색 배기가 발생되는 경우는?

가 연료분사 밸브에 이상이 있을 경우

나 냉각수 온도가 규정치보다 조금 높을 경우

사 윤활유 압력이 규정치보다 조금 높을 경우

아 윤활유 온도가 규정치보다 조금 낮을 경우

검은색의 배기가스 발생 원인 : 공기 압력의 불충분, 연료 밸브의 개방 압력이 부적당하거나 연료분사 상태의 불량, 과부하 운전

10 운전 중인 디젤 기관의 연료유 사용량을 나타내는 계기는?

가 회전계 **나** 온도계

사 압력계 **아** 유량계

디젤 기관의 연료유 사용량을 나타내는 계기는 유량계이다.

11 동일 운전 조건에서 연료유의 질이 나쁘면 디젤 주기관에 나타나는 증상으로 옳은 것은?

가 배기온도가 내려가고 기관의 출력이 올라간다.

나 연료필터가 잘 막히고 기관의 출력이 떨어진다.

사 연료필터가 잘 막히고 냉각수 온도가 떨어진다.

아 배기온도가 내려가고 회전속도가 증가한다.

연료유의 질이 떨어지면 연료필터가 잘 막히고, 그로 인해 연료유의 공급이 원활하지 못해 기관의 출력이 떨어지게 된다.

12 소형기관에서 윤활유에 혼입될 우려가 가장 적은 것은?

가 윤활유 냉각기에서 누설된 수분

나 연소불량으로 발생한 카본

사 연료유에 혼입된 수분

아 운동부에서 발생된 금속가루

윤활유는 마찰이 큰 두 물체 사이에서 물체의 마모를 방지하고 마찰저항을 감소시키는 역할을 하므로, 연료유와 관계가 없어 연료유에 혼입된 수분과 윤활유가 혼입될 우려는 없다.

13 스크루 프로펠러의 추력을 받는 것은?

가 메인 베어링 **나** 스러스트 베어링

사 중간축 베어링 **아** 크랭크핀 베어링

정답 **08** 아 **09** 가 **10** 아 **11** 나 **12** 사 **13** 나

스러스트 베어링(thrust bearing, 추력 베어링) : 선체에 부착되어 있으며, 추력 칼라의 앞과 뒤에 설치되어 프로펠러로부터 전달되어 오는 추력을 추력 칼라에서 받아 선체에 전달하여 선박을 추진시킨다.

14 앵커를 감아올리는 데 사용하는 장치는?

가 양화기   나 조타기
사 양묘기   아 크레인

양묘기(windlass)는 닻(anchor)을 감아올리거나 내리는 작업을 할 때 이용한다. 또는 선박을 부두에 접안시킬 때 계선줄을 감는 데 사용되는 갑판 보조기계이다.

15 1시간에 1,852미터를 항해하는 선박이 10시간 동안 몇 해리를 항해하는가?

가 1해리   나 2해리
사 5해리   아 10해리

1해리는 1,852m이므로 1시간에 1,852m를 항해하는 선박이 10시간 항해한 거리는 10해리가 된다.

16 원심 펌프의 부속품은?

가 평기어   나 임펠러
사 피스톤   아 배기밸브

원심 펌프의 부속품 : 임펠러, 마우스 링, 케이싱, 와류실, 안내 날개, 주축, 축 이음, 베어링, 축봉장치, 글랜드 패킹, 체크밸브, 송출밸브

17 기관실의 연료유 펌프로 가장 적합한 것은?

가 기어 펌프
나 왕복 펌프
사 축류 펌프
아 원심 펌프

기어 펌프는 구조가 간단하고, 왕복 펌프에 비해 고속으로 회전할 수 있어서 소형으로도 송출량을 높일 수 있고 경량이며, 흡입 양정이 크고 점도가 높은 유체를 이송하는 데 적합하다. 따라서 연료유 펌프로 적합하다.

18 전동기의 운전 중 주의사항으로 옳지 않은 것은?

가 발열되는 곳이 있는지를 점검한다.
나 이상한 소리, 냄새 등이 발생하는지를 점검한다.
사 전류계의 지시치에 주의한다.
아 절연저항을 자주 측정한다.

전동기 운전 시 주의사항 : 전원과 전동기의 결선 확인, 이상한 소리·진동, 냄새·각부의 발열 등의 확인, 조임볼트와 전류계의 지시치 확인

19 220[V] 교류 발전기에 대한 설명으로 옳은 것은?

가 회전속도가 일정해야 한다.
나 원동기의 출력이 일정해야 한다.
사 부하전류가 일정해야 한다.
아 부하전력이 일정해야 한다.

교류 발전기는 회전속도가 일정해야 한다.

정답 14 사 15 아 16 나 17 가 18 아 19 가

20 납축전지의 구성 요소가 아닌 것은?

가 극판　　　나 충전판

사 격리판　　　아 전해액

납축전지의 구성 요소 : 극판군(음극판, 양극판, 격리판), 전해액

21 디젤 기관의 시동용 공기탱크의 압력으로 가장 적절한 것은?

가 10~15bar　　　나 15~20bar

사 20~25bar　　　아 25~30bar

디젤 기관의 시동용 공기탱크의 압력은 25~30bar이다.

22 항해 중 디젤 주기관이 비상정지되는 경우는?

가 윤활유 압력이 너무 낮을 때

나 급기온도가 너무 낮을 때

사 윤활유 압력이 너무 높을 때

아 급기온도가 너무 높을 때

윤활유 압력이 너무 낮으면 엔진의 마모 방지와 마찰저항을 감소시키는 역할을 하는 윤활유의 공급이 원활치 못하게 되므로 엔진 과열로 기관이 정지하게 된다.

23 운전 중인 디젤 주기관에서 윤활유 펌프의 압력에 대한 설명으로 옳은 것은?

가 속도가 증가하면 압력을 더 높여 준다.

나 배기온도가 올라가면 압력을 더 높여 준다.

사 부하에 관계없이 압력을 일정하게 유지한다.

아 운전마력이 커지면 압력을 더 낮춘다.

윤활유 펌프의 압력은 부하와 상관없이 일정하게 유지해야 한다.

24 연료유의 끈적끈적한 성질의 정도를 나타내는 용어는?

가 점도　　　나 비중

사 밀도　　　아 융점

나. **비중** : 부피가 같은 기름의 무게와 물의 무게의 비

사. **밀도** : 일정한 부피에 해당하는 물질의 질량

아. **융점** : 주어진 압력에서 고체가 융해하기 시작하는 온도

25 연료유 수급 중 주의사항으로 옳지 않은 것은?

가 수급 탱크의 수급량을 자주 계측한다.

나 수급 호수 연결부에서의 누유 여부를 점검한다.

사 적절한 압력으로 공급되는지의 여부를 확인한다.

아 휴대식 소화기와 오염방제자재를 비치한다.

연료유 수급 시 주의사항

• 연료유 수급 중 선박의 흘수 변화에 주의해야 하며, 적절한 압력으로 공급되는지의 여부를 확인한다.

• 주기적으로 측심하여 수급량을 계산해야 하며, 주기적으로 누유되는 곳이 있는지를 점검한다.

• 에어 벤트로부터 공기가 정상적으로 빠져나오는지를 확인하고, 선체의 종경사 및 횡경사에 주의하여야 한다.

• 수급밸브가 닫혀 있는 탱크로 연료유가 공급되는지 여부를 확인하여야 한다.

정답 20 나　21 아　22 가　23 사　24 가　25 아

제1과목   항해

01 자기 컴퍼스 볼의 구조에 대한 아래 그림에서 ㉠은?

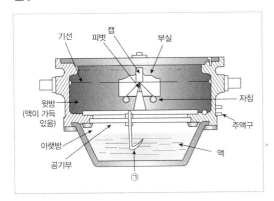

가 짐벌즈   나 섀도 핀 꽂이

사 연결관   아 컴퍼스 카드

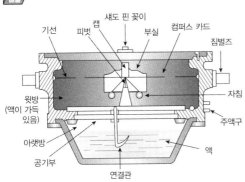

02 경사 제진식 자이로컴퍼스에만 있는 오차는?

가 위도오차   나 속도오차

사 동요오차   아 가속도오차

위도오차(제진오차)는 제진 세차 운동과 지북 세차 운동이 동시에 일어나는 경사 제진식 제품에만 생기는 오차이다.

03 수심을 측정할 뿐만 아니라 개략적인 해저의 형상이나 어군의 존재를 파악하기 위한 계기는?

가 나침의   나 선속계

사 음향측심기   아 핸드 레드

해설

가. **나침의** : 방위 측정용 계기
나. **선속계** : 선박의 속력과 항주거리 등을 측정하는 계기이다.
사. **음향측심기** : 해저의 저질, 어군 존재 파악을 위한 것으로 초행인 수로 출입, 여울, 암초 등에 접근할 때 안전 항해를 위하여 사용한다.
아. **핸드 레드** : 수심이 얕은 곳에서 수심과 저질을 측정하는 측심의로, 3~7kg의 레드와 45~70m 정도의 레드라인으로 구성된다.

04 자북이 진북의 왼쪽에 있을 때의 오차는?

가 편서편차
나 편동자차
사 편동편차
아 지방자기

해설

어느 지점에서의 편차는 자침이 가리키는 북(자북)이 진자오선(진북)의 오른쪽에 있을 때를 편동편차, 왼쪽에 있을 때를 편서편차로 구별하며, 각각 E 또는 W를 붙여 표시한다.

정답 **01** 사 **02** 가 **03** 사 **04** 가

05 지구 자기장의 복각이 0°가 되는 지점을 연결한 선은?

가 지자극 나 자기적도
사 지방자기 아 북회귀선

가. **지자극** : 지구 내부에 막대자석을 놓았다고 가정할 때, 이 자석의 축을 연장한 방향이 지구 표면과 만나는 점으로, 이 축은 지구의 회전축에서 11도가량 기울어져 있다.

아. **북회귀선** : 태양이 머리 위 천정을 지나는 가장 북쪽 지점을 잇는 위선이다. 매년 북반구의 여름 하지 때 태양이 머리 위를 지나며, 하지선(夏至線)이라고도 한다.

06 선박자동식별장치(AIS)에서 확인할 수 없는 정보는?

가 선명
나 선박의 흘수
사 선박의 목적지
아 선원의 국적

이 시스템은 선박과 선박 간 그리고 선박과 선박교통관제(VTS)센터 사이에 선박의 선명, 위치, 침로, 속력 등의 선박 관련 정보와 항해 안전 정보 등을 자동으로 교환함으로써 선박 상호 간의 충돌을 예방하고, 선박의 교통량이 많은 해역에서는 선박교통관리에 효과적으로 이용될 수 있다. 이의 정보에는 정적 정보(IMO 식별번호, 호출부호, 선명, 선박의 길이 및 폭, 선박의 종류, 적재 화물, 안테나 위치 등), 동적 정보(침로, 선수 방위, 대지 속력 등), 항해 관련 정보(흘수, 선박의 목적지, 도착 예정 시간, 항해계획, 충돌 예방에 필요한 단문 통신 등)가 있다.

07 항해 중에 산봉우리, 섬 등 해도상에 기재되어 있는 2개 이상의 고정된 뚜렷한 물표를 선정하여 거의 동시에 각각의 방위를 측정하여 선위를 구하는 방법은?

가 수평협각법 나 교차방위법
사 추정위치법 아 고도측정법

교차방위법은 2개 이상의 뚜렷한 물표를 선정하여 거의 동시에 각각의 방위를 재어 해도상에 방위선을 긋고 이들의 교점을 선위로 측정하는 방법이다.

08 실제의 태양을 기준으로 측정하는 시간은?

가 시태양시 나 항성시
사 평시 아 태음시

나. **항성시** : 천체를 측정하기 위한 시각계(時刻系)로서 기준 천체를 춘분점(春分點)으로 한 것이다. 즉, 춘분점을 하나의 천체로 보았을 때의 시각을 말한다.

사. **평시** : 일상에서 사용하는 시간을 말한다.

아. **태음시** : 달 기준 천체로 정한 시간을 말한다.

09 레이더의 수신장치 구성 요소가 아닌 것은?

가 증폭장치
나 펄스변조기
사 국부발진기
아 주파수변환기

레이더 송신기 구성 요소로는 트리거 발전기, 펄스변조기, 마그네트론 등이 있고, 수신기 구성 요소로는 국부발진기, 주파수혼합기(변환기), 증폭 및 검파장치 등이 있다.

정답 **05** 나 **06** 아 **07** 나 **08** 가 **09** 나

10 작동 중인 레이더 화면에서 'A'점은 무엇인가?

<table>
<tr><td>가 섬</td><td>나 육지</td></tr>
<tr><td>사 본선</td><td>아 다른 선박</td></tr>
</table>

주어진 그림의 레이더는 상대운동 표시방식의 레이더로 자선(본선)의 위치가 PPI(Plan Position Indicator)상의 어느 한 점(주로 PPI의 중심)에 고정되어 있기 때문에, 모든 물체는 자선의 움직임에 대하여 상대적인 움직임으로 표시된다.

11 해도상에 표시된 저질의 기호에 대한 의미로 옳지 않은 것은?

<table>
<tr><td>가 S – 자갈</td><td>나 M – 뻘</td></tr>
<tr><td>사 R – 암반</td><td>아 Co – 산호</td></tr>
</table>

가. S – 모래(Sand)

12 종이해도에 사용되는 특수한 기호와 약어는?

가 해도 목록

나 해도 제목

사 수로도지

아 해도도식

해도도식은 해도상 여러 가지 사항들을 표시하기 위하여 사용되는 특수한 기호와 양식, 약어 등을 총칭한다.

13 조석표와 관련된 용어의 설명으로 옳지 않은 것은?

가 조석은 해면의 주기적 승강 운동을 말한다.

나 고조는 조석으로 인하여 해면이 높아진 상태를 말한다.

사 게류는 저조시에서 고조시까지 흐르는 조류를 말한다.

아 대조승은 대조에 있어서의 고조의 평균 조고를 말한다.

창조류에서 낙조류로, 또는 반대로 흐름 방향이 변하는 것을 전류라고 하는데, 이때 흐름이 잠시 정지하는 현상을 게류라고 한다.

14 등대의 등색으로 사용하지 않는 색은?

<table>
<tr><td>가 백색</td><td>나 적색</td></tr>
<tr><td>사 녹색</td><td>아 자색</td></tr>
</table>

등대의 등색으로 이용되는 색은 백색, 적색, 황색, 녹색 등이다.

정답 10 사 11 가 12 아 13 사 14 아

15 항로표지의 일반적인 분류로 옳은 것은?

 광파(야간)표지, 물표지, 음파(음향)표지, 안개표지, 특수신호표지

나 광파(야간)표지, 안개표지, 전파표지, 음파(음향)표지, 특수신호표지

사 광파(야간)표지, 형상(주간)표지, 전파표지, 음파(음향)표지, 특수신호표지

아 광파(야간)표지, 형상(주간)표지, 물표지, 음파(음향)표지, 특수신호표지

해설

항로표지는 형상(주간)표지, 광파(야간)표지, 음파(음향)표지, 무선표지(전파표지), 특수신호표지, 국제해상부표 등이 있다.

16 용도에 따른 종이해도의 종류가 아닌 것은?

 총도　　　나 항양도

사 항해도　　　아 평면도

해설

평면도는 도법에 의한 분류에 해당한다.

17 부표의 꼭대기에 종을 달아 파랑에 의한 흔들림을 이용하여 종을 울리게 한 부표는?

 취명 부표　　　나 타종 부표

사 다이어폰　　　아 에어 사이렌

해설

가. **취명 부표** : 파랑에 의한 부표의 진동을 이용하여 공기를 압축하여 소리를 내는 장치

나. **타종 부표** : 부표의 꼭대기에 종을 달아 파랑에 의한 흔들림을 이용하여 종을 울리는 장치

사. **다이어폰** : 압축공기에 의해서 발음체인 피스톤을 왕복시켜서 소리를 내는 장치

아. **에어 사이렌** : 공기압축기로 만든 공기에 의하여 사이렌을 울리는 장치

18 종이해도에서 찾을 수 없는 정보는?

 해도의 축척

나 간행연월일

사 나침도

아 일출 시간

해설

종이해도에 일출 시간은 표시되지 않는다.

19 일기도의 날씨 기호 중 '≡'가 의미하는 것은?

 눈　　　나 비

사 안개　　　아 우박

해설

가. 눈－✳, 나. 비－●, 아. 우박－△

20 등질에 대한 설명으로 옳지 않은 것은?

가 섬광등은 빛을 비추는 시간이 꺼져 있는 시간보다 짧은 등이다.

나 호광등은 색깔이 다른 종류의 빛을 교대로 내며, 그 사이에 등광은 꺼지는 일이 없는 등이다.

사 분호등은 3가지 등색을 바꾸어 가며 계속 빛을 내는 등이다.

아 모스 부호등은 모스 부호를 빛으로 발하는 등이다.

정답 15 사　16 아　17 나　18 아　19 사　20 사

야간표지에 사용되는 등화의 등질

- **부동등(F)** : 등색이나 등력(광력)이 바뀌지 않고 일정하게 계속 빛을 내는 등
- **명암등(Oc)** : 한 주기 동안에 빛을 비추는 시간(명간)이 꺼져 있는 시간(암간)보다 길거나 같은 등
- **섬광등(Fl)** : 빛을 비추는 시간(명간)이 꺼져 있는 시간(암간)보다 짧은 것으로, 일정한 간격으로 섬광을 내는 등
- **호광등(Alt)** : 색깔이 다른 종류의 빛을 교대로 내며, 그 사이에 등광은 꺼지는 일이 없는 등
- **모스 부호등(Mo)** : 모스 부호를 빛으로 발하는 것으로, 어떤 부호를 발하느냐에 따라 등질이 달라지는 등
- **분호등** : 서로 다른 지역을 다른 색상으로 비추는 등화로, 주로 위험구역만을 주로 홍색광으로 비추는 등화

PART 03

21 태풍의 진로에 대한 설명으로 옳지 않은 것은?

가 다양한 요인에 의해 태풍의 진로가 결정된다.

나 한랭 고기압을 왼쪽으로 보고 그 가장자리를 따라 진행한다.

사 보통 열대해역에서 발생하여 북서로 진행하며, 북위 20~25도에서 북동으로 방향을 바꾼다.

아 북태평양에서 7월에서 9월 사이에 발생한 태풍은 우리나라와 일본 부근을 지나가는 경우가 많다.

북태평양 고기압 가장자리를 따라 시계 방향으로 진행한다.

22 국제해상부표시스템(IALA maritime buoyage system)에서 A방식과 B방식을 이용하는 지역에서 서로 다르게 사용되는 항로표지는?

가 측방표지

나 방위표지

사 안전수역표지

아 고립장해표지

측방표지는 선박이 항행하는 수로의 좌·우측 한계를 표시하기 위해 설치된 표지로 국제해상부표시스템의 B지역에서 사용된다.

23 시베리아 기단에 대한 설명으로 옳지 않은 것은?

가 바이칼호를 중심으로 하는 시베리아 대륙 일대를 발원지로 한다.

나 한랭 건조한 것이 특징인 대륙성 한대 기단이다.

사 겨울철 우리나라의 날씨를 지배하는 대표적 기단이기도 하다.

아 시베리아 기단의 영향을 받으면 일반적으로 날씨는 흐리다.

시베리아 기단은 비교적 날씨가 좋은 고기압에 해당한다.

24 항해계획을 수립할 때 구별하는 지역별 항로의 종류가 아닌 것은?

가 원양항로

나 왕복항로

사 근해항로

아 연안항로

정답 21 나　22 가　23 아　24 나

항로의 분류
- 지리적 분류 : 연안항로, 근해항로, 원양항로(遠洋航路) 등
- 통행 선박의 종류에 따른 분류 : 범선항로, 소형선항로, 대형선항로 등
- 국가·국제기구에서 항해의 안전상 권장하는 항로 : 추천항로
- 운송상의 역할에 따른 분류 : 간선항로(幹線航路), 지선항로(支線航路)

25 항해계획 수립 시 종이해도의 준비와 관련된 내용으로 옳지 않은 것은?

가 항해하고자 하는 지역의 해도를 함께 모아서 사용하는 순서대로 정확히 정리한다.

나 항해하는 지역에 인접한 곳에 해당하는 대축척 해도와 중축척 해도를 준비한다.

사 가장 최근에 간행된 해도를 항행통보로 소개정하여 준비한다.

아 항해에 반드시 필요하지 않더라도 국립해양조사원에서 발간된 모든 해도를 구입하여 소개정하여 언제라도 사용할 수 있도록 준비한다.

항해에 필요한 해도는 사전에 미리 각 해도의 최근 소개정 일자 및 최신판 해도의 확보 유무를 확인하고, 필요한 경우에는 새로운 해도를 구입하거나 항로 고시를 참고하여 소개정을 해야 한다. 따라서 모든 해도를 구입할 필요는 없다.

제2과목 운용

01 전진 또는 후진 시에 배를 임의의 방향으로 회두시키고 일정한 침로를 유지하는 역할을 하는 설비는?

가 키(타)
나 닻
사 양묘기
아 주기관

타(rudder, 키) : 타주의 후부 또는 타두재(rudder stock)에 설치되어, 전진 또는 후진할 때 배를 원하는 방향으로 회전시키고, 침로를 일정하게 유지하는 장치

02 선체의 명칭을 나타낸 아래 그림에서 ㉠은?

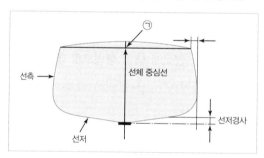

가 용골
나 빌지
사 캠버
아 텀블 홈

현호가 갑판 위의 길이 방향으로 가면서 선체 중앙부를 향해 잘 빠져나가도록 한 것이라면, 캠버(camber)는 갑판상의 물이 선체 폭 방향으로 걸쳐 양쪽 선측을 향해 잘 흘러가도록 선박의 중앙부를 높게 한 것을 말한다.

정답 25 아 / 01 가 02 사

03 선체의 좌우 선측을 구성하는 뼈대로서 용골에 직각으로 배치되고, 갑판보와 늑판에 양 끝이 연결되어 선체 횡강도의 주체가 되는 것은?

 가 늑골　　나 기둥
사 거더　　아 브래킷

해설

늑골(Frame) : 선측 외판을 보강하는 구조부재로서 선체의 갑판에서 선저 만곡부까지 용골에 대해 직각으로 설치하는 강재

04 타주를 가진 선박에서 계획만재흘수선상의 선수재 전면으로부터 타주 후면까지의 수평거리는?

 가 전장　　나 등록장
사 수선장　　아 수선간장

해설

가. **전장** : 선수의 최전단으로부터 선미의 최후단까지의 수평거리. 선박의 저항, 추진력 계산에 사용
나. **등록장** : 상갑판 보(beam)상의 선수재 전면으로부터 선미재 후면까지의 수평거리
사. **수선장** : 각 흘수선상의 물에 잠긴 선체의 선수재 전면에서 선미 후단까지의 수평거리

05 나일론 로프의 장점이 아닌 것은?

 가 열에 강하다.
나 흡습성이 낮다.
사 파단력이 크다.
아 충격에 대한 흡수율이 좋다.

해설

나일론 로프는 열이나 마찰에 약하고 복원력이 늦으며, 물에 젖으면 강도가 변한다.

06 키의 구조와 각부 명칭을 나타낸 아래 그림에서 ㉠은 무엇인가?

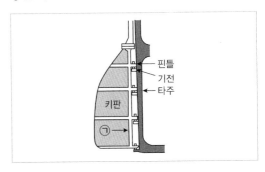

가 타두재
나 러더 암
사 타심재
아 러더 커플링

해설

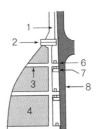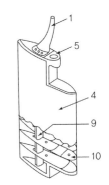

1. 타두재(rudder stock)　2. 러더 커플링
3. 러더 암　　4. 타판
5. 타심재(main piece)　6. 핀틀
7. 거전　　8. 타주
9. 수직 골재　　10. 수평 골재

정답 03 가　04 아　05 가　06 사

07 희석제(Thinner)에 대한 설명으로 옳지 않은 것은?

가 많은 양을 희석하면 도료의 점도가 높아진다.

나 인화성이 강하므로 화기에 유의해야 한다.

사 도료에 첨가하는 양은 최대 10% 이하가 좋다.

아 도료의 성분을 균질하게 하여 도막을 매끄럽게 한다.

도료의 점도를 조절하기 위해 첨가하는 희석제는 많이 넣으면 도료의 점도를 낮춘다.

08 체온을 유지할 수 있도록 열전도율이 낮은 방수물질로 만들어진 포대기 또는 옷을 의미하는 구명설비는?

가 구명조끼　　나 발연부 신호

사 방수복　　　아 보온복

가. **구명동의(구명조끼)** : 조난 또는 비상시 상체에 착용하는 것으로 고형식과 팽창식이 있다.

나. **발연부 신호** : 구명정의 주간용 신호로서 불을 붙여 물에 던져서 사용한다.

사. **방수복** : 물이 스며들지 않아 수온이 낮은 물속에서 체온을 보호할 수 있는 옷으로, 2분 이내에 도움 없이 착용할 수 있어야 한다.

09 선박용 초단파(VHF) 무선설비의 최대 출력은?

가 10W　　　나 15W

사 20W　　　아 25W

초단파(VHF) 무선설비의 최대 출력은 25W이다.

10 해상에서 사용되는 신호 중 시각에 의한 통신이 아닌 것은?

가 수기신호　　나 기류신호

사 기적신호　　아 발광신호

해상통신의 종류 : 기류신호, 발광신호, 음향(기적)신호, 수기신호 등이 있는데, 시각에 의한 통신에는 수기신호, 기류신호, 발광신호 등이 있다. 기적신호는 청각에 의한 통신에 해당한다.

11 구명정에 비하여 항해 능력은 떨어지지만 손쉽게 강하시킬 수 있고 선박의 침몰 시 자동으로 이탈되어 조난자가 탈 수 있는 장점이 있는 구명설비는?

가 구조정　　　나 구명부기

사 구명뗏목　　아 구명부환

가. **구조정** : 조난 중인 사람을 구조하고, 생존정을 인도하기 위하여 설계된 보트이다.

나. **구명부기** : 선박 조난 시 구조를 기다릴 때 사용하는 인명구조 장비로, 사람이 타지 않고 손으로 밧줄을 붙잡고 있도록 만든 것이다.

아. **구명부환** : 1인용의 둥근 형태의 부기를 말한다.

12 선박의 비상위치지시용 무선표지(EPIRB)에서 발사된 조난신호가 위성을 거쳐서 전달되는 곳은?

가 해경 함정　　나 조난선박 소유회사

사 주변 선박　　아 수색구조조정본부

비상위치지시용 무선표지에서 발사된 조난신호는 위성을 거쳐 수색구조조정본부에 전달된다.

정답 07 가　08 아　09 아　10 사　11 사　12 아

13 자기 점화등과 같은 목적으로 구명부환과 함께 수면에 투하되면 자동으로 오렌지색 연기를 내는 것은?

가 신호 홍염

나 자기 발연 신호

사 신호 거울

아 로켓 낙하산 화염 신호

가. **신호 홍염** : 홍색염을 1분 이상 연속하여 발할 수 있으며, 10cm 깊이의 물속에 10초 동안 잠긴 후에도 계속 타는 팽창식 구명뗏목의 의장품이다(야간용).

나. **자기 발연 신호** : 주간 신호로서 물에 들어가면 자동으로 오렌지색 연기를 연속 발생시킨다.

아. **로켓 낙하산 화염 신호** : 높이 300m 이상의 장소에서 펴지고 또한 점화되며, 매초 5m 이하의 속도로 낙하하며 화염으로써 위치를 알린다(야간용).

14 소형선박에서 선장이 직접 조타를 하고 있을 때, "선수 우현 쪽으로 사람이 떨어졌다."라는 외침을 들은 경우 선장이 즉시 취하여야 할 조치로 옳은 것은?

가 우현 전타   나 엔진 후진

사 좌현 전타   아 타 중앙

우현 쪽으로 사람이 떨어졌을 경우에는 즉시 우현 전타하여야 한다.

15 지엠(GM)이 작은 선박이 선회 중 나타나는 현상과 그 조치사항으로 옳지 않은 것은?

가 선속이 빠를수록 경사가 커진다.

나 타각을 크게 할수록 경사가 커진다.

사 내방경사보다 외방경사가 크게 나타난다.

아 경사가 커지면 즉시 타를 반대로 돌린다.

지엠이 작으면 경사각이 커지는데 경사각은 선회반경에 반비례하므로, 지엠이 작은 배는 타각을 많이 주어서는 안 된다. 또한 경사가 커지더라도 즉시 타를 반대로 돌려서도 안 된다. 한편, 배가 똑바로 떠 있을 때부력의 작용선과 경사된 때 부력의 작용선이 만나는점을 메타센터(경심)라 하는데, 무게중심에서 이 메타센터까지의 높이를 지엠이라 한다.

16 선박 조종에 영향을 주는 요소가 아닌 것은?

가 바람   나 파도

사 조류   아 기온

선박 조종에 영향을 주는 요소에는 방형비척계수, 흘수, 트림, 속력, 파도, 바람 및 조류의 영향 등을 들 수 있다. 기온은 선박 조종에 영향을 주는 요소가 아니다.

17 접·이안 시 계선줄을 이용하는 목적이 아닌 것은?

가 선박의 전진속력 제어

나 접안 시 선용품 선적

사 이안 시 선미가 떨어지도록 작용

아 선박이 부두에 가까워지도록 작용

선박을 부두에 붙이는 것을 접안 또는 계선, 계류라고 하는데, 이때 사용하는 줄을 계선줄이라 한다. 따라서 선적 설비가 아니므로, 접안 시 선용품 선적과는 거리가 멀다.

18 물에 빠진 사람을 구조하는 조선법이 아닌 것은?

가 표준 턴   나 샤르노브 턴

사 싱글 턴   아 윌리암슨 턴

정답 13 나 14 가 15 아 16 아 17 나 18 가

구조 조선법

- **윌리암슨 턴**(Williamson turn) : 야간이나 제한된 시계 상태에서 유지한 채 원래의 항적으로 되돌아가고자 할 때 사용하는 회항 조선법이다. 물에 빠진 사람을 수색하는 데 좋은 방법이지만 익수자를 보지 못하므로 선박이 사고지점과 멀어질 수 있고, 절차가 느리다는 단점이 있다.
- **원턴**(싱글 턴 또는 앤더슨 턴, Single turn or Anderson turn) : 물에 빠진 사람이 보일 때 가장 빠른 구출 방법으로, 최종 접근 단계에서 직선적으로 접근하기가 곤란하여 조종이 어렵다는 단점이 있다.
- **샤르노브 턴**(Scharnow turn) : 윌리암슨 턴과 같이 회항 조선법이다. 물에 빠진 시간과 조종의 시작 사이에 경과된 시간이 짧을 때, 즉 익수자가 선미에서 떨어져 있지 않을 때에는 짧은 시간에 구조할 수 있어서 매우 효과적이다.

19 접·이안 조종에 대한 설명으로 옳은 것은?

가 닻은 사용하지 않으므로 단단히 고박한다.

나 이안 시는 일반적으로 선미를 먼저 뗀다.

사 부두 접근 속력은 고속의 전진 타력이 필요하다.

아 하역작업을 위하여 최소한의 인원만을 입·출항 부서에 배치한다.

가. 닻은 사용하므로 고박해서는 안 된다.

사. 부두에 접근할 때에는 저속의 전진 타력을 이용한다.

아. 입·출항 부서에 최소한의 인원배치는 바람직하지 않고 필요한 인원을 적절히 배치하여 안전한 입·출항이 되도록 해야 한다.

20 닻의 역할이 아닌 것은?

가 침로 유지에 사용된다.

나 좁은 수역에서 선회하는 경우에 이용된다.

사 선박을 임의의 수면에 정지 또는 정박시킨다.

아 선박의 속력을 급히 감소시키는 경우에 사용된다.

닻(anchor)이란 선박을 계선시키기 위하여 체인 또는 로프에 묶어서 바다 밑바닥에 가라앉혀서 파지력을 발생하게 하는 무거운 기구로, 좁은 수역에서의 방향 변환, 선박의 속도 감소 등 선박 조종의 보조 등의 역할을 한다.

21 선체 횡동요(Rolling) 운동으로 발생하는 위험이 아닌 것은?

가 선체 전복이 발생할 수 있다.

나 화물의 이동을 가져올 수 있다.

사 슬래밍(Slamming)의 원인이 된다.

아 유동수가 있는 경우 복원력 감소를 가져온다.

슬래밍(slamming) : 선체가 파도를 선수에서 받으면서 항주하면, 선수 선저부는 강한 파도의 충격을 받아 짧은 주기로 급격한 진동을 하게 되는데, 이러한 파도에 의한 충격을 슬래밍이라 한다. 따라서 선체 횡동요 운동이 슬래밍의 원인은 아니다.

정답 19 나   20 가   21 사

22 황천항해에 대비하여 선창에 화물을 실을 때 주의사항으로 옳지 않은 것은?

- **가** 먼저 양하할 화물부터 싣는다.
- **나** 갑판 개구부의 폐쇄를 확인한다.
- **사** 화물의 이동에 대한 방지책을 세워야 한다.
- **아** 무거운 것은 밑에 실어 무게중심을 낮춘다.

항해 중의 황천대응 준비
- 선체의 개구부를 밀폐하고 이동물을 고박한다.
- 배수구와 방수구를 청소하고 정상적인 기능을 가지도록 정비한다.
- 탱크 내의 기름이나 물은 가득(80% 이상) 채우거나 비워서 유동수에 의한 복원 감소를 막는다.
- 중량물은 최대한 낮은 위치로 이동 적재한다.
- 빌지 펌프 등 배수설비를 점검하고 기능을 확인한다.
- 먼저 양하할 화물은 나중에 싣는다.

23 황천항해 조선법의 하나인 스커딩(Scudding)에 대한 설명으로 옳지 않은 것은?

- **가** 파에 의한 선수부의 충격작용이 가장 심하다.
- **나** 브로칭(Broaching) 현상이 일어날 수 있다.
- **사** 선미 추파에 의하여 해수가 선미 갑판을 덮칠 수 있다.
- **아** 침로 유지가 어려워진다.

가. 스커딩의 경우 선체가 받는 파의 충격작용이 현저히 감소한다.

PART 03

24 초기에 화재진압을 하지 못하면 화재현장 진입이 어렵고 화재진압이 가장 어려운 곳은?

- **가** 갑판 창고
- **나** 기관실
- **사** 선미 창고
- **아** 조타실

갑판 아래에 있는 기관실은 기관과 전기설비 등 각종 설비들이 모여 있어서 화재시 진압이 어렵고 선박 전체로 확산될 가능성이 가장 높은 곳이다. 그리고 각종 설비들로 인해 공간이 협소해서 진입이 어렵고, 진압도 어렵다.

25 기관손상 사고의 원인 중 인적 과실이 아닌 것은?

- **가** 기관의 노후
- **나** 기기조작 미숙
- **사** 부적절한 취급
- **아** 일상적인 점검 소홀

인적 과실은 기계를 조작하는 사람의 조작 미숙 등으로 인한 과실이므로, 기관의 노후는 인적 과실과 관계가 없다.

정답 22 가 23 가 24 나 25 가

제3과목 법규

01 해사안전법상 '조종제한선'이 아닌 것은?

가 주기관이 고장나 움직일 수 없는 선박

나 항로표지를 부설하고 있는 선박

사 준설 작업을 하고 있는 선박

아 항행 중 어획물을 옮겨 싣고 있는 어선

조종제한선이란 다음의 작업과 그 밖에 선박의 조종성능을 제한하는 작업에 종사하고 있어 다른 선박의 진로를 피할 수 없는 선박을 말한다(해상교통안전법 제2조 제11호).
• 항로표지, 해저전선 또는 해저파이프라인의 부설·보수·인양 작업
• 준설·측량 또는 수중 작업
• 항행 중 보급, 사람 또는 화물의 이송 작업
• 항공기의 발착(發着)작업
• 기뢰(機雷)제거작업
• 진로에서 벗어날 수 있는 능력에 제한을 많이 받는 예인(曳引)작업

02 해사안전법상 항로표지가 설치되는 수역은?

가 항행상 위험한 수역

나 수심이 매우 깊은 수역

사 어장이 형성되어 있는 수역

아 선박의 교통량이 아주 적은 수역

해양경찰청장, 지방자치단체의 장 또는 운항자는 다음의 수역에 「항로표지법」에 따른 항로표지를 설치할 필요가 있다고 인정하면 해양수산부장관에게 그 설치를 요청할 수 있다(해상교통안전법 제44조 제2항).
• 선박교통량이 아주 많은 수역
• 항행상 위험한 수역

03 ( )에 적합한 것은?

> 해사안전법상 선박은 주위의 상황 및 다른 선박과 충돌할 수 있는 위험성을 충분히 파악할 수 있도록 ( ) 및 당시의 상황에 맞게 이용할 수 있는 모든 수단을 이용하여 항상 적절한 경계를 하여야 한다.

가 시각·청각

나 청각·후각

사 후각·미각

아 미각·촉각

선박은 주위의 상황 및 다른 선박과 충돌할 수 있는 위험성을 충분히 파악할 수 있도록 시각·청각 및 당시의 상황에 맞게 이용할 수 있는 모든 수단을 이용하여 항상 적절한 경계를 하여야 한다(해상교통안전법 제70조).

04 해사안전법상 다른 선박과 충돌을 피하기 위한 선박의 동작에 대한 설명으로 옳지 않은 것은?

가 침로나 속력을 변경할 때에는 소폭으로 연속적으로 변경하여야 한다.

나 피항동작을 취할 때에는 동작의 효과를 다른 선박이 완전히 통과할 때까지 주의 깊게 확인하여야 한다.

사 필요하면 속력을 줄이거나 기관의 작동을 정지하거나 후진하여 선박의 진행을 완전히 멈추어야 한다.

아 침로를 변경할 경우에는 될 수 있으면 충분한 시간적 여유를 두고 다른 선박이 그 변경을 쉽게 알아볼 수 있도록 충분히 크게 변경하여야 한다.

정답 01 가 02 가 03 가 04 가

선박은 다른 선박과 충돌을 피하기 위하여 침로(針路)나 속력을 변경할 때에는 될 수 있으면 다른 선박이 그 변경을 쉽게 알아볼 수 있도록 충분히 크게 변경하여야 하며, 침로나 속력을 소폭으로 연속적으로 변경하여서는 아니 된다(해상교통안전법 제73조 제2항).

05 ( )에 순서대로 적합한 것은?

> 해사안전법상 횡단하는 상태에서 충돌의 위험이 있을 때 유지선은 피항선이 적절한 조치를 취하고 있지 아니하다고 판단하면 침로와 속력을 유지하여야 함에도 불구하고 스스로의 조종만으로 피항선과 충돌하지 아니하도록 조치를 취할 수 있다. 이 경우 ( )은 부득이하다고 판단하는 경우 외에는 ( ) 쪽에 있는 선박을 향하여 침로를 ( )으로 변경하여서는 아니 된다.

가 피항선, 다른 선박의 좌현, 오른쪽
나 피항선, 자기 선박의 우현, 왼쪽
사 유지선, 자기 선박의 좌현, 왼쪽
아 유지선, 다른 선박의 좌현, 오른쪽

침로와 속력을 유지하여야 하는 선박(이하 "유지선")은 피항선이 이 법에 따른 적절한 조치를 취하고 있지 아니하다고 판단하면 제1항에도 불구하고 스스로의 조종만으로 피항선과 충돌하지 아니하도록 조치를 취할 수 있다. 이 경우 유지선은 부득이하다고 판단하는 경우 외에는 자기 선박의 좌현 쪽에 있는 선박을 향하여 침로를 왼쪽으로 변경하여서는 아니 된다(해상교통안전법 제82조 제2항).

06 해사안전법상 선박이 다른 선박을 선수 방향에서 볼 수 있는 경우로서 밤에는 양쪽의 현등을 볼 수 있는 경우의 상태는?

가 앞지르기 하는 상태
나 안전한 상태
사 마주치는 상태
아 횡단하는 상태

마주치는 상태에 있는 경우(해상교통안전법 제79조)
• 밤에는 2개의 마스트등을 일직선으로 또는 거의 일직선으로 볼 수 있거나 양쪽의 현등을 볼 수 있는 경우
• 낮에는 2척의 선박의 마스트가 선수에서 선미(船尾)까지 일직선이 되거나 거의 일직선이 되는 경우
• 선박은 마주치는 상태에 있는지가 분명하지 아니한 경우에는 마주치는 상태에 있다고 보고 필요한 조치를 취하여야 한다.

07 해사안전법상 길이 12미터 이상인 '엎혀 있는 선박이 가장 잘 보이는 곳에 표시하여야 하는 형상물은?

가 수직으로 원통형 형상물 2개
나 수직으로 원통형 형상물 3개
사 수직으로 둥근꼴 형상물 2개
아 수직으로 둥근꼴 형상물 3개

해상교통안전법상 얹혀 있는 선박은 제9조 제1항이나 제2항에 따른 등화를 표시하여야 하며, 이에 덧붙여 가장 잘 보이는 곳에 다음의 등화나 형상물을 표시하여야 한다(법 제95조 제4항).
• 수직으로 붉은색의 전주등 2개
• 수직으로 둥근꼴의 형상물 3개

08 해사안전법상 제한된 시계에서 길이 12미터 이상인 선박이 레이더만으로 자선의 양쪽 현의 정횡 앞쪽에 충돌할 위험이 있는 다른 선박을 발견하였을 때 취할 수 있는 조치로 옳지 않은 것은? (단, 앞지르기당하고 있는 선박에 대한 경우는 제외한다)

가 무중신호의 취명 유지

나 안전한 속력의 유지

사 동력선은 기관을 즉시 조작할 수 있도록 준비

아 침로 변경만으로 피항동작을 할 경우 좌현 변침

피항동작이 침로의 변경을 수반하는 경우에는 될 수 있으면 다음의 동작은 피하여야 한다(해상교통안전법 제84조 제5항).
- 다른 선박이 자기 선박의 양쪽 현의 정횡 앞쪽에 있는 경우 좌현 쪽으로 침로를 변경하는 행위(앞지르기당하고 있는 선박에 대한 경우는 제외한다)
- 자기 선박의 양쪽 현의 정횡 또는 그곳으로부터 뒤쪽에 있는 선박의 방향으로 침로를 변경하는 행위

09 해사안전법상 '삼색등'을 구성하는 색이 아닌 것은?

가 흰색 나 황색

사 녹색 아 붉은색

삼색등 : 선수와 선미의 중심선상에 설치된 붉은색·녹색·흰색으로 구성된 등으로서, 그 붉은색·녹색·흰색의 부분이 각각 현등의 붉은색 등과 녹색 등 및 선미등과 같은 특성을 가진 등(해상교통안전법 제86조)

10 해사안전법상 제한된 시계에서 충돌할 위험성이 없다고 판단한 경우 외에 자기 선박의 양쪽 현의 정횡 앞쪽에 있는 다른 선박의 무중신호를 들었을 경우의 조치로 옳은 것을 다음에서 모두 고른 것은?

ㄱ. 최대 속력으로 항행하면서 경계를 한다.
ㄴ. 우현 쪽으로 침로를 변경시키지 않는다.
ㄷ. 필요시 자기 선박의 진행을 완전히 멈춘다.
ㄹ. 충돌할 위험성이 사라질 때까지 주의하여 항행하여야 한다.

가 ㄴ, ㄷ 나 ㄷ, ㄹ

사 ㄱ, ㄴ, ㄹ 아 ㄴ, ㄷ, ㄹ

충돌할 위험성이 없다고 판단한 경우 외에는 다음 각 호의 어느 하나에 해당하는 경우 모든 선박은 자기 배의 침로를 유지하는 데 필요한 최소한으로 속력을 줄여야 한다. 이 경우 필요하다고 인정되면 자기 선박의 진행을 완전히 멈추어야 하며, 어떠한 경우에도 충돌할 위험성이 사라질 때까지 주의하여 항행하여야 한다(해상교통안전법 제84조 제6항).
1. 자기 선박의 양쪽 현의 정횡 앞쪽에 있는 다른 선박에서 무중신호(霧中信號)를 듣는 경우
2. 자기 선박의 양쪽 현의 정횡으로부터 앞쪽에 있는 다른 선박과 매우 근접한 것을 피할 수 없는 경우

11 해사안전법상 형상물의 색깔은?

가 흑색 나 흰색

사 황색 아 붉은색

해상교통안전법상 형상물은 흑색이다(법 제87조, 선박설비기준 제85조 별표 10·12).

12 해사안전법상 도선업무에 종사하고 있는 선박이 항행 중 표시하여야 하는 등화로 옳은 것은?

- 가 마스트의 꼭대기나 그 부근에 수직선 위쪽에는 붉은색 전주등, 아래쪽에는 흰색 전주등 각 1개
- 나 마스트의 꼭대기나 그 부근에 수직선 위쪽에는 흰색 전주등, 아래쪽에는 붉은색 전주등 각 1개
- 사 현등 1쌍과 선미등 1개, 마스트의 꼭대기나 그 부근에 수직선 위쪽에는 흰색 전주등, 아래쪽에는 붉은색 전주등 각 1개
- 아 현등 1쌍과 선미등 1개, 마스트의 꼭대기나 그 부근에 수직선 위쪽에는 붉은색 전주등, 아래쪽에는 흰색 전주등 각 1개

도선업무에 종사하고 있는 선박은 다음의 등화나 형상물을 표시하여야 한다(해상교통안전법 제94조 제1항).
1. 마스트의 꼭대기나 그 부근에 수직선 위쪽에는 흰색 전주등, 아래쪽에는 붉은색 전주등 각 1개
2. 항행 중에는 1.에 따른 등화에 덧붙여 현등 1쌍과 선미등 1개
3. 정박 중에는 1.에 따른 등화에 덧붙여 제95조에 따른 정박하고 있는 선박의 등화나 형상물

13 해사안전법상 장음의 취명시간 기준은?

- 가 약 1초
- 나 약 2초
- 사 2~3초
- 아 4~6초

기적의 종류(해상교통안전법 제97조)
- 단음 : 1초 정도 계속되는 고동소리
- 장음 : 4초부터 6초까지의 시간 동안 계속되는 고동소리

14 해사안전법상 제한된 시계 안에서 어로 작업을 하고 있는 길이 12미터 이상인 선박이 2분을 넘지 아니하는 간격으로 연속하여 울려야 하는 기적은?

- 가 장음 1회, 단음 1회
- 나 장음 2회, 단음 1회
- 사 장음 1회, 단음 2회
- 아 장음 3회

조종불능선, 조종제한선, 흘수제약선, 범선, 어로 작업을 하고 있는 선박 또는 다른 선박을 끌고 있거나 밀고 있는 선박은 2분을 넘지 아니하는 간격으로 연속하여 3회의 기적(장음 1회에 이어 단음 2회를 말한다)을 울려야 한다(해상교통안전법 제100조 제1항 제3호).

15 해사안전법상 항행 중인 길이 12미터 이상인 동력선이 서로 상대의 시계 안에 있고 침로를 왼쪽으로 변경하고 있는 경우 행하여야 하는 기적신호는?

- 가 단음 1회
- 나 단음 2회
- 사 장음 1회
- 아 장음 2회

항행 중인 동력선이 서로 상대의 시계 안에 있는 경우에 이 법에 따라 그 침로를 변경하거나 그 기관을 후진하여 사용할 때에는 다음의 구분에 따라 기적신호를 행하여야 한다(해상교통안전법 제99조 제1항).
- 침로를 오른쪽으로 변경하고 있는 경우 : 단음 1회
- 침로를 왼쪽으로 변경하고 있는 경우 : 단음 2회
- 기관을 후진하고 있는 경우 : 단음 3회

정답 12 사 13 아 14 사 15 나

16 선박의 입항 및 출항 등에 관한 법률상 정박의 제한 및 방법에 대한 규정으로 옳지 않은 것은?

가 안벽 부근 수역에 인명을 구조하는 경우 정박할 수 있다.

나 좁은 수로 입구의 부근 수역에서 허가받은 공사를 하는 경우 정박할 수 있다.

사 정박하는 선박은 안전에 필요한 조치를 취한 후에는 예비용 닻을 고정할 수 있다.

아 선박의 고장으로 선박을 조종할 수 없는 경우 부두 부근 수역에서 정박할 수 있다.

무역항의 수상구역 등에 정박하는 선박은 지체 없이 예비용 닻을 내릴 수 있도록 닻 고정장치를 해제하고, 동력선은 즉시 운항할 수 있도록 기관의 상태를 유지하는 등 안전에 필요한 조치를 하여야 한다(법 제6조 제4항).

17 선박의 입항 및 출항 등에 관한 법률상 무역항의 수상구역 등에 출입하는 선박 중 출입 신고 면제 대상 선박이 아닌 것은?

가 해양사고의 구조에 사용되는 선박

나 총톤수 10톤인 선박

사 도선선, 예선 등 선박의 출입을 지원하는 선박

아 국내항 간을 운항하는 동력요트

출입 신고의 면제 선박(법 제4조 제1항)
- 총톤수 5톤 미만의 선박
- 해양사고구조에 사용되는 선박
- 「수상레저안전법」에 따른 수상레저기구 중 국내항 간을 운항하는 모터보트 및 동력요트
- 그 밖에 공공목적이나 항만 운영의 효율성을 위하여 해양수산부령으로 정하는 선박

18 (   )에 적합한 것은?

> 선박의 입항 및 출항 등에 관한 법률상 무역항의 수상구역 등에서 해양사고를 피하기 위한 경우 등 해양수산부령으로 정하는 사유로 선박을 정박지가 아닌 곳에 정박한 선장은 즉시 그 사실을 (   )에/에게 신고하여야 한다.

가 환경부장관　　**나** 해양수산부장관
사 관리청　　　　**아** 해양경찰청

무역항의 수상구역 등에서 해양사고를 피하기 위한 경우 등 해양수산부령으로 정하는 사유로 선박을 정박지가 아닌 곳에 정박한 선장은 즉시 그 사실을 관리청에 신고하여야 한다(법 제5조).

19 선박의 입항 및 출항 등에 관한 법률상 무역항의 수상구역 등에서 예인선의 항법으로 옳지 않은 것은?

가 예인선은 한꺼번에 3척 이상의 피예인선을 끌지 아니하여야 한다.

나 원칙적으로 예인선의 선미로부터 피예인선의 선미까지 길이는 200미터를 초과하지 못한다.

사 다른 선박의 입항과 출항을 보조하는 경우 예인선의 길이가 200미터를 초과해도 된다.

아 관리청은 무역항의 특수성 등을 고려하여 필요한 경우 예인선의 항법을 조정할 수 있다.

예인선의 선수(船首)로부터 피(被)예인선의 선미(船尾)까지의 길이는 200미터를 초과하지 아니할 것. 다만, 다른 선박의 출입을 보조하는 경우에는 그러하지 아니하다(법 제15조 제1항, 시행규칙 제9조 제1항).

정답　16 사　17 나　18 사　19 나

20 선박의 입항 및 출항 등에 관한 법률상 방파제 입구 등에서 입·출항하는 두 척의 선박이 마주칠 우려가 있을 때의 항법은?

가 입항선은 방파제 밖에서 출항선의 진로를 피한다.

나 입항선은 방파제 입구를 우현쪽으로 접근하여 통과한다.

사 출항선은 방파제 입구를 좌현쪽으로 접근하여 통과한다.

아 출항선은 방파제 안에서 입항선의 진로를 피한다.

무역항의 수상구역 등에 입항하는 선박이 방파제 입구 등에서 출항하는 선박과 마주칠 우려가 있는 경우에는 방파제 밖에서 출항하는 선박의 진로를 피하여야 한다(법 제13조).

21 (   )에 순서대로 적합한 것은?

> 선박의 입항 및 출항 등에 관한 법률상 (   )은/는 (   )로부터/으로부터 최고속력의 지정을 요청받은 경우 특별한 사유가 없으면 무역항의 수상구역 등에서 선박 항행 최고속력을 지정·고시하여야 한다.

가 해양경찰서장, 시·도지사

나 지방해양수산청장, 시·도시자

사 시·도지사, 해양수산부장관

아 관리청, 해양경찰청장

선박의 입항 및 출항 등에 관한 법률상 관리청은 해양경찰청장으로부터 최고속력의 지정을 요청받은 경우 특별한 사유가 없으면 무역항의 수상구역 등에서 선박 항행 최고속력을 지정·고시하여야 한다(법 제17조 제2·3항).

22 선박의 입항 및 출항 등에 관한 법률상 주로 무역항의 수상구역에서 운항하는 선박으로서 다른 선박의 진로를 피하여야 하는 선박이 아닌 것은?

가 자력항행능력이 없어 다른 선박에 의하여 끌리거나 밀려서 항행되는 부선

나 해양환경관리업을 등록한 자가 소유한 선박

사 항만운송관련사업을 등록한 자가 소유한 선박

아 예인선에 결합되어 운항하는 압항부선

「선박법」에 따른 부선(艀船)[예인선이 부선을 끌거나 밀고 있는 경우의 예인선 및 부선을 포함하되, 예인선에 결합되어 운항하는 압항부선(押航艀船)은 제외한다]은 무역항의 수상구역에서 운항하는 선박으로서 다른 선박의 진로를 피하여야 하는 선박이다(법 제2조 제5호).

23 해양환경관리법상 유해액체물질기록부는 최종 기재를 한 날부터 몇 년간 보존하여야 하는가?

가 1년

나 2년

사 3년

아 5년

선박오염물질기록부의 보존기간은 최종기재를 한 날부터 3년으로 하며, 그 기재사항·보존방법 등에 관하여 필요한 사항은 해양수산부령으로 정한다(법 제30조 제2항).

정답 **20** 가 **21** 아 **22** 아 **23** 사

24 해양환경관리법상 배출기준을 초과하는 오염물질이 해양에 배출되거나 배출될 우려가 있다고 예상되는 경우 신고의 의무가 없는 사람은?

가 배출될 우려가 있는 오염물질이 적재된 선박의 선장

나 오염물질의 배출원인이 되는 행위를 한 자

사 배출된 오염물질을 발견한 자

아 오염물질 처리업자

대통령령이 정하는 배출기준을 초과하는 오염물질이 해양에 배출되거나 배출될 우려가 있다고 예상되는 경우 다음에 해당하는 자는 지체 없이 해양경찰청장 또는 해양경찰서장에게 이를 신고하여야 한다(법 제63조 제1항).
- 배출되거나 배출될 우려가 있는 오염물질이 적재된 선박의 선장 또는 해양시설의 관리자. 이 경우 해당 선박 또는 해양시설에서 오염물질의 배출원인이 되는 행위를 한 자가 신고하는 경우에는 그러하지 아니하다.
- 오염물질의 배출원인이 되는 행위를 한 자
- 배출된 오염물질을 발견한 자

25 해양환경관리법상 분뇨오염방지설비를 갖추어야 하는 선박의 선박검사증서 또는 어선검사증서상 최대승선인원 기준은?

가 10명 이상　　**나** 16명 이상

사 20명 이상　　**아** 24명 이상

다음에 해당하는 선박의 소유자는 그 선박 안에서 발생하는 분뇨를 저장·처리하기 위한 설비(분뇨오염방지설비)를 설치하여야 한다. 다만, 「선박안전법 시행규칙」 제4조 제11호 및 「어선법」 제3조 제9호에 따른 위생설비 중 대변용 설비를 설치하지 아니한 선박의 소유자와 대변소를 설치하지 아니한 「수상레저기구의 등록 및 검사에 관한 법률」 제6조에 따라 등록한 수상레저기구의 소유자는 그러하지 아니하다(법 제25조 제1항, 「선박에서의 오염방지에 관한 규칙」 제14조 제1항).
- 총톤수 400톤 이상의 선박(선박검사증서상 최대승선인원이 16인 미만인 부선은 제외)
- 선박검사증서 또는 어선검사증서상 최대승선인원이 16명 이상인 선박
- 수상레저기구 안전검사증에 따른 승선정원이 16명 이상인 선박
- 소속 부대의 장 또는 경찰관서·해양경찰관서의 장이 정한 승선인원이 16명 이상인 군함과 경찰용 선박

정답 **24** 아　**25** 나

제4과목 기관

01 실린더 부피가 1,200cm³이고 압축 부피가 100 cm³인 내연기관의 압축비는 얼마인가?

> 가 11
> 나 12
> 사 13
> 아 14

압축비 = 실린더 부피 / 압축 부피 = 1,200 / 100 = 12

02 동일 기관에서 가장 큰 값을 가지는 마력은?

> 가 지시마력
> 나 제동마력
> 사 전달마력
> 아 유효마력

해설

가. **지시마력**(도시마력) : 실린더 내에서 발생하는 출력을 폭발압력으로부터 직접 측정하는 마력. 실린더 내의 연소압력이 피스톤에 실제로 작용하는 동력. 동일 기관에서 가장 큰 값을 가진다.

나. **제동마력**(축마력, 정미마력) : 동력계를 이용하여 기관의 출력을 크랭크축에서 측정하는 마력

아. **유효마력** : 프로펠러축이 실제로 얻는 마력으로 엔진출력에서 과급기, 발전기, 기타 부속 기기의 구동에 소비된 마력을 뺀 나머지 마력이다.

03 소형 디젤 기관에서 실린더 라이너의 심한 마멸에 의한 영향이 아닌 것은?

> 가 압축 불량
> 나 불완전 연소
> 사 연소가스가 크랭크실로 누설
> 아 착화 시기가 빨라짐

해설

- **실린더 마모의 원인** : 실린더와 피스톤 및 피스톤 링의 접촉에 의한 마모, 연소 생성물인 카본 등에 의한 마모, 흡입공기 중의 먼지나 이물질 등에 의한 마모, 연료나 수분이 실린더에 응결되어 발생하는 부식에 의한 마모, 농후한 혼합기로 인한 실린더 윤활 막의 미형성으로 인한 마모 등이다.
- **실린더 마모의 영향** : 출력 저하, 압축압력의 저하, 연료의 불완전 연소, 연료 소비량 증가, 윤활유 소비량 증가, 기관의 시동성 저하, 연소가스의 크랭크실 누설 등이다.

04 디젤 기관의 메인 베어링에 대한 설명으로 옳지 않은 것은?

> 가 크랭크축을 지지한다.
> 나 크랭크축의 중심을 잡아 준다.
> 사 윤활유로 윤활시킨다.
> 아 볼베어링을 주로 사용한다.

메인 베어링(Main bearing)은 기관 베드 위에 있으면서 크랭크 암 사이의 크랭크 저널에 설치되어 크랭크축을 지지하고 크랭크축에 전달되는 회전력을 받는다.

05 선박용 추진기관의 동력전달계통에 포함되지 않는 것은?

> 가 감속기
> 나 추진기축
> 사 추진기
> 아 과급기

과급기는 디젤 기관의 부속장치로 추진기관의 동력전달계통에 속하지 않는다. 과급기는 급기를 압축하는 장치로서 실린더에서 나오는 배기가스로 가스 터빈을 돌리고, 가스 터빈이 돌면서 같은 축에 연결된 송풍기를 회전시켜 강제로 새 공기를 실린더 안에 불어넣는 장치이다.

정답 **01** 나 **02** 가 **03** 아 **04** 아 **05** 아

06 디젤 기관에서 플라이휠의 역할에 대한 설명으로 옳지 않은 것은?

가 회전력을 균일하게 한다.

나 회전력의 변동을 작게 한다.

사 기관의 시동을 쉽게 한다.

아 기관의 출력을 증가시킨다.

플라이휠(Flywheel) 역할

• 축적된 운동 에너지를 관성력으로 제공하여 균일한 회전이 되도록 한다.

• 크랭크축의 전단부 또는 후단부에 설치하며, 기관의 시동을 쉽게 해 주고, 저속 회전을 가능하게 해 준다.

• 플라이휠의 림 부분에는 크랭크 각도가 표시되어 있어 밸브의 조정이나 기관 정비 작업을 편리하게 해 준다.

07 소형기관에서 다음 그림과 같은 부품의 명칭은?

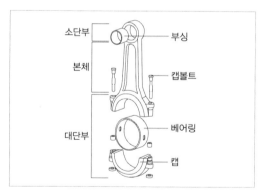

가 푸시로드   나 크로스헤드

사 커넥팅 로드   아 피스톤 로드

커넥팅 로드는 피스톤과 크랭크축을 연결하여 피스톤의 왕복운동을 크랭크축의 회전운동으로 바꾸어 전달한다.

08 내연기관에서 피스톤 링의 주된 역할이 아닌 것은?

가 피스톤과 실린더 라이너 사이의 기밀을 유지한다.

나 피스톤에서 받은 열을 실린더 라이너로 전달한다.

사 실린더 내벽의 윤활유를 고르게 분포시킨다.

아 실린더 라이너의 마멸을 방지한다.

피스톤 링의 3대 작용

• **기밀 작용** : 실린더와 피스톤 사이의 가스 누설을 방지한다.

• **열 전달 작용** : 피스톤이 받은 열을 실린더 라이너로 전달한다.

• **오일 제어 작용** : 실린더 벽면에 유막 형성 및 여분의 오일을 제어한다.

09 다음 그림에서 내부로 관통하는 통로 ①의 주된 용도는?

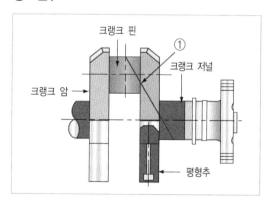

가 냉각수 통로   나 연료유 통로

사 윤활유 통로   아 공기 배출 통로

그림에서 ①은 윤활유 통로이다.

정답   06 아   07 사   08 아   09 사

10 디젤 기관의 운전 중 진동이 심해지는 원인이 아닌 것은?

가 기관대의 설치 볼트가 여러 개 절손되었을 때

나 윤활유 압력이 높을 때

사 노킹현상이 심할 때

아 기관이 위험 회전수로 운전될 때

기관의 진동이 심한 경우

• 기관이 노킹을 일으킬 때와 각 실린더의 최고압력이 고르지 않을 때

• 위험 회전수로 운전하고 있을 때와 기관대 설치 볼트가 이완 또는 절손되었을 때

• 크랭크 핀 베어링, 메인 베어링, 스러스트 베어링 등의 틈새가 너무 클 때 등

11 디젤 기관에서 실린더 라이너에 윤활유를 공급하는 주된 이유는?

가 불완전 연소를 방지하기 위해

나 연소가스의 누설을 방지하기 위해

사 피스톤의 균열 발생을 방지하기 위해

아 실린더 라이너의 마멸을 방지하기 위해

실린더 라이너 윤활유의 역할 : 마멸 방지

12 소형 가솔린 기관의 윤활유 계통에 설치되지 않는 것은?

가 오일 팬　　나 오일 펌프

사 오일 여과기　　아 오일 가열기

오일 가열기는 추운 지역에서 유압장치를 시동할 경우 작동유의 점도가 높아 시동에 애로가 발생하므로, 이를 원활하게 하기 위해 가열기를 사용하여 운전개시 전 작동유의 점도를 낮게 하기 위한 장치이다. 따라서 오일 가열기는 윤활유 계통에 속하지 않는다.

13 소형기관에서 윤활유를 오래 사용했을 경우에 나타나는 현상으로 옳지 않은 것은?

가 색상이 검게 변한다.

나 점도가 증가한다.

사 침전물이 증가한다.

아 혼입수분이 감소한다.

윤활유를 오래 사용하게 되면 밀봉 작용이 떨어져 윤활 부위에 물이나 불순물이 들어오게 된다. 따라서 혼입수분이 증가한다.

14 양묘기의 구성 요소가 아닌 것은?

가 구동 전동기

나 회전 드럼

사 제동장치

아 플라이휠

양묘기(windlass)는 닻(anchor)을 감아올리거나 내리는 작업을 할 때 이용한다. 또는 선박을 부두에 접안시킬 때 계선줄을 감는 데 사용되는 갑판 보조기계이다. 양묘기는 일반적으로 체인 드럼, 클러치, 마찰 브레이크, 워핑 드럼, 원동기 등으로 구성되어 있다. 한편, 플라이휠은 디젤 기관에서 축적된 운동 에너지를 관성력으로 제공하여 균일한 회전이 되도록 하는 역할을 하며, 이는 양묘기의 구성 요소가 아니다.

정답 10 나　11 아　12 아　13 아　14 아

15 가변피치 프로펠러에 대한 설명으로 가장 적절한 것은?

가 선박의 속도 변경은 프로펠러의 피치조정으로만 행한다.

나 선박의 속도 변경은 프로펠러의 피치와 기관의 회전수를 조정하여 행한다.

사 기관의 회전수 변경은 프로펠러의 피치를 조정하여 행한다.

아 선박을 후진해야 하는 경우 기관을 반대방향으로 회전시켜야 한다.

가변피치 프로펠러 : 추진기의 회전을 한 방향으로 정하고, 날개의 각도를 변화시킴으로써 배의 전진, 정지, 후진 등을 간단히 조정할 수 있는 프로펠러로, 속도 변경은 프로펠러의 피치와 기관의 회전수를 조정하여 행한다. 가변피치 프로펠러는 조종성능이 우수하여 여객선이나 군함 및 예인선 등에 많이 사용되고 있다.

16 원심 펌프에서 송출되는 액체가 흡입측으로 역류하는 것을 방지하기 위해 설치하는 부품은?

가 회전차

나 베어링

사 마우스 링

아 글랜드패킹

마우스 링(mouth ring) = **웨어링 링**(wearing ring) : 회전차에서 송출되는 액체가 흡입구 쪽으로 역류하는 것을 방지하기 위해서 케이싱과 회전차 입구 사이에 설치하는 것이다.

17 기관실에서 가장 아래쪽에 있는 것은?

가 킹스톤밸브　　나 과급기

사 윤활유 냉각기　아 공기 냉각기

킹스톤밸브는 배 밖으로부터 배 안으로 바닷물을 끌어들이기 위한 주 흡입밸브로 기관실에서 가장 아래쪽에 위치해 있다.

18 기관실의 220[V], AC 발전기에 해당하는 것은?

가 직류 분권발전기

나 직류 복권발전기

사 동기발전기

아 유도발전기

알터네이터(AC 발전기)란 교류 발전기라고 하며, 엔진의 동력을 이용하여 로터를 회전시켜 전자유도에 의해 교류 전류를 발생시킨다. 발전기의 극수와 기전력의 주파수에 의하여 정해지는 일정한 회전수를 동기속도(synchronous speed)라 하는데, 동기속도로 회전하는 교류 발전기를 동기발전기라 한다. 배에서 사용하는 교류 발전기는 모두 동기발전기이다.

19 납축전지의 방전종지전압은 전지 1개당 약 몇 V인가?

가 2.5V　　나 2.2V

사 1.8V　　아 1V

방전종지전압이란 축전지가 더 이상 방전되어서는 안되는 축전지의 하한 전압을 말한다. 납축전지의 방전종지전압이 1.8V, 비중 1.15 정도가 되면 방전을 중지해 더 이상 방전을 할 수 없게 되며, 전해액의 농도가 짙게 되면 축전지의 수명이 단축되므로 충전 상태에서도 비중을 1.30이 넘지 않게 해야 한다.

정답 **15** 나　**16** 사　**17** 가　**18** 사　**19** 사

20 납축전지의 용량을 나타내는 단위는?

가 [Ah]
나 [A]
사 [V]
아 [kW]

 해설

납축전지 용량 : 방전 전류[A] × 방전 시간[h] → [Ah : 암페어시]

21 1마력(PS)이란 1초 동안에 얼마의 일을 하는가?

가 25kgf · m
나 50kgf · m
사 75kgf · m
아 102kgf · m

 해설

국제적으로 통일된 CGS(MKS)단위계에서 일률은 W(와트)로 나타내는데, 1와트는 10erg/s이며, 근사적인 1kW는 102kgf · m/s이다. 따라서 1마력은 약 0.73kW가 된다.
∴ 1마력(PS) = 75kgf · m/s ≒ 0.735kW

22 디젤 기관의 윤활유에 물이 다량 섞이면 운전 중 윤활유 압력은 어떻게 변하는가?

가 압력이 평소보다 올라간다.
나 압력이 평소보다 내려간다.
사 압력이 0으로 된다.
아 압력이 진공으로 된다.

 해설

윤활유에 수분이 섞이면 윤활유 압력은 평소보다 내려간다.

23 디젤 기관을 장기간 정지할 경우의 주의사항으로 옳지 않은 것은?

가 동파를 방지한다.
나 부식을 방지한다.
사 주기적으로 터닝을 시켜 준다.
아 중요 부품은 분해하여 보관한다.

 해설

디젤 기관을 장기간 휴지할 때의 주의사항
• 냉각수를 전부 뺀다(동파 방지).
• 각 운동부에 그리스를 바른다(부식 방지).
• 각 밸브 및 콕을 모두 잠근다.
• 정기적으로 터닝을 시켜 준다.

24 연료유의 비중이란?

가 부피가 같은 연료유와 물의 무게 비이다.
나 압력이 같은 연료유와 물의 무게 비이다.
사 점도가 같은 연료유와 물의 무게 비이다.
아 인화점이 같은 연료유와 물의 무게 비이다.

 해설

연료유의 비중은 부피가 같은 기름의 무게와 물의 무게의 비를 말한다.

25 연료유 1,000cc는 몇 ℓ인가?

가 1ℓ
나 10ℓ
사 100ℓ
아 1,000ℓ

해설

연료유 1,000cc는 1ℓ이다.

정답 20 가 21 사 22 나 23 아 24 가 25 가

2021년 제4회 · 최신 기출문제

제1과목 | 항해

01 자기 컴퍼스에 영향을 주는 선체 일시 자기 중 수직분력을 조정하기 위한 일시 자석은?

가 경사계
나 상한차 수정구
사 플린더즈 바
아 경선차 수정자석

플린더즈(퍼멀로이) 바는 선체 일시 자기 중 수직분력을 조정하기 위한 일시 자석이다.

02 기계식 자이로컴퍼스에서 동요오차 발생을 예방하기 위하여 NS축상에 부착되어 있는 것은?

가 보정 추
나 적분기
사 오차 수정기
아 추종 전동기

동요오차를 예방하기 위하여 NS축 선상에 보정 추를 부착해 두었는데, 이 추의 부착 상태가 불량하면 오차가 생긴다.

03 선체 경사 시 생기는 자차는?

가 지방자기
나 경선차
사 선체자기
아 반원차

경선차 : 자차계수의 크기를 결정하거나 수정하는 데는 선체가 수평 상태로 있어야 한다. 그런데 선체가 수평일 때는 자차가 0°라 하더라도 선체가 기울어지면 다시 자차가 생기는 수가 있는데, 이때 생기는 자차를 말한다.

04 해상에서 자차 수정 작업 시 게양하는 기류신호는?

가 Q기
나 NC기
사 VE기
아 OQ기

가. Q기 : 본선, 건강함
나. NC기 : 본선은 조난을 당했다.
사. VE기 : 본선은 소독 중이다.

05 선박자동식별장치의 정적 정보가 아닌 것은?

가 선명
나 선박의 속력
사 호출부호
아 아이엠오(IMO)번호

선박자동식별장치의 정보에는 정적 정보(IMO 식별번호, 호출부호, 선명, 선박의 길이 및 폭, 선박의 종류, 적재 화물, 안테나 위치 등), 동적 정보(침로, 선수 방위, 대지 속력 등), 항해 관련 정보(흘수, 선박의 목적지, 도착 예정 시간, 항해계획, 충돌 예방에 필요한 단문 통신 등)가 있다.

06 전파를 이용하여 선박의 위치를 구할 수 있는 항해계기가 아닌 것은?

가 로란(LORAN)
나 지피에스(GPS)
사 레이더(RADAR)
아 자동 조타장치(Auto-pilot)

'가, 나, 사'는 전파를 이용하여 선박의 위치를 구할 수 있는 항해계기이나, 자동 조타장치는 복원타와 제동타를 자동적으로 작동하는 장치로 전파를 이용한 선박의 위치를 구하는 것과 관련이 없다.

정답 01 사 02 가 03 나 04 아 05 나 06 아

07 일반적으로 레이더와 컴퍼스를 이용하여 구한 선위 중 정확도가 가장 낮은 것은?

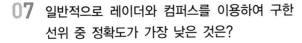 레이더로 둘 이상 물표의 거리를 이용하여 구한 선위

나 레이더로 구한 물표의 거리와 컴퍼스로 측정한 방위를 이용하여 구한 선위

사 레이더로 한 물표에 대한 방위와 거리를 측정하여 구한 선위

아 레이더로 둘 이상의 물표에 대한 방위를 측정하여 구한 선위

둘 이상의 물표의 거리를 제외한 방위를 측정하여 구한 선위는 정확도가 낮다. 즉, 거리도 같이 이용하여야 선위의 정확도가 높아지는데, 방위만을 측정하여 구하게 되면 정확도가 떨어지게 된다.

08 상대운동 표시방식 레이더 화면상에서 어떤 선박의 움직임이 다음과 같다면, 침로와 속력을 일정하게 유지하며 항행하는 본선과의 관계로 옳은 것은?

> • 시간이 갈수록 본선과의 거리가 가까워지고 있음
> • 시간이 지나도 관측한 상대선의 방위가 변하지 않음

가 본선을 추월할 것이다.

나 본선 선수를 횡단할 것이다.

사 본선과 충돌의 위험이 있을 것이다.

아 본선의 우현으로 안전하게 지나갈 것이다.

상대운동 표시방식 레이더는 자선의 위치가 PPI(Plan Position Indicator)상의 어느 한 점(주로 PPI의 중심)에 고정되어 있기 때문에, 모든 물체는 자선의 움직임에 대하여 상대적인 움직임으로 표시된다. 따라서 본선은 고정되어 있는 상태에서 상대선이 본선에 가까워지고 있으면서 방위가 변하지 않으므로, 본선과 충돌 위험이 있는 것으로 보인다.

09 오차삼각형이 생길 수 있는 선위 결정법은?

가 수심연측법 나 4점방위법

사 양측방위법 아 교차방위법

방위선 작도 시 3개 이상의 위치선이 한 점에서 만나지 않고, 작은 삼각형을 이루는 경우를 오차삼각형이라 하며, 너무 크면 방위를 다시 측정해야 한다. 교차방위법에서 생길 수 있다.

10 레이더 화면에 그림과 같이 나타나는 원인은?

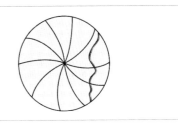

가 물표의 간접 반사

나 비나 눈 등에 의한 반사

사 해면의 파도에 의한 반사

아 다른 선박의 레이더 파에 의한 간섭

레이더 화면에 그림과 같이 오염된 것과 같이 겹쳐 보이는 듯하게 나타나는 경우는 다른 선박의 레이더 파에 의한 간섭효과가 발생한 것이다.

11 우리나라에서 발간하는 종이해도에 대한 설명으로 옳은 것은?

가 수심 단위는 피트(Feet)를 사용한다.

나 나침도의 바깥쪽은 나침 방위권을 사용한다.

사 항로의 지도 및 안내서의 역할을 하는 수로서지이다.

아 항박도는 대축척 해도로 좁은 구역을 상세히 표시한 평면도이다.

가. 우리나라 해도상 수심의 단위는 미터(m)이다.

나. 나침도의 바깥쪽은 진북을 가리키는 진방위권을 표시하고, 안쪽은 자기 컴퍼스가 가리키는 나침 방위권을 표시한다.

사. 수로서지는 해도 이외에 항해에 도움을 주는 모든 간행물을 말한다.

12 수로도지를 정정할 목적으로 항해자에게 제공되는 항행통보의 간행주기는?

가 1일

나 1주일

사 2주일

아 1개월

수로도서지를 정정할 목적으로 항해사에게 제공되는 항행통보의 간행주기는 1주이다.

13 다음 중 조석표에 기재되는 내용이 아닌 것은?

가 조고

나 조시

사 개정수

아 박명시

조석표는 각 지역의 조석 및 조류에 대하여 상세하게 기술한 것으로, 조석 용어의 해설도 포함하고 있다. 또한 표준항 이외에 항구에 대한 조시, 조고를 구할 수 있다. 박명시는 조석표에 기재되지 않는다.

14 다음 중 해저의 저질과 관련된 약어가 아닌 것은?

가 M

나 R

사 S

아 Mo

가. M – 펄(뻘)　　나. R – 암반　　사. S – 모래

15 아래에서 설명하는 형상(주간)표지는?

> 선박에 암초, 얕은 여울 등의 존재를 알리고 항로를 표시하기 위하여 바다 위에 떠 있는 구조물로서 빛을 비추지 않는다.

가 도표

나 부표

사 육표

아 입표

가. **도표** : 좁은 수로의 항로를 표시하기 위하여 항로의 연장선 위에 앞뒤로 2개 이상의 육표를 설치하여 선박을 인도하는 것이다.

사. **육표** : 입표의 설치가 곤란한 경우에 육상에 마련한 간단한 항로표지로, 등광을 달면 등주가 된다.

아. **입표** : 암초, 노출암, 사주(모래톱) 등의 위치를 표시하기 위해 바닷속에 마련된 경계표로, 특별한 경우가 아니면 등광을 함께 설치하여 등부표로 사용한다.

16 레이콘에 대한 설명으로 옳지 않은 것은?

가 레이마크 비컨이라고도 한다.

나 레이더에서 발사된 전파를 받을 때에만 응답한다.

사 레이더 화면상에 일정 형태의 신호가 나타날 수 있도록 전파를 발사한다.

아 레이콘의 신호로 표준 신호와 모스 부호가 이용된다.

정답 11 아　12 나　13 아　14 아　15 나　16 가

레이콘(racon)은 '레이더 비컨(Radar Beacon)'의 약어로, 선박 레이더에서 발사된 전파를 받은 때에만 응답하며, 일정한 형태의 신호가 나타날 수 있도록 전파를 발사하는 무지향성 송수신 장치이다. 따라서 레이마크 비컨과는 관계가 없다.

17 점장도의 특징으로 옳지 않은 것은?

가 항정선이 직선으로 표시된다.

나 자오선은 남북 방향의 평행선이다.

사 거등권은 동서 방향의 평행선이다.

아 적도에서 남북으로 멀어질수록 면적이 축소되는 단점이 있다.

적도에서 남북으로 멀어질수록 면적이 확대되는 단점이 있다.

18 다음 등질 중 군섬광등은?

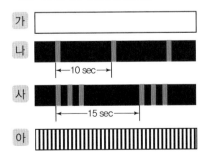

가. 부동등, 나. 섬광등, 사. 군섬광등, 아. 급성광등

19 서로 다른 지역을 다른 색깔로 비추는 등화는?

가 호광등 나 분호등
사 섬광등 아 군섬광등

가. **호광등**(Alt) : 색깔이 다른 종류의 빛을 교대로 내며, 그 사이에 등광은 꺼지는 일이 없는 등

사. **섬광등**(Fl) : 빛을 비추는 시간(명간)이 꺼져 있는 시간(암간)보다 짧은 것으로, 일정한 간격으로 섬광을 내는 등

아. **군섬광등**(Fl) : 섬광등의 일종으로 1주기 동안 2회 이상의 섬광을 내는 등

20 수로도지에 등재되지 않은 새롭게 발견된 위험물, 즉 모래톱, 암초 등과 같은 자연적인 장애물과 침몰·좌초 선박과 같은 인위적 장애물들을 표시하기 위하여 사용하는 항로표지는? (단, 두 표의 모양으로 선택)

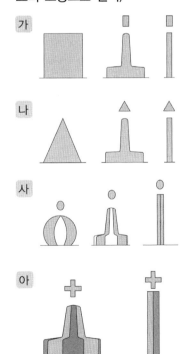

17 아 **18** 사 **19** 나 **20** 아

07 · 2021년 제4회 | 143

가. 우측항로 우선표지
나. 좌측항로 우선표지
사. 안전수역표지
아. **신위험물표지** : 수로도지에 등재되지 않은 신위험
　물표지는 침몰 선박 등 새로운 위험물 발생 시 위험
　물의 위치를 표시해 주는 표지이다. 색상은 황색 바
　탕에 청색 종선(縱線)을 사용하며, 수직 줄무늬를
　최소 4줄에서 최대 8줄을 표시하고, 형상은 막대나
　원주형으로 한다. 두표의 경우 수직 및 직각을 이루
　는 황색 십자형 1개로 표시하고, 등을 설치할 경우
　등색은 황색과 청색을 사용한다.

21 조석이 발생하는 원인으로 옳은 것은?

가 지구가 태양 주위를 공전을 하기 때문에
나 지구 각 지점의 기온 차이 때문에
사 바다에서 불어오는 바람 때문에
아 지구 각 지점에 대한 태양과 달의 인력차
　때문에

조석 : 달과 태양, 별 등의 천체 인력에 의한 해면의 주
기적인 승강 운동

22 (　　)에 적합한 것은?

> 우리나라와 일본에서는 일반적으로 세계기상
> 기구[WMO]에서 분류한 중심풍속이 17m/s 이
> 상인 (　　)부터 태풍이라 부른다.

가 T
나 TD
사 TS
아 STS

세계기상기구(WMO)는 열대 저기압 중에서 중심 부근
의 최대 풍속이 17m/s 미만인 것을 열대 저압부(TD), 17
~24m/s인 것을 열대 폭풍(TS), 25~32m/s인 것을 강
한 열대 폭풍(STS), 33m/s 이상인 것을 태풍(TY)으로
구분한다. 그러나 한국과 일본은 중심풍속이 17m/s 이
상인 열대 폭풍(TS)부터 태풍으로 칭한다.

23 태풍 진로 예보도에 관한 설명으로 옳지 않은
것은?

가 72시간의 예보도 실시한다.
나 폭풍역이 외측의 실선에 의한 원으로 표
　시된다.
사 진로 예보의 오차 원이 점선의 원으로 표
　시된다.
아 우리나라의 경우 예보시간에 점선의 원 안
　에 50%의 확률로 도달한다.

아. 실선의 원은 태풍의 중심이 들어갈 예보확률이
　70%임을 표시하며, 점선은 태풍의 강풍과 폭풍반
　경 표시이다.

24 통항계획 수립에 관한 설명으로 옳지 않은 것은?

가 소형선에서는 선장이 직접 통항계획을 수
　립한다.
나 도선구역에서의 통항계획 수립은 도선사
　가 한다.
사 계획 수립 전에 필요한 모든 것을 한 장소
　에 모으고 내용을 검토하는 것이 필요하다.
아 통항계획의 수립에는 공식적인 항해용 해
　도 및 서적들을 사용하여야 한다.

정답 21 아　22 사　23 아　24 나

해설

나. 도선구역에서의 통항계획 수립은 본선 선장이 한다.

25 연안항로 선정에 관한 설명으로 옳지 않은 것은?

가 연안에서 뚜렷한 물표가 없는 해안을 항해하는 경우 해안선과 평행한 항로를 선정하는 것이 좋다.

나 항로지, 해도 등에 추천항로가 설정되어 있으면, 특별한 이유가 없는 한 그 항로를 따르는 것이 좋다.

사 복잡한 해역이나 위험물이 많은 연안을 항해할 경우에는 최단항로를 항해하는 것이 좋다.

아 야간의 경우 조류나 바람이 심할 때는 해안선과 평행한 항로보다 바다 쪽으로 벗어난 항로를 선정하는 것이 좋다.

해설

복잡한 해역이나 위험물이 많은 연안을 항해하거나, 또는 조종성능에 제한이 있는 상태에서는 해안선에 근접하지 말고 다소 우회하더라도 안전한 항로를 선정하는 것이 좋다.

제2과목 | **운용**

01 선체의 가장 넓은 부분에 있어서 양현 외판의 외면에서 외면까지의 수평거리는?

가 전폭　나 전장
사 건현　아 갑판

해설

나. **전장** : 선수의 최전단으로부터 선미의 최후단까지의 수평거리. 선박의 저항, 추진력 계산에 사용

사. **건현** : 선체가 침수되지 않은 부분의 수직거리. 선박의 중앙부의 수면에서부터 건현갑판의 상면의 연장과 외판의 외면과의 교점까지의 수직거리

아. **갑판** : 갑판보 위에 설치하여 선체의 수밀을 유지(종강력재)한다.

02 여객이나 화물을 운송하기 위하여 쓰이는 용적을 나타내는 톤수는?

가 총톤수

나 순톤수

사 배수톤수

아 재화중량톤수

해설

가. **총톤수** : 국제 총톤수는 전 용적의 크기에 따라 계수를 곱해서 구하며, 이전의 총톤수와 차이를 없애기 위하여 국제 총톤수에 일정계수를 곱하여 국내 총톤수로 사용하고 있다.

사. **배수톤수** : 선체의 수면의 용적(배수 용적)에 상당하는 해수의 중량

아. **재화중량톤수** : 선박의 안전 항해를 확보할 수 있는 한도 내에서 여객 및 화물 등의 최대 적재량을 나타내는 톤수

03 타의 구조에서 ①은 무엇인가?

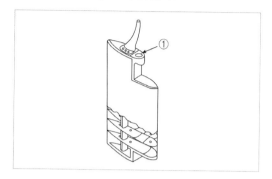

가 타판
나 핀틀
사 거전
아 타심재

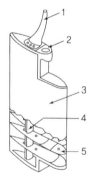

1. 타두재(rudder stock)
2. 타심재(main piece)
3. 타판
4. 수직 골재
5. 수평 골재

04 선박 외판을 도장할 때 해조류 부착에 따른 오손을 방지하기 위해 칠하는 도료의 명칭은?

가 광명단
나 방오 도료
사 수중 도료
아 방청 도료

방오 도료 : 수선하에 도장하는 선저 도료에는 독물을 혼합하여 해중 생물의 부착을 방지한다.

05 다음 중 합성섬유 로프가 아닌 것은?

가 마닐라 로프
나 폴리프로필렌 로프
사 나일론 로프
아 폴리에틸렌 로프

마닐라 로프는 물에 강한 마닐라삼으로 만든 선박용 로프로 합성 섬유 로프가 아니다.

06 다음 중 페인트를 칠하는 용구는?

가 철솔
나 스크레이퍼
사 그리스 건
아 스프레이 건

도장용 선용품은 페인트 스프레이 건, 페인트 붓, 페인트 롤러 등이 있다.

07 선체에 페인트를 칠하기에 가장 좋은 때는?

가 따뜻하고 습도가 낮을 때
나 서늘하고 습도가 낮을 때
사 따뜻하고 습도가 높을 때
아 서늘하고 습도가 높을 때

선체에 페인트칠을 하기 좋은 때는 따뜻하고 습도가 낮을 때이다.

08 열전도율이 낮은 방수 물질로 만들어진 포대기 또는 옷으로 방수복을 착용하지 않은 사람이 입는 것은?

가 보호복
나 작업용 구명조끼
사 보온복
아 노출 보호복

정답 03 아 04 나 05 가 06 아 07 가 08 사

보온복은 물이 스며들지 않아 수온이 낮은 물속에서 체온을 보호할 수 있는 옷으로 방수복과 달리 구명동의의 기능이 없다.

09 해상이동업무식별번호(MMSI number)에 대한 설명으로 옳지 않은 것은?

- 가 9자리 숫자로 구성된다.
- 나 소형선박에는 부여되지 않는다.
- 사 초단파(VHF) 무선설비에도 입력되어 있다.
- 아 우리나라 선박은 440 또는 441로 시작된다.

해상이동업무식별부호(MMSI)는 선박국, 해안국 및 집단호출을 유일하게 식별하기 위해 사용되는 부호로서, 9개의 숫자로 구성되어 있다(우리나라의 경우 440, 441로 지정). 국내 및 국제 항해 모두 사용되며, 소형선박에도 부여된다.

10 구명정에 비하여 항해 능력은 떨어지지만 손쉽게 강하시킬 수 있고 선박의 침몰 시 자동으로 이탈되어 조난자가 탈 수 있는 구명설비는?

- 가 구조정
- 나 구명부기
- 사 구명뗏목
- 아 고속구조정

가. **구조정** : 조난 중인 사람을 구조하고, 생존정을 인도하기 위하여 설계된 보트이다.

나. **구명부기** : 선박 조난 시 구조를 기다릴 때 사용하는 인명구조 장비로, 사람이 타지 않고 손으로 밧줄을 붙잡고 있도록 만든 것이다.

11 잔잔한 바다에서 의식불명의 익수자를 발견하여 구조하려 할 때, 구조선의 안전한 접근방법은?

- 가 익수자의 풍하에서 접근한다.
- 나 익수자의 풍상에서 접근한다.
- 사 구조선의 좌현 쪽에서 바람을 받으면서 접근한다.
- 아 구조선의 우현 쪽에서 바람을 받으면서 접근한다.

의식불명의 익수자를 구조하고자 할 때는 익수자의 풍상에서 접근하여야 한다.

12 다음 그림과 같이 표시되는 장치는?

- 가 신호 홍염
- 나 구명줄 발사기
- 사 줄사다리
- 아 자기 발연 신호

구명줄 발사기는 로켓 또는 탄환이 구명줄을 끌고 날아가게 하는 장치로, 선박이 조난을 당한 경우 조난선과 구조선 또는 조난선과 육상 간에 연결용 줄을 보내는 데 사용된다.

13 선박용 초단파(VHF) 무선설비의 최대 출력은?

- 가 10W
- 나 15W
- 사 20W
- 아 25W

초단파(VHF) 무선설비의 최대 출력은 25W이다.

14 GMDSS 해역별 무선설비 탑재요건에서 A1 해역을 항해하는 선박이 탑재하지 않아도 되는 장비는?

가 중파(MF) 무선설비
나 초단파(VHF) 무선설비
사 수색구조용 레이더 트랜스폰더(SART)
아 비상위치지시 무선표지(EPIRB)

중파(MF) 무선설비는 A2 해역을 항해하는 선박이 탑재한다.

15 타판에 작용하는 힘 중에서 작용하는 방향이 선수미선 방향인 분력은?

가 항력
나 양력
사 마찰력
아 직압력

나. **양력** : 타판에 작용하는 힘 중에서 그 작용하는 방향이 정횡 방향인 분력
사. **마찰력** : 타판의 표면에 작용하는 물의 점성에 의한 힘
아. **직압력** : 수류에 의하여 키에 작용하는 전체 압력으로 타판에 작용하는 여러 종류의 힘의 기본력

16 근접하여 운항하는 두 선박의 상호 간섭작용에 대한 설명으로 옳지 않은 것은?

가 선속을 감속하면 영향이 줄어든다.
나 두 선박 사이의 거리가 멀어지면 영향이 줄어든다.
사 소형선은 선체가 작아 영향을 거의 받지 않는다.
아 마주칠 때보다 추월할 때 상호 간섭작용이 오래 지속되어 위험하다.

두 선박의 속력과 배수량의 차이가 클 때나 수심이 얕은 곳을 항주할 때 뚜렷이 나타난다. 특히, 크기가 다른 선박의 사이에서는 작은 선박이 훨씬 큰 영향을 받고, 소형 선박이 대형 선박 쪽으로 끌려 들어가는 경향이 크다.

17 선박의 복원력에 관한 내용으로 옳지 않은 것은?

가 복원력의 크기는 배수량의 크기에 비례한다.
사 황천항해 시 갑판에 올라온 해수가 즉시 배수되지 않으면 복원력이 감소될 수 있다.
사 항해의 경과로 연료유와 청수 등의 소비, 유동수의 발생으로 인해 복원력이 감소될 수 있다.
아 겨울철 항해 중 갑판상에 있는 구조물에 얼음이 얼면 배수량의 증가로 인하여 복원력이 좋아진다.

갑판의 결빙 : 고위도 지방을 겨울철에 항행하게 되면 갑판 위로 올라온 해수가 갑판에 얼어붙어서 갑판 중량의 증가로 복원력이 나빠진다.

점답 **14** 가 **15** 가 **16** 사 **17** 아

18 선박 후진 시 선수회두에 가장 큰 영향을 끼치는 수류는?

가 반류

나 흡입류

사 배출류

아 추적류

해설

가. **반류** : 선체가 앞으로 나아가며 생기는 빈 공간을 채워 주는 수류로 인하여 주로 뒤쪽 선수미선상의 물이 앞쪽으로 따라 들어오는 수류

나. **흡입류** : 앞쪽에서 프로펠러에 빨려드는 수류

사. **배출류** : 프로펠러의 뒤쪽으로 흘러 나가는 수류로, 선박 후진 시 선수회두에 가장 큰 영향을 미치는 수류이다.

19 협수로를 항행할 때 유의할 사항으로 옳지 않은 것은?

가 통항 시기는 조류가 강한 때를 택하고, 만곡이 급한 수로는 역조 시 통항을 피한다.

나 협수로의 만곡부에서 유속은 일반적으로 만곡의 외측에서 강하고 내측에서는 약한 특징이 있다.

사 협수로에서의 유속은 일반적으로 수로 중앙부가 강하고, 육안에 가까울수록 약한 특징이 있다.

아 협수로는 수로의 폭이 좁고 조류나 해류가 강하며, 굴곡이 심하여 선박의 조종이 어렵고, 항행할 때에는 철저한 경계를 수행하면서 통항하여야 한다.

해설

통항 시기는 게류 때나 조류가 약한 때를 택하고, 만곡이 급한 수로는 순조 시 통항을 피한다.

20 물에 빠진 사람을 구조하는 조선법이 아닌 것은?

가 표준 턴

나 샤르노브 턴

사 싱글 턴

아 윌리암슨 턴

해설

구조 조선법

• **윌리암슨 턴**(Williamson turn) : 야간이나 제한된 시계 상태에서 유지한 채 원래의 항적으로 되돌아가고자 할 때 사용하는 회항 조선법이다. 물에 빠진 사람을 수색하는 데 좋은 방법이지만 익수자를 보지 못하므로 선박이 사고지점과 멀어질 수 있고, 절차가 느리다는 단점이 있다.

• **원턴**(싱글 턴 또는 앤더슨 턴, Single turn or Anderson turn) : 물에 빠진 사람이 보일 때 가장 빠른 구출 방법으로, 최종 접근 단계에서 직선적으로 접근하기가 곤란하여 조종이 어렵다는 단점이 있다.

• **샤르노브 턴**(Scharnow turn) : 윌리암슨 턴과 같이 회항 조선법이다. 물에 빠진 시간과 조종의 시작 사이에 경과된 시간이 짧을 때, 즉 익수자가 선미에서 떨어져 있지 않을 때에는 짧은 시간에 구조할 수 있어서 매우 효과적이다.

21 선박이 물에 떠 있는 상태에서 외부로부터 힘을 받아서 경사할 때, 저항 또는 외력을 제거하면 원래의 상태로 되돌아오려고 하는 힘은?

가 중력

나 복원력

사 구심력

아 원심력

선박은 육상의 구조물이나 다른 수송 수단과는 다른 특성을 고려하여 선체 구조의 안전성을 확보하여야 하므로, 선박이 경사하였을 때 다시 원래의 상태로 되돌아올 수 있는 충분한 능력이 있어야 한다. 이와 같이 경사한 선박이 원래의 상태로 되돌아오려는 힘을 복원력이라 하며, 특히, 10° 이내의 작은 경사각에서의 복원력을 초기 복원력(initial stability)이라 한다.

22 파도가 심한 해역에서 선속을 저하시키는 요인이 아닌 것은?

 바 바람   나 풍랑(Wave)

사 기압   아 너울(Swell)

바람, 풍랑, 너울 등은 선속을 저하시키나, 기압은 선속과는 관계가 없다.

23 황천항해 중 선박 조종법이 아닌 것은?

가 라이 투(Lie to)

나 히브 투(Heave to)

사 서징(Surging)

아 스커딩(Scudding)

황천항해 중 선박 조종법으로는 라이 투, 히브 투, 스커딩, 진파기름의 살포 등이 있다.
서징(Surging)은 황천항해 중 선박 조종법이 아니라 선체의 운동 중 전후동요에 해당한다.

24 충돌사고의 주요 원인인 경계 소홀에 해당하지 않는 것은?

가 당직 중 졸음

나 선박 조종술 미숙

사 해도실에서 많은 시간 소비

아 제한시계에서 레이더 미사용

사고 중에는 충돌사고가 가장 많은데, 주요 원인은 경계 소홀이며, 잠재 원인은 졸음운항, 운항 중 다른 업무 수행 및 레이더 조작 미숙 등이다. 선박 조종술 미숙은 경계 소홀과 관련이 없다.

25 정박 중 선내 순찰의 목적이 아닌 것은?

 가 각종 설비의 이상 유무 확인

나 선내 각부의 화재위험 여부 확인

사 정박등을 포함한 각종 등화 및 형상물 확인

아 선내 불빛이 외부로 새어 나가는지 여부 확인

정박 중 선내 순찰의 목적
• 투묘 위치 확인, 닻줄 또는 계선줄의 상태
• 선내 각부의 화기 및 이상한 냄새
• 도난 방지, 승무원의 재해 방지
• 정박 등을 포함한 각종 등화 및 형상물 표시
• 화물의 적·양하, 통풍, 천창, 해치 커버 개폐
• 거주구역, 급식 설비, 위생 설비의 청소 상태
• 기타 각종 설비의 이상 유무 등

정답 **22** 사 **23** 사 **24** 나 **25** 아

제3과목 **법규**

01 ( )에 적합한 것은?

> 해사안전법상 2척의 동력선이 상대의 진로를 횡단하는 경우로서 충돌의 위험이 있을 때에는 다른 선박을 ( ) 쪽에 두고 있는 선박이 그 다른 선박의 진로를 피하여야 한다.

가 좌현 나 우현

사 정횡 아 정면

2척의 동력선이 상대의 진로를 횡단하는 경우로서 충돌의 위험이 있을 때에는 다른 선박을 우현 쪽에 두고 있는 선박이 그 다른 선박의 진로를 피하여야 한다. 이 경우 다른 선박의 진로를 피하여야 하는 선박은 부득이한 경우 외에는 그 다른 선박의 선수 방향을 횡단하여서는 아니 된다(해상교통안전법 제80조).

02 해사안전법상 선박의 항행안전에 필요한 항로표지·신호·조명 등 항행보조시설을 설치하고 관리·운영하여야 하는 주체는?

가 선장

나 해양경찰청장

사 선박소유자

아 해양수산부장관

해양수산부장관은 선박의 항행안전에 필요한 항로표지·신호·조명 등 항행보조시설을 설치하고 관리·운영하여야 한다(해상교통안전법 제44조 제1항).

03 해사안전법상 선박의 출항을 통제하는 목적은?

가 국적선의 이익을 위해

나 선박의 효율적 통제를 위해

사 항만의 무리한 운영을 막으려고

아 선박의 안전운항에 지장을 줄 우려가 있어서

해양수산부장관은 해상에 대하여 기상특보가 발표되거나 제한된 시계 등으로 선박의 안전운항에 지장을 줄 우려가 있다고 판단할 경우에는 선박소유자나 선장에게 선박의 출항통제를 명할 수 있다(해상교통안전법 제36조 제1항).

04 해사안전법상 연안통항대를 따라 항행하여서는 아니되는 선박은?

가 범선

나 길이 30미터인 선박

사 급박한 위험을 피하기 위한 선박

아 연안통항대 안에 있는 해양시설에 출입하는 선박

선박은 연안통항대에 인접한 통항분리수역의 통항로를 안전하게 통과할 수 있는 경우에는 연안통항대를 따라 항행하여서는 아니 된다. 다만, 다음의 선박의 경우에는 연안통항대를 따라 항행할 수 있다(해상교통안전법 제75조 제4항).

- 길이 20미터 미만의 선박 및 범선, 급박한 위험을 피하기 위한 선박
- 어로에 종사하고 있는 선박 및 인접한 항구로 입항·출항하는 선박
- 연안통항대 안에 있는 해양시설 또는 도선사의 승하선(乘下船) 장소에 출입하는 선박

정답 01 나 02 아 03 아 04 나

05 (   )에 적합한 것은?

> 해사안전법상 2척의 범선이 서로 접근하여 충돌할 위험이 있는 경우, 각 범선이 다른 쪽 현에 바람을 받고 있는 경우에는 (   )에 바람을 받고 있는 범선이 다른 범선의 진로를 피하여야 한다.

가 선수

나 우현

사 좌현

아 선미

2척의 범선이 서로 접근하여 충돌할 위험이 있는 경우에는 각 범선이 다른 쪽 현(舷)에 바람을 받고 있는 경우에는 좌현(左舷)에 바람을 받고 있는 범선이 다른 범선의 진로를 피하여야 한다(해상교통안전법 제77조 제1항 제1호).

06 해사안전법상 항행 중인 동력선이 진로를 피하지 않아도 되는 선박은?

가 조종제한선

나 조종불능선

사 수상항공기

아 어로에 종사하고 있는 선박

항행 중인 동력선이 선박의 진로를 피해야 할 경우 : 조종불능선, 조종제한선, 어로에 종사하고 있는 선박, 범선(해상교통안전법 제83조 제2항)

07 해사안전법상 서로 시계 안에 있는 2척의 동력선이 마주치는 상태로 충돌의 위험이 있을 때의 항법으로 옳은 것은?

가 큰 배가 작은 배를 피한다.

나 작은 배가 큰 배를 피한다.

사 서로 좌현 쪽으로 변침하여 피한다.

아 서로 우현 쪽으로 변침하여 피한다.

2척의 동력선이 마주치거나 거의 마주치게 되어 충돌의 위험이 있을 때에는 각 동력선은 서로 다른 선박의 좌현 쪽을 지나갈 수 있도록 침로를 우현(右舷) 쪽으로 변경하여야 한다(해상교통안전법 제79조 제1항).

08 해사안전법상 2척의 동력선이 상대의 진로를 횡단하는 경우로서 충돌의 위험이 있을 때 부득이한 경우를 제외하고 유지선이 취할 조치로 옳지 않은 것은?

가 피항 협력 동작

나 침로와 속력의 유지

사 피항 동작

아 침로를 왼쪽으로 변경

침로와 속력을 유지하여야 하는 선박[유지선(維持船)]은 피항선이 이 법에 따른 적절한 조치를 취하고 있지 아니하다고 판단하면 스스로의 조종만으로 피항선과 충돌하지 아니하도록 조치를 취할 수 있다. 이 경우 유지선은 부득이하다고 판단하는 경우 외에는 자기 선박의 좌현 쪽에 있는 선박을 향하여 침로를 왼쪽으로 변경하여서는 아니 된다(해상교통안전법 제82조 제2항).

정답 05 사   06 사   07 아   08 아

09 해사안전법상 선박이 다른 선박을 선수 방향에서 볼 수 있는 경우로서 밤에는 양쪽의 현등을 볼 수 있는 경우의 상태는?

가 안전한 상태

나 앞지르기 하는 상태

사 마주치는 상태

아 횡단하는 상태

해설

마주치는 상태에 있는 경우(해상교통안전법 제79조 제2항)

• 밤에는 2개의 마스트등을 일직선으로 또는 거의 일직선으로 볼 수 있거나 양쪽의 현등을 볼 수 있는 경우

• 낮에는 2척의 선박의 마스트가 선수에서 선미(船尾)까지 일직선이 되거나 거의 일직선이 되는 경우

10 해사안전법상 선박의 등화에 대한 설명으로 옳지 않은 것은?

가 해지는 시각부터 해뜨는 시각까지 항행 시에는 항상 등화를 표시하여야 한다.

나 해뜨는 시각부터 해지는 시각까지도 제한된 시계에서는 등화를 표시하여야 한다.

사 현등의 색깔은 좌현은 녹색 등, 우현은 붉은색 등이다.

아 해지는 시각부터 해뜨는 시각까지 접근하여 오는 선박의 진행 방향은 등화를 관찰하여 알 수 있다.

해설

현등은 정선수 방향에서 양쪽 현으로 각각 112.5도에 걸치는 수평의 호를 비추는 등화로서 그 불빛이 정선수 방향에서 좌현 정횡으로부터 뒤쪽 22.5도까지 비출 수 있도록 좌현에 설치된 붉은색 등과 그 불빛이 정선수 방향에서 우현 정횡으로부터 뒤쪽 22.5도까지 비출 수 있도록 우현에 설치된 녹색 등이다(해상교통안전법 제86조).

11 ( )에 순서대로 적합한 것은?

> 해사안전법상 제한된 시계에서 레이더만으로 다른 선박이 있는 것을 탐지한 선박은 ( )과 얼마나 가까이 있는지 또는 ( )이 있는지를 판단하여야 한다. 이 경우 해당 선박과 매우 가까이 있거나 그 선박과 충돌할 위험이 있다고 판단한 경우에는 충분한 시간적 여유를 두고 ( )을 취하여야 한다.

가 해당 선박, 충돌할 위험, 피항동작

나 해당 선박, 충돌할 위험, 피항협력동작

사 다른 선박, 근접상태의 상황, 피항동작

아 다른 선박, 근접상태의 상황, 피항협력동작

해설

레이더만으로 다른 선박이 있는 것을 탐지한 선박은 해당 선박과 얼마나 가까이 있는지 또는 충돌할 위험이 있는지를 판단하여야 한다. 이 경우 해당 선박과 매우 가까이 있거나 그 선박과 충돌할 위험이 있다고 판단한 경우에는 충분한 시간적 여유를 두고 피항동작을 취하여야 한다(해상교통안전법 제84조 제4항).

12 해사안전법상 선미등의 수평사광범위와 등색은?

가 135도, 붉은색

나 224도, 붉은색

사 135도, 흰색

아 225도, 흰색

해설

선미등 : 135도에 걸치는 수평의 호를 비추는 흰색 등으로서 그 불빛이 정선미 방향으로부터 양쪽 현의 67.5도까지 비출 수 있도록 선미 부분 가까이에 설치된 등(해상교통안전법 제86조 제3호)

정답 09 사 10 사 11 가 12 사

13 해사안전법상 '삼색등'의 등색이 아닌 것은?

가 녹색

나 황색

사 흰색

아 붉은색

삼색등 : 선수와 선미의 중심선상에 설치된 붉은색·녹색·흰색으로 구성된 등으로서, 그 붉은색·녹색·흰색의 부분이 각각 현등의 붉은색 등과 녹색 등 및 선미등과 같은 특성을 가진 등(해상교통안전법 제86조)

14 해사안전법상 항행 중인 동력선이 서로 상대의 시계 안에 있는 경우 울려야 하는 기적신호로 옳지 않은 것은?

가 침로를 오른쪽으로 변경하고 있는 선박의 경우 단음 1회

나 침로를 왼쪽으로 변경하고 있는 선박의 경우 단음 2회

사 기관을 후진하고 있는 선박의 경우 단음 3회

아 좁은 수로 등의 장애물 때문에 다른 선박을 볼 수 없는 수역에 접근하는 선박의 경우 장음 2회

좁은 수로 등의 굽은 부분이나 장애물 때문에 다른 선박을 볼 수 없는 수역에 접근하는 선박은 장음으로 1회의 기적신호를 울려야 한다. 이 경우 그 선박에 접근하고 있는 다른 선박이 굽은 부분의 부근이나 장애물의 뒤쪽에서 그 기적신호를 들은 경우에는 장음 1회의 기적신호를 울려 이에 응답하여야 한다(해상교통안전법 제99조 제6항).

15 해사안전법상 시계가 제한된 수역에서 2분을 넘지 아니하는 간격으로 장음 2회의 기적신호를 들었다면 그 기적을 울린 선박은?

가 정박선

나 조종제한선

사 얹혀 있는 선박

아 대수속력이 없는 항행 중인 동력선

항행 중인 동력선은 정지하여 대수속력이 없는 경우에는 장음 사이의 간격을 2초 정도로 연속하여 장음을 2회 울리되, 2분을 넘지 아니하는 간격으로 울려야 한다(해상교통안전법 제100조 제1항 제2호).

16 (   )에 적합한 것은?

선박의 입항 및 출항 등에 관한 법률상 (   )를 피하기 위한 경우 등 해양수산부령으로 정하는 사유로 선박을 항로에 정박시키거나 정류시키려는 자는 그 사실을 관리청에 신고하여야 한다.

가 선박나포

나 해양사고

사 오염물질 배수

아 위험물질 방치

무역항의 수상구역 등에 정박하려는 선박은 정박구역 또는 정박지에 정박하여야 한다. 다만, 해양사고를 피하기 위한 경우 등 해양수산부령으로 정하는 사유가 있는 경우에는 그러하지 아니하다. 정박구역 또는 정박지가 아닌 곳에 정박한 선박의 선장은 즉시 그 사실을 관리청에 신고하여야 한다(법 제5조).

정답 **13** 나 **14** 아 **15** 아 **16** 나

17 ( )에 적합한 것은?

> 선박의 입항 및 출항 등에 관한 법률상 우선
> 피항선은 무역항의 수상구역에서 운항하는
> 선박으로서 다른 선박의 진로를 피하여야 하
> 는 선박이며, ( )은 우선피항선이다.

가 압항부선

나 길이 20미터인 선박

사 총톤수 25톤인 선박

아 예인선이 부선을 끌거나 밀고 있는 경우
　의 예인선 및 부선

우선피항선 : 주로 무역항의 수상구역에서 운항하는 선
박으로서 다른 선박의 진로를 피하여야 하는 선박이다
(법 제2조 제5호).
1. 부선(艀船)[예인선이 부선을 끌거나 밀고 있는 경우
　의 예인선 및 부선을 포함하되, 예인선에 결합되어 운
　항하는 압항부선(押航艀船)은 제외한다]
2. 주로 노와 삿대로 운전하는 선박
3. 예선
4. 항만운송관련사업을 등록한 자가 소유한 선박
5. 해양환경관리업을 등록한 자가 소유한 선박 또는 해
　양폐기물관리업을 등록한 자가 소유한 선박(폐기물
　해양배출업으로 등록한 선박은 제외한다)
6. 1.부터 5.까지의 규정에 해당하지 아니하는 총톤수
　20톤 미만의 선박

18 선박의 입항 및 출항 등에 관한 법률상 무역항의 수상
구역 등에서 정박지를 지정하는 기준이 아닌 것은?

가 선박의 종류　　나 선박의 국적

사 선박의 톤수　　아 적재물의 종류

관리청은 무역항의 수상구역 등에 정박하는 선박의 종류 ·
톤수 · 흘수(吃水) 또는 적재물의 종류에 따른 정박구역
또는 정박지를 지정 · 고시할 수 있다(법 제5조 제1항).

19 ( )에 적합하지 않은 것은?

> 선박의 입항 및 출항 등에 관한 법률상 관리
> 청은 무역항의 수상구역 등에서 선박교통의
> 안전을 위하여 필요하다고 인정하여 항로 또
> 는 구역을 지정한 경우에는 ( )을/를 정
> 하여 공고하여야 한다.

가 제한기간

나 관할 해양경찰서

사 금지기간

아 항로 또는 구역의 위치

관리청이 항로 또는 구역을 지정한 경우에는 항로 또는
구역의 위치, 제한 · 금지 기간을 정하여 공고하여야 한
다(법 제9조 제2항).

20 ( )에 순서대로 적합한 것은?

> 선박의 입항 및 출항 등에 관한 법률상 ( )
> 은 ( )으로부터 최고속력의 지정을 요청
> 받은 경우 특별한 사유가 없으면 무역항의 수
> 상구역 등에서 선박 항행 최고 속력을 지정 ·
> 고시하여야 한다.

가 지정청, 해양경찰청장

나 지정청, 지방해양수산청장

사 관리청, 해양경찰청장

아 관리청, 지방해양수산청장

선박의 입항 및 출항 등에 관한 법률상 관리청은 해양경
찰청장으로부터 최고속력의 지정을 요청받은 경우 특별
한 사유가 없으면 무역항의 수상구역 등에서 선박 항행
최고속력을 지정 · 고시하여야 한다(법 제17조 제2 · 3항).

점답　**17** 아　**18** 나　**19** 나　**20** 사

21 ( )에 적합하지 않은 것은?

> 선박의 입항 및 출항 등에 관한 법률상 선박이 무역항의 수상구역 등에서 ( )[이하 부두등이라 한다]을 오른쪽 뱃전에 두고 항행할 때에는 부두등에 접근하여 항행하고, 부두등을 왼쪽 뱃전에 두고 항행할 때에는 멀리 떨어져서 항행하여야 한다.

가 정박 중인 선박

나 항행 중인 동력선

사 해안으로 길게 뻗어 나온 육지 부분

아 부두, 방파제 등 인공시설물의 튀어나온 부분

선박이 무역항의 수상구역 등에서 해안으로 길게 뻗어 나온 육지 부분, 부두, 방파제 등 인공시설물의 튀어나온 부분 또는 정박 중인 선박(이하 "부두등")을 오른쪽 뱃전에 두고 항행할 때에는 부두등에 접근하여 항행하고, 부두등을 왼쪽 뱃전에 두고 항행할 때에는 멀리 떨어져서 항행하여야 한다(법 제14조).

22 선박의 입항 및 출항 등에 관한 법률상 항법에 대한 규정으로 옳은 것은?

가 항로에서 선박 상호 간의 거리는 1해리 이상 유지하여야 한다.

나 무역항의 수상구역 등에서 속력을 3노트 이하로 유지하여야 된다.

사 범선은 무역항의 수상구역 등에서 돛을 최대로 늘려 항행하여야 된다.

아 모든 선박은 항로를 항행하는 흘수제약선의 진로를 방해하지 않아야 한다.

가. 무역항의 수상구역 등에서 2척 이상의 선박이 항행할 때에는 서로 충돌을 예방할 수 있는 상당한 거리를 유지하여야 한다(법 제18조).

나. 선박이 무역항의 수상구역 등이나 무역항의 수상구역 부근을 항행할 때에는 다른 선박에 위험을 주지 아니할 정도의 속력으로 항행하여야 한다(법 제17조 제1항).

사. 범선이 무역항의 수상구역 등에서 항행할 때에는 돛을 줄이거나 예인선이 범선을 끌고 가게 하여야 한다(법 제15조 제2항).

23 해양환경관리법상 선박에서 해양에 언제라도 배출이 가능한 물질은?

가 식수

나 선저폐수

사 합성어망

아 선박 주기관 윤활유

식수는 어떤 해양에서 언제라도 배출이 가능하다.

24 해양환경관리법상 오염물질이 배출된 경우 오염을 방지하기 위한 조치가 아닌 것은?

가 오염물질의 배출방지

나 배출된 오염물질의 확산방지 및 제거

사 배출된 오염물질의 수거 및 처리

아 기름오염방지설비의 가동

오염물질이 배출된 경우 방제의무자의 조치(법 제64조 제1항)
• 오염물질의 배출방지
• 배출된 오염물질의 확산방지 및 제거
• 배출된 오염물질의 수거 및 처리

25 해양환경관리법상 분뇨오염방지설비를 갖추어야 하는 선박의 선박검사증서 또는 어선검사증서상 최대승선인원 기준은? (단, 다른 법률에서 정한 경우는 제외함)

가 10명 이상   **나** 16명 이상

사 20명 이상   **아** 24명 이상

해설

다음에 해당하는 선박의 소유자는 그 선박 안에서 발생하는 분뇨를 저장·처리하기 위한 설비(분뇨오염방지설비)를 설치하여야 한다. 다만, 「선박안전법 시행규칙」 제4조 제11호 및 「어선법」 제3조 제9호에 따른 위생설비 중 대변용 설비를 설치하지 아니한 선박의 소유자와 대변소를 설치하지 아니한 「수상레저기구의 등록 및 검사에 관한 법률」 제6조에 따라 등록한 수상레저기구의 소유자는 그러하지 아니하다(법 제25조 제1항, 「선박에서의 오염방지에 관한 규칙」 제14조 제1항).

• 총톤수 400톤 이상의 선박(선박검사증서상 최대승선인원이 16인 미만인 부선은 제외)

• 선박검사증서 또는 어선검사증서상 최대승선인원이 16명 이상인 선박

• 수상레저기구 안전검사증에 따른 승선정원이 16명 이상인 선박

• 소속 부대의 장 또는 경찰관서·해양경찰관서의 장이 정한 승선인원이 16명 이상인 군함과 경찰용 선박

01 4행정 사이클 디젤 기관에서 흡·배기 밸브의 밸브겹침에 대한 설명으로 옳은 것은?

가 상사점 부근에서 흡·배기 밸브가 동시에 열려 있는 기간이다.

나 상사점 부근에서 흡·배기 밸브가 동시에 닫혀 있는 기간이다.

사 하사점 부근에서 흡·배기 밸브가 동시에 열려 있는 기간이다.

아 하사점 부근에서 흡·배기 밸브가 동시에 닫혀 있는 기간이다.

밸브겹침(valve overlap) : 상사점 부근에서 크랭크 각도 40° 동안 흡기밸브와 배기밸브가 동시에 열려 있는 기간

02 직렬형 디젤 기관에서 실린더가 6개인 경우 메인 베어링의 최소 개수는?

가 5개   **나** 6개

사 7개   **아** 8개

직렬형 디젤 기관에서 메인 베어링은 피스톤 양쪽에 있도록 만들어져 있으므로 반드시 피스톤수보다 한 개 더 많다. 따라서 실린더가 6개이므로, 메인 베어링은 7개가 된다.

정답 25 나 / 01 가 02 사

03 디젤 기관의 실린더 라이너가 마멸된 경우에 발생하는 현상으로 옳은 것은?

가 실린더 내 압축공기가 누설된다.

나 피스톤에 작용하는 압력이 증가한다.

사 최고 폭발압력이 상승한다.

아 간접 역전장치의 사용이 곤란하게 된다.

실린더 라이너 마모의 영향 : 출력 저하, 압축압력의 저하, 연료의 불완전 연소, 연료 소비량 증가, 윤활유 소비량 증가, 기관의 시동성 저하, 가스가 크랭크실로 누설

04 4행정 사이클 디젤 기관의 실린더 헤드에 설치되는 밸브가 아닌 것은?

가 흡기밸브

나 연료분사밸브

사 배기밸브

아 시동공기분배밸브

흡기밸브, 배기밸브, 연료분사밸브는 실린더 헤드에 설치되어 있으나, 시동공기분배밸브는 캠축에 설치되어 있다.

05 실린더 헤드에서 발생할 수 있는 고장에 대한 설명으로 옳지 않은 것은?

가 각부의 온도차로 균열이 발생한다.

나 헤드의 너트 풀림으로 배기가스가 누설한다.

사 냉각수 통로의 부식으로 냉각수가 누설한다.

아 흡입공기 온도 상승으로 배기가스가 누설한다.

아. 헤드의 너트 풀림 등이 배기가스 누설과 관련되며, 흡입공기 온도 상승으로 인한 배기가스 누설은 되지 않는다.

06 디젤 기관에서 피스톤 링을 피스톤에 조립할 경우의 주의사항으로 옳지 않은 것은?

가 링의 상하면 방향이 바뀌지 않도록 조립한다.

나 가장 아래에 있는 링부터 차례로 조립한다.

사 링이 링 홈 안에서 잘 움직이는지를 확인한다.

아 링의 절구틈이 모두 같은 방향이 되도록 조립한다.

피스톤 링의 조립
• 피스톤 링을 피스톤에 조립할 때는 각인된 쪽이 실린더 헤드 쪽으로 향하도록 하고, 링 이음부는 크랭크축 방향과 축의 직각 방향(측압쪽)을 피해서 120°~180° 방향으로 서로 엇갈리게 조립한다.
• 링의 상하면 방향이 바뀌지 않게 하면서 가장 아래에 있는 링부터 차례로 조립한다. 링이 링 홈 안에서 잘 움직이는지를 확인한다.
• 링을 조립할 때는 링의 끝부분이 절개되어 있어 완전한 기밀을 유지하기 어려우므로 절개부 위치를 엇갈리게 배치한다.

07 디젤 기관의 피스톤 링 재료로 주철을 사용하는 주된 이유는?

가 기관의 출력을 증가시켜 주기 때문에

나 연료유의 소모량을 줄여 주기 때문에

사 고온에서 탄력을 증가시켜 주기 때문에

아 윤활유의 유막 형성을 좋게 하기 때문에

정답 03 가 04 사 05 아 06 아 07 아

피스톤 링의 재질은 일반적으로 주철을 사용하는데, 주철은 조직 중에 함유된 흑연이 윤활유의 유막 형성을 좋게 하여 마멸이나 눌어붙는 것을 적게 해 준다. 또한 주철은 실린더 내벽과 접촉이 좋고 고온에서 탄력 감소가 작은 장점이 있다.

08 다음 그림과 같은 크랭크축에서 ①의 명칭은?

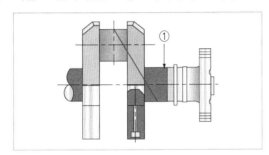

가 평형추 나 크랭크 핀

사 크랭크 암 아 크랭크 저널

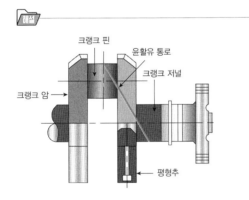

09 소형기관에서 플라이휠의 구성 요소가 아닌 것은?

가 림 나 암

사 핀 아 보스

플라이휠은 주철제의 바퀴로서 림(rim), 보스(boss), 암(arm)으로 구성된다.

10 내연기관의 연료유에 대한 설명으로 옳지 않은 것은?

가 발열량이 클수록 좋다.

나 유황분이 적을수록 좋다.

사 물이 적게 함유되어 있을수록 좋다.

아 점도가 높을수록 좋다.

내연기관에 사용되는 연료유는 비중이나 점도가 커서는 안 되고, 침전물도 많아서도 안 된다.

11 소형기관의 시동 직후 운전상태를 파악하기 위해 점검해야 할 사항이 아닌 것은?

가 계기류의 지침

나 배기색

사 진동의 발생 여부

아 윤활유의 점도

윤활유의 점도는 사전에 체크되어야 할 부분이지 시동 직후에 점검해야 될 사항은 아니다.

12 소형기관에서 크랭크축으로부터 회전수를 낮추어 추진장치에 전달해 주는 장치는?

가 조속장치 나 과급장치

사 감속장치 아 가속장치

정답 08 아 09 사 10 아 11 아 12 사

가. **조속장치** : 기관의 속도를 제어하는 장치이다.

나. **과급장치** : 급기를 압축하는 장치로서 실린더에서 나오는 배기가스로 가스 터빈을 돌리고, 가스 터빈이 돌면서 같은 축에 연결된 송풍기를 회전시켜 강제로 새 공기를 실린더 안에 불어넣는 장치이다.

13 프로펠러에 의한 속도와 배의 속도와의 차이를 무엇이라고 하는가?

가 서징 나 피치

사 슬립 아 경사

나선형 프로펠러의 슬립이란 추진기가 물속을 전진하는 볼트와 너트의 관계와 같다. 그러나 추진기의 경우는 너트에 해당되는 것이 고체가 아닌 물이므로 반드시 피치×회전수만큼 추진기가 전진할 수 없다. 이와 같이 배의 속도와 추진기의 속도의 차를 말한다.

14 스크루 프로펠러로만 짝지어진 것은?

가 고정피치 프로펠러와 가변피치 프로펠러

나 분사 프로펠러와 가변피치 프로펠러

사 분사 프로펠러와 고정피치 프로펠러

아 고정피치 프로펠러와 외차 프로펠러

나선형 추진기는 스크루 프로펠러(screw propeller)라고도 하며, 축계를 통하여 전달된 주기관의 동력으로 배를 추진하는 장치이다. 이에는 고정피치 프로펠러와 가변피치 프로펠러가 있다.

15 다음 그림과 같은 무어링 윈치에서 ①, ②, ③의 명칭은?

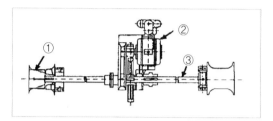

가 ① : 워핑 드럼, ② : 유압모터, ③ : 수평축

나 ① : 워핑 드럼, ② : 수평축, ③ : 유압모터

사 ① : 유압모터, ② : 워핑 드럼, ③ : 수평축

아 ① : 유압모터, ② : 수평축, ③ : 워핑 드럼

① 워핑 드럼, ② 유압모터, ③ 수평축

16 기어 펌프에서 송출압력이 설정값 이상으로 상승하면 송출측 유체를 흡입측으로 되돌려 보내는 밸브는?

가 릴리프밸브

나 송출밸브

사 흡입밸브

아 나비밸브

가. **릴리프밸브** : 회로의 압력이 설정 압력에 도달하면 유체(流體)의 일부 또는 전량을 배출시켜 회로 내의 압력을 설정값 이하로 유지하는 압력제어 밸브이며, 1차 압력 설정용 밸브를 말한다.

나. **송출밸브** : 원심 펌프의 송출량을 조절하는 밸브이다.

아. **나비밸브** : 관로의 열림을 조절하는 밸브로 유량조절용에 적합하며, 기밀성이 상대적으로 약해 고압 유체용에는 부적합하다.

정답 13 사 14 가 15 가 16 가

17 해수 펌프의 구성품이 아닌 것은?

가 축봉장치 나 임펠러
사 케이싱   아 제동장치

해수 펌프는 기관을 냉각시키기 위하여 바닷물을 공급하는 펌프로 임펠러, 축봉장치, 케이싱 등으로 구성된다.

18 선내에서 주로 사용되는 교류 전원의 주파수는 몇 Hz인가?

가 30Hz   나 90Hz
사 60Hz   아 120Hz

선내에서 주로 사용되는 교류 전원의 주파수는 60Hz이다.

19 전동기 기동반에서 빼낸 퓨즈의 정상 여부를 멀티 테스터로 확인하는 방법으로 옳은 것은?

가 멀티테스터의 선택스위치를 저항 레인지에 놓고 저항을 측정해서 확인한다.
나 멀티테스터의 선택스위치를 전압 레인지에 놓고 전압을 측정해서 확인한다.
사 멀티테스터의 선택스위치를 전류 레인지에 놓고 전류를 측정해서 확인한다.
아 멀티테스터의 선택스위치를 전력 레인지에 놓고 전력을 측정해서 확인한다.

멀티테스터(회로시험기, multi tester) : 전압, 전류 및 저항 등의 값을 하나의 계기로 측정할 수 있게 만든 기기이다. 퓨즈의 정상 여부는 멀티테스터의 선택스위치를 저항 레인지에 놓고 저항을 측정해서 확인한다.

20 납축전지의 구성 요소가 아닌 것은?

가 극판
나 충전판
사 격리판
아 전해액

납축전지는 극판군(양극판, 음극판, 격리판)과 전해액으로 구성되어 있다.

21 기관의 출력을 나타내는 단위는?

가 [bar]   나 [rpm]
사 [kW]   아 [MPa]

나. rpm : 크랭크축이 1분 동안 몇 번의 회전을 하는지 나타내는 단위
아. MPa : 압력의 단위. 주로 N/m²으로 나타내고 파스칼(Pa)이라 부르며, bar, kgf/cm², psi, atm 등도 사용한다. MPa(메가파스칼)은 Pa에 10⁶을 한 값이다.

22 운전 중인 디젤 기관이 갑자기 정지되는 경우가 아닌 것은?

가 윤활유의 압력이 너무 낮은 경우
나 기관의 회전수가 과속도 설정값에 도달된 경우
사 연료유가 공급되지 않는 경우
아 냉각수 온도가 너무 낮은 경우

'가, 나, 사'의 경우는 기관이 갑자기 정지되는 사유가 되나, 냉각수 온도가 너무 낮은 경우는 기관이 갑자기 정지되는 사유는 아니다.

정답 17 아 18 사 19 가 20 나 21 사 22 아

23 디젤 기관에서 크랭크 암 개폐에 대한 설명으로 옳지 않은 것은?

가 선박이 물위에 떠 있을 때 계측한다.

나 다이얼식 마이크로미터로 계측한다.

사 각 실린더마다 정해진 여러 곳을 계측한다.

아 개폐가 심할수록 유연성이 좋으므로 기관의 효율이 높아진다.

크랭크 암의 개폐작용은 크랭크축이 회전할 때 크랭크 암 사이의 거리가 넓어지거나 좁아지는 현상으로 기관의 운전 중 개폐작용이 과대하게 발생하면 축에 균열(crack)이 생겨 결국 부러지게 된다.

24 선박용 연료유에 대한 일반적인 설명으로 옳지 않은 것은?

가 경유가 중유보다 비중이 낮다.

나 경유가 중유보다 점도가 낮다.

사 경유가 중유보다 유동점이 낮다.

아 경유가 중유보다 발열량이 높다.

비중, 점도, 유동점, 발열량의 크기는 가솔린, 등유, 경유, 중유 순으로 커진다. 따라서 경유가 중유보다 발열량이 낮다.

25 연료유의 부피 단위는?

가 [kℓ]　　　　**나** [kg]

사 [MPa]　　　**아** [cSt]

연료유의 부피 단위는 [kℓ]이다.

정답 23 아　24 아　25 가

2022년 제1회 최신 기출문제

제1과목 **항해**

01 어느 지점을 지나는 진자오선과 자기 자오선이 이루는 교각은?

가 자차
나 편차
사 풍압차
아 유압차

가. **자차** : 자기 자오선(자북)과 선내 나침의 남북선(나북)이 이루는 교각

사. **풍압차** : 선박이 항행 중 바람이나 조류의 영향으로 원래의 침로에서 좌우로 벗어나는 정도를 말한다.

아. **유압차** : 조류, 해류 등 물의 흐름의 영향에 의해 좌우로 떠밀리는 정도를 말한다.

02 자이로컴퍼스에서 선박의 속력이 빠르고 그 침로가 남북에 가까울수록, 또 위도가 높아질수록 커지는 오차는?

가 위도오차
나 속도오차
사 동요오차
아 가속도오차

가. **위도오차** : 진북을 가리키는 자이로 나침반 특유의 위도에 대한 오차로, 제진 세차 운동과 지북 세차 운동이 동시에 일어나는 경사 제진식 제품에만 있다.

사. **동요오차** : 선박이 동요하면 자이로컴퍼스는 짐벌 내부 장치에서 단진자와 같은 진요운동을 한다. 그 진요의 변화로 인한 가속도와 진자의 호상운동으로 인하여 오차가 생기며, 이것을 동요오차라고 한다.

아. **가속도오차** : 항해 중 선박의 속도가 변경(증속, 감속)되거나 침로가 변경되면, 그 가속력이 컴퍼스에 작용하는데 이때 발생하는 오차를 말한다.

03 자기 컴퍼스의 자차계수 중 일반적으로 수정하지 않는 자차계수는?

가 A, B
나 A, E
사 C, E
아 C, D

일반적으로 A, E는 수정하지 않는다.

04 일반적으로 자기 컴퍼스의 유리가 파손되거나 기포가 생기지 않는 온도 범위는?

가 0℃~70℃
나 -5℃~75℃
사 -20℃~50℃
아 -40℃~30℃

자기 컴퍼스에 들어가는 컴퍼스 액은 에틸알코올과 증류수를 약 35 : 65의 비율로 혼합한 액체로 비중이 약 0.95, 온도 -20℃~60℃ 범위에서 점성 및 팽창계수가 작다. 따라서 위 온도 범위에서 유리가 파손되거나 기포가 생기지 않는다.

05 풍향에 대한 설명으로 옳지 않은 것은?

가 풍향이란 바람이 불어가는 방향을 말한다.

나 풍향이 시계 방향으로 변하는 것을 풍향 순전이라 한다.

사 풍향이 반시계 방향으로 변하는 것을 풍향 반전이라 한다.

아 보통 북(N)을 기준으로 시계 방향으로 16방위로 나타내며, 해상에서는 32방위로 나타낼 때도 있다.

정답 01 나 02 나 03 나 04 사 05 가

가. 풍향이란 바람이 불어오는 방향을 말한다.

06 ( )에 적합한 것은?

육상 송신국 또는 선박으로부터의 전파의 방위를 측정하여 위치선으로 활용하는 것으로 등대, 섬 등 육표의 시각 방위측정법에 비해 측정거리가 길고, 천후 또는 밤낮에 관계없이 위치 측정이 가능한 장비는 ( )이다.

가 알디에프(RDF)　　나 지피에스(GPS)

사 로란(LORAN)　　아 데카(DECCA)

나. **지피에스**(GPS) : 위치를 알고 있는 24개의 인공위성에서 발사하는 전파를 수신하고, 그 도달시간으로부터 관측자까지의 거리를 구하여 위치를 결정하는 방식이다.

사. **로란**(LORAN) : 장거리 무선항법 시스템의 하나로 해상, 육상, 항공기 등의 폭넓은 이용범위와 정확도로 위치 측정을 할 수 있는 시스템이다.

아. 데카(DECCA) : 두 송신국 전파의 위상차를 측정하여 거리차로 환산, 다른 전파 항해계측기에 비해 사용법이 간단하고 정확하다.

07 천의 극 중에서 관측자의 위도와 반대쪽에 있는 극은?

가 동명극　　나 천의 북극

사 이명극　　아 천의 남극

• **천의 남극과 천의 북극** : 천의 극 중 지구의 북극 쪽에 있는 것을 천의 북극, 남극 쪽에 있는 것을 천의 남극

• **동명극과 이명극** : 동명극은 관측자의 위도와 동명인 극, 이명극은 관측자의 위도와 이명인 극

08 연안항해에서 많이 사용하는 방법으로 뚜렷한 물표 2개 또는 3개를 이용하여 선위를 구하는 방법은?

가 3표양각법　　나 4점방위법

사 교차방위법　　아 수심연측법

가. **3표양각법** : 뚜렷한 3개의 물표를 육분의로 수평협각을 측정하고, 3간분도기를 사용하여 그들 협각을 각각의 원주각으로 하는 원의 교점을 구하는 방법이다.

나. **4점방위법** : 물표의 전측시 선수각을 45°(4점)로 측정하고, 후측시 선수각을 90°(8점)로 측정하는 선위 측정법으로, 정횡거리를 알 수 있다. 연안항해에서 많이 이용하는 방법이다.

사. **교차방위법** : 2개 이상의 뚜렷한 물표를 선정하여 거의 동시에 각각의 방위를 재어 해도상에 방위선을 긋고 이들의 교점을 선위로 측정하는 방법이다.

아. **수심연측법** : 연안항해 중 안개, 눈 또는 비 때문에 목표물을 선정할 수 없을 때 대략적으로 선위를 알기 위해 일정한 간격, 연속적 수심 측정을 통하여 선위를 추정하는 방법으로, 측심에 의한 선위는 추정위치가 된다.

09 작동 중인 레이더 화면에서 'A' 점은?

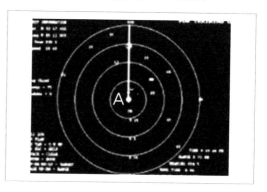

가 섬　　나 자기 선박

사 육지　　아 다른 선박

정답　06 가　07 사　08 사　09 나

주어진 그림의 레이더는 상대운동 표시방식의 레이더로 자선(본선)의 위치가 PPI(Plan Position Indicator)상의 어느 한 점(주로 PPI의 중심)에 고정되어 있기 때문에, 모든 물체는 자선의 움직임에 대하여 상대적인 움직임으로 표시된다.

10 위성항법장치(GPS)에서 오차가 발생하는 원인이 아닌 것은?

- 가 위성 오차
- 나 수신기 오차
- 사 전파 지연 오차
- 아 사이드 로브에 의한 오차

사용자와 위성 간의 거리를 측정할 때 GPS 신호가 실린 전파의 속도를 일정하다고 생각하였지만 온도, 대기의 상태 등에 따라 전파의 속도는 변하므로 오차가 발생한다. 이의 오차의 원인에는 전파 속도의 변동에 따른 오차, 수신기 오차 및 시계 오차, 다중 경로 오차, 위성 궤도 오차, 위성에서의 신호 처리 지연 등이 있다.

11 해도상에 표시된 해저 저질의 기호에 대한 의미로 옳지 않은 것은?

- 가 S – 자갈
- 나 M – 뻘
- 사 R – 암반
- 아 Co – 산호

가. S – 모래, G – 자갈

12 우리나라에서 발간하는 종이해도에 대한 설명으로 옳은 것은?

- 가 수심 단위는 피트(Feet)를 사용한다.
- 나 나침도의 바깥쪽은 나침방위권을 사용한다.
- 사 항로의 지도 및 안내서의 역할을 하는 수로서지이다.
- 아 항박도는 대축척 해도로 좁은 구역을 상세히 그린 평면도이다.

가. 수심 단위는 미터(m)를 사용한다.
나. 나침도의 바깥쪽은 진방위를 사용하고, 안쪽은 나침방위를 사용한다.
사. 수로서지는 해도 이외에 항해에 도움을 주는 모든 간행물을 말하므로, 해도는 수로서지가 아니다.

13 수로서지 중 특수서지가 아닌 것은?

- 가 등대표
- 나 조석표
- 사 천측력
- 아 항로지

수로서지 중 특수서지는 항로지 이외의 서적을 말한다.

14 등부표에 대한 설명으로 옳지 않은 것은?

- 가 강한 파랑이나 조류에 의해 유실되는 경우도 있다.
- 나 항로의 입구, 폭 및 변침점 등을 표시하기 위해 설치한다.
- 사 해저의 일정한 지점에 체인으로 연결되어 수면에 떠 있는 구조물이다.
- 아 조류표에 기재되어 있으므로, 선박의 정확한 속력을 구하는 데 사용하면 좋다.

정답 10 아 11 가 12 아 13 아 14 아

해설

등부표 : 암초나 사주가 있는 위험한 장소·항로의 입구·폭·변침점 등을 표시하기 위해 설치. 해저의 일정한 지점에 떠 있는 구조물로 등대와 함께 가장 널리 쓰인다. 따라서 선박의 정확한 속력을 구하는 데 사용하는 것이 아니다.

15 암초, 사주(모래톱) 등의 위치를 표시하기 위하여 그 위에 세워진 경계표이며, 여기에 등광을 설치하면 등표가 되는 항로표지는?

가 입표 **나** 부표

사 육표 **아** 도표

해설

나. **부표** : 물 위에 떠 있는 항만의 유도표지로, 항로를 따라 설치하거나 변침점에 설치한다.

사. **육표** : 입표의 설치가 곤란한 경우에 육상에 마련한 간단한 항로표지로, 등광을 달면 등주가 된다.

아. **도표** : 좁은 수로의 항로를 표시하기 위하여 항로의 연장선 위에 앞뒤로 2개 이상의 육표를 설치하여 선박을 인도하는 것이다.

16 전자력에 의해서 발음판을 진동시켜 소리를 내게 하는 음파(음향)표지는?

가 무종 **나** 다이어폰

사 에어 사이렌 **아** 다이어프램 폰

해설

가. **무종**(Fog Bell) : 가스의 압력 또는 기계장치로 타종하는 것

나. **다이어폰** : 압축공기에 의해서 발음체인 피스톤을 왕복시켜서 소리를 내는 장치

사. **에어 사이렌** : 공기압축기로 만든 공기에 의하여 사이렌을 울리는 장치

17 종이해도번호 앞에 'F'(에프)로 표기된 것은?

가 해류도 **나** 조류도

사 해저 지형도 **아** 어업용 해도

해설

가. **해류도** : 일정한 방향과 유속을 가진 해수의 흐름을 나타낸 지도

나. **조류도** : 조석 현상에 의한 해수의 수평적인 흐름인 조류의 상황을 그림으로 표시한 해도

사. **해저 지형도** : 해안의 저조선을 포함한 해저면의 지형을 그린 해도

아. **어업용 해도** : 일반 항해용 해도에 각종 어업에 필요한 제반 자료를 기재하여 제작한 해도로, 해도 번호 앞에 'F'가 표기되어 있다.

18 다음 중 가장 축척이 큰 종이해도는?

가 총도 **나** 항양도

사 항해도 **아** 항박도

해설

해도의 축척 : 두 지점 사이의 실제 거리와 해도에서 이에 대응하는 두 지점 사이의 거리의 비를 말한다.

• **대축척 해도** : 좁은 지역을 상세하게 표시한 해도(항박도)

• **소축척 해도** : 넓은 지역을 작게 나타낸 해도(총도, 항양도)

19 해도상에 표시된 등대의 등질 'Fl.2s10m20M'에 대한 설명으로 옳지 않은 것은?

가 섬광등이다.

나 주기는 2초이다.

사 등고는 10미터이다.

아 광달거리는 20킬로미터이다.

정답 **15** 가 **16** 아 **17** 아 **18** 아 **19** 아

해설

등대의 등질은 다른 등화와 구분하기 위하여 등광의 발사상황을 달리하는 것이다. 'Fl.2s10m20M'에서 'Fl'은 섬광등, '2s'는 정해진 등질이 반복되는 시간을 초 단위로 나타낸 주기로 2초마다 반복됨을 나타낸다. 그리고 '10m'는 등대 높이인 등고가 10m임을 나타내며, '20M'는 등광을 알아볼 수 있는 최대거리인 광달거리로 그 광달거리가 20마일임을 나타낸다.

20 다음 그림의 항로표지에 대한 설명으로 옳은 것은? (단, 두표의 모양만 고려함)

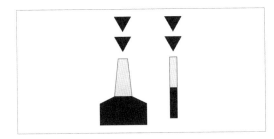

　가　표지의 동쪽에 가항수역이 있다.

　나　표지의 서쪽에 가항수역이 있다.

　사　표지의 남쪽에 가항수역이 있다.

　아　표지의 북쪽에 가항수역이 있다.

 해설

동방위표지(◆), 서방위표지(✕), 남방위표지(▼), 북방표지(▲)

21 선박에서 주로 사용하는 습도계는?

　가　자기 습도계　　나　모발 습도계

　사　건습구 습도계　아　모발 자기 습도계

 해설

가. **자기 습도계** : 습도를 자기지 위에 자동으로 기록하는 습도계

나. **모발 습도계** : 팽창하는 유기물 섬유가 물을 흡수하는 성질을 이용한 습도계이다.

사. **건습구 온도계** : 온도계를 두 개 중 하나는 그냥 놓고, 하나는 물에 적신 헝겊을 두른 온도계를 놓는다. 그러면 하나는 지금의 온도를 나타내고, 하나는 물이 증발하면서 낮은 온도를 나타낸다. 이 두 개의 온도계의 차이로 지금의 습도를 알아내는 것이다.

아. **모발 자기 습도계** : 인간의 머리카락이 상대습도에 따라 늘었다 줄었다 하는 성질을 이용하여 만든 자기 습도계를 모발 자기 습도계라고 한다.

22 전선을 동반하는 저기압으로, 기압경도가 큰 온대 지방과 한대 지방에서 생기며, 일명 온대 저기압이라고도 부르는 것은?

　가　전선 저기압　　나　비전선 저기압

　사　한랭 저기압　　아　온난 저기압

 해설

가. **전선 저기압** : 기압 기울기가 큰 온대 및 한대 지방에서 발생하는 저기압으로 전선을 동반한다.

나. **비전선 저기압** : 전선을 동반하지 않는 저기압으로, 열적 저기압과 지형성 저기압이 이에 해당한다.

사. **한랭 저기압** : 중심이 주위보다 차가운 저기압으로, 이동 속도와 발달 속도가 느리다.

아. **온난 저기압** : 중심이 주위보다 온난한 저기압으로, 상층으로 갈수록 저기압성 순환이 줄어들면서 어느 고도에서는 없어진다.

23 일기도의 날씨 기호 중 '≡'가 의미하는 것은?

　가　눈　　　　　　나　비

　사　안개　　　　　아　우박

해설

맑음	갬	흐림	비	소나기	눈	안개	뇌우
○	◑	●	•	▽	✳	≡	⌐

정답　**20** 사　**21** 사　**22** 가　**23** 사

24 항해계획을 수립할 때 고려하여야 할 사항이 아닌 것은?

가 경제적 항해

나 항해일수의 단축

사 항해할 수역의 상황

아 선적항의 화물 준비 사항

항해하게 될 수역의 상황을 조사하여 면밀한 항해계획을 수립해야 하는데, 이때 고려사항으로는 안전한 항해, 항해일수의 단축, 경제성 등이다.

25 ( )에 적합한 것은?

> 항정을 단축하고 항로표지나 자연의 목표를 충분히 이용할 수 있도록 육안에 접근한 항로를 선정하는 것이 원칙이지만, 지나치게 육안에 접근하는 것은 위험을 수반하기 때문에 항로를 선정할 때 ( )을/를 결정하는 것이 필요하다.

가 피험선

나 위치선

사 중시선

아 이안 거리

가. **피험선** : 협수로를 통과할 때나 출·입항할 때에 자주 변침하여 마주치는 선박을 적절히 피하고, 위험을 예방하며, 예정 침로를 유지하기 위한 위험 예방선이다.

나. **위치선** : 선박이 그 자취 위에 존재한다고 생각되는 특정한 선

사. **중시선** : 두 물표가 일직선상에 겹쳐 보일 때 이 물표를 연결한 선으로 선위, 피험선, 컴퍼스 오차의 측정, 변침점, 선속 측정 등에 이용된다.

제2과목 **운용**

01 현호의 기능이 아닌 것은?

가 선박의 능파성을 향상시킨다.

나 선체가 부식되는 것을 방지한다.

사 건현을 증가시키는 효과가 있다.

아 갑판단이 일시에 수중에 잠기는 것을 방지한다.

현호는 미관상 이점과 능파성을 증가시켜 해수가 갑판으로 덮치는 것을 방지하고, 건현의 증가와 같은 효과로서 선박의 예비부력을 증가시켜 복원성을 증가시킨다. 선체가 부식되는 것을 방지하는 것은 현호의 기능이 아니다.

02 다음 중 선박에 설치되어 있는 수밀 격벽의 종류가 아닌 것은?

가 선수 격벽

나 기관실 격벽

사 선미 격벽

아 타기실 격벽

수밀 격벽은 선박이 충돌할 경우 충격을 최소화하고, 선체가 파손되어 해수가 침입할 경우에 이를 일부분에만 그치도록 하기 위해 설치한다. 수밀 격벽에는 선수 격벽, 선미 격벽, 기관실 격벽 등이 있다.

03 상갑판 보(Beam) 위의 선수재 전면으로부터 선미재 후면까지의 수평거리로 선박원부 및 선박국적증서에 기재되는 길이는?

가 전장

나 수선장

사 등록장

아 수선간장

가. **전장** : 선수의 최전단으로부터 선미의 최후단까지의 수평거리로 안벽계류 및 입거할 때 필요한 선박의 길이. 선박의 저항, 추진력 계산에 사용

정답 24 아 25 아 / 01 나 02 아 03 사

나. **수선장** : 각 흘수선상의 물에 잠긴 선체의 선수재 전면에서 선미 후단까지의 수평거리. 배의 저항, 추진력 계산 등에 사용

아. **수선간장** : 계획만재흘수선상의 선수재의 전면으로부터 타주 후면까지의 수평거리

04 타(Rudder)의 구조를 나타낸 그림에서 ①은 무엇인가?

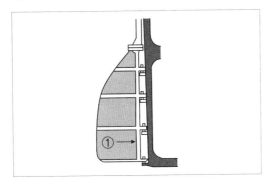

가 타판　　　　나 핀틀
사 거전　　　　아 타심재

타의 구조

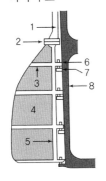 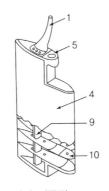

1. 타두재(rudder stock)　　2. 러더 커플링
3. 러더 암　　　　　　　　4. 타판
5. 타심재(main piece)　　　6. 핀틀
7. 거전　　　　　　　　　8. 타주
9. 수직 골재　　　　　　　10. 수평 골재

05 크레인식 하역장치의 구성 요소가 아닌 것은?

가 카고 훅　　　　나 데릭 붐
사 토핑 윈치　　　아 선회 윈치

데릭은 와이어 로프 끝에 있는 훅(hook)에 화물을 걸고, 윈치로 와이어 로프를 감아 하역하는 방식으로 크레인식 방식과 다르다. 데릭에서 데릭 붐은 화물을 들어 올리는 역할을 하는 부분으로 팔에 해당한다.

06 희석제(Thinner)에 대한 설명으로 옳지 않은 것은?

가 인화성이 강하므로 화기에 유의하여야 한다.

나 많은 양을 희석하면 도료의 점도가 높아진다.

사 도료에 첨가하는 양은 최대 10% 이하가 좋다.

아 도료의 성분을 균질하게 하여 도막을 매끄럽게 한다.

도료의 점도를 조절하기 위해 첨가하는 희석제는 많이 넣으면 도료의 점도가 낮아진다.

07 다음 중 페인트를 칠하는 용구는?

가 철솔　　　　나 스크레이퍼
사 그리스 건　　아 스프레이 건

도장용 선용품은 페인트 스프레이 건, 페인트 붓, 페인트 롤러 등이 있다.

08 물이 스며들지 않아 수온이 낮은 물속에서 체온을 보호할 수 있는 것으로 2분 이내에 혼자서 착용 가능하여야 하는 것은?

가 구명조끼 　　 **나** 보온복

사 방수복 　　 **아** 방화복

방수복 : 물이 스며들지 않아 수온이 낮은 물속에서 체온을 보호할 수 있는 옷으로, 2분 이내에 도움 없이 착용할 수 있어야 한다.

09 해상이동업무식별번호(MMSI)에 대한 설명으로 옳은 것은?

가 5자리 숫자로 구성된다.

나 9자리 숫자로 구성된다.

사 국제 항해 선박에만 사용된다.

아 국내 항해 선박에만 사용된다.

해상이동업무식별부호(MMSI)는 선박국, 해안국 및 집단호출을 유일하게 식별하기 위해 사용되는 부호로서, 9개의 숫자로 구성되어 있다(우리나라의 경우 440, 441로 지정). 국내 및 국제 항해 모두 사용되며, 소형선박에도 부여된다.

10 선박이 침몰하여 수면 아래 4미터 정도에 이르면 수압에 의하여 선박에서 자동 이탈되어 조난자가 탈 수 있도록 압축가스에 의해 펼쳐지는 구명설비는?

가 구명정 　　 **나** 구명뗏목

사 구조정 　　 **아** 구명부기

가. **구명정** : 선박 조난 시 인명구조를 목적으로 특별하게 제작된 소형선박으로 부력, 복원성 및 강도 등이 완전한 구명기구이다.

사. **구조정** : 조난 중인 사람을 구조하고, 생존정을 인도하기 위하여 설계된 보트이다.

아. **구명부기** : 선박 조난시 구조를 기다릴 때 사용하는 인명구조 장비로, 사람이 타지 않고 손으로 밧줄을 붙잡고 있도록 만든 것이다.

11 다음에서 구명설비에 대한 설명과 구명설비의 명칭이 옳게 짝지어진 것은?

> ※ 구명설비에 대한 설명
> ㄱ. 야간에 구명부환의 위치를 알려 주는 등으로 구명부환과 함께 수면에 투하되면 자동으로 점등되는 설비
> ㄴ. 자기 점화등과 같은 목적의 주간 신호이며, 물에 들어가면 자동으로 오렌지색 연기를 내는 설비
> ㄷ. 선박이 비상상황으로 침몰 등의 일을 당하게 되었을 때 자동적으로 본선으로부터 이탈 부유하며 사고지점을 포함한 선명 등의 정보를 자동으로 발사하는 설비
> ㄹ. 낮에 거울 또는 금속편에 의해 태양의 반사광을 보내는 것이며, 햇빛이 강한 날에 효과가 큼
>
> ※ 구명설비의 명칭
> A. 비상위치지시 무선표지(EPIRB)
> B. 신호 홍염(Hand flare)
> C. 자기 점화등(Self-igniting light)
> D. 신호 거울(Daylight signaling mirror)
> E. 자기 발연 신호(Self-activating smoke signal)

가 ㄱ - A 　　 **나** ㄴ - E

사 ㄷ - B 　　 **아** ㄹ - C

정답 　**08** 사 　**09** 나 　**10** 나 　**11** 나

ㄱ-C, ㄴ-E, ㄷ-A, ㄹ-D

12 선박이 조난된 경우 조난을 표시하는 신호의 종류가 아닌 것은?

가 국제신호기 'NC'기 게양

나 로켓을 이용한 낙하산 화염신호

사 흰색 연기를 발하는 발연부 신호

아 약 1분간의 간격으로 행하는 1회의 발포 기타 폭발에 의한 신호

발연부 신호는 불을 붙여 물에 던지면 해면 위에서 연기를 내는 것으로 잔잔한 해면에서 3분 이상의 시간 동안 눈에 잘 보이는 색깔의 연기를 분출한다. 따라서 흰색 연기는 눈에 잘 띄지 않기 때문에 조난을 표시하는 신호로는 부적절하다.

13 고장으로 움직이지 못하는 조난선박에서 생존자를 구조하기 위하여 접근하는 구조선이 풍압에 의하여 조난선박보다 빠르게 밀리는 경우 조난선에 접근하는 방법은?

가 조난선박의 풍상 쪽으로 접근한다.

나 조난선박의 풍하 쪽으로 접근한다.

사 조난선박의 정선미 쪽으로 접근한다.

아 조난선박이 밀리는 속도의 3배로 접근한다.

구조선은 조난선의 풍상 측에서 접근하되 바람에 의해 압류될 것을 고려하여야 한다.

14 본선 선명은 '동해호'이다. 본선에서 초단파(VHF) 무선설비를 이용하여 부산항 선박교통관제센터를 호출하는 방법으로 옳은 것은?

가 부산항, 여기는 동해호, 감도 있습니까?

나 동해호, 여기는 동해호, 감도 있습니까?

사 부산브이티에스, 여기는 동해호, 감도 있습니까?

아 동해호, 여기는 부산브이티에스, 감도 있습니까?

선박의 위치에서 가까운 무선국(항무부산)을 호출하면 무선국에서 안내원이 응답을 한다.

• 본선 : 무선국명(부산브이티에스), 선명(동해호), 감도 있습니까?

• 항무 : 귀선 말씀하세요.

15 전진 중인 선박에 어떤 타각을 주었을 때, 타에 대한 선체응답이 빠르면 무엇이 좋다고 하는가?

가 정지성   나 선회성

사 추종성   아 침로안정성

선박에 어떤 타각을 주었을 때, 타에 대한 선체의 응답이 빠르면 추종성이 좋다고 말하며, 이러한 조타에 대한 응답의 빠르기를 추종성지수(T)로 나타낸다.

16 선체운동 중에서 강한 횡방향의 파랑으로 인하여 선체가 좌현 및 우현 방향으로 이동하는 직선 왕복운동은?

가 종동요운동(Pitching)

나 횡동요운동(Rolling)

사 요잉(Yawing)

아 스웨이(Sway)

정답 **12** 사   **13** 가   **14** 사   **15** 사   **16** 아

가. **종동요운동**(Pitching) : 선체 중앙을 기준으로 하여 선수 및 선미가 상하 교대로 회전하려는 종경사 운동으로 선속을 감소시키며, 적재화물을 파손시키게 된다.

나. **횡동요운동**(Rolling) : 선수미선을 기준으로 하여 좌우 교대로 회전하는 횡경사 운동으로 선박의 복원력과 밀접한 관계가 있다.

사. **요잉**(Yawing) : 선수가 좌우 교대로 선회하려는 왕복운동을 말하며, 이 운동은 선박의 보침성과 깊은 관계가 있다.

18 ( )에 순서대로 적합한 것은?

> 일반적으로 배수량을 가진 선박이 직진 중 전 타를 하면 선체는 선회초기에 선회하려는 방향의 ( )으로 경사하고 후기에는 ( )으로 경사한다.

가 안쪽, 안쪽

나 안쪽, 바깥쪽

사 바깥쪽, 안쪽

아 바깥쪽, 바깥쪽

일반적으로 직진 중인 배수량을 가진 선박에서 전타를 하면 선체는 선회초기에 선회하려는 방향의 안쪽으로 경사하고 후기에는 바깥쪽으로 경사한다.

17 우선회 고정피치 단추진기 선박의 흡입류와 배출류에 대한 설명으로 옳지 않은 것은?

가 측압작용의 영향은 스크루 프로펠러가 수면 위에 노출되어 있을 때 뚜렷하게 나타난다.

나 기관 전진 중 스크루 프로펠러가 수중에서 회전하면 앞쪽에서는 스크루 프로펠러에 빨려드는 흡입류가 있다.

사 기관을 후진상태로 작동시키면 선체의 우현 쪽으로 흘러가는 배출류는 우현 선미 측벽에 부딪치면서 측압을 형성한다.

아 기관을 전진상태로 작동하면 타(Rudder)의 하부에 작용하는 수류는 수면 부근에 위치한 상부에 작용하는 수류보다 강하여 선미를 좌현 쪽으로 밀게 된다.

가. 횡압력의 영향은 스크루 프로펠러가 수면 위에 노출되어 있을 때 뚜렷하게 나타난다.

19 항해 중 선수 부근에서 사람이 선외로 추락한 경우 즉시 취하여야 하는 조치로 옳지 않은 것은?

가 선외로 추락한 사람을 발견한 사람은 익수자에게 구명부환을 던져 주어야 한다.

나 선외로 추락한 사람이 시야에서 벗어나지 않도록 계속 주시한다.

사 익수자가 발생한 반대 현측으로 즉시 전타한다.

아 인명구조 조선법을 이용하여 익수자 위치로 되돌아간다.

익수자가 발생한 반대 현측이 아니라, 익수자 현측으로 즉시 최대 전타한다.

정답 17 가 18 나 19 사

20 수심이 얕은 수역에서 항해 중인 선박에 나타나는 현상이 아닌 것은?

가 타효의 증가

나 선체의 침하

사 속력의 감소

아 선회권 크기 증가

수심이 얕은 수역에서 항해 중인 선박은 선체의 침하, 속력 감소, 선회권 크기의 증가가 나타나며, 타효가 나빠져 조종성능의 저하가 나타난다.

21 황천항해에 대비하여 선창에 화물을 실을 때 주의사항으로 옳지 않은 것은?

가 먼저 양하할 화물부터 싣는다.

나 선적 후 갑판 개구부의 폐쇄를 확인한다.

사 화물의 이동에 대한 방지책을 세워야 한다.

아 무거운 것은 밑에 실어 무게중심을 낮춘다.

항해 중의 황천대응 준비

• 선체의 개구부를 밀폐하고 이동물을 고박한다.

• 배수구와 방수구를 청소하고 정상적인 기능을 가지도록 정비한다.

• 탱크 내의 기름이나 물은 가득(80% 이상) 채우거나 비워서 유동수에 의한 복원 감소를 막는다.

• 중량물은 최대한 낮은 위치로 이동 적재한다.

• 빌지 펌프 등 배수설비를 점검하고 기능을 확인한다.

• 먼저 양하할 화물은 나중에 싣는다.

22 선체가 횡동요(Rolling) 운동 중 옆에서 돌풍을 받는 경우 또는 파랑 중에서 대각도 조타를 시작하면 선체가 갑자기 큰 각도로 경사하게 되는 현상은?

가 러칭(Lurching)

나 레이싱(Racing)

사 슬래밍(Slamming)

아 브로칭 투(Broaching-to)

나. **레이싱**(Racing) : 선박이 파도를 선수나 선미에서 받아서 선미부가 공기 중에 노출되어 스크루 프로펠러에 부하가 급격히 감소하면 스크루 프로펠러는 진동을 일으키면서 급회전을 하게 되는 현상을 말한다.

사. **슬래밍**(Slamming) : 선체가 파도를 선수에서 받으면서 항주하면, 선수 선저부는 강한 파도의 충격을 받아 짧은 주기로 급격한 진동을 하게 되는데, 이러한 파도에 의한 충격을 말한다.

아. **브로칭 투**(Broaching-to) : 파도를 선미에서 받으며 항주할 때 선체 중앙이 파도의 마루나 파도의 오르막 파면에 위치하면, 급격한 선수동요에 의해 선체가 파도와 평행하게 놓이는 현상이다.

PART
03

23 황천 조선법인 순주(Scudding)의 장점이 아닌 것은?

가 상당한 속력을 유지할 수 있다.

나 선체가 받는 충격작용이 현저히 감소한다.

사 보침성이 향상되어 브로칭 투 현상이 일어나지 않는다.

아 가항반원에서 적극적으로 태풍권으로부터 탈출하는 데 유리하다.

정답 20 가 21 가 22 가 23 사

순주(scudding) : 풍랑을 선미 사면(quarter)에서 받으며, 파에 쫓기는 자세로 항주하는 방법을 순주라고 한다. 이 방법은 선체가 받는 파의 충격작용이 현저히 감소하고, 상당한 속력을 유지할 수 있으므로 태풍의 가항반원 내에서는 적극적으로 태풍권으로부터 탈출하는데 유리할 수 있다. 단점으로는 선미 추파에 의하여 해수가 선미 갑판을 덮칠 수 있으며, 보침성이 저하되어 브로칭(broaching) 현상이 일어날 수도 있다.

24 해양사고가 발생하여 해양오염물질의 배출이 우려되는 선박에서 취할 조치로 옳지 않은 것은?

　가　사고 손상부위의 긴급 수리
　나　배출방지를 위한 필요한 조치
　사　오염물질을 다른 선박으로 옮겨 싣는 조치
　아　침수를 방지하기 위하여 오염물질을 선외 배출

오염물질의 선외 배출은 사고선박에서 취해서는 안 되는 조치이다.

25 충돌사고의 주요 원인인 경계 소홀에 해당하지 않는 것은?

　가　당직 중 졸음
　나　선박 조종술 미숙
　사　해도실에서 많은 시간 소비
　아　제한시계에서 레이더 미사용

사고 중에는 충돌사고가 가장 많은데, 주요 원인은 경계 소홀이며, 잠재 원인은 졸음운항, 운항 중 다른 업무 수행 및 레이더 조작 미숙 등이다. 선박 조종술 미숙은 경계 소홀과 관련이 없다.

제3과목　법규

01 해사안전법상 주의환기신호에 대한 설명으로 옳지 않은 것은?

　가　규정된 신호로 오인되지 아니하는 발광신호 또는 음향신호를 사용하여야 한다.
　나　다른 선박의 주의 환기를 위하여 해당 선박 방향으로 직접 탐조등을 비추어야 한다.
　사　발광신호를 사용할 경우 항행보조시설로 오인되지 아니하는 것이어야 한다.
　아　탐조등은 강력한 빛이 점멸하거나 회전하는 등화를 사용하여서는 아니 된다.

모든 선박은 다른 선박의 주의를 환기시키기 위하여 필요하면 이 법에서 정하는 다른 신호로 오인되지 아니하는 발광신호 또는 음향신호를 하거나 다른 선박에 지장을 주지 아니하는 방법으로 위험이 있는 방향에 탐조등을 비출 수 있다(해상교통안전법 제101조 제1항).

02 해사안전법상 선박의 출항을 통제하는 목적은?

　가　국적선의 이익을 위해
　나　선박의 안전운항을 위해
　사　선박의 효율적 통제를 위해
　아　항만의 무리한 운영을 막기 위해

해양수산부장관은 해상에 대하여 기상특보가 발표되거나 제한된 시계 등으로 선박의 안전운항에 지장을 줄 우려가 있다고 판단할 경우에는 선박소유자나 선장에게 선박의 출항통제를 명할 수 있다(해상교통안전법 제36조 제1항).

 정답　24 아　25 나 / 01 나　02 나

03 ( )에 적합한 것은?

> 해사안전법상 선박은 주위의 상황 및 다른 선박과 충돌할 수 있는 위험성을 충분히 파악할 수 있도록 ( ) 및 당시의 상황에 맞게 이용할 수 있는 모든 수단을 이용하여 항상 적절한 경계를 하여야 한다.

가 시각·청각

나 청각·후각

사 후각·미각

아 미각·촉각

선박은 주위의 상황 및 다른 선박과 충돌할 수 있는 위험성을 충분히 파악할 수 있도록 시각·청각 및 당시의 상황에 맞게 이용할 수 있는 모든 수단을 이용하여 항상 적절한 경계를 하여야 한다(해상교통안전법 제70조).

04 해사안전법상 레이더가 설치되지 아니한 선박에서 안전한 속력을 결정할 때 고려할 사항을 다음에서 모두 고른 것은?

> ㄱ. 선박의 흘수와 수심과의 관계
> ㄴ. 레이더의 특성 및 성능
> ㄷ. 시계의 상태
> ㄹ. 해상교통량의 밀도
> ㅁ. 레이더로 탐지한 선박의 수·위치 및 동향

가 ㄱ, ㄴ, ㄷ   **나** ㄱ, ㄷ, ㄹ

사 ㄴ, ㄷ, ㅁ   **아** ㄴ, ㄹ, ㅁ

안전한 속력을 결정할 때에는 다음 각 호(레이더를 사용하고 있지 아니한 선박의 경우에는 제1호부터 제6호까지)의 사항을 고려하여야 한다(해상교통안전법 제71조 제2항).

- 시계의 상태
- 해상교통량의 밀도
- 선박의 정지거리·선회성능, 그 밖의 조종성능
- 야간의 경우에는 항해에 지장을 주는 불빛의 유무
- 바람·해면 및 조류의 상태와 항행장애물의 근접 상태
- 선박의 흘수와 수심과의 관계
- 레이더의 특성 및 성능
- 해면상태·기상, 그 밖의 장애요인이 레이더 탐지에 미치는 영향
- 레이더로 탐지한 선박의 수·위치 및 동향

05 해사안전법상 2척의 범선이 서로 접근하여 충돌할 위험이 있는 경우 항행방법으로 옳지 않은 것은?

가 각 범선이 다른 쪽 현에 바람을 받고 있는 경우에는 좌현에 바람을 받고 있는 범선이 다른 범선의 진로를 피하여야 한다.

나 두 범선이 서로 같은 현에 바람을 받고 있는 경우에는 바람이 불어오는 쪽의 범선이 바람이 불어가는 쪽의 범선의 진로를 피하여야 한다.

사 좌현에 바람을 받고 있는 범선은 바람이 불어오는 쪽에 있는 다른 범선이 바람을 좌우 어느 쪽에 받고 있는지 확인할 수 없는 때에는 그 범선의 진로를 피하여야 한다.

아 바람이 불어오는 쪽에 있는 범선은 다른 범선이 바람을 좌우 어느 쪽에 받고 있는지 확인할 수 없을 때에는 조우자세에 따라 피항한다.

좌현에 바람을 받고 있는 범선은 바람이 불어오는 쪽에 있는 다른 범선을 본 경우로서 그 범선이 바람을 좌우 어느 쪽에 받고 있는지 확인할 수 없는 때에는 그 범선의 진로를 피하여야 한다(해상교통안전법 제77조 제1항 제3호).

정답 03 가   04 나   05 아

06 해사안전법상 서로 시계 안에서 범선과 동력선이 서로 마주치는 경우 항법으로 옳은 것은?

가 각각 침로를 좌현 쪽으로 변경한다.

나 동력선이 침로를 변경한다.

사 각각 침로를 우현 쪽으로 변경한다.

아 동력선은 침로를 우현 쪽으로, 범선은 침로를 바람이 불어가는 쪽으로 변경한다.

서로 시계 안에서 동력선과 범선이 서로 마주치는 경우 동력선이 침로를 변경해야 한다(해상교통안전법 제83조).

07 해사안전법상 제한된 시계에서 충돌할 위험성이 없다고 판단한 경우 외에 자기 선박의 양쪽 현의 정횡 앞쪽에 있는 다른 선박의 무중신호를 듣고 취할 조치로 옳은 것을 다음에서 모두 고른 것은?

> ㄱ. 최대 속력으로 항행하면서 경계를 한다.
> ㄴ. 우현 쪽으로 침로를 변경시키지 않는다.
> ㄷ. 필요시 자기 선박의 진행을 완전히 멈춘다.
> ㄹ. 충돌할 위험성이 사라질 때까지 주의하여 항행하여야 한다.

가 ㄴ, ㄷ **나** ㄷ, ㄹ

사 ㄱ, ㄴ, ㄹ **아** ㄴ, ㄷ, ㄹ

충돌할 위험성이 없다고 판단한 경우 외에는 다음에 해당하는 경우 모든 선박은 자기 배의 침로를 유지하는 데 필요한 최소한으로 속력을 줄여야 한다. 이 경우 필요하다고 인정되면 자기 선박의 진행을 완전히 멈추어야 하며, 어떠한 경우에도 충돌할 위험성이 사라질 때까지 주의하여 항행하여야 한다(해상교통안전법 제84조 제6항).
• 자기 선박의 양쪽 현의 정횡 앞쪽에 있는 다른 선박에서 무중신호(霧中信號)를 듣는 경우
• 자기 선박의 양쪽 현의 정횡으로부터 앞쪽에 있는 다른 선박과 매우 근접한 것을 피할 수 없는 경우

08 해사안전법상 제한된 시계에서 선박의 항법에 대한 설명으로 옳지 않은 것은?

가 모든 선박은 시계가 제한된 그 당시의 사정과 조건에 적합한 안전한 속력으로 항행하여야 한다.

나 레이더만으로 다른 선박이 있는 것을 탐지한 선박은 해당 선박과 얼마나 가까이 있는지 또는 충돌할 위험이 있는지를 판단하여야 한다.

사 충돌할 위험성이 없다고 판단한 경우 외에는 자기 선박의 양쪽 현의 정횡 앞쪽에 있는 다른 선박에서 무중신호를 듣는 경우 침로를 유지하는 데에 필요한 최소한의 속력으로 줄여야 한다.

아 레이더만으로 다른 선박이 있는 것을 탐지한 선박의 피항동작이 침로를 변경하는 것만으로 이루어질 경우 자기 선박의 양쪽 현의 정횡 또는 그곳으로부터 뒤쪽에 있는 선박 쪽으로 침로를 변경하여야 한다.

레이더만으로 다른 선박이 있는 것을 탐지한 선박은 해당 선박과 얼마나 가까이 있는지 또는 충돌할 위험이 있는지를 판단하여야 한다. 이 경우 해당 선박과 매우 가까이 있거나 그 선박과 충돌할 위험이 있다고 판단한 경우에는 충분한 시간적 여유를 두고 피항동작을 취하여야 한다(해상교통안전법 제84조 제4항).

09 해사안전법상 등화에 사용되는 등색이 아닌 것은?

가 붉은색 **나** 녹색

사 흰색 **아** 청색

등화에 이용되는 등색 : 백색, 붉은색, 황색, 녹색 등(해상교통안전법 제86조)

정답 06 나 07 나 08 아 09 아

10 해사안전법상 '삼색등'을 구성하는 색이 아닌 것은?

가 흰색

나 황색

사 녹색

아 붉은색

삼색등은 선수와 선미의 중심선상에 설치된 붉은색·녹색·흰색으로 구성된 등이다(해상교통안전법 제86조).

11 ( )에 순서대로 적합한 것은?

> 해사안전법상 주간에 항망(桁網)이나 그 밖의 어구를 수중에서 끄는 트롤망어로에 종사하는 선박 외에 어로에 종사하는 선박은 ( )로 ( )미터가 넘는 어구를 선박 밖으로 내고 있는 경우에는 ( )의 형상물 1개를 어로에 종사하는 선박의 형상물에 덧붙여 표시하여야 한다.

가 수평거리, 150, 꼭대기를 위로 한 원뿔꼴

나 수직거리, 150, 꼭대기를 아래로 한 원뿔꼴

사 수평거리, 200, 꼭대기를 위로 한 원뿔꼴

아 수직거리, 200, 꼭대기를 아래로 한 원뿔꼴

해상교통안전법상 주간에 항망(桁網)이나 그 밖의 어구를 수중에서 끄는 트롤망어로에 종사하는 선박 외에 어로에 종사하는 선박은 수평거리로 150미터가 넘는 어구를 선박 밖으로 내고 있는 경우에는 꼭대기를 위로 한 원뿔꼴의 형상물 1개를 어로에 종사하는 선박의 형상물에 덧붙여 표시하여야 한다(법 제91조 제2항 제2호).

12 해사안전법상 '섬광등'의 정의는?

가 선수 쪽 225도의 수평사광범위를 갖는 등

나 360도에 걸치는 수평의 호를 비추는 등화로서 일정한 간격으로 1분에 30회 이상 섬광을 발하는 등

사 360도에 걸치는 수평의 호를 비추는 등화로서 일정한 간격으로 1분에 60회 이상 섬광을 발하는 등

아 360도에 걸치는 수평의 호를 비추는 등화로서 일정한 간격으로 1분에 120회 이상 섬광을 발하는 등

섬광등 : 360도에 걸치는 수평의 호를 비추는 등화로서 일정한 간격으로 1분에 120회 이상 섬광을 발하는 등(해상교통안전법 제86조)

13 ( )에 적합한 것은?

> 해사안전법상 항행 중인 동력선이 ( )에 있는 경우에 그 침로를 변경하거나 그 기관을 후진하여 사용할 때에는 기적신호를 행하여야 한다.

가 평수구역

나 서로 상대의 시계 안

사 제한된 시계

아 무역항의 수상구역 안

항행 중인 동력선이 서로 상대의 시계 안에 있는 경우에 그 침로를 변경하거나 그 기관을 후진하여 사용할 때에는 기적신호를 행하여야 한다(해상교통안전법 제99조 제1항).

정답 10 나 11 가 12 아 13 나

14 (   )에 순서대로 적합한 것은?

> 해사안전법상 발광신호에 사용되는 섬광의 지속시간 및 섬광과 섬광 사이의 간격은 (   ) 정도로 하되, 반복되는 신호 사이의 간격은 (   ) 이상으로 한다.

가 1초, 5초

나 1초, 10초

사 5초, 5초

아 5초, 10초

섬광의 지속시간 및 섬광과 섬광 사이의 간격은 1초 정도로 하되, 반복되는 신호 사이의 간격은 10초 이상으로 하며, 이 발광신호에 사용되는 등화는 적어도 5해리의 거리에서 볼 수 있는 흰색 전주등이어야 한다(해상교통안전법 제99조 제3항).

15 해사안전법상 안개로 시계가 제한되었을 때 항행 중인 길이 12미터 이상인 동력선이 대수속력이 있는 경우 울려야 하는 음향신호는?

가 2분을 넘지 아니하는 간격으로 단음 4회

나 2분을 넘지 아니하는 간격으로 장음 1회

사 2분을 넘지 아니하는 간격으로 장음 1회에 이어 단음 3회

아 2분을 넘지 아니하는 간격으로 단음 1회, 장음 1회, 단음 1회

항행 중인 동력선은 대수속력이 있는 경우에는 2분을 넘지 아니하는 간격으로 장음을 1회 울려야 한다(해상교통안전법 제100조 제1항 제1호). 다만, 길이 12미터 미만은 이 규정을 지키지 않아도 된다는 예외 규정(같은 조 제8호)이 있어서 이 규정이 적용되려면 길이 12미터 이상의 동력선이어야 한다.

16 선박의 입항 및 출항 등에 관한 법률상 무역항의 수상구역 등에서 화재가 발생한 경우 기적이나 사이렌을 갖춘 선박이 울리는 경보는?

가 기적이나 사이렌으로 장음 5회를 적당한 간격으로 반복

나 기적이나 사이렌으로 장음 7회를 적당한 간격으로 반복

사 기적이나 사이렌으로 단음 5회를 적당한 간격으로 반복

아 기적이나 사이렌으로 단음 7회를 적당한 간격으로 반복

무역항의 수상구역 등에서 기적이나 사이렌을 갖춘 선박에 화재가 발생한 경우 그 선박은 화재를 알리는 경보를 울려야 한다. 화재를 알리는 경보는 기적(汽笛)이나 사이렌을 장음(4초에서 6초까지의 시간 동안 계속되는 울림을 말한다)으로 5회 울려야 한다(법 제46조 제2항, 시행규칙 제29조 제1항).

17 선박의 입항 및 출항 등에 관한 법률상 무역항의 수상구역 등에 출입하는 경우 출입 신고를 서면으로 제출하여야 하는 선박은?

가 예선 등 선박의 출입을 지원하는 선박

나 피난을 위하여 긴급히 출항하여야 하는 선박

사 연안수역을 항행하는 정기여객선으로서 항구에 출입하는 선박

아 관공선, 군함, 해양경찰함정 등 공공의 목적으로 운영하는 선박

정답 14 나 15 나 16 가 17 사

출입 신고(법 제4조 제1항, 시행규칙 제4조) : 무역항의 수상구역 등에 출입하려는 선박의 선장은 대통령령으로 정하는 바에 따라 관리청에 신고하여야 한다. 다만, 다음의 선박은 출입 신고를 하지 아니할 수 있다.

- 총톤수 5톤 미만의 선박
- 해양사고구조에 사용되는 선박
- 「수상레저안전법」에 따른 수상레저기구 중 국내항 간을 운항하는 모터보트 및 동력요트
- 관공선, 군함, 해양경찰함정 등 공공의 목적으로 운영하는 선박
- 도선선, 예선 등 선박의 출입을 지원하는 선박
- 「선박직원법 시행령」에 따른 연안수역을 항행하는 정기여객선(「해운법」에 따라 내항 정기 여객운송사업에 종사하는 선박)으로서 경유항에 출입하는 선박
- 피난을 위하여 긴급히 출항하여야 하는 선박
- 그 밖에 항만운영을 위하여 지방해양수산청장이나 시·도지사가 필요하다고 인정하여 출입 신고를 면제한 선박

18 선박의 입항 및 출항 등에 관한 법률상 우선피항선에 대한 규정으로 옳은 것은?

가 우선피항선은 다른 선박의 항행에 방해가 될 우려가 있는 장소에 정박하거나 정류하여서는 아니 된다.

나 무역항의 수상구역 등이나 무역항의 수상구역 부근에서 우선피항선은 다른 선박과 만나는 자세에 따라 유지선이 될 수 있다.

사 총톤수 5톤 미만인 우선피항선이 무역항의 수상구역 등에 출입하려는 경우에는 대통령령으로 정하는 바에 따라 관리청에 신고하여야 한다.

아 우선피항선은 무역항의 수상구역 등에 출입하는 경우 또는 무역항의 수상구역 등을 통과하는 경우에는 관리청에서 지정·고시한 항로를 따라 항행하여야 한다.

나. 우선피항선은 주로 무역항의 수상구역에서 운항하는 선박으로서 다른 선박의 진로를 피하여야 한다(법 제2조 제5호). 따라서 우선피항선은 유지선이 될 수 없다.

사. 총톤수 5톤 미만인 우선피항선이 무역항의 수상구역 등에 출입하려는 경우에는 출입 신고를 하지 않아도 된다. 출입 신고 대상은 총톤수 5톤 이상이다(법 제4조 제1항 제1호).

아. 우선피항선 외의 선박은 무역항의 수상구역 등에 출입하는 경우 또는 무역항의 수상구역 등을 통과하는 경우에는 관리청에서 지정·고시한 항로를 따라 항행하여야 한다(법 제10조 제2항).

19 ( )에 적합하지 않은 것은?

선박의 입항 및 출항 등에 관한 법률상 선박이 무역항의 수상구역 등에서 ( )[이하 부두등이라 한다]을 오른쪽 뱃전에 두고 항행할 때에는 부두등에 접근하여 항행하고, 부두등을 왼쪽 뱃전에 두고 항행할 때에는 멀리 떨어져서 항행하여야 한다.

가 정박 중인 선박

나 항행 중인 동력선

사 해안으로 길게 뻗어 나온 육지 부분

아 부두, 방파제 등 인공시설물의 튀어나온 부분

선박이 무역항의 수상구역 등에서 해안으로 길게 뻗어 나온 육지 부분, 부두, 방파제 등 인공시설물의 튀어나온 부분 또는 정박 중인 선박을 오른쪽 뱃전에 두고 항행할 때에는 부두등에 접근하여 항행하고, 부두등을 왼쪽 뱃전에 두고 항행할 때에는 멀리 떨어져서 항행하여야 한다(법 제14조).

정답 18 가 19 나

20 선박의 입항 및 출항 등에 관한 법률상 무역항의 수상구역 등에서 항행 중인 동력선이 서로 상대의 시계 안에 있는 경우 침로를 우현으로 변경하는 선박이 울려야 하는 음향신호는?

카 단음 1회
나 단음 2회
사 단음 3회
아 장음 1회

항행 중인 동력선이 침로를 오른쪽으로 변경하고 있는 경우 단음 1회의 음향신호를 울려야 한다.

21 선박의 입항 및 출항 등에 관한 법률상 무역항의 수상구역등에서 그림과 같이 항로 밖에 있던 선박이 항로 안으로 들어오려고 할 때, 항로를 따라 항행하고 있는 선박과의 관계에 대한 설명으로 옳은 것은?

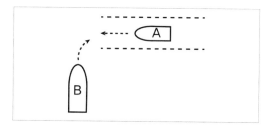

카 A선은 항로의 우측으로 진로를 피하여야 한다.
나 B선은 A선의 진로를 피하여 항행하여야 한다.
사 B선은 A선과 우현 대 우현으로 통과하여야 한다.
아 A선은 B선이 항로에 안전하게 진입할 수 있게 대기하여야 한다.

항로 밖에서 항로에 들어오거나 항로에서 항로 밖으로 나가는 선박은 항로를 항행하는 다른 선박의 진로를 피하여 항행해야 한다(법 제12조 제1항 제1호). 따라서 그림에서 B선은 항로 밖에서 들어오는 선박으로 항로를 항행하고 있는 A선의 진로를 피하여 항행해야 한다.

22 선박의 입항 및 출항 등에 관한 법률상 우선피항선이 아닌 것은?

카 예선
나 수면비행선박
사 주로 삿대로 운전하는 선박
아 주로 노로 운전하는 선박

우선피항선 : 주로 무역항의 수상구역에서 운항하는 선박으로서 다른 선박의 진로를 피하여야 하는 다음의 선박을 말한다(법 제2조 제5호).
• 부선(艀船)[예인선이 부선을 끌거나 밀고 있는 경우의 예인선 및 부선을 포함하되, 예인선에 결합되어 운항하는 압항부선(押航艀船)은 제외한다]
• 주로 노와 삿대로 운전하는 선박
• 예선
• 항만운송관련사업을 등록한 자가 소유한 선박
• 해양환경관리업을 등록한 자가 소유한 선박 또는 해양폐기물관리업을 등록한 자가 소유한 선박(폐기물해양배출업으로 등록한 선박은 제외한다)
• 가목부터 마목까지의 규정에 해당하지 아니하는 총톤수 20톤 미만의 선박

23 다음 중 해양환경관리법상 해양에서 배출할 수 있는 것은?

카 합성로프
나 어획한 물고기
사 합성어망
아 플라스틱 쓰레기봉투

정답 **20** 카 **21** 나 **22** 나 **23** 나

모든 플라스틱류는 해양 배출이 금지되나 음식찌꺼기, 해양환경에 유해하지 않은 화물잔류물, 선박 내 거주구역에서 목욕, 세탁, 설거지 등으로 발생하는 중수(中水)[화장실 오수(汚水) 및 화물구역 오수는 제외], 「수산업법」에 따른 어업활동 중 혼획(混獲)된 수산동식물(폐사된 것을 포함) 또는 어업활동으로 인하여 선박으로 유입된 자연기원물질(진흙, 퇴적물 등 해양에서 비롯된 자연 상태 그대로의 물질을 말하며, 어장의 오염된 퇴적물은 제외) 등은 배출이 가능하다.

24 해양환경관리법상 오염물질의 배출이 허용되는 예외적인 경우가 아닌 것은?

가 선박이 항해 중일 때 배출하는 경우

나 인명구조를 위하여 불가피하게 배출하는 경우

사 선박의 안전확보를 위하여 부득이하게 배출하는 경우

아 선박의 손상으로 인하여 가능한 한 조치를 취한 후에도 배출될 경우

다음에 해당하는 경우에는 선박 또는 해양시설 등에서 발생하는 오염물질(폐기물은 제외)을 해양에 배출할 수 있다(법 제22조 제3항).

• 선박 또는 해양시설 등의 안전확보나 인명구조를 위하여 부득이하게 오염물질을 배출하는 경우
• 선박 또는 해양시설 등의 손상 등으로 인하여 부득이하게 오염물질이 배출되는 경우
• 선박 또는 해양시설 등의 오염사고에 있어 해양수산부령이 정하는 방법에 따라 오염피해를 최소화하는 과정에서 부득이하게 오염물질이 배출되는 경우

25 해양환경관리법상 유조선에서 화물창 안의 화물잔류물 또는 화물창 세정수를 한 곳에 모으기 위한 탱크는?

가 화물탱크(Cargo tank)

나 혼합물탱크(Slop tank)

사 평형수탱크(Ballast tank)

아 분리평형수탱크(Segregated ballast tank)

혼합물탱크(slop tank) : 다음에 해당하는 것을 한 곳에 모으기 위한 탱크를 말한다(「선박에서의 오염방지에 관한 규칙」 제2조).

• 유조선 또는 유해액체물질 산적운반선의 화물창 안의 화물잔류물 또는 화물창 세정수
• 화물펌프실 바닥에 고인 기름, 유해액체물질 또는 포장유해물질의 혼합물

PART 03

제4과목 기관

01 실린더 부피가 1,200cm³이고 압축 부피가 100cm³인 내연기관의 압축비는 얼마인가?

가 11 나 12

사 13 아 14

압축비 = 실린더 부피 / 압축 부피 = 1,200 / 100 = 12

02 4행정 사이클 디젤 기관에서 흡기 밸브와 배기 밸브가 거의 모든 기간에 닫혀 있는 행정은?

가 흡입행정과 압축행정
나 흡입행정과 배기행정
사 압축행정과 작동행정
아 작동행정과 배기행정

흡입행정 시에는 흡기밸브가 열려 있고 배기밸브가 닫혀 있으며, 배기행정 시에는 배기밸브는 열려 있으나 흡입밸브는 닫혀 있다. 그러나 압축행정과 작동행정 시에는 흡기밸브와 배기밸브가 닫혀 있다.

03 직렬형 디젤 기관에서 실린더가 6개인 경우 메인 베어링의 최소 개수는?

가 5개 나 6개

사 7개 아 8개

메인 베어링은 피스톤 양쪽에 있도록 만들어져 있으므로 반드시 피스톤수보다 한 개 더 많다. 따라서 실린더가 6개이므로 메인 베어링의 최소 개수는 7개가 된다.

04 소형기관에서 흡·배기 밸브의 운동에 대한 설명으로 옳은 것은?

가 흡기밸브는 스프링의 힘으로 열린다.
나 흡기밸브는 푸시로드에 의해 닫힌다.
사 배기밸브는 푸시로드에 의해 닫힌다.
아 배기밸브는 스프링의 힘으로 닫힌다.

소형기관의 흡·배기 밸브는 캠에 의해 열리고, 스프링에 의해 닫힌다.

05 내연기관에서 피스톤 링의 주된 역할이 아닌 것은?

가 피스톤과 실린더 라이너 사이의 기밀을 유지한다.
나 피스톤에서 받은 열을 실린더 라이너로 전달한다.
사 실린더 내벽의 윤활유를 고르게 분포시킨다.
아 실린더 라이너의 마멸을 방지한다.

피스톤 링의 3대 작용
• **기밀 작용** : 실린더와 피스톤 사이의 가스 누설 방지
• **열 전달 작용** : 피스톤이 받은 열을 실린더 라이너로 전달
• **오일 제어 작용** : 실린더 벽면에 유막 형성 및 여분의 오일 제어

06 소형기관의 피스톤 재질에 대한 설명으로 옳지 않은 것은?

가 무게가 무거운 것이 좋다.
나 강도가 큰 것이 좋다.
사 열전도가 잘 되는 것이 좋다.
아 마멸에 잘 견디는 것이 좋다.

정답 01 나 02 사 03 사 04 아 05 아 06 가

피스톤은 고온·고압의 연소가스에 노출되어 내열성과 열전도성이 우수해야 하고, 고속으로 왕복운동을 하므로 가벼우면서 충분한 강도를 가져야 한다. 중·대형 기관의 피스톤은 보통 주철이나 주강으로 제작하며, 소형 고속 기관에서는 무게가 가볍고 열전도가 좋은 알루미늄 피스톤이 사용된다.

07 다음 그림과 같은 크랭크축에서 커넥팅 로드가 연결되는 부분은?

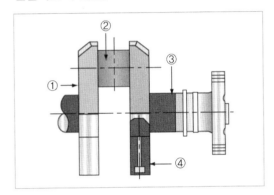

가 ①   나 ②
사 ③   아 ④

크랭크 핀은 크랭크 저널의 중심에서 크랭크 반지름만큼 떨어진 곳에 있으며 저널과 평행하게 설치한다. 트렁크형 기관에서 커넥팅 로드의 대단부와 연결된다.

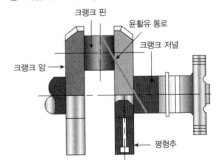

08 디젤 기관에 설치되어 있는 평형추에 대한 설명으로 옳지 않은 것은?

가 기관의 진동을 방지한다.
나 크랭크축의 회전력을 균일하게 해 준다.
사 메인 베어링의 마찰을 감소시킨다.
아 프로펠러의 균열을 방지한다.

평형추는 크랭크 핀 반대쪽의 크랭크 암 연장 부분에 설치하여 기관의 진동을 적게 하고 원활한 회전을 도와주며, 메인 베어링의 마찰을 감소시킨다.

09 운전 중인 디젤 기관이 갑자기 정지되었을 경우 그 원인이 아닌 것은?

가 과속도 장치의 작동
나 연료유 여과기의 막힘
사 시동밸브의 누설
아 조속기의 고장

기관이 갑자기 정지하는 경우
• 연료유 공급 차단, 연료유 수분 과다 혼입 등과 같이 연료유 계통에 문제가 있을 때
• 피스톤이나 크랭크 핀 베어링, 메인 베어링 등과 같은 주운동 부분이 고착되었을 때
• 조속기의 고장에 의해 연료 공급이 차단되었을 때
• 과속도 정지장치의 작동

10 디젤 기관에서 시동용 압축공기의 최고압력은 몇 kgf/cm² 인가?

가 약 10kgf/cm²   나 약 20kgf/cm²
사 약 30kgf/cm²   아 약 40kgf/cm²

정답 07 나 08 아 09 사 10 사

공기압 제어장치를 통해 주기관의 정지, 시동, 전진, 후진 등의 동작을 수행할 수 있고, 사용되는 공기에는 시동용 압축공기(starting air, 25~30kgf/cm²), 제어장치 작동용 제어공기(7kgf/cm²), 안전장치 작동용 공기(7kgf/cm²)가 있다.

11 디젤 기관을 완전히 정지한 후의 조치사항으로 옳지 않은 것은?

가 시동공기 계통의 밸브를 잠근다.

나 인디케이터 콕을 열고 기관을 터닝시킨다.

사 윤활유 펌프를 약 20분 이상 운전시킨 후 정지한다.

아 냉각 청수의 입·출구 밸브를 열어 냉각수를 모두 배출시킨다.

선종에 따라 정박 기간이 짧은 경우에는 기관의 난기 상태를 유지하기 위하여 실린더 냉각수 펌프를 계속 운전하는 경우도 있다. 따라서 냉각수를 모두 배출시키지는 않는다.

12 디젤 기관의 운전 중 점검사항이 아닌 것은?

가 배기가스 온도

나 윤활유 압력

사 피스톤 링 마멸량

아 기관의 회전수

피스톤 링 마멸량은 운전 중에는 점검할 수 없다.

13 소형선박의 추진 축계에 포함되는 것으로만 짝지어진 것은?

가 캠축과 추력축

나 캠축과 중간축

사 캠축과 프로펠러축

아 추력축과 프로펠러축

추진 축계의 구성 : 추력축, 추력 베어링, 중간축, 중간 베어링, 프로펠러축, 선미축, 선미 베어링 등이 있다.

14 프로펠러의 피치가 1m이고 매초 2회전 하는 선박이 1시간 동안 프로펠러에 의해 나아가는 거리는 몇 km인가?

가 0.36km   **나** 0.72km

사 3.6km   **아** 7.2km

피치는 선박에서 스크루 프로펠러가 360도 1회전 하면 전진하는 거리를 말한다. 문제에서 매초 2회전 한다고 했으므로, 분당 이동거리는 60초 × 2회전 = 120m가 된다. 따라서 1시간 동안 이동한 거리는 60분 × 120m = 7,200m(7.2km)가 된다.

15 유압장치에 대한 설명으로 옳지 않은 것은?

가 펌프의 흡입측에 자석식 필터를 많이 사용한다.

나 작동유는 유압유를 사용한다.

사 작동유의 온도가 낮아지면 점도도 낮아진다.

아 작동유 중의 공기를 배출하기 위한 플러그를 설치한다.

일반적으로 온도가 상승하면 점도는 낮아지고, 온도가 낮아지면 점도는 높아진다.

정답   **11** 아   **12** 사   **13** 아   **14** 아   **15** 사

16 기관실 펌프의 기동 전 점검사항에 대한 설명으로 옳지 않은 것은?

가 입·출구 밸브의 개폐상태를 확인한다.

나 에어 벤트 콕을 이용하여 공기를 배출한다.

사 기동반 전류계가 정격전류값을 가리키는지 확인한다.

아 손으로 축을 돌리면서 각부의 이상 유무를 확인한다.

 해설

정격전류란 정격전압이 공급되었을 때 전기기계 기구가 정격출력으로 동작하는 동작값을 말한다. 따라서 펌프 기동 전에는 기동반 전류계가 정격전류값을 가리킬 수 없으므로, 기동 전 점검사항에 해당하지 않는다.

17 다음과 같은 원심 펌프 단면에서 ③과 ④의 명칭은?

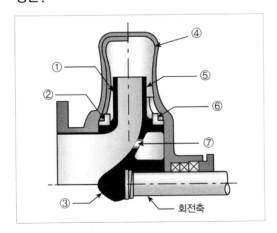

가 ③은 회전차이고 ④는 케이싱이다.

나 ③은 회전차이고 ④는 슈라우드이다.

사 ③은 케이싱이고 ④는 회전차이다.

아 ③은 케이싱이고 ④는 슈라우드이다.

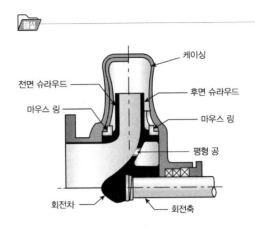

18 전기 용어에 대한 설명으로 옳지 않은 것은?

가 전류의 단위는 암페어이다.

나 저항의 단위는 옴이다.

사 전력의 단위는 헤르츠이다.

아 전압의 단위는 볼트이다.

 해설

전력은 전류가 단위 시간에 행하는 일, 또는 단위 시간에 사용되는 에너지의 양으로, 와트(W)나 킬로와트(kW)를 단위로 사용한다.

19 아날로그 멀티테스터의 사용 시 주의사항이 아닌 것은?

가 저항을 측정할 경우에는 영점을 조정한 후 측정한다.

나 전압을 측정할 경우에는 교류와 직류를 구분하여 측정한다.

사 리드선의 검은색 리드봉은 −단자에 빨간색 리드봉은 +단자에 꽂아 사용한다.

아 전압을 측정할 경우에는 낮은 측정 레인지에서부터 점차 높은 레인지로 올려가면서 측정한다.

정답 **16** 사 **17** 가 **18** 사 **19** 아

아날로그 멀티테스터의 사용 시 주의사항
- 측정단자의 극성(+, −)에 주의한다.(빨간색 막대 : +, 검은색 막대 : −)
- 저항을 측정할 때는 반드시 전원이 내려진 상태에서 측정해야 한다.
- 측정전압 등이 불명확한 경우 최대 레인지에서 측정을 시작한다.
- 측정하려는 종류와 양을 정확히 알아서 전환스위치를 맞춘다.
- 고압측정 시 계측기 사용 안전 규칙을 준수한다.
- 멀티테스터의 지침이 눈금판 중앙에 오도록 배율을 선정한다.
- 측정하기 전에 계측기의 지침이 "0"점에 있는지 확인한다.
- 시험막대를 접속한 채로 전환스위치를 돌리지 않는다.
- Ω 조정기 : 저항을 측정할 때에만 사용한다.
- 스피커나 전원 트랜스 등 자기의 영향을 받기 쉬운 곳에서 사용하지 않는다.
- 측정이 끝나면 피 측정체의 전원을 끄고 반드시 레인지 선택스위치를 OFF에 놓는다.

20 액 보충 방식 납축전지의 점검 및 관리 방법으로 옳지 않은 것은?

가 전해액의 액위가 적정한지를 점검한다.

나 전선을 분리하여 전해액을 점검한 후 다시 단자에 연결한다.

사 전해액을 보충할 때 증류수를 전극판의 약간 위까지 보충한다.

아 과방전이 발생하지 않도록 주의한다.

전해액을 점검할 때는 전선을 분리하지 않는다.

21 디젤 기관의 실린더 헤드를 분해하여 체인블록으로 들어 올릴 때 필요한 볼트는?

가 타이볼트　　**나** 아이볼트

사 인장볼트　　**아** 스터드볼트

아이볼트는 머리 부분이 링 모양인 볼트로 머리 부분에 고리가 달린 볼트이다. 디젤 기관의 실린더 헤드 등 중량물을 옮기는 데 적당한 볼트이다.

22 운전 중인 디젤 기관의 진동 원인이 아닌 것은?

가 위험 회전수로 운전하고 있을 때

나 윤활유가 실린더 내에서 연소하고 있을 때

사 메인 베어링의 틈새가 너무 클 때

아 크랭크 핀 베어링의 틈새가 너무 클 때

기관의 진동이 심한 경우
- 기관이 노킹을 일으킬 때와 각 실린더의 최고압력이 고르지 않을 때
- 위험 회전수로 운전하고 있을 때와 기관대 설치 볼트가 이완 또는 절손되었을 때
- 크랭크 핀 베어링, 메인 베어링, 스러스트 베어링 등의 틈새가 너무 클 때 등

23 디젤 기관에서 크랭크 암 개폐에 대한 설명으로 옳지 않은 것은?

가 선박이 물 위에 떠 있을 때 계측한다.

나 다이얼식 마이크로미터로 계측한다.

사 각 실린더마다 정해진 여러 곳을 계측한다.

아 개폐가 심할수록 유연성이 좋으므로 기관의 효율이 높아진다.

정답 20 나　21 나　22 나　23 아

크랭크 암의 개폐작용은 크랭크축이 회전할 때 크랭크 암 사이의 거리가 넓어지거나 좁아지는 현상으로, 기관의 운전 중 개폐작용이 과대하게 발생하면 축에 균열(crack)이 생겨 결국 부러지게 된다.

24 일정량의 연료유를 가열했을 때 그 값이 변하지 않는 것은?

가 점도 **나** 부피

사 질량 **아** 온도

일정량의 연료유를 가열하면 점도는 낮아지고, 부피는 커지며, 온도는 올라간다. 그러나 질량은 그 값이 변하지 않는다.

25 1드럼은 몇 리터인가?

가 5리터

나 20리터

사 100리터

아 200리터

1드럼은 200리터이다.

점답 24 사 25 아

2022년 제2회 최신 기출문제

제1과목 · 항해

01 자기 컴퍼스에서 선박의 동요로 비너클이 기울어져도 볼을 항상 수평으로 유지시켜 주는 장치는?

- **가** 피벗
- **나** 컴퍼스 액
- **사** 짐벌즈
- **아** 섀도 핀

가. **피벗** : 카드가 자유롭게 회전하게 하는 장치
나. **컴퍼스 액** : 알코올과 증류수를 4 : 6의 비율로 혼합하여 비중이 약 0.95인 액
사. **짐벌즈** : 목재 또는 비자성재로 만든 원통형의 지지대인 비너클(Binnacle)이 기울어져도 볼을 항상 수평으로 유지시켜 주는 장치이다.
아. **섀도 핀** : 컴퍼스로 어떤 물표의 방위를 측정하기 위해 컴퍼스 중앙에 세우는 놋쇠로 만든 가는 막대

02 경사 제진식 자이로컴퍼스에만 있는 오차는?

- **가** 위도오차
- **나** 속도오차
- **사** 동요오차
- **아** 가속도오차

위도오차(제진오차)는 제진 세차 운동과 지북 세차 운동이 동시에 일어나는 경사 제진식 제품에만 생기는 오차이다.

03 음향측심기의 용도가 아닌 것은?

- **가** 어군의 존재 파악
- **나** 해저의 저질 상태 파악
- **사** 선박의 속력과 항주거리 측정
- **아** 수로 측량이 부정확한 곳의 수심 측정

- **음향측심기의 용도** : 해저의 저질, 어군 존재 파악을 위한 것으로 초행인 수로 출입, 여울, 암초 등에 접근할 때 안전 항해를 위하여 사용
- **선속계**(측정의, log) : 선박의 속력과 항주거리 등을 측정하는 계기

04 다음 중 자차계수 D가 최대가 되는 침로는?

- **가** 000°
- **나** 090°
- **사** 225°
- **아** 270°

자차계수 A는 선수 방향과 관계없이 일정한 값을 가지며, 자차계수 B는 동서 방향(침로 90°, 270°)에서 최대가 된다. 자차계수 C는 남북 방향(침로 0°, 180°)에서 최대가 되며, 자차계수 D는 침로가 동서남북(0°, 90°, 180°, 270°)일 때는 자차가 없고 4우점[북동(45°), 남동(135°), 남서(225°), 북서(315°)]일 때 최대가 된다.

05 자기 컴퍼스에서 섀도 핀에 의한 방위 측정 시 주의사항에 대한 설명으로 옳지 않은 것은?

- **가** 핀의 지름이 크면 오차가 생기기 쉽다.
- **나** 핀이 휘어져 있으면 오차가 생기기 쉽다.
- **사** 선박의 위도가 크게 변하면 오차가 생기기 쉽다.
- **아** 볼(Bowl)이 경사된 채로 방위를 측정하면 오차가 생기기 쉽다.

섀도 핀(shadow pin)은 가장 간단하게 방위를 측정할 수 있으나, 핀의 지름이 크거나 핀이 휘거나 하면 오차가 생기기 쉽고, 특히 볼이 경사된 채로 방위를 측정하면 오차가 생긴다.

정답 01 사 02 가 03 사 04 사 05 사

06 레이더를 이용하여 얻을 수 없는 것은?

가 본선의 위치

나 물표의 방위

사 물표의 표고차

아 본선과 다른 선박 사이의 거리

레이더는 전자파를 발사하여 그 반사파를 측정함으로써 물표까지의 거리 및 방향을 파악하는 계기를 말하므로 본선의 위치 파악이 가능하나, 물표의 표고차는 파악할 수 없다.

07 ( )에 적합한 것은?

생소한 해역을 처음 항해할 때에는 수로지, 항로지, 해도 등에 ( )가 설정되어 있으면 특별한 이유가 없는 한 그 항로를 따르도록 한다.

가 추천항로 **나** 우회항로

사 평행항로 **아** 심흘수 전용항로

연안항로

• **해안선과 평행한 항로** : 뚜렷한 물표가 없을 때는 해안선과 평행한 항로를 선정하는 것이 좋으며, 야간 항행 시나 육지로 향하는 해조류나 바람이 예상될 때에는 평행한 항로에서 약간 바다 쪽으로 벗어난 항로를 선정한다.

• **우회항로** : 위험물이 많은 연안을 항해 또는 운전이 부자유스러운 상태로 안갯속을 항해할 때 해안선에 근접한 항로를 선정하거나, 장애물이 많은 지름길을 선정하지 말고 다소 우회하더라도 안전한 항로를 선택한다.

• **추천항로** : 생소한 해역을 항행할 때는 수로지, 항로지, 해도 등에 추천항로가 설정되어 있을 때 특별한 사유가 없는 한 그 항로를 그대로 따른다.

08 ( )에 순서대로 적합한 것은?

국제협정에 의하여 ( )을 기준경도로 정하여 서경 쪽에서 동경 쪽으로 통과할 때에는 1일을 ( ).

가 본초자오선, 늦춘다

나 본초자오선, 건너뛴다

사 날짜변경선, 늦춘다

아 날짜변경선, 건너뛴다

날짜변경선은 경도 180도를 기준으로 삼아 인위적으로 날짜를 구분하는 선으로, 국제 날짜변경선이라고도 한다. 인위적으로 경도 0도로 삼은 그리니치 천문대를 기준으로 동쪽이나 서쪽으로 경도 15도를 갈 때마다 1시간이 추가/감소(UTC+1/UTC−1)되는데, 날짜변경선은 아시아의 동쪽 끝과 아메리카의 서쪽 끝에서 날짜를 바꾸도록 경도 180도를 원칙적인 기준으로 만든 선이다. 이 선을 서쪽(동경)에서 동쪽(서경)으로 향하여 넘어가면 하루가 늦추어지고(빼고), 반대로 동쪽(서경)에서 서쪽(동경)으로 향하여 넘어가면 하루가 앞당겨진다(더한다). 예를 들면, 우리나라에서 8월 24일에 미국을 가는 경우, 날짜변경선을 지날 때[서쪽(동경)에서 동쪽(서경)으로 넘어감] 하루를 빼게 되어 8월 23일로 바뀌며, 반대로 미국에서 8월 29일에 출발하여 우리나라로 오는 경우, 날짜변경선을 지나는[동쪽(서경)에서 서쪽(동경)으로 넘어감] 순간 하루가 더해져 8월 30일로 바뀌게 된다.

PART 03

09 상대운동 표시방식의 알파(ARPA) 레이더 화면에 나타난 'A' 선박의 벡터가 다음 그림과 같이 표시되었을 때, 이에 대한 설명으로 옳은 것은?

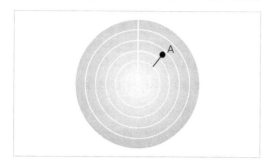

<table>
<tr><td>가</td><td>본선과 침로가 비슷하다.</td></tr>
<tr><td>나</td><td>본선과 속력이 비슷하다.</td></tr>
<tr><td>사</td><td>본선의 크기와 비슷하다.</td></tr>
<tr><td>아</td><td>본선과 충돌의 위험이 있다.</td></tr>
</table>

상대운동 표시방식의 레이더는 자선의 위치가 PPI상의 한 점에 고정되어 있기 때문에 모든 물체는 자선의 움직임에 대하여 상대적인 움직임으로 표시된다. 문제의 그림상 수직선으로 표시된 직선이 본선의 항로이며, 점 A의 선박은 본선의 항로에 접근 가능한 위치가 되므로 충돌의 위험이 있다.

10 레이더의 수신장치 구성 요소가 아닌 것은?

<table>
<tr><td>가</td><td>증폭장치</td></tr>
<tr><td>나</td><td>펄스변조기</td></tr>
<tr><td>사</td><td>국부발진기</td></tr>
<tr><td>아</td><td>주파수변환기</td></tr>
</table>

레이더 송신기 구성 요소로는 트리거 발전기, 펄스변조기, 마그네트론 등이 있고, 수신기 구성 요소로는 국부발진기, 주파수혼합기(변환기), 증폭 및 검파장치 등이 있다.

11 노출암을 나타낸 다음의 해도도식에서 '4'가 의미하는 것은?

<table>
<tr><td>가</td><td>수심</td><td>나</td><td>암초 높이</td></tr>
<tr><td>사</td><td>파고</td><td>아</td><td>암초 크기</td></tr>
</table>

평균수면을 기준으로 한 노출암의 높이이다.

12 (   )에 적합한 것은?

> 해도상에 기재된 건물, 항만시설물, 등부표, 수중 장애물, 조류, 해류, 해안선의 형태, 등고선, 연안 지형 등의 기호 및 약어가 수록된 수로서지는 (   )이다.

<table>
<tr><td>가</td><td>해류도</td><td>나</td><td>조류도</td></tr>
<tr><td>사</td><td>해도목록</td><td>아</td><td>해도도식</td></tr>
</table>

해도도식은 해도상 여러 가지 사항들을 표시하기 위하여 사용되는 특수한 기호와 양식, 약어 등을 총칭한다.

13 조석표에 대한 설명으로 옳지 않은 것은?

<table>
<tr><td>가</td><td>조석 용어의 해설도 포함하고 있다.</td></tr>
<tr><td>나</td><td>각 지역의 조석에 대하여 상세히 기술하고 있다.</td></tr>
<tr><td>사</td><td>표준항 외의 항구에 대한 조시, 조고를 구할 수 있다.</td></tr>
<tr><td>아</td><td>국립해양조사원은 외국항 조석표는 발행하지 않는다.</td></tr>
</table>

정답 09 아 10 나 11 나 12 아 13 아

국립해양조사원에서 한국연안조석표는 1년마다, 태평양 및 인도양 연안의 조석표는 격년으로 간행한다.

14 등색이나 등력이 바뀌지 않고 일정하게 계속 빛을 내는 등은?

- **가** 부동등
- **나** 섬광등
- **사** 호광등
- **아** 명암등

- 나. **섬광등** : 빛을 비추는 시간(명간)이 꺼져 있는 시간(암간)보다 짧은 것으로, 일정한 간격으로 섬광을 내는 등
- 사. **호광등** : 색깔이 다른 종류의 빛을 교대로 내며, 그 사이에 등광은 꺼지는 일이 없는 등
- 아. **명암등** : 한 주기 동안에 빛을 비추는 시간(명간)이 꺼져 있는 시간(암간)보다 길거나 같은 등

15 레이콘에 대한 설명으로 옳지 않은 것은?

- **가** 레이마크 비컨이라고도 한다.
- **나** 레이더에서 발사된 전파를 받을 때에만 응답한다.
- **사** 레이콘의 신호로 표준 신호와 모스 부호가 이용된다.
- **아** 레이더 화면상에 일정 형태의 신호가 나타날 수 있도록 전파를 발사한다.

레이콘(racon)은 '레이더 비컨(Radar Beacon)'의 약어로, 선박 레이더에서 발사된 전파를 받은 때에만 응답하며, 일정한 형태의 신호가 나타날 수 있도록 전피를 발사하는 무지향성 송수신 장치이다. 따라서 레이마크 비컨과는 관계가 없다.

16 아래에서 설명하는 형상(주간)표지는?

선박에 암초, 얕은 여울 등의 존재를 알리고 항로를 표시하기 위하여 바다 위에 뜨게 한 구조물로 빛을 비추지 않는다.

- **가** 도표
- **나** 부표
- **사** 육표
- **아** 입표

- 가. **도표** : 좁은 수로의 항로를 표시하기 위하여 항로의 연장선 위에 앞뒤로 2개 이상의 육표를 설치하여 선박을 인도하는 것이다.
- 사. **육표** : 입표의 설치가 곤란한 경우에 육상에 마련한 간단한 항로표지로, 등광을 달면 등주가 된다.
- 아. **입표** : 암초, 노출암, 사주(모래톱) 등의 위치를 표시하기 위해 바닷속에 마련된 경계표로, 특별한 경우가 아니면 등광을 함께 설치하여 등부표로 사용한다.

17 연안항해에 사용되는 종이해도의 축척에 대한 설명으로 옳은 것은?

- **가** 최신 해도이면 축척은 관계없다.
- **나** 사용 가능한 대축척 해도를 사용한다.
- **사** 총도를 사용하여 넓은 범위를 관측한다.
- **아** 1:50,000인 해도가 1:150,000인 해도보다 소축척 해도이다.

- 가. 연안항해 시는 좁은 구역을 상세히 표시하고 있는 대축척 지도를 사용해야 한다.
- 사. 총도는 축척이 400만분의 1 이하이고, 세계 전도와 같이 극히 넓은 구역을 나타낸 것으로 항해계획에 편리하며, 장거리 항해에도 사용할 수 있는 해도이다. 연안항해에는 부적절하다.
- 아. 1:50,000인 해도가 1:150,000인 해도보다 대축척이다.

18 종이해도를 사용할 때 주의사항으로 옳은 것은?

가 여백에 낙서를 해도 무방하다.

나 연필 끝은 둥글게 깎아서 사용한다.

사 반드시 해도의 소개정을 할 필요는 없다.

아 가장 최근에 발행된 해도를 사용해야 한다.

해도 사용 시 주의사항
- 항상 최신판 해도나 완전히 개정된 해도를 구해야 한다.
- 연안항해 시는 축척이 큰 해도를 이용한다.
- 보관 시 반드시 펴서 넣고 20매 이내로 뭉쳐 보관하며, 번호 순서 또는 사용 순서대로 보관한다.
- 운반 시 반드시 말아서 비에 젖지 않도록 풍하 쪽으로 이동한다.
- 서랍 앞면에는 그 속에 들어 있는 해도번호, 내용물을 표시한다.
- 연필은 납작하게 깎아서 사용하며, 해도에는 필요한 선만 긋는다.

19 정해진 등질이 반복되는 시간은?

가 등색 **나** 섬광등

사 주기 **아** 점등시간

주기(period) : 정해진 등질이 반복되는 시간으로, 초(sec) 단위로 표시한다.

20 항로의 좌·우측 한계를 표시하기 위하여 설치된 표지는?

가 특수표지

나 고립장해표지

사 측방표지

아 안전수역표지

가. **특수표지** : 공사구역 등 특별한 시설이 있음을 나타내는 표지이다.

나. **고립장해표지** : 주변 해역이 가항수역인 암초나 침선 등의 고립된 장애물 위에 설치 또는 계류하는 표지이다.

아. **안전수역표지** : 설치 위치 주변의 모든 수역이 가항수역임을 표시하는 데 사용하는 표지로, 중앙선이나 수로의 중앙을 나타낸다.

21 오호츠크해 기단에 대한 설명으로 옳지 않은 것은?

가 한랭하고 습윤하다.

나 해양성 열대 기단이다.

사 오호츠크해가 발원지이다.

아 오호츠크해 기단은 늦봄부터 발생하기 시작한다.

오호츠크해 기단은 우리나라 봄철에 영향을 미치는 한랭 습윤한 해양 기단으로, 열대 기단은 아니다.

22 저기압의 일반적인 특성으로 옳지 않은 것은?

가 저기압은 중심으로 갈수록 기압이 낮아진다.

나 저기압에서는 중심에 접근할수록 기압경도가 커지므로 바람도 강하다.

사 저기압 역내에서는 하층의 발산기류를 보충하기 위하여 하강기류가 발생한다.

아 북반구에서 저기압 주위의 대기는 반시계 방향으로 회전하고 하층에서는 대기의 수렴이 있다.

저기압은 상승기류가 발생한다.

정답 18 아 19 사 20 사 21 나 22 사

23 현재부터 1~3일 후까지의 전선과 기압계의 이동 상태에 따른 일기 상황을 예보하는 것은?

가 수치예보　　나 실황예보
사 단기예보　　아 단시간예보

가. **수치예보** : 역학과 열역학의 법칙을 종합한 대기 물리법칙을 이용하여 계산에 의해 날씨를 예보
나. **실황예보** : 기상관측실황 자료를 근거로 하여 실황으로부터 2~6시간까지의 예보
아. **단시간예보** : 예보시각으로부터 12시간 이내의 예보

24 항해계획을 수립할 때 구별하는 지역별 항로의 종류가 아닌 것은?

가 원양항로　　나 왕복항로
사 근해항로　　아 연안항로

항로의 분류
• **지리적 분류** : 연안항로, 근해항로, 원양항로 등
• **통행 선박의 종류에 따른 분류** : 범선항로, 소형선항로, 대형선항로 등
• **국가·국제기구에서 항해의 안전상 권장하는 항로** : 추천항로
• **운송상의 역할에 따른 분류** : 간선항로, 지선항로

25 항해계획에 따라 안전한 항해를 수행하고, 안전을 확인하는 방법이 아닌 것은?

가 레이더를 이용한다.
나 중시선을 이용한다.
사 음향측심기를 이용한다.
아 선박의 평균속력을 계산한다.

항로계획에 따른 안전한 항해를 확인하는 방법 : 레이더, 음향측심기, 중시선을 이용

제2과목　**운용**

01 파랑 중에 항행하는 선박의 선수부와 선미부는 파랑에 의한 큰 충격을 예방하기 위해 선수미 부분을 견고히 보강한 구조의 명칭은?

가 팬팅(Panting) 구조
나 이중선체(Double hull) 구조
사 이중저(Double bottom) 구조
아 구상형 선수(Bulbous bow) 구조

구상형 선수는 선수의 수선 아래가 둥근 공처럼 되어 있어 부분적으로 선수파를 감소시킴에 따라 조파저항을 감소시킨다.

02 선체의 외형에 따른 명칭 그림에서 ①은?

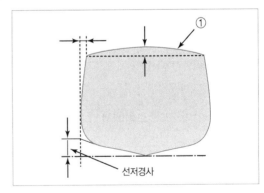

가 캠버　　나 플레어
사 텀블 홈　　아 선수현호

현호가 갑판 위의 길이 방향으로 가면서 선체 중앙부를 향해 잘 빠져나가도록 한 것이라면, 캠버(camber)는 갑판상의 물이 선체 폭 방향으로 걸쳐 양쪽 선측을 향해 잘 흘러가도록 선박의 중앙부를 높게 한 것을 말한다.

03 선박의 트림을 옳게 설명한 것은?

가 선수흘수와 선미흘수의 곱

나 선수흘수와 선미흘수의 비

사 선수흘수와 선미흘수의 차

아 선수흘수와 선미흘수의 합

트림(trim) : 선수흘수와 선미흘수의 차로 선박길이 방향의 경사

04 각 흘수선상의 물에 잠긴 선체의 선수재 전면에서 선미 후단까지의 수평거리는?

가 전장　　　나 등록장

사 수선장　　아 수선간장

가. **전장** : 선수의 최전단으로부터 선미의 최후단까지의 수평거리. 선박의 저항, 추진력 계산에 사용

나. **등록장** : 상갑판 보(beam)상의 선수재 전면으로부터 선미재 후면까지의 수평거리

아. **수선간장** : 계획만재흘수선상의 선수재의 전면으로부터 타주 후면까지의 수평거리

05 타(키)의 구조 그림에서 ①은?

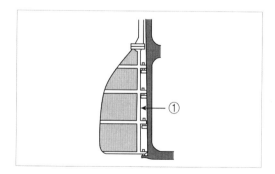

가 타판　　　나 타주

사 거전　　　아 타심재

타의 구조

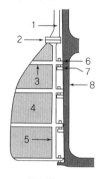 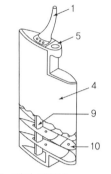

1. 타두재(rudder stock)　　2. 러더 커플링
3. 러더 암　　　　　　　　4. 타판
5. 타심재(main piece)　　　6. 핀틀
7. 거전　　　　　　　　　　8. 타주

06 스톡 앵커의 그림에서 ①은?

가 암　　　나 빌

사 생크　　아 스톡

스톡 앵커의 각부 명칭

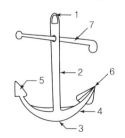

1. 앵커 링
2. 생크
3. 크라운
4. 암
5. 플루크
6. 빌
7. 닻채

07 다음 소화장치 중 화재가 발생하면 자동으로 작동하여 물을 분사하는 장치는?

가 고정식 포말 소화장치

나 자동 스프링클러 장치

사 고정식 분말 소화장치

아 고정식 이산화탄소 소화장치

가. **고정식 포말 소화장치** : 산성액과 알칼리성액을 혼합했을 때 발생하는 거품으로 화재 구역을 덮어 산소 공급을 차단하여 소화하며, 유류화재에 유효하므로 탱커선에서 많이 사용한다.

아. **고정식 이산화탄소 소화장치** : 이산화탄소를 압축·액화한 소화기로, 전기화재의 소화에 적합하며 분사가스의 온도가 매우 낮아 동상에 조심해야 한다. 기관실이나 화물창 등의 독립 구역에서 발생한 비교적 큰 화재를 진압하는 데 사용된다.

08 열전도율이 낮은 방수 물질로 만들어진 포대기 또는 옷으로 방수복을 착용하지 않은 사람이 입는 것은?

가 보호복

나 노출 보호복

사 보온복

아 작업용 구명조끼

보온복은 물이 스며들지 않아 수온이 낮은 물속에서 체온을 보호할 수 있는 옷으로 방수복과 달리 구명동의의 기능이 없다.

09 수신된 조난신호의 내용 중 '05:30 UTC'라고 표시된 시각을 우리나라 시각으로 나타낸 것은?

가 05시 30분

나 14시 30분

사 15시 30분

아 17시 30분

'05:30 UTC'는 세계표준시가 05시 30분임을 말하므로, 세계표준시보다 9시간 빠른 우리나라 시각은 14시 30분이 된다.

10 나일론 등과 같은 합성섬유로 된 포지를 고무로 가공하여 제작되며, 긴급 시에 탄산가스나 질소가스로 팽창시켜 사용하는 구명설비는?

가 구명정

나 구조정

사 구명부기

아 구명뗏목

가. **구명정** : 선박 조난 시 인명구조를 목적으로 특별하게 제작된 소형선박으로 부력, 복원성 및 강도 등이 완전한 구명 기구이다.

나. **구조정** : 조난 중인 사람을 구조하고, 생존정을 인도하기 위하여 설계된 보트이다.

사. **구명부기** : 선박 조난 시 구조를 기다릴 때 사용하는 인명구조 장비로, 사람이 타지 않고 손으로 밧줄을 붙잡고 있도록 만든 것이다.

11 자기 점화등과 같은 목적으로 구명부환과 함께 수면에 투하되면 자동으로 오렌지색 연기를 내는 것은?

가 신호 홍염

나 자기 발연 신호

사 신호 거울

아 로켓 낙하산 화염신호

가. **신호 홍염** : 홍색염을 1분 이상 연속하여 발할 수 있으며, 10cm 깊이의 물속에 10초 동안 잠긴 후에도 계속 타는 팽창식 구명뗏목의 의장품이다(야간용). 연소시간은 40초 이상이어야 한다.

아. **로켓 낙하산 신호** : 높이 300m 이상의 장소에서 펴지고 또한 점화되며, 매초 5m 이하의 속도로 낙하하며 화염으로써 위치를 알린다(야간용).

12 해상에서 사용하는 조난신호가 아닌 것은?

가 국제신호기 'SOS' 게양

나 좌우로 벌린 팔을 천천히 위아래로 반복함

사 비상위치지시 무선표지(EPIRB)에 의한 신호

아 수색구조용 레이더 트랜스폰더(SART)의 사용

가. 국제신호기 NC기의 게양

13 지혈의 방법으로 옳지 않은 것은?

가 환부를 압박한다.

나 환부를 안정시킨다.

사 환부를 온열시킨다.

아 환부를 심장부위보다 높게 올린다.

혈관을 수축시켜 출혈량을 줄이기 위해 환부를 차갑게 해야 한다.

14 초단파(VHF) 무선설비를 사용하는 방법으로 옳지 않은 것은?

가 볼륨을 적절히 조절한다.

나 항해 중에는 16번 채널을 청취한다.

사 묘박 중에는 필요할 때만 켜서 사용한다.

아 관제구역에서는 지정된 관제통신 채널을 청취한다.

초단파(VHF) 무선설비는 묘박 중에도 계속 켜서 사용한다.

15 타판에서 생기는 항력의 작용 방향은?

가 우현 방향

나 좌현 방향

사 선수미선 방향

아 타판의 직각 방향

항력은 타판에 작용하는 힘 중에서 그 작용하는 방향이 선수미선인 분력으로, 직진 중 선회 시 속력 감소의 원인이 된다.

16 선박의 조종성을 판별하는 성능이 아닌 것은?

가 복원성   **나** 선회성

사 추종성   **아** 침로안정성

선박의 조종성을 나타내는 요소로는 침로안정성(방향안정성=보침성), 선회성, 추종성이 있다. 복원성은 선박의 조종성을 판별하는 성능과 거리가 멀다.

17 다음 중 닻의 역할이 아닌 것은?

가 침로 유지에 사용된다.

나 좁은 수역에서 선회하는 경우에 이용된다.

사 선박을 임의의 수면에 정지 또는 정박시킨다.

아 선박의 속력을 급히 감소시키는 경우에 사용된다.

닻(anchor)이란 선박을 계선시키기 위하여 체인 또는 로프에 묶어서 바다 밑바닥에 가라앉혀서 파지력을 발생하게 하는 무거운 기구로, 좁은 수역에서의 방향 변환, 선박의 속도 감소 등 선박 조종의 보조 등의 역할을 한다.

정답   **12** 가   **13** 사   **14** 사   **15** 사   **16** 가   **17** 가

18 우선회 고정피치 단추진기를 설치한 선박에서 흡입류와 배출류에 대한 설명으로 옳지 않은 것은?

가 횡압력의 영향은 스크루 프로펠러가 수면 위에 노출되어 있을 때 뚜렷하게 나타난다.

나 기관 전진 중 스크루 프로펠러가 수중에서 회전하면 앞쪽에서는 스크루 프로펠러에 빨려드는 흡입류가 있다.

사 기관을 전진상태로 작동하면 타의 하부에 작용하는 수류는 수면 부근에 위치한 상부에 작용하는 수류보다 강하여 선미를 좌현 쪽으로 밀게 된다.

아 기관을 후진상태로 작동시키면 선체의 우현 쪽으로 흘러가는 배출류는 우현 선미 측벽에 부딪치면서 측압을 형성하며, 이 측압작용은 현저하게 커서 선미를 우현 쪽으로 밀게 되므로 선수는 좌현 쪽으로 회두한다.

해설

기관을 후진상태로 작동시키면 선체의 우현 쪽으로 흘러가는 배출류는 우현의 선미 측벽에 부딪치면서 측압을 형성하며, 이 측압작용은 현저하게 커서 선미를 좌현 쪽으로 밀므로 선수는 우현 쪽으로 회두한다.

19 복원성이 작은 선박의 적절한 조선 방법은?

가 순차적으로 타각을 높임

나 큰 속력으로 대각도 전타

사 전타 중 갑자기 타각을 줄임

아 전타 중 반대 현측으로 대각도 전타

해설

복원성이 작은 선박은 큰 속력으로 대각도 전타하거나, 전타 중 갑자기 타각을 줄인다든가, 전타 중 반대 현측으로 대각도 전타 등을 하게 되면 자칫 전복의 위험성이 커지므로, 순차적으로 타각을 높이는 조선법을 해야 한다.

20 물에 빠진 사람을 구조하는 조선법이 아닌 것은?

가 표준 턴
나 샤르노브 턴
사 싱글 턴
아 윌리암슨 턴

해설

구조 조선법
• 윌리암슨 턴(Williamson turn) : 야간이나 제한된 시계 상태에서 유지한 채 원래의 항적으로 되돌아가고자 할 때 사용하는 회항 조선법이다. 물에 빠진 사람을 수색하는 데 좋은 방법이지만 익수자를 보지 못하므로 선박이 사고지점과 멀어질 수 있고, 절차가 느리다는 단점이 있다.
• 원턴(싱글 턴 또는 앤더슨 턴, Single turn or Anderson turn) : 물에 빠진 사람이 보일 때 가장 빠른 구출 방법으로, 최종 접근 단계에서 직선적으로 접근하기가 곤란하여 조종이 어렵다는 단점이 있다.
• 샤르노브 턴(Scharnow turn) : 윌리암슨 턴과 같이 회항 조선법이다. 물에 빠진 시간과 조종의 시작 사이에 경과된 시간이 짧을 때, 즉 익수자가 선미에서 떨어져 있지 않을 때에는 짧은 시간에 구조할 수 있어서 매우 효과적이다.

21 복원력에 관한 내용으로 옳지 않은 것은?

가 복원력의 크기는 배수량의 크기에 반비례한다.

나 무게중심의 위치를 낮추는 것이 복원력을 크게 하는 가장 좋은 방법이다.

사 황천항해 시 갑판에 올라온 해수가 즉시 배수되지 않으면 복원력이 감소할 수 있다.

아 항해의 경과로 연료유와 청수 등의 소비, 유동수의 발생으로 인해 복원력이 감소할 수 있다.

해설

가. 복원력의 크기는 배수량의 크기에 비례한다.

22 배의 길이와 파장의 길이가 거의 같고 파랑을 선미로부터 받을 때 나타나기 쉬운 현상은?

가 러칭(Lurching)

나 슬래밍(Slamming)

사 브로칭(Broaching)

아 동조 횡동요(Synchronized rolling)

가. **러칭**(lurching, 횡경사) : 선체가 횡동요 중에 옆에서 돌풍을 받는 경우, 또는 파랑 중에서 대각도 조타를 실행하면 선체가 갑자기 큰 각도로 경사하는 현상이다.

나. **슬래밍**(slamming) : 선체가 파도를 선수에서 받으면서 항주하면, 선수 선저부는 강한 파도의 충격을 받아 짧은 주기로 급격한 진동을 하게 되는데, 이러한 파도에 의한 충격을 말한다.

사. **브로칭**(broaching) : 파도를 선미에서 받으며 항주할 때 선체 중앙이 파도의 마루나 파도의 오르막 파면에 위치하면, 급격한 선수동요에 의해 선체가 파도와 평행하게 놓이는 현상이다.

아. **동조 횡동요**(synchronized rolling) : 선체의 횡동요 주기가 파랑의 주기와 일치하여 횡동요각이 점점 커지는 현상이다.

23 황천 중에 항행이 곤란할 때 기관을 정지하고 선체를 풍하 측으로 표류하도록 하는 방법으로서 소형선에서 선수를 풍랑 쪽으로 세우기 위하여 해묘(Sea anchor)를 사용하는 방법은?

가 라이 투(Lie to)

나 스커딩(Scudding)

사 히브 투(Heave to)

아 스톰 오일(Storm oil)의 살포

가. **라이 투**(Lie to) : 기관을 정지하여 선체가 풍하 측으로 표류하도록 하는 방법을 말한다.

나. **스커딩**(Scudding) : 풍랑을 선미 사면(quarter)에서 받으며, 파에 쫓기는 자세로 항주하는 방법을 순주라고 한다.

사. **히브 투**(Heave to) : 선수를 풍랑 쪽으로 향하게 하여 조타가 가능한 최소의 속력으로 전진하는 방법을 말한다.

아. **스톰 오일**(Storm oil)의 **살포** : 고장 선박이 표주할 때에 선체 주위에 점성이 큰 동물성 기름이나 식물성 기름을 살포하여 파랑을 진정시킬 수 있는데, 이러한 목적으로 사용하는 기름을 진파기름이라고 한다.

24 해상에서 선박과 인명의 안전에 관한 언어적 장해가 있을 때의 신호방법과 수단을 규정하는 신호서는?

가 국제신호서 나 선박신호서

사 해상신호서 아 항공신호서

국제신호서 : 항해와 인명의 안전에 관한 여러 가지 상황이 발생하였을 경우를 대비하여 발행된 것이다. 특히, 언어에 의한 의사소통에 문제가 있을 경우의 신호방법과 수단에 대하여 규정한 것으로 널리 사용되고 있다.

25 전기장치에 의한 화재 원인이 아닌 것은?

가 산화된 금속의 불똥

나 과전류가 흐르는 전선

사 절연이 충분치 않은 전동기

아 불량한 전기접점 그리고 노출된 전구

전선, 전동기, 전구는 전기장치로 이의 잘못된 설비나 관리가 화재 원인이 될 수 있다. 한편, 산화된 금속의 불똥은 금속물질에 의한 금속화재의 원인이 된다.

정답 **22** 사 **23** 가 **24** 가 **25** 가

제3과목 법규

01 해사안전법상 선박의 항행안전에 필요한 항행보조시설을 다음에서 모두 고른 것은?

> ㄱ. 신호　　　　ㄴ. 해양관측 설비
> ㄷ. 조명　　　　ㄹ. 항로표지

가 ㄱ, ㄴ, ㄷ　　　　**나** ㄱ, ㄷ, ㄹ
사 ㄴ, ㄷ, ㄹ　　　　**아** ㄱ, ㄴ, ㄹ

[해설]

해양수산부장관은 선박의 항행안전에 필요한 항로표지·신호·조명 등 항행보조시설을 설치하고 관리·운영하여야 한다(해상교통안전법 제44조 제1항).

02 해사안전법상 안전한 속력을 결정할 때 고려할 사항이 아닌 것은?

가 해상교통량의 밀도
나 레이더의 특성 및 성능
사 항해사의 야간 항해당직 경험
아 선박의 정지거리·선회성능, 그 밖의 조종성능

[해설]

안전한 속력을 결정할 때 고려사항(해상교통안전법 제71조 제2항)
• 시계의 상태
• 해상교통량의 밀도
• 선박의 정지거리·선회성능, 그 밖의 조종성능
• 야간의 경우에는 항해에 지장을 주는 불빛의 유무
• 바람·해면 및 조류의 상태와 항행장애물의 근접상태
• 선박의 흘수와 수심과의 관계
• 레이더의 특성 및 성능
• 해면상태·기상, 그 밖의 장애요인이 레이더 탐지에 미치는 영향
• 레이더로 탐지한 선박의 수·위치 및 동향

03 (　　)에 적합한 것은?

> 해사안전법상 통항분리수역을 항행하는 경우에 선박이 부득이한 사유로 통항로를 횡단하여야 하는 경우 그 통항로와 선수 방향이 (　　)에 가까운 각도로 횡단하여야 한다.

가 둔각　　　　**나** 직각
사 예각　　　　**아** 평형

[해설]

선박은 통항로를 횡단하여서는 아니 된다. 다만, 부득이한 사유로 그 통항로를 횡단하여야 하는 경우에는 그 통항로와 선수 방향(船首方向)이 직각에 가까운 각도로 횡단하여야 한다(해상교통안전법 제75조 제3항).

04 해사안전법상 충돌 위험의 판단에 대한 설명으로 옳지 않은 것은?

가 선박은 다른 선박과 충돌할 위험이 있는지를 판단하기 위하여 당시의 상황에 알맞은 모든 수단을 활용하여야 한다.
나 선박은 다른 선박과의 충돌 위험 여부를 판단하기 위하여 불충분한 레이더 정보나 그 밖의 불충분한 정보를 적극 활용하여야 한다.
사 선박은 접근하여 오는 다른 선박의 나침방위에 뚜렷한 변화가 일어나지 아니하면 충돌할 위험성이 있다고 보고 필요한 조치를 취하여야 한다.
아 레이더를 설치한 선박은 다른 선박과 충돌할 위험성 유무를 미리 파악하기 위하여 레이더를 이용하여 장거리 주사, 탐지된 물체에 대한 작도, 그 밖의 체계적인 관측을 하여야 한다.

정답 01 나　02 사　03 나　04 나

선박은 불충분한 레이더 정보나 그 밖의 불충분한 정보에 의존하여 다른 선박과의 충돌 위험성 여부를 판단하여서는 아니 된다(해상교통안전법 제72조 제3항).

05 ( )에 순서대로 적합한 것은?

해사안전법상 밤에는 다른 선박의 ( )만을 볼 수 있고 어느 쪽의 ( )도 볼 수 없는 위치에서 그 선박을 앞지르기 하는 선박은 앞지르기 하는 배로 보고 필요한 조치를 취하여야 한다.

가 선수등, 현등 **나** 선수등, 전주등

사 선미등, 현등 **아** 선미등, 전주등

다른 선박의 양쪽 현의 정횡(正橫)으로부터 22.5도를 넘는 뒤쪽[밤에는 다른 선박의 선미등(船尾燈)만을 볼 수 있고 어느 쪽의 현등(舷燈)도 볼 수 없는 위치를 말한다]에서 그 선박을 앞지르기 하는 선박은 앞지르기 하는 배로 보고 필요한 조치를 취하여야 한다(해상교통안전법 제78조 제2항).

06 해사안전법상 항행 중인 범선이 진로를 피하지 않아도 되는 선박은?

가 조종제한선

나 조종불능선

사 수상항공기

아 어로에 종사하고 있는 선박

수상항공기는 될 수 있으면 모든 선박으로부터 충분히 떨어져서 선박의 통항을 방해하지 아니하도록 하되, 충돌할 위험이 있는 경우에는 이 에서 정하는 바에 따라야 한다(해상교통안전법 제83조 제7항).

07 해사안전법상 제한된 시계에서 충돌할 위험성이 없다고 판단한 경우 외에 자기 선박의 양쪽 현의 정횡 앞쪽에 있는 다른 선박의 무중신호를 듣고 취할 조치로 옳은 것을 다음에서 모두 고른 것은?

ㄱ. 최대 속력으로 항행하면서 경계를 한다.
ㄴ. 우현 쪽으로. 침로를 변경시키지 않는다.
ㄷ. 필요시 자기 선박의 진행을 완전히 멈춘다.
ㄹ. 충돌할 위험성이 사라질 때까지 주의하여 항행하여야 한다.

가 ㄴ, ㄷ **나** ㄷ, ㄹ

사 ㄱ, ㄴ, ㄹ **아** ㄴ, ㄷ, ㄹ

충돌할 위험성이 없다고 판단한 경우 외에는 다음에 해당하는 경우 모든 선박은 자기 배의 침로를 유지하는 데 필요한 최소한으로 속력을 줄여야 한다. 이 경우 필요하다고 인정되면 자기 선박의 진행을 완전히 멈추어야 하며, 어떠한 경우에도 충돌할 위험성이 사라질 때까지 주의하여 항행하여야 한다(해상교통안전법 제84조 제6항).
• 자기 선박의 양쪽 현의 정횡 앞쪽에 있는 다른 선박에서 무중신호(霧中信號)를 듣는 경우
• 자기 선박의 양쪽 현의 정횡으로부터 앞쪽에 있는 다른 선박과 매우 근접한 것을 피할 수 없는 경우

08 해사안전법상 선미등과 같은 특성을 가진 황색 등은?

가 현등 **나** 전주등

사 예선등 **아** 마스트등

예선등(曳船燈) : 선미등과 같은 특성을 가진 황색 등(해상교통안전법 제86조 제4호)

정답 05 사 06 사 07 나 08 사

09 (　　)에 순서대로 적합한 것은?

> 해사안전법상 제한된 시계에서 레이더만으로 다른 선박이 있는 것을 탐지한 선박은 (　　)과 얼마나 가까이 있는지 또는 (　　)이 있는지를 판단하여야 한다. 이 경우 해당 선박과 매우 가까이 있거나 그 선박과 충돌할 위험이 있다고 판단한 경우에는 충분한 시간적 여유를 두고 (　　)을 취하여야 한다.

가 해당 선박, 충돌할 위험, 피항동작
나 해당 선박, 충돌할 위험, 피항협력동작
사 다른 선박, 근접상태의 상황, 피항동작
아 다른 선박, 근접상태의 상황, 피항협력동작

해설
레이더만으로 다른 선박이 있는 것을 탐지한 선박은 해당 선박과 얼마나 가까이 있는지 또는 충돌할 위험이 있는지를 판단하여야 한다. 이 경우 해당 선박과 매우 가까이 있거나 그 선박과 충돌할 위험이 있다고 판단한 경우에는 충분한 시간적 여유를 두고 피항동작을 취하여야 한다(해상교통안전법 제84조 제4항).

10 해사안전법상 예인선열의 길이가 200미터를 초과하면, 예인작업에 종사하는 동력선이 표시하여야 하는 형상물은?

가 마름모꼴 형상물 1개
나 마름모꼴 형상물 2개
사 마름모꼴 형상물 3개
아 마름모꼴 형상물 4개

해설
예인선열의 길이가 200미터를 초과하면 가장 잘 보이는 곳에 마름모꼴의 형상물 1개(해상교통안전법 제89조 제1항 제5호)

11 해사안전법상 동력선이 다른 선박을 끌고 있는 경우 예선등을 표시하여야 하는 곳은?

가 선수　　나 선미
사 선교　　아 마스트

해설
동력선이 다른 선박이나 물체를 끌고 있는 경우 예선등은 선미등의 위쪽에 수직선 위로 표시해야 하므로, 예선등을 표시하는 위치는 선미이다(해상교통안전법 제89조 제1항 제4호).

12 해사안전법상 도선업무에 종사하고 있는 선박이 항행 중 표시하여야 하는 등화로 옳은 것은?

가 마스트의 꼭대기나 그 부근에 수직선 위쪽에는 붉은색 전주등, 아래쪽에는 흰색 전주등 각 1개
나 마스트의 꼭대기나 그 부근에 수직선 위쪽에는 흰색 전주등, 아래쪽에는 붉은색 전주등 각 1개
사 현등 1쌍과 선미등 1개, 마스트의 꼭대기나 그 부근에 수직선 위쪽에는 흰색 전주등, 아래쪽에는 붉은색 전주등 각 1개
아 현등 1쌍과 선미등 1개, 마스트의 꼭대기나 그 부근에 수직선 위쪽에는 붉은색 전주등, 아래쪽에는 흰색 전주등 각 1개

해설
도선업무에 종사하고 있는 선박은 다음의 등화나 형상물을 표시하여야 한다(해상교통안전법 제94조 제1항).
1. 마스트의 꼭대기나 그 부근에 수직선 위쪽에는 흰색 전주등, 아래쪽에는 붉은색 전주등 각 1개
2. 항행 중에는 1.에 따른 등화에 덧붙여 현등 1쌍과 선미등 1개
3. 정박 중에는 1.에 따른 등화에 덧붙여 제95조에 따른 정박하고 있는 선박의 등화나 형상물

정답 09 가 10 가 11 나 12 사

13 해사안전법상 선박이 좁은 수로 등에서 서로 상대의 시계 안에 있는 상태에서 다른 선박의 좌현 쪽으로 앞지르기 하려는 경우 행하여야 하는 기적신호는?

 가 장음, 장음, 단음

나 장음, 장음, 단음, 단음

사 장음, 단음, 장음, 단음

아 단음, 장음, 단음, 장음

선박이 좁은 수로 등에서 서로 상대의 시계 안에 있는 경우(해상교통안전법 제99조 제4항)
- 다른 선박의 우현 쪽으로 앞지르기 하려는 경우에는 장음 2회와 단음 1회의 순서로 의사를 표시할 것
- 다른 선박의 좌현 쪽으로 앞지르기 하려는 경우에는 장음 2회와 단음 2회의 순서로 의사를 표시할 것
- 앞지르기당하는 선박이 다른 선박의 앞지르기에 동의할 경우에는 장음 1회, 단음 1회의 순서로 2회에 걸쳐 동의의사를 표시할 것

14 해사안전법상 안개로 시계가 제한되었을 때 항행 중인 길이 12미터 이상인 동력선이 대수속력이 있는 경우 울려야 하는 음향신호는?

 가 2분을 넘지 아니하는 간격으로 단음 4회

나 2분을 넘지 아니하는 간격으로 장음 1회

사 2분을 넘지 아니하는 간격으로 장음 1회에 이어 단음 3회

아 2분을 넘지 아니하는 간격으로 단음 1회, 장음 1회, 단음 1회

항행 중인 동력선은 대수속력이 있는 경우에는 2분을 넘지 아니하는 간격으로 장음을 1회 울려야 한다(해상교통안전법 제100조 제1항 제1호).

15 해사안전법상 단음은 몇 초 정도 계속되는 고동소리인가?

 가 1초

나 2초

사 4초

아 6초

기적의 종류(해상교통안전법 제97조)
- 단음 : 1초 정도 계속되는 고동소리
- 장음 : 4초부터 6초까지의 시간 동안 계속되는 고동소리

16 선박의 입항 및 출항 등에 관한 법률상 무역항의 수상구역 등에서 위험물운송선박이 아닌 선박이 불꽃이나 열이 발생하는 용접 등의 방법으로 기관실에서 수리작업을 하는 경우 관리청의 허가를 받아야 하는 선박의 크기 기준은?

 가 총톤수 20톤 이상

나 총톤수 25톤 이상

사 총톤수 50톤 이상

아 총톤수 100톤 이상

선장은 무역항의 수상구역 등에서 다음의 선박을 불꽃이나 열이 발생하는 용접 등의 방법으로 수리하려는 경우 해양수산부령으로 정하는 바에 따라 관리청의 허가를 받아야 한다. 다만, 제2호의 선박은 기관실, 연료탱크, 그 밖에 해양수산부령으로 정하는 선박 내 위험구역에서 수리작업을 하는 경우에만 허가를 받아야 한다.
1. 위험물을 저장·운송하는 선박과 위험물을 하역한 후에도 인화성 물질 또는 폭발성 가스가 남아 있어 화재 또는 폭발의 위험이 있는 선박
2. 총톤수 20톤 이상의 선박(위험물운송선박은 제외)

정답 **13** 나 **14** 나 **15** 가 **16** 가

17 선박의 입항 및 출항 등에 관한 법률상 정박의 제한 및 방법에 대한 규정으로 옳지 않은 것은?

가 안벽 부근 수역에 인명을 구조하는 경우 정박할 수 있다.

나 좁은 수로 입구의 부근 수역에서 허가받은 공사를 하는 경우 정박할 수 있다.

사 정박하는 선박은 안전에 필요한 조치를 취한 후에는 예비용 닻을 고정할 수 있다.

아 선박의 고장으로 선박을 조종할 수 없는 경우 부두 부근 수역에서 정박할 수 있다.

무역항의 수상구역 등에 정박하는 선박은 지체 없이 예비용 닻을 내릴 수 있도록 닻 고정장치를 해제하고, 동력선은 즉시 운항할 수 있도록 기관의 상태를 유지하는 등 안전에 필요한 조치를 하여야 한다(법 제6조 제4항).

18 ( )에 적합하지 않은 것은?

> 선박의 입항 및 출항 등에 관한 법률상 관리청은 무역항의 수상구역 등에서 선박교통의 안전을 위하여 필요하다고 인정하여 항로 또는 구역을 지정한 경우에는 ( )을/를 정하여 공고하여야 한다.

가 제한기간

나 관할 해양경찰서

사 금지기간

아 항로 또는 구역의 위치

관리청이 항로 또는 구역을 지정한 경우에는 항로 또는 구역의 위치, 제한·금지 기간을 정하여 공고하여야 한다(법 제9조 제2항).

19 선박의 입항 및 출항 등에 관한 법률상 항로에서의 항법으로 옳은 것은?

가 항로 밖에 있는 선박은 항로에 들어오지 아니할 것

나 항로 밖에서 항로에 들어오는 선박은 장음 10회의 기적을 울릴 것

사 항로 밖에서 항로에 들어오는 선박은 항로를 항행하는 다른 선박의 진로를 피하여 항행할 것

아 항로 밖으로 나가는 선박은 일단 정지했다가 다른 선박이 항로에 없을 때 항로 밖으로 나갈 것

항로 밖에서 항로에 들어오거나 항로에서 항로 밖으로 나가는 선박은 항로를 항행하는 다른 선박의 진로를 피하여 항행할 것(법 제12조 제1항 제1호)

20 ( )에 순서대로 적합한 것은?

> 선박의 입항 및 출항 등에 관한 법률상 항로상의 모든 선박은 항로를 항행하는 ( ) 또는 ( )의 진로를 방해하지 아니하여야 한다. 다만, 항만운송관련사업을 등록한 자가 소유한 급유선은 제외한다.

가 어선, 범선

나 흘수제약선, 범선

사 위험물운송선박, 대형선

아 위험물운송선박, 흘수제약선

항로를 항행하는 위험물운송선박(선박 중 급유선은 제외) 또는 흘수제약선(吃水制約船)의 진로를 방해하지 아니할 것(법 제12조 제1항 제5호)

정답 17 사 18 나 19 사 20 아

21 선박의 입항 및 출항 등에 관한 법률상 무역항의 수상구역 등에서 수로를 보전하기 위한 내용으로 옳은 것은?

가 장애물을 제거하는 데 드는 비용은 국가에서 부담하여야 한다.

나 무역항의 수상구역 밖 5킬로미터 이상의 수면에는 폐기물을 버릴 수 있다.

사 흩어지기 쉬운 석탄, 돌, 벽돌 등을 하역할 경우에 수면에 떨어지는 것을 방지하기 위한 필요한 조치를 하여야 한다.

아 해양사고 등의 재난으로 인하여 다른 선박의 항행이나 무역항의 안전을 해칠 우려가 있는 경우 해양경찰서장은 항로표지를 설치하는 등 필요한 조치를 하여야 한다.

무역항의 수상구역 등이나 무역항의 수상구역 부근에서 석탄·돌·벽돌 등 흩어지기 쉬운 물건을 하역하는 자는 그 물건이 수면에 떨어지는 것을 방지하기 위하여 대통령령으로 정하는 바에 따라 필요한 조치를 하여야 한다(법 제38조 제2항).

22 다음 중 선박의 입항 및 출항 등에 관한 법률상 우선피항선이 아닌 것은?

가 예선

나 총톤수 20톤 미만인 어선

사 주로 노와 삿대로 운전하는 선박

아 예인선에 결합되어 운항하는 압항부선

우선피항선 : 주로 무역항의 수상구역에서 운항하는 선박으로서 다른 선박의 진로를 피하여야 하는 선박이다 (법 제2조 제5호).
- 부선(艀船)[예인선이 부선을 끌거나 밀고 있는 경우의 예인선 및 부선을 포함하되, 예인선에 결합되어 운항하는 압항부선(押航艀船)은 제외한다]
- 주로 노와 삿대로 운전하는 선박
- 예선
- 항만운송관련사업을 등록한 자가 소유한 선박
- 해양환경관리업을 등록한 자가 소유한 선박 또는 해양폐기물관리업을 등록한 자가 소유한 선박(폐기물해양배출업으로 등록한 선박은 제외한다)
- 가목부터 마목까지의 규정에 해당하지 아니하는 총톤수 20톤 미만의 선박

23 해양환경관리법상 선박에서 배출기준을 초과하는 오염물질이 해양에 배출된 경우 방제조치에 대한 설명으로 옳지 않은 것은?

가 오염물질을 배출한 선박의 선장은 현장에서 가급적 빨리 대피한다.

나 오염물질을 배출한 선박의 선장은 오염물질의 배출방지 조치를 하여야 한다.

사 오염물질을 배출한 선박의 선장은 배출된 오염물질을 수거 및 처리를 하여야 한다.

아 오염물질을 배출한 선박의 선장은 배출된 오염물질의 확산방지를 위한 조치를 하여야 한다.

방제의무자(선장, 배출 원인을 제공한 자)는 배출된 오염물질에 대하여 대통령령이 정하는 바에 따라 다음의 방제조치를 하여야 한다(법 제64조 제1항).
- 오염물질의 배출방지
- 배출된 오염물질의 확산방지 및 제거
- 배출된 오염물질의 수거 및 처리

정답 **21** 사 **22** 아 **23** 가

24 ( )에 순서대로 적합한 것은?

> 해양환경관리법령상 음식찌꺼기는 항해 중에 ( )으로부터 최소한 ( )의 해역에 버릴 수 있다. 다만, 분쇄기 또는 연마기를 통하여 25mm 이하의 개구를 가진 스크린을 통과할 수 있도록 분쇄하거나 연마된 음식찌꺼기의 경우 ( )으로부터 ( )의 해역에 버릴 수 있다.

가 항만, 10해리 이상, 항만, 5해리 이상

나 항만, 12해리 이상, 항만, 3해리 이상

사 영해기선, 10해리 이상, 영해기선, 5해리 이상

아 영해기선, 12해리 이상, 영해기선, 3해리 이상

음식찌꺼기는 영해기선으로부터 최소한 12해리 이상의 해역. 다만, 분쇄기 또는 연마기를 통하여 25mm 이하의 개구(開口)를 가진 스크린을 통과할 수 있도록 분쇄되거나 연마된 음식찌꺼기의 경우 영해기선으로부터 3해리 이상의 해역에 버릴 수 있다.

25 해양환경관리법상 소형선박에 비치하여야 하는 기관구역용 폐유저장용기에 관한 규정으로 옳지 않은 것은?

가 용기는 2개 이상으로 나누어 비치 가능

나 용기의 재질은 견고한 금속성 또는 플라스틱 재질일 것

사 총톤수 5톤 이상 10톤 미만의 선박은 30리터 저장용량의 용기 비치

아 총톤수 10톤 이상 30톤 미만의 선박은 60리터 저장용량의 용기 비치

소형선박 기관구역용 폐유저장용기 비치기준(「선박에서의 오염방지에 관한 규칙」 별표 7)

대상선박	저장용량 (단위 : ℓ)
총톤수 5톤 이상 10톤 미만의 선박	20
총톤수 10톤 이상 30톤 미만의 선박	60
총톤수 30톤 이상 50톤 미만의 선박	100
총톤수 50톤 이상 100톤 미만으로서 유조선이 아닌 선박	200

• 폐유저장용기는 2개 이상으로 나누어 비치할 수 있다.
• 폐유저장용기는 견고한 금속성 재질 또는 플라스틱 재질로서 폐유가 새지 아니하도록 제작되어야 하고, 해당 용기의 표면에는 선명 및 선박번호를 기재하고 그 내용물이 폐유임을 표시하여야 한다.
• 폐유저장용기 대신에 소형선박용 기름여과장치를 설치할 수 있다.

제**4**과목 **기관**

01 실린더 부피가 1,200[cm³]이고 압축 부피가 100 [cm³]인 내연기관의 압축비는 얼마인가?

가 11

나 12

사 13

아 14

압축비 = 실린더 부피 / 압축 부피 = 1,200 / 100 = 12

02 소형선박의 4행정 사이클 디젤 기관에서 흡기밸 브와 배기밸브를 닫는 힘은?

가 연료유 압력

나 압축공기 압력

사 연소가스 압력

아 스프링 장력

소형기관의 흡·배기 밸브는 캠에 의해 열리고, 스프링 의 장력에 의해 닫힌다.

03 소형 디젤 기관에서 실린더 라이너의 심한 마멸 에 의한 영향이 아닌 것은?

가 압축 불량

나 불완전 연소

사 착화 시기가 빨라짐

아 연소가스가 크랭크실로 누설

실린더 라이너 마모의 영향 : 출력 저하, 압축압력의 저 하, 연료의 불완전 연소, 연료 소비량 증가, 윤활유 소비 량 증가, 기관의 시동성 저하, 가스가 크랭크실로 누설

04 다음과 같은 습식 라이너에 대한 설명으로 옳지 않은 것은?

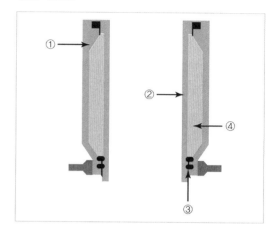

가 ①은 실린더 블록이다.

나 ②는 실린더 헤드이다.

사 ③은 냉각수 누설을 방지하는 오링이다.

아 ④는 냉각수가 통과하는 통로이다.

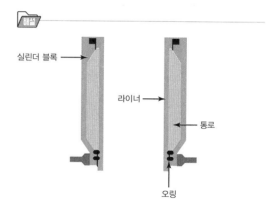

05 트렁크형 피스톤 디젤 기관의 구성 부품이 아닌 것은?

가 피스톤 핀

나 피스톤 로드

사 커넥팅 로드

아 크랭크 핀

정답 01 나 02 아 03 나 04 나 05 나

트렁크형 피스톤은 트렁크형으로 생긴 것을 말하며, 커넥팅 로드를 피스톤 핀으로 연결하여 요동할 수 있게 하는 특징이 있다. 이의 구성 부품으로는 압축 링, 오일 스크레이퍼 링, 클립 링, 피스톤 핀, 크랭크 핀, 커넥팅 로드 등으로 구성되어 있다. 한편, 피스톤 로드는 크로스 헤드형에 있다.

06 디젤 기관에서 피스톤 링의 장력에 대한 설명으로 옳지 않은 것은?

가 피스톤 링이 새것일 때 장력이 가장 크다.

나 기관의 사용시간이 증가할수록 장력은 커진다.

사 피스톤 링의 절구틈이 커질수록 장력은 커진다.

아 피스톤 링의 장력이 커질수록 링의 마멸은 줄어든다.

나. 기관의 사용시간이 증가할수록 장력은 작아진다.
사. 피스톤 링의 절구틈이 커질수록 장력은 작아진다.
아. 피스톤 링의 장력이 커질수록 링의 마멸은 증가한다.

07 내연기관에서 크랭크축의 역할은?

가 피스톤의 회전운동을 크랭크축의 회전운동으로 바꾼다.

나 피스톤의 왕복운동을 크랭크축의 회전운동으로 바꾼다.

사 피스톤의 회전운동을 크랭크축의 왕복운동으로 바꾼다.

아 피스톤의 왕복운동을 크랭크축의 왕복운동으로 바꾼다.

크랭크축(Crank shaft)은 실린더에서 발생한 피스톤의 왕복운동을 커넥팅 로드를 거쳐 회전운동으로 바꾸어 동력을 전달한다.

08 디젤 기관의 플라이휠에 대한 설명으로 옳지 않은 것은?

가 기관의 시동을 쉽게 한다.

나 저속 회전을 가능하게 한다.

사 윤활유의 소비량을 증가시킨다.

아 크랭크축의 회전력을 균일하게 한다.

플라이휠(Flywheel)의 역할
• 축적된 운동 에너지를 관성력으로 제공하여 균일한 회전이 되도록 한다.
• 크랭크축의 전단부 또는 후단부에 설치하며 기관의 시동을 쉽게 해 주고 저속 회전을 가능하게 해 준다.
• 플라이휠의 림 부분에는 크랭크 각도가 표시되어 있어 밸브의 조정이나 기관 정비 작업을 편리하게 해 준다.

09 내연기관의 연료유에 대한 설명으로 옳지 않은 것은?

가 발열량이 클수록 좋다.

나 유황분이 적을수록 좋다.

사 물이 적게 함유되어 있을수록 좋다.

아 점도가 높을수록 좋다.

내연기관에 사용되는 연료유는 비중이나 점도가 커서는 안 되고, 침전물도 많아서도 안 된다.

 정답 06 가 07 나 08 사 09 아

10 디젤 기관에서 시동용 압축공기의 최고압력은 몇 kgf/cm²인가?

가 10kgf/cm²　　**나** 20kgf/cm²

사 30kgf/cm²　　**아** 40kgf/cm²

공기압 제어장치를 통해 주기관의 정지, 시동, 전진, 후진 등의 동작을 수행할 수 있고, 사용되는 공기에는 시동용 압축공기(starting air, 25~30kgf/cm²), 제어장치 작동용 제어공기(7kgf/cm²), 안전장치 작동용 공기(7kgf/cm²)가 있다.

11 디젤 기관에서 연료분사 밸브의 분사압력이 정상 값보다 낮아진 경우 나타나는 현상이 아닌 것은?

가 연료분사 시기가 빨라진다.

나 무화의 상태가 나빠진다.

사 압축압력이 낮아진다.

아 불완전연소가 발생한다.

압축압력은 연료와 관련이 없으므로, 연료분사 밸브의 분사압력이 높거나 낮다 하더라도 압축압력이 높아지거나 낮아지지 않는다. 즉, 분사압력의 변화와 압축압력은 전혀 상관이 없다.

12 소형 디젤 기관에서 윤활유가 공급되는 부품이 아닌 것은?

가 피스톤 핀

나 연료분사 펌프

사 크랭크 핀 베어링

아 메인 베어링

해설

연료분사 펌프는 분사 시기 및 분사량을 조정하며, 연료 분사에 필요한 고압을 만드는 장치로서 보통 연료 펌프라고 한다. 이는 윤활유가 공급되는 부품이 아니라 연료 장치에 해당한다.

13 소형선박에 설치되는 축이 아닌 것은?

가 캠축　　　　**나** 스러스트축

사 프로펠러축　　**아** 크로스헤드축

소형선박에 설치되는 축 : 추력(스러스트)축, 중간축, 프로펠러축, 캠축, 선미축 등

14 나선형 추진기 날개의 한 개가 절손되었을 때 일어나는 현상으로 옳은 것은?

가 출력이 높아진다.

나 진동이 증가한다.

사 속력이 높아진다.

아 추진기 효율이 증가한다.

해설

나선형 추진기 날개의 일부가 절손되었을 경우 진동이 심해지고 출력이 낮아지며, 속력이 감소하는 등의 부정적인 현상이 나타난다.

15 양묘기에서 회전축에 동력이 차단되었을 때 회전축의 회전을 억제하는 장치는?

가 클러치　　　**나** 체인 드럼

사 워핑 드럼　　**아** 마찰 브레이크

양묘기의 구성품인 마찰브레이크는 회전축의 회전을 브레이크 마찰을 통해 억제한다.

정답 10 사　11 사　12 나　13 아　14 나　15 아

16 기관실 바닥에 고인 물이나 해수 펌프에서 누설한 물을 배출하는 전용 펌프는?

가 빌지 펌프

나 잡용수 펌프

사 슬러지 펌프

아 위생수 펌프

빌지 펌프(bilge pump) : 배 안에 고인 불필요한 물이나 각부에서 새어나온 물, 기름 등을 한 곳으로 모아 배 밖으로 배출하는 펌프이다.

17 선박에서 발생되는 선저폐수를 물과 기름으로 분리시키는 장치는?

가 청정장치

나 분뇨처리장치

사 폐유소각장치

아 기름여과장치

기름여과장치 : 기름이 섞여 있는 폐수를 유분 함유량 100만분의 15 이하로 처리하여 배출하는 해양오염 방지설비이다.

18 전동기의 기동반에 설치되는 표시등이 아닌 것은?

가 전원등

나 운전등

사 경보등

아 병렬등

전동기의 기동반에 설치되는 표시등에는 운전등, 전원등, 경보등이 있다.

19 선박에서 많이 사용되는 유도전동기의 명판에서 직접 알 수 없는 것은?

가 전동기의 출력

나 전동기의 회전수

사 공급 전압

아 전동기의 절연저항

전동기의 절연저항은 명판에 표시하지 않는다.

20 방전이 되면 다시 충전해서 계속 사용할 수 있는 전지는?

가 1차 전지

나 2차 전지

사 3차 전지

아 4차 전지

- **1차 전지**(primary cell) : 방전되면 다시 사용할 수 없는 전지이다.
- **2차 전지**(secondary cell) : 방전되면 충전하여 재사용할 수 있는 전지이다.

21 표준 대기압을 나타낸 것으로 옳지 않은 것은?

가 760mmHg

나 1.013bar

사 1.0332kgf/cm^2

아 3,000hPa

표준 대기압은 기압의 표준값이며, 온도 0℃, 중력의 가속도가 980.66cm/s^{2}인 곳에서 수은주가 높이 760mm를 나타내는 압력으로, 기호는 atm이다.

1atm = 760mmHg = 76cmHg = 0.76mHg

= 1.0332kgf/cm^2 = 10,332kgf/m^2 = 101,325Pa

= 1013.25hPa = 101.325kPa = 0.101325MPa

= 1.01325bar = 1013.25mbar

정답 16 가 17 아 18 아 19 아 20 나 21 아

22 운전 중인 디젤 기관이 갑자기 정지되는 경우가 아닌 것은?

  [가] 압력이 너무 낮은 경우

  [나] 기관의 회전수가 과속도 설정값에 도달된 경우

  [사] 연료유가 공급되지 않는 경우

  [아] 냉각수 온도가 너무 낮은 경우

'가, 나, 사'의 경우는 기관이 갑자기 정지되는 사유가 되나, 냉각수 온도가 너무 낮은 경우는 기관이 갑자기 정지되는 사유는 아니다.

23 디젤 기관에서 크랭크 암 개폐에 대한 설명으로 옳지 않은 것은?

  [가] 선박이 물위에 떠 있을 때 계측한다.

  [나] 다이얼식 마이크로미터로 계측한다.

  [사] 각 실린더마다 정해진 여러 곳을 계측한다.

  [아] 개폐가 심할수록 유연성이 좋으므로 기관의 효율이 높아진다.

크랭크 암의 개폐작용은 크랭크축이 회전할 때 크랭크 암 사이의 거리가 넓어지거나 좁아지는 현상으로 기관의 운전 중 개폐작용이 과대하게 발생하면 축에 균열(crack)이 생겨 결국 부러지게 된다.

24 연료유에 대한 설명으로 가장 적절한 것은?

  [가] 온도가 낮을수록 부피가 더 커진다.

  [나] 온도가 높을수록 부피가 더 커진다.

  [사] 대기 중 습도가 낮을수록 부피가 더 커진다.

  [아] 대기 중 습도가 높을수록 부피가 더 커진다.

가. 온도가 낮을수록 부피가 작아진다.
사・아. 대기 중 습도는 연료유의 부피와 관계가 없다.

25 연료유 서비스 탱크에 설치되어 있는 것이 아닌 것은?

  [가] 안전 밸브

  [나] 드레인 밸브

  [사] 에어 벤트

  [아] 레벨 게이지

안전 밸브는 서비스 탱크에 설치되어 있지 않다.

제1과목 항해

01 자기 컴퍼스에서 0도와 180도를 연결하는 선과 평행하게 자석이 부착되어 있는 원형판은?

가 볼

나 기선

사 부실

아 컴퍼스 카드

컴퍼스 카드(compass card)
- 온도가 변하더라도 변형되지 않도록 부실에 부착된 운모 혹은 황동제의 원형판으로 주변에 정밀하게 눈금을 파 놓았다.
- 360등분 된 방위 눈금이 새겨져 있고, 그 안쪽에는 사방점(N, S, E, W) 방위와 사우점(NE, SE, SW, NW) 방위가 새겨져 있다.

02 ( )에 적합한 것은?

> 자이로컴퍼스에서 지지부는 선체의 요동, 충격 등의 영향이 추종부에 거의 전달되지 않도록 ( ) 구조로 추종부를 지지하게 되며, 그 자체는 비너클에 지지되어 있다.

가 짐벌즈

나 인버터

사 로터

아 토커

지지부 : 선체의 요동, 충격 등의 영향이 추종부에 거의 전달되지 않도록 짐벌즈 구조로 추종부를 지지하게 되며, 그 자체는 비너클에 지지되어 있다.

03 수심이 얕은 곳에서 측정하거나 투묘할 때 배의 진행 방향 및 타력 또는 정박 중 닻의 끌림을 알기 위한 기기는?

가 핸드 레드

나 사운딩 자

사 트랜스듀서

아 풍향풍속계

가. **핸드 레드** : 수심이 얕은 곳에서 수심과 저질을 측정하는 측심의로, 3~7kg의 레드와 45~70m 정도의 레드라인으로 구성된다.

사. **트랜스듀서** : 에너지를 하나의 형태에서 또 다른 형태로 변환하기 위해 고안된 장치

아. **풍향풍속계** : 바람의 방향과 속력을 측정하는 장비

04 전자식 선속계가 표시하는 속력은?

가 대수속력

나 대지속력

사 대공속력

아 평균속력

전자식 선속계는 패러데이의 전자유도 법칙에서 도체와 자기장이 상대적인 운동상태에 있을 때 도체에는 기전력이 유지된다는 것을 응용한 선속계로 물 위에서 항주한 속력인 대수속력을 나타낸다.

05 다음 중 자기 컴퍼스의 자차가 가장 크게 변하는 경우는?

가 선체가 경사할 경우

나 적화물을 이동할 경우

사 선수 방위가 바뀔 경우

아 선체가 약한 충격을 받을 경우

정답 01 아 02 가 03 가 04 가 05 사

PART
03

자차의 변화 요인 중 선수 방위가 바뀔 때 가장 크게 변한다. 이외에도 자차의 변화 요인으로는 지구상 위치의 변화, 선체의 경사, 적하물의 이동, 선수를 동일한 방향으로 장시간 두었을 때, 선체가 심한 충격을 받았을 때, 동일한 침로로 장시간 항행 후 변침할 때, 선체가 열적인 변화를 받았을 때, 나침의 부근의 구조 변경 및 나침의의 위치 변경, 지방자기의 영향을 받을 때 등이 있다.

06 선박자동식별장치(AIS)에서 확인할 수 없는 정보는?

가 선명 나 선박의 흘수

사 선원의 국적 아 선박의 목적지

이 시스템은 선박과 선박 간 그리고 선박과 선박교통관제(VTS)센터 사이에 선박의 선명, 위치, 침로, 속력 등의 선박 관련 정보와 항해 안전 정보 등을 자동으로 교환함으로써 선박 상호 간의 충돌을 예방하고, 선박의 교통량이 많은 해역에서는 선박교통관리에 효과적으로 이용될 수 있다. 이의 정보에는 정적 정보(IMO 식별번호, 호출부호, 선명, 선박의 길이 및 폭, 선박의 종류, 적재 화물, 안테나 위치 등), 동적 정보(침로, 선수 방위, 대지 속력 등), 항해 관련 정보(흘수, 선박의 목적지, 도착 예정 시간, 항해계획, 충돌 예방에 필요한 단문 통신 등)가 있다.

07 45해리 떨어진 두 지점 사이를 대지속력 10노트로 항해할 때 걸리는 시간은? (단, 외력은 없음)

가 3시간 나 3시간 30분

사 4시간 아 4시간 30분

속력 = 거리 / 시간
시간 = 거리 / 속력 = 45/10 = 4.5시간(4시간 30분)

08 용어에 대한 설명으로 옳은 것은?

가 전위선은 추측위치와 추정위치의 교점이다.

나 중시선은 교각이 90도인 두 물표를 연결한 선이다.

사 추측위치란 선박의 침로, 속력 및 풍압차를 고려하여 예상한 위치이다.

아 위치선은 관측을 실시한 시점에 선박이 그 선위에 있다고 생각되는 특정한 선을 말한다.

가. **전위선** : 위치선을 그동안 항주한 거리(항정)만큼 침로 방향으로 평행이동시킨 것

나. **중시선** : 두 물표가 일직선상에 겹쳐 보일 때 그들 물표를 연결한 직선

사. **추측위치** : 최근의 실측위치를 기준으로 하여 진침로와 선속계 또는 기관의 회전수로 구한 항정에 의하여 구한 선위

09 상대운동 표시방식 레이더 화면에서 본선 주변에 있는 4척의 선박을 플로팅한 것이다. 현재 상태에서 본선과 충돌할 가능성이 가장 큰 선박은?

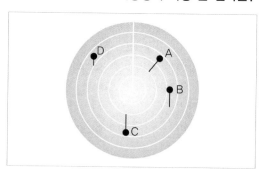

가 A 나 B

사 C 아 D

상대운동 표시방식의 레이더는 자선의 위치가 PPI상의 한 점에 고정되어 있기 때문에 모든 물체는 자선의 움직임에 대하여 상대적인 움직임으로 표시된다. 문제의 그림상 수직선으로 표시된 직선이 본선의 항로이며, 점 A의 선박은 본선의 항로에 접근 가능한 위치가 되므로 충돌의 위험이 있다.

10 여러 개의 천체 고도를 동시에 측정하여 선위를 얻을 수 있는 시기는?

가 박명시 나 표준시
사 일출시 아 정오시

박명시에 혹성이나 항성의 고도를 육분의로 측정하여 위치선을 구할 수 있다.

11 항로, 암초, 항행금지구역 등을 표시하는 지점에 고정으로 설치하여 선박의 좌초를 예방하고 항로의 안내를 위해 설치하는 광파(야간)표지는?

가 등대 나 등선
사 등주 아 등표

가. **등대** : 야간표지의 대표적인 것으로, 해양으로 돌출된 곳이나 섬 등 선박의 물표가 되기에 알맞은 위치에 설치된 탑과 같이 생긴 구조물이다.

나. **등선** : 육지에서 멀리 떨어진 해양 항로의 중요한 위치에 있는 사주 등을 알리기 위해서 일정한 지점에 정박하고 있는 특수한 구조의 선박이다.

사. **등주** : 쇠나 나무 또는 콘크리트와 같이 기둥 모양의 꼭대기에 등을 달아 놓은 것으로서, 주로 항구 내에 주로 설치한다.

12 우리나라 해도상 수심의 단위는?

가 미터(m)
나 인치(inch)
사 패덤(fm)
아 킬로미터(km)

우리나라 해도상 수심의 단위는 미터(m)이다.

13 등질에 대한 설명으로 옳지 않은 것은?

가 모스 부호등은 모스 부호를 빛으로 발하는 등이다.
나 분호등은 3가지 등색을 바꾸어 가며 계속 빛을 내는 등이다.
사 섬광등은 빛을 비추는 시간이 꺼져 있는 시간보다 짧은 등이다.
아 호광등은 색깔이 다른 종류의 빛을 교대로 내며, 그 사이에 등광은 꺼지는 일이 없는 등이다.

야간표지에 사용되는 등화의 등질
- **부동등**(F) : 등색이나 등력(광력)이 바뀌지 않고 일정하게 계속 빛을 내는 등
- **명암등**(Oc) : 한 주기 동안에 빛을 비추는 시간(명간)이 꺼져 있는 시간(암간)보다 길거나 같은 등
- **섬광등**(Fl) : 빛을 비추는 시간(명간)이 꺼져 있는 시간(암간)보다 짧은 것으로, 일정한 간격으로 섬광을 내는 등
- **호광등**(Alt) : 색깔이 다른 종류의 빛을 교대로 내며, 그 사이에 등광은 꺼지는 일이 없는 등
- **모스 부호등**(Mo) : 모스 부호를 빛으로 발하는 것으로, 어떤 부호를 발하느냐에 따라 등질이 달라지는 등
- **분호등** : 서로 다른 지역을 다른 색상으로 비추는 등화로, 주로 위험구역만을 주로 홍색광으로 비추는 등화

정답 10 가 11 아 12 가 13 나

14 레이더 트랜스폰더에 대한 설명으로 옳은 것은?

가 음성신호를 방송하여 방위 측정이 가능하다.

나 송신 내용에 부호화된 식별신호 및 데이터가 들어 있다.

사 선박의 레이더 영상에 송신국의 방향이 숫자로 표시된다.

아 좁은 수로 또는 항만에서 선박을 유도할 목적으로 사용한다.

레이더 트랜스폰더(Radar Transponder) : 정확한 질문을 받거나 송신이 국부명령으로 이루어질 때 응답 전파를 발사하여 레이더의 표시기상에 그 위치가 표시되도록 하는 장치이다. 송신 내용에는 부호화된 식별신호 및 데이터가 들어 있으며, 이것이 레이더 화면에 나타난다.

15 다음 그림의 항로표지에 대한 설명으로 옳은 것은? (단, 두표의 모양으로 구분)

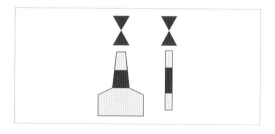

가 표지의 동쪽에 가항수역이 있다.

나 표지의 서쪽에 가항수역이 있다.

사 표지의 남쪽에 가항수역이 있다.

아 표지의 북쪽에 가항수역이 있다.

동방위표지(◆), 서방위표지(✖), 남방위표지(▼), 북방위표지(▲)

동방위표지는 동쪽으로, 서방위표지는 서쪽으로, 남방위표지는 남쪽으로, 북방위표지는 북쪽으로 항해하라는 의미이다. 따라서 '나'가 옳다.

16 아래에서 설명하는 것은?

> 해도상에 기재된 건물, 항만 시설물, 등부표, 해안선의 형태 등의 기호 및 약어를 수록하고 있다.

가 해류도

나 해도도식

사 조류도

아 해저 지형도

해도도식은 해도상 여러 가지 사항들을 표시하기 위하여 사용되는 특수한 기호와 양식, 약어 등을 총칭한다.

17 점장도의 특징으로 옳지 않은 것은?

가 항정선이 직선으로 표시된다.

나 자오선은 남북 방향의 평행선이다.

사 거등권은 동서 방향의 평행선이다.

아 적도에서 남북으로 멀어질수록 면적이 축소되는 단점이 있다.

적도에서 남북으로 멀어질수록 면적이 확대되는 단점이 있다.

정답 14 나 15 나 16 나 17 아

18 항행통보에 의해 항해사가 직접 해도를 수정하는 것은?

가 개판 나 재판

사 보도 아 소개정

소개정 : 항행통보에 의해 항해자가 직접 수기로 개정하는 것으로서 개보 시에는 붉은색 잉크를 사용함

19 종이해도 위에 표시되어 있는 등질 중 'Fl(3)20s'의 의미는?

가 군섬광으로 3초간 발광하고 20초간 쉰다.

나 군섬광으로 20초간 발광하고 3초간 쉰다.

사 군섬광으로 3초에 20회 이하로 섬광을 반복한다.

아 군섬광으로 20초 간격으로 연속적인 3번의 섬광을 반복한다.

Fl.(3)은 군섬광등(Gp. Fl, Group Flashing Light)으로 연속적인 3번의 섬광을 반복한다는 뜻이며, 20s는 20초 주기를 뜻한다.

20 장애물을 중심으로 하여 주위를 4개의 상한으로 나누고, 그들 상한에 각각 북, 동, 남, 서라는 이름을 붙이고 그 각각의 상한에 설치된 항로표지는?

가 방위표지 나 고립장애표지

사 측방표지 아 안전수역표지

나. **고립장애표지** : 주변 해역이 가항수역인 암초나 침선 등의 고립된 장애물 위에 설치 또는 계류하는 표지이다.

사. **측방표지** : 선박이 항행하는 수로의 좌·우측 한계를 표시하기 위해 설치된 표지이다.

아. **안전수역표지** : 설치 위치 주변의 모든 수역이 가항수역임을 표시하는 데 사용하는 표지로, 중앙선이나 수로의 중앙을 나타낸다.

21 풍속을 관측할 때 몇 분간의 풍속을 평균하는가?

가 5분 나 10분

사 15분 아 20분

풍속 : 바람의 세기(정시 관측 시각 전 10분간의 평균 풍속)

22 중심이 주위보다 따뜻하고, 여름철 대륙 내에서 발생하는 저기압으로, 상층으로 갈수록 저기압성 순환이 줄어들면서 어느 고도 이상에서 사라지는 키가 작은 저기압은?

가 전선 저기압

나 한랭 저기압

사 온난 저기압

아 비전선 저기압

가. **전선 저기압** : 기압 기울기가 큰 온대 및 한대 지방에서 발생하는 저기압으로 전선을 동반한다.

나. **한랭 저기압** : 중심이 차고 주위가 대칭적으로 따뜻하여 주위의 층 두께가 상대적으로 더 두껍고, 중심에서는 저기압의 강도가 위까지 강하게 나타나는 키 큰 저기압이다.

아. **비전선 저기압** : 한여름에 내륙, 분지, 사막 등에서 강한 햇볕에 의한 공기의 상승에 의해 발생하는 소규모 저기압이다.

정답 18 아 19 아 20 가 21 나 22 사

23 한랭전선과 온난전선이 서로 겹쳐져 나타나는 전선은?

가 한랭전선

나 온난전선

사 폐색전선

아 정체전선

가. **한랭전선** : 찬 공기가 따뜻한 공기 밑으로 쐐기처럼 파고 들어가 따뜻한 공기를 강제적으로 상승시킬 때 만들어진다.

나. **온난전선** : 따뜻한 공기가 찬 공기 위로 올라가면서 전선을 형성한다.

아. **정체전선**(장마전선) : 온난전선과 한랭전선이 이동하지 않고 정체해 있는 전선이다.

24 피험선에 대한 설명으로 옳은 것은?

가 위험구역을 표시하는 등심선이다.

나 선박이 존재한다고 생각하는 특정한 선이다.

사 항의 입구 등에서 자선의 위치를 구할 때 사용한다.

아 항해 중에 위험물에 접근하는 것을 쉽게 탐지할 수 있다.

피험선이란 협수로를 통과할 때나 출·입항할 때에 자주 변침하여 마주치는 선박을 적절히 피하여 위험을 예방하며, 예정 침로를 유지하기 위한 위험 예방선이다.

25 입항항로를 선정할 때 고려사항이 아닌 것은?

가 항만관계 법규

나 묘박지의 수심, 저질

사 항만의 상황 및 지형

아 선원의 교육훈련 상태

입항항로 선정 시 주의사항(고려사항)
- 항만의 상황이나 수심, 저질, 기상, 해상 상태 등을 사전조사한다.
- 지정된 항로, 추천 항로 또는 상용의 항로를 따른다.
- 선수 목표와 투묘 물표를 미리 설정한다.
- 출항예정시간(ETD), 입항예정시간(ETA), 도선구역(P/S)
- 수심이 얕거나 고르지 못할 때 암초, 침선 등은 가급적 피한다.
- 항만관계 법규를 검토한다.

정답 23 사 24 아 25 아

제2과목 운용

01 선체 각부의 명칭을 나타낸 아래 그림에서 ㉠은?

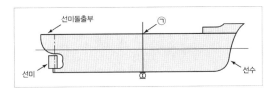

가	선수현호	나	선미현호
사	상갑판	아	용골

[해설]

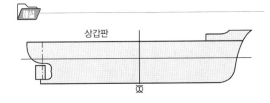

02 대형 선박의 건조에 많이 사용되는 선체의 재료는?

가	목재	나	플라스틱
사	철재	아	알루미늄

[해설]

대형 선박의 건조에 사용되는 선체 재료는 철재이다.

03 크레인식 하역장치의 구성 요소가 아닌 것은?

가	카고 훅	나	토핑 윈치
사	데릭 붐	아	선회 윈치

데릭은 와이어 로프 끝에 있는 훅(hook)에 화물을 걸고, 윈치로 와이어 로프를 감아 하역하는 방식으로 크레인식 방식과 다르다. 데릭에서 데릭 붐은 화물을 들어 올리는 역할을 하는 부분으로 팔에 해당한다.

04 강선구조기준, 선박만재흘수선규정, 선박구획기준 및 선체 운동의 계산 등에 사용되는 길이는?

가	전장	나	등록장
사	수선장	아	수선간장

가. **전장** : 선수의 최전단으로부터 선미의 최후단까지의 수평거리로 안벽계류 및 입거할 때 필요한 선박의 길이. 선박의 저항, 추진력 계산에 사용
나. **등록장** : 상갑판 보(beam)상의 선수재 전면으로부터 선미재 후면까지의 수평거리
사. **수선장** : 각 흘수선상의 물에 잠긴 선체의 선수재 전면에서 선미 후단까지의 수평거리. 배의 저항, 추진력 계산 등에 사용

05 동력 조타장치의 제어장치 중 주로 소형선에 사용되는 방식은?

가	기계식	나	유압식
사	전기식	아	전동 유압식

제어장치에는 기계식, 유압식, 전기식 등이 있으며, 기계식은 주로 소형선에 사용되고, 중대형선에는 유압식 또는 전기식이 사용된다.

06 다음 중 합성섬유 로프가 아닌 것은?

가	마닐라 로프
나	폴리프로필렌 로프
사	나일론 로프
아	폴리에틸렌 로프

[해설]

마닐라 로프는 물에 강한 마닐라삼으로 만든 선박용 로프로 합성섬유 로프가 아니다.

정답 01 사 02 사 03 사 04 아 05 가 06 가

07 열분해 작용 시 유독가스를 발생하므로, 선박에 비치하지 아니하는 소화기는?

가 포말 소화기   나 분말 소화기

사 할론 소화기   아 이산화탄소 소화기

할론 소화기는 할로겐 화합물 가스를 약재로 사용하는 소화기로 선박에 비치하지 않는다.

08 체온을 유지할 수 있도록 열전도율이 낮은 방수 물질로 만들어진 포대기 또는 옷을 의미하는 구명설비는?

가 방수복   나 구명조끼

사 보온복   아 구명부환

보온복은 물이 스며들지 않아 수온이 낮은 물속에서 체온을 보호할 수 있는 옷으로 방수복과 달리 구명동의의 기능이 없다.

09 국제신호기를 이용하여 혼돈의 염려가 있는 방위신호를 할 때 최상부에 게양하는 기류는?

가 A기   나 B기

사 C기   아 D기

방위신호를 할 때 최상부에 게양하는 기류는 A기이고, 시각신호를 할 때 최상부에 게양하는 기류는 T기이다.

10 퇴선 시 여러 사람이 붙들고 떠 있을 수 있는 부체는?

가 페인터   나 구명부기

사 구명줄   아 부양성 구조고리

가. 페인터(Painter) : 고박줄이라고도 하는 페인터는 수동 투하 시 바람과 파도에 따라 뗏목이 떠다니지 않도록 뗏목과 선체를 연결시키는 역할을 한다. 자동 이탈 시에는 선체에 고박되어져서는 안 되고 위크링크(weak link)에 연결되어 있어야 한다.

아. 부양성 구조고리 : 물에 뜨게 되어 있는 도넛형의 구조 물품

11 비상위치지시 무선표지(EPIRB)로 조난신호가 잘못 발신되었을 때 연락하여야 하는 곳은?

가 회사

나 서울무선전신국

사 주변 선박

아 수색구조조정본부

비상위치지시용 무선표지(EPIRB) : 선박이 조난상태에 있고 수신시설도 이용할 수 없음을 표시하는 것으로, 수색과 구조 작업 시 생존자의 위치결정을 용이하게 하도록 무선표지신호를 발신하는 무선설비. 조난신호는 위성을 거쳐 수색구조조정본부에 전달된다.

12 선박이 침몰할 경우 자동으로 조난신호를 발신할 수 있는 무선설비는?

가 레이더(Rader)

나 NAVTEX 수신기

사 초단파(VHF) 무선설비

아 비상위치지시 무선표지(EPIRB)

가. 레이더(Rader) : 전자파를 발사하여 그 반사파를 측정함으로써 물표까지의 거리 및 방향을 파악하는 계기이다.

정답 **07** 사 **08** 사 **09** 가 **10** 나 **11** 아 **12** 아

나. **NAVTEX 수신기** : NAVTEX 해안국은 중파 518kHz
를 이용하여 일정한 시간 간격으로 해상 안전 정보
를 방송하고, NAVTEX 수신기를 설치한 선박이 해
안국의 통신권에 진입하게 되면 자동으로 수신되
어 NBDP 프린터에 자동 출력된다.

사. **초단파(VHF) 무선설비** : VHF 채널 70(156.525MHz)
에 의한 DSC와 채널 6, 13 및 16에 의한 무선전화
송수신을 하며, 조난경보신호를 발신할 수 있는 설
비이다.

아. **비상위치지시 무선표지(EPIRB)** : 선박이 조난상태
에 있고 수신시설도 이용할 수 없음을 표시하는 것
으로, 수색과 구조 작업 시 생존자의 위치결정을 용
이하게 하도록 무선표지신호를 발신하는 무선설비
이다.

13 불을 붙여 물에 던지면 해면 위에서 연기를 내는
조난신호장비로서 방수 용기로 포장되어 잔잔한
해면에서 3분 이상 잘 보이는 색깔의 연기를 내
는 것은?

가 신호 홍염

나 자기 점화등

사 신호 거울

아 발연부 신호

가. **신호 홍염** : 홍색염을 1분 이상 연속하여 발할 수 있
으며, 10cm 깊이의 물속에 10초 동안 잠긴 후에도
계속 타는 팽창식 구명뗏목의 의장품이다(야간용).
연소시간은 40초 이상이어야 한다.

나. **자기 점화등** : 수면에 투하하면 자동으로 발광하
는 신호등으로, 야간에 구명 부환의 위치를 알리
는 데 사용한다.

14 초단파(VHF) 무선설비의 조난경보 버튼을 눌렀
을 때 발신되는 조난신호의 내용으로 옳은 것은?

가 조난의 종류, 선명, 위치, 시각

나 조난의 종류, 선명, 위치, 거리

사 조난의 종류, 해상이동업무식별번호(MMSI
number), 위치, 시각

아 조난의 종류, 해상이동업무식별번호(MMSI
number), 위치, 거리

초단파(VHF) 무선설비의 조난경보 버튼을 눌렀을 때
'조난의 종류, 해상이동업무식별번호(MMSI number),
위치, 시각' 등이 조난신호로 발신된다.

15 선박의 침로안정성에 대한 설명으로 옳지 않은
것은?

가 방향안정성이라고도 한다.

나 선박의 항행거리와는 관계가 없다.

사 선박이 정해진 항로를 직진하는 성질을
말한다.

아 침로에서 벗어났을 때 곧바로 침로에 복
귀하는 것을 침로안정성이 좋다고 한다.

침로안정성이란 선박이 정해진 침로를 따라 직진하는
성질을 침로안정성 또는 방향안정성이라고 한다. 이는
항행거리에 영향을 끼치며, 선박의 경제적인 운용을 위
하여 필요한 요소이다.

16 선체운동 중에서 선수미선을 중심으로 좌·우현
으로 교대로 횡경사를 일으키는 운동은?

가 종동요 　　　**나** 횡동요

사 전후운동 　　**아** 상하운동

가. **종동요** : 선체 중앙을 기준으로 하여 선수 및 선미가 상하 교대로 회전하려는 종경사 운동

사. **전후운동** : 선수와 선미를 잇는 축을 기준으로 하여 선체가 이 축을 따라서 전후로 평행이동을 되풀이하는 동요

아. **상하운동** : 선박 상하 축을 기준으로 하여 선체가 이 축을 따라 상하로 평행이동을 되풀이하는 동요

17 ( )에 순서대로 적합한 것은?

> 타각을 크게 하면 할수록 타에 작용하는 압력이 커져서 선회 우력은 ( ) 선회권은 ( ).

가 커지고, 커진다

나 작아지고, 커진다

사 커지고, 작아진다

아 작아지고, 작아진다

타각을 크게 하면 할수록 키에 작용하는 압력이 크므로 선회 우력이 커져서 선회권이 작아진다.

18 다음 중 선박 조종에 미치는 영향이 가장 작은 요소는?

가 바람 　　　**나** 파도

사 조류 　　　**아** 기온

선박 조종, 특히 선회권의 크기에 영향을 주는 요소에는 방형비척계수, 흘수, 트림, 속력, 파도, 바람 및 조류의 영향 등을 들 수 있다. 기온은 선박 조종에 영향을 주는 요소가 아니다.

19 좁은 수로를 항해할 때 유의할 사항으로 옳지 않은 것은?

가 통항 시기는 게류 때나 조류가 약한 때를 택하고, 만곡이 급한 수로는 순조 시 통항하여야 한다.

나 좁은 수로의 만곡부에서 유속은 일반적으로 만곡의 외측에서 강하고 내측에서는 약한 특징이 있다.

사 좁은 수로에서의 유속은 일반적으로 수로 중앙부가 강하고, 육안에 가까울수록 약한 특징이 있다.

아 좁은 수로는 수로의 폭이 좁고, 조류나 해류가 강하며, 굴곡이 심하여 선박의 조종이 어렵고, 항행할 때에는 철저한 경계를 수행하면서 통항하여야 한다.

통항 시기는 게류(slack water)나 조류가 약한 때를 택하고, 만곡이 급한 수로는 순조 시 통항을 피한다.

20 선박의 충돌 시 더 큰 손상을 예방하기 위해 취해야 할 조치사항으로 옳지 않은 것은?

가 가능한 한 빨리 전진속력을 줄이기 위해 기관을 정지한다.

나 승객과 선원의 상해와 선박과 화물의 손상에 대해 조사한다.

사 전복이나 침몰의 위험이 있더라도 임의 좌주를 시켜서는 아니 된다.

아 침수가 발생하는 경우, 침수구역 배출을 포함한 침수 방지를 위한 대응조치를 취한다.

선박의 충돌로 전복이나 침몰의 위험이 있을 경우 사람을 우선 대피시킨 후 수심이 낮은 곳에 좌초시킨다.

정답 **17** 사 **18** 아 **19** 가 **20** 사

21 접·이안 시 닻을 사용하는 목적이 아닌 것은?

　가 선회 보조 수단

　나 전진속력의 제어

　사 추진기관의 출력 증가

　아 후진 시 선수의 회두 방지

닻(anchor) : 정박지에 정박할 때, 또는 좁은 수역에서 선박을 회전시키거나 긴급한 감속을 위한 보조 수단으로 사용한다. 추진기관의 보조로 사용되지는 않는다.

22 황천항해를 대비하여 선박에 화물을 실을 때 주의사항으로 옳은 것은?

　가 선체의 중앙부에 화물을 많이 싣는다.

　나 선수부에 화물을 많이 싣는 것이 좋다.

　사 화물의 무게 분포가 한 곳에 집중되지 않도록 한다.

　아 상갑판보다 높은 위치에 최대한으로 많은 화물을 싣는다.

선체 화물의 배치 계획을 세울 때에는 화물의 무게 분포가 전후부 선창에 집중되는 호깅(hogging)이나, 중앙 선창에 집중되는 새깅(sagging) 상태가 되지 않도록 해야 한다. 또, 각 선창별 무게 분포가 심한 불연속선이 되지 않도록 화물을 고르게 배치해야 한다.

23 황천항해 중 선수 2~3점에서 파랑을 받으면서 조타가 가능한 최소의 속력으로 전진하는 방법은?

　가 표주(Lie to)법

　나 순주(Scudding)법

　사 거주(Heave to)법

　아 진파기름(Storm oil)의 살포

가. **표주(Lie to)법** : 기관을 정지하여 선체가 풍하 측으로 표류하도록 하는 방법

나. **순주(Scudding)법** : 풍랑을 선미 사면(quarter)에서 받으며, 파에 쫓기는 자세로 항주하는 방법

아. **진파기름(Storm oil)의 살포** : 고장 선박이 표주할 때에 선체 주위에 점성이 큰 동물성 기름이나 식물성 기름을 살포하여 파랑을 진정시킬 수 있는데, 이러한 목적으로 사용하는 기름이 진파기름

24 정박 중 선내 순찰의 목적이 아닌 것은?

　가 각종 설비의 이상 유무 확인

　나 선내 각부의 화재위험 여부 확인

　사 정박등을 포함한 각종 등화 및 형상물 확인

　아 선내 불빛이 외부로 새어 나가는지의 여부 확인

정박 중 선내 순찰의 목적
- 투묘 위치 확인, 닻줄 또는 계선줄의 상태
- 선내 각부의 화기 및 이상한 냄새
- 도난 방지, 승무원의 재해 방지
- 정박등을 포함한 각종 등화 및 형상물 표시
- 화물의 적·양하, 통풍, 천창, 해치 커버 개폐
- 거주구역, 급식 설비, 위생 설비의 청소 상태
- 기타 각종 설비의 이상 유무 등

25 화재의 종류 중 전기화재가 속하는 것은?

　가 A급 화재　　　나 B급 화재

　사 C급 화재　　　아 D급 화재

화재의 종류
- 일반화재(A급)
- 유류가스화재(B급)
- 전기화재(C급)
- 금속화재(D급)

정답　**21** 사　**22** 사　**23** 사　**24** 아　**25** 사

제3과목　**법규**

01 해사안전법상 피항선의 피항조치를 위한 방법으로 옳은 것을 〈보기〉에서 모두 고른 것은?

> ┤보기├
> ㄱ. 잦은 변침　　ㄴ. 조기 변침
> ㄷ. 소각도 변침　　ㄹ. 대각도 변침

가 ㄱ, ㄴ　　　　**나** ㄱ, ㄹ

사 ㄴ, ㄷ　　　　**아** ㄴ, ㄹ

피항선의 동작 : 미리 동작을 크게 취하여 다른 선박으로부터 충분히 멀리 떨어져야 한다(해상교통안전법 제81조).

02 해사안전법상 안전한 속력을 결정할 때 고려할 사항이 아닌 것은?

가 시계의 상태

나 컴퍼스의 오차

사 해상교통량의 밀도

아 선박의 흘수와 수심과의 관계

안전한 속력을 결정할 때 고려사항(해상교통안전법 제71조 제2항)
• 시계의 상태
• 해상교통량의 밀도
• 선박의 정지거리 · 선회성능, 그 밖의 조종성능
• 야간의 경우에는 항해에 지장을 주는 불빛의 유무
• 바람 · 해면 및 조류의 상태와 항행장애물의 근접상태
• 선박의 흘수와 수심과의 관계
• 레이더의 특성 및 성능
• 해면상태 · 기상, 그 밖의 장애요인이 레이더 탐지에 미치는 영향
• 레이더로 탐지한 선박의 수 · 위치 및 동향

03 해사안전법상 서로 시계 안에서 2척의 동력선이 마주치게 되어 충돌의 위험이 있는 경우에 대한 설명으로 옳지 않은 것은?

가 두 선박은 서로 대등한 피항 의무를 가진다.

나 우현 대 우현으로 지나갈 수 있도록 변침한다.

사 낮에는 2척의 선박의 마스트가 선수에서 선미까지 일직선이 되거나 거의 일직선이 되는 경우이다.

아 밤에는 2개의 마스트등을 일직선 또는 거의 일직선으로 볼 수 있거나 양쪽의 현등을 볼 수 있는 경우이다.

2척의 동력선이 마주치거나 거의 마주치게 되어 충돌의 위험이 있을 때에는 각 동력선은 서로 다른 선박의 좌현 쪽을 지나갈 수 있도록 침로를 우현(右舷) 쪽으로 변경하여야 한다(해상교통안전법 제79조 제1항).

04 해사안전법상 제한된 시계에서 레이더만으로 다른 선박이 있는 것을 탐지한 선박의 피항동작이 침로를 변경하는 것만으로 이루어질 경우 선박이 취하여야 할 행위로 옳은 것은?

가 자기 선박의 양쪽 현의 정횡에 있는 선박의 방향으로 침로를 변경하는 행위

나 자기 선박의 양쪽 현의 정횡 뒤쪽에 있는 선박의 방향으로 침로를 변경하는 행위

사 다른 선박이 자기 선박의 양쪽 현의 정횡 앞쪽에 있는 경우 우현 쪽으로 침로를 변경하는 행위

아 다른 선박이 자기 선박의 양쪽 현의 정횡 앞쪽에 있는 경우 좌현 쪽으로 침로를 변경하는 행위(앞지르기당하고 있는 선박에 대한 경우는 제외한다.)

정답　01 아　02 나　03 나　04 사

피항동작이 침로의 변경을 수반하는 경우에는 될 수 있으면 다음의 동작은 피하여야 한다(해상교통안전법 제84조 제5항).
• 다른 선박이 자기 선박의 양쪽 현의 정횡 앞쪽에 있는 경우 좌현 쪽으로 침로를 변경하는 행위(앞지르기 당하고 있는 선박에 대한 경우는 제외한다)
• 자기 선박의 양쪽 현의 정횡 또는 그곳으로부터 뒤쪽에 있는 선박의 방향으로 침로를 변경하는 행위

05 해사안전법상 선수, 선미에 각각 흰색의 전주등 1개씩과 수직선상에 붉은색 전주등 2개를 표시하고 있는 선박은 어떤 상태의 선박인가?

가 정박선

나 조종불능선

사 얹혀 있는 선박

아 어로에 종사하고 있는 선박

정박선과 얹혀 있는 선박(해상교통안전법 제95조)
① 정박 중인 선박
  ㉠ 앞쪽에 흰색의 전주등 1개 또는 둥근꼴의 형상물 1개
  ㉡ 선미나 그 부근에 ㉠에 따른 등화보다 낮은 위치에 흰색 전주등 1개
② 길이 50m 미만인 선박 : 흰색 전주등 1개
③ 얹혀 있는 선박은 ①이나 ②에 따른 등화를 표시하여야 하며, 이에 덧붙여 수직으로 붉은색의 전주등 2개 또는 수직으로 둥근꼴의 형상물 3개

06 해사안전법상 선미등의 수평사광범위와 등색은?

가 135도, 붉은색

나 225도, 붉은색

사 135도, 흰색

아 225도, 흰색

선미등 : 135도에 걸치는 수평의 호를 비추는 흰색 등으로서 그 불빛이 정선미 방향으로부터 양쪽 현의 67.5도까지 비출 수 있도록 선미 부분 가까이에 설치된 등(해상교통안전법 제86조 제3호)

07 해사안전법상 장음과 단음에 대한 설명으로 옳은 것은?

가 단음 : 1초 정도 계속되는 고동소리

나 단음 : 3초 정도 계속되는 고동소리

사 장음 : 8초 정도 계속되는 고동소리

아 장음 : 10초 정도 계속되는 고동소리

기적의 종류(해상교통안전법 제97조)
• 단음 : 1초 정도 계속되는 고동소리
• 장음 : 4초부터 6초까지의 시간 동안 계속되는 고동소리

08 해사안전법상 선박 'A'가 좁은 수로의 굽은 부분으로 인하여 다른 선박을 볼 수 없는 수역에 접근하면서 장음 1회의 기적을 울렸다면 선박 'A'가 울린 음향신호의 종류는?

가 조종신호

나 경고신호

사 조난신호

아 응답신호

좁은 수로 등의 굽은 부분이나 장애물 때문에 다른 선박을 볼 수 없는 수역에 접근하는 선박은 장음으로 1회의 기적신호를 울려야 한다. 이 경우 그 선박에 접근하고 있는 다른 선박이 굽은 부분의 부근이나 장애물의 뒤쪽에서 그 기적신호를 들은 경우에는 장음 1회의 기적신호를 울려 이에 응답하여야 한다(해상교통안전법 제99조 제6항).

정답 05 사 06 사 07 가 08 나

09 해사안전법상 조종제한선이 아닌 것은?

가 수중작업에 종사하고 있는 선박

나 기뢰제거작업에 종사하고 있는 선박

사 항공기의 발착작업에 종사하고 있는 선박

아 흘수로 인하여 진로이탈 능력이 제약받고 있는 선박

조종제한선(해상교통안전법 제2조 제11호)
- 항로표지, 해저전선 또는 해저파이프라인의 부설·보수·인양 작업
- 준설(浚渫)·측량 또는 수중 작업
- 항행 중 보급, 사람 또는 화물의 이송 작업
- 항공기의 발착(發着)작업
- 기뢰(機雷)제거작업
- 진로에서 벗어날 수 있는 능력에 제한을 많이 받는 예인(曳引)작업

10 ( )에 순서대로 적합한 것은?

> 해사안전법상 밤에는 다른 선박의 ( )만을 볼 수 있고 어느 쪽의 ( )도 볼 수 없는 위치에서 그 선박을 앞지르는 선박은 앞지르기 하는 배로 보고 필요한 조치를 취하여야 한다.

가 선수등, 현등   나 선수등, 전주등

사 선미등, 현등   아 선미등, 전주등

다른 선박의 양쪽 현의 정횡(正橫)으로부터 22.5도를 넘는 뒤쪽[밤에는 다른 선박의 선미등(船尾燈)만을 볼 수 있고 어느 쪽의 현등(舷燈)도 볼 수 없는 위치를 말한다]에서 그 선박을 앞지르기 하는 선박은 앞지르기 하는 배로 보고 필요한 조치를 취하여야 한다(해상교통안전법 제78조 제2항).

11 해사안전법상 길이 12미터 이상인 어선이 투묘하여 정박하였을 때 낮 동안에 표시하는 것은?

가 어선은 특별히 표시할 필요가 없다.

나 잘 보이도록 황색기 1개를 표시하여야 한다.

사 앞쪽에 둥근꼴의 형상물 1개를 표시하여야 한다.

아 둥근꼴의 형상물 2개를 가장 잘 보이는 곳에 표시하여야 한다.

정박 중인 선박은 가장 잘 보이는 곳에 다음의 등화나 형상물을 표시하여야 한다(해상교통안전법 제95조 제1항).
- 앞쪽에 흰색의 전주등 1개 또는 둥근꼴의 형상물 1개
- 선미나 그 부근에 제1호에 따른 등화보다 낮은 위치에 흰색 전주등 1개

12 해사안전법상 2척의 범선이 서로 접근하여 충돌할 위험이 있는 경우 각 범선이 다른 쪽 현에 바람을 받고 있는 경우의 항법으로 옳은 것은?

가 대형 범선이 소형 범선을 피항한다.

나 우현에서 바람을 받는 범선이 피항선이다.

사 좌현에 바람을 받고 있는 범선이 다른 범선의 진로를 피한다.

아 바람이 불어오는 쪽의 범선이 바람이 불어가는 쪽의 범선의 진로를 피한다.

각 범선이 다른 쪽 현(舷)에 바람을 받고 있는 경우에는 좌현(左舷)에 바람을 받고 있는 범선이 다른 범선의 진로를 피하여야 한다. 또한 두 범선이 서로 같은 현에 바람을 받고 있는 경우에는 바람이 불어오는 쪽의 범선이 바람이 불어가는 쪽의 범선의 진로를 피하여야 한다(해상교통안전법 제77조 제1항).

정답 09 아   10 사   11 사   12 사

13 해사안전법상 현등 1쌍 대신에 양색등으로 표시할 수 있는 선박의 길이 기준은?

가 길이 12미터 미만

나 길이 20미터 미만

사 길이 24미터 미만

아 길이 45미터 미만

항행 중인 동력선의 경우 현등 1쌍을 표시해야 하나 길이 20미터 미만의 선박은 이를 대신하여 양색등을 표시할 수 있다(해상교통안전법 제88조 제1항).

14 해사안전법상 등화에 사용되는 등색이 아닌 것은?

가 붉은색　　　나 녹색

사 흰색　　　　아 청색

등화에 이용되는 등색 : 백색, 붉은색, 황색, 녹색 등(해상교통안전법 제86조)

15 해사안전법상 안개 속에서 2분을 넘지 아니하는 간격으로 장음 1회의 기적을 들었을 때 기적을 울린 선박은?

가 조종불능선

나 피예인선을 예인 중인 예인선

사 대수속력이 있는 항행 중인 동력선

아 대수속력이 없는 항행 중인 동력선

항행 중인 동력선은 대수속력이 있는 경우에는 2분을 넘지 아니하는 간격으로 장음을 1회 울려야 한다(해상교통안전법 제100조).

16 선박의 입항 및 출항 등에 관한 법률상 총톤수 5톤인 내항선이 무역항의 수상구역 등을 출입할 때 하는 출입 신고에 대한 내용으로 옳은 것은?

가 내항선이므로 출입 신고를 하지 않아도 된다.

나 출항 일시가 이미 정하여진 경우에도 입항 신고와 출항 신고는 동시에 할 수 없다.

사 무역항의 수상구역 등의 안으로 입항하는 경우 통상적으로 입항하기 전에 입항 신고를 하여야 한다.

아 무역항의 수상구역 등의 밖으로 출항하는 경우 통상적으로 출항 직후 즉시 출항 신고를 하여야 한다.

내항선(국내에서만 운항하는 선박을 말한다)이 무역항의 수상구역 등의 안으로 입항하는 경우에는 입항 전에, 무역항의 수상구역 등의 밖으로 출항하려는 경우에는 출항 전에 해양수산부령으로 정하는 바에 따라 내항선 출입 신고서를 해양수산부장관에게 제출(시행령 제2조 제1호)

17 무역항의 수상구역 등에서 선박의 입항·출항에 대한 지원과 선박운항의 안전 및 질서 유지에 필요한 사항을 규정할 목적으로 만들어진 법은?

가 선박안전법

나 해사안전법

사 선박교통관제에 관한 법률

아 선박의 입항 및 출항 등에 관한 법률

선박의 입항 및 출항 등에 관한 법률은 무역항의 수상구역 등에서 선박의 입항·출항에 대한 지원과 선박운항의 안전 및 질서 유지에 필요한 사항을 규정함을 목적으로 한다(법 제1조).

정답 13 나　14 아　15 사　16 사　17 아

18 선박의 입항 및 출항 등에 관한 법률상 무역항의 수상구역 등에서 정박하거나 정류하지 못하도록 하는 장소가 아닌 것은?

가 하천

나 잔교 부근 수역

사 좁은 수로

아 수심이 깊은 곳

정박·정류 등의 제한(법 제6조 제1항)
- 부두·잔교(棧橋)·안벽(岸壁)·계선부표·돌핀 및 선거(船渠)의 부근 수역
- 하천, 운하 및 그 밖의 좁은 수로와 계류장(繫留場) 입구의 부근 수역

19 선박의 입항 및 출항 등에 관한 법률상 무역항의 수상구역 등에서 입항하는 선박이 방파제 입구에서 출항하는 선박과 마주칠 우려가 있는 경우의 항법에 대한 설명으로 옳은 것은?

가 출항선은 입항선이 방파제를 통과한 후 통과한다.

나 입항선은 방파제 밖에서 출항선의 진로를 피한다.

사 입항선은 방파제 사이의 가운데 부분으로 먼저 통과한다.

아 출항선은 방파제 입구를 왼쪽으로 접근하여 통과한다.

무역항의 수상구역 등에 입항하는 선박이 방파제 입구 등에서 출항하는 선박과 마주칠 우려가 있는 경우에는 방파제 밖에서 출항하는 선박의 진로를 피하여야 한다(법 제13조).

20 ( )에 순서대로 적합한 것은?

> 선박의 입항 및 출항 등에 관한 법률상 ( )은 ( )으로부터 최고속력의 지정을 요청받은 경우 특별한 사유가 없으면 무역항의 수상구역 등에서 선박 항행 최고속력을 지정·고시하여야 한다.

가 관리청, 해양경찰청장

나 지정청, 해양경찰청장

사 관리청, 지방해양수산청장

아 지정청, 지방해양수산청장

관리청은 해양경찰청장으로부터 최고속력의 지정을 요청받은 경우 특별한 사유가 없으면 무역항의 수상구역 등에서 선박 항행 최고속력을 지정·고시하여야 한다. 이 경우 선박은 고시된 항행 최고속력의 범위에서 항행하여야 한다(법 제17조 제2·3항).

21 선박의 입항 및 출항 등에 관한 법률상 무역항의 수상구역 등에서 항행 중인 동력선이 서로 상대의 시계 안에 있는 경우 침로를 우현으로 변경하는 선박이 울려야 하는 음향신호는?

가 단음 1회

나 단음 2회

사 단음 3회

아 장음 1회

항행 중인 동력선이 침로를 오른쪽으로 변경하고 있는 경우 단음 1회의 음향신호를 울려야 한다.

정답 18 아 19 나 20 가 21 가

22 선박의 입항 및 출항 등에 관한 법률상 항로의 정의는?

가 선박이 가장 빨리 갈 수 있는 길을 말한다.

나 선박이 일시적으로 이용하는 뱃길을 말한다.

사 선박이 가장 안전하게 갈 수 있는 길을 말한다.

아 선박의 출입 통로로 이용하기 위하여 지정·고시한 수로를 말한다.

항로 : 선박의 출입 통로로 이용하기 위하여 법 제10조에 따라 지정·고시한 수로(법 제2조)

23 해양환경관리법상 선박에서 발생하는 폐기물 배출에 대한 설명으로 옳지 않은 것은?

가 폐사된 어획물은 해양에 배출이 가능하다.

나 플라스틱 재질의 폐기물은 해양에 배출이 금지된다.

사 해양환경에 유해하지 않은 화물잔류물은 해양에 배출이 금지된다.

아 분쇄 또는 연마하지 않은 음식찌꺼기는 영해기선으로부터 12해리 이상에서 배출이 가능하다.

해양환경에 유해하지 않은 화물잔류물(목재, 곡물 등의 화물을 양하고 남은 최소한의 잔류물)은 배출할 수 있다.

24 해양환경관리법상 유조선에서 화물창 안의 화물잔류물 또는 화물창 세정수를 한 곳에 모으기 위한 탱크는?

가 화물탱크(Cargo tank)

나 혼합물탱크(Slop tank)

사 평형수탱크(Ballast tank)

아 분리평형수탱크(Segregated ballast tank)

혼합물탱크(slop tank) : 다음의 어느 하나에 해당하는 것을 한 곳에 모으기 위한 탱크를 말한다(「선박에서의 오염방지에 관한 규칙」 제2조).

• 유조선 또는 유해액체물질 산적운반선의 화물창 안의 화물잔류물 또는 화물창 세정수

• 화물펌프실 바닥에 고인 기름, 유해액체물질 또는 포장유해물질의 혼합물

25 해양환경관리법상 방제의무자의 방제조치가 아닌 것은?

가 확산방지 및 제거

나 오염물질의 배출방지

사 오염물질의 수거 및 처리

아 오염물질을 배출한 원인 조사

방제의무자는 오염물질의 배출방지, 배출된 오염물질의 확산방지 및 제거, 배출된 오염물질의 수거 및 처리 등의 방제조치를 하여야 한다(법 제64조 제1항).

제4과목 기관

01 과급기에 대한 설명으로 옳은 것은?

가 기관의 운동 부분에 마찰을 줄이기 위해 윤활유를 공급하는 장치이다.

나 연소가스가 지나가는 고온부를 냉각시키는 장치이다.

사 기관의 회전수를 일정하게 유지시키기 위해 연료분사량을 자동으로 조절하는 장치이다.

아 기관의 연소에 필요한 공기를 대기압 이상으로 압축하여 밀도가 높은 공기를 실린더 내로 공급하는 장치이다.

과급기(Turbocharger) : 급기를 압축하는 장치로서 실린더에서 나오는 배기가스로 가스 터빈을 돌리고, 가스 터빈이 돌면서 같은 축에 연결된 송풍기를 회전시켜 강제로 새 공기를 실린더 안에 불어넣는 장치이다.

02 4행정 사이클 6실린더 기관에서는 운전 중 크랭크 각 몇 도마다 폭발이 일어나는가?

가 $60°$　　　　나 $90°$

사 $120°$　　　　아 $180°$

4기통 엔진은 1사이클 동안 2번 회전하는데 총 720도를 돌면서 4개의 실린더가 1번씩 폭발하게 된다. 즉, 720 / 4 = 180이므로 180도마다 1번씩 폭발하는 셈이다. 이는 크랭크축이 180도 회전할 때마다 4개의 실린더 중 1개는 폭발행정을 일으킨다는 의미이다.
6기통의 경우에는 720 / 6 = 120으로 120도마다 폭발행정이 일어나게 되고 180도마다 일어나는 4기통에 비해 원활하게 회전하게 되며 받는 관성력이 줄어들게 되어 진동도 줄어드는 효과를 보게 된다.

03 소형 디젤 기관에서 실린더 라이너의 심한 마멸에 의한 영향이 아닌 것은?

가 압축 불량

나 불완전 연소

사 착화 시기가 빨라짐

아 연소가스가 크랭크실로 누설

실린더 마모의 영향 : 출력 저하, 압축압력의 저하, 연료의 불완전 연소, 연료 소비량 증가, 윤활유 소비량 증가, 기관의 시동성 저하, 가스가 크랭크실로 누설 등이다.

04 디젤 기관의 운전 중 윤활유 계통에서 주의해서 관찰해야 하는 것은?

가 기관의 입구 온도와 기관의 입구 압력

나 기관의 출구 온도와 기관의 출구 압력

사 기관의 입구 온도와 기관의 출구 압력

아 기관의 출구 온도와 기관의 입구 압력

디젤 기관의 운전 중에는 윤활유 계통에서 기관의 입구 온도와 입구 압력을 주의해서 관찰해야 한다.

05 디젤 기관에서 실린더 라이너에 윤활유를 공급하는 주된 이유는?

가 불완전 연소를 방지하기 위해

나 연소가스의 누설을 방지하기 위해

사 피스톤의 균열 발생을 방지하기 위해

아 실린더 라이너의 마멸을 방지하기 위해

실린더 라이너 윤활유의 역할 : 마멸 방지

정답　01 아　02 사　03 사　04 가　05 아

06 4행정 사이클 기관의 작동 순서로 옳은 것은?

가 흡입 → 압축 → 작동 → 배기

나 흡입 → 작동 → 압축 → 배기

사 흡입 → 배기 → 압축 → 작동

아 흡입 → 압축 → 배기 → 작동

4행정 사이클 기관은 '흡입 → 압축 → 작동 → 배기'의 순서로 작동된다.

07 디젤 기관에서 피스톤 링의 역할에 대한 설명으로 옳지 않은 것은?

가 피스톤과 연접봉을 서로 연결시킨다.

나 피스톤과 실린더 라이너 사이의 기밀을 유지한다.

사 피스톤의 열을 실린더 벽으로 전달시켜 피스톤을 냉각시킨다.

아 피스톤과 실린더 라이너 사이에 유막을 형성하여 마찰을 감소시킨다.

피스톤 링의 3대 작용
- **기밀 작용** : 실린더와 피스톤 사이의 가스 누설을 방지한다.
- **열 전달 작용** : 피스톤이 받은 열을 실린더로 전달한다.
- **오일 제어 작용** : 실린더 벽면에 유막 형성 및 여분의 오일을 제어한다.

08 운전 중인 디젤 기관의 연료유 사용량을 나타내는 계기는?

가 회전계 나 온도계

사 압력계 아 유량계

디젤 기관의 연료유 사용량을 나타내는 계기는 유량계이다.

09 디젤 기관에서 "실린더 헤드는 다른 말로 (   ) (이)라고도 한다."에서 (   )에 알맞은 것은?

가 피스톤

나 연접봉

사 실린더 커버

아 실린더 블록

실린더 헤드(cylinder head, 실린더 커버) : 실린더 헤드는 실린더 라이너, 피스톤 헤드와 함께 연소실을 형성하며 각종 밸브가 설치되어 있다.

10 실린더 부피가 1,200cm^{3}이고 압축 부피가 100 cm^{3}인 내연기관의 압축비는 얼마인가?

가 11 나 12

사 13 아 14

압축비 = 실린더 부피 / 압축 부피 = 1,200 / 100 = 12

11 내연기관의 연료유에 대한 설명으로 옳지 않은 것은?

가 발열량이 클수록 좋다.

나 점도가 높을수록 좋다.

사 유황분이 적을수록 좋다.

아 물이 적게 함유되어 있을수록 좋다.

정답 06 가 07 가 08 아 09 사 10 나 11 나

내연기관 연료유의 구비조건
- 인화점은 높고 발화점은 낮으며, 착화성(ignition quality)이 좋아야 한다.
- 온도에 따른 점도의 변화가 작고 항상 적당한 점도가 있어야 한다.
- 연소실에서 자연 발화하기 때문에 미립화(atomization)가 좋아야 한다.
- 불순물이나 유황 성분이 적고, 연소 후 카본 생성이 적어야 한다.
- 발열량과 내폭성이 커야 한다.

12 추진기의 회전속도가 어느 한도를 넘으면 추진기 배면의 압력이 낮아지며 물의 흐름이 표면으로부터 떨어져 기포가 발생하여 추진기 표면을 두드리는 현상은?

가 슬립현상 나 공동현상
사 명음현상 아 수격현상

공동현상(cavtation) : 프로펠러의 회전속도가 어느 한도를 넘게 되면 프로펠러 배면의 압력이 낮아지며, 물의 흐름이 표면으로부터 떨어져서 기포상태가 발생한다. 프로펠러 후면 부근에 가서 압력이 회복됨에 따라 이 기포가 순식간에 소멸되면서 높은 충격 압력을 일으켜 프로펠러 표면을 두드린다.

13 선박이 항해 중에 받는 마찰저항과 관련이 없는 것은?

가 선박의 속도
나 선체 표면의 거칠기
사 선체와 물의 접촉 면적
아 사용되고 있는 연료유의 종류

마찰저항 : 선체 표면이 물과 접하게 되어 선체의 진행을 방해하여 생기는 수면하의 저항으로, 저속선에서 가장 큰 비중을 차지한다. 선속, 선체의 침하 면적 및 선저 오손, 선체와 물의 접촉 면적 등이 크면 저항이 증가한다.

14 선박용 추진기관의 동력전달계통에 포함되지 않는 것은?

가 감속기 나 추진기
사 과급기 아 추진기축

과급기는 디젤 기관의 부속장치로 추진기관의 동력전달계통에 속하지 않는다. 과급기는 급기를 압축하는 장치로서 실린더에서 나오는 배기가스로 가스 터빈을 돌리고, 가스 터빈이 돌면서 같은 축에 연결된 송풍기를 회전시켜 강제로 새 공기를 실린더 안에 불어넣는 장치이다.

15 선박용 납축전지의 충전법이 아닌 것은?

가 간헐충전 나 균등충전
사 급속충전 아 부동충전

선박용 납축전지의 충전법으로는 균등충전, 급속충전, 부동충전 등이 있다.

16 전동기의 기동반에 설치되는 표시등이 아닌 것은?

가 전원등 나 운전등
사 경보등 아 병렬등

전동기의 기동반에 설치되는 표시등에는 운전등, 전원등, 경보등이 있다.

정답 12 나 13 아 14 사 15 가 16 아

17 낮은 곳에 있는 액체를 흡입하여 압력을 가한 후 높은 곳으로 이송하는 장치는?

가 발전기 나 보일러

사 조수기 아 펌프

가. **발전기** : 선박에 필요한 전기를 생산하는 장치이다.

나. **보일러** : 보일러는 연료를 연소할 때 발생하는 열을 이용하여 물을 가압하여 대기압 이상의 증기를 발생시키는 장치이다.

사. **조수기** : 승조원의 일용 식수는 물론, 각 장비의 냉각수, 보일러 급수 등에 필요한 청수를 생산하는 장치이다. 조수기의 형식에는 열회수식과 역삼투식이 있다.

18 기관실의 연료유 펌프로 가장 적합한 것은?

가 기어 펌프

나 왕복 펌프

사 축류 펌프

아 원심 펌프

기어 펌프는 구조가 간단하고, 왕복 펌프에 비해 고속으로 회전할 수 있어서 소형으로도 송출량을 높일 수 있고 경량이며, 흡입 양정이 크고 점도가 높은 유체를 이송하는 데 적합하다. 따라서 연료유 펌프로 적합하다.

19 해수 펌프에 설치되지 않는 것은?

가 흡입관 나 압력계

사 감속기 아 축봉장치

해수 펌프는 기관을 냉각시키기 위하여 바닷물을 공급하는 펌프로 감속기는 설치되지 않는다.

20 전동기의 운전 중 주의사항으로 옳지 않은 것은?

가 발열되는 곳이 있는지를 점검한다.

나 이상한 소리, 냄새 등이 발생하는지를 점검한다.

사 전류계의 지시값에 주의한다.

아 절연저항을 자주 측정한다.

전동기 운전 시 주의사항 : 전원과 전동기의 결선 확인, 이상한 소리·진동, 냄새·각부의 발열 등의 확인, 조임 볼트와 전류계의 지시치 확인

21 운전 중인 디젤 주기관에서 윤활유 펌프의 압력에 대한 설명으로 옳은 것은?

가 기관의 속도가 증가하면 압력을 더 높여 준다.

나 배기온도가 올라가면 압력을 더 높여 준다.

사 부하에 관계없이 압력을 일정하게 유지한다.

아 운전마력이 커지면 압력을 더 낮춘다.

윤활유 펌프의 압력은 부하와 상관없이 일정하게 유지해야 한다.

22 디젤 기관에서 흡·배기 밸브의 틈새를 조정할 경우 주의사항으로 옳은 것은?

가 피스톤이 압축행정의 상사점에 있을 때 조정한다.

나 틈새는 규정치보다 약간 크게 조정한다.

사 틈새는 규정치보다 약간 작게 조정한다.

아 피스톤이 배기행정의 상사점에 있을 때 조정한다.

정답 17 아 18 가 19 사 20 아 21 사 22 가

흡·배기 밸브가 닫힌 상태인 피스톤이 상사점에 있을 때 틈새를 조정해야 한다.

23 운전 중인 디젤 기관에서 진동이 심한 경우의 원인으로 옳은 것은?

가 디젤 노킹이 발생할 때

나 정격부하로 운전 중일 때

사 배기밸브의 틈새가 작아졌을 때

아 윤활유의 압력이 규정치보다 높아졌을 때

기관의 진동이 심한 경우
- 기관이 노킹을 일으킬 때와 각 실린더의 최고압력이 고르지 않을 때
- 위험 회전수로 운전하고 있을 때와 기관대 설치 볼트가 이완 또는 절손되었을 때
- 크랭크 핀 베어링, 메인 베어링, 스러스트 베어링 등의 틈새가 너무 클 때 등

24 연료유의 비중이란?

가 부피가 같은 연료유와 물의 무게 비이다.

나 압력이 같은 연료유와 물의 무게 비이다.

사 점도가 같은 연료유와 물의 무게 비이다.

아 인화점이 같은 연료유와 물의 무게 비이다.

연료유의 비중은 부피가 같은 기름의 무게와 물의 무게의 비를 말한다.

25 연료유의 끈적끈적한 성질의 정도를 나타내는 용어는?

가 점도   나 비중

사 밀도   아 융점

나. **비중** : 부피가 같은 기름의 무게와 물의 무게의 비를 말한다.

사. **밀도** : 일정한 부피에 해당하는 물질의 질량을 말한다.

아. **융점** : 주어진 압력에서 고체가 융해하기 시작하는 온도를 말한다.

정답 **23** 가 **24** 가 **25** 가

2022년 제4회 최신 기출문제

제1과목　항해

01 자기 컴퍼스의 카드 자체가 15도 정도의 경사에도 자유로이 경사할 수 있게 카드의 중심이 되며, 부실의 밑부분에 원뿔형으로 움푹 파인 부분은?

　가 캡
　나 피벗
　사 기선
　아 짐벌즈

나. **피벗** : 자기 컴퍼스의 캡에 꽉 끼여 카드를 지지하여 카드가 자유롭게 회전하게 하는 장치이다.

사. **기선** : 볼 내벽의 카드와 동일한 연안에 4개의 기선이 각각 선수/선미/좌우의 정횡 방향을 표시한다. 이는 침로를 읽기 위해 사용하는 것이다.

아. **짐벌즈** : 목재 또는 비자성재로 만든 원통형의 지지대인 비너클(Binnacle)이 기울어져도 볼을 항상 수평으로 유지시켜 주는 장치이다.

02 경사 제진식 자이로컴퍼스에만 있는 오차는?

　가 위도오차
　나 속도오차
　사 동요오차
　아 가속도오차

제진 세차 운동과 지북 세차 운동이 동시에 일어나는 경사 제진식 제품에만 있는 오차로, 적도 지방에서는 오차가 발생하지 않으나 그 밖의 지방에서는 발생한다.

03 선박에서 속력과 항주거리를 측정하는 계기는?

　가 나침의
　나 선속계
　사 측심기
　아 핸드 레드

선속계는 선박의 속력과 항주(항행)거리 등을 측정하는 계기이다.

04 기계식 자이로컴퍼스를 사용하고자 할 때에는 몇 시간 전에 기동하여야 하는가?

　가 사용 직전
　나 약 30분 전
　사 약 1시간 전
　아 약 4시간 전

기계식 자이로컴퍼스를 사용하고자 할 때 약 4시간 전에는 기동을 해야 한다.

05 선박자동식별장치(AIS)에서 확인할 수 없는 정보는?

　가 선명
　나 선박의 흘수
　사 선원의 국적
　아 선박의 목적지

이 시스템은 선박과 선박 간 그리고 선박과 선박교통관제(VTS)센터 사이에 선박의 선명, 위치, 침로, 속력 등의 선박 관련 정보와 항해 안전 정보 등을 자동으로 교환함으로써 선박 상호 간의 충돌을 예방하고, 선박의 교통량이 많은 해역에서는 선박교통관리에 효과적으로 이용될 수 있다. 이의 정보에는 정적 정보(IMO 식별번호, 호출부호, 선명, 선박의 길이 및 폭, 선박의 종류, 적재 화물, 안테나 위치 등), 동적 정보(침로, 선수 방위, 대지 속력 등), 항해 관련 정보(흘수, 선박의 목적지, 도착 예정 시간, 항해계획, 충돌 예방에 필요한 단문 통신 등)가 있다.

정답 01 가　02 가　03 나　04 아　05 사

06 지구 자기장의 복각이 0°가 되는 지점을 연결한 선은?

가 지자극

나 자기적도

사 지방자기

아 북회귀선

가. **지자극** : 지구 내부에 막대자석을 놓았다고 가정할 때, 이 자석의 축을 연장한 방향이 지구 표면과 만나는 점으로, 이 축은 지구의 회전축에서 11도가량 기울어져 있다.

아. **북회귀선** : 태양이 머리 위 천정을 지나는 가장 북쪽 지점을 잇는 위선이다. 매년 북반구의 여름 하지 때 태양이 머리 위를 지나며, 하지선(夏至線)이라고도 한다.

07 선박 주위에 있는 높은 건물로 인해 레이더 화면에 나타나는 거짓상은?

가 맹목구간에 의한 거짓상

나 간접 반사에 의한 거짓상

사 다중 반사에 의한 거짓상

아 거울면 반사에 의한 거짓상

나. **간접 반사에 의한 거짓상** : 마스트나 연돌 등 선체의 구조물에 반사되어 생기는 거짓상으로 맹목구간이나 차영구간에서 나타난다.

사. **다중 반사에 의한 거짓상** : 현측에 대형선이나 안벽 등이 있을 때 전파가 그 사이를 여러 번 반사되어 거짓상이 등간격으로 점점 약하게 나타나는 것으로, STC를 강하게 하거나 감도를 낮추면 소멸한다.

아. **거울면 반사에 의한 거짓상** : 반사성능이 좋은 안벽, 부두, 방파제 등에 의해서 대칭으로 생기는 허상이다.

08 항해 중에 산봉우리, 섬 등 해도 상에 기재되어 있는 2개 이상의 고정된 뚜렷한 물표를 선정하여 거의 동시에 각각의 방위를 측정하여 선위를 구하는 방법은?

가 수평협각법

나 교차방위법

사 추정위치법

아 고도측정법

교차방위법은 2개 이상의 뚜렷한 물표를 선정하여 거의 동시에 각각의 방위를 재어 해도상에 방위선을 긋고 이들의 교점을 선위로 측정하는 방법이다.

09 실제의 태양을 기준으로 측정하는 시간은?

가 평시

나 항성시

사 태음시

아 시태양시

가. **평시** : 일상에서 사용하는 시간을 말한다.

나. **항성시** : 천체를 측정하기 위한 시각계(時刻系)로서 기준 천체를 춘분점(春分點)으로 한 것이다. 즉, 춘분점을 하나의 천체로 보았을 때의 시각을 말한다.

사. **태음시** : 달 기준 천체로 정한 시간을 말한다.

10 작동 중인 레이더 화면에서 'A' 점은?

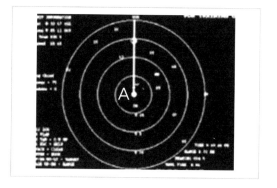

가 섬

나 자기 선박

사 육지

아 다른 선박

정답 06 나 07 아 08 나 09 아 10 나

주어진 그림의 레이더는 상대운동 표시방식의 레이더로 자선(본선)의 위치가 PPI(Plan Position Indicator)상의 어느 한 점(주로 PPI의 중심)에 고정되어 있기 때문에, 모든 물체는 자선의 움직임에 대하여 상대적인 움직임으로 표시된다.

11 다음 중 해도에 표시되는 높이나 깊이의 기준면이 다른 것은?

가 수심
나 등대
사 세암
아 암암

해도상 수심의 기준면은 나라마다 다르며, 우리나라는 기본수준면을 수심의 기준으로 한다. 조고, 조승, 간출암의 높이, 평균 해면의 높이 등도 기본수준면을 기준으로 표시한다. 평균 해면은 조석을 평균한 해면으로 육상의 물표나 등대 등의 높이는 이를 기준으로 한다.

12 해도상에 표시된 해저 저질의 기호에 대한 의미로 옳지 않은 것은?

가 S – 자갈
나 M – 뻘
사 R – 암반
아 Co – 산호

가. S – 모래(Sand), G – 자갈(Gravel)

13 해도에 사용되는 특수한 기호와 약어는?

가 해도도식
나 해도 제목
사 수로도지
아 해도 목록

14 다음 중 항행통보가 제공하지 않는 정보는?

가 수심의 변화
나 조시 및 조고
사 위험물의 위치
아 항로표지의 신설 및 폐지

항행통보 : 위험물의 발견, 수심의 변화, 항로표지의 신설·폐지 등을 항해자에게 통보해 주는 것이다.

15 등부표에 대한 설명으로 옳지 않은 것은?

가 강한 파랑이나 조류에 의해 유실되는 경우도 있다.
나 항로의 입구, 폭 및 변침점 등을 표시하기 위해 설치한다.
사 해저의 일정한 지점에 체인으로 연결되어 수면에 떠 있는 구조물이다.
아 조류표에 기재되어 있으므로, 선박의 정확한 속력을 구하는 데 사용하면 좋다.

등부표 : 암초나 사주가 있는 위험한 장소·항로의 입구·폭·변침점 등을 표시하기 위해 설치하며, 해저의 일정한 지점에 떠 있는 구조물로 등대와 함께 가장 널리 쓰인다. 따라서 선박의 정확한 속력을 구하는 데 사용하는 것이 아니다.

정답 11 나 12 가 13 가 14 나 15 아

16 전자력에 의해서 발음판을 진동시켜 소리를 내게 하는 음파(음향)표지는?

가 무종　　　　나 에어 사이렌

사 다이어폰　　　아 다이어프램 폰

가. **무종**(Fog Bell) : 가스의 압력 또는 기계장치로 타종하는 것

나. **에어 사이렌** : 공기압축기로 만든 공기에 의하여 사이렌을 울리는 장치

사. **다이어폰** : 압축공기에 의해서 발음체인 피스톤을 왕복시켜서 소리를 내는 장치

17 등대의 등색으로 사용하지 않는 색은?

가 백색　　　　나 적색

사 녹색　　　　아 보라색

등대의 등색 : 백색, 적색, 황색, 녹색 등

18 항만 내의 좁은 구역을 상세하게 표시하는 대축척 해도는?

가 총도　　　　나 항양도

사 항해도　　　아 항박도

가. **총도** : 세계전도처럼 극히 넓은 지역을 나타낸 것으로, 항해계획 시 또는 긴 항해 시 사용할 수 있는 해도

나. **항양도** : 원거리 항해에 쓰이며, 해안에서 떨어진 바다의 수심, 주요 등대, 원거리 육상 물표 등을 수록

사. **항해도** : 대개 육지를 바라보면서 항행할 때 사용하는 해도로서, 선위를 직접 해도상에서 구할 수 있도록 육상의 물표, 등대, 등표, 수심 등이 비교적 상세히 수록

19 종이해도에서 찾을 수 없는 정보는?

가 나침도　　　　나 간행연월일

사 일출 시간　　　아 해도의 축척

종이해도에는 간행연월일, 해도의 표제기사, 나침도, 해도상 수심의 기준 등이 표시되며, 일출 시간은 표시되지 않는다.

20 해저의 지형이나 기복상태를 판단할 수 있도록 수심이 동일한 지점을 가는 실선으로 연결하여 나타낸 것은?

가 등고선　　　　나 등압선

사 등심선　　　　아 등온선

등심선은 해저의 기복상태를 알기 위해 같은 수심인 장소를 연결한 선으로 통상 2m, 5m, 20m, 200m의 선이 그려져 있다.

21 다음 중 제한된 시계가 아닌 것은?

가 폭설이 내릴 때

나 폭우가 쏟아질 때

사 교통의 밀도가 높을 때

아 안개로 다른 선박이 보이지 않을 때

제한된 시계 : 안개·연기·눈·비·모래바람 및 그 밖에 이와 비슷한 사유로 시계가 제한되어 있는 상태

22 기압 1,013밀리바는 몇 헥토파스칼인가?

가 1헥토파스칼　　　나 76헥토파스칼

사 760헥토파스칼　　아 1,013헥토파스칼

정답 16 아　17 아　18 아　19 사　20 사　21 사　22 아

기압의 단위인 헥토파스칼(hPa)과 밀리바(mb)는 같으므로 1,013밀리바는 1,013헥토파스칼이다.

23 시베리아 고기압과 같이 겨울철에 발달하는 한랭 고기압은?

가 온난 고기압

나 지형성 고기압

사 이동성 고기압

아 대륙성 고기압

가. **온난 고기압** : 중심부의 온도가 둘레보다 높은 고기압으로, 대기 대순환에서 하강기류가 있는 곳에 생기며 상층부까지 고압대가 형성되는 키가 큰 고기압으로, 북태평양 고기압이 여기에 해당된다.

나. **지형성 고기압** : 밤에 육지의 복사냉각으로 형성되는 소규모의 고기압으로, 야간에 육풍의 원인이 된다.

사. **이동성 고기압** : 중심 위치가 계속 움직이는 고기압을 이동성 고기압이라고 하며, 양쯔강 고기압이 대표적이다.

아. **대륙성 고기압** : 겨울철에 대륙에서 발달하는 고기압으로 시베리아 고기압이 대표적이다.

24 선박의 항로지정제도(Ships' routeing)에 관한 설명으로 옳지 않은 것은?

가 국제해사기구(IMO)에서 지정할 수 있다.

나 특정 화물을 운송하는 선박에 대해서도 사용을 권고할 수 있다.

사 모든 선박 또는 일부 범위의 선박에 대하여 강제적으로 적용할 수 있다.

아 국제해사기구에서 정한 항로지정방식은 해도에 표시되지 않을 수도 있다.

국제해사기구에서 정한 항로지정방식은 해도에 표시된다.

25 다음에서 항해계획을 수립하는 순서를 옳게 나타낸 것은?

① 가장 적합한 항로를 선정하고, 소축척 종이해도에 선정한 항로를 기입한다.
② 수립한 계획이 적절한가를 검토한다.
③ 상세한 항해 일정을 구하여 출·입항 시각을 결정한다.
④ 대축척 종이해도에 항로를 기입한다.

가 ① → ② → ③ → ④

나 ① → ③ → ④ → ②

사 ① → ② → ④ → ③

아 ① → ④ → ③ → ②

항해계획 수립의 순서

㉠ 각종 수로도지에 의한 항행 해역의 조사 및 연구와 자신의 경험을 바탕으로 적합한 항로를 선정한다.

㉡ 소축척 해도상에 선정한 항로를 기입하고 일단 대략적인 항정을 산출한다.

㉢ 사용 속력을 결정하고 실속력을 추정한다.

㉣ 대략의 항정과 추정한 실속력으로 항행할 시간을 구하여 출·입항 시각 및 항로상의 중요한 지점을 통과하는 시각 등을 추정한다.

㉤ 항해를 위해 수립한 계획이 적절한가를 면밀히 검토한다.

㉥ 대축척 해도에 출·입항 항로, 연안항로를 그리고, 다시 정확한 항정을 구하여 예정 항행 계획표를 작성한다.

㉦ 항행 일정을 구하여 출·입항 시각을 결정한다.

정답 23 아 24 아 25 사

제2과목 운용

01 갑판 개구 중에서 화물창에 화물을 적재 또는 양하하기 위한 개구는?

가 탈출구
나 해치(Hatch)
사 승강구
아 맨홀(Manhole)

해치(Hatch)를 통해 화물창에 화물을 적재, 양하한다.

02 선체의 명칭을 나타낸 아래 그림에서 ㉠은?

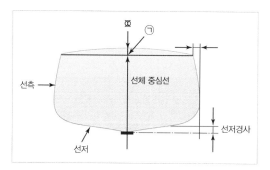

가 용골
나 빌지
사 캠버
아 텀블 홈

현호가 갑판 위의 길이 방향으로 가면서 선체 중앙부를 향해 잘 빠져나가도록 한 것이라면, 캠버(camber)는 갑판상의 물이 선체 폭 방향으로 걸쳐 양쪽 선측을 향해 잘 흘러가도록 선박의 중앙부를 높게 한 것을 말한다.

03 트림의 종류가 아닌 것은?

가 등흘수
나 중앙트림
사 선수트림
아 선미트림

트림은 선미흘수와 선수흘수의 차이로, 선수트림의 선박에서는 물의 저항 작용점이 배의 무게중심보다 전방에 있으므로 선회 우력이 커져서 선회권이 작아지고, 반대로 선미트림은 선회권이 커진다. 그리고 선수흘수와 선미흘수가 같은 경우를 등흘수라 한다.

04 ( )에 적합한 것은?

> 공선항해 시 화물선에서 적절한 흘수를 확보하기 위하여 일반적으로 ( )을/를 싣는다.

가 목재
나 컨테이너
사 석탄
아 선박평형수

선박평형수(ballast) : 공선항해 시 적절한 흘수를 확보할 목적으로 선박에 채우는 물로, 선저에 선박평형수를 싣는 것은 중심을 낮추어 복원력을 증대시킬 수 있지만, 중심 저하에 따른 복원력 증대와 건현 감소에 따른 역효과가 동시에 일어나므로 반드시 좋은 것은 아니다.

05 타주를 가진 선박에서 계획만재흘수선상의 선수재 전면으로부터 타주 후면까지의 수평거리는?

가 전장
나 등록장
사 수선장
아 수선간장

가. **전장** : 선수의 최전단으로부터 선미의 최후단까지의 수평거리. 선박의 저항, 추진력 계산에 사용
나. **등록장** : 상갑판 보(beam)상의 선수재 전면으로부터 선미재 후면까지의 수평거리
사. **수선장** : 각 흘수선상의 물에 잠긴 선체의 선수재 전면에서 선미 후단까지의 수평거리

정답 01 나 02 사 03 나 04 아 05 아

06 여객이나 화물을 운송하기 위하여 쓰이는 용적을 나타내는 톤수는?

가 순톤수 나 배수톤수
사 총톤수 아 재화중량톤수

나. **배수톤수** : 선체의 수면의 용적(배수 용적)에 상당하는 해수의 중량
사. **총톤수** : 국제 총톤수는 전 용적의 크기에 따라 계수를 곱해서 구하며, 이전의 총톤수와 차이를 없애기 위하여 국제 총톤수에 일정계수를 곱하여 국내 총톤수로 사용하고 있다.
아. **재화중량톤수** : 선박의 안전 항해를 확보할 수 있는 한도 내에서 여객 및 화물 등의 최대 적재량을 나타내는 톤수

07 희석제(Thinner)에 대한 설명으로 옳지 않은 것은?

가 인화성이 강하므로 화기에 유의하여야 한다.
나 도료에 첨가하는 양은 최대 10% 이하가 좋다.
사 도료의 성분을 균질하게 하여 도막을 매끄럽게 한다.
아 도료에 많은 양을 사용하면 도료의 점도가 높아진다.

도료의 점도를 조절하기 위해 첨가하는 희석제는 많이 넣으면 도료의 점도를 낮춘다.

08 체온을 유지할 수 있도록 열전도율이 낮은 방수 물질로 만들어진 포대기 또는 옷을 의미하는 구명설비는?

가 방수복 나 구명조끼
사 보온복 아 구명부환

보온복은 물이 스며들지 않아 수온이 낮은 물속에서 체온을 보호할 수 있는 옷으로 방수복과 달리 구명동의의 기능이 없다.

09 선박에서 선장이 직접 조타를 하고 있을 때, "선수 우현 쪽으로 사람이 떨어졌다."라는 외침을 들은 경우 선장이 즉시 취하여야 할 조치로 옳은 것은?

가 타 중앙
나 우현 전타
사 좌현 전타
아 후진 기관 사용

우현 쪽으로 사람이 떨어졌을 경우에는 선장은 즉시 우현 전타하여야 한다.

10 선박이 침몰하여 수면 아래 4미터 정도에 이르면 수압에 의하여 선박에서 자동 이탈되어 조난자가 탈 수 있도록 압축가스에 의해 펼쳐지는 구명설비는?

가 구명정 나 구명뗏목
사 구조정 아 구명부기

가. **구명정** : 선박 조난 시 인명구조를 목적으로 특별하게 제작된 소형선박으로 부력, 복원성 및 강도 등이 완전한 구명기구이다.
사. **구조정** : 조난 중인 사람을 구조하고, 생존정을 인도하기 위하여 설계된 보트이다.
아. **구명부기** : 선박 조난 시 구조를 기다릴 때 사용하는 인명구조 장비로, 사람이 타지 않고 손으로 밧줄을 붙잡고 있도록 만든 것이다.

정답 06 가 07 아 08 사 09 나 10 나

11 해상이동업무식별번호(MMSI number)에 대한 설명으로 옳지 않은 것은?

가 9자리 숫자로 구성된다.

나 소형선박에는 부여되지 않는다.

사 초단파(VHF) 무선설비에도 입력되어 있다.

아 우리나라 선박은 440 또는 441로 시작된다.

해상이동업무식별부호(MMSI)는 선박국, 해안국 및 집단 호출을 유일하게 식별하기 위해 사용되는 부호로서, 9개의 숫자로 구성되어 있다(우리나라의 경우 440, 441로 지정). 국내 및 국제 항해 모두 사용되며, 소형선박에도 부여된다.

12 다음 조난신호 중 수면상 가장 멀리서 볼 수 있는 것은?

가 기류신호

나 발연부 신호

사 신호 홍염

아 로켓 낙하산 화염신호

나. **발연부 신호** : 구명정의 주간용 신호로서 불을 붙여 물에 던져서 사용한다.

사. **신호 홍염** : 홍색염을 1분 이상 연속하여 발할 수 있으며, 10cm 깊이의 물속에 10초 동안 잠긴 후에도 계속 타는 팽창식 구명뗏목의 의장품이다(야간용). 연소시간은 40초 이상이어야 한다.

13 선박용 초단파(VHF) 무선설비의 최대 출력은?

가 10W   나 15W

사 20W   아 25W

초단파(VHF) 무선설비는 VHF 채널 70(156.525MHz)에 의한 DSC와 채널 6, 13 및 16에 의한 무선전화 송수신을 하며, 조난경보신호를 발신할 수 있는 설비로, 최대 출력은 25W이다.

14 평수구역을 항해하는 총톤수 2톤 이상의 선박에 반드시 설치하여야 하는 무선통신 설비는?

가 위성통신설비

나 초단파(VHF) 무선설비

사 중단파(MF/HF) 무선설비

아 수색구조용 레이더 트랜드폰더(SART)

초단파(VHF) 무선설비는 선박과 선박, 선박과 육상국 사이의 통신에 주로 사용하며, 평수구역을 항해하는 총톤수 2톤 이상의 소형선박에 반드시 설치해야 하는 무선통신 설비이다. 선박이나 항공기가 조난 상태에 있고 수신시설도 이용할 수 없음을 표시하는 것으로, 비상위치지시용 무선표지설비(EPIRB)는 선박이 침몰 시에 자동으로 부양될 수 있도록 윙브릿지(조타실 양현) 또는 톱브릿지(조타실 옥상)에 개방된 장소에 설치하며, 총톤수 2톤 이상의 소형선박에 반드시 설치해야 한다.

15 다음 중 선박 조종에 미치는 영향이 가장 작은 요소는?

가 바람   나 파도

사 조류   아 기온

선박 조종에 영향을 주는 요소에는 방형비척계수, 흘수, 트림, 속력, 파도, 바람 및 조류의 영향 등을 들 수 있다. 따라서 기온은 선박 조종에 영향을 미치지 않는다.

정답 11 나   12 아   13 아   14 나   15 아

16 ( )에 적합한 것은?

> 우회전 고정피치 스크루 프로펠러 1개가 설치되어 있는 선박이 타가 우 타각이고, 정지 상태에서 후진할 때, 후진속력이 커지면 흡입류의 영향이 커지므로 선수는 ( )한다.

가 직진

나 좌회두

사 우회두

아 물속으로 하강

정지에서 후진

- **키 중앙일 때** : 후진기관이 발동하면, 횡압력과 배출류의 측압작용이 선미를 좌현 쪽으로 밀기 때문에 선수는 우회두한다. 계속 후진기관을 사용하면 배출류의 측압작용이 강해져서 선미는 더욱 좌현 쪽으로 치우치게 된다.
- **우 타각일 때** : 횡압력과 배출류가 선미를 좌현 쪽으로 밀고, 흡입류에 의한 직압력은 선미를 우현 쪽으로 밀어서 평형 상태를 유지한다. 후진속력이 커지면 흡입류의 영향이 커지므로 선수는 좌회두하게 된다.

17 ( )에 순서대로 적합한 것은?

> 수심이 얕은 수역에서는 타의 효과가 나빠지고, 선체 저항이 ( )하여 선회권이 ( ).

가 감소, 작아진다

나 감소, 커진다

사 증가, 작아진다

아 증가, 커진다

수심이 얕은 수역에서는 키 효과가 나빠지고, 선체 저항이 증가하여 선회권이 커진다.

18 다음 중 정박지로 가장 좋은 저질은?

가 뻘

나 자갈

사 모래

아 조개껍질

정박지로서 가장 좋은 저질은 뻘이나 점토이다.

19 접 · 이안 시 계선줄을 이용하는 목적이 아닌 것은?

가 접안 시 선용품 선적

나 선박의 전진속력 제어

사 접안 시 선박과 부두 사이 거리 조절

아 이안 시 선미가 부두로부터 떨어지도록 작용

선박을 부두에 붙이는 것을 접안 또는 계선, 계류라고 하는데, 이때 사용하는 줄을 계선줄이라 한다. 따라서 선적 설비가 아니므로, 접안 시 선용품 선적과는 거리가 멀다.

20 전속 전진 중인 선박이 선회 중 나타나는 일반적인 현상으로 옳지 않은 것은?

가 선속이 감소한다.

나 횡경사가 발생한다.

사 선미 킥이 발생한다.

아 선회 가속도가 감소하다가 증가한다.

선회가 높은 선박은 선회 시 감속이 적게 이뤄지므로 그에 따르는 선회 후의 초반 가속도는 선회가 낮은 선박보다 더 높은 속도에서 출발하게 된다.

정답 **16** 나 **17** 아 **18** 가 **19** 가 **20** 아

21 협수로를 항해할 때 유의할 사항으로 옳은 것은?

가 침로를 변경할 때는 대각도로 한번에 변경하는 것이 좋다.

나 선수미선과 조류의 유선이 직각을 이루도록 조종하는 것이 좋다.

사 언제든지 닻을 사용할 수 있도록 준비된 상태에서 항행하는 것이 좋다.

아 조류는 순조 때에는 정침이 잘 되지만, 역조 때에는 정침이 어려우므로 조종 시 유의하여야 한다.

가. 회두 시의 조타 명령은 순차로 구령하여 소각도로 여러 차례 변침한다.

나. 선수미선과 조류의 유선이 일치되도록 조종한다.

아. 조류는 역조 때에는 정침이 잘 되나 순조 때에는 정침이 어렵다.

22 황천항해를 대비하여 선박에 화물을 실을 때 주의사항으로 옳은 것은?

가 선체의 중앙부에 화물을 많이 싣는다.

나 선수부에 화물을 많이 싣는 것이 좋다.

사 화물의 무게 분포가 한 곳에 집중되지 않도록 한다.

아 상갑판보다 높은 위치에 최대한으로 많은 화물을 싣는다.

선체 화물의 배치 계획을 세울 때에는 화물의 무게 분포가 전후부 선창에 집중되는 호깅(hogging)이나, 중앙 선창에 집중되는 새깅(sagging) 상태가 되지 않도록 해야 한다. 또, 각 선창별 무게 분포가 심한 불연속선이 되지 않도록 화물을 고르게 배치해야 한다.

23 파도가 심한 해역에서 선속을 저하시키는 요인이 아닌 것은?

가 바람

나 풍랑(Wave)

사 수온

아 너울(Swell)

바람, 풍랑, 너울 등은 선속을 저하시키나, 수온은 선속과는 관계가 없다.

24 선박의 침몰 방지를 위하여 선체를 해안에 고의적으로 얹히는 것은?

가 전복

나 접촉

사 충돌

아 임의 좌주

임의 좌주(beaching) : 선박의 충돌사고 등으로 인해 침몰 직전에 이르렀을 때 고의로 해안에 좌초시키는 것을 좌안 또는 임의 좌주라 한다.

25 기관손상 사고의 원인 중 인적 과실이 아닌 것은?

가 기관의 노후

나 기기조작 미숙

사 부적절한 취급

아 일상적인 점검 소홀

인적 과실은 기계를 조작하는 사람의 조작 미숙 등으로 인한 과실이므로, 기관의 노후는 인적 과실과 관계가 없다.

정답 21 사 22 사 23 사 24 아 25 가

제3과목 법규

01 ( )에 적합한 것은?

> 해사안전법상 고속여객선이란 시속 ( )
> 이상으로 항행하는 여객선을 말한다.

가 10노트

나 15노트

사 20노트

아 30노트

'고속여객선'이란 시속 15노트 이상으로 항행하는 여객선을 말한다(해상교통안전법 제2조 제6호).

02 해사안전법상 '조종제한선'이 아닌 선박은?

가 준설 작업을 하고 있는 선박

나 항로표지를 부설하고 있는 선박

사 주기관이 고장나 움직일 수 없는 선박

아 항행 중 어획물을 옮겨 싣고 있는 어선

조종제한선이란 다음의 작업과 그 밖에 선박의 조종성능을 제한하는 작업에 종사하고 있어 다른 선박의 진로를 피할 수 없는 선박을 말한다(해상교통안전법 제2조 제11호).
- 항로표지, 해저전선 또는 해저파이프라인의 부설·보수·인양 작업
- 준설·측량 또는 수중 작업
- 항행 중 보급, 사람 또는 화물의 이송 작업
- 항공기의 발착(發着)작업
- 기뢰(機雷)제거작업
- 진로에서 벗어날 수 있는 능력에 제한을 많이 받는 예인(曳引)작업

03 해사안전법상 고속여객선이 교통안전특정해역을 항행하려는 경우 항행안전을 확보하기 위하여 필요시 해양경찰서장이 선장에게 명할 수 있는 것은?

가 속력의 제한

나 입항의 금지

사 선장의 변경

아 앞지르기의 지시

해양경찰서장은 거대선, 위험화물운반선, 고속여객선, 그 밖에 해양수산부령으로 정하는 선박이 교통안전특정해역을 항행하려는 경우 항행안전을 확보하기 위하여 필요하다고 인정하면 선장이나 선박소유자에게 통항시각의 변경, 항로의 변경, 제한된 시계의 경우 선박의 항행 제한, 속력의 제한, 안내선의 사용, 그 밖에 해양수산부령으로 정하는 사항을 명할 수 있다(해상교통안전법 제8조).

04 해사안전법상 떠다니거나 침몰하여 다른 선박의 안전운항 및 해상교통질서에 지장을 주는 것은?

가 침선

나 항행장애물

사 기름띠

아 부유성 산화물

항행장애물 : 선박으로부터 떨어진 물건, 침몰·좌초된 선박 또는 이로부터 유실된 물건 등 해양수산부령으로 정하는 것으로서 선박항행에 장애가 되는 물건(해상교통안전법 제2조).

05 해사안전법상 술에 취한 상태를 판별하는 기준은?

가 체온

나 걸음걸이

사 혈중알코올농도

아 실제 섭취한 알코올 양

술에 취한 상태의 기준은 혈중알코올농도 0.03퍼센트 이상으로 한다(해상교통안전법 제39조 제4항).

06 해사안전법상 다른 선박과 충돌을 피하기 위한 선박의 동작에 대한 설명으로 옳지 않은 것은?

가 침로나 속력을 변경할 때에는 소폭으로 연속적으로 변경하여야 한다.

나 필요하면 속력을 줄이거나 기관의 작동을 정지하거나 후진하여 선박의 진행을 완전히 멈추어야 한다.

사 피항동작을 취할 때에는 그 동작의 효과를 다른 선박이 완전히 통과할 때까지 주의 깊게 확인하여야 한다.

아 침로를 변경할 경우에는 될 수 있으면 충분한 시간적 여유를 두고 다른 선박이 그 변경을 쉽게 알아볼 수 있도록 충분히 크게 변경하여야 한다.

선박은 다른 선박과 충돌을 피하기 위하여 침로(針路)나 속력을 변경할 때에는 될 수 있으면 다른 선박이 그 변경을 쉽게 알아볼 수 있도록 충분히 크게 변경하여야 하며, 침로나 속력을 소폭으로 연속적으로 변경하여서는 아니 된다(해상교통안전법 제73조 제2항).

07 해사안전법상 안전한 속력을 결정할 때 고려하여야 할 사항이 아닌 것은?

가 시계의 상태

나 선박 설비의 구조

사 선박의 조종성능

아 해상교통량의 밀도

안전한 속력을 결정할 때에는 다음 각 호(레이더를 사용하고 있지 아니한 선박의 경우에는 제1호부터 제6호까지)의 사항을 고려하여야 한다(해상교통안전법 제71조 제2항).

1. 시계의 상태
2. 해상교통량의 밀도
3. 선박의 정지거리·선회성능, 그 밖의 조종성능
4. 야간의 경우에는 항해에 지장을 주는 불빛의 유무
5. 바람·해면 및 조류의 상태와 항행장애물의 근접 상태
6. 선박의 흘수와 수심과의 관계
7. 레이더의 특성 및 성능
8. 해면상태·기상, 그 밖의 장애요인이 레이더 탐지에 미치는 영향
9. 레이더로 탐지한 선박의 수·위치 및 동향

08 (　　)에 적합한 것은?

> 해사안전법상 2척의 동력선이 상대의 진로를 횡단하는 경우로서 충돌의 위험이 있을 때에는 다른 선박을 (　　) 쪽에 두고 있는 선박이 그 다른 선박의 진로를 피하여야 한다.

가 선수

나 좌현

사 우현

아 선미

2척의 동력선이 상대의 진로를 횡단하는 경우로서 충돌의 위험이 있을 때에는 다른 선박을 우현 쪽에 두고 있는 선박이 그 다른 선박의 진로를 피하여야 한다. 이 경우 다른 선박의 진로를 피하여야 하는 선박은 부득이한 경우 외에는 그 다른 선박의 선수 방향을 횡단하여서는 아니 된다(해상교통안전법 제80조).

정답 06 가 07 나 08 사

09 해사안전법상 제한된 시계에서 충돌할 위험성이 없다고 판단한 경우 외에 자기 선박의 양쪽 현의 정횡 앞쪽에 있는 다른 선박의 무중신호를 듣고 취할 조치로 옳은 것을 다음에서 모두 고른 것은?

> ㄱ. 최대 속력으로 항행하면서 경계를 한다.
> ㄴ. 우현 쪽으로 침로를 변경시키지 않는다.
> ㄷ. 필요시 자기 선박의 진행을 완전히 멈춘다.
> ㄹ. 충돌할 위험성이 사라질 때까지 주의하여 항행하여야 한다.

가 ㄴ, ㄷ   나 ㄷ, ㄹ

사 ㄱ, ㄴ, ㄹ   아 ㄴ, ㄷ, ㄹ

충돌할 위험성이 없다고 판단한 경우 외에는 다음의 어느 하나에 해당하는 경우 모든 선박은 자기 배의 침로를 유지하는 데에 필요한 최소한으로 속력을 줄여야 한다. 이 경우 필요하다고 인정되면 자기 선박의 진행을 완전히 멈추어야 하며, 어떠한 경우에도 충돌할 위험성이 사라질 때까지 주의하여 항행하여야 한다(해상교통안전법 제84조 제6항).
• 자기 선박의 양쪽 현의 정횡 앞쪽에 있는 다른 선박에서 무중신호를 듣는 경우
• 자기 선박의 양쪽 현의 정횡으로부터 앞쪽에 있는 다른 선박과 매우 근접한 것을 피할 수 없는 경우

10 해사안전법상 삼색등을 구성하는 색이 아닌 것은?

가 흰색   나 황색

사 녹색   아 붉은색

삼색등 : 선수와 선미의 중심선상에 설치된 붉은색·녹색·흰색으로 구성된 등으로서, 그 붉은색·녹색·흰색의 부분이 각각 현등의 붉은색 등과 녹색 등 및 선미등과 같은 특성을 가진 등(해상교통안전법 제86조)

11 해사안전법상 항행 중인 동력선의 등화에 덧붙여 가장 잘 보이는 곳에 붉은색 전주등 3개를 수직으로 표시하거나 원통형의 형상물 1개를 표시할 수 있는 선박은?

가 도선선

나 흘수제약선

사 좌초선

아 조종불능선

흘수제약선은 동력선의 등화에 덧붙여 가장 잘 보이는 곳에 붉은색 전주등 3개를 수직으로 표시하거나 원통형의 형상물 1개를 표시할 수 있다(해상교통안전법 제93조).

12 해사안전법상 '섬광등'의 정의는?

가 선수 쪽 225도의 수평사광범위를 갖는 등

나 360도에 걸치는 수평의 호를 비추는 등화로서 일정한 간격으로 1분에 30회 이상 섬광을 발하는 등

사 360도에 걸치는 수평의 호를 비추는 등화로서 일정한 간격으로 1분에 60회 이상 섬광을 발하는 등

아 360도에 걸치는 수평의 호를 비추는 등화로서 일정한 간격으로 1분에 120회 이상 섬광을 발하는 등

섬광등 : 360도에 걸치는 수평의 호를 비추는 등화로서 일정한 간격으로 1분에 120회 이상 섬광을 발하는 등(해상교통안전법 제86조 제6항)

정답   09 나   10 나   11 나   12 아

13 해사안전법상 정박 중인 길이 7미터 이상인 선박이 표시하여야 하는 형상물은?

가 둥근꼴 형상물
나 원뿔꼴 형상물
사 원통형 형상물
아 마름모꼴 형상물

정박 중인 선박은 가장 잘 보이는 곳에 다음의 등화나 형상물을 표시하여야 한다(해상교통안전법 제95조 제1항).
• 앞쪽에 흰색의 전주등 1개 또는 둥근꼴의 형상물 1개
• 선미나 그 부근에 제1호에 따른 등화보다 낮은 위치에 흰색 전주등 1개

14 해사안전법상 장음은 얼마 동안 계속되는 고동소리인가?

가 약 1초
나 약 2초
사 2~3초
아 4~6초

기적의 종류(해상교통안전법 제97조)
• 단음 : 1초 정도 계속되는 고동소리
• 장음 : 4초부터 6초까지의 시간 동안 계속되는 고동소리

15 해사안전법상 제한된 시계 안에서 항행 중인 동력선이 대수속력이 있는 경우에는 2분을 넘지 아니하는 간격으로 장음을 1회 울려야 하는데 이와 같은 음향신호를 하지 아니할 수 있는 선박의 크기 기준은?

가 길이 12미터 미만
나 길이 15미터 미만
사 길이 20미터 미만
아 길이 50미터 미만

제한된 시계 안에서 항행 중인 동력선이 대수속력이 있는 경우에는 2분을 넘지 않는 간격으로 장음을 1회를 울려야 하나, 길이 12미터 미만의 선박은 이에 따른 신호를 아니할 수 있다(해상교통안전법 제100조 제1항).

16 무역항의 수상구역 등에서 선박의 입항·출항에 대한 지원과 선박운항의 안전 및 질서 유지에 필요한 사항을 규정할 목적으로 만들어진 법은?

가 선박안전법
나 해사안전법
사 선박교통관제에 관한 법률
아 선박의 입항 및 출항 등에 관한 법률

선박의 입항 및 출항 등에 관한 법률은 무역항의 수상구역 등에서 선박의 입항·출항에 대한 지원과 선박운항의 안전 및 질서 유지에 필요한 사항을 규정함을 목적으로 한다(법 제1조).

17 ( )에 적합한 것은?

> 선박의 입항 및 출항 등에 관한 법률상 무역항의 수상구역 등에서 해양사고를 피하기 위한 경우 등 해양수산부령으로 정하는 사유로 선박을 정박지가 아닌 곳에 정박한 선장은 즉시 그 사실을 ( )에/에게 신고하여야 한다.

가 관리청
나 환경부장관
사 해양경찰청
아 해양수산부장관

선박의 입항 및 출항 등에 관한 법률상 무역항의 수상구역 등에서 해양사고를 피하기 위한 경우 등 해양수산부령으로 정하는 사유로 선박을 정박지가 아닌 곳에 정박한 선장은 즉시 그 사실을 관리청에 신고하여야 한다(법 제5조).

정답 13 가 14 아 15 가 16 아 17 가

18 선박의 입항 및 출항 등에 관한 법률상 선박이 해상에서 일시적으로 운항을 멈추는 것은?

가 정박   나 정류

사 계류   아 계선

정류 : 선박이 해상에서 일시적으로 운항을 멈추는 것 (법 제2조)

19 선박의 입항 및 출항 등에 관한 법률상 무역항의 수상구역 등에서 선박을 예인하고자 할 때 한꺼번에 몇 척 이상의 피예인선을 끌지 못하는가?

가 1척   나 2척

사 3척   아 4척

예인선은 한꺼번에 3척 이상의 피예인선을 끌지 못한다(시행규칙 제9조 제1항).

20 선박의 입항 및 출항 등에 관한 법률상 방파제 입구 등에서 입·출항하는 두 척의 선박이 마주칠 우려가 있을 때의 항법은?

가 입항하는 선박이 방파제 밖에서 출항하는 선박의 진로를 피하여야 한다.

나 출항하는 선박은 방파제 안에서 입항하는 선박의 진로를 피하여야 한다.

사 입항하는 선박이 방파제 입구를 우현 쪽으로 접근하여 통과하여야 한다.

아 출항하는 선박은 방파제 입구를 좌현 쪽으로 접근하여 통과하여야 한다.

무역항의 수상구역 등에 입항하는 선박이 방파제 입구 등에서 출항하는 선박과 마주칠 우려가 있는 경우에는 방파제 밖에서 출항하는 선박의 진로를 피하여야 한다 (법 제13조).

21 (   )에 적합하지 않은 것은?

선박의 입항 및 출항 등에 관한 법률상 무역항의 수상구역 등에 정박하는 (   )에 따른 정박구역 또는 정박지를 지정·고시할 수 있다.

가 선박의 톤수

나 선박의 종류

사 선박의 국적

아 적재물의 종류

관리청은 무역항의 수상구역 등에 정박하는 선박의 종류·톤수·흘수(吃水) 또는 적재물의 종류에 따른 정박구역 또는 정박지를 지정·고시할 수 있다(법 제5조 제1항).

22 다음 중 선박의 입항 및 출항 등에 관한 법률상 우선피항선이 아닌 선박은?

가 예선

나 총톤수 20톤 미만인 어선

사 주로 노와 삿대로 운전하는 선박

아 예인선에 결합되어 운항하는 압항부선

우선피항선 : 부선(압항부선 제외), 주로 노와 삿대로 운전하는 선박, 예선, 항만운송관련사업을 등록한 자가 소유한 선박, 해양환경관리업을 등록한 자가 소유한 선박, 총톤수 20톤 미만의 선박(법 제2조 제5호)

정답 18 나 19 사 20 가 21 사 22 아

23 해양환경관리법상 유해액체물질기록부는 최종 기재를 한 날부터 몇 년간 보존하여야 하는가?

가 1년　　　나 2년

사 3년　　　아 5년

선박오염물질기록부(폐기물기록부, 기름기록부, 유해액체물질기록부)의 보존기간은 최종기재를 한 날부터 3년으로 하며, 그 기재사항·보존방법 등에 관하여 필요한 사항은 해양수산부령으로 정한다(법 제30조 제2항).

24 해양환경관리법상 폐기물이 아닌 것은?

가 도자기

나 플라스틱류

사 폐유압유

아 음식 쓰레기

폐기물 : 해양에 배출되는 경우 그 상태로는 쓸 수 없게 되는 물질로서 해양환경에 해로운 결과를 미치거나 미칠 우려가 있는 물질(기름, 유해액체물질, 포장유해물질 제외)을 말한다(법 제2조 제4호).
폐유압유는 기름에 해당되므로 폐기물이 아니다.

25 해양환경관리법상 오염물질이 배출된 경우 오염을 방지하기 위한 조치가 아닌 것은?

가 기름오염방지설비의 가동

나 오염물질의 추가 배출방지

사 배출된 오염물질의 수거 및 처리

아 배출된 오염물질의 확산방지 및 제거

기름오염방지설비를 가동해서는 안 된다.

제4과목 **기관**

01 1kW는 약 몇 kgf · m/s인가?

가 75kgf · m/s　　나 76kgf · m/s

사 102kgf · m/s　　아 735kgf · m/s

국제적으로 통일된 CGS(MKS)단위계에서 일률은 W(와트)로 나타내는데, 1와트는 10erg/s이며, 근사적인 1kW는 102kgf · m/s이다.

02 소형기관에서 피스톤 링의 마멸 정도를 계측하는 공구로 가장 적합한 것은?

가 다이얼 게이지

나 한계 게이지

사 내경 마이크로미터

아 외경 마이크로미터

피스톤 링의 마멸량은 외경 마이크로미터로 측정한다.

03 디젤 기관에서 오일 링의 주된 역할은?

가 윤활유를 실린더 내벽에서 밑으로 긁어내린다.

나 피스톤의 열을 실린더에 전달한다.

사 피스톤의 회전운동을 원활하게 한다.

아 연소가스의 누설을 방지한다.

오일 링 : 실린더 라이너 내벽의 윤활유가 연소실로 들어가지 못하게 긁어내리고 실린더 내벽에 고르게 분포시킨다.

정답 23 사　24 사　25 가 / 01 사　02 아　03 가

04 디젤 기관의 운전 중 냉각수 계통에서 가장 주의해서 관찰해야 하는 것은?

가 기관의 입구 온도와 기관의 입구 압력

나 기관의 출구 압력과 기관의 출구 온도

사 기관의 입구 온도와 기관의 출구 압력

아 기관의 입구 압력과 기관의 출구 온도

 해설

실린더 헤드나 실린더에 공급되는 냉각수 입구의 압력과 입·출구 온도가 정상적인 값을 나타내는지 점검한다.

05 추진 축계장치에서 추력 베어링의 주된 역할은?

가 축의 진동을 방지한다.

나 축의 마멸을 방지한다.

사 프로펠러의 추력을 선체에 전달한다.

아 선체의 추력을 프로펠러에 전달한다.

 해설

추력 베어링은 선체에 부착되어 있으며, 추력 칼라의 앞과 뒤에 설치되어 프로펠러로부터 전달되어 오는 추력을 추력 칼라에서 받아 선체에 전달하여 선박을 추진시킨다.

06 실린더 부피가 1,200cm³이고 압축 부피가 100 cm³인 내연기관의 압축비는 얼마인가?

가 11 나 12

사 13 아 14

 해설

압축비 = 실린더 부피 / 압축 부피 = 1,200 / 100 = 12

07 디젤 기관의 메인 베어링에 대한 설명으로 옳지 않은 것은?

가 크랭크축을 지지한다.

나 크랭크축의 중심을 잡아 준다.

사 윤활유로 윤활시킨다.

아 볼 베어링을 주로 사용한다.

 해설

메인 베어링(Main bearing)은 기관 베드 위에 있으면서 크랭크 암 사이의 크랭크 저널에 설치되어 크랭크축을 지지하고 크랭크축에 전달되는 회전력을 받는다.

08 디젤 기관에서 플라이휠의 역할에 대한 설명으로 옳지 않은 것은?

가 회전력을 균일하게 한다.

나 회전력의 변동을 작게 한다.

사 기관의 시동을 쉽게 한다.

아 기관의 출력을 증가시킨다.

 해설

플라이휠(Flywheel) 역할
- 축적된 운동 에너지를 관성력으로 제공하여 균일한 회전이 되도록 한다.
- 크랭크축의 전단부 또는 후단부에 설치하며, 기관의 시동을 쉽게 해 주고, 저속 회전을 가능하게 해 준다.
- 플라이휠의 림 부분에는 크랭크 각도가 표시되어 있어 밸브의 조정이나 기관 정비 작업을 편리하게 해 준다.

09 소형기관에서 윤활유를 오래 사용했을 경우에 나타나는 현상으로 옳지 않은 것은?

가 색상이 검게 변한다.

나 점도가 증가한다.

사 침전물이 증가한다.

아 혼입수분이 감소한다.

정답 04 아 05 사 06 나 07 아 08 아 09 아

윤활유를 오래 사용하게 되면 밀봉 작용이 떨어져 윤활 부위에 물이나 불순물이 들어오게 되면서 혼입수분이 증가한다.

10 소형 디젤 기관에서 실린더 라이너의 심한 마멸에 의한 영향이 아닌 것은?

가 압축 불량

나 불완전 연소

사 착화 시기가 빨라짐

아 연소가스가 크랭크실로 누설

실린더 라이너 마모의 영향 : 출력 저하, 압축압력의 저하, 연료의 불완전 연소, 연료 소비량 증가, 윤활유 소비량 증가, 기관의 시동성 저하, 가스가 크랭크실로 누설

11 디젤 기관에서 과급기를 설치하는 이유가 아닌 것은?

가 기관에 더 많은 공기를 공급하기 위해

나 기관의 출력을 더 높이기 위해

사 기관의 급기온도를 더 높이기 위해

아 기관이 더 많은 일을 하게 하기 위해

과급기(Turbocharger) : 급기를 압축하는 장치로서 실린더에서 나오는 배기가스로 가스 터빈을 돌리고, 가스터빈이 돌면서 같은 축에 연결된 송풍기를 회전시켜 강제로 새 공기를 실린더 안에 불어넣는 장치이다. 이는 출력을 높여 기관이 더 많은 일을 하도록 하는 것이다.

12 디젤 기관에서 연료분사량을 조절하는 연료래크와 연결되는 것은?

가 연료분사 밸브

나 연료분사 펌프

사 연료이송 펌프

아 연료가열기

연료분사 펌프는 분사 시기 및 분사량을 조정하며, 연료분사에 필요한 고압을 만드는 장치로서 보통 연료 펌프라고 한다. 연료래크에 연결되어 있다.

13 선박의 축계장치에서 추력축의 설치 위치에 대한 설명으로 옳은 것은?

가 캠축의 선수 측에 설치한다.

나 크랭크축의 선수 측에 설치한다.

사 프로펠러축의 선수 측에 설치한다.

아 프로펠러축의 선미 측에 설치한다.

추력축은 축 방향으로 작용하는 힘을 받아들이는 축으로, 크랭크축과 프로펠러축 사이에 설치하며, 이때 프로펠러축의 선수 측에 설치한다.

14 프로펠러에 의한 선체 진동의 원인이 아닌 것은?

가 프로펠러의 날개가 절손된 경우

나 프로펠러의 날개수가 많은 경우

사 프로펠러의 날개가 수면에 노출된 경우

아 프로펠러의 날개가 휘어진 경우

프로펠러의 날개 절손이나 휘어짐 등과 같은 자체 손상, 날개의 수면 노출 등은 선체 진동의 원인이 되나 날개수는 선체 진동과 전혀 관련이 없다.

정답 10 사 11 사 12 나 13 사 14 나

15 선박 보조기계에 대한 설명으로 옳은 것은?

가 갑판기계를 제외한 기관실의 모든 기계를 말한다.

나 주기관을 제외한 선내의 모든 기계를 말한다.

사 직접 배를 움직이는 기계를 말한다.

아 기관실 밖에 설치된 기계를 말한다.

선박의 주기관은 직접 선박을 추진하는 기관을 말하고, 보조기계는 주기관과 주 보일러를 제외한 모든 기계를 총칭하며, 간단하게 줄여서 '보기'라고 부르기도 한다. 또한 보조기계는 설치 장소에 따라 기관실 보기와 갑판 보기로 구분할 수 있다. 보조기계를 구동하는 동력원은 증기, 전기, 유압 등이 있으나 대부분 전기를 사용하고 있다.

16 2V 단전지 6개를 연결하여 12V가 되게 하려면 어떻게 연결해야 하는가?

가 2V 단전지 6개를 병렬 연결한다.

나 2V 단전지 6개를 직렬 연결한다.

사 2V 단전지 3개를 병렬 연결하여 나머지 3개와 직렬 연결한다.

아 2V 단전지 2개를 병렬 연결하여 나머지 4개와 직렬 연결한다.

직렬 연결의 경우 단전지의 수에 비례하여 전압이 높아지므로, 2V 단전지 6개를 연결하여 12V를 만들려면 단전지 6개를 직렬로 연결해야 한다.

17 양묘기의 구성 요소가 아닌 것은?

가 구동 전동기

나 회전 드럼

사 제동장치

아 데릭 포스트

양묘기(windlass)는 닻(anchor)을 감아올리거나 내리는 작업을 할 때 이용한다. 또는 선박을 부두에 접안시킬 때 계선줄을 감는 데 사용되는 갑판 보조기계이다. 양묘기는 일반적으로 체인 드럼, 클러치, 마찰 브레이크, 워핑 드럼, 원동기 등으로 구성되어 있다. 한편, 플라이휠은 디젤 기관에서 축적된 운동 에너지를 관성력으로 제공하여 균일한 회전이 되도록 하는 역할을 하며, 이는 양묘기의 구성 요소가 아니다.

18 원심 펌프에서 송출되는 액체가 흡입측으로 역류하는 것을 방지하기 위해 설치하는 부품은?

가 회전차   나 베어링

사 마우스 링   아 글랜드패킹

마우스 링(mouth ring) = 웨어링 링(wearing ring) : 회전차에서 송출되는 액체가 흡입구 쪽으로 역류하는 것을 방지하기 위해서 케이싱과 회전차 입구 사이에 설치하는 것이다.

19 납축전지의 용량을 나타내는 단위는?

가 [Ah]   나 [A]

사 [V]   아 [kW]

납축전지 용량 : 방전 전류[A] × 방전 시간[h] → [Ah : 암페어시]

20 선박용 납축전지에서 양극의 표시가 아닌 것은?

가 +　　　　　　　나 P

사 N　　　　　　　아 적색

납축전지에서 전극단자에 'P' 표시가 있는 붉은 쪽은 양극이고 'N' 표시가 있고 검은 쪽은 음극이다.

21 디젤 기관을 장기간 정지할 경우의 주의사항으로 옳지 않은 것은?

가 동파를 방지한다.

나 부식을 방지한다.

사 주기적으로 터닝을 시켜 준다.

아 중요 부품은 분해하여 보관한다.

디젤 기관을 장기간 휴지할 때의 주의사항
• 냉각수를 전부 뺀다(동파 방지).
• 각 운동부에 그리스를 바른다(부식 방지).
• 각 밸브 및 콕을 모두 잠근다.
• 정기적으로 터닝을 시켜 준다.

22 디젤 기관의 윤활유에 물이 다량 섞이면 운전 중 윤활유 압력은 어떻게 변하는가?

가 압력이 평소보다 올라간다.

나 압력이 평소보다 내려간다.

사 압력이 0으로 된다.

아 압력이 진공으로 된다.

윤활유에 수분이 섞이면 윤활유 압력은 평소보다 내려간다.

23 전기시동을 하는 소형 디젤 기관에서 시동이 되지 않는 원인이 아닌 것은?

가 시동용 전동기의 고장

나 시동용 배터리의 방전

사 시동용 공기분배 밸브의 고장

아 시동용 배터리와 전동기 사이의 전선 불량

시동용 공기분배 밸브의 고장은 전기시동과 관계가 없으므로 시동이 되지 않는 원인과 거리가 멀다. 시동관련 전기와 관계되는 전동기, 배터리, 관련 전선 등의 문제가 있을 때 시동이 되지 않는다.

24 15℃ 비중이 0.9인 연료유 200리터의 무게는 몇 kgf인가?

가 180kgf　　　　　나 200kgf

사 220kgf　　　　　아 240kgf

무게 = 비중×부피 = 0.9×200리터 = 180kgf

25 탱크에 들어 있는 연료유보다 비중이 큰 이물질은 어떻게 되는가?

가 위로 뜬다.

나 아래로 가라앉는다.

사 기름과 균일하게 혼합된다.

아 탱크의 옆면에 부착된다.

비중은 부피가 같은 것끼리의 무게의 비를 나타내므로, 비중이 크다는 것은 무게가 더 나간다는 것을 의미한다. 따라서 연료유보다 비중이 더 큰 이물질은 더 무거워서 가라앉게 된다.

정답 20 사　21 아　22 나　23 사　24 가　25 나

PART
03

제1과목 항해

01 자기 컴퍼스에서 선박의 동요로 비너클이 기울어져도 볼을 항상 수평으로 유지하기 위한 것은?

가 자침
나 피벗
사 자기선
아 짐벌즈

짐벌즈는 목재 또는 비자성재로 만든 원통형의 지지대인 비너클(Binnacle)이 기울어져도 볼을 항상 수평으로 유지시켜 주는 장치이다.

02 프리즘을 사용하여 목표물과 카드 눈금을 광학적으로 중첩시켜 방위를 읽을 수 있는 방위 측정 기구는?

가 쌍안경
나 방위경
사 섀도 핀
아 컴퍼지션 링

방위경은 나침반에 장치하여 천체 혹은 목표물의 방위를 측정할 때 사용하는 항해계기로, 고도가 높은 천체나 저고도의 천체를 정밀하게 방위 측정하는 데 사용한다.

03 다음 중 대수속력을 측정할 수 있는 항해계기는?

가 레이더
나 자기 컴퍼스
사 도플러 로그
아 로그 지피에스

도플러 선속계는 초음파를 활용하는 선속계로 수심 200m 이상은 대수속력, 200m 이하의 수심에서는 대지속력을 측정할 수 있다.

04 선수미선과 선박을 지나는 자오선이 이루는 각은?

가 방위
나 침로
사 자차
아 편차

침로 : 한 지점으로부터 다른 지점까지의 방향. 선수미선과 선박을 지나는 자오선의 각으로 일반적으로 북을 000˚로 하여 시계 방향으로 360˚까지 측정한다.

05 자기 컴퍼스의 오차(Compass error)에 대한 설명으로 옳은 것은?

가 진자오선과 자기 자오선이 이루는 교각
나 선내 나침의의 남북선과 진자오선이 이루는 교각
사 자기 자오선과 선내 나침의의 남북선이 이루는 교각
아 자기 자오선과 물표를 지나는 대권이 이루는 교각

나침의 오차(Compass error, CE)는 선내 나침의 남북선(나북)과 진자오선(진북)이 이루는 각을 말한다.

06 선박자동식별장치(AIS)에서 확인할 수 없는 정보는?

가 선명
나 선박의 흘수
사 선원의 국적
아 선박의 목적지

선박자동식별장치(AIS)는 무선전파 송수신기를 이용하여 선박의 제원, 종류, 위치, 침로, 항해 상태 등을 자동으로 송수신하는 시스템이다.

정답 01 아 02 나 03 사 04 나 05 나 06 사

07 항해 중에 산봉우리, 섬 등 해도 상에 기재되어 있는 2개 이상의 고정된 뚜렷한 목표를 선정하여 거의 동시에 각각의 방위를 측정하여 선위를 구하는 방법은?

가 수평협각법

나 교차방위법

사 추정위치법

아 고도측정법

교차방위법은 2개 이상의 뚜렷한 물표를 선정하여 거의 동시에 각각의 방위를 재어 해도상에 방위선을 긋고 이들의 교점을 선위로 측정하는 방법이다.

08 레이더 화면에 그림과 같이 나타나는 원인은?

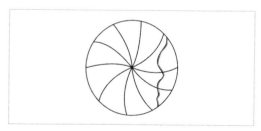

가 물표의 간접 반사

나 비나 눈 등에 의한 반사

사 해면의 파도에 의한 반사

아 다른 선박의 레이더 파에 의한 간섭

근거리에서 특정 파장의 두 발신기를 가까이 두고 같은 파장의 전파를 발사하게 하면 특정 방향에서는 더 센 전파로 합쳐지고 다른 방향에서는 약화되는 간섭효과가 일어날 수 있다.

09 레이더를 활용하는 방법으로 옳지 않은 것은?

가 야간에 연안항해 시 레이더 플로팅을 철저히 한다.

나 대양항해 시 통상적으로 레이더를 이용하여 선위를 구한다.

사 비나 안개 등으로 시계가 제한될 때 레이더 경계를 철저히 한다.

아 원양에서 연안으로 접근 시 레이더로 실측위치를 구하기 위해 노력한다.

대양항해 시 지구의 모양, 크기 및 선내에서 구하는 항정과 침로를 기초로 선위를 계산하는 추측항법을 활용한다.

10 ( )에 적합한 것은?

( )는 위치를 알고 있는 기준국의 수신기로 각 위성에서 발사한 전파가 기준국까지 도달하는 시간에 대한 보정량을 구한 후 이를 규정된 데이터 포맷에 따라 사용자의 수신기에 보내면, 사용자의 수신기에서는 이 보정량을 가감하여 보다 정확한 위치를 측정하는 방식이다.

가 지피에스(GPS)

나 로란 씨(Loran C)

사 오메가(Omega)

아 디지피에스(DGPS)

디지피에스(DGPS)는 같은 위성으로부터 서로 다른 수신기로 전해져 오는 신호를 분석함으로써 오차를 상쇄시키고 더욱 정밀한 위치 정보를 획득하는 기술이다.

정답 07 나 08 아 09 나 10 아

11 우리나라에서 발간하는 종이해도에 대한 설명으로 옳은 것은?

가 수심 단위는 피트(Feet)를 사용한다.

나 나침도의 바깥쪽에는 나침 방위권이 표시되어 있다.

사 항로의 지도 및 안내서의 역할을 하는 수로서지이다.

아 항박도는 항만, 정박지 좁은 수로 등 좁은 구역을 상세히 표시한 평면도이다.

항박도(1/5만 이상) : 항만, 정박지, 협수로 등 좁은 구역을 세부까지 상세하게 수록한 해도로 평면도법으로 제작

12 해도에 사용되는 특수한 기호와 약어는?

가 해도도식　　나 해도 제목

사 수로도지　　아 해도 목록

해도도식 : 해도상 여러 가지 사항들을 표시하기 위하여 사용되는 특수한 기호와 양식, 약어 등을 총칭한다.

13 다음 해도도식의 의미는?

가 암암　　　　나 침선

사 간출암　　　아 장애물

가. 암암-⊕, 나. WK-침선, 사. 간출암-✳②

14 다음 중 항행통보가 제공하지 않는 정보는?

가 수심의 변화

나 조시 및 조고

사 위험물의 위치

아 항로표지의 신설 및 폐지

항행통보 : 위험물의 발견, 수심의 변화, 항로표지의 신설·폐지 등을 항해자에게 통보해 주는 것이다.

15 풍랑이나 조류 때문에 등부표를 설치하거나 관리하기가 어려운 모래 기둥이나 암초 등이 있는 위험한 지점으로부터 가까운 곳에 돌대가 있는 경우, 그 등대에 강력한 투광기를 설치하여 그 구역을 비추어 위험을 표시하는 것은?

가 도등　　　　나 조사등

사 지향등　　　아 분호등

조사등(부등) : 풍랑이나 조류 때문에 등부표를 설치하거나 관리하기가 곤란한 지점으로부터 가까운 등대가 있는 경우, 그 등대에 강력한 투광기를 설치하여 그 위험구역을 유색등(주로 홍색)으로 표시하는 등화

16 표체의 색상은 황색이며, 두표가 황색의 X자 모양인 항로표지는?

가 방위표지　　나 측방표지

사 특수표지　　아 안전수역표지

특수표지 : 공사구역 등 특별한 시설이 있음을 나타내는 표지로 두표(top mark)는 황색으로 된 X자 모양의 형상물이다. 표지 및 등화의 색상은 황색이다.

정답　**11** 아　**12** 가　**13** 아　**14** 나　**15** 나　**16** 사

17 선박의 레이더에서 발사된 전파를 받은 때에만 응답 전파를 발사하는 전파표지는?

가 레이콘(Racon)

나 레이마크(Ramark)

사 무선방향탐지기(ADF)

아 토킹 비컨(Talking beacon)

레이콘(Racon) : 선박 레이더에서 발사된 전파를 받은 때에만 응답하며, 일정한 형태의 신호가 나타날 수 있도록 전파를 발사하는 무지향성 송수신 장치이다.

18 점장도에 대한 설명으로 옳지 않은 것은?

가 항정선이 직선으로 표시된다.

나 경·위도에 의한 위치 표시는 직교 좌표이다.

사 두 지점 간의 거리는 경도를 나타내는 눈금의 길이와 같다.

아 한 두 지점 간 진방위는 두 지점의 연결선과 자오선과의 교각이다.

점장도는 항정선을 평면 위에 직선으로 나타내기 위해서 고안된 도법으로 거리를 측정할 때에는 위도 눈금으로 알 수 있다.

19 종이해도에서 찾을 수 없는 정보는?

가 나침도   나 간행연월일

사 일출 시간   아 해도의 출처

해도의 정보 : 수심, 저질, 암초와 다양한 수중 장애물, 섬의 위치와 모양, 항만시설, 각종 등부표, 해안의 여러 가지 목표물, 바다에서 일어나는 조석·조류·해류 등이 있다.

20 등광은 꺼지지 않고 등색만 바뀌는 등화는?

가 부동등   나 섬광등

사 명암등   아 호광등

호광등(Alt) : 색깔이 다른 종류의 빛을 교대로 내며, 그 사이에 등광은 꺼지는 일이 없는 등

21 우리나라 부근에 존재하는 기단이 아닌 것은?

가 적도 기단   나 시베리아 기단

사 북태평양 기단   아 오호츠크해 기단

적도 기단 : 적도 부근에서 발생한 기단으로 여름철에 발달하며 강한 바람과 비를 동반한다.

22 다음 설명이 의미하는 것은?

> 대기는 무게를 가지며 작용하는 압력은 지표면에서 크고, 고도가 증가함에 따라 감소한다.

가 습도   나 안개

사 기온   아 기압

기압 : 대기의 압력으로, 1cm^{2}의 밑면적을 가지는 공기 기둥의 무게

23 연안수역의 항해계획을 수립할 때 고려하지 않아도 되는 것은?

가 선박의 조종 특성

나 당직항해사 면허급수

사 선박통합관제업무(VTS)

아 조타장치에 대한 신뢰성

정답 **17** 가 **18** 사 **19** 사 **20** 아 **21** 가 **22** 아 **23** 나

항해계획은 항로의 선정, 출·입항 일시 및 항해 중 주요 지점의 통과 일시의 결정, 그리고 조선계획 등을 수립하는 것이다.

24 북반구에서 태풍의 피항방법에 대한 설명으로 옳지 않은 것은?

가 풍속이 증가하면 태풍의 중심에 접근 중이므로 신속히 벗어나야 한다.

나 풍향이 반시계 방향으로 변하면 위험반원에 있으므로 신속히 벗어나야 한다.

사 중규모의 태풍이라도 중심 부근은 9~10미터 정도의 파도가 발생하므로 신속히 벗어나야 한다.

아 풍향이 변하지 않고 폭풍우가 강해지고 있으면 태풍의 진로상에 위치하므로 영향을 신속히 벗어나야 한다.

북반구에서 태풍이 접근할 때 반시계 방향은 가항반원에 위치하므로 바람을 우현선미로 받으면서 항해하여 피항한다.

25 2개의 식별 가능한 목표를 하나의 선으로 연결한 선으로 항해계획을 수립할 때 해도의 해안이나 좁은 수로 부근의 목표에 표시하여 효과적으로 이용할 수 있는 것은?

가 유도선 나 중시선

사 방위선 아 항해 중지선

중시선 : 두 물표가 일직선상에 겹쳐 보일 때 그들 물표를 연결한 직선

제2과목 운용

01 선측 상부가 바깥쪽으로 굽은 정도를 의미하는 명칭은?

가 캠버 나 플레어

사 텀블 홈 아 선수현호

플레어 : 상갑판 부근의 선층 상부가 선체 바깥쪽으로 굽은 형상

02 이중저의 용도가 아닌 것은?

가 청수 탱크로 사용

나 화물유 탱크로 사용

사 연료유 탱크로 사용

아 밸러스트 탱크로 사용

이중저 탱크는 선저 외판의 만곡부에서 내저판을 설치하여 선저를 이중으로 한 구조이다. 이중저는 선박의 구조를 견고하게 하고, 선저의 손상으로 인한 침수를 방지하며, 밸러스트 탱크, 청수 탱크, 연료유 탱크로 사용한다.

03 선체의 최하부 중심선에 있는 종강력재이며, 선체의 중심선을 따라 선수재에서 선미재까지의 종방향 힘을 구성하는 부분은?

가 보 나 용골

사 라이더 아 브래킷

용골(Keel) : 선저의 선체 중심선을 따라서 선수재로부터 선미 골재까지 길이 방향으로 관통하는 구조부재로 척추 역할

04 타주가 없는 선박에서 계획만재흘수선상의 선수재 전면으로부터 타두 중심까지의 수평거리는?

가 전장
나 등록장
사 수신장
아 수선간장

수선간장은 계획만재흘수선상의 선수재의 전면으로부터 타주를 가진 선박은 타주 후면의 수선까지, 타주가 없는 선박은 타두 중심까지의 수평거리를 말한다.

05 ( )에 적합한 것은?

> 타(키)는 계획만재흘수에서 최대항해속력으로 전진하는 경우, 한쪽 현 타각 35도에서 다른쪽 현 타각 30도까지 돌아가는 데 ( )의 시간이 걸려야 한다.

가 30초 이내
나 35초 이내
사 28초 이내
아 25초 이내

SOLAS 협약 및 선박설비기준에서는 조타장치의 동작 요건으로 계획만재흘수에서 최대항해속력으로 전진하는 경우, 한쪽 현 타각 35도에서 다른 쪽 현 타각 30도까지 28초 이내에 조작할 수 있어야 한다고 규정하고 있다.

06 강선의 부식을 방지하는 방법으로 옳지 않은 것은?

가 아연판을 부착시켜 이온화 침식을 방지한다.
나 페인트나 시멘트를 발라서 습기의 접촉을 차단한다.
사 통풍을 차단하여 외기에 의한 습도 상승을 막는다.
아 유조선에서는 탱크 내에 불활성 가스를 주입하여 부식을 방지한다.

강선을 주재료로 한 선박은 해수에 의해 부식되는 것을 방지하기 위해 선체 외부에 아연판을 부착한다. 또 일반 화물선의 화물창 내에 강제 통풍 방식으로 건조한 공기를 불어 넣는다.

07 전기화재의 소화에 적합하고, 분사 가스가 매우 낮은 온도이므로 사람을 향해서 분사하여서는 아니 되며, 반드시 손잡이를 잡고 분사하여 동상을 입지 않도록 주의하여야 하는 휴대용 소화기는?

가 포말 소화기
나 분말 소화기
사 할론 소화기
아 이산화탄소 소화기

이산화탄소 소화기는 이산화탄소를 압축·액화한 소화기로 냉각 효과가 커 B급 화재 진압에도 사용하나 주로 C급 전기화재에 유리하다. 분무 시 낮은 온도로 동상의 위험이 있어 반드시 손잡이를 잡아야 한다.

08 시계가 양호한 주간에만 실시할 수 있으며 자선의 상태를 장시간 계속적으로 표시하는 경우에 적합한 신호는?

가 기류신호
나 발광신호
사 음향신호
아 수기신호

기류신호는 인명의 안전에 관한 여러 가지 상황이 발생하였을 경우를 대비하여, 특히 언어에 의사소통에 문제가 있을 경우 규정된 신호방법 중 기류(신호기)를 통한 방법이다. 사람이 직접 배의 마스터에 올리기 때문에 주간에만 가능한 방법이다.

정답 04 아 05 사 06 사 07 아 08 가

09 다음 중 국제신호서에서 사용되는 조난신호는?

가 H기
나 G기
사 B기
아 NC기

깃발(기류)신호 해석
H : 본선에 수로안내인을 태우고 있음
G : 본선, 수로안내인이 필요함
B : 위험물을 하역 중 또는 운반 중임
NC : 본선은 조난을 당했다.

10 본선이 침몰할 때 구명뗏목이 본선에서 이탈되어 자체 부력으로 부상하면서 규정 장력에 도달하면 끊어져 본선과 완전히 분리되도록 하는 장치는?

가 구명줄(Life line)
나 위크링크(Weak link)
사 자동줄(Release cord)
아 자동이탈장치(Hydraulic release unit)

위크링크(Weak link)는 본선이 침몰할 때 구명뗏목 자체의 부력으로 인하여 규정 장력에 도달하면 분리되어 본선과 함께 침몰하는 것을 막아 주는 장치이다.

11 초단파(VHF) 무선설비에서 '메이데이'라는 음성을 청취하였다면 이 신호는?

가 안전신호
나 긴급신호
사 조난신호
아 경보신호

조난신호
• 약 1분 간격으로 1회의 발포, 그 밖의 폭발에 의한 신호
• 짧은 간격으로 발하는 로켓 신호
• 무선전화에 의한 '메이데이' 3회
• 오렌지색 연기를 내는 발연부 신호
• 좌우로 팔을 벌려 천천히 올렸다 내렸다 하는 신호
• 타르, 기름 등을 태워서 표시하는 발연신호

12 아래 그림의 심벌 표시가 있는 곳에 비치된 조난신호 장치는?

가 신호 홍염
나 구명줄 발사기
사 발연부 신호
아 로켓 낙하산 화염신호

로켓 낙하산 신호 : 높이 300m 이상의 장소에서 펴지고 또한 점화되며, 매초 5m 이하의 속도로 낙하하며 화염으로써 위치를 알린다(야간용).

13 잔잔한 바다에서 의식불명의 익수자를 발견하여 구조하려 할 때, 구조선의 안전한 접근방법은?

가 익수자의 풍하 쪽에서 접근한다.
나 익수자의 풍상 쪽에서 접근한다.
사 구조선의 좌현 쪽에서 바람을 받으면서 접근한다.
아 구조선의 우현 쪽에서 바람을 받으면서 접근한다.

의식불명의 익수자를 발견하여 구조하려 할 때, 구조선은 익수자(조난선)의 풍상 측에서 접근하되, 바람에 의해 압류될 것을 고려해야 한다.

14 사람이 물에 빠진 시간 및 위치가 불명확하거나 제한시계, 어두운 밤 등으로 인하여 물에 빠진 사람을 확인할 수 없을 경우 그림과 같이 지나왔던 원래의 항적으로 돌아가고자 할 때 유효한 인명구조를 위한 조선법은?

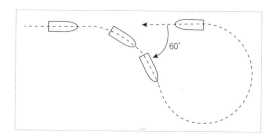

가 반원 2선회법(Double turn)

나 샤르노브 턴(Scharnow turn)

사 윌리암슨 턴(Williamson turn)

아 싱글 턴 또는 앤더슨 턴(Single turn or Anderson turn)

윌리암슨 턴 : 원래 이 조선법은 야간이나 제한된 시계 상태에서 추진력을 유지한 채 원래의 항적으로 되돌아가고자 할 때 사용하는 회항 조선법이다. 물에 빠진 사람을 수색하는 데 좋은 방법이지만 익수자를 보지 못하므로 선박이 사고지점과 멀어질 수 있고, 절차가 느리다는 단점이 있다.

15 천수효과(Shallow water effect)에 대한 설명으로 옳지 않은 것은?

가 선회성이 좋아진다.

나 트림의 변화가 생긴다.

사 선박의 속력이 감소한다.

아 선체 침하 현상이 발생한다.

수심이 얕은 수역의 영향(천수효과) : 선체의 침하, 수압의 저하, 흘수가 증가, 선속이 감소, 조종성의 저하 등

16 선박이 항진 중 타락을 주었을 때, 수류에 의하여 타에 작용하는 힘 중 방향이 선체 후방인 분력은?

가 양력　　　　　나 항력

사 마찰력　　　　아 직압력

항력 : 타판에 작용하는 힘 중에서 그 작용하는 방향이 선수미선인 분력

17 전속으로 항행 중인 선박에서 최대 타각으로 전타하였을 때 나타나는 현상이 아닌 것은?

가 횡경사　　　　나 선속의 증가

사 선체회두　　　아 선미 킥 현상

항력은 타판에 작용하는 힘 중에서 그 작용하는 방향이 선수미선인 분력을 말한다. 항행 중인 선박이 타를 사용하여 전타할 경우 타에는 선미 방향으로 항력이 발생하며, 이것은 전진 선속을 감소시키는 저항력으로 작용한다. 그러므로 선속은 감소하게 된다.

정답 14 사　15 가　16 나　17 나

18 이론상 선박의 최대 유효 타각은?

가 15도 나 25도

사 45도 아 60도

이론적인 선박의 최대 유효 타각은 45°이지만, 실제의 경우에는 항력 증가와 조타기의 마력 증가 때문에 보통 최대 유효 타각은 35° 정도이다.

19 다음 중 닻의 역할이 아닌 것은?

가 침로 유지에 사용된다.

나 좁은 수역에서 선회하는 경우에 이용된다.

사 선박을 임의의 수면에 정지 또는 정박시킨다.

아 선박의 수력을 급히 감소시키는 경우에 사용된다.

닻(anchor)은 선박을 정지 혹은 정박시키는 것이 주 역할이며 좁은 수역에서의 방향 변환, 선박의 속도 감소 등 선박 조종의 보조 등의 역할 등도 한다.

20 선박의 안정성에 대한 설명으로 옳지 않은 것은?

가 배의 중심은 적하상태에 따라 이동한다.

나 유동수로 인하여 복원력이 감소할 수 있다.

사 배의 무게중심이 낮은 배를 보통 헤비(Bottom heavy) 상태라 한다.

아 배의 무게중심이 높은 경우에는 파도를 옆에서 받고 조선하도록 한다.

배의 복원력은 무게중심 위치와 깊은 관계가 있다. 옆에서 큰 파도를 받는다든지 급속한 조타를 하면 전복될 위험이 크다.

21 황천항해에 대비하여 선제 준비 조치로 옳지 않은 것은?

가 닻 등을 철저히 고박한다.

나 선내 이동 물체들을 고박한다.

사 선체 외부의 개구부를 개방한다.

아 각종 탱크의 자유표면(Free surface)을 줄인다.

탱크 내의 기름이나 물은 가득(80% 이상) 채우거나 비워서 유동수에 의한 복원 감소를 막는다.

22 파도가 심한 해역에서 선속을 저하시키는 요인이 아닌 것은?

가 바람 나 풍랑

사 수온 아 너울

수온(기온)은 선박 조종에 영향을 주지 않는다.

23 황천 중에 항행이 곤란할 때의 조선상의 조치로 풍랑을 선미 쿼터(Quarter)에서 받으면서 파랑에 쫓기는 자세로 항주하는 방법은?

가 표주(Lie to)법

나 거주(Heave to)법

사 순주(Scudding)법

아 진파기름(Storm oil)의 살포

순주(scudding) : 풍향에 변화가 크게 일어나지 않고 풍력이 강해지며, 기압이 점점 하강하면 자선은 태풍의 진로상에 있다. 이때에는 풍랑을 우현 선미에 받으며, 가항반원으로 항주하는 피항 침로를 취해야 한다.

정답 **18** 사 **19** 가 **20** 아 **21** 아 **22** 사 **23** 사

PART 03

24 해양에 오염물질이 배출되는 경우 방제조치로 옳지 않은 것은?

가 오염물질 배출 중지

나 배출된 오염물질의 분산

사 배출된 오염물질의 수거 및 처리

아 배출된 오염물질의 제거 및 확산방지

오염물질이 배출된 경우 방제의무자의 조치(법 제64조 제1항)

• 오염물질의 배출방지

• 배출된 오염물질의 확산방지 및 제거

• 배출된 오염물질의 수거 및 처리

25 시계가 제한된 경우의 조치로 옳지 않은 것은?

가 무신호를 울린다.

나 안전속력으로 항해한다.

사 전속으로 항해하여 안개지역을 빨리 벗어 난다.

아 레이더를 사용하고 거리 범위를 자주 변 경한다.

모든 선박은 자기 배의 침로를 유지하는 데 필요한 최소 한으로 속력을 줄여야 한다.

제3과목 **법규**

01 해사안전법상 '조종제한선'이 아닌 선박은?

가 준설 작업을 하고 있는 선박

나 항로표지를 부실하고 있는 선박

사 주기관의 고장으로 인해 움직일 수 없는 선박

아 항행 중 어획물을 옮겨 싣고 있는 어선

조종제한선(해상교통안전법 제2조 제11호)

• 항로표지, 해저전선 또는 해저파이프라인의 부설·보 수·인양 작업

• 준설(浚渫)·측량 또는 수중 작업

• 항행 중 보급, 사람 또는 화물의 이송 작업

• 항공기의 발착(發着)작업

• 기뢰(機雷)제거작업

• 진로에서 벗어날 수 있는 능력에 제한을 많이 받는 예 인(曳引)작업

02 해사안전법의 목적으로 옳은 것은?

가 해상에서의 인명구조

나 우수한 해기사 양성과 해기인력 확보

사 해양주권의 행사 및 국인의 해양권 확보

아 해사안전 증진과 선박의 원활한 교통에 기여

해상교통안전법은 선박의 안전 운항을 위한 안전관리 체제를 확립하고, 해상에서 일어나는 선박항행과 관련 된 모든 위험과 장해를 제거하여 해상에서의 안전과 원 활한 교통을 확보하는 것을 목적으로 한다.

정답 24 나 25 사 / 01 아 02 아

03 해사안전법상 술에 취한 상태에서 조타기를 조작하거나 조작을 지시한 경우 적용되는 규정에 대한 설명으로 옳은 것은?

가 해기사 면허가 취소되거나 정지될 수 있다.

나 술에 취한 상태에서는 음주 측정 요구에 따르지 않아도 된다.

사 술에 취한 선장이 조타기 조작을 지시만 하는 경우에는 처벌할 수 없다.

아 술에 취한 상태에서 조타기를 조작하여도 해양사고가 일어나지 않으면 처벌할 수 없다.

해기사 면허의 취소·정지 요청(해상교통안전법 제42조)
1. 술에 취한 상태에서 운항을 하기 위하여 조타기를 조작하거나 그 조작을 지시한 경우
2. 술에 취한 상태에서 조타기를 조작하거나 조작할 것을 지시하였다고 인정할 만한 상당한 이유가 있음에도 불구하고 해양경찰청 소속 경찰공무원의 측정 요구에 따르지 아니한 경우
3. 약물·환각물질의 영향으로 인하여 정상적으로 조타기를 조작하거나 그 조작을 지시하지 못할 우려가 있는 상태에서 조타기를 조작하거나 그 조작을 지시한 경우

04 해사안전법상 적절한 경계에 대한 설명으로 옳지 않은 것은?

가 이용할 수 있는 모든 수단을 이용한다.

나 청각을 이용하는 것이 가장 효과적이다.

사 선박 주위의 상황을 파악하기 위함이다.

아 다른 선박과 충돌할 위험성을 파악하기 위함이다.

경계(해상교통안전법 제70조)
선박은 주위의 상황 및 다른 선박과 충돌할 수 있는 위험성을 충분히 파악할 수 있도록 시각·청각 및 당시의 상황에 맞게 이용할 수 있는 모든 수단을 이용하여 항상 적절한 경계를 하여야 한다.

05 해사안전법상 충돌 위험의 판단에 대한 설명으로 옳지 않은 것은?

가 선박은 다른 선박과 충돌할 위험이 있는지를 판단하기 위하여 당시의 상황에 알맞은 모든 수단을 활용하여야 한다.

나 선박은 다른 선박과의 충돌 위험 여부를 판단하기 위하여 불충분한 레이더 정보나 그 밖의 불충분한 정보를 적극 활용하여야 한다.

사 선박은 접근하여 오는 다른 선박의 나침방위에 뚜렷한 변화가 일어나지 아니하면 충돌할 위험성이 있다고 보고 필요한 조치를 취하여야 한다.

아 레이더를 설치한 선박은 다른 선박과 충돌할 위험성 유무를 미리 파악하기 위하여 레이더를 이용하여 장거리 주사, 탐지된 물체에 대한 작도, 그 밖의 체계적인 관측을 하여야 한다.

충돌 위험(해상교통안전법 제72조 제3항)
선박은 불충분한 레이더 정보나 그 밖의 불충분한 정보에 의존하여 다른 선박과의 충돌 위험성 여부를 판단하여서는 아니 된다.

정답 03 가 04 나 05 나

06 해사안전법상 통항분리수역에서의 항법으로 옳지 않은 것은?

가 통항로는 어떠한 경우에도 횡단할 수 없다.

나 통항로의 출입구를 통하여 출입하는 것을 원칙으로 한다.

사 통항로 안에서는 정하여진 진행 방향으로 항행하여야 한다.

아 분리선이나 분리대에서 될 수 있으면 떨어져서 항행하여야 한다.

통항분리수역 항행 원칙
- 통항로 안에서는 정하여진 진행 방향으로 항행할 것
- 분리선이나 분리대에서 될 수 있으면 떨어져서 항행할 것
- 통항로의 출입구를 통하여 작은 각도로 출입
- 부득이한 사유로 그 통항로를 횡단하여야 하는 경우에는 그 통항로와 선수 방향이 직각에 가까운 각도로 횡단
- 길이 20미터 미만의 선박이나 범선은 통항로를 따라 항행하고 있는 다른 선박의 항행을 방해하여서는 안 됨
- 모든 선박은 통항분리수역의 출입구 부근에서는 특히 주의하여 항행
- 통항분리수역을 이용하지 아니하는 선박은 될 수 있으면 통항분리수역에서 멀리 떨어져서 항행

07 해사안전법상 유지선이 충돌을 피하기 위한 협력 동작을 하여야 할 시기로 옳은 것은?

가 피항선이 적절한 동작을 취하고 있을 때

나 먼 거리에서 충돌의 위험이 있다고 판단한 때

사 자선의 조종만으로 조기의 피항동작을 취한 직후

아 피항선의 동작만으로는 충돌을 피할 수 없다고 판단한 때

유지선의 동작(해상교통안전법 제82조 제3항)
유지선은 피항선과 매우 가깝게 접근하여 해당 피항선의 동작만으로는 충돌을 피할 수 없다고 판단하는 경우에는 충돌을 피하기 위하여 충분한 협력을 하여야 한다.

08 해사안전법상 2척의 동력선이 마주치는 상태로 볼 수 있는 경우가 아닌 것은?

가 선수 방향에 있는 다른 선박의 선미 등을 볼 수 있는 경우

나 선수 방향에 있는 다른 선박과 마주치는 상태에 있는지가 분명하지 아니한 경우

사 다른 선박을 선수 방향에서 볼 수 있는 경우, 낮에는 2척의 선박의 미스트가 선수에서 선미까지 일직선이 되거나 거의 일직선이 되는 경우

아 다른 선박을 선수 방향에서 볼 수 있는 경우, 밤에는 2개의 마스트 등을 일직선으로 또는 거의 일직선으로 볼 수 있거나 양쪽의 현등을 볼 수 있는 경우

마주치는 상태(해상교통안전법 제79조)
② 선박은 다른 선박을 선수 방향에서 볼 수 있는 경우로서 다음 각 호의 어느 하나에 해당하면 마주치는 상태에 있다고 보아야 한다.
1. 밤에는 2개의 마스트등을 일직선으로 또는 거의 일직선으로 볼 수 있거나 양쪽의 현등을 볼 수 있는 경우
2. 낮에는 2척의 선박의 마스트가 선수에서 선미(船尾)까지 일직선이 되거나 거의 일직선이 되는 경우
③ 선박은 마주치는 상태에 있는지가 분명하지 아니한 경우에는 마주치는 상태에 있다고 보고 필요한 조치를 취하여야 한다.

정답 **06** 가 **07** 아 **08** 가

09 해사안전법상 선박이 '서로 시계 안에 있는 상태'를 옳게 정의한 것은?

가 한 선박이 다른 선박을 횡단하는 상태

나 한 선박이 다른 선박과 교신 중인 상태

사 한 선박이 다른 선박을 눈으로 볼 수 있는 상태

아 한 선박이 다른 선박을 레이더만으로 확인할 수 있는 상태

해설

해상교통안전법 제2절 선박이 서로 시계 안에 있는 때의 항법 제76조(적용) 이 절은 선박에서 다른 선박을 눈으로 볼 수 있는 상태에 있는 선박에 적용한다.

10 해사안전법상 제한된 시계에서 충돌할 위험성이 없다고 판단한 경우 외에 자기 선박의 양쪽 현의 정횡 앞쪽에 있는 다른 선박의 무중신호를 듣고 취할 조치로 옳은 것을 〈보기〉에서 모두 고른 것은?

┌─ 보기 ─┐
ㄱ. 최대 속력으로 항행하면서 경계를 한다.
ㄴ. 우현 쪽으로 침로 변경시키지 않는다.
ㄷ. 필요시 자기 선박의 진행을 완전히 멈춘다.
ㄹ. 충돌할 위험성이 사라질 때까지 주의하여 항행하여야 한다.
└──────┘

가 ㄴ, ㄷ

나 ㄷ, ㄹ

사 ㄱ, ㄴ, ㄹ

아 ㄴ, ㄷ, ㄹ

해설

제한된 시계에서 선박의 항법(해상교통안전법 제84조 제6항)

충돌할 위험성이 없다고 판단한 경우 외에는 다음에 해당하는 경우 모든 선박은 자기 배의 침로를 유지하는 데에 필요한 최소한으로 속력을 줄여야 한다. 이 경우 필요하다고 인정되면 자기 선박의 진행을 완전히 멈추어야 하며, 어떠한 경우에도 충돌할 위험성이 사라질 때까지 주의하여 항행하여야 한다.

• 자기 선박의 양쪽 현의 정횡 앞쪽에 있는 다른 선박에서 무중신호(霧中信號)를 듣는 경우
• 자기 선박의 양쪽 현의 정횡으로부터 앞쪽에 있는 다른 선박과 매우 근접한 것을 피할 수 없는 경우

11 해사안전법상 '섬광등'의 정의는?

가 선수 쪽 225도에 걸치는 수평의 호를 비추는 등

나 360도에 걸치는 수평의 호를 비추는 등화로서 일정한 간격으로 1분에 30회 이상 섬광을 발하는 등

사 360도에 걸치는 수평의 호를 비추는 등화로서 일정한 간격으로 1분에 60회 이상 섬광을 발하는 등

아 360도에 걸치는 수평의 호를 비추는 등화로서 일정한 간격으로 1분에 120회 이상 섬광을 발하는 등

해설

섬광등 : 360도에 걸치는 수평의 호를 비추는 등화로서 일정한 간격으로 1분에 120회 이상 섬광을 발하는 등(해상교통안전법 제86조)

정답 09 사 10 나 11 아

12 해사안전법상 야간에 가장 잘 보이는 곳에 붉은색 전주등 3개를 수직으로 표시하고 있는 선박은?

　가　조종불능선

　나　흘수제약선

　사　어로에 종사하고 있는 선박

　아　피예인선을 예인 중인 예인선

흘수제약선 : 붉은색 전주등 3개를 수직으로 표시하거나 원통형의 형상물 1개를 표시(해상교통안전법 제93조)

13 해사안전법상 선미등이 비추는 수평의 호의 범위와 등색은?

　가　135도, 흰색

　나　135도, 붉은색

　사　225도, 흰색

　아　225도, 붉은색

선미등 : 135도에 걸치는 수평의 호를 비추는 흰색 등으로서 그 불빛이 정선미 방향으로부터 양쪽 현의 67.5도까지 비출 수 있도록 선미 부분 가까이에 설치된 등(해상교통안전법 제86조)

14 해사안전법상 항행 중인 길이 12미터 이상인 동력선이 서로 상대의 시계 안에 있고, 침로를 왼쪽으로 변경하고 있는 경우 행하여야 하는 기적신호는?

　가　단음 1회　　　나　단음 2회

　사　장음 1회　　　아　장음 2회

조종신호와 경고신호(해상교통안전법 제99조 제1항)

항행 중인 동력선이 서로 상대의 시계 안에 있는 경우에 이 법에 따라 그 침로를 변경하거나 그 기관을 후진하여 사용할 때에는 다음의 구분에 따라 기적신호를 행하여야 한다.

• 침로를 오른쪽으로 변경하고 있는 경우 : 단음 1회

• 침로를 왼쪽으로 변경하고 있는 경우 : 단음 2회

• 기관을 후진하고 있는 경우 : 단음 3회

15 해사안전법상 제한된 시계 안에서 정박하여 어로 작업을 하고 있거나 작업 중인 조종제한선을 제외한 길이 20미터 이상 100미터 미만의 선박이 정박 중 1분을 넘지 아니하는 간격으로 올려야 하는 음향신호는?

　가　단음 5회

　나　10초 정도의 긴 장음

　사　10초 정도의 호루라기

　아　5초 정도 재빨리 울리는 호종

정박 중인 선박은 1분을 넘지 아니하는 간격으로 5초 정도 재빨리 호종을 울려야 한다. 다만, 정박하여 어로 작업을 하고 있거나 작업 중인 조종제한선은 제외(해상교통안전법 제100조)

16 선박의 입항 및 출항 등에 관한 법률상 무역의 수상구역 등에서 정박하거나 정류할 수 있는 경우가 아닌 것은?

　가　인명을 구조하는 경우

　나　해양사고를 피하기 위한 경우

　사　선용품을 보급 받고 있는 경우

　아　선박의 고장으로 선박을 조종할 수 없는 경우

정답　**12** 나　**13** 가　**14** 나　**15** 아　**16** 사

선박은 무역항의 수상구역 등에서 정박하거나 정류하지 못하나 다음의 경우에는 정박하거나 정류할 수 있다(법 제6조 제2항).
- 해양사고를 피하기 위한 경우
- 선박의 고장이나 그 밖의 사유로 선박을 조종할 수 없는 경우
- 인명을 구조하거나 급박한 위험이 있는 선박을 구조하는 경우
- 허가를 받은 공사 또는 작업에 사용하는 경우

17 선박의 입항 및 출항 등에 관한 법률상 총톤수 5톤인 내항선이 무역항의 수상구역 등을 출입할 때 하는 출입 신고에 대한 내용으로 옳은 것은?

　가 내항선이므로 출입 신고를 하지 않아도 된다.

　나 출항 일시가 이미 정하여진 경우에도 입항 신고와 출항 신고는 동시에 할 수 없다.

　사 무역항의 수상구역의 안으로 입항하는 경우 원칙적으로 입항하기 전에 입항 신고를 하여야 한다.

　아 무역항의 수상구역 등의 밖으로 출항하는 경우 통상적으로 출항 직후 즉시 출항 신고를 하여야 한다.

내항선(국내에서만 운항하는 선박을 말한다)이 무역항의 수상구역 등의 안으로 입항하는 경우에는 입항 전에, 무역항의 수상구역 등의 밖으로 출항하려는 경우에는 출항 전에 해양수산부령으로 정하는 바에 따라 내항선 출입 신고서를 해양수산부장관에게 제출할 것(시행령 제2조 제1호)

18 선박의 입항 및 출항 등에 관한 법률상 무역의 수상구역 등에서 화재가 발생한 경우 기적이나 사이렌을 갖춘 선박이 울리는 경보는?

　가 기적이나 사이렌으로 장음 5회를 적당한 간격으로 반복

　나 기적이나 사이렌으로 장음 7회를 적당한 간격으로 반복

　사 기적이나 사이렌으로 단음 5회를 적당한 간격으로 반복

　아 기적이나 사이렌으로 단음 7회를 적당한 간격으로 반복

화재 시 경보 방법 : 무역항의 수상구역 등에서 기적이나 사이렌을 갖춘 선박에 화재가 발생한 경우 그 선박은 기적이나 사이렌을 장음(4초에서 6초까지의 시간 동안 계속되는 울림)으로 5회 울려야 한다(법 제46조 제2항, 시행규칙 제26조).

19 선박의 입항 및 출항 등에 관한 법률상 우선피항 선에 대한 규정으로 옳은 것은?

　가 우선피항선은 다른 선박의 항행에 방해가 될 우려가 있는 장소에 정박하거나 정류하여서는 아니 된다.

　나 무역항의 수상구역 등이나 무역항의 수상구역 부근에서 우선피항선은 다른 선박과 만나는 자세에 따라 유지선이 될 수 있다.

　사 총톤수 5톤 미만인 우선피항선이 무역항의 수상구역 등에 출입하려는 경우에는 통상적으로 대통령령으로 정하는 바에 따라 관리청에 신고하여야 한다.

　아 우선피항선은 무역항의 수상구역 등에 출입하는 경우 또는 무역항의 수상구역 등을 통과하는 경우에는 관리청에서 지정·고시한 항로를 따라 항행하여야 한다.

정답 　17 사　18 가　19 가

정박지의 사용 등(법 제5조 제3항) : 우선피항선은 다른 선박의 항행에 방해가 될 우려가 있는 장소에 정박하거나 정류하여서는 아니 된다.

20 ( )에 적합한 것은?

> 선박의 입항 및 출항 등에 관한 법률상 항로에서 다른 선박과 마주칠 우려가 있는 경우에는 ( )으로 항행하여야 한다.

가 왼쪽　　　　**나** 오른쪽

사 부두쪽　　　**아** 중앙

항로에서의 항법(제12조)
- 항로 밖에서 항로에 들어오거나 항로에서 항로 밖으로 나가는 선박은 항로를 항행하는 다른 선박의 진로를 피하여 항행할 것
- 항로에서 다른 선박과 나란히 항행하지 아니할 것
- 항로에서 다른 선박과 마주칠 우려가 있는 경우에는 오른쪽으로 항행할 것

21 선박의 입항 및 출항 등에 관한 법률상 무역항의 수상구역 등의 방파제 입구 등에서 입항하는 선박과 출항하는 선박이 서로 마주칠 우려가 있을 때의 항법은?

가 입항하는 선박이 방파제 밖에서 출항하는 선박의 진로를 피하여야 한다.

나 출항하는 선박은 방파제 안에서 입항하는 선박의 진로를 피하여야 한다.

사 입항하는 선박이 방파제 입구를 좌현 쪽으로 접근하여 통과하여야 한다.

아 출항하는 선박은 방파제 입구를 좌현 쪽으로 접근하여 통과하여야 한다.

방파제 부근에서의 항법 : 무역항의 수상구역등에 입항하는 선박이 방파제 입구 등에서 출항하는 선박과 마주칠 우려가 있는 경우에는 방파제 밖에서 출항하는 선박의 진로를 피하여야 한다(법 제13조).

22 다음 중 선박의 입항 및 출항 등에 관한 법률상 해양사고를 피하기 위한 경우 등 해양수산부령으로 정하는 사유가 아닌 경우 무역항의 수상구역 등을 통과할 때 지정·고시된 항로를 따라 항행하여야 하는 선박은?

가 예선

나 압항부선

사 주로 삿대로 운전하는 선박

아 예인선이 부선을 끌거나 밀고 있는 경우의 예인선 및 부선

항로 지정 및 준수(법 제10조 제2항) : 우선피항선 외의 선박은 무역항의 수상구역 등에 출입하는 경우 또는 무역항의 수상구역 등을 통과하는 경우에는 제1항에 따라 지정·고시된 항로를 따라 항행하여야 한다. 다만, 해양사고를 피하기 위한 경우 등 해양수산부령으로 정하는 사유가 있는 경우에는 그러하지 아니하다.

23 해양환경관리법상 선박의 방제의무자에 해당하는 사람은?

가 배출을 발견한 자

나 지방해양수산청장

사 배출된 오염물질이 적재되었던 선박의 선장

아 배출된 오염물질이 적재되었던 선박의 기관장

정답 20 나　21 가　22 나　23 사

오염물질이 배출될 우려가 있는 경우의 조치 등(법 제65조 제1항) : 선박의 소유자 또는 선장, 해양시설의 소유자는 선박 또는 해양시설의 좌초·충돌·침몰·화재 등의 사고로 인하여 선박 또는 해양시설로부터 오염물질이 배출될 우려가 있는 경우에는 해양수산부령이 정하는 바에 따라 오염물질의 배출방지를 위한 조치를 하여야 한다.
방제의무자는 "선박의 소유자 또는 선장, 해양시설의 소유자"로 본다.

24 해양환경관리법상 선박의 밑바닥에 고인 액상 유성혼합물은?

가 석유   나 선저폐수

사 폐기물   아 잔류성 오염물질

- **기름** : 「석유 및 석유대체연료 사업법」에 따른 원유 및 석유제품(석유가스를 제외한다)과 이들을 함유하고 있는 액체상태의 유성혼합물
- **잔류성 오염물질** : 해양에 유입되어 생물체에 농축되는 경우 장기간 지속적으로 급성·만성의 독성 또는 발암성을 야기하는 화학물질

25 해양환경관리법상 해양오염방지설비 등을 선박에 최초로 설치하여 항해에 사용하고자 할 때 받는 검사는?

가 정기검사   나 임시검사

사 특별검사   아 제조검사

정기검사(법 제49조 제1항) : 해양오염방지설비에는 폐기물오염방지설비, 기름오염방지설비, 유해액체물질오염방지설비, 대기오염방지설비 4가지가 있는데, 선박에 해양오염방지설비를 처음으로 설치하는 경우로 5년마다 실시

---

01 총톤수 10톤 정도의 소형 선박에서 가장 많이 이용하는 디젤 기관의 시동 방법은?

가 사람의 힘에 의한 수동시동

나 시동 기관에 의한 시동

사 시동 전동기에 의한 시동

아 압축공기에 의한 시동

출력이 30kW 이상 되면 인력에 의한 시동은 곤란하다. 따라서, 시동 전동기를 설치하여 시동한다. 총톤수 10톤 정도의 소형 선박은 시동 전동기에 의한 시동 방법을 가장 많이 사용한다.

02 내연기관을 작동시키는 유체는?

가 증기   나 공기

사 연료유   아 연소가스

소형 디젤 기관의 경우 고온·고압의 연소가스를 이용해 터빈을 고속으로 회전시키고, 그 회전력으로 원심식 압출기를 구동하여 압축한 공기를 엔진 내부로 보낸다.

03 디젤 기관의 압축비에 해당하는 것은?

가 (압축 부피)/(실린더 부피)

나 (실린더 부피)/(압축 부피)

사 (행정 부피)/(압축 부피)

아 (압축 부피)/(행정 부피)

압축비 : 실린더 부피 / 압축 부피 = (압축 부피 + 행정 부피) / 압축 부피

04 4행정 사이클 디젤 기관에서 실제로 동력을 발생 시키는 행정은?

가 흡입행정 **나** 압축행정
사 작동행정 **아** 배기행정

작동행정은 동력이 발생되기 때문에 동력행정이라고도 하며, 압축된 혼합기가 점화 플러그 또는 압축된 공기에 연료가 분사되어 폭발하면서 발생한 연소가스가 피스톤을 하강시켜 크랭크축을 회전시키면서 동력이 발생된다.

05 동일한 디젤 기관에서 크기가 가장 작은 것은?

가 과급기 **나** 연료분사 밸브
사 실린더 헤드 **아** 실린더 라이너

연료분사 밸브 : 보통 연료 밸브라고 하며, 실린더 헤드에 설치되어 연료분사 펌프에서 송출되는 연료유를 실린더 내에 분사시킨다.

06 소형기관에서 흡·배기 밸브의 운동에 대한 설명으로 옳은 것은?

가 흡기밸브는 스프링의 힘으로 열린다.
나 흡기밸브는 푸시로드에 의해 닫힌다.
사 배기밸브는 푸시로드에 의해 닫힌다.
아 배기밸브는 스프링의 힘으로 닫힌다.

밸브(valve)는 연소실의 흡·배기구를 직접 개폐하는 역할을 하며, 공기 또는 혼합기를 흡입하는 흡기밸브와 연소가스를 배출시키는 배기밸브가 있다. 밸브 스프링은 밸브가 닫혀 있는 동안에 밸브 페이스가 시트와 밀착하여 기밀을 유지하고, 밸브가 캠의 형상에 따라 개폐되도록 하기 위하여 사용하는 스프링이다.

07 디젤 기관에서 오일 스크레이퍼 링에 대한 설명으로 옳은 것은?

가 윤활유를 실린더 내벽에서 밑으로 긁어내린다.
나 피스톤의 열을 실린더에 전달한다.
사 피스톤의 회전운동을 원활하게 한다.
아 연소가스의 누설을 방지한다.

오일 스크레이퍼 링(피스톤 오일 링)은 실린더 벽의 윤활유를 긁어내는 역할을 하는데 오일 링의 하측 모서리가 날카롭게 되어 있다.

08 소형기관에서 피스톤과 연접봉을 연결하는 부품은?

가 로크 핀 **나** 피스톤 핀
사 크랭크 핀 **아** 크로스헤드 핀

피스톤 핀(piston pin) : 피스톤과 커넥팅 로드(연접봉, 연결봉)를 연결하는 핀이며, 내부가 비어 있는 중공(hollow) 방식으로 되어 있다.

09 소형기관에서 크랭크축의 구성 요소가 아닌 것은?

가 크랭크 암 **나** 크랭크 핀
사 크랭크 저널 **아** 크랭크 보스

크랭크축(crank shaft)은 크랭크 저널(crank journal), 크랭크 핀(crank pin) 및 크랭크 암(crank arm)으로 구성되는데 실린더에서 발생한 피스톤의 왕복운동을 커넥팅 로드를 거쳐 회전운동으로 바꾸어 동력을 전달한다.

정답 04 사 05 나 06 아 07 가 08 나 09 아

PART
03

10 운전 중인 디젤 기관의 실린더 헤드와 실린더 라이너 사이에서 배기가스가 누설하는 경우의 가장 적절한 조치 방법은?

가 기관을 정지하여 구리개스킷을 교환한다.

나 기관을 정지하여 구리개스킷을 1개 더 추가로 삽입한다.

사 배기가스가 누설하지 않을 때까지 저속으로 운전한다.

아 실린더 헤드와 실린더 라이너 사이의 죄임 너트를 약간 풀어 준다.

실린더 헤드 볼트의 풀림을 검사하고 필요하면 개스킷을 새것으로 교환한다.

11 디젤 기관이 효율적으로 운전될 때의 배기가스 색깔은?

가 회색   나 백색

사 흑색   아 무색

정상적인 배기 색깔은 무색이다.

12 디젤 기관에서 디젤 노크를 방지하기 위한 방법으로 옳지 않은 것은?

가 착화지연을 길게 한다.

나 냉각수 온도를 높게 유지한다.

사 착화성이 좋은 연료유를 사용한다.

아 연소실 내 공기의 와류를 크게 한다.

디젤 기관에서 디젤 노크(흔들림)는 연소 초기에 일어난다. 이것을 방지하려면 착화지연(늦음)기간을 짧게 하여야 한다.

13 디젤 기관의 연료유관 계통에서 프라이밍이 완료된 상태는 어떻게 판단하는가?

가 연료유의 불순물만 나올 때

나 공기만 나올 때

사 연료유만 나올 때

아 연료유와 공기의 거품이 함께 나올 때

프라이밍은 내연기관을 시동할 때, 수동 펌프로 연료 공급관 내에 기름을 가득 채워 펌프나 관 내에 남아 있는 공기를 배출하는 일로, 연료유관 프라이밍은 연료유만 나올 때 완료된 것으로 판단한다.

14 10노트로 항해하는 선박의 속력에 대한 설명으로 옳은 것은?

가 1시간에 1마일을 항해하는 선박의 속력이다.

나 1시간에 5마일을 항해하는 선박의 속력이다.

사 10시간에 1마일을 항해하는 선박의 속력이다.

아 10시간에 100마일을 항해하는 선박의 속력이다.

선박의 속력(노트, knot) = 마일 ÷ 시간
그러므로, 10노트 = 100마일 ÷ 10시간

15 조타장치의 역할로 옳은 것은?

가 선박의 진행 속도 조정

나 선내 전원 공급

사 선박의 진행 방향 조정

아 디젤 기관에 윤활유 공급

정답   **10** 가   **11** 아   **12** 가   **13** 사   **14** 아   **15** 사

조타장치는 타의 회전 각도를 제어하고 타각을 유지하는 데 필요한 장치로 추종장치, 추구장치, 원동기 및 타 장치로 구성된다.

16 송출측에 공기실을 설치하는 펌프는?

가 원심 펌프   나 축류 펌프
사 왕복 펌프   아 기어 펌프

왕복 펌프는 특성상 행정 중 피스톤의 위치에 따라 피스톤의 운동속도가 달라지므로 송출량에 맥동이 생기며, 순간 송출유량도 피스톤 위치에 따라 변하게 되므로 송출유량의 맥동을 줄이기 위해 펌프 송출측의 실린더에 공기실을 설치한다.

17 디젤 기관의 냉각수 펌프로 가장 적당한 펌프는?

가 기어 펌프   나 원심 펌프
사 이모 펌프   아 베인 펌프

냉각수 펌프는 주로 원심 펌프를 사용하며 펌프 몸체, 임펠러, 펌프축, 베어링 등으로 구성된다.

18 전동기의 기동반에 설치되는 표시등이 아닌 것은?

가 전원등   나 운전등
사 경보등   아 병렬등

전동기의 기동반에 설치되는 표시등에는 운전등, 전원등, 경보등이 있다.

19 전류의 흐름을 방해하는 성질인 저항의 단위는?

가 [V]   나 [A]
사 [Ω]   아 [kW]

저항의 기호는 R이고, 단위는 옴[Ω]을 사용한다.

20 교류 발전기 2대를 병렬운전 할 경우 동기검정기로 판단할 수 있는 것은?

가 두 발전기의 극수와 동기속도의 일치 여부
나 두 발전기의 부하전류와 전압의 일치 여부
사 두 발전기의 절연저항과 권선저항의 일치 여부
아 두 발전기의 주파수와 위상의 일치 여부

교류 발전기를 병렬운전 하려면 주파수가 일치되어야 하는데, 동기검정기를 보고 주파수와 위상이 일치되도록 병렬운전 하고자 하는 발전기의 속도를 조정한다.

21 운전 중인 디젤 기관에서 어느 한 실린더의 배기온도가 상승한 경우의 원인으로 가장 적절한 것은?

가 과부하 운전
나 조속기 고장
사 배기밸브의 누설
아 흡입공기의 냉각 불량

특정 실린더에서 배기가스의 온도가 상승하는 원인으로는 연료분사 밸브나 노즐의 결함 또는 배기밸브의 누설 등이 있다. 밸브나 노즐을 교체하거나 분해 점검하여야 한다.

정답 16 사 17 나 18 아 19 사 20 아 21 사

22 운전 중인 기관을 신속하게 정지시켜야 하는 경우는?

가 시동 배터리의 전압이 너무 낮을 때

나 냉각수 온도가 너무 높을 때

사 윤활유 온도가 규정값보다 낮을 때

아 냉각수 압력이 규정값보다 높을 때

기관을 정지시켜야 하는 경우

• 운동부에서 이상한 음향이나 진동이 발생할 때

• 베어링 윤활유, 실린더 냉각수, 피스톤 냉각수(유) 출구 온도가 이상 상승할 때

• 냉각수나 윤활유 공급 압력이 급격히 떨어졌으나 즉시 복구하지 못할 때

• 조속기, 연료분사 펌프, 연료분사 밸브의 고장으로 회전수가 급격히 변동할 때

• 회전수가 급격하게 떨어져 그 원인이 불분명하거나 배기온도가 급격히 상승할 때

• 어느 실린더의 음향이 특히 높거나 안전 밸브가 동작하여 가스가 분출될 때 등

23 소형 디젤 기관에서 실린더 라이너가 너무 많이 마멸되었을 경우에 대한 설명으로 옳지 않은 것은?

가 윤활유가 오손되기 쉽다.

나 윤활유가 많이 소모된다.

사 기관의 출력이 저하된다.

아 연료유 소비량이 줄어든다.

실린더 마모의 영향 : 출력 저하, 압축압력의 저하, 연료의 불완전 연소, 연료 소비량 증가, 윤활유 소비량 증가, 기관의 시동성 저하, 가스가 크랭크실로 누설 등이다.

24 연료유의 비중이란?

가 부피가 같은 연료유와 물의 무게 비이다.

나 압력이 같은 연료유와 물의 무게 비이다.

사 점도가 같은 연료와 물의 무게 비이다.

아 인화점이 같은 연료유와 물의 무게 비이다.

비중(specific gravity)은 부피가 같은 기름의 무게와 물의 무게의 비를 말한다.

25 연료유의 점도에 대한 설명으로 옳은 것은?

가 온도가 낮아질수록 점도는 높아진다.

나 온도가 높아질수록 점도는 높아진다.

사 대기 중 습도가 낮아질수록 점도는 높아진다.

아 대기 중 습도가 높아질수록 점도는 높아진다.

일반적으로 온도가 상승하면 연료유의 점도는 낮아지고, 온도가 낮아지면 점도는 높아진다.

정답 22 나 23 아 24 가 25 가

2023년 제2회 최신 기출문제

제1과목 항해

01 자기 컴퍼스의 컴퍼스 카드에 부착되어 지북력을 갖게 하는 영구자석은?

가 피벗　　나 부실

사 자침　　아 짐벌즈

자침 : 2개의 영구자석으로 만들어진 부품으로 자이로 컴퍼스가 강한 지북력을 가지고 있게 한다.

02 기계식 자이로컴퍼스의 위도오차에 대한 설명으로 옳지 않은 것은?

가 위도가 높을수록 오차는 감소한다.

나 적도에서는 오차가 생기지 않는다.

사 북위도 지방에서는 편동오차가 된다.

아 경사 제진식 자이로컴퍼스에만 있는 오차이다.

위도오차 : 적도 지방(0°)에서는 오차가 발생하지 않으며, 위도가 높을수록 오차가 증가

03 선체가 수평일 때에는 자차가 0°이더라도 선체가 기울어지면 다시 자차가 생길 수 있는데, 이 때 생기는 자차는?

가 기차　　나 경선차

사 편차　　아 컴퍼스 오차

경선차 : 선체가 수평일 때는 자차가 0°였으나 선체가 기울어지면 생기는 자차

04 다음 중 레이더의 거짓상을 판독하기 위한 방법으로 가장 적절한 것은?

가 본선의 속력을 줄인다.

나 레이더의 전원을 껐다가 다시 켠다.

사 본선 침로를 약 10도 정도 좌우로 변침한다.

아 레이더와 가장 가까운 항해계기의 전원을 끈다.

선수 쪽에 나타난 영상이 허상으로 의심될 때 대개 간접 반사파의 영상은 변침하면 곧 사라진다.

05 자차 3°E, 편차 6°W일 때 나침의 오차(Compass error)는?

가 3°E　　나 3°W

사 9°E　　아 9°W

자차 3°E, 편차 6°W일 때 컴퍼스 오차는 큰 값에서 작은 값을 빼주고 큰 값의 부호를 붙인다(6°W−3°E＝3°W).

06 레이더를 이용하여 알 수 없는 정보는?

가 본선과 다른 선박 사이의 거리

나 본선 주위에 있는 부표의 존재 여부

사 본선 주위에 있는 다른 선박의 선체 색깔

아 안개가 끼었을 때 다른 선박의 존재 여부

레이더는 거리 및 방향을 파악하는 계기로 선체 색깔을 파악할 수 없다.

정답 01 사　02 가　03 나　04 사　05 나　06 사

07 ( )에 순서대로 적합한 것은?

> 해상에서 일반적으로 추측위치를 디알[DR]위
> 치라고도 부르며, 선박의 ( )와 ( )
> 의 두 가지 요소를 이용하여 구하게 된다.

가 방위, 거리   **나** 경도, 위도

사 고도, 양각   **아** 침로, 속력

추측위치(DR위치, DRP) : 최근의 실측위치를 기준으로 하여 그 후에 조타한 진침로와 속력(또는 거리)를 이용하여 구하는 위치

08 레이더 화면을 12해리 거리 범위로 맞추어 놓은 상태에서 고정거리 눈금의 동심원과 동심원 사이 거리는?

가 0.1해리   **나** 0.5해리

사 1.0해리   **아** 2.0해리

레이더 범위 지정마다 달라지지만 보통 레이더가 6마일 레인지일 때 1마일이므로 12해리 스케일이면 동심원 사이 거리는 2해리마다 나온다.

09 노출암을 나타낸 해도도식에서 '4'가 의미하는 것은?

가 수심   **나** 암초 높이

사 파고   **아** 암초 크기

노출암 표시 옆의 숫자의 의미 : 해당 암초의 높이

10 다음 그림은 상대운동 표시방식 레이더 화면에서 본선 주변에 있는 4척의 선박을 플로팅한 것이다. 현재 상태에서 본선과 충돌할 가능성이 가장 큰 선박은?

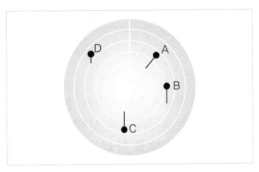

가 A   **나** B

사 C   **아** D

문제는 상대운동 표시방식의 레이더로 자선의 위치가 어느 한 점에 고정되어 있기 때문에 모든 물체는 자선의 움직임에 대하여 상대적인 움직임으로 표시된다. 문제의 A의 선박은 본선의 항로에 접근 가능한 위치가 되므로 충돌의 위험이 있다.

11 우리나라 종이해도에서 주로 사용하는 수심의 단위는?

가 미터(m)   **나** 인치(inch)

사 패덤(fm)   **아** 킬로미터(km)

수심의 측정 기준 : 기본수준면(약최저저조면)으로 수심의 단위는 미터(m)

정답 07 아   08 아   09 나   10 가   11 가

12 항로의 지도 및 안내서이며 해상에 있어서 기상, 해류, 조류 등의 여러 형상 및 항로의 상황 등을 상세히 기재한 수로서지는?

가 등대표   나 조석표

사 천측력   아 항로지

항로지 : 해상에 있어서의 기상, 해류, 조류 등의 여러 현상과 도선사, 검역, 항로표지 등의 일반기사 및 항로의 상황, 연안의 지형, 항만의 시설 등이 기재되어 있는 수로서지

13 항로, 항행에 위험한 암초, 항행금지구역 등을 표시하는 지점에 고정 설치하여 선박의 좌초를 예방하고 항로를 지도하기 위하여 설치되는 광파(야간)표지는?

가 등선   나 등표

사 도등   아 등부표

등표 : 항로, 암초, 항행금지구역 등을 표시하는 지점에 고정·설치하여 안전사고를 예방하는 표지

14 점등장치가 없고, 표지의 모양과 색깔로서 식별하는 표지는?

가 전파표지

나 형상(주간)표지

사 광파(야간)표지

아 음파(음향)표지

형상(주간)표지 : 점등장치가 없고, 형상과 색깔로 주간에 선위를 결정할 때 이용하며, 주표라고도 함

15 다음 중 시계가 나빠서 육지나 등화의 발견이 어려울 경우 사용하는 음향(음파)표지는?

가 육표   나 등부표

사 레이콘   아 다이어폰

다이어폰 : 압축공기에 의해서 발음체인 피스톤을 왕복시켜서 소리를 내는 장치

16 주로 하나의 항만, 어항, 좁은 수로 등 좁은 구역을 표시하는 해도에 많이 이용되는 도법은?

가 평면도법   나 점장도법

사 대권도법   아 다원추도법

평면도법 : 지구 표면의 좁은 구역을 평면으로 간주하고 그린 축척이 큰 해도로, 주로 항박도에 많이 이용

17 연안항해 시 종이해도의 선택 방법으로 옳지 않은 것은?

가 최신의 해도를 사용한다.

나 완전히 개보된 것이 좋다.

사 내용이 상세히 기록된 것이 좋다.

아 대축척 해도보다 소축척 해도가 좋다.

연안항해 시는 축척이 큰 대축척 해도를 이용한다.

18 다음 국제해상부표식의 종류 중 A, B 두 지역에 따라 등화의 색상이 다른 것은?

가 측방표지   나 특수표지

사 방위표지   아 고립장애(장해)표지

정답   12 아 13 나 14 나 15 아 16 가 17 아 18 가

측방표지 : 국제항로표지협회에서는 각국의 부표식의 형식과 적용 방법을 A방식과 B방식으로 구분하여 다르게 표시되도록 함

19 등질에 대한 설명으로 옳지 않은 것은?

가 모스 부호등은 모스 부호를 빛으로 발하는 등이다.

나 분호등은 3가지 등색을 바꾸어 가며 계속 빛을 내는 등이다.

사 섬광등은 빛을 비추는 시간이 꺼져 있는 시간보다 짧은 등이다.

아 호광등은 색깔이 다른 종류의 빛을 교대로 내며, 그 사이에 등광은 꺼지는 일이 없는 등이다.

분호등 : 서로 다른 지역을 다른 색상으로 비추는 등화로, 위험구역만을 주로 홍색광으로 비추는 등화

20 우리나라 부근의 고기압 중 아열대역에 동서로 길게 뻗쳐 있으며 오랫동안 지속되는 키가 큰 고기압은?

가 이동성 고기압

나 시베리아 고기압

사 북태평양 고기압

아 오오츠크해 고기압

북태평양 고기압 : 중심부의 온도가 둘레보다 높은 고기압으로, 대기 대순환에서 하강기류가 있는 곳에 생기며 상층부까지 고압대가 형성되는 키가 큰 고기압

21 고기압에 대하여 옳게 설명한 것은?

가 1기압보다 높은 것을 말한다.

나 상승기류가 있어 날씨가 좋다.

사 주위의 기압보다 높은 것을 말한다.

아 바람은 저기압 중심에서 고기압 쪽으로 분다.

고기압은 주위보다 상대적으로 기압이 높은 것으로 하강기류가 생겨 날씨는 비교적 좋다.

22 일기도의 종류와 내용을 나타내는 기호의 연결로 옳지 않은 것은?

가 A : 해석도　　나 S : 지상 자료

사 F : 예상도　　아 U : 불명확한 자료

일기도 표제 : A(Analysis, 해석도), F(Forecast, 예상도), W(Warning, 경보), S(Surface, 지상 자료), U(Upper air, 고층 자료)

23 소형선박에서 통항계획의 수립은 누가 하여야 하는가?

가 선주

나 선장

사 지방해양수산청장

아 선박교통관제(VTS)센터

소형선에서는 선장이 직접 통항계획을 수립한다. 연안 수역 통항계획 수립 시에는 항로지정제도, 선박보고제도, 선박교통관제 등을 고려해야 한다.

정답 19 나 20 사 21 사 22 아 23 나

24 선박의 항로지정제도(Ship's routeing)에 관한 설명으로 옳지 않은 것은?

　가 국제해사기구(IMO)에서 지정할 수 있다.

　나 특정 화물을 운송하는 선박에 대해서도 사용을 권고할 수 있다.

　사 모든 선박 또는 일부 범위의 선박에 대하여 강제적으로 적용할 수 있다.

　아 국제해사기구에서 정한 항로지정방식은 해도에 표시되지 않을 수도 있다.

항로지정제도(Ship's routeing) : 선박이 통항하는 항로, 속력 및 그 밖에 선박 운항에 관한 사항을 지정하는 제도로, 특히 전자해도의 경우 국제수로기구의 표준 규격에 따라 제작된다.

25 지축을 천구까지 연장한 선, 즉 천구의 회전대를 천의 축이라 하고, 천의 축이 천구와 만난 두 점을 무엇이라고 하는가?

　가 수직권

　나 천의 적도

　사 천의 극

　아 천의 자오선

지구상의 위치 요소
- 수직권(방위권) : 천정과 천저를 지나는 대권
- 천의 극(celestial pole) : 지축을 무한히 연장하여 천구와 만나는 점
- 천의 적도 : 지구의 적도면을 무한히 연장하여 천구와 만나 이루는 대권
- 천의 자오선 : 천의 양극을 지나는 대권

제2과목 **운용**

01 상갑판 아래의 공간을 선저에서 상갑판까지 종방향 또는 횡방향으로 선체를 구획하는 것은?

　가 갑판　　　　**나** 격벽

　사 외판　　　　**아** 이중저

격벽 : 선체의 내부를 몇 개의 구획으로 나누는 칸막이 벽으로 선체의 강도 증가 등으로 활용

02 선박의 예비부력을 결정하는 요소로 선체가 침수되지 않은 부분의 수직 길이를 의미하는 것은?

　가 흘수　　　　**나** 깊이

　사 수심　　　　**아** 건현

건현 : 선체가 침수되지 않은 부분의 수직거리. 선박의 중앙부의 수면에서부터 건현갑판의 상면의 연장과 외판의 외면과의 교점까지의 수직거리

03 전진 또는 후진 시에 배를 임의의 방향으로 회두시키고 일정한 침로를 유지하는 역할을 하는 설비는?

　가 키(타)　　　　**나** 닻

　사 양묘기　　　　**아** 주기관

타(rudder, 키) : 타주의 후부 또는 타두재에 설치되어, 전진 또는 후진할 때 배를 원하는 방향으로 회전시키고, 침로를 일정하게 유지하는 장치

정답　24 아　25 사 / 01 나　02 아　03 가

04 선창 내에서 발생한 땀이나 각종 오수들이 흘러 들어가서 모이는 곳은?

가 해치 **나** 빌지 웰
사 코퍼댐 **아** 디프 탱크

선저에 고인 땀이나 각종 오수를 빌지라 하며, 이 빌지 가 모이는 곳이 빌지 웰이다.

05 조타장치에 대한 설명으로 옳지 않은 것은?

가 자동 조타장치에서도 수동조타를 할 수 있다.
나 동력 조타장치는 작은 힘으로 타의 회전이 가능하다.
사 인력 조타장치는 소형선이나 범선 등에서 사용되어 왔다.
아 동력 조타장치는 조타실의 조타륜이 타와 기계적으로 직접 연결되어 비상조타를 할 수 없다.

동력 조타장치는 유압 펌프와 구동 전동기를 이용하는 조타장치로 조타륜과 타와 별도의 장치를 통해 연결되어 있으며, 비상조타는 조타장치의 종류와 관계없다.

06 나일론 로프의 장점이 아닌 것은?

가 열에 강하다.
나 흡습성이 낮다.
사 파단력이 크다.
아 충격에 대한 흡수율이 좋다.

나일론 로프의 단점 : 열이나 마찰에 약하고, 복원력이 늦으며, 물에 젖으면 강도가 변함

07 스톡 앵커의 각부 명칭을 나타낸 아래 그림에서 ㉠은?

가 생크 **나** 크라운
사 플루크 **아** 앵커 링

스톡 앵커의 각부 명칭

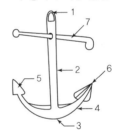

1. 앵커 링
2. 생크
3. 크라운
4. 암
5. 플루크
6. 빌
7. 닻채

08 열전도율이 낮은 방수 물질로 만들어진 포대기 또는 옷으로 방수복을 착용하지 않은 사람이 입는 것은?

가 보호복 **나** 노출 보호복
사 보온복 **아** 작업용 구명조끼

보온복 : 물이 스며들지 않아 수온이 낮은 물속에서 체온을 보호할 수 있는 옷으로 방수복과 달리 구명동의의 기능이 없다.

정답 04 나 05 아 06 가 07 아 08 사

09 초단파(VHF) 무선설비에서 디에스시(DSC)를 통한 조난 및 안전 통신 채널은?

가 16   나 21A

사 70   아 82

초단파(VHF) 무선설비 : VHF 채널 70(156.525MHz)에 의한 DSC와 채널 6, 13 및 16에 의한 무선전화 송수신을 하며, 조난경보신호를 발신할 수 있는 설비

10 나일론 등과 같은 합성섬유로 된 포지를 고무로 가공하여 제작되며, 긴급 시에 탄산가스나 질소 가스로 팽창시켜 사용하는 구명설비는?

가 구명정   나 구명부기

사 구조정   아 구명뗏목

구명뗏목(구명벌) : 합성섬유로 된 포지를 뗏목 모양으로 제작한 것으로, 내부에는 탄산가스나 질소가스를 주입시켜 긴급 시에 팽창시키면 뗏목 모양으로 펼쳐지는 구명설비

11 손잡이를 잡고 불을 붙이면 붉은색의 불꽃을 1분 이상 내며, 10센티미터 깊이의 물속에 10초 동안 잠긴 후에도 계속 타는 조난신호 장치는?

가 신호 홍염   나 자기 점화등

사 발연부 신호   아 로켓 낙하산 신호

신호 홍염 : 홍색염을 1분 이상 연속하여 발할 수 있으며, 10cm 깊이의 물속에 10초 동안 잠긴 후에도 계속 타는 팽창식 구명뗏목의 의장품(야간용)

12 붕대 감는 방법 중 같은 부위에 전폭으로 감는 방법으로 붕대 사용의 가장 기초가 되는 것은?

가 나선대

나 환행대

사 사행대

아 절전대

환행대 : 앞서 감은 붕대 위에 다음 붕대를 올바르게 겹쳐서 감는 방법

13 선박안전법상 평수구역을 항해구역으로 하는 선박이 갖추어야 하는 무선설비는?

가 중파(MF) 무선설비

나 초단파(VHF) 무선설비

사 비상위치지시 무선표지(EPIRB)

아 수색구조용 레이더 트랜스폰더(SART)

초단파(VHF) 무선설비 : 선박과 선박, 선박과 육상국 사이의 통신에 주로 사용하며, 평수구역을 항해하는 총톤수 2톤 이상의 소형선박에 반드시 설치해야 하는 무선통신설비

14 선박용 초단파(VHF) 무선설비의 최대 출력은?

가 10W   나 15W

사 20W   아 25W

초단파(VHF) 무선설비의 최대 출력은 25W이다.

정답   09 사   10 아   11 가   12 나   13 나   14 아

15 선박 상호 간의 흡인 배척 작용에 대한 설명으로 옳지 않은 것은?

가 고속으로 항과할수록 크게 나타난다.

나 두 선박 간의 거리가 가까울수록 크게 나타난다.

사 선박이 추월할 때보다는 마주칠 때 영향이 크게 나타난다.

아 선박의 크기가 다를 때에는 소형선박이 영향을 크게 받는다.

선박이 추월할 때에는 마주칠 때보다도 상호 간섭작용이 크게 나타나므로 더 위험하다.

16 선체운동 중에서 선수미선을 기준으로 좌우 교대로 회전하려는 왕복운동은?

가 종동요   나 전후운동

사 횡동요   아 상하운동

횡동요(Rolling) : 선수미선을 기준으로 하여 좌우 교대로 회전하는 횡경사 운동으로 선박의 복원력과 밀접한 관계가 있다.

17 고정피치 스크루 프로펠러 1개를 설치한 선박에서 후진 시 선체회두에 가장 큰 영향을 미치는 수류는?

가 반류   나 배출류

사 흡수류   아 흡입류

배출류 : 프로펠러의 뒤쪽으로 흘러 나가는 수류로, 선박 후진 시 선수회두에 가장 큰 영향을 미치는 수류

18 운항 중인 선박에서 나타나는 타력의 종류가 아닌 것은?

가 발동타력   나 정지타력

사 반전타력   아 전속타력

운항 중인 선박에서 나타나는 타력 : 발동타력, 정지타력, 반전타력, 회두타력

19 복원력이 작은 선박을 조선할 때 적절한 조선 방법은?

가 순차적으로 타력을 증가시킴

나 전타 중 갑자기 타각을 감소시킴

사 높은 속력으로 항행 중 대각도 전타

아 전타 중 반대 현측으로 대각도 전타

복원력이 작으면 횡요주기가 길고 경사하면 경사된 채로 일어나기 힘들 때가 있으며 이 상태로 항해하면 전복의 위험이 있다. 따라서, 조타는 타각을 순차로 작게 하거나, 순차로 크게 하여야 한다.

20 좁은 수로를 항해할 때 유의할 사항으로 옳은 것은?

가 침로를 변경할 때는 대각도로 한번에 변경하는 것이 좋다.

나 선수미선과 조류의 유선이 직각을 이루도록 조종하는 것이 좋다.

사 언제든지 닻을 사용할 수 있도록 준비된 상태에서 항행하는 것이 좋다.

아 조류는 순조 때에는 정침이 잘 되지만, 역조 때에는 정침이 어려우므로 조종 시 유의하여야 한다.

좁은 수로의 항법 : 기관 사용 및 투묘 준비 상태를 계속 유지하면서 항행한다.

---

21 파장이 선박길이의 1~2배가 되고, 파랑을 선미로부터 받을 때 나타나기 쉬운 현상은?

가 러칭(Lurching)

나 슬래밍(Slamming)

사 브로칭(Broaching)

아 동조 횡동요(Synchronized rolling)

브로칭 투(Broaching-to) : 파도를 선미에서 받으며 항주할 때 선체 중앙이 파도의 마루나 파도의 오르막 파면에 위치하면, 급격한 선수동요에 의해 선체가 파도와 평행하게 놓이는 현상

---

22 복원력에 관한 내용으로 옳지 않은 것은?

가 복원력의 크기는 배수량의 크기에 반비례한다.

나 무게중심의 위치를 낮추는 것이 복원력을 크게 하는 가장 좋은 방법이다.

사 황천항해 시 갑판에 올라온 해수가 즉시 배수되지 않으면 복원력이 감소할 수 있다.

아 항해의 경과로 연료유와 청수 등의 소비, 유동수의 발생으로 인해 복원력이 감소할 수 있다.

초기 복원력은 동일 선박에서 배수량이 클수록, GM이 클수록, 경사각이 클수록 비례한다.

---

23 다음 중 태풍을 피항하는 가장 안전한 방법은?

가 가항반원으로 항해한다.

나 위험반원의 반대쪽으로 항해한다.

사 선미 바람이 되도록 항해한다.

아 미리 태풍의 중심으로부터 최대한 멀리 떨어진다.

태풍 기상 예보에 유의하여, 미리 침로를 조정하여 태풍의 중심으로부터 멀리 떨어지도록 조종한다.

---

24 선박으로부터 해양오염물질이 해양에 배출된 경우 신고하여야 하는 사항이 아닌 것은?

가 해면상태 및 기상상태

나 사고선박의 선박소유자

사 배출된 오염물질의 추정량

아 오염사고 발생일시, 장소 및 원인

선박으로부터 오염물질이 배출되는 경우 신고 사항
- 오염사고의 발생일시·장소 및 원인
- 사고선박 또는 시설의 명칭, 종류 및 규모
- 배출된 오염물질의 추정량 및 확산 상황과 응급조치 상황
- 해면상태 및 기상상태

---

25 전기장치에 의한 화재 원인이 아닌 것은?

가 산화된 금속의 불똥

나 과전류가 흐르는 전선

사 절연이 충분치 않은 전동기

아 불량한 전기접점 그리고 노출된 전구

가. 금속물질에 의한 금속화재의 원인이다.

정답 **21** 사 **22** 가 **23** 아 **24** 나 **25** 가

제3과목 법규

01 해사안전법상 '어로에 종사하고 있는 선박'이 아닌 것은?

가 양승 중인 연승 어선

나 투망 중인 안강망 어선

사 양망 중인 저인망 어선

아 어장 이동을 위해 항행하는 통발 어선

어로에 종사하고 있는 선박 : 그물, 낚싯줄, 트롤망, 그 밖에 조종성능을 제한하는 어구를 사용하여 어로 작업을 하고 있는 선박(해상교통안전법 제2조).

02 해사안전법상 침몰·좌초된 선박으로부터 유실된 물건 등 선박항행에 장애가 되는 물건은?

가 침선   나 폐기물

사 구조물   아 항행장애물

항행장애물 : 선박으로부터 떨어진 물건, 침몰·좌초된 선박 또는 이로부터 유실된 물건 등 해양수산부령으로 정하는 것으로서 선박항행에 장애가 되는 물건(해상교통안전법 제2조).

03 해사안전법상 안전한 속력을 결정할 때 고려할 사항이 아닌 것은?

가 해상교통량의 밀도

나 레이더의 특성 및 성능

사 항해사의 야간 항해당직 경험

아 선박의 정지거리·선회성능, 그 밖의 조종성능

안전한 속력을 결정할 때 고려사항(해상교통안전법 제71조 제2항)

• 시계의 상태
• 해상교통량의 밀도
• 선박의 정지거리·선회성능, 그 밖의 조종성능
• 야간의 경우에는 항해에 지장을 주는 불빛의 유무
• 바람·해면 및 조류의 상태와 항행장애물의 근접 상태
• 선박의 흘수와 수심과의 관계
• 레이더의 특성 및 성능
• 해면상태·기상, 그 밖의 장애요인이 레이더 탐지에 미치는 영향
• 레이더로 탐지한 선박의 수·위치 및 동향

04 해사안전법상 법에서 정하는 바가 없는 경우 충돌을 피하기 위한 동작이 아닌 것은?

가 적극적인 동작

나 충분한 시간적 여유를 가지는 동작

사 선박을 적절하게 운용하는 관행에 따른 동작

아 침로나 속력을 소폭으로 연속적으로 변경하는 동작

충분히 크게 변경하여야 하며, 침로나 속력을 소폭으로 연속적으로 변경하여서는 아니 된다(해상교통안전법 제73조).

05 해사안전법상 2척의 동력선이 서로 시계 안에서 각 선박은 다른 선박을 선수 방향에서 볼 수 있는 경우로서 밤에는 양쪽의 현등을 볼 수 있는 경우의 상태는?

가 마주치는 상태   나 횡단하는 상태

사 통과하는 상태   아 앞지르기 하는 상태

정답 **01** 아 **02** 아 **03** 사 **04** 아 **05** 가

마주치는 상태에 있다고 보는 경우(밤) : 2개의 마스트 등을 일직선으로 또는 거의 일직선으로 볼 수 있거나 양쪽의 현등을 볼 수 있는 경우(해상교통안전법 제79조).

06 해사안전법상 어로에 종사하고 있는 선박이 진로를 피하지 않아도 되는 선박은?

가 조종제한선

나 조종불능선

사 수상항공기

아 흘수제약선

어로에 종사하고 있는 선박 중 항행 중인 선박이 진로를 피해야 할 경우 : 조종불능선, 조종제한선, 등화나 형상물을 표시하고 있는 흘수제약선의 통항을 방해 금지(해상교통안전법 제83조)

07 해사안전법상 제한된 시계에서 레이더만으로 다른 선박이 있는 것을 탐지한 선박의 피항동작이 침로를 변경하는 것만으로 이루어질 경우 선박이 취하여야 할 행위로 옳은 것은? (단, 앞지르기당하고 있는 선박에 대한 경우는 제외함)

가 자기 선박의 양쪽 현의 정횡에 있는 선박의 방향으로 침로를 변경하는 행위

나 자기 선박의 양쪽 현의 정횡 뒤쪽에 있는 선박의 방향으로 침로를 변경하는 행위

사 다른 선박이 자기 선박의 양쪽 현의 정횡 앞쪽에 있는 경우 우현 쪽으로 침로를 변경하는 행위

아 다른 선박이 자기 선박의 양쪽 현의 정횡 앞쪽에 있는 경우 좌현 쪽으로 침로를 변경하는 행위

피항동작이 침로의 변경을 수반하는 경우 될 수 있으면 피해야 할 동작(해상교통안전법 제84조)

• 다른 선박이 자기 선박의 양쪽 현의 정횡 앞쪽에 있는 경우 좌현 쪽으로 침로를 변경하는 행위(앞지르기 당하고 있는 선박에 대한 경우는 제외)

• 자기 선박의 양쪽 현의 정횡 또는 그곳으로부터 뒤쪽에 있는 선박의 방향으로 침로를 변경하는 행위

08 ( )에 순서대로 적합한 것은?

> 해사안전법상 모든 선박은 시계가 제한된 그 당시의 ( )에 적합한 ( )으로 항행하여야 하며, ( )은 제한된 시계 안에 있는 경우 기관을 즉시 조작할 수 있도록 준비하고 있어야 한다.

가 시정, 최소한의 속력, 동력선

나 시정, 안전한 속력, 모든 선박

사 사정과 조건, 안전한 속력, 동력선

아 사정과 조건, 최소한의 속력, 모든 선박

모든 선박은 시계가 제한된 그 당시의 사정과 조건에 적합한 안전한 속력으로 항행하여야 하며, 동력선은 제한된 시계 안에 있는 경우 기관을 즉시 조작할 수 있도록 준비하고 있어야 한다(해상교통안전법 제84조 제2항).

09 해사안전법상 원칙적으로 통항분리수역의 연안통항대를 이용할 수 없는 선박은?

가 길이 25미터인 범선

나 길이 25미터인 선박

사 어로에 종사하고 있는 선박

아 인접한 항구로 입항·출항하는 선박

정답 06 사 07 사 08 사 09 나

연안통항대 항행 금지의 예외 : 길이 20미터 미만의 선박, 범선, 어로에 종사하고 있는 선박, 인접한 항구로 입항·출항하는 선박, 연안통항대 안에 있는 해양시설 또는 도선사의 승하선 장소에 출입하는 선박, 급격한 위험을 피하기 위한 선박 등(해상교통안전법 제75조 제4항).

10 해사안전법상 가장 잘 보이는 곳에 수직으로 붉은색 전주등 2개, 좌현에 붉은색 등, 우현에 녹색 등, 선미에 흰색 등을 켜고 있는 선박은?

가 흘수제약선

나 어로에 종사하고 있는 선박

사 대수속력이 있는 조종제한선

아 대수속력이 있는 조종불능선

붉은색 전주등 2개를 표시한 선박은 조종불능선이다. 조종불능선이 대수속력이 있는 경우 이에 덧붙여 현등 1쌍과 선미등 1개를 추가한다(해상교통안전법 제92조).

11 ( )에 적합한 것은?

> 해사안전법상 섬광등은 360도에 걸치는 수평의 호를 비추는 등화로서 일정한 간격으로 1분에 ( ) 이상 섬광을 발하는 등이다.

가 60회 이상 나 120회 이상

사 180회 이상 아 240회 이상

섬광등 : 360도에 걸치는 수평의 호를 비추는 등화로서 일정한 간격으로 1분에 120회 이상 섬광을 발하는 등(해상교통안전법 제86조).

12 해사안전법상 등화에 사용되는 등색이 아닌 것은?

가 녹색 나 흰색

사 청색 아 붉은색

등화에 사용되는 등색 : 백색, 붉은색, 황색, 녹색(해상교통안전법 제86조).

13 ( )에 적합한 것은?

> 해사안전법상 항행 중인 동력선이 ( )에 있는 경우에 그 침로를 변경하거나 그 기관을 후진하여 사용할 때에는 기적신호를 행하여야 한다.

가 평수구역

나 서로 상대의 시계 안

사 제한된 시계

아 무역항의 수상구역 안

항행 중인 동력선이 서로 상대의 시계 안에 있는 경우에 그 침로를 변경하거나 그 기관을 후진하여 사용할 때에는 기적신호를 실시(해상교통안전법 제99조)

14 해사안전법상 제한된 시계 안에서 2분을 넘지 아니하는 간격으로 장음 2회의 기적신호를 들었다면 그 기적을 울린 선박은?

가 정박선

나 조종제한선

사 앉혀 있는 선박

아 대수속력이 없는 항행 중인 동력선

정답 10 아 11 나 12 사 13 나 14 아

제한된 시계 안에서의 음향신호(해상교통안전법 제100조)

선박 구분		신호 간격	신호 내용
항행 중인 동력선	대수속력이 있는 경우	2분 이내	장음 1회
	대수속력이 없는 경우	2분 이내	장음 2회

15 ( )에 순서대로 적합한 것은?

> 해사안전법상 좁은 수로의 굽은 부분에 접근하는 선박은 ( )의 기적신호를 울리고, 그 기적신호를 들은 선박은 ( )의 기적신호를 울려 이에 응답하여야 한다.

가 단음 1회, 단음 2회

나 장음 1회, 단음 2회

사 단음 1회, 단음 1회

아 장음 1회, 장음 1회

좁은 수로 등의 굽은 부분이나 장애물 때문에 다른 선박을 볼 수 없는 수역에 접근하는 선박의 기적신호(경고신호) 및 응답신호 : 장음 1회(해상교통안전법 제99조)

16 선박의 입항 및 출항 등에 관한 법률상 무역항의 수상구역 등에 출입하는 선박 중 출입 신고 면제 대상 선박이 아닌 것은?

가 총톤수 10톤인 선박

나 해양사고구조에 사용되는 선박

사 국내항 간을 운항하는 동력요트

아 도선선, 예선 등 선박의 출입을 지원하는 선박

출입 신고의 면제 선박(법 제4조 제1항)

• 총톤수 5톤 미만의 선박

• 해양사고구조에 사용되는 선박

• 「수상레저안전법」에 따른 수상레저기구 중 국내항 간을 운항하는 모터보트 및 동력요트

• 관공선, 군함, 해양경찰함정 등 공공의 목적으로 운영하는 선박

• 선박의 출입을 지원하는 선박(도선선, 예선 등)

• 연안수역을 항행하는 정기여객선으로서 경유항에 출입하는 선박

• 피난을 위하여 긴급히 출항하여야 하는 선박

17 선박의 입항 및 출항 등에 관한 법률상 무역항의 수상구역 등에서 위험물운송선박이 아닌 선박이 불꽃이나 열이 발생하는 용접 등의 방법으로 수리하려고 하는 경우 관리청의 허가를 받아야 하는 선박의 크기 기준은?

가 총톤수 20톤 이상

나 총톤수 25톤 이상

사 총톤수 50톤

아 총톤수 100톤 이상

선장은 무역항의 수상구역 등에서 다음의 선박을 불꽃이나 열이 발생하는 용접 등의 방법으로 수리하려는 경우 해양수산부령으로 정하는 바에 따라 관리청의 허가를 받아야 한다. 다만, 제2호의 선박은 기관실, 연료탱크, 그 밖에 해양수산부령으로 정하는 선박 내 위험구역에서 수리작업을 하는 경우에만 허가를 받아야 한다.

• 위험물을 저장·운송하는 선박과 위험물을 하역한 후에도 인화성 물질 또는 폭발성 가스가 남아 있어 화재 또는 폭발의 위험이 있는 선박

• 총톤수 20톤 이상의 선박(위험물운송선박은 제외)

정답 15 아 16 가 17 가

18 ( )에 적합한 것은?

> 선박의 입항 및 출항 등에 관한 법률상 해양 사고를 피하기 위한 경우 등이 아닌 경우 선장은 항로에 선박을 정박 또는 정류시키거나 예인되는 선박 또는 ( )을 내버려두어서는 아니 된다.

가 쓰레기
나 부유물
사 배설물
아 오염물질

선장은 항로에 선박을 정박 또는 정류시키거나 예인되는 선박 또는 부유물을 방치하여서는 아니 된다(법 제11조 제1항).

19 ( )에 적합한 것은?

> 선박의 입항 및 출항 등에 관한 법률상 관리청은 무역항의 수상구역 등에서 선박교통의 안전을 위하여 필요한 경우에는 무역항과 무역항의 수상구역 밖의 ( )를 항로로 지정·고시할 수 있다.

가 수로
나 일방통항로
사 어로
아 통항분리대

관리청은 무역항의 수상구역 등에서 선박교통의 안전을 위하여 필요한 경우에는 무역항과 무역항의 수상구역 밖의 수로를 항로로 지정·고시할 수 있다(법 제10조 제1항).

20 선박의 입항 및 출항 등에 관한 법률상 선박이 무역항의 수상구역 등에서 항로를 따라 항행 중 다른 선박과 마주칠 우려가 있는 경우 항법으로 옳은 것은?

가 합의하여 항행할 것
나 오른쪽으로 항행할 것
사 항로를 빨리 벗어날 것
아 최대 속력으로 증속할 것

항로에서 다른 선박과 마주칠 우려가 있는 경우에는 오른쪽으로 항행할 것(법 제12조 제1항)

21 ( )에 순서대로 적합한 것은?

> 선박의 입항 및 출항 등에 관한 법률상 ( )은 ( )으로부터 최고속력의 지정을 요청받은 경우 특별한 사유가 없으면 무역항의 수상구역 등에서 선박 항행 최고속력을 지정·고시하여야 한다.

가 관리청, 해양경찰청장
나 지정청, 해양경찰청장
사 관리청, 지방해양수산청장
아 지정청, 지방해양수산청장

해양경찰청장은 다른 선박의 안전 운항에 지장을 초래할 우려가 있다고 인정하는 경우 관리청에 무역항의 수상구역 등에서의 선박 항행 최고속력을 지정할 것을 요청할 수 있다. 요청을 받은 관리청은 특별한 사유가 없으면 무역항의 수상구역 등에서 선박 항행 최고속력을 지정·고시하여야 한다(법 제17조 제2·3항).

PART 03

정답 18 나 19 가 20 나 21 가

22 ( )에 적합한 것은?

> 선박의 입항 및 출항 등에 관한 법률상 ( ) 외의 선박은 무역항의 수상구역 등에 출입하는 경우 또는 무역항의 수상구역 등을 통과하는 경우에는 해양사고를 피하기 위한 경우 등 해양수산부령으로 정하는 사유가 있는 경우를 제외하고 지정·고시된 항로를 따라 항행하여야 한다.

가 예인선   **나** 우선피항선

사 조종불능선   **아** 흘수제약선

우선피항선 외의 선박은 무역항의 수상구역 등에 출입 또는 통과하는 경우에는 지정·고시된 항로를 따라 항행하여야 한다(법 제10조 제2항).

23 해양환경관리법상 선박에서 발생하는 폐기물 배출에 대한 설명으로 옳지 않은 것은?

가 플라스틱 그물은 해양에 배출할 수 없다.

나 음식찌꺼기는 어떠한 상황에서도 배출할 수 없다.

사 어업활동 중 폐사된 물고기는 해양에 배출할 수 있다.

아 해양환경에 유해하지 않은 화물잔류물은 영해기선으로부터 25해리 이상에서 해양에 배출할 수 있다.

음식찌꺼기는 영해기선으로부터 최소한 12해리 이상의 해역. 다만, 분쇄기 또는 연마기를 통하여 25mm 이하의 개구(開口)를 가진 스크린을 통과할 수 있도록 분쇄되거나 연마된 음식찌꺼기의 경우 영해기선으로부터 3해리 이상의 해역에 버릴 수 있다(「선박에서의 오염방지에 관한 규칙」 별표 3).

24 해양환경관리법의 적용 대상이 아닌 것은?

가 영해 내의 방사성 물질

나 영해 내의 대한민국선박

사 영해 내의 대한민국선박 외의 선박

아 배타적경계수역 내의 대한민국선박

방사성 물질과 관련한 해양환경관리 및 해양오염방지에 대하여는 「원자력안전법」이 정하는 바에 따른다(법 제3조).

25 해양환경관리법상 소형선박에 비치해야 하는 기관구역용 폐유저장용기에 관한 규정으로 옳지 않은 것은?

가 용기는 2개 이상으로 나누어 비치할 수 있다.

나 용기의 재질은 견고한 금속성 또는 플라스틱 재질이어야 한다.

사 총톤수 5톤 이상 10톤 미만의 선박은 30리터 저장용량의 용기를 비치하여야 한다.

아 총톤수 10톤 이상 30톤 미만의 선박은 60리터 저장용량의 용기 비치를 비치하여야 한다.

소형선박 기관구역용 폐유저장용기 비치기준(「선박에서의 오염방지에 관한 규칙」 별표 7)

대상선박	저장용량 (단위 : ℓ)
총톤수 5톤 이상 10톤 미만의 선박	20
총톤수 10톤 이상 30톤 미만의 선박	60
총톤수 30톤 이상 50톤 미만의 선박	100
총톤수 50톤 이상 100톤 미만으로서 유조선이 아닌 선박	200

정답   **22** 나   **23** 나   **24** 가   **25** 사

제4과목 **기관**

01 내연기관의 거버너에 대한 설명으로 옳은 것은?

 기관의 회전속도가 일정하게 되도록 연료유의 공급량을 조절한다.

나 기관에 들어가는 연료유의 온도를 자동으로 조절한다.

사 배기가스 온도가 고온이 되는 것을 방지한다.

아 기관의 흡입 공기량을 효율적으로 조절한다.

해설

조속기(거버너) : 기관의 회전속도를 일정하게 유지하기 위해 기관에 공급되는 연료의 공급량을 가감하는 것

02 4행정 사이클 디젤 기관의 압축행정에 대한 설명으로 옳은 것을 모두 고른 것은?

① 가장 일을 많이 하는 행정이다.
② 연소실 내부 공기의 온도가 상승한다.
③ 연소실 내부 공기의 압력이 내려간다.
④ 흡기밸브와 배기밸브가 모두 닫혀 있다.
⑤ 피스톤이 상사점에서 하사점으로 내려간다.

가 ②, ④   나 ②, ③, ④
사 ②, ③, ④, ⑤   아 ①, ②, ③, ④, ⑤

해설

압축행정 : 흡입행정 중에 열려 있던 흡기밸브가 닫히고 피스톤이 하사점에서 상사점으로 올라가는 동안 흡입행정에서 실린더에 흡입된 공기는 점차 압축되어 공기의 압력과 온도는 급격히 상승

03 소형 내연기관에서 실린더 라이너가 너무 많이 마멸되었을 경우 일어나는 현상이 아닌 것은?

가 연소가스가 샌다.

나 출력이 낮아진다.

사 냉각수의 누설이 많아진다.

아 연료유의 소모량이 많아진다.

해설

실린더 라이너 마모의 영향 : 실린더 내 압축공기 누설로 출력 저하, 압축압력의 저하, 연료의 불완전 연소, 연료 소비량 증가, 윤활유 소비량 증가, 기관의 시동성 저하, 가스가 크랭크실로 누설

04 다음과 같은 습식 실린더 라이너에서 ④를 통과하는 유체는?

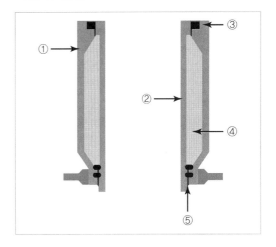

가 윤활유   나 청수
사 연료유   아 공기

해설

습식 라이너는 냉각수와 직접 접촉하는 라이너로 ④는 냉각수 통로이다.

정답 01 가 02 가 03 사 04 나

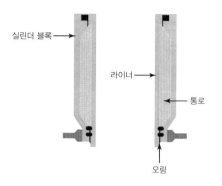

실린더 블록

라이너

통로

오링

05 트렁크형 소형기관에서 커넥팅 로드의 역할로 옳은 것은?

가 피스톤이 받은 힘을 크랭크에 전달한다.

나 크랭크축의 회전운동을 왕복운동으로 바꾼다.

사 피스톤 로드가 받은 힘을 크랭크에 전달한다.

아 피스톤이 받은 열을 실린더 라이너에 전달한다.

커넥팅 로드 : 피스톤과 크랭크축을 연결하여 피스톤의 왕복운동을 크랭크축의 회전 운동으로 바꾸어 전달

06 소형기관의 운전 중 회전운동을 하는 부품이 아닌 것은?

가 평형추 　　　　 나 피스톤

사 크랭크축 　　　　 아 플라이휠

피스톤은 회전운동을 하는 게 아니라 실린더 내에서 왕복운동을 한다.

07 크랭크축 구조에 대한 설명으로 옳은 것을 모두 고른 것은?

① 크랭크 핀은 커넥팅 로드 대단부와 연결된다.
② 크랭크 핀은 크랭크 저널과 크랭크 암을 연결한다.
③ 크랭크 저널은 크랭크 암과 크랭크 핀을 연결한다.
④ 크랭크 저널은 메인 베어링에 의해 지지되는 축이다.

가 ①, ③ 　　　　 나 ①, ④

사 ②, ③ 　　　　 아 ②, ④

크랭크축의 구성 : 크랭크 저널, 크랭크 핀, 크랭크 암 등

• 크랭크 저널 : 메인 베어링에 의해 상하가 지지되어 그 속에서 회전하는 부분

• 크랭크 핀 : 크랭크 저널의 중심에서 크랭크 반지름만큼 떨어진 곳에 있으며 저널과 평행하게 설치

• 크랭크 암 : 크랭크 저널과 크랭크 핀을 연결하는 부분으로 크랭크 핀 반대쪽 크랭크 암에는 평형추를 설치

08 디젤 기관에서 각부 마멸량을 계측하는 부위와 공구가 옳게 짝지어진 것은?

가 피스톤 링 두께 – 내측 마이크로미터

나 크랭크 암 디플렉션 – 버니어 캘리퍼스

사 흡기 및 배기밸브 틈새 – 필러 게이지

아 실린더 라이너 내경 – 외측 마이크로미터

필러 게이지 : 정확한 두께의 철편이 단계별로 되어 있는 측정용 게이지로, 두 부품 사이의 좁은 틈 및 간극을 측정하기 위한 기구

정답 　05 가 　06 나 　07 나 　08 사

09 선교에 설치되어 있는 주기관 연료 핸들의 역할은?

가 연료 공급 펌프의 회전수를 조정한다.

나 연료 공급 펌프의 압력을 조정한다.

사 거버너의 연료량 설정값을 조정한다.

아 거버너의 감도를 조정한다.

제어실의 연료 핸들을 움직이면 링크 기구를 통해 조속기(거버너)에 속도 설정 신호를 보내어 조속기의 속도 설정치를 조절할 수 있다.

10 소형 디젤 기관의 운전 중 윤활유 섬프탱크의 레벨이 비정상적으로 상승하는 주된 원인은?

가 연료분사 밸브에서 연료유가 누설된 경우

나 배기밸브에서 배기가스가 누설된 경우

사 피스톤 링의 마멸로 배기가스가 유입된 경우

아 실린더 라이너의 누수로 인해 물이 유입된 경우

윤활유 섬프탱크의 레벨이 비정상적으로 상승하는 원인 : 윤활유 냉각기의 누수, 실린더 내부를 통한 물의 유입, 실린더 라이너의 누수, 실린더 헤드의 플러그를 통한 물의 유입, 배기 밸브의 냉각수 연결 부위로부터의 누수 등

11 선박용 추진기관의 동력전달계통에 포함되지 않는 것은?

가 감속기　　나 추진기

사 과급기　　아 추진기축

동력전달장치 : 주기관의 동력을 추진기에 전달하기 위한 장치로 클러치, 변속기, 감속기, 추진축, 추진기, 역전장치 등

12 압축공기로 시동하는 디젤 기관에서 시동이 되지 않는 경우의 원인이 아닌 것은?

가 터닝기어가 연결되어 있는 경우

나 시동공기의 압력이 너무 낮은 경우

사 시동공기의 온도가 너무 낮은 경우

아 시동공기 분배기가 고장이거나 차단된 경우

시동이 안 되는 경우 원인 : 실린더 내의 온도가 낮을 때, 물이나 공기가 있는 불량한 연료유를 사용했을 때, 연료 노즐의 연료가 분사되지 않아 연료 공급이 안 될 때, 실린더 내 연료분사가 잘 되지 않거나 양이 극히 적을 때, 실린더 내 배기밸브가 심하게 누설되어 압축압력이 너무 낮을 때

13 소형선박에서 전진 및 후진을 하기 위해 필요하며 기관에서 발생한 동력을 추진기축으로 전달하거나 끊어 주는 장치는?

가 클러치　　나 베어링

사 새프트　　아 크랭크

클러치
- 선박의 기관에서 발생한 동력을 추진기축으로 전달하거나 끊어 주는 장치
- 내연기관에서 발생한 동력을 축계에 전달하거나 차단시키는 장치

정답　09 사　10 아　11 사　12 사　13 가

14 다음 그림과 같이 4개(1, 2, 3, 4)의 너트로 디젤 기관의 실린더 헤드를 조립할 때 너트의 조임 순서로 가장 적절한 것은?

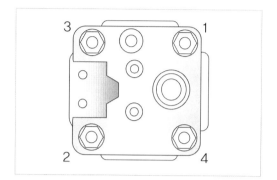

가 1→2→3→4→2→1→4→3

나 1→4→2→3→1→4→2→3

사 1→3→2→4→1→3→2→4

아 1→2→3→4→1→3→2→4

실린더 헤드 너트는 대각선으로 균일하게 조인다.

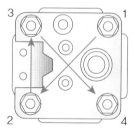

15 조타장치의 조종장치에 사용되는 방식이 아닌 것은?

가 전기식   나 공기식

사 유압식   아 기계식

동력 조타장치의 제어장치 종류
- 기계식 : 주로 소형선에 사용
- 유압식 또는 전기식 : 중대형선에 사용

16 다음 중 임펠러가 있는 펌프는?

가 연료유 펌프

나 해수 펌프

사 윤활유 펌프

아 연료분사 펌프

해수 펌프의 구성품 : 원심 펌프의 일종이므로 임펠러, 마우스 링, 케이싱, 안내깃, 와류실, 글랜드패킹, 체크 밸브, 축봉장치 등으로 구성

17 "윤활유 펌프는 주로 (   )를 사용한다."에서 (   )에 적합한 것은?

가 플런저 펌프   나 기어 펌프

사 원심 펌프   아 분사 펌프

윤활유 펌프 : 기어 펌프를 많이 사용하며, 부하에 관계 없이 압력을 일정하게 유지함

18 변압기의 정격 용량을 나타내는 단위는?

가 [A]   나 [Ah]

사 [kW]   아 [kVA]

변압기 : 교류의 전압이나 전류의 값을 변환(전압을 증감)시키는 장치로 정격 용량 단위로 [kVA]를 사용

정답   **14** 가   **15** 나   **16** 나   **17** 나   **18** 아

19 발전기의 기중차단기를 나타내는 것은?

가 ACB

나 NFB

사 OCR

아 MCCB

발전기의 기중차단기(ACB)
- 과전류 단락 및 지락사고 등 이상전류 발생 시 압축 공기를 이용하여 회로를 차단하는 전기개폐장치
- 부하 변동이 있는 교류 발전기에서 항상 일정하게 전
· 압을 유지하는 장치

20 방전이 되면 다시 충전해서 계속 사용할 수 있는 전지는?

가 1차 전지

나 2차 전지

사 3차 전지

아 4차 전지

전지의 종류
- **1차 전지** : 한 번 방전하면 다시 사용할 수 없는 전지
- **2차 전지** : 방전이 되면 다시 충전해서 계속 사용할 수 있는 전지

21 "정박 중 기관을 조정하거나 검사, 수리 등을 할 때 운전속도보다 훨씬 낮은 속도로 기관을 서서히 회전시키는 것을 ( )이라 한다."에서 ( )에 알맞은 것은?

가 워밍

나 시동

사 터닝

아 운전

기관을 운전속도보다 훨씬 낮은 속도로 서서히 회전시키는 것을 터닝이라고 한다. 터닝은 기관을 조정하거나 검사, 수리 등을 할 때 실시한다.

22 디젤 기관에서 연료분사 밸브가 누설될 경우 발생하는 현상으로 옳은 것은?

가 배기온도가 내려가고 검은색 배기가 발생한다.

나 배기온도가 올라가고 검은색 배기가 발생한다.

사 배기온도가 내려가고 흰색 배기가 발생한다.

아 배기온도가 올라가고 흰색 배기가 발생한다.

연료분사 밸브가 누설되면 배기온도가 높아지고 배기색이 나빠져 검은색 배기가 발생한다.

23 디젤 기관을 정비하는 목적이 아닌 것은?

가 기관을 오랫동안 사용하기 위해

나 기관의 정격출력을 높이기 위해

사 기관의 고장을 예방하기 위해

아 기관의 운전효율이 낮아지는 것을 방지하기 위해

정격출력은 정해진 운전 조건하에서 정해진 시간 동안의 운전을 보증하는 출력으로 정비 목적과는 관련이 없다.

정답 **19** 가 **20** 나 **21** 사 **22** 나 **23** 나

24 일정량의 연료유를 가열했을 때 그 값이 변하지 않는 것은?

가 점도 나 부피

사 질량 아 온도

연료유를 가열하면 온도는 상승하며, 점도는 낮아지고 부피는 커진다. 가열과 질량 사이에는 관련성이 없다.

25 연료유 탱크에 들어 있는 기름보다 비중이 더 큰 기름을 동일한 양으로 혼합한 경우 비중은 어떻게 변하는가?

가 혼합비중은 비중이 더 큰 기름보다 비중이 더 커진다.

나 혼합비중은 비중이 더 큰 기름의 비중과 동일하게 된다.

사 혼합비중은 비중이 더 작은 기름보다 비중이 더 작아진다.

아 혼합비중은 비중이 작은 기름과 비중이 큰 기름의 중간 정도로 된다.

같은 양의 비중이 작은 기름에 비중이 큰 기름을 혼합한 경우 혼합비중은 두 기름의 중간 정도로 된다.

정답 24 사 25 아

PART 03

제1과목 항해

01 자기 컴퍼스에서 선박의 동요로 비너클이 기울어져도 볼은 항상 수평으로 유지하기 위한 것은?

- 가 피벗
- 나 섀도 핀
- 사 짐벌즈
- 아 컴퍼스 액

짐벌링(짐벌즈) : 목재 또는 비자성재로 만든 원통형의 지지대인 비너클(Binnacle)이 기울어져도 볼을 항상 수평으로 유지시켜 주는 장치

02 제진토크와 북탐토크가 동시에 일어나는 경사 제진식 자이로컴퍼스에만 있는 오차는?

- 가 위도오차
- 나 경도오차
- 사 동요오차
- 아 가속도오차

위도오차(제진오차) : 제진 세차 운동과 지북 세차 운동이 동시에 일어나는 경사 제진식 제품에만 생기는 오차

03 음향측심기의 용도가 아닌 것은?

- 가 어군의 존재 파악
- 나 해저의 저질 상태 파악
- 사 선박의 속력과 항주거리 측정
- 아 수로 측량이 부정확한 곳의 수심 측정

음향측심기 : 해저의 저질, 어군 존재 파악을 위한 것으로 초행인 수로 출입, 여울, 암초 등에 접근할 때 안전항해를 위하여 사용

04 풍향풍속계에서 지시하는 풍향과 풍속에 대한 설명으로 옳지 않은 것은?

- 가 풍향은 바람이 불어오는 방향을 말한다.
- 나 풍향이 반시계 방향으로 변하면 풍향이 반전이라 한다.
- 사 풍속은 정시 관측 시각 전 15분간 풍속을 평균하여 구한다.
- 아 어느 시간 내의 기록 중 가장 최대의 풍속을 순간 최대 풍속이라 한다.

풍속 : 바람의 세기로 정시 관측 시각 전 10분간의 풍속을 평균하여 구한다.

05 자기 컴퍼스의 용도가 아닌 것은?

- 가 선박의 침로 유지에 사용
- 나 물표의 방위 측정에 사용
- 사 다른 선박의 속력 측정에 사용
- 아 다른 선박의 상대방위 변화 확인에 사용

자기 컴퍼스 : 자석을 이용해 자침이 지구 자기의 방향을 지시하도록 만든 장치로, 선박의 침로를 알거나 물표의 방위를 관측하여 선위를 확인하는 계기

06 전파항법 장치 중 위성을 이용하는 것은?

- 가 데카(DECCA)
- 나 지피에스(GPS)
- 사 알디에프(RDF)
- 아 로란(LORAN)

정답 01 사 02 가 03 사 04 사 05 사 06 나

지피에스(GPS) : 24개의 인공위성으로부터 오는 전파를 사용하여 본선의 위치를 계산하는 방식의 전파항법장치

07 출발지에서 도착지까지의 항정선상의 거리 또는 두 지점을 잇는 대권상의 호의 길이를 해일로 표시한 것은?

가 항정　　　나 변경
사 소권　　　아 동서거

항정 : 지구 위의 모든 자오선과 같은 각으로 만나는 곡선으로 선박이 일정한 침로를 유지하면서 항행할 때 지구 표면에 그리는 항적

08 오차삼각형이 생길 수 있는 선위 결정법은?

가 4점방위법
나 수심연측법
사 양측방위법
아 교차방위법

오차삼각형 : 교차방위법으로 관측된 3개의 방위선이 서로 한 점에서 교차하지 않고 생기는 작은 삼각형

09 레이더를 작동하였을 때, 레이더 화면을 통하여 알 수 있는 정보가 아닌 것은?

가 암초의 종류
나 해안선의 윤곽
사 선박의 존재 여부
아 표류 중인 부피가 큰 장애물

레이더는 거리 및 방향을 파악하는 계기로 암초의 종류는 파악할 수 없다.

10 다음 그림은 상대운동 표시방식 레이더 화면에서 본선 주변에 있는 4척의 선박을 플로팅한 것이다. 현재 상태에서 본선과 충돌할 가능성이 가장 큰 선박은?

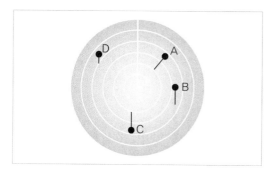

가 A　　　나 B
사 C　　　아 D

상대운동 표시방식의 레이더로 모든 물체는 자선의 움직임에 대하여 상대적인 움직임으로 표시된다. 충돌의 위험이 가장 큰 것은 본선의 항로에 접근 가능한 위치인 A선박이다.

11 (　　)에 적합한 것은?

(　　)은 지구의 중심에 시점을 두고 지구 표면 위의 한 점에 접하는 평면에 지구 표면을 투영하는 방법이다.

가 곡선도법　　　나 대권도법
사 점장도법　　　아 평면도법

정답 **07** 가 **08** 아 **09** 가 **10** 가 **11** 나

대권도법 : 대권(지구 중심을 가로지르는 선)을 이용한 도법으로 긴 항해를 계획할 때 유리

12 조석표에 대한 설명으로 옳지 않은 것은?

가 조석 용어의 해설도 포함하고 있다.

나 각 지역의 조석 및 조류에 대해 상세히 기술하고 있다.

사 표준항 이외에 항구에 대한 조시, 조고를 구할 수 있다.

아 국립해양조사원은 외국항 조석표는 발행하지 않는다.

국립해양조사원에서 한국연안조석표는 1년마다 간행하며, 태평양 및 인도양 연안의 조석표는 격년 간격으로 간행

13 해도에 사용되는 기호와 약어를 수록한 수로도 서지는?

가 항로지   나 항행통보

사 해도도식   아 국제신호서

해도도식 : 해도상 여러 가지 사항들을 표시하기 위하여 사용되는 특수한 기호와 양식, 약어 등을 총칭

14 선박이 지향등을 보면서 좁은 수로를 안전하게 통과하려고 할 때 선박이 위치하여야 할 등의 색깔은?

가 녹색   나 홍색

사 백색   아 청색

지향등 : 선박의 통항이 곤란한 좁은 수로, 항구, 만 입구에서 안전 항로를 알려 주기 위해 항로의 연장선상 육지에 설치한 분호등으로 녹색, 적색, 백색이 있으며, 백색광이 안전구역이다.

15 황색의 'X' 모양 두표를 가진 표지는?

가 방위표지

나 안전수역표지

사 특수표지

아 고립장애(장해)표지

특수표지 : 공사구역 등 특별한 시설이 있음을 나타내는 표지로, 황색으로 된 ×자 모양의 형상물

16 항만, 정박지, 좁은 수로 등의 좁은 구역을 상세히 그린 종이해도는?

가 항양도   나 항해도

사 해안도   아 항박도

항해도 : 항만, 정박지, 협수로 등 좁은 구역을 세부까지 상세하게 수록한 해도(1/5만 이상의 대축척 해도)

17 해도상 두 지점 간의 거리를 잴 때 기준 눈금은?

가 위도의 눈금   나 경도의 눈금

사 나침도의 눈금   아 거등권상의 눈금

두 지점 간 거리는 위도를 나타내는 눈금의 길이와 같다.

18 해저의 지형이나 기복상태를 판단할 수 있도록 수심이 동일한 지점을 가는 실선으로 연결하여 나타낸 것은?

가 등고선　　나 등압선

사 등심선　　아 등온선

등심선 : 해저의 기복상태를 알기 위해 같은 수심인 장소를 연결한 선으로 통상 2m, 5m, 20m, 200m의 선이 그려져 있다.

19 다음 등질 중 군섬광등은? (단, 색상은 고려하지 않고, 검은색으로 표시되지 않은 부분은 등광이 비추는 것을 나타냄)

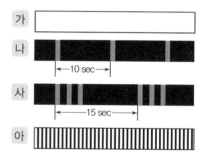

군섬광등(Fl)은 섬광등의 일종으로 1주기 동안 2회 이상의 섬광을 내는 등이다.
가. 부동등, 나. 섬광등, 사. 군섬광등, 아. 급성광등

20 다음 국제해상부표식의 종류 중 A와 B지역에 따라 등화의 색상이 다른 것은?

가 측방표지

나 특수표지

사 방위표지

아 고립장애(장해)표지

측방표지 : 국제해상부표시스템에서 A방식과 B방식을 이용하는 지역에서 서로 다르게 사용되는 항로표지로 선박이 항행하는 수로의 좌·우측 한계를 표시하기 위해 설치된 표지

21 선박에서 온도계로 기온을 관측하는 방법으로 옳지 않은 것은?

가 온도계가 직접 태양광선을 받도록 한다.

나 통풍이 잘 되는 풍상 측 장소를 선택한다.

사 빗물이나 해수가 온도계에 직접 닿지 않도록 한다.

아 체온이나 기타 열을 발생시키는 물질이 온도계에 영향을 주지 않도록 한다.

관측하는 온도계가 들어 있는 백엽상의 문은 햇빛의 영향을 적게 받도록 하기 위해 북쪽에 만든다.

22 고기압에 대하여 옳게 설명한 것은?

가 1기압보다 높은 것을 말한다.

나 상승기류가 있어 날씨가 좋다.

사 주위의 기압보다 높은 것을 말한다.

아 바람은 저기압 중심에서 고기압 쪽으로 분다.

고기압은 주위보다 상대적으로 기압이 높은 것으로 하강기류가 생겨 날씨는 비교적 좋다.

정답　18 사　19 사　20 가　21 가　22 사

23 열대 저기압의 분류 중 'TD'가 의미하는 것은?

가 태풍

나 열대 폭풍

사 열대 저기압

아 강한 열대 폭풍

 해설

열대 저압부(tropical depression, TD) : 열대 저기압 중 최대 풍속이 33노트(보퍼트 풍력 계급 7) 이하인 것

24 좁은 수로를 통과할 때나 항만을 출입할 때 선위 측정을 자주 하거나 예정 침로를 계속 유지하기가 어려운 경우에 대비하여 미리 해도를 보고 위험을 피할 수 있도록 준비하여 둔 예방선은?

가 중시선   나 피험선

사 방위선   아 변침선

 해설

피험선 : 협수로를 통과할 때나 출·입항할 때에 자주 변침하여 마주치는 선박을 적절히 피하고, 위험을 예방하며, 예정 침로를 유지하기 위한 위험 예방선

25 조류가 강한 좁은 수로를 통항하는 가장 좋은 시기는?

가 강한 순조가 있을 때

나 조류 시기와는 무관함

사 게류 또는 조류가 약한 때

아 타효가 좋은 강한 역조가 있을 때

 해설

조류가 강할 때에는 무리하게 항해하지 않아야 하며, 조류의 방향을 알고 가능한 정횡으로부터 받지 않아야 한다. 그리고 수역의 폭이 넓은 지역으로 진입한다.

PART 03

01 갑판의 구조를 나타내는 그림에서 ①은?

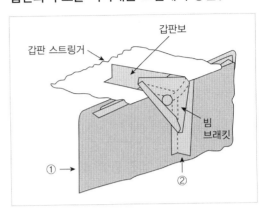

가 용골   나 외판

사 늑판   아 늑골

 해설

늑골(①) : 선측 외판을 보강하는 구조부재로서 선체의 갑판에서 선저 만곡부까지 용골에 대해 직각으로 설치하는 강재이다.

②는 외판이다.

02 선저부의 중심선에 배치되어 배의 등뼈 역할을 하며 선수미에 이르는 종강력재는?

가 외판

나 용골

사 늑골

아 종통재

 해설

용골 : 선저의 선체 중심선을 따라서 선수재로부터 선미 골재까지 길이 방향으로 관통하는 구조부재로 척추역할을 한다.

03 강선 선저부의 선체나 타판이 부식되는 것을 방지하기 위해 선체 외부에 부착하는 것은?

　가　동판　　　　　나　아연판
　사　주석판　　　　아　놋쇠판

해수로 인한 부식을 방지하기 위하여 선체의 외부에는 많은 아연판을 부착한다.

04 선저판, 외판, 갑판 등에 둘러싸여 화물 적재에 이용되는 공간은?

　가　격벽
　나　코퍼댐
　사　선창
　아　밸러스트 탱크

선창 : 내저판, 외판 및 늑골(frame), 격벽 등으로 구성되어 있으며, 화물 적재에 이용되는 공간

05 선박안전법에 의하여 선체 및 기관, 설비 및 속구, 만재흘수선, 무선설비 등에 대하여 5년마다 실행하는 정밀검사는?

　가　임시검사
　나　중간검사
　사　정기검사
　아　특수선검사

정기검사 : 선박을 최초로 항해에 사용하는 때 또는 선박검사증서의 유효기간이 만료된 때(5년)에는 선박시설과 만재흘수선에 대하여 실행하는 정밀검사

06 선박이 항행하는 구역 내에서 선박의 안전상 허용될 최대한의 흘수선은?

　가　선수흘수선
　나　만재흘수선
　사　평균흘수선
　아　선미흘수선

만재흘수선 : 안전 항해를 위해서 허용되는 최대 흘수선으로 계절, 해역, 선박의 종류에 따라 다름. 선체 중앙부 양현에 만재흘수선표를 표시

07 선박에서 사용되는 유류를 청정하는 방법이 아닌 것은?

　가　원심적 청정법
　나　여과기에 의한 청정법
　사　전기분해에 의한 청정법
　아　중력에 의한 분리 청정법

청정의 방법에는 중력에 의한 침전분리법, 여과기에 의한 분리법, 원심분리법 등이 있다. 최근의 선박은 비중차를 이용한 원심식 청정기를 주로 사용하고 있다.

08 열전도율이 낮은 방수 물질로 만들어진 포대기 또는 옷으로 방수복을 착용하지 않은 사람이 입는 것은?

　가　방수복　　　　나　구명조끼
　사　보온복　　　　아　구명부환

보온복 : 물이 스며들지 않아 수온이 낮은 물속에서 체온을 보호할 수 있는 옷으로 방수복과 달리 구명동의 기능이 없다.

정답　03 나　04 사　05 사　06 나　07 사　08 사

09 조난선박으로부터 수신된 조난신호의 해상이동업무식별번호(MMSI number)에서 앞의 3자리가 '441'이라고 표시되어 있다면 조난 선박의 국적은?

가 한국 **나** 일본
사 중국 **아** 러시아

해상이동업무식별부호(MMSI) : 선박국, 해안국 및 집단호출을 유일하게 식별하기 위해 사용되는 부호로서, 9개의 숫자로 구성(우리나라의 경우 440, 441로 시작)

10 구명뗏목의 자동이탈장치가 작동되어야 하는 수심의 기준은?

가 약 1미터
나 약 4미터
사 약 10미터
아 약 30미터

자동이탈장치(수압이탈장치)의 작동 수심 기준은 수면 아래 4m 이내이다.

11 406MHz의 조난주파수에 부호화된 메시지의 전송 이외에 121.5MHz의 호밍 주파수의 발신으로 구조선박 또는 항공기가 무선방향탐지기에 의하여 위치 탐색이 가능하여 수색과 구조 활동에 이용되는 설비는?

가 비컨(beacon)
나 양방향 VHF 무선전화 장치
사 비상위치지시 무선표지설비(EPIRB)
아 수색구조용 레이더 트랜스폰더(SART)

비상위치지시용 무선표지(EPIRB) : 선박이 조난상태에 있고 수신시설도 이용할 수 없음을 표시하는 것으로, 수색과 구조 작업 시 생존자의 위치결정을 용이하게 하도록 무선표지신호를 발신하는 무선설비

12 선박의 초단파(VHF) 무선설비에서 다른 선박과의 교신에 사용할 수 있는 채널에 대한 설명으로 옳은 것은?

가 단신채널만 선박 간 교신이 가능하다.
나 복신채널만 선박 간 교신이 가능하다.
사 단신채널과 복신채널 모두 선박 간 교신이 가능하다.
아 단신채널과 복신채널 모두 선박 간 교신이 불가능하다.

양방향 VHF 무선전화 장치 : 조난 현장에서 생존정과 구조정 상호 간 현장 통신을 위해 준비된 무선설비로 채널 16번을 포함하여 최소 2개 이상의 주파수를 사용할 수 있도록 규정되어 있으나, 대부분의 단신채널은 사용할 수 있도록 구성되어 있다.

13 선박안전법상 평수구역을 항해구역으로 하는 선박이 갖추어야 하는 무선설비는?

가 중파(MF) 무선설비
나 초단파(VHF) 무선설비
사 비상위치지시 무선표지(EPIRB)
아 수색구조용 레이더 트랜스폰더(SART)

정답 09 가 10 나 11 사 12 가 13 나

초단파(VHF) 무선설비 : 선박과 선박, 선박과 육상국 사이의 통신에 주로 사용하며, 평수구역을 항해하는 총톤수 2톤 이상의 소형선박에 반드시 설치해야 하는 무선통신 설비

14 선박용 초단파(VHF) 무선설비의 최대 출력은?

가 10W 나 15W

사 20W 아 25W

초단파(VHF) 무선설비의 최대 출력은 25W이다.

15 근접하여 운항하는 두 선박의 상호 간섭작용에 대한 설명으로 옳지 않은 것은?

가 선속을 감속하면 영향이 줄어든다.

나 두 선박 사이의 거리가 멀어지면 영향이 줄어든다.

사 소형선은 선체가 작아 영향을 거의 받지 않는다.

아 마주칠 때보다 추월할 때 상호 간섭작용이 오래 지속되어 위험하다.

두 선박이 접근하여 운항할 경우 대형선에 비해 소형선의 상호 간섭작용이 크게 나타나므로 더 위험하다.

16 다음 중 선박 조종에 미치는 영향이 가장 작은 요소는?

가 바람 나 파도

사 조류 아 기온

수온(기온)은 선박 조종에 영향을 주지 않는다.

17 (   )에 순서대로 적합한 것은?

> 단추진기 선박을 (   )으로 보아서, 전진할 때 스크루 프로펠러가 (   )으로 회전하면 우선회 스크루 프로펠러라고 한다.

가 선미에서 선수 방향, 왼쪽

나 선수에서 선미 방향, 오른쪽

사 선수에서 선미 방향, 시계 방향

아 선미에서 선수 방향, 시계 방향

선미에서 선수를 바라볼 때 추진기가 시계 방향으로 돌아가는 것을 우회전, 반시계 방향으로 돌아가는 것을 좌회전이라 한다. 추진기가 1개인 선박은 보통 전진할 때 추진기는 우회전한다.

18 (   )에 순서대로 적합한 것은?

> 선속을 전속 전진상태에서 감속하면서 선회를 하면 선회권은 (   ), 정지상태에서 선속을 증가하면서 선회하면 선회경은 (   ).

가 감소하고, 감소한다

나 증가하고, 감소한다

사 감소하고, 증가한다

아 증가하고, 증가한다

선속의 크기는 이론적 해석에 의하면 선회권에 영향을 미치지 않으나, 선속을 전속 전진상태에서 감속하면서 선회를 하면 선회권은 증가하고, 정지상태에서 선속을 증가하면서 선회를 하면 선회권이 감소한다.

정답 14 아 15 사 16 아 17 아 18 나

19 좁은 수로(항내 등)에서 조선 중 주의해야 할 사항으로 옳지 않은 것은?

- **가** 전후방, 좌우방향을 잘 감시하면서 운항해야 한다.
- **나** 속력은 조선에 필요한 정도로 지속 운항하고 과속 운항을 피해야 한다.
- **사** 다른 선박과 충돌의 위험이 있으면 침로를 유지하고 경고 신호를 울려야 한다.
- **아** 충돌의 위험이 있을 때는 조타, 기관조작, 투묘하여 정지시키는 등 조치를 취해야 한다.

다른 선박과 충돌의 위험이 있으면 필요시 속력을 줄이거나 기관의 작동을 정지, 후진하여 선박의 진행을 완전히 멈춘다.

20 강한 조류가 있을 경우 선박을 조종하는 방법으로 옳지 않은 것은?

- **가** 유향, 유속을 잘 알 수 있는 시간에 항행한다.
- **나** 가능한 한 선수를 유향에 직각 방향으로 향하게 한다.
- **사** 유속이 있을 때 계류작업을 할 경우 유속에 대등한 타력을 유지한다.
- **아** 조류가 흘러가는 쪽에 장애물이 있는 경우에는 충분한 공간을 두고 조종한다.

강한 조류가 있을 경우 선박을 조종하는 방법 : 선속을 낮추고 조타 시 소각도로 조금씩 변침

21 배의 운항 시 충분한 건현이 필요한 이유는?

- **가** 배의 속력을 줄이기 위해서
- **나** 배의 부력을 확보하기 위해서
- **사** 배의 조종성능을 알기 위해서
- **아** 항행 가능한 수심을 알기 위해서

선박이 안전하게 항행하기 위해서는 어느 정도의 예비부력을 가져야 한다. 이 예비부력은 선체가 침수되지 않은 부분의 수직거리로써 결정되는데, 이것을 건현이라고 한다.

22 히브 투(Heave to) 방법의 경우 선수로부터 좌·우현 몇 도 정도 방향에서 풍랑을 받아야 하는가?

- **가** 5~10도
- **나** 10~15도
- **사** 25~35도
- **아** 45~50도

거주(히브 투, heave to) : 일반적으로 풍랑을 선수로부터 좌·우현으로 25°~35° 방향에서 받아 선수를 풍랑 쪽으로 향하게 하여 조타가 가능한 최소의 속력으로 전진하는 방법

23 북반구에서 본선이 태풍의 진로상에 있다면 피항방법으로 옳은 것은?

- **가** 풍랑을 정선수에서 받으며 피항한다.
- **나** 풍랑을 좌현 선미에서 받으며 피항한다.
- **사** 풍랑을 좌현 선수에서 받으며 피항한다.
- **아** 풍랑을 우현 선미에 받으며 최대 선속으로 피항한다.

정답 19 사 20 나 21 나 22 사 23 아

[해설]

북반구에서 태풍이 접근할 때 반시계 방향은 가항반원에 위치하므로 바람을 우현 선미로 받으면서 항해하여 피항한다.

24 연안에서 좌초 사고가 발생하여 인명피해가 발생하였거나 침몰위험에 처한 경우 구조요청을 하여야 하는 곳은?

가 선주
나 관할 해양수산청
사 대리점
아 가까운 해양경찰서

[해설]

화재, 충돌, 좌초, 익수, 기관 고장, 표류, 환자발생, 해양오염, 밀수, 밀입국, 선상폭행, 불법조업 등 해양에서 발생하는 모든 사건 사고는 해양경찰서 해양긴급신고 번호(122번)로 신고해야 한다.

25 선박 간 충돌사고의 직접적인 원인이 아닌 것은?

가 계류삭 정비 불량
나 항해사의 선박 조종술 미숙
사 항해장비의 불량과 운용 미숙
아 승무원의 주의태만으로 인한 과실

[해설]

충돌사고의 주요 원인 : 승무원의 항법 미숙과 경계 소홀, 당직자의 당직 소홀과 조선 미숙, 협수로나 항만 등에 관한 항해 정보의 부족, 정비 불량과 운용 미숙, 잘못된 위치 판단과 돌발적인 기상의 변화

제3과목 **법규**

01 〈보기〉에서 해사안전법상 교통안전특정해역이 설정된 구역을 모두 고른 것은?

| 보기 |
ㄱ. 동해구역   ㄴ. 부산구역
ㄷ. 여수구역   ㄹ. 목포구역

가 ㄴ
나 ㄴ, ㄷ
사 ㄴ, ㄷ, ㄹ
아 ㄱ, ㄴ, ㄷ, ㄹ

교통안전특정해역의 범위 : 인천, 부산, 울산, 포항, 여수 구역(해상교통안전법 시행령 제5조 별표 1)

02 해사안전법상 선박이 항행 중인 상태는?

가 정박 상태
나 얹혀 있는 상태
사 고장으로 표류하고 있는 상태
아 항만의 안벽 등 계류시설에 매어 놓은 상태

항행 중이란 선박이 정박, 얹혀 있는 상태, 항만의 안벽 등 계류시설에 매어 놓은 상태에 해당하지 아니하는 상태를 말한다(해상교통안전법 제2조 제19호).

03 해사안전법상 '조종제한선'이 아닌 것은?

가 준설 작업을 하고 있는 선박
나 항로표지를 부설하고 있는 선박
사 기뢰제거작업에 종사하고 있는 선박
아 조타기 고장으로 수리 중인 선박

[정답] **24** 아 **25** 가 / **01** 나 **02** 사 **03** 아

조종제한선 : 다음의 작업과 그 밖에 선박의 조종성능을 제한하는 작업에 종사하고 있어 다른 선박의 진로를 피할 수 없는 선박(해상교통안전법 제2조 제11호).
- 항로표지, 해저전선 또는 해저파이프라인의 부설·보수·인양 작업
- 준설(浚渫)·측량 또는 수중 작업
- 항행 중 보급, 사람 또는 화물의 이송 작업
- 항공기의 발착(發着)작업
- 기뢰제거작업
- 진로에서 벗어날 수 있는 능력에 제한을 많이 받는 예인작업

04 해사안전법상 선박의 항행안전에 필요한 항행보조시설을 〈보기〉에서 모두 고른 것은?

| 보기 |
ㄱ. 신호   ㄴ. 해양관측 설비
ㄷ. 조명   ㄹ. 항로표지

가 ㄱ, ㄴ, ㄷ   **나** ㄱ, ㄷ, ㄹ
사 ㄴ, ㄷ, ㄹ   **아** ㄱ, ㄴ, ㄹ

항행보조시설 : 해양수산부장관은 선박의 항행안전에 필요한 항로표지·신호·조명 등 항행보조시설을 설치하고 관리·운영하여야 한다(해상교통안전법 제44조).

05 해사안전법상 국제항해에 종사하지 않는 여객선에 대한 출항통제권자는?

가 시·도지사   **나** 해양수산부장관
사 해양경찰서장   **아** 지방해양수산청장

국제항해에 종사하지 않는 여객선 및 여객용 수면비행선박의 출항통제권자 : 해양경찰서장(해상교통안전법 시행규칙 제33조 관련 별표 10)

06 해사안전법상 항로를 지정하는 목적은?

가 해양사고 방지를 위해
나 항로외 구역을 개발하기 위해
사 통항하는 선박들의 완벽한 통제를 위해
아 항로 주변의 부가가치를 창출하기 위해

항로의 지정 : 해양사고가 일어날 우려가 있다고 인정하면 선박의 항행안전에 필요한 사항을 해양수산부령으로 정하는 바에 따라 고시(해상교통안전법 제30조)

07 해사안전법상 법에서 정하는 바가 없는 경우 충돌을 피하기 위한 동작이 아닌 것은?

가 적극적인 동작
나 충분한 시간적 여유를 가지는 동작
사 선박을 적절하게 운용하는 관행에 따른 동작
아 침로나 속력을 소폭으로 연속적으로 변경하는 동작

충분히 크게 변경하여야 하며, 침로나 속력을 소폭으로 연속적으로 변경하여서는 아니 된다(해상교통안전법 제73조).

08 (   )에 적합한 것은?

해사안전법상 통항분리수역에서 부득이한 사유로 통항로를 횡단하여야 하는 경우에는 그 통항로와 선수 방향이 (   )에 가까운 각도로 횡단하여야 한다.

가 직각   **나** 예각
사 둔각   **아** 소각

정답 04 나   05 사   06 가   07 아   08 가

부득이한 사유로 그 통항로를 횡단하여야 하는 경우에는 그 통항로와 선수 방향이 직각에 가까운 각도로 횡단하여야 한다(해상교통안전법 제75조 제3항).

09 ( )에 순서대로 적합한 것은?

> 해사안전법상 선박은 접근하여 오는 다른 선박의 ( )에 뚜렷한 변화가 일어나지 아니하면 ( )이 있다고 보고 필요한 조치를 하여야 한다.

가 나침방위, 통과할 가능성
나 나침방위, 충돌할 위험성
사 선수 방위, 통과할 가능성
아 선수 방위, 충돌할 위험성

선박은 접근하여 오는 다른 선박의 나침방위에 뚜렷한 변화가 일어나지 아니하면 충돌할 위험성이 있다고 보고 필요한 조치를 하여야 함(해상교통안전법 제72조).

10 ( )에 순서대로 적합한 것은?

> 해사안전법상 밤에는 다른 선박의 ( )만을 볼 수 있고 어느 쪽의 ( )도 볼 수 없는 위치에서 그 선박을 앞지르는 선박은 앞지르기 하는 배로 보고 필요한 조치를 취하여야 한다.

가 선수등, 현등
나 선수등, 전주등
사 선미등, 현등
아 선미등, 전주등

다른 선박의 양쪽 현의 정횡으로부터 22.5도를 넘는 뒤쪽(밤에는 다른 선박의 선미등만을 볼 수 있고 어느 쪽의 현등도 볼 수 없는 위치)에서 그 선박을 앞지르는 선박은 앞지르기 하는 배로 보고 필요한 조치를 취하여야 수행(해상교통안전법 제78조 제2항).

11 해사안전법상 서로 시계 안에 있는 2척의 동력선이 마주치는 상태로 충돌의 위험이 있을 때의 항법으로 옳은 것은?

가 큰 배가 작은 배를 피한다.
나 작은 배가 큰 배를 피한다.
사 서로 좌현 쪽으로 변침하여 피한다.
아 서로 우현 쪽으로 변침하여 피한다.

2척의 동력선이 마주치거나 거의 마주치게 되어 충돌의 위험이 있을 때에는 각 동력선은 서로 다른 선박의 좌현 쪽을 지나갈 수 있도록 침로를 우현 쪽으로 변경(해상교통안전법 제79조 제1항).

12 해사안전법상 충돌의 위험이 있는 2척의 동력선이 상대의 진로를 횡단하는 경우 피항선이 피항 동작을 취하고 있지 아니하다고 판단되었을 때 침로와 속력을 유지하여야 하는 선박의 조치로 옳은 것은?

가 피항 동작
나 침로와 속력의 유지
사 증속하여 피항선 선수 방향 횡단
아 좌현 쪽에 있는 피항선을 향하여 침로를 왼쪽으로 변경

정답 **09** 나 **10** 사 **11** 아 **12** 가

횡단하는 상태(해상교통안전법 제80조)
- 2척의 동력선이 상대의 진로를 횡단하는 경우로서 충돌의 위험이 있을 때에는 다른 선박을 우현 쪽에 두고 있는 선박이 그 다른 선박의 진로를 회피
- 다른 선박의 진로를 피하여야 하는 선박은 부득이한 경우 외에는 그 다른 선박의 선수 방향을 횡단 금지

13 (   )에 순서대로 적합한 것은?

> 해사안전법상 모든 선박은 시계가 제한된 그 당시의 (   )에 적합한 (   )으로 항행하여야 하며, (   )은 제한된 시계 안에 있는 경우 기관을 즉시 조작할 수 있도록 준비하고 있어야 한다.

가 시정, 최소한의 속력, 동력선

나 시정, 안전한 속력, 모든 선박

사 사정과 조건, 안전한 속력, 동력선

아 사정과 조건, 최소한의 속력, 모든 선박

모든 선박은 시계가 제한된 그 당시의 사정과 조건에 적합한 안전한 속력으로 항행하여야 하며, 동력선은 제한된 시계 안에 있는 경우 기관을 즉시 조작할 수 있도록 준비하고 있어야 한다(해상교통안전법 제84조 제2항).

14 해사안전법상 선수와 선미의 중심선상에 설치된 붉은색과 녹색의 두 부분으로 된 등화로서 그 붉은색과 녹색 부분이 각각 현등의 붉은색 등 및 녹색 등과 같은 특성을 가진 등은?

가 삼색등   나 전주등

사 선미등   아 양색등

양색등 : 선수와 선미의 중심선상에 설치된 붉은색과 녹색의 두 부분으로 된 등화로서 그 붉은색과 녹색 부분이 각각 현등의 붉은색 등 및 녹색 등과 같은 특성을 가진 등(해상교통안전법 제86조)

15 해사안전법상 단음은 몇 초 정도 계속되는 고동소리인가?

가 1초   나 2초

사 4초   아 6초

기적의 종류(해상교통안전법 제97조)
- 단음 : 1초 정도 계속되는 고동소리
- 장음 : 4초부터 6초까지의 시간 동안 계속되는 고동소리

16 (   )에 적합한 것은?

> 선박의 입항 및 출항 등에 관한 법률상 무역항의 수상구역 등에서 예인선이 다른 선박을 끌고 항행할 경우, 예인선의 선수로부터 피예인선의 선미까지의 길이는 (   )미터를 초과할 수 없다.

가 50   나 100

사 150   아 200

예인선의 선수로부터 피예인선의 선미까지의 길이는 200미터를 초과하지 않을 것(법 제5조 제1항, 시행규칙 제9조 제1항).

17 선박의 입항 및 출항 등에 관한 법률상 무역항의 수상구역 등에서 선박수리 허가를 받아야 하는 선박 내 위험구역이 아닌 곳은?

가 선교
나 축전지실
사 코퍼댐
아 페인트 창고

선박 내 위험구역 : 윤활유탱크, 코퍼댐(coffer dam), 공소(空所), 축전지실, 페인트 창고, 가연성 액체를 보관하는 창고, 폐위된 차량구역(시행규칙 제21조)

18 ( )에 적합한 것은?

선박의 입항 및 출항 등에 관한 법률상 무역항의 수상구역 등이나 무역항의 수상구역 밖 ( ) 이내의 수면에 선박의 안전운항을 해칠 우려가 있는 폐기물을 버려서는 아니 된다.

가 10킬로미터
나 15킬로미터
사 20킬로미터
아 25킬로미터

누구든지 무역항의 수상구역 등이나 무역항의 수상구역 밖 10킬로미터 이내의 수면에 선박의 안전운항을 해칠 우려가 있는 흙·돌·나무·어구(漁具) 등 폐기물을 버려서는 아니 된다(법 제38조 제1항).

19 ( )에 적합한 것은?

선박의 입항 및 출항 등에 관한 법률상 총톤수 ( )톤 미만의 선박은 무역항의 수상구역에서 다른 선박의 진로를 피하여야 한다.

가 20톤
나 30톤
사 50톤
아 100톤

우선피항선 : 주로 무역항의 수상구역에서 운항하는 선박으로서 다른 선박의 진로를 피하여야 하는 선박으로 총톤수 20톤 미만의 선박(법 제2조 제5호)

20 ( )에 적합한 것은?

선박의 입항 및 출항 등에 관한 법률상 우선피항선 외의 선박은 무역항의 수상구역 등에 ( )하는 경우 또는 무역항의 수상구역 등을 ( )하는 경우에는 원칙적으로 지정·고시된 항로를 따라 항행하여야 한다.

가 입거, 우회
나 입거, 통과
사 출입, 통과
아 출입, 우회

우선피항선 외의 선박은 무역항의 수상구역 등에 출입 또는 통과하는 경우에는 지정·고시된 항로를 따라 항행하여야 한다(법 제10조 제2항).

21 ( )에 공통으로 적합한 것은?

선박의 입항 및 출항 등에 관한 법률상 선박이 무역항의 수상구역 등에서 해안으로 길게 뻗어 나온 육지 부분, 부두, 방파제 등 인공시설물의 튀어나온 부분 또는 정박 중인 선박(이하 ( )이라 한다)을 오른쪽 뱃전에 두고 항행할 때에는 ( )에 접근하여 항행하고, ( )을 왼쪽 뱃전에 두고 항행할 때에는 멀리 떨어져서 항행하여야 한다.

가 위험물
나 항행장애물
사 부두등
아 항만구역등

선박이 무역항의 수상구역 등에서 해안으로 길게 뻗어나온 육지 부분, 부두, 방파제 등 인공시설물의 튀어나온 부분 또는 정박 중인 선박을 오른쪽 뱃전에 두고 항행할 때에는 부두등에 접근하여 항행하고, 부두등을 왼쪽 뱃전에 두고 항행할 때에는 멀리 떨어져서 항행하여야 한다 (법 제14조).

22 (   )에 적합하지 않은 것은?

> 선박의 입항 및 출항 등에 관한 법률상 무역항의 수상구역 등에 정박하는 (   )에 따른 정박구역 또는 정박지를 지정·고시할 수 있다.

가 선박의 톤수   **나** 선박의 종류
사 선박의 국적   **아** 적재물의 종류

관리청이 무역항의 수상구역 등에 정박하는 정박구역 또는 정박지를 지정·고시하는 기준 : 선박의 종류·톤수·흘수 또는 적재물의 종류(법 제5조).

23 해양환경관리법상 배출기준을 초과하는 오염물질이 해양에 배출된 경우 누구에게 신고하여야 하는가?

가 환경부장관
나 해양경찰청장 또는 해양경찰서장
사 시·도지사 또는 관할 시장·군수·구청장
아 해양수산부장관 또는 지방해양수산청

대통령령이 정하는 배출기준을 초과하는 오염물질이 해양에 배출되거나 배출될 우려가 있다고 예상되는 경우 해당하는 자는 지체 없이 해양경찰청장 또는 해양경찰서장에게 이를 신고하여야 한다(법 제63조 제1항).

24 해양환경관리법상 소형선박에 비치해야 하는 기관구역용 폐유저장용기에 관한 규정으로 옳지 않은 것은?

가 용기는 2개 이상으로 나누어 비치할 수 있다.
나 용기의 재질은 견고한 금속성 또는 플라스틱 재질이어야 한다.
사 총톤수 5톤 이상 10톤 미만의 선박은 30리터 저장용량의 용기를 비치하여야 한다.
아 총톤수 10톤 이상 30톤 미만의 선박은 60리터 저장용량의 용기 비치를 비치해야 한다.

소형선박 기관구역용 폐유저장용기 비치기준(「선박에서의 오염방지에 관한 규칙」 별표 7)

대상선박	저장용량
총톤수 5톤 이상 10톤 미만의 선박	20(ℓ)
총톤수 10톤 이상 30톤 미만의 선박	60(ℓ)
총톤수 30톤 이상 50톤 미만의 선박	100(ℓ)
총톤수 50톤 이상 100톤 미만으로서 유조선이 아닌 선박	200(ℓ)

- 폐유저장용기는 2개 이상으로 나누어 비치할 수 있다.
- 폐유저장용기는 견고한 금속성 재질 또는 플라스틱 재질로서 폐유가 새지 아니하도록 제작되어야 하고, 해당 용기의 표면에는 선명 및 선박번호를 기재하고 그 내용물이 폐유임을 표시하여야 한다.
- 폐유저장용기 대신에 소형선박용 기름여과장치를 설치할 수 있다.

25 해양환경관리법상 기름오염방제와 관련된 설비와 자재가 아닌 것은?

가 유겔화제   **나** 유처리제
사 오일펜스   **아** 유수분리기

자재 및 약제의 비치(시행규칙 제32조 및 별표 11)
유겔화제(기름을 굳게 하는 물질), 유처리제, 유흡착재, 오일펜스(해상에 울타리를 치듯이 막는 방제자재)

정답 22 사 23 나 24 사 25 아

제4과목 **기관**

01 디젤 기관의 연료분사 조건 중 분사되는 연료유가 극히 미세화되는 것을 무엇이라 하는가?

가 무화   나 관통

사 분산   아 분포

연료분사 조건
- **무화** : 분사되는 연료유의 미립화
- **관통** : 노즐에서 피스톤까지 도달할 수 있는 관통력
- **분산** : 연료유가 원뿔형으로 분사되어 퍼지는 상태
- **분포** : 실린더 내에 분사된 연료유가 공기와 균등하게 혼합된 상태

02 4행정 사이클 내연기관의 흡·배기 밸브에서 밸브겹침을 두는 주된 이유는?

가 윤활유의 소비량을 줄이기 위해

나 흡기온도와 배기온도를 낮추기 위해

사 기관의 진동을 줄이고 원활하게 회전시키기 위해

아 흡기작용과 배기작용을 돕고 밸브와 연소실을 냉각시키기 위해

흡·배기 밸브는 상사점 부근에서 크랭크 각도 40° 동안 흡기밸브와 배기밸브가 동시에 열려 있는데, 이 기간을 밸브겹침(valve overlap)이라 한다. 벨브겹침을 두는 이유는 실린더 내의 소기작용을 돕고, 밸브와 연소실 냉각을 돕기 위해서이다.

03 디젤 기관에서 실린더 내의 연소압력이 피스톤에 작용하여 발생하는 동력은?

가 전달마력

나 유효마력

사 제동마력

아 지시마력

도시마력(지시마력, 실마력)
- 디젤 기관에서 실린더 내의 연소압력이 피스톤에 작용하여 발생하는 동력
- 실린더 내에서 발생하는 출력을 폭발압력으로부터 직접 측정하는 마력

04 선박용 디젤 기관의 요구 조건이 아닌 것은?

가 효율이 좋을 것

나 고장이 적을 것

사 시동이 용이할 것

아 운전회전수가 가능한 높을 것

선박용 기관이 갖추어야 할 조건
- 효율이 좋고, 시동이 용이할 것
- 흡입공기에서 습기와 염분을 분리하는 장치가 필요하며, 냉각을 위해서 해수를 사용하기 때문에 부식에 강한 재료를 사용해야 함
- 수명이 길고 잦은 고장 없이 작동에 대한 신뢰성이 높아야 함
- 좁고 밀폐된 공간에 설치되므로 흡기와 배기가 원활해야 함
- 역회전 및 저속 운전이 가능하며, 과부하에도 견딜 수 있어야 함

정답   **01** 가   **02** 아   **03** 아   **04** 아

05 4행정 사이클 디젤 기관에서 실린더 내의 압력이 가장 높은 행정은?

가 흡입행정   **나** 압축행정

사 작동행정   **아** 배기행정

작동행정(폭발행정)

• 흡기밸브와 배기밸브가 닫혀 있는 상태에서 피스톤이 상사점에 도달하기 전에 연료가 분사되어 연소하고 이때 발생한 연소가스의 팽창으로 피스톤을 하사점까지 하강하여 동력을 발생

• 4행정 사이클 디젤 기관에서 실제로 동력을 발생시키는 행정

06 디젤 기관의 메인 베어링에 대한 설명으로 옳지 않은 것은?

가 볼베어링이 많이 사용된다.

나 윤활유가 공급되어 윤활시킨다.

사 베어링 틈새가 너무 크면 윤활유가 누설이 많아진다.

아 베어링 틈새가 너무 작으면 냉각이 불량해져서 열이 발생한다.

메인 베어링 : 크랭크축을 회전시키며 주로 평면 베어링을 사용

07 디젤 기관에서 실린더 라이너와 실린더 헤드 사이의 개스킷 재료로 많이 사용되는 것은?

가 구리   **나** 아연

사 고무   **아** 석면

개스킷 재료로 많이 사용되는 것 : 연강이나 구리

08 디젤 기관에서 피스톤 링을 피스톤에 조립할 경우의 주의사항으로 옳지 않은 것은?

가 링의 상하면 방향이 바뀌지 않도록 조립한다.

나 가장 아래에 있는 링부터 차례로 조립한다.

사 링이 링 홈 안에서 잘 움직이는지를 확인한다.

아 링의 절구틈이 모두 같은 방향이 되도록 조립한다.

피스톤 링의 조립 피스톤 링을 피스톤에 조립할 때는 각인된 쪽이 실린더 헤드 쪽으로 향하도록 하고, 링 이음부는 크랭크축 방향과 축의 직각 방향(측압쪽)을 피해서 120˚~180˚ 방향으로 서로 엇갈리게 조립한다.

09 디젤 기관에서 플라이휠을 설치하는 주된 목적은?

가 소음을 방지하기 위해

나 과속도를 방지하기 위해

사 회전을 균일하게 하기 위해

아 고속 회전을 가능하게 하기 위해

플라이휠의 역할

• 크랭크축이 일정한 속도로 회전할 수 있도록 함

• 기동전동기를 통해 기관 시동을 걸고, 클러치를 통해 동력을 전달하는 기능

• 기관의 시동을 쉽게 해 주고 저속 회전을 가능하게 해 줌

• 크랭크 각도가 표시되어 있어 밸브의 조정을 편리하게 함

정답   05 사   06 가   07 가   08 아   09 사

PART 03

10 디젤 기관에서 연료분사량을 조절하는 연료래크와 연결되는 것은?

가 연료분사 밸브

나 연료분사 펌프

사 연료이송 펌프

아 연료가열기

연료분사 펌프(연료 펌프) : 분사 시기 및 분사량을 조정하며, 연료분사에 필요한 고압을 만드는 장치로 연료분사량을 조절하는 연료래크와 연결되어 있음

11 디젤 기관에서 과급기를 작동시키는 것은?

가 흡입공기의 압력

나 배기가스의 압력

사 연료유의 분사 압력

아 윤활유 펌프의 출구 압력

소형 디젤 기관에서 과급기를 운전하는 작동 유체 : 고온·고압의 연소가스 압력

12 디젤 기관에서 각부 마멸량을 계측하는 부위와 공구가 옳게 짝지어진 것은?

가 피스톤 링 두께 – 내측 마이크로미터

나 크랭크 암 디플렉션 – 버니어 캘리퍼스

사 흡기 및 배기밸브 틈 – 필러 게이지

아 실린더 라이너 내경 – 외측 마이크로미터

필러 게이지 : 정확한 두께의 철편이 단계별로 되어 있는 측정용 게이지로, 두 부품 사이의 좁은 틈 및 간격을 측정하기 위한 기구

13 프로펠러가 전진으로 회전하는 경우 물을 미는 압력이 생기는 면을 (   )이라 하고 후진할 때에 물을 미는 압력이 생기는 면을 (   )이라 한다. (   )에 각각 순서대로 알맞은 것은?

가 앞면, 뒷면

나 뒷면, 앞면

사 흡입면, 압력면

아 뒷날개, 앞날개

프로펠러가 전진 회전을 하는 경우 낮은 유속으로 압력이 커지는 압력면을 앞면, 빠른 유속 때문에 압력이 작아지는 흡입면을 뒷면이라고 한다.

14 프로펠러의 피치가 1m이고 매초 2회전 하는 선박이 1시간 동안 프로펠러에 의해 나아가는 거리는 몇 km인가?

가 0.36km

나 0.72km

사 3.6km

아 7.2km

프로펠러에 의해 나아가는 거리 계산
• **피치** : 선박에서 스크루 프로펠러가 360도 1회전 하면 전진하는 거리
• **분당 이동거리** : 60초 × 2회전 = 120m
• **1시간 동안 이동한 거리** :
  60분 × 120m = 7,200m(7.2km)

15 양묘기의 구성 요소가 아닌 것은?

가 구동 전동기

나 회전 드럼

사 제동장치

아 데릭 포스트

양묘기의 구성 요소 : 체인 드럼, 클러치, 마찰 브레이크(제동장치), 워핑 드럼, 원동기(구동 전동기), 치차(Gear, 기어) 등

정답 10 나 11 나 12 사 13 가 14 아 15 아

16 기관실 바닥의 선저폐수를 배출하는 펌프는?

가 청수 펌프   나 빌지 펌프

사 해수 펌프   아 유압 펌프

빌지 펌프 : 기관실 바닥에 고인 물이나 해수 펌프에서 누설한 물을 배출하는 전용 펌프

17 운전 중인 해수 펌프에 대한 설명으로 옳은 것은?

가 출구밸브를 조금 잠그면 송출압력이 올라 간다.

나 출구밸브를 조금 잠그면 송출압력이 내려 간다.

사 입구밸브를 조금 잠그면 송출압력이 많아 진다.

아 입구밸브를 조금 잠그면 송출 유속이 커 진다.

해수 펌프는 대부분 원심 펌프로 송출밸브는 펌프의 송 출량을 조절하는 밸브이다. 원심 펌프의 입구밸브는 열 고 출구밸브를 잠그면 송출압력이 올라간다.

18 5kW 이하의 소형 유도전동기에 많이 이용되는 기동법은?

가 직접 기동법   나 간접 기동법

사 기동 보상기법   아 리액터 기동법

직접 기동법 : 직접 정격전압을 인가하여 기동하는 방 법으로 5kW 이하의 소형 유도전동기에 적용

19 변압기의 역할은?

가 전압의 변환   나 전력의 변환

사 압력의 변환   아 저항의 변환

변압기 : 교류의 전압이나 전류의 값을 변환(전압을 증 감)시키는 장치로 정격 용량 단위로 [kVA]를 사용

20 2V 단전지 6개를 연결하여 12V가 되게 하려면 어떻게 연결해야 하는가?

가 2V 단전지 6개를 병렬 연결한다.

나 2V 단전지 6개를 직렬 연결한다.

사 2V 단전지 3개를 병렬 연결하여 나머지 3 개와 직렬 연결한다.

아 2V 단전지 2개를 병렬 연결하여 나머지 4 개와 직렬 연결한다.

직렬접속 : 각각의 저항을 일렬로 접속하는 것으로 직 렬 연결 시 총 전압은 각 전압의 합으로 2V 단전지 6개 를 직렬 연결하면 2 × 6 = 12V가 됨

21 디젤 기관의 시동 전동기에 대한 설명으로 옳은 것은?

가 시동 전동기에 교류 전기를 공급한다.

나 시동 전동기에 직류 전기를 공급한다.

사 시동 전동기는 유도전동기이다.

아 시동 전동기는 교류전동기이다.

주로 소형기관에 설치된 디젤 기관의 시동 전동기는 직 류전동기를 사용한다.

정답 16 나   17 가   18 가   19 가   20 나   21 나

22 1마력(PS)이란 1초 동안에 얼마의 일을 하는가?

가 25kgf・m

나 50kgf・m

사 75kgf・m

아 102kgf・m

동력의 단위 : 1마력(PS) = 75kgf・m/s ≒ 0.735kW

23 운전 중인 디젤 기관의 진동 원인이 아닌 것은?

가 위험 회전수로 운전하고 있을 때

나 윤활유가 실린더 내에서 연소하고 있을 때

사 각 실린더의 최고압력이 심하게 차이가 날 때

아 여러 개의 기관 베드 설치 볼트가 절손되었을 때

운전 중 기관의 심한 진동이 일어나는 경우 원인 : 위험 회전수에서 운전, 각 실린더의 최고압력이 고르지 않음, 기관 베드의 설치 볼트가 이완 또는 절손, 각 베어링의 큰 틈새, 기관의 노킹현상 등

24 연료유의 점도에 대한 설명으로 옳은 것은?

가 무거운 정도를 나타낸다.

나 끈적임의 정도를 나타낸다.

사 수분이 포함된 정도를 나타낸다.

아 발열량이 큰 정도를 나타낸다.

점도 : 유체가 이동하기 어려움의 정도로, 즉 끈적거림의 정도

25 연료유의 저장 시 연료유의 성질 중 무엇이 낮으면 화재위험이 높은가?

가 인화점

나 임계점

사 유동점

아 응고점

인화점

• 연료유를 서서히 가열할 때 나오는 유증기에 불꽃을 가까이했을 때 불이 붙는 온도

• 연료유의 저장 시 인화점이 낮으연 화재의 위험성이 높은 것으로 중유가 가장 큼

정답 **22** 사 **23** 나 **24** 나 **25** 가

2023년 제4회 최신 기출문제

제1과목 항해

01 자기 컴퍼스에서 SW의 나침방위는?

가 90도
나 135도
사 180도
아 225도

가. 90도(E), 나. 135도(SE), 사. 180도(S), 아. 225도(SW)

02 ( )에 적합한 것은?

> 자이로컴퍼스에서 지지부는 선체의 요동, 충격 등의 영향이 추종부에 거의 전달되지 않도록 ( ) 구조로 추종부를 지지하게 되며, 그 자체는 비너클에 지지되어 있다.

가 짐벌즈
나 인버터
사 로터
아 토커

짐벌즈 : 목재 또는 비자성재로 만든 원통형의 지지대인 비너클(Binnacle)이 기울어져도 볼을 항상 수평으로 유지시켜 주는 장치

03 자기 컴퍼스의 용도가 아닌 것은?

가 선박의 침로 유지에 사용
나 물표의 방위 측정에 사용
사 선박의 속력 측정에 사용
아 타선의 방위 변화 확인에 사용

사. 선속계 : 선박의 속력과 항주거리 등을 측정하는 계기

04 어느 선박과 다른 선박 상호 간에 선박의 명세, 위치, 침로, 속력 등의 선박 관련 정보와 항해 안전 정보들을 폴 주파수로 송신 및 수신하는 시스템은?

가 지피에스(GPS)
나 선박자동식별장치(AIS)
사 전자해도표시장치(ECDIS)
아 지피에스 플로터(GPS plotter)

선박자동식별장치(AIS) : 무선전파 송수신기를 이용하여 선박의 제원, 종류, 위치, 침로, 항해 상태 등을 자동으로 송수신하는 시스템으로, 선박과 선박 간, 선박과 연안기지국 간 항해 관련 통신장치

05 프리즘을 사용하여 목표물과 카드 눈금을 광학적으로 중첩시켜 방위를 읽을 수 있는 방위 측정 기구는?

가 쌍안경
나 방위경
사 섀도 핀
아 컴퍼지션 링

방위경
• 컴퍼스 볼 위에 장착하여 고도가 높은 천체나 물표의 방위를 정밀하게 방위 측정하는 데 사용
• 고도가 높은 천체는 화살표를 위쪽으로, 고도가 낮은 천체는 화살표를 아래쪽으로 하여 측정

정답 01 아 02 가 03 사 04 나 05 나

06 다음 중 지피에스(GPS)를 이용하여 얻을 수 있는 정보는?

가 자기 선박의 위치

나 자기 선박의 국적

사 다른 선박의 존재 여부

아 다른 선박과 충돌 위험성

지피에스(GPS) : 24개의 인공위성으로부터 오는 전파를 사용하여 자기 선박의 위치를 계산하는 방식으로 위성마다 서로 다른 PN코드를 사용

07 용어에 대한 설명으로 옳은 것은?

가 전위선은 추측위치와 추정위치의 교점이다.

나 중시선은 교각이 90도인 두 물표를 연결한 선이다.

사 추측위치란 선박의 침로, 속력 및 풍압차를 고려하여 예상한 위치이다.

아 위치선은 관측을 실시한 시점에 선박이 그 선위에 있다고 생각되는 특정한 선을 말한다.

위치선 : 선박이 그 자취 위에 존재한다고 생각되는 특정한 선

08 45해리 떨어진 두 지점 사이를 대지속력 10노트로 항해할 때 걸리는 시간은? (단, 외력은 없음)

가 3시간

나 3시간 30분

사 4시간

아 4시간 30분

속력 = 거리/시간
시간 = 거리/속력 = 45/10 = 4.5시간(4시간 30분)

09 선박 주위에 있는 높은 건물로 인해 레이더 화면에 나타나는 거짓상은?

가 맹목구간에 의한 거짓상

나 간접 반사에 의한 거짓상

사 다중 반사에 의한 거짓상

아 거울면 반사에 의한 거짓상

거울면 반사(경면반사) : 안벽, 부두, 방파제 등에 의해서 대칭으로 생기는 허상

10 작동 중인 레이더 화면에서 'A' 점은?

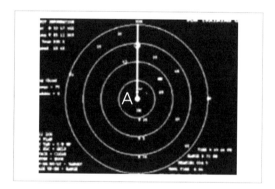

가 섬

나 자기 선박

사 육지

아 다른 선박

작동 중인 레이더는 상대운동 표시방식의 레이더로 자선(본선)의 위치가 어느 한 점(주로 PPI의 중심)에 고정되어 있기 때문에, 모든 물체는 자선의 움직임에 대하여 상대적인 움직임으로 표시된다.

11 해저의 기복상태를 알기 위해 같은 수심인 장소를 연결하는 가는 실선으로 나타낸 것은?

가 등심선

나 경계선

사 위험선

아 해안선

정답 06 가 07 아 08 아 09 아 10 나 11 가

등심선 : 해저의 지형이나 기복상태를 판단할 수 있도록 수심이 동일한 지점을 연결한 가는 실선

12 다음 중 항행통보가 제공하지 않는 정보는?

- 가 수심의 변화
- 나 조시 및 조고
- 사 위험물의 위치
- 아 항로표지의 신설 및 폐지

항행통보 : 위험물의 발견, 수심의 변화, 항로표지의 신설·폐지 등을 항해자에게 통보해 주는 것

13 다음 중 등색이나 광력이 바뀌지 않고 일정하게 빛을 내는 야간(광파)표지는?

- 가 명암등
- 나 호광등
- 사 부동등
- 아 섬광등

부동등(F) : 등색이나 등력(광력)이 바뀌지 않고 일정하게 계속 빛을 내는 등

14 풍랑이나 조류 때문에 등부표를 설치하거나 관리하기가 어려운 모래 기둥이나 암초 등이 있는 위험한 지점으로부터 가까운 곳에 등대가 있는 경우, 그 등대에 강력한 투광기를 설치하여 그 구역을 비추어 위험을 표시하는 것은?

- 가 도등
- 나 조사등
- 사 지향등
- 아 분호등

조사등 : 투광기를 통해 등표 등의 설치가 어려운 위험지역을 직접 비추는 등화시설

PART
03

15 레이더 트랜스폰더에 대한 설명으로 옳은 것은?

- 가 음성신호를 방송하여 방위 측정이 가능하다.
- 나 송신 내용에 부호화된 식별신호 및 데이터가 들어 있다.
- 사 선박의 레이더 영상에 송신국의 방향이 숫자로 표시된다.
- 아 좁은 수로 또는 항만에서 선박을 유도할 목적으로 사용한다.

레이더 트랜스폰더 : 정확한 질문을 받거나 송신이 국부 명령으로 이루어질 때 응답 전파를 발사하여 레이더의 표시기상에 그 위치가 표시되도록 하는 장치

16 점장도의 특징으로 옳지 않은 것은?

- 가 항정선이 직선으로 표시된다.
- 나 자오선은 남북 방향의 평행선이다.
- 사 거등권은 동서 방향의 평행선이다.
- 아 적도에서 남북으로 멀어질수록 면적이 축소되는 단점이 있다.

적도에서 남북으로 멀어질수록 면적이 확대되는 단점이 있다.

정답 **12** 나 **13** 사 **14** 나 **15** 나 **16** 아

15 · 2023년 제4회 | **317**

17 해도를 제작하는 데 이용되는 도법이 아닌 것은?

가 평면도법   나 점장도법

사 반원도법   아 대권도법

제작법(도법)에 의한 해도의 분류 : 평면도법, 점장도법, 대권도법 등

18 종이해도를 사용할 때 주의사항으로 옳은 것은?

가 여백에 낙서를 해도 무방하다.

나 연필 끝은 둥글게 깎아서 사용한다.

사 반드시 해도의 소개정을 할 필요는 없다.

아 가장 최근에 발행된 해도를 사용해야 한다.

해도 사용 시 주의사항
- 보관 시 반드시 펴서 넣고 20매 이내로 유지
- 항상 발행 기관별 번호 순서 또는 사용 순서대로 보관
- 서랍 앞면에는 그 속에 들어 있는 해도번호, 내용물을 표시
- 운반 시 반드시 말아서 비에 젖지 않도록 풍하 쪽으로 이동
- 연필은 2B나 4B를 이용하되 끝을 납작하게 깎아서 사용
- 해도에는 필요한 선만 그을 것

19 해도상 등부표에 표시된 'Al.RG.10s20M'에 대한 설명으로 옳지 않은 것은?

가 분호등이다.

나 주기는 10초이다.

사 광달거리는 20해리이다.

아 적색과 녹색을 교대로 표시한다.

'Al.RG.10s20M'에서 Al은 호광등(Alt)으로 등광은 꺼지지 않고 등색만 바뀌는 등이다. RG는 적색과 녹색을 교대로 표시한다는 뜻이며, 10s20M은 10초 간격으로 광달거리가 20해리라는 의미이다.

20 표지가 설치된 모든 주위가 가항수역임을 알려주는 항로표지로서 주로 수로의 중앙에 설치하는 항로표지는?

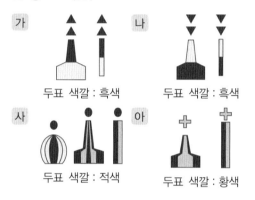

가   나

두표 색깔 : 흑색   두표 색깔 : 흑색

사   아

두표 색깔 : 적색   두표 색깔 : 황색

안전수역표지 : 설치 위치 주변의 모든 주위가 가항수역임을 표시하는 데 사용하는 표지로, 중앙선이나 수로의 중앙을 나타냄. 두표(적색의 구 1개), 등화(백색), 적색과 백색의 세로 방향 줄무늬

21 저기압의 특징에 대한 설명으로 옳지 않은 것은?

가 저기압 내에서는 날씨가 맑다.

나 주위로부터 바람이 불어 들어온다.

사 중심 부근에서는 상승기류가 있다.

아 중심으로 갈수록 기압경도가 커서 바람이 강해진다.

저기압 구역 내에서는 상승기류가 형성되어 구름과 강수를 일으키고 악천후의 원인이 된다.

정답 17 사 18 아 19 가 20 사 21 가

22 중심이 주위보다 따뜻하고, 여름철 대륙 내에서 발생하는 저기압으로, 상층으로 갈수록 저기압성 순환이 줄어들면서 어느 고도 이상에서 사라지는 키가 작은 저기압은?

가 전선 저기압

나 한랭 저기압

사 온난 저기압

아 비전선 저기압

온난 저기압 : 중심이 주위보다 온난한 저기압으로 상층에 갈수록 저기압성 순환이 감쇠하여 어느 고도에서는 소멸하는 저기압

23 피험선에 대한 설명으로 옳은 것은?

가 위험구역을 표시하는 등심선이다.

나 선박이 존재한다고 생각하는 특정한 선이다.

사 항의 입구 등에서 자선의 위치를 구할 때 사용한다.

아 항해 중에 위험물에 접근하는 것을 쉽게 탐지할 수 있다.

피험선 : 협수로를 통과할 때나 출·입항할 때에 자주 변침하여 마주치는 선박을 적절히 피하여 위험을 예방하고 여러 가지 위치선을 이용해 예정 침로를 유지하기 위한 위험 예방선

24 한랭전선과 온난전선이 서로 겹쳐져 나타나는 전선은?

가 한랭전선

나 온난전선

사 폐색전선

아 정체전선

폐색전선 : 한랭전선과 온난전선이 서로 겹쳐진 전선으로 기호 사용 시 색은 적색과 청색을 사용

25 입항항로를 선정할 때 고려사항이 아닌 것은?

가 항만관계 법규

나 항만의 상황 및 지형

사 묘박지의 수심, 저질

아 선원의 교육훈련 상태

입항항로 선정 시 고려사항 : 항만관계 법규, 항만의 상황 및 지형, 묘박지의 수심과 저질, 정박선의 동정, 다른 선박의 통항, 자기 선박의 성능 등

PART 03

정답 22 사 23 아 24 사 25 아

제2과목 운용

01 대형 선박의 건조에 많이 사용되는 선체 재료는?

가 목재
나 플라스틱
사 강재
아 알루미늄

강재 : 강괴를 가공한 강철로 대형 선박의 건조에 주로 쓰임

02 갑판 개구 중에서 화물창에 화물을 적재 또는 양하하기 위한 개구는?

가 탈출구
나 해치(Hatch)
사 승강구
아 맨홀(Manhole)

해치(Hatch) : 화물창 상부의 개구를 개폐하는 장치로, 갑판 위에 적재되는 화물의 하중에도 견딜 수 있도록 충분한 강도를 가져야 한다.

03 (   )에 적합한 것은?

> 타(키)는 최대흘수 상태에서 전진 전속 시 한 쪽 현 타각 35도에서 다른 쪽 현 타각 30도까지 돌아가는 데 (   )의 시간이 걸려야 한다.

가 28초 이내
나 30초 이내
사 32초 이내
아 35초 이내

국제해상인명안전협약(SOLAOS 협약)에 의하면 타는 만선 상태에서 전진 전속 시 한쪽 현 타각 35도에서 현 타각 30도까지 돌아가는 데 28초 이내에 조작할 수 있는 것이어야 한다.

04 트림의 종류가 아닌 것은?

가 등흘수
나 중앙트림
사 선수트림
아 선미트림

트림의 종류 : 등흘수, 선수트림, 선미트림

05 강선구조기준, 선박만재흘수선규정, 선박구획기준 및 선체 운동의 계산 등에 사용되는 길이는?

가 전장
나 등록장
사 수선장
아 수선간장

수선간장 : 계획만재흘수선상의 선수재의 전면으로부터 타주 후면까지의 수평거리

06 조타장치에 대한 설명으로 옳지 않은 것은?

가 자동 조타장치에서도 수동조타를 할 수 있다.
나 동력 조타장치는 작은 힘으로 타의 회전이 가능하다.
사 인력 조타장치는 소형선이나 범선 등에서 사용되어 왔다.
아 동력 조타장치는 조타실의 조타륜이 타와 기계적으로 직접 연결되어 비상조타를 할 수 없다.

동력 조타장치는 원동기의 기계적 에너지를 축, 기어, 유압 등에 의하여 타에 전달하는 장치로 조타륜과 키가 별도의 장치를 통해 연결되어 있으며, 비상조타는 조타장치의 종류와 관계없이 가능하다.

정답 01 사 02 나 03 가 04 나 05 아 06 아

07 스톡 앵커의 각부 명칭을 나타낸 아래 그림에서 ㉠은?

가 생크

나 크라운

사 앵커 링

아 플루크

 앵커의 각부 명칭

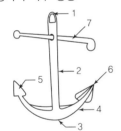

1. 앵커 링
2. 생크
3. 크라운
4. 암
5. 플루크
6. 빌
7. 닻채

08 구명설비 중에서 체온을 유지할 수 있도록 열전도율이 낮은 방수 물질로 만들어진 포대기 또는 옷은?

가 방수복

나 구명조끼

사 보온복

아 구명부환

 보온복 : 열전도율이 낮은 방수 물질로 만들어진 포대기 또는 옷으로 구명동의 위에 착용하여 전신을 덮을 수 있어야 한다.

09 해상에서 사용되는 신호 중 시각에 의한 통신이 아닌 것은?

가 수기신호

나 기류신호

사 기적신호

아 발광신호

 기적신호는 음향신호의 종류이다.

10 선박이 침몰하여 수면 아래 4미터 정도에 이르면 수압에 의하여 선박에서 자동 이탈되어 조난자가 탈 수 있도록 압축가스에 의해 펼쳐지는 구명설비는?

가 구명정

나 구명뗏목

사 구조정

아 구명부기

구명뗏목(구명벌, Life raft) : 나일론 등과 같은 합성섬유로 된 포지를 고무로 가공해서 뗏목 모양으로 제작한 것으로, 내부에는 탄산가스나 질소가스를 주입시켜 긴급 시에 팽창시키면 뗏목 모양으로 펼쳐지는 구명설비

11 다음 그림과 같이 표시되는 장치는?

가 신호 홍염

나 구명줄 발사기

사 줄사다리

아 자기 발연 신호

 구명줄 발사기 : 선박이 조난을 당한 경우 조난선과 구조선 또는 육상과 연락하는 구명줄을 보낼 때 사용하는 장치로 수평에서 45° 각도로 발사

정답 07 아 08 사 09 사 10 나 11 나

12 선박 조난 시 구조를 기다릴 때 사람이 올라타지 않고 손으로 밧줄을 붙잡을 수 있도록 만든 구명 설비는?

가 구명정　　　나 구명조끼

사 구명부기　　아 구명뗏목

구명부기 : 구조를 기다릴 때 여러 명이 붙잡아 떠 있을 수 있도록 제작된 부체

13 선박이 침몰할 경우 자동으로 조난신호를 발신 할 수 있는 무선설비는?

가 레이더(Rader)

나 초단파(VHF) 무선설비

사 나브텍스(NAVTEX) 수신기

아 비상위치지시 무선표지(EPIRB)

비상위치지시용 무선표지(EPIRB) : 선박이 비상상황으로 침몰 등의 일을 당하게 되었을 때 자동적으로 본선으로부터 이탈 부유하며 사고지점을 포함한 선명 등의 무선표지신호를 자동적으로 발신하는 설비

14 점화시켜 물에 던지면 해면 위에서 연기를 내는 조난신호장비로서 방수 용기로 포장되어 잔잔한 해면에서 3분 이상 잘 보이는 색깔의 연기를 내는 것은?

가 신호 홍염　　나 자기 점화등

사 신호 거울　　아 발연부 신호

자기 발연부 신호 : 주간 신호로서 구명부환과 함께 수면에 투하되면 자동으로 오렌지색 연기를 연속으로 내는 것

15 선박 조종에 미치는 영향이 가장 작은 요소는?

가 바람　　　나 파도

사 조류　　　아 기온

선박 조종에 영향을 주는 요소 : 방형비척계수, 흘수, 트림, 속력, 파도, 바람 및 조류의 영향 등

16 근접하여 운항하는 두 선박의 상호 간섭작용에 대한 설명으로 옳지 않은 것은?

가 선속을 감속하면 영향이 줄어든다.

나 두 선박 사이의 거리가 멀어지면 영향이 줄어든다.

사 소형선은 선체가 작아 영향을 거의 받지 않는다.

아 마주칠 때보다 추월할 때 상호간섭 작용이 오래 지속되어 위험하다.

크기가 다른 선박의 사이에서는 작은 선박이 훨씬 큰 영향을 받고, 소형 선박이 대형 선박 쪽으로 끌려 들어가는 경향이 크다.

17 (　　)에 순서대로 적합한 것은?

> 수심이 얕은 수역에서는 타의 효과가 나빠지고, 선체 저항이 (　　)하여 선회권이 (　　).

가 감소, 작아진다　나 감소, 커진다

사 증가, 작아진다　아 증가, 커진다

수심이 얕은 수역에서 항해 중인 선박은 선체의 침하, 속력 감소, 선회권 크기의 증가가 나타나며, 타효가 나빠져 조종성능의 저하가 나타난다.

정답　**12** 사　**13** 아　**14** 아　**15** 아　**16** 사　**17** 아

18 복원력이 작은 선박을 조선할 때 적절한 조선 방법은?

가 순차적으로 타각을 높임

나 전타 중 갑자기 타각을 감소시킴

사 높은 속력으로 항행 중 대각도 전타

아 전타 중 반대 현측으로 대각도 전타

해설

복원성이 작은 선박은 큰 속력으로 대각도 전타하거나, 전타 중 갑자기 타각을 줄인다든가, 전타 중 반대 현측으로 대각도 전타 등을 하게 되면 자칫 전복의 위험성이 커지므로, 순차적으로 타각을 높이는 조선법을 해야 한다.

19 좁은 수로를 항해할 때 유의사항으로 옳은 것은?

가 침로를 변경할 때는 대각도로 한번에 변침하는 것이 좋다.

나 언제든지 닻을 사용할 수 있도록 준비된 상태에서 항행하는 것이 좋다.

사 선수미선과 조류의 유선이 직각을 이루도록 조종하는 것이 좋다.

아 조류는 순조 때에는 정침이 잘 되지만, 역조 때에는 정침이 어려우므로 조종 시 유의하여야 한다.

해설

좁은 수로의 항법 : 기관 사용 및 투묘 준비 상태를 계속 유지하면서 항행한다.

20 익수자 구조를 위한 표준 윌리암슨 턴은 초기 침로에서 몇 도 선회하였을 때 반대 방향으로 전타하여야 하는가?

가 35도   나 60도

사 90도   아 115도

해설

윌리암슨 턴 : 한쪽으로 전타하여 원침로에서 약 60° 정도 벗어날 때까지 선회한 다음, 반대쪽으로 전타하여 원침로부터 180° 선회하여 전 항로로 돌아가는 방법

21 물에 빠진 익수자를 구조하는 조선법이 아닌 것은?

가 표준 턴

나 샤르노브 턴

사 싱글 턴

아 윌리암슨 턴

해설

구조 조선법 : 윌리암슨 턴, 원턴(싱글 턴 또는 앤더슨 턴), 샤르노브 턴 등

22 황천항해를 대비하여 선박에 화물을 실을 때 주의사항으로 옳은 것은?

가 선체의 중앙부에 화물을 많이 싣는다.

나 선수부에 화물을 많이 싣는 것이 좋다.

사 화물의 무게 분포가 한 곳에 집중되지 않도록 한다.

아 상갑판보다 높은 위치에 최대한으로 많은 화물을 싣는다.

해설

선체 화물의 배치 계획을 세울 때에는 화물의 무게 분포가 전후부 선창에 집중되는 호깅(hogging)이나, 중앙 선창에 집중되는 새깅(sagging) 상태가 되지 않도록 해야 한다.

정답   18 가   19 나   20 나   21 가   22 사

23 황천 조선법인 히브 투(Heave to)의 장점으로 옳지 않은 것은?

가 선체의 동요를 줄일 수 있다.

나 풍랑에 대하여 일정한 자세를 취하기 쉽다.

사 감속이 심하더라도 보침성에는 큰 영향이 없다.

아 풍하 측으로 표류가 일어나지 않아서 풍하측 여유수역이 없어도 선택할 수 있는 방법이다.

거주(히브 투, heave to) : 선체의 동요를 줄이고 파도에 대하여 자세를 취하기 쉬우며 풍하 측으로의 표류가 적은 황천 조선법

24 화재의 종류 중 전기화재가 속하는 것은?

가 A급 화재 나 B급 화재

사 C급 화재 아 D급 화재

전기화재(C급) : 청색으로 분류. 전기 에너지가 불로 전이 되는 화재

25 기관손상 사고의 원인 중 인적 과실이 아닌 것은?

가 기관의 노후

나 기기조작 미숙

사 부적절한 취급

아 일상적인 점검 소홀

인적 과실은 기계를 조작하는 사람의 조작 미숙 등으로 인한 과실이므로, 기관의 노후는 인적 과실과 관계가 없다.

제3과목 법규

01 다음 중 해사안전법상 선박이 항행 중인 상태는?

가 정박 상태

나 얹혀 있는 상태

사 고장으로 표류하고 있는 상태

아 항만의 안벽 등 계류시설에 매어 놓은 상태

항행 중 : 정박, 얹혀 있는 상태, 항만의 안벽 등 계류시설에 매어 놓은 상태에 해당하지 아니하는 상태(해상교통안전법 제2조 제19호)

02 (   )에 적합한 것은?

> 해사안전법상 고속여객선이란 속력 (   ) 이상으로 항행하는 여객선을 말한다.

가 10노트 나 15노트

사 20노트 아 30노트

고속여객선 : 시속 15노트 이상으로 항행하는 여객선 (해상교통안전법 제2조 제6호)

03 해사안전법상 항행장애물제거책임자가 항행장애물 발생과 관련하여 보고하여야 할 사항이 아닌 것은?

가 선박의 명세에 관한 사항

나 항행장애물의 위치에 관한 사항

사 항행장애물이 발생한 수역을 관할하는 해양관청의 명칭

아 선박소유자 및 선박운항자의 성명(명칭) 및 주소에 관한 사항

정답 23 사 24 사 25 가 / 01 사 02 나 03 사

항행장애물을 발생시킨 선박의 선장, 선박소유자 또는 선박운항자가 보고하여야 하는 사항(해상교통안전법 제24조 제1항)

- 선박의 명세에 관한 사항
- 선박소유자 및 선박운항자의 성명(명칭) 및 주소에 관한 사항
- 항행장애물의 위치에 관한 사항
- 항행장애물의 크기·형태 및 구조에 관한 사항
- 항행장애물의 상태 및 손상의 형태에 관한 사항
- 선박에 선적된 화물의 양과 성질에 관한 사항(항행장애물이 선박인 경우만 해당)
- 선박에 선적된 연료유 및 윤활유를 포함한 기름의 종류와 양에 관한 사항(항행장애물이 선박인 경우만 해당)

04 해사안전법상 술에 취한 상태를 판별하는 기준은?

- 가 체온
- 나 걸음걸이
- 사 혈중알코올농도
- 아 실제 섭취한 알코올 양

술에 취한 상태의 기준 : 혈중알코올농도 0.03퍼센트 이상(해상교통안전법 제39조 제4항)

05 해사안전법상 국제항해에 종사하지 않는 여객선에 대한 출항통제권자는?

- 가 시·도지사
- 나 해양수산부장관
- 사 해양경찰서장
- 아 지방해양수산청장

국제항해에 종사하지 않는 여객선 및 여객용 수면비행선박의 출항통제권자 : 해양경찰서장(해상교통안전법 시행규칙 제33조 관련 별표 10)

06 해사안전법상 안전한 속력을 결정할 때 고려할 사항이 아닌 것은?

- 가 시계의 상태
- 나 컴퍼스의 오차
- 사 해상교통량의 밀도
- 아 선박의 흘수와 수심과의 관계

안전한 속력을 결정할 때에는 다음 각 호(레이더를 사용하고 있지 아니한 선박의 경우에는 제1호부터 제6호까지)의 사항을 고려하여야 한다(해상교통안전법 제71조).
1. 시계의 상태
2. 해상교통량의 밀도
3. 선박의 정지거리·선회성능, 그 밖의 조종성능
4. 야간의 경우에는 항해에 지장을 주는 불빛의 유무
5. 바람·해면 및 조류의 상태와 항행장애물의 근접상태
6. 선박의 흘수와 수심과의 관계
7. 레이더의 특성 및 성능
8. 해면상태·기상, 그 밖의 장애요인이 레이더 탐지에 미치는 영향
9. 레이더로 탐지한 선박의 수·위치 및 동향

07 해사안전법상 선박에서 하여야 하는 '적절한 경계'에 관한 설명으로 옳지 않은 것은?

- 가 이용할 수 있는 모든 수단을 이용한다.
- 나 청각을 이용하는 것이 가장 효과적이다.
- 사 선박 주위의 상황을 파악하기 위함이다.
- 아 다른 선박과 충돌할 위험성을 파악하기 위함이다.

경계(해상교통안전법 제70조) : 선박은 주위의 상황 및 다른 선박과 충돌할 수 있는 위험성을 충분히 파악할 수 있도록 시각·청각 및 당시의 상황에 맞게 이용할 수 있는 모든 수단을 이용하여 항상 적절한 경계를 하여야 한다.

정답 **04** 사 **05** 사 **06** 나 **07** 나

08 해사안전법상 서로 시계 안에서 항행 중인 범선과 동력선이 마주치는 상태일 경우에 피항방법으로 옳은 것은?

가 동력선만 침로를 변침한다.

나 각각 우현 쪽으로 침로를 변경한다.

사 각각 좌현 쪽으로 침로를 변경한다.

아 좌현에 바람을 받고 있는 선박이 우현 쪽으로 침로를 변경한다.

항행 중인 동력선이 선박의 진로를 피해야 할 경우 : 조종불능선, 조종제한선, 어로에 종사하고 있는 선박, 범선(해상교통안전법 제83조 제2항)

09 ( )에 적합한 것은?

> 해사안전법상 선박이 서로 시계 안에 있을 때 2척의 동력선이 상대의 진로를 횡단하는 경우로서 충돌의 위험이 있을 때에는 다른 선박을 ( ) 쪽에 두고 있는 선박이 그 다른 선박의 진로를 피하여야 한다.

가 선수　　　나 좌현

사 우현　　　아 선미

2척의 동력선이 마주치거나 거의 마주치게 되어 충돌의 위험이 있을 때에는 각 동력선은 서로 다른 선박의 좌현 쪽을 지나갈 수 있도록 침로를 우현 쪽으로 변경하여야 한다(해상교통안전법 제79조 제1항).

10 해사안전법상 어로에 종사하고 있는 선박 중 항행 중인 선박이 원칙적으로 진로를 피하거나 통항을 방해하여서는 아니 되는 선박이 아닌 것은?

가 조종제한선　　　나 조종불능선

사 수상항공기　　　아 흘수제약선

선박 사이의 책무(해상교통안전법 제83조 제4 · 5항)

• 어로에 종사하고 있는 선박 중 항행 중인 선박이 진로를 피해야 할 경우 : 조종불능선, 조종제한선

• 조종불능선이나 조종제한선이 아닌 선박은 부득이하다고 인정하는 경우 외에는 등화나 형상물을 표시하고 있는 흘수제약선의 통항을 방해 금지

11 해사안전법상 앞쪽에, 선미나 그 부근에 각각 흰색의 전주등 1개씩과 수직으로 붉은색 전주등 2개를 표시하고 있는 선박의 상태는?

가 정박 중인 상태

나 조종불능인 상태

사 얹혀 있는 상태

아 조종제한인 상태

정박선과 얹혀 있는 선박(해상교통안전법 제95조)

① 정박 중인 선박

1. 앞쪽에 흰색의 전주등 1개 또는 둥근꼴의 형상물 1개

2. 선미나 그 부근에 1.에 따른 등화보다 낮은 위치에 흰색 전주등 1개

② 길이 50m 미만인 선박 : ①에 따른 등화를 대신하여 흰색 전주등 1개

③ 얹혀 있는 선박은 ①이나 ②에 따른 등화를 표시하여야 하며, 이에 덧붙여 수직으로 붉은색의 전주등 2개 또는 수직으로 둥근꼴의 형상물 3개

정답 08 가　09 사　10 사　11 사

12 해사안전법상 제한된 시계에서 레이더만으로 다른 선박이 있는 것을 탐지한 선박의 피항동작이 침로를 변경하는 것만으로 이루어질 경우 선박이 취하여야 할 행위로 옳은 것은? (다만, 앞지르기당하고 있는 선박의 경우는 제외한다.)

가 자기 선박의 양쪽 현의 정횡에 있는 선박의 방향으로 침로를 변경하는 행위

나 자기 선박의 양쪽 현의 정횡 뒤쪽에 있는 선박의 방향으로 침로를 변경하는 행위

사 다른 선박이 자기 선박의 양쪽 현의 정횡 앞쪽에 있는 경우 우현 쪽으로 침로를 변경하는 행위

아 다른 선박이 자기 선박의 양쪽 현의 정횡 앞쪽에 있는 경우 좌현 쪽으로 침로를 변경하는 행위

피항동작이 침로의 변경을 수반하는 경우 될 수 있으면 피해야 할 동작(해상교통안전법 제84조 제5항)
• 다른 선박이 자기 선박의 양쪽 현의 정횡 앞쪽에 있는 경우 좌현 쪽으로 침로를 변경하는 행위(앞지르기당하고 있는 선박에 대한 경우는 제외)
• 자기 선박의 양쪽 현의 정횡 또는 그곳으로부터 뒤쪽에 있는 선박의 방향으로 침로를 변경하는 행위

13 해사안전법상 길이 12미터 이상인 어선이 투묘하여 정박하였을 때 낮 동안에 표시하여야 하는 것은?

가 어선은 특별히 표시할 필요가 없다.

나 잘 보이도록 황색기 1개를 표시하여야 한다.

사 앞쪽에 둥근꼴의 형상물 1개를 표시하여야 한다.

아 둥근꼴의 형상물 2개를 가장 잘 보이는 곳에 수직으로 표시하여야 한다.

정박 중인 선박은 가장 잘 보이는 곳에 다음의 등화나 형상물을 표시하여야 한다(해상교통안전법 제9조 제1항).
• 앞쪽에 흰색의 전주등 1개 또는 둥근꼴의 형상물 1개
• 선미나 그 부근에 제1호에 따른 등화보다 낮은 위치에 흰색 전주등 1개

14 해사안전법상 선박의 등화에 사용되는 등색이 아닌 것은?

가 녹색 **나** 흰색

사 청색 **아** 붉은색

등화에 사용되는 등색(해상교통안전법 제86조) : 백색, 붉은색, 황색, 녹색

15 해사안전법상 선미등이 비추는 수평의 호의 범위와 동색은?

가 135도, 흰색

나 135도, 붉은색

사 225도, 흰색

아 225도, 붉은색

선미등 : 135도에 걸치는 수평의 호를 비추는 흰색 등으로서 그 불빛이 정선미 방향으로부터 양쪽 현의 67.5도까지 비출 수 있도록 선미 부분 가까이에 설치된 등(해상교통안전법 제86조)

정답 **12** 사 **13** 사 **14** 사 **15** 가

16 선박의 입항 및 출항 등에 관한 법률상 총톤수 5톤인 내항선이 무역항의 수상구역 등을 출입할 때, 출입 신고에 대한 설명으로 옳은 것은?

가 내항선이므로 출입 신고를 하지 않아도 된다.

나 출항 일시가 이미 정하여진 경우에도 입항 신고와 출항 신고는 동시에 할 수 없다.

사 무역항의 수상구역 등의 밖으로 출항하는 경우 원칙적으로 출항 직후 출항 신고를 하여야 한다.

아 무역항의 수상구역 등의 안으로 입항하는 경우 통상적으로 입항하기 전에 출입 신고를 하여야 한다.

내항선(국내에서만 운항하는 선박을 말한다)이 무역항의 수상구역 등의 안으로 입항하는 경우에는 입항 전에, 무역항의 수상구역 등의 밖으로 출항하려는 경우에는 출항 전에 해양수산부령으로 정하는 바에 따라 내항선 출입 신고서를 해양수산부장관에게 제출할 것(시행령 제2조 제1호)

17 ( )에 순서대로 적합한 것은?

선박의 입항 및 출항 등에 관한 법률상 무역항의 수상구역 등에서 기적이나 사이렌을 갖춘 선박에 ( )이/가 발생한 경우, 이를 알리는 경보로 기적이나 사이렌을 ( )으로 ( ) 울려야 하고, 적당한 간격을 두고 반복하여야 한다.

가 화재, 장음, 5회

나 침몰, 장음, 5회

사 화재, 단음, 5회

아 침몰, 단음, 5회

화재 시 경보 방법 : 무역항의 수상구역 등에서 기적이나 사이렌을 갖춘 선박에 화재가 발생한 경우 그 선박은 기적이나 사이렌을 장음(4초에서 6초까지의 시간 동안 계속되는 울림)으로 5회 울려야 한다(법 제46조 제2항, 시행규칙 제29조).

18 선박의 입항 및 출항 등에 관한 법률상 무역항의 수상구역 등에서 예인선의 항법으로 옳지 않은 것은?

가 예인선은 한꺼번에 3척 이상의 피예인선을 끌지 아니하여야 한다.

나 원칙적으로 예인선의 선미로부터 피예인선의 선미까지 길이는 100미터를 초과하지 못한다.

사 다른 선박의 입항과 출항을 보조하는 경우에 한하여 예인선의 길이가 200미터를 초과할 수 있다.

아 지방해양수산청장 또는 시·도지사는 해당 무역항의 특수성 등을 고려하여 특히 필요한 경우 예인선의 항법을 조정할 수 있다.

예인선의 선수로부터 피예인선의 선미까지의 길이는 200미터를 초과하지 않을 것. 다만, 다른 선박의 출입을 보조하는 경우에는 그러하지 아니하다(법 제15조 제1항, 시행규칙 제9조 제1항).

정답 **16** 아 **17** 가 **18** 나

19 선박의 입항 및 출항 등에 관한 법률상 무역항의 수상구역 등에서 입항하는 선박이 방파제 입구에서 출항하는 선박과 마주칠 우려가 있는 경우의 항법에 대한 설명으로 옳은 것은?

가 출항하는 선박은 입항하는 선박이 방파제를 통과한 후 통과한다.

나 입항하는 선박은 방파제 밖에서 출항하는 선박의 진로를 피한다.

사 입항하는 선박은 방파제 사이의 가운데 부분으로 먼저 통과한다.

아 출항하는 선박은 방파제 입구를 왼쪽으로 접근하여 통과한다.

방파제 부근에서의 항법 : 무역항의 수상구역 등에 입항하는 선박이 방파제 입구 등에서 출항하는 선박과 마주칠 우려가 있는 경우에는 방파제 밖에서 출항하는 선박의 진로를 피하여야 한다(법 제13조).

20 선박의 입항 및 출항 등에 관한 법률상 선박이 무역항인 항로에서 다른 선박과 마주칠 우려가 있는 경우 항법으로 옳은 것은?

가 항로의 중앙으로 항행한다.

나 항로의 왼쪽으로 항행한다.

사 항로를 횡단하여 항행한다.

아 항로의 오른쪽으로 항행한다.

항로에서 다른 선박과 마주칠 우려가 있는 경우에는 오른쪽으로 항행할 것(법 제12조 제1항)

21 ( )에 순서대로 적합한 것은?

> 선박의 입항 및 출항 등에 관한 법률상 ( )은 ( )으로부터 최고속력의 지정을 요청받은 경우 특별한 사유가 없으면 무역항의 수상구역 등에서 선박 항행 최고속력을 지정·고시하여야 한다.

가 관리청, 해양경찰청장

나 지정청, 해양경찰청장

사 관리청, 지방해양수산청장

아 지정청, 지방해양수산청장

관리청은 해양경찰청장으로부터 최고속력의 지정을 요청받은 경우 특별한 사유가 없으면 무역항의 수상구역 등에서 선박 항행 최고속력을 지정·고시하여야 한다. 이 경우 선박은 고시된 항행 최고속력의 범위에서 항행하여야 한다(법 제17조 제2·3항).

22 선박의 입항 및 출항 등에 관한 법률상 주로 무역항의 수상구역에서 운항하는 선박으로서 다른 선박의 진로를 피하여야 하는 우선피항선이 아닌 것은?

가 예선

나 총톤수 20톤인 여객선

사 압항부선을 제외한 부선

아 주로 노와 삿대로 운전하는 선박

우선피항선(법 제2조 제5호) : 부선(압항부선 제외)과 예선, 주로 노와 삿대로 운전하는 선박, 총톤수 20톤 미만의 선박, 그 외에 항만의 운항을 위해서 운항하는 선박 등

23 해양환경관리법상 선박에서 발생하는 폐기물 배출에 관한 설명으로 옳지 않은 것은?

가 플라스틱 재질의 합성어망은 해양에 배출이 금지된다.

나 어업활동 중 폐사된 수산동식물은 해양에 배출이 가능하다.

사 해양환경에 유해하지 않은 화물잔류물은 해양에 배출이 금지된다.

아 분쇄 또는 연마되지 않은 음식찌꺼기는 영해기선으로부터 12해리 이상에서 배출이 가능하다.

폐기물의 배출을 허용하는 경우 : 음식찌꺼기, 해양환경에 유해하지 않은 화물잔류물, 선박 내 거주구역에서 목욕, 세탁, 설거지 등으로 발생하는 중수(화장실 및 화물구역 오수 제외), 어업활동 중 혼획된 수산동식물(폐사된 어류 포함) 또는 어업활동으로 인하여 선박으로 유입된 자연기원물질

24 해양환경관리법상 해양오염방지설비를 선박에 최초로 설치하는 때 받아야 하는 검사는?

가 정기검사

나 임시검사

사 특별검사

아 제조검사

검사대상선박의 소유자가 해양오염방지설비등을 선박에 최초로 설치하여 항해에 사용하려는 때에는 정기검사를 받아야 한다(법 제49조).

25 해양환경관리법상 총톤수 25톤 미만의 선박에서 기름의 배출을 방지하기 위한 설비로 폐유저장을 위한 용기를 비치하지 아니한 경우 과태료 기준은?

가 100만원 이하

나 300만원 이하

사 500만원 이하

아 1,000만원 이하

기름의 배출을 방지하기 위한 설비로 폐유저장을 위한 용기를 비치하지 아니한 자는 100만원 이하의 과태료를 부과한다(법 제132조 제4항).

제**4**과목 기관

01 디젤 기관의 점화 방식은?

가 전기점화 **나** 불꽃점화

사 소구점화 **아** 압축점화

[해설]

디젤 기관 : 점화장치가 없기 때문에 실린더 내에서 분사된 연료가 압축공기의 온도에 의해서 자연 발화

02 과급기에 대한 설명으로 옳은 것은?

가 연소가스가 지나가는 고온부를 냉각시키는 장치이다.

나 기관의 운동 부분에 마찰을 줄이기 위해 윤활유를 공급하는 장치이다.

사 기관의 회전수를 일정하게 유지시키기 위해 연료분사량을 자동으로 조절하는 장치이다.

아 기관의 연소에 필요한 공기를 대기압 이상으로 압축하여 밀도가 높은 공기를 실린더 내로 공급하는 장치이다.

[해설]

과급기 : 공급공기의 압력을 높여 실린더 내에 공급하는 장치

03 4행정 사이클 기관의 작동 순서로 옳은 것은?

가 흡입 → 압축 → 작동 → 배기

나 흡입 → 작동 → 압축 → 배기

사 흡입 → 배기 → 압축 → 작동

아 흡입 → 압축 → 배기 → 작동

[해설]

4행정 사이클 디젤 기관의 작동 순서 : 흡입, 압축, 작동(폭발), 배기 행정

04 4행정 사이클 6실린더 기관에서는 운전 중 크랭크 각 몇 도마다 폭발이 일어나는가?

가 $60°$ **나** $90°$

사 $120°$ **아** $180°$

[해설]

4행정 사이클 6실린더 기관에서 폭발 크랭크 각도 : 크랭크축이 2회전 하므로 $720 ÷ 6 = 120$($120°$마다 폭발)

05 압축공기로 시동하는 소형기관에서 실린더 헤드를 분해할 경우 준비사항이 아닌 것은?

가 시동공기를 차단한다.

나 연료유를 차단한다.

사 냉각수를 차단하고 배출한다.

아 공기압축기를 정지한다.

[해설]

엔진 내부의 윤활유를 모두 빼내고, 냉각수의 드레인을 배출시킨다. 시동공기 분배밸브는 실린더 헤드가 아닌 별도의 위치에 설치되므로 공기압축기를 정지하지는 않는다.

06 디젤 기관에서 실린더 라이너의 마멸 원인이 아닌 것은?

가 연접봉의 경사로 생긴 피스톤의 측압이 너무 클 때

나 피스톤 링의 장력이 너무 클 때

사 흡입공기 압력이 너무 높을 때

아 사용 윤활유가 부적당하거나 부족할 때

[해설]

디젤 기관에서 실린더 라이너의 마멸 원인 : 연접봉의 경사로 생긴 피스톤의 측압, 피스톤 링의 장력이 너무 강하거나 재질이 불량할 때, 사용 윤활유가 부적당하거나 과부족일 때, 흡입공기 중의 먼지나 이물질 등에 의한 마모 등

정답 **01** 아 **02** 아 **03** 가 **04** 사 **05** 아 **06** 사

07 디젤 기관의 메인 베어링에 대한 설명으로 옳지 않은 것은?

가 크랭크축을 지지한다.

나 크랭크축의 중심을 잡아 준다.

사 윤활유로 윤활시킨다.

아 볼베어링을 주로 사용한다.

메인 베어링 : 주로 평면 베어링을 사용

08 다음 그림과 같이 디젤 기관의 실린더 헤드를 들어 올리기 위해 사용하는 공구 ①의 명칭은?

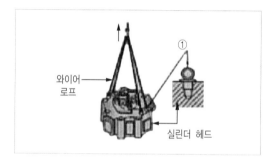

가 인장볼트　　나 아이볼트

사 타이볼트　　아 스터드볼트

아이볼트 : 머리 부분이 링 모양인 볼트로 실린더 헤드를 들어 올리기 위해 사용

09 소형기관의 운전 중 회전운동을 하는 부품이 아닌 것은?

가 평형추　　나 피스톤

사 크랭크축　　아 플라이휠

피스톤은 실린더 라이더, 실린더 헤드 등과 연소실을 구성하는 왕복운동부이다.

10 동일 운전 조건에서 연료유의 질이 나쁘면 디젤 주기관에 나타나는 증상으로 옳은 것은?

가 배기온도가 내려가고 배기색이 검어진다.

나 배기온도가 내려가고 배기색이 밝아진다.

사 배기온도가 올라가고 배기색이 밝아진다.

아 배기온도가 올라가고 배기색이 검어진다.

연료유의 질이 떨어지면 불완전 연소가 발생하게 되며, 배기온도가 올라가고 검은색 배기가 발생한다.

11 디젤 기관의 운전 중 윤활유 계통에서 주의해서 관찰해야 하는 것은?

가 기관의 입구 온도와 기관의 입구 압력

나 기관의 출구 온도와 기관의 출구 압력

사 기관의 입구 온도와 기관의 출구 압력

아 기관의 출구 온도와 기관의 입구 압력

윤활유의 온도는 기관의 입구 온도 및 기관의 입구 압력을 주의 깊게 관찰해 조절한다.

12 내연기관의 연료유에 대한 설명으로 옳지 않은 것은?

가 발열량이 클수록 좋다.

나 점도가 높을수록 좋다.

사 유황분이 적을수록 좋다.

아 물이 적게 함유되어 있을수록 좋다.

내연기관에 사용되는 연료유는 점도가 적정한 수준이어야 하며, 침전물도 많아서도 안 된다.

정답　07 아　08 나　09 나　10 아　11 가　12 나

13 추진기의 회전속도가 어느 한도를 넘으면 추진기 배면의 압력이 낮아지며 물의 흐름이 표면으로부터 떨어져 기포가 발생하여 추진기 표면을 두드리는 현상은?

가 슬립현상

나 공동현상

사 명음현상

아 수격현상

프로펠러 공동현상(캐비테이션) : 스크루 프로펠러의 회전속도가 어느 한도를 넘으면 프로펠러 날개의 배면에 기포가 발생하여 날개에 침식이 발생하는 현상

14 프로펠러에 의한 선체 진동의 원인이 아닌 것은?

가 프로펠러의 날개가 절손된 경우

나 프로펠러의 날개수가 많은 경우

사 프로펠러의 날개가 수면에 노출된 경우

아 프로펠러의 날개가 휘어진 경우

프로펠러의 날개 절손이나 휘어짐 등과 같은 자체 손상, 날개의 수면 노출 등은 선체 진동의 원인이 되나 날개수는 선체 진동과 전혀 관련이 없다.

15 갑판보기가 아닌 것은?

가 양묘기   나 계선기

사 청정기   아 양화기

갑판보기(갑판 보조기계)의 종류 : 조타장치, 하역장치, 계선장치, 양묘장치 등

16 낮은 곳에 있는 액체를 흡입하여 압력을 가한 후 높은 곳으로 이송하는 장치는?

가 발전기   나 보일러

사 조수기   아 펌프

펌프 : 낮은 곳의 액체를 흡입하여 압력을 주어서 높은 곳으로 액체를 보내는 장치로, 주로 해수 공급이나 오폐수 배출 등의 목적으로 사용

17 전동기의 운전 중 주의사항으로 옳지 않은 것은?

가 발열되는 곳이 있는지를 점검한다.

나 이상한 소리, 냄새 등이 발생하는지를 점검한다.

사 전류계의 지시값에 주의한다.

아 절연저항을 자주 측정한다.

전동기 운전 시 주의사항 : 전원과 전동기의 결선 확인, 이상한 소리·진동, 냄새·각부의 발열 등의 확인, 조임볼트와 전류계의 지시치 확인

18 교류 발전기 2대를 병렬운전 할 경우 동기검정기로 판단할 수 있는 것은?

가 두 발전기의 극수와 동기속도의 일치 여부

나 두 발전기의 부하전류와 전압의 일치 여부

사 두 발전기의 절연저항과 권선저항의 일치 여부

아 두 발전기의 주파수와 위상의 일치 여부

동기검정기의 바늘과 램프를 확인하여 위상이 같아질 때 병렬운전을 한다.

정답 13 나 14 나 15 사 16 아 17 아 18 아

19 기관실의 연료유 펌프로 가장 적합한 것은?

가 기어 펌프 나 왕복 펌프
사 축류 펌프 아 원심 펌프

기관실의 연료유 펌프로 가장 적합한 것 : 기관의 축에 의해 구동하는 기어 펌프로 기어와 축봉장치가 있음

20 ( )에 적합한 것은?

> 선박이 일정시간 항해 시 필요한 연료 소비량 은 선박 속력의 ( )에 비례한다.

가 제곱 나 세제곱
사 네제곱 아 다섯제곱

선박에서 일정시간 항해 시 연료 소비량은 선박 속력의 세제곱에 비례한다.

21 운전 중인 디젤 기관에서 진동이 심한 경우의 원 인으로 옳은 것은?

가 디젤 노킹이 발생할 때
나 정격부하로 운전 중일 때
사 배기밸브의 틈새가 작아졌을 때
아 윤활유의 압력이 규정치보다 높아졌을 때

기관의 운전 중 진동이 심해지는 경우
- 기관대의 설치 볼트가 여러 개 풀렸거나 부러졌을 때
- 기관이 노킹을 일으킬 때와 각 실린더의 최고압력이 고르지 않을 때
- 기관이 위험 회전수로 운전을 하고 있을 때
- 크랭크 핀 베어링, 메인 베어링, 스러스트 베어링 등의 틈새가 너무 클 때

22 납축전지의 용량을 나타내는 단위는?

가 [Ah] 나 [A]
사 [V] 아 [kW]

납축전지의 용량을 나타내는 단위 : [Ah : 암페어시]

23 디젤 기관을 장기간 정지할 경우의 주의사항으 로 옳지 않은 것은?

가 동파를 방지한다.
나 부식을 방지한다.
사 주기적으로 터닝을 시켜 준다.
아 중요 부품은 분해하여 보관한다.

기관을 장기간 휴지할 때의 주의사항 : 동파 및 부식 방 지, 정기적인 터닝, 각 밸브 및 콕을 모두 잠금 등

24 경유의 비중으로 옳은 것은?

가 0.61 ~ 0.69 나 0.71 ~ 0.79
사 0.81 ~ 0.89 아 0.91 ~ 0.99

경유 : 주로 디젤 기관의 연료유로 사용. 비중이 0.84~ 0.89로 점도가 낮아 가열하지 않고 사용할 수 있다.

25 15℃ 비중이 0.9인 연료유 200리터의 무게는?

가 180kgf 나 200kgf
사 220kgf 아 240kgf

무게=비중 × 부피=0.9 × 200리터=180kgf

정답 19 가 20 나 21 가 22 가 23 아 24 사 25 가

2024년 제1회 최신 기출문제

제1과목 항해

01 기계식 자이로컴퍼스의 위도오차에 관한 설명으로 옳지 않은 것은?

가 위도가 높을수록 오차는 감소한다.

나 적도에서는 오차가 생기지 않는다.

사 북위도 지방에서는 편동오차가 된다.

아 경사 제진식 자이로 컴퍼스에만 있는 오차이다.

기계식 자이로컴퍼스의 위도오차는 위도가 높을수록 증가한다.

02 전자식 선속계의 검출부 전극의 부식방지를 위하여 전극부근에 부착하는 것은?

가 핀 나 도관

사 자석 아 아연판

전자식 선속계의 검출부에 있는 전극이 부식되는 것을 방지하기 위하여 검출부 부근에는 아연판을 부착한다. 아연은 도금재로 사용되어 부식을 방지하는 역할을 한다.

03 다음 중 대수속력을 측정할 수 있는 항해계기는?

가 레이더 나 자기컴퍼스

사 도플러 로그 아 지피에스(GPS)

도플러 선속계(Doppler log)는 도플러 효과를 이용하여 선속을 측정하는 계기로, 수심 200m 이상은 대수속력, 200m 이하는 대지속력을 측정할 수 있다.

04 자북이 진북의 왼쪽에 있을 때의 오차는?

가 편서편차 나 편동자차

사 편동편차 아 지방자기

어느 지점에서의 편차는 자침이 가리키는 북(자북)이 진자오선(진북)의 오른쪽에 있을 때를 편동편차, 왼쪽에 있을 때를 편서편차로 구별하며, 각각 E 또는 W를 붙여 표시한다.

05 자기컴퍼스가 선체나 선내 철기류 등의 영향을 받아 생기는 오차는?

가 기차 나 자차

사 편차 아 수직차

자차(deviation, 自差) : 자기자오선(자북)과 선내 나침의 남북선(나북)이 이루는 교각(철기류 등의 영향을 받아 생기는 오차)

06 전파항법 장치 중 위성을 이용하는 것은?

가 데카(DECCA)

나 지피에스(GPS)

사 알디에프(RDF)

아 로란 C(LORAN C)

지피에스(GPS) : 24개의 인공위성으로부터 오는 전파를 사용하여 본선의 위치를 계산하는 방식으로, 위성마다 서로 다른 PN코드를 사용

정답 01 가 02 아 03 사 04 가 05 나 06 나

07 출발지에서 도착지까지의 항정선상의 거리 또는 두 지점을 잇는 대권상의 호의 길이를 해리로 표시한 것은?

가 항정 나 변경

사 소권 아 동서거

항정(Distance, D) : '출발지에서 도착지에 이르는 항정선상의 거리' 또는 '양 지점을 잇는 대권상의 호의 길이'를 해리(마일)로 표시한 것

08 45해리 떨어진 두 지점 사이를 대지속력 10노트로 항해할 때 걸리는 시간은? (단, 외력은 없음)

가 3시간 나 3시간 30분

사 4시간 아 4시간 30분

속력 = 거리/시간, 시간 = 거리/속력 = 45/10 = 4.5시간 (4시간 30분)

09 천구상의 남반구에 있는 지점은?

가 춘분점 나 하지점

사 추분점 아 동지점

동지점(winter solstice) : 지구의 자전축이 태양에서 가장 멀어지는 점으로 천의 적도 남쪽에 있는 지점

10 지피에스(GPS)와 디지피에스(DGPS)에 관한 설명으로 옳지 않은 것은?

가 선박에서 활용하는 대표적인 위성항법장치이다.

나 지피에스(GPS)는 위성으로부터 오는 전파를 사용한다.

사 지피에스(GPS)와 디지피에스(DGPS)는 서로 다른 위성을 사용한다.

아 디지피에스(DGPS)는 지피에스(GPS)의 위치오차를 줄이기 위해서 위치보정 기준국을 이용한다.

지피에스(GPS)와 디지피에스(DGPS)는 같은 위성을 사용하는 위성항법장치이다.

11 해도상에 표시된 해저 저질의 기호에 관한 의미로 옳지 않은 것은?

가 S – 자갈 나 M – 머드

사 R – 암반 아 Co – 산호

해저 저질(Quality of the Bottom)

S	모래	Sand	G	자갈	Gravel

12 (   )에 적합한 것은?

"선박에서는 국립해양조사원에서 매주 간행되는 (   )을/를 이용하여 종이해도의 소개정을 한다."

가 항행일정 나 항행통보

사 개정통보 아 항행개정

정답 07 가 08 아 09 아 10 사 11 가 12 나

항행통보
- 수심의 변화, 위험물의 위치, 항로표지의 신설・폐지 등의 정보를 항해자에게 통보해주는 것
- 우리나라의 항행통보는 해양조사원에서 매주 발행

13 선박을 안전하게 유도하고 선위 측정에 도움을 주는 형상(주간)표지, 광파(야간)표지, 음파(음향)표지, 전파표지가 상세하게 수록된 수로서지는?

가 등대표
나 항행통보
사 항로지
아 해도도식

등대표
- 선박을 안전하게 유도하고 선위 측정에 도움을 주는 주간, 야간, 음향, 무선표지를 상세하게 수록
- 항로표지의 명칭과 위치, 등질, 등고, 광달거리, 색상 등을 자세히 기록

14 형상(주간)표지에 관한 설명으로 옳지 않은 것은?

가 모양과 색깔로써 식별한다.
나 형상표지에는 무종이 포함된다.
사 형상표지는 점등 장치가 없는 표지이다.
아 암초, 침선 등을 표시하여 항로를 유도하는 역할을 한다.

무종(Fog Bell) : 가스의 압력 또는 기계장치로 타종하는 것으로 음향표지이다.

15 황색의 'X' 모양 두표를 가진 표지는?

가 방위표지
나 안전수역표지
사 특수표지
아 고립장애(장해)표지

특수표지
- 정의 : 공사구역 등 특별한 시설이 있음을 나타내는 표지
- 두표 및 등화 : 두표(황색으로 된 ×자 모양의 형상물), 표지 및 등화(황색)

16 악천후와 무관하게 항상 이용 가능하고, 넓은 지역에 걸쳐 이용할 수 있는 항로표지는?

가 전파표지
나 광파(야간)표지
사 형상(주간)표지
아 음파(음향)표지

전파표지는 전파의 3가지 특징인 직진성, 반사성, 등속성을 이용하여 선박의 위치를 파악하기 위해 만들어진 표지이다. 전파를 이용하여 기상과 관계없이 항상 이용이 가능하고, 넓은 지역에 걸쳐서 이용이 가능하다.

17 전파의 반사가 잘 되도록 하는 장치로서 부표, 등표 등에 설치하는 경금속으로 된 반사판은?

가 레이콘
나 레이더 리플렉터
사 레이마크
아 레이더 트랜스폰더

레이더 리플렉터 : 전파의 반사효과를 높이기 위한 장치로, 부표・등표 등에 설치하는 경금속으로 된 반사판이며, 최대 탐지거리가 2배 가량 증가한다.

정답 13 가 14 나 15 사 16 가 17 나

18 항만, 정박지, 좁은 수로 등의 좁은 구역을 상세히 그린 종이해도는?

가 항양도　　나 항해도

사 해안도　　아 항박도

항박도는 항만, 투묘지, 어항, 해협과 같은 좁은 구역을 상세히 표시한 해도로서, 축척 1/5만 이상의 대축척 해도이다.

19 광파(야간)표지에 사용되는 등화의 등질이 아닌 것은?

가 부동등　　나 명암등

사 섬광등　　아 교차등

광파(야간)표지에 사용되는 등화의 등질에는 부동등(F), 명암등(Oc), 군명암등[Gp.Oc(*)], 섬광등(Fl), 군섬광등[Gp.Fl(*)] 등이 있다.

20 IALA 해상부표식에서 지역에 따라 입항 시 좌·우현의 색상이 달라지는 표지는?

가 측방표지　　나 방위표지

사 특수표지　　아 안전수역표지

측방표지는 선박이 항행하는 수로의 좌·우측 한계를 표시하기 위해 설치된 표지로 국제해상부표시스템의 B지역에서 사용된다. 좌현 녹색, 우현 적색

21 저기압의 특징에 관한 설명으로 옳지 않은 것은?

가 저기압 내에서는 날씨가 맑다.

나 주위로부터 바람이 불어 들어온다.

사 중심 부근에서는 상승기류가 있다.

아 중심으로 갈수록 기압경도가 커서 바람이 강해진다.

저기압 내에서 공기가 상승하면 압력이 낮아져 상승기류가 발달하므로, 대기가 불안정해져 폭풍우나 태풍이 발생할 수 있다.

22 고기압에 관한 설명으로 옳은 것은?

가 1기압보다 높은 것을 말한다.

나 상승기류가 있어 날씨가 좋다.

사 주위의 기압보다 높은 것을 말한다.

아 바람은 저기압 중심에서 고기압 쪽으로 분다.

고기압은 주위보다 상대적으로 기압이 높은 것으로 하강기류가 생겨 날씨는 비교적 좋다. 공기의 이동은 중심 → 바깥쪽, 고기압의 중심 → 저기압의 중심으로 움직인다.

23 태풍의 접근 징후를 설명한 것으로 옳지 않은 것은?

가 아침, 저녁 노을의 색깔이 변한다.

나 털구름이 나타나 온 하늘로 퍼진다.

사 기압이 급격히 높아지며 폭풍우가 온다.

아 구름이 빨리 흐르며 습기가 많고 무덥다.

정답　18 아　19 아　20 가　21 가　22 사　23 사

태풍의 접근 징후
• 아침, 저녁 노을의 색깔이 변함
• 털구름이 나타나 온 하늘로 퍼짐
• 구름이 빨리 흐르며 습기가 많고 무더워짐
• 바람이 갑자기 멈추고 해륙풍이 사라짐
• 일교차가 없어지고 기압이 하강

24 육안으로 자기 선박이 계획한 침로를 따라서 항해하고 있는지를 감시하는 가장 효과적인 방법은?

가 전방에 있는 중시선을 이용한다.

나 정횡 방향의 중시선을 이용한다.

사 선박 후부의 물줄기를 보고 확인한다.

아 레이더 화면에서 선수 방위각을 확인한다.

중시선에 의한 위치선 : 두 물표가 일직선상에 겹쳐 보일 관측자와 가까운 물표 사이의 거리가 두 물표 사이의 거리의 3배 이내이면 매우 정확한 위치선이 된다. 중시선은 두 물표가 일직선상에 겹쳐 보일 때 이 물표를 연결한 선으로 선위, 피험선, 컴퍼스 오차의 측정, 변침점, 선속측정 등에 이용된다.

25 ( )에 적합한 것은?

"수로지, 항로지, 해도 등에 ( )가 설정되어 있으면, 특별한 이유가 없는 한 그 항로를 따르도록 한다."

가 우회 항로 　　나 추천 항로

사 연안 항로 　　아 최단 항로

수로지, 항로지, 해도 등에 추천 항로가 설정되어 있으면 특별한 이유가 없는 한 그 항로를 선정해야 한다.

01 선수를 측면과 정면에서 바라본 모양이 아래 그림과 같은 선수 형상의 명칭은?

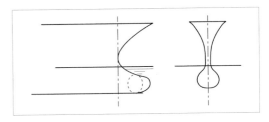

가 직립형　　　　나 경사형

사 구상형　　　　아 클립퍼형

구상형 선수는 선수의 수선 아래가 둥근 공처럼 되어 있어 부분적으로 선수파를 감소시킴에 따라 조파 저항을 감소시킨다.

02 건현 갑판의 현측선 중앙부위에서 가장 낮고 선수부와 선미부를 높게 하여 예비부력과 능파성을 향상시키는 것은?

가 현호　　　　　나 캠버

사 빌지　　　　　아 선체

현호는 건현 갑판(freeboard deck)의 현측선이 선체의 전후 방향으로 휘어진 것을 말하며, 선박을 선미에서 선수를 향하여 바라볼 때, 선체 길이 방향의 중심선인 선수미선 우측을 우현, 좌측을 좌현이라고 한다.

03 강선 선저부의 선체나 타판이 부식되는 것을 방지하기 위해 선체 외부에 부착하는 것은?

가 동판   나 아연판

사 주석판   아 놋쇠판

프로펠러나 키 주위에는 철보다 이온화 경향이 큰 아연판을 부착하여 부식을 방지한다.

04 선박의 예비부력을 결정하는 요소로 선체가 침수되지 않은 부분의 수직거리를 의미하는 것은?

가 흘수   나 깊이

사 수심   아 건현

건현 : 선체가 침수되지 않은 부분의 수직거리, 선박의 중앙부의 수면에서부터 건현갑판의 상면의 연장과 외판의 외면과의 교점까지의 수직거리

05 선박이 항행하는 구역 내에서 선박의 안전상 허용된 최대의 흘수선은?

가 선수흘수선   나 만재흘수선

사 평균흘수선   아 선미흘수선

수면과 선체가 만나는 선을 흘수선(load line)이라 하고, 만재흘수에 있어서의 흘수선을 만재흘수선이라 한다. 이는 선박이 화물을 탑재하거나 적재하고 안전하게 항행할 수 있는 최대한도의 선을 나타낸다.

06 선박의 트림을 옳게 설명한 것은?

가 선박흘수와 선미흘수의 곱

나 선수흘수와 선미흘수의 비

사 선수흘수와 선미흘수의 차

아 선수흘수와 선미흘수의 합

트림(trim) : 선수흘수와 선미흘수의 차로 선박 길이 방향의 경사

07 선박국적증서 및 선적증서에 기재되는 선박의 길이는?

가 전장   나 등록장

사 수선장   아 수선간장

등록장 : 상갑판 보(Beam) 위의 선수재 전면으로부터 선미재 후면까지의 수평거리로 선박원부에 등록되고 선박국적증서에 기재되는 길이

08 선박이 조난을 당한 경우 조난선과 구조선 또는 육상간에 연결용 줄을 보내는 데 사용되며, 줄을 230미터 이상 보낼 수 있는 것은?

가 페인터   나 신호 거울

사 구명부기   아 구명줄 발사기

구명줄 발사기 : 선박이 조난을 당한 경우 조난선과 구조선 또는 육상과 연락하는 구명줄을 보낼 때 사용하는 장치로 수평에서 45° 각도로 발사하여 230m 이상 보낼 수 있다.

정답 03 나   04 아   05 나   06 사   07 나   08 아

09 체온을 유지할 수 있도록 열전도율이 낮은 방수 물질로 만들어진 포대기 또는 옷을 의미하는 구명설비는?

가 방수복
나 구명조끼
사 보온복
아 구명부환

보온복은 물이 스며들지 않아 수온이 낮은 물속에서 체온을 유지할 수 있는 옷으로 방수복과 달리 구명동의의 기능이 없다.

10 조난신호를 위한 구명뗏목의 의장품이 아닌 것은?

가 신호 홍염
나 신호용 호각
사 신호 거울
아 중파(MF) 무선설비

조난신호를 위한 구명뗏목의 의장품으로는 신호용 호각, 응급의료구, 신호 홍염, 신호 거울 등이 있다.

11 퇴선 시 여러 사람이 붙들고 떠 있을 수 있는 부체는?

가 페인터
나 구명부기
사 구명줄
아 부양성 구조고리

구명부기 : 선박 조난시 구조를 기다릴 때 사용하는 인명 구조 장비로, 사람이 타지 않고 손으로 밧줄을 붙잡고 떠 있도록 만든 것이다.

12 선박이 침몰하여 수면 아래 4미터 정도에 이르면 수압에 의하여 선박에서 자동 이탈되어 조난자가 탈 수 있도록 압축가스에 의해 펼쳐지는 구명설비는?

가 구명정
나 구명뗏목
사 구조정
아 구명부기

구명뗏목(구명벌, Life raft) : 나일론 등과 같은 합성섬유로 된 포지를 고무로 가공해서 뗏목 모양으로 제작한 것으로, 내부에는 탄산가스나 질소가스를 주입시켜 긴급시에 팽창시키면 뗏목 모양으로 펼쳐지는 구명 설비

13 자기 점화등과 같은 목적의 주간 신호이며 물에 들어가면 자동으로 오렌지색 연기를 발생시키는 것은?

가 신호 홍염
나 자기 발연 신호
사 구명줄 발사기
아 로켓 낙하산 화염신호

자기 발연 신호 : 주간 신호로서 물에 들어가면 자동으로 오렌지색 연기를 연속 발생시킨다.

14 잔잔한 바다에서 의식불명의 익수자를 발견하여 구조하려 할 때, 구조선의 안전한 접근방법은?

가 익수자의 풍하 쪽에서 접근한다.
나 익수자의 풍상 쪽에서 접근한다.
사 구조선의 좌현 쪽에서 바람을 받으면서 접근한다.
아 구조선의 우현 쪽에서 바람을 받으면서 접근한다.

정답 09 사 10 아 11 나 12 나 13 나 14 나

의식불명의 익수자를 구조하고자 할 때는 익수자가 풍하에 오도록 침로를 유지하여 익수자의 풍상에서 접근하여야 한다.

15 선박이 외력에 의하여 선수미선이 정해진 침로에서 벗어났을 때에도 곧바로 원래의 침로에 복귀하는 성능은?

가 정지성　　　나 선회성

사 추종성　　　아 침로안정성

침로안정성은 선박이 정해진 침로를 따라 직진하는 성질로 항행 거리에 영향을 끼치며, 선박의 경제적인 운용을 위하여 필요한 요소이다.

16 타판에 작용하는 힘 중에서 정횡 방향의 분력은?

가 항력　　　나 마찰력

사 양력　　　아 직압력

양력

• 타판에 작용하는 힘 중에서 그 작용하는 방향이 정횡 방향인 성분으로 선체를 회두시키는 우력의 성분
• 선회 우력은 양력과 선체의 무게중심에서 키의 작용 중심까지의 거리를 곱한 것이 됨

17 다음 중 선박 조종에 미치는 영향이 가장 작은 요소는?

가 바람　　　나 파도

사 조류　　　아 기온

선박 조종, 특히 선회권의 크기에 영향을 주는 요소에는 방형 비척 계수, 흘수, 트림, 속력, 파도, 바람 및 조류의 영향 등을 들 수 있다. 기온은 선박 조종에 영향을 주는 요소가 아니다.

18 선박의 충돌 시 더 큰 손상을 예방하기 위해 취해야 할 조치사항으로 옳지 않은 것은?

가 가능한 한 빨리 전진속력을 줄이기 위해 기관을 정지한다.
나 승객과 선원의 상해와 선박과 화물의 손상에 대해 조사한다.
사 전복이나 침몰의 위험이 있더라도 임의 좌주를 시켜서는 아니 된다.
아 침수가 발생하는 경우, 침수구역 배출을 포함한 침수 방지를 위한 대응조치를 취한다.

선박의 충돌로 전복이나 침몰의 위험이 있을 경우 사람을 우선 대피시킨 후 수심이 낮은 곳에 좌초시키는 임의 좌주를 해야 한다.

19 (　　)에 순서대로 적합한 것은?

> "우선회 고정피치 스크루 프로펠러 한 개가 장착되어 있는 선박이 정지상태에서 후진할 때, 타가 중앙이면 횡압력과 배출류의 측압작용이 선미를 (　　　)으로 밀기 때문에 선수는 (　　　)한다."

가 우현 쪽, 우회두
나 우현 쪽, 좌회두
사 좌현 쪽, 우회두
아 좌현 쪽, 좌회두

우선회 고정피치 스크루 프로펠러 한 개가 장착되어 있는 선박이 정지상태에서 후진할 때, 타가 중앙이면 횡압력과 배출류의 측압작용이 선미를 좌현 쪽으로 밀기 때문에 선수는 우회두한다.

20 항해 중 선수 부근에서 사람이 선외로 추락한 경우 즉시 취하여야 하는 조치로 옳지 않은 것은?

가 익수자가 발생한 반대 현측으로 즉시 전타한다.

나 인명구조 조선법을 이용하여 익수자 위치로 되돌아간다.

사 선외로 추락한 사람이 시야에서 벗어나지 않도록 계속 주시한다.

아 선외로 추락한 사람을 발견한 사람은 익수자에게 구명부환을 던져주어야 한다.

익수자가 발생한 반대 현측이 아니라, 익수자 현측으로 즉시 최대 전타한다.

21 선박의 좌초 시 취해야 할 조치사항으로 옳지 않은 것은?

가 기관 사용 시 좌초된 부분의 손상이 커지지 않도록 한다.

나 자력으로 재부양하는 것이 불가능한 경우 추가 원조를 요청한다.

사 해수면 상승 시에는 재부양을 위하여 어떠한 조치도 취하지 않는다.

아 즉시 기관을 정지하고 침수, 선박의 손상 여부, 수심, 저질 등을 확인한다.

좌초시의 조치

• 즉시 기관을 정지한다.

• 손상 부위와 그 정도를 파악하고, 선저부의 손상 정도는 확인하기 어려우므로 빌지와 탱크를 측심하여 추정한다.

• 후진기관의 사용으로 손상 부위가 확대될 수 있으므로 신중하게 판단한다.

• 본선의 기관을 사용하여 이초가 가능한지를 파악하고, 자력 이초가 불가능하면 가까운 육상 당국에 협조를 요청한다.

• 해수면 상승시 재부양 위해 화물을 선체 밖으로 투하하는 등의 안전조치를 취하여야 한다.

22 히브 투(Heave to) 방법의 경우 선수로부터 좌우현 몇 도 정도 방향에서 풍랑을 받아야 하는가?

가 5~10도　　　나 10~15도

사 25~35도　　　아 45~50도

거주법(히브 투, heave to)

• 선수를 풍랑 쪽으로 향하게 하여 조타가 가능한 최소의 속력으로 전진하는 방법

• 일반적으로 풍랑을 선수로부터 좌우현으로 25~35° 방향에서 받도록 하는 것이 좋음

23 황천항해 중 침로선정 방법으로 옳지 않은 것은?

가 타효가 충분하고 조종이 쉽도록 침로를 선정할 것

나 추진기의 공회전이 감소하도록 침로를 선정할 것

사 선체의 동요가 너무 심하지 않도록 침로를 선정할 것

아 목적지를 향하여 최단 거리가 되도록 침로를 선정할 것

정답 20 가　21 사　22 사　23 아

황천항해 중 침로선정은 최단 거리가 아니라 선미 흘수를 증가시키고 종동요를 줄일 수 있도록 침로를 변경해야 한다. 기관의 회전수를 낮추는 등 선박의 속력을 감속하고 침로를 변경한다.

24 선박 내에서 화재 발생 시 조치사항으로 옳지 않은 것은?

가 필요 시 화재 구역의 전기를 차단한다.

나 바람의 방향이 앞바람이 되도록 배를 돌린다.

사 불의 확산방지를 위하여 인접한 격벽에 물을 뿌린다.

아 어떤 물질이 타고 있는지를 확인하여 적합한 소화 방법을 강구한다.

화재 발생 시 화재 발생원이 풍하측에 있도록, 즉 순풍이 되도록 배를 돌려야 한다.

25 퇴선 후 해상에서 저체온에 의한 사망을 방지하기 위한 방법으로 옳지 않은 것은?

가 불필요한 수영은 하지 않는다.

나 퇴선 전에 여러 벌의 옷을 겹쳐서 입는다.

사 적당한 알코올을 섭취하여 체열을 유지한다.

아 멀미약을 복용하여 멀미로 인한 체온 저하를 예방한다.

술을 마시면 체내에서 알코올이 분해되면서 일시적으로 체온이 올라가지만 결국 피부를 통해 다시 열이 발산되기 때문에 체온이 떨어지게 되어 저체온증이 발생한다.

제3과목 **법규**

01 해상교통안전법상 항행장애물에 해당하는 것은?

가 적조

나 암초

사 운항 중인 선박

아 선박에서 떨어져 떠다니는 자재

항행장애물(법 제2조) : 선박으로부터 떨어진 물건, 침몰・좌초된 선박 또는 이로부터 유실된 물건 등 해양수산부령으로 정하는 것으로서 선박항행에 장애가 되는 물건

02 해상교통안전법상 '어로에 종사하고 있는 선박'이 아닌 것은?

가 양승 중인 연승 어선

나 투망 중인 안강망 어선

사 양망 중인 저인망 어선

아 어장 이동을 위해 항행하는 통발 어선

어로에 종사하고 있는 선박(법 제2조) : 그물, 낚싯줄, 트롤망, 그 밖에 조종성능을 제한하는 어구를 사용하여 어로 작업을 하고 있는 선박

03 해상교통안전법상 '거대선'의 정의는?

가 길이 100미터 이상인 선박

나 길이 200미터 이상인 선박

사 총톤수 100,000톤 이상인 선박

아 총톤수 200,000톤 이상인 선박

거대선(법 제2조) : 길이 200미터 이상의 선박

정답 24 나 25 사 / 01 아 02 아 03 나

04 해상교통안전법상 항행장애물의 처리에 관한 설명으로 옳지 않은 것은?

가 항행장애물제거책임자는 항행장애물을 제거하여야 한다.

나 항행장애물제거책임자는 항행장애물을 발생시킨 선박의 기관장이다.

사 항행장애물제거책임자는 항행장애물이 다른 선박의 항행안전을 저해할 우려가 있는 경우 항행장애물에 위험성을 나타내는 표시를 하여야 한다.

아 항행장애물제거책임자는 항행장애물이 외국의 배타적 경제수역에서 발생되었을 경우 그 해역을 관할하는 외국 정부에 지체없이 보고하여야 한다.

항행장애물제거책임자는 항행장애물을 발생시킨 선박의 선장, 선박소유자 또는 선박운항자(법 제24조)

05 해상교통안전법상 선박운항과 관련하여 술에 취한 상태에 있는 사람의 행동으로 옳은 것은?

가 선박의 조타기를 조작하지 않는다.

나 운항에 무리가 없다고 판단되면 조타기를 조작하여 운항한다.

사 선박의 조타기를 자동조타 상태로 두고, 조타수에게 조타 명령을 내린다.

아 술에 취하지 않은 사람에게 조타기를 조작하도록 하고, 조타 명령을 내린다.

술에 취한 상태에 있는 사람은 운항을 하기 위하여 조타기를 조작하거나 조작할 것을 지시하는 행위 또는 도선을 하여서는 아니 된다(법 제39조).

06 해상교통안전법상 안전한 속력을 결정할 때 고려하여야 할 사항이 아닌 것은?

가 시계의 상태

나 선박 설비의 구조

사 선박의 조종 성능

아 해상교통량의 밀도

안전속력의 고려사항(법 제71조) : 시계의 상태, 해상교통량의 밀도, 선박의 정지거리 · 선회성능, 야간의 경우 항해에 지장을 주는 불빛의 유무, 바람 · 해면 및 조류의 상태와 항행장애물의 근접상태, 선박의 흘수와 수심과의 관계, 레이더의 특성 및 성능, 해면상태 · 기상 등

07 해상교통안전법상 통항분리수역에서 통항로를 따라 항행하는 선박의 통항을 방해하지 아니할 의무가 있는 선박은?

가 흘수제약선

나 길이 20미터 미만의 선박

사 해저전선을 부설하고 있는 선박

아 준설작업에 종사하고 있는 선박

길이 20미터 미만의 선박이나 범선은 통항로를 따라 항행하고 있는 다른 선박의 항행을 방해하여서는 아니 된다(법 제75조 제10항).

정답 04 나 05 가 06 나 07 나

08 (   )에 적합한 것은?

> "해상교통안전법상 통항분리수역에서 부득이
> 한 사유로 통항로를 횡단하여야 하는 경우에는
> 그 통항로와 선수 방향이 (   )에 가까운
> 각도로 횡단하여야 한다."

가 직각　　　　　　나 예각

사 둔각　　　　　　아 소각

선박은 통항로를 횡단하여서는 아니 된다. 다만, 부득이한
사유로 그 통항로를 횡단하여야 하는 경우에는 그 통항로
와 선수방향이 직각에 가까운 각도로 횡단하여야 한다(법
제75조 제3항).

09 해상교통안전법상 통항분리수역에서의 항법으
로 옳지 않은 것은?

가 통항로는 어떠한 경우에도 횡단하여서는
아니 된다.

나 통항로의 출입구를 통하여 출입하는 것을
원칙으로 한다.

사 통항로 안에서는 정하여진 진행방향으로
항행하여야 한다.

아 분리선이나 분리대에서 될 수 있으면 떨
어져서 항행하여야 한다.

통항분리수역(법 제75조)
- 통항로 안에서는 정하여진 진행 방향으로 항행할 것
- 통항로의 출입구를 통하여 출입하는 것을 원칙으로 함
- 분리선이나 분리대에서 될 수 있으면 떨어져서 항행
  할 것
- 통항로의 옆쪽으로 출입하는 경우 작은 각도로 출입
  할 것
- 통항분리수역에서 통항로의 횡단은 원칙적으로 금지
  되나 부득이한 사유로 인한 경우는 횡단이 가능

10 (   )에 순서대로 적합한 것은?

> "해상교통안전법상 서로 시계 안에서 2척의 동
> 력선이 마주치거나 거의 마주치게 되어 충돌의
> 위험이 있을 때에는 각 동력선은 서로 다른 선박
> 의 (   ) 쪽을 지나갈 수 있도록 침로를
> (   ) 쪽으로 변경하여야 한다."

가 우현, 우현　　　나 좌현, 우현

사 우현, 좌현　　　아 좌현, 좌현

마주치는 상태(법 제79조 제1항) : 2척의 동력선이 마주
치거나 거의 마주치게 되어 충돌의 위험이 있을 때에는
각 동력선은 서로 다른 선박의 좌현 쪽을 지나갈 수 있
도록 침로를 우현 쪽으로 변경

11 (   )에 적합한 것은?

> "해상교통안전법상 다른 선박의 양쪽 현의 정
> 횡으로부터 (   )를 넘는 뒤쪽에서 그 선박
> 을 앞지르는 선박은 앞지르기 하는 배로 보고
> 필요한 조치를 취하여야 한다."

가 22.5도　　　　　나 45도

사 60도　　　　　　아 90도

다른 선박의 양쪽 현의 정횡으로부터 22.5도를 넘는 뒤
쪽[밤에는 다른 선박의 선미등만을 볼 수 있고 어느 쪽
의 현등도 볼 수 없는 위치]에서 그 선박을 앞지르는 선
박은 앞지르기 하는 배로 보고 필요한 조치를 취하여야
한다(법 제78조 제2항).

정답　08 가　09 가　10 나　11 가

12 해상교통안전법상 서로 시계 안에서 항행 중인 범선이 진로를 피하지 않아도 되는 선박은?

가 조종제한선

나 조종불능선

사 수상항공기

아 어로에 종사하고 있는 선박

항행 중인 범선이 선박의 진로를 피해야 할 경우(법 제83조 제3항) : 조종불능선, 조종제한선, 어로에 종사하고 있는 선박

13 해상교통안전법상 제한된 시계에서 충돌할 위험성이 없다고 판단한 경우 외에 자기 선박의 양쪽 현의 정횡 앞쪽에 있는 다른 선박의 무중신호를 듣고 취할 조치로 옳은 것을 〈보기〉에서 모두 고른 것은?

┤ 보기 ├

ㄱ. 최대 속력으로 항행하면서 경계를 한다.

ㄴ. 우현 쪽으로 침로를 변경시키지 않는다.

ㄷ. 필요 시 자기 선박의 진행을 완전히 멈춘다.

ㄹ. 충돌할 위험성이 사라질 때까지 주의하여 항행하여야 한다.

가 ㄴ, ㄷ

나 ㄷ, ㄹ

사 ㄱ, ㄴ, ㄹ

아 ㄴ, ㄷ, ㄹ

충돌할 위험성이 없다고 판단한 경우 외에는 다음의 어느 하나에 해당하는 경우 모든 선박은 자기 배의 침로를 유지하는 데 필요한 최소한으로 속력을 줄일 것, 필요하다고 인정되면 자기 선박의 진행을 완전히 중지하고, 충돌 위험이 사라질 때까지 주의하여 항행(법 제84조)

• 자기 선박의 양쪽 현의 정횡 앞쪽에 있는 다른 선박에서 무중신호를 듣는 경우

• 자기 선박의 양쪽 현의 정횡으로부터 앞쪽에 있는 다른 선박과 매우 근접한 것을 피할 수 없는 경우

14 해상교통안전법상 '섬광등'의 정의는?

가 선수 쪽 225도에 걸치는 수평의 호를 비추는 등

나 360도에 걸치는 수평의 호를 비추는 등화로서 일정한 간격으로 1분에 30회 이상 섬광을 발하는 등

사 360도에 걸치는 수평의 호를 비추는 등화로서 일정한 간격으로 1분에 60회 이상 섬광을 발하는 등

아 360도에 걸치는 수평의 호를 비추는 등화로서 일정한 간격으로 1분에 120회 이상 섬광을 발하는 등

섬광등(법 제86조) : 360도에 걸치는 수평의 호를 비추는 등화로서 일정한 간격으로 1분에 120회 이상 섬광을 발하는 등

15 해상교통안전법상 안개로 시계가 제한된 수역을 항행 중인 길이 12미터 이상인 동력선이 대수속력이 있는 경우 울려야 하는 음향신호는?

가 2분을 넘지 아니하는 간격으로 단음 4회

나 2분을 넘지 아니하는 간격으로 장음 1회

사 2분을 넘지 아니하는 간격으로 단음 1회, 장음 1회, 단음 1회

아 2분을 넘지 아니하는 간격으로 장음 1회에 이어 단음 3회

제한된 시계 안에서의 음향신호(법 제100조)

선박 구분		신호 간격	신호 내용
항행 중인 동력선	대수속력이 있는 경우	2분 이내	장음 1회
	대수속력이 없는 경우	2분 이내	장음 2회

16 선박의 입항 및 출항 등에 관한 법률상 무역항의 수상구역 등으로 위험물을 반입하려고 하는 선박에서 준수하여야 할 사항에 관한 설명으로 옳은 것은?

가 무역항의 수상구역 어디든지 정박할 수 있다.

나 하역 시 자체안전관리계획을 수립할 필요는 없다.

사 관리청에 위험물 반입 신고를 생략할 수 있다.

아 위험물 취급 시 위험물 안전관리자를 배치하여야 한다.

위험물 취급시의 안전조치(법 제35조) : 위험물 취급에 관한 안전관리자의 확보 및 배치(안전관리 전문업체로 하여금 안전관리 업무를 대행하는 경우에는 예외)

17 선박의 입항 및 출항 등에 관한 법률상 선박이 지정·고시된 정박지가 아닌 곳에 정박할 수 있는 경우가 아닌 것은?

가 해양오염 확산을 방지하기 위한 경우

나 선박을 부두에 빨리 접안시키기 위한 경우

사 급박한 위험이 있는 선박을 구조하는 경우

아 선박의 고장으로 선박을 조종할 수 없는 경우

정박·정류 등의 제한(금지) 예외(법 제6조 제2항)
• 해양사고(해양오염 확산을 방지 등)를 피하기 위한 경우
• 선박의 고장이나 그 밖의 사유로 선박을 조종할 수 없는 경우
• 인명을 구조하거나 급박한 위험이 있는 선박을 구조하는 경우
• 허가를 받은 공사 또는 작업에 사용하는 경우

18 선박의 입항 및 출항 등에 관한 법률상 항로에 관한 설명으로 옳은 것은?

가 대형 선박만 항로를 따라 항행하여야 한다.

나 무역항의 수상구역 등에서는 지정된 항로가 없다.

사 위험물운송선박은 지정된 항로를 따르지 않아도 된다.

아 무역항의 수상구역 등에 출입하는 선박은 원칙적으로 지정된 항로를 따라 항행하여야 한다.

항로 지정 및 준수(법 제10조)
① 관리청은 무역항의 수상구역 등에서 선박교통의 안전을 위하여 필요한 경우에는 무역항과 무역항의 수상구역 밖의 수로를 항로로 지정·고시할 수 있음
② 우선피항선 외의 선박은 무역항의 수상구역 등에 출입 또는 통과하는 경우에는 ①에 따라 지정·고시된 항로를 따라 항행
③ 지정·고시된 항로 항행의 예외 : 해양사고를 피하기 위한 경우, 선박 조종 불가, 인명이나 선박 구조, 해양오염 확산 방지 등

19 (   )에 적합한 것은?

"선박의 입항 및 출항 등에 관한 법률상 항로에서 다른 선박과 마주칠 우려가 있는 경우에는 (   )으로 항행하여야 한다."

가 왼쪽   나 오른쪽

사 부두쪽   아 중앙

항로에서 다른 선박과 마주칠 우려가 있는 경우에는 오른쪽으로 항행할 것(법 제12조 제1항 제3호)

정답 16 아   17 나   18 아   19 나

20 ( )에 적합한 것은?

> "선박의 입항 및 출항 등에 관한 법률상 무역항의 수상구역 등에서 예인선은 한꺼번에 ( ) 이상의 피예인선을 끌지 못한다."

가 1척 나 3척
사 5척 아 10척

예인선이 무역항의 수상구역 등에서 다른 선박을 끌고 항행할 때에는 해양수산부령으로 정하는 방법에 따를 것(시행규칙 제9조)
- 예인선의 선수로부터 피예인선의 선미까지의 길이는 200미터를 초과하지 않을 것(다른 선박의 출입을 보조하는 경우에는 예외)
- 예인선은 한꺼번에 3척 이상의 피예인선을 끌지 않을 것

21 선박의 입항 및 출항 등에 관한 법률상 무역항에 출입하려고 할 때 출입신고를 하여야 하는 선박은?

가 군함
나 해양경찰함정
사 총톤수 100톤인 선박
아 해양사고 구조에 사용되는 선박

출입신고의 면제 선박(법 제4조)
- 총톤수 5톤 미만의 선박
- 해양사고 구조에 사용되는 선박
- 「수상레저안전법」에 따른 수상레저기구 중 국내항 간을 운항하는 모터보트 및 동력요트
- 출입항 신고 대상이 되는 어선
- 관공선, 군함, 해양경찰함정 등 공공의 목적으로 운영하는 선박
- 선박의 출입을 지원하는 선박(도선선, 예선 등)과 연안수역을 항해하는 정기여객선(내항 정기 여객운송사업에 종사하는 선박)으로 경유항에 출입하는 선박
- 피난을 위하여 긴급히 출항하여야 하는 선박

22 선박의 입항 및 출항 등에 관한 법률상 우선피항선이 아닌 것은?

가 예선
나 총톤수 25톤인 어선
사 항만운송관련사업을 등록한 자가 소유한 선박
아 자력항행능력이 없어 다른 선박에 의하여 끌리거나 밀려서 항행되는 부선

우선피항선(법 제2조 제5호) : 주로 무역항의 수상구역에서 운항하는 선박으로서 다른 선박의 진로를 피하여야 하는 선박
- 부선(예인선이 부선을 끌거나 밀고 있는 경우의 예인선 및 부선을 포함하되, 예인선에 결합되어 운항하는 압항부선은 제외)
- 주로 노와 삿대로 운전하는 선박
- 예선
- 항만운송관련사업을 등록한 자가 소유한 선박
- 해양환경관리업을 등록한 자가 소유한 선박(폐기물해양배출업으로 등록한 선박은 제외)
- 위 규정에 해당하지 아니하는 총톤수 20톤 미만의 선박

23 해양환경관리법상 선박의 밑바닥에 고인 액상유성혼합물은?

가 석유
나 선저폐수
사 폐기물
아 잔류성 오염물질

선저폐수(법 제2조) : 선박의 밑바닥에 고인 액상유성혼합물

24 해양환경관리법에 의해 규제되는 해양오염물질이 아닌 것은?

가 기름

나 방사성 물질

사 폐기물

아 유해액체물질

오염물질(법 제2조 제11호) : 해양에 유입 또는 해양으로 배출되어 해양환경에 해로운 결과를 미치거나 미칠 우려가 있는 폐기물·기름·유해액체물질 및 포장유해물질

25 해양환경관리법상 선박으로부터 오염물질이 배출되는 경우 신고할 사항이 아닌 것은?

가 사고선박의 명칭

나 해양오염사고의 발생장소

사 해양오염사고의 발생일시

아 해양오염방지관리인의 승선여부

해양시설로부터의 오염물질 배출신고(시행규칙 제29조) : 해양시설로부터의 오염물질 배출을 신고하려는 자는 서면·구술·전화 또는 무선통신 등을 이용하여 신속하게 하여야 하며, 그 신고사항은 다음과 같다.

• 해양오염사고의 발생일시·장소 및 원인

• 배출된 오염물질의 종류, 추정량 및 확산상황과 응급조치상황

• 사고선박 또는 시설의 명칭, 종류 및 규모

• 해면상태 및 기상상태

제4과목 **기관**

01 실린더 내에서 연료를 직접 연소시켜 그 연소가스의 팽창으로 동력을 발생시키는 왕복동식 기관은?

가 디젤기관

나 가스터빈기관

사 증기왕복동기관

아 증기터빈기관

디젤기관은 경유(diesel)를 연료로 사용하는 기관으로, 공기를 고압으로 압축한 뒤 경유를 분사하여 공기의 압축열로 자연 착화시켜서 동력을 얻는 왕복동 내연기관이다.

02 디젤기관의 실린더 라이너를 분해하는 순서로 옳게 짝지어진 것은?

① 실린더 헤드는 아이 볼트를 이용하여 들어 올린다.

② 실린더 라이너의 리프팅 공구를 이용하여 라이너를 들어 올린다.

③ 실린더 헤드에 연결되어 있는 각종 파이프를 분해한다.

④ 커넥팅 로드의 대단부를 분해하고 피스톤을 들어 올린다.

가 ① → ③ → ④ → ②

나 ① → ④ → ③ → ②

사 ③ → ① → ④ → ②

아 ③ → ④ → ① → ②

실린더 라이너를 분해하는 순서

실린더 헤드에 연결되어 있는 각종 파이프를 분해한다.
→ 실린더 헤드는 아이 볼트를 이용하여 들어올린다.
→ 커넥팅 로드의 대단부를 분해한 후 피스톤을 들어올린다. → 실린더 라이너 리프팅 공구를 사용하여 라이너를 들어 올린다.

정답 **24** 나 **25** 아 / **01** 가 **02** 사

03 소형 디젤기관의 실린더 헤드에서 발생할 수 있는 고장에 대한 설명으로 옳지 않은 것은?

가 각 부의 온도차에 의한 열응력이 발생한다.

나 실린더 헤드 볼트의 풀림으로 가스 누설이 발생한다.

사 배기밸브가 누설하면 배기가스 온도가 상승한다.

아 흡입밸브의 밸브틈새가 너무 크면 배기밸브가 손상된다.

 해설

실린더 헤드는 고온에 견딜 수 있도록 물로 냉각하기 때문에 가스 쪽과 냉각수 쪽의 온도 차이에 의한 열응력으로 인하여 균열(crack)이 일어나기 쉽다. 이 외에도 실린더 헤드 볼트 풀림으로 인한 가스 누설, 실린더 내의 고온·고압 상태 불량으로 인해 너트가 풀려 가스 누설 등이 발생한다.

04 다음과 같은 습식 라이너에 대한 설명으로 옳지 않은 것은?

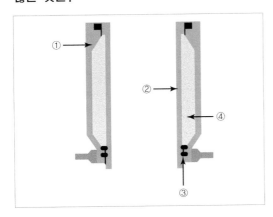

가 ①은 실린더 블록이다.

나 ②는 실린더 헤드이다.

사 ③은 냉각수 누설을 방지하는 오링이다.

아 ④는 냉각수가 통과하는 통로이다.

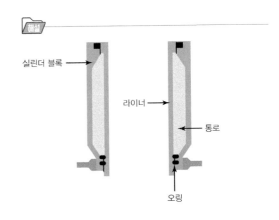

05 소형기관에서 흡·배기밸브의 운동에 대한 설명으로 옳은 것은?

가 흡기밸브는 스프링의 힘으로 열린다.

나 흡기밸브는 푸시로드에 의해 닫힌다.

사 배기밸브는 푸시로드에 의해 닫힌다.

아 배기밸브는 스프링의 힘으로 닫힌다.

해설

소형기관의 흡·배기 밸브는 캠에 의해 열리고, 스프링에 의해 닫힌다.

06 소형 디젤기관에서 실린더 라이너의 심한 마멸에 의한 영향이 아닌 것은?

가 압축 불량

나 불완전 연소

사 착화 시기가 빨라짐

아 연소가스가 크랭크실로 누설

🗂해설

• 실린더 라이너 마모의 원인 : 실린더와 피스톤 및 피스톤링의 접촉에 의한 마모, 연소 생성물인 카본 등에 의한 마모, 흡입 공기 중의 먼지나 이물질 등에 의한 마모, 연료나 수분이 실린더에 응결되어 발생하는 부식에 의한 마모, 농후한 혼합기로 인한 실린더 윤활막의 미형성으로 인한 마모

• 실린더 라이너 마모의 영향 : 출력 저하, 압축 압력의 저하, 연료의 불완전 연소, 연료 소비량 증가, 윤활유 소비량 증가, 기관의 시동성 저하, 가스가 크랭크실로 누설

07 다음과 같은 트렁크형 피스톤에서 ①, ②, ③, ④의 명칭으로 옳은 것은?

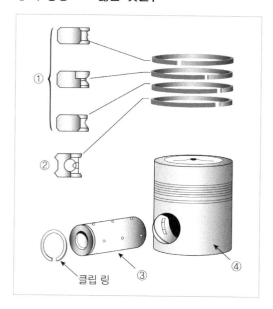

가 ①은 압축링, ②는 오일 스크레이퍼링, ③은 피스톤핀, ④는 피스톤이다.

나 ①은 오일 스크레이퍼링, ②는 압축링, ③은 피스톤, ④는 피스톤핀이다.

사 ①은 압축링, ②는 피스톤핀, ③은 오일 스크레이퍼링, ④는 피스톤이다.

아 ①은 오일 스크레이퍼링, ②는 압축링, ③은 피스톤핀, ④는 피스톤이다.

🗂해설

트렁크형 피스톤

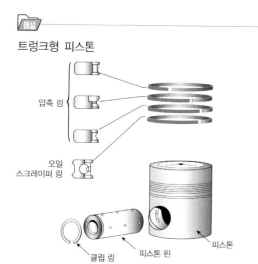

08 디젤기관에서 크랭크암 디플렉션의 측정에 대한 설명으로 옳은 것은?

가 흘수를 변화시켜 가면서 측정한다.

나 선박이 물 위에 떠 있을 때 측정한다.

사 크링크축을 육상으로 이동하여 측정한다.

아 크랭크암의 상사점과 하사점 2곳을 측정한다.

🗂해설

크랭크암 디플렉션 측정(크랭크암 개폐 계측) : 선박이 물 위에 떠 있을 때 각 실린더마다 정해진 여러 곳을 다이얼식 마이크로미터로 계측

09 소형 내연기관에서 플라이휠의 주된 역할은?

가 크랭크암의 개폐작용을 방지한다.

나 크랭크축의 회전을 균일하게 해준다.

사 스러스트 베어링의 마멸을 방지한다.

아 기관의 고속 회전을 용이하게 해준다.

정답 07 가 08 나 09 나

플라이휠(Flywheel) 역할
- 축적된 운동 에너지를 관성력으로 제공하여 균일한 회전이 되도록 한다.
- 크랭크축의 전단부 또는 후단부에 설치하며, 기관의 시동을 쉽게 해주고, 저속 회전을 가능하게 해준다.
- 플라이휠의 림 부분에는 크랭크 각도가 표시되어 있어 밸브의 조정이나 기관 정비 작업을 편리하게 해준다.

10 소형선박에서 축계의 기능에 대한 설명으로 옳지 않은 것은?

가 주기관의 회전 동력을 추진기에 전달한다.

나 푸시로드를 밀어 올려 배기밸브를 작동시킨다.

사 주기관과 추진기를 연결하여 추진기를 지지한다.

아 추진기에서 얻어진 추력을 선체에 전달한다.

축계의 기능
- 주기관의 회전동력을 프로펠러에 전달
- 프로펠러를 지지
- 프로펠러가 발생시킨 추력을 선체에 전달

11 디젤기관 운전 중 배출되는 배기가스가 청백색일 경우의 조치방법으로 옳은 것은?

가 배기밸브를 교환한다.

나 오일 스크레이퍼링을 교환한다.

사 연료분사밸브를 교환한다.

아 실린더 헤드의 개스킷을 교환한다.

운전 중 배출되는 배기가스가 청백색일 경우 연료실로의 윤활유 혼입 상황이므로 오일 스크레이퍼링을 교환한다.

12 디젤기관의 운전 중 냉각수 계통에서 가장 주의하여 관찰해야 하는 것은?

가 기관의 입구 온도와 입구 압력

나 기관의 출구 압력과 출구 온도

사 기관의 입구 온도와 출구 압력

아 기관의 입구 압력과 출구 온도

실린더 헤드나 실린더에 공급되는 냉각수 계통에서 기관 입구의 압력과 입·출구 온도가 정상적인 값을 나타내는지 점검한다.

13 1시간에 1,852미터를 항해하는 선박은 10시간 동안 몇 해리를 항해하는가?

가 1해리　　　나 2해리

사 5해리　　　아 10해리

1해리는 1,852m이므로, 1시간에 1,852m를 항해하는 선박이 10시간 항해한 거리는 10해리가 된다.

14 나선형 추진기 날개의 한 개가 절손되었을 때 일어나는 현상으로 옳은 것은?

가 출력이 높아진다.

나 진동이 증가한다.

사 선속이 증가한다.

아 추진기 효율이 증가한다.

나선형 추진기 날개의 일부가 절손되었을 경우 진동이 심해지고 출력이 낮아지며, 속력이 감소하는 등의 현상이 나타난다.

정답 10 나　11 나　12 아　13 아　14 나

15 닻을 감아올리는 데 사용하는 갑판기기는?

가 조타기　　나 양묘기

사 계선기　　아 양화기

양묘기(windlass)는 닻(anchor)을 감아올리거나 내리는 작업을 할 때 이용한다. 또는 선박을 부두에 접안시킬 때 계선줄을 감는 데 사용되는 갑판보조기계이다.

16 "기관실 해수 흡입측 여과기가 막혀 있으면 먼저 (　　)를 잠근 후에 여과기를 소제한다."에서 (　　)에 알맞은 것은?

가 청수 밸브　　나 연료유 밸브

사 선저 밸브　　아 윤활유 밸브

소형 기관에서는 운전 중에도 불순물을 여과할 수 있는 자동 여과기를 사용하고, 중형 이상의 기관에서는 2개의 여과기를 복식으로 사용하는데 기관실 해수 흡입측 여과기가 막혀있으면 선저 밸브를 잠근 후에 청소가 될 수 있도록 하고 있다.

17 낮은 곳에 있는 액체를 흡입하여 압력을 가한 후 높은 곳으로 이송하는 장치는?

가 발전기　　나 보일러

사 조수기　　아 펌프

펌프 : 낮은 곳의 액체를 흡입하여 압력을 주어서 높은 곳으로 액체를 보내는 장치

18 납축전지 전해액 주입에 대한 설명으로 옳은 것은?

가 넘칠 때까지 보충한다.

나 격리판 중간 위치까지 보충한다.

사 격리판보다 약간 위에까지 보충한다.

아 격리판보다 약간 아래에까지 보충한다.

납축전지의 점검 및 관리 방법
- 축전지는 직사광선을 피해 서늘하고 통풍이 잘 되는 곳에 보관
- 전해액을 보충할 때 증류수를 전극판의 약간 위까지 보충
- 전해액 보충시에는 증류수로 보충하며, 비중을 맞춤
- 충전할 때는 완전히 충전하고, 과방전이 발생하지 않도록 주의

19 납축전지의 전해액으로 많이 사용되는 것은?

가 묽은황산 용액　　나 알칼리 용액

사 기성소다 용액　　아 청산가리 용액

납축전지의 구조
- **극판** : 여러 장의 음극판과 양극판
- **격리판** : 각각의 극판을 격리시킴
- **전해액** : 묽은 황산(진한 황산과 증류수를 혼합, 비중은 1.2 내외)

20 용량이 120[Ah]인 납축전지를 부하전류 12[A]로 사용할 수 있는 최대 시간은? (단, 용량의 감소는 없는 것으로 한다.)

가 10분　　나 120분

사 10시간　　아 120시간

$12[A] \times x = 120[Ah]$　　∴ $x = 10$시간

정답 15 나　16 사　17 아　18 사　19 가　20 사

21 디젤기관에서 실린더 라이너의 마멸량을 계측하는 공구는?

가 틈새 게이지

나 서피스 게이지

사 내경 마이크로미터

아 외경 마이크로미터

내경 마이크로미터는 실린더 내경을 측정하는 도구로 디젤기관에서 실린더 라이너의 마멸량을 계측하는 공구이다. 내경 마이크로미터는 기계 가공, 조립, 품질 관리 등의 분야에서 중요한 역할을 하는 정밀 측정 기기이다.

22 디젤기관을 정비하는 목적이 아닌 것은?

가 기관을 오랫 동안 사용하기 위해

나 기관의 정격 출력을 높이기 위해

사 기관의 고장을 예방하기 위해

아 기관의 운전효율이 낮아지는 것을 방지하기 위해

정격 출력은 정해진 운전 조건으로 정해진 시간 동안의 운전을 보증하는 출력이다. 어떤 장비의 출력을 나타낼 때, 안전하게 계속 내보낼 수 있는 출력의 상한선을 의미한다.

23 겨울철에 디젤기관을 장기간 정지할 경우의 주의사항으로 옳지 않은 것은?

가 동파를 방지한다.

나 부식을 방지한다.

사 주기적으로 터닝을 시켜준다.

아 중요 부품은 분해하여 보관한다.

기관을 장기간 휴지할 때의 주의 사항 : 동파 및 부식 방지, 정기적으로 터닝을 시켜 줌, 각 밸브 및 콕을 모두 잠금 등

24 주기관의 연료유인 경유와 윤활유를 비교한 설명으로 옳은 것은?

가 경유의 점도가 윤활유의 점도보다 훨씬 낮다.

나 경유의 점도와 윤활유의 점도는 같다.

사 경유의 점도가 윤활유의 점도보다 훨씬 높다.

아 경유의 점도는 온도가 증가하는 경우 윤활유 점도보다 높아진다.

윤활유는 기계 또는 장비의 움직이는 부품 간 마찰과 마모를 줄이기 위해 사용되는 유체로 경유의 점도가 윤활유의 점도보다 훨씬 낮다.

※ **연료유의 비중, 점도, 유동점, 발열량의 크기**
   가솔린(휘발유)< 등유 < 경유 < 중유

25 연료유 탱크의 기름보다 비중이 더 큰 기름을 동일한 양으로 혼합한 경우 비중은 어떻게 변하는가?

가 혼합비중은 비중이 더 큰 기름보다 더 커진다.

나 혼합비중은 비중이 더 큰 기름과 동일하게 된다.

사 혼합비중은 비중이 더 작은 기름보다 더 작아진다.

아 혼합비중은 비중이 작은 기름과 큰 기름의 중간 정도로 된다.

같은 양의 비중이 작은 기름에 비중이 큰 기름을 혼합한 경우 혼합비중은 두 기름의 중간 정도로 된다.

정답 21 사 22 나 23 아 24 가 25 아

2024년 제2회 최신 기출문제

제1과목 **항해**

01 자기컴퍼스에서 선박의 동요로 비너클이 기울어져 볼(Bowl)을 항상 수평으로 유지하기 위한 것은?

가 자침 나 피벗

사 기선 아 짐벌즈

짐벌즈 : 목재 또는 비자성재로 만든 원통형의 지지대인 비너클이 기울어져도 볼을 항상 수평으로 유지시켜 주는 장치

02 자기컴퍼스의 컴퍼스 액에서 증류수와 에틸알코올의 혼합비율은?

가 약 2 : 8 나 약 4 : 6

사 약 6 : 4 아 약 8 : 2

컴퍼스 액 : 알코올과 증류수를 4 : 6의 비율로 혼합하여 비중이 약 0.95인 액

03 수심이 얕은 곳에서 수심을 측정하거나 투묘할 때 배의 진행방향 및 타력 또는 정박 중 닻의 끌림을 알기 위한 기구는?

가 핸드 레드 나 트랜스듀서

사 시운딩자 아 풍향풍속계

핸드 레드 : 수심이 얕은 곳에서 수심과 저질을 측정하는 측심의로, 3~7kg의 레드와 45~70m 정도의 레드라인으로 구성된다.

04 선박자동식별장치(AIS)에서 얻을 수 있는 다른 선박의 정보가 아닌 것은?

가 호출부호

나 선박의 명칭

사 선박의 종류

아 사용 중인 통신채널

선박자동식별장치(AIS) : 무선전파 송수신기를 이용하여 선박의 제원, 선박의 종류 및 명칭, 위치, 침로, 호출부호, 항해 상태 등을 자동으로 송수신하는 시스템으로, 선박과 선박 간, 선박과 연안기지국 간 항해 관련 통신장치

05 다음 중 레이더의 거짓상을 판독하기 위한 방법으로 가장 적절한 것은?

가 자기 선박의 속력을 줄인다.

나 레이더의 전원을 껐다가 다시 켠다.

사 레이더와 기장 가까운 항해 계기의 전원을 끈다.

아 자기 선박의 침로를 약 10도 좌우로 변경한다.

선수 쪽에 나타난 영상에 대해서 거짓상의 여부가 의심스러울 때에는 일단 약 10도 정도 약간 변침해 보는 것이 좋으며, 대개의 간접 반사파는 변침하면 곧 사라지게 된다.

정답 01 아 02 사 03 가 04 아 05 아

06 자기컴퍼스가 선체나 선내 철기류 등의 영향을 받아 생기는 오차는?

<table>
<tr><td>가</td><td>기차</td><td>나</td><td>자차</td></tr>
<tr><td>사</td><td>편차</td><td>아</td><td>수직차</td></tr>
</table>

자차 : 자기자오선(자북)과 선내 나침의 남북선(나북)이 이루는 교각(철기류 등의 영향을 받아 생기는 오차)

07 다음 용어에 관한 설명으로 옳지 않은 것은?

가 지구의 자전축을 지축이라 한다.

나 자오선은 대권이며, 적도와 직교한다.

사 적도와 직교하는 소권을 거등권이라 한다.

아 어느 지점을 지나는 거등권과 적도 사이의 자오선상의 호의 길이를 위도라 한다.

적도와 평행한 소권을 거등권이라고 한다.

08 선박에서 사용하는 속력의 단위인 노트(Knot)에 관한 설명으로 옳은 것은?

가 1시간당 항주한 육리이다.

나 1시간당 항주한 해리이다.

사 시간을 거리로 나눈 값이다.

아 시간과 속력을 곱한 값이다.

노트(Knot) : 선박 속력의 단위로 1노트는 1시간에 1해리를 항주(속력 = 거리/시간)

09 교차방위법에서 물표 선정 시 주의사항으로 옳지 않은 것은?

가 가능하면 멀리 있는 물표를 선택하여야 한다.

나 해도상의 위치가 명확하고 뚜렷한 물표를 선정한다.

사 물표가 많을 때에는 2개보다 3개를 선정하는 것이 정확도가 높다.

아 물표 상호 간의 각도는 가능한 한 30~150도인 것을 선정한다.

교차방위법에서 물표 선정시에는 먼 물표보다 가까운 물표를 선택한다.

10 지피에스(GPS)와 디지피에스(DGPS)에 관한 설명으로 옳지 않은 것은?

가 선박에서 활용하는 대표적인 위성항법장치이다.

나 지피에스(GPS)는 위성으로부터 오는 전파를 사용한다.

사 지피에스(GPS)와 디지피에스(DGPS)는 서로 다른 위성을 사용한다.

아 디지피에스(DGPS)는 지피에스(GPS)의 위치 오차를 줄이기 위해서 위치보정 기준국을 이용한다.

지피에스(GPS)와 디지피에스(DGPS)는 같은 위성을 사용하는 위성항법장치이다.

정답 06 나 07 사 08 나 09 가 10 사

PART 03

11 종이해도에서 간출암을 나타내는 해도도식은?

가 (4)

나 (2)

사 obstn

아

간출암 : 수면 위에 나타났다 수중에 감추어졌다 하는 바위
가. 노출암
사. 장애물
아. 항해에 위험한 암암

12 종이해도에서 침선을 나타내는 영문 기호는?

가 Bk

나 Wk

사 Sh

아 Rf

저질(Quality of the Bottom) : S(모래), Sn(조약돌), M(펄), P(둥근자갈), G(자갈), Rk·rky(바위), Oz(연니), Co(산호), Cl(점토) Sh(조개껍질), Oys(굴), Wd(해초), WK(침선)

13 조석과 관련된 용어에 관한 설명으로 옳지 않은 것은?

가 조석은 해면의 주기적 승강운동을 말한다.

나 고조는 조석으로 인하여 해면이 높아진 상태를 말한다.

사 계류는 저조시에서 고조시까지 흐르는 조류를 말한다.

아 대조승은 대조에 있어서의 고조의 평균 조고를 말한다.

게류 : 창조류에서 낙조류로, 또는 반대로 흐름 방향이 변하는 것을 전류라고 하는데, 이때 흐름이 잠시 정지하는 현상

14 다음 중 특수서지가 아닌 것은?

가 등대표

나 조석표

사 천측력

아 항로지

수로서지 중 특수서지는 항로지 이외의 서적을 말한다.

15 광파(야간)표지의 대표적인 것으로 해양으로 돌출된 곳(갑), 섬 등 항해하는 선박의 위치를 확인하는 물표가 되기에 알맞은 장소에 설치된 탑과 같은 구조물은?

가 등대

나 등부표

사 등선

아 등주

등대 : 야간표지의 대표적인 것으로, 해양으로 돌출된 곳이나 섬 등 선박의 물표가 되기에 알맞은 위치에 설치된 탑과 같이 생긴 구조물이다.

16 형상(주간)표지의 종류가 아닌 것은?

가 부표

나 입표

사 도표

아 등주

형상(주간)표지의 종류에는 입표, 부표, 육표, 도표 등이 있다.

정답 11 나 12 나 13 사 14 아 15 가 16 아

17 레이더에서 발사된 전파를 받을 때에만 응답하며, 일정한 형태의 신호가 나타날 수 있도록 전파를 발사하는 전파표지는?

가 레이콘(Racon)

나 레이마크(Ramark)

사 코스 비컨(Course beacon)

아 레이더 리플렉터(Radar reflector)

 해설

레이콘(Racon) : 선박 레이더에서 발사된 전파를 받을 때에만 응답하며, 일정한 형태의 신호가 나타날 수 있도록 전파를 발사하는 무지향성 송수신 장치

18 다음 중 가장 축척이 큰 종이해도는?

가 총도　　나 항양도

사 항해도　　아 항박도

 해설

항박도는 항만, 투묘지, 어항, 해협과 같은 좁은 구역을 상세히 표시한 해도로서, 축척 $\frac{1}{5만}$ 이상의 대축척 해도이다.

19 빛을 비추는 시간이 꺼져 있는 시간보다 짧은 것으로 일정한 간격으로 섬광을 내는 등은?

가 부동등　　나 섬광등

사 명암등　　아 호광등

 해설

섬광등(FI) : 빛을 비추는 시간이 꺼져 있는 시간보다 짧은 것으로, 일정 시간마다 1회의 섬광을 내는 등

20 표지의 동쪽에 가항수역이 있음을 나타내는 표지는? (단, 두표의 형상으로만 판단함)

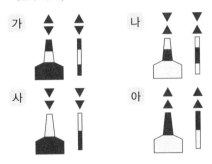

 해설

동방위 표지(◆), 서방위 표지(✕), 남방위 표지(▼), 북방위 표지(▲)

동방위 표지는 동쪽으로, 서방위 표지는 서쪽으로, 남방위 표지는 남쪽으로, 북방위 표지는 북쪽으로 항해하라는 의미이다.

21 온도계의 어는점(빙점)의 온도를 32°, 끓는점(비등점)의 눈금을 212°로 하여 그 사이를 180등분하여 만든 눈금은?

가 자기 온도　　나 화씨 온도

사 섭씨 온도　　아 알코올 온도

 해설

기온의 측정 단위

• 섭씨 온도(℃) : 1기압에서 물의 어는점을 0℃, 끓는점을 100℃로 하여 그 사이를 100등분한 온도

• 화씨 온도(℉) : 1기압에서 물의 어는점을 32℉, 끓는점을 212℉로 정하고 두 점 사이를 180등분한 온도

정답　17 가　18 아　19 나　20 가　21 나

22 우리나라의 여름철 남동 및 남서 계절풍의 가장 큰 원인이 되는 고기압은?

가 이동성 고기압

나 시베리아 고기압

사 북태평양 고기압

아 오호츠크해 고기압

북태평양 기단 : 고온다습한 해양성 기단으로, 우리나라 한여름의 무더위 현상을 일으킴

23 따뜻한 공기가 찬 공기 쪽으로 이동해 가서 만나게 되면, 따뜻한 공기가 찬공기 위로 올라가면서 형성되는 전선은?

가 한랭전선   나 온난전선

사 폐색전선   아 정체전선

온난전선 : 따뜻한 공기가 찬 공기 위로 올라가면서 전선을 형성한다.

24 향해계획 수립에 관한 설명으로 옳지 않은 것은?

가 일차적으로 안전한 항해가 목적이다.

나 항해 일수의 단축과 경제성도 고려해야 한다.

사 항해계획 시 가장 중요한 것은 항로 선정이다.

아 기상과 해상 상태는 계절마다 다르므로 고려사항이 아니다.

항해계획을 수립할 때 고려해야 할 사항 : 안전한 항해를 위한 항해할 수역의 상황, 항해 일수의 단축, 경제, 기상과 해상 상태 등

25 연안항로 선정에 관한 설명으로 옳지 않은 것은?

가 복잡한 해역이나 위험물이 많은 연안을 항해할 경우에는 최단항로를 항해하는 것이 좋다.

나 연안에서 뚜렷한 물표가 없는 해안을 항해하는 경우 해안선과 평행한 항로를 선정하는 것이 좋다.

사 항로지, 해도 등에 추천항로가 설정되어 있으면, 특별한 이유가 없는 한 그 항로를 따르는 것이 좋다.

아 야간의 경우 조류나 바람이 심할 때는 해안선과 평행한 항로보다 바다쪽으로 벗어나는 항로를 선정하는 것이 좋다.

복잡한 해역이나 위험물이 많은 연안을 항해하거나, 또는 조종성능에 제한이 있는 상태에서는 해안선에 근접하지 말고 다소 우회하더라도 안전한 항로를 선정하는 것이 좋다.

정답 22 사 23 나 24 아 25 가

제2과목 **운용**

01 선체의 좌우 선측을 구성하는 뼈대로서 용골에 직각으로 배치되고, 갑판보와 늑판에 양쪽 끝이 연결되어 선체 횡강도의 주체가 되는 부재는?

가 늑골 나 기둥
사 거더 아 브래킷

늑골(frame) : 선체의 좌우 선측을 구성하는 뼈대로서 용골에 직각으로 배치되고, 갑판보와 늑판에 양 끝이 연결되어 선체 횡강도의 주체가 되는 것

02 갑판의 배수 및 선체의 횡강력을 위하여 갑판 중앙부를 양현의 현측보다 높게 하는 구조는?

가 현호 나 캠버
사 빌지 아 선체

캠버(camber)는 갑판상의 물이 선체 폭 방향으로 걸쳐 양쪽 선측을 향해 잘 흘러가도록 선박의 중앙부를 높게 한 것을 말한다.

03 선박이 항행하는 구역 내에서 선박의 안전상 허용된 최대의 흘수선은?

가 선수흘수선 나 만재흘수선
사 평균흘수선 아 선미흘수선

만재흘수선 : 선박이 항행하는 구역 내에서 선박의 항행 안전을 위해 예비 부력을 확보할 수 있는 상태에서 허락된 최대의 흘수선

04 ( )에 적합한 것은?

SOLAS 협약상 타(키)는 최대흘수 상태에서 전속 전진 시 한쪽 현 타각 35도에서 다른 쪽 현 타각 30도까지 돌아가는데 ( )의 시간이 걸려야 한다.

가 28초 이내 나 30초 이내
사 32초 이내 아 35초 이내

SOLAS 협약 및 선박설비기준에서는 조타 장치의 동작 요건으로 계획만재흘수에서 최대항해속력으로 전진하는 경우, 한쪽 현 타각 35도에서 다른 쪽 현 타각 30도까지 28초 이내에 조작할 수 있어야 한다고 규정하고 있다.

05 키(Rudder)의 실제 회전 각도를 표시해 주는 장치이며, 조타위치에서 잘 보이는 곳에 설치되어 있는 것은?

가 경사계
나 선회율 지시기
사 타각 지시기
아 회전수 지시기

타각 지시기 : 키의 실제 회전량을 표시해 주는 지시기로, 조타대에서 잘 보이는 곳에 설치되어 있다. 조선자가 조타실 외부에서 볼 수 있도록 좌우현 조타실 외관에도 설치되어 있다.

정답 01 가 02 나 03 나 04 가 05 사

PART
03

06 스톡 앵커의 각부 명칭을 나타낸 아래 그림에서 ㉠은?

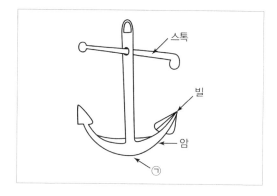

가 샜크

나 크라운

사 앵커 링

아 플루크

스톡 앵커의 각 부 명칭

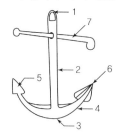

1. 앵커 링
2. 샜크
3. 크라운
4. 암
5. 플루크
6. 빌
7. 스톡

07 다음 소화장치 중 화재가 발생하면 자동으로 작동하여 물을 분사하는 장치는?

가 고정식 포말 소화장치

나 자동 스프링클러 장치

사 고정식 분말 소화장치

아 고정식 이산화탄소 소화장치

자동 스프링클러 장치 : 소화장치 중 화재가 발생하면 자동으로 작동하여 물을 분사하는 장치

08 아래 그림의 구명설비는?

가 구명조끼

나 구명부환

사 구명부기

아 구명줄 발사기

구명줄 발사기 : 선박이 조난을 당한 경우 조난선과 구조선 또는 육상과 연락하는 구명줄을 보낼 때 사용하는 장치로 수평에서 45° 각도로 발사

09 해상이동업무식별번호(MMSI)에 관한 설명으로 옳은 것은?

가 5자리 숫자로 구성된다.

나 9자리 숫자로 구성된다.

사 국제 항해 선박에만 사용된다.

아 국내 항해 선박에만 사용된다.

MMSI(해상이동업무식별부호)

• 선박국, 해안국 및 집단호출을 유일하게 식별하기 위해 사용되는 부호로서, 9개의 숫자로 구성

• MMSI는 주로 디지털선택호출(DSC), 선박자동식별장치(AIS), 비상위치표시전파표지(EPIRB)에서 선박 식별부호로 사용

• 초단파 무선설비에도 입력되어 있으며, 소형선박에도 부여

• 우리나라의 경우 440, 441로 시작

정답 06 나 07 나 08 아 09 나

10 점화시켜 물에 던지면 해면 위에서 연기를 내는 것으로 잔잔한 해면에서 3분 이상 동안 잘 보이는 색깔의 연기를 분출하는 조난신호 장비는?

가 신호 홍염

나 발연부 신호

사 자기 점화등

아 로켓 낙하산 화염신호

자기 발연부 신호 : 주간 신호로서 구명부환과 함께 수면에 투하되면 자동으로 오렌지색 연기를 연속으로 내는 것

11 잔잔한 바다에서 의식불명의 익수자를 발견하여 구조하려 할 때, 구조선의 안전한 접근 방법은?

가 익수자의 풍하 쪽에서 접근한다.

나 익수자의 풍상 쪽에서 접근한다.

사 구조선의 좌현 쪽에서 바람을 받으면서 접근한다.

아 구조선의 우현 쪽에서 바람을 받으면서 접근한다.

의식불명의 익수자를 구조하고자 할 때는 익수자의 풍상측에서 접근하여 선박의 풍하측에서 구조한다.

12 평수구역을 항해하는 총톤수 2톤 이상의 선박에 반드시 설치하여야 하는 무선통신 설비는?

가 위성통신설비

나 단파(HF) 무선설비

사 중파(MF) 무선설비

아 초단파(VHF) 무선설비

초단파 무선설비(VHF)는 선박과 선박, 선박과 육상국 사이의 통신에 주로 사용하며, 평수구역을 항해하는 총톤수 2톤 이상의 소형선박에 반드시 설치해야 하는 무선통신 설비이다.

13 초단파(VHF) 무선설비의 조난통신 채널은?

가 채널 06번   나 채널 16번

사 채널 09번   아 채널 19번

초단파대 무선전화(VHF)는 조난, 긴급 및 안전에 관한 통신에만 이용하거나 상대국의 호출용으로만 사용되는데, 156.8MHz(VHF 채널 16)이다.

14 선박용 초단파(VHF) 무선설비의 최대 출력은?

가 10W   나 15W

사 20W   아 25W

초단파(VHF) 무선설비는 VHF 채널 70(156.525MHz)에 의한 DSC와 채널 6, 13 및 16에 의한 무선전화 송수신을 하며, 조난 경보신호를 발신할 수 있는 설비로, 최대 출력은 25W이다.

15 다음 중 선박 조종에 미치는 영향이 가장 작은 요소는?

가 바람   나 파도

사 조류   아 기온

선박 조종, 특히 선회권의 크기에 영향을 주는 요소에는 방형 비척 계수, 흘수, 트림, 속력, 파도, 바람 및 조류의 영향 등을 들 수 있다. 기온은 선박 조종에 영향을 주는 요소가 아니다.

16 선체가 항주할 때 수면 하의 선체가 받는 저항이 아닌 것은?

가 공기저항　　　나 마찰저항
사 조파저항　　　아 조와저항

선박이 항주할 때에 받는 저항은 수면 위의 선체 구조물이 받는 공기저항과, 수면 아래의 선체가 물로부터 받게 되는 마찰저항, 조파저항 및 조와저항 등이 있다.

17 전속 항해 중 선수 전방의 위험물을 선회동작으로 피하기 위하여 알아야 하는 선회권의 요소는?

가 선회 횡거(Transfer)
나 선회 종거(Advance)
사 전심(Pivoting point)
아 선회지름(Tactical diameter)

선회 종거 : 전타를 시작한 위치에서 선수가 원침로로부터 90° 회두했을 때, 원침로상의 종 이동한 거리를 선회 종거라고 하고, 횡 이동한 거리를 선회 횡거라고 한다.

18 스크루 프로펠러가 1회전(360도)하여 선박이 전진하는 거리는?

가 킥　　　　　나 롤
사 피치　　　　아 트림

피치는 선박에서 스크루 프로펠러가 360도 1회전하면 전진하는 거리를 말한다. 즉, 나선형 프로펠러가 1회전 할 때 날개 위의 어떤 점이 축방향으로 이동하는 거리를 말한다.

19 좁은 수로를 항해할 때 유의사항으로 옳은 것은?

가 침로를 변경할 때는 대각도로 한번에 변경하는 것이 좋다.
나 선수·미선과 조류의 유선이 직각을 이루도록 조종하는 것이 좋다.
사 언제든지 닻을 사용할 수 있도록 준비된 상태에서 항행하는 것이 좋다.
아 조류는 순조 때에는 정침이 잘 되지만, 역조 때에는 정침이 어려우므로 조종 시 유의하여야 한다.

협수로(좁은 수로)에서의 선박 운용
• 침로를 변경할 때는 소각도로 여러 차례 변침
• 기관 사용 및 언제든지 닻을 사용할 수 있도록 투묘 준비 상태를 계속 유지하면서 항행
• 협수로를 통과할 때는 가능한 한 수로의 오른쪽으로 붙어 항해
• 타효가 잘 나타나는 안전한 속력(대략 유속보다 3노트 정도 빠른 속력에 해당)을 유지
• 선수·미선과 조류의 유선이 조류의 방향과 같도록 조종하는 것이 좋다.
• 조류는 역조 때에는 정침이 잘 되지만, 순조 때에는 정침이 어려우므로 조종 시 유의하여야 한다.

20 선박에서 최대 한도까지 화물을 적재한 상태는?

가 공선 상태　　나 만재 상태
사 경하 상태　　아 선미트림 상태

선박의 안전 항해를 위해서 허용되는 최대 한도까지 화물을 적재한 상태를 만재 상태라 한다.

정답 **16** 가 **17** 나 **18** 사 **19** 사 **20** 나

21 항해 중 복원력에 관한 설명으로 옳은 것은?

가 선수 갑판이 결빙되면 복원력은 증가한다.

나 연료유, 청수가 소비되면 복원력은 증가한다.

사 원목 또는 각재 같은 갑판적 화물이 수분을 흡습하면 복원력은 증가한다.

아 탱크 내 유동수의 영향으로 무게중심의 위치가 상승하면 복원력은 감소한다.

• 선체의 횡동요에 따라 유동수가 많이 발생하면 무게중심의 위치가 상승하여 복원력이 감소한다.
• 탱크 내의 기름이나 물을 가득(80% 이상) 채우거나 비우는 것은 유동수에 의한 복원 감소를 막기 위함이다.

22 풍향이 일정하고 풍력이 증가하며 기압이 계속 하강한다면 자기 선박과 태풍의 상대적 위치는?

가 자기 선박은 가항반원에 있다.

나 자기 선박은 태풍 중심에 있다.

사 자기 선박은 위험반원 내에 있다.

아 자기 선박은 태풍의 진로상에 있다.

풍향이 변하지 않고 폭풍우가 강해지고 있으면. 자기 선박은 태풍의 진로상에 위치하므로 영향권을 신속히 벗어나는 것이 좋다.

23 황천 중 슬래밍(Slamming) 현상과 함께 추진기 공회전이 발생할 경우 조치할 사항은?

가 대각도 선회하여 정횡 방향에서 파를 받도록한다.

나 기관을 정지하고 선미 쪽에서 바람을 받도록 한다.

사 풍향을 정선수로부터 받고 선속을 증가시켜 황천을 빨리 벗어난다.

아 풍량을 정선수로부터 2~3점 정도의 방향으로 받고 타효를 가질 수 있는 최소한의 속력을 유지한다.

슬래밍(slamming) : 선체가 파를 선수에서 받으면서 항해할 때 선수 선저부가 강한 파의 충격을 받는 경우 선체가 짧은 주기로 급격한 진동을 하게 되는 현상으로, 이 현상이 나타나면 풍랑을 정선수로부터 2~3점 정도의 방향으로 받는 자세가 좋다. 이것은 선수를 풍랑에 향하게 하여 타효를 가질 수 있는 최소의 속력을 가지고 전진하는 방법이다.

24 C급 화재를 진화하기 위해서 가장 적합한 소화제는?

가 물　　　나 이산화탄소

사 스팀　　아 포말소화제

전기화재(C급) : 청색으로 분류. 전기에너지가 불로 전이되는 화재로, 이산화탄소나 특수소화기를 사용해야 한다.

25 항해 중 당직항해사가 선장에게 즉시 보고하여야 하는 경우가 아닌 것은?

가 침로의 유지가 어려울 경우

나 예기치 않은 항로표지를 발견한 경우

사 예정된 변침지점에서 침로를 변경한 경우

아 시계가 제한되거나 제한될 것으로 예상될 경우

항해 당직 중 선장에게 즉시 보고해야 하는 경우
• 제한 시계의 조우 또는 예상됨.
• 다른 선박들의 동정이 불안함.
• 침로 유지가 불안함.
• 예정 시간에 육지나 항로표지를 발견하지 못함.
• 주기관, 조타 장치, 중요한 항해 장비의 고장
• 황천에 생길 수 있는 손상이 우려됨.

제3과목 **법규**

01 해상교통안전법상 자기 선박의 우현 후방에서 들려온 장음 2회, 단음 1회에 대한 동의의사를 표시할 때의 기적신호로 옳은 것은?

가 장음 1회, 단음 1회의 순서로 1회

나 장음 1회, 단음 1회의 순서로 2회

사 장음 1회, 단음 2회의 순서로 1회

아 장음 1회, 단음 2회의 순서로 2회

좁은 수로 등에서 서로 상대의 시계 안에 있는 경우의 기적신호(법 제99조 제4항)
• 우현 쪽으로 앞지르기 : 장음 2회와 단음 1회
• 좌현 쪽으로 앞지르기 : 장음 2회와 단음 2회
• 앞지르기에 동의할 경우 : 장음 1회, 단음 1회의 순서로 2회 반복

02 해상교통안전법상 접근하여 오는 다른 선박의 방위에 뚜렷한 변화가 있더라도 충돌의 위험이 있다고 보고 필요한 조치를 취해야 할 선박을 〈보기〉에서 모두 고른 것은?

┤ 보기 ├
ㄱ. 범선
ㄴ. 거대선
ㄷ. 고속선
ㄹ. 예인 작업에 종사하는 선박

가 ㄱ, ㄴ   나 ㄱ, ㄷ

사 ㄴ, ㄹ   아 ㄴ, ㄷ, ㄹ

정답 25 사 / 01 나 02 사

충돌 위험시의 조치(법 제72조)
- 선박은 접근하여 오는 다른 선박의 나침방위에 뚜렷한 변화가 일어나지 아니하면 충돌할 위험성이 있다고 보고 필요한 조치를 하여야 한다.
- 접근하여 오는 다른 선박의 나침방위에 뚜렷한 변화가 있더라도 거대선 또는 예인작업에 종사하고 있는 선박에 접근하거나, 가까이 있는 다른 선박에 접근하는 경우에는 충돌을 방지하기 위하여 필요한 조치를 하여야 한다.

03 해상교통안전법상 해상교통량이 아주 많은 해역 등 대형 해양사고가 발생할 우려가 있어 해양수산부장관이 설정하는 해역은?

가 항로
나 교통안전특정해역
사 통항분리수역
아 유조선통항금지해역

교통안전특정해역의 설정 등(법 제7조) : 해양수산부장관은 대형 해양사고가 발생할 우려가 있는 해역을 교통안전특정해역으로 설정할 수 있다.

04 해상교통안전법상 조종불능선이 아닌 선박은?

가 추진기관 고장으로 표류 중인 선박
나 항공기의 발착작업에 종사 중인 선박
사 발전기 고장으로 기관이 정지된 선박
아 조타기 고장으로 침로 변경이 불가능한 선박

조종불능선(법 제2조) : 선박의 조종성능을 제한하는 고장이나, 그 밖의 사유로 조종을 할 수 없게 되어 다른 선박의 진로를 피할 수 없는 선박

05 ( )에 적합한 것은?

"해상교통안전법상 통항분리수역을 항행하는 경우에 선박이 부득이한 사유로 그 통항로를 횡단하여야 하는 경우 그 통항로와 선수방향이 ( )에 가까운 각도로 횡단하여야 한다."

가 둔각
나 직각
사 예각
아 평형

선박은 통항로를 횡단하여서는 아니 된다. 다만, 부득이한 사유로 그 통항로를 횡단하여야 하는 경우에는 그 통항로와 선수방향이 직각에 가까운 각도로 횡단하여야 한다(법 제75조).

06 해상교통안전법상 선박에서 술에 취한 상태에서 조타기를 조작하였다는 충분한 이유가 있는 경우 해양경찰청 소속 경찰공무원이 할 수 있는 일은?

가 선박 나포
나 선박 출항통제
사 음주 측정
아 해기사 면허 취소

해양경찰청 소속 경찰공무원의 음주측정(법 제39조)
- 다른 선박의 안전운항을 해칠 우려가 있는 경우에 측정할 수 있다.
- 술에 취한 상태에서 조타기를 조작하거나 조작할 것을 지시하였다는 충분한 이유가 있을 경우 측정할 수 있다.
- 측정 결과에 불복하는 경우 동의를 받아 혈액 채취 등의 방법으로 다시 측정할 수 있다.
- 해양사고가 발생한 경우에는 반드시 측정해야 한다.

정답 03 나 04 나 05 나 06 사

07 해상교통안전법상 술에 취한 상태의 기준은?

가 혈중알코올농도 0.01퍼센트 이상

나 혈중알코올농도 0.03퍼센트 이상

사 혈중알코올농도 0.05퍼센트 이상

아 혈중알코올농도 0.10퍼센트 이상

술에 취한 상태의 기준(법 제39조) : 혈중알코올농도 0.03 퍼센트 이상

08 ( )에 적합한 것은?

> "해상교통안전법상 선박은 다른 선박과 충돌할 위험성이 있는지 판단하기 위하여 당시의 상황에 알맞은 ( )을 활용하여야 한다."

가 모든 수단

나 직감적인 수단

사 후각적인 수단

아 공감적인 수단

선박은 주위의 상황 및 다른 선박과 충돌할 수 있는 위험성을 충분히 파악할 수 있도록 시각·청각 및 당시의 상황에 맞게 이용할 수 있는 모든 수단을 이용하여 항상 적절한 경계를 하여야 한다(법 제70조).

09 해상교통안전법상 안전한 속력을 결정할 때 고려하여야 할 사항이 아닌 것은?

가 시계의 상태

나 선박 설비의 구조

사 선박의 조종성능

아 해상교통량의 밀도

안전속력의 고려 사항(법 제71조) : 시계의 상태, 해상교통량의 밀도, 선박의 정지거리·선회성능, 야간의 경우 항해에 지장을 주는 불빛의 유무, 바람·해면 및 조류의 상태와 항행장애물의 근접상태, 선박의 흘수와 수심과의 관계, 레이더의 특성 및 성능, 해면상태·기상 등

10 해상교통안전법상 서로 시계 안에서 2척의 동력선이 거의 마주치게 되어 충돌의 위험이 있는 경우와 그 피항 방법에 관한 설명으로 옳지 않은 것은?

가 두 선박은 서로 대등한 피항 의무를 가진다.

나 우현 대 우현으로 지나갈 수 있도록 침로를 변경한다.

사 다른 선박을 선수 방향에서 볼 수 있는 경우로서 낮에는 2척의 선박의 마스트가 선수에서 선미까지 일직선이 되거나 거의 일직선이 되는 경우이다.

아 다른 선박을 선수 방향에서 볼 수 있는 경우로서 밤에는 2개의 마스트 등을 일직선 또는 거의 일직선으로 볼 수 있거나 양쪽의 현등을 볼 수 있는 경우이다.

마주치는 상태(법 제79조) : 2척의 동력선이 마주치거나 거의 마주치게 되어 충돌의 위험이 있을 때에는 각 동력선은 서로 다른 선박의 좌현 쪽을 지나갈 수 있도록 침로를 우현 쪽으로 변경

11 해상교통안전법상 서로 시계 안에서 범선과 동력선이 서로 마주치는 경우 항법으로 옳은 것은?

가 동력선이 침로를 변경한다.

나 각각 침로를 좌현 쪽으로 변경한다.

사 각각 침로를 우현 쪽으로 변경한다.

아 동력선은 침로를 우현 쪽으로, 범선은 침로를 바람이 불어가는 쪽으로 변경한다.

정답 07 나 08 가 09 나 10 나 11 가

항행 중인 동력선이 선박의 진로를 피해야 할 경우(법 제83조) : 조종불능선, 조종제한선, 어로에 종사하고 있는 선박, 범선

12 해상교통안전법상 동력선이 시계가 제한된 수역을 항행할 때의 항법으로 옳은 것은?

가 가급적 속력 증가

나 기관 즉시 조작준비

사 후진기관 사용 금지

아 레이더만으로 다른 선박이 있는 것을 탐지하고 침로 변경만으로 피항동작을 할 경우 선수 방향에 있는 선박에 대하여 좌현쪽으로 침로를 변경하여 충돌 회피

제한된 시계에서 선박의 항법(법 제84조 제2항)
• 당시의 사정과 조건에 적합한 안전한 속력으로 항행
• 동력선은 제한된 시계 안에 있는 경우 기관을 즉시 조작할 수 있도록 준비

13 해상교통안전법상 선미등이 비추는 수평의 호의 범위와 동색은?

가 135도, 흰색　　나 135도, 붉은색

사 225도, 흰색　　아 225도, 붉은색

선미등(법 제86조 제3호) : 135도에 걸치는 수평의 호를 비추는 흰색 등으로서, 그 불빛이 정선미 방향으로부터 양쪽 현의 67.5도까지 비출 수 있도록 선미 부분 가까이에 설치된 등

14 해상교통안전법상 제한된 시계 안에서 2분을 넘지 아니하는 간격으로 장음 2회의 기적 신호를 들었다면 그 기적을 울린 선박은?

가 정박선

나 조종제한선

사 얹혀 있는 선박

아 대수속력이 없는 항행 중인 동력선

제한된 시계 안에서의 음향신호(법 제100조)

선박 구분		신호 간격	신호 내용
항행 중인 동력선	대수속력이 있는 경우	2분 이내	장음 1회
	대수속력이 없는 경우	2분 이내	장음 2회

15 해상교통안전법상 서로 상대의 시계 안에 선박이 접근하고 있을 경우, 하나의 선박이 다른 선박의 의도 또는 동작을 이해할 수 없을 때 울리는 기적 신호는?

가 단음 3회 이상

나 단음 5회 이상

사 장음 3회 이상

아 장음 5회 이상

서로 상대의 시계 안에 있는 선박이 접근하고 있을 경우에는 하나의 선박이 다른 선박의 의도 또는 동작을 이해할 수 없거나 다른 선박이 충돌을 피하기 위하여 충분한 동작을 취하고 있는지 분명하지 아니한 경우에는 그 사실을 안 선박이 즉시 기적으로 단음을 5회 이상 재빨리 울려 그 사실을 표시하여야 한다(법 제99조).

정답　**12** 나　**13** 가　**14** 아　**15** 나

16 선박의 입항 및 출항 등에 관한 법률상 무역항에 출입하려고 할 때 출입신고를 하여야 하는 선박은?

가 군함

나 해양경찰함정

사 총톤수 100톤인 선박

아 해양사고구조에 사용되는 선박

출입신고(법 제4조)

① 무역항의 수상구역 등에 출입하려는 선박의 선장은 관리청에 신고하여야 함.

② 출입신고의 면제 선박

• 총톤수 5톤 미만의 선박

• 해양사고 구조에 사용되는 선박

• 「수상레저안전법」에 따른 수상레저기구 중 국내항 간을 운항하는 모터보트 및 동력요트

• 관공선, 군함, 해양경찰함정 등 공공의 목적으로 운영하는 선박

• 선박의 출입을 지원하는 선박(도선선, 예선 등)과 연안수역을 항해하는 정기여객선(내항 정기 여객 운송사업에 종사하는 선박)으로 경유항에 출입하는 선박

• 피난을 위하여 긴급히 출항하여야 하는 선박

• 출입항 신고 대상이 되는 어선

17 (   )에 순서대로 적합한 것은?

> "선박의 입항 및 출항 등에 관한 법률상 무역항의 수상구역 등에서 기적이나 사이렌을 갖춘 선박에 화재가 발생한 경우 그 선박은 기적이나 사이렌을 (   )으로 (   ) 울려야 한다."

가 단음, 4회   나 장음, 5회

사 장음, 4회   아 단음, 5회

기적 등의 제한(시행규칙 제29조)

① 무역항의 수상구역 등에서 특별한 사유 없이 기적이나 사이렌을 울려서는 안 됨

② 화재 시 경보 방법(①의 예외) : 무역항의 수상구역 등에서 기적이나 사이렌을 갖춘 선박에 화재가 발생한 경우 기적이나 사이렌을 장음(4초에서 6초까지의 시간 동안 계속되는 울림)으로 5회 울려야 함

18 (   )에 순서대로 적합한 것은?

> "선박의 입항 및 출항 등에 관한 법률상 무역항의 수상구역등에 (   )하는 선박이 방파제 입구 등에서 (   )하는 선박과 마주칠 우려가 있는 경우에는 방파제 밖에서 (   )하는 선박의 진로를 피하여야 한다."

가 통과, 출항, 입항

나 통과, 입항, 출항

사 출항, 입항, 입항

아 입항, 출항, 출항

방파제 부근에서의 항법(법 13조) : 무역항의 수상구역 등에 입항하는 선박이 방파제 입구 등에서 출항하는 선박과 마주칠 우려가 있는 경우에는 방파제 밖에서 출항하는 선박의 진로를 피하여야 한다.

정답 16 사 17 나 18 아

19 ( )에 순서대로 적합한 것은?

> "선박의 입항 및 출항 등에 관한 법률상 항로 상의 모든 선박은 항로를 항행하는 ( ) 또 는 ( )의 진로를 항해하지 아니하여야 한 다. 다만, 항만운송관련사업을 등록한 자가 소유한 급유선은 제외한다."

가 어선, 범선

나 흘수제약선, 범선

사 위험물운송선박, 대형선

아 위험불운송선박, 흘수제약선

항로에서의 항법(법 제12조) : 항로를 항행하는 위험물운 송선박(선박 중 급유선은 제외) 또는 흘수제약선의 진로를 방해하지 않을 것

20 선박의 입항 및 출항 등에 관한 법률상 무역항의 수상구역 등에서 하천, 운하 및 그 밖의 좁은 수 로와 계류장 입구의 부근 수역에 정박이나 정류 가 허용되는 경우는?

가 어선이 조업 중인 경우

나 선박 조종이 불가능한 경우

사 실습선이 해양훈련 중인 경우

아 여객선이 입항시간을 조정할 경우

정박·정류 등의 제한(금지) 예외(법 제6조)
• 해양사고(해양오염 확산을 방지 등)를 피하기 위한 경우
• 선박의 고장이나 그 밖의 사유로 선박을 조종할 수 없 는 경우
• 인명을 구조하거나 급박한 위험이 있는 선박을 구조 하는 경우
• 허가를 받은 공사 또는 작업에 사용하는 경우

21 ( )에 순서대로 적합한 것은?

> "선박의 입항 및 출항 등에 관한 법률상 ( ) 외의 선박은 무역항의 수상구역 등에 출입하 는 경우 또는 무역항의 수상구역 등을 통과 하는 경우에는 해양사고를 피하기 위한 경우 등 해양수산부령으로 정하는 사유가 있는 경 우를 제외하고 지정·고시된 항로를 따라 항 행하여야 한다."

가 고속선 나 우선피항선

사 조종불능선 아 흘수제약선

항로 지정 및 준수(법 제10조)
① 관리청은 무역항의 수상구역 등에서 선박교통의 안 전을 위하여 필요한 경우에는 무역항과 무역항의 수 상구역 밖의 수로를 항로로 지정·고시할 수 있음
② 우선피항선 외의 선박은 무역항의 수상구역 등에 출 입 또는 통과하는 경우에는 ①에 따라 지정·고시된 항로를 따라 항행
③ 지정·고시된 항로 항행의 예외 : 해양사고를 피하기 위한 경우, 선박 조종 불가, 인명이나 선박 구조, 해 양오염 확산 방지 등

22 선박의 입항 및 출항 등에 관한 법률상 우선피항 선이 아닌 선박은?

가 예선

나 총톤수 20톤 미만인 어선

사 주로 노와 삿대로 운전하는 선박

아 예인선에 결합되어 운항하는 압항부선

우선피항선(법 제2조) : 주로 무역항의 수상구역에서 운항하는 선박으로서 다른 선박의 진로를 피하여야 하는 선박
- 부선(예인선이 부선을 끌거나 밀고 있는 경우의 예인선 및 부선을 포함하되, 예인선에 결합되어 운항하는 압항부선은 제외)
- 주로 노와 삿대로 운전하는 선박
- 예선
- 항만운송관련사업을 등록한 자가 소유한 선박
- 해양환경관리업을 등록한 자가 소유한 선박(폐기물해양배출업으로 등록한 선박은 제외)
- 위 규정에 해당하지 아니하는 총톤수 20톤 미만의 선박

23 해양환경관리법이 적용되는 오염물질이 아닌 것은?

가 기름
나 음식쓰레기
사 선저폐수
아 방사성물질

오염물질(법 제2조) : 해양에 유입 또는 해양으로 배출되어 해양환경에 해로운 결과를 미치거나 미칠 우려가 있는 폐기물·기름·유해액체물질 및 포장유해물질

24 해양환경관리법상 선박의 밑바닥에 고인 액상유성혼합물은?

가 윤활유
나 선저폐수
사 선저유류
아 선저세정수

선저폐수(법 제2조) : 선박의 밑바닥에 고인 액상유성혼합물

25 해양환경관리법상 피예인선의 기름기록부 보관장소는?

가 예인선의 선내
나 피예인선의 선내
사 지방해양수산청
아 선박소유자의 사무실

선박오염물질기록부의 관리(법 제30조) : 선박의 선장(피예인선의 경우에는 선박의 소유자)은 그 선박에서 사용하거나 운반·처리하는 폐기물·기름 및 유해액체물질에 대한 선박오염물질기록부를 그 선박(피예인선의 경우에는 선박의 소유자의 사무실) 안에 비치하고 그 사용량·운반량 및 처리량 등을 기록하여야 한다.

정답 23 아 24 나 25 아

제4과목 기관

01 회전수가 1,200[rpm]인 디젤기관에서 크랭크축이 1회전하는 동안 걸리는 시간은?

가 (1/20)초
나 (1/3)초
사 2초
아 20초

기관의 회전수

• R.P.M(Revolution Per Minute, 1분간 기관 회전수)은 크랭크축이 1분 동안 몇 번의 회전을 하는지 나타내는 단위
• 60초/1,200회 = (1/20)초

02 디젤기관의 압축비에 대한 설명으로 옳은 것을 모두 고른 것은?

① 가솔린기관보다 압축비가 크다.
② 실린더 부피를 압축 부피로 나눈 값이다.
③ 압축비가 클수록 압축압력은 높아진다.

가 ①, ②
나 ①, ③
사 ②, ③
아 ①, ②, ③

① 일반적인 내연기관의 압축비 : 디젤기관(11~25 정도), 가솔린기관(5~11 정도)
② 압축비 : 실린더 부피/압축 부피=(압축 부피+행정부피)/압축 부피
③ 압축비가 클수록 당연히 압축압력은 높아진다.

03 내연기관의 거버너에 대한 설명으로 옳은 것은?

가 기관의 회전 속도가 일정하게 되도록 연료유의 공급량을 조절한다.
나 기관에 들어가는 연료유의 온도를 자동으로 조절한다.
사 윤활유의 온도를 자동으로 조절한다.
아 기관에 흡입되는 공기량을 자동으로 조절한다.

조속기(거버너, governor) : 지정된 위치에서 기관속도를 측정하여 부하 변동에 따른 주기관의 속도를 조절함으로써 기관속도를 일정하게 유지하는 장치이다.

04 "소형 디젤기관의 커넥팅로드 내부에는 (   )가 통하는 구멍이 뚫려있다."에서 (   )에 적합한 것은?

가 연료유
나 윤활유
사 냉각수
아 배기가스

커넥팅 로드(연접봉) : 피스톤과 크랭크축을 연결하여 피스톤의 왕복운동을 크랭크축의 회전운동으로 바꾸어 전달한다. 내부에는 윤활유가 통하는 구멍이 뚫려있다.

05 디젤기관에서 플라이휠을 설치하는 주된 목적은?

가 소음을 방지하기 위해
나 과속도를 방지하기 위해
사 회전을 균일하게 하기 위해
아 고속회전을 가능하게 하기 위해

정답 **01** 가 **02** 아 **03** 가 **04** 나 **05** 사

플라이휠 역할
- 크랭크축이 일정한 속도로 회전할 수 있도록 한다.
- 기동전동기를 통해 기관 시동을 걸고, 클러치를 통해 동력을 전달하는 기능을 한다.
- 기관의 시동을 쉽게 해주고 저속 회전을 가능하게 해 줌
- 크랭크 각도가 표시되어 있어 밸브의 조정을 편리하게 한다.

06 다음과 같은 크랭크축에서 ①에 대한 설명으로 옳은 것은?

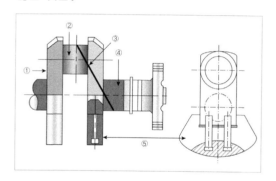

가 밸브의 조정을 편리하게 한다.
나 디젤기관의 착화순서를 조정한다.
사 크랭크 저널과 크랭크핀을 연결한다.
아 크랭크축의 형상에 따른 불균형을 보정한다.

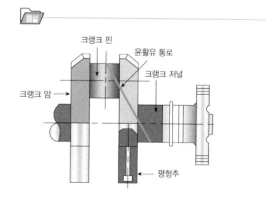

07 디젤기관의 시동 전 준비사항으로 옳지 않은 것은?

가 연료유 계통을 점검한다.
나 윤활유 계통을 점검한다.
사 시동공기 계통을 점검한다.
아 테스트 콕을 닫고 터닝기어를 연결한다.

시동 전에 점검해야 할 사항

연료유 계통	연료분사밸브의 분사 압력 및 분무 상태, 탱크 내 연료유의 양
압축 공기 계통	탱크 내에 공기의 압력이 소정의 압력까지 충전되었는가를 확인
윤활유 계통	윤활유 프라이밍 펌프를 작동, 윤활유 상태 및 윤활유량을 확인
냉각수 계통	냉각수의 온도가 20℃ 이하이면 예열기를 작동
작동 이상 유무 확인	기관을 터닝해서 잘 돌아가는지를 점검, 피스톤링 마멸량 확인
각종 밸브 확인	윤활유, 냉각수, 연료유, 시동 공기 등 각종 밸브와 콕(cock)을 작동 위치로 둠

08 디젤기관에서 배기가스 온도가 상승하는 경우의 원인이 아닌 것은?

가 배기밸브의 누설
나 과급기의 작동 불량
사 윤활유 압력의 저하
아 흡입공기의 냉각 불량

배기가스의 온도가 상승하는 원인 : 연료 분사량이 많았을 때, 과부하, 과급기 작동 불량, 흡입공기의 냉각 불량, 배기밸브의 누설이나 배기밸브가 빨리 열렸을 때 등

정답 06 사 07 아 08 사

09 디젤기관의 연료유관 계통에서 프라이밍이 완료된 상태는 어떻게 판단하는가?

가 연료유의 불순물만 나올 때

나 공기만 나올 때

사 연료유만 나올 때

아 연료유와 공기의 거품이 함께 나올 때

 해설

프라이밍(priming)은 비등이 심한 경우나 급히 주증기 밸브를 열 때 기포가 급히 상승하여 수면에서 파괴되면서 수분이 증기와 함께 배출되는 현상으로, 프라이밍이 일단 발생하면 어느 정도는 연속해서 발생한다. 연료유만 나온다면 프라이밍이 완료된 상태이다.

10 다음 그림에서 부식 방지를 위해 ①에 부착하는 것은?

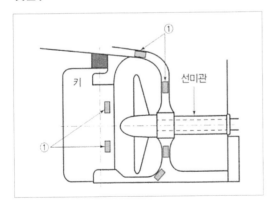

가 구리　　나 니켈

사 주석　　아 아연

 해설

프로펠러나 키 주위에는 철보다 이온화 경향이 큰 아연판을 부착하여 부식을 방지한다.

11 다음과 같은 동력전달장치 계통도에서 ⑨의 명칭은?

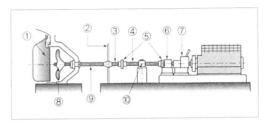

가 캠축　　나 크랭크축

사 추진기축　　아 추력축

 해설

계통도에서 ⑨는 추진기축(프로펠러 축)으로 프로펠러에 연결되어 프로펠러에 회전력을 전달하는 축이다.

12 10노트로 항해하는 선박의 속력에 대한 설명으로 옳은 것은?

가 1시간에 1마일을 항해하는 선박의 속력이다.

나 1시간에 5마일을 항해하는 선박의 속력이다.

사 10시간에 1마일을 항해하는 선박의 속력이다.

아 10시간에 100마일을 항해하는 선박의 속력이다.

 해설

• **노트(Knot)** : 선박 속력의 단위로 1노트는 1시간에 1해리(마일)를 항주(속력 = 거리/시간)

• 10노트는 1시간에 10마일을 항주하는 속력이다. 10시간이므로 10시간에 100마일을 항해하는 선박의 속력이다.

정답 **09** 사 **10** 아 **11** 사 **12** 아

PART 03

13 나선형 추진기 날개의 한 개가 절손되었을 때 발생하는 현상으로 옳은 것은?

　가　출력이 높아진다.

　나　진동이 증가한다.

　사　선속이 증가한다.

　아　추진기 효율이 증가한다.

나선형 추진기 날개의 일부가 절손되었을 경우 진동이 심해지고 출력이 낮아지며, 속력이 감소하는 등의 현상이 나타난다.

14 선박이 항해할 때 발생하는 선체저항을 모두 고른 것은?

① 공기저항	② 권선저항
③ 기계저항	④ 마찰저항
⑤ 와류저항	⑥ 조파저항

　가　①, ②, ④, ⑤　　나　①, ④, ⑤, ⑥

　사　②, ④, ⑤, ⑥　　아　③. ④, ⑤, ⑥

선박이 항주할 때에 받는 저항은 수면 위의 선체 구조물이 받는 공기저항과 수면 아래의 선체가 물로부터 받게 되는 마찰저항, 조파저항 및 조와저항 등이 있다.

15 닻을 감아올리는 데 사용하는 갑판기기는?

　가　조타기　　　　나　양묘기

　사　계선기　　　　아　양화기

양묘기(windlass)는 닻(anchor)을 감아올리거나 내리는 작업을 할 때 이용한다. 또는 선박을 부두에 접안시킬 때 계선줄을 감는 데 사용되는 갑판보조기계이다.

16 원심펌프의 기동 전 점검사항에 대한 설명으로 옳지 않은 것은?

　가　흡입밸브를 열고 송출밸브를 잠근다.

　나　에어벤트 콕을 이용하여 공기를 배출한다.

　사　전류계 지시치가 최대치에 있는지를 확인한다.

　아　손으로 축을 돌리면서 각 부의 이상 유무를 확인한다.

원심펌프 운전(기동) 전의 점검사항
• 각 베어링의 주유 상태와 전동기의 절연저항을 점검
• 공기 빼기와 프라이밍을 실시
• 펌프의 축을 손으로 돌려서 회전하는지를 확인
• 원동기와 펌프 사이의 축심이 일직선에 있는지 확인
• 흡입밸브 및 송출밸브의 개폐 점검

17 납축전지의 방전종지전압은 단전지 당 약 몇 [V]인가?

　가　25[V]　　　　나　2.2[V]

　사　1.8[V]　　　　아　1[V]

납축전지의 전지 1개당 방전종지전압 : 약 1.8[V]

18 유도전동기의 부하에 대한 설명으로 옳지 않은 것은?

　가　정상운전 시보다 기동 시의 부하전류가 더 크다.

　나　부하의 대소는 전류계로 판단한다.

　사　부하가 증가하면 전동기의 회전수는 올라간다.

　아　부하가 감소하면 전동기의 온도는 내려간다.

정답　13 나　14 나　15 나　16 사　17 사　18 사

유도전동기의 부하가 증가하면 전동기의 회전수는 내려간다.

19 다음 그림과 같은 퓨즈를 아날로그 멀티테스터를 이용하여 정상 여부를 판단하는 방법으로 가장 적절한 것은?

가 레인지 선택 스위치를 저항 레인지에 놓고 퓨즈 양단에 빨간색 리드봉과 검은색 리드봉을 접촉하여 0[Ω]이 나오면 퓨즈는 정상이다.

나 레인지 선택 스위치를 저항 레인지에 놓고 퓨즈 양단에 빨간색 리드봉과 검은색 리드봉을 접촉하여 ∞[Ω]이 나오면 퓨즈는 정상이다.

사 레인지 선택 스위치를 DCmA 레인지에 놓고 퓨즈 양단에 빨간색 리드봉과 검은색 리드봉을 접촉하여 0[Ω]이 나오면 퓨즈는 정상이다.

아 레인지 선택 스위치를 DCmA 레인지에 놓고 퓨즈 양단에 빨간색 리드봉과 검은색 리드봉을 접촉하여 ∞[Ω]이 나오면 퓨즈는 정상이다.

메거 테스터(절연저항 측정기)는 절연저항을 측정하는 기기로 누전작업 내지 평상시 절연저항 측정기록을 목적으로 사용하는 기기이다. 레인지 선택 스위치를 저항 레인지에 놓고 퓨즈 양단에 빨간색 리드봉과 검은색 리드봉을 접촉하여 0[Ω]이 나오면 퓨즈는 정상이다.

20 납축전지의 구성 요소가 아닌 것은?

가 극판
나 충전판
사 격리판
아 전해액

납축전지의 구조
• **극판** : 여러 장의 음극판과 양극판
• **격리판** : 각각의 극판을 격리시킴
• **전해액** : 묽은 황산(진한 황산과 증류수를 혼합, 비중은 1.2 내외)

21 충격하중이나 고하중을 받고 급유가 곤란한 장소에 주로 사용되는 윤활제는?

가 그리스
나 터빈유
사 기계유
아 유압유

그리스(grease)는 점성이 있는 반고체 형태의 윤활제로 윤활유를 주입하기 어려운 장소에 사용되는 윤활유이다.

22 디젤기관을 정비하는 목적이 아닌 것은?

가 기관을 오랫동안 사용하기 위해
나 기관의 정격 출력을 높이기 위해
사 기관의 고장을 예방하기 위해
아 기관의 운전효율이 낮아지는 것을 방지하기 위해

정격 출력은 정해진 운전 조건으로 정해진 시간 동안의 운전을 보증하는 출력이다. 어떤 장비의 출력을 나타낼 때, 안전하게 계속 내보낼 수 있는 출력의 상한선을 의미한다. 따라서 디젤기관을 정비하는 목적과 거리가 멀다.

정답 **19** 가 **20** 나 **21** 가 **22** 나

23 겨울철에 디젤기관을 장기간 정지할 경우의 주의사항으로 옳지 않은 것은?

가 동파를 방지한다.

나 부식을 방지한다.

사 터닝을 주기적으로 실시한다.

아 중요 부품은 분해하여 육상에 보관한다.

기관을 장기간 휴지할 때의 주의 사항 : 동파 및 부식 방지, 정기적으로 터닝을 시켜 줌, 각 밸브 및 콕을 모두 잠금 등

24 경유의 비중에 대한 설명으로 옳은 것은?

가 경유의 비중은 휘발유와 중유보다 더 작다.

나 경유의 비중은 휘발유보다 크고 중유보다 작다.

사 경유의 비중은 중유보다 크고 휘발유보다 작다.

아 경유의 비중은 휘발유와 중유보다 더 크다.

연료유의 종류
- **가솔린(휘발유)** : 가솔린기관에 적합한 연료유, 비중이 0.69~0.77이며, 기화하기 쉽고, 인화점이 낮아서 화재의 위험이 크므로 운반 및 취급에 주의해야 함
- **등유** : 비중이 0.78~0.84로 난방용, 석유기관, 항공기의 가스터빈 연료로 사용
- **경유** : 주로 디젤기관의 연료유로 사용되고, 비중이 0.84~0.89로 점도가 낮아 가열하지 않고 사용할 수 있으며, 중유보다는 가격이 높음
- **중유** : 연료유 중 색깔이 가장 검으며, 비중은 0.91~0.99이며 대형 디젤기관 및 보일러의 연료로 많이 사용

25 "연료유를 가열하면 점도는 (   )."에서 (   )에 알맞은 것은?

가 낮아진다

나 높아진다

사 관계가 없다

아 연료유에 따라 높아지기도 하고 낮아지기도 한다

일정량의 연료유를 가열하면 점도는 낮아지고, 부피는 커지며, 온도는 올라간다.

정답 23 아 24 나 25 가

제1과목 **항해**

01 기계식 자이로컴퍼스의 위도오차에 관한 설명으로 옳지 않은 것은?

가 위도가 높을수록 오차는 감소한다.

나 적도에서는 오차가 생기지 않는다.

사 북위도 지방에서는 편동오차가 된다.

아 경사 제진식 자이로컴퍼스에만 있는 오차이다.

기계식 자이로컴퍼스의 위도오차는 위도가 높을수록 증가한다.

02 레이더의 거짓상을 판독하기 위한 방법으로 다음 중 옳은 것은?

가 자기 선박의 속력을 줄인다.

나 레이더의 전원을 껐다가 다시 켠다.

사 레이더와 가장 가까운 항해계기의 전원을 끈다.

아 자기 선박의 침로를 약 10도 좌우로 변경한다.

선수 쪽에 나타난 영상에 대해서 거짓상의 여부가 의심스러울 때에는 일단 약 10도 정도 약간 변침해 보는 것이 좋으며, 대개의 간접 반사파는 변침하면 곧 사라지게 된다.

03 수심이 얕은 곳에서 수심을 측정하거나 투묘할 때 배의 진행 방향 및 타력 또는 정박 중 닻의 끌림을 알기 위한 기구는?

가 핸드 레드

나 트랜스듀서

사 사운딩 자

아 풍향풍속계

핸드 레드 : 수심이 얕은 곳에서 수심과 저질을 측정하는 측심의로, 3~7kg의 레드와 45~70m 정도의 레드라인으로 구성된다.

04 대지속력을 측정할 수 있는 계기가 아닌 것은?

가 레이더(RADAR)

나 지피에스(GPS)

사 디지페이스(DGPS)

아 도플러 로그(Doppler log)

선박이 물 위에 떠서 항해하므로 바람이나 조류 및 해류의 영향을 받아 물 위에서 항주한 속력과 육지에서의 속력이 차이가 나는 경우가 있는데, 전자를 대수속력, 후자를 대지속력이라 한다. 레이더(RADAR)는 일반적인 선박의 속력인 대수속력을 측정하는 계기이다.

05 자기컴퍼스가 선체나 선내 철기류 등의 영향을 받아 생기는 오차는?

가 기차

나 자차

사 편차

아 수직차

자차(deviation, 自差) : 자기자오선(자북)과 선내 나침의 남북선(나북)이 이루는 교각(철기류 등의 영향을 받아 생기는 오차)

06 선박과 선박 간, 선박과 연안기지국 간의 항해 관련 데이터 통신을 하는 시스템은?

가 항해기록장치

나 선박자동식별장치

사 전자해도표시장치

아 선박보안경보장치

선박자동식별장치(AIS) : 무선전파 송수신기를 이용하여 선박의 제원, 종류, 위치, 침로, 항해 상태 등을 자동으로 송수신하는 시스템으로, 선박과 선박 간, 선박과 연안기지국 간 항해 관련 통신장치

07 45해리 떨어진 두 지점 사이를 대지속력 10노트로 항해할 때 걸리는 시간은? (단, 외력은 없다고 가정함)

가 3시간

나 3시간 30분

사 4시간

아 4시간 30분

속력 = 거리/시간, 시간 = 거리/속력 = 45/10 = 4.5시간 (4시간 30분)

08 ( )에 적합한 것은?

"생소한 해역을 처음 항해할 때에는 수로지, 항로지, 해도 등에 ( )가 설정되어 있으면 특별한 이유가 없는 한 그 항로를 따르도록 한다."

가 추천항로

나 우회항로

사 평행항로

아 심흘수 전용항로

수로지, 항로지, 해도 등에 추천항로가 설정되어 있으면 특별한 이유가 없는 한 그 항로를 선정해야 한다.

09 다음 그림은 상대운동 표시방식 레이더 화면에서 자기 선박 주변에 있는 4척의 선박을 플로팅한 것이다. 현재 상태에서 자기 선박과 충돌할 가능성이 가장 큰 선박은?

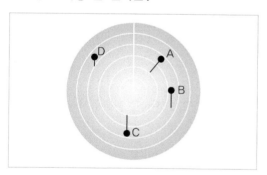

가 A

나 B

사 C

아 D

상대운동 표시방식의 레이더는 자선의 위치가 PPI상의 한 점에 고정되어 있기 때문에 모든 물체는 자선의 움직임에 대하여 상대적인 움직임으로 표시된다. 문제의 그림상 수직선으로 표시된 직선이 본선의 항로이며, 점 A의 선박은 본선의 항로에 접근가능한 위치가 되므로 충돌의 위험이 있다.

정답 06 나 07 아 08 가 09 가

10 레이더의 해면반사 억제기에 관한 설명으로 옳지 않은 것은?

가 전체 화면에 영향을 끼친다.

나 자기 선박 위주의 반사판 수신 감도를 떨어뜨린다.

사 과하게 사용하면 작은 물표가 화면에 나타나지 않는다.

아 자기 선박 주위에 해면반사에 의한 방해 현상이 나타나면 사용한다.

해면반사 억제기(STC)는 자선 주위의 해면이 바람 등으로 거칠어지면 해면반사에 의해 화면의 중심부근이 밝게 나타나게 되어 근거리에 있는 소형 물체의 식별이 어려워질 때 근거리에 대한 반사파의 수신감도를 떨어뜨려 방해현상을 줄이는 조정기이다. 따라서 전체 화면에 영향을 끼치지 않고 화면 중심부에 영향을 끼친다.

11 우리나라 종이해도에서 주로 사용하는 수심의 단위는?

가 미터(m) 　　나 인치(inch)

사 패덤(fm) 　　아 킬로미터(km)

수심의 측정 기준
- 기본 수준면(약최저 저조면)으로 수심의 단위는 미터(m)
- **기본 수준면** : 연중 해면이 그 이상으로 낮아지는 일이 거의 없다고 생각되는 수면

12 항로의 지도 및 안내서이며 해상에 있어서 기상, 해류, 조류 등의 여러 현상 및 항로의 상황 등을 상세히 기재한 수로서지는?

가 등대표 　　나 조석표

사 천측력 　　아 항로지

항로지 : 해상에 있어서의 기상, 해류, 조류 등의 여러 현상과 도선사, 검역, 항로표지 등의 일반기사 및 항로의 상황, 연안의 지형, 항만의 시설 등이 기재되어 있는 수로서지

13 조석과 관련된 용어에 관한 설명으로 옳지 않은 것은?

가 조석은 해면의 주기적 승강 운동을 말한다.

나 고조는 조석으로 인하여 해면이 높아진 상태를 말한다.

사 게류는 저조시에서 고조시까지 흐르는 조류를 말한다.

아 대조승은 대조에 있어서의 고조의 평균조고를 말한다.

게류 : 창조류에서 낙조류로, 또는 반대로 흐름 방향이 변하는 것을 전류라고 하는데, 이때 흐름이 잠시 정지하는 현상

14 〈보기〉에서 설명하는 광파(야간)표지는?

┤ 보기 ├
- 등대와 함께 널리 쓰인다.
- 암초 등의 위험을 알리거나 항행금지 지점을 표시한다.
- 항로의 입구, 폭 등을 표시한다.
- 해면에 떠 있는 구조물이다.

가 등주 　　나 등표

사 등선 　　아 등부표

정답 　10 가　 11 가　 12 아　 13 사　 14 아

등부표

- 위험한 장소·항로의 입구·폭·변침점 등을 표시하기 위해 설치
- 해저의 일정한 지점에 체인으로 연결되어 수면에 떠 있는 구조물
- 강한 파랑이나 조류에 의해 유실되는 경우도 있으며, 등대표에 기록

15 선박의 통항이 곤란한 좁은 수로, 항구, 만의 입구 등에서 선박에게 안전한 항로를 알려주기 위하여 항로 연장선상의 육지에 설치하는 분호등은?

가 도등 나 조사등

사 지향등 아 호광등

지향등 : 선박의 통항이 곤란한 좁은 수로, 항구, 만의 입구 등에서 선박에게 안전한 항로를 알려주기 위하여 항로 연장선상의 육지에 설치한 분호등(백색광이 안전 구역)

16 주로 등대나 다른 항로표지에 부설되어 있으며, 시계가 불량할 때 이용되는 항로표지는?

가 교량표지

나 광파(야간)표지

사 신위험표지

아 음파(음향)표지

음향표지(무중신호, 무신호) : 안개, 눈 또는 비 등으로 시계가 나빠서 육지나 등화를 발견하기 어려울 때 부근을 항해하는 선박에게 그 위치를 알리는 표지

17 레이더에서 발사된 전파를 받을 때에만 응답하며, 일정한 형태의 신호가 나타날 수 있도록 전파를 발사하는 전파표지는?

가 레이콘(Racon)

나 레이마크(Ramark)

사 코스 비컨(Course beacon)

아 레이더 리플렉터(Rader reflector)

레이콘 : 레이더에서 발사된 전파를 받을 때에만 응답하며, 일정한 형태의 신호가 나타날 수 있도록 전파를 발사하는 표지

18 주로 하나의 항만, 어항, 좁은 수로 등 좁은 구역을 표시하는 해도에 많이 이용되는 도법은?

가 평면도법 나 점장도법

사 대권도법 아 다원추도법

평면도법 : 지구 표면의 좁은 구역을 평면으로 간주하고 그린 축척이 큰 해도로, 주로 항박도에 많이 이용

19 빛을 비추는 시간이 꺼져 있는 시간보다 짧은 것으로 일정한 간격으로 섬광을 내는 등은?

가 부동등 나 섬광등

사 명암등 아 호광등

섬광등(Fl) : 빛을 비추는 시간이 꺼져 있는 시간보다 짧은 것으로, 일정 시간마다 1회의 섬광을 내는 등

정답 15 사 16 아 17 가 18 가 19 나

20 다음 그림의 항로표지에 관한 설명으로 옳은 것은?

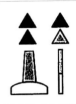

가 표지의 동쪽에 가항수역이 있다.

나 표지의 서쪽에 가항수역이 있다.

사 표지의 남쪽에 가항수역이 있다.

아 표지의 북쪽에 가항수역이 있다.

북방위표지로 표지의 북쪽에 그 구역의 최심부, 가항수역 또는 항로가 있음을 의미한다.

21 고기압에 관한 설명으로 옳은 것은?

가 1기압보다 높은 것을 말한다.

나 상승기류가 있어 날씨가 좋다.

사 주위의 기압보다 높은 것을 말한다.

아 바람은 저기압 중심에서 고기압 쪽으로 분다.

고기압의 특징

• 주위보다 상대적으로 기압이 높은 것

• 공기의 이동 : 중심 → 바깥쪽, 고기압의 중심 → 저기압의 중심

• 하강 기류가 생겨 날씨는 비교적 좋다.

22 일기도상 아래의 기호에 관한 설명으로 옳은 것은?

가 풍향은 남서풍이다.

나 비가 오는 날씨이다.

사 평균 풍속은 15노트이다.

아 현재의 기압은 3시간 전의 기압보다 낮다.

가. 풍향은 북동풍이다.

나. 구름이 많고 비가 오는 날씨이다.

사. 평균 풍속은 알 수 없다.

아. 현재의 기압은 알 수 없다.

23 열대 저기압의 분류 중 'TD'가 의미하는 것은?

가 태풍

나 열대 저기압

사 열대폭풍

아 강한 열대폭풍

열대 저기압의 분류

17㎧ 미만 (34kt 미만)	열대저압부 (TD : Tropical Depression)	열대 저압부
17㎧ ~ 24㎧ (34–47kt)	열대폭풍 (TS : Tropical Storm)	태풍
25㎧ ~ 32㎧ (48–63kt)	강한 열대폭풍 (STS : Severe Tropical Storm)	태풍
33㎧ 이상 (64kt 이상)	태풍(TY : Typhoon)	태풍

정답 20 아 21 사 22 나 23 나

24 연안항해에서 변침하여야 할 지점을 확인하기 위하여 미리 선정하여 둔 것은?

가 중시선 나 변침 물표
사 변침로 아 변침 항로

연안 항해에 있어서 복잡한 해안선으로 인해 잦은 변침이 필요한데, 예정된 항로를 벗어나지 않고 안전한 항해를 이루기 위해서는 변침 지점과 변침 물표를 미리 선정해 두어야 한다.

25 통항계획을 수립할 때 선박의 통항량이 많아 선위 확인에 집중할 수 없는 수역에서 선박이 침로를 벗어나는 상황을 감시하는 데 도움을 얻기 위하여 해도에 표시하는 것은?

가 침로 이탈(Deviation)
나 평행방위선법(Parallel indexing)
사 안전을 위한 여유(Margins of safety)
아 선저 여유수심(Under-keel clearance)

평행 방위선법(PI, Parallel Indexing)의 작도 순서는 물표에 접하는 선을 항로와 평행하게 작도하고 수직거리를 기입한다. 이 방법은 시정이 나쁘거나, 선박의 통항량이 많을 때, 폭이 좁은 협수로를 통과할 때 선박이 침로에서 이탈하는 경향을 감시하는 유익한 방법으로 항로 계획을 수립할 때 해도에 표시해 두는 것이 필요하다.

제2과목 **운용**

01 선박의 선미에서 선수를 향해서 보았을 때, 선체의 오른쪽은?

가 갑판 나 선루
사 우현 아 좌현

우현(starboard), 좌현(port) : 선박을 선미에서 선수를 향하여 바라볼 때, 선체 길이 방향의 중심선인 선수미선 우측을 우현, 좌측을 좌현이라고 함

02 갑판의 배수 및 선체의 횡강력을 위하여 갑판 중앙부를 양현의 현측보다 높게 하는 구조는?

가 현회 나 캠버
사 빌지 아 선체

캠버(camber)는 선체의 횡강력을 보강하며, 또한 갑판 상의 물이 선체 폭 방향으로 걸쳐 양쪽 선측을 향해 잘 흘러가도록 선박의 중앙부를 높게 한 것을 말한다.

03 아래 흘수표를 보고, A에 해당하는 흘수로 옳은 것은?

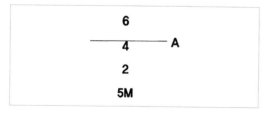

가 5m 40cm 나 5m 45cm
사 5m 50cm 아 5m 55cm

흘수표는 선체가 물속에 얼마나 잠겨있는가를 나타내기 위하여 선수(船首) 및 선미(船尾) 외측에 표시되어 있는 눈금을 말한다. 선저(船底)부터 최대 흘수 이상까지 미터(m)법에 의할 경우 매 20cm마다 10cm의 아라비아 짝수로 표시하며, 피트(ft)법에 의할 경우 매 1ft마다 6inch의 아라비아 또는 로마숫자로 표시한다. 따라서 A의 흘수는 5m 50cm이다.

04 각 흘수선상 물에 잠긴 선체의 선수재 전면에서 선미 후단까지의 수평거리는?

가 전장   나 등록장

사 수선장   아 수선간장

수선장 : 각 흘수선상의 물에 잠긴 선체의 선수재 전면에서 선미 후단까지의 수평거리. 배의 저항, 추진력 계산 등에 사용

05 ( )에 적합한 것은?

"SOLAS협약상 타(키)는 최대흘수 상태에서 전속 전진 시 한쪽 현 타각 35도에서 다른쪽 현 타각 30도까지 돌아가는 데 ( )의 시간이 걸려야 한다."

가 28초 이내   나 30초 이내

사 32초 이내   아 35초 이내

SOLAS 협약 및 선박설비기준에서는 조타 장치의 동작 요건으로 계획만재흘수에서 최대항해속력으로 전진하는 경우, 한쪽 현 타각 35도에서 다른 쪽 현 타각 30도까지 28초 이내에 조작할 수 있어야 한다고 규정하고 있다.

06 타(키)의 구조를 나타낸 아래 그림에서 ②는?

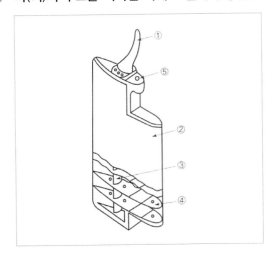

가 타판   나 핀틀

사 거전   아 타두재

타의 구조

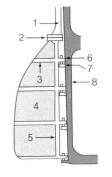
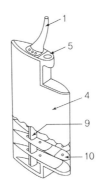

1. 타두재(rudder stock)
2. 러더 커플링
3. 러더 암
4. 타판
5. 타심재(main piece)
6. 핀틀
7. 거전
8. 타주
9. 수직 골재
10. 수평 골재

정답 04 사 05 가 06 가

07 닻을 나타낸 아래 그림에서 ㉠은?

가 암　　　　　나 빌
사 생크　　　　아 스톡

스톡 앵커의 각부 명칭

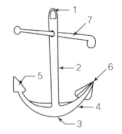

1. 앵커 링
2. 생크
3. 크라운
4. 암
5. 플루크
6. 빌
7. 스톡

08 초단파(VHF) 무선설비로 조난경보가 잘못 발신되었을 때 취해야 하는 조치로 옳은 것은?

가 장비를 끄고 둔다.
나 조난경보 버튼을 다시 누른다.
사 무선설비로 취소 통보를 발신해야 한다.
아 조난경보 버튼을 세 번 연속으로 누른다.

초단파(VHF) 무선설비를 운용하는 과정에서 조작 미숙으로 인한 실수로 조난경보가 발송될시 즉시 취소 조치를 취해야 한다.

09 체온을 유지할 수 있도록 열전도율이 낮은 방수 물질로 만들어진 포대기 또는 옷을 의미하는 구명설비는?

가 방수복　　　　나 구명조끼
사 보온복　　　　아 구명부환

보온복은 물이 스며들지 않아 수온이 낮은 물속에서 체온을 유지할 수 있는 옷으로 방수복과 달리 구명동의 기능이 없다.

10 조난선박으로부터 수신된 조난신호의 해상이동업무식별번호(MMSI number)에서 앞의 3자리가 '441'이라고 표시되어 있다면 해당 조난선박의 국적은?

가 한국　　　　나 일본
사 중국　　　　아 러시아

해상이동업무식별부호(MMSI)는 선박국, 해안국 및 집단호출을 유일하게 식별하기 위해 사용되는 부호로서, 9개의 숫자로 구성되어 있다(우리나라의 경우 440, 441로 지정). 국내 및 국제 항해 모두 사용되며, 소형선박에도 부여된다.

11 406MHz의 조난주파수에 부호화된 메시지의 전송 이외에 121.5MHz의 호밍 주파수의 발신으로 구조선박 또는 항공기가 무선방향탐지기에 의하여 위치 탐색이 가능하여 수색과 구조 활동에 이용되는 설비는?

가 비콘(Beacon)
나 양방향 VHF 무선전화장치
사 비상위치지시 무선표지(EPIRB)
아 수색구조용 레이더 트랜스폰더(SART)

정답　07 가　08 사　09 사　10 가　11 사

비상위치지시용 무선표지(EPIRB) : 선박이 조난 상태에 있고 수신시설도 이용할 수 없음을 표시하는 것으로, 수색과 구조 작업시 생존자의 위치 결정을 용이하게 하도록 무선표지 신호를 발신하는 무선설비

12 점화시켜 물에 던지면 해면 위에서 연기를 내는 조난신호장비로서 방수용기로 포장되어 잔잔한 해면에서 3분 이상 잘 보이는 색깔의 연기를 내는 것은?

가 신호 홍염
나 자기 점화등
사 신호 거울
아 발연부 신호

자기 발연부 신호 : 주간 신호로서 구명부환과 함께 수면에 투하되면 자동으로 오렌지색 연기를 연속으로 내는 것

13 선박안전법상 평수구역을 항해구역으로 하는 선박이 갖추어야 하는 무전설비는?

가 중파(MF) 무선설비
나 초단파(VHF) 무선설비
사 비상위치지시 무선표지(EPIRB)
아 수색구조용 레이더 트랜스폰더(SART)

초단파 무선설비(VHF)는 선박과 선박, 선박과 육상국 사이의 통신에 주로 사용하며, 평수구역을 항해하는 총톤수 2톤 이상의 소형선박에 반드시 설치해야 하는 무선통신 설비이다.

14 초단파(VHF) 무선설비로 상대 선박을 호출할 때의 호출절차에 관한 설명으로 옳은 것은?

가 '상대 선박 선명', '여기는 자기 선박 선명' 순으로 호출한다.
나 '상대 선박 선명', '여기는 상대 선박 선명' 순으로 호출한다.
사 '자기 선박 선명', '여기는 상대 선박 선명' 순으로 호출한다.
아 '자기 선박 선명', '여기는 자기 선박 선명' 순으로 호출한다.

선박 간에 호출하는 방법은 먼저 호출 상대 선박명을 말하고, 본선의 선박명을 말하면서 감도 상태를 물어본다. 예를 들어, 본선이 '동해호'이고 상대 선박명이 '서해호'라면, '서해호, 여기는 동해호, 감도 있습니까'로 호출한다.

15 선박의 선회권에서 선체가 원침로로부터 180도 회두된 곳까지 원침로에서 직각 방향으로 잰 거리는?

가 킥
나 선회경
사 심거
아 선회횡거

선회지름(선회경) : 선박의 선회권에서 선체가 원침로로부터 180도 회두된 곳까지 원침로에서 직각 방향으로 잰 거리로 전타 후 선수가 원침로로부터 180° 회두하였을 때, 원침로에서 횡 이동한 거리

16 선박이 항진 중에 타각을 주었을 때, 수류에 의하여 타에 작용하는 압력으로 타판에 작용하는 여러 종류의 힘의 기본력은?

가 양력
나 항력
사 마찰력
아 직압력

정답 **12** 아 **13** 나 **14** 가 **15** 나 **16** 아

직압력
• 타각을 주면 수류가 타판에 부딪힐 때 타판을 미는 힘
• 변화 요소 : 키판의 면적, 키판이 수류에 받는 각도, 선박의 전진속도 등

17 다음 중 선박 조종에 미치는 영향이 가장 작은 요소는?

가 바람　　　　나 파도

사 조류　　　　아 기온

선박 조종, 특히 선회권의 크기에 영향을 주는 요소에는 방형 비척 계수, 흘수, 트림, 속력, 파도, 바람 및 조류의 영향 등을 들 수 있다. 기온은 선박 조종에 영향을 주는 요소가 아니다.

18 (　　)에 순서대로 적합한 것은?

> "(　　)는 선체의 뚱뚱한 정도를 나타내는 계수로서, 이 값이 큰 비대형의 선박은 이 값이 작은 비슷한 길이의 홀쭉한 선박보다 선회권이 (　　)"

가 방형계수, 커진다.

나 방형계수, 작아진다.

사 파주계수, 커진다.

아 파주계수, 작아진다.

방형계수는 선체의 뚱뚱한 정도를 나타내는 계수로서, 이 값이 큰 비대형의 선박은 이 값이 작은 홀쭉한 선박보다 선회권이 작아진다.

19 다음 중 수심이 얕은 수역을 선박이 항해할 때 나타나는 현상이 아닌 것은?

가 타효 증가　　　　나 선체 침하

사 속력 감소　　　　아 조종성 저하

천수효과 : 수심이 낮은 천수지역에서는 전반적으로 선체 침하와 트림 변경효과가 발생하며, 선박의 속력이 감소한다. 또한 조종성(타효)이 저하하여 선회성이 나빠진다.

20 항해 중 선수 부근에서 사람이 선외로 추락한 경우 즉시 취하여야 하는 조치로 옳지 않은 것은?

가 익수자가 발생한 반대 현측으로 즉시 전타한다.

나 인명구조 조선법을 이용하여 익수자 위치로 되돌아간다.

사 선외로 추락한 사람이 시야에서 벗어나지 않도록 계속 주시한다.

아 선외로 추락한 사람을 발견한 사람은 익수자에게 구명부환을 던져주어야 한다.

사람이 물에 빠졌을 때의 조치
• 먼저 본 사람은 상황을 전파하고, 익수자에게 구명부환을 던져 줌
• 항해사에게 알리는 동시에 선내 비상소집을 행하여 구조작업 실시
• 익수자가 발생한 방향으로 즉시 전타하여 익수자가 프로펠러에 휘말리지 않도록 조종
• 익수자가 시야에서 벗어나지 않도록 계속 주시
• 익수자의 풍상측에서 접근하여 선박의 풍하측에서 구조

정답　17 아　18 나　19 가　20 가

21 선박이 물에 떠 있는 상태에서 외부로부터 힘을 받아서 경사할 때, 저항 또는 외력을 제거하면 원래의 상태로 되돌아오려고 하는 힘은?

가 중력　　　　　나 복원력

사 구심력　　　　아 원심력

복원성과 복원력

- **복원성(Stability)** : 선박이 파도나 바람 등의 외력에 의하여 어느 한쪽으로 기울었을 때 원래의 위치로 되돌아오려는 성질이다.
- **복원력** : 복원성이 나타날 때 작용하는 힘이다.

22 황천항해 중 침로선정 방법으로 옳지 않은 것은?

가 타효가 충분하고 조종이 쉽도록 침로를 선정할 것

나 추진기의 공회전이 감소하도록 침로를 선정할 것

사 선체의 동요가 너무 심하지 않도록 침로를 선정할 것

아 목적지를 향하여 최단 거리가 되도록 침로를 선정할 것

황천항해 중 침로선정은 최단 거리가 아니라 선미 흘수를 증가시키고 종동요를 줄일 수 있도록 침로를 변경해야 한다. 기관의 회전수를 낮추는 등 선박의 속력을 감속하고 침로를 변경한다.

23 다음 중 태풍을 피항하는 가장 안전한 방법은?

가 가항반원으로 항해한다.

나 위험반원의 반대쪽으로 항해한다.

사 선미 쪽에서 바람을 받도록 항해한다.

아 미리 태풍의 중심으로부터 최대한 멀리 떨어진다.

태풍으로부터 피항하는 가장 좋은 방법은 미리 태풍 중심으로부터 최대한 멀리 벗어나는 것이다.

24 좌초 후 선장이 시행해야 할 후속조치가 아닌 것은?

가 복원성 평가

나 조종제한선 등화 표시

사 선내 모든 탱크의 측심

아 고조·저조 시간 및 조고 계산

좌초시의 조치

- 즉시 기관을 정지한다.
- 손상 부위와 그 정도를 파악하고, 선저부의 손상 정도는 확인하기 어려우므로 빌지와 탱크를 측심하여 추정한다.
- 후진기관의 사용으로 손상 부위가 확대될 수 있으므로 신중하게 판단한다.
- 본선의 기관을 사용하여 이초가 가능한지를 파악하고, 자력 이초가 불가능하면 가까운 육상 당국에 협조를 요청한다.
- 복원성 평가 및 고조·저조 시간과 조고 계산

정답 21 나　22 아　23 아　24 나

25 해양에 오염물질이 배출되는 경우 방제조치로 옳지 않은 것은?

가 오염물질의 배출 중지

나 배출된 오염물질의 분산

사 배출된 오염물질의 수거 및 처리

아 배출된 오염물질의 제거 및 확산방지

오염물질(예를들어 기름 등 폐기물)이 배출된 경우의 방제조치(해양환경관리법 제64조)

• 오염물질의 배출방지

• 배출된 오염물질의 확산방지 및 제거

• 배출된 오염물질의 수거 및 처리

제3과목 **법규**

01 해상교통안전법상 거대선의 기준은?

가 길이 100미터 이상

나 길이 150미터 이상

사 길이 200미터 이상

아 길이 300미터 이상

거대선(법 제2조) : 길이 200미터 이상의 선박

02 해상교통안전법상 항행장애물제거책임자가 항행장애물 발생과 관련하여 보고하여야 할 사항이 아닌 것은?

가 선박의 명세에 관한 사항

나 그 항행장애물의 위치에 관한 사항

사 항행장애물이 발생한 수역을 관할하는 해양관청의 명칭

아 선박소유자 및 선박운항자의 성명(명칭) 및 주소에 관한 사항

항행장애물제거책임자가 해양수산부장관에게 보고해야 하는 사항(시행규칙 제23조)

• 선박의 명세에 관한 사항

• 선박소유자 및 선박운항자의 성명(명칭) 및 주소에 관한 사항

• 항행장애물의 위치에 관한 사항

• 항행장애물의 크기·형태 및 구조에 관한 사항

• 항행장애물의 상태 및 손상의 형태에 관한 사항

• 선박에 선적된 화물의 양과 성질에 관한 사항(항행장애물이 선박인 경우만 해당한다)

• 선박에 선적된 연료유 및 윤활유를 포함한 기름의 종류와 양에 관한 사항(항행장애물이 선박인 경우만 해당)

정답 25 나 / 01 사 02 사

03 해상교통안전법상 선박에서 하여야 하는 적절한 경계에 관한 설명으로 옳지 않은 것은?

가 이용할 수 있는 모든 수단을 이용한다.

나 청각을 이용하는 것이 가장 효과적이다.

사 선박 주위의 상황을 파악하기 위함이다.

아 다른 선박과 충돌할 위험성을 충분히 파악하기 위함이다.

경계(법 제70조) : 선박은 주위의 상황 및 다른 선박과 충돌할 수 있는 위험성을 충분히 파악할 수 있도록 시각·청각 및 당시의 상황에 맞게 이용할 수 있는 모든 수단을 이용하여 항상 적절한 경계를 하여야 한다.

04 해상교통안전법상 통항분리수역에서 통항로를 따라 항행하는 선박의 통항을 방해하지 아니할 의무가 있는 선박은?

가 흘수제약선

나 길이 20미터 미만의 선박

사 해저전선을 부설하고 있는 선박

아 준설작업에 종사하고 있는 선박

길이 20미터 미만의 선박이나 범선은 통항로를 따라 항행하고 있는 다른 선박의 항행을 방해하여서는 아니 된다(법 제75조 제10항).

05 해상교통안전법상 2척의 범선이 서로 접근하여 충돌할 위험이 있고, 각 범선이 다른 쪽 현에 바람을 받고 있는 경우의 항법으로 옳은 것은?

가 대형 범선이 소형 범선을 피한다.

나 우현에서 바람을 받는 범선이 피항선이다.

사 좌현에 바람을 받고 있는 범선이 다른 범선의 진로를 피한다.

아 바람이 불어오는 쪽의 범선이 바람이 불어가는 쪽의 범선의 진로를 피한다.

2척의 범선이 서로 접근하여 충돌할 위험이 있는 경우(법 제77조) : 각 범선이 다른 쪽 현(舷)에 바람을 받고 있는 경우에는 좌현(左舷)에 바람을 받고 있는 범선이 다른 범선의 진로를 피한다.

06 (   )에 적합한 것은?

"해상교통안전법상 2척의 동력선이 상대의 진로를 횡단하는 경우로서 충돌의 위험이 있을 때에는 다른 선박을 (   ) 쪽에 두고 있는 선박이 그 다른 선박의 진로를 피해야 한다.

가 좌현   나 우현

사 정횡   아 정면

횡단하는 상태(법 제80조)

• 2척의 동력선이 상대의 진로를 횡단하는 경우로서 충돌의 위험이 있을 때에는 다른 선박을 우현 쪽에 두고 있는 선박이 그 다른 선박의 진로를 회피

• 다른 선박의 진로를 피하여야 하는 선박은 부득이한 경우 외에는 그 다른 선박의 선수 방향을 횡단 금지

07 ( )에 순서대로 적합한 것은?

"해상교통안전법상 제한된 시계에서 레이더만으로 다른 선박이 있는 것을 탐지한 선박은 ( )과 얼마나 가까이 있는지 또는 ( )이 있는지를 판단하여야 한다. 이 경우 해당 선박과 매우 가까이 있거나 그 선박과 충돌할 위험이 있다고 판단한 경우에는 충분한 시간적 여유를 두고 ( )을 취하여야 한다."

가 해당 선박, 충돌할 위험, 피항동작

나 해당 선박, 충돌할 위험, 피항협력동작

사 다른 선박, 근접상태의 상황, 피항동작

아 다른 선박, 근접상태의 상황, 피항협력동작

제한된 시계에서 선박의 항법(법 제84조)
• 레이더만으로 다른 선박이 있는 것을 탐지한 선박은 해당 선박과 얼마나 가까이 있는지 또는 충돌할 위험이 있는지를 판단
• 충돌할 위험이 있다고 판단한 경우에는 충분한 시간적 여유를 두고 피항동작 실시

08 ( )에 순서대로 적합한 것은?

"해상교통안전법상 모든 선박은 시계가 제한된 그 당시의 ( )에 적합한 ( )으로 항행하여야 하며, ( )은 제한된 시계 안에 있는 경우 기관을 즉시 조작할 수 있도록 준비하고 있어야 한다."

가 사정, 최소한의 속력, 동력선

나 사정, 안전한 속력, 모든 선박

사 사정과 조건, 안전한 속력, 동력선

아 사정과 조건, 최소한의 속력 모든 선박

제한된 시계에서 선박의 항법(법 제84조)
• 당시의 사정과 조건에 적합한 안전한 속력으로 항행
• 동력선은 제한된 시계 안에 있는 경우 기관을 즉시 조작할 수 있도록 준비

09 해상교통안전법상 현등 1쌍 대신에 양색등으로 표시할 수 있는 선박의 길이 기준은?

가 길이 12미터 미만

나 길이 20미터 미만

사 길이 24미터 미만

아 길이 45미터 미만

항행 중인 동력선(법 제88조)
• 앞쪽에 마스트등 1개와 그 마스트등보다 뒤쪽의 높은 위치에 마스트등 1개, 현등 1쌍, 선미등 1개
• 길이 50미터 미만의 동력선은 뒤쪽의 마스트등 생략 가능
• 길이 20미터 미만의 선박은 이를 대신하여 양색등 표시 가능

10 해상교통안전법상 전주등은 몇 도에 걸치는 수평의 호를 비추는가?

가 112.5°   나 135°

사 225°   아 360°

전주등(법 제86조) : 360도에 걸치는 수평의 호를 비추는 등화(섬광등은 제외)

정답 07 가   08 사   09 나   10 아

11 해상교통안전법상 항망(桁網)이나 그 밖의 어구를 수중에서 끄는 트롤망어로에 종사하는 50미터 미만의 선박의 등화 표시로 옳은 것은?

가 수직선 위쪽에는 붉은색, 그 아래쪽에는 흰색 전주등 각 1개, 대수속력이 있는 경우에는 덧붙여 현등 1쌍과 선미등 1개

나 수직선 위쪽에는 녹색, 그 아래쪽에는 붉은색 전주등 각 1개, 대수속력이 있는 경우에는 덧붙여 현등 1쌍과 선미등 1개

사 수직선 위쪽에는 붉은색, 그 아래쪽에는 녹색 전주등 각 1개, 대수속력이 있는 경우에는 덧붙여 현등 1쌍과 선미등 1개

아 수직선 위쪽에는 녹색, 그 아래쪽에는 흰색 전주등 각 1개, 대수속력이 있는 경우에는 덧붙여 현등 1쌍과 선미등 1개

어선의 등화 및 형상물(법 제91조) : 항망이나 그 밖의 어구를 수중에서 끄는 트롤망어로에 종사하는 선박
• 수직선 위쪽에는 녹색, 그 아래쪽에는 흰색 전주등 각 1개 또는 수직선 위에 2개의 원뿔을 그 꼭대기에서 위아래로 결합한 형상물 1개
• 위의 녹색 전주등보다 뒤쪽의 높은 위치에 마스트등 1개(길이 50미터 미만의 선박은 생략 가능)
• 대수속력이 있는 경우 : 현등 1쌍과 선미등 1개 추가

12 해상교통안전법상 선미등이 비추는 수평의 호의 범위와 등색은?

가 135도, 흰색
나 135도, 붉은색
사 225도, 흰색
아 225도, 붉은색

선미등(법 제86조) : 135도에 걸치는 수평의 호를 비추는 흰색 등으로서, 그 불빛이 정선미 방향으로부터 양쪽 현의 67.5도까지 비출 수 있도록 선미 부분 가까이에 설치된 등

13 ( )에 순리대로 적합한 것은?

"해상교통안전법상 좁은 수로 등의 굽은 부분에 접근하는 선박은 ( )의 기적신호를 울리고, 그 기적신호를 들은 다른 선박은 ( )의 기적신호를 울려 이에 응답하여야 한다.

가 단음 1회, 단음 2회
나 장음 1회, 단음 2회
사 단음 1회, 단음 1회
아 장음 1회, 장음 1회

좁은 수로 등의 굽은 부분이나 장애물 때문에 다른 선박을 볼 수 없는 수역에 접근하는 선박의 기적신호(경고신호) 및 응답신호는 장음 1회이다(법 제99조).

14 해상교통안전법상 서로 상대의 시계 안에 있는 선박이 접근하고 있을 경우, 하나의 선박이 다른 선박의 의도 또는 동작을 이해할 수 없을 때 울리는 기적신호는?

가 단음 3회 이상
나 단음 5회 이상
사 장음 3회 이상
아 장음 5회 이상

시계 안에 있는 선박이 접근할 때 다른 선박의 의도 또는 동작을 이해할 수 없거나, 충돌을 피하기 위하여 충분한 동작을 취하고 있는지 분명하지 아니한 경우 단음 5회 이상, 섬광 5회 이상(법 제99조)

정답 **11** 아 **12** 가 **13** 아 **14** 나

15 ( )에 순서대로 적합한 것은?

> "해상교통안전법상 제한된 시계 안에서 항행 중인 길이 12미터 이상의 동력선은 정지하여 대수속력이 없는 경우에는 장음 사이의 간격을 2초 정도로 연속하여 장음을 ( ) 울리되, ( )을 넘지 아니하는 간격으로 울려야 한다."

가 1회, 1분
나 2회, 2분
사 1회, 2분
아 2회 1분

제한된 시계 안에서의 음향신호(법 제100조)

선박 구분		신호 간격	신호 내용
항행 중인 동력선	대수속력이 있는 경우	2분 이내	장음 1회
	대수속력이 없는 경우	2분 이내	장음 2회

16 선박의 입항 및 출항 등에 관한 법률상 특별한 경우가 아니면 무역항의 수상구역 등에 출입하는 경우 항로를 따라 항행하여야 하는 선박은?

가 예선
나 총톤수 30톤인 선박
사 압항부선을 제외한 부선
아 주로 노로 운전하는 선박

항로 지정 및 준수(법 제10조)
① 관리청은 무역항의 수상구역 등에서 선박교통의 안전을 위하여 필요한 경우에는 무역항과 무역항의 수상구역 밖의 수로를 항로로 지정·고시할 수 있음

② 우선피항선 외의 선박은 무역항의 수상구역 등에 출입 또는 통과하는 경우에는 ①에 따라 지정·고시된 항로를 따라 항행
③ 지정·고시된 항로 항행의 예외 : 해양사고를 피하기 위한 경우, 선박 조종 불가, 인명이나 선박 구조, 해양오염 확산 방지
※ 우선피항선 : 부선과 예선, 주로 노와 삿대로 운전하는 선박, 총톤수 20톤 미만의 선박, 그 외에 항만의 운항을 위해서 운항하는 선박 등(압항부선 제외)

17 선박의 입항 및 출항 등에 관한 법률상 무역항의 수상구역 등에서 선박이 원칙적으로 정박할 수 없는 장소는?

가 지정된 정박지
나 지정된 항로의 수역
사 해양사고를 피하기 위한 경우 운하 입구 부근 수역
아 선박 고장으로 조종이 불가능한 경우 부두 부근 수역

무역항의 수상구역 등에 정박하려는 선박은 지정된 정박구역 또는 정박지에 정박하여야 한다(법 제5조).
※ 정박·정류 등의 제한(금지) 예외(법 제6조)
• 해양사고(해양오염 확산을 방지 등)를 피하기 위한 경우
• 선박의 고장이나 그 밖의 사유로 선박을 조종할 수 없는 경우
• 인명을 구조하거나 급박한 위험이 있는 선박을 구조하는 경우
• 허가를 받은 공사 또는 작업에 사용하는 경우

정답 15 나 16 나 17 나

18 선박의 입항 및 출항 등에 관한 법률상 무역항의 수상구역 등에 출입하는 경우 관리청에 출입신고서를 제출하여야 하는 선박은?

- 가 연안수역을 항행하는 정기 여객선
- 나 예선 등 선박의 출입을 지원하는 선박
- 사 피난을 위하여 긴급히 출항하여야 하는 선박
- 아 관공선, 군함, 해양경찰함정 등 공공의 목적으로 운영하는 선박

출입신고의 면제 선박(법 제4조)
- 총톤수 5톤 미만의 선박
- 해양사고 구조에 사용되는 선박
- 「수상레저안전법」에 따른 수상레저기구 중 국내항 간을 운항하는 모터보트 및 동력요트
- 관공선, 군함, 해양경찰함정 등 공공의 목적으로 운영하는 선박
- 선박의 출입을 지원하는 선박(도선선, 예선 등)과 연안수역을 항해하는 정기여객선(내항 정기 여객운송사업에 종사하는 선박)으로 경유항에 출입하는 선박
- 피난을 위하여 긴급히 출항하여야 하는 선박
- 출입항 신고 대상이 되는 어선

19 선박의 입항 및 출항 등에 관한 법률상 관리청이 무역항의 수상구역 등에서 선박교통의 안전을 위하여 필요하다고 인정하여 항로 또는 구역을 지정한 경우 공고하여야 하는 내용이 아닌 것은?

- 가 금지 기간
- 나 제한 기간
- 사 대상 선박
- 아 항로 또는 구역의 위치

선박교통의 제한(법 제9조)
① 관리청은 무역항의 수상구역 등에서 선박교통의 안전을 위하여 필요하다고 인정하는 경우에는 항로 또는 구역을 지정하여 선박교통을 제한하거나 금지

② 관리청은 ①에 따라 항로 또는 구역을 지정한 경우에는 항로 또는 구역의 위치, 제한·금지 기간을 정하여 공고

20 선박의 입항 및 출항 등에 관한 법률상 항로에 관한 설명으로 옳은 것은?

- 가 대형 선박만 항로를 따라 항행하여야 한다.
- 나 무역항의 수상구역 등에서는 지정된 항로가 없다.
- 사 위험물운송선박은 지정된 항로를 따르지 않아도 된다.
- 아 무역항의 수상구역 등에 출입하는 선박은 원칙적으로 지정된 항로를 따라 항행하여야 한다.

항로 지정 및 준수(법 제10조)
① 관리청은 무역항의 수상구역 등에서 선박교통의 안전을 위하여 필요한 경우에는 무역항과 무역항의 수상구역 밖의 수로를 항로로 지정·고시할 수 있음
② 우선피항선 외의 선박은 무역항의 수상구역 등에 출입 또는 통과하는 경우에는 ①에 따라 지정·고시된 항로를 따라 항행

21 선박의 입항 및 출항 등에 관한 법률상 무역항의 수상구역 등에서 예인선의 항법으로 옳지 않은 것은?

- 가 예인선은 한꺼번에 3척 이상의 피예인선을 끌지 아니하여야 한다.
- 나 원칙적으로 예인선의 선미로부터 피예인선의 선미까지 길이는 100미터를 초과하지 못한다.
- 사 다른 선박의 출입을 보조하는 경우에 한하여 예인선의 선수로부터 피예인선의 선미까지의 길이는 200미터를 초과할 수 있다.
- 아 지방해양수산청장 또는 시·도지사는 해당 무역항의 특수성 등을 고려하여 특히 필요한 경우에는 예인선의 항법을 조정할 수 있다.

정답 **18** 가 **19** 사 **20** 아 **21** 나

예인선 등의 항법(시행규칙 제9조) : 예인선이 무역항의 수상구역 등에서 다른 선박을 끌고 항행할 때에는 해양수산부령으로 정하는 방법에 따를 것
- 예인선의 선수로부터 피예인선의 선미까지의 길이는 200미터를 초과하지 않을 것(다른 선박의 출입을 보조하는 경우에는 예외)
- 예인선은 한꺼번에 3척 이상의 피예인선을 끌지 않을 것
- 지방해양수산청장 또는 시·도지사는 해당 무역항의 특수성 등을 고려하여 특히 필요한 경우에는 항법을 조정할 수 있다.

22 ( )에 순서대로 적합한 것은?

> "선박의 입항 및 출항 등에 관한 법률상 무역항의 수상구역 등에 ( )하는 선박이 방파제 입구 등에서 ( )하는 선박과 마주칠 우려가 있는 경우에는 방파제 밖에서 ( )하는 선박의 진로를 피하여야 한다."

가 통과, 출항, 입항
나 통과, 입항, 출항
사 출항, 입항, 입항
아 입항, 출항, 출항

방파제 부근에서의 항법(법 제13조) : 무역항의 수상구역 등에 입항하는 선박이 방파제 입구 등에서 출항하는 선박과 마주칠 우려가 있는 경우에는 방파제 밖에서 출항하는 선박의 진로를 피할 것

23 해양환경관리법상 선박에서 기름이 배출되었을 경우에 취할 조치로서 옳지 않은 것은?

가 유출된 기름을 회수하기 위해 흡착포를 사용한다.
나 관할 해양경찰서에 기름이 배출된 사실을 알린다.
사 가장 먼저 선박소유자에게 알리고 지시를 기다린다.
아 기름의 배출을 최소화하기 위해 탱크의 밸브를 잠근다.

기름이 배출되었을 경우 방제의무자는 지체없이 관할 해양경찰청장 또는 해양경찰서장에게 신고하여야 하고, 방제조치로 오염물질의 배출방지를 위해 탱크의 밸브를 잠그고, 배출된 기름의 확산방지 및 제거와 배출된 기름의 수거 및 처리의 조치를 하여야 한다(법 제63~64조).

24 해양환경관리법상 선박에서 배출할 수 있는 오염물질의 배출 방법으로 옳지 않은 것은?

가 빗물이 섞인 폐유를 전량 육상에 양륙한다.
나 저장용기에 선저 폐수를 저장해서 육상에 양륙한다.
사 플라스틱 용기를 분류해서 저장한 후 육상에 양륙한다.
아 정박 중 발생한 음식 찌꺼기를 선박이 출항 후 즉시 투기한다.

정답 22 아 23 사 24 아

다음의 폐기물을 제외한 모든 폐기물 해양 배출금지(선박에서의 오염방지에 관한 규칙 제8조 별표 3)
- 선박 안에서 발생하는 폐기물 중 음식찌꺼기(정박 중 발생한 음식찌꺼기는 제외)
- 해양환경에 유해하지 않은 화물잔류물
- 목욕, 세탁, 설거지 등으로 발생하는 중수[화장실 오수 및 화물구역 오수는 제외]
- 수산업법에 따른 어업활동 중 혼획된 수산동식물(폐사된 것을 포함) 등

25 해양환경관리법상 해양오염방지설비를 선박에 최초로 설치하는 때 받아야 하는 검사는?

가 정기검사 나 임시검사

사 특별검사 아 제조검사

해양오염방지설비를 설치하거나 화물창을 설치·유지하여야 하는 선박의 소유자가 해양오염방지설비, 선체 및 화물창을 선박에 최초로 설치하여 항해에 사용하려는 때 또는 유효기간이 만료한 때에는 해양수산부령이 정하는 바에 따라 해양수산부장관의 검사(정기검사)를 받아야 한다(법 제49조).

제4과목 기관

01 기관의 회전수가 정해진 값보다 더 증가 또는 감소하였을 때 연료유의 공급량을 자동으로 조절하여 정해진 회전수로 유지시키는 장치는?

가 평형추 나 주유기

사 조속기 아 플라이휠

조속기(거버너) : 기관의 회전 속도를 일정하게 유지하기 위해 기관에 공급되는 연료의 공급량을 가감하는 장치

02 4행정 사이클 디젤기관의 흡·배기밸브에서 밸브겹침을 두는 주된 이유는?

가 윤활유의 소비량을 줄이기 위해

나 흡기온도와 배기온도를 낮추기 위해

사 기관의 진동을 줄이고 원활하게 회전시키기 위해

아 흡기작용과 배기작용을 돕고 밸브와 연소실을 냉각시키기 위해

밸브겹침(valve overlap)
- 상사점 부근에서 크랭크 각도 40°동안 흡기밸브와 배기밸브가 동시에 열려 있는 구간
- 밸브겹침을 두는 주된 이유 : 흡기작용과 배기작용을 돕고 밸브와 연소실을 냉각시키기 위해서

03 소형 디젤기관에서 실린더 라이너의 심한 마멸에 의한 영향이 아닌 것은?

가 압축불량

나 불완전 연소

사 착화 시기가 빨라짐

아 연소가스가 크랭크실로 누설

- 실린더 라이너 마모의 원인 : 실린더와 피스톤 및 피스톤링의 접촉에 의한 마모, 연소 생성물인 카본 등에 의한 마모, 흡입 공기 중의 먼지나 이물질 등에 의한 마모, 연료나 수분이 실린더에 응결되어 발생하는 부식에 의한 마모, 농후한 혼합기로 인한 실린더 윤활막의 미형성으로 인한 마모
- 실린더 라이너 마모의 영향 : 출력 저하, 압축 압력의 저하, 연료의 불완전 연소, 연료 소비량 증가, 윤활유 소비량 증가, 기관의 시동성 저하, 가스가 크랭크실로 누설

04 왕복동식 기관의 연소실 구성 요소가 아닌 것은?

가 피스톤

나 크랭크축

사 실린더 헤드

아 실린더 라이너

디젤기관은 경유(diesel)를 연료로 사용하는 기관으로, 공기를 고압으로 압축한 뒤 경유를 분사하여 공기의 압축열로 자연 착화시켜서 동력을 얻는 왕복동 내연기관이다. 왕복동 내연기관의 실린더는 실린더 라이너, 실린더 블록, 실린더 헤드 등으로 구성되는데 내부에서 피스톤이 왕복운동하면서 피스톤과 연소실을 형성한다.

05 소형기관에서 흡·배기밸브의 운동에 대한 설명으로 옳은 것은?

가 흡기밸브는 스프링의 힘으로 열린다.

나 흡기밸브는 푸시로드에 의해 닫힌다.

사 배기밸브는 푸시로드에 의해 닫힌다.

아 배기밸브는 스프링의 힘으로 닫힌다.

소형기관의 흡·배기 밸브는 캠에 의해 열리고, 스프링에 의해 닫힌다.

06 트렁크 피스톤형 기관에서 커넥팅로드의 역할로 옳은 것은?

가 피스톤이 받은 힘을 크랭크축에 전달한다.

나 크랭크축의 회전운동을 왕복운동으로 바꾼다.

사 피스톤로드가 받은 힘을 크랭크축에 전달한다.

아 피스톤이 받은 열을 실린더 라이너에 전달한다.

디젤기관에서 피스톤의 왕복운동을 크랭크에 전달해주는 부품을 커넥팅로드(연접봉)라고 한다.

07 소형 내연기관에서 플라이휠의 주된 역할은?

가 크랭크암의 개폐작용을 방지한다.

나 크랭크축의 회전을 균일하게 해준다.

사 스러스트 베어링의 마멸을 방지한다.

아 기관의 고속 회전을 용이하게 해준다.

정답 03 사 04 나 05 아 06 가 07 나

플라이휠 역할
- 크랭크축이 일정한 속도로 회전할 수 있도록 함.
- 기동전동기를 통해 기관 시동을 걸고, 클러치를 통해 동력을 전달하는 기능
- 기관의 시동을 쉽게 해주고 저속 회전을 가능하게 해 줌.
- 크랭크 각도가 표시되어 있어 밸브의 조정을 편리하게 함.

과급기(Turbocharger) : 급기를 압축하는 장치로서 실린더에서 나오는 배기가스로 가스터빈을 돌리고, 가스터빈이 돌면서 같은 축에 연결된 송풍기를 회전시켜 강제로 새 공기를 실린더 안에 불어넣는 장치이다.

10 디젤기관의 연료유 계통에 포함되지 않는 것은?

가 펌프 나 여과기
사 응축기 아 저장탱크

디젤기관의 연료유 계통은 연료 탱크, 연료 펌프, 여과기, 연료 분사장치 등이 있으며, 응축기는 증기를 냉각해서 응축 액화시키는 장치로 연료유 계통이 아니다.

08 다음 그림과 같이 디젤기관에서 흡·배기밸브 틈새를 조정하는 기구 ①의 명칭은?

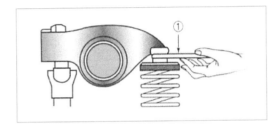

가 필러 게이지 나 다이얼 게이지
사 실린더 게이지 아 버니어 캘리퍼스

필러 게이지 : 정확한 두께의 철편이 단계별로 되어 있는 측정용 게이지로, 두 부품 사이의 좁은 틈 및 간극을 측정하기 위한 기구

11 소형 고속기관에서 추진기의 효율을 높이기 위해 기관과 추진기 사이에 설치하는 장치는?

가 조속 장치 나 과급 장치
사 감속 장치 아 밀봉 장치

감속 장치 : 기관의 크랭크축으로부터 회전수를 감속시켜서 추진장치에 전달하여주는 장치이다.

12 소형선박에서 사용하는 클러치의 종류가 아닌 것은?

가 마찰 클러치 나 공기 클러치
사 유체 클러치 아 전자 클러치

소형선박에서 사용하는 클러치는 마찰 클러치, 유체 클러치, 전자 클러치 등이다.

09 디젤기관에서 과급기를 작동시키는 것은?

가 흡입공기의 압력
나 배기가스의 압력
사 연료유의 분사 압력
아 윤활유 펌프의 출구 압력

정답 08 가 09 나 10 사 11 사 12 나

13 선박용 추진기관의 동력전달계통에 포함되지 않는 것은?

가 감속기　　　나 추진기
사 과급기　　　아 추진기축

과급기는 디젤기관의 부속장치로 추진기관의 동력전달 계통에 속하지 않는다. 과급기는 급기를 압축하는 장치로서 실린더에서 나오는 배기가스로 가스 터빈을 돌리고, 가스 터빈이 돌면서 같은 축에 연결된 송풍기를 회전시켜 강제로 새 공기를 실린더 안에 불어넣는 장치이다.

14 1시간에 1,852미터를 항해하는 선박은 10시간 동안 몇 해리를 항해하는가?

가 1해리　　　나 2해리
사 5해리　　　아 10해리

1해리는 1,852m이므로 1시간에 1,852m를 항해하는 선박이 10시간 항해한 거리는 10해리가 된다.

15 선박 보조기계에 대한 설명으로 옳은 것은?

가 기관실 밖에 설치된 기계를 말한다.
나 직접 선박을 움직이는 기계를 말한다.
사 주기관을 제외한 선내의 모든 기계를 말한다.
아 갑판기계를 제외한 기관실의 모든 기계를 말한다.

선박의 주기관은 직접 선박을 추진하는 기관을 말하고, 보조기계는 주기관과 주 보일러를 제외한 모든 기계를 총칭하며, 간단하게 줄여서 '보기'라고 부르기도 한다.

16 원심 펌프의 운전 중 심한 진동이나 이상음이 발생하는 경우의 원인이 아닌 것은?

가 축이 심하게 변형된 경우
나 베어링이 심하게 손상된 경우
사 축의 중심이 일치하지 않는 경우
아 흡입되는 유체의 온도가 낮은 경우

원심 펌프의 운전 중 심한 진동이나 이상음은 베어링의 심한 손상, 축의 심한 변형, 축의 중심이 불일치하는 경우 등에 발생한다. 흡입되는 유체의 온도가 낮은 경우는 진동이나 이상음의 발생과 관계가 없다.

17 디젤기관의 냉각수 펌프로 적절한 것은?

가 원심 펌프　　　나 왕복 펌프
사 회전 펌프　　　아 제트 펌프

원심 펌프(centrifugal pump)는 액체 속에서 임펠러(impeller)를 고속으로 회전시켜, 그 원심력으로 액체를 임펠러의 중심부로부터 원주 방향으로 유동시켜 에너지를 주어 분출시키는 펌프로, 청수 이송에 적합하다.

18 변압기의 역할은?

가 전압의 변환　　　나 전력의 변환
사 압력의 변환　　　아 저항의 변환

변압기는 교류 전압을 전자 유도작용에 의해 효율적으로 전압을 변환할 수 있는 전기기기로, 선박 내에서 발전기로부터 발생한 전압과 서로 상이한 전압의 장비용에 주로 사용된다.

정답　13 사　14 아　15 사　16 아　17 가　18 가

19 다음과 같은 회로시험기로 소형선박의 기관 시동용 배터리 전압을 측정할 때 선택스위치를 어디에 두고 측정하여야 하는가?

가 ACV 50	나 DCV 50
사 ACV 250	아 DCmA 250

멀티 테스터(회로시험기)
- 전압(직류 전압, 교류 전압), 전류, 저항을 하나의 기기로 측정할 수 있도록 만든 전자계측기이다.
- **사용 방법** : 멀티 테스터의 선택스위치를 저항 레인지에 놓고 저항을 측정해서 확인한다.
- ACV는 교류 전압 측정이며, 직류 전압을 측정할 때 선택스위치는 DCV 50에 두고 측정한다.

20 선박용 mf 납축전지의 극성에서 양극을 나타내는 것이 아닌 것은?

가 +표시	나 P표시
사 흑색 표시	아 적색 표시

납축전지에서 전극단자에 (+)표시와 'P'표시가 있는 붉은 쪽은 양극이고, (−)표시와 'N'표시, 그리고 검은 쪽은 음극이다.

21 전동기로 시동하는 디젤기관에서 시동을 위해 가장 필요한 것은?

가 축전지와 직류전동기
나 축전지와 교류전동기
사 직류발전기와 직류전동기
아 교류발전기와 교류전동기

소형기관에 설치된 시동용 전동기는 주로 직류전동기를 사용한다. 축전지로부터 전원을 공급받아 기관에 회전력을 주어 기관을 시동한다.

22 디젤기관을 정비하는 목적이 아닌 것은?

가 기관의 고장을 예방하기 위해
나 기관을 오랫동안 사용하기 위해
사 기관의 정격 출력을 높이기 위해
아 기관의 운전효율이 낮아지는 것을 방지하기 위해

정격 출력은 정해진 운전 조건으로 정해진 시간 동안의 운전을 보증하는 출력이다. 어떤 장비의 출력을 나타낼 때, 안전하게 계속 내보낼 수 있는 출력의 상한선을 의미한다.

23 겨울철에 디젤기관을 장기간 정지할 경우의 주의사항으로 옳지 않은 것은?

가 동파를 방지한다.
나 부식을 방지한다.
사 터닝을 주기적으로 실시한다.
아 중요 부품은 분해하여 육상에 보관한다.

기관을 장기간 휴지할 때의 주의 사항 : 동파 및 부식 방지, 정기적으로 터닝을 시켜 줌, 각 밸브 및 콕을 모두 잠금 등

24 디젤기관에 사용되는 연료유에 대한 설명으로 옳은 것은?

가 비중이 클수록 좋다.

나 점도가 클수록 좋다.

사 착화성이 클수록 좋다.

아 침전물이 많을수록 좋다.

디젤기관에 사용되는 연료유는 비중이나 점도가 커서는 안 되고, 침전물도 많아서도 안 된다.

25 연료유 수급 시 확인해야 할 내용이 아닌 것은?

가 연료유의 양

나 연료유의 점도

사 연료유의 비중

아 연료유의 유효기간

• **연료유 수급 시 확인 사항** : 연료유의 양이나 점도, 비중 등
• **연료유 수급 시 주의 사항** : 연료유 수급 중 선박의 흘수 변화에 주의, 주기적으로 측심하여 수급량 계산, 주기적으로 누유되는 곳 점검, 가능한 한 탱크에 가득 적재할 것, 해양오염사고나 화재의 주의 등

정답 24 사 25 아

2024년 제4회 최신 기출문제

제1과목 항해

01 육안으로 물표의 방위를 측정할 때 사용하는 계기는?

가 로란
나 항해기록장치
사 자기컴퍼스
아 무선방향탐지기

자기컴퍼스 : 자석을 이용해 자침이 지구 자기의 방향을 지시하도록 만든 장치이다(전원 불필요).
가. 로란(LORAN) : 장거리 무선항법시스템의 하나로 해상, 육상, 항공기 등의 폭넓은 이용범위와 정확도로 위치 측정을 할 수 있는 시스템

02 자기컴퍼스에서 선박의 동요로 비너클이 기울어져도 볼(Bowl)을 항상 수평으로 유지하기 위한 것은?

가 자침
나 피벗
사 기선
아 짐벌즈

짐벌즈 : 목재 또는 비자성재로 만든 원통형의 지지대인 비너클(Binnacle)이 기울어져도 볼을 항상 수평으로 유지시켜 주는 장치이다.

03 자이로컴퍼스에 관한 설명으로 옳지 않은 것은?

가 자차와 편차의 수정이 필요 없다.
나 자기컴퍼스에 비해 지북력이 약하다.
사 방위를 간단히 전기신호로 바꿀 수 있다.
아 고속으로 돌고 있는 로터를 이용하여 지구상의 북을 가리키는 장치이다.

자이로컴퍼스(전륜 나침의)는 고속으로 돌고 있는 로터를 이용하여 지구상의 북을 가리키는 장치로, 자기컴퍼스에서 나타나는 편차나 자차가 없고 지북력도 강하다.

04 전자식 선속계의 검출부 전극의 부식방지를 위하여 전극 부근에 부착하는 것은?

가 핀
나 도관
사 자석
아 아연판

전자식 선속계의 검출부에는 전극의 부식 방지를 위해 전극 부근에 아연판을 부착한다.

05 수심이 얕은 곳에서 수심을 측정하거나 투묘할 때 배의 진행 방향 및 타력 또는 정박 중 닻의 끌림을 알기 위한 기구는?

가 핸드 레드
나 트랜스듀서
사 사운딩 자
아 풍향풍속계

핸드 레드 : 수심이 얕은 곳에서 수심과 저질을 측정하는 측심의로, 3~7kg의 레드와 45~70m 정도의 레드라인으로 구성된다.

06 자북이 진북의 왼쪽에 있을 때의 오차는?

가 편서편차
나 편동자차
사 편동편차
아 지방자기

정답 01 사 02 아 03 나 04 아 05 가 06 가

어느 지점에서의 편차는, 자침이 가리키는 북(자북)이 진자오선(진북)의 오른쪽에 있을 때를 편동편차, 왼쪽에 있을 때를 편서편차로 구별하며, 각각 E 또는 W를 붙여 표시한다.

07 ( )에 순서대로 적합한 것은?

> "해상에서 일반적으로 추측위치를 디알[DR]위 치라고도 부르며, 선박의 ( )와 ( )의 두 가지 요소를 이용하여 구하게 된다."

가 방위, 거리 나 경도, 위도
사 고도, 앙각 아 침로, 속력

추측위치(D.R) : 가장 최근에 얻은 실측 위치를 기준으로 그 후에 조타한 진침로와 속력 또는 주기관의 회전수로 구한 항정에 의하여 결정된 선위로, 선박의 침로와 속력의 두 가지 요소를 이용하여 구하게 된다.

08 10노트의 속력으로 45분 항해하였을 때 항주한 거리는? (단, 외력은 무시함)

가 약 2.5해리 나 약 5해리
사 약 7.5해리 아 약 10해리

• 노트 × 시간 = 마일, 마일/노트 = 시간, 마일/시간 = 노트
• 10노트 × (45/60)시간 = 7.5해리

09 한 나라 또는 한 지방에서 특정한 자오선을 표준 자오선으로 정하고, 이를 기준으로 정한 평시는?

가 세계시 나 항성시
사 태양시 아 지방 표준시

지방 표준시 : 한 나라 또는 한 지방에서 특정한 자오선을 표준 자오선으로 정하고, 이를 기준으로 정한 평시로 각각의 위치에 따라 시간도 달라지는 불편을 해소하기 위해 사용한다.

10 레이더에서 한 물표의 영상이 거의 같은 거리에 서로 다른 방향으로 두 개 나타나는 현상은?

가 간접 반사에 의한 거짓상
나 다중 반사에 의한 거짓상
사 맹목 구간에 의한 거짓상
아 거울면 반사에 의한 거짓상

간접 반사에 의한 거짓상 : 마스트나 연돌 등 선체의 구조물에 반사되어 거의 같은 거리에 서로 다른 방향으로 두 개 생기는 거짓상으로 맹목구간이나 차영구간에서 나타난다.

11 종이해도에서 간출암을 나타내는 해도도식은?

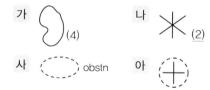

간출암 : 수면 위에 나타났다 수중에 감추어졌다 하는 바위
가. 노출암
사. 장애물
아. 항해에 위험한 암암

정답 07 아 08 사 09 아 10 가 11 나

12 다음 중 항행통보가 제공하지 않는 정보는?

　가　수심의 변화

　나　조시 및 조고

　사　위험물의 위치

　아　항로표지의 신설 및 폐지

항행통보 : 위험물의 발견, 수심의 변화, 항로표지의 신설·폐지 등을 항해자에게 통보해주는 것이다.

13 다음 중 항로지에 관한 설명으로 옳지 않은 것은?

　가　해도에 표현할 수 없는 사항을 설명하는 안내서이다.

　나　항로의 상황, 연안의 지형, 항만의 시설 등이 기재되어 있다.

　사　국립해양조사원에서는 외국 항만에 대한 항로지는 발행하지 않는다.

　아　항로지는 총기, 연안기, 항만기로 크게 3편으로 나누어 기술되어 있다.

우리나라의 발간 항로지 : 국립해양조사원에서는 연안항로지, 근해항로지, 원양항로지, 중국연안항로지 및 말라카해협항로지 등을 간행한다.

14 형상(주간)표지에 관한 설명으로 옳지 않은 것은?

　가　모양과 색깔로써 식별한다.

　나　형상표지에는 무종이 포함된다.

　사　형상표지는 점등 장치가 없는 표지이다.

　아　암초, 침선 등을 표시하여 항로를 유도하는 역할을 한다.

무종(Fog Bell) : 음향표지의 하나로 가스의 압력 또는 기계장치로 타종하는 것

15 다음 그림의 항로표지에 관한 설명으로 옳은 것은? (단, 표체 및 두표 색깔은 녹색임)

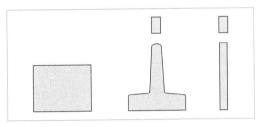

　가　우리나라에서는 통상 방파제 위에 육표로 설치한다.

　나　항로의 분기점에서 표지의 좌측에 우선항로가 있다.

　사　표지의 모든 주위가 안전하게 항해할 수 있는 수역에 설치한다.

　아　우리나라에서는 입항할 때를 기준으로 표지의 우측에 가항수역이 있다.

좌현표지 : 녹색, 머리표지(두표)는 원통형, 오른쪽이 가항수역

16 연안 항해에 사용되며, 연안의 상황이 상세하게 표시된 항해용 종이해도는?

　가　항양도　　　　나　항해도

　사　해안도　　　　아　항박도

해안도(1/5만 이하) : 연안 항해에 사용하는 해도로서 연안의 여러 가지 물표나 지형이 매우 상세히 표시되어 있다.

17 일반적으로 해상에서 측심한 수치를 해도상의 수심과 비교하면?

가 해도의 수심보다 측정한 수심이 더 얕다.

나 측정한 수심과 해도의 수심은 항상 같다.

사 해도의 수심과 같거나 측정한 수심이 더 깊다.

아 측정한 수심이 주간에는 더 깊고, 야간에는 더 얕다.

기본 수준면(약최저저조면)은 연중 해면이 그 이상으로 낮아지는 일이 거의 없다고 생각되는 수면으로, 우리나라 해도의 수심은 이 수면을 기준으로 하여 나타낸다. 따라서 측심한 수심은 해도상의 수심과 같거나 약간 깊다.

18 다음 중 종이해도의 취급 및 사용에 관한 설명으로 옳은 것은?

가 해도는 오래된 것일수록 좋다.

나 해도는 항행통보를 이용하여 소개정하여야 한다.

사 해도작업 시 가능하면 진한 볼펜을 사용하여야 한다.

아 해도는 되도록 접어서 해수에 젖지 않도록 한다.

항해에 필요한 해도는 사전에 미리 각 해도의 최근 소개정 일자 및 최신판 해도의 확보 유무를 확인하고, 필요한 경우에는 새로운 해도를 구입하거나 항로 고시를 참고하여 소개정을 해야 한다.

19 우리나라에서 사용되는 항로표지와 등색이 옳은 것은?

가 우현표지 : 녹색

나 특수표지 : 황색

사 안전수역표지 : 녹색

아 고립장애(장해)표지 : 붉은색

특수표지

• 정의 : 공사구역 등 특별한 시설이 있음을 나타내는 표지

• 두표 및 등화 : 두표(황색으로 된 ×자 모양의 형상물), 표지 및 등화(황색)

가. 우현표지 : 적색

사. 안전수역표지 : 백색

아. 고립장애(장해)표지 : 백색

20 다음 그림의 항로표지에 관한 설명으로 옳은 것은?

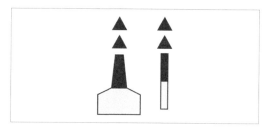

가 표지의 동쪽에 가항수역이 있다.

나 표지의 서쪽에 가항수역이 있다.

사 표지의 남쪽에 가항수역이 있다.

아 표지의 북쪽에 가항수역이 있다.

북방위표지로 표지의 북쪽에 그 구역의 최심부, 가항수역 또는 항로가 있음을 의미한다.

정답 **17** 사 **18** 나 **19** 나 **20** 아

21 우리나라 부근에 존재하는 기단이 아닌 것은?

가 적도기단

나 시베리아기단

사 북태평양기단

아 오호츠크해기단

우리나라 주변의 기단

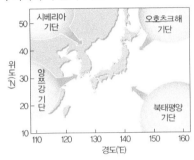

22 고기압에 관한 설명으로 옳은 것은?

가 1기압보다 높은 것을 말한다.

나 상승기류가 있어 날씨가 좋다.

사 주위의 기압보다 높은 것을 말한다.

아 바람은 저기압 중심에서 고기압 쪽으로 분다.

고기압의 특징
• 주위보다 상대적으로 기압이 높은 것
• 공기의 이동 : 중심 → 바깥쪽, 고기압의 중심 → 저기압의 중심
• 하강 기류가 생겨 날씨는 비교적 좋다.

23 지상일기도에서 확인할 수 있는 정보가 아닌 것은?

가 구름의 양　　　나 현재의 날씨

사 파도의 높이　　아 풍향 및 풍속

지상일기도는 평균해면고도면에서 대기의 상태를 나타내는 일기도로, 현재 날씨와 관련된 구름의 양이나 풍향 및 풍속 등을 나타내준다. 그러나 파도의 높이는 지상일기도에서 확인할 수 없다.

24 통항계획 수립에 관한 설명으로 옳지 않은 것은?

가 소형선에서는 선장이 직접 통항계획을 수립한다.

나 도선구역에서의 통항계획 수립은 도선사가 한다.

사 통항계획의 수립에는 공식적인 항해용 해도 및 서적들을 사용하여야 한다.

아 계획 수립 전에 필요한 모든 것을 한 장소에 모으고 내용을 검토하는 것이 필요하다.

도선구역에서의 통항계획 수립은 본선 선장이 한다. 선장이 도선사에게 본선의 운항 정보를 자세히 제공하여 안전한 선박 운용이 이루어지도록 노력해야 한다.

25 선저 여유 수심(Under-keel-clearance)이 충분하지 않은 수역을 항해하려고 할 때 고려할 요소가 아닌 것은?

가 선박의 속력

나 자기 선박의 최대 흘수

사 자기 선박의 적재 화물

아 조석을 고려한 선저 여유 수심

선저 여유 수심이 충분하지 않은 수역에 대한 항해계획을 수립할 때는 본선의 최대 흘수와 선박의 속력, 조석 등을 고려한 선저 여유 수심을 고려해야 한다. 그러나 자기 선박의 적재 화물은 고려할 요소가 아니다.

정답　21 가　22 사　23 사　24 나　25 사

제2과목 **운용**

01 불워크(Bulwark)에 관한 설명으로 옳은 것은?

가 선내의 오수(Bilge)가 모이는 곳이다.

나 이물질을 걸러내는 망의 역할을 한다.

사 갑판에 고인물을 현측으로 흘려보낸다.

아 갑판에 파도가 올라오는 것을 방지한다.

불워크(Bulwark)는 선박의 상갑판 및 선루 갑판의 폭로된 부분의 선측에 파도가 갑판 위로 직접 올라오는 것을 방지하고, 선창 입구 등의 갑판구를 보호하며, 갑판 위의 안전한 통행을 위하여 설치하는 구조물을 말한다.

02 기관실과 일반선창이 접하는 장소 사이에 설치하는 이중수밀격벽으로 방화벽의 역할을 하는 것은?

가 해치

나 디프 탱크

사 코퍼댐

아 빌지 용골

코퍼댐(cofferdam) : 기관실과 일반 선창이 접하는 장소 사이에 설치하는 이중수밀격벽으로 방화벽의 역할을 하며, 기름 유출에 의한 해양환경 피해를 방지하기 위한 것이다.

03 아래 그림에서 ㉠은?

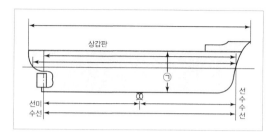

가 선박의 길이

나 선박의 깊이

사 선박의 흘수

아 선박의 수심

선박의 주요 치수

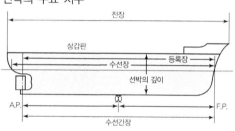

가 선박의 길이

나 선박의 깊이

사 선박의 흘수

아 선박의 수심

04 선체에 고정적으로 부속된 모든 돌출물을 포함하여 선수의 최전단으로부터 선미의 최후단까지의 수평 거리는?

가 전장

나 등록장

사 수선장

아 수선간장

전장 : 선체에 고정적으로 부속된 모든 돌출물을 포함하여 선수의 최전단으로부터 선미의 최후단까지의 수평 거리로 선박의 저항 및 추진력의 계산에 사용

정답 01 아 02 사 03 나 04 가

05 충분한 건현을 유지하여야 하는 가장 큰 이유는?

가 선속을 빠르게 하기 위해서

나 선박의 부력을 줄이기 위해서

사 예비 부력을 확보하기 위해서

아 화물의 적재를 쉽게 하기 위해서

적당한 폭과 GM을 가지고 있는 선박이라도 예비 부력을 증대시키기 위해 충분한 건현을 가지고 있어야 한다.

06 선박이 항행하는 구역 내에서 선박의 안전상 허용된 최대의 흘수선은?

가 선수흘수선   나 만재흘수선

사 평균흘수선   아 선미흘수선

만재흘수선 : 선박이 항행하는 구역 내에서 선박의 항행 안전을 위해 예비 부력을 확보할 수 있는 상태에서 허락된 최대의 흘수선

07 스톡이 있는 닻으로 묘박할 때 격납이 불편하지만, 파주력이 커서 주로 소형선에서 사용되는 것은?

가 스톡 앵커   나 스톡리스 앵커

사 머시룸 앵커   아 그래프널 앵커

스톡 앵커 : 스톡(닻채)이 있는 앵커로 투묘할 때 파주력은 크나 격납이 불편하여 소형선에서 이용

08 초단파(VHF) 무선설비로 조난경보가 잘못 발신되었을 때 취해야 하는 조치로 옳은 것은?

가 장비를 끄고 그냥 둔다.

나 조난경보 버튼을 다시 누른다.

사 무선설비로 취소 통보를 발신해야 한다.

아 조난경보 버튼을 세 번 연속으로 누른다.

초단파(VHF) 무선설비를 운용하는 과정에서 조작 미숙으로 인한 실수로 조난경보가 발송될시 즉시 취소 조치를 취해야 한다.

09 체온을 유지할 수 있도록 열전도율이 낮은 방수 물질로 만들어진 포대기 또는 옷을 의미하는 구명설비는?

가 방수복   나 구명조끼

사 보온복   아 구명부환

보온복은 물이 스며들지 않아 수온이 낮은 물속에서 체온을 유지할 수 있는 옷으로 방수복과 달리 구명동의의 기능이 없다.

10 조난선박으로부터 수신된 조난신호의 해상이동업무식별번호(MMSI number)에서 앞의 3자리가 '441'이라고 표시되어 있다면 해당 조난선박의 국적은?

가 한국   나 일본

사 중국   아 러시아

해상이동업무식별부호(MMSI)는 선박국, 해안국 및 집단호출을 유일하게 식별하기 위해 사용하는 부호로서, 9개의 숫자로 구성되어 있다(우리나라의 경우 440, 441로 지정). 국내 및 국제 항해 모두 사용되며, 소형선박에도 부여된다.

정답 05 사 06 나 07 가 08 사 09 사 10 가

PART
03

11 "본선에 위험물을 적재 중이다."라는 의미의 기류신호는?

가 B기   나 C기

사 L기   아 T기

B기 : 위험물을 하역 중 또는 운반 중임.
나. C기 : 그렇다
사. L기 : 귀선, 정선하라
아. T기 : 본선을 피하라

12 아래 그림의 구명설비는?

가 구명조끼   나 구명부환

사 구명부기   아 구명뗏목

구명뗏목(구명벌, Life raft) : 나일론 등과 같은 합성섬유로 된 포지를 고무로 가공해서 뗏목 모양으로 제작한 것으로, 내부에는 탄산가스나 질소가스를 주입시켜 긴급시에 팽창시키면 뗏목 모양으로 펼쳐지는 구명 설비

13 선박이 침몰할 경우 자동으로 조난신호를 발신할 수 있는 무선설비는?

가 레이더(Rader)

나 초단파(VHF) 무선설비

사 나브텍스(NAVTEX) 수신기

아 비상위치지시 무선표지(EPIRB)

비상위치지시용 무선표지(EPIRB) : 선박이 조난 상태에 있고 수신시설도 이용할 수 없음을 표시하는 것으로, 선박 침몰시 수심 1.5~4m의 수압에서 자동으로 수면 위로 떠올라 신호를 발신한다.

14 다음 조난신호 용구 중 시인거리가 가장 긴 것은?

가 호각

나 신호 홍염

사 발연부 신호

아 로켓 낙하산 화염신호

로켓 낙하산 신호
• 높이 300m 이상의 장소에서 펴지고 또한 점화되며, 매초 5m 이하의 속도로 낙하하며 화염으로서 위치를 알린다(야간용)
• 조난신호 중 수면상 가장 멀리서 볼 수 있음

15 선박이 공기와 물의 경계면에서 움직일 때, 선수와 선미 부근, 선체 중앙 부근의 압력차에 의해 발생하는 저항은?

가 마찰저항   나 공기저항

사 조파저항   아 조와저항

조파저항 : 선체가 공기와 물의 경계면에서 운동을 할 때 발생하는 수면 하의 저항

16 전속 전진 중에 기관을 후진 전속으로 걸어서 선체가 물에 대하여 정지할 때까지 진출한 거리는?

가 횡거   나 종거

사 신침로거리   아 최단정지거리

정답 11 가 12 아 13 아 14 아 15 사 16 아

최단 정지거리는 전속 전진 중에 기관을 후진 전속으로 걸어서 선체가 정지할 때까지의 거리로 반전타력을 나타내는 척도가 된다.

17 지엠(GM)이 작은 선박이 선회 중 나타나는 현상과 그 조치사항으로 옳지 않은 것은?

가 선속이 빠를수록 경사가 커진다.

나 타각을 크게 할수록 경사가 커진다.

사 내방경사보다 외방경사가 크게 나타난다.

아 경사가 커지면 즉시 타를 반대로 돌린다.

지엠이 작으면 경사각이 커지는데 경사각은 선회반경에 반비례하므로, 지엠이 작은 배는 복원력이 작아 전복 위험이 있으므로 타각을 많이 주어서는 안된다. 또한 경사가 커지더라도 즉시 타를 반대로 돌려서도 안된다. 한편, 배가 똑바로 떠 있을 때 부력의 작용선과 경사된 때 부력의 작용선이 만나는 점을 메타센터(경심)라 하는데, 무게중심에서 이 메타센터까지의 높이를 지엠이라 한다.

18 근접하여 운항하는 두 선박의 상호 간섭작용에 관한 설명으로 옳지 않은 것은?

가 선속을 감속하면 영향이 줄어든다.

나 두 선박 사이의 거리가 멀어지면 영향이 줄어든다.

사 소형선은 선체가 작아 영향을 거의 받지 않는다.

아 마주칠 때보다 추월할 때 상호 간섭작용이 오래 지속되어 위험하다.

두 선박의 속력과 배수량의 차이가 클 때나 수심이 얕은 곳을 항주할 때 뚜렷이 나타난다. 특히, 크기가 다른 선박의 사이에서는 작은 선박이 훨씬 큰 영향을 받고, 소형선박이 대형선박 쪽으로 끌려 들어가는 경향이 크다.

19 ( )에 순서대로 적합한 것은?

"단추진기 선박을 ( )으로 보아서, 전진할 때 스크루 프로펠러가 ( )으로 회전하면 우선회 스크루 프로펠러라고 한다."

가 선미에서 선수방향, 왼쪽

나 선수에서 선미방향, 오른쪽

사 선수에서 선미방향, 시계방향

아 선미에서 선수방향, 시계방향

단추진기 선박을 선미에서 선수방향으로 보아서 전진할 때 스크루 프로펠러가 시계방향으로 회전하면 우선회 스크루 프로펠러라고 한다. 군함이나 어선의 경우는 그렇지 않은 경우가 있지만 대부분의 상선은 스크루가 오른쪽 방향으로 회전을 하고 하나의 스크루로 추진하게 된다. 그러면 배가 전진이나 후진을 할 경우 모두 배가 왼쪽이 아닌 오른쪽으로 회두하면서 항해를 하는 특성이 있다.

20 다음 중 수심이 얕은 수역을 선박이 항해할 때 나타나는 현상이 아닌 것은?

가 타효 증가   나 선체 침하

사 속력 감소   아 조종성 저하

천수효과 : 수심이 낮은 천수지역에서는 전반적으로 선체 침하와 트림 변경효과가 발생하며, 선박의 속력이 감소한다. 또한 조종성(타효)이 저하하여 선회성이 나빠진다.

정답 17 아 18 사 19 아 20 가

21 강한 조류가 있을 경우 선박을 조종하는 방법으로 옳지 않은 것은?

가 유향, 유속을 잘 알 수 있는 시간에 항행한다.

나 가능한 한 선수를 유향에 직각 방향으로 향하게 한다.

사 유속이 있을 때 계류작업을 할 경우 유속에 대등한 타력을 유지한다.

아 조류가 흘러가는 쪽에 장애물이 있는 경우에는 충분한 공간을 두고 조종한다.

강한 조류가 흐르는 곳은 되도록 멀리 돌아가더라도 피하고 부득이한 경우에는 선수를 조류의 유선과 일치하도록 한다.

22 황천항해 시 사용하는 방법으로 선체가 받는 충격이 작고, 상당한 속력을 유지할 수 있으나 선미 추종파에 의하여 해수가 선미 갑판을 덮칠 수 있고, 브로칭(Broaching) 현상이 일어날 수 있는 조선법은?

가 러칭(Lurching)　나 스커딩(Scudding)

사 라이 투(Lie to)　아 히브 투(Heave to)

순주법(스커딩, scudding)
- 황천항해 방법 중 풍랑을 선미 쿼터(선미 사면, Quarter)에서 받으며, 파에 쫓기는 자세로 항주하는 방법
- 장점 : 선체가 받는 파의 충격작용이 현저히 감소하고, 상당한 속력을 유지할 수 있으므로 태풍의 가항반원 내에서는 적극적으로 태풍권으로부터 탈출하는 데 유리
- 단점 : 선미 추파에 의하여 해수가 선미 갑판을 덮칠 수 있으며, 보침성이 저하되어 브로칭(broaching) 현상이 일어날 수도 있음

23 다음 중 태풍을 피항하는 가장 안전한 방법은?

가 가항반원으로 항해한다.

나 위험반원의 반대쪽으로 항해한다.

사 선미 쪽에서 바람을 받도록 항해한다.

아 미리 태풍의 중심으로부터 최대한 멀리 떨어진다.

태풍을 피항하는 가장 안전한 방법은 기상 예보에 따라 태풍의 중심에서 벗어나는 방법이다. 태풍의 진로상에 선박이 있을 경우 북반구의 경우 풍랑을 우현 선미에 받으며, 가항반원으로 선박을 유도한다.

24 선박간 충돌사고의 직접적인 원인이 아닌 것은?

가 계류삭 정비 불량

나 항해사의 선박 조종술 미숙

사 항해장비의 불량과 운용 미숙

아 승무원의 주의태만으로 인한 과실

계류삭(계류색)은 선박을 계류하기 위해 선박에 설치한 로프로 나일론 로프, 섬유로프, wire rope 등을 말한다. 따라서 충돌사고의 직접적인 원인으로 볼 수 없다.

25 황천에 의한 해양사고를 방지하기 위한 조치가 아닌 것은?

가 모든 배수구 폐쇄

나 노천 갑판 개구부 폐쇄

사 선박평형수를 주입하여 선박의 복원성 향상

아 모든 화물, 특히 갑판 위에 있는 화물의 고박

항해 중의 황천대응 준비로는 선체의 개구부를 밀폐하고 하역장치와 이동물(화물)을 고박, 중량물은 최대한 낮은 위치로 이동 적재, 선체의 트림과 흘수를 표준상태로 유지 등이 있다. 배수설비는 복원력 감소 방지를 위해 청소한다.

정답　**21** 나　**22** 나　**23** 아　**24** 가　**25** 가

제3과목 법규

01 해상교통안전법상 조종불능선이 아닌 선박은?

　가　추진기관 고장으로 표류 중인 선박

　나　항공기의 발착작업에 종사 중인 선박

　사　발전기 고장으로 기관이 정지된 선박

　아　조타기 고장으로 침로 변경이 불가능한 선박

조종불능선(법 제2조) : 선박의 조종성능을 제한하는 고장이나, 그 밖의 사유로 조종을 할 수 없게 되어 다른 선박의 진로를 피할 수 없는 선박

02 해상교통안전법상 술에 취한 상태의 기준은?

　가　혈중알코올농도 0.01퍼센트 이상

　나　혈중알코올농도 0.03퍼센트 이상

　사　혈중알코올농도 0.05퍼센트 이상

　아　혈중알코올농도 0.10퍼센트 이상

술에 취한 상태의 기준(법 제39조) : 혈중알코올농도 0.03퍼센트 이상

03 해상교통안전법상 통항분리수역에서의 항법으로 옳지 않은 것은?

　가　통항로는 어떠한 경우에도 횡단하여서는 아니된다.

　나　통항로의 출입구를 통하여 출입하는 것을 원칙으로 한다.

　사　통항로 안에서는 정하여진 진행방향으로 항행하여야 한다.

　아　분리선이나 분리대에서 될 수 있으면 떨어져서 항행하여야 한다.

통항분리수역에서의 항법(법 제75조)
- 통항로 안에서는 정하여진 진행 방향으로 항행할 것
- 통항로의 출입구를 통하여 출입하는 것을 원칙으로 함
- 분리선이나 분리대에서 될 수 있으면 떨어져서 항행할 것
- 통항로의 옆쪽으로 출입하는 경우 작은 각도로 출입할 것
- 통항분리수역에서 통항로의 횡단은 원칙적으로 금지되나 부득이한 사유로 인한 경우는 횡단이 가능

04 해상교통안전법상 선박에서 하여야 하는 적절한 경계에 관한 설명으로 옳지 않은 것은?

　가　이용할 수 있는 모든 수단을 이용한다.

　나　청각을 이용하는 것이 가장 효과적이다.

　사　선박 주위의 상황을 파악하기 위함이다.

　아　다른 선박과 충돌할 위험성을 충분히 파악하기 위함이다.

선박은 주위의 상황 및 다른 선박과 충돌할 수 있는 위험성을 충분히 파악할 수 있도록 시각·청각 및 당시의 상황에 맞게 이용할 수 있는 모든 수단을 이용하여 항상 적절한 경계를 하여야 한다(법 제70조).

05 해상교통안전법상 선박이 다른 선박을 선수 방향에서 볼 수 있는 경우로서 밤에는 양쪽의 현등을 볼 수 있는 경우의 상태는?

　가　안전한 상태

　나　횡단하는 상태

　사　마주치는 상태

　아　앞지르기 하는 상태

정답 01 나 02 나 03 가 04 나 05 사

마주치는 상태에 있는 경우(법 제79조)
- 밤에는 2개의 마스트등을 일직선으로, 또는 거의 일직선으로 볼 수 있거나 양쪽의 현등을 볼 수 있는 경우
- 낮에는 2척의 선박의 마스트가 선수에서 선미까지 일직선이 되거나 거의 일직선이 되는 경우
- 선박은 마주치는 상태에 있는지가 분명하지 아니한 경우에는 마주치는 상태에 있다고 보고 필요한 조치를 취하여야 한다.

06 ( )에 순서대로 적합한 것은?

> "해상교통안전법상 밤에는 다른 선박의 ( )만을 볼 수 있고 어느 쪽의 ( )도 볼 수 없는 위치에서 그 선박을 앞지르는 선박은 앞지르기 하는 배로 보고 필요한 조치를 취하여야 한다."

가 선수등, 현등 　　나 선수등, 전주등
사 선미등, 현등 　　아 선미등, 전주등

다른 선박의 양쪽 현의 정횡으로부터 22.5도를 넘는 뒤쪽[밤에는 다른 선박의 선미등 만을 볼 수 있고 어느 쪽의 현등도 볼 수 없는 위치]에서 그 선박을 앞지르는 선박은 앞지르기 하는 배로 보고 필요한 조치를 취하여야 한다(법 제78조).

07 해상교통안전법상 제한된 시계에서 선박의 항법으로 옳은 것을 〈보기〉에서 모두 고른 것은?

> ┤ 보기 ├
> ㄱ. 레이더 가동을 중단한다.
> ㄴ. 안전한 속력으로 항행한다.
> ㄷ. 기관을 즉시 조작할 수 있도록 준비하여야 한다.

가 ㄱ, ㄴ 　　나 ㄱ, ㄷ
사 ㄴ, ㄷ 　　아 ㄱ, ㄴ, ㄷ

모든 선박은 시계가 제한된 그 당시의 사정과 조건에 적합한 안전한 속력으로 항행하여야 하며, 동력선은 제한된 시계 안에 있는 경우 기관을 즉시 조작할 수 있도록 준비하고 있어야 한다(법 제84조).

08 해상교통안전법상 제한된 시계에서 레이더만으로 다른 선박이 있는 것을 탐지한 선박의 피항동작이 침로를 변경하는 것만으로 이루어질 경우 선박이 취하여야 할 행위로 옳은 것은? (단, 앞지르기 당하고 있는 선박의 경우는 제외함)

가 자기 선박의 양쪽 현의 정횡에 있는 선박의 방향으로 침로를 변경하는 행위
나 자기 선박의 양쪽 현의 정횡 뒤쪽에 있는 선박의 방향으로 침로를 변경하는 행위
사 다른 선박이 자기 선박의 양쪽 현의 정횡 앞쪽에 있는 경우 우현 쪽으로 침로를 변경하는 행위
아 다른 선박이 자기 선박의 양쪽 현의 정횡 앞쪽에 있는 경우 좌현 쪽으로 침로를 변경하는 행위

제한된 시계에서 선박의 항법(법 제84조)
- 레이더만으로 다른 선박이 있는 것을 탐지한 선박은 해당 선박과 얼마나 가까이 있는지 또는 충돌할 위험이 있는지를 판단
- 충돌할 위험이 있다고 판단한 경우에는 충분한 시간적 여유를 두고 피항동작 실시
- 다른 선박이 자기 선박의 양쪽 현의 정횡 앞쪽에 있는 경우 좌현 쪽으로 침로를 변경하는 행위(앞지르기 당하고 있는 선박에 대한 경우는 제외)

정답 06 사　07 사　08 사

09 해상교통안전법상 길이 12미터 이상인 선박이 항행 중 기관 고장으로 조종을 할 수 없게 되었을 때 대수속력이 없는 경우 표시하여야 하는 등화는?

가 선수부에 붉은색 전주등 1개

나 선미부에 붉은색 전주등 1개

사 가장 잘 보이는 곳에 수직으로 붉은색 전주등 2개

아 가장 잘 보이는 곳에 수직으로 붉은색 전주등 3개

조종불능선(법 제92조) : 가장 잘 보이는 곳에 수직으로 붉은색 전주등 2개 혹은 수직으로 둥근꼴이나 그와 비슷한 형상물 2개

10 해상교통안전법상 정선수 방향에서 양쪽 현으로 각각 112.5도에 걸치는 수평의 호를 비추는 등화는?

가 현등   나 전주등

사 선미등   아 예선등

현등(법 제86조)
- 정선수 방향에서 양쪽 현으로 각각 112.5도에 걸치는 수평의 호를 비추는 등화
- 정선수 방향에서 좌현 정횡으로부터 뒤쪽 22.5도까지 비출 수 있도록 좌현에 설치된 붉은색 등
- 정선수 방향에서 우현 정횡으로부터 뒤쪽 22.5도까지 비출 수 있도록 우현에 설치된 녹색 등

11 해상교통안전법상 선박의 등화에 사용되는 등색이 아닌 것은?

가 녹색   나 흰색

사 청색   아 붉은색

등화에 사용되는 등색 : 백색, 붉은색, 황색, 녹색

12 해상교통안전법상 선미등이 비추는 수평의 호의 범위와 등색은?

가 135도, 흰색

나 135도, 붉은색

사 225도, 흰색

아 225도, 붉은색

선미등(법 제86조) : 135도에 걸치는 수평의 호를 비추는 흰색 등으로서, 그 불빛이 정선미 방향으로부터 양쪽 현의 67.5도까지 비출 수 있도록 선미 부분 가까이에 설치된 등

13 (   )에 적합한 것은?

"해상교통안전법상 항행 중인 동력선이 (   )에 있는 경우에 그 침로를 변경하거나 그 기관을 후진하여 사용할 때에는 기적신호를 행하여야 한다."

가 평수구역

나 서로 상대의 시계 안

사 제한된 시계

아 무역항의 수상구역 안

항행 중인 동력선이 서로 상대의 시계 안에 있는 경우에 이 법에 따라 그 침로를 변경하거나 그 기관을 후진하여 사용할 때에는 기적신호를 행하여야 한다(법 제99조 제1항).

14 ( )에 순서대로 적합한 것은?

> "해상교통안전법상 제한된 시계 안에서 항행 중인 길이 12미터 이상의 동력선은 정지하여 대수속력이 없는 경우에는 장음 사이의 간격을 2초 정도로 연속하여 장음을 ( ) 울리되, ( )을 넘지 아니하는 간격으로 울려야 한다."

가 1회, 1분   나 2회, 2분

사 1회, 2분   아 2회, 1분

제한된 시계 안에서의 음향신호(법 제100조)

선박 구분		신호 간격	신호 내용
항행 중인 동력선	대수속력이 있는 경우	2분 이내	장음 1회
	대수속력이 없는 경우	2분 이내	장음 2회

15 해상교통안전법상 육안으로 보이고, 가까이 있는 다른 선박으로부터 단음 2회의 기적신호를 들었을 때 그 선박이 취하고 있는 동작은?

가 감속 중

나 침로 유지 중

사 우현 쪽으로 침로 변경 중

아 좌현 쪽으로 침로 변경 중

조종신호와 경고신호(법 제99조)

항행 중인 동력선이 서로 상대의 시계 안에 있는 경우에 이 법에 따라 그 침로를 변경하거나 그 기관을 후진하여 사용할 때에는 다음 구분에 따라 기적신호를 행하여야 한다.

- 침로를 오른쪽으로 변경하고 있는 경우 : 단음 1회
- 침로를 왼쪽으로 변경하고 있는 경우 : 단음 2회
- 기관을 후진하고 있는 경우 : 단음 3회

16 선박의 입항 및 출항 등에 관한 법률상 총톤수 5톤인 내항선이 무역항의 수상구역등을 출입할 때 하는 출입신고에 관한 내용으로 옳은 것은?

가 내항선이므로 출입신고를 하지 않아도 된다.

나 출항 일시가 이미 정하여진 경우에도 입항신고와 출항신고는 동시에 할 수 없다.

사 무역항의 수상구역 등의 밖으로 출항하려는 경우 원칙적으로 출항 직후 출항신고를 하여야 한다.

아 무역항의 수상구역 등의 안으로 입항하는 경우 원칙적으로 입항하기 전에 출입신고를 하여야 한다.

출입신고(법 제4조)

① 무역항의 수상구역 등에 출입하려는 선박의 선장은 관리청에 신고하여야 함

② 출입신고의 면제 선박
- 총톤수 5톤 미만의 선박
- 해양사고 구조에 사용되는 선박
- 「수상레저안전법」에 따른 수상레저기구 중 국내항 간을 운항하는 모터보트 및 동력요트
- 출입항 신고 대상인 어선
- 관공선, 군함, 해양경찰함정 등 공공의 목적으로 운영하는 선박
- 선박의 출입을 지원하는 선박(도선선, 예선 등)과 연안수역을 항해하는 정기여객선(내항 정기 여객 운송사업에 종사하는 선박)으로 경유항에 출입하는 선박
- 피난을 위하여 긴급히 출항하여야 하는 선박

17 선박의 입항 및 출항 등에 관한 법률상 선박이 해상에서 닻을 바다 밑바닥에 내려놓고 운항을 멈출 수 있는 장소는?

가 부두   나 항계

사 항로   아 정박지

정답   14 나   15 아   16 아   17 아

- 정박지(법 제2조) : 선박이 정박할 수 있는 장소
- 정박(법 제2조) : 선박이 해상에서 닻을 바다 밑바닥에 내려놓고 운항을 멈추는 것

18 선박의 입항 및 출항 등에 관한 법률상 무역항의 수상구역 등에서 정박하거나 정류하지 못하도록 하는 장소가 아닌 것은?

가 하천   나 잔교 부근 수역

사 좁은 수로 아 수심이 깊은 곳

정박·정류 등을 제한(금지)하는 장소(법 제6조)
- 부두·잔교·안벽·계선부표·돌핀 및 선거(船渠)의 부근 수역
- 하천, 운하 및 그 밖의 좁은 수로와 계류장 입구의 부근 수역

19 선박의 입항 및 출항 등에 관한 법률상 방파제 부근에서 입·출항 선박이 마주칠 우려가 있는 경우의 항법에 관한 설명으로 옳은 것은?

가 소형선이 대형선의 진로를 피한다.

나 방파제 입구에는 동시에 진입해도 상관없다.

사 선속이 빠른 선박이 선속이 느린 선박의 진로를 피한다.

아 입항하는 선박은 방파제 밖에서 출항하는 선박의 진로를 피한다.

방파제 부근에서의 항법(법 제13조) : 입항하는 선박이 방파제 입구 등에서 출항하는 선박과 마주칠 우려가 있는 경우에는 방파제 밖에서 출항하는 선박의 진로를 피할 것

20 선박의 입항 및 출항 등에 관한 법률상 무역항의 수상구역 등에서 예인선의 항법으로 옳지 않은 것은?

가 예인선은 한꺼번에 3척 이상의 피예인선을 끌지 아니하여야 한다.

나 원칙적으로 예인선의 선미로부터 피예인선의 선미까지 길이는 100미터를 초과하지 못한다.

사 다른 선박의 출입을 보조하는 경우에 한하여 예인선의 선미까지의 길이는 200미터를 초과할 수 있다.

아 지방해양수산청장 또는 시·도지사는 해당 무역항의 특수성 등을 고려하여 특히 필요한 경우에는 예인선의 항법을 조정할 수 있다.

예인선 등의 항법(시행규칙 제9조) : 예인선이 무역항의 수상구역 등에서 다른 선박을 끌고 항행할 때에는 해양수산부령으로 정하는 방법에 따를 것
- 예인선의 선수로부터 피예인선의 선미까지의 길이는 200미터를 초과하지 않을 것(다른 선박의 출입을 보조하는 경우에는 예외)
- 예인선은 한꺼번에 3척 이상의 피예인선을 끌지 않을 것

21 ( )에 적합한 것은?

"선박의 입항 및 출항 등에 관한 법률상 선박이 무역항의 수상구역 등이나 무역항의 수상구역 부근을 항행할 때에는 다른 선박에 위험을 주지 아니할 정도의 ( )로/으로 항행하여야 한다."

가 타력   나 속력

사 침로   아 선수방위

정답 **18** 아 **19** 아 **20** 나 **21** 나

PART 03

속력 등의 제한(법 제17조) : 선박이 무역항의 수상구역 등이나 무역항의 수상구역 부근을 항행할 때에는 다른 선박에 위험을 주지 아니할 정도의 속력으로 항행하여야 한다.

22 선박의 입항 및 출항 등에 관한 법률상 우선피항선에 관한 규정으로 옳은 것은?

가 우선피항선은 다른 선박의 항행에 방해가 될 우려가 있는 장소에 정박하거나 정류하여서는 아니 된다.

나 무역항의 수상구역 등이나 무역항의 수상구역 부근에서 우선피항선은 다른 선박과 만나는 자세에 따라 유지선이 될 수 있다.

사 총톤수 5톤 미만인 우선피항선이 무역항의 수상구역 등에 출입하려는 경우에는 통상적으로 대통령령으로 정하는 바에 따라 관리청에 신고하여야 한다.

아 우선피항선은 무역항의 수상구역 등에 출입하는 경우 또는 무역항의 수상구역 등을 통과하는 경우에는 관리청에서 지정·고시한 항로를 따라 항행하여야 한다.

정박지의 사용 등(법 제5조) : 우선피항선은 다른 선박의 항행에 방해가 될 우려가 있는 장소에 정박하거나 정류하여서는 아니 된다.

23 해양환경관리법상 선박의 밑바닥에 고인 액상유성혼합물은?

가 윤활유   나 선저폐수

사 선저 유류   아 선저 세정수

선저폐수(법 제2조) : 선박의 밑바닥에 고인 액상유성혼합물

24 해양환경관리법상 선박에서 오염물질을 배출할 수 없는 경우는?

가 인명구조를 위하여 부득이하게 오염물질을 배출하는 경우

나 선박의 손상으로 인하여 부득이하게 오염물질이 배출되는 경우

사 선박의 속력을 증가시키기 위하여 오염물질을 배출하는 경우

아 선박의 안전 확보를 위하여 부득이하게 오염물질을 배출하는 경우

오염물질의 배출금지의 적용 예외(법 제22조 제3항)
• 선박 또는 해양시설 등의 안전확보나 인명구조를 위하여 부득이하게 오염물질을 배출하는 경우
• 선박 또는 해양시설 등의 손상 등으로 인하여 부득이하게 오염물질이 배출되는 경우
• 선박 또는 해양시설 등의 오염사고에 있어 해양수산부령이 정하는 방법에 따라 오염피해를 최소화하는 과정에서 부득이하게 오염물질이 배출되는 경우

25 해양환경관리법상 기름오염방제와 관련된 설비와 자재가 아닌 것은?

가 유겔화제   나 유처리제
사 오일펜스   아 유수분리기

기름오염방제와 관련된 설비 및 자재로는 해양유류오염확산차단장치(오일펜스), 유처리제, 유흡착재, 유겔화제 등이 있다(시행규칙 별표 11).

정답 22 가 23 나 24 사 25 아

제4과목 기관

01 디젤기관에서 실린더 내의 공기를 압축시키는 이유는?

가 공기의 온도를 높이기 위해

나 공기의 온도를 낮추기 위해

사 연료유의 온도를 낮추기 위해

아 연료유의 공급을 차단하기 위해

디젤기관은 실린더 내의 공기를 압축하여 온도를 상승시켜 연료유가 점화될 수 있도록 해야 하므로 높은 압축비가 요구된다.

02 4행정 사이클 디젤기관의 행정이 아닌 것은?

가 흡입 행정   나 분사 행정

사 배기 행정   아 압축 행정

4행정 사이클 기관의 작동 순서

흡입 → 압축 → 작동(폭발) → 배기

03 소형기관에서 메인 베어링의 발열 원인 중 〈보기〉에서 옳은 것을 모두 고른 것은?

┤ 보기 ├

① 베어링의 하중이 너무 클 때

② 베어링 메탈의 재질이 불량할 때

③ 베어링의 틈새가 적당할 때

④ 베어링의 냉각이 적당할 때

가 ①, ②   나 ②, ③

사 ③, ④   아 ①, ④

메인 베어링의 발열

• 원인 : 베어링의 틈새 불량, 윤활유 부족 및 불량, 크랭크축의 중심선 불일치, 베어링 하중이 클 때 등

• 대책 : 윤활유를 공급하면서 기관을 냉각시킴, 베어링의 틈새를 적절히 조절

04 소형기관에서 피스톤링의 마멸 정도를 계측하는 공구로 적합한 것은?

가 다이얼 게이지

나 한계 게이지

사 내경 마이크로미터

아 외경 마이크로미터

피스톤 링의 점검

• 기관 정지 중에 정기적으로 점검하고 틈새를 계측하여 교체 여부를 확인

• 피스톤 링의 마멸량은 외경 마이크로미터로 측정

05 소형기관에서 피스톤링의 절구틈에 대한 설명으로 옳은 것은?

가 기관의 운전시간이 많을수록 절구틈은 커진다.

나 기관의 운전시간이 많을수록 절구틈은 작아진다.

사 절구틈이 커질수록 기관의 효율이 좋아진다.

아 절구틈이 작을수록 연소가스의 누설이 많아진다.

피스톤 링 절구의 틈(엔드 클리어런스)은 기관의 운전시간이 많을수록 커진다. 따라서 피스톤 링이 고착되지 않도록 점검해 주어야 한다.

정답 01 가 02 나 03 가 04 아 05 가

06 소형기관의 피스톤 재질에 대한 설명으로 옳지 않은 것은?

가 강도가 큰 것이 좋다.

나 무게가 무거운 것이 좋다.

사 열전도가 잘 되는 것이 좋다.

아 마멸에 잘 견디는 것이 좋다.

피스톤의 재료 : 중·대형 기관의 피스톤은 보통 주철이나 주강으로 제작하며, 소형 고속 기관에서는 무게가 가볍고 열전도가 좋은 알루미늄 피스톤을 사용

07 크랭크축의 구성 요소가 아닌 것은?

가 저널 　　　　나 암

사 핀 　　　　아 헤드

크랭크축의 구성 : 크랭크 저널, 크랭크 핀, 크랭크 암 등

• **크랭크 저널** : 메인 베어링에 의해 상하가 지지되어 그 속에서 회전하는 부분

• **크랭크 핀** : 크랭크 저널의 중심에서 크랭크 반지름만 큼 떨어진 곳에 있으며 저널과 평행하게 설치

• **크랭크 암** : 크랭크 저널과 크랭크 핀을 연결하는 부분으로 크랭크 핀 반대쪽 크랭크 암에는 평형 추를 설치

08 다음 그림과 같은 디젤기관의 크랭크축에서 커넥팅로드가 연결되는 곳은?

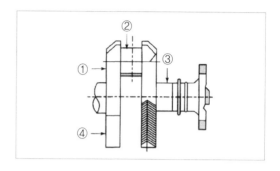

가 ① 　　　　나 ②

사 ③ 　　　　아 ④

그림의 ②는 크랭크 핀으로 크랭크 저널의 중심에서 크랭크 반지름만큼 떨어진 곳에 있으며 저널과 평행하게 설치한다. 트렁크형 기관에서 커넥팅로드의 대단부와 연결된다.

09 운전 중인 디젤기관의 실린더 헤드와 실린더 라이너 사이에서 배기가스가 누설하는 경우의 가장 적절한 조치 방법은?

가 기관을 정지하여 구리 개스킷을 교환한다.

나 기관을 정지하여 구리 개스킷을 1개 더 추가로 삽입한다.

사 배기가스가 누설하지 않을 때까지 저속으로 운전한다.

아 실린더 헤드와 실린더 라이너 사이의 죄임 너트를 약간 풀어준다.

실린더 헤드 개스킷 부분에서의 가스 누출 : 기관을 정지하여 실린더 헤드의 풀림을 점검하고, 필요하면 개스킷을 교환

정답 06 나 　07 아 　08 나 　09 가

10 소형기관에서 윤활유를 장시간 사용했을 경우에 나타나는 현상으로 옳지 않은 것은?

가 색상이 검게 변한다.

나 점도가 증가한다.

사 침전물이 증가한다.

아 혼입수분이 감소한다.

윤활유는 사용할수록 점차 변질, 열화되므로 혼입수분의 증가 등 윤활유의 성능이 저하된다. 윤활유는 고온과 고압에 노출되므로 온도에 의한 점도 변화가 적어야 한다.

11 디젤기관에서 시동용 압축공기의 최고압력은 약 몇 [kgf/cm²]인가?

가 $10[\text{kgf/cm}^2]$ 나 $20[\text{kgf/cm}^2]$

사 $30[\text{kgf/cm}^2]$ 아 $40[\text{kgf/cm}^2]$

공기압 제어장치를 통해 주기관의 정지, 시동, 전진, 후진 등의 동작을 수행할 수 있고, 사용되는 공기에는 시동용 압축공기(starting air, 25~30[kgf/cm²]), 제어장치 작동용 제어공기(7[kgf/cm²]), 안전장치 작동용 공기(7[kgf/cm²])가 있다.

12 축계장치의 조건으로 옳지 않은 것은?

가 역회전에 잘 견딜 수 있어야 한다.

나 고속 운전에 잘 견딜 수 있어야 한다.

사 주기관의 운전에 신속하게 반응해야 한다.

아 축계의 진동을 크게 하여 선체의 진동을 증폭시킬 수 있어야 한다.

축계(축계장치)는 주기관으로부터 추진기에 이르기까지 동력을 전달하고 추진기의 회전에 의하여 발생된 추력을 추력베어링을 통하여 선체에 전달하는 장치이다. 따라서 비틀림이나 진동, 응력 등을 견딜 수 있도록 충분한 강도를 갖추어야 한다.

13 다음 그림에서 부식 방지를 위해 ①에 부착하는 것은?

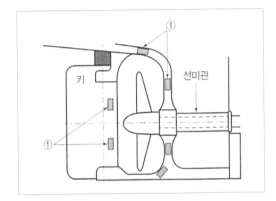

가 구리 나 니켈

사 주석 아 아연

부식이 심한 장소의 파이프는 아연을 도금한 것을 사용한다.

14 선체 저항의 종류가 아닌 것은?

가 마찰저항 나 전기저항

사 조파저항 아 공기저항

선박이 항주할 때에 받는 저항은 수면 위의 선체 구조물이 받는 공기저항과, 수면 아래의 선체가 물로부터 받게 되는 마찰저항, 조파저항 및 조와저항 등이 있다.

정답 10 아 11 사 12 아 13 아 14 나

15 연료유가 연소할 때 발생하는 열로 증기를 발생시키는 장치는?

가 보일러　　　나 기화기

사 압축기　　　아 냉동기

보일러는 연료를 연소할 때 발생하는 열을 이용하여 물을 가압하여 대기압 이상의 증기를 발생시키는 장치이다.

16 전기용어에 대한 설명으로 옳지 않은 것은?

가 저항의 단위는 옴이다.

나 전압의 단위는 볼트이다.

사 전류의 단위는 암페어이다.

아 전력의 단위는 헤르츠이다.

전력은 전류가 단위 시간에 행하는 일, 또는 단위 시간에 사용되는 에너지의 양으로, 와트(W)나 킬로와트(kW)를 단위로 사용한다.

17 유도전동기의 부하 전류계에서 지침이 가장 크게 움직이는 경우는?

가 전동기의 정지 직후

나 전동기의 기동 직후

사 전동기가 정속도로 운전 중일 때

아 전동기 기동 후 10분이 경과되었을 때

유도전동기가 정지한 상태에서 기동을 하기 위하여 전 전압(full voltage)을 인가하면 기동 전류는 정상 상태 운전 시보다 전류가 5∼8배나 많이 흐르게 된다.

18 우리나라 기준으로 납축전지가 완전 충전 상태일때 20[℃]에서 전해액의 표준 비중값은?

가 1.24　　　나 1.26

사 1.28　　　아 1.30

납축전지가 완전 충전 상태일 때 전해액의 비중은 20℃에서 1.280이며, 정제수와 황산의 혼합비율은 약 6(정제수) : 4(황산)로 되어 있다.

19 다음과 같은 납축전지 회로에서 합성전압과 합성용량은?

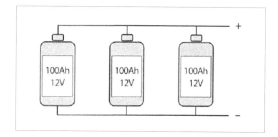

가 12[V], 100[Ah]

나 12[V], 300[Ah]

사 36[V], 100[Ah]

아 36[V], 300[Ah]

납축전지 회로는 병렬 연결로 전압은 12[V]이며, 전류는 100 × 3 = 300[Ah]이다.

20 납축전지의 전해액으로 많이 사용되는 것은?

가 묽은황산 용액　　나 알칼리 용액

사 가성소다 용액　　아 청산가리 용액

정답　15 가　16 아　17 나　18 사　19 나　20 가

전해액 : 묽은 황산(H_2SO_4)이 전해액이며, 이는 증류수에 진한 황산을 첨가한 것이다. 황산과 증류수의 비중은 1.2 내외이다.

21 볼트나 너트를 풀고 조이기 위한 렌치나 스패너의 일반적인 사용 방법으로 옳은 것은?

가 풀거나 조일 때 미는 방향으로 힘을 준다.

나 당길 때나 밀 때에는 자기 체중을 실어서 최대한 힘을 준다.

사 쉽게 풀거나 조이기 위해 렌치에 파이프를 끼워서 최대한 힘을 준다.

아 풀거나 조일 때 가능한 한 자기 앞쪽으로 당기는 방향으로 힘을 준다.

풀거나 조일 때 가능한 한 자기 앞쪽으로 당기는 방향으로 힘을 주며, 파이프를 끼워서 힘을 주거나 자기 체중을 실어서 힘을 줘서는 안 된다.

22 운전 중인 디젤 주기관에서 윤활유 펌프의 압력에 대한 설명으로 옳은 것은?

가 출력이 커지면 압력을 더 낮춘다.

나 기관의 속도가 증가하면 압력을 더 높여준다.

사 부하에 관계없이 압력을 일정하게 유지한다.

아 배기가스 온도가 올라가면 압력을 더 높여준다.

윤활유 펌프의 압력은 부하와 상관없이 일정하게 유지해야 한다.

23 운전 중인 디젤기관이 갑자기 정지되는 경우가 아닌 것은?

가 연료유가 공급되지 않는 경우

나 윤활유의 압력이 너무 낮은 경우

사 냉각수의 온도가 너무 낮은 경우

아 기관의 회전수가 과속도 설정값에 도달된 경우

냉각수 온도가 너무 낮은 경우는 기관이 갑자기 정지되는 사유는 아니다.

※ 운전 중인 디젤기관이 갑자기 정지되었을 경우
- 과속도 장치의 작동
- **연료유 계통 문제** : 연료유 여과기의 막힘, 연료유 수분 과다 혼입, 연료탱크에 기름이 없을 경우 등
- 조속기의 고장에 의해 연료유가 공급되지 않았을 경우
- 윤활유의 압력이 너무 낮아졌을 경우
- 기관의 회전수가 규정치보다 너무 높아졌을 경우

24 중유와 경유에 대한 설명으로 옳지 않은 것은?

가 경유는 중유에 비해 가격이 저렴하다.

나 경유의 비중은 0.81~0.89 정도이다.

사 중유의 비중은 0.91~0.99 정도이다.

아 경유는 점도가 낮아 가열하지 않고 사용할 수 있다.

경유와 중유
- 경유 : 비중이 0.84~0.89로 원유의 증류 과정에서 등유 다음으로 얻어지며, 고속 디젤기관에 주로 사용되므로 디젤유(diesel oil)라고도 한다. 점도가 낮아 가열하지 않고 사용할 수 있으며, 중유보다는 가격이 높다.
- 중유 : 비중은 0.91~0.99, 발열량은 9,720~10,000 kcal/kg으로 흑갈색의 고점성 연료로 대형 디젤기관 및 보일러의 연료로 많이 사용된다.

정답 21 아 22 사 23 사 24 가

25 연료유 수급 시 확인해야 할 내용이 아닌 것은?

가 연료유의 양

나 연료유의 점도

사 연료유의 비중

아 연료유의 유효기간

• **연료유 수급 시 확인 사항** : 연료유의 양이나 점도, 비중 등

• **연료유 수급 시 주의 사항** : 연료유 수급 중 선박의 흘수 변화에 주의, 주기적으로 측심하여 수급량 계산, 주기적으로 누유되는 곳 점검, 가능한 한 탱크에 가득 적재할 것, 해양오염사고나 화재의 주의 등

정답 25 아